图书在版编目（CIP）数据

中国国家标准汇编：2010年修订. 8/中国标准出版社编. —北京：中国标准出版社，2012
ISBN 978-7-5066-6548-3

Ⅰ. ①中… Ⅱ. ①中… Ⅲ. ①国家标准-汇编-中国-2010 Ⅳ. ①T-652.1

中国版本图书馆CIP数据核字(2011)第195034号

中国质检出版社
中国标准出版社
出版发行
北京市朝阳区和平里西街甲2号(100013)
北京市西城区三里河北街16号(100045)

网址：www.spc.net.cn
总编室：(010)64275323 发行中心：(010)51780235
读者服务部：(010)68523946
中国标准出版社秦皇岛印刷厂印刷
各地新华书店经销

*

开本 880×1230 1/16 印张 37.75 字数 1 004 千字
2012年1月第一版 2012年1月第一次印刷

*

定价 220.00 元

出 版 说 明

1.《中国国家标准汇编》是一部大型综合性国家标准全集。自1983年起，按国家标准顺序号以精装本、平装本两种装帧形式陆续分册汇编出版。它在一定程度上反映了我国建国以来标准化事业发展的基本情况和主要成就，是各级标准化管理机构，工矿企事业单位，农林牧副渔系统，科研、设计、教学等部门必不可少的工具书。

2.《中国国家标准汇编》收入我国每年正式发布的全部国家标准，分为"制定"卷和"修订"卷两种编辑版本。

"制定"卷收入上一年度我国发布的、新制定的国家标准，顺延前年度标准编号分成若干分册，封面和书脊上注明"20××年制定"字样及分册号，分册号一直连续。各分册中的标准是按照标准编号顺序连续排列的，如有标准顺序号缺号的，除特殊情况注明外，暂为空号。

"修订"卷收入上一年度我国发布的、修订的国家标准，视篇幅分设若干分册，但与"制定"卷分册号无关联，仅在封面和书脊上注明"20××年修订-1，-2，-3，……"字样。"修订"卷各分册中的标准，仍按标准编号顺序排列(但不连续)；如有遗漏的，均在当年最后一分册中补齐。需提请读者注意的是，个别非顺延前年度标准编号的新制定的国家标准没有收入在"制定"卷中，而是收入在"修订"卷中。

读者配套购买《中国国家标准汇编》"制定"卷和"修订"卷则可收齐上一年度我国制定和修订的全部国家标准。

3.由于读者需求的变化，自1996年起，《中国国家标准汇编》仅出版精装本。

4.2010年我国制修订国家标准共2846项。本分册为"2010年修订-8"，收入新制修订的国家标准36项。

中国标准出版社

2011年8月

目　　录

目 录

ICS 19.020
A 21

中华人民共和国国家标准

GB/T 6999—2010
代替 GB/T 6999—1986

环境试验用相对湿度查算表

Relative humidity tables for environmental test

2010-11-10 发布　　　　2011-05-01 实施

中华人民共和国国家质量监督检验检疫总局
中国国家标准化管理委员会　发布

前言

本标准是对 GB/T 6999—1986《环境试验用相对湿度查算表》的修订。

本标准代替 GB/T 6999—1986《环境试验用相对湿度查算表》。

本标准与 GB/T 6999—1986 相比，主要差异如下：

——根据 GB/T 1.1—2000《标准化工作导则　第 1 部分：标准的结构和编写规则》要求，对编排格式进行了修改；

——将原标准 2.1 的表格添加的表号——表 1，原表 $1a_1$、表 $1a_2$、表 1b、表 1c 依次改为表 $2a_1$、表 $2a_2$、表 2b、表 2c，原表 2、表 3、表 4、表 5 等各表号依次作相应修改；

——增加了资料性附录 A；

——对 2.2 的公式及其参数进行修正，详细对比见附录 A；

——对表 $2a_1$、表 3b 及表 5 中的一部分数据进行修正，详细对比见附录 A。

本标准的附录 A 为资料性附录。

本标准由全国电工电子产品环境条件与环境试验标准化技术委员会(SAC/TC 8)提出并归口。

本标准起草单位：广州电器科学研究院、深圳市标准技术研究院、工业和信息化部电子第五研究所。

本标准主要起草人：陈心欣、温利峰、黄开云、李明芳、王磊。

本标准所代替标准的历次版本发布情况为：

——GB/T 6999—1986。

环境试验用相对湿度查算表

1 范围

本标准规定了环境试验中相对湿度的计算方法。

本标准适用于环境试验中用球状或柱状水银温度表测量干湿球温度时查算相对湿度。

2 计算公式

2.1 表2～表5分别为使用球状或柱状水银温度表测量干湿球温度时查算相对湿度用表。计算公式如下：

$$U=\frac{e}{e_w}\times 100\%=\frac{e_{tw}-AP(t-t_w)}{e_w}\times 100\%$$

式中：

U——相对湿度；

e——实际水汽压，kPa；

e_w——干球温度 t 所对应的纯水平面饱和水汽压，kPa；

e_{tw}——湿球温度 t_w 所对应的纯水平面饱和水汽压，kPa；

A——干湿表系数，$℃^{-1}$；其值由于干湿球温度表类型和干湿球温度表球部处风速决定，如表1；

P——气压，kPa；分别为110 kPa，100 kPa，90 kPa，80 kPa四个等级；

$(t-t_w)$——干湿球温度差，℃；取差值为0 ℃～16.0 ℃；其中0 ℃～5.0 ℃间隔0.1 ℃；5.0 ℃～11.0 ℃间隔0.2 ℃；11.0 ℃～16.0 ℃间隔0.5 ℃。

表1 干湿表系数 A 值表

干湿球温度表类型	风速		
	0.4 m/s	0.8 m/s	2.5 m/s
球状	0.857×10^{-3}	$0.794\ 7\times10^{-3}$	$0.866\ 2\times10^{-3}$
柱状	0.815×10^{-3}	—	

2.2 表6为纯水平面饱和水汽压 $e_w(e_{tw})$，kPa；计算公式如下：

$$\lg e_w = 10.795\ 74(1-T_1/T)-5.028\lg(T/T_1)+1.504\ 75\times10^{-4}\left[1-10^{-8.296\ 9(T/T_1-1)}\right]$$
$$+0.428\ 73\times10^{-3}\left[10^{4.769\ 55(1-T_1/T)}-1\right]-0.213\ 86$$

式中：$T_1=273.16$ K（水的三相点温度；K，绝对温度）

$T=273.15+t$

3 查算方法

3.1 查表方法

3.1.1 测量气压 P，个位数四舍五入。

3.1.2 测量干湿球温度表球部处风速 V，根据风速 V 和干湿球温度表类型在表1中查出相对应的干湿表系数 A。

注：实测风速与表1中所列风速不同时，可选择与实测风速相差小的一个风速。

3.1.3 读出干湿球水银温度表的干球温度 t 和湿球温度 t_w，并求出干湿球温度差 $(t-t_w)$。

3.1.4 根据 P、A 和干湿球水银温度表类型在表2～表5中查出相对应的部分。

3.1.5 根据 t、$(t-t_w)$在对应的表中查出相对湿度 U。

例 1：

用球状干湿球水银温度表($V=1$ m/s)测得 $t=55.0$ ℃，$t_w=53.4$ ℃。$P=93.5$ kPa。查 U。

在表 1 中查出 $A=0.794\,7\times10^{-3}$℃$^{-1}$，$P=93.5$ kPa，个位四舍五入后 $P=90$ kPa，$(t-t_w)=(55.0-53.4)=1.6$ ℃，在表 4b 中查出 $U=91.9\%$。

例 2：

一环境要求 $t=40.0$ ℃、$U=95\%$，使用柱状水银温度表($V=2.4$ m/s)，$P=98.5$ kPa，查 t_w。

在表 1 中查出 $A=0.662\times10^{-3}$℃$^{-1}$，$P=98.5$ kPa 个位数四舍五入后 $P=100$ kPa，在表 3c 中查出 $(t-t_w)=0.8$ ℃，$t_w=t-0.8=40.0-0.8=39.2$ ℃。

3.2 计算方法

3.2.1 测量气压 P，个位数四舍五入。

3.2.2 测量干湿球水银温度表球部处风速 V，根据风速 V 和干湿球温度类型在表 1 中查出相对应的干湿表系数 A。

注：实测风速与表 1 中所列风速不同时，可选择与实测风速相差小的一个风速。

3.2.3 读出干湿球水银温度表的干球温度 t 和湿球温度 t_w。在表 5 中查出 e_w、e_{tw}。

3.2.4 代入 2.1 计算公式。

例：用球状干湿球水银温度表($V=0.9$ m/s)测得 $t=65.0$ ℃，$t_w=63.0$ ℃。$P=101$ kPa。计算 U。

在表 1 中查出 $A=0.794\,7\times10^{-3}$℃$^{-1}$，$P=101$ kPa，个位四舍五入后 $P=100$ kPa，在表 6 中查出 $e_w=25.015$ kPa，$e_{tw}=22.861$ kPa，代入：

$$U=\frac{e}{e_w}\times100\%=\frac{e_{tw}-AP(t-t_w)}{e_w}\times100\%$$

$$=\frac{22.86-100\times0.794\,7\times10^{-3}(65.0-63.0)}{25.015}\times100\%$$

$$=90.8\%$$

表 $2a_1$ 球状水银温度表相对湿度查算表

$P=110$ kPa，$A=0.857\times10^{-3}$ ℃$^{-1}$（0.4 m/s）

t \ $t-t_w$	0.0	0.1	0.2	0.3	0.4	0.5	0.6	0.7	0.8	0.9	1.0
15	100.0	98.8	97.6	96.4	95.2	94.1	92.9	91.7	90.5	89.4	88.2
16	100.0	98.8	97.7	96.5	95.4	94.3	93.1	92.0	90.9	89.7	88.6
17	100.0	98.9	97.8	96.7	95.5	94.4	93.3	92.2	91.1	90.1	89.0
18	100.0	98.9	97.8	96.8	95.7	94.6	93.5	92.5	91.4	90.4	89.3
19	100.0	98.9	97.9	96.9	95.8	94.8	93.7	92.7	91.7	90.7	89.6
20	100.0	99.0	98.0	96.9	95.9	94.9	93.9	92.9	91.9	90.9	89.9
21	100.0	99.0	98.0	97.0	96.1	95.1	94.1	93.1	92.2	91.2	90.2
22	100.0	99.0	98.1	97.1	96.2	95.2	94.3	93.3	92.4	91.4	90.5
23	100.0	99.1	98.1	97.2	96.3	95.5	94.4	93.5	92.6	91.7	90.7
24	100.0	99.1	98.2	97.3	96.4	95.5	94.6	93.7	92.8	91.9	91.0
25	100.0	99.1	98.2	97.3	96.4	95.6	94.7	93.8	92.9	92.1	91.2
26	100.0	99.1	98.3	97.4	96.5	95.7	94.8	94.0	93.1	92.3	91.4
27	100.0	99.1	98.3	97.5	96.6	95.8	94.9	94.1	93.3	92.5	91.6
28	100.0	99.2	98.3	97.5	96.7	95.9	95.1	94.2	93.4	92.6	91.8
29	100.0	99.2	98.4	97.6	96.8	96.0	95.2	94.4	93.6	92.8	92.0
30	100.0	99.2	98.4	97.6	96.8	96.1	95.3	94.5	93.7	92.9	92.2
31	100.0	99.2	98.4	97.7	96.9	96.1	95.4	94.6	93.9	93.1	92.3
32	100.0	99.2	98.5	97.7	97.0	96.2	95.5	94.7	94.0	93.2	92.5
33	100.0	99.3	98.5	97.8	97.0	96.3	95.6	94.8	94.1	93.4	92.6
34	100.0	99.3	98.5	97.8	97.1	96.4	95.6	94.9	94.2	93.5	92.8
35	100.0	99.3	98.6	97.8	97.1	96.4	95.7	95.0	94.3	93.6	92.9
36	100.0	99.3	98.6	97.9	97.2	96.5	95.8	95.1	94.4	93.7	93.1
37	100.0	99.3	98.6	97.9	97.2	96.6	95.9	95.2	94.5	93.8	93.2
38	100.0	99.3	98.6	98.0	97.3	96.6	95.9	95.3	94.6	94.0	93.3
39	100.0	99.3	98.7	98.0	97.3	96.7	96.0	95.4	94.7	94.1	93.4
40	100.0	99.3	98.7	98.0	97.4	96.7	96.1	95.4	94.8	94.2	93.5
41	100.0	99.4	98.7	98.1	97.4	96.8	96.1	95.5	94.9	94.2	93.6
42	100.0	99.4	98.7	98.1	97.5	96.8	96.2	95.6	95.0	94.3	93.7
43	100.0	99.4	98.7	98.1	97.5	96.9	96.3	95.6	95.0	94.4	93.8
44	100.0	99.4	98.8	98.1	97.5	96.9	96.3	95.7	95.1	94.5	93.9
45	100.0	99.4	98.8	98.2	97.6	97.0	96.4	95.8	95.2	94.6	94.0
46	100.0	99.4	98.8	98.2	97.6	97.0	96.4	95.8	95.2	94.7	94.1
47	100.0	99.4	98.8	98.2	97.6	97.0	96.5	95.9	95.3	94.7	94.2
48	100.0	99.4	98.8	98.2	97.7	97.1	96.5	95.9	95.4	94.8	94.2
49	100.0	99.4	98.8	98.3	97.7	97.1	96.6	96.0	95.4	94.9	94.3
50	100.0	99.4	98.9	98.3	97.7	97.2	96.6	96.0	95.5	94.9	94.4
51	100.0	99.4	98.9	98.3	97.8	97.2	96.6	96.1	95.5	95.0	94.4
52	100.0	99.4	98.9	98.3	97.8	97.2	96.7	96.1	95.6	95.1	94.5
53	100.0	99.4	98.9	98.4	97.8	97.3	96.7	96.2	95.6	95.1	94.6
54	100.0	99.5	98.9	98.4	97.8	97.3	96.8	96.2	95.7	95.2	94.6
55	100.0	99.5	98.9	98.4	97.9	97.3	96.8	96.3	95.8	95.2	94.7
56	100.0	99.5	98.9	98.4	97.9	97.4	96.8	96.3	95.8	95.3	94.8
57	100.0	99.5	98.9	98.4	97.9	97.4	96.9	96.4	95.8	95.3	94.8

表 $2a_1$（续）

$t-t_w$ / t	0.0	0.1	0.2	0.3	0.4	0.5	0.6	0.7	0.8	0.9	1.0
58	100.0	99.5	99.0	98.4	97.9	97.4	96.9	96.4	95.9	95.4	94.9
59	100.0	99.5	99.0	98.5	98.0	97.4	96.9	96.4	95.9	95.4	94.9
60	100.0	99.5	99.0	98.5	98.0	97.5	97.0	96.5	96.0	95.5	95.0
61	100.0	99.5	99.0	98.5	98.0	97.5	97.0	96.5	96.0	95.5	95.0
62	100.0	99.5	99.0	98.5	98.0	97.5	97.0	96.5	96.1	95.6	95.1
63	100.0	99.5	99.0	98.5	98.0	97.5	97.1	96.6	96.1	95.6	95.1
64	100.0	99.5	99.0	98.5	98.1	97.6	97.1	96.6	96.1	95.7	95.2
65	100.0	99.5	99.0	98.6	98.1	97.6	97.1	96.6	96.2	95.7	95.2
66	100.0	99.5	99.0	98.6	98.1	97.6	97.1	96.7	96.2	95.7	95.3
67	100.0	99.5	99.1	98.6	98.1	97.6	97.2	96.7	96.2	95.8	95.3
68	100.0	99.5	99.1	98.6	98.1	97.7	97.2	96.7	96.3	95.8	95.4
69	100.0	99.5	99.1	98.6	98.1	97.7	97.2	96.8	96.3	95.9	95.4
70	100.0	99.5	99.1	98.6	98.2	97.7	97.3	96.8	96.3	95.9	95.5
71	100.0	99.5	99.1	98.6	98.2	97.7	97.3	96.8	96.4	95.9	95.5
72	100.0	99.5	99.1	98.6	98.2	97.7	97.3	96.9	96.4	96.0	95.5
73	100.0	99.6	99.1	98.7	98.2	97.8	97.3	96.9	96.4	96.0	95.6
74	100.0	99.6	99.1	98.7	98.2	97.8	97.3	96.9	96.5	96.0	95.6
75	100.0	99.6	99.1	98.7	98.2	97.8	97.4	96.9	96.5	96.1	95.6
76	100.0	99.6	99.1	98.7	98.3	97.8	97.4	97.0	96.5	96.1	95.7
77	100.0	99.6	99.1	98.7	98.3	97.8	97.4	97.0	96.6	96.1	95.7
78	100.0	99.6	99.1	98.7	98.3	97.9	97.4	97.0	96.6	96.2	95.8
79	100.0	99.6	99.1	98.7	98.3	97.9	97.5	97.0	96.6	96.2	95.8
80	100.0	99.6	99.2	98.7	98.3	97.9	97.5	97.1	96.6	96.2	95.8
81	100.0	99.6	99.2	98.7	98.3	97.9	97.5	97.1	96.7	96.3	95.9
82	100.0	99.6	99.2	98.8	98.3	97.9	97.5	97.1	96.7	96.3	95.9
83	100.0	99.6	99.2	98.8	98.4	97.9	97.5	97.1	96.7	96.3	95.9
84	100.0	99.6	99.2	98.8	98.4	98.0	97.6	97.2	96.7	96.3	95.9
85	100.0	99.6	99.2	98.8	98.4	98.0	97.6	97.2	96.8	96.4	96.0
86	100.0	99.6	99.2	98.8	98.4	98.0	97.6	97.2	96.8	96.4	96.0
87	100.0	99.6	99.2	98.8	98.4	98.0	97.6	97.2	96.8	96.4	96.0
88	100.0	99.6	99.2	98.8	98.4	98.0	97.6	97.2	96.8	96.5	96.1
89	100.0	99.6	99.2	98.8	98.4	98.0	97.6	97.3	96.9	96.5	96.1
90	100.0	99.6	99.2	98.8	98.4	98.0	97.7	97.3	96.9	96.5	96.1
91	100.0	99.6	99.2	98.8	98.4	98.1	97.7	97.3	96.9	96.6	96.2
92	100.0	99.6	99.2	98.8	98.5	98.1	97.7	97.3	96.9	96.6	96.2
93	100.0	99.6	99.2	98.9	98.5	98.1	97.7	97.3	97.0	96.6	96.2
94	100.0	99.6	99.2	98.9	98.5	98.1	97.7	97.4	97.0	96.6	96.2
95	100.0	99.6	99.2	98.9	98.5	98.1	97.7	97.4	97.0	96.6	96.3
96	100.0	99.6	99.2	98.9	98.5	98.1	97.8	97.4	97.0	96.7	96.3
97	100.0	99.6	99.3	98.9	98.5	98.1	97.8	97.4	97.0	96.7	96.3
98	100.0	99.6	99.3	98.9	98.5	98.2	97.8	97.4	97.1	96.7	96.3
99	100.0	99.6	99.3	98.9	98.5	98.2	97.8	97.4	97.1	96.7	96.4
100	100.0	99.6	99.3	98.9	98.5	98.2	97.8	97.5	97.1	96.7	96.4

表 $2a_1$(续)

$t-t_w$ / t	1.1	1.2	1.3	1.4	1.5	1.6	1.7	1.8	1.9	2.0
15	87.0	85.9	84.7	83.6	82.4	81.3	80.2	79.0	77.9	76.8
16	87.5	86.4	85.2	84.1	83.0	81.9	80.8	79.7	78.6	77.5
17	87.9	86.8	85.7	84.6	83.6	82.5	81.4	80.4	79.3	78.3
18	88.3	87.2	86.2	85.1	84.1	83.1	82.0	81.0	80.0	79.0
19	88.6	87.6	86.6	85.6	84.6	83.6	82.6	81.6	80.6	79.6
20	88.9	88.0	87.0	86.0	85.0	84.1	83.1	82.1	81.2	80.2
21	89.3	88.3	87.4	86.4	85.5	84.5	83.6	82.6	81.7	80.8
22	89.6	88.6	87.7	86.8	85.9	84.9	84.0	83.1	82.2	81.3
23	89.8	88.9	88.0	87.1	86.2	85.3	84.5	83.6	82.7	81.8
24	90.1	89.2	88.3	87.5	86.6	85.7	84.9	84.0	83.1	82.3
25	90.4	89.5	88.6	87.8	86.9	86.1	85.2	84.4	83.6	82.7
26	90.6	89.8	88.9	88.1	87.3	86.4	85.6	84.8	84.0	83.2
27	90.8	90.0	89.2	88.4	87.6	86.8	85.9	85.1	84.3	83.6
28	91.0	90.2	89.4	88.6	87.8	87.1	86.3	85.5	84.7	83.9
29	91.2	90.4	89.7	88.9	88.1	87.3	86.6	85.8	85.1	84.3
30	91.4	90.6	89.9	89.1	88.4	87.6	86.9	86.1	85.4	84.6
31	91.6	90.8	90.1	89.4	88.6	87.9	87.1	86.4	85.7	85.0
32	91.8	91.0	90.3	89.6	88.8	88.1	87.4	86.7	86.0	85.3
33	91.9	91.2	90.5	89.8	89.1	88.4	87.7	87.0	86.3	85.6
34	92.1	91.4	90.7	90.0	89.3	88.6	87.9	87.2	86.5	85.8
35	92.2	91.5	90.9	90.2	89.5	88.8	88.1	87.4	86.8	86.1
36	92.4	91.7	91.0	90.3	89.7	89.0	88.3	87.7	87.0	86.4
37	92.5	91.8	91.2	90.5	89.9	89.2	88.5	87.9	87.2	86.6
38	92.6	92.0	91.3	90.7	90.0	89.4	88.7	88.1	87.5	86.8
39	92.8	92.1	91.5	90.8	90.2	89.6	88.9	88.3	87.7	87.0
40	92.9	92.2	91.6	91.0	90.4	89.7	89.1	88.5	87.9	87.3
41	93.0	92.4	91.7	91.1	90.5	89.9	89.3	88.7	88.1	87.5
42	93.1	92.5	91.9	91.3	90.7	90.1	89.5	88.9	88.3	87.7
43	93.2	92.6	92.0	91.4	90.8	90.2	89.6	89.0	88.4	87.8
44	93.3	92.7	92.1	91.5	90.9	90.3	89.8	89.2	88.6	88.0
45	93.4	92.8	92.2	91.6	91.1	90.5	89.9	89.3	88.8	88.2
46	93.5	92.9	92.3	91.8	91.2	90.6	90.0	89.5	88.9	88.4
47	93.6	93.0	92.4	91.9	91.3	90.7	90.2	89.6	89.1	88.5
48	93.7	93.1	92.5	92.0	91.4	90.9	90.3	89.8	89.2	88.7
49	93.7	93.2	92.6	92.1	91.5	91.0	90.4	89.9	89.4	88.8
50	93.8	93.3	92.7	92.2	91.6	91.1	90.6	90.0	89.5	89.0
51	93.9	93.4	92.8	92.3	91.7	91.2	90.7	90.2	89.6	89.1
52	94.0	93.4	92.9	92.4	91.8	91.3	90.8	90.3	89.8	89.2
53	94.1	93.5	93.0	92.5	91.9	91.4	90.9	90.4	89.9	89.4
54	94.1	93.6	93.1	92.6	92.0	91.5	91.0	90.5	90.0	89.5
55	94.2	93.7	93.2	92.6	92.1	91.6	91.1	90.6	90.1	89.6
56	94.3	93.7	93.2	92.7	92.2	91.7	91.2	90.7	90.2	89.7
57	94.3	93.8	93.3	92.8	92.3	91.8	91.3	90.8	90.3	89.8

表 2a$_1$(续)

t \ $t-t_w$	1.1	1.2	1.3	1.4	1.5	1.6	1.7	1.8	1.9	2.0
58	94.4	93.9	93.4	92.9	92.4	91.9	91.4	90.9	90.4	89.9
59	94.4	93.9	93.5	93.0	92.5	92.0	91.5	91.0	90.5	90.1
60	94.5	94.0	93.5	93.0	92.6	92.1	91.6	91.1	90.6	90.2
61	94.6	94.1	93.6	93.1	92.6	92.1	91.7	91.2	90.7	90.3
62	94.6	94.1	93.7	93.2	92.7	92.2	91.8	91.3	90.8	90.4
63	94.7	94.2	93.7	93.2	92.8	92.3	91.8	91.4	90.9	90.4
64	94.7	94.2	93.8	93.3	92.8	92.4	91.9	91.5	91.0	90.5
65	94.8	94.3	93.8	93.4	92.9	92.5	92.0	91.5	91.1	90.6
66	94.8	94.4	93.9	93.4	93.0	92.5	92.1	91.6	91.2	90.7
67	94.9	94.4	94.0	93.5	93.0	92.6	92.1	91.7	91.3	90.8
68	94.9	94.5	94.0	93.6	93.1	92.7	92.2	91.8	91.3	90.9
69	95.0	94.5	94.1	93.6	93.2	92.7	92.3	91.8	91.4	91.0
70	95.0	94.6	94.1	93.7	93.2	92.8	92.4	91.9	91.5	91.1
71	95.0	94.6	94.2	93.7	93.3	92.9	92.4	92.0	91.6	91.1
72	95.1	94.7	94.2	93.8	93.4	92.9	92.5	92.1	91.6	91.2
73	95.1	94.7	94.3	93.8	93.4	93.0	92.6	92.1	91.7	91.3
74	95.2	94.7	94.3	93.9	93.5	93.0	92.6	92.2	91.8	91.4
75	95.2	94.8	94.4	93.9	93.5	93.1	92.7	92.3	91.8	91.4
76	95.3	94.8	94.4	94.0	93.6	93.2	92.7	92.3	91.9	91.5
77	95.3	94.9	94.5	94.0	93.6	93.2	92.8	92.4	92.0	91.6
78	95.3	94.9	94.5	94.1	93.7	93.3	92.9	92.5	92.0	91.6
79	95.4	95.0	94.5	94.1	93.7	93.3	92.9	92.5	92.1	91.7
80	95.4	95.0	94.6	94.2	93.8	93.4	93.0	92.6	92.2	91.8
81	95.4	95.0	94.6	94.2	93.8	93.4	93.0	92.6	92.2	91.8
82	95.5	95.1	94.7	94.3	93.9	93.5	93.1	92.7	92.3	91.9
83	95.5	95.1	94.7	94.3	93.9	93.5	93.1	92.7	92.4	92.0
84	95.6	95.2	94.8	94.4	94.0	93.6	93.2	92.8	92.4	92.0
85	95.6	95.2	94.8	94.4	94.0	93.6	93.2	92.9	92.5	92.1
86	95.6	95.2	94.8	94.4	94.1	93.7	93.3	92.9	92.5	92.1
87	95.7	95.3	94.9	94.5	94.1	93.7	93.3	93.0	92.6	92.2
88	95.7	95.3	94.9	94.5	94.1	93.8	93.4	93.0	92.6	92.3
89	95.7	95.3	95.0	94.6	94.2	93.8	93.4	93.1	92.7	92.3
90	95.7	95.4	95.0	94.6	94.2	93.9	93.5	93.1	92.7	92.4
91	95.8	95.4	95.0	94.6	94.3	93.9	93.5	93.2	92.8	92.4
92	95.8	95.4	95.1	94.7	94.3	93.9	93.6	93.2	92.8	92.5
93	95.8	95.5	95.1	94.7	94.4	94.0	93.6	93.3	92.9	92.5
94	95.9	95.5	95.1	94.8	94.4	94.0	93.7	93.3	92.9	92.6
95	95.9	95.5	95.2	94.8	94.4	94.1	93.7	93.4	93.0	92.6
96	95.9	95.6	95.2	94.8	94.5	94.1	93.8	93.4	93.0	92.7
97	96.0	95.6	95.2	94.9	94.5	94.2	93.8	93.4	93.1	92.7
98	96.0	95.6	95.3	94.9	94.6	94.2	93.8	93.5	93.1	92.8
99	96.0	95.7	95.3	94.9	94.6	94.2	93.9	93.5	93.2	92.8
100	96.0	95.7	95.3	95.0	94.6	94.3	93.9	93.6	93.2	92.9

表 2a₁(续)

$t-t_w$ / t	2.1	2.2	2.3	2.4	2.5	2.6	2.7	2.8	2.9	3.0
15	75.6	74.5	73.4	72.3	71.2	70.1	68.9	67.8	66.7	65.6
16	76.5	75.4	74.3	73.2	72.1	71.1	70.0	68.9	67.9	66.8
17	77.2	76.2	75.1	74.1	73.0	72.0	71.0	69.9	68.9	67.9
18	77.9	76.9	75.9	74.9	73.9	72.9	71.9	70.9	69.9	68.9
19	78.6	77.6	76.6	75.7	74.7	73.7	72.7	71.8	70.8	69.9
20	79.2	78.3	77.3	76.4	75.4	74.5	73.6	72.6	71.7	70.8
21	79.8	78.9	78.0	77.1	76.1	75.2	74.3	73.4	72.5	71.6
22	80.4	79.5	78.6	77.7	76.8	75.9	75.0	74.2	73.3	72.4
23	80.9	80.0	79.2	78.3	77.4	76.6	75.7	74.9	74.0	73.1
24	81.4	80.6	79.7	78.9	78.0	77.2	76.4	75.5	74.7	73.9
25	81.9	81.1	80.2	79.4	78.6	77.8	77.0	76.1	75.3	74.5
26	82.3	81.5	80.7	79.9	79.1	78.3	77.5	76.7	75.9	75.2
27	82.8	82.0	81.2	80.4	79.6	78.8	78.1	77.3	76.5	75.7
28	83.2	82.4	81.6	80.9	80.1	79.3	78.6	77.8	77.1	76.3
29	83.5	82.8	82.0	81.3	80.5	79.8	79.1	78.3	77.6	76.8
30	83.9	83.2	82.4	81.7	81.0	80.2	79.5	78.8	78.1	77.4
31	84.2	83.5	82.8	82.1	81.4	80.7	79.9	79.2	78.5	77.8
32	84.6	83.8	83.1	82.4	81.7	81.0	80.4	79.7	79.0	78.3
33	84.9	84.2	83.5	82.8	82.1	81.4	80.7	80.1	79.4	78.7
34	85.2	84.5	83.8	83.1	82.5	81.8	81.1	80.5	79.8	79.1
35	85.4	84.8	84.1	83.4	82.8	82.1	81.5	80.8	80.2	79.5
36	85.7	85.0	84.4	83.7	83.1	82.5	81.8	81.2	80.5	79.9
37	86.0	85.3	84.7	84.0	83.4	82.8	82.1	81.5	80.9	80.3
38	86.2	85.6	84.9	84.3	83.7	83.1	82.4	81.8	81.2	80.6
39	86.4	85.8	85.2	84.6	84.0	83.3	82.7	82.1	81.5	80.9
40	86.6	86.0	85.4	84.8	84.2	83.6	83.0	82.4	81.8	81.2
41	86.9	86.3	85.7	85.1	84.5	83.9	83.3	82.7	82.1	81.5
42	87.1	86.5	85.9	85.3	84.7	84.1	83.5	83.0	82.4	81.8
43	87.3	86.7	86.1	85.5	84.9	84.4	83.8	83.2	82.7	82.1
44	87.4	86.9	86.3	85.7	85.2	84.6	84.0	83.5	82.9	82.4
45	87.6	87.1	86.5	85.9	85.4	84.8	84.3	83.7	83.2	82.6
46	87.8	87.2	86.7	86.1	85.6	85.0	84.5	83.9	83.4	82.9
47	88.0	87.4	86.9	86.3	85.8	85.2	84.7	84.2	83.6	83.1
48	88.1	87.6	87.0	86.5	86.0	85.4	84.9	84.4	83.8	83.3
49	88.3	87.7	87.2	86.7	86.1	85.6	85.1	84.6	84.1	83.5
50	88.4	87.9	87.4	86.8	86.3	85.8	85.3	84.8	84.3	83.7
51	88.6	88.1	87.5	87.0	86.5	86.0	85.5	85.0	84.4	83.9
52	88.7	88.2	87.7	87.2	86.7	86.2	85.6	85.1	84.6	84.1
53	88.8	88.3	87.8	87.3	86.8	86.3	85.8	85.3	84.8	84.3
54	89.0	88.5	88.0	87.5	87.0	86.5	86.0	85.5	85.0	84.5
55	89.1	88.6	88.1	87.6	87.1	86.6	86.1	85.7	85.2	84.7
56	89.2	88.7	88.2	87.8	87.3	86.8	86.3	85.8	85.3	84.9
57	89.3	88.9	88.4	87.9	87.4	86.9	86.4	86.0	85.5	85.0

表 2a₁(续)

t \ $t-t_w$	2.1	2.2	2.3	2.4	2.5	2.6	2.7	2.8	2.9	3.0
58	89.5	89.0	88.5	88.0	87.5	87.1	86.6	86.1	85.7	85.2
59	89.6	89.1	88.6	88.1	87.7	87.2	86.7	86.3	85.8	85.3
60	89.7	89.2	88.7	88.3	87.8	87.3	86.9	86.4	86.0	85.5
61	89.8	89.3	88.9	88.4	87.9	87.5	87.0	86.5	86.1	85.6
62	89.9	89.4	89.0	88.5	88.0	87.6	87.1	86.7	86.2	85.8
63	90.0	89.5	89.1	88.6	88.2	87.7	87.3	86.8	86.4	85.9
64	90.1	89.6	89.2	88.7	88.3	87.8	87.4	86.9	86.5	86.1
65	90.2	89.7	89.3	88.8	88.4	87.9	87.5	87.1	86.6	86.2
66	90.3	89.8	89.4	88.9	88.5	88.1	87.6	87.2	86.8	86.3
67	90.4	89.9	89.5	89.0	88.6	88.2	87.7	87.3	86.9	86.4
68	90.5	90.0	89.6	89.1	88.7	88.3	87.9	87.4	87.0	86.6
69	90.5	90.1	89.7	89.2	88.8	88.4	88.0	87.5	87.1	86.7
70	90.6	90.2	89.8	89.3	88.9	88.5	88.1	87.6	87.2	86.8
71	90.7	90.3	89.9	89.4	89.0	88.6	88.2	87.8	87.3	86.9
72	90.8	90.4	89.9	89.5	89.1	88.7	88.3	87.9	87.4	87.0
73	90.9	90.4	90.0	89.6	89.2	88.8	88.4	88.0	87.6	87.1
74	90.9	90.5	90.1	89.7	89.3	88.9	88.5	88.1	87.7	87.3
75	91.0	90.6	90.2	89.8	89.4	89.0	88.6	88.2	87.8	87.4
76	91.1	90.7	90.3	89.9	89.5	89.1	88.7	88.3	87.9	87.5
77	91.2	90.8	90.4	90.0	89.6	89.2	88.8	88.4	88.0	87.6
78	91.2	90.8	90.4	90.0	89.6	89.2	88.8	88.4	88.1	87.7
79	91.3	90.9	90.5	90.1	89.7	89.3	88.9	88.5	88.2	87.8
80	91.4	91.0	90.6	90.2	89.8	89.4	89.0	88.6	88.2	87.9
81	91.4	91.1	90.7	90.3	89.9	89.5	89.1	88.7	88.3	88.0
82	91.5	91.1	90.7	90.3	90.0	89.6	89.2	88.8	88.4	88.0
83	91.6	91.2	90.8	90.4	90.0	89.7	89.3	88.9	88.5	88.1
84	91.6	91.3	90.9	90.5	90.1	89.7	89.4	89.0	88.6	88.2
85	91.7	91.3	90.9	90.6	90.2	89.8	89.4	89.1	88.7	88.3
86	91.8	91.4	91.0	90.6	90.3	89.9	89.5	89.1	88.8	88.4
87	91.8	91.4	91.1	90.7	90.3	90.0	89.6	89.2	88.8	88.5
88	91.9	91.5	91.1	90.8	90.4	90.0	89.7	89.3	88.9	88.6
89	91.9	91.6	91.2	90.8	90.5	90.1	89.7	89.4	89.0	88.6
90	92.0	91.6	91.3	90.9	90.5	90.2	89.8	89.4	89.1	88.7
91	92.1	91.7	91.3	91.0	90.6	90.2	89.9	89.5	89.2	88.8
92	92.1	91.8	91.4	91.0	90.7	90.3	90.0	89.6	89.2	88.9
93	92.2	91.8	91.5	91.1	90.7	90.4	90.0	89.7	89.3	89.0
94	92.2	91.9	91.5	91.2	90.8	90.4	90.1	89.7	89.4	89.0
95	92.3	91.9	91.6	91.2	90.9	90.5	90.2	89.8	89.5	89.1
96	92.3	92.0	91.6	91.3	90.9	90.6	90.2	89.9	89.5	89.2
97	92.4	92.0	91.7	91.3	91.0	90.6	90.3	89.9	89.6	89.3
98	92.4	92.1	91.7	91.4	91.0	90.7	90.4	90.0	89.7	89.3
99	92.5	92.1	91.8	91.5	91.1	90.8	90.4	90.1	89.7	89.4
100	92.5	92.2	91.9	91.5	91.2	90.8	90.5	90.1	89.8	89.5

表 $2a_1$（续）

$t-t_w$ / t	3.1	3.2	3.3	3.4	3.5	3.6	3.7	3.8	3.9	4.0
15	64.6	63.5	62.4	61.3	60.2	59.1	58.1	57.0	55.9	54.8
16	65.7	64.7	63.6	62.6	61.6	60.5	59.5	58.4	57.4	56.4
17	66.9	65.9	64.8	63.8	62.8	61.8	60.8	59.8	58.8	57.8
18	67.9	66.9	66.0	65.0	64.0	63.0	62.1	61.1	60.1	59.2
19	68.9	68.0	67.0	66.1	65.1	64.2	63.2	62.3	61.4	60.4
20	69.8	68.9	68.0	67.1	66.2	65.2	64.3	63.4	62.5	61.6
21	70.7	69.8	68.9	68.0	67.1	66.2	65.4	64.5	63.6	62.7
22	71.5	70.7	69.8	68.9	68.1	67.2	66.3	65.5	64.6	63.8
23	72.3	71.5	70.6	69.8	68.9	68.1	67.3	66.4	65.6	64.8
24	73.0	72.2	71.4	70.6	69.7	68.9	68.1	67.3	66.5	65.7
25	73.7	72.9	72.1	71.3	70.5	69.7	68.9	68.2	67.4	66.6
26	74.4	73.6	72.8	72.0	71.3	70.5	69.7	68.9	68.2	67.4
27	75.0	74.2	73.5	72.7	71.9	71.2	70.4	69.7	68.9	68.2
28	75.6	74.8	74.1	73.3	72.6	71.9	71.1	70.4	69.7	68.9
29	76.1	75.4	74.7	73.9	73.2	72.5	71.8	71.1	70.4	69.7
30	76.6	75.9	75.2	74.5	73.8	73.1	72.4	71.7	71.0	70.3
31	77.1	76.4	75.7	75.1	74.4	73.7	73.0	72.3	71.6	71.0
32	77.6	76.9	76.2	75.6	74.9	74.2	73.5	72.9	72.2	71.6
33	78.1	77.4	76.7	76.1	75.4	74.7	74.1	73.4	72.8	72.1
34	78.5	77.8	77.2	76.5	75.9	75.2	74.6	73.9	73.3	72.7
35	78.9	78.2	77.6	77.0	76.3	75.7	75.1	74.4	73.8	73.2
36	79.3	78.6	78.0	77.4	76.8	76.1	75.5	74.9	74.3	73.7
37	79.6	79.0	78.4	77.8	77.2	76.6	76.0	75.3	74.7	74.1
38	80.0	79.4	78.8	78.2	77.6	77.0	76.4	75.8	75.2	74.6
39	80.3	79.7	79.1	78.5	77.9	77.4	76.8	76.2	75.6	75.0
40	80.6	80.1	79.5	78.9	78.3	77.7	77.1	76.6	76.0	75.4
41	81.0	80.4	79.8	79.2	78.7	78.1	77.5	76.9	76.4	75.8
42	81.2	80.7	80.1	79.5	79.0	78.4	77.9	77.3	76.7	76.2
43	81.5	81.0	80.4	79.9	79.3	78.7	78.2	77.6	77.1	76.6
44	81.8	81.3	80.7	80.2	79.6	79.1	78.5	78.0	77.4	76.9
45	82.1	81.5	81.0	80.4	79.9	79.4	78.8	78.3	77.8	77.2
46	82.3	81.8	81.2	80.7	80.2	79.6	79.1	78.6	78.1	77.6
47	82.6	82.0	81.5	81.0	80.4	79.9	79.4	78.9	78.4	77.9
48	82.8	82.3	81.7	81.2	80.7	80.2	79.7	79.2	78.7	78.2
49	83.0	82.5	82.0	81.5	81.0	80.5	79.9	79.4	78.9	78.4
50	83.2	82.7	82.2	81.7	81.2	80.7	80.2	79.7	79.2	78.7
51	83.4	82.9	82.4	81.9	81.4	80.9	80.4	80.0	79.5	79.0
52	83.6	83.1	82.6	82.2	81.7	81.2	80.7	80.2	79.7	79.2
53	83.8	83.3	82.9	82.4	81.9	81.4	80.9	80.4	80.0	79.5
54	84.0	83.5	83.1	82.6	82.1	81.6	81.1	80.7	80.2	79.7
55	84.2	83.7	83.2	82.8	82.3	81.8	81.3	80.9	80.4	79.9
56	84.4	83.9	83.4	83.0	82.5	82.0	81.6	81.1	80.6	80.2
57	84.6	84.1	83.6	83.1	82.7	82.2	81.8	81.3	80.8	80.4

表 2a₁(续)

t \ $t-t_w$	3.1	3.2	3.3	3.4	3.5	3.6	3.7	3.8	3.9	4.0
58	84.7	84.3	83.8	83.3	82.9	82.4	82.0	81.5	81.0	80.6
59	84.9	84.4	84.0	83.5	83.0	82.6	82.1	81.7	81.2	80.8
60	85.0	84.6	84.1	83.7	83.2	82.8	82.3	81.9	81.4	81.0
61	85.2	84.7	84.3	83.8	83.4	82.9	82.5	82.1	81.6	81.2
62	85.3	84.9	84.4	84.0	83.6	83.1	82.7	82.2	81.8	81.4
63	85.5	85.0	84.6	84.2	83.7	83.3	82.8	82.4	82.0	81.6
64	85.6	85.2	84.7	84.3	83.9	83.4	83.0	82.6	82.2	81.7
65	85.8	85.3	84.9	84.5	84.0	83.6	83.2	82.8	82.3	81.9
66	85.9	85.5	85.0	84.6	84.2	83.8	83.3	82.9	82.5	82.1
67	86.0	85.6	85.2	84.7	84.3	83.9	83.5	83.1	82.7	82.2
68	86.1	85.7	85.3	84.9	84.5	84.0	83.6	83.2	82.8	82.4
69	86.3	85.9	85.4	85.0	84.6	84.2	83.8	83.4	83.0	82.6
70	86.4	86.0	85.6	85.2	84.7	84.3	83.9	83.5	83.1	82.7
71	86.5	86.1	85.7	85.3	84.9	84.5	84.1	83.7	83.3	82.9
72	86.6	86.2	85.8	85.4	85.0	84.6	84.2	83.8	83.4	83.0
73	86.7	86.3	85.9	85.5	85.1	84.7	84.3	83.9	83.5	83.1
74	86.9	86.5	86.0	85.7	85.3	84.9	84.5	84.1	83.7	83.3
75	87.0	86.6	86.2	85.8	85.4	85.0	84.6	84.2	83.8	83.4
76	87.1	86.7	86.3	85.9	85.5	85.1	84.7	84.3	83.9	83.6
77	87.2	86.8	86.4	86.0	85.6	85.2	84.8	84.5	84.1	83.7
78	87.3	86.9	86.5	86.1	85.7	85.3	85.0	84.6	84.2	83.8
79	87.4	87.0	86.6	86.2	85.8	85.5	85.1	84.7	84.3	83.9
80	87.5	87.1	86.7	86.3	85.9	85.6	85.2	84.8	84.4	84.1
81	87.6	87.2	86.8	86.4	86.1	85.7	85.3	84.9	84.6	84.2
82	87.7	87.3	86.9	86.5	86.2	85.8	85.4	85.0	84.7	84.3
83	87.8	87.4	87.0	86.6	86.3	85.9	85.5	85.2	84.8	84.4
84	87.9	87.5	87.1	86.7	86.4	86.0	85.6	85.3	84.9	84.5
85	87.9	87.6	87.2	86.8	86.5	86.1	85.7	85.4	85.0	84.7
86	88.0	87.7	87.3	86.9	86.6	86.2	85.8	85.5	85.1	84.8
87	88.1	87.8	87.4	87.0	86.7	86.3	85.9	85.6	85.2	84.9
88	88.2	87.8	87.5	87.1	86.8	86.4	86.0	85.7	85.3	85.0
89	88.3	87.9	87.6	87.2	86.9	86.5	86.1	85.8	85.4	85.1
90	88.4	88.0	87.7	87.3	87.0	86.6	86.2	85.9	85.5	85.2
91	88.5	88.1	87.7	87.4	87.0	86.7	86.3	86.0	85.6	85.3
92	88.5	88.2	87.8	87.5	87.1	86.8	86.4	86.1	85.7	85.4
93	88.6	88.3	87.9	87.6	87.2	86.9	86.5	86.2	85.8	85.5
94	88.7	88.3	88.0	87.7	87.3	87.0	86.6	86.3	85.9	85.6
95	88.8	88.4	88.1	87.7	87.4	87.1	86.7	86.4	86.0	85.7
96	88.8	88.5	88.2	87.8	87.5	87.1	86.8	86.5	86.1	85.8
97	88.9	88.6	88.2	87.9	87.6	87.2	86.9	86.6	86.2	85.9
98	89.0	88.7	88.3	88.0	87.6	87.3	87.0	86.6	86.3	86.0
99	89.1	88.7	88.4	88.1	87.7	87.4	87.1	86.7	86.4	86.1
100	89.1	88.8	88.5	88.1	87.8	87.5	87.2	86.8	86.5	86.2

表 2a₁(续)

t \ $t-t_w$	4.1	4.2	4.3	4.4	4.5	4.6	4.7	4.8	4.9	5.0
15	53.8	52.7	51.7	50.6	49.6	48.5	47.5	46.4	45.4	44.3
16	55.4	54.3	53.3	52.3	51.3	50.3	49.3	48.3	47.3	46.3
17	56.8	55.8	54.9	53.9	52.9	51.9	50.9	50.0	49.0	48.0
18	58.2	57.3	56.3	55.3	54.4	53.5	52.5	51.6	50.6	49.7
19	59.5	58.6	57.7	56.7	55.8	54.9	54.0	53.1	52.2	51.3
20	60.7	59.8	58.9	58.0	57.2	56.3	55.4	54.5	53.6	52.8
21	61.9	61.0	60.1	59.3	58.4	57.5	56.7	55.8	55.0	54.1
22	62.9	62.1	61.3	60.4	59.6	58.7	57.9	57.1	56.3	55.4
23	64.0	63.1	62.3	61.5	60.7	59.9	59.1	58.3	57.5	56.7
24	64.9	64.1	63.3	62.5	61.7	60.9	60.2	59.4	58.6	57.8
25	65.8	65.0	64.3	63.5	62.7	62.0	61.2	60.4	59.7	58.9
26	66.7	65.9	65.2	64.4	63.7	62.9	62.2	61.4	60.7	59.9
27	67.5	66.7	66.0	65.3	64.5	63.8	63.1	62.4	61.6	60.9
28	68.2	67.5	66.8	66.1	65.4	64.7	63.9	63.2	62.5	61.8
29	68.9	68.2	67.5	66.8	66.2	65.5	64.8	64.1	63.4	62.7
30	69.6	68.9	68.3	67.6	66.9	66.2	65.5	64.9	64.2	63.5
31	70.3	69.6	68.9	68.3	67.6	66.9	66.3	65.6	65.0	64.3
32	70.9	70.2	69.6	68.9	68.3	67.6	67.0	66.3	65.7	65.1
33	71.5	70.8	70.2	69.6	68.9	68.3	67.6	67.0	66.4	65.8
34	72.0	71.4	70.8	70.1	69.5	68.9	68.3	67.7	67.0	66.4
35	72.6	71.9	71.3	70.7	70.1	69.5	68.9	68.3	67.7	67.1
36	73.1	72.5	71.9	71.2	70.6	70.0	69.5	68.9	68.3	67.7
37	73.5	72.9	72.4	71.8	71.2	70.6	70.0	69.4	68.8	68.3
38	74.0	73.4	72.8	72.3	71.7	71.1	70.5	69.9	69.4	68.8
39	74.4	73.9	73.3	72.7	72.2	71.6	71.0	70.5	69.9	69.3
40	74.9	74.3	73.7	73.2	72.6	72.0	71.5	70.9	70.4	69.8
41	75.3	74.7	74.1	73.6	73.0	72.5	71.9	71.4	70.9	70.3
42	75.6	75.1	74.5	74.0	73.5	72.9	72.4	71.8	71.3	70.8
43	76.0	75.5	74.9	74.4	73.9	73.3	72.8	72.3	71.7	71.2
44	76.4	75.8	75.3	74.8	74.2	73.7	73.2	72.7	72.2	71.6
45	76.7	76.2	75.7	75.1	74.6	74.1	73.6	73.1	72.6	72.0
46	77.0	76.5	76.0	75.5	75.0	74.5	74.0	73.4	72.9	72.4
47	77.3	76.8	76.3	75.8	75.3	74.8	74.3	73.8	73.3	72.8
48	77.6	77.1	76.6	76.1	75.6	75.1	74.7	74.2	73.7	73.2
49	77.9	77.4	76.9	76.4	76.0	75.5	75.0	74.5	74.0	73.5
50	78.2	77.7	77.2	76.7	76.3	75.8	75.3	74.8	74.3	73.9
51	78.5	78.0	77.5	77.0	76.6	76.1	75.6	75.1	74.7	74.2
52	78.7	78.3	77.8	77.3	76.8	76.4	75.9	75.4	75.0	74.5
53	79.0	78.5	78.1	77.6	77.1	76.6	76.2	75.7	75.3	74.8
54	79.2	78.8	78.3	77.8	77.4	76.9	76.5	76.0	75.5	75.1
55	79.5	79.0	78.6	78.1	77.6	77.2	76.7	76.3	75.8	75.4
56	79.7	79.2	78.8	78.3	77.9	77.4	77.0	76.5	76.1	75.6
57	79.9	79.5	79.0	78.6	78.1	77.7	77.2	76.8	76.3	75.9

表 2a₁(续)

$t-t_w$ / t	4.1	4.2	4.3	4.4	4.5	4.6	4.7	4.8	4.9	5.0
58	80.1	79.7	79.2	78.8	78.4	77.9	77.5	77.0	76.6	76.2
59	80.4	79.9	79.5	79.0	78.6	78.1	77.7	77.3	76.8	76.4
60	80.6	80.1	79.7	79.2	78.8	78.4	77.9	77.5	77.1	76.7
61	80.7	80.3	79.9	79.4	79.0	78.6	78.2	77.7	77.3	76.9
62	80.9	80.5	80.1	79.7	79.2	78.8	78.4	78.0	77.5	77.1
63	81.1	80.7	80.3	79.9	79.4	79.0	78.6	78.2	77.8	77.3
64	81.3	80.9	80.5	80.0	79.6	79.2	78.8	78.4	78.0	77.6
65	81.5	81.1	80.6	80.2	79.8	79.4	79.0	78.6	78.2	77.8
66	81.7	81.2	80.8	80.4	80.0	79.6	79.2	78.8	78.4	78.0
67	81.8	81.4	81.0	80.6	80.2	79.8	79.4	79.0	78.6	78.2
68	82.0	81.6	81.2	80.8	80.4	80.0	79.6	79.2	78.8	78.4
69	82.1	81.7	81.3	80.9	80.5	80.1	79.7	79.3	79.0	78.6
70	82.3	81.9	81.5	81.1	80.7	80.3	79.9	79.5	79.1	78.7
71	82.5	82.1	81.7	81.3	80.9	80.5	80.1	79.7	79.3	78.9
72	82.6	82.2	81.8	81.4	81.0	80.6	80.3	79.9	79.5	79.1
73	82.8	82.4	82.0	81.6	81.2	80.8	80.4	80.0	79.7	79.3
74	82.9	82.5	82.1	81.7	81.4	81.0	80.6	80.2	79.8	79.5
75	83.0	82.7	82.3	81.9	81.5	81.1	80.7	80.4	80.0	79.6
76	83.2	82.8	82.4	82.0	81.7	81.3	80.9	80.5	80.2	79.8
77	83.3	82.9	82.6	82.2	81.8	81.4	81.1	80.7	80.3	79.9
78	83.4	83.1	82.7	82.3	81.9	81.6	81.2	80.8	80.5	80.1
79	83.6	83.2	82.8	82.5	82.1	81.7	81.3	81.0	80.6	80.3
80	83.7	83.3	83.0	82.6	82.2	81.9	81.5	81.1	80.8	80.4
81	83.8	83.5	83.1	82.7	82.4	82.0	81.6	81.3	80.9	80.6
82	83.9	83.6	83.2	82.9	82.5	82.1	81.8	81.4	81.1	80.7
83	84.1	83.7	83.3	83.0	82.6	82.3	81.9	81.5	81.2	80.8
84	84.2	83.8	83.5	83.1	82.7	82.4	82.0	81.7	81.3	81.0
85	84.3	83.9	83.6	83.2	82.9	82.5	82.2	81.8	81.5	81.1
86	84.4	84.1	83.7	83.4	83.0	82.6	82.3	81.9	81.6	81.3
87	84.5	84.2	83.8	83.5	83.1	82.8	82.4	82.1	81.7	81.4
88	84.6	84.3	83.9	83.6	83.2	82.9	82.6	82.2	81.9	81.5
89	84.7	84.4	84.1	83.7	83.4	83.0	82.7	82.3	82.0	81.7
90	84.9	84.5	84.2	83.8	83.5	83.1	82.8	82.5	82.1	81.8
91	85.0	84.6	84.3	83.9	83.6	83.3	82.9	82.6	82.2	81.9
92	85.1	84.7	84.4	84.0	83.7	83.4	83.0	82.7	82.4	82.0
93	85.2	84.8	84.5	84.2	83.8	83.5	83.1	82.8	82.5	82.2
94	85.3	84.9	84.6	84.3	83.9	83.6	83.3	82.9	82.6	82.3
95	85.4	85.0	84.7	84.4	84.0	83.7	83.4	83.0	82.7	82.4
96	85.5	85.1	84.8	84.5	84.1	83.8	83.5	83.2	82.8	82.5
97	85.6	85.2	84.9	84.6	84.2	83.9	83.6	83.3	82.9	82.6
98	85.7	85.3	85.0	84.7	84.3	84.0	83.7	83.4	83.1	82.7
99	85.8	85.4	85.1	84.8	84.5	84.1	83.8	83.5	83.2	82.8
100	85.8	85.5	85.2	84.9	84.6	84.2	83.9	83.6	83.3	83.0

表 2a₁(续)

t \ $t-t_w$	5.2	5.4	5.6	5.8	6.0	6.2	6.4	6.6	6.8	7.0
15	42.3	40.2	38.2	36.2	34.1	32.1	30.1	28.1	26.2	24.2
16	44.3	42.3	40.3	38.4	36.4	34.5	32.5	30.6	28.7	26.8
17	46.1	44.2	42.3	40.4	38.5	36.7	34.8	33.0	31.1	29.3
18	47.9	46.0	44.2	42.3	40.5	38.7	36.9	35.1	33.4	31.6
19	49.5	47.7	45.9	44.2	42.4	40.7	38.9	37.2	35.5	33.8
20	51.0	49.3	47.6	45.9	44.2	42.5	40.8	39.1	37.5	35.8
21	52.4	50.8	49.1	47.4	45.8	44.2	42.5	40.9	39.3	37.7
22	53.8	52.2	50.6	49.0	47.4	45.8	44.2	42.6	41.1	39.5
23	55.1	53.5	51.9	50.4	48.8	47.3	45.7	44.2	42.7	41.2
24	56.3	54.7	53.2	51.7	50.2	48.7	47.2	45.7	44.3	42.8
25	57.4	55.9	54.4	53.0	51.5	50.0	48.6	47.1	45.7	44.3
26	58.5	57.0	55.6	54.1	52.7	51.3	49.9	48.5	47.1	45.7
27	59.5	58.1	56.7	55.3	53.9	52.5	51.1	49.8	48.4	47.1
28	60.4	59.1	57.7	56.3	55.0	53.6	52.3	50.9	49.6	48.3
29	61.3	60.0	58.7	57.3	56.0	54.7	53.4	52.1	50.8	49.5
30	62.2	60.9	59.6	58.3	57.0	55.7	54.4	53.1	51.9	50.6
31	63.0	61.7	60.4	59.2	57.9	56.6	55.4	54.2	52.9	51.7
32	63.8	62.5	61.3	60.0	58.8	57.6	56.3	55.1	53.9	52.7
33	64.5	63.3	62.0	60.8	59.6	58.4	57.2	56.0	54.9	53.7
34	65.2	64.0	62.8	61.6	60.4	59.2	58.1	56.9	55.7	54.6
35	65.9	64.7	63.5	62.3	61.2	60.0	58.9	57.7	56.6	55.5
36	66.5	65.3	64.2	63.0	61.9	60.8	59.6	58.5	57.4	56.3
37	67.1	66.0	64.8	63.7	62.6	61.5	60.4	59.3	58.2	57.1
38	67.7	66.5	65.4	64.3	63.2	62.1	61.0	60.0	58.9	57.8
39	68.2	67.1	66.0	64.9	63.8	62.8	61.7	60.6	59.6	58.6
40	68.7	67.7	66.6	65.5	64.4	63.4	62.3	61.3	60.3	59.2
41	69.2	68.2	67.1	66.1	65.0	64.0	62.9	61.9	60.9	59.9
42	69.7	68.7	67.6	66.6	65.6	64.5	63.5	62.5	61.5	60.5
43	70.2	69.1	68.1	67.1	66.1	65.1	64.1	63.1	62.1	61.1
44	70.6	69.6	68.6	67.6	66.6	65.6	64.6	63.6	62.7	61.7
45	71.0	70.0	69.0	68.0	67.1	66.1	65.1	64.1	63.2	62.2
46	71.4	70.4	69.5	68.5	67.5	66.6	65.6	64.6	63.7	62.8
47	71.8	70.9	69.9	68.9	68.0	67.0	66.1	65.1	64.2	63.3
48	72.2	71.2	70.3	69.3	68.4	67.4	66.5	65.6	64.7	63.8
49	72.6	71.6	70.7	69.7	68.8	67.9	67.0	66.0	65.1	64.2
50	72.9	72.0	71.0	70.1	69.2	68.3	67.4	66.5	65.6	64.7
51	73.2	72.3	71.4	70.5	69.6	68.7	67.8	66.9	66.0	65.1
52	73.6	72.7	71.7	70.8	69.9	69.0	68.2	67.3	66.4	65.5
53	73.9	73.0	72.1	71.2	70.3	69.4	68.5	67.7	66.8	66.0
54	74.2	73.3	72.4	71.5	70.6	69.8	68.9	68.0	67.2	66.3
55	74.5	73.6	72.7	71.8	71.0	70.1	69.2	68.4	67.6	66.7
56	74.8	73.9	73.0	72.1	71.3	70.4	69.6	68.7	67.9	67.1
57	75.0	74.2	73.3	72.4	71.6	70.8	69.9	69.1	68.3	67.4

表 2a₁(续)

$t-t_w$ / t	5.2	5.4	5.6	5.8	6.0	6.2	6.4	6.6	6.8	7.0
58	75.3	74.4	73.6	72.7	71.9	71.1	70.2	69.4	68.6	67.8
59	75.6	74.7	73.9	73.0	72.2	71.4	70.5	69.7	68.9	68.1
60	75.8	75.0	74.1	73.3	72.5	71.7	70.8	70.0	69.2	68.4
61	76.1	75.2	74.4	73.6	72.7	71.9	71.1	70.3	69.5	68.8
62	76.3	75.5	74.6	73.8	73.0	72.2	71.4	70.6	69.8	69.1
63	76.5	75.7	74.9	74.1	73.3	72.5	71.7	70.9	70.1	69.4
64	76.7	75.9	75.1	74.3	73.5	72.7	72.0	71.2	70.4	69.6
65	77.0	76.2	75.4	74.6	73.8	73.0	72.2	71.5	70.7	69.9
66	77.2	76.4	75.6	74.8	74.0	73.2	72.5	71.7	71.0	70.2
67	77.4	76.6	75.8	75.0	74.3	73.5	72.7	72.0	71.2	70.5
68	77.6	76.8	76.0	75.2	74.5	73.7	73.0	72.2	71.5	70.7
69	77.8	77.0	76.2	75.5	74.7	73.9	73.2	72.5	71.7	71.0
70	78.0	77.2	76.4	75.7	74.9	74.2	73.4	72.7	72.0	71.2
71	78.2	77.4	76.6	75.9	75.1	74.4	73.7	72.9	72.2	71.5
72	78.3	77.6	76.8	76.1	75.3	74.6	73.9	73.1	72.4	71.7
73	78.5	77.8	77.0	76.3	75.5	74.8	74.1	73.4	72.7	71.9
74	78.7	78.0	77.2	76.5	75.7	75.0	74.3	73.6	72.9	72.2
75	78.9	78.1	77.4	76.7	75.9	75.2	74.5	73.8	73.1	72.4
76	79.0	78.3	77.6	76.9	76.1	75.4	74.7	74.0	73.3	72.6
77	79.2	78.5	77.8	77.0	76.3	75.6	74.9	74.2	73.5	72.8
78	79.4	78.6	77.9	77.2	76.5	75.8	75.1	74.4	73.7	73.0
79	79.5	78.8	78.1	77.4	76.7	76.0	75.3	74.6	73.9	73.2
80	79.7	79.0	78.3	77.6	76.9	76.2	75.5	74.8	74.1	73.4
81	79.8	79.1	78.4	77.7	77.0	76.3	75.7	75.0	74.3	73.6
82	80.0	79.3	78.6	77.9	77.2	76.5	75.8	75.2	74.5	73.8
83	80.1	79.4	78.7	78.1	77.4	76.7	76.0	75.3	74.7	74.0
84	80.3	79.6	78.9	78.2	77.5	76.9	76.2	75.5	74.9	74.2
85	80.4	79.7	79.1	78.4	77.7	77.0	76.4	75.7	75.0	74.4
86	80.6	79.9	79.2	78.5	77.9	77.2	76.5	75.9	75.2	74.6
87	80.7	80.0	79.3	78.7	78.0	77.3	76.7	76.0	75.4	74.7
88	80.8	80.2	79.5	78.8	78.2	77.5	76.9	76.2	75.6	74.9
89	81.0	80.3	79.6	79.0	78.3	77.7	77.0	76.4	75.7	75.1
90	81.1	80.4	79.8	79.1	78.5	77.8	77.2	76.5	75.9	75.3
91	81.2	80.6	79.9	79.3	78.6	78.0	77.3	76.7	76.0	75.4
92	81.4	80.7	80.1	79.4	78.8	78.1	77.5	76.8	76.2	75.6
93	81.5	80.8	80.2	79.5	78.9	78.3	77.6	77.0	76.4	75.7
94	81.6	81.0	80.3	79.7	79.0	78.4	77.8	77.1	76.5	75.9
95	81.7	81.1	80.4	79.8	79.2	78.5	77.9	77.3	76.7	76.1
96	81.9	81.2	80.6	79.9	79.3	78.7	78.1	77.4	76.8	76.2
97	82.0	81.3	80.7	80.1	79.4	78.8	78.2	77.6	77.0	76.4
98	82.1	81.5	80.8	80.2	79.6	79.0	78.3	77.7	77.1	76.5
99	82.2	81.6	81.0	80.3	79.7	79.1	78.5	77.9	77.3	76.7
100	82.3	81.7	81.1	80.5	79.8	79.2	78.6	78.0	77.4	76.8

表 $2a_1$(续)

$t-t_w$ / t	7.2	7.4	7.6	7.8	8.0	8.2	8.4	8.6	8.8	9.0
15	22.2	20.3	18.3	16.4	14.5	12.6	10.7	8.8	6.9	5.1
16	24.9	23.1	21.2	19.3	17.5	15.7	13.8	12.0	10.2	8.4
17	27.5	25.7	23.9	22.1	20.3	18.5	16.8	15.0	13.3	11.5
18	29.8	28.1	26.4	24.6	22.9	21.2	19.5	17.8	16.2	14.5
19	32.1	30.4	28.7	27.0	25.4	23.7	22.1	20.5	18.9	17.2
20	34.2	32.5	30.9	29.3	27.7	26.1	24.5	22.9	21.4	19.8
21	36.1	34.6	33.0	31.4	29.9	28.3	26.8	25.3	23.8	22.3
22	38.0	36.4	34.9	33.4	31.9	30.4	28.9	27.5	26.0	24.5
23	39.7	38.2	36.8	35.3	33.8	32.4	30.9	29.5	28.1	26.7
24	41.3	39.9	38.5	37.1	35.6	34.2	32.8	31.4	30.1	28.7
25	42.9	41.5	40.1	38.7	37.3	36.0	34.6	33.3	31.9	30.6
26	44.3	43.0	41.6	40.3	38.9	37.6	36.3	35.0	33.7	32.4
27	45.7	44.4	43.1	41.8	40.5	39.2	37.9	36.6	35.3	34.1
28	47.0	45.7	44.4	43.2	41.9	40.6	39.4	38.1	36.9	35.7
29	48.2	47.0	45.7	44.5	43.2	42.0	40.8	39.6	38.4	37.2
30	49.4	48.2	46.9	45.7	44.5	43.3	42.1	40.9	39.8	38.6
31	50.5	49.3	48.1	46.9	45.7	44.6	43.4	42.2	41.1	39.9
32	51.5	50.4	49.2	48.0	46.9	45.7	44.6	43.5	42.3	41.2
33	52.5	51.4	50.2	49.1	48.0	46.8	45.7	44.6	43.5	42.4
34	53.5	52.3	51.2	50.1	49.0	47.9	46.8	45.7	44.6	43.6
35	54.4	53.3	52.2	51.1	50.0	48.9	47.8	46.8	45.7	44.7
36	55.2	54.1	53.0	52.0	50.9	49.9	48.8	47.8	46.7	45.7
37	56.0	55.0	53.9	52.8	51.8	50.8	49.7	48.7	47.7	46.7
38	56.8	55.7	54.7	53.7	52.6	51.6	50.6	49.6	48.6	47.6
39	57.5	56.5	55.5	54.5	53.5	52.5	51.5	50.5	49.5	48.5
40	58.2	57.2	56.2	55.2	54.2	53.2	52.3	51.3	50.3	49.4
41	58.9	57.9	56.9	55.9	55.0	54.0	53.0	52.1	51.1	50.2
42	59.5	58.6	57.6	56.6	55.7	54.7	53.8	52.8	51.9	51.0
43	60.2	59.2	58.2	57.3	56.3	55.4	54.5	53.6	52.6	51.7
44	60.7	59.8	58.9	57.9	57.0	56.1	55.2	54.2	53.3	52.5
45	61.3	60.4	59.4	58.5	57.6	56.7	55.8	54.9	54.0	53.1
46	61.8	60.9	60.0	59.1	58.2	57.3	56.4	55.5	54.7	53.8
47	62.4	61.5	60.6	59.7	58.8	57.9	57.0	56.1	55.3	54.4
48	62.9	62.0	61.1	60.2	59.3	58.4	57.6	56.7	55.9	55.0
49	63.3	62.5	61.6	60.7	59.8	59.0	58.1	57.3	56.4	55.6
50	63.8	62.9	62.1	61.2	60.4	59.5	58.7	57.8	57.0	56.2
51	64.3	63.4	62.5	61.7	60.8	60.0	59.2	58.3	57.5	56.7
52	64.7	63.8	63.0	62.1	61.3	60.5	59.7	58.8	58.0	57.2
53	65.1	64.3	63.4	62.6	61.8	60.9	60.1	59.3	58.5	57.7
54	65.5	64.7	63.8	63.0	62.2	61.4	60.6	59.8	59.0	58.2
55	65.9	65.1	64.2	63.4	62.6	61.8	61.0	60.2	59.5	58.7
56	66.3	65.4	64.6	63.8	63.0	62.2	61.5	60.7	59.9	59.1
57	66.6	65.8	65.0	64.2	63.4	62.7	61.9	61.1	60.3	59.6

表 $2a_1$（续）

$t-t_w$ / t	7.2	7.4	7.6	7.8	8.0	8.2	8.4	8.6	8.8	9.0
58	67.0	66.2	65.4	64.6	63.8	63.0	62.3	61.5	60.8	60.0
59	67.3	66.5	65.7	65.0	64.2	63.4	62.7	61.9	61.2	60.4
60	67.7	66.9	66.1	65.3	64.6	63.8	63.0	62.3	61.5	60.8
61	68.0	67.2	66.4	65.7	64.9	64.2	63.4	62.7	61.9	61.2
62	68.3	67.5	66.8	66.0	65.2	64.5	63.8	63.0	62.3	61.6
63	68.6	67.8	67.1	66.3	65.6	64.8	64.1	63.4	62.6	61.9
64	68.9	68.1	67.4	66.6	65.9	65.2	64.4	63.7	63.0	62.3
65	69.2	68.4	67.7	66.9	66.2	65.5	64.8	64.0	63.3	62.6
66	69.5	68.7	68.0	67.2	66.5	65.8	65.1	64.4	63.7	63.0
67	69.7	69.0	68.3	67.5	66.8	66.1	65.4	64.7	64.0	63.3
68	70.0	69.3	68.5	67.8	67.1	66.4	65.7	65.0	64.3	63.6
69	70.3	69.5	68.8	68.1	67.4	66.7	66.0	65.3	64.6	63.9
70	70.5	69.8	69.1	68.4	67.7	67.0	66.3	65.6	64.9	64.2
71	70.8	70.0	69.3	68.6	67.9	67.2	66.6	65.9	65.2	64.5
72	71.0	70.3	69.6	68.9	68.2	67.5	66.8	66.2	65.5	64.8
73	71.2	70.5	69.8	69.1	68.5	67.8	67.1	66.4	65.8	65.1
74	71.5	70.8	70.1	69.4	68.7	68.0	67.4	66.7	66.0	65.4
75	71.7	71.0	70.3	69.6	69.0	68.3	67.6	67.0	66.3	65.6
76	71.9	71.2	70.5	69.9	69.2	68.5	67.9	67.2	66.6	65.9
77	72.1	71.4	70.8	70.1	69.4	68.8	68.1	67.5	66.8	66.2
78	72.3	71.7	71.0	70.3	69.7	69.0	68.4	67.7	67.1	66.4
79	72.6	71.9	71.2	70.6	69.9	69.2	68.6	67.9	67.3	66.7
80	72.8	72.1	71.4	70.8	70.1	69.5	68.8	68.2	67.5	66.9
81	73.0	72.3	71.6	71.0	70.3	69.7	69.0	68.4	67.8	67.2
82	73.2	72.5	71.8	71.2	70.5	69.9	69.3	68.6	68.0	67.4
83	73.4	72.7	72.0	71.4	70.8	70.1	69.5	68.9	68.2	67.6
84	73.5	72.9	72.2	71.6	71.0	70.3	69.7	69.1	68.5	67.8
85	73.7	73.1	72.4	71.8	71.2	70.5	69.9	69.3	68.7	68.1
86	73.9	73.3	72.6	72.0	71.4	70.7	70.1	69.5	68.9	68.3
87	74.1	73.5	72.8	72.2	71.6	70.9	70.3	69.7	69.1	68.5
88	74.3	73.6	73.0	72.4	71.8	71.1	70.5	69.9	69.3	68.7
89	74.4	73.8	73.2	72.6	72.0	71.3	70.7	70.1	69.5	68.9
90	74.6	74.0	73.4	72.8	72.1	71.5	70.9	70.3	69.7	69.1
91	74.8	74.2	73.6	72.9	72.3	71.7	71.1	70.5	69.9	69.3
92	75.0	74.3	73.7	73.1	72.5	71.9	71.3	70.7	70.1	69.5
93	75.1	74.5	73.9	73.3	72.7	72.1	71.5	70.9	70.3	69.7
94	75.3	74.7	74.1	73.5	72.9	72.3	71.7	71.1	70.5	69.9
95	75.4	74.8	74.2	73.6	73.0	72.4	71.9	71.3	70.7	70.1
96	75.6	75.0	74.4	73.8	73.2	72.6	72.0	71.5	70.9	70.3
97	75.8	75.2	74.6	74.0	73.4	72.8	72.2	71.6	71.1	70.5
98	75.9	75.3	74.7	74.1	73.5	73.0	72.4	71.8	71.2	70.7
99	76.1	75.5	74.9	74.3	73.7	73.1	72.6	72.0	71.4	70.9
100	76.2	75.6	75.0	74.5	73.9	73.3	72.7	72.2	71.6	71.0

表 2a₁(续)

t \ $t-t_w$	9.2	9.4	9.6	9.8	10.0	10.2	10.4	10.6	10.8	11.0
15	3.2	1.3								
16	6.6	4.8	3.1	1.3						
17	9.8	8.1	6.4	4.7	3.0	1.3				
18	12.8	11.2	9.5	7.9	6.3	4.7	3.0	1.4		
19	15.6	14.0	12.5	10.9	9.3	7.8	6.2	4.7	3.1	1.6
20	18.3	16.7	15.2	13.7	12.2	10.7	9.2	7.7	6.2	4.7
21	20.8	19.3	17.8	16.3	14.8	13.4	11.9	10.5	9.1	7.6
22	23.1	21.6	20.2	18.8	17.4	16.0	14.6	13.2	11.8	10.4
23	25.3	23.9	22.5	21.1	19.7	18.4	17.0	15.7	14.3	13.0
24	27.3	26.0	24.6	23.3	22.0	20.6	19.3	18.0	16.7	15.4
25	29.3	27.9	26.6	25.3	24.0	22.8	21.5	20.2	19.0	17.7
26	31.1	29.8	28.5	27.3	26.0	24.8	23.5	22.3	21.1	19.9
27	32.8	31.6	30.3	29.1	27.9	26.7	25.5	24.3	23.1	21.9
28	34.4	33.2	32.0	30.8	29.6	28.5	27.3	26.1	25.0	23.8
29	36.0	34.8	33.6	32.5	31.3	30.1	29.0	27.9	26.7	25.6
30	37.4	36.3	35.1	34.0	32.9	31.7	30.6	29.5	28.4	27.3
31	38.8	37.7	36.6	35.5	34.3	33.3	32.2	31.1	30.0	28.9
32	40.1	39.0	37.9	36.8	35.8	34.7	33.6	32.6	31.5	30.5
33	41.3	40.3	39.2	38.1	37.1	36.0	35.0	34.0	32.9	31.9
34	42.5	41.5	40.4	39.4	38.4	37.3	36.3	35.3	34.3	33.3
35	43.6	42.6	41.6	40.6	39.6	38.5	37.6	36.6	35.6	34.6
36	44.7	43.7	42.7	41.7	40.7	39.7	38.7	37.8	36.8	35.8
37	45.7	44.7	43.7	42.7	41.8	40.8	39.9	38.9	38.0	37.0
38	46.7	45.7	44.7	43.8	42.8	41.9	40.9	40.0	39.1	38.1
39	47.6	46.6	45.7	44.7	43.8	42.9	41.9	41.0	40.1	39.2
40	48.4	47.5	46.6	45.7	44.7	43.8	42.9	42.0	41.1	40.2
41	49.3	48.4	47.4	46.5	45.6	44.7	43.8	43.0	42.1	41.2
42	50.1	49.2	48.3	47.4	46.5	45.6	44.7	43.9	43.0	42.1
43	50.8	49.9	49.1	48.2	47.3	46.4	45.6	44.7	43.9	43.0
44	51.6	50.7	49.8	48.9	48.1	47.2	46.4	45.5	44.7	43.9
45	52.3	51.4	50.5	49.7	48.8	48.0	47.2	46.3	45.5	44.7
46	52.9	52.1	51.2	50.4	49.6	48.7	47.9	47.1	46.3	45.5
47	53.6	52.7	51.9	51.1	50.2	49.4	48.6	47.8	47.0	46.2
48	54.2	53.4	52.5	51.7	50.9	50.1	49.3	48.5	47.7	46.9
49	54.8	54.0	53.1	52.3	51.5	50.7	49.9	49.2	48.4	47.6
50	55.4	54.5	53.7	52.9	52.1	51.4	50.6	49.8	49.0	48.3
51	55.9	55.1	54.3	53.5	52.7	52.0	51.2	50.4	49.7	48.9
52	56.4	55.6	54.9	54.1	53.3	52.5	51.8	51.0	50.3	49.5
53	56.9	56.2	55.4	54.6	53.9	53.1	52.3	51.6	50.8	50.1
54	57.4	56.7	55.9	55.1	54.4	53.6	52.9	52.1	51.4	50.7
55	57.9	57.1	56.4	55.6	54.9	54.1	53.4	52.7	51.9	51.2
56	58.4	57.6	56.9	56.1	55.4	54.6	53.9	53.2	52.5	51.8
57	58.8	58.1	57.3	56.6	55.9	55.1	54.4	53.7	53.0	52.3

表 2a₁(续)

t \ $t-t_w$	9.2	9.4	9.6	9.8	10.0	10.2	10.4	10.6	10.8	11.0
58	59.3	58.5	57.8	57.0	56.3	55.6	54.9	54.2	53.5	52.8
59	59.7	58.9	58.2	57.5	56.8	56.0	55.3	54.6	53.9	53.2
60	60.1	59.3	58.6	57.9	57.2	56.5	55.8	55.1	54.4	53.7
61	60.5	59.7	59.0	58.3	57.6	56.9	56.2	55.5	54.8	54.2
62	60.8	60.1	59.4	58.7	58.0	57.3	56.6	56.0	55.3	54.6
63	61.2	60.5	59.8	59.1	58.4	57.7	57.0	56.4	55.7	55.0
64	61.6	60.9	60.2	59.5	58.8	58.1	57.4	56.8	56.1	55.4
65	61.9	61.2	60.5	59.9	59.2	58.5	57.8	57.2	56.5	55.8
66	62.3	61.6	60.9	60.2	59.5	58.9	58.2	57.5	56.9	56.2
67	62.6	61.9	61.2	60.6	59.9	59.2	58.6	57.9	57.3	56.6
68	62.9	62.2	61.6	60.9	60.2	59.6	58.9	58.3	57.6	57.0
69	63.2	62.6	61.9	61.2	60.6	59.9	59.3	58.6	58.0	57.3
70	63.6	62.9	62.2	61.6	60.9	60.3	59.6	59.0	58.3	57.7
71	63.9	63.2	62.5	61.9	61.2	60.6	59.9	59.3	58.7	58.0
72	64.1	63.5	62.8	62.2	61.5	60.9	60.3	59.6	59.0	58.4
73	64.4	63.8	63.1	62.5	61.8	61.2	60.6	59.9	59.3	58.7
74	64.7	64.1	63.4	62.8	62.1	61.5	60.9	60.3	59.6	59.0
75	65.0	64.3	63.7	63.1	62.4	61.8	61.2	60.6	60.0	59.3
76	65.3	64.6	64.0	63.4	62.7	62.1	61.5	60.9	60.3	59.7
77	65.5	64.9	64.3	63.6	63.0	62.4	61.8	61.2	60.6	60.0
78	65.8	65.1	64.5	63.9	63.3	62.7	62.1	61.4	60.8	60.2
79	66.0	65.4	64.8	64.2	63.5	62.9	62.3	61.7	61.1	60.5
80	66.3	65.7	65.0	64.4	63.8	63.2	62.6	62.0	61.4	60.8
81	66.5	65.9	65.3	64.7	64.1	63.5	62.9	62.3	61.7	61.1
82	66.8	66.1	65.5	64.9	64.3	63.7	63.1	62.5	62.0	61.4
83	67.0	66.4	65.8	65.2	64.6	64.0	63.4	62.8	62.2	61.6
84	67.2	66.6	66.0	65.4	64.8	64.2	63.6	63.1	62.5	61.9
85	67.5	66.9	66.3	65.7	65.1	64.5	63.9	63.3	62.7	62.2
86	67.7	67.1	66.5	65.9	65.3	64.7	64.1	63.6	63.0	62.4
87	67.9	67.3	66.7	66.1	65.5	65.0	64.4	63.8	63.2	62.7
88	68.1	67.5	66.9	66.3	65.8	65.2	64.6	64.0	63.5	62.9
89	68.3	67.7	67.2	66.6	66.0	65.4	64.8	64.3	63.7	63.2
90	68.5	68.0	67.4	66.8	66.2	65.6	65.1	64.5	63.9	63.4
91	68.7	68.2	67.6	67.0	66.4	65.9	65.3	64.7	64.2	63.6
92	68.9	68.4	67.8	67.2	66.6	66.1	65.5	65.0	64.4	63.9
93	69.1	68.6	68.0	67.4	66.9	66.3	65.7	65.2	64.6	64.1
94	69.3	68.8	68.2	67.6	67.1	66.5	66.0	65.4	64.9	64.3
95	69.5	69.0	68.4	67.8	67.3	66.7	66.2	65.6	65.1	64.5
96	69.7	69.2	68.6	68.0	67.5	66.9	66.4	65.8	65.3	64.7
97	69.9	69.4	68.8	68.2	67.7	67.1	66.6	66.0	65.5	65.0
98	70.1	69.5	69.0	68.4	67.9	67.3	66.8	66.2	65.7	65.2
99	70.3	69.7	69.2	68.6	68.1	67.5	67.0	66.4	65.9	65.4
100	70.5	69.9	69.4	68.8	68.3	67.7	67.2	66.6	66.1	65.6

表 2a₁(续)

$t-t_w$ / t	11.5	12.0	12.5	13.5	13.5	14.0	14.5	15.0	15.5	16.0
15										
16										
17										
18										
19										
20	1.1									
21	4.1	0.6								
22	7.0	3.6	0.3							
23	9.7	6.4	3.2	0.1						
24	12.2	9.1	6.0	2.9						
25	14.6	11.5	8.5	5.6	2.6					
26	16.8	13.9	11.0	8.1	5.2	2.4				
27	19.0	16.1	13.2	10.4	7.7	5.0	2.3			
28	21.0	18.1	15.4	12.7	10.0	7.3	4.7	2.2		
29	22.8	20.1	17.4	14.8	12.2	9.6	7.1	4.6	2.1	
30	24.6	22.0	19.3	16.8	14.2	11.7	9.3	6.8	4.5	2.1
31	26.3	23.7	21.2	18.6	16.2	13.7	11.3	9.0	6.6	4.4
32	27.9	25.4	22.9	20.4	18.0	15.6	13.3	11.0	8.7	6.5
33	29.4	26.9	24.5	22.1	19.7	17.4	15.1	12.9	10.7	8.5
34	30.8	28.4	26.0	23.7	21.4	19.1	16.9	14.7	12.5	10.4
35	32.2	29.8	27.5	25.2	23.0	20.7	18.6	16.4	14.3	12.2
36	33.5	31.2	28.9	26.6	24.4	22.3	20.1	18.0	16.0	13.9
37	34.7	32.4	30.2	28.0	25.8	23.7	21.6	19.6	17.6	15.6
38	35.9	33.6	31.5	29.3	27.2	25.1	23.1	21.0	19.1	17.1
39	37.0	34.8	32.6	30.5	28.5	26.4	24.4	22.4	20.5	18.6
40	38.0	35.9	33.8	31.7	29.7	27.7	25.7	23.8	21.9	20.0
41	39.1	36.9	34.9	32.8	30.8	28.9	26.9	25.0	23.2	21.3
42	40.0	37.9	35.9	33.9	31.9	30.0	28.1	26.2	24.4	22.6
43	40.9	38.9	36.9	34.9	33.0	31.1	29.2	27.4	25.6	23.8
44	41.8	39.8	37.8	35.9	34.0	32.1	30.3	28.5	26.7	24.9
45	42.7	40.7	38.7	36.8	34.9	33.1	31.3	29.5	27.8	26.0
46	43.5	41.5	39.6	37.7	35.9	34.0	32.3	30.5	28.8	27.1
47	44.2	42.3	40.4	38.6	36.7	35.0	33.2	31.5	29.8	28.1
48	45.0	43.1	41.2	39.4	37.6	35.8	34.1	32.4	30.7	29.1
49	45.7	43.8	42.0	40.2	38.4	36.7	34.9	33.3	31.6	30.0
50	46.4	44.5	42.7	40.9	39.2	37.5	35.8	34.1	32.5	30.9
51	47.0	45.2	43.4	41.7	39.9	38.2	36.6	34.9	33.3	31.7
52	47.7	45.9	44.1	42.4	40.6	39.0	37.3	35.7	34.1	32.6
53	48.3	46.5	44.7	43.0	41.3	39.7	38.1	36.5	34.9	33.3
54	48.9	47.1	45.4	43.7	42.0	40.4	38.8	37.2	35.6	34.1
55	49.4	47.7	46.0	44.3	42.6	41.0	39.4	37.9	36.3	34.8
56	50.0	48.3	46.6	44.9	43.3	41.7	40.1	38.5	37.0	35.5
57	50.5	48.8	47.1	45.5	43.9	42.3	40.7	39.2	37.7	36.2

表 $2a_1$（续）

$t-t_w$ / t	11.5	12.0	12.5	13.5	13.5	14.0	14.5	15.0	15.5	16.0
58	51.0	49.3	47.7	46.1	44.4	42.9	41.3	39.8	38.3	36.9
59	51.5	49.9	48.2	46.6	45.0	43.5	41.9	40.4	38.9	37.5
60	52.0	50.4	48.7	47.1	45.6	44.0	42.5	41.0	39.5	38.1
61	52.5	50.8	49.2	47.6	46.1	44.5	43.0	41.6	40.1	38.7
62	52.9	51.3	49.7	48.1	46.6	45.1	43.6	42.1	40.7	39.3
63	53.4	51.8	50.2	48.6	47.1	45.6	44.1	42.7	41.2	39.8
64	53.8	52.2	50.6	49.1	47.6	46.1	44.6	43.2	41.8	40.4
65	54.2	52.6	51.1	49.5	48.0	46.6	45.1	43.7	42.3	40.9
66	54.6	53.0	51.5	50.0	48.5	47.0	45.6	44.2	42.8	41.4
67	55.0	53.5	51.9	50.4	48.9	47.5	46.0	44.6	43.3	41.9
68	55.4	53.8	52.3	50.8	49.4	47.9	46.5	45.1	43.7	42.4
69	55.8	54.2	52.7	51.2	49.8	48.3	46.9	45.5	44.2	42.9
70	56.1	54.6	53.1	51.6	50.2	48.8	47.4	46.0	44.6	43.3
71	56.5	55.0	53.5	52.0	50.6	49.2	47.8	46.4	45.1	43.8
72	56.8	55.3	53.9	52.4	51.0	49.6	48.2	46.8	45.5	44.2
73	57.2	55.7	54.2	52.8	51.3	49.9	48.6	47.2	45.9	44.6
74	57.5	56.0	54.6	53.1	51.7	50.3	49.0	47.6	46.3	45.0
75	57.8	56.4	54.9	53.5	52.1	50.7	49.3	48.0	46.7	45.4
76	58.2	56.7	55.2	53.8	52.4	51.1	49.7	48.4	47.1	45.8
77	58.5	57.0	55.6	54.2	52.8	51.4	50.1	48.8	47.5	46.2
78	58.8	57.3	55.9	54.5	53.1	51.8	50.4	49.1	47.8	46.6
79	59.1	57.6	56.2	54.8	53.4	52.1	50.8	49.5	48.2	46.9
80	59.4	57.9	56.5	55.1	53.8	52.4	51.1	49.8	48.6	47.3
81	59.6	58.2	56.8	55.4	54.1	52.8	51.5	50.2	48.9	47.7
82	59.9	58.5	57.1	55.7	54.4	53.1	51.8	50.5	49.2	48.0
83	60.2	58.8	57.4	56.0	54.7	53.4	52.1	50.8	49.6	48.4
84	60.5	59.1	57.7	56.3	55.0	53.7	52.4	51.2	49.9	48.7
85	60.7	59.3	58.0	56.6	55.3	54.0	52.7	51.5	50.2	49.0
86	61.0	59.6	58.3	56.9	55.6	54.3	53.0	51.8	50.6	49.3
87	61.3	59.9	58.5	57.2	55.9	54.6	53.3	52.1	50.9	49.7
88	61.5	60.1	58.8	57.5	56.2	54.9	53.6	52.4	51.2	50.0
89	61.8	60.4	59.1	57.7	56.4	55.2	53.9	52.7	51.5	50.3
90	62.0	60.7	59.3	58.0	56.7	55.4	54.2	53.0	51.8	50.6
91	62.3	60.9	59.6	58.3	57.0	55.7	54.5	53.3	52.1	50.9
92	62.5	61.1	59.8	58.5	57.3	56.0	54.8	53.5	52.3	51.2
93	62.7	61.4	60.1	58.8	57.5	56.3	55.0	53.8	52.6	51.5
94	63.0	61.6	60.3	59.0	57.8	56.5	55.3	54.1	52.9	51.7
95	63.2	61.9	60.6	59.3	58.0	56.8	55.6	54.4	53.2	52.0
96	63.4	62.1	60.8	59.5	58.3	57.0	55.8	54.6	53.5	52.3
97	63.6	62.3	61.0	59.8	58.5	57.3	56.1	54.9	53.7	52.6
98	63.8	62.5	61.3	60.0	58.8	57.5	56.3	55.2	54.0	52.8
99	64.1	62.8	61.5	60.2	59.0	57.8	56.6	55.4	54.2	53.1
100	64.3	63.0	61.7	60.5	59.2	58.0	56.8	55.7	54.5	53.4

表 $2a_2$ 柱状水银温度表相对湿度查算表

P＝110 kPa, A＝0.815×10^{-3}℃$^{-1}$(0.4 m/s)

t \ $t-t_w$	0.0	0.1	0.2	0.3	0.4	0.5	0.6	0.7	0.8	0.9	1.0
15	100.0	98.8	97.7	96.5	95.3	94.2	93.0	91.9	90.8	89.6	88.5
16	100.0	98.9	97.7	96.6	95.5	94.4	93.3	92.2	91.1	90.0	88.9
17	100.0	98.9	97.8	96.7	95.6	94.6	93.5	92.4	91.3	90.3	89.2
18	100.0	98.9	97.9	96.8	95.8	94.7	93.7	92.6	91.6	90.6	89.5
19	100.0	99.0	97.9	96.9	95.9	94.9	93.9	92.9	91.8	90.8	89.8
20	100.0	99.0	98.0	97.0	96.0	95.0	94.0	93.1	92.1	91.1	90.1
21	100.0	99.0	98.1	97.1	96.1	95.2	94.2	93.3	92.3	91.4	90.4
22	100.0	99.1	98.1	97.2	96.2	95.3	94.4	93.4	92.5	91.6	90.7
23	100.0	99.1	98.2	97.2	96.3	95.4	94.5	93.6	92.7	91.8	90.9
24	100.0	99.1	98.2	97.3	96.4	95.5	94.6	93.8	92.9	92.0	91.1
25	100.0	99.1	98.2	97.4	96.5	95.6	94.8	93.9	93.1	92.2	91.4
26	100.0	99.1	98.3	97.4	96.6	95.7	94.9	94.1	93.2	92.4	91.6
27	100.0	99.2	98.3	97.5	96.7	95.8	95.0	94.2	93.4	92.6	91.8
28	100.0	99.2	98.4	97.6	96.7	95.9	95.1	94.3	93.5	92.7	91.9
29	100.0	99.2	98.4	97.6	96.8	96.0	95.2	94.5	93.7	92.9	92.1
30	100.0	99.2	98.4	97.7	96.9	96.1	95.3	94.6	93.8	93.0	92.3
31	100.0	99.2	98.5	97.7	96.9	96.2	95.4	94.7	93.9	93.2	92.4
32	100.0	99.2	98.5	97.8	97.0	96.3	95.5	94.8	94.1	93.3	92.6
33	100.0	99.3	98.5	97.8	97.1	96.3	95.6	94.9	94.2	93.5	92.7
34	100.0	99.3	98.6	97.8	97.1	96.4	95.7	95.0	94.3	93.6	92.9
35	100.0	99.3	98.6	97.9	97.2	96.5	95.8	95.1	94.4	93.7	93.0
36	100.0	99.3	98.6	97.9	97.2	96.5	95.8	95.2	94.5	93.8	93.1
37	100.0	99.3	98.6	97.9	97.3	96.6	95.9	95.2	94.6	93.9	93.2
38	100.0	99.3	98.7	98.0	97.3	96.7	96.0	95.3	94.7	94.0	93.4
39	100.0	99.3	98.7	98.0	97.4	96.7	96.1	95.4	94.8	94.1	93.5
40	100.0	99.3	98.7	98.0	97.4	96.8	96.1	95.5	94.8	94.2	93.6
41	100.0	99.4	98.7	98.1	97.4	96.8	96.2	95.5	94.9	94.3	93.7
42	100.0	99.4	98.7	98.1	97.5	96.9	96.2	95.6	95.0	94.4	93.8
43	100.0	99.4	98.8	98.1	97.5	96.9	96.3	95.7	95.1	94.5	93.9
44	100.0	99.4	98.8	98.2	97.6	96.9	96.3	95.7	95.1	94.5	94.0
45	100.0	99.4	98.8	98.2	97.6	97.0	96.4	95.8	95.2	94.6	94.0
46	100.0	99.4	98.8	98.2	97.6	97.0	96.4	95.9	95.3	94.7	94.1
47	100.0	99.4	98.8	98.2	97.7	97.1	96.5	95.9	95.3	94.8	94.2
48	100.0	99.4	98.8	98.3	97.7	97.1	96.5	96.0	95.4	94.8	94.3
49	100.0	99.4	98.9	98.3	97.7	97.1	96.6	96.0	95.5	94.9	94.3
50	100.0	99.4	98.9	98.3	97.7	97.2	96.6	96.1	95.5	95.0	94.4
51	100.0	99.4	98.9	98.3	97.8	97.2	96.7	96.1	95.6	95.0	94.5
52	100.0	99.4	98.9	98.3	97.8	97.2	96.7	96.2	95.6	95.1	94.6
53	100.0	99.5	98.9	98.4	97.8	97.3	96.7	96.2	95.7	95.1	94.6
54	100.0	99.5	98.9	98.4	97.8	97.3	96.8	96.3	95.7	95.2	94.7
55	100.0	99.5	98.9	98.4	97.9	97.3	96.8	96.3	95.8	95.3	94.7
56	100.0	99.5	98.9	98.4	97.9	97.4	96.9	96.3	95.8	95.3	94.8
57	100.0	99.5	99.0	98.4	97.9	97.4	96.9	96.4	95.9	95.4	94.9

表 $2a_2$(续)

$t-t_w$ / t	0.0	0.1	0.2	0.3	0.4	0.5	0.6	0.7	0.8	0.9	1.0
58	100.0	99.5	99.0	98.5	97.9	97.4	96.9	96.4	95.9	95.4	94.9
59	100.0	99.5	99.0	98.5	98.0	97.5	97.0	96.5	96.0	95.5	95.0
60	100.0	99.5	99.0	98.5	98.0	97.5	97.0	96.5	96.0	95.5	95.0
61	100.0	99.5	99.0	98.5	98.0	97.5	97.0	96.5	96.0	95.5	95.1
62	100.0	99.5	99.0	98.5	98.0	97.5	97.0	96.6	96.1	95.6	95.1
63	100.0	99.5	99.0	98.5	98.0	97.6	97.1	96.6	96.1	95.6	95.2
64	100.0	99.5	99.0	98.5	98.1	97.6	97.1	96.6	96.2	95.7	95.2
65	100.0	99.5	99.0	98.6	98.1	97.6	97.1	96.7	96.2	95.7	95.3
66	100.0	99.5	99.0	98.6	98.1	97.6	97.2	96.7	96.2	95.8	95.3
67	100.0	99.5	99.1	98.6	98.1	97.7	97.2	96.7	96.3	95.8	95.3
68	100.0	99.5	99.1	98.6	98.1	97.7	97.2	96.8	96.3	95.8	95.4
69	100.0	99.5	99.1	98.6	98.2	97.7	97.2	96.8	96.3	95.9	95.4
70	100.0	99.5	99.1	98.6	98.2	97.7	97.3	96.8	96.4	95.9	95.5
71	100.0	99.5	99.1	98.6	98.2	97.7	97.3	96.8	96.4	95.9	95.5
72	100.0	99.5	99.1	98.6	98.2	97.8	97.3	96.9	96.4	96.0	95.5
73	100.0	99.6	99.1	98.7	98.2	97.8	97.3	96.9	96.5	96.0	95.6
74	100.0	99.6	99.1	98.7	98.2	97.8	97.4	96.9	96.5	96.1	95.6
75	100.0	99.6	99.1	98.7	98.2	97.8	97.4	96.9	96.5	96.1	95.7
76	100.0	99.6	99.1	98.7	98.3	97.8	97.4	97.0	96.5	96.1	95.7
77	100.0	99.6	99.1	98.7	98.3	97.8	97.4	97.0	96.6	96.1	95.7
78	100.0	99.6	99.1	98.7	98.3	97.9	97.4	97.0	96.6	96.2	95.8
79	100.0	99.6	99.1	98.7	98.3	97.9	97.5	97.0	96.6	96.2	95.8
80	100.0	99.6	99.2	98.7	98.3	97.9	97.5	97.1	96.7	96.2	95.8
81	100.0	99.6	99.2	98.7	98.3	97.9	97.5	97.1	96.7	96.3	95.9
82	100.0	99.6	99.2	98.8	98.3	97.9	97.5	97.1	96.7	96.3	95.9
83	100.0	99.6	99.2	98.8	98.4	97.9	97.5	97.1	96.7	96.3	95.9
84	100.0	99.6	99.2	98.8	98.4	98.0	97.6	97.2	96.8	96.4	96.0
85	100.0	99.6	99.2	98.8	98.4	98.0	97.6	97.2	96.8	96.4	96.0
86	100.0	99.6	99.2	98.8	98.4	98.0	97.6	97.2	96.8	96.4	96.0
87	100.0	99.6	99.2	98.8	98.4	98.0	97.6	97.2	96.8	96.4	96.0
88	100.0	99.6	99.2	98.8	98.4	98.0	97.6	97.2	96.9	96.5	96.1
89	100.0	99.6	99.2	98.8	98.4	98.0	97.6	97.3	96.9	96.5	96.1
90	100.0	99.6	99.2	98.8	98.4	98.1	97.7	97.3	96.9	96.5	96.1
91	100.0	99.6	99.2	98.8	98.5	98.1	97.7	97.3	96.9	96.5	96.2
92	100.0	99.6	99.2	98.8	98.5	98.1	97.7	97.3	96.9	96.6	96.2
93	100.0	99.6	99.2	98.9	98.5	98.1	97.7	97.3	97.0	96.6	96.2
94	100.0	99.6	99.2	98.9	98.5	98.1	97.7	97.4	97.0	96.6	96.2
95	100.0	99.6	99.2	98.9	98.5	98.1	97.7	97.4	97.0	96.6	96.3
96	100.0	99.6	99.3	98.9	98.5	98.1	97.8	97.4	97.0	96.7	96.3
97	100.0	99.6	99.3	98.9	98.5	98.1	97.8	97.4	97.0	96.7	96.3
98	100.0	99.6	99.3	98.9	98.5	98.2	97.8	97.4	97.1	96.7	96.3
99	100.0	99.6	99.3	98.9	98.5	98.2	97.8	97.4	97.1	96.7	96.4
100	100.0	99.6	99.3	98.9	98.5	98.2	97.8	97.5	97.1	96.8	96.4

表 2a$_2$(续)

$t-t_w$ / t	1.1	1.2	1.3	1.4	1.5	1.6	1.7	1.8	1.9	2.0
15	87.3	86.2	85.1	84.0	82.8	81.7	80.6	79.5	78.4	77.3
16	87.8	86.7	85.6	84.5	83.4	82.3	81.3	80.2	79.1	78.0
17	88.1	87.1	86.0	85.0	83.9	82.9	81.8	80.8	79.8	78.7
18	88.5	87.5	86.5	85.4	84.4	83.4	82.4	81.4	80.4	79.4
19	88.8	87.9	86.9	85.9	84.9	83.9	82.9	82.0	81.0	80.0
20	89.2	88.2	87.2	86.3	85.3	84.4	83.4	82.5	81.5	80.6
21	89.5	88.5	87.6	86.7	85.7	84.8	83.9	83.0	82.0	81.1
22	89.8	88.8	87.9	87.0	86.1	85.2	84.3	83.4	82.5	81.6
23	90.0	89.1	88.2	87.4	86.5	85.6	84.7	83.9	83.0	82.1
24	90.3	89.4	88.5	87.7	86.8	86.0	85.1	84.3	83.4	82.6
25	90.5	89.7	88.8	88.0	87.2	86.3	85.5	84.7	83.8	83.0
26	90.7	89.9	89.1	88.3	87.5	86.6	85.8	85.0	84.2	83.4
27	91.0	90.1	89.3	88.5	87.8	87.0	86.2	85.4	84.6	83.8
28	91.2	90.4	89.6	88.8	88.0	87.3	86.5	85.7	84.9	84.2
29	91.3	90.6	89.8	89.0	88.3	87.5	86.8	86.0	85.3	84.5
30	91.5	90.8	90.0	89.3	88.5	87.8	87.1	86.3	85.6	84.9
31	91.7	91.0	90.2	89.5	88.8	88.0	87.3	86.6	85.9	85.2
32	91.9	91.1	90.4	89.7	89.0	88.3	87.6	86.9	86.2	85.5
33	92.0	91.3	90.6	89.9	89.2	88.5	87.8	87.1	86.4	85.7
34	92.2	91.5	90.8	90.1	89.4	88.7	88.0	87.4	86.7	86.0
35	92.3	91.6	91.0	90.3	89.6	88.9	88.3	87.6	86.9	86.3
36	92.5	91.8	91.1	90.5	89.8	89.1	88.5	87.8	87.2	86.5
37	92.6	91.9	91.3	90.6	90.0	89.3	88.7	88.0	87.4	86.7
38	92.7	92.1	91.4	90.8	90.1	89.5	88.9	88.2	87.6	87.0
39	92.8	92.2	91.6	90.9	90.3	89.7	89.0	88.4	87.8	87.2
40	92.9	92.3	91.7	91.1	90.5	89.8	89.2	88.6	88.0	87.4
41	93.1	92.4	91.8	91.2	90.6	90.0	89.4	88.8	88.2	87.6
42	93.2	92.6	91.9	91.3	90.7	90.1	89.5	89.0	88.4	87.8
43	93.3	92.7	92.1	91.5	90.9	90.3	89.7	89.1	88.5	87.9
44	93.4	92.8	92.2	91.6	91.0	90.4	89.8	89.3	88.7	88.1
45	93.5	92.9	92.3	91.7	91.1	90.6	90.0	89.4	88.9	88.3
46	93.5	93.0	92.4	91.8	91.3	90.7	90.1	89.6	89.0	88.4
47	93.6	93.1	92.5	91.9	91.4	90.8	90.3	89.7	89.2	88.6
48	93.7	93.2	92.6	92.0	91.5	90.9	90.4	89.8	89.3	88.8
49	93.8	93.2	92.7	92.1	91.6	91.1	90.5	90.0	89.4	88.9
50	93.9	93.3	92.8	92.2	91.7	91.2	90.6	90.1	89.6	89.0
51	93.9	93.4	92.9	92.3	91.8	91.3	90.7	90.2	89.7	89.2
52	94.0	93.5	93.0	92.4	91.9	91.4	90.9	90.3	89.8	89.3
53	94.1	93.6	93.0	92.5	92.0	91.5	91.0	90.4	89.9	89.4
54	94.2	93.6	93.1	92.6	92.1	91.6	91.1	90.6	90.1	89.5
55	94.2	93.7	93.2	92.7	92.2	91.7	91.2	90.7	90.2	89.7
56	94.3	93.8	93.3	92.8	92.3	91.8	91.3	90.8	90.3	89.8
57	94.3	93.8	93.3	92.8	92.3	91.9	91.4	90.9	90.4	89.9

表 2a₂(续)

t \ $t-t_w$	1.1	1.2	1.3	1.4	1.5	1.6	1.7	1.8	1.9	2.0
58	94.4	93.9	93.4	92.9	92.4	91.9	91.4	91.0	90.5	90.0
59	94.5	94.0	93.5	93.0	92.5	92.0	91.5	91.1	90.6	90.1
60	94.5	94.0	93.6	93.1	92.6	92.1	91.6	91.1	90.7	90.2
61	94.6	94.1	93.6	93.1	92.7	92.2	91.7	91.2	90.8	90.3
62	94.6	94.2	93.7	93.2	92.7	92.3	91.8	91.3	90.9	90.4
63	94.7	94.2	93.7	93.3	92.8	92.3	91.9	91.4	90.9	90.5
64	94.7	94.3	93.8	93.3	92.9	92.4	92.0	91.5	91.0	90.6
65	94.8	94.3	93.9	93.4	92.9	92.5	92.0	91.6	91.1	90.7
66	94.8	94.4	93.9	93.5	93.0	92.6	92.1	91.7	91.2	90.8
67	94.9	94.4	94.0	93.5	93.1	92.6	92.2	91.7	91.3	90.8
68	94.9	94.5	94.0	93.6	93.1	92.7	92.2	91.8	91.4	90.9
69	95.0	94.5	94.1	93.6	93.2	92.8	92.3	91.9	91.4	91.0
70	95.0	94.6	94.1	93.7	93.3	92.8	92.4	91.9	91.5	91.1
71	95.1	94.6	94.2	93.8	93.3	92.9	92.4	92.0	91.6	91.2
72	95.1	94.7	94.2	93.8	93.4	92.9	92.5	92.1	91.7	91.2
73	95.1	94.7	94.3	93.9	93.4	93.0	92.6	92.2	91.7	91.3
74	95.2	94.8	94.3	93.9	93.5	93.1	92.6	92.2	91.8	91.4
75	95.2	94.8	94.4	94.0	93.5	93.1	92.7	92.3	91.9	91.5
76	95.3	94.8	94.4	94.0	93.6	93.2	92.8	92.3	91.9	91.5
77	95.3	94.9	94.5	94.1	93.6	93.2	92.8	92.4	92.0	91.6
78	95.3	94.9	94.5	94.1	93.7	93.3	92.9	92.5	92.1	91.7
79	95.4	95.0	94.6	94.2	93.7	93.3	92.9	92.5	92.1	91.7
80	95.4	95.0	94.6	94.2	93.8	93.4	93.0	92.6	92.2	91.8
81	95.5	95.1	94.6	94.2	93.8	93.4	93.0	92.6	92.3	91.9
82	95.5	95.1	94.7	94.3	93.9	93.5	93.1	92.7	92.3	91.9
83	95.5	95.1	94.7	94.3	93.9	93.5	93.2	92.8	92.4	92.0
84	95.6	95.2	94.8	94.4	94.0	93.6	93.2	92.8	92.4	92.0
85	95.6	95.2	94.8	94.4	94.0	93.6	93.3	92.9	92.5	92.1
86	95.6	95.2	94.8	94.5	94.1	93.7	93.3	92.9	92.5	92.2
87	95.7	95.3	94.9	94.5	94.1	93.7	93.4	93.0	92.6	92.2
88	95.7	95.3	94.9	94.5	94.2	93.8	93.4	93.0	92.6	92.3
89	95.7	95.3	95.0	94.6	94.2	93.8	93.4	93.1	92.7	92.3
90	95.8	95.4	95.0	94.6	94.2	93.9	93.5	93.1	92.8	92.4
91	95.8	95.4	95.0	94.7	94.3	93.9	93.5	93.2	92.8	92.4
92	95.8	95.4	95.1	94.7	94.3	94.0	93.6	93.2	92.9	92.5
93	95.8	95.5	95.1	94.7	94.4	94.0	93.6	93.3	92.9	92.5
94	95.9	95.5	95.1	94.8	94.4	94.0	93.7	93.3	93.0	92.6
95	95.9	95.5	95.2	94.8	94.4	94.1	93.7	93.4	93.0	92.6
96	95.9	95.6	95.2	94.8	94.5	94.1	93.8	93.4	93.1	92.7
97	96.0	95.6	95.2	94.9	94.5	94.2	93.8	93.5	93.1	92.7
98	96.0	95.6	95.3	94.9	94.6	94.2	93.8	93.5	93.1	92.8
99	96.0	95.7	95.3	94.9	94.6	94.2	93.9	93.5	93.2	92.8
100	96.0	95.7	95.3	95.0	94.6	94.3	93.9	93.6	93.2	92.9

表 $2a_2$(续)

$t-t_w$ / t	2.1	2.2	2.3	2.4	2.5	2.6	2.7	2.8	2.9	3.0
15	76.2	75.1	74.0	72.9	71.8	70.8	69.7	68.6	67.5	66.5
16	77.0	75.9	74.9	73.8	72.8	71.7	70.7	69.6	68.6	67.6
17	77.7	76.7	75.7	74.7	73.6	72.6	71.6	70.6	69.6	68.6
18	78.4	77.4	76.4	75.4	74.4	73.5	72.5	71.5	70.5	69.6
19	79.0	78.1	77.1	76.2	75.2	74.3	73.3	72.4	71.4	70.5
20	79.7	78.7	77.8	76.9	75.9	75.0	74.1	73.2	72.3	71.4
21	80.2	79.3	78.4	77.5	76.6	75.7	74.8	73.9	73.0	72.2
22	80.8	79.9	79.0	78.1	77.2	76.4	75.5	74.6	73.8	72.9
23	81.3	80.4	79.6	78.7	77.9	77.0	76.2	75.3	74.5	73.6
24	81.7	80.9	80.1	79.2	78.4	77.6	76.8	76.0	75.1	74.3
25	82.2	81.4	80.6	79.8	79.0	78.1	77.3	76.5	75.8	75.0
26	82.6	81.8	81.0	80.2	79.5	78.7	77.9	77.1	76.3	75.6
27	83.0	82.3	81.5	80.7	79.9	79.2	78.4	77.6	76.9	76.1
28	83.4	82.7	81.9	81.1	80.4	79.6	78.9	78.2	77.4	76.7
29	83.8	83.0	82.3	81.6	80.8	80.1	79.4	78.6	77.9	77.2
30	84.1	83.4	82.7	82.0	81.2	80.5	79.8	79.1	78.4	77.7
31	84.4	83.7	83.0	82.3	81.6	80.9	80.2	79.5	78.8	78.1
32	84.8	84.1	83.4	82.7	82.0	81.3	80.6	79.9	79.3	78.6
33	85.1	84.4	83.7	83.0	82.3	81.7	81.0	80.3	79.7	79.0
34	85.3	84.7	84.0	83.3	82.7	82.0	81.4	80.7	80.0	79.4
35	85.6	84.9	84.3	83.6	83.0	82.3	81.7	81.1	80.4	79.8
36	85.9	85.2	84.6	83.9	83.3	82.7	82.0	81.4	80.8	80.1
37	86.1	85.5	84.8	84.2	83.6	83.0	82.3	81.7	81.1	80.5
38	86.3	85.7	85.1	84.5	83.9	83.2	82.6	82.0	81.4	80.8
39	86.6	86.0	85.3	84.7	84.1	83.5	82.9	82.3	81.7	81.1
40	86.8	86.2	85.6	85.0	84.4	83.8	83.2	82.6	82.0	81.4
41	87.0	86.4	85.8	85.2	84.6	84.0	83.5	82.9	82.3	81.7
42	87.2	86.6	86.0	85.4	84.9	84.3	83.7	83.1	82.6	82.0
43	87.4	86.8	86.2	85.6	85.1	84.5	83.9	83.4	82.8	82.3
44	87.6	87.0	86.4	85.9	85.3	84.7	84.2	83.6	83.1	82.5
45	87.7	87.2	86.6	86.1	85.5	84.9	84.4	83.8	83.3	82.8
46	87.9	87.3	86.8	86.2	85.7	85.2	84.6	84.1	83.5	83.0
47	88.1	87.5	87.0	86.4	85.9	85.3	84.8	84.3	83.7	83.2
48	88.2	87.7	87.1	86.6	86.1	85.5	85.0	84.5	84.0	83.4
49	88.4	87.8	87.3	86.8	86.2	85.7	85.2	84.7	84.2	83.6
50	88.5	88.0	87.5	86.9	86.4	85.9	85.4	84.9	84.4	83.9
51	88.6	88.1	87.6	87.1	86.6	86.1	85.6	85.1	84.6	84.0
52	88.8	88.3	87.8	87.3	86.7	86.2	85.7	85.2	84.7	84.2
53	88.9	88.4	87.9	87.4	86.9	86.4	85.9	85.4	84.9	84.4
54	89.0	88.5	88.0	87.5	87.1	86.6	86.1	85.6	85.1	84.6
55	89.2	88.7	88.2	87.7	87.2	86.7	86.2	85.7	85.3	84.8
56	89.3	88.8	88.3	87.8	87.3	86.9	86.4	85.9	85.4	84.9
57	89.4	88.9	88.4	88.0	87.5	87.0	86.5	86.0	85.6	85.1

表 2a₂(续)

$t-t_w$ / t	2.1	2.2	2.3	2.4	2.5	2.6	2.7	2.8	2.9	3.0
58	89.5	89.0	88.6	88.1	87.6	87.1	86.7	86.2	85.7	85.3
59	89.6	89.1	88.7	88.2	87.7	87.3	86.8	86.3	85.9	85.4
60	89.7	89.3	88.8	88.3	87.9	87.4	86.9	86.5	86.0	85.6
61	89.8	89.4	88.9	88.4	88.0	87.5	87.1	86.6	86.2	85.7
62	89.9	89.5	89.0	88.6	88.1	87.6	87.2	86.7	86.3	85.8
63	90.0	89.6	89.1	88.7	88.2	87.8	87.3	86.9	86.4	86.0
64	90.1	89.7	89.2	88.8	88.3	87.9	87.4	87.0	86.6	86.1
65	90.2	89.8	89.3	88.9	88.4	88.0	87.6	87.1	86.7	86.2
66	90.3	89.9	89.4	89.0	88.5	88.1	87.7	87.2	86.8	86.4
67	90.4	90.0	89.5	89.1	88.7	88.2	87.8	87.4	86.9	86.5
68	90.5	90.1	89.6	89.2	88.8	88.3	87.9	87.5	87.0	86.6
69	90.6	90.1	89.7	89.3	88.9	88.4	88.0	87.6	87.2	86.7
70	90.7	90.2	89.8	89.4	89.0	88.5	88.1	87.7	87.3	86.9
71	90.7	90.3	89.9	89.5	89.0	88.6	88.2	87.8	87.4	87.0
72	90.8	90.4	90.0	89.6	89.1	88.7	88.3	87.9	87.5	87.1
73	90.9	90.5	90.1	89.6	89.2	88.8	88.4	88.0	87.6	87.2
74	91.0	90.6	90.1	89.7	89.3	88.9	88.5	88.1	87.7	87.3
75	91.0	90.6	90.2	89.8	89.4	89.0	88.6	88.2	87.8	87.4
76	91.1	90.7	90.3	89.9	89.5	89.1	88.7	88.3	87.9	87.5
77	91.2	90.8	90.4	90.0	89.6	89.2	88.8	88.4	88.0	87.6
78	91.3	90.9	90.5	90.1	89.7	89.3	88.9	88.5	88.1	87.7
79	91.3	90.9	90.5	90.1	89.7	89.4	89.0	88.6	88.2	87.8
80	91.4	91.0	90.6	90.2	89.8	89.4	89.0	88.7	88.3	87.9
81	91.5	91.1	90.7	90.3	89.9	89.5	89.1	88.7	88.4	88.0
82	91.5	91.1	90.8	90.4	90.0	89.6	89.2	88.8	88.5	88.1
83	91.6	91.2	90.8	90.4	90.1	89.7	89.3	88.9	88.5	88.2
84	91.7	91.3	90.9	90.5	90.1	89.8	89.4	89.0	88.6	88.2
85	91.7	91.3	91.0	90.6	90.2	89.8	89.5	89.1	88.7	88.3
86	91.8	91.4	91.0	90.6	90.3	89.9	89.5	89.2	88.8	88.4
87	91.8	91.5	91.1	90.7	90.3	90.0	89.6	89.2	88.9	88.5
88	91.9	91.5	91.2	90.8	90.4	90.0	89.7	89.3	89.0	88.6
89	92.0	91.6	91.2	90.9	90.5	90.1	89.8	89.4	89.0	88.7
90	92.0	91.6	91.3	90.9	90.6	90.2	89.8	89.5	89.1	88.7
91	92.1	91.7	91.3	91.0	90.6	90.3	89.9	89.5	89.2	88.8
92	92.1	91.8	91.4	91.0	90.7	90.3	90.0	89.6	89.3	88.9
93	92.2	91.8	91.5	91.1	90.7	90.4	90.0	89.7	89.3	89.0
94	92.2	91.9	91.5	91.2	90.8	90.5	90.1	89.8	89.4	89.1
95	92.3	91.9	91.6	91.2	90.9	90.5	90.2	89.8	89.5	89.1
96	92.3	92.0	91.6	91.3	90.9	90.6	90.2	89.9	89.6	89.2
97	92.4	92.0	91.7	91.3	91.0	90.7	90.3	90.0	89.6	89.3
98	92.4	92.1	91.8	91.4	91.1	90.7	90.4	90.0	89.7	89.4
99	92.5	92.2	91.8	91.5	91.1	90.8	90.4	90.1	89.8	89.4
100	92.5	92.2	91.9	91.5	91.2	90.8	90.5	90.2	89.8	89.5

表 2a₂（续）

$t-t_w$ / t	3.1	3.2	3.3	3.4	3.5	3.6	3.7	3.8	3.9	4.0
15	65.4	64.3	63.3	62.2	61.2	60.1	59.1	58.0	57.0	55.9
16	66.5	65.5	64.5	63.5	62.4	61.4	60.4	59.4	58.4	57.4
17	67.6	66.6	65.6	64.6	63.7	62.7	61.7	60.7	59.7	58.8
18	68.6	67.7	66.7	65.7	64.8	63.8	62.9	61.9	61.0	60.1
19	69.6	68.6	67.7	66.8	65.8	64.9	64.0	63.1	62.2	61.3
20	70.4	69.5	68.6	67.7	66.8	66.0	65.1	64.2	63.3	62.4
21	71.3	70.4	69.5	68.7	67.8	66.9	66.1	65.2	64.3	63.5
22	72.1	71.2	70.4	69.5	68.7	67.8	67.0	66.2	65.3	64.5
23	72.8	72.0	71.2	70.3	69.5	68.7	67.9	67.1	66.2	65.4
24	73.5	72.7	71.9	71.1	70.3	69.5	68.7	67.9	67.1	66.3
25	74.2	73.4	72.6	71.8	71.0	70.3	69.5	68.7	67.9	67.2
26	74.8	74.0	73.3	72.5	71.7	71.0	70.2	69.5	68.7	68.0
27	75.4	74.6	73.9	73.1	72.4	71.7	70.9	70.2	69.5	68.7
28	75.9	75.2	74.5	73.8	73.0	72.3	71.6	70.9	70.2	69.4
29	76.5	75.8	75.0	74.3	73.6	72.9	72.2	71.5	70.8	70.1
30	77.0	76.3	75.6	74.9	74.2	73.5	72.8	72.1	71.4	70.8
31	77.5	76.8	76.1	75.4	74.7	74.0	73.4	72.7	72.0	71.4
32	77.9	77.2	76.6	75.9	75.2	74.6	73.9	73.3	72.6	71.9
33	78.3	77.7	77.0	76.4	75.7	75.1	74.4	73.8	73.1	72.5
34	78.7	78.1	77.5	76.8	76.2	75.5	74.9	74.3	73.6	73.0
35	79.1	78.5	77.9	77.2	76.6	76.0	75.4	74.7	74.1	73.5
36	79.5	78.9	78.3	77.6	77.0	76.4	75.8	75.2	74.6	74.0
37	79.9	79.3	78.6	78.0	77.4	76.8	76.2	75.6	75.0	74.4
38	80.2	79.6	79.0	78.4	77.8	77.2	76.6	76.0	75.5	74.9
39	80.5	79.9	79.3	78.8	78.2	77.6	77.0	76.4	75.9	75.3
40	80.8	80.3	79.7	79.1	78.5	78.0	77.4	76.8	76.2	75.7
41	81.1	80.6	80.0	79.4	78.9	78.3	77.7	77.2	76.6	76.1
42	81.4	80.9	80.3	79.7	79.2	78.6	78.1	77.5	77.0	76.4
43	81.7	81.1	80.6	80.0	79.5	78.9	78.4	77.9	77.3	76.8
44	82.0	81.4	80.9	80.3	79.8	79.2	78.7	78.2	77.6	77.1
45	82.2	81.7	81.1	80.6	80.1	79.5	79.0	78.5	77.9	77.4
46	82.5	81.9	81.4	80.9	80.3	79.8	79.3	78.8	78.3	77.7
47	82.7	82.2	81.6	81.1	80.6	80.1	79.6	79.1	78.5	78.0
48	82.9	82.4	81.9	81.4	80.9	80.3	79.8	79.3	78.8	78.3
49	83.1	82.6	82.1	81.6	81.1	80.6	80.1	79.6	79.1	78.6
50	83.3	82.8	82.3	81.8	81.3	80.8	80.3	79.8	79.3	78.9
51	83.5	83.0	82.5	82.1	81.6	81.1	80.6	80.1	79.6	79.1
52	83.7	83.2	82.8	82.3	81.8	81.3	80.8	80.3	79.8	79.4
53	83.9	83.4	83.0	82.5	82.0	81.5	81.0	80.6	80.1	79.6
54	84.1	83.6	83.2	82.7	82.2	81.7	81.2	80.8	80.3	79.8
55	84.3	83.8	83.3	82.9	82.4	81.9	81.5	81.0	80.5	80.1
56	84.5	84.0	83.5	83.1	82.6	82.1	81.7	81.2	80.7	80.3
57	84.6	84.2	83.7	83.2	82.8	82.3	81.9	81.4	80.9	80.5

表 2a₂(续)

$t-t_w$ / t	3.1	3.2	3.3	3.4	3.5	3.6	3.7	3.8	3.9	4.0
58	84.8	84.3	83.9	83.4	83.0	82.5	82.0	81.6	81.1	80.7
59	85.0	84.5	84.0	83.6	83.1	82.7	82.2	81.8	81.3	80.9
60	85.1	84.7	84.2	83.8	83.3	82.9	82.4	82.0	81.5	81.1
61	85.3	84.8	84.4	83.9	83.5	83.0	82.6	82.1	81.7	81.3
62	85.4	85.0	84.5	84.1	83.6	83.2	82.8	82.3	81.9	81.5
63	85.5	85.1	84.7	84.2	83.8	83.4	82.9	82.5	82.1	81.6
64	85.7	85.2	84.8	84.4	83.9	83.5	83.1	82.7	82.2	81.8
65	85.8	85.4	85.0	84.5	84.1	83.7	83.2	82.8	82.4	82.0
66	85.9	85.5	85.1	84.7	84.2	83.8	83.4	83.0	82.6	82.1
67	86.1	85.6	85.2	84.8	84.4	84.0	83.5	83.1	82.7	82.3
68	86.2	85.8	85.4	84.9	84.5	84.1	83.7	83.3	82.9	82.5
69	86.3	85.9	85.5	85.1	84.7	84.2	83.8	83.4	83.0	82.6
70	86.4	86.0	85.6	85.2	84.8	84.4	84.0	83.6	83.2	82.8
71	86.6	86.1	85.7	85.3	84.9	84.5	84.1	83.7	83.3	82.9
72	86.7	86.3	85.9	85.5	85.1	84.6	84.2	83.9	83.5	83.1
73	86.8	86.4	86.0	85.6	85.2	84.8	84.4	84.0	83.6	83.2
74	86.9	86.5	86.1	85.7	85.3	84.9	84.5	84.1	83.7	83.3
75	87.0	86.6	86.2	85.8	85.4	85.0	84.6	84.2	83.9	83.5
76	87.1	86.7	86.3	85.9	85.5	85.1	84.8	84.4	84.0	83.6
77	87.2	86.8	86.4	86.0	85.6	85.3	84.9	84.5	84.1	83.7
78	87.3	86.9	86.5	86.1	85.8	85.4	85.0	84.6	84.2	83.9
79	87.4	87.0	86.6	86.3	85.9	85.5	85.1	84.7	84.4	84.0
80	87.5	87.1	86.7	86.4	86.0	85.6	85.2	84.9	84.5	84.1
81	87.6	87.2	86.8	86.5	86.1	85.7	85.3	85.0	84.6	84.2
82	87.7	87.3	86.9	86.6	86.2	85.8	85.5	85.1	84.7	84.3
83	87.8	87.4	87.0	86.7	86.3	85.9	85.6	85.2	84.8	84.5
84	87.9	87.5	87.1	86.8	86.4	86.0	85.7	85.3	84.9	84.6
85	88.0	87.6	87.2	86.9	86.5	86.1	85.8	85.4	85.0	84.7
86	88.1	87.7	87.3	87.0	86.6	86.2	85.9	85.5	85.2	84.8
87	88.1	87.8	87.4	87.1	86.7	86.3	86.0	85.6	85.3	84.9
88	88.2	87.9	87.5	87.1	86.8	86.4	86.1	85.7	85.4	85.0
89	88.3	88.0	87.6	87.2	86.9	86.5	86.2	85.8	85.5	85.1
90	88.4	88.0	87.7	87.3	87.0	86.6	86.3	85.9	85.6	85.2
91	88.5	88.1	87.8	87.4	87.1	86.7	86.4	86.0	85.7	85.3
92	88.6	88.2	87.9	87.5	87.2	86.8	86.5	86.1	85.8	85.4
93	88.6	88.3	87.9	87.6	87.2	86.9	86.6	86.2	85.9	85.5
94	88.7	88.4	88.0	87.7	87.3	87.0	86.6	86.3	86.0	85.6
95	88.8	88.4	88.1	87.8	87.4	87.1	86.7	86.4	86.1	85.7
96	88.9	88.5	88.2	87.8	87.5	87.2	86.8	86.5	86.2	85.8
97	88.9	88.6	88.3	87.9	87.6	87.2	86.9	86.6	86.2	85.9
98	89.0	88.7	88.3	88.0	87.7	87.3	87.0	86.7	86.3	86.0
99	89.1	88.7	88.4	88.1	87.7	87.4	87.1	86.8	86.4	86.1
100	89.2	88.8	88.5	88.2	87.8	87.5	87.2	86.8	86.5	86.2

表 2a₂(续)

t \ $t-t_w$	4.1	4.2	4.3	4.4	4.5	4.6	4.7	4.8	4.9	5.0
15	54.9	53.9	52.8	51.8	50.8	49.8	48.7	47.7	46.7	45.7
16	56.4	55.4	54.4	53.4	52.4	51.4	50.5	49.5	48.5	47.5
17	57.8	56.8	55.9	54.9	54.0	53.0	52.1	51.1	50.2	49.2
18	59.1	58.2	57.3	56.3	55.4	54.5	53.6	52.7	51.7	50.8
19	60.4	59.5	58.6	57.7	56.8	55.9	55.0	54.1	53.2	52.3
20	61.5	60.7	59.8	58.9	58.0	57.2	56.3	55.5	54.6	53.7
21	62.6	61.8	60.9	60.1	59.2	58.4	57.6	56.7	55.9	55.1
22	63.7	62.8	62.0	61.2	60.4	59.6	58.7	57.9	57.1	56.3
23	64.6	63.8	63.0	62.2	61.4	60.6	59.8	59.1	58.3	57.5
24	65.5	64.8	64.0	63.2	62.4	61.7	60.9	60.1	59.4	58.6
25	66.4	65.6	64.9	64.1	63.4	62.6	61.9	61.1	60.4	59.6
26	67.2	66.5	65.7	65.0	64.3	63.5	62.8	62.1	61.4	60.6
27	68.0	67.3	66.6	65.8	65.1	64.4	63.7	63.0	62.3	61.6
28	68.7	68.0	67.3	66.6	65.9	65.2	64.5	63.8	63.1	62.4
29	69.4	68.7	68.0	67.4	66.7	66.0	65.3	64.6	64.0	63.3
30	70.1	69.4	68.7	68.1	67.4	66.7	66.1	65.4	64.7	64.1
31	70.7	70.0	69.4	68.7	68.1	67.4	66.8	66.1	65.5	64.8
32	71.3	70.6	70.0	69.4	68.7	68.1	67.4	66.8	66.2	65.5
33	71.9	71.2	70.6	70.0	69.3	68.7	68.1	67.5	66.8	66.2
34	72.4	71.8	71.1	70.5	69.9	69.3	68.7	68.1	67.5	66.9
35	72.9	72.3	71.7	71.1	70.5	69.9	69.3	68.7	68.1	67.5
36	73.4	72.8	72.2	71.6	71.0	70.4	69.8	69.2	68.6	68.1
37	73.8	73.3	72.7	72.1	71.5	70.9	70.3	69.8	69.2	68.6
38	74.3	73.7	73.1	72.6	72.0	71.4	70.8	70.3	69.7	69.2
39	74.7	74.1	73.6	73.0	72.4	71.9	71.3	70.8	70.2	69.7
40	75.1	74.6	74.0	73.4	72.9	72.3	71.8	71.2	70.7	70.1
41	75.5	75.0	74.4	73.9	73.3	72.8	72.2	71.7	71.1	70.6
42	75.9	75.3	74.8	74.3	73.7	73.2	72.6	72.1	71.6	71.1
43	76.2	75.7	75.2	74.6	74.1	73.6	73.1	72.5	72.0	71.5
44	76.6	76.0	75.5	75.0	74.5	74.0	73.4	72.9	72.4	71.9
45	76.9	76.4	75.9	75.3	74.8	74.3	73.8	73.3	72.8	72.3
46	77.2	76.7	76.2	75.7	75.2	74.7	74.2	73.7	73.2	72.7
47	77.5	77.0	76.5	76.0	75.5	75.0	74.5	74.0	73.5	73.0
48	77.8	77.3	76.8	76.3	75.8	75.3	74.8	74.4	73.9	73.4
49	78.1	77.6	77.1	76.6	76.1	75.6	75.2	74.7	74.2	73.7
50	78.4	77.9	77.4	76.9	76.4	76.0	75.5	75.0	74.5	74.0
51	78.6	78.2	77.7	77.2	76.7	76.2	75.8	75.3	74.8	74.4
52	78.9	78.4	77.9	77.5	77.0	76.5	76.1	75.6	75.1	74.7
53	79.1	78.7	78.2	77.7	77.3	76.8	76.3	75.9	75.4	75.0
54	79.4	78.9	78.4	78.0	77.5	77.1	76.6	76.1	75.7	75.2
55	79.6	79.1	78.7	78.2	77.8	77.3	76.9	76.4	76.0	75.5
56	79.8	79.4	78.9	78.5	78.0	77.6	77.1	76.7	76.2	75.8
57	80.0	79.6	79.1	78.7	78.2	77.8	77.4	76.9	76.5	76.0

表 $2a_2$（续）

$t-t_w$ / t	4.1	4.2	4.3	4.4	4.5	4.6	4.7	4.8	4.9	5.0
58	80.2	79.8	79.4	78.9	78.5	78.0	77.6	77.2	76.7	76.3
59	80.5	80.0	79.6	79.1	78.7	78.3	77.8	77.4	77.0	76.5
60	80.6	80.2	79.8	79.3	78.9	78.5	78.1	77.6	77.2	76.8
61	80.8	80.4	80.0	79.5	79.1	78.7	78.3	77.8	77.4	77.0
62	81.0	80.6	80.2	79.7	79.3	78.9	78.5	78.1	77.6	77.2
63	81.2	80.8	80.4	79.9	79.5	79.1	78.7	78.3	77.9	77.4
64	81.4	81.0	80.5	80.1	79.7	79.3	78.9	78.5	78.1	77.7
65	81.6	81.1	80.7	80.3	79.9	79.5	79.1	78.7	78.3	77.9
66	81.7	81.3	80.9	80.5	80.1	79.7	79.3	78.9	78.5	78.1
67	81.9	81.5	81.1	80.7	80.3	79.9	79.5	79.1	78.7	78.3
68	82.1	81.6	81.2	80.8	80.4	80.0	79.6	79.2	78.8	78.5
69	82.2	81.8	81.4	81.0	80.6	80.2	79.8	79.4	79.0	78.6
70	82.4	82.0	81.6	81.2	80.8	80.4	80.0	79.6	79.2	78.8
71	82.5	82.1	81.7	81.3	80.9	80.5	80.2	79.8	79.4	79.0
72	82.7	82.3	81.9	81.5	81.1	80.7	80.3	79.9	79.6	79.2
73	82.8	82.4	82.0	81.6	81.3	80.9	80.5	80.1	79.7	79.3
74	82.9	82.6	82.2	81.8	81.4	81.0	80.6	80.3	79.9	79.5
75	83.1	82.7	82.3	81.9	81.6	81.2	80.8	80.4	80.1	79.7
76	83.2	82.8	82.5	82.1	81.7	81.3	81.0	80.6	80.2	79.8
77	83.4	83.0	82.6	82.2	81.8	81.5	81.1	80.7	80.4	80.0
78	83.5	83.1	82.7	82.4	82.0	81.6	81.3	80.9	80.5	80.2
79	83.6	83.2	82.9	82.5	82.1	81.8	81.4	81.0	80.7	80.3
80	83.7	83.4	83.0	82.6	82.3	81.9	81.5	81.2	80.8	80.5
81	83.9	83.5	83.1	82.8	82.4	82.0	81.7	81.3	81.0	80.6
82	84.0	83.6	83.3	82.9	82.5	82.2	81.8	81.5	81.1	80.7
83	84.1	83.7	83.4	83.0	82.7	82.3	81.9	81.6	81.2	80.9
84	84.2	83.9	83.5	83.1	82.8	82.4	82.1	81.7	81.4	81.0
85	84.3	84.0	83.6	83.3	82.9	82.6	82.2	81.9	81.5	81.2
86	84.4	84.1	83.7	83.4	83.0	82.7	82.3	82.0	81.6	81.3
87	84.6	84.2	83.9	83.5	83.2	82.8	82.5	82.1	81.8	81.4
88	84.7	84.3	84.0	83.6	83.3	82.9	82.6	82.2	81.9	81.6
89	84.8	84.4	84.1	83.7	83.4	83.0	82.7	82.4	82.0	81.7
90	84.9	84.5	84.2	83.8	83.5	83.2	82.8	82.5	82.1	81.8
91	85.0	84.6	84.3	84.0	83.6	83.3	82.9	82.6	82.3	81.9
92	85.1	84.7	84.4	84.1	83.7	83.4	83.1	82.7	82.4	82.1
93	85.2	84.9	84.5	84.2	83.8	83.5	83.2	82.8	82.5	82.2
94	85.3	85.0	84.6	84.3	83.9	83.6	83.3	83.0	82.6	82.3
95	85.4	85.1	84.7	84.4	84.1	83.7	83.4	83.1	82.7	82.4
96	85.5	85.2	84.8	84.5	84.2	83.8	83.5	83.2	82.9	82.5
97	85.6	85.3	84.9	84.6	84.3	83.9	83.6	83.3	83.0	82.6
98	85.7	85.3	85.0	84.7	84.4	84.0	83.7	83.4	83.1	82.8
99	85.8	85.4	85.1	84.8	84.5	84.1	83.8	83.5	83.2	82.9
100	85.9	85.5	85.2	84.9	84.6	84.3	83.9	83.6	83.3	83.0

表 2a$_2$(续)

$t-t_w$ / t	5.2	5.4	5.6	5.8	6.0	6.2	6.4	6.6	6.8	7.0
15	43.7	41.7	39.7	37.7	35.8	33.8	31.9	29.9	28.0	26.1
16	45.6	43.7	41.7	39.8	37.9	36.0	34.2	32.3	30.4	28.6
17	47.4	45.5	43.6	41.8	40.0	38.1	36.3	34.5	32.7	31.0
18	49.0	47.2	45.4	43.6	41.9	40.1	38.4	36.6	34.9	33.2
19	50.6	48.8	47.1	45.4	43.7	42.0	40.3	38.6	36.9	35.2
20	52.0	50.3	48.7	47.0	45.3	43.7	42.0	40.4	38.8	37.2
21	53.4	51.8	50.1	48.5	46.9	45.3	43.7	42.1	40.6	39.0
22	54.7	53.1	51.5	50.0	48.4	46.9	45.3	43.8	42.3	40.7
23	55.9	54.4	52.8	51.3	49.8	48.3	46.8	45.3	43.8	42.4
24	57.1	55.6	54.1	52.6	51.1	49.7	48.2	46.8	45.3	43.9
25	58.2	56.7	55.2	53.8	52.4	50.9	49.5	48.1	46.7	45.3
26	59.2	57.8	56.3	54.9	53.5	52.1	50.8	49.4	48.0	46.7
27	60.2	58.8	57.4	56.0	54.6	53.3	51.9	50.6	49.3	48.0
28	61.1	59.7	58.4	57.0	55.7	54.4	53.1	51.8	50.5	49.2
29	61.9	60.6	59.3	58.0	56.7	55.4	54.1	52.8	51.6	50.3
30	62.8	61.5	60.2	58.9	57.6	56.4	55.1	53.9	52.6	51.4
31	63.5	62.3	61.0	59.8	58.5	57.3	56.1	54.8	53.6	52.4
32	64.3	63.0	61.8	60.6	59.4	58.2	57.0	55.8	54.6	53.4
33	65.0	63.8	62.6	61.4	60.2	59.0	57.8	56.6	55.5	54.3
34	65.7	64.5	63.3	62.1	60.9	59.8	58.6	57.5	56.3	55.2
35	66.3	65.1	64.0	62.8	61.7	60.5	59.4	58.3	57.2	56.0
36	66.9	65.8	64.6	63.5	62.4	61.2	60.1	59.0	57.9	56.8
37	67.5	66.4	65.2	64.1	63.0	61.9	60.8	59.7	58.7	57.6
38	68.0	66.9	65.8	64.7	63.6	62.6	61.5	60.4	59.4	58.3
39	68.6	67.5	66.4	65.3	64.2	63.2	62.1	61.1	60.0	59.0
40	69.1	68.0	66.9	65.9	64.8	63.8	62.7	61.7	60.7	59.7
41	69.5	68.5	67.4	66.4	65.4	64.3	63.3	62.3	61.3	60.3
42	70.0	69.0	67.9	66.9	65.9	64.9	63.9	62.9	61.9	60.9
43	70.5	69.4	68.4	67.4	66.4	65.4	64.4	63.4	62.5	61.5
44	70.9	69.9	68.9	67.9	66.9	65.9	64.9	64.0	63.0	62.0
45	71.3	70.3	69.3	68.3	67.3	66.4	65.4	64.5	63.5	62.6
46	71.7	70.7	69.7	68.8	67.8	66.8	65.9	65.0	64.0	63.1
47	72.1	71.1	70.1	69.2	68.2	67.3	66.3	65.4	64.5	63.6
48	72.4	71.5	70.5	69.6	68.6	67.7	66.8	65.9	65.0	64.1
49	72.8	71.8	70.9	70.0	69.0	68.1	67.2	66.3	65.4	64.5
50	73.1	72.2	71.2	70.3	69.4	68.5	67.6	66.7	65.8	65.0
51	73.4	72.5	71.6	70.7	69.8	68.9	68.0	67.1	66.2	65.4
52	73.7	72.8	71.9	71.0	70.1	69.3	68.4	67.5	66.6	65.8
53	74.1	73.1	72.3	71.4	70.5	69.6	68.7	67.9	67.0	66.2
54	74.3	73.5	72.6	71.7	70.8	70.0	69.1	68.2	67.4	66.6
55	74.6	73.7	72.9	72.0	71.1	70.3	69.4	68.6	67.8	66.9
56	74.9	74.0	73.2	72.3	71.5	70.6	69.8	68.9	68.1	67.3
57	75.2	74.3	73.5	72.6	71.8	70.9	70.1	69.3	68.4	67.6

表 2a₂(续)

t \ $t-t_w$	5.2	5.4	5.6	5.8	6.0	6.2	6.4	6.6	6.8	7.0
58	75.4	74.6	73.7	72.9	72.1	71.2	70.4	69.6	68.8	68.0
59	75.7	74.8	74.0	73.2	72.3	71.5	70.7	69.9	69.1	68.3
60	75.9	75.1	74.3	73.4	72.6	71.8	71.0	70.2	69.4	68.6
61	76.2	75.3	74.5	73.7	72.9	72.1	71.3	70.5	69.7	68.9
62	76.4	75.6	74.8	73.9	73.1	72.3	71.6	70.8	70.0	69.2
63	76.6	75.8	75.0	74.2	73.4	72.6	71.8	71.0	70.3	69.5
64	76.8	76.0	75.2	74.4	73.6	72.9	72.1	71.3	70.5	69.8
65	77.1	76.3	75.5	74.7	73.9	73.1	72.3	71.6	70.8	70.1
66	77.3	76.5	75.7	74.9	74.1	73.4	72.6	71.8	71.1	70.3
67	77.5	76.7	75.9	75.1	74.4	73.6	72.8	72.1	71.3	70.6
68	77.7	76.9	76.1	75.3	74.6	73.8	73.1	72.3	71.6	70.8
69	77.9	77.1	76.3	75.6	74.8	74.0	73.3	72.6	71.8	71.1
70	78.0	77.3	76.5	75.8	75.0	74.3	73.5	72.8	72.1	71.3
71	78.2	77.5	76.7	76.0	75.2	74.5	73.7	73.0	72.3	71.6
72	78.4	77.7	76.9	76.2	75.4	74.7	74.0	73.2	72.5	71.8
73	78.6	77.8	77.1	76.4	75.6	74.9	74.2	73.5	72.7	72.0
74	78.8	78.0	77.3	76.5	75.8	75.1	74.4	73.7	73.0	72.3
75	78.9	78.2	77.5	76.7	76.0	75.3	74.6	73.9	73.2	72.5
76	79.1	78.4	77.6	76.9	76.2	75.5	74.8	74.1	73.4	72.7
77	79.3	78.5	77.8	77.1	76.4	75.7	75.0	74.3	73.6	72.9
78	79.4	78.7	78.0	77.3	76.6	75.9	75.2	74.5	73.8	73.1
79	79.6	78.9	78.2	77.4	76.7	76.0	75.4	74.7	74.0	73.3
80	79.7	79.0	78.3	77.6	76.9	76.2	75.5	74.9	74.2	73.5
81	79.9	79.2	78.5	77.8	77.1	76.4	75.7	75.0	74.4	73.7
82	80.0	79.3	78.6	77.9	77.3	76.6	75.9	75.2	74.5	73.9
83	80.2	79.5	78.8	78.1	77.4	76.7	76.1	75.4	74.7	74.1
84	80.3	79.6	78.9	78.3	77.6	76.9	76.2	75.6	74.9	74.3
85	80.5	79.8	79.1	78.4	77.7	77.1	76.4	75.7	75.1	74.4
86	80.6	79.9	79.2	78.6	77.9	77.2	76.6	75.9	75.3	74.6
87	80.7	80.1	79.4	78.7	78.1	77.4	76.7	76.1	75.4	74.8
88	80.9	80.2	79.5	78.9	78.2	77.5	76.9	76.2	75.6	75.0
89	81.0	80.3	79.7	79.0	78.4	77.7	77.1	76.4	75.8	75.1
90	81.1	80.5	79.8	79.2	78.5	77.9	77.2	76.6	75.9	75.3
91	81.3	80.6	80.0	79.3	78.6	78.0	77.4	76.7	76.1	75.5
92	81.4	80.7	80.1	79.4	78.8	78.2	77.5	76.9	76.3	75.6
93	81.5	80.9	80.2	79.6	78.9	78.3	77.7	77.0	76.4	75.8
94	81.6	81.0	80.4	79.7	79.1	78.4	77.8	77.2	76.6	75.9
95	81.8	81.1	80.5	79.8	79.2	78.6	78.0	77.3	76.7	76.1
96	81.9	81.2	80.6	80.0	79.3	78.7	78.1	77.5	76.9	76.3
97	82.0	81.4	80.7	80.1	79.5	78.9	78.2	77.6	77.0	76.4
98	82.1	81.5	80.9	80.2	79.6	79.0	78.4	77.8	77.2	76.6
99	82.2	81.6	81.0	80.4	79.7	79.1	78.5	77.9	77.3	76.7
100	82.4	81.7	81.1	80.5	79.9	79.3	78.6	78.0	77.4	76.8

表 2a$_2$(续)

t \ $t-t_w$	7.2	7.4	7.6	7.8	8.0	8.2	8.4	8.6	8.8	9.0
15	24.2	22.3	20.4	18.5	16.7	14.8	13.0	11.1	9.3	7.5
16	26.8	24.9	23.1	21.3	19.5	17.7	16.0	14.2	12.4	10.7
17	29.2	27.4	25.7	23.9	22.2	20.5	18.8	17.1	15.4	13.7
18	31.5	29.8	28.1	26.4	24.7	23.1	21.4	19.8	18.1	16.5
19	33.6	31.9	30.3	28.7	27.1	25.5	23.9	22.3	20.7	19.1
20	35.6	34.0	32.4	30.8	29.3	27.7	26.2	24.6	23.1	21.6
21	37.5	35.9	34.4	32.9	31.4	29.9	28.4	26.9	25.4	23.9
22	39.2	37.7	36.3	34.8	33.3	31.9	30.4	29.0	27.5	26.1
23	40.9	39.4	38.0	36.6	35.1	33.7	32.3	30.9	29.5	28.2
24	42.5	41.1	39.7	38.3	36.9	35.5	34.1	32.8	31.4	30.1
25	43.9	42.6	41.2	39.8	38.5	37.2	35.8	34.5	33.2	31.9
26	45.3	44.0	42.7	41.4	40.0	38.7	37.4	36.2	34.9	33.6
27	46.6	45.3	44.1	42.8	41.5	40.2	39.0	37.7	36.5	35.2
28	47.9	46.6	45.4	44.1	42.9	41.6	40.4	39.2	38.0	36.8
29	49.1	47.8	46.6	45.4	44.2	43.0	41.8	40.6	39.4	38.2
30	50.2	49.0	47.8	46.6	45.4	44.2	43.0	41.9	40.7	39.6
31	51.2	50.1	48.9	47.7	46.5	45.4	44.3	43.1	42.0	40.9
32	52.2	51.1	49.9	48.8	47.7	46.5	45.4	44.3	43.2	42.1
33	53.2	52.1	50.9	49.8	48.7	47.6	46.5	45.4	44.3	43.3
34	54.1	53.0	51.9	50.8	49.7	48.6	47.5	46.5	45.4	44.4
35	54.9	53.9	52.8	51.7	50.6	49.6	48.5	47.5	46.4	45.4
36	55.8	54.7	53.6	52.6	51.5	50.5	49.5	48.4	47.4	46.4
37	56.5	55.5	54.5	53.4	52.4	51.4	50.4	49.4	48.4	47.4
38	57.3	56.3	55.2	54.2	53.2	52.2	51.2	50.2	49.2	48.3
39	58.0	57.0	56.0	55.0	54.0	53.0	52.0	51.1	50.1	49.1
40	58.7	57.7	56.7	55.7	54.7	53.8	52.8	51.8	50.9	50.0
41	59.3	58.3	57.4	56.4	55.4	54.5	53.5	52.6	51.7	50.7
42	59.9	59.0	58.0	57.1	56.1	55.2	54.3	53.3	52.4	51.5
43	60.5	59.6	58.6	57.7	56.8	55.8	54.9	54.0	53.1	52.2
44	61.1	60.2	59.2	58.3	57.4	56.5	55.6	54.7	53.8	52.9
45	61.7	60.7	59.8	58.9	58.0	57.1	56.2	55.3	54.4	53.6
46	62.2	61.3	60.4	59.5	58.6	57.7	56.8	55.9	55.1	54.2
47	62.7	61.8	60.9	60.0	59.1	58.2	57.4	56.5	55.7	54.8
48	63.2	62.3	61.4	60.5	59.6	58.8	57.9	57.1	56.2	55.4
49	63.6	62.8	61.9	61.0	60.2	59.3	58.5	57.6	56.8	56.0
50	64.1	63.2	62.4	61.5	60.7	59.8	59.0	58.1	57.3	56.5
51	64.5	63.7	62.8	62.0	61.1	60.3	59.5	58.7	57.8	57.0
52	64.9	64.1	63.2	62.4	61.6	60.8	59.9	59.1	58.3	57.5
53	65.3	64.5	63.7	62.8	62.0	61.2	60.4	59.6	58.8	58.0
54	65.7	64.9	64.1	63.3	62.5	61.6	60.9	60.1	59.3	58.5
55	66.1	65.3	64.5	63.7	62.9	62.1	61.3	60.5	59.7	59.0
56	66.5	65.7	64.9	64.1	63.3	62.5	61.7	60.9	60.2	59.4
57	66.8	66.0	65.2	64.4	63.6	62.9	62.1	61.3	60.6	59.8

表 2a₂(续)

t \ $t-t_w$	7.2	7.4	7.6	7.8	8.0	8.2	8.4	8.6	8.8	9.0
58	67.2	66.4	65.6	64.8	64.0	63.3	62.5	61.7	61.0	60.2
59	67.5	66.7	65.9	65.2	64.4	63.6	62.9	62.1	61.4	60.6
60	67.8	67.0	66.3	65.5	64.7	64.0	63.2	62.5	61.7	61.0
61	68.1	67.4	66.6	65.8	65.1	64.3	63.6	62.9	62.1	61.4
62	68.4	67.7	66.9	66.2	65.4	64.7	63.9	63.2	62.5	61.8
63	68.7	68.0	67.2	66.5	65.7	65.0	64.3	63.5	62.8	62.1
64	69.0	68.3	67.5	66.8	66.1	65.3	64.6	63.9	63.2	62.5
65	69.3	68.6	67.8	67.1	66.4	65.6	64.9	64.2	63.5	62.8
66	69.6	68.8	68.1	67.4	66.7	65.9	65.2	64.5	63.8	63.1
67	69.8	69.1	68.4	67.7	67.0	66.2	65.5	64.8	64.1	63.4
68	70.1	69.4	68.7	67.9	67.2	66.5	65.8	65.1	64.4	63.8
69	70.4	69.6	68.9	68.2	67.5	66.8	66.1	65.4	64.7	64.1
70	70.6	69.9	69.2	68.5	67.8	67.1	66.4	65.7	65.0	64.4
71	70.9	70.1	69.4	68.7	68.0	67.4	66.7	66.0	65.3	64.6
72	71.1	70.4	69.7	69.0	68.3	67.6	66.9	66.3	65.6	64.9
73	71.3	70.6	69.9	69.2	68.6	67.9	67.2	66.5	65.9	65.2
74	71.6	70.9	70.2	69.5	68.8	68.1	67.5	66.8	66.1	65.5
75	71.8	71.1	70.4	69.7	69.1	68.4	67.7	67.1	66.4	65.7
76	72.0	71.3	70.6	70.0	69.3	68.6	68.0	67.3	66.7	66.0
77	72.2	71.5	70.9	70.2	69.5	68.9	68.2	67.6	66.9	66.3
78	72.4	71.7	71.1	70.4	69.7	69.1	68.4	67.8	67.2	66.5
79	72.6	72.0	71.3	70.6	70.0	69.3	68.7	68.0	67.4	66.8
80	72.8	72.2	71.5	70.8	70.2	69.5	68.9	68.3	67.6	67.0
81	73.0	72.4	71.7	71.1	70.4	69.8	69.1	68.5	67.9	67.2
82	73.2	72.6	71.9	71.3	70.6	70.0	69.3	68.7	68.1	67.5
83	73.4	72.8	72.1	71.5	70.8	70.2	69.6	68.9	68.3	67.7
84	73.6	73.0	72.3	71.7	71.0	70.4	69.8	69.2	68.5	67.9
85	73.8	73.1	72.5	71.9	71.2	70.6	70.0	69.4	68.8	68.1
86	74.0	73.3	72.7	72.1	71.4	70.8	70.2	69.6	69.0	68.4
87	74.1	73.5	72.9	72.3	71.6	71.0	70.4	69.8	69.2	68.6
88	74.3	73.7	73.1	72.4	71.8	71.2	70.6	70.0	69.4	68.8
89	74.5	73.9	73.2	72.6	72.0	71.4	70.8	70.2	69.6	69.0
90	74.7	74.0	73.4	72.8	72.2	71.6	71.0	70.4	69.8	69.2
91	74.8	74.2	73.6	73.0	72.4	71.8	71.2	70.6	70.0	69.4
92	75.0	74.4	73.8	73.2	72.6	72.0	71.4	70.8	70.2	69.6
93	75.2	74.6	73.9	73.3	72.7	72.1	71.5	71.0	70.4	69.8
94	75.3	74.7	74.1	73.5	72.9	72.3	71.7	71.1	70.6	70.0
95	75.5	74.9	74.3	73.7	73.1	72.5	71.9	71.3	70.7	70.2
96	75.6	75.0	74.4	73.8	73.3	72.7	72.1	71.5	70.9	70.3
97	75.8	75.2	74.6	74.0	73.4	72.8	72.3	71.7	71.1	70.5
98	76.0	75.4	74.8	74.2	73.6	73.0	72.4	71.9	71.3	70.7
99	76.1	75.5	74.9	74.3	73.8	73.2	72.6	72.0	71.5	70.9
100	76.3	75.7	75.1	74.5	73.9	73.3	72.8	72.2	71.6	71.1

表 $2a_2$(续)

$t-t_w$ / t	9.2	9.4	9.6	9.8	10.0	10.2	10.4	10.6	10.8	11.0
15	5.7	3.9	2.1	0.3						
16	9.0	7.2	5.5	3.8	2.1	0.4				
17	12.0	10.4	8.7	7.0	5.4	3.8	2.2	0.5		
18	14.9	13.3	11.7	10.1	8.5	6.9	5.4	3.8	2.3	0.7
19	17.6	16.0	14.5	12.9	11.4	9.9	8.4	6.9	5.4	3.9
20	20.1	18.6	17.1	15.6	14.1	12.7	11.2	9.8	8.3	6.9
21	22.5	21.0	19.6	18.1	16.7	15.3	13.9	12.5	11.1	9.7
22	24.7	23.3	21.9	20.5	19.1	17.7	16.4	15.0	13.7	12.3
23	26.8	25.4	24.1	22.7	21.4	20.0	18.7	17.4	16.1	14.8
24	28.8	27.4	26.1	24.8	23.5	22.2	20.9	19.6	18.4	17.1
25	30.6	29.3	28.0	26.8	25.5	24.2	23.0	21.8	20.5	19.3
26	32.4	31.1	29.9	28.6	27.4	26.2	25.0	23.8	22.6	21.4
27	34.0	32.8	31.6	30.4	29.2	28.0	26.8	25.6	24.5	23.3
28	35.6	34.4	33.2	32.0	30.9	29.7	28.6	27.4	26.3	25.1
29	37.0	35.9	34.7	33.6	32.4	31.3	30.2	29.1	28.0	26.9
30	38.4	37.3	36.2	35.1	34.0	32.9	31.8	30.7	29.6	28.5
31	39.8	38.6	37.6	36.5	35.4	34.3	33.2	32.2	31.1	30.1
32	41.0	39.9	38.9	37.8	36.7	35.7	34.6	33.6	32.6	31.5
33	42.2	41.1	40.1	39.0	38.0	37.0	36.0	34.9	33.9	32.9
34	43.3	42.3	41.3	40.2	39.2	38.2	37.2	36.2	35.2	34.3
35	44.4	43.4	42.4	41.4	40.4	39.4	38.4	37.4	36.5	35.5
36	45.4	44.4	43.4	42.4	41.5	40.5	39.5	38.6	37.6	36.7
37	46.4	45.4	44.4	43.5	42.5	41.6	40.6	39.7	38.8	37.8
38	47.3	46.3	45.4	44.4	43.5	42.6	41.6	40.7	39.8	38.9
39	48.2	47.2	46.3	45.4	44.5	43.5	42.6	41.7	40.8	39.9
40	49.0	48.1	47.2	46.3	45.4	44.5	43.6	42.7	41.8	40.9
41	49.8	48.9	48.0	47.1	46.2	45.3	44.5	43.6	42.7	41.9
42	50.6	49.7	48.8	47.9	47.0	46.2	45.3	44.5	43.6	42.8
43	51.3	50.4	49.6	48.7	47.8	47.0	46.1	45.3	44.4	43.6
44	52.0	51.2	50.3	49.4	48.6	47.7	46.9	46.1	45.2	44.4
45	52.7	51.9	51.0	50.2	49.3	48.5	47.7	46.8	46.0	45.2
46	53.4	52.5	51.7	50.8	50.0	49.2	48.4	47.6	46.8	46.0
47	54.0	53.1	52.3	51.5	50.7	49.9	49.1	48.3	47.5	46.7
48	54.6	53.8	52.9	52.1	51.3	50.5	49.7	48.9	48.2	47.4
49	55.1	54.3	53.5	52.7	51.9	51.1	50.4	49.6	48.8	48.0
50	55.7	54.9	54.1	53.3	52.5	51.7	51.0	50.2	49.4	48.7
51	56.2	55.4	54.7	53.9	53.1	52.3	51.6	50.8	50.0	49.3
52	56.7	56.0	55.2	54.4	53.6	52.9	52.1	51.4	50.6	49.9
53	57.2	56.5	55.7	54.9	54.2	53.4	52.7	51.9	51.2	50.5
54	57.7	57.0	56.2	55.4	54.7	53.9	53.2	52.5	51.7	51.0
55	58.2	57.4	56.7	55.9	55.2	54.4	53.7	53.0	52.3	51.5
56	58.6	57.9	57.1	56.4	55.7	54.9	54.2	53.5	52.8	52.1
57	59.1	58.3	57.6	56.8	56.1	55.4	54.7	54.0	53.3	52.6

表 2a₂(续)

$t-t_w$ / t	9.2	9.4	9.6	9.8	10.0	10.2	10.4	10.6	10.8	11.0
58	59.5	58.7	58.0	57.3	56.6	55.9	55.1	54.4	53.7	53.0
59	59.9	59.2	58.4	57.7	57.0	56.3	55.6	54.9	54.2	53.5
60	60.3	59.6	58.8	58.1	57.4	56.7	56.0	55.3	54.6	54.0
61	60.7	60.0	59.2	58.5	57.8	57.1	56.4	55.8	55.1	54.4
62	61.0	60.3	59.6	58.9	58.2	57.5	56.9	56.2	55.5	54.8
63	61.4	60.7	60.0	59.3	58.6	57.9	57.3	56.6	55.9	55.3
64	61.8	61.1	60.4	59.7	59.0	58.3	57.6	57.0	56.3	55.7
65	62.1	61.4	60.7	60.0	59.4	58.7	58.0	57.4	56.7	56.0
66	62.4	61.7	61.1	60.4	59.7	59.0	58.4	57.7	57.1	56.4
67	62.8	62.1	61.4	60.7	60.1	59.4	58.7	58.1	57.4	56.8
68	63.1	62.4	61.7	61.1	60.4	59.7	59.1	58.4	57.8	57.2
69	63.4	62.7	62.0	61.4	60.7	60.1	59.4	58.8	58.2	57.5
70	63.7	63.0	62.4	61.7	61.1	60.4	59.8	59.1	58.5	57.9
71	64.0	63.3	62.7	62.0	61.4	60.7	60.1	59.5	58.8	58.2
72	64.3	63.6	63.0	62.3	61.7	61.0	60.4	59.8	59.2	58.5
73	64.6	63.9	63.3	62.6	62.0	61.3	60.7	60.1	59.5	58.9
74	64.8	64.2	63.5	62.9	62.3	61.6	61.0	60.4	59.8	59.2
75	65.1	64.5	63.8	63.2	62.6	61.9	61.3	60.7	60.1	59.5
76	65.4	64.7	64.1	63.5	62.8	62.2	61.6	61.0	60.4	59.8
77	65.6	65.0	64.4	63.7	63.1	62.5	61.9	61.3	60.7	60.1
78	65.9	65.2	64.6	64.0	63.4	62.8	62.2	61.6	61.0	60.4
79	66.1	65.5	64.9	64.3	63.7	63.0	62.4	61.8	61.2	60.6
80	66.4	65.8	65.1	64.5	63.9	63.3	62.7	62.1	61.5	60.9
81	66.6	66.0	65.4	64.8	64.2	63.6	63.0	62.4	61.8	61.2
82	66.8	66.2	65.6	65.0	64.4	63.8	63.2	62.6	62.1	61.5
83	67.1	66.5	65.9	65.3	64.7	64.1	63.5	62.9	62.3	61.7
84	67.3	66.7	66.1	65.5	64.9	64.3	63.7	63.1	62.6	62.0
85	67.5	66.9	66.3	65.7	65.1	64.6	64.0	63.4	62.8	62.2
86	67.8	67.2	66.6	66.0	65.4	64.8	64.2	63.6	63.1	62.5
87	68.0	67.4	66.8	66.2	65.6	65.0	64.5	63.9	63.3	62.7
88	68.2	67.6	67.0	66.4	65.8	65.3	64.7	64.1	63.5	63.0
89	68.4	67.8	67.2	66.6	66.1	65.5	64.9	64.3	63.8	63.2
90	68.6	68.0	67.4	66.9	66.3	65.7	65.1	64.6	64.0	63.5
91	68.8	68.2	67.6	67.1	66.5	65.9	65.4	64.8	64.2	63.7
92	69.0	68.4	67.8	67.3	66.7	66.1	65.6	65.0	64.5	63.9
93	69.2	68.6	68.1	67.5	66.9	66.4	65.8	65.2	64.7	64.1
94	69.4	68.8	68.3	67.7	67.1	66.6	66.0	65.5	64.9	64.4
95	69.6	69.0	68.5	67.9	67.3	66.8	66.2	65.7	65.1	64.6
96	69.8	69.2	68.6	68.1	67.5	67.0	66.4	65.9	65.3	64.8
97	70.0	69.4	68.8	68.3	67.7	67.2	66.6	66.1	65.6	65.0
98	70.1	69.6	69.0	68.5	67.9	67.4	66.8	66.3	65.8	65.2
99	70.3	69.8	69.2	68.7	68.1	67.6	67.0	66.5	66.0	65.4
100	70.5	70.0	69.4	68.9	68.3	67.8	67.2	66.7	66.2	65.6

表 $2a_2$（续）

$t-t_w$ / t	11.5	12.0	12.5	13.5	13.5	14.0	14.5	15.0	15.5	16.0
15										
16										
17										
18										
19	0.2									
20	3.3									
21	6.3	2.9								
22	9.0	5.7	2.5							
23	11.6	8.4	5.3	2.2						
24	14.0	10.9	7.9	4.9	2.0					
25	16.3	13.3	10.4	7.5	4.6	1.8				
26	18.4	15.5	12.7	9.9	7.1	4.4	1.7			
27	20.4	17.6	14.9	12.1	9.4	6.8	4.2	1.6		
28	22.4	19.6	16.9	14.3	11.6	9.1	6.5	4.0	1.6	
29	24.2	21.5	18.9	16.3	13.7	11.2	8.7	6.3	3.9	1.6
30	25.9	23.3	20.7	18.2	15.7	13.2	10.8	8.5	6.1	3.8
31	27.5	24.9	22.4	20.0	17.6	15.2	12.8	10.5	8.2	6.0
32	29.0	26.5	24.1	21.7	19.3	17.0	14.7	12.4	10.2	8.0
33	30.5	28.0	25.6	23.3	21.0	18.7	16.5	14.3	12.1	10.0
34	31.8	29.5	27.1	24.8	22.6	20.3	18.2	16.0	13.9	11.8
35	33.1	30.8	28.5	26.3	24.1	21.9	19.7	17.6	15.6	13.5
36	34.4	32.1	29.9	27.6	25.5	23.4	21.3	19.2	17.2	15.2
37	35.6	33.3	31.1	29.0	26.8	24.7	22.7	20.7	18.7	16.8
38	36.7	34.5	32.3	30.2	28.1	26.1	24.1	22.1	20.1	18.2
39	37.7	35.6	33.5	31.4	29.3	27.3	25.4	23.4	21.5	19.6
40	38.8	36.6	34.6	32.5	30.5	28.5	26.6	24.7	22.8	21.0
41	39.7	37.7	35.6	33.6	31.6	29.7	27.8	25.9	24.1	22.3
42	40.7	38.6	36.6	34.6	32.7	30.8	28.9	27.1	25.3	23.5
43	41.6	39.5	37.6	35.6	33.7	31.8	30.0	28.2	26.4	24.6
44	42.4	40.4	38.5	36.5	34.7	32.8	31.0	29.2	27.5	25.8
45	43.2	41.3	39.3	37.4	35.6	33.8	32.0	30.2	28.5	26.8
46	44.0	42.1	40.2	38.3	36.5	34.7	32.9	31.2	29.5	27.8
47	44.7	42.8	41.0	39.1	37.3	35.6	33.8	32.1	30.5	28.8
48	45.5	43.6	41.7	39.9	38.1	36.4	34.7	33.0	31.4	29.7
49	46.2	44.3	42.5	40.7	38.9	37.2	35.5	33.9	32.2	30.6
50	46.8	45.0	43.2	41.4	39.7	38.0	36.3	34.7	33.1	31.5
51	47.5	45.6	43.9	42.1	40.4	38.7	37.1	35.5	33.9	32.3
52	48.1	46.3	44.5	42.8	41.1	39.4	37.8	36.2	34.6	33.1
53	48.7	46.9	45.2	43.4	41.8	40.1	38.5	36.9	35.4	33.9
54	49.2	47.5	45.8	44.1	42.4	40.8	39.2	37.6	36.1	34.6
55	49.8	48.1	46.4	44.7	43.0	41.4	39.9	38.3	36.8	35.3
56	50.3	48.6	46.9	45.3	43.6	42.1	40.5	39.0	37.5	36.0
57	50.8	49.1	47.5	45.8	44.2	42.7	41.1	39.6	38.1	36.6

表 $2a_2$（续）

$t-t_w$ / t	11.5	12.0	12.5	13.5	13.5	14.0	14.5	15.0	15.5	16.0
58	51.3	49.7	48.0	46.4	44.8	43.2	41.7	40.2	38.7	37.3
59	51.8	50.2	48.5	46.9	45.3	43.8	42.3	40.8	39.3	37.9
60	52.3	50.6	49.0	47.4	45.9	44.3	42.8	41.4	39.9	38.5
61	52.7	51.1	49.5	47.9	46.4	44.9	43.4	41.9	40.5	39.1
62	53.2	51.6	50.0	48.4	46.9	45.4	43.9	42.4	41.0	39.6
63	53.6	52.0	50.4	48.9	47.4	45.9	44.4	43.0	41.5	40.2
64	54.0	52.4	50.9	49.3	47.8	46.3	44.9	43.5	42.1	40.7
65	54.4	52.9	51.3	49.8	48.3	46.8	45.4	44.0	42.6	41.2
66	54.8	53.3	51.7	50.2	48.7	47.3	45.8	44.4	43.0	41.7
67	55.2	53.7	52.1	50.6	49.2	47.7	46.3	44.9	43.5	42.2
68	55.6	54.0	52.5	51.0	49.6	48.1	46.7	45.3	44.0	42.6
69	56.0	54.4	52.9	51.4	50.0	48.6	47.2	45.8	44.4	43.1
70	56.3	54.8	53.3	51.8	50.4	49.0	47.6	46.2	44.9	43.5
71	56.7	55.1	53.7	52.2	50.8	49.4	48.0	46.6	45.3	44.0
72	57.0	55.5	54.0	52.6	51.1	49.7	48.4	47.0	45.7	44.4
73	57.3	55.8	54.4	52.9	51.5	50.1	48.8	47.4	46.1	44.8
74	57.7	56.2	54.7	53.3	51.9	50.5	49.1	47.8	46.5	45.2
75	58.0	56.5	55.1	53.6	52.2	50.9	49.5	48.2	46.9	45.6
76	58.3	56.8	55.4	54.0	52.6	51.2	49.9	48.6	47.3	46.0
77	58.6	57.1	55.7	54.3	52.9	51.6	50.2	48.9	47.6	46.4
78	58.9	57.4	56.0	54.6	53.3	51.9	50.6	49.3	48.0	46.7
79	59.2	57.7	56.3	54.9	53.6	52.2	50.9	49.6	48.4	47.1
80	59.5	58.0	56.6	55.3	53.9	52.6	51.3	50.0	48.7	47.5
81	59.8	58.3	56.9	55.6	54.2	52.9	51.6	50.3	49.1	47.8
82	60.0	58.6	57.2	55.9	54.5	53.2	51.9	50.6	49.4	48.2
83	60.3	58.9	57.5	56.2	54.8	53.5	52.2	51.0	49.7	48.5
84	60.6	59.2	57.8	56.5	55.1	53.8	52.5	51.3	50.0	48.8
85	60.8	59.4	58.1	56.7	55.4	54.1	52.8	51.6	50.4	49.1
86	61.1	59.7	58.4	57.0	55.7	54.4	53.1	51.9	50.7	49.5
87	61.3	60.0	58.6	57.3	56.0	54.7	53.4	52.2	51.0	49.8
88	61.6	60.2	58.9	57.6	56.3	55.0	53.7	52.5	51.3	50.1
89	61.8	60.5	59.1	57.8	56.5	55.3	54.0	52.8	51.6	50.4
90	62.1	60.7	59.4	58.1	56.8	55.5	54.3	53.1	51.9	50.7
91	62.3	61.0	59.7	58.4	57.1	55.8	54.6	53.4	52.2	51.0
92	62.6	61.2	59.9	58.6	57.3	56.1	54.8	53.6	52.4	51.3
93	62.8	61.5	60.1	58.9	57.6	56.3	55.1	53.9	52.7	51.6
94	63.0	61.7	60.4	59.1	57.8	56.6	55.4	54.2	53.0	51.8
95	63.2	61.9	60.6	59.4	58.1	56.9	55.6	54.4	53.3	52.1
96	63.5	62.2	60.9	59.6	58.3	57.1	55.9	54.7	53.5	52.4
97	63.7	62.4	61.1	59.8	58.6	57.4	56.2	55.0	53.8	52.7
98	63.9	62.6	61.3	60.1	58.8	57.6	56.4	55.2	54.1	52.9
99	64.1	62.8	61.6	60.3	59.1	57.8	56.7	55.5	54.3	53.2
100	64.3	63.0	61.8	60.5	59.3	58.1	56.9	55.7	54.6	53.4

表 2b　球状水银温度表相对湿度查算表

P=110 kPa,A=0.794 7×10^{-3}℃$^{-1}$(0.8 m/s)

t \ $t-t_w$	0.0	0.1	0.2	0.3	0.4	0.5	0.6	0.7	0.8	0.9	1.0
15	100.0	98.8	97.7	96.5	95.4	94.3	93.1	92.0	90.9	89.7	88.6
16	100.0	98.9	97.8	96.7	95.5	94.4	93.3	92.2	91.2	90.1	89.0
17	100.0	98.9	97.8	96.8	95.7	94.6	93.6	92.5	91.4	90.4	89.3
18	100.0	98.9	97.9	96.9	95.8	94.8	93.7	92.7	91.7	90.7	89.6
19	100.0	99.0	98.0	96.9	95.9	94.9	93.9	92.9	91.9	90.9	89.9
20	100.0	99.0	98.0	97.0	96.1	95.1	94.1	93.1	92.2	91.2	90.2
21	100.0	99.0	98.1	97.1	96.2	95.2	94.3	93.3	92.4	91.4	90.5
22	100.0	99.1	98.1	97.2	96.3	95.3	94.4	93.5	92.6	91.7	90.8
23	100.0	99.1	98.2	97.3	96.4	95.5	94.6	93.7	92.8	91.9	91.0
24	100.0	99.1	98.2	97.3	96.5	95.6	94.7	93.8	92.9	92.1	91.2
25	100.0	99.1	98.3	97.4	96.5	95.7	94.8	94.0	93.1	92.3	91.4
26	100.0	99.1	98.3	97.5	96.6	95.8	94.9	94.1	93.3	92.5	91.6
27	100.0	99.2	98.3	97.5	96.7	95.9	95.1	94.2	93.4	92.6	91.8
28	100.0	99.2	98.4	97.6	96.8	96.0	95.2	94.4	93.6	92.8	92.0
29	100.0	99.2	98.4	97.6	96.8	96.1	95.3	94.5	93.7	92.9	92.2
30	100.0	99.2	98.4	97.7	96.9	96.1	95.4	94.6	93.9	93.1	92.3
31	100.0	99.2	98.5	97.7	97.0	96.2	95.5	94.7	94.0	93.2	92.5
32	100.0	99.3	98.5	97.8	97.0	96.3	95.6	94.8	94.1	93.4	92.6
33	100.0	99.3	98.5	97.8	97.1	96.4	95.6	94.9	94.2	93.5	92.8
34	100.0	99.3	98.6	97.8	97.1	96.4	95.7	95.0	94.3	93.6	92.9
35	100.0	99.3	98.6	97.9	97.2	96.5	95.8	95.1	94.4	93.7	93.0
36	100.0	99.3	98.6	97.9	97.2	96.6	95.9	95.2	94.5	93.8	93.2
37	100.0	99.3	98.6	98.0	97.3	96.6	95.9	95.3	94.6	93.9	93.3
38	100.0	99.3	98.7	98.0	97.3	96.7	96.0	95.4	94.7	94.0	93.4
39	100.0	99.3	98.7	98.0	97.4	96.7	96.1	95.4	94.8	94.1	93.5
40	100.0	99.3	98.7	98.1	97.4	96.8	96.1	95.5	94.9	94.2	93.6
41	100.0	99.4	98.7	98.1	97.5	96.8	96.2	95.6	94.9	94.3	93.7
42	100.0	99.4	98.7	98.1	97.5	96.9	96.3	95.6	95.0	94.4	93.8
43	100.0	99.4	98.8	98.1	97.5	96.9	96.3	95.7	95.1	94.5	93.9
44	100.0	99.4	98.8	98.2	97.6	97.0	96.4	95.8	95.2	94.6	94.0
45	100.0	99.4	98.8	98.2	97.6	97.0	96.4	95.8	95.2	94.6	94.1
46	100.0	99.4	98.8	98.2	97.6	97.0	96.5	95.9	95.3	94.7	94.1
47	100.0	99.4	98.8	98.2	97.7	97.1	96.5	95.9	95.4	94.8	94.2
48	100.0	99.4	98.8	98.3	97.7	97.1	96.5	96.0	95.4	94.9	94.3
49	100.0	99.4	98.9	98.3	97.7	97.2	96.6	96.0	95.5	94.9	94.4
50	100.0	99.4	98.9	98.3	97.7	97.2	96.6	96.1	95.5	95.0	94.4
51	100.0	99.4	98.9	98.3	97.8	97.2	96.7	96.1	95.6	95.0	94.5
52	100.0	99.4	98.9	98.3	97.8	97.3	96.7	96.2	95.6	95.1	94.6
53	100.0	99.5	98.9	98.4	97.8	97.3	96.8	96.2	95.7	95.2	94.6
54	100.0	99.5	98.9	98.4	97.9	97.3	96.8	96.3	95.7	95.2	94.7
55	100.0	99.5	98.9	98.4	97.9	97.4	96.8	96.3	95.8	95.3	94.8
56	100.0	99.5	98.9	98.4	97.9	97.4	96.9	96.3	95.8	95.3	94.8
57	100.0	99.5	99.0	98.4	97.9	97.4	96.9	96.4	95.9	95.4	94.9

表 2b（续）

$t-t_w$ / t	0.0	0.1	0.2	0.3	0.4	0.5	0.6	0.7	0.8	0.9	1.0
58	100.0	99.5	99.0	98.5	97.9	97.4	96.9	96.4	95.9	95.4	94.9
59	100.0	99.5	99.0	98.5	98.0	97.5	97.0	96.5	96.0	95.5	95.0
60	100.0	99.5	99.0	98.5	98.0	97.5	97.0	96.5	96.0	95.5	95.0
61	100.0	99.5	99.0	98.5	98.0	97.5	97.0	96.5	96.0	95.6	95.1
62	100.0	99.5	99.0	98.5	98.0	97.5	97.1	96.6	96.1	95.6	95.1
63	100.0	99.5	99.0	98.5	98.0	97.6	97.1	96.6	96.1	95.6	95.2
64	100.0	99.5	99.0	98.5	98.1	97.6	97.1	96.6	96.2	95.7	95.2
65	100.0	99.5	99.0	98.6	98.1	97.6	97.1	96.7	96.2	95.7	95.3
66	100.0	99.5	99.0	98.6	98.1	97.6	97.2	96.7	96.2	95.8	95.3
67	100.0	99.5	99.1	98.6	98.1	97.7	97.2	96.7	96.3	95.8	95.3
68	100.0	99.5	99.1	98.6	98.1	97.7	97.2	96.8	96.3	95.8	95.4
69	100.0	99.5	99.1	98.6	98.2	97.7	97.2	96.8	96.3	95.9	95.4
70	100.0	99.5	99.1	98.6	98.2	97.7	97.3	96.8	96.4	95.9	95.5
71	100.0	99.5	99.1	98.6	98.2	97.7	97.3	96.8	96.4	96.0	95.5
72	100.0	99.5	99.1	98.6	98.2	97.8	97.3	96.9	96.4	96.0	95.6
73	100.0	99.6	99.1	98.7	98.2	97.8	97.3	96.9	96.5	96.0	95.6
74	100.0	99.6	99.1	98.7	98.2	97.8	97.4	96.9	96.5	96.1	95.6
75	100.0	99.6	99.1	98.7	98.2	97.8	97.4	96.9	96.5	96.1	95.7
76	100.0	99.6	99.1	98.7	98.3	97.8	97.4	97.0	96.5	96.1	95.7
77	100.0	99.6	99.1	98.7	98.3	97.8	97.4	97.0	96.6	96.2	95.7
78	100.0	99.6	99.1	98.7	98.3	97.9	97.4	97.0	96.6	96.2	95.8
79	100.0	99.6	99.1	98.7	98.3	97.9	97.5	97.0	96.6	96.2	95.8
80	100.0	99.6	99.2	98.7	98.3	97.9	97.5	97.1	96.7	96.2	95.8
81	100.0	99.6	99.2	98.7	98.3	97.9	97.5	97.1	96.7	96.3	95.9
82	100.0	99.6	99.2	98.8	98.3	97.9	97.5	97.1	96.7	96.3	95.9
83	100.0	99.6	99.2	98.8	98.4	97.9	97.5	97.1	96.7	96.3	95.9
84	100.0	99.6	99.2	98.8	98.4	98.0	97.6	97.2	96.8	96.4	96.0
85	100.0	99.6	99.2	98.8	98.4	98.0	97.6	97.2	96.8	96.4	96.0
86	100.0	99.6	99.2	98.8	98.4	98.0	97.6	97.2	96.8	96.4	96.0
87	100.0	99.6	99.2	98.8	98.4	98.0	97.6	97.2	96.8	96.4	96.1
88	100.0	99.6	99.2	98.8	98.4	98.0	97.6	97.2	96.9	96.5	96.1
89	100.0	99.6	99.2	98.8	98.4	98.0	97.7	97.3	96.9	96.5	96.1
90	100.0	99.6	99.2	98.8	98.4	98.1	97.7	97.3	96.9	96.5	96.1
91	100.0	99.6	99.2	98.8	98.5	98.1	97.7	97.3	96.9	96.5	96.2
92	100.0	99.6	99.2	98.8	98.5	98.1	97.7	97.3	96.9	96.6	96.2
93	100.0	99.6	99.2	98.9	98.5	98.1	97.7	97.3	97.0	96.6	96.2
94	100.0	99.6	99.2	98.9	98.5	98.1	97.7	97.4	97.0	96.6	96.2
95	100.0	99.6	99.2	98.9	98.5	98.1	97.7	97.4	97.0	96.6	96.3
96	100.0	99.6	99.3	98.9	98.5	98.1	97.8	97.4	97.0	96.7	96.3
97	100.0	99.6	99.3	98.9	98.5	98.1	97.8	97.4	97.0	96.7	96.3
98	100.0	99.6	99.3	98.9	98.5	98.2	97.8	97.4	97.1	96.7	96.3
99	100.0	99.6	99.3	98.9	98.5	98.2	97.8	97.4	97.1	96.7	96.4
100	100.0	99.6	99.3	98.9	98.5	98.2	97.8	97.5	97.1	96.8	96.4

表 2b（续）

$t-t_w$ / t	1.1	1.2	1.3	1.4	1.5	1.6	1.7	1.8	1.9	2.0
15	87.5	86.4	85.3	84.2	83.0	81.9	80.8	79.7	78.7	77.6
16	87.9	86.8	85.7	84.7	83.6	82.5	81.5	80.4	79.3	78.3
17	88.3	87.2	86.2	85.1	84.1	83.1	82.0	81.0	80.0	79.0
18	88.6	87.6	86.6	85.6	84.6	83.6	82.6	81.6	80.6	79.6
19	89.0	88.0	87.0	86.0	85.0	84.1	83.1	82.1	81.2	80.2
20	89.3	88.3	87.4	86.4	85.5	84.5	83.6	82.6	81.7	80.8
21	89.6	88.6	87.7	86.8	85.9	85.0	84.0	83.1	82.2	81.3
22	89.8	88.9	88.0	87.1	86.2	85.4	84.5	83.6	82.7	81.8
23	90.1	89.2	88.4	87.5	86.6	85.7	84.9	84.0	83.1	82.3
24	90.4	89.5	88.6	87.8	86.9	86.1	85.3	84.4	83.6	82.7
25	90.6	89.8	88.9	88.1	87.3	86.4	85.6	84.8	84.0	83.2
26	90.8	90.0	89.2	88.4	87.6	86.8	86.0	85.2	84.4	83.6
27	91.0	90.2	89.4	88.6	87.8	87.1	86.3	85.5	84.7	83.9
28	91.2	90.4	89.7	88.9	88.1	87.3	86.6	85.8	85.1	84.3
29	91.4	90.6	89.9	89.1	88.4	87.6	86.9	86.1	85.4	84.6
30	91.6	90.8	90.1	89.4	88.6	87.9	87.1	86.4	85.7	85.0
31	91.8	91.0	90.3	89.6	88.8	88.1	87.4	86.7	86.0	85.3
32	91.9	91.2	90.5	89.8	89.1	88.4	87.7	87.0	86.3	85.6
33	92.1	91.4	90.7	90.0	89.3	88.6	87.9	87.2	86.5	85.8
34	92.2	91.5	90.8	90.2	89.5	88.8	88.1	87.4	86.8	86.1
35	92.4	91.7	91.0	90.3	89.7	89.0	88.3	87.7	87.0	86.3
36	92.5	91.8	91.2	90.5	89.8	89.2	88.5	87.9	87.2	86.6
37	92.6	92.0	91.3	90.7	90.0	89.4	88.7	88.1	87.5	86.8
38	92.7	92.1	91.5	90.8	90.2	89.6	88.9	88.3	87.7	87.0
39	92.9	92.2	91.6	91.0	90.3	89.7	89.1	88.5	87.9	87.2
40	93.0	92.4	91.7	91.1	90.5	89.9	89.3	88.7	88.1	87.4
41	93.1	92.5	91.9	91.3	90.6	90.0	89.4	88.8	88.2	87.6
42	93.2	92.6	92.0	91.4	90.8	90.2	89.6	89.0	88.4	87.8
43	93.3	92.7	92.1	91.5	90.9	90.3	89.7	89.2	88.6	88.0
44	93.4	92.8	92.2	91.6	91.0	90.5	89.9	89.3	88.7	88.2
45	93.5	92.9	92.3	91.7	91.2	90.6	90.0	89.5	88.9	88.3
46	93.6	93.0	92.4	91.9	91.3	90.7	90.2	89.6	89.0	88.5
47	93.7	93.1	92.5	92.0	91.4	90.8	90.3	89.7	89.2	88.6
48	93.7	93.2	92.6	92.1	91.5	91.0	90.4	89.9	89.3	88.8
49	93.8	93.3	92.7	92.2	91.6	91.1	90.5	90.0	89.5	88.9
50	93.9	93.3	92.8	92.3	91.7	91.2	90.7	90.1	89.6	89.1
51	94.0	93.4	92.9	92.4	91.8	91.3	90.8	90.2	89.7	89.2
52	94.0	93.5	93.0	92.4	91.9	91.4	90.9	90.4	89.8	89.3
53	94.1	93.6	93.1	92.5	92.0	91.5	91.0	90.5	90.0	89.5
54	94.2	93.7	93.1	92.6	92.1	91.6	91.1	90.6	90.1	89.6
55	94.2	93.7	93.2	92.7	92.2	91.7	91.2	90.7	90.2	89.7
56	94.3	93.8	93.3	92.8	92.3	91.8	91.3	90.8	90.3	89.8
57	94.4	93.9	93.4	92.9	92.4	91.9	91.4	90.9	90.4	89.9

表 2b（续）

$t-t_w$ / t	1.1	1.2	1.3	1.4	1.5	1.6	1.7	1.8	1.9	2.0
58	94.4	93.9	93.4	92.9	92.4	92.0	91.5	91.0	90.5	90.0
59	94.5	94.0	93.5	93.0	92.5	92.0	91.6	91.1	90.6	90.1
60	94.5	94.0	93.6	93.1	92.6	92.1	91.6	91.2	90.7	90.2
61	94.6	94.1	93.6	93.2	92.7	92.2	91.7	91.3	90.8	90.3
62	94.6	94.2	93.7	93.2	92.7	92.3	91.8	91.3	90.9	90.4
63	94.7	94.2	93.8	93.3	92.8	92.4	91.9	91.4	91.0	90.5
64	94.7	94.3	93.8	93.4	92.9	92.4	92.0	91.5	91.1	90.6
65	94.8	94.3	93.9	93.4	93.0	92.5	92.0	91.6	91.1	90.7
66	94.8	94.4	93.9	93.5	93.0	92.6	92.1	91.7	91.2	90.8
67	94.9	94.4	94.0	93.5	93.1	92.6	92.2	91.7	91.3	90.9
68	94.9	94.5	94.0	93.6	93.1	92.7	92.3	91.8	91.4	90.9
69	95.0	94.5	94.1	93.6	93.2	92.8	92.3	91.9	91.5	91.0
70	95.0	94.6	94.1	93.7	93.3	92.8	92.4	92.0	91.5	91.1
71	95.1	94.6	94.2	93.8	93.3	92.9	92.5	92.0	91.6	91.2
72	95.1	94.7	94.2	93.8	93.4	93.0	92.5	92.1	91.7	91.3
73	95.2	94.7	94.3	93.9	93.4	93.0	92.6	92.2	91.7	91.3
74	95.2	94.8	94.3	93.9	93.5	93.1	92.7	92.2	91.8	91.4
75	95.2	94.8	94.4	94.0	93.5	93.1	92.7	92.3	91.9	91.5
76	95.3	94.9	94.4	94.0	93.6	93.2	92.8	92.4	91.9	91.5
77	95.3	94.9	94.5	94.1	93.7	93.2	92.8	92.4	92.0	91.6
78	95.4	94.9	94.5	94.1	93.7	93.3	92.9	92.5	92.1	91.7
79	95.4	95.0	94.6	94.2	93.8	93.3	92.9	92.5	92.1	91.7
80	95.4	95.0	94.6	94.2	93.8	93.4	93.0	92.6	92.2	91.8
81	95.5	95.1	94.7	94.3	93.8	93.5	93.1	92.7	92.3	91.9
82	95.5	95.1	94.7	94.3	93.9	93.5	93.1	92.7	92.3	91.9
83	95.5	95.1	94.7	94.3	93.9	93.6	93.2	92.8	92.4	92.0
84	95.6	95.2	94.8	94.4	94.0	93.6	93.2	92.8	92.4	92.0
85	95.6	95.2	94.8	94.4	94.0	93.6	93.3	92.9	92.5	92.1
86	95.6	95.2	94.9	94.5	94.1	93.7	93.3	92.9	92.5	92.2
87	95.7	95.3	94.9	94.5	94.1	93.7	93.4	93.0	92.6	92.2
88	95.7	95.3	94.9	94.5	94.2	93.8	93.4	93.0	92.7	92.3
89	95.7	95.3	95.0	94.6	94.2	93.8	93.5	93.1	92.7	92.3
90	95.8	95.4	95.0	94.6	94.2	93.9	93.5	93.1	92.8	92.4
91	95.8	95.4	95.0	94.7	94.3	93.9	93.5	93.2	92.8	92.4
92	95.8	95.4	95.1	94.7	94.3	94.0	93.6	93.2	92.9	92.5
93	95.8	95.5	95.1	94.7	94.4	94.0	93.6	93.3	92.9	92.5
94	95.9	95.5	95.1	94.8	94.4	94.0	93.7	93.3	93.0	92.6
95	95.9	95.5	95.2	94.8	94.4	94.1	93.7	93.4	93.0	92.7
96	95.9	95.6	95.2	94.8	94.5	94.1	93.8	93.4	93.1	92.7
97	96.0	95.6	95.2	94.9	94.5	94.2	93.8	93.5	93.1	92.8
98	96.0	95.6	95.3	94.9	94.6	94.2	93.9	93.5	93.2	92.8
99	96.0	95.7	95.3	95.0	94.6	94.2	93.9	93.5	93.2	92.8
100	96.0	95.7	95.3	95.0	94.6	94.3	93.9	93.6	93.2	92.9

表 2b（续）

t \ $t-t_w$	2.1	2.2	2.3	2.4	2.5	2.6	2.7	2.8	2.9	3.0
15	76.5	75.4	74.3	73.2	72.2	71.1	70.0	69.0	67.9	66.9
16	77.2	76.2	75.2	74.1	73.1	72.0	71.0	70.0	69.0	67.9
17	78.0	76.9	75.9	74.9	73.9	72.9	71.9	70.9	69.9	69.0
18	78.6	77.6	76.7	75.7	74.7	73.8	72.8	71.8	70.9	69.9
19	79.3	78.3	77.4	76.4	75.5	74.5	73.6	72.7	71.7	70.8
20	79.9	78.9	78.0	77.1	76.2	75.3	74.4	73.4	72.5	71.6
21	80.4	79.5	78.6	77.7	76.8	75.9	75.1	74.2	73.3	72.4
22	80.9	80.1	79.2	78.3	77.5	76.6	75.7	74.9	74.0	73.2
23	81.4	80.6	79.7	78.9	78.0	77.2	76.4	75.5	74.7	73.9
24	81.9	81.1	80.2	79.4	78.6	77.8	77.0	76.2	75.4	74.5
25	82.3	81.5	80.7	79.9	79.1	78.3	77.5	76.7	76.0	75.2
26	82.8	82.0	81.2	80.4	79.6	78.8	78.1	77.3	76.5	75.8
27	83.2	82.4	81.6	80.9	80.1	79.3	78.6	77.8	77.1	76.3
28	83.5	82.8	82.0	81.3	80.5	79.8	79.1	78.3	77.6	76.9
29	83.9	83.2	82.4	81.7	81.0	80.2	79.5	78.8	78.1	77.4
30	84.2	83.5	82.8	82.1	81.4	80.7	79.9	79.2	78.5	77.8
31	84.6	83.8	83.1	82.4	81.7	81.0	80.4	79.7	79.0	78.3
32	84.9	84.2	83.5	82.8	82.1	81.4	80.7	80.1	79.4	78.7
33	85.1	84.5	83.8	83.1	82.4	81.8	81.1	80.4	79.8	79.1
34	85.4	84.8	84.1	83.4	82.8	82.1	81.5	80.8	80.2	79.5
35	85.7	85.0	84.4	83.7	83.1	82.4	81.8	81.2	80.5	79.9
36	85.9	85.3	84.7	84.0	83.4	82.8	82.1	81.5	80.9	80.2
37	86.2	85.6	84.9	84.3	83.7	83.0	82.4	81.8	81.2	80.6
38	86.4	85.8	85.2	84.6	83.9	83.3	82.7	82.1	81.5	80.9
39	86.6	86.0	85.4	84.8	84.2	83.6	83.0	82.4	81.8	81.2
40	86.8	86.2	85.6	85.0	84.5	83.9	83.3	82.7	82.1	81.5
41	87.0	86.5	85.9	85.3	84.7	84.1	83.5	82.9	82.4	81.8
42	87.2	86.7	86.1	85.5	84.9	84.3	83.8	83.2	82.6	82.1
43	87.4	86.9	86.3	85.7	85.1	84.6	84.0	83.4	82.9	82.3
44	87.6	87.0	86.5	85.9	85.4	84.8	84.2	83.7	83.1	82.6
45	87.8	87.2	86.7	86.1	85.6	85.0	84.5	83.9	83.4	82.8
46	87.9	87.4	86.8	86.3	85.8	85.2	84.7	84.1	83.6	83.1
47	88.1	87.6	87.0	86.5	85.9	85.4	84.9	84.3	83.8	83.3
48	88.3	87.7	87.2	86.7	86.1	85.6	85.1	84.5	84.0	83.5
49	88.4	87.9	87.3	86.8	86.3	85.8	85.3	84.7	84.2	83.7
50	88.5	88.0	87.5	87.0	86.5	85.9	85.4	84.9	84.4	83.9
51	88.7	88.2	87.7	87.1	86.6	86.1	85.6	85.1	84.6	84.1
52	88.8	88.3	87.8	87.3	86.8	86.3	85.8	85.3	84.8	84.3
53	88.9	88.4	87.9	87.4	86.9	86.4	85.9	85.5	85.0	84.5
54	89.1	88.6	88.1	87.6	87.1	86.6	86.1	85.6	85.1	84.6
55	89.2	88.7	88.2	87.7	87.2	86.7	86.3	85.8	85.3	84.8
56	89.3	88.8	88.3	87.9	87.4	86.9	86.4	85.9	85.5	85.0
57	89.4	88.9	88.5	88.0	87.5	87.0	86.6	86.1	85.6	85.1

表 2b（续）

$t-t_w$ / t	2.1	2.2	2.3	2.4	2.5	2.6	2.7	2.8	2.9	3.0
58	89.5	89.1	88.6	88.1	87.6	87.2	86.7	86.2	85.8	85.3
59	89.6	89.2	88.7	88.2	87.8	87.3	86.8	86.4	85.9	85.4
60	89.8	89.3	88.8	88.4	87.9	87.4	87.0	86.5	86.1	85.6
61	89.9	89.4	88.9	88.5	88.0	87.6	87.1	86.6	86.2	85.7
62	90.0	89.5	89.0	88.6	88.1	87.7	87.2	86.8	86.3	85.9
63	90.1	89.6	89.1	88.7	88.2	87.8	87.3	86.9	86.5	86.0
64	90.1	89.7	89.2	88.8	88.4	87.9	87.5	87.0	86.6	86.1
65	90.2	89.8	89.3	88.9	88.5	88.0	87.6	87.1	86.7	86.3
66	90.3	89.9	89.4	89.0	88.6	88.1	87.7	87.3	86.8	86.4
67	90.4	90.0	89.5	89.1	88.7	88.2	87.8	87.4	86.9	86.5
68	90.5	90.1	89.6	89.2	88.8	88.3	87.9	87.5	87.1	86.6
69	90.6	90.2	89.7	89.3	88.9	88.4	88.0	87.6	87.2	86.8
70	90.7	90.2	89.8	89.4	89.0	88.5	88.1	87.7	87.3	86.9
71	90.8	90.3	89.9	89.5	89.1	88.6	88.2	87.8	87.4	87.0
72	90.8	90.4	90.0	89.6	89.2	88.7	88.3	87.9	87.5	87.1
73	90.9	90.5	90.1	89.7	89.2	88.8	88.4	88.0	87.6	87.2
74	91.0	90.6	90.2	89.7	89.3	88.9	88.5	88.1	87.7	87.3
75	91.1	90.6	90.2	89.8	89.4	89.0	88.6	88.2	87.8	87.4
76	91.1	90.7	90.3	89.9	89.5	89.1	88.7	88.3	87.9	87.5
77	91.2	90.8	90.4	90.0	89.6	89.2	88.8	88.4	88.0	87.6
78	91.3	90.9	90.5	90.1	89.7	89.3	88.9	88.5	88.1	87.7
79	91.3	90.9	90.5	90.2	89.8	89.4	89.0	88.6	88.2	87.8
80	91.4	91.0	90.6	90.2	89.8	89.4	89.1	88.7	88.3	87.9
81	91.5	91.1	90.7	90.3	89.9	89.5	89.1	88.8	88.4	88.0
82	91.5	91.1	90.8	90.4	90.0	89.6	89.2	88.8	88.5	88.1
83	91.6	91.2	90.8	90.4	90.1	89.7	89.3	88.9	88.5	88.2
84	91.7	91.3	90.9	90.5	90.1	89.8	89.4	89.0	88.6	88.3
85	91.7	91.3	91.0	90.6	90.2	89.8	89.5	89.1	88.7	88.3
86	91.8	91.4	91.0	90.7	90.3	89.9	89.5	89.2	88.8	88.4
87	91.8	91.5	91.1	90.7	90.4	90.0	89.6	89.2	88.9	88.5
88	91.9	91.5	91.2	90.8	90.4	90.1	89.7	89.3	89.0	88.6
89	92.0	91.6	91.2	90.9	90.5	90.1	89.8	89.4	89.0	88.7
90	92.0	91.7	91.3	90.9	90.6	90.2	89.8	89.5	89.1	88.8
91	92.1	91.7	91.4	91.0	90.6	90.3	89.9	89.5	89.2	88.8
92	92.1	91.8	91.4	91.1	90.7	90.3	90.0	89.6	89.3	88.9
93	92.2	91.8	91.5	91.1	90.8	90.4	90.0	89.7	89.3	89.0
94	92.2	91.9	91.5	91.2	90.8	90.5	90.1	89.8	89.4	89.1
95	92.3	91.9	91.6	91.2	90.9	90.5	90.2	89.8	89.5	89.1
96	92.3	92.0	91.6	91.3	90.9	90.6	90.2	89.9	89.6	89.2
97	92.4	92.1	91.7	91.4	91.0	90.7	90.3	90.0	89.6	89.3
98	92.5	92.1	91.8	91.4	91.1	90.7	90.4	90.0	89.7	89.4
99	92.5	92.2	91.8	91.5	91.1	90.8	90.4	90.1	89.8	89.4
100	92.6	92.2	91.9	91.5	91.2	90.8	90.5	90.2	89.8	89.5

表 2b（续）

$t-t_w$ / t	3.1	3.2	3.3	3.4	3.5	3.6	3.7	3.8	3.9	4.0
15	65.8	64.7	63.7	62.7	61.6	60.6	59.5	58.5	57.5	56.5
16	66.9	65.9	64.9	63.9	62.9	61.9	60.9	59.9	58.9	57.9
17	68.0	67.0	66.0	65.0	64.1	63.1	62.1	61.2	60.2	59.2
18	68.9	68.0	67.0	66.1	65.2	64.2	63.3	62.4	61.4	60.5
19	69.9	69.0	68.0	67.1	66.2	65.3	64.4	63.5	62.6	61.7
20	70.7	69.8	69.0	68.1	67.2	66.3	65.4	64.5	63.7	62.8
21	71.6	70.7	69.8	69.0	68.1	67.2	66.4	65.5	64.7	63.8
22	72.3	71.5	70.6	69.8	69.0	68.1	67.3	66.5	65.6	64.8
23	73.1	72.2	71.4	70.6	69.8	69.0	68.2	67.4	66.6	65.8
24	73.7	72.9	72.1	71.3	70.6	69.8	69.0	68.2	67.4	66.6
25	74.4	73.6	72.8	72.1	71.3	70.5	69.7	69.0	68.2	67.5
26	75.0	74.2	73.5	72.7	72.0	71.2	70.5	69.7	69.0	68.2
27	75.6	74.8	74.1	73.4	72.6	71.9	71.2	70.4	69.7	69.0
28	76.1	75.4	74.7	74.0	73.2	72.5	71.8	71.1	70.4	69.7
29	76.6	75.9	75.2	74.5	73.8	73.1	72.4	71.7	71.0	70.3
30	77.1	76.4	75.7	75.1	74.4	73.7	73.0	72.3	71.6	71.0
31	77.6	76.9	76.2	75.6	74.9	74.2	73.6	72.9	72.2	71.6
32	78.0	77.4	76.7	76.1	75.4	74.7	74.1	73.4	72.8	72.1
33	78.5	77.8	77.2	76.5	75.9	75.2	74.6	73.9	73.3	72.7
34	78.9	78.2	77.6	77.0	76.3	75.7	75.1	74.4	73.8	73.2
35	79.3	78.6	78.0	77.4	76.8	76.1	75.5	74.9	74.3	73.7
36	79.6	79.0	78.4	77.8	77.2	76.6	75.9	75.3	74.7	74.1
37	80.0	79.4	78.8	78.2	77.6	77.0	76.4	75.8	75.2	74.6
38	80.3	79.7	79.1	78.5	77.9	77.3	76.8	76.2	75.6	75.0
39	80.6	80.0	79.5	78.9	78.3	77.7	77.1	76.6	76.0	75.4
40	80.9	80.4	79.8	79.2	78.6	78.1	77.5	76.9	76.4	75.8
41	81.2	80.7	80.1	79.5	79.0	78.4	77.8	77.3	76.7	76.2
42	81.5	80.9	80.4	79.8	79.3	78.7	78.2	77.6	77.1	76.5
43	81.8	81.2	80.7	80.1	79.6	79.0	78.5	77.9	77.4	76.9
44	82.0	81.5	80.9	80.4	79.9	79.3	78.8	78.3	77.7	77.2
45	82.3	81.7	81.2	80.7	80.1	79.6	79.1	78.6	78.0	77.5
46	82.5	82.0	81.5	80.9	80.4	79.9	79.4	78.9	78.3	77.8
47	82.8	82.2	81.7	81.2	80.7	80.2	79.6	79.1	78.6	78.1
48	83.0	82.5	81.9	81.4	80.9	80.4	79.9	79.4	78.9	78.4
49	83.2	82.7	82.2	81.7	81.2	80.7	80.2	79.7	79.2	78.7
50	83.4	82.9	82.4	81.9	81.4	80.9	80.4	79.9	79.4	78.9
51	83.6	83.1	82.6	82.1	81.6	81.1	80.6	80.2	79.7	79.2
52	83.8	83.3	82.8	82.3	81.8	81.4	80.9	80.4	79.9	79.4
53	84.0	83.5	83.0	82.5	82.0	81.6	81.1	80.6	80.1	79.7
54	84.2	83.7	83.2	82.7	82.2	81.8	81.3	80.8	80.4	79.9
55	84.3	83.9	83.4	82.9	82.4	82.0	81.5	81.0	80.6	80.1
56	84.5	84.0	83.6	83.1	82.6	82.2	81.7	81.2	80.8	80.3
57	84.7	84.2	83.7	83.3	82.8	82.4	81.9	81.4	81.0	80.5

表 2b（续）

t \ $t-t_w$	3.1	3.2	3.3	3.4	3.5	3.6	3.7	3.8	3.9	4.0
58	84.8	84.4	83.9	83.5	83.0	82.5	82.1	81.6	81.2	80.7
59	85.0	84.5	84.1	83.6	83.2	82.7	82.3	81.8	81.4	80.9
60	85.1	84.7	84.2	83.8	83.3	82.9	82.5	82.0	81.6	81.1
61	85.3	84.8	84.4	84.0	83.5	83.1	82.6	82.2	81.8	81.3
62	85.4	85.0	84.5	84.1	83.7	83.2	82.8	82.4	81.9	81.5
63	85.6	85.1	84.7	84.3	83.8	83.4	83.0	82.5	82.1	81.7
64	85.7	85.3	84.8	84.4	84.0	83.5	83.1	82.7	82.3	81.8
65	85.8	85.4	85.0	84.6	84.1	83.7	83.3	82.9	82.4	82.0
66	86.0	85.5	85.1	84.7	84.3	83.8	83.4	83.0	82.6	82.2
67	86.1	85.7	85.3	84.8	84.4	84.0	83.6	83.2	82.7	82.3
68	86.2	85.8	85.4	85.0	84.6	84.1	83.7	83.3	82.9	82.5
69	86.3	85.9	85.5	85.1	84.7	84.3	83.9	83.5	83.1	82.6
70	86.5	86.0	85.6	85.2	84.8	84.4	84.0	83.6	83.2	82.8
71	86.6	86.2	85.8	85.4	84.9	84.5	84.1	83.7	83.3	82.9
72	86.7	86.3	85.9	85.5	85.1	84.7	84.3	83.9	83.5	83.1
73	86.8	86.4	86.0	85.6	85.2	84.8	84.4	84.0	83.6	83.2
74	86.9	86.5	86.1	85.7	85.3	84.9	84.5	84.1	83.7	83.4
75	87.0	86.6	86.2	85.8	85.4	85.0	84.7	84.3	83.9	83.5
76	87.1	86.7	86.3	85.9	85.6	85.2	84.8	84.4	84.0	83.6
77	87.2	86.8	86.4	86.1	85.7	85.3	84.9	84.5	84.1	83.8
78	87.3	86.9	86.5	86.2	85.8	85.4	85.0	84.6	84.3	83.9
79	87.4	87.0	86.7	86.3	85.9	85.5	85.1	84.8	84.4	84.0
80	87.5	87.1	86.8	86.4	86.0	85.6	85.2	84.9	84.5	84.1
81	87.6	87.2	86.9	86.5	86.1	85.7	85.4	85.0	84.6	84.2
82	87.7	87.3	87.0	86.6	86.2	85.8	85.5	85.1	84.7	84.4
83	87.8	87.4	87.1	86.7	86.3	85.9	85.6	85.2	84.8	84.5
84	87.9	87.5	87.1	86.8	86.4	86.0	85.7	85.3	85.0	84.6
85	88.0	87.6	87.2	86.9	86.5	86.1	85.8	85.4	85.1	84.7
86	88.1	87.7	87.3	87.0	86.6	86.2	85.9	85.5	85.2	84.8
87	88.2	87.8	87.4	87.1	86.7	86.3	86.0	85.6	85.3	84.9
88	88.2	87.9	87.5	87.2	86.8	86.4	86.1	85.7	85.4	85.0
89	88.3	88.0	87.6	87.2	86.9	86.5	86.2	85.8	85.5	85.1
90	88.4	88.0	87.7	87.3	87.0	86.6	86.3	85.9	85.6	85.2
91	88.5	88.1	87.8	87.4	87.1	86.7	86.4	86.0	85.7	85.3
92	88.6	88.2	87.9	87.5	87.2	86.8	86.5	86.1	85.8	85.4
93	88.6	88.3	87.9	87.6	87.3	86.9	86.6	86.2	85.9	85.5
94	88.7	88.4	88.0	87.7	87.3	87.0	86.7	86.3	86.0	85.6
95	88.8	88.5	88.1	87.8	87.4	87.1	86.7	86.4	86.1	85.7
96	88.9	88.5	88.2	87.8	87.5	87.2	86.8	86.5	86.2	85.8
97	88.9	88.6	88.3	87.9	87.6	87.3	86.9	86.6	86.3	85.9
98	89.0	88.7	88.3	88.0	87.7	87.3	87.0	86.7	86.3	86.0
99	89.1	88.8	88.4	88.1	87.8	87.4	87.1	86.8	86.4	86.1
100	89.2	88.8	88.5	88.2	87.8	87.5	87.2	86.8	86.5	86.2

表 2b（续）

t \ $t-t_w$	4.1	4.2	4.3	4.4	4.5	4.6	4.7	4.8	4.9	5.0
15	55.4	54.4	53.4	52.4	51.4	50.4	49.4	48.4	47.4	46.4
16	56.9	55.9	54.9	54.0	53.0	52.0	51.0	50.1	49.1	48.1
17	58.3	57.3	56.4	55.4	54.5	53.5	52.6	51.7	50.7	49.8
18	59.6	58.6	57.7	56.8	55.9	55.0	54.1	53.2	52.3	51.4
19	60.8	59.9	59.0	58.1	57.2	56.3	55.5	54.6	53.7	52.8
20	61.9	61.1	60.2	59.3	58.5	57.6	56.8	55.9	55.1	54.2
21	63.0	62.2	61.3	60.5	59.6	58.8	58.0	57.2	56.3	55.5
22	64.0	63.2	62.4	61.6	60.7	59.9	59.1	58.3	57.5	56.7
23	65.0	64.2	63.4	62.6	61.8	61.0	60.2	59.4	58.7	57.9
24	65.9	65.1	64.3	63.5	62.8	62.0	61.2	60.5	59.7	59.0
25	66.7	65.9	65.2	64.4	63.7	62.9	62.2	61.5	60.7	60.0
26	67.5	66.8	66.0	65.3	64.6	63.8	63.1	62.4	61.7	61.0
27	68.3	67.5	66.8	66.1	65.4	64.7	64.0	63.3	62.6	61.9
28	69.0	68.3	67.6	66.9	66.2	65.5	64.8	64.1	63.4	62.7
29	69.6	69.0	68.3	67.6	66.9	66.2	65.6	64.9	64.2	63.6
30	70.3	69.6	69.0	68.3	67.6	67.0	66.3	65.6	65.0	64.3
31	70.9	70.2	69.6	68.9	68.3	67.6	67.0	66.4	65.7	65.1
32	71.5	70.8	70.2	69.6	68.9	68.3	67.7	67.0	66.4	65.8
33	72.0	71.4	70.8	70.2	69.5	68.9	68.3	67.7	67.1	66.4
34	72.6	71.9	71.3	70.7	70.1	69.5	68.9	68.3	67.7	67.1
35	73.1	72.5	71.8	71.2	70.6	70.0	69.5	68.9	68.3	67.7
36	73.5	72.9	72.3	71.8	71.2	70.6	70.0	69.4	68.8	68.3
37	74.0	73.4	72.8	72.2	71.7	71.1	70.5	69.9	69.4	68.8
38	74.4	73.9	73.3	72.7	72.1	71.6	71.0	70.4	69.9	69.3
39	74.8	74.3	73.7	73.2	72.6	72.0	71.5	70.9	70.4	69.8
40	75.2	74.7	74.1	73.6	73.0	72.5	71.9	71.4	70.8	70.3
41	75.6	75.1	74.5	74.0	73.4	72.9	72.4	71.8	71.3	70.8
42	76.0	75.4	74.9	74.4	73.8	73.3	72.8	72.2	71.7	71.2
43	76.3	75.8	75.3	74.7	74.2	73.7	73.2	72.7	72.1	71.6
44	76.7	76.2	75.6	75.1	74.6	74.1	73.6	73.0	72.5	72.0
45	77.0	76.5	76.0	75.5	74.9	74.4	73.9	73.4	72.9	72.4
46	77.3	76.8	76.3	75.8	75.3	74.8	74.3	73.8	73.3	72.8
47	77.6	77.1	76.6	76.1	75.6	75.1	74.6	74.1	73.6	73.1
48	77.9	77.4	76.9	76.4	75.9	75.4	74.9	74.5	74.0	73.5
49	78.2	77.7	77.2	76.7	76.2	75.7	75.3	74.8	74.3	73.8
50	78.4	78.0	77.5	77.0	76.5	76.0	75.6	75.1	74.6	74.1
51	78.7	78.2	77.7	77.3	76.8	76.3	75.9	75.4	74.9	74.4
52	79.0	78.5	78.0	77.5	77.1	76.6	76.1	75.7	75.2	74.7
53	79.2	78.7	78.3	77.8	77.3	76.9	76.4	75.9	75.5	75.0
54	79.4	79.0	78.5	78.0	77.6	77.1	76.7	76.2	75.8	75.3
55	79.7	79.2	78.7	78.3	77.8	77.4	76.9	76.5	76.0	75.6
56	79.9	79.4	79.0	78.5	78.1	77.6	77.2	76.7	76.3	75.9
57	80.1	79.6	79.2	78.7	78.3	77.9	77.4	77.0	76.5	76.1

表 2b（续）

t \ $t-t_w$	4.1	4.2	4.3	4.4	4.5	4.6	4.7	4.8	4.9	5.0
58	80.3	79.9	79.4	79.0	78.5	78.1	77.7	77.2	76.8	76.4
59	80.5	80.1	79.6	79.2	78.7	78.3	77.9	77.5	77.0	76.6
60	80.7	80.3	79.8	79.4	79.0	78.5	78.1	77.7	77.3	76.8
61	80.9	80.5	80.0	79.6	79.2	78.7	78.3	77.9	77.5	77.1
62	81.1	80.6	80.2	79.8	79.4	78.9	78.5	78.1	77.7	77.3
63	81.3	80.8	80.4	80.0	79.6	79.1	78.7	78.3	77.9	77.5
64	81.4	81.0	80.6	80.2	79.8	79.3	78.9	78.5	78.1	77.7
65	81.6	81.2	80.8	80.4	79.9	79.5	79.1	78.7	78.3	77.9
66	81.8	81.4	80.9	80.5	80.1	79.7	79.3	78.9	78.5	78.1
67	81.9	81.5	81.1	80.7	80.3	79.9	79.5	79.1	78.7	78.3
68	82.1	81.7	81.3	80.9	80.5	80.1	79.7	79.3	78.9	78.5
69	82.2	81.8	81.4	81.0	80.6	80.2	79.9	79.5	79.1	78.7
70	82.4	82.0	81.6	81.2	80.8	80.4	80.0	79.6	79.2	78.9
71	82.5	82.1	81.8	81.4	81.0	80.6	80.2	79.8	79.4	79.0
72	82.7	82.3	81.9	81.5	81.1	80.7	80.4	80.0	79.6	79.2
73	82.8	82.4	82.1	81.7	81.3	80.9	80.5	80.1	79.8	79.4
74	83.0	82.6	82.2	81.8	81.4	81.1	80.7	80.3	79.9	79.5
75	83.1	82.7	82.3	82.0	81.6	81.2	80.8	80.5	80.1	79.7
76	83.2	82.9	82.5	82.1	81.7	81.4	81.0	80.6	80.2	79.9
77	83.4	83.0	82.6	82.2	81.9	81.5	81.1	80.8	80.4	80.0
78	83.5	83.1	82.8	82.4	82.0	81.6	81.3	80.9	80.5	80.2
79	83.6	83.3	82.9	82.5	82.2	81.8	81.4	81.1	80.7	80.3
80	83.8	83.4	83.0	82.7	82.3	81.9	81.6	81.2	80.8	80.5
81	83.9	83.5	83.1	82.8	82.4	82.1	81.7	81.3	81.0	80.6
82	84.0	83.6	83.3	82.9	82.5	82.2	81.8	81.5	81.1	80.8
83	84.1	83.8	83.4	83.0	82.7	82.3	82.0	81.6	81.3	80.9
84	84.2	83.9	83.5	83.2	82.8	82.4	82.1	81.7	81.4	81.0
85	84.3	84.0	83.6	83.3	82.9	82.6	82.2	81.9	81.5	81.2
86	84.5	84.1	83.8	83.4	83.1	82.7	82.4	82.0	81.7	81.3
87	84.6	84.2	83.9	83.5	83.2	82.8	82.5	82.1	81.8	81.4
88	84.7	84.3	84.0	83.6	83.3	82.9	82.6	82.3	81.9	81.6
89	84.8	84.4	84.1	83.7	83.4	83.1	82.7	82.4	82.0	81.7
90	84.9	84.5	84.2	83.9	83.5	83.2	82.8	82.5	82.2	81.8
91	85.0	84.7	84.3	84.0	83.6	83.3	83.0	82.6	82.3	82.0
92	85.1	84.8	84.4	84.1	83.7	83.4	83.1	82.7	82.4	82.1
93	85.2	84.9	84.5	84.2	83.9	83.5	83.2	82.9	82.5	82.2
94	85.3	85.0	84.6	84.3	84.0	83.6	83.3	83.0	82.6	82.3
95	85.4	85.1	84.7	84.4	84.1	83.7	83.4	83.1	82.8	82.4
96	85.5	85.2	84.8	84.5	84.2	83.8	83.5	83.2	82.9	82.5
97	85.6	85.3	84.9	84.6	84.3	84.0	83.6	83.3	83.0	82.7
98	85.7	85.4	85.0	84.7	84.4	84.1	83.7	83.4	83.1	82.8
99	85.8	85.5	85.1	84.8	84.5	84.2	83.8	83.5	83.2	82.9
100	85.9	85.5	85.2	84.9	84.6	84.3	83.9	83.6	83.3	83.0

表 2b（续）

t \ $t-t_w$	5.2	5.4	5.6	5.8	6.0	6.2	6.4	6.6	6.8	7.0
15	44.4	42.4	40.4	38.5	36.5	34.6	32.7	30.8	28.9	27.0
16	46.2	44.3	42.4	40.5	38.7	36.8	35.0	33.1	31.3	29.5
17	48.0	46.1	44.3	42.5	40.7	38.9	37.1	35.3	33.5	31.8
18	49.6	47.8	46.0	44.3	42.5	40.8	39.1	37.3	35.6	33.9
19	51.1	49.4	47.7	46.0	44.3	42.6	40.9	39.3	37.6	36.0
20	52.5	50.9	49.2	47.6	45.9	44.3	42.7	41.1	39.5	37.9
21	53.9	52.3	50.6	49.0	47.5	45.9	44.3	42.7	41.2	39.6
22	55.2	53.6	52.0	50.5	48.9	47.4	45.8	44.3	42.8	41.3
23	56.3	54.8	53.3	51.8	50.3	48.8	47.3	45.8	44.4	42.9
24	57.5	56.0	54.5	53.0	51.6	50.1	48.7	47.2	45.8	44.4
25	58.5	57.1	55.6	54.2	52.8	51.4	50.0	48.6	47.2	45.8
26	59.5	58.1	56.7	55.3	53.9	52.6	51.2	49.8	48.5	47.1
27	60.5	59.1	57.7	56.4	55.0	53.7	52.3	51.0	49.7	48.4
28	61.4	60.0	58.7	57.4	56.0	54.7	53.4	52.1	50.9	49.6
29	62.2	60.9	59.6	58.3	57.0	55.7	54.5	53.2	52.0	50.7
30	63.0	61.8	60.5	59.2	57.9	56.7	55.4	54.2	53.0	51.8
31	63.8	62.5	61.3	60.1	58.8	57.6	56.4	55.2	54.0	52.8
32	64.5	63.3	62.1	60.9	59.6	58.4	57.3	56.1	54.9	53.7
33	65.2	64.0	62.8	61.6	60.4	59.3	58.1	56.9	55.8	54.6
34	65.9	64.7	63.5	62.3	61.2	60.0	58.9	57.8	56.6	55.5
35	66.5	65.3	64.2	63.0	61.9	60.8	59.6	58.5	57.4	56.3
36	67.1	66.0	64.8	63.7	62.6	61.5	60.4	59.3	58.2	57.1
37	67.7	66.5	65.4	64.3	63.2	62.1	61.1	60.0	58.9	57.9
38	68.2	67.1	66.0	64.9	63.8	62.8	61.7	60.7	59.6	58.6
39	68.7	67.6	66.6	65.5	64.4	63.4	62.3	61.3	60.3	59.2
40	69.2	68.2	67.1	66.0	65.0	64.0	62.9	61.9	60.9	59.9
41	69.7	68.6	67.6	66.6	65.5	64.5	63.5	62.5	61.5	60.5
42	70.2	69.1	68.1	67.1	66.1	65.1	64.1	63.1	62.1	61.1
43	70.6	69.6	68.6	67.5	66.6	65.6	64.6	63.6	62.6	61.7
44	71.0	70.0	69.0	68.0	67.0	66.1	65.1	64.1	63.2	62.2
45	71.4	70.4	69.4	68.5	67.5	66.5	65.6	64.6	63.7	62.7
46	71.8	70.8	69.8	68.9	67.9	67.0	66.0	65.1	64.2	63.2
47	72.2	71.2	70.2	69.3	68.3	67.4	66.5	65.6	64.6	63.7
48	72.5	71.6	70.6	69.7	68.8	67.8	66.9	66.0	65.1	64.2
49	72.9	71.9	71.0	70.1	69.1	68.2	67.3	66.4	65.5	64.6
50	73.2	72.3	71.3	70.4	69.5	68.6	67.7	66.8	66.0	65.1
51	73.5	72.6	71.7	70.8	69.9	69.0	68.1	67.2	66.4	65.5
52	73.8	72.9	72.0	71.1	70.2	69.4	68.5	67.6	66.8	65.9
53	74.1	73.2	72.3	71.5	70.6	69.7	68.8	68.0	67.1	66.3
54	74.4	73.5	72.7	71.8	70.9	70.0	69.2	68.3	67.5	66.7
55	74.7	73.8	73.0	72.1	71.2	70.4	69.5	68.7	67.9	67.0
56	75.0	74.1	73.2	72.4	71.5	70.7	69.9	69.0	68.2	67.4
57	75.2	74.4	73.5	72.7	71.8	71.0	70.2	69.3	68.5	67.7

表 2b（续）

t \ $t-t_w$	5.2	5.4	5.6	5.8	6.0	6.2	6.4	6.6	6.8	7.0
58	75.5	74.6	73.8	73.0	72.1	71.3	70.5	69.7	68.9	68.0
59	75.7	74.9	74.1	73.2	72.4	71.6	70.8	70.0	69.2	68.4
60	76.0	75.2	74.3	73.5	72.7	71.9	71.1	70.3	69.5	68.7
61	76.2	75.4	74.6	73.8	72.9	72.1	71.3	70.6	69.8	69.0
62	76.5	75.6	74.8	74.0	73.2	72.4	71.6	70.8	70.1	69.3
63	76.7	75.9	75.1	74.3	73.5	72.7	71.9	71.1	70.3	69.6
64	76.9	76.1	75.3	74.5	73.7	72.9	72.1	71.4	70.6	69.8
65	77.1	76.3	75.5	74.7	73.9	73.2	72.4	71.6	70.9	70.1
66	77.3	76.5	75.7	74.9	74.2	73.4	72.6	71.9	71.1	70.4
67	77.5	76.7	75.9	75.2	74.4	73.6	72.9	72.1	71.4	70.6
68	77.7	76.9	76.2	75.4	74.6	73.9	73.1	72.4	71.6	70.9
69	77.9	77.1	76.4	75.6	74.8	74.1	73.3	72.6	71.9	71.1
70	78.1	77.3	76.6	75.8	75.1	74.3	73.6	72.8	72.1	71.4
71	78.3	77.5	76.8	76.0	75.3	74.5	73.8	73.1	72.3	71.6
72	78.4	77.7	76.9	76.2	75.5	74.7	74.0	73.3	72.6	71.8
73	78.6	77.9	77.1	76.4	75.7	74.9	74.2	73.5	72.8	72.1
74	78.8	78.1	77.3	76.6	75.9	75.1	74.4	73.7	73.0	72.3
75	79.0	78.2	77.5	76.8	76.0	75.3	74.6	73.9	73.2	72.5
76	79.1	78.4	77.7	77.0	76.2	75.5	74.8	74.1	73.4	72.7
77	79.3	78.6	77.8	77.1	76.4	75.7	75.0	74.3	73.6	72.9
78	79.5	78.7	78.0	77.3	76.6	75.9	75.2	74.5	73.8	73.1
79	79.6	78.9	78.2	77.5	76.8	76.1	75.4	74.7	74.0	73.3
80	79.8	79.0	78.3	77.6	76.9	76.3	75.6	74.9	74.2	73.5
81	79.9	79.2	78.5	77.8	77.1	76.4	75.7	75.1	74.4	73.7
82	80.1	79.4	78.7	78.0	77.3	76.6	75.9	75.2	74.6	73.9
83	80.2	79.5	78.8	78.1	77.4	76.8	76.1	75.4	74.8	74.1
84	80.3	79.7	79.0	78.3	77.6	76.9	76.3	75.6	74.9	74.3
85	80.5	79.8	79.1	78.4	77.8	77.1	76.4	75.8	75.1	74.5
86	80.6	79.9	79.3	78.6	77.9	77.3	76.6	75.9	75.3	74.6
87	80.8	80.1	79.4	78.7	78.1	77.4	76.8	76.1	75.5	74.8
88	80.9	80.2	79.6	78.9	78.2	77.6	76.9	76.3	75.6	75.0
89	81.0	80.4	79.7	79.0	78.4	77.7	77.1	76.4	75.8	75.2
90	81.2	80.5	79.8	79.2	78.5	77.9	77.2	76.6	76.0	75.3
91	81.3	80.6	80.0	79.3	78.7	78.0	77.4	76.7	76.1	75.5
92	81.4	80.8	80.1	79.5	78.8	78.2	77.5	76.9	76.3	75.6
93	81.5	80.9	80.2	79.6	78.9	78.3	77.7	77.1	76.4	75.8
94	81.7	81.0	80.4	79.7	79.1	78.5	77.8	77.2	76.6	76.0
95	81.8	81.1	80.5	79.9	79.2	78.6	78.0	77.3	76.7	76.1
96	81.9	81.3	80.6	80.0	79.4	78.7	78.1	77.5	76.9	76.3
97	82.0	81.4	80.7	80.1	79.5	78.9	78.3	77.6	77.0	76.4
98	82.1	81.5	80.9	80.2	79.6	79.0	78.4	77.8	77.2	76.6
99	82.2	81.6	81.0	80.4	79.8	79.1	78.5	77.9	77.3	76.7
100	82.4	81.7	81.1	80.5	79.9	79.3	78.7	78.1	77.5	76.9

表 2b（续）

t \ $t-t_w$	7.2	7.4	7.6	7.8	8.0	8.2	8.4	8.6	8.8	9.0
15	25.1	23.3	21.4	19.6	17.7	15.9	14.1	12.3	10.5	8.7
16	27.7	25.9	24.1	22.3	20.5	18.7	17.0	15.3	13.5	11.8
17	30.0	28.3	26.6	24.8	23.1	21.4	19.7	18.1	16.4	14.7
18	32.2	30.6	28.9	27.2	25.6	23.9	22.3	20.7	19.1	17.5
19	34.3	32.7	31.1	29.5	27.9	26.3	24.7	23.2	21.6	20.1
20	36.3	34.7	33.1	31.6	30.0	28.5	27.0	25.5	24.0	22.5
21	38.1	36.6	35.1	33.6	32.1	30.6	29.1	27.6	26.2	24.7
22	39.8	38.4	36.9	35.4	34.0	32.5	31.1	29.7	28.3	26.9
23	41.5	40.0	38.6	37.2	35.8	34.4	33.0	31.6	30.2	28.9
24	43.0	41.6	40.2	38.8	37.5	36.1	34.8	33.4	32.1	30.8
25	44.4	43.1	41.7	40.4	39.1	37.7	36.4	35.1	33.8	32.5
26	45.8	44.5	43.2	41.9	40.6	39.3	38.0	36.7	35.5	34.2
27	47.1	45.8	44.5	43.3	42.0	40.7	39.5	38.3	37.0	35.8
28	48.3	47.1	45.8	44.6	43.3	42.1	40.9	39.7	38.5	37.3
29	49.5	48.2	47.0	45.8	44.6	43.4	42.2	41.0	39.9	38.7
30	50.6	49.4	48.2	47.0	45.8	44.6	43.5	42.3	41.2	40.0
31	51.6	50.4	49.3	48.1	46.9	45.8	44.7	43.5	42.4	41.3
32	52.6	51.4	50.3	49.2	48.0	46.9	45.8	44.7	43.6	42.5
33	53.5	52.4	51.3	50.2	49.1	48.0	46.9	45.8	44.7	43.7
34	54.4	53.3	52.2	51.1	50.0	49.0	47.9	46.8	45.8	44.7
35	55.2	54.2	53.1	52.0	51.0	49.9	48.9	47.8	46.8	45.8
36	56.0	55.0	53.9	52.9	51.8	50.8	49.8	48.8	47.8	46.8
37	56.8	55.8	54.7	53.7	52.7	51.7	50.7	49.7	48.7	47.7
38	57.5	56.5	55.5	54.5	53.5	52.5	51.5	50.5	49.5	48.6
39	58.2	57.2	56.2	55.2	54.2	53.3	52.3	51.3	50.4	49.4
40	58.9	57.9	56.9	55.9	55.0	54.0	53.1	52.1	51.2	50.2
41	59.5	58.6	57.6	56.6	55.7	54.7	53.8	52.8	51.9	51.0
42	60.1	59.2	58.2	57.3	56.3	55.4	54.5	53.6	52.6	51.7
43	60.7	59.8	58.8	57.9	57.0	56.1	55.1	54.2	53.3	52.5
44	61.3	60.3	59.4	58.5	57.6	56.7	55.8	54.9	54.0	53.1
45	61.8	60.9	60.0	59.1	58.2	57.3	56.4	55.5	54.6	53.8
46	62.3	61.4	60.5	59.6	58.7	57.9	57.0	56.1	55.3	54.4
47	62.8	61.9	61.0	60.2	59.3	58.4	57.6	56.7	55.9	55.0
48	63.3	62.4	61.5	60.7	59.8	59.0	58.1	57.3	56.4	55.6
49	63.8	62.9	62.0	61.2	60.3	59.5	58.6	57.8	57.0	56.1
50	64.2	63.3	62.5	61.6	60.8	60.0	59.1	58.3	57.5	56.7
51	64.6	63.8	62.9	62.1	61.3	60.4	59.6	58.8	58.0	57.2
52	65.0	64.2	63.4	62.5	61.7	60.9	60.1	59.3	58.5	57.7
53	65.4	64.6	63.8	63.0	62.1	61.3	60.5	59.7	59.0	58.2
54	65.8	65.0	64.2	63.4	62.6	61.8	61.0	60.2	59.4	58.6
55	66.2	65.4	64.6	63.8	63.0	62.2	61.4	60.6	59.8	59.1
56	66.6	65.8	65.0	64.2	63.4	62.6	61.8	61.0	60.3	59.5
57	66.9	66.1	65.3	64.5	63.8	63.0	62.2	61.4	60.7	59.9

表 2b（续）

t \ $t-t_w$	7.2	7.4	7.6	7.8	8.0	8.2	8.4	8.6	8.8	9.0
58	67.3	66.5	65.7	64.9	64.1	63.4	62.6	61.8	61.1	60.3
59	67.6	66.8	66.0	65.2	64.5	63.7	63.0	62.2	61.5	60.7
60	67.9	67.1	66.4	65.6	64.8	64.1	63.3	62.6	61.8	61.1
61	68.2	67.4	66.7	65.9	65.2	64.4	63.7	62.9	62.2	61.5
62	68.5	67.8	67.0	66.2	65.5	64.8	64.0	63.3	62.6	61.8
63	68.8	68.1	67.3	66.6	65.8	65.1	64.4	63.6	62.9	62.2
64	69.1	68.3	67.6	66.9	66.1	65.4	64.7	64.0	63.2	62.5
65	69.4	68.6	67.9	67.2	66.4	65.7	65.0	64.3	63.6	62.9
66	69.6	68.9	68.2	67.4	66.7	66.0	65.3	64.6	63.9	63.2
67	69.9	69.2	68.5	67.7	67.0	66.3	65.6	64.9	64.2	63.5
68	70.2	69.4	68.7	68.0	67.3	66.6	65.9	65.2	64.5	63.8
69	70.4	69.7	69.0	68.3	67.6	66.9	66.2	65.5	64.8	64.1
70	70.7	70.0	69.2	68.5	67.8	67.1	66.5	65.8	65.1	64.4
71	70.9	70.2	69.5	68.8	68.1	67.4	66.7	66.1	65.4	64.7
72	71.1	70.4	69.7	69.0	68.4	67.7	67.0	66.3	65.7	65.0
73	71.4	70.7	70.0	69.3	68.6	67.9	67.3	66.6	65.9	65.3
74	71.6	70.9	70.2	69.5	68.9	68.2	67.5	66.8	66.2	65.5
75	71.8	71.1	70.4	69.8	69.1	68.4	67.8	67.1	66.4	65.8
76	72.0	71.4	70.7	70.0	69.3	68.7	68.0	67.4	66.7	66.1
77	72.2	71.6	70.9	70.2	69.6	68.9	68.2	67.6	67.0	66.3
78	72.5	71.8	71.1	70.4	69.8	69.1	68.5	67.8	67.2	66.6
79	72.7	72.0	71.3	70.7	70.0	69.4	68.7	68.1	67.4	66.8
80	72.9	72.2	71.5	70.9	70.2	69.6	68.9	68.3	67.7	67.0
81	73.1	72.4	71.7	71.1	70.4	69.8	69.2	68.5	67.9	67.3
82	73.3	72.6	71.9	71.3	70.7	70.0	69.4	68.8	68.1	67.5
83	73.4	72.8	72.1	71.5	70.9	70.2	69.6	69.0	68.4	67.7
84	73.6	73.0	72.3	71.7	71.1	70.4	69.8	69.2	68.6	68.0
85	73.8	73.2	72.5	71.9	71.3	70.6	70.0	69.4	68.8	68.2
86	74.0	73.4	72.7	72.1	71.5	70.8	70.2	69.6	69.0	68.4
87	74.2	73.5	72.9	72.3	71.7	71.0	70.4	69.8	69.2	68.6
88	74.3	73.7	73.1	72.5	71.8	71.2	70.6	70.0	69.4	68.8
89	74.5	73.9	73.3	72.7	72.0	71.4	70.8	70.2	69.6	69.0
90	74.7	74.1	73.4	72.8	72.2	71.6	71.0	70.4	69.8	69.2
91	74.9	74.2	73.6	73.0	72.4	71.8	71.2	70.6	70.0	69.4
92	75.0	74.4	73.8	73.2	72.6	72.0	71.4	70.8	70.2	69.6
93	75.2	74.6	74.0	73.4	72.8	72.2	71.6	71.0	70.4	69.8
94	75.3	74.7	74.1	73.5	72.9	72.3	71.7	71.2	70.6	70.0
95	75.5	74.9	74.3	73.7	73.1	72.5	71.9	71.3	70.8	70.2
96	75.7	75.1	74.5	73.9	73.3	72.7	72.1	71.5	70.9	70.4
97	75.8	75.2	74.6	74.0	73.4	72.9	72.3	71.7	71.1	70.6
98	76.0	75.4	74.8	74.2	73.6	73.0	72.4	71.9	71.3	70.7
99	76.1	75.5	74.9	74.4	73.8	73.2	72.6	72.0	71.5	70.9
100	76.3	75.7	75.1	74.5	73.9	73.4	72.8	72.2	71.7	71.1

表 2b（续）

$t-t_w$ / t	9.2	9.4	9.6	9.8	10.0	10.2	10.4	10.6	10.8	11.0
15	6.9	5.1	3.4	1.6						
16	10.1	8.4	6.7	5.0	3.3	1.7				
17	13.1	11.4	9.8	8.2	6.6	5.0	3.4	1.8	0.2	
18	15.9	14.3	12.7	11.2	9.6	8.0	6.5	5.0	3.4	1.9
19	18.5	17.0	15.5	13.9	12.4	10.9	9.4	8.0	6.5	5.0
20	21.0	19.5	18.0	16.6	15.1	13.7	12.2	10.8	9.4	7.9
21	23.3	21.9	20.4	19.0	17.6	16.2	14.8	13.4	12.0	10.7
22	25.5	24.1	22.7	21.3	20.0	18.6	17.3	15.9	14.6	13.3
23	27.5	26.2	24.8	23.5	22.2	20.9	19.5	18.2	17.0	15.7
24	29.4	28.1	26.8	25.5	24.2	23.0	21.7	20.4	19.2	17.9
25	31.3	30.0	28.7	27.5	26.2	25.0	23.7	22.5	21.3	20.1
26	33.0	31.7	30.5	29.3	28.1	26.9	25.7	24.5	23.3	22.1
27	34.6	33.4	32.2	31.0	29.8	28.6	27.5	26.3	25.1	24.0
28	36.1	34.9	33.8	32.6	31.5	30.3	29.2	28.0	26.9	25.8
29	37.6	36.4	35.3	34.1	33.0	31.9	30.8	29.7	28.6	27.5
30	38.9	37.8	36.7	35.6	34.5	33.4	32.3	31.2	30.2	29.1
31	40.2	39.1	38.0	36.9	35.9	34.8	33.8	32.7	31.7	30.6
32	41.4	40.4	39.3	38.2	37.2	36.2	35.1	34.1	33.1	32.1
33	42.6	41.6	40.5	39.5	38.5	37.4	36.4	35.4	34.4	33.4
34	43.7	42.7	41.7	40.6	39.6	38.6	37.6	36.7	35.7	34.7
35	44.8	43.7	42.7	41.8	40.8	39.8	38.8	37.9	36.9	35.9
36	45.8	44.8	43.8	42.8	41.8	40.9	39.9	39.0	38.0	37.1
37	46.7	45.7	44.8	43.8	42.9	41.9	41.0	40.1	39.1	38.2
38	47.6	46.7	45.7	44.8	43.8	42.9	42.0	41.1	40.2	39.3
39	48.5	47.5	46.6	45.7	44.8	43.9	43.0	42.1	41.2	40.3
40	49.3	48.4	47.5	46.6	45.7	44.8	43.9	43.0	42.1	41.3
41	50.1	49.2	48.3	47.4	46.5	45.6	44.8	43.9	43.0	42.2
42	50.8	50.0	49.1	48.2	47.3	46.5	45.6	44.7	43.9	43.1
43	51.6	50.7	49.8	49.0	48.1	47.2	46.4	45.6	44.7	43.9
44	52.3	51.4	50.5	49.7	48.8	48.0	47.2	46.3	45.5	44.7
45	52.9	52.1	51.2	50.4	49.5	48.7	47.9	47.1	46.3	45.5
46	53.6	52.7	51.9	51.1	50.2	49.4	48.6	47.8	47.0	46.2
47	54.2	53.3	52.5	51.7	50.9	50.1	49.3	48.5	47.7	46.9
48	54.8	53.9	53.1	52.3	51.5	50.7	49.9	49.1	48.4	47.6
49	55.3	54.5	53.7	52.9	52.1	51.3	50.6	49.8	49.0	48.3
50	55.9	55.1	54.3	53.5	52.7	51.9	51.2	50.4	49.6	48.9
51	56.4	55.6	54.8	54.0	53.3	52.5	51.7	51.0	50.2	49.5
52	56.9	56.1	55.3	54.6	53.8	53.0	52.3	51.5	50.8	50.1
53	57.4	56.6	55.8	55.1	54.3	53.6	52.8	52.1	51.4	50.6
54	57.9	57.1	56.3	55.6	54.8	54.1	53.4	52.6	51.9	51.2
55	58.3	57.6	56.8	56.1	55.3	54.6	53.9	53.1	52.4	51.7
56	58.8	58.0	57.3	56.5	55.8	55.1	54.3	53.6	52.9	52.2
57	59.2	58.4	57.7	57.0	56.3	55.5	54.8	54.1	53.4	52.7

表 2b（续）

$t-t_w$ / t	9.2	9.4	9.6	9.8	10.0	10.2	10.4	10.6	10.8	11.0
58	59.6	58.9	58.1	57.4	56.7	56.0	55.3	54.6	53.9	53.2
59	60.0	59.3	58.6	57.8	57.1	56.4	55.7	55.0	54.3	53.6
60	60.4	59.7	59.0	58.2	57.5	56.8	56.1	55.5	54.8	54.1
61	60.8	60.1	59.3	58.6	57.9	57.2	56.6	55.9	55.2	54.5
62	61.1	60.4	59.7	59.0	58.3	57.6	57.0	56.3	55.6	54.9
63	61.5	60.8	60.1	59.4	58.7	58.0	57.4	56.7	56.0	55.4
64	61.8	61.1	60.5	59.8	59.1	58.4	57.7	57.1	56.4	55.8
65	62.2	61.5	60.8	60.1	59.4	58.8	58.1	57.5	56.8	56.1
66	62.5	61.8	61.1	60.5	59.8	59.1	58.5	57.8	57.2	56.5
67	62.8	62.2	61.5	60.8	60.1	59.5	58.8	58.2	57.5	56.9
68	63.1	62.5	61.8	61.1	60.5	59.8	59.2	58.5	57.9	57.3
69	63.5	62.8	62.1	61.5	60.8	60.2	59.5	58.9	58.2	57.6
70	63.8	63.1	62.4	61.8	61.1	60.5	59.8	59.2	58.6	57.9
71	64.0	63.4	62.7	62.1	61.4	60.8	60.2	59.5	58.9	58.3
72	64.3	63.7	63.0	62.4	61.7	61.1	60.5	59.8	59.2	58.6
73	64.6	64.0	63.3	62.7	62.0	61.4	60.8	60.2	59.5	58.9
74	64.9	64.2	63.6	63.0	62.3	61.7	61.1	60.5	59.8	59.2
75	65.2	64.5	63.9	63.2	62.6	62.0	61.4	60.8	60.1	59.5
76	65.4	64.8	64.1	63.5	62.9	62.3	61.7	61.0	60.4	59.8
77	65.7	65.0	64.4	63.8	63.2	62.6	61.9	61.3	60.7	60.1
78	65.9	65.3	64.7	64.1	63.4	62.8	62.2	61.6	61.0	60.4
79	66.2	65.5	64.9	64.3	63.7	63.1	62.5	61.9	61.3	60.7
80	66.4	65.8	65.2	64.6	64.0	63.4	62.8	62.2	61.6	61.0
81	66.7	66.0	65.4	64.8	64.2	63.6	63.0	62.4	61.8	61.3
82	66.9	66.3	65.7	65.1	64.5	63.9	63.3	62.7	62.1	61.5
83	67.1	66.5	65.9	65.3	64.7	64.1	63.5	62.9	62.4	61.8
84	67.3	66.7	66.1	65.5	64.9	64.4	63.8	63.2	62.6	62.0
85	67.6	67.0	66.4	65.8	65.2	64.6	64.0	63.4	62.9	62.3
86	67.8	67.2	66.6	66.0	65.4	64.8	64.3	63.7	63.1	62.5
87	68.0	67.4	66.8	66.2	65.6	65.1	64.5	63.9	63.3	62.8
88	68.2	67.6	67.0	66.4	65.9	65.3	64.7	64.2	63.6	63.0
89	68.4	67.8	67.2	66.7	66.1	65.5	64.9	64.4	63.8	63.3
90	68.6	68.0	67.5	66.9	66.3	65.7	65.2	64.6	64.1	63.5
91	68.8	68.2	67.7	67.1	66.5	66.0	65.4	64.8	64.3	63.7
92	69.0	68.5	67.9	67.3	66.7	66.2	65.6	65.1	64.5	64.0
93	69.2	68.7	68.1	67.5	66.9	66.4	65.8	65.3	64.7	64.2
94	69.4	68.8	68.3	67.7	67.2	66.6	66.0	65.5	64.9	64.4
95	69.6	69.0	68.5	67.9	67.4	66.8	66.2	65.7	65.2	64.6
96	69.8	69.2	68.7	68.1	67.6	67.0	66.5	65.9	65.4	64.8
97	70.0	69.4	68.9	68.3	67.8	67.2	66.7	66.1	65.6	65.0
98	70.2	69.6	69.1	68.5	68.0	67.4	66.9	66.3	65.8	65.2
99	70.4	69.8	69.2	68.7	68.1	67.6	67.1	66.5	66.0	65.5
100	70.5	70.0	69.4	68.9	68.3	67.8	67.3	66.7	66.2	65.7

表 2b（续）

$t-t_w$ / t	11.5	12.0	12.5	13.5	13.5	14.0	14.5	15.0	15.5	16.0
15										
16										
17										
18										
19	1.4									
20	4.4	1.0								
21	7.3	4.0	0.7							
22	10.0	6.7	3.6	0.4						
23	12.5	9.4	6.3	3.2	0.2					
24	14.9	11.8	8.8	5.9	3.0	0.1				
25	17.1	14.1	11.2	8.4	5.6	2.8	0.0			
26	19.2	16.3	13.5	10.7	8.0	5.3	2.6	0.0		
27	21.2	18.4	15.6	12.9	10.3	7.7	5.1	2.5	0.0	
28	23.0	20.3	17.7	15.0	12.4	9.9	7.4	4.9	2.5	0.1
29	24.8	22.2	19.6	17.0	14.5	12.0	9.6	7.1	4.8	2.4
30	26.5	23.9	21.4	18.9	16.4	14.0	11.6	9.3	7.0	4.7
31	28.1	25.5	23.1	20.6	18.2	15.9	13.5	11.3	9.0	6.8
32	29.6	27.1	24.7	22.3	19.9	17.6	15.4	13.2	11.0	8.8
33	31.0	28.6	26.2	23.9	21.6	19.3	17.1	14.9	12.8	10.7
34	32.3	30.0	27.6	25.4	23.1	20.9	18.8	16.6	14.5	12.5
35	33.6	31.3	29.0	26.8	24.6	22.4	20.3	18.2	16.2	14.2
36	34.8	32.5	30.3	28.1	26.0	23.9	21.8	19.8	17.8	15.8
37	36.0	33.7	31.6	29.4	27.3	25.2	23.2	21.2	19.3	17.3
38	37.1	34.9	32.7	30.6	28.6	26.5	24.6	22.6	20.7	18.8
39	38.1	36.0	33.9	31.8	29.8	27.8	25.8	23.9	22.0	20.2
40	39.1	37.0	34.9	32.9	30.9	29.0	27.0	25.2	23.3	21.5
41	40.1	38.0	36.0	34.0	32.0	30.1	28.2	26.3	24.5	22.7
42	41.0	38.9	36.9	35.0	33.1	31.2	29.3	27.5	25.7	23.9
43	41.9	39.8	37.9	35.9	34.0	32.2	30.4	28.6	26.8	25.1
44	42.7	40.7	38.8	36.9	35.0	33.2	31.4	29.6	27.9	26.2
45	43.5	41.5	39.6	37.8	35.9	34.1	32.3	30.6	28.9	27.2
46	44.3	42.3	40.4	38.6	36.8	35.0	33.2	31.5	29.8	28.2
47	45.0	43.1	41.2	39.4	37.6	35.9	34.1	32.4	30.8	29.1
48	45.7	43.8	42.0	40.2	38.4	36.7	35.0	33.3	31.7	30.1
49	46.4	44.5	42.7	40.9	39.2	37.5	35.8	34.1	32.5	30.9
50	47.0	45.2	43.4	41.7	39.9	38.2	36.6	34.9	33.3	31.8
51	47.7	45.8	44.1	42.3	40.6	39.0	37.3	35.7	34.1	32.6
52	48.3	46.5	44.7	43.0	41.3	39.7	38.1	36.5	34.9	33.4
53	48.8	47.1	45.3	43.7	42.0	40.4	38.7	37.2	35.6	34.1
54	49.4	47.7	45.9	44.3	42.6	41.0	39.4	37.9	36.3	34.8
55	49.9	48.2	46.5	44.9	43.2	41.6	40.1	38.5	37.0	35.5
56	50.5	48.8	47.1	45.4	43.8	42.2	40.7	39.2	37.7	36.2
57	51.0	49.3	47.6	46.0	44.4	42.8	41.3	39.8	38.3	36.8

表 2b（续）

$t-t_w$ / t	11.5	12.0	12.5	13.5	13.5	14.0	14.5	15.0	15.5	16.0
58	51.5	49.8	48.2	46.5	45.0	43.4	41.9	40.4	38.9	37.5
59	52.0	50.3	48.7	47.1	45.5	44.0	42.4	41.0	39.5	38.1
60	52.4	50.8	49.2	47.6	46.0	44.5	43.0	41.5	40.1	38.7
61	52.9	51.2	49.6	48.1	46.5	45.0	43.5	42.1	40.6	39.2
62	53.3	51.7	50.1	48.5	47.0	45.5	44.0	42.6	41.2	39.8
63	53.7	52.1	50.5	49.0	47.5	46.0	44.5	43.1	41.7	40.3
64	54.1	52.5	51.0	49.5	47.9	46.5	45.0	43.6	42.2	40.8
65	54.5	53.0	51.4	49.9	48.4	46.9	45.5	44.1	42.7	41.3
66	54.9	53.4	51.8	50.3	48.8	47.4	46.0	44.6	43.2	41.8
67	55.3	53.8	52.2	50.7	49.3	47.8	46.4	45.0	43.6	42.3
68	55.7	54.1	52.6	51.1	49.7	48.2	46.8	45.5	44.1	42.8
69	56.0	54.5	53.0	51.5	50.1	48.7	47.3	45.9	44.5	43.2
70	56.4	54.9	53.4	51.9	50.5	49.1	47.7	46.3	45.0	43.7
71	56.7	55.2	53.7	52.3	50.9	49.5	48.1	46.7	45.4	44.1
72	57.1	55.6	54.1	52.7	51.2	49.8	48.5	47.1	45.8	44.5
73	57.4	55.9	54.5	53.0	51.6	50.2	48.9	47.5	46.2	44.9
74	57.7	56.2	54.8	53.4	52.0	50.6	49.2	47.9	46.6	45.3
75	58.0	56.6	55.1	53.7	52.3	50.9	49.6	48.3	47.0	45.7
76	58.4	56.9	55.5	54.0	52.7	51.3	50.0	48.6	47.4	46.1
77	58.7	57.2	55.8	54.4	53.0	51.6	50.3	49.0	47.7	46.5
78	59.0	57.5	56.1	54.7	53.3	52.0	50.7	49.4	48.1	46.8
79	59.2	57.8	56.4	55.0	53.6	52.3	51.0	49.7	48.4	47.2
80	59.5	58.1	56.7	55.3	54.0	52.6	51.3	50.0	48.8	47.5
81	59.8	58.4	57.0	55.6	54.3	53.0	51.7	50.4	49.1	47.9
82	60.1	58.7	57.3	55.9	54.6	53.3	52.0	50.7	49.5	48.2
83	60.4	59.0	57.6	56.2	54.9	53.6	52.3	51.0	49.8	48.6
84	60.6	59.2	57.9	56.5	55.2	53.9	52.6	51.3	50.1	48.9
85	60.9	59.5	58.1	56.8	55.5	54.2	52.9	51.6	50.4	49.2
86	61.1	59.8	58.4	57.1	55.8	54.5	53.2	52.0	50.7	49.5
87	61.4	60.0	58.7	57.3	56.0	54.8	53.5	52.3	51.0	49.8
88	61.6	60.3	58.9	57.6	56.3	55.0	53.8	52.5	51.3	50.1
89	61.9	60.5	59.2	57.9	56.6	55.3	54.1	52.8	51.6	50.4
90	62.1	60.8	59.4	58.1	56.9	55.6	54.3	53.1	51.9	50.7
91	62.4	61.0	59.7	58.4	57.1	55.9	54.6	53.4	52.2	51.0
92	62.6	61.3	59.9	58.6	57.4	56.1	54.9	53.7	52.5	51.3
93	62.8	61.5	60.2	58.9	57.6	56.4	55.2	54.0	52.8	51.6
94	63.1	61.7	60.4	59.1	57.9	56.6	55.4	54.2	53.0	51.9
95	63.3	62.0	60.7	59.4	58.1	56.9	55.7	54.5	53.3	52.2
96	63.5	62.2	60.9	59.6	58.4	57.1	55.9	54.7	53.6	52.4
97	63.7	62.4	61.1	59.9	58.6	57.4	56.2	55.0	53.8	52.7
98	63.9	62.6	61.4	60.1	58.9	57.6	56.4	55.3	54.1	53.0
99	64.1	62.9	61.6	60.3	59.1	57.9	56.7	55.5	54.4	53.2
100	64.4	63.1	61.8	60.6	59.3	58.1	56.9	55.8	54.6	53.5

表 2c 球状、柱状水银温度表相对湿度查算表

P=110 kPa,A=0.662×10^{-3}℃$^{-1}$(2.5 m/s)

t \ $t-t_w$	0.0	0.1	0.2	0.3	0.4	0.5	0.6	0.7	0.8	0.9	1.0
15	100.0	98.9	97.9	96.8	95.7	94.7	93.6	92.6	91.5	90.5	89.5
16	100.0	99.0	97.9	96.9	95.9	94.8	93.8	92.8	91.8	90.8	89.8
17	100.0	99.0	98.0	97.0	96.0	95.0	94.0	93.0	92.0	91.1	90.1
18	100.0	99.0	98.0	97.1	96.1	95.1	94.2	93.2	92.3	91.3	90.3
19	100.0	99.0	98.1	97.1	96.2	95.3	94.3	93.4	92.5	91.5	90.6
20	100.0	99.1	98.1	97.2	96.3	95.4	94.5	93.6	92.7	91.8	90.9
21	100.0	99.1	98.2	97.3	96.4	95.5	94.6	93.7	92.8	92.0	91.1
22	100.0	99.1	98.2	97.4	96.5	95.6	94.7	93.9	93.0	92.2	91.3
23	100.0	99.1	98.3	97.4	96.6	95.7	94.9	94.0	93.2	92.3	91.5
24	100.0	99.2	98.3	97.5	96.6	95.8	95.0	94.2	93.3	92.5	91.7
25	100.0	99.2	98.4	97.5	96.7	95.9	95.1	94.3	93.5	92.7	91.9
26	100.0	99.2	98.4	97.6	96.8	96.0	95.2	94.4	93.6	92.8	92.1
27	100.0	99.2	98.4	97.6	96.9	96.1	95.3	94.5	93.8	93.0	92.2
28	100.0	99.2	98.5	97.7	96.9	96.2	95.4	94.6	93.9	93.1	92.4
29	100.0	99.2	98.5	97.7	97.0	96.2	95.5	94.7	94.0	93.3	92.5
30	100.0	99.3	98.5	97.8	97.0	96.3	95.6	94.9	94.1	93.4	92.7
31	100.0	99.3	98.5	97.8	97.1	96.4	95.7	94.9	94.2	93.5	92.8
32	100.0	99.3	98.6	97.9	97.1	96.4	95.7	95.0	94.3	93.6	93.0
33	100.0	99.3	98.6	97.9	97.2	96.5	95.8	95.1	94.4	93.8	93.1
34	100.0	99.3	98.6	97.9	97.2	96.6	95.9	95.2	94.5	93.9	93.2
35	100.0	99.3	98.6	98.0	97.3	96.6	96.0	95.3	94.6	94.0	93.3
36	100.0	99.3	98.7	98.0	97.3	96.7	96.0	95.4	94.7	94.1	93.4
37	100.0	99.3	98.7	98.0	97.4	96.7	96.1	95.4	94.8	94.2	93.5
38	100.0	99.4	98.7	98.1	97.4	96.8	96.1	95.5	94.9	94.2	93.6
39	100.0	99.4	98.7	98.1	97.5	96.8	96.2	95.6	94.9	94.3	93.7
40	100.0	99.4	98.7	98.1	97.5	96.9	96.3	95.6	95.0	94.4	93.8
41	100.0	99.4	98.8	98.1	97.5	96.9	96.3	95.7	95.1	94.5	93.9
42	100.0	99.4	98.8	98.2	97.6	97.0	96.4	95.8	95.2	94.6	94.0
43	100.0	99.4	98.8	98.2	97.6	97.0	96.4	95.8	95.2	94.6	94.1
44	100.0	99.4	98.8	98.2	97.6	97.0	96.5	95.9	95.3	94.7	94.1
45	100.0	99.4	98.8	98.2	97.7	97.1	96.5	95.9	95.4	94.8	94.2
46	100.0	99.4	98.8	98.3	97.7	97.1	96.5	96.0	95.4	94.8	94.3
47	100.0	99.4	98.9	98.3	97.7	97.1	96.6	96.0	95.5	94.9	94.4
48	100.0	99.4	98.9	98.3	97.7	97.2	96.6	96.1	95.5	95.0	94.4
49	100.0	99.4	98.9	98.3	97.8	97.2	96.7	96.1	95.6	95.0	94.5
50	100.0	99.4	98.9	98.3	97.8	97.3	96.7	96.2	95.6	95.1	94.6
51	100.0	99.5	98.9	98.4	97.8	97.3	96.7	96.2	95.7	95.1	94.6
52	100.0	99.5	98.9	98.4	97.8	97.3	96.8	96.3	95.7	95.2	94.7
53	100.0	99.5	98.9	98.4	97.9	97.3	96.8	96.3	95.8	95.3	94.7
54	100.0	99.5	98.9	98.4	97.9	97.4	96.8	96.3	95.8	95.3	94.8
55	100.0	99.5	99.0	98.4	97.9	97.4	96.9	96.4	95.9	95.4	94.8
56	100.0	99.5	99.0	98.4	97.9	97.4	96.9	96.4	95.9	95.4	94.9
57	100.0	99.5	99.0	98.5	98.0	97.5	96.9	96.4	95.9	95.4	94.9

表 2c（续）

t \ $t-t_w$	0.0	0.1	0.2	0.3	0.4	0.5	0.6	0.7	0.8	0.9	1.0
58	100.0	99.5	99.0	98.5	98.0	97.5	97.0	96.5	96.0	95.5	95.0
59	100.0	99.5	99.0	98.5	98.0	97.5	97.0	96.5	96.0	95.5	95.0
60	100.0	99.5	99.0	98.5	98.0	97.5	97.0	96.5	96.1	95.6	95.1
61	100.0	99.5	99.0	98.5	98.0	97.5	97.1	96.6	96.1	95.6	95.1
62	100.0	99.5	99.0	98.5	98.1	97.6	97.1	96.6	96.1	95.7	95.2
63	100.0	99.5	99.0	98.6	98.1	97.6	97.1	96.6	96.2	95.7	95.2
64	100.0	99.5	99.0	98.6	98.1	97.6	97.1	96.7	96.2	95.7	95.3
65	100.0	99.5	99.1	98.6	98.1	97.6	97.2	96.7	96.2	95.8	95.3
66	100.0	99.5	99.1	98.6	98.1	97.7	97.2	96.7	96.3	95.8	95.4
67	100.0	99.5	99.1	98.6	98.1	97.7	97.2	96.8	96.3	95.9	95.4
68	100.0	99.5	99.1	98.6	98.2	97.7	97.2	96.8	96.3	95.9	95.4
69	100.0	99.5	99.1	98.6	98.2	97.7	97.3	96.8	96.4	95.9	95.5
70	100.0	99.5	99.1	98.6	98.2	97.7	97.3	96.8	96.4	96.0	95.5
71	100.0	99.5	99.1	98.7	98.2	97.8	97.3	96.9	96.4	96.0	95.6
72	100.0	99.6	99.1	98.7	98.2	97.8	97.3	96.9	96.5	96.0	95.6
73	100.0	99.6	99.1	98.7	98.2	97.8	97.4	96.9	96.5	96.1	95.6
74	100.0	99.6	99.1	98.7	98.2	97.8	97.4	97.0	96.5	96.1	95.7
75	100.0	99.6	99.1	98.7	98.3	97.8	97.4	97.0	96.5	96.1	95.7
76	100.0	99.6	99.1	98.7	98.3	97.8	97.4	97.0	96.6	96.2	95.7
77	100.0	99.6	99.1	98.7	98.3	97.9	97.4	97.0	96.6	96.2	95.8
78	100.0	99.6	99.1	98.7	98.3	97.9	97.5	97.0	96.6	96.2	95.8
79	100.0	99.6	99.2	98.7	98.3	97.9	97.5	97.1	96.7	96.2	95.8
80	100.0	99.6	99.2	98.7	98.3	97.9	97.5	97.1	96.7	96.3	95.9
81	100.0	99.6	99.2	98.8	98.3	97.9	97.5	97.1	96.7	96.3	95.9
82	100.0	99.6	99.2	98.8	98.4	97.9	97.5	97.1	96.7	96.3	95.9
83	100.0	99.6	99.2	98.8	98.4	98.0	97.6	97.2	96.8	96.4	96.0
84	100.0	99.6	99.2	98.8	98.4	98.0	97.6	97.2	96.8	96.4	96.0
85	100.0	99.6	99.2	98.8	98.4	98.0	97.6	97.2	96.8	96.4	96.0
86	100.0	99.6	99.2	98.8	98.4	98.0	97.6	97.2	96.8	96.4	96.0
87	100.0	99.6	99.2	98.8	98.4	98.0	97.6	97.2	96.8	96.5	96.1
88	100.0	99.6	99.2	98.8	98.4	98.0	97.6	97.3	96.9	96.5	96.1
89	100.0	99.6	99.2	98.8	98.4	98.0	97.7	97.3	96.9	96.5	96.1
90	100.0	99.6	99.2	98.8	98.4	98.1	97.7	97.3	96.9	96.5	96.2
91	100.0	99.6	99.2	98.8	98.5	98.1	97.7	97.3	96.9	96.6	96.2
92	100.0	99.6	99.2	98.9	98.5	98.1	97.7	97.3	97.0	96.6	96.2
93	100.0	99.6	99.2	98.9	98.5	98.1	97.7	97.4	97.0	96.6	96.2
94	100.0	99.6	99.2	98.9	98.5	98.1	97.7	97.4	97.0	96.6	96.3
95	100.0	99.6	99.2	98.9	98.5	98.1	97.8	97.4	97.0	96.7	96.3
96	100.0	99.6	99.3	98.9	98.5	98.1	97.8	97.4	97.0	96.7	96.3
97	100.0	99.6	99.3	98.9	98.5	98.2	97.8	97.4	97.1	96.7	96.3
98	100.0	99.6	99.3	98.9	98.5	98.2	97.8	97.4	97.1	96.7	96.4
99	100.0	99.6	99.3	98.9	98.5	98.2	97.8	97.5	97.1	96.7	96.4
100	100.0	99.6	99.3	98.9	98.6	98.2	97.8	97.5	97.1	96.8	96.4

表 2c（续）

$t-t_w$ / t	1.1	1.2	1.3	1.4	1.5	1.6	1.7	1.8	1.9	2.0
15	88.4	87.4	86.4	85.4	84.3	83.3	82.3	81.3	80.3	79.3
16	88.8	87.8	86.8	85.8	84.8	83.8	82.8	81.8	80.9	79.9
17	89.1	88.1	87.2	86.2	85.2	84.3	83.3	82.4	81.4	80.5
18	89.4	88.5	87.5	86.6	85.6	84.7	83.8	82.9	81.9	81.0
19	89.7	88.8	87.9	86.9	86.0	85.1	84.2	83.3	82.4	81.5
20	90.0	89.1	88.2	87.3	86.4	85.5	84.6	83.8	82.9	82.0
21	90.2	89.3	88.5	87.6	86.7	85.9	85.0	84.2	83.3	82.5
22	90.5	89.6	88.8	87.9	87.1	86.2	85.4	84.6	83.7	82.9
23	90.7	89.9	89.0	88.2	87.4	86.6	85.8	84.9	84.1	83.3
24	90.9	90.1	89.3	88.5	87.7	86.9	86.1	85.3	84.5	83.7
25	91.1	90.3	89.5	88.7	88.0	87.2	86.4	85.6	84.8	84.1
26	91.3	90.5	89.7	89.0	88.2	87.4	86.7	85.9	85.2	84.4
27	91.5	90.7	90.0	89.2	88.5	87.7	87.0	86.2	85.5	84.8
28	91.6	90.9	90.2	89.4	88.7	88.0	87.2	86.5	85.8	85.1
29	91.8	91.1	90.4	89.6	88.9	88.2	87.5	86.8	86.1	85.4
30	92.0	91.3	90.5	89.8	89.1	88.4	87.7	87.0	86.3	85.6
31	92.1	91.4	90.7	90.0	89.3	88.6	88.0	87.3	86.6	85.9
32	92.3	91.6	90.9	90.2	89.5	88.8	88.2	87.5	86.8	86.2
33	92.4	91.7	91.0	90.4	89.7	89.0	88.4	87.7	87.1	86.4
34	92.5	91.9	91.2	90.5	89.9	89.2	88.6	87.9	87.3	86.6
35	92.7	92.0	91.3	90.7	90.1	89.4	88.8	88.1	87.5	86.9
36	92.8	92.1	91.5	90.8	90.2	89.6	89.0	88.3	87.7	87.1
37	92.9	92.3	91.6	91.0	90.4	89.7	89.1	88.5	87.9	87.3
38	93.0	92.4	91.7	91.1	90.5	89.9	89.3	88.7	88.1	87.5
39	93.1	92.5	91.9	91.3	90.7	90.1	89.5	88.9	88.3	87.7
40	93.2	92.6	92.0	91.4	90.8	90.2	89.6	89.0	88.4	87.8
41	93.3	92.7	92.1	91.5	90.9	90.3	89.8	89.2	88.6	88.0
42	93.4	92.8	92.2	91.6	91.0	90.5	89.9	89.3	88.7	88.2
43	93.5	92.9	92.3	91.7	91.2	90.6	90.0	89.5	88.9	88.3
44	93.6	93.0	92.4	91.9	91.3	90.7	90.2	89.6	89.0	88.5
45	93.6	93.1	92.5	92.0	91.4	90.8	90.3	89.7	89.2	88.6
46	93.7	93.2	92.6	92.1	91.5	91.0	90.4	89.9	89.3	88.8
47	93.8	93.3	92.7	92.2	91.6	91.1	90.5	90.0	89.5	88.9
48	93.9	93.3	92.8	92.3	91.7	91.2	90.6	90.1	89.6	89.1
49	93.9	93.4	92.9	92.3	91.8	91.3	90.8	90.2	89.7	89.2
50	94.0	93.5	93.0	92.4	91.9	91.4	90.9	90.3	89.8	89.3
51	94.1	93.6	93.0	92.5	92.0	91.5	91.0	90.5	89.9	89.4
52	94.2	93.6	93.1	92.6	92.1	91.6	91.1	90.6	90.1	89.5
53	94.2	93.7	93.2	92.7	92.2	91.7	91.2	90.7	90.2	89.7
54	94.3	93.8	93.3	92.8	92.3	91.8	91.3	90.8	90.3	89.8
55	94.3	93.8	93.3	92.8	92.3	91.8	91.3	90.9	90.4	89.9
56	94.4	93.9	93.4	92.9	92.4	91.9	91.4	90.9	90.5	90.0
57	94.5	94.0	93.5	93.0	92.5	92.0	91.5	91.0	90.6	90.1

表 2c（续）

t \ $t-t_w$	1.1	1.2	1.3	1.4	1.5	1.6	1.7	1.8	1.9	2.0
58	94.5	94.0	93.5	93.1	92.6	92.1	91.6	91.1	90.7	90.2
59	94.6	94.1	93.6	93.1	92.6	92.2	91.7	91.2	90.7	90.3
60	94.6	94.1	93.7	93.2	92.7	92.2	91.8	91.3	90.8	90.4
61	94.7	94.2	93.7	93.3	92.8	92.3	91.8	91.4	90.9	90.5
62	94.7	94.2	93.8	93.3	92.8	92.4	91.9	91.5	91.0	90.6
63	94.8	94.3	93.8	93.4	92.9	92.5	92.0	91.5	91.1	90.6
64	94.8	94.4	93.9	93.4	93.0	92.5	92.1	91.6	91.2	90.7
65	94.9	94.4	93.9	93.5	93.0	92.6	92.1	91.7	91.2	90.8
66	94.9	94.5	94.0	93.6	93.1	92.7	92.2	91.8	91.3	90.9
67	95.0	94.5	94.1	93.6	93.2	92.7	92.3	91.8	91.4	91.0
68	95.0	94.5	94.1	93.7	93.2	92.8	92.3	91.9	91.5	91.0
69	95.0	94.6	94.2	93.7	93.3	92.8	92.4	92.0	91.5	91.1
70	95.1	94.6	94.2	93.8	93.3	92.9	92.5	92.0	91.6	91.2
71	95.1	94.7	94.3	93.8	93.4	93.0	92.5	92.1	91.7	91.3
72	95.2	94.7	94.3	93.9	93.4	93.0	92.6	92.2	91.8	91.3
73	95.2	94.8	94.3	93.9	93.5	93.1	92.7	92.2	91.8	91.4
74	95.2	94.8	94.4	94.0	93.6	93.1	92.7	92.3	91.9	91.5
75	95.3	94.9	94.4	94.0	93.6	93.2	92.8	92.4	92.0	91.5
76	95.3	94.9	94.5	94.1	93.7	93.2	92.8	92.4	92.0	91.6
77	95.4	94.9	94.5	94.1	93.7	93.3	92.9	92.5	92.1	91.7
78	95.4	95.0	94.6	94.2	93.8	93.3	92.9	92.5	92.1	91.7
79	95.4	95.0	94.6	94.2	93.8	93.4	93.0	92.6	92.2	91.8
80	95.5	95.1	94.7	94.2	93.8	93.4	93.1	92.7	92.3	91.9
81	95.5	95.1	94.7	94.3	93.9	93.5	93.1	92.7	92.3	91.9
82	95.5	95.1	94.7	94.3	93.9	93.5	93.2	92.8	92.4	92.0
83	95.6	95.2	94.8	94.4	94.0	93.6	93.2	92.8	92.4	92.0
84	95.6	95.2	94.8	94.4	94.0	93.6	93.3	92.9	92.5	92.1
85	95.6	95.2	94.8	94.5	94.1	93.7	93.3	92.9	92.5	92.2
86	95.7	95.3	94.9	94.5	94.1	93.7	93.4	93.0	92.6	92.2
87	95.7	95.3	94.9	94.5	94.2	93.8	93.4	93.0	92.6	92.3
88	95.7	95.3	95.0	94.6	94.2	93.8	93.4	93.1	92.7	92.3
89	95.7	95.4	95.0	94.6	94.2	93.9	93.5	93.1	92.7	92.4
90	95.8	95.4	95.0	94.7	94.3	93.9	93.5	93.2	92.8	92.4
91	95.8	95.4	95.1	94.7	94.3	94.0	93.6	93.2	92.8	92.5
92	95.8	95.5	95.1	94.7	94.4	94.0	93.6	93.3	92.9	92.5
93	95.9	95.5	95.1	94.8	94.4	94.0	93.7	93.3	92.9	92.6
94	95.9	95.5	95.2	94.8	94.4	94.1	93.7	93.4	93.0	92.6
95	95.9	95.6	95.2	94.8	94.5	94.1	93.8	93.4	93.0	92.7
96	96.0	95.6	95.2	94.9	94.5	94.2	93.8	93.4	93.1	92.7
97	96.0	95.6	95.3	94.9	94.5	94.2	93.8	93.5	93.1	92.8
98	96.0	95.6	95.3	94.9	94.6	94.2	93.9	93.5	93.2	92.8
99	96.0	95.7	95.3	95.0	94.6	94.3	93.9	93.6	93.2	92.9
100	96.1	95.7	95.4	95.0	94.7	94.3	94.0	93.6	93.3	92.9

表 2c（续）

$t-t_w$ / t	2.1	2.2	2.3	2.4	2.5	2.6	2.7	2.8	2.9	3.0
15	78.3	77.3	76.3	75.3	74.3	73.3	72.3	71.4	70.4	69.4
16	78.9	78.0	77.0	76.0	75.1	74.1	73.2	72.2	71.3	70.3
17	79.5	78.6	77.7	76.7	75.8	74.9	74.0	73.0	72.1	71.2
18	80.1	79.2	78.3	77.4	76.5	75.6	74.7	73.8	72.9	72.0
19	80.7	79.8	78.9	78.0	77.1	76.3	75.4	74.5	73.7	72.8
20	81.2	80.3	79.4	78.6	77.7	76.9	76.0	75.2	74.4	73.5
21	81.6	80.8	80.0	79.1	78.3	77.5	76.7	75.8	75.0	74.2
22	82.1	81.3	80.5	79.7	78.8	78.0	77.2	76.4	75.6	74.8
23	82.5	81.7	80.9	80.1	79.3	78.6	77.8	77.0	76.2	75.4
24	82.9	82.2	81.4	80.6	79.8	79.1	78.3	77.5	76.8	76.0
25	83.3	82.6	81.8	81.0	80.3	79.5	78.8	78.0	77.3	76.6
26	83.7	82.9	82.2	81.5	80.7	80.0	79.2	78.5	77.8	77.1
27	84.0	83.3	82.6	81.8	81.1	80.4	79.7	79.0	78.3	77.6
28	84.3	83.6	82.9	82.2	81.5	80.8	80.1	79.4	78.7	78.0
29	84.7	84.0	83.3	82.6	81.9	81.2	80.5	79.8	79.1	78.5
30	85.0	84.3	83.6	82.9	82.2	81.5	80.9	80.2	79.5	78.9
31	85.2	84.6	83.9	83.2	82.6	81.9	81.2	80.6	79.9	79.3
32	85.5	84.8	84.2	83.5	82.9	82.2	81.6	80.9	80.3	79.6
33	85.8	85.1	84.5	83.8	83.2	82.5	81.9	81.3	80.6	80.0
34	86.0	85.4	84.7	84.1	83.5	82.8	82.2	81.6	81.0	80.3
35	86.2	85.6	85.0	84.4	83.7	83.1	82.5	81.9	81.3	80.7
36	86.5	85.8	85.2	84.6	84.0	83.4	82.8	82.2	81.6	81.0
37	86.7	86.1	85.5	84.9	84.3	83.7	83.1	82.5	81.9	81.3
38	86.9	86.3	85.7	85.1	84.5	83.9	83.3	82.7	82.2	81.6
39	87.1	86.5	85.9	85.3	84.7	84.1	83.6	83.0	82.4	81.8
40	87.3	86.7	86.1	85.5	84.9	84.4	83.8	83.2	82.7	82.1
41	87.4	86.9	86.3	85.7	85.2	84.6	84.0	83.5	82.9	82.4
42	87.6	87.0	86.5	85.9	85.4	84.8	84.3	83.7	83.2	82.6
43	87.8	87.2	86.7	86.1	85.6	85.0	84.5	83.9	83.4	82.8
44	87.9	87.4	86.8	86.3	85.8	85.2	84.7	84.1	83.6	83.1
45	88.1	87.6	87.0	86.5	85.9	85.4	84.9	84.3	83.8	83.3
46	88.2	87.7	87.2	86.6	86.1	85.6	85.1	84.5	84.0	83.5
47	88.4	87.9	87.3	86.8	86.3	85.8	85.2	84.7	84.2	83.7
48	88.5	88.0	87.5	87.0	86.4	85.9	85.4	84.9	84.4	83.9
49	88.7	88.1	87.6	87.1	86.6	86.1	85.6	85.1	84.6	84.1
50	88.8	88.3	87.8	87.3	86.8	86.3	85.8	85.3	84.8	84.3
51	88.9	88.4	87.9	87.4	86.9	86.4	85.9	85.4	84.9	84.4
52	89.0	88.5	88.0	87.5	87.1	86.6	86.1	85.6	85.1	84.6
53	89.2	88.7	88.2	87.7	87.2	86.7	86.2	85.7	85.3	84.8
54	89.3	88.8	88.3	87.8	87.3	86.8	86.4	85.9	85.4	84.9
55	89.4	88.9	88.4	87.9	87.5	87.0	86.5	86.0	85.6	85.1
56	89.5	89.0	88.5	88.1	87.6	87.1	86.6	86.2	85.7	85.2
57	89.6	89.1	88.7	88.2	87.7	87.2	86.8	86.3	85.9	85.4

表 2c（续）

t \ $t-t_w$	2.1	2.2	2.3	2.4	2.5	2.6	2.7	2.8	2.9	3.0
58	89.7	89.2	88.8	88.3	87.8	87.4	86.9	86.5	86.0	85.5
59	89.8	89.3	88.9	88.4	88.0	87.5	87.0	86.6	86.1	85.7
60	89.9	89.4	89.0	88.5	88.1	87.6	87.2	86.7	86.3	85.8
61	90.0	89.5	89.1	88.6	88.2	87.7	87.3	86.8	86.4	85.9
62	90.1	89.6	89.2	88.7	88.3	87.8	87.4	87.0	86.5	86.1
63	90.2	89.7	89.3	88.8	88.4	88.0	87.5	87.1	86.6	86.2
64	90.3	89.8	89.4	88.9	88.5	88.1	87.6	87.2	86.8	86.3
65	90.4	89.9	89.5	89.0	88.6	88.2	87.7	87.3	86.9	86.4
66	90.4	90.0	89.6	89.1	88.7	88.3	87.8	87.4	87.0	86.6
67	90.5	90.1	89.7	89.2	88.8	88.4	88.0	87.5	87.1	86.7
68	90.6	90.2	89.8	89.3	88.9	88.5	88.1	87.6	87.2	86.8
69	90.7	90.3	89.8	89.4	89.0	88.6	88.2	87.7	87.3	86.9
70	90.8	90.3	89.9	89.5	89.1	88.7	88.3	87.8	87.4	87.0
71	90.8	90.4	90.0	89.6	89.2	88.8	88.3	87.9	87.5	87.1
72	90.9	90.5	90.1	89.7	89.3	88.9	88.4	88.0	87.6	87.2
73	91.0	90.6	90.2	89.8	89.4	88.9	88.5	88.1	87.7	87.3
74	91.1	90.7	90.2	89.8	89.4	89.0	88.6	88.2	87.8	87.4
75	91.1	90.7	90.3	89.9	89.5	89.1	88.7	88.3	87.9	87.5
76	91.2	90.8	90.4	90.0	89.6	89.2	88.8	88.4	88.0	87.6
77	91.3	90.9	90.5	90.1	89.7	89.3	88.9	88.5	88.1	87.7
78	91.3	90.9	90.5	90.2	89.8	89.4	89.0	88.6	88.2	87.8
79	91.4	91.0	90.6	90.2	89.8	89.4	89.1	88.7	88.3	87.9
80	91.5	91.1	90.7	90.3	89.9	89.5	89.1	88.8	88.4	88.0
81	91.5	91.1	90.8	90.4	90.0	89.6	89.2	88.8	88.5	88.1
82	91.6	91.2	90.8	90.4	90.1	89.7	89.3	88.9	88.5	88.2
83	91.7	91.3	90.9	90.5	90.1	89.8	89.4	89.0	88.6	88.3
84	91.7	91.3	91.0	90.6	90.2	89.8	89.5	89.1	88.7	88.3
85	91.8	91.4	91.0	90.7	90.3	89.9	89.5	89.2	88.8	88.4
86	91.8	91.5	91.1	90.7	90.3	90.0	89.6	89.2	88.9	88.5
87	91.9	91.5	91.2	90.8	90.4	90.0	89.7	89.3	88.9	88.6
88	92.0	91.6	91.2	90.8	90.5	90.1	89.8	89.4	89.0	88.7
89	92.0	91.6	91.3	90.9	90.5	90.2	89.8	89.5	89.1	88.7
90	92.1	91.7	91.3	91.0	90.6	90.3	89.9	89.5	89.2	88.8
91	92.1	91.8	91.4	91.0	90.7	90.3	90.0	89.6	89.3	88.9
92	92.2	91.8	91.5	91.1	90.7	90.4	90.0	89.7	89.3	89.0
93	92.2	91.9	91.5	91.2	90.8	90.4	90.1	89.7	89.4	89.0
94	92.3	91.9	91.6	91.2	90.9	90.5	90.2	89.8	89.5	89.1
95	92.3	92.0	91.6	91.3	90.9	90.6	90.2	89.9	89.5	89.2
96	92.4	92.0	91.7	91.3	91.0	90.6	90.3	89.9	89.6	89.3
97	92.4	92.1	91.7	91.4	91.0	90.7	90.4	90.0	89.7	89.3
98	92.5	92.1	91.8	91.4	91.1	90.8	90.4	90.1	89.7	89.4
99	92.5	92.2	91.8	91.5	91.2	90.8	90.5	90.1	89.8	89.5
100	92.6	92.2	91.9	91.6	91.2	90.9	90.5	90.2	89.9	89.5

表 2c（续）

$t-t_w$ / t	3.1	3.2	3.3	3.4	3.5	3.6	3.7	3.8	3.9	4.0
15	68.5	67.5	66.5	65.6	64.6	63.7	62.7	61.8	60.8	59.9
16	69.4	68.5	67.5	66.6	65.7	64.8	63.8	62.9	62.0	61.1
17	70.3	69.4	68.5	67.6	66.7	65.8	64.9	64.0	63.1	62.2
18	71.1	70.3	69.4	68.5	67.6	66.8	65.9	65.0	64.2	63.3
19	71.9	71.1	70.2	69.4	68.5	67.7	66.8	66.0	65.2	64.3
20	72.7	71.8	71.0	70.2	69.4	68.5	67.7	66.9	66.1	65.3
21	73.4	72.6	71.8	71.0	70.2	69.4	68.6	67.8	67.0	66.2
22	74.0	73.3	72.5	71.7	70.9	70.1	69.3	68.6	67.8	67.0
23	74.7	73.9	73.1	72.4	71.6	70.8	70.1	69.3	68.6	67.8
24	75.3	74.5	73.8	73.0	72.3	71.5	70.8	70.0	69.3	68.6
25	75.8	75.1	74.3	73.6	72.9	72.2	71.4	70.7	70.0	69.3
26	76.3	75.6	74.9	74.2	73.5	72.8	72.1	71.4	70.7	70.0
27	76.8	76.1	75.4	74.7	74.1	73.4	72.7	72.0	71.3	70.6
28	77.3	76.6	75.9	75.3	74.6	73.9	73.2	72.6	71.9	71.2
29	77.8	77.1	76.4	75.8	75.1	74.4	73.8	73.1	72.4	71.8
30	78.2	77.5	76.9	76.2	75.6	74.9	74.3	73.6	73.0	72.3
31	78.6	78.0	77.3	76.7	76.0	75.4	74.8	74.1	73.5	72.9
32	79.0	78.4	77.7	77.1	76.5	75.8	75.2	74.6	74.0	73.4
33	79.4	78.7	78.1	77.5	76.9	76.3	75.7	75.0	74.4	73.8
34	79.7	79.1	78.5	77.9	77.3	76.7	76.1	75.5	74.9	74.3
35	80.1	79.5	78.9	78.3	77.7	77.1	76.5	75.9	75.3	74.7
36	80.4	79.8	79.2	78.6	78.0	77.4	76.9	76.3	75.7	75.1
37	80.7	80.1	79.5	78.9	78.4	77.8	77.2	76.6	76.1	75.5
38	81.0	80.4	79.8	79.3	78.7	78.1	77.6	77.0	76.4	75.9
39	81.3	80.7	80.1	79.6	79.0	78.5	77.9	77.4	76.8	76.2
40	81.5	81.0	80.4	79.9	79.3	78.8	78.2	77.7	77.1	76.6
41	81.8	81.3	80.7	80.2	79.6	79.1	78.5	78.0	77.5	76.9
42	82.1	81.5	81.0	80.4	79.9	79.4	78.8	78.3	77.8	77.2
43	82.3	81.8	81.2	80.7	80.2	79.6	79.1	78.6	78.1	77.5
44	82.5	82.0	81.5	81.0	80.4	79.9	79.4	78.9	78.4	77.8
45	82.8	82.2	81.7	81.2	80.7	80.2	79.7	79.1	78.6	78.1
46	83.0	82.5	81.9	81.4	80.9	80.4	79.9	79.4	78.9	78.4
47	83.2	82.7	82.2	81.7	81.2	80.7	80.2	79.7	79.2	78.7
48	83.4	82.9	82.4	81.9	81.4	80.9	80.4	79.9	79.4	78.9
49	83.6	83.1	82.6	82.1	81.6	81.1	80.6	80.1	79.6	79.2
50	83.8	83.3	82.8	82.3	81.8	81.3	80.8	80.4	79.9	79.4
51	83.9	83.5	83.0	82.5	82.0	81.5	81.1	80.6	80.1	79.6
52	84.1	83.6	83.2	82.7	82.2	81.7	81.3	80.8	80.3	79.9
53	84.3	83.8	83.3	82.9	82.4	81.9	81.5	81.0	80.5	80.1
54	84.5	84.0	83.5	83.1	82.6	82.1	81.7	81.2	80.7	80.3
55	84.6	84.2	83.7	83.2	82.8	82.3	81.9	81.4	80.9	80.5
56	84.8	84.3	83.9	83.4	82.9	82.5	82.0	81.6	81.1	80.7
57	84.9	84.5	84.0	83.6	83.1	82.7	82.2	81.8	81.3	80.9

表 2c（续）

t \ $t-t_w$	3.1	3.2	3.3	3.4	3.5	3.6	3.7	3.8	3.9	4.0
58	85.1	84.6	84.2	83.7	83.3	82.8	82.4	81.9	81.5	81.1
59	85.2	84.8	84.3	83.9	83.4	83.0	82.6	82.1	81.7	81.2
60	85.4	84.9	84.5	84.0	83.6	83.2	82.7	82.3	81.9	81.4
61	85.5	85.1	84.6	84.2	83.8	83.3	82.9	82.5	82.0	81.6
62	85.6	85.2	84.8	84.3	83.9	83.5	83.0	82.6	82.2	81.8
63	85.8	85.3	84.9	84.5	84.0	83.6	83.2	82.8	82.4	81.9
64	85.9	85.5	85.0	84.6	84.2	83.8	83.3	82.9	82.5	82.1
65	86.0	85.6	85.2	84.8	84.3	83.9	83.5	83.1	82.7	82.2
66	86.1	85.7	85.3	84.9	84.5	84.1	83.6	83.2	82.8	82.4
67	86.3	85.8	85.4	85.0	84.6	84.2	83.8	83.4	83.0	82.6
68	86.4	86.0	85.6	85.1	84.7	84.3	83.9	83.5	83.1	82.7
69	86.5	86.1	85.7	85.3	84.9	84.5	84.0	83.6	83.2	82.8
70	86.6	86.2	85.8	85.4	85.0	84.6	84.2	83.8	83.4	83.0
71	86.7	86.3	85.9	85.5	85.1	84.7	84.3	83.9	83.5	83.1
72	86.8	86.4	86.0	85.6	85.2	84.8	84.4	84.0	83.6	83.3
73	86.9	86.5	86.1	85.7	85.3	84.9	84.6	84.2	83.8	83.4
74	87.0	86.6	86.2	85.8	85.5	85.1	84.7	84.3	83.9	83.5
75	87.1	86.7	86.3	86.0	85.6	85.2	84.8	84.4	84.0	83.6
76	87.2	86.8	86.5	86.1	85.7	85.3	84.9	84.5	84.2	83.8
77	87.3	86.9	86.6	86.2	85.8	85.4	85.0	84.6	84.3	83.9
78	87.4	87.0	86.7	86.3	85.9	85.5	85.1	84.8	84.4	84.0
79	87.5	87.1	86.8	86.4	86.0	85.6	85.3	84.9	84.5	84.1
80	87.6	87.2	86.9	86.5	86.1	85.7	85.4	85.0	84.6	84.3
81	87.7	87.3	87.0	86.6	86.2	85.8	85.5	85.1	84.7	84.4
82	87.8	87.4	87.0	86.7	86.3	85.9	85.6	85.2	84.8	84.5
83	87.9	87.5	87.1	86.8	86.4	86.0	85.7	85.3	85.0	84.6
84	88.0	87.6	87.2	86.9	86.5	86.1	85.8	85.4	85.1	84.7
85	88.1	87.7	87.3	87.0	86.6	86.2	85.9	85.5	85.2	84.8
86	88.1	87.8	87.4	87.1	86.7	86.3	86.0	85.6	85.3	84.9
87	88.2	87.9	87.5	87.1	86.8	86.4	86.1	85.7	85.4	85.0
88	88.3	87.9	87.6	87.2	86.9	86.5	86.2	85.8	85.5	85.1
89	88.4	88.0	87.7	87.3	87.0	86.6	86.3	85.9	85.6	85.2
90	88.5	88.1	87.8	87.4	87.1	86.7	86.4	86.0	85.7	85.3
91	88.5	88.2	87.8	87.5	87.1	86.8	86.5	86.1	85.8	85.4
92	88.6	88.3	87.9	87.6	87.2	86.9	86.5	86.2	85.9	85.5
93	88.7	88.4	88.0	87.7	87.3	87.0	86.6	86.3	86.0	85.6
94	88.8	88.4	88.1	87.7	87.4	87.1	86.7	86.4	86.0	85.7
95	88.8	88.5	88.2	87.8	87.5	87.1	86.8	86.5	86.1	85.8
96	88.9	88.6	88.2	87.9	87.6	87.2	86.9	86.6	86.2	85.9
97	89.0	88.7	88.3	88.0	87.6	87.3	87.0	86.6	86.3	86.0
98	89.1	88.7	88.4	88.1	87.7	87.4	87.1	86.7	86.4	86.1
99	89.1	88.8	88.5	88.1	87.8	87.5	87.1	86.8	86.5	86.2
100	89.2	88.9	88.5	88.2	87.9	87.6	87.2	86.9	86.6	86.3

表 2c（续）

t \ $t-t_w$	4.1	4.2	4.3	4.4	4.5	4.6	4.7	4.8	4.9	5.0
15	58.9	58.0	57.1	56.1	55.2	54.3	53.4	52.5	51.5	50.6
16	60.2	59.3	58.4	57.5	56.6	55.7	54.8	53.9	53.0	52.2
17	61.4	60.5	59.6	58.7	57.9	57.0	56.1	55.3	54.4	53.6
18	62.5	61.6	60.8	59.9	59.1	58.2	57.4	56.6	55.7	54.9
19	63.5	62.7	61.9	61.0	60.2	59.4	58.6	57.8	57.0	56.2
20	64.5	63.7	62.9	62.1	61.3	60.5	59.7	58.9	58.1	57.3
21	65.4	64.6	63.8	63.1	62.3	61.5	60.7	60.0	59.2	58.5
22	66.3	65.5	64.7	64.0	63.2	62.5	61.7	61.0	60.2	59.5
23	67.1	66.3	65.6	64.9	64.1	63.4	62.7	61.9	61.2	60.5
24	67.9	67.1	66.4	65.7	65.0	64.3	63.5	62.8	62.1	61.4
25	68.6	67.9	67.2	66.5	65.8	65.1	64.4	63.7	63.0	62.3
26	69.3	68.6	67.9	67.2	66.5	65.8	65.2	64.5	63.8	63.1
27	69.9	69.3	68.6	67.9	67.2	66.6	65.9	65.2	64.6	63.9
28	70.6	69.9	69.2	68.6	67.9	67.3	66.6	66.0	65.3	64.7
29	71.1	70.5	69.8	69.2	68.6	67.9	67.3	66.6	66.0	65.4
30	71.7	71.1	70.4	69.8	69.2	68.5	67.9	67.3	66.7	66.1
31	72.2	71.6	71.0	70.4	69.8	69.1	68.5	67.9	67.3	66.7
32	72.7	72.1	71.5	70.9	70.3	69.7	69.1	68.5	67.9	67.3
33	73.2	72.6	72.0	71.4	70.8	70.2	69.6	69.1	68.5	67.9
34	73.7	73.1	72.5	71.9	71.3	70.8	70.2	69.6	69.0	68.4
35	74.1	73.5	73.0	72.4	71.8	71.2	70.7	70.1	69.5	69.0
36	74.5	74.0	73.4	72.8	72.3	71.7	71.1	70.6	70.0	69.5
37	74.9	74.4	73.8	73.3	72.7	72.2	71.6	71.1	70.5	70.0
38	75.3	74.8	74.2	73.7	73.1	72.6	72.0	71.5	71.0	70.4
39	75.7	75.2	74.6	74.1	73.5	73.0	72.5	71.9	71.4	70.9
40	76.1	75.5	75.0	74.4	73.9	73.4	72.9	72.3	71.8	71.3
41	76.4	75.9	75.3	74.8	74.3	73.8	73.2	72.7	72.2	71.7
42	76.7	76.2	75.7	75.2	74.6	74.1	73.6	73.1	72.6	72.1
43	77.0	76.5	76.0	75.5	75.0	74.5	74.0	73.5	73.0	72.5
44	77.3	76.8	76.3	75.8	75.3	74.8	74.3	73.8	73.3	72.8
45	77.6	77.1	76.6	76.1	75.6	75.1	74.6	74.1	73.7	73.2
46	77.9	77.4	76.9	76.4	75.9	75.4	75.0	74.5	74.0	73.5
47	78.2	77.7	77.2	76.7	76.2	75.7	75.3	74.8	74.3	73.8
48	78.4	77.9	77.5	77.0	76.5	76.0	75.6	75.1	74.6	74.1
49	78.7	78.2	77.7	77.3	76.8	76.3	75.8	75.4	74.9	74.4
50	78.9	78.5	78.0	77.5	77.0	76.6	76.1	75.7	75.2	74.7
51	79.2	78.7	78.2	77.8	77.3	76.8	76.4	75.9	75.5	75.0
52	79.4	78.9	78.5	78.0	77.5	77.1	76.6	76.2	75.7	75.3
53	79.6	79.2	78.7	78.2	77.8	77.3	76.9	76.4	76.0	75.5
54	79.8	79.4	78.9	78.5	78.0	77.6	77.1	76.7	76.2	75.8
55	80.0	79.6	79.1	78.7	78.2	77.8	77.4	76.9	76.5	76.1
56	80.2	79.8	79.4	78.9	78.5	78.0	77.6	77.2	76.7	76.3
57	80.4	80.0	79.6	79.1	78.7	78.2	77.8	77.4	77.0	76.5

表 2c(续)

$t-t_w$ / t	4.1	4.2	4.3	4.4	4.5	4.6	4.7	4.8	4.9	5.0
58	80.6	80.2	79.8	79.3	78.9	78.5	78.0	77.6	77.2	76.8
59	80.8	80.4	79.9	79.5	79.1	78.7	78.2	77.8	77.4	77.0
60	81.0	80.6	80.1	79.7	79.3	78.9	78.4	78.0	77.6	77.2
61	81.2	80.7	80.3	79.9	79.5	79.1	78.6	78.2	77.8	77.4
62	81.3	80.9	80.5	80.1	79.7	79.3	78.8	78.4	78.0	77.6
63	81.5	81.1	80.7	80.3	79.9	79.4	79.0	78.6	78.2	77.8
64	81.7	81.3	80.9	80.4	80.0	79.6	79.2	78.8	78.4	78.0
65	81.8	81.4	81.0	80.6	80.2	79.8	79.4	79.0	78.6	78.2
66	82.0	81.6	81.2	80.8	80.4	80.0	79.6	79.2	78.8	78.4
67	82.1	81.7	81.3	80.9	80.5	80.1	79.7	79.4	79.0	78.6
68	82.3	81.9	81.5	81.1	80.7	80.3	79.9	79.5	79.1	78.7
69	82.4	82.0	81.7	81.3	80.9	80.5	80.1	79.7	79.3	78.9
70	82.6	82.2	81.8	81.4	81.0	80.6	80.2	79.9	79.5	79.1
71	82.7	82.3	81.9	81.6	81.2	80.8	80.4	80.0	79.6	79.3
72	82.9	82.5	82.1	81.7	81.3	80.9	80.6	80.2	79.8	79.4
73	83.0	82.6	82.2	81.9	81.5	81.1	80.7	80.3	80.0	79.6
74	83.1	82.8	82.4	82.0	81.6	81.2	80.9	80.5	80.1	79.7
75	83.3	82.9	82.5	82.1	81.8	81.4	81.0	80.6	80.3	79.9
76	83.4	83.0	82.6	82.3	81.9	81.5	81.2	80.8	80.4	80.0
77	83.5	83.1	82.8	82.4	82.0	81.7	81.3	80.9	80.6	80.2
78	83.6	83.3	82.9	82.5	82.2	81.8	81.4	81.1	80.7	80.3
79	83.8	83.4	83.0	82.7	82.3	81.9	81.6	81.2	80.8	80.5
80	83.9	83.5	83.2	82.8	82.4	82.1	81.7	81.3	81.0	80.6
81	84.0	83.6	83.3	82.9	82.6	82.2	81.8	81.5	81.1	80.8
82	84.1	83.8	83.4	83.0	82.7	82.3	82.0	81.6	81.3	80.9
83	84.2	83.9	83.5	83.2	82.8	82.4	82.1	81.7	81.4	81.0
84	84.3	84.0	83.6	83.3	82.9	82.6	82.2	81.9	81.5	81.2
85	84.5	84.1	83.7	83.4	83.0	82.7	82.3	82.0	81.7	81.3
86	84.6	84.2	83.9	83.5	83.2	82.8	82.5	82.1	81.8	81.4
87	84.7	84.3	84.0	83.6	83.3	82.9	82.6	82.2	81.9	81.6
88	84.8	84.4	84.1	83.7	83.4	83.0	82.7	82.4	82.0	81.7
89	84.9	84.5	84.2	83.8	83.5	83.2	82.8	82.5	82.1	81.8
90	85.0	84.6	84.3	84.0	83.6	83.3	82.9	82.6	82.3	81.9
91	85.1	84.7	84.4	84.1	83.7	83.4	83.1	82.7	82.4	82.1
92	85.2	84.8	84.5	84.2	83.8	83.5	83.2	82.8	82.5	82.2
93	85.3	84.9	84.6	84.3	83.9	83.6	83.3	82.9	82.6	82.3
94	85.4	85.0	84.7	84.4	84.0	83.7	83.4	83.1	82.7	82.4
95	85.5	85.1	84.8	84.5	84.1	83.8	83.5	83.2	82.8	82.5
96	85.6	85.2	84.9	84.6	84.2	83.9	83.6	83.3	83.0	82.6
97	85.7	85.3	85.0	84.7	84.4	84.0	83.7	83.4	83.1	82.7
98	85.7	85.4	85.1	84.8	84.5	84.1	83.8	83.5	83.2	82.8
99	85.8	85.5	85.2	84.9	84.5	84.2	83.9	83.6	83.3	83.0
100	85.9	85.6	85.3	85.0	84.6	84.3	84.0	83.7	83.4	83.1

表 2c（续）

$t-t_w$ / t	5.2	5.4	5.6	5.8	6.0	6.2	6.4	6.6	6.8	7.0
15	48.8	47.0	45.2	43.5	41.7	39.9	38.2	36.4	34.7	33.0
16	50.4	48.7	46.9	45.2	43.5	41.8	40.1	38.4	36.7	35.1
17	51.9	50.2	48.5	46.8	45.2	43.5	41.9	40.3	38.6	37.0
18	53.3	51.6	50.0	48.4	46.8	45.2	43.6	42.0	40.4	38.9
19	54.6	53.0	51.4	49.8	48.3	46.7	45.2	43.6	42.1	40.6
20	55.8	54.2	52.7	51.2	49.7	48.2	46.7	45.2	43.7	42.2
21	56.9	55.4	53.9	52.5	51.0	49.5	48.1	46.6	45.2	43.8
22	58.0	56.6	55.1	53.7	52.2	50.8	49.4	48.0	46.6	45.2
23	59.0	57.6	56.2	54.8	53.4	52.0	50.6	49.3	47.9	46.6
24	60.0	58.6	57.2	55.9	54.5	53.2	51.8	50.5	49.1	47.8
25	60.9	59.6	58.2	56.9	55.6	54.2	52.9	51.6	50.3	49.0
26	61.8	60.5	59.2	57.8	56.5	55.3	54.0	52.7	51.4	50.2
27	62.6	61.3	60.0	58.7	57.5	56.2	55.0	53.7	52.5	51.3
28	63.4	62.1	60.9	59.6	58.4	57.1	55.9	54.7	53.5	52.3
29	64.1	62.9	61.7	60.4	59.2	58.0	56.8	55.6	54.4	53.3
30	64.8	63.6	62.4	61.2	60.0	58.8	57.6	56.5	55.3	54.2
31	65.5	64.3	63.1	61.9	60.8	59.6	58.5	57.3	56.2	55.1
32	66.1	65.0	63.8	62.6	61.5	60.4	59.2	58.1	57.0	55.9
33	66.7	65.6	64.4	63.3	62.2	61.1	59.9	58.8	57.8	56.7
34	67.3	66.2	65.1	63.9	62.8	61.7	60.6	59.6	58.5	57.4
35	67.9	66.7	65.6	64.5	63.5	62.4	61.3	60.2	59.2	58.1
36	68.4	67.3	66.2	65.1	64.1	63.0	61.9	60.9	59.9	58.8
37	68.9	67.8	66.7	65.7	64.6	63.6	62.5	61.5	60.5	59.5
38	69.4	68.3	67.2	66.2	65.2	64.1	63.1	62.1	61.1	60.1
39	69.8	68.8	67.7	66.7	65.7	64.7	63.7	62.7	61.7	60.7
40	70.3	69.2	68.2	67.2	66.2	65.2	64.2	63.2	62.2	61.3
41	70.7	69.7	68.7	67.7	66.7	65.7	64.7	63.7	62.8	61.8
42	71.1	70.1	69.1	68.1	67.1	66.2	65.2	64.2	63.3	62.4
43	71.5	70.5	69.5	68.5	67.6	66.6	65.7	64.7	63.8	62.9
44	71.8	70.9	69.9	68.9	68.0	67.0	66.1	65.2	64.3	63.3
45	72.2	71.2	70.3	69.3	68.4	67.5	66.5	65.6	64.7	63.8
46	72.5	71.6	70.7	69.7	68.8	67.9	67.0	66.1	65.2	64.3
47	72.9	71.9	71.0	70.1	69.2	68.3	67.4	66.5	65.6	64.7
48	73.2	72.3	71.4	70.4	69.5	68.6	67.7	66.9	66.0	65.1
49	73.5	72.6	71.7	70.8	69.9	69.0	68.1	67.2	66.4	65.5
50	73.8	72.9	72.0	71.1	70.2	69.4	68.5	67.6	66.8	65.9
51	74.1	73.2	72.3	71.4	70.6	69.7	68.8	68.0	67.1	66.3
52	74.4	73.5	72.6	71.7	70.9	70.0	69.2	68.3	67.5	66.6
53	74.7	73.8	72.9	72.1	71.2	70.3	69.5	68.7	67.8	67.0
54	74.9	74.1	73.2	72.3	71.5	70.6	69.8	69.0	68.2	67.3
55	75.2	74.3	73.5	72.6	71.8	70.9	70.1	69.3	68.5	67.7
56	75.4	74.6	73.7	72.9	72.1	71.2	70.4	69.6	68.8	68.0
57	75.7	74.8	74.0	73.2	72.3	71.5	70.7	69.9	69.1	68.3

表 2c（续）

t \ $t-t_w$	5.2	5.4	5.6	5.8	6.0	6.2	6.4	6.6	6.8	7.0
58	75.9	75.1	74.2	73.4	72.6	71.8	71.0	70.2	69.4	68.6
59	76.1	75.3	74.5	73.7	72.9	72.1	71.3	70.5	69.7	68.9
60	76.4	75.5	74.7	73.9	73.1	72.3	71.5	70.7	70.0	69.2
61	76.6	75.8	75.0	74.2	73.4	72.6	71.8	71.0	70.2	69.5
62	76.8	76.0	75.2	74.4	73.6	72.8	72.0	71.3	70.5	69.7
63	77.0	76.2	75.4	74.6	73.8	73.1	72.3	71.5	70.8	70.0
64	77.2	76.4	75.6	74.8	74.1	73.3	72.5	71.8	71.0	70.3
65	77.4	76.6	75.8	75.1	74.3	73.5	72.8	72.0	71.3	70.5
66	77.6	76.8	76.0	75.3	74.5	73.8	73.0	72.3	71.5	70.8
67	77.8	77.0	76.2	75.5	74.7	74.0	73.2	72.5	71.7	71.0
68	78.0	77.2	76.4	75.7	74.9	74.2	73.4	72.7	72.0	71.3
69	78.2	77.4	76.6	75.9	75.1	74.4	73.7	72.9	72.2	71.5
70	78.3	77.6	76.8	76.1	75.3	74.6	73.9	73.1	72.4	71.7
71	78.5	77.8	77.0	76.3	75.5	74.8	74.1	73.4	72.6	71.9
72	78.7	77.9	77.2	76.5	75.7	75.0	74.3	73.6	72.9	72.1
73	78.8	78.1	77.4	76.6	75.9	75.2	74.5	73.8	73.1	72.4
74	79.0	78.3	77.5	76.8	76.1	75.4	74.7	74.0	73.3	72.6
75	79.2	78.4	77.7	77.0	76.3	75.6	74.9	74.2	73.5	72.8
76	79.3	78.6	77.9	77.2	76.5	75.7	75.0	74.4	73.7	73.0
77	79.5	78.8	78.0	77.3	76.6	75.9	75.2	74.5	73.9	73.2
78	79.6	78.9	78.2	77.5	76.8	76.1	75.4	74.7	74.0	73.4
79	79.8	79.1	78.4	77.7	77.0	76.3	75.6	74.9	74.2	73.6
80	79.9	79.2	78.5	77.8	77.1	76.4	75.8	75.1	74.4	73.7
81	80.1	79.4	78.7	78.0	77.3	76.6	75.9	75.3	74.6	73.9
82	80.2	79.5	78.8	78.1	77.5	76.8	76.1	75.4	74.8	74.1
83	80.3	79.7	79.0	78.3	77.6	76.9	76.3	75.6	74.9	74.3
84	80.5	79.8	79.1	78.4	77.8	77.1	76.4	75.8	75.1	74.5
85	80.6	79.9	79.3	78.6	77.9	77.3	76.6	75.9	75.3	74.6
86	80.8	80.1	79.4	78.7	78.1	77.4	76.8	76.1	75.5	74.8
87	80.9	80.2	79.5	78.9	78.2	77.6	76.9	76.3	75.6	75.0
88	81.0	80.3	79.7	79.0	78.4	77.7	77.1	76.4	75.8	75.1
89	81.1	80.5	79.8	79.2	78.5	77.9	77.2	76.6	75.9	75.3
90	81.3	80.6	79.9	79.3	78.6	78.0	77.4	76.7	76.1	75.5
91	81.4	80.7	80.1	79.4	78.8	78.1	77.5	76.9	76.2	75.6
92	81.5	80.9	80.2	79.6	78.9	78.3	77.7	77.0	76.4	75.8
93	81.6	81.0	80.3	79.7	79.1	78.4	77.8	77.2	76.6	75.9
94	81.8	81.1	80.5	79.8	79.2	78.6	77.9	77.3	76.7	76.1
95	81.9	81.2	80.6	80.0	79.3	78.7	78.1	77.5	76.8	76.2
96	82.0	81.3	80.7	80.1	79.5	78.8	78.2	77.6	77.0	76.4
97	82.1	81.5	80.8	80.2	79.6	79.0	78.4	77.7	77.1	76.5
98	82.2	81.6	81.0	80.3	79.7	79.1	78.5	77.9	77.3	76.7
99	82.3	81.7	81.1	80.5	79.8	79.2	78.6	78.0	77.4	76.8
100	82.4	81.8	81.2	80.6	80.0	79.4	78.8	78.2	77.6	77.0

表 2c（续）

t \ $t-t_w$	7.2	7.4	7.6	7.8	8.0	8.2	8.4	8.6	8.8	9.0
15	31.3	29.6	27.9	26.2	24.6	22.9	21.3	19.6	18.0	16.4
16	33.4	31.8	30.2	28.5	26.9	25.3	23.7	22.2	20.6	19.0
17	35.4	33.9	32.3	30.7	29.2	27.6	26.1	24.5	23.0	21.5
18	37.3	35.8	34.3	32.8	31.2	29.7	28.3	26.8	25.3	23.8
19	39.1	37.6	36.1	34.7	33.2	31.8	30.3	28.9	27.4	26.0
20	40.8	39.3	37.9	36.5	35.0	33.6	32.2	30.8	29.5	28.1
21	42.3	40.9	39.5	38.2	36.8	35.4	34.0	32.7	31.4	30.0
22	43.8	42.5	41.1	39.7	38.4	37.1	35.8	34.4	33.1	31.8
23	45.2	43.9	42.6	41.2	39.9	38.6	37.4	36.1	34.8	33.5
24	46.5	45.2	43.9	42.7	41.4	40.1	38.9	37.6	36.4	35.2
25	47.8	46.5	45.2	44.0	42.8	41.5	40.3	39.1	37.9	36.7
26	48.9	47.7	46.5	45.3	44.0	42.8	41.7	40.5	39.3	38.1
27	50.0	48.8	47.6	46.5	45.3	44.1	42.9	41.8	40.6	39.5
28	51.1	49.9	48.7	47.6	46.4	45.3	44.1	43.0	41.9	40.8
29	52.1	50.9	49.8	48.7	47.5	46.4	45.3	44.2	43.1	42.0
30	53.0	51.9	50.8	49.7	48.6	47.5	46.4	45.3	44.2	43.1
31	53.9	52.8	51.7	50.6	49.5	48.5	47.4	46.3	45.3	44.2
32	54.8	53.7	52.6	51.5	50.5	49.4	48.4	47.3	46.3	45.3
33	55.6	54.5	53.5	52.4	51.4	50.3	49.3	48.3	47.3	46.3
34	56.4	55.3	54.3	53.2	52.2	51.2	50.2	49.2	48.2	47.2
35	57.1	56.1	55.1	54.0	53.0	52.0	51.0	50.1	49.1	48.1
36	57.8	56.8	55.8	54.8	53.8	52.8	51.8	50.9	49.9	49.0
37	58.5	57.5	56.5	55.5	54.5	53.6	52.6	51.7	50.7	49.8
38	59.1	58.1	57.2	56.2	55.2	54.3	53.3	52.4	51.5	50.6
39	59.7	58.8	57.8	56.9	55.9	55.0	54.0	53.1	52.2	51.3
40	60.3	59.4	58.4	57.5	56.6	55.6	54.7	53.8	52.9	52.0
41	60.9	59.9	59.0	58.1	57.2	56.3	55.4	54.5	53.6	52.7
42	61.4	60.5	59.6	58.7	57.8	56.9	56.0	55.1	54.2	53.3
43	61.9	61.0	60.1	59.2	58.3	57.4	56.6	55.7	54.8	54.0
44	62.4	61.5	60.6	59.8	58.9	58.0	57.1	56.3	55.4	54.6
45	62.9	62.0	61.1	60.3	59.4	58.5	57.7	56.8	56.0	55.2
46	63.4	62.5	61.6	60.8	59.9	59.1	58.2	57.4	56.5	55.7
47	63.8	63.0	62.1	61.2	60.4	59.5	58.7	57.9	57.1	56.2
48	64.2	63.4	62.5	61.7	60.9	60.0	59.2	58.4	57.6	56.8
49	64.7	63.8	63.0	62.1	61.3	60.5	59.7	58.9	58.1	57.3
50	65.1	64.2	63.4	62.6	61.7	60.9	60.1	59.3	58.5	57.7
51	65.4	64.6	63.8	63.0	62.2	61.4	60.6	59.8	59.0	58.2
52	65.8	65.0	64.2	63.4	62.6	61.8	61.0	60.2	59.4	58.7
53	66.2	65.4	64.6	63.8	63.0	62.2	61.4	60.6	59.8	59.1
54	66.5	65.7	64.9	64.1	63.3	62.6	61.8	61.0	60.3	59.5
55	66.9	66.1	65.3	64.5	63.7	62.9	62.2	61.4	60.7	59.9
56	67.2	66.4	65.6	64.8	64.1	63.3	62.6	61.8	61.0	60.3
57	67.5	66.7	66.0	65.2	64.4	63.7	62.9	62.2	61.4	60.7

表 2c（续）

$t-t_w$ / t	7.2	7.4	7.6	7.8	8.0	8.2	8.4	8.6	8.8	9.0
58	67.8	67.1	66.3	65.5	64.8	64.0	63.3	62.5	61.8	61.1
59	68.1	67.4	66.6	65.8	65.1	64.3	63.6	62.9	62.1	61.4
60	68.4	67.7	66.9	66.2	65.4	64.7	63.9	63.2	62.5	61.8
61	68.7	68.0	67.2	66.5	65.7	65.0	64.3	63.5	62.8	62.1
62	69.0	68.2	67.5	66.8	66.0	65.3	64.6	63.9	63.2	62.5
63	69.3	68.5	67.8	67.1	66.3	65.6	64.9	64.2	63.5	62.8
64	69.5	68.8	68.1	67.3	66.6	65.9	65.2	64.5	63.8	63.1
65	69.8	69.1	68.3	67.6	66.9	66.2	65.5	64.8	64.1	63.4
66	70.0	69.3	68.6	67.9	67.2	66.5	65.8	65.1	64.4	63.7
67	70.3	69.6	68.9	68.1	67.4	66.7	66.0	65.4	64.7	64.0
68	70.5	69.8	69.1	68.4	67.7	67.0	66.3	65.6	65.0	64.3
69	70.8	70.1	69.4	68.7	68.0	67.3	66.6	65.9	65.2	64.6
70	71.0	70.3	69.6	68.9	68.2	67.5	66.9	66.2	65.5	64.8
71	71.2	70.5	69.8	69.1	68.5	67.8	67.1	66.4	65.8	65.1
72	71.5	70.8	70.1	69.4	68.7	68.0	67.4	66.7	66.0	65.4
73	71.7	71.0	70.3	69.6	68.9	68.3	67.6	66.9	66.3	65.6
74	71.9	71.2	70.5	69.8	69.2	68.5	67.8	67.2	66.5	65.9
75	72.1	71.4	70.7	70.1	69.4	68.7	68.1	67.4	66.8	66.1
76	72.3	71.6	71.0	70.3	69.6	69.0	68.3	67.7	67.0	66.4
77	72.5	71.8	71.2	70.5	69.8	69.2	68.5	67.9	67.3	66.6
78	72.7	72.0	71.4	70.7	70.1	69.4	68.8	68.1	67.5	66.9
79	72.9	72.2	71.6	70.9	70.3	69.6	69.0	68.3	67.7	67.1
80	73.1	72.4	71.8	71.1	70.5	69.8	69.2	68.6	67.9	67.3
81	73.3	72.6	72.0	71.3	70.7	70.0	69.4	68.8	68.2	67.5
82	73.5	72.8	72.2	71.5	70.9	70.3	69.6	69.0	68.4	67.8
83	73.6	73.0	72.4	71.7	71.1	70.5	69.8	69.2	68.6	68.0
84	73.8	73.2	72.5	71.9	71.3	70.7	70.0	69.4	68.8	68.2
85	74.0	73.4	72.7	72.1	71.5	70.8	70.2	69.6	69.0	68.4
86	74.2	73.5	72.9	72.3	71.7	71.0	70.4	69.8	69.2	68.6
87	74.3	73.7	73.1	72.5	71.8	71.2	70.6	70.0	69.4	68.8
88	74.5	73.9	73.3	72.6	72.0	71.4	70.8	70.2	69.6	69.0
89	74.7	74.1	73.4	72.8	72.2	71.6	71.0	70.4	69.8	69.2
90	74.8	74.2	73.6	73.0	72.4	71.8	71.2	70.6	70.0	69.4
91	75.0	74.4	73.8	73.2	72.6	72.0	71.4	70.8	70.2	69.6
92	75.2	74.6	73.9	73.3	72.7	72.1	71.5	71.0	70.4	69.8
93	75.3	74.7	74.1	73.5	72.9	72.3	71.7	71.1	70.6	70.0
94	75.5	74.9	74.3	73.7	73.1	72.5	71.9	71.3	70.7	70.2
95	75.6	75.0	74.4	73.8	73.2	72.7	72.1	71.5	70.9	70.3
96	75.8	75.2	74.6	74.0	73.4	72.8	72.2	71.7	71.1	70.5
97	75.9	75.3	74.7	74.2	73.6	73.0	72.4	71.8	71.3	70.7
98	76.1	75.5	74.9	74.3	73.7	73.2	72.6	72.0	71.4	70.9
99	76.2	75.6	75.1	74.5	73.9	73.3	72.7	72.2	71.6	71.0
100	76.4	75.8	75.2	74.6	74.0	73.5	72.9	72.3	71.8	71.2

表 2c（续）

t \ $t-t_w$	9.2	9.4	9.6	9.8	10.0	10.2	10.4	10.6	10.8	11.0
15	14.8	13.2	11.6	10.0	8.4	6.9	5.3	3.8	2.2	0.7
16	17.5	15.9	14.4	12.9	11.4	9.8	8.3	6.9	5.4	3.9
17	20.0	18.5	17.0	15.6	14.1	12.6	11.2	9.8	8.3	6.9
18	22.4	20.9	19.5	18.1	16.7	15.3	13.9	12.5	11.1	9.7
19	24.6	23.2	21.8	20.5	19.1	17.7	16.4	15.0	13.7	12.3
20	26.7	25.4	24.0	22.7	21.3	20.0	18.7	17.4	16.1	14.8
21	28.7	27.4	26.1	24.8	23.5	22.2	20.9	19.7	18.4	17.1
22	30.5	29.3	28.0	26.7	25.5	24.2	23.0	21.8	20.5	19.3
23	32.3	31.0	29.8	28.6	27.4	26.2	24.9	23.8	22.6	21.4
24	33.9	32.7	31.5	30.3	29.1	28.0	26.8	25.6	24.5	23.3
25	35.5	34.3	33.1	32.0	30.8	29.7	28.5	27.4	26.3	25.2
26	37.0	35.8	34.7	33.5	32.4	31.3	30.2	29.1	28.0	26.9
27	38.4	37.2	36.1	35.0	33.9	32.8	31.7	30.6	29.6	28.5
28	39.7	38.6	37.5	36.4	35.3	34.2	33.2	32.1	31.1	30.0
29	40.9	39.8	38.8	37.7	36.7	35.6	34.6	33.5	32.5	31.5
30	42.1	41.0	40.0	39.0	37.9	36.9	35.9	34.9	33.9	32.9
31	43.2	42.2	41.1	40.1	39.1	38.1	37.1	36.1	35.2	34.2
32	44.3	43.3	42.2	41.3	40.3	39.3	38.3	37.3	36.4	35.4
33	45.3	44.3	43.3	42.3	41.4	40.4	39.4	38.5	37.5	36.6
34	46.2	45.3	44.3	43.3	42.4	41.4	40.5	39.6	38.7	37.7
35	47.1	46.2	45.2	44.3	43.4	42.4	41.5	40.6	39.7	38.8
36	48.0	47.1	46.1	45.2	44.3	43.4	42.5	41.6	40.7	39.8
37	48.8	47.9	47.0	46.1	45.2	44.3	43.4	42.5	41.7	40.8
38	49.6	48.7	47.8	46.9	46.0	45.2	44.3	43.4	42.6	41.7
39	50.4	49.5	48.6	47.7	46.9	46.0	45.1	44.3	43.4	42.6
40	51.1	50.2	49.4	48.5	47.6	46.8	45.9	45.1	44.3	43.4
41	51.8	50.9	50.1	49.2	48.4	47.5	46.7	45.9	45.1	44.2
42	52.5	51.6	50.8	49.9	49.1	48.3	47.4	46.6	45.8	45.0
43	53.1	52.3	51.4	50.6	49.8	49.0	48.2	47.3	46.5	45.8
44	53.7	52.9	52.1	51.3	50.4	49.6	48.8	48.0	47.2	46.5
45	54.3	53.5	52.7	51.9	51.1	50.3	49.5	48.7	47.9	47.1
46	54.9	54.1	53.3	52.5	51.7	50.9	50.1	49.3	48.6	47.8
47	55.4	54.6	53.8	53.0	52.3	51.5	50.7	49.9	49.2	48.4
48	56.0	55.2	54.4	53.6	52.8	52.1	51.3	50.5	49.8	49.0
49	56.5	55.7	54.9	54.1	53.4	52.6	51.8	51.1	50.4	49.6
50	57.0	56.2	55.4	54.6	53.9	53.1	52.4	51.6	50.9	50.2
51	57.4	56.7	55.9	55.1	54.4	53.6	52.9	52.2	51.4	50.7
52	57.9	57.1	56.4	55.6	54.9	54.1	53.4	52.7	52.0	51.3
53	58.3	57.6	56.8	56.1	55.4	54.6	53.9	53.2	52.5	51.8
54	58.8	58.0	57.3	56.5	55.8	55.1	54.4	53.7	53.0	52.2
55	59.2	58.4	57.7	57.0	56.2	55.5	54.8	54.1	53.4	52.7
56	59.6	58.8	58.1	57.4	56.7	56.0	55.3	54.6	53.9	53.2
57	60.0	59.2	58.5	57.8	57.1	56.4	55.7	55.0	54.3	53.6

表 2c（续）

t \ $t-t_w$	9.2	9.4	9.6	9.8	10.0	10.2	10.4	10.6	10.8	11.0
58	60.3	59.6	58.9	58.2	57.5	56.8	56.1	55.4	54.7	54.1
59	60.7	60.0	59.3	58.6	57.9	57.2	56.5	55.8	55.2	54.5
60	61.1	60.4	59.7	59.0	58.3	57.6	56.9	56.2	55.6	54.9
61	61.4	60.7	60.0	59.3	58.6	58.0	57.3	56.6	56.0	55.3
62	61.8	61.1	60.4	59.7	59.0	58.3	57.7	57.0	56.3	55.7
63	62.1	61.4	60.7	60.0	59.4	58.7	58.0	57.4	56.7	56.1
64	62.4	61.7	61.0	60.4	59.7	59.0	58.4	57.7	57.1	56.4
65	62.7	62.0	61.4	60.7	60.0	59.4	58.7	58.1	57.4	56.8
66	63.0	62.4	61.7	61.0	60.4	59.7	59.1	58.4	57.8	57.1
67	63.3	62.7	62.0	61.3	60.7	60.0	59.4	58.7	58.1	57.5
68	63.6	63.0	62.3	61.6	61.0	60.3	59.7	59.1	58.4	57.8
69	63.9	63.2	62.6	61.9	61.3	60.7	60.0	59.4	58.8	58.1
70	64.2	63.5	62.9	62.2	61.6	61.0	60.3	59.7	59.1	58.5
71	64.5	63.8	63.2	62.5	61.9	61.3	60.6	60.0	59.4	58.8
72	64.7	64.1	63.4	62.8	62.2	61.5	60.9	60.3	59.7	59.1
73	65.0	64.3	63.7	63.1	62.4	61.8	61.2	60.6	60.0	59.4
74	65.2	64.6	64.0	63.3	62.7	62.1	61.5	60.9	60.3	59.7
75	65.5	64.9	64.2	63.6	63.0	62.4	61.8	61.2	60.6	60.0
76	65.7	65.1	64.5	63.9	63.3	62.6	62.0	61.4	60.8	60.2
77	66.0	65.4	64.7	64.1	63.5	62.9	62.3	61.7	61.1	60.5
78	66.2	65.6	65.0	64.4	63.8	63.2	62.6	62.0	61.4	60.8
79	66.5	65.8	65.2	64.6	64.0	63.4	62.8	62.2	61.6	61.1
80	66.7	66.1	65.5	64.9	64.3	63.7	63.1	62.5	61.9	61.3
81	66.9	66.3	65.7	65.1	64.5	63.9	63.3	62.7	62.2	61.6
82	67.2	66.5	65.9	65.3	64.7	64.2	63.6	63.0	62.4	61.8
83	67.4	66.8	66.2	65.6	65.0	64.4	63.8	63.2	62.7	62.1
84	67.6	67.0	66.4	65.8	65.2	64.6	64.0	63.5	62.9	62.3
85	67.8	67.2	66.6	66.0	65.4	64.9	64.3	63.7	63.1	62.6
86	68.0	67.4	66.8	66.2	65.7	65.1	64.5	63.9	63.4	62.8
87	68.2	67.6	67.0	66.5	65.9	65.3	64.7	64.2	63.6	63.0
88	68.4	67.8	67.2	66.7	66.1	65.5	65.0	64.4	63.8	63.3
89	68.6	68.0	67.5	66.9	66.3	65.7	65.2	64.6	64.1	63.5
90	68.8	68.2	67.7	67.1	66.5	66.0	65.4	64.8	64.3	63.7
91	69.0	68.4	67.9	67.3	66.7	66.2	65.6	65.0	64.5	63.9
92	69.2	68.6	68.1	67.5	66.9	66.4	65.8	65.3	64.7	64.2
93	69.4	68.8	68.3	67.7	67.1	66.6	66.0	65.5	64.9	64.4
94	69.6	69.0	68.5	67.9	67.3	66.8	66.2	65.7	65.1	64.6
95	69.8	69.2	68.6	68.1	67.5	67.0	66.4	65.9	65.3	64.8
96	70.0	69.4	68.8	68.3	67.7	67.2	66.6	66.1	65.5	65.0
97	70.1	69.6	69.0	68.5	67.9	67.4	66.8	66.3	65.8	65.2
98	70.3	69.8	69.2	68.7	68.1	67.6	67.0	66.5	66.0	65.4
99	70.5	69.9	69.4	68.8	68.3	67.8	67.2	66.7	66.1	65.6
100	70.7	70.1	69.6	69.0	68.5	67.9	67.4	66.9	66.3	65.8

表 2c（续）

$t-t_w$ / t	11.5	12.0	12.5	13.5	13.5	14.0	14.5	15.0	15.5	16.0
15										
16	0.2									
17	3.4									
18	6.3	2.9								
19	9.0	5.8	2.6							
20	11.6	8.5	5.4	2.3						
21	14.0	11.0	8.0	5.0	2.1					
22	16.3	13.4	10.5	7.6	4.8	2.0				
23	18.5	15.6	12.8	10.0	7.2	4.5	1.9			
24	20.5	17.7	14.9	12.2	9.6	7.0	4.4	1.8		
25	22.4	19.7	17.0	14.4	11.8	9.2	6.7	4.3	1.8	
26	24.2	21.5	18.9	16.4	13.8	11.4	8.9	6.5	4.2	1.8
27	25.9	23.3	20.8	18.3	15.8	13.4	11.0	8.7	6.4	4.1
28	27.5	25.0	22.5	20.0	17.6	15.3	13.0	10.7	8.5	6.3
29	29.0	26.5	24.1	21.7	19.4	17.1	14.8	12.6	10.4	8.3
30	30.4	28.0	25.7	23.3	21.0	18.8	16.6	14.4	12.3	10.2
31	31.8	29.4	27.1	24.8	22.6	20.4	18.3	16.1	14.0	12.0
32	33.1	30.8	28.5	26.3	24.1	21.9	19.8	17.8	15.7	13.7
33	34.3	32.0	29.8	27.6	25.5	23.4	21.3	19.3	17.3	15.3
34	35.5	33.3	31.1	28.9	26.8	24.8	22.7	20.8	18.8	16.9
35	36.6	34.4	32.3	30.2	28.1	26.1	24.1	22.1	20.2	18.3
36	37.6	35.5	33.4	31.3	29.3	27.3	25.4	23.5	21.6	19.7
37	38.6	36.5	34.5	32.4	30.5	28.5	26.6	24.7	22.9	21.0
38	39.6	37.5	35.5	33.5	31.6	29.6	27.7	25.9	24.1	22.3
39	40.5	38.5	36.5	34.5	32.6	30.7	28.9	27.0	25.3	23.5
40	41.4	39.4	37.4	35.5	33.6	31.7	29.9	28.1	26.4	24.6
41	42.2	40.2	38.3	36.4	34.5	32.7	30.9	29.2	27.4	25.7
42	43.0	41.1	39.2	37.3	35.5	33.7	31.9	30.1	28.4	26.8
43	43.8	41.9	40.0	38.1	36.3	34.5	32.8	31.1	29.4	27.8
44	44.5	42.6	40.8	39.0	37.2	35.4	33.7	32.0	30.3	28.7
45	45.2	43.4	41.5	39.7	38.0	36.2	34.5	32.9	31.2	29.6
46	45.9	44.1	42.3	40.5	38.7	37.0	35.3	33.7	32.1	30.5
47	46.6	44.7	43.0	41.2	39.5	37.8	36.1	34.5	32.9	31.3
48	47.2	45.4	43.6	41.9	40.2	38.5	36.9	35.3	33.7	32.1
49	47.8	46.0	44.3	42.5	40.9	39.2	37.6	36.0	34.5	32.9
50	48.4	46.6	44.9	43.2	41.5	39.9	38.3	36.7	35.2	33.7
51	48.9	47.2	45.5	43.8	42.2	40.5	39.0	37.4	35.9	34.4
52	49.5	47.8	46.1	44.4	42.8	41.2	39.6	38.1	36.6	35.1
53	50.0	48.3	46.6	45.0	43.4	41.8	40.2	38.7	37.2	35.7
54	50.5	48.8	47.2	45.5	43.9	42.4	40.8	39.3	37.8	36.4
55	51.0	49.3	47.7	46.1	44.5	42.9	41.4	39.9	38.5	37.0
56	51.5	49.8	48.2	46.6	45.0	43.5	42.0	40.5	39.0	37.6
57	52.0	50.3	48.7	47.1	45.5	44.0	42.5	41.0	39.6	38.2

表 2c（续）

$t-t_w$ / t	11.5	12.0	12.5	13.5	13.5	14.0	14.5	15.0	15.5	16.0
58	52.4	50.8	49.2	47.6	46.0	44.5	43.0	41.6	40.2	38.8
59	52.8	51.2	49.6	48.1	46.5	45.0	43.6	42.1	40.7	39.3
60	53.3	51.7	50.1	48.5	47.0	45.5	44.1	42.6	41.2	39.8
61	53.7	52.1	50.5	49.0	47.5	46.0	44.5	43.1	41.7	40.4
62	54.1	52.5	50.9	49.4	47.9	46.4	45.0	43.6	42.2	40.9
63	54.5	52.9	51.3	49.8	48.3	46.9	45.5	44.1	42.7	41.3
64	54.8	53.3	51.7	50.2	48.8	47.3	45.9	44.5	43.2	41.8
65	55.2	53.7	52.1	50.6	49.2	47.8	46.3	45.0	43.6	42.3
66	55.6	54.0	52.5	51.0	49.6	48.2	46.8	45.4	44.0	42.7
67	55.9	54.4	52.9	51.4	50.0	48.6	47.2	45.8	44.5	43.2
68	56.3	54.8	53.3	51.8	50.4	49.0	47.6	46.2	44.9	43.6
69	56.6	55.1	53.6	52.2	50.7	49.3	48.0	46.6	45.3	44.0
70	56.9	55.4	54.0	52.5	51.1	49.7	48.4	47.0	45.7	44.4
71	57.3	55.8	54.3	52.9	51.5	50.1	48.7	47.4	46.1	44.8
72	57.6	56.1	54.6	53.2	51.8	50.4	49.1	47.8	46.5	45.2
73	57.9	56.4	55.0	53.6	52.2	50.8	49.5	48.1	46.8	45.6
74	58.2	56.7	55.3	53.9	52.5	51.1	49.8	48.5	47.2	45.9
75	58.5	57.0	55.6	54.2	52.8	51.5	50.1	48.8	47.6	46.3
76	58.8	57.3	55.9	54.5	53.1	51.8	50.5	49.2	47.9	46.7
77	59.1	57.6	56.2	54.8	53.5	52.1	50.8	49.5	48.3	47.0
78	59.3	57.9	56.5	55.1	53.8	52.4	51.1	49.9	48.6	47.4
79	59.6	58.2	56.8	55.4	54.1	52.8	51.5	50.2	48.9	47.7
80	59.9	58.5	57.1	55.7	54.4	53.1	51.8	50.5	49.3	48.0
81	60.1	58.7	57.4	56.0	54.7	53.4	52.1	50.8	49.6	48.4
82	60.4	59.0	57.6	56.3	55.0	53.7	52.4	51.1	49.9	48.7
83	60.7	59.3	57.9	56.6	55.3	54.0	52.7	51.4	50.2	49.0
84	60.9	59.5	58.2	56.8	55.5	54.2	53.0	51.7	50.5	49.3
85	61.2	59.8	58.4	57.1	55.8	54.5	53.3	52.0	50.8	49.6
86	61.4	60.0	58.7	57.4	56.1	54.8	53.6	52.3	51.1	49.9
87	61.7	60.3	59.0	57.6	56.4	55.1	53.8	52.6	51.4	50.2
88	61.9	60.5	59.2	57.9	56.6	55.3	54.1	52.9	51.7	50.5
89	62.1	60.8	59.5	58.2	56.9	55.6	54.4	53.2	52.0	50.8
90	62.4	61.0	59.7	58.4	57.1	55.9	54.6	53.4	52.2	51.1
91	62.6	61.3	59.9	58.7	57.4	56.1	54.9	53.7	52.5	51.3
92	62.8	61.5	60.2	58.9	57.6	56.4	55.2	54.0	52.8	51.6
93	63.0	61.7	60.4	59.1	57.9	56.6	55.4	54.2	53.1	51.9
94	63.3	61.9	60.6	59.4	58.1	56.9	55.7	54.5	53.3	52.2
95	63.5	62.2	60.9	59.6	58.4	57.1	55.9	54.7	53.6	52.4
96	63.7	62.4	61.1	59.8	58.6	57.4	56.2	55.0	53.8	52.7
97	63.9	62.6	61.3	60.1	58.8	57.6	56.4	55.2	54.1	52.9
98	64.1	62.8	61.5	60.3	59.1	57.9	56.7	55.5	54.3	53.2
99	64.3	63.0	61.8	60.5	59.3	58.1	56.9	55.7	54.6	53.5
100	64.5	63.2	62.0	60.7	59.5	58.3	57.1	56.0	54.8	53.7

表 3a₁ 球状水银温度表相对湿度查算表

$P=100$ kPa, $A=0.857\times10^{-3}$ ℃$^{-1}$(0.4 m/s)

t \ $t-t_w$	0.0	0.1	0.2	0.3	0.4	0.5	0.6	0.7	0.8	0.9	1.0
15	100.0	98.9	97.7	96.6	95.4	94.3	93.2	92.1	90.9	89.8	88.7
16	100.0	98.9	97.8	96.7	95.6	94.5	93.4	92.3	91.2	90.1	89.1
17	100.0	98.9	97.9	96.8	95.7	94.7	93.6	92.5	91.5	90.5	89.4
18	100.0	99.0	97.9	96.9	95.8	94.8	93.8	92.8	91.8	90.7	89.7
19	100.0	99.0	98.0	97.0	96.0	95.0	94.0	93.0	92.0	91.0	90.0
20	100.0	99.0	98.0	97.1	96.1	95.1	94.1	93.2	92.2	91.3	90.3
21	100.0	99.0	98.1	97.1	96.2	95.2	94.3	93.4	92.4	91.5	90.6
22	100.0	99.1	98.1	97.2	96.3	95.4	94.5	93.5	92.6	91.7	90.8
23	100.0	99.1	98.2	97.3	96.4	95.5	94.6	93.7	92.8	91.9	91.1
24	100.0	99.1	98.2	97.4	96.5	95.6	94.7	93.9	93.0	92.1	91.3
25	100.0	99.1	98.3	97.4	96.6	95.7	94.9	94.0	93.2	92.3	91.5
26	100.0	99.2	98.3	97.5	96.6	95.8	95.0	94.1	93.3	92.5	91.7
27	100.0	99.2	98.4	97.5	96.7	95.9	95.1	94.3	93.5	92.7	91.9
28	100.0	99.2	98.4	97.6	96.8	96.0	95.2	94.4	93.6	92.8	92.1
29	100.0	99.2	98.4	97.6	96.9	96.1	95.3	94.5	93.8	93.0	92.2
30	100.0	99.2	98.5	97.7	96.9	96.2	95.4	94.6	93.9	93.1	92.4
31	100.0	99.2	98.5	97.7	97.0	96.2	95.5	94.7	94.0	93.3	92.5
32	100.0	99.3	98.5	97.8	97.0	96.3	95.6	94.8	94.1	93.4	92.7
33	100.0	99.3	98.5	97.8	97.1	96.4	95.7	94.9	94.2	93.5	92.8
34	100.0	99.3	98.6	97.9	97.1	96.4	95.7	95.0	94.3	93.6	93.0
35	100.0	99.3	98.6	97.9	97.2	96.5	95.8	95.1	94.4	93.8	93.1
36	100.0	99.3	98.6	97.9	97.2	96.6	95.9	95.2	94.5	93.9	93.2
37	100.0	99.3	98.6	98.0	97.3	96.6	96.0	95.3	94.6	94.0	93.3
38	100.0	99.3	98.7	98.0	97.3	96.7	96.0	95.4	94.7	94.1	93.4
39	100.0	99.3	98.7	98.0	97.4	96.7	96.1	95.4	94.8	94.2	93.5
40	100.0	99.4	98.7	98.1	97.4	96.8	96.1	95.5	94.9	94.3	93.6
41	100.0	99.4	98.7	98.1	97.5	96.8	96.2	95.6	95.0	94.3	93.7
42	100.0	99.4	98.7	98.1	97.5	96.9	96.3	95.6	95.0	94.4	93.8
43	100.0	99.4	98.8	98.1	97.5	96.9	96.3	95.7	95.1	94.5	93.9
44	100.0	99.4	98.8	98.2	97.6	97.0	96.4	95.8	95.2	94.6	94.0
45	100.0	99.4	98.8	98.2	97.6	97.0	96.4	95.8	95.2	94.7	94.1
46	100.0	99.4	98.8	98.2	97.6	97.1	96.5	95.9	95.3	94.7	94.2
47	100.0	99.4	98.8	98.2	97.7	97.1	96.5	95.9	95.4	94.8	94.2
48	100.0	99.4	98.8	98.3	97.7	97.1	96.6	96.0	95.4	94.9	94.3
49	100.0	99.4	98.9	98.3	97.7	97.2	96.6	96.0	95.5	94.9	94.4
50	100.0	99.4	98.9	98.3	97.8	97.2	96.6	96.1	95.5	95.0	94.4
51	100.0	99.4	98.9	98.3	97.8	97.2	96.7	96.1	95.6	95.1	94.5
52	100.0	99.4	98.9	98.4	97.8	97.3	96.7	96.2	95.6	95.1	94.6
53	100.0	99.5	98.9	98.4	97.8	97.3	96.8	96.2	95.7	95.2	94.6
54	100.0	99.5	98.9	98.4	97.9	97.3	96.8	96.3	95.7	95.2	94.7
55	100.0	99.5	98.9	98.4	97.9	97.4	96.8	96.3	95.8	95.3	94.8
56	100.0	99.5	98.9	98.4	97.9	97.4	96.9	96.4	95.8	95.3	94.8
57	100.0	99.5	99.0	98.4	97.9	97.4	96.9	96.4	95.9	95.4	94.9

表 $3a_1$（续）

$t-t_w$ / t	0.0	0.1	0.2	0.3	0.4	0.5	0.6	0.7	0.8	0.9	1.0
58	100.0	99.5	99.0	98.5	97.9	97.4	96.9	96.4	95.9	95.4	94.9
59	100.0	99.5	99.0	98.5	98.0	97.5	97.0	96.5	96.0	95.5	95.0
60	100.0	99.5	99.0	98.5	98.0	97.5	97.0	96.5	96.0	95.5	95.0
61	100.0	99.5	99.0	98.5	98.0	97.5	97.0	96.5	96.1	95.6	95.1
62	100.0	99.5	99.0	98.5	98.0	97.5	97.1	96.6	96.1	95.6	95.1
63	100.0	99.5	99.0	98.5	98.1	97.6	97.1	96.6	96.1	95.7	95.2
64	100.0	99.5	99.0	98.5	98.1	97.6	97.1	96.6	96.2	95.7	95.2
65	100.0	99.5	99.0	98.6	98.1	97.6	97.1	96.7	96.2	95.7	95.3
66	100.0	99.5	99.0	98.6	98.1	97.6	97.2	96.7	96.2	95.8	95.3
67	100.0	99.5	99.1	98.6	98.1	97.7	97.2	96.7	96.3	95.8	95.4
68	100.0	99.5	99.1	98.6	98.1	97.7	97.2	96.8	96.3	95.9	95.4
69	100.0	99.5	99.1	98.6	98.2	97.7	97.2	96.8	96.3	95.9	95.4
70	100.0	99.5	99.1	98.6	98.2	97.7	97.3	96.8	96.4	95.9	95.5
71	100.0	99.5	99.1	98.6	98.2	97.7	97.3	96.8	96.4	96.0	95.5
72	100.0	99.5	99.1	98.7	98.2	97.8	97.3	96.9	96.4	96.0	95.6
73	100.0	99.6	99.1	98.7	98.2	97.8	97.3	96.9	96.5	96.0	95.6
74	100.0	99.6	99.1	98.7	98.2	97.8	97.4	96.9	96.5	96.1	95.6
75	100.0	99.6	99.1	98.7	98.2	97.8	97.4	97.0	96.5	96.1	95.7
76	100.0	99.6	99.1	98.7	98.3	97.8	97.4	97.0	96.6	96.1	95.7
77	100.0	99.6	99.1	98.7	98.3	97.9	97.4	97.0	96.6	96.2	95.7
78	100.0	99.6	99.1	98.7	98.3	97.9	97.4	97.0	96.6	96.2	95.8
79	100.0	99.6	99.1	98.7	98.3	97.9	97.5	97.0	96.6	96.2	95.8
80	100.0	99.6	99.2	98.7	98.3	97.9	97.5	97.1	96.7	96.2	95.8
81	100.0	99.6	99.2	98.7	98.3	97.9	97.5	97.1	96.7	96.3	95.9
82	100.0	99.6	99.2	98.8	98.3	97.9	97.5	97.1	96.7	96.3	95.9
83	100.0	99.6	99.2	98.8	98.4	98.0	97.5	97.1	96.7	96.3	95.9
84	100.0	99.6	99.2	98.8	98.4	98.0	97.6	97.2	96.8	96.4	96.0
85	100.0	99.6	99.2	98.8	98.4	98.0	97.6	97.2	96.8	96.4	96.0
86	100.0	99.6	99.2	98.8	98.4	98.0	97.6	97.2	96.8	96.4	96.0
87	100.0	99.6	99.2	98.8	98.4	98.0	97.6	97.2	96.8	96.4	96.1
88	100.0	99.6	99.2	98.8	98.4	98.0	97.6	97.2	96.9	96.5	96.1
89	100.0	99.6	99.2	98.8	98.4	98.0	97.7	97.3	96.9	96.5	96.1
90	100.0	99.6	99.2	98.8	98.4	98.1	97.7	97.3	96.9	96.5	96.1
91	100.0	99.6	99.2	98.8	98.5	98.1	97.7	97.3	96.9	96.5	96.2
92	100.0	99.6	99.2	98.8	98.5	98.1	97.7	97.3	96.9	96.6	96.2
93	100.0	99.6	99.2	98.9	98.5	98.1	97.7	97.3	97.0	96.6	96.2
94	100.0	99.6	99.2	98.9	98.5	98.1	97.7	97.4	97.0	96.6	96.2
95	100.0	99.6	99.2	98.9	98.5	98.1	97.8	97.4	97.0	96.6	96.3
96	100.0	99.6	99.3	98.9	98.5	98.1	97.8	97.4	97.0	96.7	96.3
97	100.0	99.6	99.3	98.9	98.5	98.1	97.8	97.4	97.1	96.7	96.3
98	100.0	99.6	99.3	98.9	98.5	98.2	97.8	97.4	97.1	96.7	96.3
99	100.0	99.6	99.3	98.9	98.5	98.2	97.8	97.5	97.1	96.7	96.4
100	100.0	99.6	99.3	98.9	98.5	98.2	97.8	97.5	97.1	96.8	96.4

表 $3a_1$（续）

$t-t_w$ / t	1.1	1.2	1.3	1.4	1.5	1.6	1.7	1.8	1.9	2.0
15	87.6	86.5	85.4	84.3	83.2	82.1	81.0	79.9	78.8	77.8
16	88.0	86.9	85.9	84.8	83.7	82.7	81.6	80.6	79.5	78.5
17	88.4	87.3	86.3	85.3	84.2	83.2	82.2	81.2	80.2	79.2
18	88.7	87.7	86.7	85.7	84.7	83.7	82.7	81.7	80.8	79.8
19	89.0	88.1	87.1	86.1	85.2	84.2	83.2	82.3	81.3	80.4
20	89.4	88.4	87.5	86.5	85.6	84.6	83.7	82.8	81.9	80.9
21	89.6	88.7	87.8	86.9	86.0	85.1	84.2	83.3	82.4	81.5
22	89.9	89.0	88.1	87.2	86.3	85.5	84.6	83.7	82.8	81.9
23	90.2	89.3	88.4	87.6	86.7	85.8	85.0	84.1	83.3	82.4
24	90.4	89.6	88.7	87.9	87.0	86.2	85.3	84.5	83.7	82.9
25	90.7	89.8	89.0	88.2	87.3	86.5	85.7	84.9	84.1	83.3
26	90.9	90.1	89.2	88.4	87.6	86.8	86.0	85.2	84.5	83.7
27	91.1	90.3	89.5	88.7	87.9	87.1	86.4	85.6	84.8	84.0
28	91.3	90.5	89.7	89.0	88.2	87.4	86.7	85.9	85.1	84.4
29	91.5	90.7	89.9	89.2	88.4	87.7	86.9	86.2	85.5	84.7
30	91.6	90.9	90.1	89.4	88.7	87.9	87.2	86.5	85.8	85.0
31	91.8	91.1	90.3	89.6	88.9	88.2	87.5	86.8	86.0	85.3
32	92.0	91.2	90.5	89.8	89.1	88.4	87.7	87.0	86.3	85.6
33	92.1	91.4	90.7	90.0	89.3	88.6	87.9	87.3	86.6	85.9
34	92.3	91.6	90.9	90.2	89.5	88.8	88.2	87.5	86.8	86.2
35	92.4	91.7	91.0	90.4	89.7	89.0	88.4	87.7	87.1	86.4
36	92.5	91.9	91.2	90.5	89.9	89.2	88.6	87.9	87.3	86.6
37	92.7	92.0	91.4	90.7	90.1	89.4	88.8	88.1	87.5	86.9
38	92.8	92.1	91.5	90.9	90.2	89.6	89.0	88.3	87.7	87.1
39	92.9	92.3	91.6	91.0	90.4	89.8	89.1	88.5	87.9	87.3
40	93.0	92.4	91.8	91.1	90.5	89.9	89.3	88.7	88.1	87.5
41	93.1	92.5	91.9	91.3	90.7	90.1	89.5	88.9	88.3	87.7
42	93.2	92.6	92.0	91.4	90.8	90.2	89.6	89.0	88.5	87.9
43	93.3	92.7	92.1	91.5	90.9	90.4	89.8	89.2	88.6	88.0
44	93.4	92.8	92.2	91.7	91.1	90.5	89.9	89.3	88.8	88.2
45	93.5	92.9	92.3	91.8	91.2	90.6	90.1	89.5	88.9	88.4
46	93.6	93.0	92.4	91.9	91.3	90.8	90.2	89.6	89.1	88.5
47	93.7	93.1	92.5	92.0	91.4	90.9	90.3	89.8	89.2	88.7
48	93.7	93.2	92.6	92.1	91.5	91.0	90.4	89.9	89.4	88.8
49	93.8	93.3	92.7	92.2	91.6	91.1	90.6	90.0	89.5	89.0
50	93.9	93.4	92.8	92.3	91.7	91.2	90.7	90.2	89.6	89.1
51	94.0	93.4	92.9	92.4	91.8	91.3	90.8	90.3	89.7	89.2
52	94.0	93.5	93.0	92.5	91.9	91.4	90.9	90.4	89.9	89.4
53	94.1	93.6	93.1	92.6	92.0	91.5	91.0	90.5	90.0	89.5
54	94.2	93.7	93.2	92.6	92.1	91.6	91.1	90.6	90.1	89.6
55	94.2	93.7	93.2	92.7	92.2	91.7	91.2	90.7	90.2	89.7
56	94.3	93.8	93.3	92.8	92.3	91.8	91.3	90.8	90.3	89.8
57	94.4	93.9	93.4	92.9	92.4	91.9	91.4	90.9	90.4	89.9

表 3a$_1$（续）

t \ $t-t_w$	1.1	1.2	1.3	1.4	1.5	1.6	1.7	1.8	1.9	2.0
58	94.4	93.9	93.4	93.0	92.5	92.0	91.5	91.0	90.5	90.0
59	94.5	94.0	93.5	93.0	92.5	92.1	91.6	91.1	90.6	90.1
60	94.5	94.1	93.6	93.1	92.6	92.1	91.7	91.2	90.7	90.2
61	94.6	94.1	93.6	93.2	92.7	92.2	91.7	91.3	90.8	90.3
62	94.7	94.2	93.7	93.2	92.8	92.3	91.8	91.4	90.9	90.4
63	94.7	94.2	93.8	93.3	92.8	92.4	91.9	91.4	91.0	90.5
64	94.8	94.3	93.8	93.4	92.9	92.4	92.0	91.5	91.1	90.6
65	94.8	94.3	93.9	93.4	93.0	92.5	92.1	91.6	91.2	90.7
66	94.9	94.4	93.9	93.5	93.0	92.6	92.1	91.7	91.2	90.8
67	94.9	94.4	94.0	93.5	93.1	92.6	92.2	91.8	91.3	90.9
68	94.9	94.5	94.0	93.6	93.2	92.7	92.3	91.8	91.4	91.0
69	95.0	94.5	94.1	93.7	93.2	92.8	92.3	91.9	91.5	91.0
70	95.0	94.6	94.2	93.7	93.3	92.8	92.4	92.0	91.5	91.1
71	95.1	94.6	94.2	93.8	93.3	92.9	92.5	92.0	91.6	91.2
72	95.1	94.7	94.3	93.8	93.4	93.0	92.5	92.1	91.7	91.3
73	95.2	94.7	94.3	93.9	93.4	93.0	92.6	92.2	91.8	91.3
74	95.2	94.8	94.3	93.9	93.5	93.1	92.7	92.2	91.8	91.4
75	95.2	94.8	94.4	94.0	93.6	93.1	92.7	92.3	91.9	91.5
76	95.3	94.9	94.4	94.0	93.6	93.2	92.8	92.4	92.0	91.5
77	95.3	94.9	94.5	94.1	93.7	93.2	92.8	92.4	92.0	91.6
78	95.4	94.9	94.5	94.1	93.7	93.3	92.9	92.5	92.1	91.7
79	95.4	95.0	94.6	94.2	93.8	93.4	92.9	92.5	92.1	91.7
80	95.4	95.0	94.6	94.2	93.8	93.4	93.0	92.6	92.2	91.8
81	95.5	95.1	94.7	94.3	93.9	93.5	93.1	92.7	92.3	91.9
82	95.5	95.1	94.7	94.3	93.9	93.5	93.1	92.7	92.3	91.9
83	95.5	95.1	94.7	94.3	93.9	93.6	93.2	92.8	92.4	92.0
84	95.6	95.2	94.8	94.4	94.0	93.6	93.2	92.8	92.4	92.1
85	95.6	95.2	94.8	94.4	94.0	93.7	93.3	92.9	92.5	92.1
86	95.6	95.2	94.9	94.5	94.1	93.7	93.3	92.9	92.6	92.2
87	95.7	95.3	94.9	94.5	94.1	93.7	93.4	93.0	92.6	92.2
88	95.7	95.3	94.9	94.5	94.2	93.8	93.4	93.0	92.7	92.3
89	95.7	95.3	95.0	94.6	94.2	93.8	93.5	93.1	92.7	92.3
90	95.8	95.4	95.0	94.6	94.3	93.9	93.5	93.1	92.8	92.4
91	95.8	95.4	95.0	94.7	94.3	93.9	93.6	93.2	92.8	92.4
92	95.8	95.4	95.1	94.7	94.3	94.0	93.6	93.2	92.9	92.5
93	95.8	95.5	95.1	94.7	94.4	94.0	93.6	93.3	92.9	92.6
94	95.9	95.5	95.1	94.8	94.4	94.0	93.7	93.3	93.0	92.6
95	95.9	95.5	95.2	94.8	94.5	94.1	93.7	93.4	93.0	92.7
96	95.9	95.6	95.2	94.8	94.5	94.1	93.8	93.4	93.1	92.7
97	96.0	95.6	95.2	94.9	94.5	94.2	93.8	93.5	93.1	92.8
98	96.0	95.6	95.3	94.9	94.6	94.2	93.9	93.5	93.2	92.8
99	96.0	95.7	95.3	95.0	94.6	94.2	93.9	93.5	93.2	92.9
100	96.0	95.7	95.3	95.0	94.6	94.3	93.9	93.6	93.2	92.9

表 3a₁(续)

t \ $t-t_w$	2.1	2.2	2.3	2.4	2.5	2.6	2.7	2.8	2.9	3.0
15	76.7	75.6	74.5	73.5	72.4	71.4	70.3	69.3	68.2	67.2
16	77.4	76.4	75.4	74.3	73.3	72.3	71.3	70.2	69.2	68.2
17	78.1	77.1	76.1	75.1	74.1	73.2	72.2	71.2	70.2	69.2
18	78.8	77.8	76.9	75.9	74.9	74.0	73.0	72.1	71.1	70.2
19	79.4	78.5	77.5	76.6	75.7	74.7	73.8	72.9	72.0	71.0
20	80.0	79.1	78.2	77.3	76.4	75.5	74.5	73.7	72.8	71.9
21	80.6	79.7	78.8	77.9	77.0	76.1	75.3	74.4	73.5	72.6
22	81.1	80.2	79.3	78.5	77.6	76.8	75.9	75.1	74.2	73.4
23	81.6	80.7	79.9	79.0	78.2	77.4	76.5	75.7	74.9	74.1
24	82.0	81.2	80.4	79.6	78.7	77.9	77.1	76.3	75.5	74.7
25	82.5	81.7	80.9	80.1	79.3	78.5	77.7	76.9	76.1	75.3
26	82.9	82.1	81.3	80.5	79.8	79.0	78.2	77.4	76.7	75.9
27	83.3	82.5	81.7	81.0	80.2	79.5	78.7	78.0	77.2	76.5
28	83.6	82.9	82.1	81.4	80.7	79.9	79.2	78.4	77.7	77.0
29	84.0	83.3	82.5	81.8	81.1	80.3	79.6	78.9	78.2	77.5
30	84.3	83.6	82.9	82.2	81.5	80.8	80.1	79.4	78.7	78.0
31	84.6	83.9	83.2	82.5	81.8	81.1	80.5	79.8	79.1	78.4
32	84.9	84.2	83.6	82.9	82.2	81.5	80.8	80.2	79.5	78.8
33	85.2	84.5	83.9	83.2	82.5	81.9	81.2	80.5	79.9	79.2
34	85.5	84.8	84.2	83.5	82.9	82.2	81.6	80.9	80.3	79.6
35	85.8	85.1	84.5	83.8	83.2	82.5	81.9	81.2	80.6	80.0
36	86.0	85.4	84.7	84.1	83.5	82.8	82.2	81.6	81.0	80.3
37	86.2	85.6	85.0	84.4	83.7	83.1	82.5	81.9	81.3	80.7
38	86.5	85.8	85.2	84.6	84.0	83.4	82.8	82.2	81.6	81.0
39	86.7	86.1	85.5	84.9	84.3	83.7	83.1	82.5	81.9	81.3
40	86.9	86.3	85.7	85.1	84.5	83.9	83.3	82.7	82.2	81.6
41	87.1	86.5	85.9	85.3	84.7	84.2	83.6	83.0	82.4	81.9
42	87.3	86.7	86.1	85.5	85.0	84.4	83.8	83.3	82.7	82.1
43	87.5	86.9	86.3	85.8	85.2	84.6	84.1	83.5	82.9	82.4
44	87.6	87.1	86.5	86.0	85.4	84.8	84.3	83.7	83.2	82.6
45	87.8	87.3	86.7	86.1	85.6	85.1	84.5	84.0	83.4	82.9
46	88.0	87.4	86.9	86.3	85.8	85.3	84.7	84.2	83.6	83.1
47	88.1	87.6	87.1	86.5	86.0	85.4	84.9	84.4	83.9	83.3
48	88.3	87.8	87.2	86.7	86.2	85.6	85.1	84.6	84.1	83.5
49	88.4	87.9	87.4	86.9	86.3	85.8	85.3	84.8	84.3	83.7
50	88.6	88.1	87.5	87.0	86.5	86.0	85.5	85.0	84.5	83.9
51	88.7	88.2	87.7	87.2	86.7	86.2	85.6	85.1	84.6	84.1
52	88.8	88.3	87.8	87.3	86.8	86.3	85.8	85.3	84.8	84.3
53	89.0	88.5	88.0	87.5	87.0	86.5	86.0	85.5	85.0	84.5
54	89.1	88.6	88.1	87.6	87.1	86.6	86.1	85.6	85.2	84.7
55	89.2	88.7	88.2	87.7	87.3	86.8	86.3	85.8	85.3	84.8
56	89.3	88.8	88.4	87.9	87.4	86.9	86.4	86.0	85.5	85.0
57	89.4	89.0	88.5	88.0	87.5	87.1	86.6	86.1	85.6	85.2

表 3a₁(续)

t \ $t-t_w$	2.1	2.2	2.3	2.4	2.5	2.6	2.7	2.8	2.9	3.0
58	89.6	89.1	88.6	88.1	87.7	87.2	86.7	86.3	85.8	85.3
59	89.7	89.2	88.7	88.3	87.8	87.3	86.9	86.4	85.9	85.5
60	89.8	89.3	88.8	88.4	87.9	87.4	87.0	86.5	86.1	85.6
61	89.9	89.4	88.9	88.5	88.0	87.6	87.1	86.7	86.2	85.8
62	90.0	89.5	89.1	88.6	88.1	87.7	87.2	86.8	86.3	85.9
63	90.1	89.6	89.2	88.7	88.3	87.8	87.4	86.9	86.5	86.0
64	90.2	89.7	89.3	88.8	88.4	87.9	87.5	87.0	86.6	86.2
65	90.3	89.8	89.4	88.9	88.5	88.0	87.6	87.2	86.7	86.3
66	90.3	89.9	89.5	89.0	88.6	88.1	87.7	87.3	86.8	86.4
67	90.4	90.0	89.6	89.1	88.7	88.3	87.8	87.4	87.0	86.5
68	90.5	90.1	89.6	89.2	88.8	88.4	87.9	87.5	87.1	86.7
69	90.6	90.2	89.7	89.3	88.9	88.5	88.0	87.6	87.2	86.8
70	90.7	90.3	89.8	89.4	89.0	88.6	88.1	87.7	87.3	86.9
71	90.8	90.3	89.9	89.5	89.1	88.7	88.2	87.8	87.4	87.0
72	90.8	90.4	90.0	89.6	89.2	88.8	88.3	87.9	87.5	87.1
73	90.9	90.5	90.1	89.7	89.3	88.8	88.4	88.0	87.6	87.2
74	91.0	90.6	90.2	89.8	89.3	88.9	88.5	88.1	87.7	87.3
75	91.1	90.7	90.2	89.8	89.4	89.0	88.6	88.2	87.8	87.4
76	91.1	90.7	90.3	89.9	89.5	89.1	88.7	88.3	87.9	87.5
77	91.2	90.8	90.4	90.0	89.6	89.2	88.8	88.4	88.0	87.6
78	91.3	90.9	90.5	90.1	89.7	89.3	88.9	88.5	88.1	87.7
79	91.3	90.9	90.6	90.2	89.8	89.4	89.0	88.6	88.2	87.8
80	91.4	91.0	90.6	90.2	89.8	89.5	89.1	88.7	88.3	87.9
81	91.5	91.1	90.7	90.3	89.9	89.5	89.2	88.8	88.4	88.0
82	91.5	91.2	90.8	90.4	90.0	89.6	89.2	88.9	88.5	88.1
83	91.6	91.2	90.8	90.5	90.1	89.7	89.3	88.9	88.6	88.2
84	91.7	91.3	90.9	90.5	90.1	89.8	89.4	89.0	88.6	88.3
85	91.7	91.4	91.0	90.6	90.2	89.8	89.5	89.1	88.7	88.4
86	91.8	91.4	91.0	90.7	90.3	89.9	89.5	89.2	88.8	88.4
87	91.9	91.5	91.1	90.7	90.4	90.0	89.6	89.3	88.9	88.5
88	91.9	91.5	91.2	90.8	90.4	90.1	89.7	89.3	89.0	88.6
89	92.0	91.6	91.2	90.9	90.5	90.1	89.8	89.4	89.0	88.7
90	92.0	91.7	91.3	90.9	90.6	90.2	89.8	89.5	89.1	88.8
91	92.1	91.7	91.4	91.0	90.6	90.3	89.9	89.6	89.2	88.8
92	92.1	91.8	91.4	91.1	90.7	90.3	90.0	89.6	89.3	88.9
93	92.2	91.8	91.5	91.1	90.8	90.4	90.1	89.7	89.3	89.0
94	92.2	91.9	91.5	91.2	90.8	90.5	90.1	89.8	89.4	89.1
95	92.3	91.9	91.6	91.2	90.9	90.5	90.2	89.8	89.5	89.1
96	92.4	92.0	91.6	91.3	90.9	90.6	90.3	89.9	89.6	89.2
97	92.4	92.1	91.7	91.4	91.0	90.7	90.3	90.0	89.6	89.3
98	92.5	92.1	91.8	91.4	91.1	90.7	90.4	90.0	89.7	89.4
99	92.5	92.2	91.8	91.5	91.1	90.8	90.4	90.1	89.8	89.4
100	92.6	92.2	91.9	91.5	91.2	90.8	90.5	90.2	89.8	89.5

表 $3a_1$(续)

$t-t_w$ / t	3.1	3.2	3.3	3.4	3.5	3.6	3.7	3.8	3.9	4.0
15	66.1	65.1	64.0	63.0	62.0	60.9	59.9	58.9	57.9	56.9
16	67.2	66.2	65.2	64.2	63.2	62.2	61.2	60.2	59.2	58.3
17	68.2	67.3	66.3	65.3	64.4	63.4	62.4	61.5	60.5	59.6
18	69.2	68.3	67.3	66.4	65.5	64.5	63.6	62.7	61.7	60.8
19	70.1	69.2	68.3	67.4	66.5	65.6	64.7	63.8	62.9	62.0
20	71.0	70.1	69.2	68.3	67.4	66.6	65.7	64.8	63.9	63.1
21	71.8	70.9	70.1	69.2	68.3	67.5	66.6	65.8	65.0	64.1
22	72.5	71.7	70.9	70.0	69.2	68.4	67.5	66.7	65.9	65.1
23	73.2	72.4	71.6	70.8	70.0	69.2	68.4	67.6	66.8	66.0
24	73.9	73.1	72.3	71.5	70.8	70.0	69.2	68.4	67.6	66.9
25	74.6	73.8	73.0	72.2	71.5	70.7	69.9	69.2	68.4	67.7
26	75.2	74.4	73.6	72.9	72.1	71.4	70.7	69.9	69.2	68.4
27	75.7	75.0	74.3	73.5	72.8	72.1	71.3	70.6	69.9	69.2
28	76.3	75.5	74.8	74.1	73.4	72.7	72.0	71.3	70.6	69.9
29	76.8	76.1	75.4	74.7	74.0	73.3	72.6	71.9	71.2	70.5
30	77.3	76.6	75.9	75.2	74.5	73.8	73.2	72.5	71.8	71.1
31	77.7	77.0	76.4	75.7	75.0	74.4	73.7	73.0	72.4	71.7
32	78.2	77.5	76.8	76.2	75.5	74.9	74.2	73.6	72.9	72.3
33	78.6	77.9	77.3	76.6	76.0	75.3	74.7	74.1	73.4	72.8
34	79.0	78.3	77.7	77.1	76.4	75.8	75.2	74.6	73.9	73.3
35	79.4	78.7	78.1	77.5	76.9	76.2	75.6	75.0	74.4	73.8
36	79.7	79.1	78.5	77.9	77.3	76.7	76.1	75.5	74.9	74.3
37	80.1	79.5	78.9	78.3	77.7	77.1	76.5	75.9	75.3	74.7
38	80.4	79.8	79.2	78.6	78.0	77.4	76.9	76.3	75.7	75.1
39	80.7	80.1	79.5	79.0	78.4	77.8	77.2	76.7	76.1	75.5
40	81.0	80.4	79.9	79.3	78.7	78.1	77.6	77.0	76.5	75.9
41	81.3	80.7	80.2	79.6	79.0	78.5	77.9	77.4	76.8	76.3
42	81.6	81.0	80.5	79.9	79.3	78.8	78.2	77.7	77.2	76.6
43	81.8	81.3	80.7	80.2	79.6	79.1	78.6	78.0	77.5	77.0
44	82.1	81.6	81.0	80.5	79.9	79.4	78.9	78.3	77.8	77.3
45	82.3	81.8	81.3	80.7	80.2	79.7	79.2	78.6	78.1	77.6
46	82.6	82.0	81.5	81.0	80.5	80.0	79.4	78.9	78.4	77.9
47	82.8	82.3	81.8	81.2	80.7	80.2	79.7	79.2	78.7	78.2
48	83.0	82.5	82.0	81.5	81.0	80.5	80.0	79.5	79.0	78.5
49	83.2	82.7	82.2	81.7	81.2	80.7	80.2	79.7	79.2	78.7
50	83.4	82.9	82.4	81.9	81.4	80.9	80.5	80.0	79.5	79.0
51	83.6	83.1	82.6	82.2	81.7	81.2	80.7	80.2	79.7	79.2
52	83.8	83.3	82.9	82.4	81.9	81.4	80.9	80.4	80.0	79.5
53	84.0	83.5	83.0	82.6	82.1	81.6	81.1	80.7	80.2	79.7
54	84.2	83.7	83.2	82.8	82.3	81.8	81.3	80.9	80.4	79.9
55	84.4	83.9	83.4	83.0	82.5	82.0	81.5	81.1	80.6	80.2
56	84.5	84.1	83.6	83.1	82.7	82.2	81.7	81.3	80.8	80.4
57	84.7	84.2	83.8	83.3	82.9	82.4	81.9	81.5	81.0	80.6

表 3a₁(续)

t \ $t-t_w$	3.1	3.2	3.3	3.4	3.5	3.6	3.7	3.8	3.9	4.0
58	84.9	84.4	83.9	83.5	83.0	82.6	82.1	81.7	81.2	80.8
59	85.0	84.6	84.1	83.7	83.2	82.8	82.3	81.9	81.4	81.0
60	85.2	84.7	84.3	83.8	83.4	82.9	82.5	82.0	81.6	81.2
61	85.3	84.9	84.4	84.0	83.5	83.1	82.7	82.2	81.8	81.4
62	85.5	85.0	84.6	84.1	83.7	83.3	82.8	82.4	82.0	81.5
63	85.6	85.2	84.7	84.3	83.9	83.4	83.0	82.6	82.1	81.7
64	85.7	85.3	84.9	84.4	84.0	83.6	83.1	82.7	82.3	81.9
65	85.9	85.4	85.0	84.6	84.1	83.7	83.3	82.9	82.5	82.0
66	86.0	85.6	85.1	84.7	84.3	83.9	83.5	83.0	82.6	82.2
67	86.1	85.7	85.3	84.9	84.4	84.0	83.6	83.2	82.8	82.4
68	86.2	85.8	85.4	85.0	84.6	84.2	83.7	83.3	82.9	82.5
69	86.4	85.9	85.5	85.1	84.7	84.3	83.9	83.5	83.1	82.7
70	86.5	86.1	85.7	85.2	84.8	84.4	84.0	83.6	83.2	82.8
71	86.6	86.2	85.8	85.4	85.0	84.6	84.2	83.8	83.4	83.0
72	86.7	86.3	85.9	85.5	85.1	84.7	84.3	83.9	83.5	83.1
73	86.8	86.4	86.0	85.6	85.2	84.8	84.4	84.0	83.6	83.2
74	86.9	86.5	86.1	85.7	85.3	84.9	84.5	84.2	83.8	83.4
75	87.0	86.6	86.2	85.8	85.5	85.1	84.7	84.3	83.9	83.5
76	87.1	86.7	86.3	86.0	85.6	85.2	84.8	84.4	84.0	83.6
77	87.2	86.8	86.5	86.1	85.7	85.3	84.9	84.5	84.2	83.8
78	87.3	86.9	86.6	86.2	85.8	85.4	85.0	84.7	84.3	83.9
79	87.4	87.0	86.7	86.3	85.9	85.5	85.1	84.8	84.4	84.0
80	87.5	87.1	86.8	86.4	86.0	85.6	85.3	84.9	84.5	84.1
81	87.6	87.2	86.9	86.5	86.1	85.7	85.4	85.0	84.6	84.3
82	87.7	87.3	87.0	86.6	86.2	85.8	85.5	85.1	84.7	84.4
83	87.8	87.4	87.1	86.7	86.3	86.0	85.6	85.2	84.9	84.5
84	87.9	87.5	87.2	86.8	86.4	86.1	85.7	85.3	85.0	84.6
85	88.0	87.6	87.3	86.9	86.5	86.2	85.8	85.4	85.1	84.7
86	88.1	87.7	87.3	87.0	86.6	86.3	85.9	85.5	85.2	84.8
87	88.2	87.8	87.4	87.1	86.7	86.4	86.0	85.6	85.3	84.9
88	88.2	87.9	87.5	87.2	86.8	86.5	86.1	85.7	85.4	85.0
89	88.3	88.0	87.6	87.3	86.9	86.5	86.2	85.8	85.5	85.1
90	88.4	88.1	87.7	87.3	87.0	86.6	86.3	85.9	85.6	85.2
91	88.5	88.1	87.8	87.4	87.1	86.7	86.4	86.0	85.7	85.4
92	88.6	88.2	87.9	87.5	87.2	86.8	86.5	86.1	85.8	85.5
93	88.6	88.3	88.0	87.6	87.3	86.9	86.6	86.2	85.9	85.5
94	88.7	88.4	88.0	87.7	87.3	87.0	86.7	86.3	86.0	85.6
95	88.8	88.5	88.1	87.8	87.4	87.1	86.8	86.4	86.1	85.7
96	88.9	88.5	88.2	87.9	87.5	87.2	86.8	86.5	86.2	85.8
97	89.0	88.6	88.3	87.9	87.6	87.3	86.9	86.6	86.3	85.9
98	89.0	88.7	88.3	88.0	87.7	87.3	87.0	86.7	86.4	86.0
99	89.1	88.8	88.4	88.1	87.8	87.4	87.1	86.8	86.4	86.1
100	89.2	88.8	88.5	88.2	87.8	87.5	87.2	86.9	86.5	86.2

表 3a₁(续)

t \ $t-t_w$	4.1	4.2	4.3	4.4	4.5	4.6	4.7	4.8	4.9	5.0
15	55.8	54.8	53.8	52.8	51.8	50.8	49.8	48.8	47.8	46.9
16	57.3	56.3	55.3	54.4	53.4	52.4	51.5	50.5	49.6	48.6
17	58.6	57.7	56.8	55.8	54.9	53.9	53.0	52.1	51.2	50.2
18	59.9	59.0	58.1	57.2	56.3	55.4	54.5	53.6	52.7	51.8
19	61.1	60.2	59.3	58.5	57.6	56.7	55.8	55.0	54.1	53.2
20	62.2	61.4	60.5	59.7	58.8	58.0	57.1	56.3	55.4	54.6
21	63.3	62.4	61.6	60.8	60.0	59.1	58.3	57.5	56.7	55.9
22	64.3	63.5	62.6	61.8	61.0	60.2	59.4	58.6	57.9	57.1
23	65.2	64.4	63.6	62.8	62.1	61.3	60.5	59.7	59.0	58.2
24	66.1	65.3	64.6	63.8	63.0	62.3	61.5	60.8	60.0	59.3
25	66.9	66.2	65.4	64.7	63.9	63.2	62.5	61.7	61.0	60.3
26	67.7	67.0	66.2	65.5	64.8	64.1	63.4	62.6	61.9	61.2
27	68.5	67.7	67.0	66.3	65.6	64.9	64.2	63.5	62.8	62.1
28	69.2	68.5	67.8	67.1	66.4	65.7	65.0	64.3	63.6	63.0
29	69.8	69.1	68.5	67.8	67.1	66.4	65.8	65.1	64.4	63.8
30	70.5	69.8	69.1	68.5	67.8	67.1	66.5	65.8	65.2	64.5
31	71.1	70.4	69.8	69.1	68.5	67.8	67.2	66.5	65.9	65.3
32	71.6	71.0	70.4	69.7	69.1	68.5	67.8	67.2	66.6	66.0
33	72.2	71.5	70.9	70.3	69.7	69.1	68.4	67.8	67.2	66.6
34	72.7	72.1	71.5	70.9	70.2	69.6	69.0	68.4	67.8	67.2
35	73.2	72.6	72.0	71.4	70.8	70.2	69.6	69.0	68.4	67.8
36	73.7	73.1	72.5	71.9	71.3	70.7	70.1	69.5	69.0	68.4
37	74.1	73.5	72.9	72.4	71.8	71.2	70.6	70.1	69.5	68.9
38	74.5	74.0	73.4	72.8	72.3	71.7	71.1	70.6	70.0	69.5
39	74.9	74.4	73.8	73.3	72.7	72.1	71.6	71.0	70.5	69.9
40	75.3	74.8	74.2	73.7	73.1	72.6	72.0	71.5	71.0	70.4
41	75.7	75.2	74.6	74.1	73.5	73.0	72.5	71.9	71.4	70.9
42	76.1	75.5	75.0	74.5	73.9	73.4	72.9	72.3	71.8	71.3
43	76.4	75.9	75.4	74.8	74.3	73.8	73.3	72.7	72.2	71.7
44	76.8	76.2	75.7	75.2	74.7	74.2	73.6	73.1	72.6	72.1
45	77.1	76.6	76.0	75.5	75.0	74.5	74.0	73.5	73.0	72.5
46	77.4	76.9	76.4	75.9	75.4	74.9	74.4	73.9	73.4	72.9
47	77.7	77.2	76.7	76.2	75.7	75.2	74.7	74.2	73.7	73.2
48	78.0	77.5	77.0	76.5	76.0	75.5	75.0	74.5	74.0	73.6
49	78.2	77.7	77.3	76.8	76.3	75.8	75.3	74.8	74.4	73.9
50	78.5	78.0	77.5	77.1	76.6	76.1	75.6	75.1	74.7	74.2
51	78.8	78.3	77.8	77.3	76.9	76.4	75.9	75.4	75.0	74.5
52	79.0	78.5	78.1	77.6	77.1	76.7	76.2	75.7	75.3	74.8
53	79.2	78.8	78.3	77.8	77.4	76.9	76.5	76.0	75.6	75.1
54	79.5	79.0	78.6	78.1	77.6	77.2	76.7	76.3	75.8	75.4
55	79.7	79.2	78.8	78.3	77.9	77.4	77.0	76.5	76.1	75.6
56	79.9	79.5	79.0	78.6	78.1	77.7	77.2	76.8	76.3	75.9
57	80.1	79.7	79.2	78.8	78.3	77.9	77.5	77.0	76.6	76.2

表 3a₁(续)

$t-t_w$ / t	4.1	4.2	4.3	4.4	4.5	4.6	4.7	4.8	4.9	5.0
58	80.3	79.9	79.5	79.0	78.6	78.1	77.7	77.3	76.8	76.4
59	80.5	80.1	79.7	79.2	78.8	78.4	77.9	77.5	77.1	76.6
60	80.7	80.3	79.9	79.4	79.0	78.6	78.1	77.7	77.3	76.9
61	80.9	80.5	80.1	79.6	79.2	78.8	78.4	77.9	77.5	77.1
62	81.1	80.7	80.2	79.8	79.4	79.0	78.6	78.1	77.7	77.3
63	81.3	80.9	80.4	80.0	79.6	79.2	78.8	78.4	77.9	77.5
64	81.5	81.0	80.6	80.2	79.8	79.4	79.0	78.6	78.1	77.7
65	81.6	81.2	80.8	80.4	80.0	79.6	79.2	78.7	78.3	77.9
66	81.8	81.4	81.0	80.6	80.2	79.7	79.3	78.9	78.5	78.1
67	82.0	81.5	81.1	80.7	80.3	79.9	79.5	79.1	78.7	78.3
68	82.1	81.7	81.3	80.9	80.5	80.1	79.7	79.3	78.9	78.5
69	82.3	81.9	81.5	81.1	80.7	80.3	79.9	79.5	79.1	78.7
70	82.4	82.0	81.6	81.2	80.8	80.4	80.0	79.7	79.3	78.9
71	82.6	82.2	81.8	81.4	81.0	80.6	80.2	79.8	79.4	79.1
72	82.7	82.3	81.9	81.5	81.2	80.8	80.4	80.0	79.6	79.2
73	82.9	82.5	82.1	81.7	81.3	80.9	80.5	80.2	79.8	79.4
74	83.0	82.6	82.2	81.8	81.5	81.1	80.7	80.3	79.9	79.6
75	83.1	82.7	82.4	82.0	81.6	81.2	80.9	80.5	80.1	79.7
76	83.3	82.9	82.5	82.1	81.7	81.4	81.0	80.6	80.3	79.9
77	83.4	83.0	82.6	82.3	81.9	81.5	81.1	80.8	80.4	80.0
78	83.5	83.1	82.8	82.4	82.0	81.7	81.3	80.9	80.6	80.2
79	83.6	83.3	82.9	82.5	82.2	81.8	81.4	81.1	80.7	80.3
80	83.8	83.4	83.0	82.7	82.3	81.9	81.6	81.2	80.9	80.5
81	83.9	83.5	83.2	82.8	82.4	82.1	81.7	81.4	81.0	80.6
82	84.0	83.6	83.3	82.9	82.6	82.2	81.8	81.5	81.1	80.8
83	84.1	83.8	83.4	83.1	82.7	82.3	82.0	81.6	81.3	80.9
84	84.2	83.9	83.5	83.2	82.8	82.5	82.1	81.8	81.4	81.1
85	84.4	84.0	83.6	83.3	82.9	82.6	82.2	81.9	81.5	81.2
86	84.5	84.1	83.8	83.4	83.1	82.7	82.4	82.0	81.7	81.3
87	84.6	84.2	83.9	83.5	83.2	82.8	82.5	82.1	81.8	81.5
88	84.7	84.3	84.0	83.6	83.3	83.0	82.6	82.3	81.9	81.6
89	84.8	84.5	84.1	83.8	83.4	83.1	82.7	82.4	82.1	81.7
90	84.9	84.6	84.2	83.9	83.5	83.2	82.9	82.5	82.2	81.8
91	85.0	84.7	84.3	84.0	83.6	83.3	83.0	82.6	82.3	82.0
92	85.1	84.8	84.4	84.1	83.8	83.4	83.1	82.7	82.4	82.1
93	85.2	84.9	84.5	84.2	83.9	83.5	83.2	82.9	82.5	82.2
94	85.3	85.0	84.6	84.3	84.0	83.6	83.3	83.0	82.7	82.3
95	85.4	85.1	84.7	84.4	84.1	83.7	83.4	83.1	82.8	82.4
96	85.5	85.2	84.8	84.5	84.2	83.9	83.5	83.2	82.9	82.6
97	85.6	85.3	84.9	84.6	84.3	84.0	83.6	83.3	83.0	82.7
98	85.7	85.4	85.0	84.7	84.4	84.1	83.7	83.4	83.1	82.8
99	85.8	85.5	85.1	84.8	84.5	84.2	83.8	83.5	83.2	82.9
100	85.9	85.6	85.2	84.9	84.6	84.3	84.0	83.6	83.3	83.0

表 3a$_1$(续)

t \ $t-t_w$	5.2	5.4	5.6	5.8	6.0	6.2	6.4	6.6	6.8	7.0
15	44.9	42.9	41.0	39.1	37.1	35.2	33.3	31.4	29.6	27.7
16	46.7	44.8	42.9	41.1	39.2	37.4	35.6	33.7	31.9	30.1
17	48.4	46.6	44.8	43.0	41.2	39.4	37.6	35.9	34.1	32.4
18	50.0	48.2	46.5	44.8	43.0	41.3	39.6	37.9	36.2	34.5
19	51.5	49.8	48.1	46.4	44.7	43.1	41.4	39.8	38.1	36.5
20	52.9	51.3	49.6	48.0	46.4	44.7	43.1	41.5	39.9	38.4
21	54.2	52.6	51.0	49.4	47.9	46.3	44.7	43.2	41.7	40.1
22	55.5	53.9	52.4	50.8	49.3	47.8	46.3	44.8	43.3	41.8
23	56.7	55.1	53.6	52.1	50.6	49.2	47.7	46.2	44.8	43.3
24	57.8	56.3	54.8	53.4	51.9	50.5	49.0	47.6	46.2	44.8
25	58.8	57.4	55.9	54.5	53.1	51.7	50.3	48.9	47.6	46.2
26	59.8	58.4	57.0	55.6	54.2	52.9	51.5	50.2	48.8	47.5
27	60.7	59.4	58.0	56.7	55.3	54.0	52.7	51.3	50.0	48.7
28	61.6	60.3	59.0	57.6	56.3	55.0	53.7	52.4	51.2	49.9
29	62.5	61.2	59.9	58.6	57.3	56.0	54.7	53.5	52.2	51.0
30	63.3	62.0	60.7	59.4	58.2	56.9	55.7	54.5	53.3	52.1
31	64.0	62.8	61.5	60.3	59.0	57.8	56.6	55.4	54.2	53.0
32	64.7	63.5	62.3	61.1	59.9	58.7	57.5	56.3	55.1	54.0
33	65.4	64.2	63.0	61.8	60.6	59.5	58.3	57.2	56.0	54.9
34	66.0	64.9	63.7	62.5	61.4	60.2	59.1	58.0	56.8	55.7
35	66.7	65.5	64.4	63.2	62.1	61.0	59.8	58.7	57.6	56.5
36	67.2	66.1	65.0	63.9	62.8	61.6	60.6	59.5	58.4	57.3
37	67.8	66.7	65.6	64.5	63.4	62.3	61.2	60.2	59.1	58.0
38	68.3	67.2	66.2	65.1	64.0	62.9	61.9	60.8	59.8	58.7
39	68.9	67.8	66.7	65.6	64.6	63.5	62.5	61.5	60.4	59.4
40	69.3	68.3	67.2	66.2	65.1	64.1	63.1	62.1	61.1	60.1
41	69.8	68.8	67.7	66.7	65.7	64.7	63.6	62.6	61.7	60.7
42	70.3	69.2	68.2	67.2	66.2	65.2	64.2	63.2	62.2	61.3
43	70.7	69.7	68.7	67.7	66.7	65.7	64.7	63.7	62.8	61.8
44	71.1	70.1	69.1	68.1	67.1	66.2	65.2	64.2	63.3	62.4
45	71.5	70.5	69.5	68.6	67.6	66.6	65.7	64.7	63.8	62.9
46	71.9	70.9	69.9	69.0	68.0	67.1	66.1	65.2	64.3	63.4
47	72.2	71.3	70.3	69.4	68.4	67.5	66.6	65.7	64.8	63.8
48	72.6	71.7	70.7	69.8	68.8	67.9	67.0	66.1	65.2	64.3
49	72.9	72.0	71.1	70.2	69.2	68.3	67.4	66.5	65.6	64.7
50	73.3	72.3	71.4	70.5	69.6	68.7	67.8	66.9	66.0	65.2
51	73.6	72.7	71.8	70.9	70.0	69.1	68.2	67.3	66.4	65.6
52	73.9	73.0	72.1	71.2	70.3	69.4	68.6	67.7	66.8	66.0
53	74.2	73.3	72.4	71.5	70.7	69.8	68.9	68.1	67.2	66.4
54	74.5	73.6	72.7	71.8	71.0	70.1	69.3	68.4	67.6	66.7
55	74.8	73.9	73.0	72.1	71.3	70.4	69.6	68.8	67.9	67.1
56	75.0	74.2	73.3	72.4	71.6	70.8	69.9	69.1	68.3	67.5
57	75.3	74.4	73.6	72.7	71.9	71.1	70.2	69.4	68.6	67.8

表 3a₁(续)

$t-t_w$ / t	5.2	5.4	5.6	5.8	6.0	6.2	6.4	6.6	6.8	7.0
58	75.5	74.7	73.9	73.0	72.2	71.4	70.5	69.7	68.9	68.1
59	75.8	74.9	74.1	73.3	72.5	71.6	70.8	70.0	69.2	68.4
60	76.0	75.2	74.4	73.5	72.7	71.9	71.1	70.3	69.5	68.7
61	76.3	75.4	74.6	73.8	73.0	72.2	71.4	70.6	69.8	69.0
62	76.5	75.7	74.9	74.1	73.3	72.5	71.7	70.9	70.1	69.3
63	76.7	75.9	75.1	74.3	73.5	72.7	71.9	71.2	70.4	69.6
64	76.9	76.1	75.3	74.5	73.7	73.0	72.2	71.4	70.7	69.9
65	77.1	76.3	75.5	74.8	74.0	73.2	72.4	71.7	70.9	70.2
66	77.3	76.6	75.8	75.0	74.2	73.4	72.7	71.9	71.2	70.4
67	77.5	76.8	76.0	75.2	74.4	73.7	72.9	72.2	71.4	70.7
68	77.7	77.0	76.2	75.4	74.7	73.9	73.2	72.4	71.7	70.9
69	77.9	77.2	76.4	75.6	74.9	74.1	73.4	72.6	71.9	71.2
70	78.1	77.3	76.6	75.8	75.1	74.3	73.6	72.9	72.1	71.4
71	78.3	77.5	76.8	76.0	75.3	74.6	73.8	73.1	72.4	71.7
72	78.5	77.7	77.0	76.2	75.5	74.8	74.0	73.3	72.6	71.9
73	78.6	77.9	77.2	76.4	75.7	75.0	74.2	73.5	72.8	72.1
74	78.8	78.1	77.3	76.6	75.9	75.2	74.4	73.7	73.0	72.3
75	79.0	78.3	77.5	76.8	76.1	75.4	74.6	73.9	73.2	72.5
76	79.2	78.4	77.7	77.0	76.3	75.5	74.8	74.1	73.4	72.8
77	79.3	78.6	77.9	77.2	76.4	75.7	75.0	74.3	73.6	73.0
78	79.5	78.8	78.0	77.3	76.6	75.9	75.2	74.5	73.8	73.2
79	79.6	78.9	78.2	77.5	76.8	76.1	75.4	74.7	74.0	73.4
80	79.8	79.1	78.4	77.7	77.0	76.3	75.6	74.9	74.2	73.6
81	79.9	79.2	78.5	77.8	77.1	76.4	75.8	75.1	74.4	73.7
82	80.1	79.4	78.7	78.0	77.3	76.6	75.9	75.3	74.6	73.9
83	80.2	79.5	78.8	78.1	77.5	76.8	76.1	75.4	74.8	74.1
84	80.4	79.7	79.0	78.3	77.6	77.0	76.3	75.6	75.0	74.3
85	80.5	79.8	79.1	78.5	77.8	77.1	76.5	75.8	75.1	74.5
86	80.6	80.0	79.3	78.6	77.9	77.3	76.6	76.0	75.3	74.7
87	80.8	80.1	79.4	78.8	78.1	77.4	76.8	76.1	75.5	74.8
88	80.9	80.2	79.6	78.9	78.2	77.6	76.9	76.3	75.6	75.0
89	81.0	80.4	79.7	79.0	78.4	77.7	77.1	76.4	75.8	75.2
90	81.2	80.5	79.8	79.2	78.5	77.9	77.2	76.6	76.0	75.3
91	81.3	80.6	80.0	79.3	78.7	78.0	77.4	76.8	76.1	75.5
92	81.4	80.8	80.1	79.5	78.8	78.2	77.5	76.9	76.3	75.7
93	81.5	80.9	80.2	79.6	79.0	78.3	77.7	77.1	76.4	75.8
94	81.7	81.0	80.4	79.7	79.1	78.5	77.8	77.2	76.6	76.0
95	81.8	81.1	80.5	79.9	79.2	78.6	78.0	77.4	76.7	76.1
96	81.9	81.3	80.6	80.0	79.4	78.7	78.1	77.5	76.9	76.3
97	82.0	81.4	80.8	80.1	79.5	78.9	78.3	77.7	77.0	76.4
98	82.1	81.5	80.9	80.3	79.6	79.0	78.4	77.8	77.2	76.6
99	82.3	81.6	81.0	80.4	79.8	79.1	78.5	77.9	77.3	76.7
100	82.4	81.7	81.1	80.5	79.9	79.3	78.7	78.1	77.5	76.9

表 3a₁(续)

$t-t_w$ / t	7.2	7.4	7.6	7.8	8.0	8.2	8.4	8.6	8.8	9.0
15	25.8	24.0	22.2	20.3	18.5	16.7	14.9	13.1	11.3	9.6
16	28.3	26.6	24.8	23.0	21.3	19.5	17.8	16.1	14.4	12.7
17	30.7	28.9	27.2	25.5	23.8	22.2	20.5	18.8	17.2	15.5
18	32.8	31.2	29.5	27.9	26.3	24.6	23.0	21.4	19.8	18.2
19	34.9	33.3	31.7	30.1	28.5	26.9	25.4	23.8	22.3	20.8
20	36.8	35.2	33.7	32.2	30.6	29.1	27.6	26.1	24.6	23.1
21	38.6	37.1	35.6	34.1	32.6	31.2	29.7	28.2	26.8	25.4
22	40.3	38.8	37.4	35.9	34.5	33.1	31.7	30.2	28.8	27.4
23	41.9	40.5	39.1	37.7	36.3	34.9	33.5	32.1	30.8	29.4
24	43.4	42.0	40.7	39.3	37.9	36.6	35.2	33.9	32.6	31.3
25	44.8	43.5	42.2	40.8	39.5	38.2	36.9	35.6	34.3	33.0
26	46.2	44.9	43.6	42.3	41.0	39.7	38.4	37.2	35.9	34.7
27	47.4	46.2	44.9	43.6	42.4	41.1	39.9	38.7	37.4	36.2
28	48.6	47.4	46.2	44.9	43.7	42.5	41.3	40.1	38.9	37.7
29	49.8	48.6	47.3	46.1	44.9	43.8	42.6	41.4	40.2	39.1
30	50.9	49.7	48.5	47.3	46.1	45.0	43.8	42.7	41.5	40.4
31	51.9	50.7	49.5	48.4	47.3	46.1	45.0	43.9	42.8	41.7
32	52.8	51.7	50.6	49.4	48.3	47.2	46.1	45.0	43.9	42.8
33	53.8	52.6	51.5	50.4	49.3	48.2	47.2	46.1	45.0	44.0
34	54.6	53.5	52.4	51.4	50.3	49.2	48.2	47.1	46.1	45.0
35	55.5	54.4	53.3	52.3	51.2	50.2	49.1	48.1	47.1	46.0
36	56.2	55.2	54.1	53.1	52.1	51.0	50.0	49.0	48.0	47.0
37	57.0	56.0	54.9	53.9	52.9	51.9	50.9	49.9	48.9	47.9
38	57.7	56.7	55.7	54.7	53.7	52.7	51.7	50.7	49.8	48.8
39	58.4	57.4	56.4	55.4	54.4	53.5	52.5	51.5	50.6	49.6
40	59.1	58.1	57.1	56.1	55.2	54.2	53.2	52.3	51.4	50.4
41	59.7	58.7	57.8	56.8	55.8	54.9	54.0	53.0	52.1	51.2
42	60.3	59.3	58.4	57.4	56.5	55.6	54.7	53.7	52.8	51.9
43	60.9	59.9	59.0	58.1	57.1	56.2	55.3	54.4	53.5	52.6
44	61.4	60.5	59.6	58.7	57.7	56.8	55.9	55.1	54.2	53.3
45	61.9	61.0	60.1	59.2	58.3	57.4	56.6	55.7	54.8	53.9
46	62.5	61.6	60.7	59.8	58.9	58.0	57.1	56.3	55.4	54.6
47	62.9	62.1	61.2	60.3	59.4	58.6	57.7	56.8	56.0	55.2
48	63.4	62.5	61.7	60.8	59.9	59.1	58.2	57.4	56.6	55.7
49	63.9	63.0	62.1	61.3	60.4	59.6	58.7	57.9	57.1	56.3
50	64.3	63.4	62.6	61.7	60.9	60.1	59.2	58.4	57.6	56.8
51	64.7	63.9	63.0	62.2	61.4	60.5	59.7	58.9	58.1	57.3
52	65.1	64.3	63.5	62.6	61.8	61.0	60.2	59.4	58.6	57.8
53	65.5	64.7	63.9	63.1	62.2	61.4	60.6	59.8	59.1	58.3
54	65.9	65.1	64.3	63.5	62.7	61.9	61.1	60.3	59.5	58.7
55	66.3	65.5	64.7	63.9	63.1	62.3	61.5	60.7	59.9	59.2
56	66.6	65.8	65.0	64.2	63.5	62.7	61.9	61.1	60.4	59.6
57	67.0	66.2	65.4	64.6	63.8	63.1	62.3	61.5	60.8	60.0

表 3a₁(续)

$t-t_w$ / t	7.2	7.4	7.6	7.8	8.0	8.2	8.4	8.6	8.8	9.0
58	67.3	66.5	65.7	65.0	64.2	63.4	62.7	61.9	61.2	60.4
59	67.6	66.9	66.1	65.3	64.6	63.8	63.0	62.3	61.6	60.8
60	68.0	67.2	66.4	65.7	64.9	64.1	63.4	62.7	61.9	61.2
61	68.3	67.5	66.7	66.0	65.2	64.5	63.7	63.0	62.3	61.6
62	68.6	67.8	67.1	66.3	65.6	64.8	64.1	63.4	62.6	61.9
63	68.9	68.1	67.4	66.6	65.9	65.1	64.4	63.7	63.0	62.3
64	69.1	68.4	67.7	66.9	66.2	65.5	64.7	64.0	63.3	62.6
65	69.4	68.7	67.9	67.2	66.5	65.8	65.1	64.3	63.6	62.9
66	69.7	69.0	68.2	67.5	66.8	66.1	65.4	64.7	64.0	63.3
67	70.0	69.2	68.5	67.8	67.1	66.4	65.7	65.0	64.3	63.6
68	70.2	69.5	68.8	68.1	67.3	66.6	65.9	65.3	64.6	63.9
69	70.5	69.7	69.0	68.3	67.6	66.9	66.2	65.5	64.9	64.2
70	70.7	70.0	69.3	68.6	67.9	67.2	66.5	65.8	65.1	64.5
71	70.9	70.2	69.5	68.8	68.1	67.5	66.8	66.1	65.4	64.8
72	71.2	70.5	69.8	69.1	68.4	67.7	67.0	66.4	65.7	65.0
73	71.4	70.7	70.0	69.3	68.6	68.0	67.3	66.6	66.0	65.3
74	71.6	70.9	70.3	69.6	68.9	68.2	67.6	66.9	66.2	65.6
75	71.9	71.2	70.5	69.8	69.1	68.5	67.8	67.1	66.5	65.8
76	72.1	71.4	70.7	70.0	69.4	68.7	68.0	67.4	66.7	66.1
77	72.3	71.6	70.9	70.3	69.6	68.9	68.3	67.6	67.0	66.3
78	72.5	71.8	71.1	70.5	69.8	69.2	68.5	67.9	67.2	66.6
79	72.7	72.0	71.4	70.7	70.0	69.4	68.7	68.1	67.5	66.8
80	72.9	72.2	71.6	70.9	70.3	69.6	69.0	68.3	67.7	67.1
81	73.1	72.4	71.8	71.1	70.5	69.8	69.2	68.6	67.9	67.3
82	73.3	72.6	72.0	71.3	70.7	70.0	69.4	68.8	68.2	67.5
83	73.5	72.8	72.2	71.5	70.9	70.3	69.6	69.0	68.4	67.8
84	73.7	73.0	72.4	71.7	71.1	70.5	69.8	69.2	68.6	68.0
85	73.8	73.2	72.6	71.9	71.3	70.7	70.0	69.4	68.8	68.2
86	74.0	73.4	72.7	72.1	71.5	70.9	70.2	69.6	69.0	68.4
87	74.2	73.6	72.9	72.3	71.7	71.1	70.4	69.8	69.2	68.6
88	74.4	73.7	73.1	72.5	71.9	71.3	70.6	70.0	69.4	68.8
89	74.5	73.9	73.3	72.7	72.1	71.4	70.8	70.2	69.6	69.0
90	74.7	74.1	73.5	72.9	72.2	71.6	71.0	70.4	69.8	69.2
91	74.9	74.3	73.6	73.0	72.4	71.8	71.2	70.6	70.0	69.4
92	75.0	74.4	73.8	73.2	72.6	72.0	71.4	70.8	70.2	69.6
93	75.2	74.6	74.0	73.4	72.8	72.2	71.6	71.0	70.4	69.8
94	75.4	74.8	74.1	73.5	73.0	72.4	71.8	71.2	70.6	70.0
95	75.5	74.9	74.3	73.7	73.1	72.5	71.9	71.4	70.8	70.2
96	75.7	75.1	74.5	73.9	73.3	72.7	72.1	71.5	71.0	70.4
97	75.8	75.2	74.6	74.0	73.5	72.9	72.3	71.7	71.1	70.6
98	76.0	75.4	74.8	74.2	73.6	73.0	72.5	71.9	71.3	70.8
99	76.1	75.5	75.0	74.4	73.8	73.2	72.6	72.1	71.5	70.9
100	76.3	75.7	75.1	74.5	73.9	73.4	72.8	72.2	71.7	71.1

表 3a₁(续)

t \ $t-t_w$	9.2	9.4	9.6	9.8	10.0	10.2	10.4	10.6	10.8	11.0
15	7.8	6.1	4.3	2.6	0.9					
16	11.0	9.3	7.6	5.9	4.3	2.6	1.0			
17	13.9	12.3	10.7	9.0	7.4	5.9	4.3	2.7	1.1	
18	16.6	15.1	13.5	12.0	10.4	8.9	7.4	5.8	4.3	2.8
19	19.2	17.7	16.2	14.7	13.2	11.7	10.3	8.8	7.3	5.9
20	21.7	20.2	18.7	17.3	15.8	14.4	13.0	11.6	10.2	8.8
21	23.9	22.5	21.1	19.7	18.3	16.9	15.5	14.2	12.8	11.4
22	26.1	24.7	23.3	22.0	20.6	19.3	17.9	16.6	15.3	14.0
23	28.1	26.7	25.4	24.1	22.8	21.5	20.2	18.9	17.6	16.3
24	30.0	28.7	27.4	26.1	24.8	23.6	22.3	21.1	19.8	18.6
25	31.8	30.5	29.2	28.0	26.8	25.5	24.3	23.1	21.9	20.7
26	33.4	32.2	31.0	29.8	28.6	27.4	26.2	25.0	23.8	22.7
27	35.0	33.8	32.6	31.5	30.3	29.1	28.0	26.8	25.7	24.5
28	36.5	35.4	34.2	33.0	31.9	30.8	29.6	28.5	27.4	26.3
29	37.9	36.8	35.7	34.6	33.4	32.3	31.2	30.1	29.0	28.0
30	39.3	38.2	37.1	36.0	34.9	33.8	32.7	31.7	30.6	29.5
31	40.6	39.5	38.4	37.3	36.3	35.2	34.1	33.1	32.1	31.0
32	41.8	40.7	39.6	38.6	37.6	36.5	35.5	34.5	33.5	32.5
33	42.9	41.9	40.8	39.8	38.8	37.8	36.8	35.8	34.8	33.8
34	44.0	43.0	42.0	41.0	40.0	39.0	38.0	37.0	36.0	35.1
35	45.0	44.0	43.0	42.1	41.1	40.1	39.1	38.2	37.2	36.3
36	46.0	45.0	44.1	43.1	42.1	41.2	40.2	39.3	38.4	37.4
37	47.0	46.0	45.0	44.1	43.1	42.2	41.3	40.4	39.4	38.5
38	47.9	46.9	46.0	45.0	44.1	43.2	42.3	41.4	40.5	39.6
39	48.7	47.8	46.8	45.9	45.0	44.1	43.2	42.3	41.4	40.6
40	49.5	48.6	47.7	46.8	45.9	45.0	44.1	43.2	42.4	41.5
41	50.3	49.4	48.5	47.6	46.7	45.9	45.0	44.1	43.3	42.4
42	51.0	50.2	49.3	48.4	47.5	46.7	45.8	45.0	44.1	43.3
43	51.8	50.9	50.0	49.1	48.3	47.4	46.6	45.8	44.9	44.1
44	52.4	51.6	50.7	49.9	49.0	48.2	47.4	46.5	45.7	44.9
45	53.1	52.2	51.4	50.6	49.7	48.9	48.1	47.3	46.5	45.7
46	53.7	52.9	52.0	51.2	50.4	49.6	48.8	48.0	47.2	46.4
47	54.3	53.5	52.7	51.9	51.0	50.2	49.4	48.7	47.9	47.1
48	54.9	54.1	53.3	52.5	51.7	50.9	50.1	49.3	48.5	47.8
49	55.5	54.7	53.9	53.1	52.3	51.5	50.7	49.9	49.2	48.4
50	56.0	55.2	54.4	53.6	52.8	52.1	51.3	50.5	49.8	49.0
51	56.5	55.7	54.9	54.2	53.4	52.6	51.9	51.1	50.4	49.6
52	57.0	56.2	55.5	54.7	53.9	53.2	52.4	51.7	50.9	50.2
53	57.5	56.7	56.0	55.2	54.5	53.7	53.0	52.2	51.5	50.8
54	58.0	57.2	56.4	55.7	54.9	54.2	53.5	52.7	52.0	51.3
55	58.4	57.7	56.9	56.2	55.4	54.7	54.0	53.3	52.5	51.8
56	58.9	58.1	57.4	56.6	55.9	55.2	54.5	53.7	53.0	52.3
57	59.3	58.5	57.8	57.1	56.4	55.6	54.9	54.2	53.5	52.8

表 3a₁(续)

t \ $t-t_w$	9.2	9.4	9.6	9.8	10.0	10.2	10.4	10.6	10.8	11.0
58	59.7	59.0	58.2	57.5	56.8	56.1	55.4	54.7	54.0	53.3
59	60.1	59.4	58.6	57.9	57.2	56.5	55.8	55.1	54.4	53.7
60	60.5	59.8	59.0	58.3	57.6	56.9	56.2	55.5	54.9	54.2
61	60.8	60.1	59.4	58.7	58.0	57.3	56.6	56.0	55.3	54.6
62	61.2	60.5	59.8	59.1	58.4	57.7	57.0	56.4	55.7	55.0
63	61.6	60.9	60.2	59.5	58.8	58.1	57.4	56.8	56.1	55.4
64	61.9	61.2	60.5	59.8	59.2	58.5	57.8	57.2	56.5	55.8
65	62.2	61.6	60.9	60.2	59.5	58.8	58.2	57.5	56.9	56.2
66	62.6	61.9	61.2	60.5	59.9	59.2	58.5	57.9	57.2	56.6
67	62.9	62.2	61.5	60.9	60.2	59.5	58.9	58.2	57.6	57.0
68	63.2	62.5	61.9	61.2	60.5	59.9	59.2	58.6	58.0	57.3
69	63.5	62.8	62.2	61.5	60.9	60.2	59.6	58.9	58.3	57.7
70	63.8	63.1	62.5	61.8	61.2	60.5	59.9	59.3	58.6	58.0
71	64.1	63.4	62.8	62.1	61.5	60.8	60.2	59.6	59.0	58.3
72	64.4	63.7	63.1	62.4	61.8	61.2	60.5	59.9	59.3	58.7
73	64.7	64.0	63.4	62.7	62.1	61.5	60.8	60.2	59.6	59.0
74	64.9	64.3	63.6	63.0	62.4	61.7	61.1	60.5	59.9	59.3
75	65.2	64.6	63.9	63.3	62.7	62.0	61.4	60.8	60.2	59.6
76	65.5	64.8	64.2	63.6	62.9	62.3	61.7	61.1	60.5	59.9
77	65.7	65.1	64.5	63.8	63.2	62.6	62.0	61.4	60.8	60.2
78	66.0	65.3	64.7	64.1	63.5	62.9	62.3	61.7	61.1	60.5
79	66.2	65.6	65.0	64.3	63.7	63.1	62.5	61.9	61.3	60.7
80	66.4	65.8	65.2	64.6	64.0	63.4	62.8	62.2	61.6	61.0
81	66.7	66.1	65.5	64.8	64.2	63.6	63.1	62.5	61.9	61.3
82	66.9	66.3	65.7	65.1	64.5	63.9	63.3	62.7	62.1	61.6
83	67.1	66.5	65.9	65.3	64.7	64.1	63.6	63.0	62.4	61.8
84	67.4	66.8	66.2	65.6	65.0	64.4	63.8	63.2	62.6	62.1
85	67.6	67.0	66.4	65.8	65.2	64.6	64.0	63.5	62.9	62.3
86	67.8	67.2	66.6	66.0	65.4	64.9	64.3	63.7	63.1	62.6
87	68.0	67.4	66.8	66.3	65.7	65.1	64.5	63.9	63.4	62.8
88	68.2	67.6	67.1	66.5	65.9	65.3	64.7	64.2	63.6	63.1
89	68.4	67.9	67.3	66.7	66.1	65.5	65.0	64.4	63.8	63.3
90	68.7	68.1	67.5	66.9	66.3	65.8	65.2	64.6	64.1	63.5
91	68.9	68.3	67.7	67.1	66.5	66.0	65.4	64.9	64.3	63.8
92	69.1	68.5	67.9	67.3	66.8	66.2	65.6	65.1	64.5	64.0
93	69.2	68.7	68.1	67.5	67.0	66.4	65.9	65.3	64.7	64.2
94	69.4	68.9	68.3	67.7	67.2	66.6	66.1	65.5	65.0	64.4
95	69.6	69.1	68.5	67.9	67.4	66.8	66.3	65.7	65.2	64.6
96	69.8	69.3	68.7	68.1	67.6	67.0	66.5	65.9	65.4	64.9
97	70.0	69.4	68.9	68.3	67.8	67.2	66.7	66.1	65.6	65.1
98	70.2	69.6	69.1	68.5	68.0	67.4	66.9	66.3	65.8	65.3
99	70.4	69.8	69.3	68.7	68.2	67.6	67.1	66.5	66.0	65.5
100	70.5	70.0	69.4	68.9	68.4	67.8	67.3	66.7	66.2	65.7

表 $3a_1$(续)

t \ $t-t_w$	11.5	12.0	12.5	13.5	13.5	14.0	14.5	15.0	15.5	16.0
15										
16										
17										
18										
19	2.3									
20	5.3	1.9								
21	8.1	4.8	1.5							
22	10.7	7.5	4.4	1.3						
23	13.2	10.1	7.0	4.0	1.1					
24	15.5	12.5	9.5	6.6	3.8	0.9				
25	17.7	14.8	11.9	9.1	6.3	3.5	0.8			
26	19.8	16.9	14.1	11.4	8.7	6.0	3.4	0.8		
27	21.7	19.0	16.2	13.6	10.9	8.3	5.8	3.3	0.8	
28	23.6	20.9	18.2	15.6	13.0	10.5	8.0	5.6	3.2	0.8
29	25.3	22.7	20.1	17.6	15.1	12.6	10.2	7.8	5.4	3.1
30	26.9	24.4	21.9	19.4	16.9	14.5	12.2	9.9	7.6	5.3
31	28.5	26.0	23.5	21.1	18.7	16.4	14.1	11.8	9.6	7.4
32	30.0	27.5	25.1	22.8	20.4	18.1	15.9	13.7	11.5	9.4
33	31.4	29.0	26.6	24.3	22.0	19.8	17.6	15.5	13.3	11.2
34	32.7	30.3	28.0	25.8	23.6	21.4	19.2	17.1	15.0	13.0
35	33.9	31.7	29.4	27.2	25.0	22.9	20.8	18.7	16.7	14.7
36	35.1	32.9	30.7	28.5	26.4	24.3	22.2	20.2	18.2	16.3
37	36.3	34.1	31.9	29.8	27.7	25.6	23.6	21.6	19.7	17.8
38	37.4	35.2	33.1	31.0	28.9	26.9	24.9	23.0	21.1	19.2
39	38.4	36.3	34.2	32.1	30.1	28.1	26.2	24.3	22.4	20.6
40	39.4	37.3	35.2	33.2	31.2	29.3	27.4	25.5	23.7	21.8
41	40.3	38.3	36.2	34.3	32.3	30.4	28.5	26.7	24.9	23.1
42	41.2	39.2	37.2	35.3	33.3	31.5	29.6	27.8	26.0	24.3
43	42.1	40.1	38.1	36.2	34.3	32.5	30.6	28.9	27.1	25.4
44	42.9	40.9	39.0	37.1	35.3	33.4	31.6	29.9	28.1	26.5
45	43.7	41.8	39.9	38.0	36.2	34.4	32.6	30.9	29.2	27.5
46	44.4	42.5	40.7	38.8	37.0	35.2	33.5	31.8	30.1	28.5
47	45.2	43.3	41.4	39.6	37.8	36.1	34.4	32.7	31.0	29.4
48	45.9	44.0	42.2	40.4	38.6	36.9	35.2	33.5	31.9	30.3
49	46.5	44.7	42.9	41.1	39.4	37.7	36.0	34.4	32.8	31.2
50	47.2	45.4	43.6	41.8	40.1	38.4	36.8	35.2	33.6	32.0
51	47.8	46.0	44.2	42.5	40.8	39.2	37.5	35.9	34.3	32.8
52	48.4	46.6	44.9	43.2	41.5	39.8	38.2	36.6	35.1	33.6
53	49.0	47.2	45.5	43.8	42.1	40.5	38.9	37.4	35.8	34.3
54	49.5	47.8	46.1	44.4	42.8	41.2	39.6	38.0	36.5	35.0
55	50.1	48.4	46.7	45.0	43.4	41.8	40.2	38.7	37.2	35.7
56	50.6	48.9	47.2	45.6	44.0	42.4	40.8	39.3	37.8	36.4
57	51.1	49.4	47.8	46.1	44.5	43.0	41.4	39.9	38.5	37.0

表 3a₁(续)

$t-t_w$ / t	11.5	12.0	12.5	13.5	13.5	14.0	14.5	15.0	15.5	16.0
58	51.6	49.9	48.3	46.7	45.1	43.5	42.0	40.5	39.1	37.6
59	52.1	50.4	48.8	47.2	45.6	44.1	42.6	41.1	39.6	38.2
60	52.5	50.9	49.3	47.7	46.1	44.6	43.1	41.7	40.2	38.8
61	53.0	51.3	49.7	48.2	46.6	45.1	43.6	42.2	40.8	39.4
62	53.4	51.8	50.2	48.6	47.1	45.6	44.2	42.7	41.3	39.9
63	53.8	52.2	50.6	49.1	47.6	46.1	44.6	43.2	41.8	40.4
64	54.2	52.6	51.1	49.5	48.0	46.6	45.1	43.7	42.3	40.9
65	54.6	53.0	51.5	50.0	48.5	47.0	45.6	44.2	42.8	41.4
66	55.0	53.4	51.9	50.4	48.9	47.5	46.0	44.7	43.3	41.9
67	55.4	53.8	52.3	50.8	49.3	47.9	46.5	45.1	43.7	42.4
68	55.7	54.2	52.7	51.2	49.8	48.3	46.9	45.5	44.2	42.9
69	56.1	54.6	53.1	51.6	50.2	48.7	47.3	46.0	44.6	43.3
70	56.5	54.9	53.4	52.0	50.5	49.1	47.8	46.4	45.1	43.7
71	56.8	55.3	53.8	52.4	50.9	49.5	48.2	46.8	45.5	44.2
72	57.1	55.6	54.2	52.7	51.3	49.9	48.5	47.2	45.9	44.6
73	57.5	56.0	54.5	53.1	51.7	50.3	48.9	47.6	46.3	45.0
74	57.8	56.3	54.9	53.4	52.0	50.7	49.3	48.0	46.7	45.4
75	58.1	56.6	55.2	53.8	52.4	51.0	49.7	48.3	47.1	45.8
76	58.4	56.9	55.5	54.1	52.7	51.4	50.0	48.7	47.4	46.2
77	58.7	57.3	55.8	54.4	53.1	51.7	50.4	49.1	47.8	46.5
78	59.0	57.6	56.1	54.7	53.4	52.0	50.7	49.4	48.1	46.9
79	59.3	57.9	56.4	55.1	53.7	52.4	51.1	49.8	48.5	47.3
80	59.6	58.1	56.7	55.4	54.0	52.7	51.4	50.1	48.8	47.6
81	59.8	58.4	57.0	55.7	54.3	53.0	51.7	50.4	49.2	47.9
82	60.1	58.7	57.3	56.0	54.6	53.3	52.0	50.8	49.5	48.3
83	60.4	59.0	57.6	56.3	54.9	53.6	52.3	51.1	49.8	48.6
84	60.7	59.3	57.9	56.5	55.2	53.9	52.6	51.4	50.1	48.9
85	60.9	59.5	58.2	56.8	55.5	54.2	52.9	51.7	50.5	49.3
86	61.2	59.8	58.4	57.1	55.8	54.5	53.2	52.0	50.8	49.6
87	61.4	60.0	58.7	57.4	56.1	54.8	53.5	52.3	51.1	49.9
88	61.7	60.3	59.0	57.6	56.3	55.1	53.8	52.6	51.4	50.2
89	61.9	60.6	59.2	57.9	56.6	55.3	54.1	52.9	51.7	50.5
90	62.2	60.8	59.5	58.2	56.9	55.6	54.4	53.2	52.0	50.8
91	62.4	61.0	59.7	58.4	57.1	55.9	54.7	53.4	52.2	51.1
92	62.6	61.3	60.0	58.7	57.4	56.2	54.9	53.7	52.5	51.3
93	62.8	61.5	60.2	58.9	57.7	56.4	55.2	54.0	52.8	51.6
94	63.1	61.8	60.5	59.2	57.9	56.7	55.5	54.3	53.1	51.9
95	63.3	62.0	60.7	59.4	58.2	56.9	55.7	54.5	53.3	52.2
96	63.5	62.2	60.9	59.7	58.4	57.2	56.0	54.8	53.6	52.5
97	63.7	62.4	61.2	59.9	58.6	57.4	56.2	55.0	53.9	52.7
98	64.0	62.7	61.4	60.1	58.9	57.7	56.5	55.3	54.1	53.0
99	64.2	62.9	61.6	60.4	59.1	57.9	56.7	55.5	54.4	53.2
100	64.4	63.1	61.8	60.6	59.4	58.1	57.0	55.8	54.6	53.5

表 3a₂ 柱状水银温度表相对湿度查算表

P=100 kPa,A=0.815×10^{-3}℃$^{-1}$(0.4 m/s)

t \ $t-t_w$	0.0	0.1	0.2	0.3	0.4	0.5	0.6	0.7	0.8	0.9	1.0
15	100.0	98.9	97.8	96.6	95.5	94.4	93.3	92.2	91.1	90.0	89.0
16	100.0	98.9	97.8	96.8	95.7	94.6	93.5	92.5	91.4	90.4	89.3
17	100.0	98.9	97.9	96.9	95.8	94.8	93.7	92.7	91.7	90.6	89.6
18	100.0	99.0	98.0	96.9	95.9	94.9	93.9	92.9	91.9	90.9	89.9
19	100.0	99.0	98.0	97.0	96.0	95.1	94.1	93.1	92.1	91.2	90.2
20	100.0	99.0	98.1	97.1	96.2	95.2	94.3	93.3	92.4	91.4	90.5
21	100.0	99.1	98.1	97.2	96.3	95.3	94.4	93.5	92.6	91.6	90.7
22	100.0	99.1	98.2	97.3	96.4	95.4	94.5	93.7	92.8	91.9	91.0
23	100.0	99.1	98.2	97.3	96.4	95.6	94.7	93.8	92.9	92.1	91.2
24	100.0	99.1	98.3	97.4	96.5	95.7	94.8	94.0	93.1	92.3	91.4
25	100.0	99.1	98.3	97.5	96.6	95.8	94.9	94.1	93.3	92.4	91.6
26	100.0	99.2	98.3	97.5	96.7	95.9	95.0	94.2	93.4	92.6	91.8
27	100.0	99.2	98.4	97.6	96.8	96.0	95.2	94.4	93.6	92.8	92.0
28	100.0	99.2	98.4	97.6	96.8	96.0	95.3	94.5	93.7	92.9	92.2
29	100.0	99.2	98.4	97.7	96.9	96.1	95.4	94.6	93.8	93.1	92.3
30	100.0	99.2	98.5	97.7	97.0	96.2	95.5	94.7	94.0	93.2	92.5
31	100.0	99.3	98.5	97.8	97.0	96.3	95.5	94.8	94.1	93.4	92.6
32	100.0	99.3	98.5	97.8	97.1	96.4	95.6	94.9	94.2	93.5	92.8
33	100.0	99.3	98.6	97.8	97.1	96.4	95.7	95.0	94.3	93.6	92.9
34	100.0	99.3	98.6	97.9	97.2	96.5	95.8	95.1	94.4	93.7	93.0
35	100.0	99.3	98.6	97.9	97.2	96.5	95.9	95.2	94.5	93.8	93.2
36	100.0	99.3	98.6	98.0	97.3	96.6	95.9	95.3	94.6	93.9	93.3
37	100.0	99.3	98.7	98.0	97.3	96.7	96.0	95.3	94.7	94.0	93.4
38	100.0	99.3	98.7	98.0	97.4	96.7	96.1	95.4	94.8	94.1	93.5
39	100.0	99.3	98.7	98.1	97.4	96.8	96.1	95.5	94.9	94.2	93.6
40	100.0	99.4	98.7	98.1	97.4	96.8	96.2	95.6	94.9	94.3	93.7
41	100.0	99.4	98.7	98.1	97.5	96.9	96.2	95.6	95.0	94.4	93.8
42	100.0	99.4	98.8	98.1	97.5	96.9	96.3	95.7	95.1	94.5	93.9
43	100.0	99.4	98.8	98.2	97.6	96.9	96.3	95.7	95.1	94.6	94.0
44	100.0	99.4	98.8	98.2	97.6	97.0	96.4	95.8	95.2	94.6	94.0
45	100.0	99.4	98.8	98.2	97.6	97.0	96.4	95.9	95.3	94.7	94.1
46	100.0	99.4	98.8	98.2	97.7	97.1	96.5	95.9	95.3	94.8	94.2
47	100.0	99.4	98.8	98.3	97.7	97.1	96.5	96.0	95.4	94.8	94.3
48	100.0	99.4	98.9	98.3	97.7	97.1	96.6	96.0	95.5	94.9	94.3
49	100.0	99.4	98.9	98.3	97.7	97.2	96.6	96.1	95.5	95.0	94.4
50	100.0	99.4	98.9	98.3	97.8	97.2	96.7	96.1	95.6	95.0	94.5
51	100.0	99.4	98.9	98.3	97.8	97.2	96.7	96.2	95.6	95.1	94.5
52	100.0	99.5	98.9	98.4	97.8	97.3	96.7	96.2	95.7	95.1	94.6
53	100.0	99.5	98.9	98.4	97.8	97.3	96.8	96.2	95.7	95.2	94.7
54	100.0	99.5	98.9	98.4	97.9	97.3	96.8	96.3	95.8	95.2	94.7
55	100.0	99.5	98.9	98.4	97.9	97.4	96.8	96.3	95.8	95.3	94.8
56	100.0	99.5	99.0	98.4	97.9	97.4	96.9	96.4	95.9	95.4	94.8
57	100.0	99.5	99.0	98.4	97.9	97.4	96.9	96.4	95.9	95.4	94.9

表 $3a_2$(续)

$t-t_w$ / t	0.0	0.1	0.2	0.3	0.4	0.5	0.6	0.7	0.8	0.9	1.0
58	100.0	99.5	99.0	98.5	98.0	97.5	96.9	96.4	95.9	95.4	95.0
59	100.0	99.5	99.0	98.5	98.0	97.5	97.0	96.5	96.0	95.5	95.0
60	100.0	99.5	99.0	98.5	98.0	97.5	97.0	96.5	96.0	95.5	95.1
61	100.0	99.5	99.0	98.5	98.0	97.5	97.0	96.6	96.1	95.6	95.1
62	100.0	99.5	99.0	98.5	98.0	97.6	97.1	96.6	96.1	95.6	95.1
63	100.0	99.5	99.0	98.5	98.1	97.6	97.1	96.6	96.1	95.7	95.2
64	100.0	99.5	99.0	98.6	98.1	97.6	97.1	96.7	96.2	95.7	95.2
65	100.0	99.5	99.0	98.6	98.1	97.6	97.2	96.7	96.2	95.7	95.3
66	100.0	99.5	99.1	98.6	98.1	97.6	97.2	96.7	96.2	95.8	95.3
67	100.0	99.5	99.1	98.6	98.1	97.7	97.2	96.7	96.3	95.8	95.4
68	100.0	99.5	99.1	98.6	98.1	97.7	97.2	96.8	96.3	95.9	95.4
69	100.0	99.5	99.1	98.6	98.2	97.7	97.3	96.8	96.3	95.9	95.5
70	100.0	99.5	99.1	98.6	98.2	97.7	97.3	96.8	96.4	95.9	95.5
71	100.0	99.5	99.1	98.6	98.2	97.7	97.3	96.9	96.4	96.0	95.5
72	100.0	99.5	99.1	98.7	98.2	97.8	97.3	96.9	96.4	96.0	95.6
73	100.0	99.6	99.1	98.7	98.2	97.8	97.3	96.9	96.5	96.0	95.6
74	100.0	99.6	99.1	98.7	98.2	97.8	97.4	96.9	96.5	96.1	95.6
75	100.0	99.6	99.1	98.7	98.3	97.8	97.4	97.0	96.5	96.1	95.7
76	100.0	99.6	99.1	98.7	98.3	97.8	97.4	97.0	96.6	96.1	95.7
77	100.0	99.6	99.1	98.7	98.3	97.9	97.4	97.0	96.6	96.2	95.7
78	100.0	99.6	99.1	98.7	98.3	97.9	97.5	97.0	96.6	96.2	95.8
79	100.0	99.6	99.2	98.7	98.3	97.9	97.5	97.1	96.6	96.2	95.8
80	100.0	99.6	99.2	98.7	98.3	97.9	97.5	97.1	96.7	96.3	95.8
81	100.0	99.6	99.2	98.7	98.3	97.9	97.5	97.1	96.7	96.3	95.9
82	100.0	99.6	99.2	98.8	98.3	97.9	97.5	97.1	96.7	96.3	95.9
83	100.0	99.6	99.2	98.8	98.4	98.0	97.5	97.1	96.7	96.3	95.9
84	100.0	99.6	99.2	98.8	98.4	98.0	97.6	97.2	96.8	96.4	96.0
85	100.0	99.6	99.2	98.8	98.4	98.0	97.6	97.2	96.8	96.4	96.0
86	100.0	99.6	99.2	98.8	98.4	98.0	97.6	97.2	96.8	96.4	96.0
87	100.0	99.6	99.2	98.8	98.4	98.0	97.6	97.2	96.8	96.4	96.1
88	100.0	99.6	99.2	98.8	98.4	98.0	97.6	97.2	96.9	96.5	96.1
89	100.0	99.6	99.2	98.8	98.4	98.0	97.7	97.3	96.9	96.5	96.1
90	100.0	99.6	99.2	98.8	98.4	98.1	97.7	97.3	96.9	96.5	96.1
91	100.0	99.6	99.2	98.8	98.5	98.1	97.7	97.3	96.9	96.5	96.2
92	100.0	99.6	99.2	98.8	98.5	98.1	97.7	97.3	97.0	96.6	96.2
93	100.0	99.6	99.2	98.9	98.5	98.1	97.7	97.3	97.0	96.6	96.2
94	100.0	99.6	99.2	98.9	98.5	98.1	97.7	97.4	97.0	96.6	96.3
95	100.0	99.6	99.2	98.9	98.5	98.1	97.8	97.4	97.0	96.6	96.3
96	100.0	99.6	99.3	98.9	98.5	98.1	97.8	97.4	97.0	96.7	96.3
97	100.0	99.6	99.3	98.9	98.5	98.2	97.8	97.4	97.1	96.7	96.3
98	100.0	99.6	99.3	98.9	98.5	98.2	97.8	97.4	97.1	96.7	96.4
99	100.0	99.6	99.3	98.9	98.5	98.2	97.8	97.5	97.1	96.7	96.4
100	100.0	99.6	99.3	98.9	98.5	98.2	97.8	97.5	97.1	96.8	96.4

表 3a$_2$（续）

$t-t_w$ / t	1.1	1.2	1.3	1.4	1.5	1.6	1.7	1.8	1.9	2.0
15	87.9	86.8	85.7	84.6	83.6	82.5	81.4	80.4	79.3	78.3
16	88.3	87.2	86.2	85.1	84.1	83.0	82.0	81.0	80.0	78.9
17	88.6	87.6	86.6	85.6	84.6	83.6	82.6	81.6	80.6	79.6
18	88.9	88.0	87.0	86.0	85.0	84.0	83.1	82.1	81.1	80.2
19	89.3	88.3	87.3	86.4	85.4	84.5	83.6	82.6	81.7	80.8
20	89.6	88.6	87.7	86.8	85.8	84.9	84.0	83.1	82.2	81.3
21	89.8	88.9	88.0	87.1	86.2	85.3	84.4	83.6	82.7	81.8
22	90.1	89.2	88.3	87.5	86.6	85.7	84.8	84.0	83.1	82.3
23	90.3	89.5	88.6	87.8	86.9	86.1	85.2	84.4	83.5	82.7
24	90.6	89.7	88.9	88.1	87.2	86.4	85.6	84.8	83.9	83.1
25	90.8	90.0	89.2	88.3	87.5	86.7	85.9	85.1	84.3	83.5
26	91.0	90.2	89.4	88.6	87.8	87.0	86.3	85.5	84.7	83.9
27	91.2	90.4	89.6	88.9	88.1	87.3	86.6	85.8	85.0	84.3
28	91.4	90.6	89.9	89.1	88.4	87.6	86.8	86.1	85.4	84.6
29	91.6	90.8	90.1	89.3	88.6	87.9	87.1	86.4	85.7	84.9
30	91.7	91.0	90.3	89.5	88.8	88.1	87.4	86.7	85.9	85.2
31	91.9	91.2	90.5	89.8	89.0	88.3	87.6	86.9	86.2	85.5
32	92.1	91.4	90.7	90.0	89.3	88.6	87.9	87.2	86.5	85.8
33	92.2	91.5	90.8	90.1	89.5	88.8	88.1	87.4	86.7	86.1
34	92.3	91.7	91.0	90.3	89.6	89.0	88.3	87.6	87.0	86.3
35	92.5	91.8	91.1	90.5	89.8	89.2	88.5	87.9	87.2	86.6
36	92.6	92.0	91.3	90.6	90.0	89.3	88.7	88.1	87.4	86.8
37	92.7	92.1	91.4	90.8	90.2	89.5	88.9	88.3	87.6	87.0
38	92.8	92.2	91.6	90.9	90.3	89.7	89.1	88.4	87.8	87.2
39	93.0	92.3	91.7	91.1	90.5	89.9	89.2	88.6	88.0	87.4
40	93.1	92.5	91.8	91.2	90.6	90.0	89.4	88.8	88.2	87.6
41	93.2	92.6	92.0	91.4	90.8	90.2	89.6	89.0	88.4	87.8
42	93.3	92.7	92.1	91.5	90.9	90.3	89.7	89.1	88.5	88.0
43	93.4	92.8	92.2	91.6	91.0	90.4	89.9	89.3	88.7	88.1
44	93.5	92.9	92.3	91.7	91.1	90.6	90.0	89.4	88.9	88.3
45	93.5	93.0	92.4	91.8	91.3	90.7	90.1	89.6	89.0	88.5
46	93.6	93.1	92.5	91.9	91.4	90.8	90.3	89.7	89.2	88.6
47	93.7	93.2	92.6	92.0	91.5	90.9	90.4	89.8	89.3	88.8
48	93.8	93.2	92.7	92.1	91.6	91.1	90.5	90.0	89.4	88.9
49	93.9	93.3	92.8	92.2	91.7	91.2	90.6	90.1	89.6	89.0
50	93.9	93.4	92.9	92.3	91.8	91.3	90.7	90.2	89.7	89.2
51	94.0	93.5	93.0	92.4	91.9	91.4	90.8	90.3	89.8	89.3
52	94.1	93.6	93.0	92.5	92.0	91.5	91.0	90.4	89.9	89.4
53	94.1	93.6	93.1	92.6	92.1	91.6	91.1	90.5	90.0	89.5
54	94.2	93.7	93.2	92.7	92.2	91.7	91.2	90.7	90.2	89.7
55	94.3	93.8	93.3	92.8	92.3	91.8	91.3	90.8	90.3	89.8
56	94.3	93.8	93.3	92.8	92.3	91.8	91.3	90.9	90.4	89.9
57	94.4	93.9	93.4	92.9	92.4	91.9	91.4	91.0	90.5	90.0

表 3a$_2$（续）

$t-t_w$ / t	1.1	1.2	1.3	1.4	1.5	1.6	1.7	1.8	1.9	2.0
58	94.5	94.0	93.5	93.0	92.5	92.0	91.5	91.0	90.6	90.1
59	94.5	94.0	93.5	93.1	92.6	92.1	91.6	91.1	90.7	90.2
60	94.6	94.1	93.6	93.1	92.6	92.2	91.7	91.2	90.8	90.3
61	94.6	94.1	93.7	93.2	92.7	92.2	91.8	91.3	90.8	90.4
62	94.7	94.2	93.7	93.3	92.8	92.3	91.9	91.4	90.9	90.5
63	94.7	94.3	93.8	93.3	92.9	92.4	91.9	91.5	91.0	90.6
64	94.8	94.3	93.8	93.4	92.9	92.5	92.0	91.6	91.1	90.6
65	94.8	94.4	93.9	93.4	93.0	92.5	92.1	91.6	91.2	90.7
66	94.9	94.4	94.0	93.5	93.1	92.6	92.2	91.7	91.3	90.8
67	94.9	94.5	94.0	93.6	93.1	92.7	92.2	91.8	91.3	90.9
68	95.0	94.5	94.1	93.6	93.2	92.7	92.3	91.9	91.4	91.0
69	95.0	94.6	94.1	93.7	93.2	92.8	92.4	91.9	91.5	91.1
70	95.0	94.6	94.2	93.7	93.3	92.9	92.4	92.0	91.6	91.1
71	95.1	94.7	94.2	93.8	93.4	92.9	92.5	92.1	91.6	91.2
72	95.1	94.7	94.3	93.8	93.4	93.0	92.6	92.1	91.7	91.3
73	95.2	94.7	94.3	93.9	93.5	93.0	92.6	92.2	91.8	91.4
74	95.2	94.8	94.4	93.9	93.5	93.1	92.7	92.3	91.8	91.4
75	95.3	94.8	94.4	94.0	93.6	93.2	92.7	92.3	91.9	91.5
76	95.3	94.9	94.5	94.0	93.6	93.2	92.8	92.4	92.0	91.6
77	95.3	94.9	94.5	94.1	93.7	93.3	92.9	92.4	92.0	91.6
78	95.4	95.0	94.5	94.1	93.7	93.3	92.9	92.5	92.1	91.7
79	95.4	95.0	94.6	94.2	93.8	93.4	93.0	92.6	92.2	91.8
80	95.4	95.0	94.6	94.2	93.8	93.4	93.0	92.6	92.2	91.8
81	95.5	95.1	94.7	94.3	93.9	93.5	93.1	92.7	92.3	91.9
82	95.5	95.1	94.7	94.3	93.9	93.5	93.1	92.7	92.3	92.0
83	95.5	95.1	94.7	94.4	94.0	93.6	93.2	92.8	92.4	92.0
84	95.6	95.2	94.8	94.4	94.0	93.6	93.2	92.8	92.5	92.1
85	95.6	95.2	94.8	94.4	94.0	93.7	93.3	92.9	92.5	92.1
86	95.6	95.3	94.9	94.5	94.1	93.7	93.3	92.9	92.6	92.2
87	95.7	95.3	94.9	94.5	94.1	93.8	93.4	93.0	92.6	92.2
88	95.7	95.3	94.9	94.6	94.2	93.8	93.4	93.0	92.7	92.3
89	95.7	95.4	95.0	94.6	94.2	93.8	93.5	93.1	92.7	92.4
90	95.8	95.4	95.0	94.6	94.3	93.9	93.5	93.1	92.8	92.4
91	95.8	95.4	95.0	94.7	94.3	93.9	93.6	93.2	92.8	92.5
92	95.8	95.5	95.1	94.7	94.3	94.0	93.6	93.2	92.9	92.5
93	95.9	95.5	95.1	94.7	94.4	94.0	93.7	93.3	92.9	92.6
94	95.9	95.5	95.1	94.8	94.4	94.1	93.7	93.3	93.0	92.6
95	95.9	95.5	95.2	94.8	94.5	94.1	93.7	93.4	93.0	92.7
96	95.9	95.6	95.2	94.9	94.5	94.1	93.8	93.4	93.1	92.7
97	96.0	95.6	95.2	94.9	94.5	94.2	93.8	93.5	93.1	92.8
98	96.0	95.6	95.3	94.9	94.6	94.2	93.9	93.5	93.2	92.8
99	96.0	95.7	95.3	95.0	94.6	94.3	93.9	93.6	93.2	92.9
100	96.0	95.7	95.3	95.0	94.6	94.3	93.9	93.6	93.3	92.9

表 3a$_2$(续)

$t-t_w$ / t	2.1	2.2	2.3	2.4	2.5	2.6	2.7	2.8	2.9	3.0
15	77.2	76.2	75.1	74.1	73.0	72.0	71.0	69.9	68.9	67.9
16	77.9	76.9	75.9	74.9	73.9	72.9	71.9	70.9	69.9	68.9
17	78.6	77.6	76.6	75.7	74.7	73.7	72.8	71.8	70.8	69.9
18	79.2	78.3	77.3	76.4	75.4	74.5	73.6	72.6	71.7	70.8
19	79.8	78.9	78.0	77.1	76.1	75.2	74.3	73.4	72.5	71.6
20	80.4	79.5	78.6	77.7	76.8	75.9	75.0	74.2	73.3	72.4
21	80.9	80.0	79.2	78.3	77.4	76.6	75.7	74.9	74.0	73.1
22	81.4	80.6	79.7	78.9	78.0	77.2	76.3	75.5	74.7	73.8
23	81.9	81.0	80.2	79.4	78.6	77.8	76.9	76.1	75.3	74.5
24	82.3	81.5	80.7	79.9	79.1	78.3	77.5	76.7	75.9	75.1
25	82.7	82.0	81.2	80.4	79.6	78.8	78.0	77.3	76.5	75.7
26	83.1	82.4	81.6	80.8	80.1	79.3	78.5	77.8	77.0	76.3
27	83.5	82.8	82.0	81.3	80.5	79.8	79.0	78.3	77.6	76.8
28	83.9	83.1	82.4	81.7	80.9	80.2	79.5	78.8	78.0	77.3
29	84.2	83.5	82.8	82.0	81.3	80.6	79.9	79.2	78.5	77.8
30	84.5	83.8	83.1	82.4	81.7	81.0	80.3	79.6	78.9	78.3
31	84.8	84.1	83.4	82.8	82.1	81.4	80.7	80.0	79.4	78.7
32	85.1	84.4	83.8	83.1	82.4	81.7	81.1	80.4	79.8	79.1
33	85.4	84.7	84.1	83.4	82.7	82.1	81.4	80.8	80.1	79.5
34	85.7	85.0	84.4	83.7	83.1	82.4	81.8	81.1	80.5	79.9
35	85.9	85.3	84.6	84.0	83.4	82.7	82.1	81.5	80.8	80.2
36	86.2	85.5	84.9	84.3	83.6	83.0	82.4	81.8	81.2	80.5
37	86.4	85.8	85.1	84.5	83.9	83.3	82.7	82.1	81.5	80.9
38	86.6	86.0	85.4	84.8	84.2	83.6	83.0	82.4	81.8	81.2
39	86.8	86.2	85.6	85.0	84.4	83.8	83.2	82.6	82.1	81.5
40	87.0	86.4	85.8	85.2	84.7	84.1	83.5	82.9	82.3	81.8
41	87.2	86.6	86.0	85.5	84.9	84.3	83.7	83.2	82.6	82.0
42	87.4	86.8	86.2	85.7	85.1	84.5	84.0	83.4	82.8	82.3
43	87.6	87.0	86.4	85.9	85.3	84.8	84.2	83.6	83.1	82.5
44	87.7	87.2	86.6	86.1	85.5	85.0	84.4	83.9	83.3	82.8
45	87.9	87.4	86.8	86.3	85.7	85.2	84.6	84.1	83.5	83.0
46	88.1	87.5	87.0	86.4	85.9	85.4	84.8	84.3	83.8	83.2
47	88.2	87.7	87.1	86.6	86.1	85.5	85.0	84.5	84.0	83.4
48	88.4	87.8	87.3	86.8	86.3	85.7	85.2	84.7	84.2	83.7
49	88.5	88.0	87.5	86.9	86.4	85.9	85.4	84.9	84.4	83.9
50	88.6	88.1	87.6	87.1	86.6	86.1	85.6	85.1	84.6	84.0
51	88.8	88.3	87.8	87.2	86.7	86.2	85.7	85.2	84.7	84.2
52	88.9	88.4	87.9	87.4	86.9	86.4	85.9	85.4	84.9	84.4
53	89.0	88.5	88.0	87.5	87.0	86.5	86.1	85.6	85.1	84.6
54	89.2	88.7	88.2	87.7	87.2	86.7	86.2	85.7	85.2	84.8
55	89.3	88.8	88.3	87.8	87.3	86.8	86.4	85.9	85.4	84.9
56	89.4	88.9	88.4	87.9	87.5	87.0	86.5	86.0	85.6	85.1
57	89.5	89.0	88.5	88.1	87.6	87.1	86.6	86.2	85.7	85.2

表 3a$_2$(续)

$t-t_w$ / t	2.1	2.2	2.3	2.4	2.5	2.6	2.7	2.8	2.9	3.0
58	89.6	89.1	88.7	88.2	87.7	87.2	86.8	86.3	85.9	85.4
59	89.7	89.2	88.8	88.3	87.8	87.4	86.9	86.5	86.0	85.5
60	89.8	89.3	88.9	88.4	88.0	87.5	87.0	86.6	86.1	85.7
61	89.9	89.5	89.0	88.5	88.1	87.6	87.2	86.7	86.3	85.8
62	90.0	89.6	89.1	88.6	88.2	87.7	87.3	86.8	86.4	86.0
63	90.1	89.7	89.2	88.8	88.3	87.9	87.4	87.0	86.5	86.1
64	90.2	89.8	89.3	88.9	88.4	88.0	87.5	87.1	86.7	86.2
65	90.3	89.8	89.4	89.0	88.5	88.1	87.6	87.2	86.8	86.3
66	90.4	89.9	89.5	89.1	88.6	88.2	87.8	87.3	86.9	86.5
67	90.5	90.0	89.6	89.2	88.7	88.3	87.9	87.4	87.0	86.6
68	90.5	90.1	89.7	89.3	88.8	88.4	88.0	87.5	87.1	86.7
69	90.6	90.2	89.8	89.3	88.9	88.5	88.1	87.7	87.2	86.8
70	90.7	90.3	89.9	89.4	89.0	88.6	88.2	87.8	87.3	86.9
71	90.8	90.4	89.9	89.5	89.1	88.7	88.3	87.9	87.5	87.0
72	90.9	90.4	90.0	89.6	89.2	88.8	88.4	88.0	87.6	87.1
73	90.9	90.5	90.1	89.7	89.3	88.9	88.5	88.1	87.7	87.3
74	91.0	90.6	90.2	89.8	89.4	89.0	88.6	88.2	87.8	87.4
75	91.1	90.7	90.3	89.9	89.5	89.1	88.7	88.3	87.9	87.5
76	91.2	90.8	90.4	89.9	89.5	89.1	88.7	88.3	88.0	87.6
77	91.2	90.8	90.4	90.0	89.6	89.2	88.8	88.4	88.0	87.7
78	91.3	90.9	90.5	90.1	89.7	89.3	88.9	88.5	88.1	87.8
79	91.4	91.0	90.6	90.2	89.8	89.4	89.0	88.6	88.2	87.8
80	91.4	91.0	90.6	90.3	89.9	89.5	89.1	88.7	88.3	87.9
81	91.5	91.1	90.7	90.3	89.9	89.6	89.2	88.8	88.4	88.0
82	91.6	91.2	90.8	90.4	90.0	89.6	89.3	88.9	88.5	88.1
83	91.6	91.2	90.9	90.5	90.1	89.7	89.3	89.0	88.6	88.2
84	91.7	91.3	90.9	90.5	90.2	89.8	89.4	89.0	88.7	88.3
85	91.7	91.4	91.0	90.6	90.2	89.9	89.5	89.1	88.7	88.4
86	91.8	91.4	91.1	90.7	90.3	89.9	89.6	89.2	88.8	88.5
87	91.9	91.5	91.1	90.7	90.4	90.0	89.6	89.3	88.9	88.5
88	91.9	91.6	91.2	90.8	90.4	90.1	89.7	89.4	89.0	88.6
89	92.0	91.6	91.2	90.9	90.5	90.2	89.8	89.4	89.1	88.7
90	92.0	91.7	91.3	90.9	90.6	90.2	89.9	89.5	89.1	88.8
91	92.1	91.7	91.4	91.0	90.6	90.3	89.9	89.6	89.2	88.9
92	92.2	91.8	91.4	91.1	90.7	90.4	90.0	89.6	89.3	88.9
93	92.2	91.8	91.5	91.1	90.8	90.4	90.1	89.7	89.4	89.0
94	92.3	91.9	91.5	91.2	90.8	90.5	90.1	89.8	89.4	89.1
95	92.3	92.0	91.6	91.3	90.9	90.6	90.2	89.9	89.5	89.2
96	92.4	92.0	91.7	91.3	91.0	90.6	90.3	89.9	89.6	89.2
97	92.4	92.1	91.7	91.4	91.0	90.7	90.3	90.0	89.6	89.3
98	92.5	92.1	91.8	91.4	91.1	90.7	90.4	90.1	89.7	89.4
99	92.5	92.2	91.8	91.5	91.1	90.8	90.5	90.1	89.8	89.4
100	92.6	92.2	91.9	91.5	91.2	90.9	90.5	90.2	89.8	89.5

表 $3a_2$(续)

t \ $t-t_w$	3.1	3.2	3.3	3.4	3.5	3.6	3.7	3.8	3.9	4.0
15	66.9	65.9	64.8	63.8	62.8	61.8	60.8	59.8	58.8	57.8
16	67.9	66.9	66.0	65.0	64.0	63.0	62.1	61.1	60.1	59.2
17	68.9	68.0	67.0	66.1	65.1	64.2	63.2	62.3	61.4	60.5
18	69.8	68.9	68.0	67.1	66.2	65.3	64.3	63.4	62.5	61.6
19	70.7	69.8	68.9	68.0	67.1	66.3	65.4	64.5	63.6	62.8
20	71.5	70.7	69.8	68.9	68.1	67.2	66.4	65.5	64.6	63.8
21	72.3	71.5	70.6	69.8	68.9	68.1	67.3	66.4	65.6	64.8
22	73.0	72.2	71.4	70.6	69.7	68.9	68.1	67.3	66.5	65.7
23	73.7	72.9	72.1	71.3	70.5	69.7	68.9	68.2	67.4	66.6
24	74.4	73.6	72.8	72.0	71.2	70.5	69.7	68.9	68.2	67.4
25	75.0	74.2	73.4	72.7	71.9	71.2	70.4	69.7	68.9	68.2
26	75.5	74.8	74.1	73.3	72.6	71.8	71.1	70.4	69.7	68.9
27	76.1	75.4	74.6	73.9	73.2	72.5	71.8	71.1	70.3	69.6
28	76.6	75.9	75.2	74.5	73.8	73.1	72.4	71.7	71.0	70.3
29	77.1	76.4	75.7	75.0	74.3	73.6	73.0	72.3	71.6	70.9
30	77.6	76.9	76.2	75.5	74.9	74.2	73.5	72.9	72.2	71.5
31	78.0	77.3	76.7	76.0	75.4	74.7	74.0	73.4	72.7	72.1
32	78.4	77.8	77.1	76.5	75.8	75.2	74.5	73.9	73.3	72.6
33	78.8	78.2	77.6	76.9	76.3	75.6	75.0	74.4	73.8	73.1
34	79.2	78.6	78.0	77.3	76.7	76.1	75.5	74.9	74.2	73.6
35	79.6	79.0	78.3	77.7	77.1	76.5	75.9	75.3	74.7	74.1
36	79.9	79.3	78.7	78.1	77.5	76.9	76.3	75.7	75.1	74.5
37	80.3	79.7	79.1	78.5	77.9	77.3	76.7	76.1	75.5	75.0
38	80.6	80.0	79.4	78.8	78.2	77.7	77.1	76.5	75.9	75.4
39	80.9	80.3	79.7	79.2	78.6	78.0	77.4	76.9	76.3	75.8
40	81.2	80.6	80.0	79.5	78.9	78.4	77.8	77.2	76.7	76.1
41	81.5	80.9	80.3	79.8	79.2	78.7	78.1	77.6	77.0	76.5
42	81.7	81.2	80.6	80.1	79.5	79.0	78.4	77.9	77.4	76.8
43	82.0	81.4	80.9	80.4	79.8	79.3	78.7	78.2	77.7	77.1
44	82.2	81.7	81.2	80.6	80.1	79.6	79.0	78.5	78.0	77.5
45	82.5	81.9	81.4	80.9	80.4	79.8	79.3	78.8	78.3	77.8
46	82.7	82.2	81.7	81.1	80.6	80.1	79.6	79.1	78.6	78.1
47	82.9	82.4	81.9	81.4	80.9	80.4	79.9	79.3	78.8	78.3
48	83.1	82.6	82.1	81.6	81.1	80.6	80.1	79.6	79.1	78.6
49	83.3	82.8	82.3	81.8	81.3	80.8	80.3	79.9	79.4	78.9
50	83.5	83.0	82.6	82.1	81.6	81.1	80.6	80.1	79.6	79.1
51	83.7	83.2	82.8	82.3	81.8	81.3	80.8	80.3	79.8	79.4
52	83.9	83.4	83.0	82.5	82.0	81.5	81.0	80.6	80.1	79.6
53	84.1	83.6	83.1	82.7	82.2	81.7	81.2	80.8	80.3	79.8
54	84.3	83.8	83.3	82.9	82.4	81.9	81.4	81.0	80.5	80.1
55	84.5	84.0	83.5	83.0	82.6	82.1	81.6	81.2	80.7	80.3
56	84.6	84.2	83.7	83.2	82.8	82.3	81.8	81.4	80.9	80.5
57	84.8	84.3	83.9	83.4	82.9	82.5	82.0	81.6	81.1	80.7

表 3a$_2$(续)

$t-t_w$ / t	3.1	3.2	3.3	3.4	3.5	3.6	3.7	3.8	3.9	4.0
58	84.9	84.5	84.0	83.6	83.1	82.7	82.2	81.8	81.3	80.9
59	85.1	84.6	84.2	83.7	83.3	82.8	82.4	81.9	81.5	81.1
60	85.2	84.8	84.3	83.9	83.4	83.0	82.6	82.1	81.7	81.3
61	85.4	84.9	84.5	84.0	83.6	83.2	82.7	82.3	81.9	81.4
62	85.5	85.1	84.6	84.2	83.8	83.3	82.9	82.5	82.0	81.6
63	85.7	85.2	84.8	84.3	83.9	83.5	83.1	82.6	82.2	81.8
64	85.8	85.4	84.9	84.5	84.1	83.6	83.2	82.8	82.4	81.9
65	85.9	85.5	85.1	84.6	84.2	83.8	83.4	82.9	82.5	82.1
66	86.0	85.6	85.2	84.8	84.3	83.9	83.5	83.1	82.7	82.3
67	86.2	85.7	85.3	84.9	84.5	84.1	83.7	83.2	82.8	82.4
68	86.3	85.9	85.5	85.0	84.6	84.2	83.8	83.4	83.0	82.6
69	86.4	86.0	85.6	85.2	84.8	84.3	83.9	83.5	83.1	82.7
70	86.5	86.1	85.7	85.3	84.9	84.5	84.1	83.7	83.3	82.9
71	86.6	86.2	85.8	85.4	85.0	84.6	84.2	83.8	83.4	83.0
72	86.7	86.3	85.9	85.5	85.1	84.7	84.3	83.9	83.5	83.2
73	86.9	86.5	86.1	85.7	85.3	84.9	84.5	84.1	83.7	83.3
74	87.0	86.6	86.2	85.8	85.4	85.0	84.6	84.2	83.8	83.4
75	87.1	86.7	86.3	85.9	85.5	85.1	84.7	84.3	83.9	83.6
76	87.2	86.8	86.4	86.0	85.6	85.2	84.8	84.4	84.1	83.7
77	87.3	86.9	86.5	86.1	85.7	85.3	85.0	84.6	84.2	83.8
78	87.4	87.0	86.6	86.2	85.8	85.4	85.1	84.7	84.3	83.9
79	87.5	87.1	86.7	86.3	85.9	85.6	85.2	84.8	84.4	84.1
80	87.6	87.2	86.8	86.4	86.0	85.7	85.3	84.9	84.5	84.2
81	87.7	87.3	86.9	86.5	86.1	85.8	85.4	85.0	84.7	84.3
82	87.7	87.4	87.0	86.6	86.2	85.9	85.5	85.1	84.8	84.4
83	87.8	87.5	87.1	86.7	86.4	86.0	85.6	85.3	84.9	84.5
84	87.9	87.6	87.2	86.8	86.4	86.1	85.7	85.4	85.0	84.6
85	88.0	87.6	87.3	86.9	86.5	86.2	85.8	85.5	85.1	84.7
86	88.1	87.7	87.4	87.0	86.6	86.3	85.9	85.6	85.2	84.9
87	88.2	87.8	87.5	87.1	86.7	86.4	86.0	85.7	85.3	85.0
88	88.3	87.9	87.5	87.2	86.8	86.5	86.1	85.8	85.4	85.1
89	88.3	88.0	87.6	87.3	86.9	86.6	86.2	85.9	85.5	85.2
90	88.4	88.1	87.7	87.4	87.0	86.7	86.3	86.0	85.6	85.3
91	88.5	88.2	87.8	87.5	87.1	86.8	86.4	86.1	85.7	85.4
92	88.6	88.2	87.9	87.5	87.2	86.8	86.5	86.2	85.8	85.5
93	88.7	88.3	88.0	87.6	87.3	86.9	86.6	86.3	85.9	85.6
94	88.7	88.4	88.1	87.7	87.4	87.0	86.7	86.3	86.0	85.7
95	88.8	88.5	88.1	87.8	87.4	87.1	86.8	86.4	86.1	85.8
96	88.9	88.6	88.2	87.9	87.5	87.2	86.9	86.5	86.2	85.9
97	89.0	88.6	88.3	88.0	87.6	87.3	86.9	86.6	86.3	85.9
98	89.0	88.7	88.4	88.0	87.7	87.4	87.0	86.7	86.4	86.0
99	89.1	88.8	88.4	88.1	87.8	87.4	87.1	86.8	86.5	86.1
100	89.2	88.8	88.5	88.2	87.9	87.5	87.2	86.9	86.5	86.2

表 3a₂(续)

t \ $t-t_w$	4.1	4.2	4.3	4.4	4.5	4.6	4.7	4.8	4.9	5.0
15	56.9	55.9	54.9	53.9	52.9	52.0	51.0	50.0	49.1	48.1
16	58.2	57.3	56.3	55.4	54.4	53.5	52.6	51.6	50.7	49.8
17	59.5	58.6	57.7	56.8	55.9	54.9	54.0	53.1	52.2	51.3
18	60.7	59.9	59.0	58.1	57.2	56.3	55.4	54.5	53.7	52.8
19	61.9	61.0	60.2	59.3	58.4	57.6	56.7	55.9	55.0	54.2
20	63.0	62.1	61.3	60.4	59.6	58.8	58.0	57.1	56.3	55.5
21	64.0	63.2	62.3	61.5	60.7	59.9	59.1	58.3	57.5	56.7
22	64.9	64.1	63.3	62.5	61.8	61.0	60.2	59.4	58.6	57.9
23	65.8	65.0	64.3	63.5	62.7	62.0	61.2	60.5	59.7	58.9
24	66.7	65.9	65.2	64.4	63.7	62.9	62.2	61.4	60.7	60.0
25	67.5	66.7	66.0	65.3	64.5	63.8	63.1	62.4	61.6	60.9
26	68.2	67.5	66.8	66.1	65.4	64.7	63.9	63.2	62.5	61.8
27	68.9	68.2	67.5	66.8	66.1	65.5	64.8	64.1	63.4	62.7
28	69.6	68.9	68.2	67.6	66.9	66.2	65.5	64.9	64.2	63.5
29	70.3	69.6	68.9	68.2	67.6	66.9	66.3	65.6	65.0	64.3
30	70.9	70.2	69.6	68.9	68.3	67.6	67.0	66.3	65.7	65.0
31	71.4	70.8	70.2	69.5	68.9	68.2	67.6	67.0	66.4	65.7
32	72.0	71.4	70.7	70.1	69.5	68.9	68.2	67.6	67.0	66.4
33	72.5	71.9	71.3	70.7	70.1	69.4	68.8	68.2	67.6	67.0
34	73.0	72.4	71.8	71.2	70.6	70.0	69.4	68.8	68.2	67.6
35	73.5	72.9	72.3	71.7	71.1	70.5	69.9	69.4	68.8	68.2
36	73.9	73.4	72.8	72.2	71.6	71.0	70.5	69.9	69.3	68.7
37	74.4	73.8	73.2	72.7	72.1	71.5	71.0	70.4	69.8	69.3
38	74.8	74.2	73.7	73.1	72.5	72.0	71.4	70.9	70.3	69.8
39	75.2	74.6	74.1	73.5	73.0	72.4	71.9	71.3	70.8	70.2
40	75.6	75.0	74.5	73.9	73.4	72.8	72.3	71.8	71.2	70.7
41	75.9	75.4	74.9	74.3	73.8	73.2	72.7	72.2	71.7	71.1
42	76.3	75.8	75.2	74.7	74.2	73.6	73.1	72.6	72.1	71.6
43	76.6	76.1	75.6	75.0	74.5	74.0	73.5	73.0	72.5	72.0
44	76.9	76.4	75.9	75.4	74.9	74.4	73.9	73.4	72.8	72.3
45	77.3	76.7	76.2	75.7	75.2	74.7	74.2	73.7	73.2	72.7
46	77.5	77.0	76.5	76.0	75.5	75.0	74.5	74.1	73.6	73.1
47	77.8	77.3	76.8	76.3	75.9	75.4	74.9	74.4	73.9	73.4
48	78.1	77.6	77.1	76.6	76.2	75.7	75.2	74.7	74.2	73.7
49	78.4	77.9	77.4	76.9	76.4	76.0	75.5	75.0	74.5	74.1
50	78.6	78.2	77.7	77.2	76.7	76.3	75.8	75.3	74.8	74.4
51	78.9	78.4	77.9	77.5	77.0	76.5	76.1	75.6	75.1	74.7
52	79.1	78.7	78.2	77.7	77.3	76.8	76.3	75.9	75.4	75.0
53	79.4	78.9	78.4	78.0	77.5	77.1	76.6	76.1	75.7	75.2
54	79.6	79.1	78.7	78.2	77.8	77.3	76.9	76.4	76.0	75.5
55	79.8	79.4	78.9	78.5	78.0	77.6	77.1	76.7	76.2	75.8
56	80.0	79.6	79.1	78.7	78.2	77.8	77.3	76.9	76.5	76.0
57	80.2	79.8	79.3	78.9	78.5	78.0	77.6	77.1	76.7	76.3

表 3a$_2$(续)

t \ $t-t_w$	4.1	4.2	4.3	4.4	4.5	4.6	4.7	4.8	4.9	5.0
58	80.4	80.0	79.5	79.1	78.7	78.2	77.8	77.4	76.9	76.5
59	80.6	80.2	79.8	79.3	78.9	78.5	78.0	77.6	77.2	76.8
60	80.8	80.4	80.0	79.5	79.1	78.7	78.2	77.8	77.4	77.0
61	81.0	80.6	80.1	79.7	79.3	78.9	78.5	78.0	77.6	77.2
62	81.2	80.8	80.3	79.9	79.5	79.1	78.7	78.2	77.8	77.4
63	81.4	80.9	80.5	80.1	79.7	79.3	78.9	78.4	78.0	77.6
64	81.5	81.1	80.7	80.3	79.9	79.5	79.0	78.6	78.2	77.8
65	81.7	81.3	80.9	80.5	80.0	79.6	79.2	78.8	78.4	78.0
66	81.9	81.4	81.0	80.6	80.2	79.8	79.4	79.0	78.6	78.2
67	82.0	81.6	81.2	80.8	80.4	80.0	79.6	79.2	78.8	78.4
68	82.2	81.8	81.4	81.0	80.6	80.2	79.8	79.4	79.0	78.6
69	82.3	81.9	81.5	81.1	80.7	80.3	79.9	79.6	79.2	78.8
70	82.5	82.1	81.7	81.3	80.9	80.5	80.1	79.7	79.3	79.0
71	82.6	82.2	81.8	81.4	81.1	80.7	80.3	79.9	79.5	79.1
72	82.8	82.4	82.0	81.6	81.2	80.8	80.4	80.1	79.7	79.3
73	82.9	82.5	82.1	81.7	81.4	81.0	80.6	80.2	79.8	79.5
74	83.0	82.7	82.3	81.9	81.5	81.1	80.8	80.4	80.0	79.6
75	83.2	82.8	82.4	82.0	81.7	81.3	80.9	80.5	80.2	79.8
76	83.3	82.9	82.5	82.2	81.8	81.4	81.0	80.7	80.3	79.9
77	83.4	83.1	82.7	82.3	81.9	81.6	81.2	80.8	80.5	80.1
78	83.6	83.2	82.8	82.4	82.1	81.7	81.3	81.0	80.6	80.2
79	83.7	83.3	82.9	82.6	82.2	81.8	81.5	81.1	80.8	80.4
80	83.8	83.4	83.1	82.7	82.3	82.0	81.6	81.3	80.9	80.5
81	83.9	83.6	83.2	82.8	82.5	82.1	81.8	81.4	81.0	80.7
82	84.0	83.7	83.3	83.0	82.6	82.2	81.9	81.5	81.2	80.8
83	84.2	83.8	83.4	83.1	82.7	82.4	82.0	81.7	81.3	81.0
84	84.3	83.9	83.6	83.2	82.9	82.5	82.1	81.8	81.4	81.1
85	84.4	84.0	83.7	83.3	83.0	82.6	82.3	81.9	81.6	81.2
86	84.5	84.1	83.8	83.4	83.1	82.7	82.4	82.1	81.7	81.4
87	84.6	84.3	83.9	83.6	83.2	82.9	82.5	82.2	81.8	81.5
88	84.7	84.4	84.0	83.7	83.3	83.0	82.6	82.3	82.0	81.6
89	84.8	84.5	84.1	83.8	83.4	83.1	82.8	82.4	82.1	81.7
90	84.9	84.6	84.2	83.9	83.6	83.2	82.9	82.5	82.2	81.9
91	85.0	84.7	84.3	84.0	83.7	83.3	83.0	82.7	82.3	82.0
92	85.1	84.8	84.5	84.1	83.8	83.4	83.1	82.8	82.4	82.1
93	85.2	84.9	84.6	84.2	83.9	83.6	83.2	82.9	82.6	82.2
94	85.3	85.0	84.7	84.3	84.0	83.7	83.3	83.0	82.7	82.3
95	85.4	85.1	84.8	84.4	84.1	83.8	83.4	83.1	82.8	82.5
96	85.5	85.2	84.9	84.5	84.2	83.9	83.6	83.2	82.9	82.6
97	85.6	85.3	85.0	84.6	84.3	84.0	83.7	83.3	83.0	82.7
98	85.7	85.4	85.1	84.7	84.4	84.1	83.8	83.4	83.1	82.8
99	85.8	85.5	85.2	84.8	84.5	84.2	83.9	83.5	83.2	82.9
100	85.9	85.6	85.2	84.9	84.6	84.3	84.0	83.7	83.3	83.0

表 3a$_2$(续)

t \ $t-t_w$	5.2	5.4	5.6	5.8	6.0	6.2	6.4	6.6	6.8	7.0
15	46.2	44.3	42.4	40.5	38.6	36.8	34.9	33.1	31.2	29.4
16	47.9	46.1	44.2	42.4	40.6	38.8	37.0	35.3	33.5	31.7
17	49.5	47.8	46.0	44.2	42.5	40.8	39.0	37.3	35.6	33.9
18	51.1	49.3	47.6	45.9	44.2	42.6	40.9	39.2	37.6	35.9
19	52.5	50.8	49.2	47.5	45.9	44.3	42.6	41.0	39.4	37.8
20	53.9	52.2	50.6	49.0	47.4	45.9	44.3	42.7	41.2	39.6
21	55.1	53.5	52.0	50.4	48.9	47.4	45.8	44.3	42.8	41.3
22	56.3	54.8	53.3	51.8	50.3	48.8	47.3	45.8	44.4	42.9
23	57.4	56.0	54.5	53.0	51.5	50.1	48.7	47.2	45.8	44.4
24	58.5	57.1	55.6	54.2	52.8	51.3	49.9	48.6	47.2	45.8
25	59.5	58.1	56.7	55.3	53.9	52.5	51.2	49.8	48.5	47.1
26	60.5	59.1	57.7	56.3	55.0	53.7	52.3	51.0	49.7	48.4
27	61.4	60.0	58.7	57.3	56.0	54.7	53.4	52.1	50.8	49.6
28	62.2	60.9	59.6	58.3	57.0	55.7	54.4	53.2	51.9	50.7
29	63.0	61.7	60.4	59.2	57.9	56.7	55.4	54.2	53.0	51.7
30	63.8	62.5	61.3	60.0	58.8	57.6	56.3	55.1	53.9	52.7
31	64.5	63.3	62.0	60.8	59.6	58.4	57.2	56.0	54.9	53.7
32	65.2	64.0	62.8	61.6	60.4	59.2	58.1	56.9	55.7	54.6
33	65.8	64.6	63.5	62.3	61.1	60.0	58.8	57.7	56.6	55.5
34	66.5	65.3	64.1	63.0	61.9	60.7	59.6	58.5	57.4	56.3
35	67.1	65.9	64.8	63.6	62.5	61.4	60.3	59.2	58.1	57.1
36	67.6	66.5	65.4	64.3	63.2	62.1	61.0	59.9	58.9	57.8
37	68.2	67.1	66.0	64.9	63.8	62.7	61.7	60.6	59.6	58.5
38	68.7	67.6	66.5	65.4	64.4	63.3	62.3	61.2	60.2	59.2
39	69.2	68.1	67.0	66.0	64.9	63.9	62.9	61.9	60.8	59.8
40	69.6	68.6	67.5	66.5	65.5	64.5	63.4	62.4	61.4	60.5
41	70.1	69.1	68.0	67.0	66.0	65.0	64.0	63.0	62.0	61.0
42	70.5	69.5	68.5	67.5	66.5	65.5	64.5	63.5	62.6	61.6
43	70.9	69.9	68.9	67.9	67.0	66.0	65.0	64.1	63.1	62.2
44	71.3	70.4	69.4	68.4	67.4	66.5	65.5	64.6	63.6	62.7
45	71.7	70.7	69.8	68.8	67.9	66.9	66.0	65.0	64.1	63.2
46	72.1	71.1	70.2	69.2	68.3	67.3	66.4	65.5	64.6	63.7
47	72.5	71.5	70.6	69.6	68.7	67.8	66.8	65.9	65.0	64.1
48	72.8	71.9	70.9	70.0	69.1	68.2	67.2	66.3	65.5	64.6
49	73.1	72.2	71.3	70.4	69.4	68.5	67.6	66.8	65.9	65.0
50	73.5	72.5	71.6	70.7	69.8	68.9	68.0	67.2	66.3	65.4
51	73.8	72.8	71.9	71.1	70.2	69.3	68.4	67.5	66.7	65.8
52	74.1	73.2	72.3	71.4	70.5	69.6	68.8	67.9	67.0	66.2
53	74.3	73.5	72.6	71.7	70.8	70.0	69.1	68.3	67.4	66.6
54	74.6	73.7	72.9	72.0	71.1	70.3	69.4	68.6	67.8	66.9
55	74.9	74.0	73.2	72.3	71.5	70.6	69.8	68.9	68.1	67.3
56	75.2	74.3	73.4	72.6	71.8	70.9	70.1	69.3	68.4	67.6
57	75.4	74.6	73.7	72.9	72.0	71.2	70.4	69.6	68.8	68.0

表 3a₂(续)

t \ $t-t_w$	5.2	5.4	5.6	5.8	6.0	6.2	6.4	6.6	6.8	7.0
58	75.7	74.8	74.0	73.1	72.3	71.5	70.7	69.9	69.1	68.3
59	75.9	75.1	74.2	73.4	72.6	71.8	71.0	70.2	69.4	68.6
60	76.1	75.3	74.5	73.7	72.9	72.1	71.3	70.5	69.7	68.9
61	76.4	75.5	74.7	73.9	73.1	72.3	71.5	70.7	70.0	69.2
62	76.6	75.8	75.0	74.2	73.4	72.6	71.8	71.0	70.2	69.5
63	76.8	76.0	75.2	74.4	73.6	72.8	72.0	71.3	70.5	69.7
64	77.0	76.2	75.4	74.6	73.9	73.1	72.3	71.5	70.8	70.0
65	77.2	76.4	75.6	74.9	74.1	73.3	72.5	71.8	71.0	70.3
66	77.4	76.6	75.9	75.1	74.3	73.5	72.8	72.0	71.3	70.5
67	77.6	76.8	76.1	75.3	74.5	73.8	73.0	72.3	71.5	70.8
68	77.8	77.0	76.3	75.5	74.7	74.0	73.2	72.5	71.8	71.0
69	78.0	77.2	76.5	75.7	75.0	74.2	73.5	72.7	72.0	71.3
70	78.2	77.4	76.7	75.9	75.2	74.4	73.7	73.0	72.2	71.5
71	78.4	77.6	76.9	76.1	75.4	74.6	73.9	73.2	72.5	71.7
72	78.5	77.8	77.0	76.3	75.6	74.8	74.1	73.4	72.7	72.0
73	78.7	78.0	77.2	76.5	75.8	75.0	74.3	73.6	72.9	72.2
74	78.9	78.1	77.4	76.7	76.0	75.2	74.5	73.8	73.1	72.4
75	79.0	78.3	77.6	76.9	76.1	75.4	74.7	74.0	73.3	72.6
76	79.2	78.5	77.8	77.0	76.3	75.6	74.9	74.2	73.5	72.8
77	79.4	78.6	77.9	77.2	76.5	75.8	75.1	74.4	73.7	73.0
78	79.5	78.8	78.1	77.4	76.7	76.0	75.3	74.6	73.9	73.2
79	79.7	79.0	78.3	77.5	76.9	76.2	75.5	74.8	74.1	73.4
80	79.8	79.1	78.4	77.7	77.0	76.3	75.6	75.0	74.3	73.6
81	80.0	79.3	78.6	77.9	77.2	76.5	75.8	75.1	74.5	73.8
82	80.1	79.4	78.7	78.0	77.4	76.7	76.0	75.3	74.7	74.0
83	80.3	79.6	78.9	78.2	77.5	76.8	76.2	75.5	74.8	74.2
84	80.4	79.7	79.0	78.3	77.7	77.0	76.3	75.7	75.0	74.4
85	80.5	79.9	79.2	78.5	77.8	77.2	76.5	75.8	75.2	74.5
86	80.7	80.0	79.3	78.6	78.0	77.3	76.7	76.0	75.4	74.7
87	80.8	80.1	79.5	78.8	78.1	77.5	76.8	76.2	75.5	74.9
88	80.9	80.3	79.6	78.9	78.3	77.6	77.0	76.3	75.7	75.0
89	81.1	80.4	79.7	79.1	78.4	77.8	77.1	76.5	75.9	75.2
90	81.2	80.5	79.9	79.2	78.6	77.9	77.3	76.6	76.0	75.4
91	81.3	80.7	80.0	79.4	78.7	78.1	77.4	76.8	76.2	75.5
92	81.5	80.8	80.1	79.5	78.9	78.2	77.6	77.0	76.3	75.7
93	81.6	80.9	80.3	79.6	79.0	78.4	77.7	77.1	76.5	75.9
94	81.7	81.1	80.4	79.8	79.1	78.5	77.9	77.2	76.6	76.0
95	81.8	81.2	80.5	79.9	79.3	78.6	78.0	77.4	76.8	76.2
96	81.9	81.3	80.7	80.0	79.4	78.8	78.2	77.5	76.9	76.3
97	82.1	81.4	80.8	80.2	79.5	78.9	78.3	77.7	77.1	76.5
98	82.2	81.5	80.9	80.3	79.7	79.0	78.4	77.8	77.2	76.6
99	82.3	81.7	81.0	80.4	79.8	79.2	78.6	78.0	77.4	76.8
100	82.4	81.8	81.1	80.5	79.9	79.3	78.7	78.1	77.5	76.9

表 3a₂(续)

$t-t_w$ / t	7.2	7.4	7.6	7.8	8.0	8.2	8.4	8.6	8.8	9.0
15	27.6	25.8	24.0	22.3	20.5	18.7	17.0	15.2	13.5	11.8
16	30.0	28.3	26.5	24.8	23.1	21.4	19.7	18.1	16.4	14.7
17	32.2	30.5	28.9	27.2	25.6	23.9	22.3	20.7	19.1	17.5
18	34.3	32.7	31.1	29.5	27.9	26.3	24.7	23.2	21.6	20.1
19	36.3	34.7	33.1	31.6	30.0	28.5	27.0	25.5	24.0	22.5
20	38.1	36.6	35.1	33.6	32.1	30.6	29.1	27.6	26.2	24.7
21	39.8	38.4	36.9	35.4	34.0	32.5	31.1	29.7	28.3	26.9
22	41.5	40.0	38.6	37.2	35.8	34.4	33.0	31.6	30.2	28.9
23	43.0	41.6	40.2	38.8	37.5	36.1	34.8	33.4	32.1	30.8
24	44.4	43.1	41.7	40.4	39.1	37.7	36.4	35.1	33.8	32.5
25	45.8	44.5	43.2	41.9	40.6	39.3	38.0	36.7	35.5	34.2
26	47.1	45.8	44.5	43.2	42.0	40.7	39.5	38.2	37.0	35.8
27	48.3	47.0	45.8	44.6	43.3	42.1	40.9	39.7	38.5	37.3
28	49.4	48.2	47.0	45.8	44.6	43.4	42.2	41.0	39.9	38.7
29	50.5	49.3	48.1	47.0	45.8	44.6	43.5	42.3	41.2	40.0
30	51.6	50.4	49.2	48.1	46.9	45.8	44.7	43.5	42.4	41.3
31	52.5	51.4	50.3	49.1	48.0	46.9	45.8	44.7	43.6	42.5
32	53.5	52.3	51.2	50.1	49.0	47.9	46.8	45.8	44.7	43.6
33	54.4	53.3	52.2	51.1	50.0	48.9	47.9	46.8	45.8	44.7
34	55.2	54.1	53.0	52.0	50.9	49.9	48.8	47.8	46.8	45.7
35	56.0	54.9	53.9	52.8	51.8	50.8	49.7	48.7	47.7	46.7
36	56.8	55.7	54.7	53.7	52.6	51.6	50.6	49.6	48.6	47.6
37	57.5	56.5	55.4	54.4	53.4	52.4	51.4	50.5	49.5	48.5
38	58.2	57.2	56.2	55.2	54.2	53.2	52.2	51.3	50.3	49.4
39	58.8	57.8	56.9	55.9	54.9	54.0	53.0	52.1	51.1	50.2
40	59.5	58.5	57.5	56.6	55.6	54.7	53.7	52.8	51.9	51.0
41	60.1	59.1	58.2	57.2	56.3	55.3	54.4	53.5	52.6	51.7
42	60.7	59.7	58.8	57.8	56.9	56.0	55.1	54.2	53.3	52.4
43	61.2	60.3	59.4	58.4	57.5	56.6	55.7	54.8	53.9	53.1
44	61.7	60.8	59.9	59.0	58.1	57.2	56.3	55.5	54.6	53.7
45	62.3	61.4	60.5	59.6	58.7	57.8	56.9	56.1	55.2	54.3
46	62.8	61.9	61.0	60.1	59.2	58.3	57.5	56.6	55.8	54.9
47	63.2	62.3	61.5	60.6	59.7	58.9	58.0	57.2	56.3	55.5
48	63.7	62.8	61.9	61.1	60.2	59.4	58.5	57.7	56.9	56.1
49	64.1	63.3	62.4	61.6	60.7	59.9	59.0	58.2	57.4	56.6
50	64.6	63.7	62.9	62.0	61.2	60.4	59.5	58.7	57.9	57.1
51	65.0	64.1	63.3	62.5	61.6	60.8	60.0	59.2	58.4	57.6
52	65.4	64.5	63.7	62.9	62.1	61.3	60.5	59.7	58.9	58.1
53	65.7	64.9	64.1	63.3	62.5	61.7	60.9	60.1	59.3	58.5
54	66.1	65.3	64.5	63.7	62.9	62.1	61.3	60.5	59.8	59.0
55	66.5	65.7	64.9	64.1	63.3	62.5	61.7	60.9	60.2	59.4
56	66.8	66.0	65.2	64.4	63.7	62.9	62.1	61.3	60.6	59.8
57	67.2	66.4	65.6	64.8	64.0	63.3	62.5	61.7	61.0	60.2

表 $3a_2$（续）

$t-t_w$ / t	7.2	7.4	7.6	7.8	8.0	8.2	8.4	8.6	8.8	9.0
58	67.5	66.7	65.9	65.2	64.4	63.6	62.9	62.1	61.4	60.6
59	67.8	67.0	66.3	65.5	64.7	64.0	63.2	62.5	61.7	61.0
60	68.1	67.3	66.6	65.8	65.1	64.3	63.6	62.8	62.1	61.4
61	68.4	67.7	66.9	66.1	65.4	64.7	63.9	63.2	62.5	61.7
62	68.7	68.0	67.2	66.5	65.7	65.0	64.2	63.5	62.8	62.1
63	69.0	68.2	67.5	66.8	66.0	65.3	64.6	63.9	63.1	62.4
64	69.3	68.5	67.8	67.1	66.3	65.6	64.9	64.2	63.5	62.8
65	69.5	68.8	68.1	67.3	66.6	65.9	65.2	64.5	63.8	63.1
66	69.8	69.1	68.3	67.6	66.9	66.2	65.5	64.8	64.1	63.4
67	70.1	69.3	68.6	67.9	67.2	66.5	65.8	65.1	64.4	63.7
68	70.3	69.6	68.9	68.2	67.5	66.8	66.1	65.4	64.7	64.0
69	70.6	69.8	69.1	68.4	67.7	67.0	66.3	65.7	65.0	64.3
70	70.8	70.1	69.4	68.7	68.0	67.3	66.6	65.9	65.3	64.6
71	71.0	70.3	69.6	68.9	68.2	67.6	66.9	66.2	65.5	64.9
72	71.3	70.6	69.9	69.2	68.5	67.8	67.1	66.5	65.8	65.1
73	71.5	70.8	70.1	69.4	68.7	68.1	67.4	66.7	66.1	65.4
74	71.7	71.0	70.3	69.7	69.0	68.3	67.6	67.0	66.3	65.7
75	71.9	71.2	70.6	69.9	69.2	68.6	67.9	67.2	66.6	65.9
76	72.1	71.5	70.8	70.1	69.4	68.8	68.1	67.5	66.8	66.2
77	72.3	71.7	71.0	70.3	69.7	69.0	68.4	67.7	67.1	66.4
78	72.6	71.9	71.2	70.6	69.9	69.2	68.6	68.0	67.3	66.7
79	72.8	72.1	71.4	70.8	70.1	69.5	68.8	68.2	67.5	66.9
80	73.0	72.3	71.6	71.0	70.3	69.7	69.0	68.4	67.8	67.2
81	73.1	72.5	71.8	71.2	70.5	69.9	69.3	68.6	68.0	67.4
82	73.3	72.7	72.0	71.4	70.7	70.1	69.5	68.9	68.2	67.6
83	73.5	72.9	72.2	71.6	71.0	70.3	69.7	69.1	68.4	67.8
84	73.7	73.1	72.4	71.8	71.2	70.5	69.9	69.3	68.7	68.1
85	73.9	73.2	72.6	72.0	71.3	70.7	70.1	69.5	68.9	68.3
86	74.1	73.4	72.8	72.2	71.5	70.9	70.3	69.7	69.1	68.5
87	74.2	73.6	73.0	72.4	71.7	71.1	70.5	69.9	69.3	68.7
88	74.4	73.8	73.2	72.5	71.9	71.3	70.7	70.1	69.5	68.9
89	74.6	74.0	73.3	72.7	72.1	71.5	70.9	70.3	69.7	69.1
90	74.8	74.1	73.5	72.9	72.3	71.7	71.1	70.5	69.9	69.3
91	74.9	74.3	73.7	73.1	72.5	71.9	71.3	70.7	70.1	69.5
92	75.1	74.5	73.9	73.2	72.6	72.0	71.4	70.9	70.3	69.7
93	75.2	74.6	74.0	73.4	72.8	72.2	71.6	71.0	70.5	69.9
94	75.4	74.8	74.2	73.6	73.0	72.4	71.8	71.2	70.6	70.1
95	75.6	75.0	74.4	73.8	73.2	72.6	72.0	71.4	70.8	70.2
96	75.7	75.1	74.5	73.9	73.3	72.7	72.2	71.6	71.0	70.4
97	75.9	75.3	74.7	74.1	73.5	72.9	72.3	71.8	71.2	70.6
98	76.0	75.4	74.8	74.2	73.7	73.1	72.5	71.9	71.4	70.8
99	76.2	75.6	75.0	74.4	73.8	73.2	72.7	72.1	71.5	71.0
100	76.3	75.7	75.1	74.6	74.0	73.4	72.8	72.3	71.7	71.1

表 $3a_2$（续）

t \ $t-t_w$	9.2	9.4	9.6	9.8	10.0	10.2	10.4	10.6	10.8	11.0
15	10.1	8.4	6.7	5.0	3.3	1.7	0.0			
16	13.1	11.4	9.8	8.2	6.6	5.0	3.4	1.8	0.2	
17	15.9	14.3	12.7	11.2	9.6	8.1	6.5	5.0	3.5	2.0
18	18.5	17.0	15.5	14.0	12.5	11.0	9.5	8.0	6.5	5.1
19	21.0	19.5	18.0	16.6	15.1	13.7	12.2	10.8	9.4	8.0
20	23.3	21.9	20.5	19.0	17.6	16.2	14.8	13.5	12.1	10.7
21	25.5	24.1	22.7	21.3	20.0	18.6	17.3	15.9	14.6	13.3
22	27.5	26.2	24.8	23.5	22.2	20.9	19.6	18.3	17.0	15.7
23	29.5	28.1	26.8	25.6	24.3	23.0	21.7	20.5	19.2	18.0
24	31.3	30.0	28.7	27.5	26.2	25.0	23.8	22.5	21.3	20.1
25	33.0	31.7	30.5	29.3	28.1	26.9	25.7	24.5	23.3	22.1
26	34.6	33.4	32.2	31.0	29.8	28.6	27.5	26.3	25.2	24.0
27	36.1	34.9	33.8	32.6	31.5	30.3	29.2	28.1	26.9	25.8
28	37.5	36.4	35.3	34.1	33.0	31.9	30.8	29.7	28.6	27.5
29	38.9	37.8	36.7	35.6	34.5	33.4	32.3	31.2	30.2	29.1
30	40.2	39.1	38.0	36.9	35.9	34.8	33.8	32.7	31.7	30.6
31	41.4	40.4	39.3	38.2	37.2	36.2	35.1	34.1	33.1	32.1
32	42.6	41.5	40.5	39.5	38.4	37.4	36.4	35.4	34.4	33.4
33	43.7	42.7	41.6	40.6	39.6	38.6	37.6	36.7	35.7	34.7
34	44.7	43.7	42.7	41.7	40.8	39.8	38.8	37.8	36.9	35.9
35	45.7	44.7	43.8	42.8	41.8	40.9	39.9	39.0	38.0	37.1
36	46.7	45.7	44.7	43.8	42.8	41.9	41.0	40.0	39.1	38.2
37	47.6	46.6	45.7	44.7	43.8	42.9	42.0	41.1	40.2	39.3
38	48.4	47.5	46.6	45.7	44.7	43.8	42.9	42.0	41.1	40.3
39	49.3	48.3	47.4	46.5	45.6	44.7	43.8	43.0	42.1	41.2
40	50.0	49.1	48.2	47.3	46.5	45.6	44.7	43.8	43.0	42.1
41	50.8	49.9	49.0	48.1	47.3	46.4	45.5	44.7	43.9	43.0
42	51.5	50.6	49.8	48.9	48.0	47.2	46.3	45.5	44.7	43.8
43	52.2	51.3	50.5	49.6	48.8	47.9	47.1	46.3	45.5	44.6
44	52.9	52.0	51.2	50.3	49.5	48.7	47.8	47.0	46.2	45.4
45	53.5	52.6	51.8	51.0	50.2	49.3	48.5	47.7	46.9	46.1
46	54.1	53.3	52.4	51.6	50.8	50.0	49.2	48.4	47.6	46.9
47	54.7	53.9	53.1	52.2	51.4	50.6	49.9	49.1	48.3	47.5
48	55.2	54.4	53.6	52.8	52.0	51.3	50.5	49.7	48.9	48.2
49	55.8	55.0	54.2	53.4	52.6	51.8	51.1	50.3	49.6	48.8
50	56.3	55.5	54.7	54.0	53.2	52.4	51.7	50.9	50.2	49.4
51	56.8	56.0	55.3	54.5	53.7	53.0	52.2	51.5	50.7	50.0
52	57.3	56.5	55.8	55.0	54.2	53.5	52.7	52.0	51.3	50.5
53	57.8	57.0	56.2	55.5	54.7	54.0	53.3	52.5	51.8	51.1
54	58.2	57.5	56.7	56.0	55.2	54.5	53.8	53.0	52.3	51.6
55	58.7	57.9	57.2	56.4	55.7	55.0	54.3	53.5	52.8	52.1
56	59.1	58.3	57.6	56.9	56.2	55.4	54.7	54.0	53.3	52.6
57	59.5	58.8	58.0	57.3	56.6	55.9	55.2	54.5	53.8	53.1

表 3a$_2$(续)

$t-t_w$ / t	9.2	9.4	9.6	9.8	10.0	10.2	10.4	10.6	10.8	11.0
58	59.9	59.2	58.4	57.7	57.0	56.3	55.6	54.9	54.2	53.5
59	60.3	59.6	58.8	58.1	57.4	56.7	56.0	55.3	54.7	54.0
60	60.7	59.9	59.2	58.5	57.8	57.1	56.5	55.8	55.1	54.4
61	61.0	60.3	59.6	58.9	58.2	57.5	56.9	56.2	55.5	54.8
62	61.4	60.7	60.0	59.3	58.6	57.9	57.2	56.6	55.9	55.2
63	61.7	61.0	60.3	59.7	59.0	58.3	57.6	57.0	56.3	55.6
64	62.1	61.4	60.7	60.0	59.3	58.7	58.0	57.3	56.7	56.0
65	62.4	61.7	61.0	60.4	59.7	59.0	58.4	57.7	57.1	56.4
66	62.7	62.0	61.4	60.7	60.0	59.4	58.7	58.1	57.4	56.8
67	63.0	62.4	61.7	61.0	60.4	59.7	59.1	58.4	57.8	57.1
68	63.3	62.7	62.0	61.3	60.7	60.0	59.4	58.7	58.1	57.5
69	63.6	63.0	62.3	61.7	61.0	60.4	59.7	59.1	58.4	57.8
70	63.9	63.3	62.6	62.0	61.3	60.7	60.0	59.4	58.8	58.2
71	64.2	63.6	62.9	62.3	61.6	61.0	60.3	59.7	59.1	58.5
72	64.5	63.8	63.2	62.6	61.9	61.3	60.7	60.0	59.4	58.8
73	64.8	64.1	63.5	62.8	62.2	61.6	61.0	60.3	59.7	59.1
74	65.0	64.4	63.8	63.1	62.5	61.9	61.2	60.6	60.0	59.4
75	65.3	64.7	64.0	63.4	62.8	62.1	61.5	60.9	60.3	59.7
76	65.6	64.9	64.3	63.7	63.0	62.4	61.8	61.2	60.6	60.0
77	65.8	65.2	64.5	63.9	63.3	62.7	62.1	61.5	60.9	60.3
78	66.0	65.4	64.8	64.2	63.6	63.0	62.4	61.8	61.2	60.6
79	66.3	65.7	65.1	64.4	63.8	63.2	62.6	62.0	61.4	60.8
80	66.5	65.9	65.3	64.7	64.1	63.5	62.9	62.3	61.7	61.1
81	66.8	66.1	65.5	64.9	64.3	63.7	63.1	62.5	62.0	61.4
82	67.0	66.4	65.8	65.2	64.6	64.0	63.4	62.8	62.2	61.6
83	67.2	66.6	66.0	65.4	64.8	64.2	63.6	63.1	62.5	61.9
84	67.4	66.8	66.2	65.6	65.1	64.5	63.9	63.3	62.7	62.2
85	67.7	67.1	66.5	65.9	65.3	64.7	64.1	63.5	63.0	62.4
86	67.9	67.3	66.7	66.1	65.5	64.9	64.4	63.8	63.2	62.6
87	68.1	67.5	66.9	66.3	65.7	65.2	64.6	64.0	63.5	62.9
88	68.3	67.7	67.1	66.5	66.0	65.4	64.8	64.2	63.7	63.1
89	68.5	67.9	67.3	66.8	66.2	65.6	65.0	64.5	63.9	63.4
90	68.7	68.1	67.5	67.0	66.4	65.8	65.3	64.7	64.1	63.6
91	68.9	68.3	67.7	67.2	66.6	66.0	65.5	64.9	64.4	63.8
92	69.1	68.5	68.0	67.4	66.8	66.3	65.7	65.1	64.6	64.0
93	69.3	68.7	68.2	67.6	67.0	66.5	65.9	65.4	64.8	64.3
94	69.5	68.9	68.3	67.8	67.2	66.7	66.1	65.6	65.0	64.5
95	69.7	69.1	68.5	68.0	67.4	66.9	66.3	65.8	65.2	64.7
96	69.9	69.3	68.7	68.2	67.6	67.1	66.5	66.0	65.4	64.9
97	70.0	69.5	68.9	68.4	67.8	67.3	66.7	66.2	65.6	65.1
98	70.2	69.7	69.1	68.6	68.0	67.5	66.9	66.4	65.9	65.3
99	70.4	69.9	69.3	68.7	68.2	67.7	67.1	66.6	66.1	65.5
100	70.6	70.0	69.5	68.9	68.4	67.9	67.3	66.8	66.3	65.7

表 3a₂(续)

$t-t_w$ / t	11.5	12.0	12.5	13.5	13.5	14.0	14.5	15.0	15.5	16.0
15										
16										
17										
18	1.5									
19	4.5	1.1								
20	7.4	4.0	0.7							
21	10.0	6.8	3.6	0.5						
22	12.5	9.4	6.4	3.3	0.3					
23	14.9	11.9	8.9	6.0	3.1	0.2				
24	17.1	14.2	11.3	8.5	5.7	2.9	0.2			
25	19.2	16.4	13.6	10.8	8.1	5.4	2.7	0.1		
26	21.2	18.4	15.7	13.0	10.4	7.8	5.2	2.7	0.2	
27	23.1	20.4	17.7	15.1	12.5	10.0	7.5	5.0	2.6	0.2
28	24.8	22.2	19.6	17.1	14.5	12.1	9.6	7.3	4.9	2.6
29	26.5	23.9	21.4	18.9	16.5	14.1	11.7	9.4	7.1	4.8
30	28.1	25.6	23.1	20.7	18.3	15.9	13.6	11.4	9.1	6.9
31	29.6	27.1	24.7	22.3	20.0	17.7	15.5	13.2	11.1	8.9
32	31.0	28.6	26.2	23.9	21.6	19.4	17.2	15.0	12.9	10.8
33	32.3	30.0	27.7	25.4	23.2	21.0	18.8	16.7	14.6	12.6
34	33.6	31.3	29.0	26.8	24.6	22.5	20.4	18.3	16.3	14.3
35	34.8	32.5	30.3	28.2	26.0	23.9	21.9	19.8	17.8	15.9
36	36.0	33.7	31.6	29.4	27.3	25.3	23.3	21.3	19.3	17.4
37	37.0	34.9	32.7	30.6	28.6	26.6	24.6	22.6	20.7	18.8
38	38.1	36.0	33.9	31.8	29.8	27.8	25.8	23.9	22.1	20.2
39	39.1	37.0	34.9	32.9	30.9	29.0	27.1	25.2	23.3	21.5
40	40.0	38.0	35.9	34.0	32.0	30.1	28.2	26.4	24.5	22.8
41	40.9	38.9	36.9	35.0	33.0	31.2	29.3	27.5	25.7	23.9
42	41.8	39.8	37.8	35.9	34.0	32.2	30.3	28.6	26.8	25.1
43	42.6	40.7	38.7	36.8	35.0	33.1	31.3	29.6	27.9	26.2
44	43.4	41.5	39.6	37.7	35.9	34.1	32.3	30.6	28.9	27.2
45	44.2	42.3	40.4	38.6	36.7	35.0	33.2	31.5	29.8	28.2
46	44.9	43.0	41.2	39.4	37.6	35.8	34.1	32.4	30.8	29.1
47	45.6	43.8	41.9	40.1	38.4	36.6	34.9	33.3	31.6	30.0
48	46.3	44.5	42.6	40.9	39.1	37.4	35.7	34.1	32.5	30.9
49	46.9	45.1	43.3	41.6	39.9	38.2	36.5	34.9	33.3	31.7
50	47.6	45.8	44.0	42.3	40.6	38.9	37.3	35.7	34.1	32.5
51	48.2	46.4	44.6	42.9	41.3	39.6	38.0	36.4	34.8	33.3
52	48.8	47.0	45.3	43.6	41.9	40.3	38.7	37.1	35.6	34.1
53	49.3	47.6	45.9	44.2	42.5	40.9	39.3	37.8	36.3	34.8
54	49.9	48.1	46.4	44.8	43.2	41.6	40.0	38.5	36.9	35.5
55	50.4	48.7	47.0	45.4	43.7	42.2	40.6	39.1	37.6	36.1
56	50.9	49.2	47.5	45.9	44.3	42.7	41.2	39.7	38.2	36.8
57	51.4	49.7	48.1	46.4	44.9	43.3	41.8	40.3	38.8	37.4

表 $3a_2$（续）

$t-t_w$ / t	11.5	12.0	12.5	13.5	13.5	14.0	14.5	15.0	15.5	16.0
58	51.9	50.2	48.6	47.0	45.4	43.9	42.4	40.9	39.4	38.0
59	52.3	50.7	49.1	47.5	45.9	44.4	42.9	41.4	40.0	38.6
60	52.8	51.1	49.5	48.0	46.4	44.9	43.4	42.0	40.5	39.1
61	53.2	51.6	50.0	48.4	46.9	45.4	43.9	42.5	41.1	39.7
62	53.6	52.0	50.4	48.9	47.4	45.9	44.4	43.0	41.6	40.2
63	54.0	52.4	50.9	49.3	47.8	46.4	44.9	43.5	42.1	40.7
64	54.4	52.8	51.3	49.8	48.3	46.8	45.4	44.0	42.6	41.2
65	54.8	53.2	51.7	50.2	48.7	47.3	45.8	44.4	43.1	41.7
66	55.2	53.6	52.1	50.6	49.1	47.7	46.3	44.9	43.5	42.2
67	55.6	54.0	52.5	51.0	49.6	48.1	46.7	45.3	44.0	42.7
68	55.9	54.4	52.9	51.4	50.0	48.5	47.1	45.8	44.4	43.1
69	56.3	54.7	53.3	51.8	50.3	48.9	47.5	46.2	44.8	43.5
70	56.6	55.1	53.6	52.2	50.7	49.3	47.9	46.6	45.3	44.0
71	56.9	55.4	54.0	52.5	51.1	49.7	48.3	47.0	45.7	44.4
72	57.3	55.8	54.3	52.9	51.5	50.1	48.7	47.4	46.1	44.8
73	57.6	56.1	54.7	53.2	51.8	50.5	49.1	47.8	46.5	45.2
74	57.9	56.4	55.0	53.6	52.2	50.8	49.5	48.1	46.8	45.6
75	58.2	56.8	55.3	53.9	52.5	51.2	49.8	48.5	47.2	46.0
76	58.5	57.1	55.6	54.2	52.9	51.5	50.2	48.9	47.6	46.3
77	58.8	57.4	56.0	54.6	53.2	51.8	50.5	49.2	47.9	46.7
78	59.1	57.7	56.3	54.9	53.5	52.2	50.9	49.6	48.3	47.0
79	59.4	58.0	56.6	55.2	53.8	52.5	51.2	49.9	48.6	47.4
80	59.7	58.3	56.9	55.5	54.1	52.8	51.5	50.2	49.0	47.7
81	59.9	58.5	57.1	55.8	54.4	53.1	51.8	50.6	49.3	48.1
82	60.2	58.8	57.4	56.1	54.7	53.4	52.1	50.9	49.6	48.4
83	60.5	59.1	57.7	56.4	55.0	53.7	52.4	51.2	50.0	48.7
84	60.7	59.4	58.0	56.6	55.3	54.0	52.8	51.5	50.3	49.1
85	61.0	59.6	58.3	56.9	55.6	54.3	53.0	51.8	50.6	49.4
86	61.2	59.9	58.5	57.2	55.9	54.6	53.3	52.1	50.9	49.7
87	61.5	60.1	58.8	57.5	56.2	54.9	53.6	52.4	51.2	50.0
88	61.7	60.4	59.0	57.7	56.4	55.2	53.9	52.7	51.5	50.3
89	62.0	60.6	59.3	58.0	56.7	55.4	54.2	53.0	51.8	50.6
90	62.2	60.9	59.5	58.2	57.0	55.7	54.5	53.2	52.0	50.9
91	62.5	61.1	59.8	58.5	57.2	56.0	54.7	53.5	52.3	51.2
92	62.7	61.4	60.0	58.7	57.5	56.2	55.0	53.8	52.6	51.4
93	62.9	61.6	60.3	59.0	57.7	56.5	55.3	54.1	52.9	51.7
94	63.1	61.8	60.5	59.2	58.0	56.7	55.5	54.3	53.2	52.0
95	63.4	62.0	60.8	59.5	58.2	57.0	55.8	54.6	53.4	52.3
96	63.6	62.3	61.0	59.7	58.5	57.2	56.0	54.8	53.7	52.5
97	63.8	62.5	61.2	59.9	58.7	57.5	56.3	55.1	53.9	52.8
98	64.0	62.7	61.4	60.2	58.9	57.7	56.5	55.4	54.2	53.1
99	64.2	62.9	61.7	60.4	59.2	58.0	56.8	55.6	54.4	53.3
100	64.4	63.1	61.9	60.6	59.4	58.2	57.0	55.8	54.7	53.6

表 3b 球状水银温度表相对湿度查算表

P=100 kPa, A=0.794 7×10^{-3}℃$^{-1}$(0.8 m/s)

t \ $t-t_w$	0.0	0.1	0.2	0.3	0.4	0.5	0.6	0.7	0.8	0.9	1.0
15	100.0	98.9	97.8	96.7	95.6	94.5	93.4	92.3	91.2	90.2	89.1
16	100.0	98.9	97.9	96.8	95.7	94.7	93.6	92.6	91.5	90.5	89.4
17	100.0	99.0	97.9	96.9	95.9	94.8	93.8	92.8	91.8	90.7	89.7
18	100.0	99.0	98.0	97.0	96.0	95.0	94.0	93.0	92.0	91.0	90.0
19	100.0	99.0	98.0	97.1	96.1	95.1	94.1	93.2	92.2	91.3	90.3
20	100.0	99.0	98.1	97.1	96.2	95.2	94.3	93.4	92.4	91.5	90.6
21	100.0	99.1	98.1	97.2	96.3	95.4	94.5	93.5	92.6	91.7	90.8
22	100.0	99.1	98.2	97.3	96.4	95.5	94.6	93.7	92.8	91.9	91.1
23	100.0	99.1	98.2	97.3	96.5	95.6	94.7	93.9	93.0	92.1	91.3
24	100.0	99.1	98.3	97.4	96.6	95.7	94.9	94.0	93.2	92.3	91.5
25	100.0	99.2	98.3	97.5	96.6	95.8	95.0	94.1	93.3	92.5	91.7
26	100.0	99.2	98.3	97.5	96.7	95.9	95.1	94.3	93.5	92.7	91.9
27	100.0	99.2	98.4	97.6	96.8	96.0	95.2	94.4	93.6	92.8	92.0
28	100.0	99.2	98.4	97.6	96.9	96.1	95.3	94.5	93.7	93.0	92.2
29	100.0	99.2	98.5	97.7	96.9	96.2	95.4	94.6	93.9	93.1	92.4
30	100.0	99.2	98.5	97.7	97.0	96.2	95.5	94.7	94.0	93.3	92.5
31	100.0	99.3	98.5	97.8	97.0	96.3	95.6	94.8	94.1	93.4	92.7
32	100.0	99.3	98.5	97.8	97.1	96.4	95.7	94.9	94.2	93.5	92.8
33	100.0	99.3	98.6	97.9	97.1	96.4	95.7	95.0	94.3	93.6	92.9
34	100.0	99.3	98.6	97.9	97.2	96.5	95.8	95.1	94.4	93.7	93.1
35	100.0	99.3	98.6	97.9	97.2	96.6	95.9	95.2	94.5	93.9	93.2
36	100.0	99.3	98.6	98.0	97.3	96.6	96.0	95.3	94.6	94.0	93.3
37	100.0	99.3	98.7	98.0	97.3	96.7	96.0	95.4	94.7	94.1	93.4
38	100.0	99.3	98.7	98.0	97.4	96.7	96.1	95.4	94.8	94.2	93.5
39	100.0	99.4	98.7	98.1	97.4	96.8	96.1	95.5	94.9	94.2	93.6
40	100.0	99.4	98.7	98.1	97.5	96.8	96.2	95.6	95.0	94.3	93.7
41	100.0	99.4	98.7	98.1	97.5	96.9	96.3	95.6	95.0	94.4	93.8
42	100.0	99.4	98.8	98.1	97.5	96.9	96.3	95.7	95.1	94.5	93.9
43	100.0	99.4	98.8	98.2	97.6	97.0	96.4	95.8	95.2	94.6	94.0
44	100.0	99.4	98.8	98.2	97.6	97.0	96.4	95.8	95.2	94.6	94.1
45	100.0	99.4	98.8	98.2	97.6	97.0	96.5	95.9	95.3	94.7	94.1
46	100.0	99.4	98.8	98.2	97.7	97.1	96.5	95.9	95.4	94.8	94.2
47	100.0	99.4	98.8	98.3	97.7	97.1	96.5	96.0	95.4	94.9	94.3
48	100.0	99.4	98.9	98.3	97.7	97.2	96.6	96.0	95.5	94.9	94.4
49	100.0	99.4	98.9	98.3	97.7	97.2	96.6	96.1	95.5	95.0	94.4
50	100.0	99.4	98.9	98.3	97.8	97.2	96.7	96.1	95.6	95.0	94.5
51	100.0	99.4	98.9	98.3	97.8	97.3	96.7	96.2	95.6	95.1	94.6
52	100.0	99.5	98.9	98.4	97.8	97.3	96.8	96.2	95.7	95.2	94.6
53	100.0	99.5	98.9	98.4	97.9	97.3	96.8	96.3	95.7	95.2	94.7
54	100.0	99.5	98.9	98.4	97.9	97.3	96.8	96.3	95.8	95.3	94.7
55	100.0	99.5	98.9	98.4	97.9	97.4	96.9	96.3	95.8	95.3	94.8
56	100.0	99.5	99.0	98.4	97.9	97.4	96.9	96.4	95.9	95.4	94.9
57	100.0	99.5	99.0	98.5	97.9	97.4	96.9	96.4	95.9	95.4	94.9

表 3b（续）

$t-t_w$ / t	0.0	0.1	0.2	0.3	0.4	0.5	0.6	0.7	0.8	0.9	1.0
58	100.0	99.5	99.0	98.5	98.0	97.5	97.0	96.5	96.0	95.5	95.0
59	100.0	99.5	99.0	98.5	98.0	97.5	97.0	96.5	96.0	95.5	95.0
60	100.0	99.5	99.0	98.5	98.0	97.5	97.0	96.5	96.0	95.5	95.1
61	100.0	99.5	99.0	98.5	98.0	97.5	97.0	96.6	96.1	95.6	95.1
62	100.0	99.5	99.0	98.5	98.0	97.6	97.1	96.6	96.1	95.6	95.2
63	100.0	99.5	99.0	98.5	98.1	97.6	97.1	96.6	96.2	95.7	95.2
64	100.0	99.5	99.0	98.6	98.1	97.6	97.1	96.7	96.2	95.7	95.2
65	100.0	99.5	99.0	98.6	98.1	97.6	97.2	96.7	96.2	95.8	95.3
66	100.0	99.5	99.1	98.6	98.1	97.6	97.2	96.7	96.3	95.8	95.3
67	100.0	99.5	99.1	98.6	98.1	97.7	97.2	96.7	96.3	95.8	95.4
68	100.0	99.5	99.1	98.6	98.1	97.7	97.2	96.8	96.3	95.9	95.4
69	100.0	99.5	99.1	98.6	98.2	97.7	97.3	96.8	96.4	95.9	95.5
70	100.0	99.5	99.1	98.6	98.2	97.7	97.3	96.8	96.4	95.9	95.5
71	100.0	99.5	99.1	98.6	98.2	97.7	97.3	96.9	96.4	96.0	95.5
72	100.0	99.6	99.1	98.7	98.2	97.8	97.3	96.9	96.4	96.0	95.6
73	100.0	99.6	99.1	98.7	98.2	97.8	97.3	96.9	96.5	96.0	95.6
74	100.0	99.6	99.1	98.7	98.2	97.8	97.4	96.9	96.5	96.1	95.6
75	100.0	99.6	99.1	98.7	98.3	97.8	97.4	97.0	96.5	96.1	95.7
76	100.0	99.6	99.1	98.7	98.3	97.8	97.4	97.0	96.6	96.1	95.7
77	100.0	99.6	99.1	98.7	98.3	97.9	97.4	97.0	96.6	96.2	95.8
78	100.0	99.6	99.1	98.7	98.3	97.9	97.5	97.0	96.6	96.2	95.8
79	100.0	99.6	99.2	98.7	98.3	97.9	97.5	97.1	96.6	96.2	95.8
80	100.0	99.6	99.2	98.7	98.3	97.9	97.5	97.1	96.7	96.3	95.9
81	100.0	99.6	99.2	98.8	98.3	97.9	97.5	97.1	96.7	96.3	95.9
82	100.0	99.6	99.2	98.8	98.3	97.9	97.5	97.1	96.7	96.3	95.9
83	100.0	99.6	99.2	98.8	98.4	98.0	97.6	97.1	96.7	96.3	95.9
84	100.0	99.6	99.2	98.8	98.4	98.0	97.6	97.2	96.8	96.4	96.0
85	100.0	99.6	99.2	98.8	98.4	98.0	97.6	97.2	96.8	96.4	96.0
86	100.0	99.6	99.2	98.8	98.4	98.0	97.6	97.2	96.8	96.4	96.0
87	100.0	99.6	99.2	98.8	98.4	98.0	97.6	97.2	96.8	96.5	96.1
88	100.0	99.6	99.2	98.8	98.4	98.0	97.6	97.3	96.9	96.5	96.1
89	100.0	99.6	99.2	98.8	98.4	98.0	97.7	97.3	96.9	96.5	96.1
90	100.0	99.6	99.2	98.8	98.4	98.1	97.7	97.3	96.9	96.5	96.1
91	100.0	99.6	99.2	98.8	98.5	98.1	97.7	97.3	96.9	96.6	96.2
92	100.0	99.6	99.2	98.8	98.5	98.1	97.7	97.3	97.0	96.6	96.2
93	100.0	99.6	99.2	98.9	98.5	98.1	97.7	97.3	97.0	96.6	96.2
94	100.0	99.6	99.2	98.9	98.5	98.1	97.7	97.4	97.0	96.6	96.3
95	100.0	99.6	99.2	98.9	98.5	98.1	97.8	97.4	97.0	96.6	96.3
96	100.0	99.6	99.3	98.9	98.5	98.1	97.8	97.4	97.0	96.7	96.3
97	100.0	99.6	99.3	98.9	98.5	98.2	97.8	97.4	97.1	96.7	96.3
98	100.0	99.6	99.3	98.9	98.5	98.2	97.8	97.4	97.1	96.7	96.4
99	100.0	99.6	99.3	98.9	98.5	98.2	97.8	97.5	97.1	96.7	96.4
100	100.0	99.6	99.3	98.9	98.5	98.2	97.8	97.5	97.1	96.8	96.4

表 3b（续）

t \ $t-t_w$	1.1	1.2	1.3	1.4	1.5	1.6	1.7	1.8	1.9	2.0
15	88.0	86.9	85.9	84.8	83.7	82.7	81.6	80.6	79.5	78.5
16	88.4	87.3	86.3	85.3	84.2	83.2	82.2	81.2	80.2	79.2
17	88.7	87.7	86.7	85.7	84.7	83.7	82.7	81.8	80.8	79.8
18	89.0	88.1	87.1	86.1	85.2	84.2	83.2	82.3	81.3	80.4
19	89.4	88.4	87.5	86.5	85.6	84.6	83.7	82.8	81.9	80.9
20	89.6	88.7	87.8	86.9	86.0	85.1	84.2	83.3	82.4	81.5
21	89.9	89.0	88.1	87.2	86.3	85.5	84.6	83.7	82.8	82.0
22	90.2	89.3	88.4	87.6	86.7	85.8	85.0	84.1	83.3	82.4
23	90.4	89.6	88.7	87.9	87.0	86.2	85.4	84.5	83.7	82.9
24	90.6	89.8	89.0	88.2	87.3	86.5	85.7	84.9	84.1	83.3
25	90.9	90.1	89.2	88.4	87.6	86.8	86.0	85.2	84.5	83.7
26	91.1	90.3	89.5	88.7	87.9	87.1	86.4	85.6	84.8	84.0
27	91.3	90.5	89.7	88.9	88.2	87.4	86.7	85.9	85.1	84.4
28	91.5	90.7	89.9	89.2	88.4	87.7	86.9	86.2	85.5	84.7
29	91.6	90.9	90.1	89.4	88.7	87.9	87.2	86.5	85.8	85.0
30	91.8	91.1	90.3	89.6	88.9	88.2	87.5	86.7	86.0	85.3
31	92.0	91.2	90.5	89.8	89.1	88.4	87.7	87.0	86.3	85.6
32	92.1	91.4	90.7	90.0	89.3	88.6	87.9	87.3	86.6	85.9
33	92.3	91.6	90.9	90.2	89.5	88.8	88.2	87.5	86.8	86.1
34	92.4	91.7	91.0	90.4	89.7	89.0	88.4	87.7	87.0	86.4
35	92.5	91.9	91.2	90.5	89.9	89.2	88.6	87.9	87.3	86.6
36	92.6	92.0	91.3	90.7	90.0	89.4	88.8	88.1	87.5	86.9
37	92.8	92.1	91.5	90.8	90.2	89.6	88.9	88.3	87.7	87.1
38	92.9	92.2	91.6	91.0	90.4	89.7	89.1	88.5	87.9	87.3
39	93.0	92.4	91.7	91.1	90.5	89.9	89.3	88.7	88.1	87.5
40	93.1	92.5	91.9	91.3	90.7	90.1	89.5	88.9	88.3	87.7
41	93.2	92.6	92.0	91.4	90.8	90.2	89.6	89.0	88.4	87.8
42	93.3	92.7	92.1	91.5	90.9	90.3	89.8	89.2	88.6	88.0
43	93.4	92.8	92.2	91.6	91.1	90.5	89.9	89.3	88.8	88.2
44	93.5	92.9	92.3	91.7	91.2	90.6	90.0	89.5	88.9	88.3
45	93.6	93.0	92.4	91.9	91.3	90.7	90.2	89.6	89.1	88.5
46	93.7	93.1	92.5	92.0	91.4	90.9	90.3	89.7	89.2	88.7
47	93.7	93.2	92.6	92.1	91.5	91.0	90.4	89.9	89.3	88.8
48	93.8	93.3	92.7	92.2	91.6	91.1	90.5	90.0	89.5	88.9
49	93.9	93.3	92.8	92.3	91.7	91.2	90.7	90.1	89.6	89.1
50	94.0	93.4	92.9	92.4	91.8	91.3	90.8	90.2	89.7	89.2
51	94.0	93.5	93.0	92.4	91.9	91.4	90.9	90.4	89.8	89.3
52	94.1	93.6	93.1	92.5	92.0	91.5	91.0	90.5	90.0	89.4
53	94.2	93.6	93.1	92.6	92.1	91.6	91.1	90.6	90.1	89.6
54	94.2	93.7	93.2	92.7	92.2	91.7	91.2	90.7	90.2	89.7
55	94.3	93.8	93.3	92.8	92.3	91.8	91.3	90.8	90.3	89.8
56	94.4	93.9	93.4	92.9	92.4	91.9	91.4	90.9	90.4	89.9
57	94.4	93.9	93.4	92.9	92.4	91.9	91.5	91.0	90.5	90.0

表 3b（续）

$t-t_w$ / t	1.1	1.2	1.3	1.4	1.5	1.6	1.7	1.8	1.9	2.0
58	94.5	94.0	93.5	93.0	92.5	92.0	91.5	91.1	90.6	90.1
59	94.5	94.0	93.6	93.1	92.6	92.1	91.6	91.2	90.7	90.2
60	94.6	94.1	93.6	93.1	92.7	92.2	91.7	91.2	90.8	90.3
61	94.6	94.2	93.7	93.2	92.7	92.3	91.8	91.3	90.9	90.4
62	94.7	94.2	93.7	93.3	92.8	92.3	91.9	91.4	90.9	90.5
63	94.7	94.3	93.8	93.3	92.9	92.4	91.9	91.5	91.0	90.6
64	94.8	94.3	93.9	93.4	92.9	92.5	92.0	91.6	91.1	90.7
65	94.8	94.4	93.9	93.5	93.0	92.5	92.1	91.6	91.2	90.8
66	94.9	94.4	94.0	93.5	93.1	92.6	92.2	91.7	91.3	90.8
67	94.9	94.5	94.0	93.6	93.1	92.7	92.2	91.8	91.4	90.9
68	95.0	94.5	94.1	93.6	93.2	92.7	92.3	91.9	91.4	91.0
69	95.0	94.6	94.1	93.7	93.2	92.8	92.4	91.9	91.5	91.1
70	95.1	94.6	94.2	93.7	93.3	92.9	92.4	92.0	91.6	91.2
71	95.1	94.7	94.2	93.8	93.4	92.9	92.5	92.1	91.6	91.2
72	95.1	94.7	94.3	93.8	93.4	93.0	92.6	92.1	91.7	91.3
73	95.2	94.8	94.3	93.9	93.5	93.0	92.6	92.2	91.8	91.4
74	95.2	94.8	94.4	93.9	93.5	93.1	92.7	92.3	91.9	91.4
75	95.3	94.8	94.4	94.0	93.6	93.2	92.7	92.3	91.9	91.5
76	95.3	94.9	94.5	94.0	93.6	93.2	92.8	92.4	92.0	91.6
77	95.3	94.9	94.5	94.1	93.7	93.3	92.9	92.5	92.0	91.6
78	95.4	95.0	94.5	94.1	93.7	93.3	92.9	92.5	92.1	91.7
79	95.4	95.0	94.6	94.2	93.8	93.4	93.0	92.6	92.2	91.8
80	95.4	95.0	94.6	94.2	93.8	93.4	93.0	92.6	92.2	91.8
81	95.5	95.1	94.7	94.3	93.9	93.5	93.1	92.7	92.3	91.9
82	95.5	95.1	94.7	94.3	93.9	93.5	93.1	92.7	92.3	92.0
83	95.5	95.1	94.8	94.4	94.0	93.6	93.2	92.8	92.4	92.0
84	95.6	95.2	94.8	94.4	94.0	93.6	93.2	92.8	92.5	92.1
85	95.6	95.2	94.8	94.4	94.1	93.7	93.3	92.9	92.5	92.1
86	95.6	95.3	94.9	94.5	94.1	93.7	93.3	93.0	92.6	92.2
87	95.7	95.3	94.9	94.5	94.1	93.8	93.4	93.0	92.6	92.2
88	95.7	95.3	94.9	94.6	94.2	93.8	93.4	93.1	92.7	92.3
89	95.7	95.4	95.0	94.6	94.2	93.8	93.5	93.1	92.7	92.4
90	95.8	95.4	95.0	94.6	94.3	93.9	93.5	93.2	92.8	92.4
91	95.8	95.4	95.1	94.7	94.3	93.9	93.6	93.2	92.8	92.5
92	95.8	95.5	95.1	94.7	94.3	94.0	93.6	93.2	92.9	92.5
93	95.9	95.5	95.1	94.8	94.4	94.0	93.7	93.3	92.9	92.6
94	95.9	95.5	95.2	94.8	94.4	94.1	93.7	93.3	93.0	92.6
95	95.9	95.5	95.2	94.8	94.5	94.1	93.7	93.4	93.0	92.7
96	95.9	95.6	95.2	94.9	94.5	94.1	93.8	93.4	93.1	92.7
97	96.0	95.6	95.3	94.9	94.5	94.2	93.8	93.5	93.1	92.8
98	96.0	95.6	95.3	94.9	94.6	94.2	93.9	93.5	93.2	92.8
99	96.0	95.7	95.3	95.0	94.6	94.3	93.9	93.6	93.2	92.9
100	96.1	95.7	95.3	95.0	94.6	94.3	93.9	93.6	93.3	92.9

表 3b（续）

$t-t_w$ / t	2.1	2.2	2.3	2.4	2.5	2.6	2.7	2.8	2.9	3.0
15	77.5	76.4	75.4	74.4	73.3	72.3	71.3	70.3	69.3	68.3
16	78.2	77.2	76.2	75.2	74.2	73.2	72.2	71.2	70.2	69.2
17	78.8	77.8	76.9	75.9	74.9	74.0	73.0	72.1	71.1	70.2
18	79.4	78.5	77.6	76.6	75.7	74.8	73.8	72.9	72.0	71.1
19	80.0	79.1	78.2	77.3	76.4	75.5	74.6	73.7	72.8	71.9
20	80.6	79.7	78.8	77.9	77.0	76.1	75.3	74.4	73.5	72.7
21	81.1	80.2	79.4	78.5	77.6	76.8	75.9	75.1	74.2	73.4
22	81.6	80.7	79.9	79.0	78.2	77.4	76.6	75.7	74.9	74.1
23	82.0	81.2	80.4	79.6	78.8	77.9	77.1	76.3	75.5	74.7
24	82.5	81.7	80.9	80.1	79.3	78.5	77.7	76.9	76.1	75.3
25	82.9	82.1	81.3	80.5	79.8	79.0	78.2	77.4	76.7	75.9
26	83.3	82.5	81.7	81.0	80.2	79.5	78.7	78.0	77.2	76.5
27	83.6	82.9	82.1	81.4	80.7	79.9	79.2	78.4	77.7	77.0
28	84.0	83.2	82.5	81.8	81.1	80.3	79.6	78.9	78.2	77.5
29	84.3	83.6	82.9	82.2	81.5	80.8	80.0	79.3	78.6	78.0
30	84.6	83.9	83.2	82.5	81.8	81.1	80.5	79.8	79.1	78.4
31	84.9	84.2	83.6	82.9	82.2	81.5	80.8	80.2	79.5	78.8
32	85.2	84.5	83.9	83.2	82.5	81.9	81.2	80.5	79.9	79.2
33	85.5	84.8	84.2	83.5	82.8	82.2	81.5	80.9	80.2	79.6
34	85.7	85.1	84.4	83.8	83.2	82.5	81.9	81.2	80.6	80.0
35	86.0	85.3	84.7	84.1	83.4	82.8	82.2	81.6	80.9	80.3
36	86.2	85.6	85.0	84.3	83.7	83.1	82.5	81.9	81.3	80.6
37	86.4	85.8	85.2	84.6	84.0	83.4	82.8	82.2	81.6	81.0
38	86.7	86.1	85.4	84.8	84.2	83.6	83.0	82.5	81.9	81.3
39	86.9	86.3	85.7	85.1	84.5	83.9	83.3	82.7	82.1	81.6
40	87.1	86.5	85.9	85.3	84.7	84.1	83.6	83.0	82.4	81.8
41	87.3	86.7	86.1	85.5	84.9	84.4	83.8	83.2	82.7	82.1
42	87.4	86.9	86.3	85.7	85.2	84.6	84.0	83.5	82.9	82.4
43	87.6	87.1	86.5	85.9	85.4	84.8	84.3	83.7	83.2	82.6
44	87.8	87.2	86.7	86.1	85.6	85.0	84.5	83.9	83.4	82.8
45	87.9	87.4	86.9	86.3	85.8	85.2	84.7	84.1	83.6	83.1
46	88.1	87.6	87.0	86.5	85.9	85.4	84.9	84.3	83.8	83.3
47	88.3	87.7	87.2	86.7	86.1	85.6	85.1	84.5	84.0	83.5
48	88.4	87.9	87.3	86.8	86.3	85.8	85.3	84.7	84.2	83.7
49	88.5	88.0	87.5	87.0	86.5	85.9	85.4	84.9	84.4	83.9
50	88.7	88.2	87.6	87.1	86.6	86.1	85.6	85.1	84.6	84.1
51	88.8	88.3	87.8	87.3	86.8	86.3	85.8	85.3	84.8	84.3
52	88.9	88.4	87.9	87.4	86.9	86.4	85.9	85.4	85.0	84.5
53	89.1	88.6	88.1	87.6	87.1	86.6	86.1	85.6	85.1	84.6
54	89.2	88.7	88.2	87.7	87.2	86.7	86.2	85.8	85.3	84.8
55	89.3	88.8	88.3	87.8	87.4	86.9	86.4	85.9	85.4	85.0
56	89.4	88.9	88.4	88.0	87.5	87.0	86.5	86.1	85.6	85.1
57	89.5	89.0	88.6	88.1	87.6	87.1	86.7	86.2	85.7	85.3

表 3b（续）

t \ $t-t_w$	2.1	2.2	2.3	2.4	2.5	2.6	2.7	2.8	2.9	3.0
58	89.6	89.2	88.7	88.2	87.7	87.3	86.8	86.3	85.9	85.4
59	89.7	89.3	88.8	88.3	87.9	87.4	86.9	86.5	86.0	85.6
60	89.8	89.4	88.9	88.4	88.0	87.5	87.1	86.6	86.2	85.7
61	89.9	89.5	89.0	88.6	88.1	87.7	87.2	86.7	86.3	85.9
62	90.0	89.6	89.1	88.7	88.2	87.8	87.3	86.9	86.4	86.0
63	90.1	89.7	89.2	88.8	88.3	87.9	87.4	87.0	86.6	86.1
64	90.2	89.8	89.3	88.9	88.4	88.0	87.6	87.1	86.7	86.2
65	90.3	89.9	89.4	89.0	88.5	88.1	87.7	87.2	86.8	86.4
66	90.4	90.0	89.5	89.1	88.6	88.2	87.8	87.3	86.9	86.5
67	90.5	90.0	89.6	89.2	88.7	88.3	87.9	87.5	87.0	86.6
68	90.6	90.1	89.7	89.3	88.8	88.4	88.0	87.6	87.1	86.7
69	90.6	90.2	89.8	89.4	88.9	88.5	88.1	87.7	87.3	86.8
70	90.7	90.3	89.9	89.5	89.0	88.6	88.2	87.8	87.4	87.0
71	90.8	90.4	90.0	89.5	89.1	88.7	88.3	87.9	87.5	87.1
72	90.9	90.5	90.0	89.6	89.2	88.8	88.4	88.0	87.6	87.2
73	91.0	90.5	90.1	89.7	89.3	88.9	88.5	88.1	87.7	87.3
74	91.0	90.6	90.2	89.8	89.4	89.0	88.6	88.2	87.8	87.4
75	91.1	90.7	90.3	89.9	89.5	89.1	88.7	88.3	87.9	87.5
76	91.2	90.8	90.4	90.0	89.6	89.2	88.8	88.4	88.0	87.6
77	91.2	90.8	90.4	90.0	89.6	89.2	88.8	88.5	88.1	87.7
78	91.3	90.9	90.5	90.1	89.7	89.3	88.9	88.5	88.2	87.8
79	91.4	91.0	90.6	90.2	89.8	89.4	89.0	88.6	88.2	87.9
80	91.4	91.0	90.7	90.3	89.9	89.5	89.1	88.7	88.3	88.0
81	91.5	91.1	90.7	90.3	90.0	89.6	89.2	88.8	88.4	88.0
82	91.6	91.2	90.8	90.4	90.0	89.6	89.3	88.9	88.5	88.1
83	91.6	91.2	90.9	90.5	90.1	89.7	89.3	89.0	88.6	88.2
84	91.7	91.3	90.9	90.6	90.2	89.8	89.4	89.0	88.7	88.3
85	91.8	91.4	91.0	90.6	90.2	89.9	89.5	89.1	88.8	88.4
86	91.8	91.4	91.1	90.7	90.3	89.9	89.6	89.2	88.8	88.5
87	91.9	91.5	91.1	90.8	90.4	90.0	89.7	89.3	88.9	88.6
88	91.9	91.6	91.2	90.8	90.5	90.1	89.7	89.4	89.0	88.6
89	92.0	91.6	91.3	90.9	90.5	90.2	89.8	89.4	89.1	88.7
90	92.0	91.7	91.3	91.0	90.6	90.2	89.9	89.5	89.1	88.8
91	92.1	91.7	91.4	91.0	90.7	90.3	89.9	89.6	89.2	88.9
92	92.2	91.8	91.4	91.1	90.7	90.4	90.0	89.7	89.3	88.9
93	92.2	91.9	91.5	91.1	90.8	90.4	90.1	89.7	89.4	89.0
94	92.3	91.9	91.6	91.2	90.8	90.5	90.1	89.8	89.4	89.1
95	92.3	92.0	91.6	91.3	90.9	90.6	90.2	89.9	89.5	89.2
96	92.4	92.0	91.7	91.3	91.0	90.6	90.3	89.9	89.6	89.2
97	92.4	92.1	91.7	91.4	91.0	90.7	90.3	90.0	89.7	89.3
98	92.5	92.1	91.8	91.4	91.1	90.7	90.4	90.1	89.7	89.4
99	92.5	92.2	91.8	91.5	91.1	90.8	90.5	90.1	89.8	89.5
100	92.6	92.2	91.9	91.5	91.2	90.9	90.5	90.2	89.9	89.5

表 3b（续）

$t-t_w$ / t	3.1	3.2	3.3	3.4	3.5	3.6	3.7	3.8	3.9	4.0
15	67.2	66.2	65.2	64.2	63.2	62.3	61.3	60.3	59.3	58.3
16	68.3	67.3	66.3	65.4	64.4	63.4	62.5	61.5	60.6	59.6
17	69.2	68.3	67.4	66.4	65.5	64.6	63.6	62.7	61.8	60.9
18	70.1	69.2	68.3	67.4	66.5	65.6	64.7	63.8	62.9	62.0
19	71.0	70.1	69.2	68.3	67.5	66.6	65.7	64.9	64.0	63.1
20	71.8	70.9	70.1	69.2	68.4	67.5	66.7	65.8	65.0	64.1
21	72.6	71.7	70.9	70.0	69.2	68.4	67.6	66.7	65.9	65.1
22	73.3	72.4	71.6	70.8	70.0	69.2	68.4	67.6	66.8	66.0
23	73.9	73.1	72.3	71.6	70.8	70.0	69.2	68.4	67.7	66.9
24	74.6	73.8	73.0	72.3	71.5	70.7	70.0	69.2	68.4	67.7
25	75.2	74.4	73.7	72.9	72.2	71.4	70.7	69.9	69.2	68.5
26	75.7	75.0	74.3	73.5	72.8	72.1	71.3	70.6	69.9	69.2
27	76.3	75.5	74.8	74.1	73.4	72.7	72.0	71.3	70.6	69.9
28	76.8	76.1	75.4	74.7	74.0	73.3	72.6	71.9	71.2	70.5
29	77.3	76.6	75.9	75.2	74.5	73.8	73.2	72.5	71.8	71.1
30	77.7	77.0	76.4	75.7	75.0	74.4	73.7	73.0	72.4	71.7
31	78.2	77.5	76.8	76.2	75.5	74.9	74.2	73.6	72.9	72.3
32	78.6	77.9	77.3	76.6	76.0	75.3	74.7	74.1	73.4	72.8
33	79.0	78.3	77.7	77.1	76.4	75.8	75.2	74.5	73.9	73.3
34	79.3	78.7	78.1	77.5	76.8	76.2	75.6	75.0	74.4	73.8
35	79.7	79.1	78.5	77.9	77.2	76.6	76.0	75.4	74.8	74.2
36	80.0	79.4	78.8	78.2	77.6	77.0	76.4	75.8	75.3	74.7
37	80.4	79.8	79.2	78.6	78.0	77.4	76.8	76.2	75.7	75.1
38	80.7	80.1	79.5	78.9	78.4	77.8	77.2	76.6	76.1	75.5
39	81.0	80.4	79.8	79.3	78.7	78.1	77.6	77.0	76.4	75.9
40	81.3	80.7	80.1	79.6	79.0	78.4	77.9	77.3	76.8	76.2
41	81.5	81.0	80.4	79.9	79.3	78.8	78.2	77.7	77.1	76.6
42	81.8	81.3	80.7	80.2	79.6	79.1	78.5	78.0	77.5	76.9
43	82.1	81.5	81.0	80.4	79.9	79.4	78.8	78.3	77.8	77.2
44	82.3	81.8	81.2	80.7	80.2	79.6	79.1	78.6	78.1	77.6
45	82.5	82.0	81.5	81.0	80.4	79.9	79.4	78.9	78.4	77.8
46	82.8	82.2	81.7	81.2	80.7	80.2	79.7	79.2	78.6	78.1
47	83.0	82.5	82.0	81.4	80.9	80.4	79.9	79.4	78.9	78.4
48	83.2	82.7	82.2	81.7	81.2	80.7	80.2	79.7	79.2	78.7
49	83.4	82.9	82.4	81.9	81.4	80.9	80.4	79.9	79.4	78.9
50	83.6	83.1	82.6	82.1	81.6	81.1	80.6	80.2	79.7	79.2
51	83.8	83.3	82.8	82.3	81.8	81.3	80.9	80.4	79.9	79.4
52	84.0	83.5	83.0	82.5	82.0	81.6	81.1	80.6	80.1	79.7
53	84.2	83.7	83.2	82.7	82.2	81.8	81.3	80.8	80.4	79.9
54	84.3	83.9	83.4	82.9	82.4	82.0	81.5	81.0	80.6	80.1
55	84.5	84.0	83.6	83.1	82.6	82.2	81.7	81.2	80.8	80.3
56	84.7	84.2	83.7	83.3	82.8	82.3	81.9	81.4	81.0	80.5
57	84.8	84.4	83.9	83.4	83.0	82.5	82.1	81.6	81.2	80.7

表 3b（续）

t \ $t-t_w$	3.1	3.2	3.3	3.4	3.5	3.6	3.7	3.8	3.9	4.0
58	85.0	84.5	84.1	83.6	83.2	82.7	82.3	81.8	81.4	80.9
59	85.1	84.7	84.2	83.8	83.3	82.9	82.4	82.0	81.5	81.1
60	85.3	84.8	84.4	83.9	83.5	83.0	82.6	82.2	81.7	81.3
61	85.4	85.0	84.5	84.1	83.6	83.2	82.8	82.3	81.9	81.5
62	85.5	85.1	84.7	84.2	83.8	83.4	82.9	82.5	82.1	81.6
63	85.7	85.2	84.8	84.4	83.9	83.5	83.1	82.7	82.2	81.8
64	85.8	85.4	84.9	84.5	84.1	83.7	83.2	82.8	82.4	82.0
65	85.9	85.5	85.1	84.7	84.2	83.8	83.4	83.0	82.6	82.1
66	86.1	85.6	85.2	84.8	84.4	84.0	83.5	83.1	82.7	82.3
67	86.2	85.8	85.3	84.9	84.5	84.1	83.7	83.3	82.9	82.5
68	86.3	85.9	85.5	85.1	84.6	84.2	83.8	83.4	83.0	82.6
69	86.4	86.0	85.6	85.2	84.8	84.4	84.0	83.6	83.2	82.8
70	86.5	86.1	85.7	85.3	84.9	84.5	84.1	83.7	83.3	82.9
71	86.7	86.2	85.8	85.4	85.0	84.6	84.2	83.8	83.4	83.0
72	86.8	86.4	86.0	85.6	85.2	84.8	84.4	84.0	83.6	83.2
73	86.9	86.5	86.1	85.7	85.3	84.9	84.5	84.1	83.7	83.3
74	87.0	86.6	86.2	85.8	85.4	85.0	84.6	84.2	83.8	83.4
75	87.1	86.7	86.3	85.9	85.5	85.1	84.7	84.3	84.0	83.6
76	87.2	86.8	86.4	86.0	85.6	85.2	84.9	84.5	84.1	83.7
77	87.3	86.9	86.5	86.1	85.7	85.4	85.0	84.6	84.2	83.8
78	87.4	87.0	86.6	86.2	85.8	85.5	85.1	84.7	84.3	84.0
79	87.5	87.1	86.7	86.3	86.0	85.6	85.2	84.8	84.4	84.1
80	87.6	87.2	86.8	86.4	86.1	85.7	85.3	84.9	84.6	84.2
81	87.7	87.3	86.9	86.5	86.2	85.8	85.4	85.0	84.7	84.3
82	87.8	87.4	87.0	86.6	86.3	85.9	85.5	85.2	84.8	84.4
83	87.8	87.5	87.1	86.7	86.4	86.0	85.6	85.3	84.9	84.5
84	87.9	87.6	87.2	86.8	86.5	86.1	85.7	85.4	85.0	84.7
85	88.0	87.7	87.3	86.9	86.6	86.2	85.8	85.5	85.1	84.8
86	88.1	87.7	87.4	87.0	86.7	86.3	85.9	85.6	85.2	84.9
87	88.2	87.8	87.5	87.1	86.8	86.4	86.0	85.7	85.3	85.0
88	88.3	87.9	87.6	87.2	86.8	86.5	86.1	85.8	85.4	85.1
89	88.4	88.0	87.6	87.3	86.9	86.6	86.2	85.9	85.5	85.2
90	88.4	88.1	87.7	87.4	87.0	86.7	86.3	86.0	85.6	85.3
91	88.5	88.2	87.8	87.5	87.1	86.8	86.4	86.1	85.7	85.4
92	88.6	88.2	87.9	87.5	87.2	86.9	86.5	86.2	85.8	85.5
93	88.7	88.3	88.0	87.6	87.3	86.9	86.6	86.3	85.9	85.6
94	88.7	88.4	88.1	87.7	87.4	87.0	86.7	86.4	86.0	85.7
95	88.8	88.5	88.1	87.8	87.5	87.1	86.8	86.4	86.1	85.8
96	88.9	88.6	88.2	87.9	87.5	87.2	86.9	86.5	86.2	85.9
97	89.0	88.6	88.3	88.0	87.6	87.3	87.0	86.6	86.3	86.0
98	89.0	88.7	88.4	88.0	87.7	87.4	87.0	86.7	86.4	86.0
99	89.1	88.8	88.4	88.1	87.8	87.5	87.1	86.8	86.5	86.1
100	89.2	88.9	88.5	88.2	87.9	87.5	87.2	86.9	86.6	86.2

表 3b（续）

$t-t_w$ / t	4.1	4.2	4.3	4.4	4.5	4.6	4.7	4.8	4.9	5.0
15	57.3	56.4	55.4	54.4	53.5	52.5	51.5	50.6	49.6	48.7
16	58.7	57.8	56.8	55.9	54.9	54.0	53.1	52.2	51.2	50.3
17	60.0	59.0	58.1	57.2	56.3	55.4	54.5	53.6	52.7	51.9
18	61.1	60.3	59.4	58.5	57.6	56.8	55.9	55.0	54.2	53.3
19	62.3	61.4	60.6	59.7	58.9	58.0	57.2	56.3	55.5	54.6
20	63.3	62.5	61.7	60.8	60.0	59.2	58.4	57.5	56.7	55.9
21	64.3	63.5	62.7	61.9	61.1	60.3	59.5	58.7	57.9	57.1
22	65.2	64.4	63.7	62.9	62.1	61.3	60.5	59.8	59.0	58.2
23	66.1	65.3	64.6	63.8	63.1	62.3	61.5	60.8	60.0	59.3
24	66.9	66.2	65.4	64.7	64.0	63.2	62.5	61.8	61.0	60.3
25	67.7	67.0	66.3	65.5	64.8	64.1	63.4	62.7	62.0	61.3
26	68.5	67.8	67.0	66.3	65.6	64.9	64.2	63.5	62.8	62.1
27	69.2	68.5	67.8	67.1	66.4	65.7	65.0	64.3	63.7	63.0
28	69.8	69.2	68.5	67.8	67.1	66.5	65.8	65.1	64.5	63.8
29	70.5	69.8	69.1	68.5	67.8	67.2	66.5	65.9	65.2	64.6
30	71.1	70.4	69.8	69.1	68.5	67.8	67.2	66.5	65.9	65.3
31	71.6	71.0	70.4	69.7	69.1	68.5	67.8	67.2	66.6	66.0
32	72.2	71.5	70.9	70.3	69.7	69.1	68.4	67.8	67.2	66.6
33	72.7	72.1	71.5	70.8	70.2	69.6	69.0	68.4	67.8	67.2
34	73.2	72.6	72.0	71.4	70.8	70.2	69.6	69.0	68.4	67.8
35	73.6	73.0	72.5	71.9	71.3	70.7	70.1	69.5	69.0	68.4
36	74.1	73.5	72.9	72.3	71.8	71.2	70.6	70.1	69.5	68.9
37	74.5	73.9	73.4	72.8	72.2	71.7	71.1	70.5	70.0	69.4
38	74.9	74.4	73.8	73.2	72.7	72.1	71.6	71.0	70.5	69.9
39	75.3	74.8	74.2	73.7	73.1	72.6	72.0	71.5	70.9	70.4
40	75.7	75.1	74.6	74.1	73.5	73.0	72.4	71.9	71.4	70.8
41	76.0	75.5	75.0	74.4	73.9	73.4	72.8	72.3	71.8	71.3
42	76.4	75.9	75.3	74.8	74.3	73.8	73.2	72.7	72.2	71.7
43	76.7	76.2	75.7	75.2	74.6	74.1	73.6	73.1	72.6	72.1
44	77.0	76.5	76.0	75.5	75.0	74.5	74.0	73.5	73.0	72.5
45	77.3	76.8	76.3	75.8	75.3	74.8	74.3	73.8	73.3	72.8
46	77.6	77.1	76.6	76.1	75.6	75.1	74.6	74.2	73.7	73.2
47	77.9	77.4	76.9	76.4	75.9	75.5	75.0	74.5	74.0	73.5
48	78.2	77.7	77.2	76.7	76.2	75.8	75.3	74.8	74.3	73.8
49	78.5	78.0	77.5	77.0	76.5	76.0	75.6	75.1	74.6	74.2
50	78.7	78.2	77.8	77.3	76.8	76.3	75.9	75.4	74.9	74.5
51	79.0	78.5	78.0	77.5	77.1	76.6	76.1	75.7	75.2	74.8
52	79.2	78.7	78.3	77.8	77.3	76.9	76.4	76.0	75.5	75.0
53	79.4	79.0	78.5	78.0	77.6	77.1	76.7	76.2	75.8	75.3
54	79.6	79.2	78.7	78.3	77.8	77.4	76.9	76.5	76.0	75.6
55	79.9	79.4	79.0	78.5	78.1	77.6	77.2	76.7	76.3	75.8
56	80.1	79.6	79.2	78.7	78.3	77.8	77.4	77.0	76.5	76.1
57	80.3	79.8	79.4	78.9	78.5	78.1	77.6	77.2	76.8	76.3

表 3b（续）

t \ $t-t_w$	4.1	4.2	4.3	4.4	4.5	4.6	4.7	4.8	4.9	5.0
58	80.5	80.0	79.6	79.2	78.7	78.3	77.9	77.4	77.0	76.6
59	80.7	80.2	79.8	79.4	78.9	78.5	78.1	77.7	77.2	76.8
60	80.9	80.4	80.0	79.6	79.1	78.7	78.3	77.9	77.4	77.0
61	81.0	80.6	80.2	79.8	79.3	78.9	78.5	78.1	77.7	77.2
62	81.2	80.8	80.4	80.0	79.5	79.1	78.7	78.3	77.9	77.5
63	81.4	81.0	80.6	80.1	79.7	79.3	78.9	78.5	78.1	77.7
64	81.6	81.1	80.7	80.3	79.9	79.5	79.1	78.7	78.3	77.9
65	81.7	81.3	80.9	80.5	80.1	79.7	79.3	78.9	78.5	78.1
66	81.9	81.5	81.1	80.7	80.3	79.9	79.5	79.1	78.7	78.3
67	82.0	81.6	81.2	80.8	80.4	80.0	79.6	79.2	78.8	78.4
68	82.2	81.8	81.4	81.0	80.6	80.2	79.8	79.4	79.0	78.6
69	82.4	82.0	81.6	81.2	80.8	80.4	80.0	79.6	79.2	78.8
70	82.5	82.1	81.7	81.3	80.9	80.5	80.1	79.8	79.4	79.0
71	82.6	82.3	81.9	81.5	81.1	80.7	80.3	79.9	79.5	79.2
72	82.8	82.4	82.0	81.6	81.2	80.8	80.5	80.1	79.7	79.3
73	82.9	82.5	82.2	81.8	81.4	81.0	80.6	80.2	79.9	79.5
74	83.1	82.7	82.3	81.9	81.5	81.2	80.8	80.4	80.0	79.7
75	83.2	82.8	82.4	82.1	81.7	81.3	80.9	80.6	80.2	79.8
76	83.3	82.9	82.6	82.2	81.8	81.4	81.1	80.7	80.3	80.0
77	83.5	83.1	82.7	82.3	82.0	81.6	81.2	80.9	80.5	80.1
78	83.6	83.2	82.8	82.5	82.1	81.7	81.4	81.0	80.6	80.3
79	83.7	83.3	83.0	82.6	82.2	81.9	81.5	81.1	80.8	80.4
80	83.8	83.5	83.1	82.7	82.4	82.0	81.6	81.3	80.9	80.6
81	83.9	83.6	83.2	82.9	82.5	82.1	81.8	81.4	81.1	80.7
82	84.1	83.7	83.3	83.0	82.6	82.3	81.9	81.5	81.2	80.8
83	84.2	83.8	83.5	83.1	82.7	82.4	82.0	81.7	81.3	81.0
84	84.3	83.9	83.6	83.2	82.9	82.5	82.2	81.8	81.5	81.1
85	84.4	84.0	83.7	83.3	83.0	82.6	82.3	81.9	81.6	81.2
86	84.5	84.2	83.8	83.5	83.1	82.8	82.4	82.1	81.7	81.4
87	84.6	84.3	83.9	83.6	83.2	82.9	82.5	82.2	81.9	81.5
88	84.7	84.4	84.0	83.7	83.3	83.0	82.7	82.3	82.0	81.6
89	84.8	84.5	84.1	83.8	83.5	83.1	82.8	82.4	82.1	81.8
90	84.9	84.6	84.3	83.9	83.6	83.2	82.9	82.6	82.2	81.9
91	85.0	84.7	84.4	84.0	83.7	83.3	83.0	82.7	82.3	82.0
92	85.1	84.8	84.5	84.1	83.8	83.5	83.1	82.8	82.5	82.1
93	85.2	84.9	84.6	84.2	83.9	83.6	83.2	82.9	82.6	82.2
94	85.3	85.0	84.7	84.3	84.0	83.7	83.3	83.0	82.7	82.4
95	85.4	85.1	84.8	84.4	84.1	83.8	83.5	83.1	82.8	82.5
96	85.5	85.2	84.9	84.5	84.2	83.9	83.6	83.2	82.9	82.6
97	85.6	85.3	85.0	84.6	84.3	84.0	83.7	83.3	83.0	82.7
98	85.7	85.4	85.1	84.7	84.4	84.1	83.8	83.5	83.1	82.8
99	85.8	85.5	85.2	84.8	84.5	84.2	83.9	83.6	83.2	82.9
100	85.9	85.6	85.3	84.9	84.6	84.3	84.0	83.7	83.3	83.0

表 3b（续）

t \ $t-t_w$	5.2	5.4	5.6	5.8	6.0	6.2	6.4	6.6	6.8	7.0
15	46.8	44.9	43.0	41.2	39.3	37.5	35.7	33.9	32.1	30.3
16	48.5	46.7	44.9	43.1	41.3	39.5	37.8	36.0	34.3	32.5
17	50.1	48.3	46.6	44.8	43.1	41.4	39.7	38.0	36.3	34.6
18	51.6	49.9	48.2	46.5	44.8	43.2	41.5	39.9	38.2	36.6
19	53.0	51.3	49.7	48.1	46.4	44.8	43.2	41.6	40.1	38.5
20	54.3	52.7	51.1	49.5	48.0	46.4	44.8	43.3	41.8	40.2
21	55.5	54.0	52.4	50.9	49.4	47.9	46.4	44.9	43.4	41.9
22	56.7	55.2	53.7	52.2	50.7	49.2	47.8	46.3	44.9	43.4
23	57.8	56.3	54.9	53.4	52.0	50.5	49.1	47.7	46.3	44.9
24	58.9	57.4	56.0	54.6	53.2	51.8	50.4	49.0	47.6	46.3
25	59.8	58.4	57.0	55.7	54.3	52.9	51.6	50.2	48.9	47.6
26	60.8	59.4	58.0	56.7	55.4	54.0	52.7	51.4	50.1	48.8
27	61.6	60.3	59.0	57.7	56.4	55.1	53.8	52.5	51.2	50.0
28	62.5	61.2	59.9	58.6	57.3	56.0	54.8	53.5	52.3	51.1
29	63.3	62.0	60.7	59.5	58.2	57.0	55.7	54.5	53.3	52.1
30	64.0	62.8	61.5	60.3	59.1	57.9	56.6	55.4	54.3	53.1
31	64.7	63.5	62.3	61.1	59.9	58.7	57.5	56.3	55.2	54.0
32	65.4	64.2	63.0	61.8	60.6	59.5	58.3	57.2	56.0	54.9
33	66.0	64.9	63.7	62.5	61.4	60.2	59.1	58.0	56.9	55.7
34	66.7	65.5	64.4	63.2	62.1	61.0	59.8	58.7	57.6	56.6
35	67.2	66.1	65.0	63.9	62.7	61.6	60.5	59.5	58.4	57.3
36	67.8	66.7	65.6	64.5	63.4	62.3	61.2	60.2	59.1	58.0
37	68.3	67.2	66.1	65.1	64.0	62.9	61.9	60.8	59.8	58.7
38	68.8	67.8	66.7	65.6	64.6	63.5	62.5	61.4	60.4	59.4
39	69.3	68.3	67.2	66.2	65.1	64.1	63.1	62.0	61.0	60.0
40	69.8	68.7	67.7	66.7	65.6	64.6	63.6	62.6	61.6	60.6
41	70.2	69.2	68.2	67.2	66.2	65.2	64.2	63.2	62.2	61.2
42	70.7	69.6	68.6	67.6	66.6	65.7	64.7	63.7	62.7	61.8
43	71.1	70.1	69.1	68.1	67.1	66.1	65.2	64.2	63.3	62.3
44	71.5	70.5	69.5	68.5	67.6	66.6	65.6	64.7	63.8	62.8
45	71.8	70.9	69.9	68.9	68.0	67.0	66.1	65.2	64.2	63.3
46	72.2	71.2	70.3	69.3	68.4	67.5	66.5	65.6	64.7	63.8
47	72.6	71.6	70.7	69.7	68.8	67.9	67.0	66.1	65.2	64.3
48	72.9	72.0	71.0	70.1	69.2	68.3	67.4	66.5	65.6	64.7
49	73.2	72.3	71.4	70.5	69.6	68.7	67.8	66.9	66.0	65.1
50	73.5	72.6	71.7	70.8	69.9	69.0	68.1	67.3	66.4	65.5
51	73.8	72.9	72.0	71.1	70.3	69.4	68.5	67.6	66.8	65.9
52	74.1	73.2	72.3	71.5	70.6	69.7	68.9	68.0	67.1	66.3
53	74.4	73.5	72.7	71.8	70.9	70.1	69.2	68.4	67.5	66.7
54	74.7	73.8	72.9	72.1	71.2	70.4	69.5	68.7	67.9	67.0
55	75.0	74.1	73.2	72.4	71.5	70.7	69.9	69.0	68.2	67.4
56	75.2	74.4	73.5	72.7	71.8	71.0	70.2	69.3	68.5	67.7
57	75.5	74.6	73.8	72.9	72.1	71.3	70.5	69.6	68.8	68.0

表 3b（续）

$t-t_w$ / t	5.2	5.4	5.6	5.8	6.0	6.2	6.4	6.6	6.8	7.0
58	75.7	74.9	74.0	73.2	72.4	71.6	70.8	70.0	69.2	68.4
59	76.0	75.1	74.3	73.5	72.7	71.8	71.0	70.2	69.5	68.7
60	76.2	75.4	74.5	73.7	72.9	72.1	71.3	70.5	69.7	69.0
61	76.4	75.6	74.8	74.0	73.2	72.4	71.6	70.8	70.0	69.3
62	76.6	75.8	75.0	74.2	73.4	72.6	71.9	71.1	70.3	69.5
63	76.9	76.0	75.2	74.5	73.7	72.9	72.1	71.3	70.6	69.8
64	77.1	76.3	75.5	74.7	73.9	73.1	72.4	71.6	70.8	70.1
65	77.3	76.5	75.7	74.9	74.1	73.4	72.6	71.8	71.1	70.3
66	77.5	76.7	75.9	75.1	74.4	73.6	72.8	72.1	71.3	70.6
67	77.7	76.9	76.1	75.3	74.6	73.8	73.1	72.3	71.6	70.8
68	77.9	77.1	76.3	75.5	74.8	74.0	73.3	72.6	71.8	71.1
69	78.0	77.3	76.5	75.8	75.0	74.3	73.5	72.8	72.1	71.3
70	78.2	77.5	76.7	76.0	75.2	74.5	73.7	73.0	72.3	71.6
71	78.4	77.6	76.9	76.1	75.4	74.7	73.9	73.2	72.5	71.8
72	78.6	77.8	77.1	76.3	75.6	74.9	74.2	73.4	72.7	72.0
73	78.7	78.0	77.3	76.5	75.8	75.1	74.4	73.6	72.9	72.2
74	78.9	78.2	77.4	76.7	76.0	75.3	74.6	73.8	73.1	72.4
75	79.1	78.3	77.6	76.9	76.2	75.5	74.7	74.0	73.3	72.7
76	79.2	78.5	77.8	77.1	76.4	75.6	74.9	74.2	73.6	72.9
77	79.4	78.7	78.0	77.2	76.5	75.8	75.1	74.4	73.7	73.1
78	79.5	78.8	78.1	77.4	76.7	76.0	75.3	74.6	73.9	73.3
79	79.7	79.0	78.3	77.6	76.9	76.2	75.5	74.8	74.1	73.5
80	79.8	79.1	78.4	77.7	77.0	76.4	75.7	75.0	74.3	73.6
81	80.0	79.3	78.6	77.9	77.2	76.5	75.8	75.2	74.5	73.8
82	80.1	79.4	78.7	78.1	77.4	76.7	76.0	75.3	74.7	74.0
83	80.3	79.6	78.9	78.2	77.5	76.9	76.2	75.5	74.9	74.2
84	80.4	79.7	79.0	78.4	77.7	77.0	76.4	75.7	75.0	74.4
85	80.6	79.9	79.2	78.5	77.8	77.2	76.5	75.9	75.2	74.6
86	80.7	80.0	79.3	78.7	78.0	77.3	76.7	76.0	75.4	74.7
87	80.8	80.2	79.5	78.8	78.2	77.5	76.8	76.2	75.5	74.9
88	81.0	80.3	79.6	79.0	78.3	77.6	77.0	76.4	75.7	75.1
89	81.1	80.4	79.8	79.1	78.4	77.8	77.2	76.5	75.9	75.2
90	81.2	80.6	79.9	79.2	78.6	77.9	77.3	76.7	76.0	75.4
91	81.3	80.7	80.0	79.4	78.7	78.1	77.5	76.8	76.2	75.6
92	81.5	80.8	80.2	79.5	78.9	78.2	77.6	77.0	76.3	75.7
93	81.6	80.9	80.3	79.6	79.0	78.4	77.7	77.1	76.5	75.9
94	81.7	81.1	80.4	79.8	79.1	78.5	77.9	77.3	76.6	76.0
95	81.8	81.2	80.5	79.9	79.3	78.7	78.0	77.4	76.8	76.2
96	81.9	81.3	80.7	80.0	79.4	78.8	78.2	77.6	76.9	76.3
97	82.1	81.4	80.8	80.2	79.5	78.9	78.3	77.7	77.1	76.5
98	82.2	81.5	80.9	80.3	79.7	79.1	78.4	77.8	77.2	76.6
99	82.3	81.7	81.0	80.4	79.8	79.2	78.6	78.0	77.4	76.8
100	82.4	81.8	81.2	80.5	79.9	79.3	78.7	78.1	77.5	76.9

表 3b（续）

$t-t_w$ / t	7.2	7.4	7.6	7.8	8.0	8.2	8.4	8.6	8.8	9.0
15	28.5	26.7	24.9	23.2	21.4	19.7	18.0	16.3	14.6	12.9
16	30.8	29.1	27.4	25.7	24.0	22.3	20.7	19.0	17.4	15.7
17	33.0	31.3	29.7	28.0	26.4	24.8	23.2	21.6	20.0	18.4
18	35.0	33.4	31.8	30.2	28.7	27.1	25.5	24.0	22.5	20.9
19	36.9	35.4	33.8	32.3	30.8	29.3	27.8	26.3	24.8	23.3
20	38.7	37.2	35.7	34.2	32.8	31.3	29.8	28.4	27.0	25.5
21	40.4	39.0	37.5	36.1	34.6	33.2	31.8	30.4	29.0	27.6
22	42.0	40.6	39.2	37.8	36.4	35.0	33.6	32.3	30.9	29.6
23	43.5	42.1	40.8	39.4	38.0	36.7	35.4	34.0	32.7	31.4
24	44.9	43.6	42.2	40.9	39.6	38.3	37.0	35.7	34.4	33.2
25	46.3	44.9	43.6	42.4	41.1	39.8	38.5	37.3	36.0	34.8
26	47.5	46.2	45.0	43.7	42.5	41.2	40.0	38.8	37.5	36.3
27	48.7	47.5	46.2	45.0	43.8	42.6	41.4	40.2	39.0	37.8
28	49.8	48.6	47.4	46.2	45.0	43.8	42.7	41.5	40.3	39.2
29	50.9	49.7	48.5	47.4	46.2	45.0	43.9	42.7	41.6	40.5
30	51.9	50.7	49.6	48.4	47.3	46.2	45.1	43.9	42.8	41.7
31	52.9	51.7	50.6	49.5	48.4	47.3	46.2	45.1	44.0	42.9
32	53.8	52.7	51.6	50.5	49.4	48.3	47.2	46.1	45.1	44.0
33	54.6	53.6	52.5	51.4	50.3	49.3	48.2	47.2	46.1	45.1
34	55.5	54.4	53.3	52.3	51.2	50.2	49.1	48.1	47.1	46.1
35	56.3	55.2	54.2	53.1	52.1	51.1	50.0	49.0	48.0	47.0
36	57.0	56.0	54.9	53.9	52.9	51.9	50.9	49.9	48.9	48.0
37	57.7	56.7	55.7	54.7	53.7	52.7	51.7	50.7	49.8	48.8
38	58.4	57.4	56.4	55.4	54.4	53.5	52.5	51.5	50.6	49.7
39	59.0	58.1	57.1	56.1	55.2	54.2	53.2	52.3	51.4	50.4
40	59.7	58.7	57.7	56.8	55.8	54.9	54.0	53.0	52.1	51.2
41	60.3	59.3	58.4	57.4	56.5	55.6	54.6	53.7	52.8	51.9
42	60.8	59.9	59.0	58.0	57.1	56.2	55.3	54.4	53.5	52.6
43	61.4	60.5	59.5	58.6	57.7	56.8	55.9	55.0	54.2	53.3
44	61.9	61.0	60.1	59.2	58.3	57.4	56.5	55.6	54.8	53.9
45	62.4	61.5	60.6	59.7	58.8	58.0	57.1	56.2	55.4	54.5
46	62.9	62.0	61.1	60.2	59.4	58.5	57.7	56.8	56.0	55.1
47	63.4	62.5	61.6	60.7	59.9	59.0	58.2	57.3	56.5	55.7
48	63.8	62.9	62.1	61.2	60.4	59.5	58.7	57.9	57.0	56.2
49	64.3	63.4	62.5	61.7	60.9	60.0	59.2	58.4	57.6	56.7
50	64.7	63.8	63.0	62.1	61.3	60.5	59.7	58.9	58.1	57.3
51	65.1	64.2	63.4	62.6	61.8	60.9	60.1	59.3	58.5	57.7
52	65.5	64.6	63.8	63.0	62.2	61.4	60.6	59.8	59.0	58.2
53	65.8	65.0	64.2	63.4	62.6	61.8	61.0	60.2	59.4	58.7
54	66.2	65.4	64.6	63.8	63.0	62.2	61.4	60.6	59.9	59.1
55	66.6	65.8	65.0	64.2	63.4	62.6	61.8	61.1	60.3	59.5
56	66.9	66.1	65.3	64.5	63.8	63.0	62.2	61.5	60.7	59.9
57	67.2	66.5	65.7	64.9	64.1	63.4	62.6	61.8	61.1	60.3

表 3b（续）

$t-t_w$ / t	7.2	7.4	7.6	7.8	8.0	8.2	8.4	8.6	8.8	9.0
58	67.6	66.8	66.0	65.2	64.5	63.7	63.0	62.2	61.5	60.7
59	67.9	67.1	66.3	65.6	64.8	64.1	63.3	62.6	61.8	61.1
60	68.2	67.4	66.7	65.9	65.1	64.4	63.7	62.9	62.2	61.5
61	68.5	67.7	67.0	66.2	65.5	64.7	64.0	63.3	62.5	61.8
62	68.8	68.0	67.3	66.5	65.8	65.1	64.3	63.6	62.9	62.2
63	69.1	68.3	67.6	66.8	66.1	65.4	64.6	63.9	63.2	62.5
64	69.3	68.6	67.9	67.1	66.4	65.7	65.0	64.2	63.5	62.8
65	69.6	68.9	68.1	67.4	66.7	66.0	65.3	64.6	63.9	63.2
66	69.9	69.1	68.4	67.7	67.0	66.3	65.6	64.9	64.2	63.5
67	70.1	69.4	68.7	68.0	67.2	66.5	65.8	65.2	64.5	63.8
68	70.4	69.6	68.9	68.2	67.5	66.8	66.1	65.4	64.8	64.1
69	70.6	69.9	69.2	68.5	67.8	67.1	66.4	65.7	65.0	64.4
70	70.8	70.1	69.4	68.7	68.0	67.4	66.7	66.0	65.3	64.7
71	71.1	70.4	69.7	69.0	68.3	67.6	66.9	66.3	65.6	64.9
72	71.3	70.6	69.9	69.2	68.5	67.9	67.2	66.5	65.9	65.2
73	71.5	70.8	70.2	69.5	68.8	68.1	67.4	66.8	66.1	65.5
74	71.8	71.1	70.4	69.7	69.0	68.4	67.7	67.0	66.4	65.7
75	72.0	71.3	70.6	69.9	69.3	68.6	67.9	67.3	66.6	66.0
76	72.2	71.5	70.8	70.2	69.5	68.8	68.2	67.5	66.9	66.2
77	72.4	71.7	71.0	70.4	69.7	69.1	68.4	67.8	67.1	66.5
78	72.6	71.9	71.3	70.6	69.9	69.3	68.6	68.0	67.4	66.7
79	72.8	72.1	71.5	70.8	70.2	69.5	68.9	68.2	67.6	67.0
80	73.0	72.3	71.7	71.0	70.4	69.7	69.1	68.4	67.8	67.2
81	73.2	72.5	71.9	71.2	70.6	69.9	69.3	68.7	68.0	67.4
82	73.4	72.7	72.1	71.4	70.8	70.1	69.5	68.9	68.3	67.6
83	73.6	72.9	72.3	71.6	71.0	70.4	69.7	69.1	68.5	67.9
84	73.7	73.1	72.4	71.8	71.2	70.6	69.9	69.3	68.7	68.1
85	73.9	73.3	72.6	72.0	71.4	70.8	70.1	69.5	68.9	68.3
86	74.1	73.5	72.8	72.2	71.6	70.9	70.3	69.7	69.1	68.5
87	74.3	73.6	73.0	72.4	71.8	71.1	70.5	69.9	69.3	68.7
88	74.4	73.8	73.2	72.6	71.9	71.3	70.7	70.1	69.5	68.9
89	74.6	74.0	73.4	72.7	72.1	71.5	70.9	70.3	69.7	69.1
90	74.8	74.2	73.5	72.9	72.3	71.7	71.1	70.5	69.9	69.3
91	74.9	74.3	73.7	73.1	72.5	71.9	71.3	70.7	70.1	69.5
92	75.1	74.5	73.9	73.3	72.7	72.1	71.5	70.9	70.3	69.7
93	75.3	74.7	74.0	73.4	72.8	72.2	71.7	71.1	70.5	69.9
94	75.4	74.8	74.2	73.6	73.0	72.4	71.8	71.2	70.7	70.1
95	75.6	75.0	74.4	73.8	73.2	72.6	72.0	71.4	70.8	70.3
96	75.7	75.1	74.5	73.9	73.3	72.8	72.2	71.6	71.0	70.5
97	75.9	75.3	74.7	74.1	73.5	72.9	72.3	71.8	71.2	70.6
98	76.0	75.4	74.8	74.3	73.7	73.1	72.5	71.9	71.4	70.8
99	76.2	75.6	75.0	74.4	73.8	73.3	72.7	72.1	71.5	71.0
100	76.3	75.7	75.2	74.6	74.0	73.4	72.9	72.3	71.7	71.2

表 3b（续）

$t-t_w$ / t	9.2	9.4	9.6	9.8	10.0	10.2	10.4	10.6	10.8	11.0
15	11.2	9.5	7.8	6.2	4.5	2.9	1.2			
16	14.1	12.5	10.9	9.3	7.7	6.1	4.5	3.0	1.4	
17	16.9	15.3	13.7	12.2	10.7	9.1	7.6	6.1	4.6	3.1
18	19.4	17.9	16.4	14.9	13.4	12.0	10.5	9.0	7.6	6.2
19	21.8	20.4	18.9	17.5	16.1	14.6	13.2	11.8	10.4	9.0
20	24.1	22.7	21.3	19.9	18.5	17.1	15.8	14.4	13.0	11.7
21	26.2	24.9	23.5	22.1	20.8	19.5	18.1	16.8	15.5	14.2
22	28.2	26.9	25.6	24.3	23.0	21.7	20.4	19.1	17.8	16.6
23	30.1	28.8	27.5	26.3	25.0	23.7	22.5	21.2	20.0	18.8
24	31.9	30.6	29.4	28.1	26.9	25.7	24.5	23.3	22.1	20.9
25	33.6	32.3	31.1	29.9	28.7	27.5	26.3	25.2	24.0	22.8
26	35.1	34.0	32.8	31.6	30.4	29.3	28.1	27.0	25.8	24.7
27	36.6	35.5	34.3	33.2	32.0	30.9	29.8	28.7	27.6	26.5
28	38.0	36.9	35.8	34.7	33.6	32.4	31.4	30.3	29.2	28.1
29	39.4	38.3	37.2	36.1	35.0	33.9	32.8	31.8	30.7	29.7
30	40.6	39.6	38.5	37.4	36.4	35.3	34.3	33.2	32.2	31.2
31	41.8	40.8	39.7	38.7	37.6	36.6	35.6	34.6	33.6	32.6
32	43.0	41.9	40.9	39.9	38.9	37.9	36.9	35.9	34.9	33.9
33	44.1	43.0	42.0	41.0	40.0	39.0	38.1	37.1	36.1	35.2
34	45.1	44.1	43.1	42.1	41.1	40.2	39.2	38.2	37.3	36.4
35	46.1	45.1	44.1	43.1	42.2	41.2	40.3	39.4	38.4	37.5
36	47.0	46.0	45.1	44.1	43.2	42.3	41.3	40.4	39.5	38.6
37	47.9	46.9	46.0	45.1	44.1	43.2	42.3	41.4	40.5	39.6
38	48.7	47.8	46.9	46.0	45.0	44.1	43.2	42.4	41.5	40.6
39	49.5	48.6	47.7	46.8	45.9	45.0	44.1	43.3	42.4	41.5
40	50.3	49.4	48.5	47.6	46.7	45.9	45.0	44.1	43.3	42.4
41	51.0	50.1	49.3	48.4	47.5	46.7	45.8	45.0	44.1	43.3
42	51.7	50.9	50.0	49.1	48.3	47.4	46.6	45.8	44.9	44.1
43	52.4	51.6	50.7	49.9	49.0	48.2	47.4	46.5	45.7	44.9
44	53.1	52.2	51.4	50.5	49.7	48.9	48.1	47.3	46.5	45.7
45	53.7	52.8	52.0	51.2	50.4	49.6	48.8	48.0	47.2	46.4
46	54.3	53.5	52.6	51.8	51.0	50.2	49.4	48.6	47.8	47.1
47	54.9	54.0	53.2	52.4	51.6	50.8	50.1	49.3	48.5	47.7
48	55.4	54.6	53.8	53.0	52.2	51.4	50.7	49.9	49.1	48.4
49	55.9	55.2	54.4	53.6	52.8	52.0	51.3	50.5	49.7	49.0
50	56.5	55.7	54.9	54.1	53.3	52.6	51.8	51.1	50.3	49.6
51	57.0	56.2	55.4	54.6	53.9	53.1	52.4	51.6	50.9	50.2
52	57.4	56.7	55.9	55.1	54.4	53.6	52.9	52.2	51.4	50.7
53	57.9	57.1	56.4	55.6	54.9	54.1	53.4	52.7	52.0	51.2
54	58.3	57.6	56.8	56.1	55.4	54.6	53.9	53.2	52.5	51.8
55	58.8	58.0	57.3	56.6	55.8	55.1	54.4	53.7	53.0	52.3
56	59.2	58.5	57.7	57.0	56.3	55.6	54.8	54.1	53.4	52.7
57	59.6	58.9	58.1	57.4	56.7	56.0	55.3	54.6	53.9	53.2

表 3b（续）

$t-t_w$ / t	9.2	9.4	9.6	9.8	10.0	10.2	10.4	10.6	10.8	11.0
58	60.0	59.3	58.6	57.8	57.1	56.4	55.7	55.0	54.3	53.7
59	60.4	59.7	59.0	58.2	57.5	56.8	56.2	55.5	54.8	54.1
60	60.8	60.0	59.3	58.6	57.9	57.2	56.6	55.9	55.2	54.5
61	61.1	60.4	59.7	59.0	58.3	57.6	57.0	56.3	55.6	54.9
62	61.5	60.8	60.1	59.4	58.7	58.0	57.3	56.7	56.0	55.3
63	61.8	61.1	60.4	59.7	59.1	58.4	57.7	57.1	56.4	55.7
64	62.1	61.5	60.8	60.1	59.4	58.8	58.1	57.4	56.8	56.1
65	62.5	61.8	61.1	60.4	59.8	59.1	58.4	57.8	57.1	56.5
66	62.8	62.1	61.4	60.8	60.1	59.4	58.8	58.1	57.5	56.9
67	63.1	62.4	61.8	61.1	60.4	59.8	59.1	58.5	57.8	57.2
68	63.4	62.7	62.1	61.4	60.8	60.1	59.5	58.8	58.2	57.6
69	63.7	63.0	62.4	61.7	61.1	60.4	59.8	59.2	58.5	57.9
70	64.0	63.3	62.7	62.0	61.4	60.7	60.1	59.5	58.8	58.2
71	64.3	63.6	63.0	62.3	61.7	61.0	60.4	59.8	59.2	58.5
72	64.5	63.9	63.3	62.6	62.0	61.3	60.7	60.1	59.5	58.9
73	64.8	64.2	63.5	62.9	62.3	61.6	61.0	60.4	59.8	59.2
74	65.1	64.4	63.8	63.2	62.5	61.9	61.3	60.7	60.1	59.5
75	65.3	64.7	64.1	63.4	62.8	62.2	61.6	61.0	60.4	59.8
76	65.6	65.0	64.3	63.7	63.1	62.5	61.9	61.3	60.7	60.1
77	65.8	65.2	64.6	64.0	63.4	62.7	62.1	61.5	60.9	60.3
78	66.1	65.5	64.8	64.2	63.6	63.0	62.4	61.8	61.2	60.6
79	66.3	65.7	65.1	64.5	63.9	63.3	62.7	62.1	61.5	60.9
80	66.6	66.0	65.3	64.7	64.1	63.5	62.9	62.3	61.7	61.2
81	66.8	66.2	65.6	65.0	64.4	63.8	63.2	62.6	62.0	61.4
82	67.0	66.4	65.8	65.2	64.6	64.0	63.4	62.8	62.3	61.7
83	67.3	66.6	66.0	65.4	64.9	64.3	63.7	63.1	62.5	61.9
84	67.5	66.9	66.3	65.7	65.1	64.5	63.9	63.3	62.8	62.2
85	67.7	67.1	66.5	65.9	65.3	64.7	64.2	63.6	63.0	62.4
86	67.9	67.3	66.7	66.1	65.5	65.0	64.4	63.8	63.2	62.7
87	68.1	67.5	66.9	66.4	65.8	65.2	64.6	64.1	63.5	62.9
88	68.3	67.7	67.2	66.6	66.0	65.4	64.8	64.3	63.7	63.2
89	68.5	67.9	67.4	66.8	66.2	65.6	65.1	64.5	63.9	63.4
90	68.7	68.1	67.6	67.0	66.4	65.9	65.3	64.7	64.2	63.6
91	68.9	68.4	67.8	67.2	66.6	66.1	65.5	65.0	64.4	63.8
92	69.1	68.6	68.0	67.4	66.8	66.3	65.7	65.2	64.6	64.1
93	69.3	68.7	68.2	67.6	67.0	66.5	65.9	65.4	64.8	64.3
94	69.5	68.9	68.4	67.8	67.3	66.7	66.1	65.6	65.0	64.5
95	69.7	69.1	68.6	68.0	67.5	66.9	66.3	65.8	65.3	64.7
96	69.9	69.3	68.8	68.2	67.6	67.1	66.5	66.0	65.5	64.9
97	70.1	69.5	68.9	68.4	67.8	67.3	66.7	66.2	65.7	65.1
98	70.2	69.7	69.1	68.6	68.0	67.5	66.9	66.4	65.9	65.3
99	70.4	69.9	69.3	68.8	68.2	67.7	67.1	66.6	66.1	65.5
100	70.6	70.1	69.5	69.0	68.4	67.9	67.3	66.8	66.3	65.7

表 3b（续）

t \ $t-t_w$	11.5	12.0	12.5	13.5	13.5	14.0	14.5	15.0	15.5	16.0
15										
16										
17										
18	2.6									
19	5.6	2.2								
20	8.4	5.1	1.8							
21	11.0	7.8	4.7	1.6						
22	13.4	10.3	7.3	4.3	1.4					
23	15.7	12.8	9.8	6.9	4.0	1.2				
24	17.9	15.0	12.2	9.3	6.6	3.8	1.1			
25	20.0	17.1	14.4	11.6	8.9	6.3	3.7	1.1		
26	21.9	19.2	16.5	13.8	11.2	8.6	6.1	3.6	1.1	
27	23.7	21.1	18.4	15.8	13.3	10.8	8.3	5.9	3.5	1.1
28	25.5	22.8	20.3	17.8	15.3	12.8	10.4	8.1	5.7	3.4
29	27.1	24.5	22.0	19.6	17.2	14.8	12.4	10.1	7.9	5.6
30	28.6	26.1	23.7	21.3	18.9	16.6	14.3	12.1	9.9	7.7
31	30.1	27.7	25.3	22.9	20.6	18.3	16.1	13.9	11.8	9.6
32	31.5	29.1	26.8	24.5	22.2	20.0	17.8	15.7	13.5	11.5
33	32.8	30.5	28.2	25.9	23.7	21.5	19.4	17.3	15.2	13.2
34	34.0	31.8	29.5	27.3	25.1	23.0	20.9	18.9	16.9	14.9
35	35.2	33.0	30.8	28.6	26.5	24.4	22.4	20.4	18.4	16.4
36	36.3	34.2	32.0	29.9	27.8	25.8	23.7	21.8	19.8	17.9
37	37.4	35.3	33.1	31.1	29.0	27.0	25.1	23.1	21.2	19.3
38	38.4	36.3	34.2	32.2	30.2	28.2	26.3	24.4	22.5	20.7
39	39.4	37.3	35.3	33.3	31.3	29.4	27.5	25.6	23.8	22.0
40	40.4	38.3	36.3	34.3	32.4	30.5	28.6	26.8	25.0	23.2
41	41.2	39.2	37.2	35.3	33.4	31.5	29.7	27.9	26.1	24.4
42	42.1	40.1	38.2	36.2	34.4	32.5	30.7	28.9	27.2	25.5
43	42.9	40.9	39.0	37.1	35.3	33.5	31.7	29.9	28.2	26.5
44	43.7	41.8	39.9	38.0	36.2	34.4	32.6	30.9	29.2	27.5
45	44.4	42.5	40.7	38.8	37.0	35.3	33.5	31.8	30.2	28.5
46	45.2	43.3	41.4	39.6	37.8	36.1	34.4	32.7	31.1	29.5
47	45.8	44.0	42.2	40.4	38.6	36.9	35.2	33.6	31.9	30.3
48	46.5	44.7	42.9	41.1	39.4	37.7	36.0	34.4	32.8	31.2
49	47.1	45.3	43.6	41.8	40.1	38.4	36.8	35.2	33.6	32.0
50	47.8	46.0	44.2	42.5	40.8	39.1	37.5	35.9	34.3	32.8
51	48.4	46.6	44.8	43.1	41.5	39.8	38.2	36.6	35.1	33.6
52	48.9	47.2	45.5	43.8	42.1	40.5	38.9	37.3	35.8	34.3
53	49.5	47.7	46.0	44.4	42.7	41.1	39.6	38.0	36.5	35.0
54	50.0	48.3	46.6	45.0	43.3	41.7	40.2	38.7	37.2	35.7
55	50.5	48.8	47.2	45.5	43.9	42.3	40.8	39.3	37.8	36.3
56	51.0	49.3	47.7	46.1	44.5	42.9	41.4	39.9	38.4	37.0
57	51.5	49.8	48.2	46.6	45.0	43.5	42.0	40.5	39.0	37.6

表 3b（续）

$t-t_w$ / t	11.5	12.0	12.5	13.5	13.5	14.0	14.5	15.0	15.5	16.0
58	52.0	50.3	48.7	47.1	45.6	44.0	42.5	41.0	39.6	38.2
59	52.4	50.8	49.2	47.6	46.1	44.5	43.1	41.6	40.2	38.7
60	52.9	51.2	49.7	48.1	46.6	45.0	43.6	42.1	40.7	39.3
61	53.3	51.7	50.1	48.6	47.0	45.5	44.1	42.6	41.2	39.8
62	53.7	52.1	50.6	49.0	47.5	46.0	44.6	43.1	41.7	40.4
63	54.1	52.5	51.0	49.5	48.0	46.5	45.0	43.6	42.2	40.9
64	54.5	52.9	51.4	49.9	48.4	46.9	45.5	44.1	42.7	41.4
65	54.9	53.3	51.8	50.3	48.8	47.4	46.0	44.6	43.2	41.8
66	55.3	53.7	52.2	50.7	49.2	47.8	46.4	45.0	43.6	42.3
67	55.6	54.1	52.6	51.1	49.7	48.2	46.8	45.4	44.1	42.8
68	56.0	54.5	53.0	51.5	50.1	48.6	47.2	45.9	44.5	43.2
69	56.3	54.8	53.3	51.9	50.4	49.0	47.6	46.3	45.0	43.6
70	56.7	55.2	53.7	52.2	50.8	49.4	48.0	46.7	45.4	44.1
71	57.0	55.5	54.1	52.6	51.2	49.8	48.4	47.1	45.8	44.5
72	57.3	55.9	54.4	53.0	51.6	50.2	48.8	47.5	46.2	44.9
73	57.7	56.2	54.7	53.3	51.9	50.5	49.2	47.9	46.6	45.3
74	58.0	56.5	55.1	53.6	52.3	50.9	49.5	48.2	46.9	45.7
75	58.3	56.8	55.4	54.0	52.6	51.2	49.9	48.6	47.3	46.0
76	58.6	57.1	55.7	54.3	52.9	51.6	50.2	48.9	47.7	46.4
77	58.9	57.4	56.0	54.6	53.3	51.9	50.6	49.3	48.0	46.8
78	59.2	57.7	56.3	54.9	53.6	52.2	50.9	49.6	48.4	47.1
79	59.4	58.0	56.6	55.2	53.9	52.6	51.3	50.0	48.7	47.5
80	59.7	58.3	56.9	55.5	54.2	52.9	51.6	50.3	49.0	47.8
81	60.0	58.6	57.2	55.8	54.5	53.2	51.9	50.6	49.4	48.1
82	60.3	58.9	57.5	56.1	54.8	53.5	52.2	50.9	49.7	48.5
83	60.5	59.1	57.8	56.4	55.1	53.8	52.5	51.2	50.0	48.8
84	60.8	59.4	58.0	56.7	55.4	54.1	52.8	51.6	50.3	49.1
85	61.0	59.7	58.3	57.0	55.7	54.4	53.1	51.9	50.6	49.4
86	61.3	59.9	58.6	57.2	55.9	54.7	53.4	52.2	50.9	49.7
87	61.5	60.2	58.8	57.5	56.2	54.9	53.7	52.4	51.2	50.0
88	61.8	60.4	59.1	57.8	56.5	55.2	54.0	52.7	51.5	50.3
89	62.0	60.7	59.3	58.0	56.7	55.5	54.2	53.0	51.8	50.6
90	62.3	60.9	59.6	58.3	57.0	55.7	54.5	53.3	52.1	50.9
91	62.5	61.1	59.8	58.5	57.3	56.0	54.8	53.6	52.4	51.2
92	62.7	61.4	60.1	58.8	57.5	56.3	55.0	53.8	52.6	51.5
93	62.9	61.6	60.3	59.0	57.8	56.5	55.3	54.1	52.9	51.8
94	63.2	61.8	60.5	59.3	58.0	56.8	55.6	54.4	53.2	52.0
95	63.4	62.1	60.8	59.5	58.3	57.0	55.8	54.6	53.5	52.3
96	63.6	62.3	61.0	59.7	58.5	57.3	56.1	54.9	53.7	52.6
97	63.8	62.5	61.2	60.0	58.7	57.5	56.3	55.1	54.0	52.8
98	64.0	62.7	61.5	60.2	59.0	57.8	56.6	55.4	54.2	53.1
99	64.2	62.9	61.7	60.4	59.2	58.0	56.8	55.6	54.5	53.3
100	64.4	63.2	61.9	60.7	59.4	58.2	57.0	55.9	54.7	53.6

表 3c　球状、柱状水银温度表相对湿度查算表

P=100 kPa，A=0.662×10^{-3}℃$^{-1}$(2.5 m/s)

t ＼ $t-t_w$	0.0	0.1	0.2	0.3	0.4	0.5	0.6	0.7	0.8	0.9	1.0
15	100.0	99.0	97.9	96.9	95.9	94.9	93.9	92.9	91.9	90.9	89.9
16	100.0	99.0	98.0	97.0	96.0	95.0	94.0	93.1	92.1	91.1	90.1
17	100.0	99.0	98.1	97.1	96.1	95.2	94.2	93.3	92.3	91.4	90.4
18	100.0	99.1	98.1	97.2	96.2	95.3	94.4	93.4	92.5	91.6	90.7
19	100.0	99.1	98.2	97.2	96.3	95.4	94.5	93.6	92.7	91.8	90.9
20	100.0	99.1	98.2	97.3	96.4	95.5	94.6	93.8	92.9	92.0	91.1
21	100.0	99.1	98.2	97.4	96.5	95.6	94.8	93.9	93.1	92.2	91.4
22	100.0	99.1	98.3	97.4	96.6	95.7	94.9	94.1	93.2	92.4	91.6
23	100.0	99.2	98.3	97.5	96.7	95.8	95.0	94.2	93.4	92.6	91.7
24	100.0	99.2	98.4	97.5	96.7	95.9	95.1	94.3	93.5	92.7	91.9
25	100.0	99.2	98.4	97.6	96.8	96.0	95.2	94.4	93.7	92.9	92.1
26	100.0	99.2	98.4	97.6	96.9	96.1	95.3	94.6	93.8	93.0	92.3
27	100.0	99.2	98.5	97.7	96.9	96.2	95.4	94.7	93.9	93.2	92.4
28	100.0	99.2	98.5	97.7	97.0	96.2	95.5	94.8	94.0	93.3	92.6
29	100.0	99.3	98.5	97.8	97.0	96.3	95.6	94.9	94.1	93.4	92.7
30	100.0	99.3	98.5	97.8	97.1	96.4	95.7	95.0	94.3	93.5	92.8
31	100.0	99.3	98.6	97.9	97.2	96.4	95.7	95.0	94.4	93.7	93.0
32	100.0	99.3	98.6	97.9	97.2	96.5	95.8	95.1	94.5	93.8	93.1
33	100.0	99.3	98.6	97.9	97.3	96.6	95.9	95.2	94.5	93.9	93.2
34	100.0	99.3	98.6	98.0	97.3	96.6	96.0	95.3	94.6	94.0	93.3
35	100.0	99.3	98.7	98.0	97.3	96.7	96.0	95.4	94.7	94.1	93.4
36	100.0	99.3	98.7	98.0	97.4	96.7	96.1	95.4	94.8	94.2	93.5
37	100.0	99.4	98.7	98.1	97.4	96.8	96.1	95.5	94.9	94.2	93.6
38	100.0	99.4	98.7	98.1	97.5	96.8	96.2	95.6	95.0	94.3	93.7
39	100.0	99.4	98.7	98.1	97.5	96.9	96.3	95.6	95.0	94.4	93.8
40	100.0	99.4	98.8	98.1	97.5	96.9	96.3	95.7	95.1	94.5	93.9
41	100.0	99.4	98.8	98.2	97.6	97.0	96.4	95.8	95.2	94.6	94.0
42	100.0	99.4	98.8	98.2	97.6	97.0	96.4	95.8	95.2	94.6	94.1
43	100.0	99.4	98.8	98.2	97.6	97.0	96.5	95.9	95.3	94.7	94.1
44	100.0	99.4	98.8	98.2	97.7	97.1	96.5	95.9	95.3	94.8	94.2
45	100.0	99.4	98.8	98.3	97.7	97.1	96.5	96.0	95.4	94.8	94.3
46	100.0	99.4	98.9	98.3	97.7	97.1	96.6	96.0	95.5	94.9	94.3
47	100.0	99.4	98.9	98.3	97.7	97.2	96.6	96.1	95.5	95.0	94.4
48	100.0	99.4	98.9	98.3	97.8	97.2	96.7	96.1	95.6	95.0	94.5
49	100.0	99.4	98.9	98.3	97.8	97.2	96.7	96.2	95.6	95.1	94.5
50	100.0	99.5	98.9	98.4	97.8	97.3	96.7	96.2	95.7	95.1	94.6
51	100.0	99.5	98.9	98.4	97.8	97.3	96.8	96.2	95.7	95.2	94.7
52	100.0	99.5	98.9	98.4	97.9	97.3	96.8	96.3	95.8	95.2	94.7
53	100.0	99.5	98.9	98.4	97.9	97.4	96.8	96.3	95.8	95.3	94.8
54	100.0	99.5	99.0	98.4	97.9	97.4	96.9	96.4	95.9	95.3	94.8
55	100.0	99.5	99.0	98.4	97.9	97.4	96.9	96.4	95.9	95.4	94.9
56	100.0	99.5	99.0	98.5	98.0	97.4	96.9	96.4	95.9	95.4	94.9
57	100.0	99.5	99.0	98.5	98.0	97.5	97.0	96.5	96.0	95.5	95.0

表 3c（续）

$t-t_w$ / t	0.0	0.1	0.2	0.3	0.4	0.5	0.6	0.7	0.8	0.9	1.0
58	100.0	99.5	99.0	98.5	98.0	97.5	97.0	96.5	96.0	95.5	95.0
59	100.0	99.5	99.0	98.5	98.0	97.5	97.0	96.5	96.1	95.6	95.1
60	100.0	99.5	99.0	98.5	98.0	97.5	97.1	96.6	96.1	95.6	95.1
61	100.0	99.5	99.0	98.5	98.0	97.6	97.1	96.6	96.1	95.6	95.2
62	100.0	99.5	99.0	98.5	98.1	97.6	97.1	96.6	96.2	95.7	95.2
63	100.0	99.5	99.0	98.6	98.1	97.6	97.1	96.7	96.2	95.7	95.3
64	100.0	99.5	99.0	98.6	98.1	97.6	97.2	96.7	96.2	95.8	95.3
65	100.0	99.5	99.1	98.6	98.1	97.7	97.2	96.7	96.3	95.8	95.3
66	100.0	99.5	99.1	98.6	98.1	97.7	97.2	96.8	96.3	95.8	95.4
67	100.0	99.5	99.1	98.6	98.2	97.7	97.2	96.8	96.3	95.9	95.4
68	100.0	99.5	99.1	98.6	98.2	97.7	97.3	96.8	96.4	95.9	95.5
69	100.0	99.5	99.1	98.6	98.2	97.7	97.3	96.8	96.4	95.9	95.5
70	100.0	99.5	99.1	98.6	98.2	97.8	97.3	96.9	96.4	96.0	95.5
71	100.0	99.6	99.1	98.7	98.2	97.8	97.3	96.9	96.4	96.0	95.6
72	100.0	99.6	99.1	98.7	98.2	97.8	97.3	96.9	96.5	96.0	95.6
73	100.0	99.6	99.1	98.7	98.2	97.8	97.4	96.9	96.5	96.1	95.6
74	100.0	99.6	99.1	98.7	98.3	97.8	97.4	97.0	96.5	96.1	95.7
75	100.0	99.6	99.1	98.7	98.3	97.8	97.4	97.0	96.6	96.1	95.7
76	100.0	99.6	99.1	98.7	98.3	97.9	97.4	97.0	96.6	96.2	95.8
77	100.0	99.6	99.1	98.7	98.3	97.9	97.5	97.0	96.6	96.2	95.8
78	100.0	99.6	99.2	98.7	98.3	97.9	97.5	97.1	96.6	96.2	95.8
79	100.0	99.6	99.2	98.7	98.3	97.9	97.5	97.1	96.7	96.3	95.8
80	100.0	99.6	99.2	98.7	98.3	97.9	97.5	97.1	96.7	96.3	95.9
81	100.0	99.6	99.2	98.8	98.3	97.9	97.5	97.1	96.7	96.3	95.9
82	100.0	99.6	99.2	98.8	98.4	98.0	97.5	97.1	96.7	96.3	95.9
83	100.0	99.6	99.2	98.8	98.4	98.0	97.6	97.2	96.8	96.4	96.0
84	100.0	99.6	99.2	98.8	98.4	98.0	97.6	97.2	96.8	96.4	96.0
85	100.0	99.6	99.2	98.8	98.4	98.0	97.6	97.2	96.8	96.4	96.0
86	100.0	99.6	99.2	98.8	98.4	98.0	97.6	97.2	96.8	96.4	96.1
87	100.0	99.6	99.2	98.8	98.4	98.0	97.6	97.2	96.9	96.5	96.1
88	100.0	99.6	99.2	98.8	98.4	98.0	97.7	97.3	96.9	96.5	96.1
89	100.0	99.6	99.2	98.8	98.4	98.1	97.7	97.3	96.9	96.5	96.1
90	100.0	99.6	99.2	98.8	98.5	98.1	97.7	97.3	96.9	96.5	96.2
91	100.0	99.6	99.2	98.8	98.5	98.1	97.7	97.3	96.9	96.6	96.2
92	100.0	99.6	99.2	98.9	98.5	98.1	97.7	97.3	97.0	96.6	96.2
93	100.0	99.6	99.2	98.9	98.5	98.1	97.7	97.4	97.0	96.6	96.2
94	100.0	99.6	99.2	98.9	98.5	98.1	97.7	97.4	97.0	96.6	96.3
95	100.0	99.6	99.3	98.9	98.5	98.1	97.8	97.4	97.0	96.7	96.3
96	100.0	99.6	99.3	98.9	98.5	98.1	97.8	97.4	97.0	96.7	96.3
97	100.0	99.6	99.3	98.9	98.5	98.2	97.8	97.4	97.1	96.7	96.3
98	100.0	99.6	99.3	98.9	98.5	98.2	97.8	97.4	97.1	96.7	96.4
99	100.0	99.6	99.3	98.9	98.5	98.2	97.8	97.5	97.1	96.7	96.4
100	100.0	99.6	99.3	98.9	98.6	98.2	97.8	97.5	97.1	96.8	96.4

表 3c（续）

t \ $t-t_w$	1.1	1.2	1.3	1.4	1.5	1.6	1.7	1.8	1.9	2.0
15	88.9	87.9	86.9	85.9	84.9	83.9	83.0	82.0	81.0	80.1
16	89.2	88.2	87.3	86.3	85.3	84.4	83.4	82.5	81.6	80.6
17	89.5	88.5	87.6	86.7	85.7	84.8	83.9	83.0	82.1	81.2
18	89.8	88.8	87.9	87.0	86.1	85.2	84.3	83.4	82.6	81.7
19	90.0	89.1	88.2	87.4	86.5	85.6	84.7	83.9	83.0	82.1
20	90.3	89.4	88.5	87.7	86.8	86.0	85.1	84.3	83.4	82.6
21	90.5	89.7	88.8	88.0	87.1	86.3	85.5	84.7	83.8	83.0
22	90.7	89.9	89.1	88.3	87.5	86.6	85.8	85.0	84.2	83.4
23	90.9	90.1	89.3	88.5	87.7	86.9	86.2	85.4	84.6	83.8
24	91.1	90.4	89.6	88.8	88.0	87.2	86.5	85.7	84.9	84.2
25	91.3	90.6	89.8	89.0	88.3	87.5	86.7	86.0	85.2	84.5
26	91.5	90.8	90.0	89.3	88.5	87.8	87.0	86.3	85.6	84.8
27	91.7	90.9	90.2	89.5	88.7	88.0	87.3	86.6	85.8	85.1
28	91.8	91.1	90.4	89.7	89.0	88.2	87.5	86.8	86.1	85.4
29	92.0	91.3	90.6	89.9	89.2	88.5	87.8	87.1	86.4	85.7
30	92.1	91.4	90.7	90.1	89.4	88.7	88.0	87.3	86.6	86.0
31	92.3	91.6	90.9	90.2	89.6	88.9	88.2	87.5	86.9	86.2
32	92.4	91.7	91.1	90.4	89.7	89.1	88.4	87.8	87.1	86.4
33	92.5	91.9	91.2	90.6	89.9	89.3	88.6	88.0	87.3	86.7
34	92.7	92.0	91.4	90.7	90.1	89.4	88.8	88.2	87.5	86.9
35	92.8	92.1	91.5	90.9	90.2	89.6	89.0	88.3	87.7	87.1
36	92.9	92.3	91.6	91.0	90.4	89.8	89.1	88.5	87.9	87.3
37	93.0	92.4	91.8	91.1	90.5	89.9	89.3	88.7	88.1	87.5
38	93.1	92.5	91.9	91.3	90.7	90.1	89.5	88.9	88.3	87.7
39	93.2	92.6	92.0	91.4	90.8	90.2	89.6	89.0	88.4	87.9
40	93.3	92.7	92.1	91.5	90.9	90.3	89.8	89.2	88.6	88.0
41	93.4	92.8	92.2	91.6	91.1	90.5	89.9	89.3	88.8	88.2
42	93.5	92.9	92.3	91.7	91.2	90.6	90.0	89.5	88.9	88.3
43	93.6	93.0	92.4	91.9	91.3	90.7	90.2	89.6	89.0	88.5
44	93.6	93.1	92.5	92.0	91.4	90.8	90.3	89.7	89.2	88.6
45	93.7	93.2	92.6	92.1	91.5	91.0	90.4	89.9	89.3	88.8
46	93.8	93.2	92.7	92.1	91.6	91.1	90.5	90.0	89.4	88.9
47	93.9	93.3	92.8	92.2	91.7	91.2	90.6	90.1	89.6	89.0
48	93.9	93.4	92.9	92.3	91.8	91.3	90.7	90.2	89.7	89.2
49	94.0	93.5	92.9	92.4	91.9	91.4	90.8	90.3	89.8	89.3
50	94.1	93.6	93.0	92.5	92.0	91.5	91.0	90.4	89.9	89.4
51	94.1	93.6	93.1	92.6	92.1	91.6	91.1	90.5	90.0	89.5
52	94.2	93.7	93.2	92.7	92.2	91.7	91.1	90.6	90.1	89.6
53	94.3	93.8	93.3	92.7	92.2	91.7	91.2	90.7	90.2	89.8
54	94.3	93.8	93.3	92.8	92.3	91.8	91.3	90.8	90.3	89.9
55	94.4	93.9	93.4	92.9	92.4	91.9	91.4	90.9	90.4	90.0
56	94.4	93.9	93.5	93.0	92.5	92.0	91.5	91.0	90.5	90.1
57	94.5	94.0	93.5	93.0	92.6	92.1	91.6	91.1	90.6	90.2

表 3c（续）

t \ $t-t_w$	1.1	1.2	1.3	1.4	1.5	1.6	1.7	1.8	1.9	2.0
58	94.5	94.1	93.6	93.1	92.6	92.1	91.7	91.2	90.7	90.3
59	94.6	94.1	93.6	93.2	92.7	92.2	91.7	91.3	90.8	90.3
60	94.7	94.2	93.7	93.2	92.8	92.3	91.8	91.4	90.9	90.4
61	94.7	94.2	93.8	93.3	92.8	92.4	91.9	91.4	91.0	90.5
62	94.8	94.3	93.8	93.4	92.9	92.4	92.0	91.5	91.1	90.6
63	94.8	94.3	93.9	93.4	93.0	92.5	92.0	91.6	91.1	90.7
64	94.8	94.4	93.9	93.5	93.0	92.6	92.1	91.7	91.2	90.8
65	94.9	94.4	94.0	93.5	93.1	92.6	92.2	91.7	91.3	90.9
66	94.9	94.5	94.0	93.6	93.1	92.7	92.3	91.8	91.4	90.9
67	95.0	94.5	94.1	93.6	93.2	92.8	92.3	91.9	91.4	91.0
68	95.0	94.6	94.1	93.7	93.3	92.8	92.4	92.0	91.5	91.1
69	95.1	94.6	94.2	93.7	93.3	92.9	92.4	92.0	91.6	91.2
70	95.1	94.7	94.2	93.8	93.4	92.9	92.5	92.1	91.7	91.2
71	95.1	94.7	94.3	93.9	93.4	93.0	92.6	92.1	91.7	91.3
72	95.2	94.8	94.3	93.9	93.5	93.1	92.6	92.2	91.8	91.4
73	95.2	94.8	94.4	93.9	93.5	93.1	92.7	92.3	91.9	91.4
74	95.3	94.8	94.4	94.0	93.6	93.2	92.7	92.3	91.9	91.5
75	95.3	94.9	94.5	94.0	93.6	93.2	92.8	92.4	92.0	91.6
76	95.3	94.9	94.5	94.1	93.7	93.3	92.9	92.5	92.0	91.6
77	95.4	95.0	94.5	94.1	93.7	93.3	92.9	92.5	92.1	91.7
78	95.4	95.0	94.6	94.2	93.8	93.4	93.0	92.6	92.2	91.8
79	95.4	95.0	94.6	94.2	93.8	93.4	93.0	92.6	92.2	91.8
80	95.5	95.1	94.7	94.3	93.9	93.5	93.1	92.7	92.3	91.9
81	95.5	95.1	94.7	94.3	93.9	93.5	93.1	92.7	92.3	92.0
82	95.5	95.1	94.7	94.4	94.0	93.6	93.2	92.8	92.4	92.0
83	95.6	95.2	94.8	94.4	94.0	93.6	93.2	92.8	92.5	92.1
84	95.6	95.2	94.8	94.4	94.0	93.7	93.3	92.9	92.5	92.1
85	95.6	95.2	94.9	94.5	94.1	93.7	93.3	92.9	92.6	92.2
86	95.7	95.3	94.9	94.5	94.1	93.8	93.4	93.0	92.6	92.2
87	95.7	95.3	94.9	94.6	94.2	93.8	93.4	93.0	92.7	92.3
88	95.7	95.3	95.0	94.6	94.2	93.8	93.5	93.1	92.7	92.3
89	95.8	95.4	95.0	94.6	94.3	93.9	93.5	93.1	92.8	92.4
90	95.8	95.4	95.0	94.7	94.3	93.9	93.6	93.2	92.8	92.5
91	95.8	95.4	95.1	94.7	94.3	94.0	93.6	93.2	92.9	92.5
92	95.8	95.5	95.1	94.7	94.4	94.0	93.6	93.3	92.9	92.6
93	95.9	95.5	95.1	94.8	94.4	94.0	93.7	93.3	93.0	92.6
94	95.9	95.5	95.2	94.8	94.4	94.1	93.7	93.4	93.0	92.7
95	95.9	95.6	95.2	94.8	94.5	94.1	93.8	93.4	93.1	92.7
96	96.0	95.6	95.2	94.9	94.5	94.2	93.8	93.5	93.1	92.8
97	96.0	95.6	95.3	94.9	94.6	94.2	93.9	93.5	93.1	92.8
98	96.0	95.7	95.3	94.9	94.6	94.2	93.9	93.5	93.2	92.8
99	96.0	95.7	95.3	95.0	94.6	94.3	93.9	93.6	93.2	92.9
100	96.1	95.7	95.4	95.0	94.7	94.3	94.0	93.6	93.3	92.9

表 3c（续）

$t-t_w$ / t	2.1	2.2	2.3	2.4	2.5	2.6	2.7	2.8	2.9	3.0
15	79.1	78.1	77.2	76.2	75.3	74.3	73.4	72.5	71.5	70.6
16	79.7	78.8	77.8	76.9	76.0	75.1	74.2	73.3	72.3	71.4
17	80.3	79.4	78.5	77.6	76.7	75.8	74.9	74.0	73.1	72.2
18	80.8	79.9	79.0	78.2	77.3	76.4	75.6	74.7	73.8	73.0
19	81.3	80.4	79.6	78.7	77.9	77.0	76.2	75.4	74.5	73.7
20	81.8	80.9	80.1	79.3	78.4	77.6	76.8	76.0	75.2	74.4
21	82.2	81.4	80.6	79.8	79.0	78.2	77.4	76.6	75.8	75.0
22	82.6	81.8	81.0	80.3	79.5	78.7	77.9	77.1	76.4	75.6
23	83.0	82.2	81.5	80.7	79.9	79.2	78.4	77.7	76.9	76.1
24	83.4	82.6	81.9	81.1	80.4	79.6	78.9	78.2	77.4	76.7
25	83.8	83.0	82.3	81.5	80.8	80.1	79.3	78.6	77.9	77.2
26	84.1	83.4	82.6	81.9	81.2	80.5	79.8	79.1	78.4	77.7
27	84.4	83.7	83.0	82.3	81.6	80.9	80.2	79.5	78.8	78.1
28	84.7	84.0	83.3	82.6	81.9	81.3	80.6	79.9	79.2	78.5
29	85.0	84.3	83.6	83.0	82.3	81.6	80.9	80.3	79.6	78.9
30	85.3	84.6	83.9	83.3	82.6	82.0	81.3	80.6	80.0	79.3
31	85.5	84.9	84.2	83.6	82.9	82.3	81.6	81.0	80.3	79.7
32	85.8	85.1	84.5	83.9	83.2	82.6	81.9	81.3	80.7	80.1
33	86.0	85.4	84.8	84.1	83.5	82.9	82.3	81.6	81.0	80.4
34	86.3	85.6	85.0	84.4	83.8	83.2	82.5	81.9	81.3	80.7
35	86.5	85.9	85.3	84.6	84.0	83.4	82.8	82.2	81.6	81.0
36	86.7	86.1	85.5	84.9	84.3	83.7	83.1	82.5	81.9	81.3
37	86.9	86.3	85.7	85.1	84.5	83.9	83.3	82.8	82.2	81.6
38	87.1	86.5	85.9	85.3	84.7	84.2	83.6	83.0	82.4	81.9
39	87.3	86.7	86.1	85.5	85.0	84.4	83.8	83.3	82.7	82.1
40	87.4	86.9	86.3	85.7	85.2	84.6	84.0	83.5	82.9	82.4
41	87.6	87.1	86.5	85.9	85.4	84.8	84.3	83.7	83.2	82.6
42	87.8	87.2	86.7	86.1	85.6	85.0	84.5	83.9	83.4	82.8
43	87.9	87.4	86.8	86.3	85.8	85.2	84.7	84.1	83.6	83.1
44	88.1	87.6	87.0	86.5	85.9	85.4	84.9	84.3	83.8	83.3
45	88.2	87.7	87.2	86.6	86.1	85.6	85.1	84.5	84.0	83.5
46	88.4	87.9	87.3	86.8	86.3	85.8	85.2	84.7	84.2	83.7
47	88.5	88.0	87.5	87.0	86.4	85.9	85.4	84.9	84.4	83.9
48	88.7	88.1	87.6	87.1	86.6	86.1	85.6	85.1	84.6	84.1
49	88.8	88.3	87.8	87.3	86.7	86.2	85.7	85.2	84.7	84.2
50	88.9	88.4	87.9	87.4	86.9	86.4	85.9	85.4	84.9	84.4
51	89.0	88.5	88.0	87.5	87.0	86.5	86.1	85.6	85.1	84.6
52	89.1	88.7	88.2	87.7	87.2	86.7	86.2	85.7	85.2	84.8
53	89.3	88.8	88.3	87.8	87.3	86.8	86.3	85.9	85.4	84.9
54	89.4	88.9	88.4	87.9	87.4	87.0	86.5	86.0	85.5	85.1
55	89.5	89.0	88.5	88.0	87.6	87.1	86.6	86.2	85.7	85.2
56	89.6	89.1	88.6	88.2	87.7	87.2	86.8	86.3	85.8	85.4
57	89.7	89.2	88.7	88.3	87.8	87.3	86.9	86.4	86.0	85.5

表 3c（续）

t \ $t-t_w$	2.1	2.2	2.3	2.4	2.5	2.6	2.7	2.8	2.9	3.0
58	89.8	89.3	88.9	88.4	87.9	87.5	87.0	86.6	86.1	85.6
59	89.9	89.4	89.0	88.5	88.0	87.6	87.1	86.7	86.2	85.8
60	90.0	89.5	89.1	88.6	88.2	87.7	87.3	86.8	86.4	85.9
61	90.1	89.6	89.2	88.7	88.3	87.8	87.4	86.9	86.5	86.0
62	90.2	89.7	89.3	88.8	88.4	87.9	87.5	87.0	86.6	86.2
63	90.2	89.8	89.4	88.9	88.5	88.0	87.6	87.2	86.7	86.3
64	90.3	89.9	89.5	89.0	88.6	88.1	87.7	87.3	86.8	86.4
65	90.4	90.0	89.5	89.1	88.7	88.2	87.8	87.4	87.0	86.5
66	90.5	90.1	89.6	89.2	88.8	88.3	87.9	87.5	87.1	86.6
67	90.6	90.1	89.7	89.3	88.9	88.4	88.0	87.6	87.2	86.8
68	90.7	90.2	89.8	89.4	89.0	88.5	88.1	87.7	87.3	86.9
69	90.7	90.3	89.9	89.5	89.0	88.6	88.2	87.8	87.4	87.0
70	90.8	90.4	90.0	89.6	89.1	88.7	88.3	87.9	87.5	87.1
71	90.9	90.5	90.1	89.6	89.2	88.8	88.4	88.0	87.6	87.2
72	91.0	90.5	90.1	89.7	89.3	88.9	88.5	88.1	87.7	87.3
73	91.0	90.6	90.2	89.8	89.4	89.0	88.6	88.2	87.8	87.4
74	91.1	90.7	90.3	89.9	89.5	89.1	88.7	88.3	87.9	87.5
75	91.2	90.8	90.4	90.0	89.6	89.2	88.8	88.4	88.0	87.6
76	91.2	90.8	90.4	90.0	89.6	89.2	88.8	88.5	88.1	87.7
77	91.3	90.9	90.5	90.1	89.7	89.3	88.9	88.5	88.2	87.8
78	91.4	91.0	90.6	90.2	89.8	89.4	89.0	88.6	88.2	87.9
79	91.4	91.0	90.7	90.3	89.9	89.5	89.1	88.7	88.3	87.9
80	91.5	91.1	90.7	90.3	89.9	89.6	89.2	88.8	88.4	88.0
81	91.6	91.2	90.8	90.4	90.0	89.6	89.3	88.9	88.5	88.1
82	91.6	91.2	90.9	90.5	90.1	89.7	89.3	89.0	88.6	88.2
83	91.7	91.3	90.9	90.5	90.2	89.8	89.4	89.0	88.7	88.3
84	91.7	91.4	91.0	90.6	90.2	89.9	89.5	89.1	88.7	88.4
85	91.8	91.4	91.1	90.7	90.3	89.9	89.6	89.2	88.8	88.5
86	91.9	91.5	91.1	90.7	90.4	90.0	89.6	89.3	88.9	88.5
87	91.9	91.5	91.2	90.8	90.4	90.1	89.7	89.3	89.0	88.6
88	92.0	91.6	91.2	90.9	90.5	90.1	89.8	89.4	89.1	88.7
89	92.0	91.7	91.3	90.9	90.6	90.2	89.8	89.5	89.1	88.8
90	92.1	91.7	91.4	91.0	90.6	90.3	89.9	89.6	89.2	88.8
91	92.1	91.8	91.4	91.1	90.7	90.3	90.0	89.6	89.3	88.9
92	92.2	91.8	91.5	91.1	90.8	90.4	90.1	89.7	89.3	89.0
93	92.2	91.9	91.5	91.2	90.8	90.5	90.1	89.8	89.4	89.1
94	92.3	91.9	91.6	91.2	90.9	90.5	90.2	89.8	89.5	89.1
95	92.3	92.0	91.6	91.3	90.9	90.6	90.3	89.9	89.6	89.2
96	92.4	92.0	91.7	91.4	91.0	90.7	90.3	90.0	89.6	89.3
97	92.4	92.1	91.8	91.4	91.1	90.7	90.4	90.0	89.7	89.4
98	92.5	92.2	91.8	91.5	91.1	90.8	90.4	90.1	89.8	89.4
99	92.5	92.2	91.9	91.5	91.2	90.8	90.5	90.2	89.8	89.5
100	92.6	92.3	91.9	91.6	91.2	90.9	90.6	90.2	89.9	89.6

表 3c（续）

t \ $t-t_w$	3.1	3.2	3.3	3.4	3.5	3.6	3.7	3.8	3.9	4.0
15	69.7	68.7	67.8	66.9	66.0	65.1	64.1	63.2	62.3	61.4
16	70.5	69.6	68.7	67.9	67.0	66.1	65.2	64.3	63.4	62.6
17	71.4	70.5	69.6	68.8	67.9	67.0	66.2	65.3	64.5	63.6
18	72.1	71.3	70.4	69.6	68.8	67.9	67.1	66.3	65.4	64.6
19	72.9	72.0	71.2	70.4	69.6	68.8	68.0	67.1	66.3	65.5
20	73.6	72.8	72.0	71.2	70.4	69.6	68.8	68.0	67.2	66.4
21	74.2	73.4	72.6	71.9	71.1	70.3	69.5	68.8	68.0	67.3
22	74.8	74.1	73.3	72.5	71.8	71.0	70.3	69.5	68.8	68.0
23	75.4	74.7	73.9	73.2	72.4	71.7	71.0	70.2	69.5	68.8
24	75.9	75.2	74.5	73.8	73.0	72.3	71.6	70.9	70.2	69.5
25	76.5	75.8	75.0	74.3	73.6	72.9	72.2	71.5	70.8	70.1
26	77.0	76.3	75.6	74.9	74.2	73.5	72.8	72.1	71.4	70.8
27	77.4	76.7	76.1	75.4	74.7	74.0	73.4	72.7	72.0	71.4
28	77.9	77.2	76.5	75.9	75.2	74.5	73.9	73.2	72.6	71.9
29	78.3	77.6	77.0	76.3	75.7	75.0	74.4	73.7	73.1	72.5
30	78.7	78.0	77.4	76.8	76.1	75.5	74.9	74.2	73.6	73.0
31	79.1	78.4	77.8	77.2	76.5	75.9	75.3	74.7	74.1	73.5
32	79.4	78.8	78.2	77.6	77.0	76.3	75.7	75.1	74.5	73.9
33	79.8	79.2	78.6	78.0	77.3	76.7	76.1	75.5	74.9	74.4
34	80.1	79.5	78.9	78.3	77.7	77.1	76.5	75.9	75.4	74.8
35	80.4	79.8	79.2	78.7	78.1	77.5	76.9	76.3	75.8	75.2
36	80.7	80.1	79.6	79.0	78.4	77.8	77.3	76.7	76.1	75.6
37	81.0	80.4	79.9	79.3	78.7	78.2	77.6	77.0	76.5	75.9
38	81.3	80.7	80.2	79.6	79.1	78.5	77.9	77.4	76.8	76.3
39	81.6	81.0	80.5	79.9	79.4	78.8	78.3	77.7	77.2	76.6
40	81.8	81.3	80.7	80.2	79.6	79.1	78.6	78.0	77.5	77.0
41	82.1	81.5	81.0	80.5	79.9	79.4	78.8	78.3	77.8	77.3
42	82.3	81.8	81.2	80.7	80.2	79.7	79.1	78.6	78.1	77.6
43	82.5	82.0	81.5	81.0	80.4	79.9	79.4	78.9	78.4	77.9
44	82.8	82.2	81.7	81.2	80.7	80.2	79.7	79.1	78.6	78.1
45	83.0	82.5	81.9	81.4	80.9	80.4	79.9	79.4	78.9	78.4
46	83.2	82.7	82.2	81.7	81.2	80.6	80.2	79.7	79.2	78.7
47	83.4	82.9	82.4	81.9	81.4	80.9	80.4	79.9	79.4	78.9
48	83.6	83.1	82.6	82.1	81.6	81.1	80.6	80.1	79.6	79.2
49	83.8	83.3	82.8	82.3	81.8	81.3	80.8	80.3	79.9	79.4
50	83.9	83.4	83.0	82.5	82.0	81.5	81.0	80.6	80.1	79.6
51	84.1	83.6	83.1	82.7	82.2	81.7	81.2	80.8	80.3	79.8
52	84.3	83.8	83.3	82.9	82.4	81.9	81.4	81.0	80.5	80.1
53	84.4	84.0	83.5	83.0	82.6	82.1	81.6	81.2	80.7	80.3
54	84.6	84.1	83.7	83.2	82.7	82.3	81.8	81.4	80.9	80.5
55	84.8	84.3	83.8	83.4	82.9	82.5	82.0	81.6	81.1	80.7
56	84.9	84.4	84.0	83.5	83.1	82.6	82.2	81.7	81.3	80.8
57	85.1	84.6	84.1	83.7	83.2	82.8	82.4	81.9	81.5	81.0

表 3c（续）

t \ $t-t_w$	3.1	3.2	3.3	3.4	3.5	3.6	3.7	3.8	3.9	4.0
58	85.2	84.7	84.3	83.9	83.4	83.0	82.5	82.1	81.6	81.2
59	85.3	84.9	84.4	84.0	83.6	83.1	82.7	82.3	81.8	81.4
60	85.5	85.0	84.6	84.2	83.7	83.3	82.8	82.4	82.0	81.6
61	85.6	85.2	84.7	84.3	83.9	83.4	83.0	82.6	82.1	81.7
62	85.7	85.3	84.9	84.4	84.0	83.6	83.2	82.7	82.3	81.9
63	85.9	85.4	85.0	84.6	84.1	83.7	83.3	82.9	82.5	82.0
64	86.0	85.6	85.1	84.7	84.3	83.9	83.4	83.0	82.6	82.2
65	86.1	85.7	85.3	84.8	84.4	84.0	83.6	83.2	82.8	82.4
66	86.2	85.8	85.4	85.0	84.6	84.1	83.7	83.3	82.9	82.5
67	86.3	85.9	85.5	85.1	84.7	84.3	83.9	83.5	83.1	82.6
68	86.5	86.0	85.6	85.2	84.8	84.4	84.0	83.6	83.2	82.8
69	86.6	86.2	85.7	85.3	84.9	84.5	84.1	83.7	83.3	82.9
70	86.7	86.3	85.9	85.5	85.1	84.7	84.3	83.9	83.5	83.1
71	86.8	86.4	86.0	85.6	85.2	84.8	84.4	84.0	83.6	83.2
72	86.9	86.5	86.1	85.7	85.3	84.9	84.5	84.1	83.7	83.3
73	87.0	86.6	86.2	85.8	85.4	85.0	84.6	84.2	83.8	83.5
74	87.1	86.7	86.3	85.9	85.5	85.1	84.7	84.4	84.0	83.6
75	87.2	86.8	86.4	86.0	85.6	85.2	84.9	84.5	84.1	83.7
76	87.3	86.9	86.5	86.1	85.7	85.4	85.0	84.6	84.2	83.8
77	87.4	87.0	86.6	86.2	85.8	85.5	85.1	84.7	84.3	84.0
78	87.5	87.1	86.7	86.3	86.0	85.6	85.2	84.8	84.4	84.1
79	87.6	87.2	86.8	86.4	86.1	85.7	85.3	84.9	84.6	84.2
80	87.7	87.3	86.9	86.5	86.2	85.8	85.4	85.0	84.7	84.3
81	87.7	87.4	87.0	86.6	86.3	85.9	85.5	85.1	84.8	84.4
82	87.8	87.5	87.1	86.7	86.4	86.0	85.6	85.3	84.9	84.5
83	87.9	87.6	87.2	86.8	86.5	86.1	85.7	85.4	85.0	84.6
84	88.0	87.6	87.3	86.9	86.5	86.2	85.8	85.5	85.1	84.7
85	88.1	87.7	87.4	87.0	86.6	86.3	85.9	85.6	85.2	84.9
86	88.2	87.8	87.5	87.1	86.7	86.4	86.0	85.7	85.3	85.0
87	88.3	87.9	87.5	87.2	86.8	86.5	86.1	85.8	85.4	85.1
88	88.3	88.0	87.6	87.3	86.9	86.6	86.2	85.9	85.5	85.2
89	88.4	88.1	87.7	87.4	87.0	86.7	86.3	86.0	85.6	85.3
90	88.5	88.1	87.8	87.4	87.1	86.7	86.4	86.0	85.7	85.4
91	88.6	88.2	87.9	87.5	87.2	86.8	86.5	86.1	85.8	85.5
92	88.6	88.3	88.0	87.6	87.3	86.9	86.6	86.2	85.9	85.6
93	88.7	88.4	88.0	87.7	87.3	87.0	86.7	86.3	86.0	85.6
94	88.8	88.5	88.1	87.8	87.4	87.1	86.8	86.4	86.1	85.7
95	88.9	88.5	88.2	87.9	87.5	87.2	86.8	86.5	86.2	85.8
96	88.9	88.6	88.3	87.9	87.6	87.3	86.9	86.6	86.3	85.9
97	89.0	88.7	88.3	88.0	87.7	87.3	87.0	86.7	86.3	86.0
98	89.1	88.8	88.4	88.1	87.8	87.4	87.1	86.8	86.4	86.1
99	89.2	88.8	88.5	88.2	87.8	87.5	87.2	86.8	86.5	86.2
100	89.2	88.9	88.6	88.2	87.9	87.6	87.3	86.9	86.6	86.3

表 3c（续）

t \ $t-t_w$	4.1	4.2	4.3	4.4	4.5	4.6	4.7	4.8	4.9	5.0
15	60.5	59.6	58.7	57.9	57.0	56.1	55.2	54.3	53.5	52.6
16	61.7	60.8	60.0	59.1	58.2	57.4	56.5	55.7	54.8	54.0
17	62.8	61.9	61.1	60.2	59.4	58.6	57.8	56.9	56.1	55.3
18	63.8	63.0	62.1	61.3	60.5	59.7	58.9	58.1	57.3	56.5
19	64.7	63.9	63.2	62.4	61.6	60.8	60.0	59.2	58.4	57.7
20	65.6	64.9	64.1	63.3	62.6	61.8	61.0	60.3	59.5	58.8
21	66.5	65.7	65.0	64.2	63.5	62.7	62.0	61.3	60.5	59.8
22	67.3	66.6	65.8	65.1	64.4	63.6	62.9	62.2	61.5	60.8
23	68.1	67.3	66.6	65.9	65.2	64.5	63.8	63.1	62.4	61.7
24	68.8	68.1	67.4	66.7	66.0	65.3	64.6	63.9	63.2	62.5
25	69.4	68.8	68.1	67.4	66.7	66.0	65.4	64.7	64.0	63.3
26	70.1	69.4	68.7	68.1	67.4	66.7	66.1	65.4	64.8	64.1
27	70.7	70.0	69.4	68.7	68.1	67.4	66.8	66.1	65.5	64.9
28	71.3	70.6	70.0	69.3	68.7	68.1	67.4	66.8	66.2	65.6
29	71.8	71.2	70.6	69.9	69.3	68.7	68.1	67.4	66.8	66.2
30	72.3	71.7	71.1	70.5	69.9	69.3	68.7	68.0	67.4	66.8
31	72.8	72.2	71.6	71.0	70.4	69.8	69.2	68.6	68.0	67.4
32	73.3	72.7	72.1	71.5	70.9	70.3	69.8	69.2	68.6	68.0
33	73.8	73.2	72.6	72.0	71.4	70.8	70.3	69.7	69.1	68.5
34	74.2	73.6	73.0	72.5	71.9	71.3	70.8	70.2	69.6	69.1
35	74.6	74.0	73.5	72.9	72.3	71.8	71.2	70.7	70.1	69.6
36	75.0	74.4	73.9	73.3	72.8	72.2	71.7	71.1	70.6	70.0
37	75.4	74.8	74.3	73.7	73.2	72.6	72.1	71.6	71.0	70.5
38	75.7	75.2	74.7	74.1	73.6	73.0	72.5	72.0	71.4	70.9
39	76.1	75.6	75.0	74.5	74.0	73.4	72.9	72.4	71.9	71.3
40	76.4	75.9	75.4	74.8	74.3	73.8	73.3	72.8	72.2	71.7
41	76.7	76.2	75.7	75.2	74.7	74.2	73.6	73.1	72.6	72.1
42	77.0	76.5	76.0	75.5	75.0	74.5	74.0	73.5	73.0	72.5
43	77.3	76.8	76.3	75.8	75.3	74.8	74.3	73.8	73.3	72.8
44	77.6	77.1	76.6	76.1	75.6	75.1	74.6	74.2	73.7	73.2
45	77.9	77.4	76.9	76.4	75.9	75.4	75.0	74.5	74.0	73.5
46	78.2	77.7	77.2	76.7	76.2	75.7	75.3	74.8	74.3	73.8
47	78.4	77.9	77.5	77.0	76.5	76.0	75.6	75.1	74.6	74.1
48	78.7	78.2	77.7	77.2	76.8	76.3	75.8	75.4	74.9	74.4
49	78.9	78.4	78.0	77.5	77.0	76.6	76.1	75.6	75.2	74.7
50	79.1	78.7	78.2	77.7	77.3	76.8	76.4	75.9	75.5	75.0
51	79.4	78.9	78.4	78.0	77.5	77.1	76.6	76.2	75.7	75.3
52	79.6	79.1	78.7	78.2	77.8	77.3	76.9	76.4	76.0	75.5
53	79.8	79.3	78.9	78.4	78.0	77.6	77.1	76.7	76.2	75.8
54	80.0	79.6	79.1	78.7	78.2	77.8	77.3	76.9	76.5	76.0
55	80.2	79.8	79.3	78.9	78.4	78.0	77.6	77.1	76.7	76.3
56	80.4	80.0	79.5	79.1	78.6	78.2	77.8	77.4	76.9	76.5
57	80.6	80.2	79.7	79.3	78.9	78.4	78.0	77.6	77.1	76.7

表 3c（续）

t \ $t-t_w$	4.1	4.2	4.3	4.4	4.5	4.6	4.7	4.8	4.9	5.0
58	80.8	80.3	79.9	79.5	79.1	78.6	78.2	77.8	77.4	76.9
59	81.0	80.5	80.1	79.7	79.2	78.8	78.4	78.0	77.6	77.2
60	81.1	80.7	80.3	79.9	79.4	79.0	78.6	78.2	77.8	77.4
61	81.3	80.9	80.5	80.0	79.6	79.2	78.8	78.4	78.0	77.6
62	81.5	81.1	80.6	80.2	79.8	79.4	79.0	78.6	78.2	77.8
63	81.6	81.2	80.8	80.4	80.0	79.6	79.2	78.8	78.4	78.0
64	81.8	81.4	81.0	80.6	80.2	79.7	79.3	78.9	78.5	78.1
65	81.9	81.5	81.1	80.7	80.3	79.9	79.5	79.1	78.7	78.3
66	82.1	81.7	81.3	80.9	80.5	80.1	79.7	79.3	78.9	78.5
67	82.2	81.8	81.4	81.0	80.7	80.3	79.9	79.5	79.1	78.7
68	82.4	82.0	81.6	81.2	80.8	80.4	80.0	79.6	79.2	78.9
69	82.5	82.1	81.7	81.4	81.0	80.6	80.2	79.8	79.4	79.0
70	82.7	82.3	81.9	81.5	81.1	80.7	80.3	80.0	79.6	79.2
71	82.8	82.4	82.0	81.6	81.3	80.9	80.5	80.1	79.7	79.4
72	82.9	82.6	82.2	81.8	81.4	81.0	80.6	80.3	79.9	79.5
73	83.1	82.7	82.3	81.9	81.6	81.2	80.8	80.4	80.0	79.7
74	83.2	82.8	82.4	82.1	81.7	81.3	80.9	80.6	80.2	79.8
75	83.3	83.0	82.6	82.2	81.8	81.5	81.1	80.7	80.3	80.0
76	83.5	83.1	82.7	82.3	82.0	81.6	81.2	80.9	80.5	80.1
77	83.6	83.2	82.8	82.5	82.1	81.7	81.4	81.0	80.6	80.3
78	83.7	83.3	83.0	82.6	82.2	81.9	81.5	81.1	80.8	80.4
79	83.8	83.5	83.1	82.7	82.4	82.0	81.6	81.3	80.9	80.6
80	83.9	83.6	83.2	82.8	82.5	82.1	81.8	81.4	81.1	80.7
81	84.1	83.7	83.3	83.0	82.6	82.3	81.9	81.5	81.2	80.8
82	84.2	83.8	83.4	83.1	82.7	82.4	82.0	81.7	81.3	81.0
83	84.3	83.9	83.6	83.2	82.9	82.5	82.2	81.8	81.5	81.1
84	84.4	84.0	83.7	83.3	83.0	82.6	82.3	81.9	81.6	81.2
85	84.5	84.1	83.8	83.4	83.1	82.7	82.4	82.1	81.7	81.4
86	84.6	84.3	83.9	83.6	83.2	82.9	82.5	82.2	81.8	81.5
87	84.7	84.4	84.0	83.7	83.3	83.0	82.6	82.3	82.0	81.6
88	84.8	84.5	84.1	83.8	83.4	83.1	82.8	82.4	82.1	81.7
89	84.9	84.6	84.2	83.9	83.5	83.2	82.9	82.5	82.2	81.9
90	85.0	84.7	84.3	84.0	83.7	83.3	83.0	82.6	82.3	82.0
91	85.1	84.8	84.4	84.1	83.8	83.4	83.1	82.8	82.4	82.1
92	85.2	84.9	84.5	84.2	83.9	83.5	83.2	82.9	82.5	82.2
93	85.3	85.0	84.6	84.3	84.0	83.6	83.3	83.0	82.7	82.3
94	85.4	85.1	84.7	84.4	84.1	83.8	83.4	83.1	82.8	82.4
95	85.5	85.2	84.8	84.5	84.2	83.9	83.5	83.2	82.9	82.6
96	85.6	85.3	84.9	84.6	84.3	84.0	83.6	83.3	83.0	82.7
97	85.7	85.4	85.0	84.7	84.4	84.1	83.7	83.4	83.1	82.8
98	85.8	85.5	85.1	84.8	84.5	84.2	83.8	83.5	83.2	82.9
99	85.9	85.5	85.2	84.9	84.6	84.3	83.9	83.6	83.3	83.0
100	86.0	85.6	85.3	85.0	84.7	84.4	84.0	83.7	83.4	83.1

表 3c（续）

t \ $t-t_w$	5.2	5.4	5.6	5.8	6.0	6.2	6.4	6.6	6.8	7.0
15	50.8	49.1	47.4	45.7	44.0	42.3	40.7	39.0	37.4	35.7
16	52.3	50.6	49.0	47.3	45.7	44.0	42.4	40.8	39.2	37.6
17	53.6	52.0	50.4	48.8	47.2	45.6	44.1	42.5	41.0	39.4
18	54.9	53.4	51.8	50.2	48.7	47.2	45.6	44.1	42.6	41.1
19	56.1	54.6	53.1	51.6	50.1	48.6	47.1	45.6	44.2	42.7
20	57.3	55.8	54.3	52.8	51.4	49.9	48.5	47.0	45.6	44.2
21	58.3	56.9	55.4	54.0	52.6	51.2	49.8	48.4	47.0	45.6
22	59.3	57.9	56.5	55.1	53.7	52.4	51.0	49.6	48.3	47.0
23	60.3	58.9	57.5	56.2	54.8	53.5	52.1	50.8	49.5	48.2
24	61.2	59.8	58.5	57.2	55.8	54.5	53.2	51.9	50.7	49.4
25	62.0	60.7	59.4	58.1	56.8	55.5	54.3	53.0	51.7	50.5
26	62.8	61.5	60.3	59.0	57.7	56.5	55.2	54.0	52.8	51.6
27	63.6	62.3	61.1	59.8	58.6	57.4	56.2	54.9	53.8	52.6
28	64.3	63.1	61.8	60.6	59.4	58.2	57.0	55.8	54.7	53.5
29	65.0	63.8	62.6	61.4	60.2	59.0	57.9	56.7	55.6	54.4
30	65.6	64.5	63.3	62.1	60.9	59.8	58.6	57.5	56.4	55.3
31	66.3	65.1	63.9	62.8	61.7	60.5	59.4	58.3	57.2	56.1
32	66.9	65.7	64.6	63.4	62.3	61.2	60.1	59.0	57.9	56.9
33	67.4	66.3	65.2	64.1	63.0	61.9	60.8	59.7	58.7	57.6
34	68.0	66.8	65.7	64.7	63.6	62.5	61.4	60.4	59.3	58.3
35	68.5	67.4	66.3	65.2	64.2	63.1	62.1	61.0	60.0	59.0
36	69.0	67.9	66.8	65.8	64.7	63.7	62.7	61.6	60.6	59.6
37	69.4	68.4	67.3	66.3	65.3	64.2	63.2	62.2	61.2	60.2
38	69.9	68.8	67.8	66.8	65.8	64.8	63.8	62.8	61.8	60.8
39	70.3	69.3	68.3	67.3	66.3	65.3	64.3	63.3	62.3	61.4
40	70.7	69.7	68.7	67.7	66.7	65.7	64.8	63.8	62.9	61.9
41	71.1	70.1	69.1	68.1	67.2	66.2	65.3	64.3	63.4	62.4
42	71.5	70.5	69.5	68.6	67.6	66.7	65.7	64.8	63.8	62.9
43	71.9	70.9	69.9	69.0	68.0	67.1	66.2	65.2	64.3	63.4
44	72.2	71.3	70.3	69.4	68.4	67.5	66.6	65.7	64.8	63.9
45	72.6	71.6	70.7	69.7	68.8	67.9	67.0	66.1	65.2	64.3
46	72.9	72.0	71.0	70.1	69.2	68.3	67.4	66.5	65.6	64.7
47	73.2	72.3	71.4	70.5	69.5	68.6	67.8	66.9	66.0	65.1
48	73.5	72.6	71.7	70.8	69.9	69.0	68.1	67.3	66.4	65.5
49	73.8	72.9	72.0	71.1	70.2	69.4	68.5	67.6	66.8	65.9
50	74.1	73.2	72.3	71.4	70.6	69.7	68.8	68.0	67.1	66.3
51	74.4	73.5	72.6	71.7	70.9	70.0	69.2	68.3	67.5	66.6
52	74.6	73.8	72.9	72.0	71.2	70.3	69.5	68.6	67.8	67.0
53	74.9	74.0	73.2	72.3	71.5	70.6	69.8	69.0	68.1	67.3
54	75.2	74.3	73.4	72.6	71.8	70.9	70.1	69.3	68.5	67.7
55	75.4	74.6	73.7	72.9	72.0	71.2	70.4	69.6	68.8	68.0
56	75.6	74.8	74.0	73.1	72.3	71.5	70.7	69.9	69.1	68.3
57	75.9	75.0	74.2	73.4	72.6	71.8	71.0	70.2	69.4	68.6

表 3c（续）

t \ $t-t_w$	5.2	5.4	5.6	5.8	6.0	6.2	6.4	6.6	6.8	7.0
58	76.1	75.3	74.5	73.6	72.8	72.0	71.2	70.4	69.6	68.9
59	76.3	75.5	74.7	73.9	73.1	72.3	71.5	70.7	69.9	69.2
60	76.5	75.7	74.9	74.1	73.3	72.5	71.7	71.0	70.2	69.4
61	76.8	75.9	75.1	74.3	73.6	72.8	72.0	71.2	70.5	69.7
62	77.0	76.2	75.4	74.6	73.8	73.0	72.2	71.5	70.7	70.0
63	77.2	76.4	75.6	74.8	74.0	73.2	72.5	71.7	71.0	70.2
64	77.4	76.6	75.8	75.0	74.2	73.5	72.7	72.0	71.2	70.5
65	77.5	76.8	76.0	75.2	74.5	73.7	72.9	72.2	71.4	70.7
66	77.7	77.0	76.2	75.4	74.7	73.9	73.2	72.4	71.7	71.0
67	77.9	77.1	76.4	75.6	74.9	74.1	73.4	72.6	71.9	71.2
68	78.1	77.3	76.6	75.8	75.1	74.3	73.6	72.9	72.1	71.4
69	78.3	77.5	76.8	76.0	75.3	74.5	73.8	73.1	72.4	71.6
70	78.4	77.7	76.9	76.2	75.5	74.7	74.0	73.3	72.6	71.9
71	78.6	77.9	77.1	76.4	75.7	74.9	74.2	73.5	72.8	72.1
72	78.8	78.0	77.3	76.6	75.8	75.1	74.4	73.7	73.0	72.3
73	78.9	78.2	77.5	76.7	76.0	75.3	74.6	73.9	73.2	72.5
74	79.1	78.4	77.6	76.9	76.2	75.5	74.8	74.1	73.4	72.7
75	79.3	78.5	77.8	77.1	76.4	75.7	75.0	74.3	73.6	72.9
76	79.4	78.7	78.0	77.3	76.6	75.8	75.2	74.5	73.8	73.1
77	79.6	78.8	78.1	77.4	76.7	76.0	75.3	74.6	74.0	73.3
78	79.7	79.0	78.3	77.6	76.9	76.2	75.5	74.8	74.1	73.5
79	79.8	79.1	78.4	77.7	77.1	76.4	75.7	75.0	74.3	73.7
80	80.0	79.3	78.6	77.9	77.2	76.5	75.9	75.2	74.5	73.8
81	80.1	79.4	78.7	78.1	77.4	76.7	76.0	75.4	74.7	74.0
82	80.3	79.6	78.9	78.2	77.5	76.9	76.2	75.5	74.9	74.2
83	80.4	79.7	79.0	78.4	77.7	77.0	76.3	75.7	75.0	74.4
84	80.5	79.9	79.2	78.5	77.8	77.2	76.5	75.9	75.2	74.6
85	80.7	80.0	79.3	78.7	78.0	77.3	76.7	76.0	75.4	74.7
86	80.8	80.1	79.5	78.8	78.1	77.5	76.8	76.2	75.5	74.9
87	80.9	80.3	79.6	78.9	78.3	77.6	77.0	76.3	75.7	75.1
88	81.1	80.4	79.7	79.1	78.4	77.8	77.1	76.5	75.8	75.2
89	81.2	80.5	79.9	79.2	78.6	77.9	77.3	76.6	76.0	75.4
90	81.3	80.7	80.0	79.4	78.7	78.1	77.4	76.8	76.2	75.5
91	81.4	80.8	80.1	79.5	78.8	78.2	77.6	76.9	76.3	75.7
92	81.6	80.9	80.3	79.6	79.0	78.3	77.7	77.1	76.5	75.8
93	81.7	81.0	80.4	79.7	79.1	78.5	77.9	77.2	76.6	76.0
94	81.8	81.2	80.5	79.9	79.2	78.6	78.0	77.4	76.8	76.1
95	81.9	81.3	80.6	80.0	79.4	78.8	78.1	77.5	76.9	76.3
96	82.0	81.4	80.8	80.1	79.5	78.9	78.3	77.7	77.0	76.4
97	82.1	81.5	80.9	80.3	79.6	79.0	78.4	77.8	77.2	76.6
98	82.3	81.6	81.0	80.4	79.8	79.1	78.5	77.9	77.3	76.7
99	82.4	81.7	81.1	80.5	79.9	79.3	78.7	78.1	77.5	76.9
100	82.5	81.8	81.2	80.6	80.0	79.4	78.8	78.2	77.6	77.0

表 3c（续）

t \ $t-t_w$	7.2	7.4	7.6	7.8	8.0	8.2	8.4	8.6	8.8	9.0
15	34.1	32.5	30.9	29.3	27.7	26.1	24.5	23.0	21.4	19.9
16	36.1	34.5	32.9	31.4	29.9	28.3	26.8	25.3	23.8	22.3
17	37.9	36.4	34.9	33.4	31.9	30.4	28.9	27.5	26.0	24.6
18	39.6	38.2	36.7	35.3	33.8	32.4	31.0	29.5	28.1	26.7
19	41.3	39.8	38.4	37.0	35.6	34.2	32.8	31.5	30.1	28.7
20	42.8	41.4	40.0	38.7	37.3	36.0	34.6	33.3	32.0	30.6
21	44.3	42.9	41.6	40.2	38.9	37.6	36.3	35.0	33.7	32.4
22	45.6	44.3	43.0	41.7	40.4	39.1	37.9	36.6	35.3	34.1
23	46.9	45.6	44.3	43.1	41.8	40.6	39.3	38.1	36.9	35.7
24	48.1	46.9	45.6	44.4	43.2	41.9	40.7	39.5	38.3	37.2
25	49.3	48.0	46.8	45.6	44.4	43.2	42.1	40.9	39.7	38.6
26	50.4	49.2	48.0	46.8	45.6	44.5	43.3	42.2	41.0	39.9
27	51.4	50.2	49.1	47.9	46.8	45.6	44.5	43.4	42.3	41.2
28	52.4	51.2	50.1	48.9	47.8	46.7	45.6	44.5	43.4	42.3
29	53.3	52.2	51.0	49.9	48.8	47.8	46.7	45.6	44.5	43.5
30	54.2	53.1	52.0	50.9	49.8	48.7	47.7	46.6	45.6	44.5
31	55.0	53.9	52.8	51.8	50.7	49.7	48.6	47.6	46.6	45.6
32	55.8	54.7	53.7	52.6	51.6	50.6	49.5	48.5	47.5	46.5
33	56.5	55.5	54.5	53.4	52.4	51.4	50.4	49.4	48.4	47.5
34	57.3	56.2	55.2	54.2	53.2	52.2	51.2	50.3	49.3	48.3
35	58.0	56.9	55.9	55.0	54.0	53.0	52.0	51.1	50.1	49.2
36	58.6	57.6	56.6	55.7	54.7	53.7	52.8	51.8	50.9	50.0
37	59.2	58.3	57.3	56.3	55.4	54.4	53.5	52.6	51.6	50.7
38	59.8	58.9	57.9	57.0	56.0	55.1	54.2	53.3	52.4	51.5
39	60.4	59.5	58.5	57.6	56.7	55.8	54.8	53.9	53.0	52.2
40	61.0	60.0	59.1	58.2	57.3	56.4	55.5	54.6	53.7	52.8
41	61.5	60.6	59.7	58.8	57.9	57.0	56.1	55.2	54.3	53.5
42	62.0	61.1	60.2	59.3	58.4	57.5	56.7	55.8	54.9	54.1
43	62.5	61.6	60.7	59.8	58.9	58.1	57.2	56.4	55.5	54.7
44	63.0	62.1	61.2	60.3	59.5	58.6	57.7	56.9	56.1	55.2
45	63.4	62.5	61.7	60.8	60.0	59.1	58.3	57.4	56.6	55.8
46	63.8	63.0	62.1	61.3	60.4	59.6	58.8	57.9	57.1	56.3
47	64.3	63.4	62.6	61.7	60.9	60.1	59.2	58.4	57.6	56.8
48	64.7	63.8	63.0	62.2	61.3	60.5	59.7	58.9	58.1	57.3
49	65.1	64.2	63.4	62.6	61.8	60.9	60.1	59.3	58.6	57.8
50	65.4	64.6	63.8	63.0	62.2	61.4	60.6	59.8	59.0	58.2
51	65.8	65.0	64.2	63.4	62.6	61.8	61.0	60.2	59.4	58.7
52	66.2	65.4	64.6	63.8	63.0	62.2	61.4	60.6	59.9	59.1
53	66.5	65.7	64.9	64.1	63.3	62.6	61.8	61.0	60.3	59.5
54	66.8	66.1	65.3	64.5	63.7	62.9	62.2	61.4	60.7	59.9
55	67.2	66.4	65.6	64.8	64.1	63.3	62.5	61.8	61.0	60.3
56	67.5	66.7	65.9	65.2	64.4	63.6	62.9	62.1	61.4	60.7
57	67.8	67.0	66.3	65.5	64.7	64.0	63.2	62.5	61.8	61.0

表 3c（续）

t \ $t-t_w$	7.2	7.4	7.6	7.8	8.0	8.2	8.4	8.6	8.8	9.0
58	68.1	67.3	66.6	65.8	65.1	64.3	63.6	62.8	62.1	61.4
59	68.4	67.6	66.9	66.1	65.4	64.6	63.9	63.2	62.5	61.7
60	68.7	67.9	67.2	66.4	65.7	64.9	64.2	63.5	62.8	62.1
61	68.9	68.2	67.5	66.7	66.0	65.3	64.5	63.8	63.1	62.4
62	69.2	68.5	67.7	67.0	66.3	65.6	64.8	64.1	63.4	62.7
63	69.5	68.7	68.0	67.3	66.6	65.8	65.1	64.4	63.7	63.0
64	69.7	69.0	68.3	67.6	66.8	66.1	65.4	64.7	64.0	63.3
65	70.0	69.3	68.5	67.8	67.1	66.4	65.7	65.0	64.3	63.6
66	70.2	69.5	68.8	68.1	67.4	66.7	66.0	65.3	64.6	63.9
67	70.5	69.8	69.0	68.3	67.6	66.9	66.3	65.6	64.9	64.2
68	70.7	70.0	69.3	68.6	67.9	67.2	66.5	65.8	65.2	64.5
69	70.9	70.2	69.5	68.8	68.1	67.5	66.8	66.1	65.4	64.8
70	71.2	70.5	69.8	69.1	68.4	67.7	67.0	66.4	65.7	65.0
71	71.4	70.7	70.0	69.3	68.6	67.9	67.3	66.6	66.0	65.3
72	71.6	70.9	70.2	69.5	68.9	68.2	67.5	66.9	66.2	65.6
73	71.8	71.1	70.4	69.8	69.1	68.4	67.8	67.1	66.5	65.8
74	72.0	71.3	70.7	70.0	69.3	68.7	68.0	67.3	66.7	66.1
75	72.2	71.5	70.9	70.2	69.5	68.9	68.2	67.6	66.9	66.3
76	72.4	71.7	71.1	70.4	69.8	69.1	68.5	67.8	67.2	66.5
77	72.6	71.9	71.3	70.6	70.0	69.3	68.7	68.0	67.4	66.8
78	72.8	72.1	71.5	70.8	70.2	69.5	68.9	68.3	67.6	67.0
79	73.0	72.3	71.7	71.0	70.4	69.7	69.1	68.5	67.8	67.2
80	73.2	72.5	71.9	71.2	70.6	70.0	69.3	68.7	68.1	67.4
81	73.4	72.7	72.1	71.4	70.8	70.2	69.5	68.9	68.3	67.7
82	73.6	72.9	72.3	71.6	71.0	70.4	69.7	69.1	68.5	67.9
83	73.7	73.1	72.4	71.8	71.2	70.6	69.9	69.3	68.7	68.1
84	73.9	73.3	72.6	72.0	71.4	70.7	70.1	69.5	68.9	68.3
85	74.1	73.4	72.8	72.2	71.6	70.9	70.3	69.7	69.1	68.5
86	74.3	73.6	73.0	72.4	71.7	71.1	70.5	69.9	69.3	68.7
87	74.4	73.8	73.2	72.5	71.9	71.3	70.7	70.1	69.5	68.9
88	74.6	74.0	73.3	72.7	72.1	71.5	70.9	70.3	69.7	69.1
89	74.7	74.1	73.5	72.9	72.3	71.7	71.1	70.5	69.9	69.3
90	74.9	74.3	73.7	73.1	72.5	71.9	71.3	70.7	70.1	69.5
91	75.1	74.5	73.8	73.2	72.6	72.0	71.4	70.8	70.3	69.7
92	75.2	74.6	74.0	73.4	72.8	72.2	71.6	71.0	70.4	69.9
93	75.4	74.8	74.2	73.6	73.0	72.4	71.8	71.2	70.6	70.0
94	75.5	74.9	74.3	73.7	73.1	72.6	72.0	71.4	70.8	70.2
95	75.7	75.1	74.5	73.9	73.3	72.7	72.1	71.6	71.0	70.4
96	75.8	75.2	74.6	74.1	73.5	72.9	72.3	71.7	71.2	70.6
97	76.0	75.4	74.8	74.2	73.6	73.0	72.5	71.9	71.3	70.8
98	76.1	75.5	75.0	74.4	73.8	73.2	72.6	72.1	71.5	70.9
99	76.3	75.7	75.1	74.5	73.9	73.4	72.8	72.2	71.7	71.1
100	76.4	75.8	75.3	74.7	74.1	73.5	73.0	72.4	71.8	71.3

表 3c（续）

t \ $t-t_w$	9.2	9.4	9.6	9.8	10.0	10.2	10.4	10.6	10.8	11.0
15	18.3	16.8	15.3	13.8	12.3	10.8	9.3	7.9	6.4	5.0
16	20.8	19.4	17.9	16.4	15.0	13.6	12.1	10.7	9.3	7.9
17	23.2	21.7	20.3	18.9	17.5	16.1	14.7	13.4	12.0	10.7
18	25.3	24.0	22.6	21.2	19.9	18.5	17.2	15.9	14.5	13.2
19	27.4	26.1	24.7	23.4	22.1	20.8	19.5	18.2	16.9	15.7
20	29.3	28.0	26.7	25.5	24.2	22.9	21.7	20.4	19.2	17.9
21	31.1	29.9	28.6	27.4	26.1	24.9	23.7	22.5	21.3	20.1
22	32.9	31.6	30.4	29.2	28.0	26.8	25.6	24.4	23.2	22.1
23	34.5	33.3	32.1	30.9	29.7	28.6	27.4	26.3	25.1	24.0
24	36.0	34.8	33.7	32.5	31.4	30.2	29.1	28.0	26.9	25.8
25	37.4	36.3	35.1	34.0	32.9	31.8	30.7	29.6	28.5	27.5
26	38.8	37.7	36.6	35.5	34.4	33.3	32.2	31.2	30.1	29.0
27	40.1	39.0	37.9	36.8	35.8	34.7	33.6	32.6	31.6	30.5
28	41.3	40.2	39.2	38.1	37.1	36.0	35.0	34.0	33.0	32.0
29	42.4	41.4	40.4	39.3	38.3	37.3	36.3	35.3	34.3	33.3
30	43.5	42.5	41.5	40.5	39.5	38.5	37.5	36.5	35.6	34.6
31	44.6	43.6	42.6	41.6	40.6	39.6	38.7	37.7	36.8	35.8
32	45.5	44.6	43.6	42.6	41.7	40.7	39.8	38.8	37.9	37.0
33	46.5	45.5	44.6	43.6	42.7	41.7	40.8	39.9	39.0	38.1
34	47.4	46.4	45.5	44.6	43.6	42.7	41.8	40.9	40.0	39.1
35	48.2	47.3	46.4	45.5	44.5	43.6	42.7	41.9	41.0	40.1
36	49.0	48.1	47.2	46.3	45.4	44.5	43.6	42.8	41.9	41.0
37	49.8	48.9	48.0	47.1	46.2	45.4	44.5	43.6	42.8	41.9
38	50.6	49.7	48.8	47.9	47.0	46.2	45.3	44.5	43.6	42.8
39	51.3	50.4	49.5	48.7	47.8	47.0	46.1	45.3	44.5	43.6
40	51.9	51.1	50.2	49.4	48.5	47.7	46.9	46.0	45.2	44.4
41	52.6	51.7	50.9	50.1	49.2	48.4	47.6	46.8	46.0	45.2
42	53.2	52.4	51.6	50.7	49.9	49.1	48.3	47.5	46.7	45.9
43	53.8	53.0	52.2	51.4	50.5	49.7	48.9	48.2	47.4	46.6
44	54.4	53.6	52.8	52.0	51.2	50.4	49.6	48.8	48.0	47.3
45	55.0	54.2	53.3	52.6	51.8	51.0	50.2	49.4	48.7	47.9
46	55.5	54.7	53.9	53.1	52.3	51.6	50.8	50.0	49.3	48.5
47	56.0	55.2	54.4	53.7	52.9	52.1	51.4	50.6	49.9	49.1
48	56.5	55.7	54.9	54.2	53.4	52.7	51.9	51.2	50.4	49.7
49	57.0	56.2	55.4	54.7	53.9	53.2	52.4	51.7	51.0	50.2
50	57.5	56.7	55.9	55.2	54.4	53.7	52.9	52.2	51.5	50.8
51	57.9	57.1	56.4	55.6	54.9	54.2	53.4	52.7	52.0	51.3
52	58.3	57.6	56.8	56.1	55.4	54.6	53.9	53.2	52.5	51.8
53	58.8	58.0	57.3	56.5	55.8	55.1	54.4	53.7	53.0	52.3
54	59.2	58.4	57.7	57.0	56.2	55.5	54.8	54.1	53.4	52.7
55	59.6	58.8	58.1	57.4	56.7	56.0	55.3	54.6	53.9	53.2
56	59.9	59.2	58.5	57.8	57.1	56.4	55.7	55.0	54.3	53.6
57	60.3	59.6	58.9	58.2	57.5	56.8	56.1	55.4	54.7	54.1

表 3c（续）

$t-t_w$ / t	9.2	9.4	9.6	9.8	10.0	10.2	10.4	10.6	10.8	11.0
58	60.7	60.0	59.3	58.6	57.9	57.2	56.5	55.8	55.1	54.5
59	61.0	60.3	59.6	58.9	58.2	57.6	56.9	56.2	55.5	54.9
60	61.4	60.7	60.0	59.3	58.6	57.9	57.3	56.6	55.9	55.3
61	61.7	61.0	60.3	59.6	59.0	58.3	57.6	57.0	56.3	55.6
62	62.0	61.3	60.7	60.0	59.3	58.6	58.0	57.3	56.7	56.0
63	62.3	61.7	61.0	60.3	59.6	59.0	58.3	57.7	57.0	56.4
64	62.7	62.0	61.3	60.6	60.0	59.3	58.7	58.0	57.4	56.7
65	63.0	62.3	61.6	61.0	60.3	59.6	59.0	58.4	57.7	57.1
66	63.3	62.6	61.9	61.3	60.6	60.0	59.3	58.7	58.0	57.4
67	63.5	62.9	62.2	61.6	60.9	60.3	59.6	59.0	58.4	57.7
68	63.8	63.2	62.5	61.9	61.2	60.6	59.9	59.3	58.7	58.1
69	64.1	63.5	62.8	62.2	61.5	60.9	60.2	59.6	59.0	58.4
70	64.4	63.7	63.1	62.4	61.8	61.2	60.5	59.9	59.3	58.7
71	64.6	64.0	63.4	62.7	62.1	61.5	60.8	60.2	59.6	59.0
72	64.9	64.3	63.6	63.0	62.4	61.7	61.1	60.5	59.9	59.3
73	65.2	64.5	63.9	63.3	62.6	62.0	61.4	60.8	60.2	59.6
74	65.4	64.8	64.1	63.5	62.9	62.3	61.7	61.1	60.5	59.9
75	65.7	65.0	64.4	63.8	63.2	62.6	61.9	61.3	60.7	60.1
76	65.9	65.3	64.7	64.0	63.4	62.8	62.2	61.6	61.0	60.4
77	66.1	65.5	64.9	64.3	63.7	63.1	62.5	61.9	61.3	60.7
78	66.4	65.8	65.1	64.5	63.9	63.3	62.7	62.1	61.5	61.0
79	66.6	66.0	65.4	64.8	64.2	63.6	63.0	62.4	61.8	61.2
80	66.8	66.2	65.6	65.0	64.4	63.8	63.2	62.6	62.0	61.5
81	67.0	66.4	65.8	65.2	64.6	64.0	63.5	62.9	62.3	61.7
82	67.3	66.7	66.1	65.5	64.9	64.3	63.7	63.1	62.5	62.0
83	67.5	66.9	66.3	65.7	65.1	64.5	63.9	63.4	62.8	62.2
84	67.7	67.1	66.5	65.9	65.3	64.7	64.2	63.6	63.0	62.5
85	67.9	67.3	66.7	66.1	65.5	65.0	64.4	63.8	63.3	62.7
86	68.1	67.5	66.9	66.3	65.8	65.2	64.6	64.1	63.5	62.9
87	68.3	67.7	67.1	66.6	66.0	65.4	64.8	64.3	63.7	63.2
88	68.5	67.9	67.3	66.8	66.2	65.6	65.1	64.5	63.9	63.4
89	68.7	68.1	67.6	67.0	66.4	65.8	65.3	64.7	64.2	63.6
90	68.9	68.3	67.8	67.2	66.6	66.0	65.5	64.9	64.4	63.8
91	69.1	68.5	68.0	67.4	66.8	66.3	65.7	65.1	64.6	64.0
92	69.3	68.7	68.1	67.6	67.0	66.5	65.9	65.4	64.8	64.3
93	69.5	68.9	68.3	67.8	67.2	66.7	66.1	65.6	65.0	64.5
94	69.7	69.1	68.5	68.0	67.4	66.9	66.3	65.8	65.2	64.7
95	69.8	69.3	68.7	68.2	67.6	67.1	66.5	66.0	65.4	64.9
96	70.0	69.5	68.9	68.3	67.8	67.3	66.7	66.2	65.6	65.1
97	70.2	69.6	69.1	68.5	68.0	67.4	66.9	66.4	65.8	65.3
98	70.4	69.8	69.3	68.7	68.2	67.6	67.1	66.6	66.0	65.5
99	70.6	70.0	69.4	68.9	68.4	67.8	67.3	66.8	66.2	65.7
100	70.7	70.2	69.6	69.1	68.5	68.0	67.5	66.9	66.4	65.9

表 3c（续）

t \ $t-t_w$	11.5	12.0	12.5	13.5	13.5	14.0	14.5	15.0	15.5	16.0
15	1.4									
16	4.4	1.0								
17	7.3	4.0	0.7							
18	10.0	6.8	3.6	0.5						
19	12.5	9.4	6.4	3.4	0.4					
20	14.9	11.9	8.9	6.0	3.2	0.3				
21	17.1	14.2	11.3	8.5	5.7	3.0	0.3			
22	19.2	16.4	13.6	10.8	8.1	5.5	2.9	0.3		
23	21.2	18.4	15.7	13.1	10.4	7.9	5.3	2.8	0.4	
24	23.0	20.4	17.7	15.1	12.6	10.1	7.6	5.2	2.8	0.4
25	24.8	22.2	19.6	17.1	14.6	12.2	9.8	7.4	5.1	2.8
26	26.4	23.9	21.4	18.9	16.5	14.1	11.8	9.5	7.2	5.0
27	28.0	25.5	23.1	20.7	18.3	16.0	13.7	11.5	9.3	7.1
28	29.5	27.1	24.7	22.3	20.0	17.7	15.5	13.3	11.2	9.1
29	30.9	28.5	26.2	23.9	21.6	19.4	17.2	15.1	13.0	10.9
30	32.2	29.9	27.6	25.4	23.2	21.0	18.9	16.8	14.7	12.7
31	33.5	31.2	29.0	26.8	24.6	22.5	20.4	18.3	16.3	14.4
32	34.7	32.4	30.2	28.1	26.0	23.9	21.8	19.8	17.9	15.9
33	35.8	33.6	31.5	29.4	27.3	25.2	23.2	21.3	19.3	17.4
34	36.9	34.7	32.6	30.6	28.5	26.5	24.5	22.6	20.7	18.9
35	37.9	35.8	33.7	31.7	29.7	27.7	25.8	23.9	22.0	20.2
36	38.9	36.8	34.8	32.8	30.8	28.9	27.0	25.1	23.3	21.5
37	39.9	37.8	35.8	33.8	31.9	30.0	28.1	26.3	24.5	22.7
38	40.7	38.7	36.7	34.8	32.9	31.0	29.2	27.4	25.6	23.9
39	41.6	39.6	37.7	35.7	33.9	32.0	30.2	28.5	26.7	25.0
40	42.4	40.5	38.5	36.7	34.8	33.0	31.2	29.5	27.8	26.1
41	43.2	41.3	39.4	37.5	35.7	33.9	32.2	30.4	28.7	27.1
42	44.0	42.0	40.2	38.3	36.5	34.8	33.1	31.4	29.7	28.1
43	44.7	42.8	40.9	39.1	37.4	35.6	33.9	32.2	30.6	29.0
44	45.4	43.5	41.7	39.9	38.1	36.4	34.7	33.1	31.5	29.9
45	46.0	44.2	42.4	40.6	38.9	37.2	35.5	33.9	32.3	30.7
46	46.7	44.9	43.1	41.3	39.6	37.9	36.3	34.7	33.1	31.6
47	47.3	45.5	43.7	42.0	40.3	38.7	37.0	35.4	33.9	32.3
48	47.9	46.1	44.4	42.7	41.0	39.3	37.7	36.2	34.6	33.1
49	48.4	46.7	45.0	43.3	41.6	40.0	38.4	36.9	35.3	33.8
50	49.0	47.3	45.6	43.9	42.2	40.6	39.1	37.5	36.0	34.5
51	49.5	47.8	46.1	44.5	42.8	41.3	39.7	38.2	36.7	35.2
52	50.0	48.3	46.7	45.0	43.4	41.9	40.3	38.8	37.3	35.9
53	50.5	48.9	47.2	45.6	44.0	42.4	40.9	39.4	37.9	36.5
54	51.0	49.4	47.7	46.1	44.5	43.0	41.5	40.0	38.5	37.1
55	51.5	49.8	48.2	46.6	45.1	43.5	42.0	40.5	39.1	37.7
56	52.0	50.3	48.7	47.1	45.6	44.0	42.6	41.1	39.7	38.3
57	52.4	50.8	49.2	47.6	46.1	44.6	43.1	41.6	40.2	38.8

表 3c（续）

t \ $t-t_w$	11.5	12.0	12.5	13.5	13.5	14.0	14.5	15.0	15.5	16.0
58	52.8	51.2	49.6	48.1	46.5	45.0	43.6	42.1	40.7	39.3
59	53.2	51.6	50.1	48.5	47.0	45.5	44.1	42.6	41.2	39.9
60	53.6	52.0	50.5	49.0	47.5	46.0	44.5	43.1	41.7	40.4
61	54.0	52.5	50.9	49.4	47.9	46.4	45.0	43.6	42.2	40.9
62	54.4	52.9	51.3	49.8	48.3	46.9	45.4	44.1	42.7	41.3
63	54.8	53.2	51.7	50.2	48.7	47.3	45.9	44.5	43.1	41.8
64	55.2	53.6	52.1	50.6	49.1	47.7	46.3	44.9	43.6	42.3
65	55.5	54.0	52.5	51.0	49.5	48.1	46.7	45.4	44.0	42.7
66	55.9	54.3	52.8	51.4	49.9	48.5	47.1	45.8	44.4	43.1
67	56.2	54.7	53.2	51.7	50.3	48.9	47.5	46.2	44.8	43.5
68	56.5	55.0	53.6	52.1	50.7	49.3	47.9	46.6	45.2	44.0
69	56.9	55.4	53.9	52.5	51.0	49.7	48.3	47.0	45.6	44.4
70	57.2	55.7	54.2	52.8	51.4	50.0	48.7	47.3	46.0	44.7
71	57.5	56.0	54.6	53.1	51.7	50.4	49.0	47.7	46.4	45.1
72	57.8	56.3	54.9	53.5	52.1	50.7	49.4	48.1	46.8	45.5
73	58.1	56.6	55.2	53.8	52.4	51.1	49.7	48.4	47.1	45.9
74	58.4	56.9	55.5	54.1	52.7	51.4	50.1	48.8	47.5	46.2
75	58.7	57.2	55.8	54.4	53.1	51.7	50.4	49.1	47.8	46.6
76	59.0	57.5	56.1	54.7	53.4	52.0	50.7	49.4	48.2	46.9
77	59.2	57.8	56.4	55.0	53.7	52.4	51.0	49.8	48.5	47.3
78	59.5	58.1	56.7	55.3	54.0	52.7	51.4	50.1	48.8	47.6
79	59.8	58.4	57.0	55.6	54.3	53.0	51.7	50.4	49.2	47.9
80	60.0	58.6	57.3	55.9	54.6	53.3	52.0	50.7	49.5	48.3
81	60.3	58.9	57.5	56.2	54.9	53.6	52.3	51.0	49.8	48.6
82	60.6	59.2	57.8	56.5	55.1	53.8	52.6	51.3	50.1	48.9
83	60.8	59.4	58.1	56.7	55.4	54.1	52.9	51.6	50.4	49.2
84	61.1	59.7	58.3	57.0	55.7	54.4	53.2	51.9	50.7	49.5
85	61.3	59.9	58.6	57.3	56.0	54.7	53.4	52.2	51.0	49.8
86	61.5	60.2	58.8	57.5	56.2	55.0	53.7	52.5	51.3	50.1
87	61.8	60.4	59.1	57.8	56.5	55.2	54.0	52.8	51.6	50.4
88	62.0	60.7	59.3	58.0	56.8	55.5	54.3	53.0	51.8	50.7
89	62.2	60.9	59.6	58.3	57.0	55.8	54.5	53.3	52.1	50.9
90	62.5	61.1	59.8	58.5	57.3	56.0	54.8	53.6	52.4	51.2
91	62.7	61.4	60.1	58.8	57.5	56.3	55.0	53.8	52.7	51.5
92	62.9	61.6	60.3	59.0	57.8	56.5	55.3	54.1	52.9	51.8
93	63.1	61.8	60.5	59.2	58.0	56.8	55.5	54.4	53.2	52.0
94	63.4	62.0	60.8	59.5	58.2	57.0	55.8	54.6	53.4	52.3
95	63.6	62.3	61.0	59.7	58.5	57.2	56.0	54.9	53.7	52.6
96	63.8	62.5	61.2	59.9	58.7	57.5	56.3	55.1	53.9	52.8
97	64.0	62.7	61.4	60.2	58.9	57.7	56.5	55.4	54.2	53.1
98	64.2	62.9	61.6	60.4	59.2	58.0	56.8	55.6	54.4	53.3
99	64.4	63.1	61.9	60.6	59.4	58.2	57.0	55.8	54.7	53.6
100	64.6	63.3	62.1	60.8	59.6	58.4	57.2	56.1	54.9	53.8

表 4a₁ 球状水银温度表相对湿度查算表

P=90 kPa, A=0.857×10^{-3}℃$^{-1}$(0.4 m/s)

t \ $t-t_w$	0.0	0.1	0.2	0.3	0.4	0.5	0.6	0.7	0.8	0.9	1.0
15	100.0	98.9	97.8	96.7	95.6	94.6	93.5	92.4	91.3	90.3	89.2
16	100.0	98.9	97.9	96.8	95.8	94.7	93.7	92.6	91.6	90.6	89.5
17	100.0	99.0	97.9	96.9	95.9	94.9	93.9	92.9	91.9	90.8	89.9
18	100.0	99.0	98.0	97.0	96.0	95.0	94.0	93.1	92.1	91.1	90.1
19	100.0	99.0	98.1	97.1	96.1	95.2	94.2	93.3	92.3	91.4	90.4
20	100.0	99.1	98.1	97.2	96.2	95.3	94.4	93.4	92.5	91.6	90.7
21	100.0	99.1	98.2	97.2	96.3	95.4	94.5	93.6	92.7	91.8	90.9
22	100.0	99.1	98.2	97.3	96.4	95.5	94.6	93.8	92.9	92.0	91.1
23	100.0	99.1	98.2	97.4	96.5	95.6	94.8	93.9	93.1	92.2	91.4
24	100.0	99.1	98.3	97.4	96.6	95.7	94.9	94.1	93.2	92.4	91.6
25	100.0	99.2	98.3	97.5	96.7	95.8	95.0	94.2	93.4	92.6	91.8
26	100.0	99.2	98.4	97.6	96.7	95.9	95.1	94.3	93.5	92.7	91.9
27	100.0	99.2	98.4	97.6	96.8	96.0	95.2	94.4	93.7	92.9	92.1
28	100.0	99.2	98.4	97.7	96.9	96.1	95.3	94.6	93.8	93.0	92.3
29	100.0	99.2	98.5	97.7	96.9	96.2	95.4	94.7	93.9	93.2	92.4
30	100.0	99.2	98.5	97.7	97.0	96.3	95.5	94.8	94.0	93.3	92.6
31	100.0	99.3	98.5	97.8	97.1	96.3	95.6	94.9	94.2	93.4	92.7
32	100.0	99.3	98.6	97.8	97.1	96.4	95.7	95.0	94.3	93.6	92.9
33	100.0	99.3	98.6	97.9	97.2	96.5	95.8	95.1	94.4	93.7	93.0
34	100.0	99.3	98.6	97.9	97.2	96.5	95.8	95.2	94.5	93.8	93.1
35	100.0	99.3	98.6	97.9	97.3	96.6	95.9	95.2	94.6	93.9	93.2
36	100.0	99.3	98.6	98.0	97.3	96.6	96.0	95.3	94.7	94.0	93.3
37	100.0	99.3	98.7	98.0	97.3	96.7	96.0	95.4	94.7	94.1	93.4
38	100.0	99.3	98.7	98.0	97.4	96.7	96.1	95.5	94.8	94.2	93.6
39	100.0	99.4	98.7	98.1	97.4	96.8	96.2	95.5	94.9	94.3	93.6
40	100.0	99.4	98.7	98.1	97.5	96.8	96.2	95.6	95.0	94.4	93.7
41	100.0	99.4	98.7	98.1	97.5	96.9	96.3	95.7	95.0	94.4	93.8
42	100.0	99.4	98.8	98.2	97.5	96.9	96.3	95.7	95.1	94.5	93.9
43	100.0	99.4	98.8	98.2	97.6	97.0	96.4	95.8	95.2	94.6	94.0
44	100.0	99.4	98.8	98.2	97.6	97.0	96.4	95.8	95.3	94.7	94.1
45	100.0	99.4	98.8	98.2	97.6	97.1	96.5	95.9	95.3	94.7	94.2
46	100.0	99.4	98.8	98.2	97.7	97.1	96.5	95.9	95.4	94.8	94.2
47	100.0	99.4	98.8	98.3	97.7	97.1	96.6	96.0	95.4	94.9	94.3
48	100.0	99.4	98.9	98.3	97.7	97.2	96.6	96.0	95.5	94.9	94.4
49	100.0	99.4	98.9	98.3	97.8	97.2	96.6	96.1	95.5	95.0	94.5
50	100.0	99.4	98.9	98.3	97.8	97.2	96.7	96.1	95.6	95.1	94.5
51	100.0	99.4	98.9	98.4	97.8	97.3	96.7	96.2	95.6	95.1	94.6
52	100.0	99.5	98.9	98.4	97.8	97.3	96.8	96.2	95.7	95.2	94.6
53	100.0	99.5	98.9	98.4	97.9	97.3	96.8	96.3	95.7	95.2	94.7
54	100.0	99.5	98.9	98.4	97.9	97.4	96.8	96.3	95.8	95.3	94.8
55	100.0	99.5	98.9	98.4	97.9	97.4	96.9	96.4	95.8	95.3	94.8
56	100.0	99.5	99.0	98.4	97.9	97.4	96.9	96.4	95.9	95.4	94.9
57	100.0	99.5	99.0	98.5	97.9	97.4	96.9	96.4	95.9	95.4	94.9

表 $4a_1$（续）

$t-t_w$ / t	0.0	0.1	0.2	0.3	0.4	0.5	0.6	0.7	0.8	0.9	1.0
58	100.0	99.5	99.0	98.5	98.0	97.5	97.0	96.5	96.0	95.5	95.0
59	100.0	99.5	99.0	98.5	98.0	97.5	97.0	96.5	96.0	95.5	95.0
60	100.0	99.5	99.0	98.5	98.0	97.5	97.0	96.5	96.0	95.6	95.1
61	100.0	99.5	99.0	98.5	98.0	97.5	97.1	96.6	96.1	95.6	95.1
62	100.0	99.5	99.0	98.5	98.0	97.6	97.1	96.6	96.1	95.6	95.2
63	100.0	99.5	99.0	98.5	98.1	97.6	97.1	96.6	96.2	95.7	95.2
64	100.0	99.5	99.0	98.6	98.1	97.6	97.1	96.7	96.2	95.7	95.3
65	100.0	99.5	99.0	98.6	98.1	97.6	97.2	96.7	96.2	95.8	95.3
66	100.0	99.5	99.1	98.6	98.1	97.7	97.2	96.7	96.3	95.8	95.3
67	100.0	99.5	99.1	98.6	98.1	97.7	97.2	96.8	96.3	95.8	95.4
68	100.0	99.5	99.1	98.6	98.2	97.7	97.2	96.8	96.3	95.9	95.4
69	100.0	99.5	99.1	98.6	98.2	97.7	97.3	96.8	96.4	95.9	95.5
70	100.0	99.5	99.1	98.6	98.2	97.7	97.3	96.8	96.4	95.9	95.5
71	100.0	99.5	99.1	98.6	98.2	97.8	97.3	96.9	96.4	96.0	95.5
72	100.0	99.6	99.1	98.7	98.2	97.8	97.3	96.9	96.5	96.0	95.6
73	100.0	99.6	99.1	98.7	98.2	97.8	97.4	96.9	96.5	96.0	95.6
74	100.0	99.6	99.1	98.7	98.2	97.8	97.4	96.9	96.5	96.1	95.7
75	100.0	99.6	99.1	98.7	98.3	97.8	97.4	97.0	96.5	96.1	95.7
76	100.0	99.6	99.1	98.7	98.3	97.8	97.4	97.0	96.6	96.1	95.7
77	100.0	99.6	99.1	98.7	98.3	97.9	97.4	97.0	96.6	96.2	95.8
78	100.0	99.6	99.1	98.7	98.3	97.9	97.5	97.0	96.6	96.2	95.8
79	100.0	99.6	99.2	98.7	98.3	97.9	97.5	97.1	96.6	96.2	95.8
80	100.0	99.6	99.2	98.7	98.3	97.9	97.5	97.1	96.7	96.3	95.9
81	100.0	99.6	99.2	98.8	98.3	97.9	97.5	97.1	96.7	96.3	95.9
82	100.0	99.6	99.2	98.8	98.4	97.9	97.5	97.1	96.7	96.3	95.9
83	100.0	99.6	99.2	98.8	98.4	98.0	97.6	97.2	96.7	96.3	95.9
84	100.0	99.6	99.2	98.8	98.4	98.0	97.6	97.2	96.8	96.4	96.0
85	100.0	99.6	99.2	98.8	98.4	98.0	97.6	97.2	96.8	96.4	96.0
86	100.0	99.6	99.2	98.8	98.4	98.0	97.6	97.2	96.8	96.4	96.0
87	100.0	99.6	99.2	98.8	98.4	98.0	97.6	97.2	96.8	96.5	96.1
88	100.0	99.6	99.2	98.8	98.4	98.[illegible]	97.6	97.3	96.9	96.5	96.1
89	100.0	99.6	99.2	98.8	98.4	98.0	97.7	97.3	96.9	96.5	96.1
90	100.0	99.6	99.2	98.8	98.4	98.1	97.7	97.3	96.9	96.5	96.2
91	100.0	99.6	99.2	98.8	98.5	98.1	97.7	97.3	96.9	96.6	96.2
92	100.0	99.6	99.2	98.8	98.5	98.1	97.7	97.3	97.0	96.6	96.2
93	100.0	99.6	99.2	98.9	98.5	98.1	97.7	97.4	97.0	96.6	96.2
94	100.0	99.6	99.2	98.9	98.5	98.1	97.7	97.4	97.0	96.6	96.3
95	100.0	99.6	99.2	98.9	98.5	98.1	97.8	97.4	97.0	96.6	96.3
96	100.0	99.6	99.3	98.9	98.5	98.1	97.8	97.4	97.0	96.7	96.3
97	100.0	99.6	99.3	98.9	98.5	98.2	97.8	97.4	97.1	96.7	96.3
98	100.0	99.6	99.3	98.9	98.5	98.2	97.8	97.4	97.1	96.7	96.4
99	100.0	99.6	99.3	98.9	98.5	98.2	97.8	97.5	97.1	96.7	96.4
100	100.0	99.6	99.3	98.9	98.6	98.2	97.8	97.5	97.1	96.8	96.4

表 4a₁(续)

$t-t_w$ / t	1.1	1.2	1.3	1.4	1.5	1.6	1.7	1.8	1.9	2.0
15	88.2	87.1	86.0	85.0	84.0	82.9	81.9	80.8	79.8	78.8
16	88.5	87.5	86.5	85.5	84.4	83.4	82.4	81.4	80.4	79.4
17	88.9	87.9	86.9	85.9	84.9	83.9	82.9	82.0	81.0	80.0
18	89.2	88.2	87.2	86.3	85.3	84.4	83.4	82.5	81.6	80.6
19	89.5	88.5	87.6	86.7	85.7	84.8	83.9	83.0	82.1	81.2
20	89.8	88.8	87.9	87.0	86.1	85.2	84.3	83.4	82.5	81.7
21	90.0	89.1	88.2	87.4	86.5	85.6	84.7	83.9	83.0	82.1
22	90.3	89.4	88.5	87.7	86.8	86.0	85.1	84.3	83.4	82.6
23	90.5	89.7	88.8	88.0	87.2	86.3	85.5	84.7	83.8	83.0
24	90.7	89.9	89.1	88.3	87.5	86.6	85.8	85.0	84.2	83.4
25	90.9	90.1	89.3	88.5	87.7	87.0	86.2	85.4	84.6	83.8
26	91.1	90.4	89.6	88.8	88.0	87.2	86.5	85.7	84.9	84.2
27	91.3	90.6	89.8	89.0	88.3	87.5	86.8	86.0	85.3	84.5
28	91.5	90.8	90.0	89.3	88.5	87.8	87.0	86.3	85.6	84.8
29	91.7	91.0	90.2	89.5	88.8	88.0	87.3	86.6	85.9	85.1
30	91.9	91.1	90.4	89.7	89.0	88.3	87.6	86.8	86.1	85.4
31	92.0	91.3	90.6	89.9	89.2	88.5	87.8	87.1	86.4	85.7
32	92.2	91.5	90.8	90.1	89.4	88.7	88.0	87.3	86.7	86.0
33	92.3	91.6	90.9	90.3	89.6	88.9	88.2	87.6	86.9	86.2
34	92.4	91.8	91.1	90.4	89.8	89.1	88.4	87.8	87.1	86.5
35	92.6	91.9	91.2	90.6	89.9	89.3	88.6	88.0	87.4	86.7
36	92.7	92.0	91.4	90.7	90.1	89.5	88.8	88.2	87.6	86.9
37	92.8	92.2	91.5	90.9	90.3	89.6	89.0	88.4	87.8	87.1
38	92.9	92.3	91.7	91.0	90.4	89.8	89.2	88.6	88.0	87.3
39	93.0	92.4	91.8	91.2	90.6	90.0	89.3	88.7	88.1	87.5
40	93.1	92.5	91.9	91.3	90.7	90.1	89.5	88.9	88.3	87.7
41	93.2	92.6	92.0	91.4	90.8	90.2	89.7	89.1	88.5	87.9
42	93.3	92.7	92.1	91.6	91.0	90.4	89.8	89.2	88.6	88.1
43	93.4	92.8	92.3	91.7	91.1	90.5	89.9	89.4	88.8	88.2
44	93.5	92.9	92.4	91.8	91.2	90.6	90.1	89.5	89.0	88.4
45	93.6	93.0	92.5	91.9	91.3	90.8	90.2	89.7	89.1	88.6
46	93.7	93.1	92.6	92.0	91.4	90.9	90.3	89.8	89.2	88.7
47	93.8	93.2	92.6	92.1	91.6	91.0	90.5	89.9	89.4	88.8
48	93.8	93.3	92.7	92.2	91.7	91.1	90.6	90.0	89.5	89.0
49	93.9	93.4	92.8	92.3	91.8	91.2	90.7	90.2	89.6	89.1
50	94.0	93.4	92.9	92.4	91.9	91.3	90.8	90.3	89.8	89.2
51	94.0	93.5	93.0	92.5	91.9	91.4	90.9	90.4	89.9	89.4
52	94.1	93.6	93.1	92.6	92.0	91.5	91.0	90.5	90.0	89.5
53	94.2	93.7	93.2	92.6	92.1	91.6	91.1	90.6	90.1	89.6
54	94.2	93.7	93.2	92.7	92.2	91.7	91.2	90.7	90.2	89.7
55	94.3	93.8	93.3	92.8	92.3	91.8	91.3	90.8	90.3	89.8
56	94.4	93.9	93.4	92.9	92.4	91.9	91.4	90.9	90.4	89.9
57	94.4	93.9	93.4	92.9	92.5	92.0	91.5	91.0	90.5	90.0

表 4a₁(续)

$t-t_w$ / t	1.1	1.2	1.3	1.4	1.5	1.6	1.7	1.8	1.9	2.0
58	94.5	94.0	93.5	93.0	92.5	92.0	91.6	91.1	90.6	90.1
59	94.5	94.1	93.6	93.1	92.6	92.1	91.7	91.2	90.7	90.2
60	94.6	94.1	93.6	93.2	92.7	92.2	91.7	91.3	90.8	90.3
61	94.6	94.2	93.7	93.2	92.8	92.3	91.8	91.3	90.9	90.4
62	94.7	94.2	93.8	93.3	92.8	92.4	91.9	91.4	91.0	90.5
63	94.7	94.3	93.8	93.3	92.9	92.4	92.0	91.5	91.1	90.6
64	94.8	94.3	93.9	93.4	93.0	92.5	92.0	91.6	91.1	90.7
65	94.8	94.4	93.9	93.5	93.0	92.6	92.1	91.7	91.2	90.8
66	94.9	94.4	94.0	93.5	93.1	92.6	92.2	91.7	91.3	90.9
67	94.9	94.5	94.0	93.6	93.1	92.7	92.3	91.8	91.4	90.9
68	95.0	94.5	94.1	93.6	93.2	92.8	92.3	91.9	91.4	91.0
69	95.0	94.6	94.1	93.7	93.3	92.8	92.4	92.0	91.5	91.1
70	95.1	94.6	94.2	93.8	93.3	92.9	92.5	92.0	91.6	91.2
71	95.1	94.7	94.2	93.8	93.4	92.9	92.5	92.1	91.7	91.2
72	95.1	94.7	94.3	93.9	93.4	93.0	92.6	92.2	91.7	91.3
73	95.2	94.8	94.3	93.9	93.5	93.1	92.6	92.2	91.8	91.4
74	95.2	94.8	94.4	94.0	93.5	93.1	92.7	92.3	91.9	91.5
75	95.3	94.8	94.4	94.0	93.6	93.2	92.8	92.3	91.9	91.5
76	95.3	94.9	94.5	94.1	93.6	93.2	92.8	92.4	92.0	91.6
77	95.3	94.9	94.5	94.1	93.7	93.3	92.9	92.5	92.1	91.7
78	95.4	95.0	94.6	94.1	93.7	93.3	92.9	92.5	92.1	91.7
79	95.4	95.0	94.6	94.2	93.8	93.4	93.0	92.6	92.2	91.8
80	95.4	95.0	94.6	94.2	93.8	93.4	93.0	92.6	92.2	91.8
81	95.5	95.1	94.7	94.3	93.9	93.5	93.1	92.7	92.3	91.9
82	95.5	95.1	94.7	94.3	93.9	93.5	93.1	92.7	92.4	92.0
83	95.6	95.2	94.8	94.4	94.0	93.6	93.2	92.8	92.4	92.0
84	95.6	95.2	94.8	94.4	94.0	93.6	93.2	92.9	92.5	92.1
85	95.6	95.2	94.8	94.4	94.1	93.7	93.3	92.9	92.5	92.1
86	95.6	95.3	94.9	94.5	94.1	93.7	93.3	93.0	92.6	92.2
87	95.7	95.3	94.9	94.5	94.1	93.8	93.4	93.0	92.6	92.3
88	95.7	95.3	94.9	94.6	94.2	93.8	93.4	93.1	92.7	92.3
89	95.7	95.4	95.0	94.6	94.2	93.9	93.5	93.1	92.7	92.4
90	95.8	95.4	95.0	94.6	94.3	93.9	93.5	93.2	92.8	92.4
91	95.8	95.4	95.1	94.7	94.3	93.9	93.6	93.2	92.8	92.5
92	95.8	95.5	95.1	94.7	94.4	94.0	93.6	93.3	92.9	92.5
93	95.9	95.5	95.1	94.8	94.4	94.0	93.7	93.3	92.9	92.6
94	95.9	95.5	95.2	94.8	94.4	94.1	93.7	93.3	93.0	92.6
95	95.9	95.6	95.2	94.8	94.5	94.1	93.7	93.4	93.0	92.7
96	95.9	95.6	95.2	94.9	94.5	94.1	93.8	93.4	93.1	92.7
97	96.0	95.6	95.3	94.9	94.5	94.2	93.8	93.5	93.1	92.8
98	96.0	95.6	95.3	94.9	94.6	94.2	93.9	93.5	93.2	92.8
99	96.0	95.7	95.3	95.0	94.6	94.3	93.9	93.6	93.2	92.9
100	96.1	95.7	95.3	95.0	94.6	94.3	94.0	93.6	93.3	92.9

表 4a₁（续）

t \ $t-t_w$	2.1	2.2	2.3	2.4	2.5	2.6	2.7	2.8	2.9	3.0
15	77.7	76.7	75.7	74.7	73.7	72.7	71.7	70.7	69.7	68.7
16	78.4	77.4	76.5	75.5	74.5	73.5	72.5	71.6	70.6	69.6
17	79.1	78.1	77.2	76.2	75.3	74.3	73.4	72.4	71.5	70.5
18	79.7	78.7	77.8	76.9	76.0	75.0	74.1	73.2	72.3	71.4
19	80.2	79.3	78.4	77.5	76.6	75.7	74.9	74.0	73.1	72.2
20	80.8	79.9	79.0	78.1	77.3	76.4	75.5	74.7	73.8	73.0
21	81.3	80.4	79.6	78.7	77.9	77.0	76.2	75.3	74.5	73.7
22	81.8	80.9	80.1	79.3	78.4	77.6	76.8	76.0	75.2	74.3
23	82.2	81.4	80.6	79.8	79.0	78.2	77.4	76.6	75.8	75.0
24	82.6	81.8	81.0	80.3	79.5	78.7	77.9	77.1	76.4	75.6
25	83.0	82.3	81.5	80.7	79.9	79.2	78.4	77.7	76.9	76.1
26	83.4	82.7	81.9	81.1	80.4	79.6	78.9	78.2	77.4	76.7
27	83.8	83.0	82.3	81.6	80.8	80.1	79.4	78.6	77.9	77.2
28	84.1	83.4	82.7	81.9	81.2	80.5	79.8	79.1	78.4	77.7
29	84.4	83.7	83.0	82.3	81.6	80.9	80.2	79.5	78.8	78.1
30	84.7	84.0	83.4	82.7	82.0	81.3	80.6	79.9	79.2	78.6
31	85.0	84.4	83.7	83.0	82.3	81.6	81.0	80.3	79.6	79.0
32	85.3	84.6	84.0	83.3	82.6	82.0	81.3	80.7	80.0	79.4
33	85.6	84.9	84.3	83.6	83.0	82.3	81.7	81.0	80.4	79.7
34	85.8	85.2	84.5	83.9	83.3	82.6	82.0	81.4	80.7	80.1
35	86.1	85.4	84.8	84.2	83.5	82.9	82.3	81.7	81.1	80.4
36	86.3	85.7	85.1	84.4	83.8	83.2	82.6	82.0	81.4	80.8
37	86.5	85.9	85.3	84.7	84.1	83.5	82.9	82.3	81.7	81.1
38	86.7	86.1	85.5	84.9	84.3	83.7	83.1	82.6	82.0	81.4
39	86.9	86.3	85.8	85.2	84.6	84.0	83.4	82.8	82.2	81.7
40	87.1	86.5	86.0	85.4	84.8	84.2	83.6	83.1	82.5	81.9
41	87.3	86.7	86.2	85.6	85.0	84.5	83.9	83.3	82.8	82.2
42	87.5	86.9	86.4	85.8	85.2	84.7	84.1	83.6	83.0	82.4
43	87.7	87.1	86.6	86.0	85.4	84.9	84.3	83.8	83.2	82.7
44	87.8	87.3	86.7	86.2	85.6	85.1	84.5	84.0	83.5	82.9
45	88.0	87.5	86.9	86.4	85.8	85.3	84.7	84.2	83.7	83.1
46	88.2	87.6	87.1	86.5	86.0	85.5	84.9	84.4	83.9	83.4
47	88.3	87.8	87.2	86.7	86.2	85.7	85.1	84.6	84.1	83.6
48	88.4	87.9	87.4	86.9	86.4	85.8	85.3	84.8	84.3	83.8
49	88.6	88.1	87.5	87.0	86.5	86.0	85.5	85.0	84.5	84.0
50	88.7	88.2	87.7	87.2	86.7	86.2	85.7	85.2	84.7	84.2
51	88.9	88.3	87.8	87.3	86.8	86.3	85.8	85.3	84.8	84.3
52	89.0	88.5	88.0	87.5	87.0	86.5	86.0	85.5	85.0	84.5
53	89.1	88.6	88.1	87.6	87.1	86.6	86.1	85.7	85.2	84.7
54	89.2	88.7	88.2	87.7	87.3	86.8	86.3	85.8	85.3	84.9
55	89.3	88.8	88.4	87.9	87.4	86.9	86.4	86.0	85.5	85.0
56	89.4	89.0	88.5	88.0	87.5	87.1	86.6	86.1	85.6	85.2
57	89.6	89.1	88.6	88.1	87.7	87.2	86.7	86.2	85.8	85.3

表 4a₁(续)

t \ $t-t_w$	2.1	2.2	2.3	2.4	2.5	2.6	2.7	2.8	2.9	3.0
58	89.7	89.2	88.7	88.2	87.8	87.3	86.8	86.4	85.9	85.5
59	89.8	89.3	88.8	88.4	87.9	87.4	87.0	86.5	86.1	85.6
60	89.9	89.4	88.9	88.5	88.0	87.6	87.1	86.7	86.2	85.7
61	90.0	89.5	89.0	88.6	88.1	87.7	87.2	86.8	86.3	85.9
62	90.1	89.6	89.1	88.7	88.2	87.8	87.3	86.9	86.5	86.0
63	90.1	89.7	89.2	88.8	88.4	87.9	87.5	87.0	86.6	86.1
64	90.2	89.8	89.3	88.9	88.5	88.0	87.6	87.1	86.7	86.3
65	90.3	89.9	89.4	89.0	88.6	88.1	87.7	87.3	86.8	86.4
66	90.4	90.0	89.5	89.1	88.7	88.2	87.8	87.4	86.9	86.5
67	90.5	90.1	89.6	89.2	88.8	88.3	87.9	87.5	87.1	86.6
68	90.6	90.1	89.7	89.3	88.9	88.4	88.0	87.6	87.2	86.8
69	90.7	90.2	89.8	89.4	89.0	88.5	88.1	87.7	87.3	86.9
70	90.7	90.3	89.9	89.5	89.1	88.6	88.2	87.8	87.4	87.0
71	90.8	90.4	90.0	89.6	89.1	88.7	88.3	87.9	87.5	87.1
72	90.9	90.5	90.1	89.6	89.2	88.8	88.4	88.0	87.6	87.2
73	91.0	90.6	90.1	89.7	89.3	88.9	88.5	88.1	87.7	87.3
74	91.0	90.6	90.2	89.8	89.4	89.0	88.6	88.2	87.8	87.4
75	91.1	90.7	90.3	89.9	89.5	89.1	88.7	88.3	87.9	87.5
76	91.2	90.8	90.4	90.0	89.6	89.2	88.8	88.4	88.0	87.6
77	91.3	90.9	90.5	90.1	89.7	89.3	88.9	88.5	88.1	87.7
78	91.3	90.9	90.5	90.1	89.7	89.3	88.9	88.6	88.2	87.8
79	91.4	91.0	90.6	90.2	89.8	89.4	89.0	88.6	88.3	87.9
80	91.5	91.1	90.7	90.3	89.9	89.5	89.1	88.7	88.3	88.0
81	91.5	91.1	90.7	90.4	90.0	89.6	89.2	88.8	88.4	88.1
82	91.6	91.2	90.8	90.4	90.0	89.7	89.3	88.9	88.5	88.1
83	91.6	91.3	90.9	90.5	90.1	89.7	89.4	89.0	88.6	88.2
84	91.7	91.3	90.9	90.6	90.2	89.8	89.4	89.1	88.7	88.3
85	91.8	91.4	91.0	90.6	90.3	89.9	89.5	89.1	88.8	88.4
86	91.8	91.4	91.1	90.7	90.3	90.0	89.6	89.2	88.9	88.5
87	91.9	91.5	91.1	90.8	90.4	90.0	89.7	89.3	88.9	88.6
88	91.9	91.6	91.2	90.8	90.5	90.1	89.7	89.4	89.0	88.6
89	92.0	91.6	91.3	90.9	90.5	90.2	89.8	89.4	89.1	88.7
90	92.1	91.7	91.3	91.0	90.6	90.2	89.9	89.5	89.2	88.8
91	92.1	91.7	91.4	91.0	90.7	90.3	89.9	89.6	89.2	88.9
92	92.2	91.8	91.4	91.1	90.7	90.4	90.0	89.7	89.3	89.0
93	92.2	91.9	91.5	91.1	90.8	90.4	90.1	89.7	89.4	89.0
94	92.3	91.9	91.6	91.2	90.9	90.5	90.1	89.8	89.5	89.1
95	92.3	92.0	91.6	91.3	90.9	90.6	90.2	89.9	89.5	89.2
96	92.4	92.0	91.7	91.3	91.0	90.6	90.3	89.9	89.6	89.2
97	92.4	92.1	91.7	91.4	91.0	90.7	90.3	90.0	89.7	89.3
98	92.5	92.1	91.8	91.4	91.1	90.8	90.4	90.1	89.7	89.4
99	92.5	92.2	91.8	91.5	91.2	90.8	90.5	90.1	89.8	89.5
100	92.6	92.2	91.9	91.5	91.2	90.9	90.5	90.2	89.9	89.5

表 4a$_1$(续)

t \ $t-t_w$	3.1	3.2	3.3	3.4	3.5	3.6	3.7	3.8	3.9	4.0
15	67.7	66.7	65.7	64.7	63.7	62.8	61.8	60.8	59.8	58.9
16	68.7	67.7	66.8	65.8	64.9	63.9	63.0	62.0	61.1	60.2
17	69.6	68.7	67.8	66.8	65.9	65.0	64.1	63.2	62.3	61.4
18	70.5	69.6	68.7	67.8	66.9	66.0	65.1	64.2	63.4	62.5
19	71.3	70.4	69.6	68.7	67.8	67.0	66.1	65.3	64.4	63.6
20	72.1	71.3	70.4	69.6	68.7	67.9	67.0	66.2	65.4	64.6
21	72.8	72.0	71.2	70.4	69.5	68.7	67.9	67.1	66.3	65.5
22	73.5	72.7	71.9	71.1	70.3	69.5	68.7	68.0	67.2	66.4
23	74.2	73.4	72.6	71.8	71.1	70.3	69.5	68.7	68.0	67.2
24	74.8	74.0	73.3	72.5	71.8	71.0	70.3	69.5	68.8	68.0
25	75.4	74.6	73.9	73.2	72.4	71.7	70.9	70.2	69.5	68.8
26	75.9	75.2	74.5	73.8	73.0	72.3	71.6	70.9	70.2	69.5
27	76.5	75.8	75.0	74.3	73.6	72.9	72.2	71.5	70.8	70.1
28	77.0	76.3	75.6	74.9	74.2	73.5	72.8	72.1	71.4	70.8
29	77.4	76.8	76.1	75.4	74.7	74.0	73.4	72.7	72.0	71.4
30	77.9	77.2	76.5	75.9	75.2	74.6	73.9	73.2	72.6	71.9
31	78.3	77.7	77.0	76.3	75.7	75.0	74.4	73.8	73.1	72.5
32	78.7	78.1	77.4	76.8	76.2	75.5	74.9	74.3	73.6	73.0
33	79.1	78.5	77.8	77.2	76.6	76.0	75.3	74.7	74.1	73.5
34	79.5	78.9	78.2	77.6	77.0	76.4	75.8	75.2	74.6	74.0
35	79.8	79.2	78.6	78.0	77.4	76.8	76.2	75.6	75.0	74.4
36	80.2	79.6	79.0	78.4	77.8	77.2	76.6	76.0	75.4	74.8
37	80.5	79.9	79.3	78.7	78.1	77.5	77.0	76.4	75.8	75.2
38	80.8	80.2	79.6	79.0	78.5	77.9	77.3	76.8	76.2	75.6
39	81.1	80.5	79.9	79.4	78.8	78.2	77.7	77.1	76.6	76.0
40	81.4	80.8	80.2	79.7	79.1	78.6	78.0	77.5	76.9	76.4
41	81.6	81.1	80.5	80.0	79.4	78.9	78.3	77.8	77.2	76.7
42	81.9	81.3	80.8	80.3	79.7	79.2	78.6	78.1	77.6	77.0
43	82.1	81.6	81.1	80.5	80.0	79.5	78.9	78.4	77.9	77.3
44	82.4	81.9	81.3	80.8	80.3	79.7	79.2	78.7	78.2	77.7
45	82.6	82.1	81.6	81.0	80.5	80.0	79.5	79.0	78.5	77.9
46	82.8	82.3	81.8	81.3	80.8	80.3	79.7	79.2	78.7	78.2
47	83.1	82.5	82.0	81.5	81.0	80.5	80.0	79.5	79.0	78.5
48	83.3	82.8	82.3	81.7	81.2	80.7	80.2	79.8	79.3	78.8
49	83.5	83.0	82.5	82.0	81.5	81.0	80.5	80.0	79.5	79.0
50	83.7	83.2	82.7	82.2	81.7	81.2	80.7	80.2	79.7	79.3
51	83.8	83.4	82.9	82.4	81.9	81.4	80.9	80.5	80.0	79.5
52	84.0	83.5	83.1	82.6	82.1	81.6	81.1	80.7	80.2	79.7
53	84.2	83.7	83.2	82.8	82.3	81.8	81.4	80.9	80.4	80.0
54	84.4	83.9	83.4	83.0	82.5	82.0	81.6	81.1	80.6	80.2
55	84.5	84.1	83.6	83.1	82.7	82.2	81.7	81.3	80.8	80.4
56	84.7	84.2	83.8	83.3	82.9	82.4	81.9	81.5	81.0	80.6
57	84.9	84.4	83.9	83.5	83.0	82.6	82.1	81.7	81.2	80.8

表 4a$_1$（续）

$t-t_w$ / t	3.1	3.2	3.3	3.4	3.5	3.6	3.7	3.8	3.9	4.0
58	85.0	84.6	84.1	83.6	83.2	82.7	82.3	81.9	81.4	81.0
59	85.2	84.7	84.3	83.8	83.4	82.9	82.5	82.0	81.6	81.2
60	85.3	84.9	84.4	84.0	83.5	83.1	82.6	82.2	81.8	81.3
61	85.4	85.0	84.6	84.1	83.7	83.2	82.8	82.4	81.9	81.5
62	85.6	85.1	84.7	84.3	83.8	83.4	83.0	82.5	82.1	81.7
63	85.7	85.3	84.8	84.4	84.0	83.6	83.1	82.7	82.3	81.9
64	85.8	85.4	85.0	84.6	84.1	83.7	83.3	82.9	82.4	82.0
65	86.0	85.5	85.1	84.7	84.3	83.8	83.4	83.0	82.6	82.2
66	86.1	85.7	85.2	84.8	84.4	84.0	83.6	83.2	82.7	82.3
67	86.2	85.8	85.4	85.0	84.5	84.1	83.7	83.3	82.9	82.5
68	86.3	85.9	85.5	85.1	84.7	84.3	83.9	83.4	83.0	82.6
69	86.4	86.0	85.6	85.2	84.8	84.4	84.0	83.6	83.2	82.8
70	86.6	86.2	85.7	85.3	84.9	84.5	84.1	83.7	83.3	82.9
71	86.7	86.3	85.9	85.5	85.1	84.7	84.3	83.9	83.5	83.1
72	86.8	86.4	86.0	85.6	85.2	84.8	84.4	84.0	83.6	83.2
73	86.9	86.5	86.1	85.7	85.3	84.9	84.5	84.1	83.7	83.3
74	87.0	86.6	86.2	85.8	85.4	85.0	84.6	84.2	83.9	83.5
75	87.1	86.7	86.3	85.9	85.5	85.1	84.8	84.4	84.0	83.6
76	87.2	86.8	86.4	86.0	85.6	85.3	84.9	84.5	84.1	83.7
77	87.3	86.9	86.5	86.1	85.8	85.4	85.0	84.6	84.2	83.9
78	87.4	87.0	86.6	86.2	85.9	85.5	85.1	84.7	84.4	84.0
79	87.5	87.1	86.7	86.3	86.0	85.6	85.2	84.8	84.5	84.1
80	87.6	87.2	86.8	86.5	86.1	85.7	85.3	85.0	84.6	84.2
81	87.7	87.3	86.9	86.6	86.2	85.8	85.4	85.1	84.7	84.3
82	87.8	87.4	87.0	86.6	86.3	85.9	85.5	85.2	84.8	84.4
83	87.9	87.5	87.1	86.7	86.4	86.0	85.6	85.3	84.9	84.6
84	87.9	87.6	87.2	86.8	86.5	86.1	85.7	85.4	85.0	84.7
85	88.0	87.7	87.3	86.9	86.6	86.2	85.9	85.5	85.1	84.8
86	88.1	87.8	87.4	87.0	86.7	86.3	86.0	85.6	85.2	84.9
87	88.2	87.8	87.5	87.1	86.8	86.4	86.1	85.7	85.3	85.0
88	88.3	87.9	87.6	87.2	86.9	86.5	86.1	85.8	85.4	85.1
89	88.4	88.0	87.7	87.3	86.9	86.6	86.2	85.9	85.5	85.2
90	88.4	88.1	87.7	87.4	87.0	86.7	86.3	86.0	85.6	85.3
91	88.5	88.2	87.8	87.5	87.1	86.8	86.4	86.1	85.7	85.4
92	88.6	88.3	87.9	87.6	87.2	86.9	86.5	86.2	85.8	85.5
93	88.7	88.3	88.0	87.6	87.3	87.0	86.6	86.3	85.9	85.6
94	88.8	88.4	88.1	87.7	87.4	87.0	86.7	86.4	86.0	85.7
95	88.8	88.5	88.1	87.8	87.5	87.1	86.8	86.5	86.1	85.8
96	88.9	88.6	88.2	87.9	87.5	87.2	86.9	86.5	86.2	85.9
97	89.0	88.6	88.3	88.0	87.6	87.3	87.0	86.6	86.3	86.0
98	89.1	88.7	88.4	88.0	87.7	87.4	87.0	86.7	86.4	86.1
99	89.1	88.8	88.5	88.1	87.8	87.5	87.1	86.8	86.5	86.1
100	89.2	88.9	88.5	88.2	87.9	87.5	87.2	86.9	86.6	86.2

表 4a$_1$(续)

t \ $t-t_w$	4.1	4.2	4.3	4.4	4.5	4.6	4.7	4.8	4.9	5.0
15	57.9	56.9	56.0	55.0	54.1	53.1	52.2	51.3	50.3	49.4
16	59.2	58.3	57.4	56.4	55.5	54.6	53.7	52.8	51.9	51.0
17	60.5	59.6	58.7	57.8	56.9	56.0	55.1	54.2	53.3	52.5
18	61.6	60.7	59.9	59.0	58.1	57.3	56.4	55.6	54.7	53.9
19	62.7	61.9	61.0	60.2	59.3	58.5	57.7	56.8	56.0	55.2
20	63.7	62.9	62.1	61.3	60.5	59.6	58.8	58.0	57.2	56.4
21	64.7	63.9	63.1	62.3	61.5	60.7	59.9	59.1	58.4	57.6
22	65.6	64.8	64.0	63.3	62.5	61.7	61.0	60.2	59.4	58.7
23	66.5	65.7	64.9	64.2	63.4	62.7	61.9	61.2	60.5	59.7
24	67.3	66.5	65.8	65.1	64.3	63.6	62.9	62.1	61.4	60.7
25	68.0	67.3	66.6	65.9	65.2	64.4	63.7	63.0	62.3	61.6
26	68.8	68.0	67.3	66.6	65.9	65.3	64.6	63.9	63.2	62.5
27	69.4	68.7	68.1	67.4	66.7	66.0	65.3	64.7	64.0	63.3
28	70.1	69.4	68.7	68.1	67.4	66.7	66.1	65.4	64.8	64.1
29	70.7	70.0	69.4	68.7	68.1	67.4	66.8	66.1	65.5	64.8
30	71.3	70.6	70.0	69.4	68.7	68.1	67.4	66.8	66.2	65.6
31	71.8	71.2	70.6	69.9	69.3	68.7	68.1	67.5	66.8	66.2
32	72.4	71.7	71.1	70.5	69.9	69.3	68.7	68.1	67.5	66.9
33	72.9	72.3	71.7	71.1	70.4	69.8	69.2	68.7	68.1	67.5
34	73.4	72.8	72.2	71.6	71.0	70.4	69.8	69.2	68.6	68.0
35	73.8	73.2	72.6	72.1	71.5	70.9	70.3	69.7	69.2	68.6
36	74.2	73.7	73.1	72.5	71.9	71.4	70.8	70.2	69.7	69.1
37	74.7	74.1	73.5	73.0	72.4	71.8	71.3	70.7	70.2	69.6
38	75.1	74.5	73.9	73.4	72.8	72.3	71.7	71.2	70.6	70.1
39	75.4	74.9	74.3	73.8	73.3	72.7	72.2	71.6	71.1	70.6
40	75.8	75.3	74.7	74.2	73.7	73.1	72.6	72.1	71.5	71.0
41	76.2	75.6	75.1	74.6	74.0	73.5	73.0	72.5	71.9	71.4
42	76.5	76.0	75.4	74.9	74.4	73.9	73.4	72.8	72.3	71.8
43	76.8	76.3	75.8	75.3	74.8	74.2	73.7	73.2	72.7	72.2
44	77.1	76.6	76.1	75.6	75.1	74.6	74.1	73.6	73.1	72.6
45	77.4	76.9	76.4	75.9	75.4	74.9	74.4	73.9	73.4	72.9
46	77.7	77.2	76.7	76.2	75.7	75.2	74.8	74.3	73.8	73.3
47	78.0	77.5	77.0	76.5	76.0	75.6	75.1	74.6	74.1	73.6
48	78.3	77.8	77.3	76.8	76.3	75.9	75.4	74.9	74.4	73.9
49	78.5	78.1	77.6	77.1	76.6	76.1	75.7	75.2	74.7	74.3
50	78.8	78.3	77.8	77.4	76.9	76.4	75.9	75.5	75.0	74.6
51	79.0	78.6	78.1	77.6	77.2	76.7	76.2	75.8	75.3	74.8
52	79.3	78.8	78.3	77.9	77.4	76.9	76.5	76.0	75.6	75.1
53	79.5	79.0	78.6	78.1	77.7	77.2	76.7	76.3	75.8	75.4
54	79.7	79.3	78.8	78.3	77.9	77.4	77.0	76.5	76.1	75.7
55	79.9	79.5	79.0	78.6	78.1	77.7	77.2	76.8	76.4	75.9
56	80.1	79.7	79.2	78.8	78.4	77.9	77.5	77.0	76.6	76.2
57	80.3	79.9	79.4	79.0	78.6	78.1	77.7	77.3	76.8	76.4

表 4a₁(续)

t \ $t-t_w$	4.1	4.2	4.3	4.4	4.5	4.6	4.7	4.8	4.9	5.0
58	80.5	80.1	79.7	79.2	78.8	78.4	77.9	77.5	77.1	76.6
59	80.7	80.3	79.9	79.4	79.0	78.6	78.1	77.7	77.3	76.9
60	80.9	80.5	80.0	79.6	79.2	78.8	78.3	77.9	77.5	77.1
61	81.1	80.7	80.2	79.8	79.4	79.0	78.5	78.1	77.7	77.3
62	81.3	80.8	80.4	80.0	79.6	79.2	78.7	78.3	77.9	77.5
63	81.4	81.0	80.6	80.2	79.8	79.4	78.9	78.5	78.1	77.7
64	81.6	81.2	80.8	80.4	79.9	79.5	79.1	78.7	78.3	77.9
65	81.8	81.4	80.9	80.5	80.1	79.7	79.3	78.9	78.5	78.1
66	81.9	81.5	81.1	80.7	80.3	79.9	79.5	79.1	78.7	78.3
67	82.1	81.7	81.3	80.9	80.5	80.1	79.7	79.3	78.9	78.5
68	82.2	81.8	81.4	81.0	80.6	80.2	79.8	79.5	79.1	78.7
69	82.4	82.0	81.6	81.2	80.8	80.4	80.0	79.6	79.2	78.8
70	82.5	82.1	81.7	81.3	81.0	80.6	80.2	79.8	79.4	79.0
71	82.7	82.3	81.9	81.5	81.1	80.7	80.3	80.0	79.6	79.2
72	82.8	82.4	82.0	81.7	81.3	80.9	80.5	80.1	79.7	79.4
73	83.0	82.6	82.2	81.8	81.4	81.0	80.7	80.3	79.9	79.5
74	83.1	82.7	82.3	81.9	81.6	81.2	80.8	80.4	80.1	79.7
75	83.2	82.8	82.5	82.1	81.7	81.3	81.0	80.6	80.2	79.8
76	83.3	83.0	82.6	82.2	81.8	81.5	81.1	80.7	80.4	80.0
77	83.5	83.1	82.7	82.4	82.0	81.6	81.2	80.9	80.5	80.1
78	83.6	83.2	82.9	82.5	82.1	81.8	81.4	81.0	80.7	80.3
79	83.7	83.4	83.0	82.6	82.3	81.9	81.5	81.2	80.8	80.4
80	83.8	83.5	83.1	82.7	82.4	82.0	81.7	81.3	80.9	80.6
81	84.0	83.6	83.2	82.9	82.5	82.2	81.8	81.4	81.1	80.7
82	84.1	83.7	83.4	83.0	82.6	82.3	81.9	81.6	81.2	80.9
83	84.2	83.8	83.5	83.1	82.8	82.4	82.1	81.7	81.4	81.0
84	84.3	84.0	83.6	83.2	82.9	82.5	82.2	81.8	81.5	81.1
85	84.4	84.1	83.7	83.4	83.0	82.7	82.3	82.0	81.6	81.3
86	84.5	84.2	83.8	83.5	83.1	82.8	82.4	82.1	81.7	81.4
87	84.6	84.3	83.9	83.6	83.2	82.9	82.6	82.2	81.9	81.5
88	84.7	84.4	84.1	83.7	83.4	83.0	82.7	82.3	82.0	81.7
89	84.8	84.5	84.2	83.8	83.5	83.1	82.8	82.5	82.1	81.8
90	85.0	84.6	84.3	83.9	83.6	83.2	82.9	82.6	82.2	81.9
91	85.1	84.7	84.4	84.0	83.7	83.4	83.0	82.7	82.4	82.0
92	85.2	84.8	84.5	84.1	83.8	83.5	83.1	82.8	82.5	82.1
93	85.3	84.9	84.6	84.2	83.9	83.6	83.2	82.9	82.6	82.3
94	85.4	85.0	84.7	84.4	84.0	83.7	83.4	83.0	82.7	82.4
95	85.4	85.1	84.8	84.5	84.1	83.8	83.5	83.1	82.8	82.5
96	85.5	85.2	84.9	84.6	84.2	83.9	83.6	83.2	82.9	82.6
97	85.6	85.3	85.0	84.7	84.3	84.0	83.7	83.4	83.0	82.7
98	85.7	85.4	85.1	84.8	84.4	84.1	83.8	83.5	83.1	82.8
99	85.8	85.5	85.2	84.9	84.5	84.2	83.9	83.6	83.3	82.9
100	85.9	85.6	85.3	84.9	84.6	84.3	84.0	83.7	83.4	83.0

表 4a₁(续)

$t-t_w$ / t	5.2	5.4	5.6	5.8	6.0	6.2	6.4	6.6	6.8	7.0
15	47.5	45.7	43.8	42.0	40.2	38.4	36.6	34.8	33.0	31.2
16	49.2	47.4	45.6	43.8	42.1	40.3	38.6	36.8	35.1	33.4
17	50.7	49.0	47.3	45.5	43.8	42.1	40.5	38.8	37.1	35.5
18	52.2	50.5	48.8	47.2	45.5	43.9	42.2	40.6	39.0	37.4
19	53.5	51.9	50.3	48.7	47.1	45.5	43.9	42.3	40.8	39.2
20	54.8	53.2	51.7	50.1	48.6	47.0	45.5	44.0	42.4	40.9
21	56.0	54.5	53.0	51.4	49.9	48.4	47.0	45.5	44.0	42.5
22	57.2	55.7	54.2	52.7	51.2	49.8	48.3	46.9	45.5	44.1
23	58.3	56.8	55.3	53.9	52.5	51.1	49.6	48.2	46.9	45.5
24	59.3	57.8	56.4	55.0	53.6	52.3	50.9	49.5	48.2	46.8
25	60.2	58.8	57.5	56.1	54.7	53.4	52.0	50.7	49.4	48.1
26	61.1	59.8	58.4	57.1	55.8	54.5	53.2	51.9	50.6	49.3
27	62.0	60.7	59.4	58.0	56.8	55.5	54.2	52.9	51.7	50.4
28	62.8	61.5	60.2	58.9	57.7	56.4	55.2	53.9	52.7	51.5
29	63.6	62.3	61.0	59.8	58.6	57.3	56.1	54.9	53.7	52.5
30	64.3	63.1	61.8	60.6	59.4	58.2	57.0	55.8	54.6	53.5
31	65.0	63.8	62.6	61.4	60.2	59.0	57.8	56.7	55.5	54.4
32	65.7	64.5	63.3	62.1	60.9	59.8	58.6	57.5	56.4	55.2
33	66.3	65.1	64.0	62.8	61.7	60.5	59.4	58.3	57.2	56.1
34	66.9	65.7	64.6	63.5	62.3	61.2	60.1	59.0	57.9	56.9
35	67.5	66.3	65.2	64.1	63.0	61.9	60.8	59.7	58.7	57.6
36	68.0	66.9	65.8	64.7	63.6	62.5	61.5	60.4	59.4	58.3
37	68.5	67.4	66.3	65.3	64.2	63.2	62.1	61.1	60.0	59.0
38	69.0	67.9	66.9	65.8	64.8	63.7	62.7	61.7	60.7	59.7
39	69.5	68.4	67.4	66.3	65.3	64.3	63.3	62.3	61.3	60.3
40	69.9	68.9	67.9	66.9	65.8	64.8	63.8	62.8	61.8	60.9
41	70.4	69.4	68.3	67.3	66.3	65.3	64.4	63.4	62.4	61.4
42	70.8	69.8	68.8	67.8	66.8	65.8	64.9	63.9	62.9	62.0
43	71.2	70.2	69.2	68.2	67.3	66.3	65.3	64.4	63.4	62.5
44	71.6	70.6	69.6	68.7	67.7	66.8	65.8	64.9	63.9	63.0
45	72.0	71.0	70.0	69.1	68.1	67.2	66.3	65.3	64.4	63.5
46	72.3	71.4	70.4	69.5	68.5	67.6	66.7	65.8	64.9	64.0
47	72.7	71.7	70.8	69.9	68.9	68.0	67.1	66.2	65.3	64.4
48	73.0	72.1	71.1	70.2	69.3	68.4	67.5	66.6	65.7	64.8
49	73.3	72.4	71.5	70.6	69.7	68.8	67.9	67.0	66.1	65.3
50	73.6	72.7	71.8	70.9	70.0	69.1	68.3	67.4	66.5	65.7
51	73.9	73.0	72.1	71.2	70.4	69.5	68.6	67.8	66.9	66.0
52	74.2	73.3	72.4	71.6	70.7	69.8	69.0	68.1	67.3	66.4
53	74.5	73.6	72.7	71.9	71.0	70.2	69.3	68.5	67.6	66.8
54	74.8	73.9	73.0	72.2	71.3	70.5	69.6	68.8	68.0	67.1
55	75.0	74.2	73.3	72.5	71.6	70.8	69.9	69.1	68.3	67.5
56	75.3	74.4	73.6	72.7	71.9	71.1	70.3	69.4	68.6	67.8
57	75.5	74.7	73.9	73.0	72.2	71.4	70.6	69.7	68.9	68.1

表 4a₁(续)

t \ $t-t_w$	5.2	5.4	5.6	5.8	6.0	6.2	6.4	6.6	6.8	7.0
58	75.8	75.0	74.1	73.3	72.5	71.6	70.8	70.0	69.2	68.4
59	76.0	75.2	74.4	73.5	72.7	71.9	71.1	70.3	69.5	68.7
60	76.3	75.4	74.6	73.8	73.0	72.2	71.4	70.6	69.8	69.0
61	76.5	75.7	74.8	74.0	73.2	72.4	71.7	70.9	70.1	69.3
62	76.7	75.9	75.1	74.3	73.5	72.7	71.9	71.1	70.4	69.6
63	76.9	76.1	75.3	74.5	73.7	72.9	72.2	71.4	70.6	69.9
64	77.1	76.3	75.5	74.7	74.0	73.2	72.4	71.7	70.9	70.1
65	77.3	76.5	75.7	75.0	74.2	73.4	72.7	71.9	71.2	70.4
66	77.5	76.7	76.0	75.2	74.4	73.6	72.9	72.1	71.4	70.7
67	77.7	76.9	76.2	75.4	74.6	73.9	73.1	72.4	71.6	70.9
68	77.9	77.1	76.4	75.6	74.8	74.1	73.3	72.6	71.9	71.1
69	78.1	77.3	76.6	75.8	75.0	74.3	73.6	72.8	72.1	71.4
70	78.3	77.5	76.7	76.0	75.3	74.5	73.8	73.1	72.3	71.6
71	78.4	77.7	76.9	76.2	75.5	74.7	74.0	73.3	72.6	71.8
72	78.6	77.9	77.1	76.4	75.6	74.9	74.2	73.5	72.8	72.1
73	78.8	78.0	77.3	76.6	75.8	75.1	74.4	73.7	73.0	72.3
74	78.9	78.2	77.5	76.7	76.0	75.3	74.6	73.9	73.2	72.5
75	79.1	78.4	77.6	76.9	76.2	75.5	74.8	74.1	73.4	72.7
76	79.3	78.5	77.8	77.1	76.4	75.7	75.0	74.3	73.6	72.9
77	79.4	78.7	78.0	77.3	76.6	75.9	75.2	74.5	73.8	73.1
78	79.6	78.9	78.1	77.4	76.7	76.0	75.3	74.7	74.0	73.3
79	79.7	79.0	78.3	77.6	76.9	76.2	75.5	74.8	74.2	73.5
80	79.9	79.2	78.5	77.8	77.1	76.4	75.7	75.0	74.4	73.7
81	80.0	79.3	78.6	77.9	77.2	76.6	75.9	75.2	74.5	73.9
82	80.2	79.5	78.8	78.1	77.4	76.7	76.0	75.4	74.7	74.1
83	80.3	79.6	78.9	78.2	77.6	76.9	76.2	75.6	74.9	74.2
84	80.4	79.8	79.1	78.4	77.7	77.0	76.4	75.7	75.1	74.4
85	80.6	79.9	79.2	78.5	77.9	77.2	76.5	75.9	75.2	74.6
86	80.7	80.0	79.4	78.7	78.0	77.4	76.7	76.1	75.4	74.8
87	80.8	80.2	79.5	78.8	78.2	77.5	76.9	76.2	75.6	74.9
88	81.0	80.3	79.6	79.0	78.3	77.7	77.0	76.4	75.7	75.1
89	81.1	80.4	79.8	79.1	78.5	77.8	77.2	76.5	75.9	75.3
90	81.2	80.6	79.9	79.3	78.6	78.0	77.3	76.7	76.1	75.4
91	81.4	80.7	80.0	79.4	78.8	78.1	77.5	76.8	76.2	75.6
92	81.5	80.8	80.2	79.5	78.9	78.3	77.6	77.0	76.4	75.7
93	81.6	81.0	80.3	79.7	79.0	78.4	77.8	77.1	76.5	75.9
94	81.7	81.1	80.4	79.8	79.2	78.5	77.9	77.3	76.7	76.1
95	81.8	81.2	80.6	79.9	79.3	78.7	78.0	77.4	76.8	76.2
96	82.0	81.3	80.7	80.1	79.4	78.8	78.2	77.6	77.0	76.4
97	82.1	81.4	80.8	80.2	79.6	78.9	78.3	77.7	77.1	76.5
98	82.2	81.6	80.9	80.3	79.7	79.1	78.5	77.9	77.2	76.6
99	82.3	81.7	81.1	80.4	79.8	79.2	78.6	78.0	77.4	76.8
100	82.4	81.8	81.2	80.6	79.9	79.3	78.7	78.1	77.5	76.9

表 4a$_1$（续）

$t-t_w$ / t	7.2	7.4	7.6	7.8	8.0	8.2	8.4	8.6	8.8	9.0
15	29.5	27.7	26.0	24.3	22.5	20.8	19.1	17.5	15.8	14.1
16	31.7	30.0	28.4	26.7	25.0	23.4	21.8	20.1	18.5	16.9
17	33.8	32.2	30.6	29.0	27.4	25.8	24.2	22.6	21.1	19.5
18	35.8	34.3	32.7	31.1	29.6	28.0	26.5	25.0	23.5	22.0
19	37.7	36.2	34.6	33.1	31.6	30.1	28.7	27.2	25.7	24.3
20	39.4	38.0	36.5	35.0	33.6	32.1	30.7	29.3	27.8	26.4
21	41.1	39.7	38.2	36.8	35.4	34.0	32.6	31.2	29.8	28.5
22	42.6	41.2	39.9	38.5	37.1	35.7	34.4	33.0	31.7	30.4
23	44.1	42.7	41.4	40.0	38.7	37.4	36.1	34.8	33.5	32.2
24	45.5	44.2	42.8	41.5	40.2	38.9	37.7	36.4	35.1	33.9
25	46.8	45.5	44.2	42.9	41.7	40.4	39.2	37.9	36.7	35.5
26	48.0	46.8	45.5	44.3	43.0	41.8	40.6	39.4	38.2	37.0
27	49.2	47.9	46.7	45.5	44.3	43.1	41.9	40.7	39.6	38.4
28	50.3	49.1	47.9	46.7	45.5	44.3	43.2	42.0	40.9	39.7
29	51.3	50.1	49.0	47.8	46.7	45.5	44.4	43.3	42.1	41.0
30	52.3	51.2	50.0	48.9	47.7	46.6	45.5	44.4	43.3	42.2
31	53.2	52.1	51.0	49.9	48.8	47.7	46.6	45.5	44.4	43.4
32	54.1	53.0	51.9	50.8	49.8	48.7	47.6	46.6	45.5	44.5
33	55.0	53.9	52.8	51.7	50.7	49.6	48.6	47.6	46.5	45.5
34	55.8	54.7	53.7	52.6	51.6	50.5	49.5	48.5	47.5	46.5
35	56.6	55.5	54.5	53.4	52.4	51.4	50.4	49.4	48.4	47.4
36	57.3	56.3	55.2	54.2	53.2	52.2	51.2	50.3	49.3	48.3
37	58.0	57.0	56.0	55.0	54.0	53.0	52.0	51.1	50.1	49.2
38	58.6	57.7	56.7	55.7	54.7	53.8	52.8	51.8	50.9	50.0
39	59.3	58.3	57.3	56.4	55.4	54.5	53.5	52.6	51.7	50.7
40	59.9	58.9	58.0	57.0	56.1	55.2	54.2	53.3	52.4	51.5
41	60.5	59.5	58.6	57.7	56.7	55.8	54.9	54.0	53.1	52.2
42	61.0	60.1	59.2	58.3	57.3	56.4	55.5	54.6	53.8	52.9
43	61.6	60.7	59.7	58.8	57.9	57.0	56.1	55.3	54.4	53.5
44	62.1	61.2	60.3	59.4	58.5	57.6	56.7	55.9	55.0	54.1
45	62.6	61.7	60.8	59.9	59.0	58.2	57.3	56.4	55.6	54.7
46	63.1	62.2	61.3	60.4	59.6	58.7	57.8	57.0	56.2	55.3
47	63.5	62.7	61.8	60.9	60.1	59.2	58.4	57.5	56.7	55.9
48	64.0	63.1	62.2	61.4	60.5	59.7	58.9	58.0	57.2	56.4
49	64.4	63.5	62.7	61.8	61.0	60.2	59.4	58.5	57.7	56.9
50	64.8	64.0	63.1	62.3	61.5	60.6	59.8	59.0	58.2	57.4
51	65.2	64.4	63.5	62.7	61.9	61.1	60.3	59.5	58.7	57.9
52	65.6	64.8	63.9	63.1	62.3	61.5	60.7	59.9	59.1	58.4
53	66.0	65.1	64.3	63.5	62.7	61.9	61.1	60.4	59.6	58.8
54	66.3	65.5	64.7	63.9	63.1	62.3	61.6	60.8	60.0	59.2
55	66.7	65.9	65.1	64.3	63.5	62.7	61.9	61.2	60.4	59.7
56	67.0	66.2	65.4	64.6	63.9	63.1	62.3	61.6	60.8	60.1
57	67.3	66.6	65.8	65.0	64.2	63.5	62.7	62.0	61.2	60.5

表 4a₁(续)

t \ $t-t_w$	7.2	7.4	7.6	7.8	8.0	8.2	8.4	8.6	8.8	9.0
58	67.7	66.9	66.1	65.3	64.6	63.8	63.1	62.3	61.6	60.8
59	68.0	67.2	66.4	65.7	64.9	64.2	63.4	62.7	61.9	61.2
60	68.3	67.5	66.7	66.0	65.2	64.5	63.8	63.0	62.3	61.6
61	68.6	67.8	67.1	66.3	65.6	64.8	64.1	63.4	62.6	61.9
62	68.9	68.1	67.4	66.6	65.9	65.1	64.4	63.7	63.0	62.3
63	69.1	68.4	67.6	66.9	66.2	65.5	64.7	64.0	63.3	62.6
64	69.4	68.7	67.9	67.2	66.5	65.8	65.0	64.3	63.6	62.9
65	69.7	68.9	68.2	67.5	66.8	66.0	65.3	64.6	63.9	63.2
66	69.9	69.2	68.5	67.8	67.0	66.3	65.6	64.9	64.2	63.6
67	70.2	69.5	68.7	68.0	67.3	66.6	65.9	65.2	64.5	63.9
68	70.4	69.7	69.0	68.3	67.6	66.9	66.2	65.5	64.8	64.2
69	70.7	70.0	69.2	68.5	67.8	67.2	66.5	65.8	65.1	64.4
70	70.9	70.2	69.5	68.8	68.1	67.4	66.7	66.1	65.4	64.7
71	71.1	70.4	69.7	69.0	68.4	67.7	67.0	66.3	65.7	65.0
72	71.4	70.7	70.0	69.3	68.6	67.9	67.3	66.6	65.9	65.3
73	71.6	70.9	70.2	69.5	68.8	68.2	67.5	66.8	66.2	65.5
74	71.8	71.1	70.4	69.8	69.1	68.4	67.7	67.1	66.4	65.8
75	72.0	71.3	70.7	70.0	69.3	68.6	68.0	67.3	66.7	66.0
76	72.2	71.5	70.9	70.2	69.5	68.9	68.2	67.6	66.9	66.3
77	72.4	71.8	71.1	70.4	69.8	69.1	68.5	67.8	67.2	66.5
78	72.6	72.0	71.3	70.6	70.0	69.3	68.7	68.0	67.4	66.8
79	72.8	72.2	71.5	70.8	70.2	69.5	68.9	68.3	67.6	67.0
80	73.0	72.4	71.7	71.1	70.4	69.8	69.1	68.5	67.9	67.2
81	73.2	72.6	71.9	71.3	70.6	70.0	69.3	68.7	68.1	67.5
82	73.4	72.7	72.1	71.5	70.8	70.2	69.6	68.9	68.3	67.7
83	73.6	72.9	72.3	71.7	71.0	70.4	69.8	69.1	68.5	67.9
84	73.8	73.1	72.5	71.8	71.2	70.6	70.0	69.3	68.7	68.1
85	73.9	73.3	72.7	72.0	71.4	70.8	70.2	69.6	68.9	68.3
86	74.1	73.5	72.9	72.2	71.6	71.0	70.4	69.8	69.1	68.5
87	74.3	73.7	73.0	72.4	71.8	71.2	70.6	70.0	69.3	68.7
88	74.5	73.8	73.2	72.6	72.0	71.4	70.8	70.1	69.5	69.0
89	74.6	74.0	73.4	72.8	72.2	71.5	70.9	70.3	69.7	69.2
90	74.8	74.2	73.6	72.9	72.3	71.7	71.1	70.5	69.9	69.3
91	75.0	74.3	73.7	73.1	72.5	71.9	71.3	70.7	70.1	69.5
92	75.1	74.5	73.9	73.3	72.7	72.1	71.5	70.9	70.3	69.7
93	75.3	74.7	74.1	73.5	72.9	72.3	71.7	71.1	70.5	69.9
94	75.4	74.8	74.2	73.6	73.0	72.4	71.9	71.3	70.7	70.1
95	75.6	75.0	74.4	73.8	73.2	72.6	72.0	71.4	70.9	70.3
96	75.7	75.1	74.6	74.0	73.4	72.8	72.2	71.6	71.0	70.5
97	75.9	75.3	74.7	74.1	73.5	73.0	72.4	71.8	71.2	70.7
98	76.0	75.5	74.9	74.3	73.7	73.1	72.5	72.0	71.4	70.8
99	76.2	75.6	75.0	74.4	73.9	73.3	72.7	72.1	71.6	71.0
100	76.3	75.8	75.2	74.6	74.0	73.4	72.9	72.3	71.7	71.2

表 4a₁(续)

$t-t_w$ / t	9.2	9.4	9.6	9.8	10.0	10.2	10.4	10.6	10.8	11.0
15	12.4	10.8	9.2	7.5	5.9	4.3	2.7	1.1		
16	15.3	13.7	12.1	10.5	9.0	7.4	5.9	4.3	2.8	1.3
17	18.0	16.4	14.9	13.4	11.9	10.4	8.9	7.4	5.9	4.4
18	20.5	19.0	17.5	16.0	14.6	13.1	11.7	10.3	8.8	7.4
19	22.8	21.4	20.0	18.5	17.1	15.7	14.3	12.9	11.6	10.2
20	25.0	23.6	22.2	20.9	19.5	18.1	16.8	15.4	14.1	12.8
21	27.1	25.7	24.4	23.1	21.7	20.4	19.1	17.8	16.5	15.2
22	29.0	27.7	26.4	25.1	23.8	22.6	21.3	20.0	18.8	17.5
23	30.9	29.6	28.3	27.1	25.8	24.6	23.4	22.1	20.9	19.7
24	32.6	31.4	30.1	28.9	27.7	26.5	25.3	24.1	22.9	21.7
25	34.2	33.0	31.8	30.6	29.5	28.3	27.1	26.0	24.8	23.7
26	35.8	34.6	33.4	32.3	31.1	30.0	28.8	27.7	26.6	25.5
27	37.2	36.1	34.9	33.8	32.7	31.6	30.5	29.4	28.3	27.2
28	38.6	37.5	36.4	35.3	34.2	33.1	32.0	30.9	29.9	28.8
29	39.9	38.8	37.7	36.6	35.6	34.5	33.5	32.4	31.4	30.3
30	41.1	40.1	39.0	38.0	36.9	35.9	34.8	33.8	32.8	31.8
31	42.3	41.3	40.2	39.2	38.2	37.1	36.1	35.1	34.1	33.1
32	43.4	42.4	41.4	40.4	39.4	38.4	37.4	36.4	35.4	34.4
33	44.5	43.5	42.5	41.5	40.5	39.5	38.5	37.6	36.6	35.7
34	45.5	44.5	43.5	42.5	41.6	40.6	39.7	38.7	37.8	36.8
35	46.4	45.5	44.5	43.5	42.6	41.7	40.7	39.8	38.9	38.0
36	47.3	46.4	45.4	44.5	43.6	42.7	41.7	40.8	39.9	39.0
37	48.2	47.3	46.3	45.4	44.5	43.6	42.7	41.8	40.9	40.0
38	49.0	48.1	47.2	46.3	45.4	44.5	43.6	42.7	41.9	41.0
39	49.8	48.9	48.0	47.1	46.2	45.4	44.5	43.6	42.8	41.9
40	50.6	49.7	48.8	47.9	47.1	46.2	45.3	44.5	43.6	42.8
41	51.3	50.4	49.6	48.7	47.8	47.0	46.1	45.3	44.5	43.6
42	52.0	51.1	50.3	49.4	48.6	47.7	46.9	46.1	45.2	44.4
43	52.7	51.8	51.0	50.1	49.3	48.5	47.6	46.8	46.0	45.2
44	53.3	52.5	51.6	50.8	50.0	49.1	48.3	47.5	46.7	45.9
45	53.9	53.1	52.3	51.4	50.6	49.8	49.0	48.2	47.4	46.6
46	54.5	53.7	52.9	52.1	51.2	50.5	49.7	48.9	48.1	47.3
47	55.1	54.3	53.4	52.6	51.9	51.1	50.3	49.5	48.7	48.0
48	55.6	54.8	54.0	53.2	52.4	51.7	50.9	50.1	49.4	48.6
49	56.1	55.3	54.6	53.8	53.0	52.2	51.5	50.7	50.0	49.2
50	56.6	55.9	55.1	54.3	53.5	52.8	52.0	51.3	50.5	49.8
51	57.1	56.3	55.6	54.8	54.1	53.3	52.6	51.8	51.1	50.4
52	57.6	56.8	56.1	55.3	54.6	53.8	53.1	52.3	51.6	50.9
53	58.0	57.3	56.5	55.8	55.0	54.3	53.6	52.9	52.1	51.4
54	58.5	57.7	57.0	56.3	55.5	54.8	54.1	53.4	52.6	51.9
55	58.9	58.2	57.4	56.7	56.0	55.3	54.5	53.8	53.1	52.4
56	59.3	58.6	57.9	57.1	56.4	55.7	55.0	54.3	53.6	52.9
57	59.7	59.0	58.3	57.6	56.8	56.1	55.4	54.7	54.0	53.4

表 4a₁(续)

$t-t_w$ / t	9.2	9.4	9.6	9.8	10.0	10.2	10.4	10.6	10.8	11.0
58	60.1	59.4	58.7	58.0	57.3	56.6	55.9	55.2	54.5	53.8
59	60.5	59.8	59.1	58.4	57.7	57.0	56.3	55.6	54.9	54.2
60	60.9	60.2	59.4	58.7	58.1	57.4	56.7	56.0	55.3	54.7
61	61.2	60.5	59.8	59.1	58.4	57.8	57.1	56.4	55.7	55.1
62	61.6	60.9	60.2	59.5	58.8	58.1	57.5	56.8	56.1	55.5
63	61.9	61.2	60.5	59.8	59.2	58.5	57.8	57.2	56.5	55.9
64	62.2	61.6	60.9	60.2	59.5	58.9	58.2	57.5	56.9	56.2
65	62.6	61.9	61.2	60.5	59.9	59.2	58.5	57.9	57.2	56.6
66	62.9	62.2	61.5	60.9	60.2	59.5	58.9	58.2	57.6	57.0
67	63.2	62.5	61.8	61.2	60.5	59.9	59.2	58.6	57.9	57.3
68	63.5	62.8	62.1	61.5	60.8	60.2	59.5	58.9	58.3	57.6
69	63.8	63.1	62.5	61.8	61.1	60.5	59.9	59.2	58.6	58.0
70	64.1	63.4	62.7	62.1	61.5	60.8	60.2	59.6	58.9	58.3
71	64.3	63.7	63.0	62.4	61.8	61.1	60.5	59.9	59.2	58.6
72	64.6	64.0	63.3	62.7	62.0	61.4	60.8	60.2	59.5	58.9
73	64.9	64.2	63.6	63.0	62.3	61.7	61.1	60.5	59.8	59.2
74	65.1	64.5	63.9	63.2	62.6	62.0	61.4	60.8	60.1	59.5
75	65.4	64.8	64.1	63.5	62.9	62.3	61.6	61.0	60.4	59.8
76	65.7	65.0	64.4	63.8	63.1	62.5	61.9	61.3	60.7	60.1
77	65.9	65.3	64.6	64.0	63.4	62.8	62.2	61.6	61.0	60.4
78	66.1	65.5	64.9	64.3	63.7	63.1	62.5	61.9	61.3	60.7
79	66.4	65.8	65.1	64.5	63.9	63.3	62.7	62.1	61.5	61.0
80	66.6	66.0	65.4	64.8	64.2	63.6	63.0	62.4	61.8	61.2
81	66.8	66.2	65.6	65.0	64.4	63.8	63.2	62.6	62.1	61.5
82	67.1	66.5	65.9	65.3	64.7	64.1	63.5	62.9	62.3	61.7
83	67.3	66.7	66.1	65.5	64.9	64.3	63.7	63.1	62.6	62.0
84	67.5	66.9	66.3	65.7	65.1	64.5	64.0	63.4	62.8	62.2
85	67.7	67.1	66.5	65.9	65.4	64.8	64.2	63.6	63.1	62.5
86	67.9	67.3	66.8	66.2	65.6	65.0	64.4	63.9	63.3	62.7
87	68.2	67.6	67.0	66.4	65.8	65.2	64.7	64.1	63.5	63.0
88	68.4	67.8	67.2	66.6	66.0	65.5	64.9	64.3	63.8	63.2
89	68.6	68.0	67.4	66.8	66.2	65.7	65.1	64.5	64.0	63.4
90	68.8	68.2	67.6	67.0	66.5	65.9	65.3	64.8	64.2	63.7
91	69.0	68.4	67.8	67.2	66.7	66.1	65.5	65.0	64.4	63.9
92	69.2	68.6	68.0	67.4	66.9	66.3	65.8	65.2	64.6	64.1
93	69.3	68.8	68.2	67.6	67.1	66.5	66.0	65.4	64.9	64.3
94	69.5	69.0	68.4	67.8	67.3	66.7	66.2	65.6	65.1	64.5
95	69.7	69.2	68.6	68.0	67.5	66.9	66.4	65.8	65.3	64.7
96	69.9	69.3	68.8	68.2	67.7	67.1	66.6	66.0	65.5	65.0
97	70.1	69.5	69.0	68.4	67.9	67.3	66.8	66.2	65.7	65.2
98	70.3	69.7	69.2	68.6	68.1	67.5	67.0	66.4	65.9	65.4
99	70.4	69.9	69.3	68.8	68.2	67.7	67.2	66.6	66.1	65.6
100	70.6	70.1	69.5	69.0	68.4	67.9	67.4	66.8	66.3	65.8

表 4a$_1$(续)

$t-t_w$ / t	11.5	12.0	12.5	13.5	13.5	14.0	14.5	15.0	15.5	16.0
15										
16										
17	0.8									
18	3.9	0.4								
19	6.8	3.4	0.1							
20	9.5	6.3	3.1							
21	12.1	8.9	5.8	2.8						
22	14.4	11.4	8.4	5.5	2.6					
23	16.7	13.8	10.8	8.0	5.2	2.4				
24	18.8	16.0	13.1	10.4	7.6	4.9	2.3			
25	20.8	18.0	15.3	12.6	9.9	7.3	4.8	2.2		
26	22.7	20.0	17.3	14.7	12.1	9.6	7.1	4.6	2.2	
27	24.5	21.8	19.2	16.7	14.2	11.7	9.3	6.9	4.5	2.2
28	26.2	23.6	21.1	18.6	16.1	13.7	11.3	9.0	6.7	4.4
29	27.8	25.2	22.8	20.3	17.9	15.6	13.3	11.0	8.8	6.6
30	29.3	26.8	24.4	22.0	19.7	17.4	15.1	12.9	10.7	8.6
31	30.7	28.3	25.9	23.6	21.3	19.1	16.9	14.7	12.6	10.5
32	32.0	29.7	27.4	25.1	22.9	20.7	18.5	16.4	14.3	12.3
33	33.3	31.0	28.8	26.5	24.3	22.2	20.1	18.0	16.0	14.0
34	34.5	32.3	30.1	27.9	25.7	23.6	21.6	19.5	17.5	15.6
35	35.7	33.5	31.3	29.2	27.1	25.0	23.0	21.0	19.0	17.1
36	36.8	34.6	32.5	30.4	28.3	26.3	24.3	22.4	20.4	18.6
37	37.9	35.7	33.6	31.6	29.5	27.5	25.6	23.7	21.8	19.9
38	38.9	36.7	34.7	32.7	30.7	28.7	26.8	24.9	23.1	21.3
39	39.8	37.7	35.7	33.7	31.8	29.8	28.0	26.1	24.3	22.5
40	40.7	38.7	36.7	34.7	32.8	30.9	29.1	27.2	25.5	23.7
41	41.6	39.6	37.6	35.7	33.8	31.9	30.1	28.3	26.6	24.8
42	42.4	40.4	38.5	36.6	34.7	32.9	31.1	29.4	27.6	25.9
43	43.2	41.3	39.4	37.5	35.7	33.9	32.1	30.3	28.6	27.0
44	44.0	42.1	40.2	38.3	36.5	34.7	33.0	31.3	29.6	28.0
45	44.7	42.8	41.0	39.1	37.4	35.6	33.9	32.2	30.5	28.9
46	45.4	43.6	41.7	39.9	38.2	36.4	34.7	33.1	31.4	29.8
47	46.1	44.3	42.4	40.7	38.9	37.2	35.5	33.9	32.3	30.7
48	46.8	44.9	43.1	41.4	39.7	38.0	36.3	34.7	33.1	31.5
49	47.4	45.6	43.8	42.1	40.4	38.7	37.1	35.5	33.9	32.3
50	48.0	46.2	44.5	42.7	41.1	39.4	37.8	36.2	34.6	33.1
51	48.6	46.8	45.1	43.4	41.7	40.1	38.5	36.9	35.4	33.9
52	49.1	47.4	45.7	44.0	42.3	40.7	39.1	37.6	36.1	34.6
53	49.7	47.9	46.2	44.6	43.0	41.4	39.8	38.3	36.7	35.3
54	50.2	48.5	46.8	45.2	43.5	42.0	40.4	38.9	37.4	35.9
55	50.7	49.0	47.3	45.7	44.1	42.6	41.0	39.5	38.0	36.6
56	51.2	49.5	47.9	46.3	44.7	43.1	41.6	40.1	38.6	37.2
57	51.7	50.0	48.4	46.8	45.2	43.7	42.2	40.7	39.2	37.8

表 4a₁(续)

$t-t_w$ / t	11.5	12.0	12.5	13.5	13.5	14.0	14.5	15.0	15.5	16.0
58	52.1	50.5	48.9	47.3	45.7	44.2	42.7	41.2	39.8	38.4
59	52.6	50.9	49.3	47.8	46.2	44.7	43.2	41.8	40.3	38.9
60	53.0	51.4	49.8	48.2	46.7	45.2	43.7	42.3	40.9	39.5
61	53.4	51.8	50.3	48.7	47.2	45.7	44.2	42.8	41.4	40.0
62	53.8	52.2	50.7	49.2	47.6	46.2	44.7	43.3	41.9	40.5
63	54.2	52.7	51.1	49.6	48.1	46.6	45.2	43.8	42.4	41.0
64	54.6	53.1	51.5	50.0	48.5	47.1	45.6	44.2	42.9	41.5
65	55.0	53.5	51.9	50.4	49.0	47.5	46.1	44.7	43.3	42.0
66	55.4	53.8	52.3	50.8	49.4	47.9	46.5	45.1	43.8	42.5
67	55.7	54.2	52.7	51.2	49.8	48.3	46.9	45.6	44.2	42.9
68	56.1	54.6	53.1	51.6	50.2	48.7	47.4	46.0	44.7	43.3
69	56.4	54.9	53.4	52.0	50.5	49.1	47.8	46.4	45.1	43.8
70	56.8	55.3	53.8	52.3	50.9	49.5	48.2	46.8	45.5	44.2
71	57.1	55.6	54.1	52.7	51.3	49.9	48.5	47.2	45.9	44.6
72	57.4	55.9	54.5	53.1	51.6	50.3	48.9	47.6	46.3	45.0
73	57.7	56.3	54.8	53.4	52.0	50.6	49.3	48.0	46.7	45.4
74	58.0	56.6	55.1	53.7	52.3	51.0	49.6	48.3	47.0	45.8
75	58.3	56.9	55.5	54.1	52.7	51.3	50.0	48.7	47.4	46.1
76	58.6	57.2	55.8	54.4	53.0	51.7	50.3	49.0	47.8	46.5
77	58.9	57.5	56.1	54.7	53.3	52.0	50.7	49.4	48.1	46.9
78	59.2	57.8	56.4	55.0	53.6	52.3	51.0	49.7	48.4	47.2
79	59.5	58.1	56.7	55.3	54.0	52.6	51.3	50.0	48.8	47.6
80	59.8	58.4	57.0	55.6	54.3	52.9	51.6	50.4	49.1	47.9
81	60.0	58.6	57.3	55.9	54.6	53.2	52.0	50.7	49.4	48.2
82	60.3	58.9	57.5	56.2	54.9	53.5	52.3	51.0	49.8	48.5
83	60.6	59.2	57.8	56.5	55.1	53.8	52.6	51.3	50.1	48.9
84	60.8	59.4	58.1	56.7	55.4	54.1	52.9	51.6	50.4	49.2
85	61.1	59.7	58.4	57.0	55.7	54.4	53.2	51.9	50.7	49.5
86	61.3	60.0	58.6	57.3	56.0	54.7	53.4	52.2	51.0	49.8
87	61.6	60.2	58.9	57.6	56.3	55.0	53.7	52.5	51.3	50.1
88	61.8	60.5	59.1	57.8	56.5	55.3	54.0	52.8	51.6	50.4
89	62.1	60.7	59.4	58.1	56.8	55.5	54.3	53.1	51.9	50.7
90	62.3	60.9	59.6	58.3	57.0	55.8	54.6	53.3	52.1	51.0
91	62.5	61.2	59.9	58.6	57.3	56.1	54.8	53.6	52.4	51.3
92	62.8	61.4	60.1	58.8	57.6	56.3	55.1	53.9	52.7	51.5
93	63.0	61.7	60.3	59.1	57.8	56.6	55.3	54.1	53.0	51.8
94	63.2	61.9	60.6	59.3	58.1	56.8	55.6	54.4	53.2	52.1
95	63.4	62.1	60.8	59.5	58.3	57.1	55.9	54.7	53.5	52.3
96	63.6	62.3	61.0	59.8	58.5	57.3	56.1	54.9	53.8	52.6
97	63.8	62.5	61.3	60.0	58.8	57.6	56.4	55.2	54.0	52.9
98	64.1	62.8	61.5	60.2	59.0	57.8	56.6	55.4	54.3	53.1
99	64.3	63.0	61.7	60.5	59.2	58.0	56.8	55.7	54.5	53.4
100	64.5	63.2	61.9	60.7	59.5	58.3	57.1	55.9	54.8	53.6

表 $4a_2$　柱状水银温度表相对湿度查算表

P=90 kPa, A=0.815×10^{-3}℃$^{-1}$(0.4 m/s)

t \ $t-t_w$	0.0	0.1	0.2	0.3	0.4	0.5	0.6	0.7	0.8	0.9	1.0
15	100.0	98.9	97.9	96.8	95.7	94.7	93.6	92.6	91.5	90.5	89.4
16	100.0	99.0	97.9	96.9	95.9	94.8	93.8	92.8	91.8	90.8	89.7
17	100.0	99.0	98.0	97.0	96.0	95.0	94.0	93.0	92.0	91.0	90.0
18	100.0	99.0	98.0	97.1	96.1	95.1	94.2	93.2	92.2	91.3	90.3
19	100.0	99.0	98.1	97.1	96.2	95.3	94.3	93.4	92.4	91.5	90.6
20	100.0	99.1	98.1	97.2	96.3	95.4	94.5	93.5	92.6	91.7	90.8
21	100.0	99.1	98.2	97.3	96.4	95.5	94.6	93.7	92.8	91.9	91.1
22	100.0	99.1	98.2	97.4	96.5	95.6	94.7	93.9	93.0	92.1	91.3
23	100.0	99.1	98.3	97.4	96.6	95.7	94.9	94.0	93.2	92.3	91.5
24	100.0	99.2	98.3	97.5	96.6	95.8	95.0	94.2	93.3	92.5	91.7
25	100.0	99.2	98.4	97.5	96.7	95.9	95.1	94.3	93.5	92.7	91.9
26	100.0	99.2	98.4	97.6	96.8	96.0	95.2	94.4	93.6	92.8	92.1
27	100.0	99.2	98.4	97.6	96.9	96.1	95.3	94.5	93.8	93.0	92.2
28	100.0	99.2	98.5	97.7	96.9	96.2	95.4	94.6	93.9	93.1	92.4
29	100.0	99.2	98.5	97.7	97.0	96.2	95.5	94.7	94.0	93.3	92.5
30	100.0	99.3	98.5	97.8	97.0	96.3	95.6	94.8	94.1	93.4	92.7
31	100.0	99.3	98.5	97.8	97.1	96.4	95.7	94.9	94.2	93.5	92.8
32	100.0	99.3	98.6	97.9	97.1	96.4	95.7	95.0	94.3	93.6	92.9
33	100.0	99.3	98.6	97.9	97.2	96.5	95.8	95.1	94.4	93.7	93.1
34	100.0	99.3	98.6	97.9	97.2	96.6	95.9	95.2	94.5	93.9	93.2
35	100.0	99.3	98.6	98.0	97.3	96.6	95.9	95.3	94.6	94.0	93.3
36	100.0	99.3	98.7	98.0	97.3	96.7	96.0	95.4	94.7	94.1	93.4
37	100.0	99.3	98.7	98.0	97.4	96.7	96.1	95.4	94.8	94.1	93.5
38	100.0	99.3	98.7	98.1	97.4	96.8	96.1	95.5	94.9	94.2	93.6
39	100.0	99.4	98.7	98.1	97.5	96.8	96.2	95.6	94.9	94.3	93.7
40	100.0	99.4	98.7	98.1	97.5	96.9	96.2	95.6	95.0	94.4	93.8
41	100.0	99.4	98.8	98.1	97.5	96.9	96.3	95.7	95.1	94.5	93.9
42	100.0	99.4	98.8	98.2	97.6	97.0	96.4	95.8	95.2	94.6	94.0
43	100.0	99.4	98.8	98.2	97.6	97.0	96.4	95.8	95.2	94.6	94.1
44	100.0	99.4	98.8	98.2	97.6	97.0	96.5	95.9	95.3	94.7	94.1
45	100.0	99.4	98.8	98.2	97.7	97.1	96.5	95.9	95.3	94.8	94.2
46	100.0	99.4	98.8	98.3	97.7	97.1	96.5	96.0	95.4	94.8	94.3
47	100.0	99.4	98.9	98.3	97.7	97.1	96.6	96.0	95.5	94.9	94.3
48	100.0	99.4	98.9	98.3	97.7	97.2	96.6	96.1	95.5	95.0	94.4
49	100.0	99.4	98.9	98.3	97.8	97.2	96.7	96.1	95.6	95.0	94.5
50	100.0	99.4	98.9	98.3	97.8	97.2	96.7	96.2	95.6	95.1	94.5
51	100.0	99.5	98.9	98.4	97.8	97.3	96.7	96.2	95.7	95.1	94.6
52	100.0	99.5	98.9	98.4	97.8	97.3	96.8	96.2	95.7	95.2	94.7
53	100.0	99.5	98.9	98.4	97.9	97.3	96.8	96.3	95.8	95.2	94.7
54	100.0	99.5	98.9	98.4	97.9	97.4	96.8	96.3	95.8	95.3	94.8
55	100.0	99.5	99.0	98.4	97.9	97.4	96.9	96.4	95.9	95.3	94.8
56	100.0	99.5	99.0	98.4	97.9	97.4	96.9	96.4	95.9	95.4	94.9
57	100.0	99.5	99.0	98.5	98.0	97.4	96.9	96.4	95.9	95.4	94.9

表 4a₂（续）

$t-t_w$ / t	0.0	0.1	0.2	0.3	0.4	0.5	0.6	0.7	0.8	0.9	1.0
58	100.0	99.5	99.0	98.5	98.0	97.5	97.0	96.5	96.0	95.5	95.0
59	100.0	99.5	99.0	98.5	98.0	97.5	97.0	96.5	96.0	95.5	95.0
60	100.0	99.5	99.0	98.5	98.0	97.5	97.0	96.5	96.1	95.6	95.1
61	100.0	99.5	99.0	98.5	98.0	97.5	97.1	96.6	96.1	95.6	95.1
62	100.0	99.5	99.0	98.5	98.1	97.6	97.1	96.6	96.1	95.7	95.2
63	100.0	99.5	99.0	98.6	98.1	97.6	97.1	96.6	96.2	95.7	95.2
64	100.0	99.5	99.0	98.6	98.1	97.6	97.1	96.7	96.2	95.7	95.3
65	100.0	99.5	99.1	98.6	98.1	97.6	97.2	96.7	96.2	95.8	95.3
66	100.0	99.5	99.1	98.6	98.1	97.7	97.2	96.7	96.3	95.8	95.4
67	100.0	99.5	99.1	98.6	98.1	97.7	97.2	96.8	96.3	95.9	95.4
68	100.0	99.5	99.1	98.6	98.2	97.7	97.2	96.8	96.3	95.9	95.4
69	100.0	99.5	99.1	98.6	98.2	97.7	97.3	96.8	96.4	95.9	95.5
70	100.0	99.5	99.1	98.6	98.2	97.7	97.3	96.8	96.4	96.0	95.5
71	100.0	99.5	99.1	98.7	98.2	97.8	97.3	96.9	96.4	96.0	95.6
72	100.0	99.6	99.1	98.7	98.2	97.8	97.3	96.9	96.5	96.0	95.6
73	100.0	99.6	99.1	98.7	98.2	97.8	97.4	96.9	96.5	96.1	95.6
74	100.0	99.6	99.1	98.7	98.2	97.8	97.4	96.9	96.5	96.1	95.7
75	100.0	99.6	99.1	98.7	98.3	97.8	97.4	97.0	96.5	96.1	95.7
76	100.0	99.6	99.1	98.7	98.3	97.8	97.4	97.0	96.6	96.2	95.7
77	100.0	99.6	99.1	98.7	98.3	97.9	97.4	97.0	96.6	96.2	95.8
78	100.0	99.6	99.1	98.7	98.3	97.9	97.5	97.0	96.6	96.2	95.8
79	100.0	99.6	99.2	98.7	98.3	97.9	97.5	97.1	96.7	96.2	95.8
80	100.0	99.6	99.2	98.7	98.3	97.9	97.5	97.1	96.7	96.3	95.9
81	100.0	99.6	99.2	98.8	98.3	97.9	97.5	97.1	96.7	96.3	95.9
82	100.0	99.6	99.2	98.8	98.4	97.9	97.5	97.1	96.7	96.3	95.9
83	100.0	99.6	99.2	98.8	98.4	98.0	97.6	97.2	96.8	96.4	96.0
84	100.0	99.6	99.2	98.8	98.4	98.0	97.6	97.2	96.8	96.4	96.0
85	100.0	99.6	99.2	98.8	98.4	98.0	97.6	97.2	96.8	96.4	96.0
86	100.0	99.6	99.2	98.8	98.4	98.0	97.6	97.2	96.8	96.4	96.0
87	100.0	99.6	99.2	98.8	98.4	98.0	97.6	97.2	96.8	96.5	96.1
88	100.0	99.6	99.2	98.8	98.4	98.0	97.6	97.3	96.9	96.5	96.1
89	100.0	99.6	99.2	98.8	98.4	98.0	97.7	97.3	96.9	96.5	96.1
90	100.0	99.6	99.2	98.8	98.4	98.1	97.7	97.3	96.9	96.5	96.2
91	100.0	99.6	99.2	98.8	98.5	98.1	97.7	97.3	96.9	96.6	96.2
92	100.0	99.6	99.2	98.9	98.5	98.1	97.7	97.3	97.0	96.6	96.2
93	100.0	99.6	99.2	98.9	98.5	98.1	97.7	97.4	97.0	96.6	96.2
94	100.0	99.6	99.2	98.9	98.5	98.1	97.7	97.4	97.0	96.6	96.3
95	100.0	99.6	99.2	98.9	98.5	98.1	97.8	97.4	97.0	96.7	96.3
96	100.0	99.6	99.3	98.9	98.5	98.1	97.8	97.4	97.0	96.7	96.3
97	100.0	99.6	99.3	98.9	98.5	98.2	97.8	97.4	97.1	96.7	96.3
98	100.0	99.6	99.3	98.9	98.5	98.2	97.8	97.4	97.1	96.7	96.4
99	100.0	99.6	99.3	98.9	98.5	98.2	97.8	97.5	97.1	96.7	96.4
100	100.0	99.6	99.3	98.9	98.6	98.2	97.8	97.5	97.1	96.8	96.4

表 4a$_2$（续）

t \ $t-t_w$	1.1	1.2	1.3	1.4	1.5	1.6	1.7	1.8	1.9	2.0
15	88.4	87.4	86.3	85.3	84.3	83.3	82.2	81.2	80.2	79.2
16	88.7	87.7	86.7	85.7	84.8	83.8	82.8	81.8	80.8	79.8
17	89.1	88.1	87.1	86.2	85.2	84.2	83.3	82.3	81.4	80.4
18	89.4	88.4	87.5	86.5	85.6	84.7	83.7	82.8	81.9	81.0
19	89.7	88.7	87.8	86.9	86.0	85.1	84.2	83.3	82.4	81.5
20	89.9	89.0	88.1	87.3	86.4	85.5	84.6	83.7	82.9	82.0
21	90.2	89.3	88.4	87.6	86.7	85.9	85.0	84.1	83.3	82.4
22	90.4	89.6	88.7	87.9	87.0	86.2	85.4	84.5	83.7	82.9
23	90.7	89.8	89.0	88.2	87.4	86.5	85.7	84.9	84.1	83.3
24	90.9	90.1	89.3	88.5	87.6	86.8	86.1	85.3	84.5	83.7
25	91.1	90.3	89.5	88.7	87.9	87.1	86.4	85.6	84.8	84.0
26	91.3	90.5	89.7	89.0	88.2	87.4	86.7	85.9	85.1	84.4
27	91.5	90.7	89.9	89.2	88.4	87.7	86.9	86.2	85.5	84.7
28	91.6	90.9	90.1	89.4	88.7	87.9	87.2	86.5	85.8	85.0
29	91.8	91.1	90.3	89.6	88.9	88.2	87.5	86.8	86.0	85.3
30	92.0	91.2	90.5	89.8	89.1	88.4	87.7	87.0	86.3	85.6
31	92.1	91.4	90.7	90.0	89.3	88.6	87.9	87.3	86.6	85.9
32	92.2	91.6	90.9	90.2	89.5	88.8	88.2	87.5	86.8	86.1
33	92.4	91.7	91.0	90.4	89.7	89.0	88.4	87.7	87.0	86.4
34	92.5	91.9	91.2	90.5	89.9	89.2	88.6	87.9	87.3	86.6
35	92.6	92.0	91.3	90.7	90.0	89.4	88.8	88.1	87.5	86.8
36	92.8	92.1	91.5	90.8	90.2	89.6	88.9	88.3	87.7	87.1
37	92.9	92.2	91.6	91.0	90.4	89.7	89.1	88.5	87.9	87.3
38	93.0	92.4	91.7	91.1	90.5	89.9	89.3	88.7	88.1	87.5
39	93.1	92.5	91.9	91.3	90.6	90.0	89.4	88.8	88.2	87.6
40	93.2	92.6	92.0	91.4	90.8	90.2	89.6	89.0	88.4	87.8
41	93.3	92.7	92.1	91.5	90.9	90.3	89.7	89.2	88.6	88.0
42	93.4	92.8	92.2	91.6	91.0	90.5	89.9	89.3	88.7	88.2
43	93.5	92.9	92.3	91.7	91.2	90.6	90.0	89.5	88.9	88.3
44	93.6	93.0	92.4	91.8	91.3	90.7	90.2	89.6	89.0	88.5
45	93.6	93.1	92.5	91.9	91.4	90.8	90.3	89.7	89.2	88.6
46	93.7	93.2	92.6	92.1	91.5	90.9	90.4	89.9	89.3	88.8
47	93.8	93.2	92.7	92.1	91.6	91.1	90.5	90.0	89.4	88.9
48	93.9	93.3	92.8	92.2	91.7	91.2	90.6	90.1	89.6	89.0
49	93.9	93.4	92.9	92.3	91.8	91.3	90.7	90.2	89.7	89.2
50	94.0	93.5	93.0	92.4	91.9	91.4	90.9	90.3	89.8	89.3
51	94.1	93.6	93.0	92.5	92.0	91.5	91.0	90.4	89.9	89.4
52	94.1	93.6	93.1	92.6	92.1	91.6	91.1	90.5	90.0	89.5
53	94.2	93.7	93.2	92.7	92.2	91.7	91.2	90.7	90.2	89.7
54	94.3	93.8	93.3	92.8	92.3	91.7	91.2	90.8	90.3	89.8
55	94.3	93.8	93.3	92.8	92.3	91.8	91.3	90.8	90.4	89.9
56	94.4	93.9	93.4	92.9	92.4	91.9	91.4	90.9	90.5	90.0
57	94.5	94.0	93.5	93.0	92.5	92.0	91.5	91.0	90.6	90.1

表 4a₂(续)

$t-t_w$ / t	1.1	1.2	1.3	1.4	1.5	1.6	1.7	1.8	1.9	2.0
58	94.5	94.0	93.5	93.0	92.6	92.1	91.6	91.1	90.6	90.2
59	94.6	94.1	93.6	93.1	92.6	92.2	91.7	91.2	90.7	90.3
60	94.6	94.1	93.7	93.2	92.7	92.2	91.8	91.3	90.8	90.4
61	94.7	94.2	93.7	93.2	92.8	92.3	91.8	91.4	90.9	90.5
62	94.7	94.2	93.8	93.3	92.8	92.4	91.9	91.5	91.0	90.5
63	94.8	94.3	93.8	93.4	92.9	92.5	92.0	91.5	91.1	90.6
64	94.8	94.4	93.9	93.4	93.0	92.5	92.1	91.6	91.2	90.7
65	94.9	94.4	93.9	93.5	93.0	92.6	92.1	91.7	91.2	90.8
66	94.9	94.5	94.0	93.5	93.1	92.7	92.2	91.8	91.3	90.9
67	94.9	94.5	94.1	93.6	93.2	92.7	92.3	91.8	91.4	91.0
68	95.0	94.5	94.1	93.7	93.2	92.8	92.3	91.9	91.5	91.0
69	95.0	94.6	94.2	93.7	93.3	92.8	92.4	92.0	91.5	91.1
70	95.1	94.6	94.2	93.8	93.3	92.9	92.5	92.0	91.6	91.2
71	95.1	94.7	94.3	93.8	93.4	93.0	92.5	92.1	91.7	91.3
72	95.2	94.7	94.3	93.9	93.4	93.0	92.6	92.2	91.8	91.3
73	95.2	94.8	94.3	93.9	93.5	93.1	92.7	92.2	91.8	91.4
74	95.2	94.8	94.4	94.0	93.6	93.1	92.7	92.3	91.9	91.5
75	95.3	94.9	94.4	94.0	93.6	93.2	92.8	92.4	92.0	91.5
76	95.3	94.9	94.5	94.1	93.7	93.2	92.8	92.4	92.0	91.6
77	95.4	94.9	94.5	94.1	93.7	93.3	92.9	92.5	92.1	91.7
78	95.4	95.0	94.6	94.2	93.8	93.3	92.9	92.5	92.1	91.7
79	95.4	95.0	94.6	94.2	93.8	93.4	93.0	92.6	92.2	91.8
80	95.5	95.1	94.6	94.2	93.8	93.4	93.0	92.7	92.3	91.9
81	95.5	95.1	94.7	94.3	93.9	93.5	93.1	92.7	92.3	91.9
82	95.5	95.1	94.7	94.3	93.9	93.5	93.2	92.8	92.4	92.0
83	95.6	95.2	94.8	94.4	94.0	93.6	93.2	92.8	92.4	92.0
84	95.6	95.2	94.8	94.4	94.0	93.6	93.3	92.9	92.5	92.1
85	95.6	95.2	94.8	94.5	94.1	93.7	93.3	92.9	92.5	92.2
86	95.7	95.3	94.9	94.5	94.1	93.7	93.4	93.0	92.6	92.2
87	95.7	95.3	94.9	94.5	94.2	93.8	93.4	93.0	92.6	92.3
88	95.7	95.3	95.0	94.6	94.2	93.8	93.4	93.1	92.7	92.3
89	95.7	95.4	95.0	94.6	94.2	93.9	93.5	93.1	92.7	92.4
90	95.8	95.4	95.0	94.7	94.3	93.9	93.5	93.2	92.8	92.4
91	95.8	95.4	95.1	94.7	94.3	93.9	93.6	93.2	92.8	92.5
92	95.8	95.5	95.1	94.7	94.4	94.0	93.6	93.3	92.9	92.5
93	95.9	95.5	95.1	94.8	94.4	94.0	93.7	93.3	92.9	92.6
94	95.9	95.5	95.2	94.8	94.4	94.1	93.7	93.4	93.0	92.6
95	95.9	95.6	95.2	94.8	94.5	94.1	93.8	93.4	93.0	92.7
96	96.0	95.6	95.2	94.9	94.5	94.2	93.8	93.4	93.1	92.7
97	96.0	95.6	95.3	94.9	94.5	94.2	93.8	93.5	93.1	92.8
98	96.0	95.6	95.3	94.9	94.6	94.2	93.9	93.5	93.2	92.8
99	96.0	95.7	95.3	95.0	94.6	94.3	93.9	93.6	93.2	92.9
100	96.1	95.7	95.4	95.0	94.7	94.3	94.0	93.6	93.3	92.9

表 4a₂(续)

t \ $t-t_w$	2.1	2.2	2.3	2.4	2.5	2.6	2.7	2.8	2.9	3.0
15	78.2	77.2	76.2	75.2	74.2	73.2	72.3	71.3	70.3	69.3
16	78.9	77.9	76.9	76.0	75.0	74.1	73.1	72.1	71.2	70.3
17	79.5	78.5	77.6	76.7	75.7	74.8	73.9	73.0	72.0	71.1
18	80.1	79.1	78.2	77.3	76.4	75.5	74.6	73.7	72.8	71.9
19	80.6	79.7	78.8	77.9	77.1	76.2	75.3	74.5	73.6	72.7
20	81.1	80.3	79.4	78.5	77.7	76.8	76.0	75.1	74.3	73.4
21	81.6	80.8	79.9	79.1	78.3	77.4	76.6	75.8	74.9	74.1
22	82.1	81.2	80.4	79.6	78.8	78.0	77.2	76.4	75.6	74.8
23	82.5	81.7	80.9	80.1	79.3	78.5	77.7	76.9	76.2	75.4
24	82.9	82.1	81.3	80.6	79.8	79.0	78.2	77.5	76.7	76.0
25	83.3	82.5	81.8	81.0	80.2	79.5	78.7	78.0	77.2	76.5
26	83.6	82.9	82.2	81.4	80.7	79.9	79.2	78.5	77.7	77.0
27	84.0	83.3	82.5	81.8	81.1	80.4	79.6	78.9	78.2	77.5
28	84.3	83.6	82.9	82.2	81.5	80.8	80.1	79.4	78.7	78.0
29	84.6	83.9	83.2	82.5	81.8	81.2	80.5	79.8	79.1	78.4
30	84.9	84.2	83.6	82.9	82.2	81.5	80.8	80.2	79.5	78.8
31	85.2	84.5	83.9	83.2	82.5	81.9	81.2	80.5	79.9	79.2
32	85.5	84.8	84.2	83.5	82.8	82.2	81.5	80.9	80.2	79.6
33	85.7	85.1	84.4	83.8	83.1	82.5	81.9	81.2	80.6	80.0
34	86.0	85.3	84.7	84.1	83.4	82.8	82.2	81.6	80.9	80.3
35	86.2	85.6	85.0	84.3	83.7	83.1	82.5	81.9	81.3	80.6
36	86.4	85.8	85.2	84.6	84.0	83.4	82.8	82.2	81.6	81.0
37	86.7	86.0	85.4	84.8	84.2	83.6	83.0	82.4	81.8	81.3
38	86.9	86.3	85.7	85.1	84.5	83.9	83.3	82.7	82.1	81.5
39	87.1	86.5	85.9	85.3	84.7	84.1	83.5	83.0	82.4	81.8
40	87.2	86.7	86.1	85.5	84.9	84.4	83.8	83.2	82.7	82.1
41	87.4	86.9	86.3	85.7	85.1	84.6	84.0	83.5	82.9	82.3
42	87.6	87.0	86.5	85.9	85.3	84.8	84.2	83.7	83.1	82.6
43	87.8	87.2	86.7	86.1	85.5	85.0	84.5	83.9	83.4	82.8
44	87.9	87.4	86.8	86.3	85.7	85.2	84.7	84.1	83.6	83.0
45	88.1	87.5	87.0	86.5	85.9	85.4	84.9	84.3	83.8	83.3
46	88.2	87.7	87.2	86.6	86.1	85.6	85.0	84.5	84.0	83.5
47	88.4	87.8	87.3	86.8	86.3	85.7	85.2	84.7	84.2	83.7
48	88.5	88.0	87.5	87.0	86.4	85.9	85.4	84.9	84.4	83.9
49	88.7	88.1	87.6	87.1	86.6	86.1	85.6	85.1	84.6	84.1
50	88.8	88.3	87.8	87.3	86.7	86.2	85.7	85.2	84.7	84.2
51	88.9	88.4	87.9	87.4	86.9	86.4	85.9	85.4	84.9	84.4
52	89.0	88.5	88.0	87.5	87.0	86.6	86.1	85.6	85.1	84.6
53	89.2	88.7	88.2	87.7	87.2	86.7	86.2	85.7	85.2	84.8
54	89.3	88.8	88.3	87.8	87.3	86.8	86.4	85.9	85.4	84.9
55	89.4	88.9	88.4	87.9	87.5	87.0	86.5	86.0	85.6	85.1
56	89.5	89.0	88.5	88.1	87.6	87.1	86.6	86.2	85.7	85.2
57	89.6	89.1	88.7	88.2	87.7	87.2	86.8	86.3	85.8	85.4

表 4a₂(续)

t \ $t-t_w$	2.1	2.2	2.3	2.4	2.5	2.6	2.7	2.8	2.9	3.0
58	89.7	89.2	88.8	88.3	87.8	87.4	86.9	86.4	86.0	85.5
59	89.8	89.3	88.9	88.4	87.9	87.5	87.0	86.6	86.1	85.7
60	89.9	89.4	89.0	88.5	88.1	87.6	87.2	86.7	86.3	85.8
61	90.0	89.5	89.1	88.6	88.2	87.7	87.3	86.8	86.4	85.9
62	90.1	89.6	89.2	88.7	88.3	87.8	87.4	87.0	86.5	86.1
63	90.2	89.7	89.3	88.8	88.4	88.0	87.5	87.1	86.6	86.2
64	90.3	89.8	89.4	88.9	88.5	88.1	87.6	87.2	86.8	86.3
65	90.4	89.9	89.5	89.0	88.6	88.2	87.7	87.3	86.9	86.4
66	90.4	90.0	89.6	89.1	88.7	88.3	87.8	87.4	87.0	86.6
67	90.5	90.1	89.7	89.2	88.8	88.4	87.9	87.5	87.1	86.7
68	90.6	90.2	89.7	89.3	88.9	88.5	88.0	87.6	87.2	86.8
69	90.7	90.3	89.8	89.4	89.0	88.6	88.2	87.7	87.3	86.9
70	90.8	90.3	89.9	89.5	89.1	88.7	88.2	87.8	87.4	87.0
71	90.8	90.4	90.0	89.6	89.2	88.8	88.3	87.9	87.5	87.1
72	90.9	90.5	90.1	89.7	89.3	88.8	88.4	88.0	87.6	87.2
73	91.0	90.6	90.2	89.8	89.3	88.9	88.5	88.1	87.7	87.3
74	91.1	90.7	90.2	89.8	89.4	89.0	88.6	88.2	87.8	87.4
75	91.1	90.7	90.3	89.9	89.5	89.1	88.7	88.3	87.9	87.5
76	91.2	90.8	90.4	90.0	89.6	89.2	88.8	88.4	88.0	87.6
77	91.3	90.9	90.5	90.1	89.7	89.3	88.9	88.5	88.1	87.7
78	91.3	90.9	90.5	90.1	89.8	89.4	89.0	88.6	88.2	87.8
79	91.4	91.0	90.6	90.2	89.8	89.4	89.1	88.7	88.3	87.9
80	91.5	91.1	90.7	90.3	89.9	89.5	89.1	88.8	88.4	88.0
81	91.5	91.1	90.8	90.4	90.0	89.6	89.2	88.8	88.5	88.1
82	91.6	91.2	90.8	90.4	90.1	89.7	89.3	88.9	88.5	88.2
83	91.7	91.3	90.9	90.5	90.1	89.8	89.4	89.0	88.6	88.3
84	91.7	91.3	91.0	90.6	90.2	89.8	89.5	89.1	88.7	88.3
85	91.8	91.4	91.0	90.6	90.3	89.9	89.5	89.2	88.8	88.4
86	91.8	91.5	91.1	90.7	90.3	90.0	89.6	89.2	88.9	88.5
87	91.9	91.5	91.2	90.8	90.4	90.0	89.7	89.3	88.9	88.6
88	92.0	91.6	91.2	90.8	90.5	90.1	89.7	89.4	89.0	88.7
89	92.0	91.6	91.3	90.9	90.5	90.2	89.8	89.5	89.1	88.7
90	92.1	91.7	91.3	91.0	90.6	90.3	89.9	89.5	89.2	88.8
91	92.1	91.8	91.4	91.0	90.7	90.3	90.0	89.6	89.2	88.9
92	92.2	91.8	91.5	91.1	90.7	90.4	90.0	89.7	89.3	89.0
93	92.2	91.9	91.5	91.2	90.8	90.4	90.1	89.7	89.4	89.0
94	92.3	91.9	91.6	91.2	90.9	90.5	90.2	89.8	89.5	89.1
95	92.3	92.0	91.6	91.3	90.9	90.6	90.2	89.9	89.5	89.2
96	92.4	92.0	91.7	91.3	91.0	90.6	90.3	89.9	89.6	89.3
97	92.4	92.1	91.7	91.4	91.0	90.7	90.4	90.0	89.7	89.3
98	92.5	92.1	91.8	91.4	91.1	90.8	90.4	90.1	89.7	89.4
99	92.5	92.2	91.8	91.5	91.2	90.8	90.5	90.1	89.8	89.5
100	92.6	92.2	91.9	91.6	91.2	90.9	90.5	90.2	89.9	89.5

表 4a$_2$（续）

t \ $t-t_w$	3.1	3.2	3.3	3.4	3.5	3.6	3.7	3.8	3.9	4.0
15	68.4	67.4	66.4	65.5	64.5	63.5	62.6	61.6	60.7	59.8
16	69.3	68.4	67.4	66.5	65.6	64.7	63.7	62.8	61.9	61.0
17	70.2	69.3	68.4	67.5	66.6	65.7	64.8	63.9	63.0	62.1
18	71.1	70.2	69.3	68.4	67.5	66.7	65.8	64.9	64.1	63.2
19	71.9	71.0	70.1	69.3	68.4	67.6	66.8	65.9	65.1	64.2
20	72.6	71.8	70.9	70.1	69.3	68.5	67.6	66.8	66.0	65.2
21	73.3	72.5	71.7	70.9	70.1	69.3	68.5	67.7	66.9	66.1
22	74.0	73.2	72.4	71.6	70.8	70.0	69.3	68.5	67.7	67.0
23	74.6	73.8	73.1	72.3	71.5	70.8	70.0	69.3	68.5	67.8
24	75.2	74.4	73.7	72.9	72.2	71.5	70.7	70.0	69.2	68.5
25	75.8	75.0	74.3	73.6	72.8	72.1	71.4	70.7	69.9	69.2
26	76.3	75.6	74.9	74.1	73.4	72.7	72.0	71.3	70.6	69.9
27	76.8	76.1	75.4	74.7	74.0	73.3	72.6	71.9	71.2	70.6
28	77.3	76.6	75.9	75.2	74.5	73.9	73.2	72.5	71.8	71.2
29	77.7	77.1	76.4	75.7	75.0	74.4	73.7	73.1	72.4	71.7
30	78.2	77.5	76.8	76.2	75.5	74.9	74.2	73.6	72.9	72.3
31	78.6	77.9	77.3	76.6	76.0	75.4	74.7	74.1	73.4	72.8
32	79.0	78.3	77.7	77.1	76.4	75.8	75.2	74.6	73.9	73.3
33	79.3	78.7	78.1	77.5	76.8	76.2	75.6	75.0	74.4	73.8
34	79.7	79.1	78.5	77.9	77.2	76.6	76.0	75.4	74.8	74.2
35	80.0	79.4	78.8	78.2	77.6	77.0	76.4	75.8	75.3	74.7
36	80.4	79.8	79.2	78.6	78.0	77.4	76.8	76.2	75.7	75.1
37	80.7	80.1	79.5	78.9	78.3	77.8	77.2	76.6	76.0	75.5
38	81.0	80.4	79.8	79.2	78.7	78.1	77.5	77.0	76.4	75.9
39	81.3	80.7	80.1	79.6	79.0	78.4	77.9	77.3	76.8	76.2
40	81.5	81.0	80.4	79.9	79.3	78.7	78.2	77.7	77.1	76.6
41	81.8	81.2	80.7	80.1	79.6	79.0	78.5	78.0	77.4	76.9
42	82.0	81.5	81.0	80.4	79.9	79.3	78.8	78.3	77.7	77.2
43	82.3	81.7	81.2	80.7	80.1	79.6	79.1	78.6	78.0	77.5
44	82.5	82.0	81.5	80.9	80.4	79.9	79.4	78.8	78.3	77.8
45	82.7	82.2	81.7	81.2	80.7	80.1	79.6	79.1	78.6	78.1
46	83.0	82.4	81.9	81.4	80.9	80.4	79.9	79.4	78.9	78.4
47	83.2	82.7	82.1	81.6	81.1	80.6	80.1	79.6	79.1	78.6
48	83.4	82.9	82.4	81.9	81.4	80.9	80.4	79.9	79.4	78.9
49	83.6	83.1	82.6	82.1	81.6	81.1	80.6	80.1	79.6	79.1
50	83.8	83.3	82.8	82.3	81.8	81.3	80.8	80.3	79.9	79.4
51	83.9	83.4	83.0	82.5	82.0	81.5	81.0	80.6	80.1	79.6
52	84.1	83.6	83.2	82.7	82.2	81.7	81.2	80.8	80.3	79.8
53	84.3	83.8	83.3	82.9	82.4	81.9	81.5	81.0	80.5	80.1
54	84.5	84.0	83.5	83.0	82.6	82.1	81.6	81.2	80.7	80.3
55	84.6	84.1	83.7	83.2	82.8	82.3	81.8	81.4	80.9	80.5
56	84.8	84.3	83.8	83.4	82.9	82.5	82.0	81.6	81.1	80.7
57	84.9	84.5	84.0	83.6	83.1	82.7	82.2	81.8	81.3	80.9

表 4a$_2$(续)

t \ $t-t_w$	3.1	3.2	3.3	3.4	3.5	3.6	3.7	3.8	3.9	4.0
58	85.1	84.6	84.2	83.7	83.3	82.8	82.4	81.9	81.5	81.1
59	85.2	84.8	84.3	83.9	83.4	83.0	82.5	82.1	81.7	81.2
60	85.4	84.9	84.5	84.0	83.6	83.2	82.7	82.3	81.8	81.4
61	85.5	85.1	84.6	84.2	83.7	83.3	82.9	82.4	82.0	81.6
62	85.6	85.2	84.8	84.3	83.9	83.5	83.0	82.6	82.2	81.8
63	85.8	85.3	84.9	84.5	84.0	83.6	83.2	82.8	82.3	81.9
64	85.9	85.5	85.0	84.6	84.2	83.8	83.3	82.9	82.5	82.1
65	86.0	85.6	85.2	84.7	84.3	83.9	83.5	83.1	82.7	82.2
66	86.1	85.7	85.3	84.9	84.5	84.0	83.6	83.2	82.8	82.4
67	86.3	85.8	85.4	85.0	84.6	84.2	83.8	83.4	83.0	82.5
68	86.4	86.0	85.5	85.1	84.7	84.3	83.9	83.5	83.1	82.7
69	86.5	86.1	85.7	85.3	84.9	84.4	84.0	83.6	83.2	82.8
70	86.6	86.2	85.8	85.4	85.0	84.6	84.2	83.8	83.4	83.0
71	86.7	86.3	85.9	85.5	85.1	84.7	84.3	83.9	83.5	83.1
72	86.8	86.4	86.0	85.6	85.2	84.8	84.4	84.0	83.6	83.2
73	86.9	86.5	86.1	85.7	85.3	84.9	84.6	84.2	83.8	83.4
74	87.0	86.6	86.2	85.8	85.5	85.1	84.7	84.3	83.9	83.5
75	87.1	86.7	86.3	86.0	85.6	85.2	84.8	84.4	84.0	83.6
76	87.2	86.8	86.4	86.1	85.7	85.3	84.9	84.5	84.1	83.8
77	87.3	86.9	86.6	86.2	85.8	85.4	85.0	84.6	84.3	83.9
78	87.4	87.0	86.7	86.3	85.9	85.5	85.1	84.8	84.4	84.0
79	87.5	87.1	86.8	86.4	86.0	85.6	85.2	84.9	84.5	84.1
80	87.6	87.2	86.9	86.5	86.1	85.7	85.4	85.0	84.6	84.2
81	87.7	87.3	87.0	86.6	86.2	85.8	85.5	85.1	84.7	84.4
82	87.8	87.4	87.0	86.7	86.3	85.9	85.6	85.2	84.8	84.5
83	87.9	87.5	87.1	86.8	86.4	86.0	85.7	85.3	84.9	84.6
84	88.0	87.6	87.2	86.9	86.5	86.1	85.8	85.4	85.1	84.7
85	88.1	87.7	87.3	87.0	86.6	86.2	85.9	85.5	85.2	84.8
86	88.1	87.8	87.4	87.1	86.7	86.3	86.0	85.6	85.3	84.9
87	88.2	87.9	87.5	87.1	86.8	86.4	86.1	85.7	85.4	85.0
88	88.3	87.9	87.6	87.2	86.9	86.5	86.2	85.8	85.5	85.1
89	88.4	88.0	87.7	87.3	87.0	86.6	86.3	85.9	85.6	85.2
90	88.5	88.1	87.8	87.4	87.1	86.7	86.4	86.0	85.7	85.3
91	88.5	88.2	87.8	87.5	87.1	86.8	86.4	86.1	85.8	85.4
92	88.6	88.3	87.9	87.6	87.2	86.9	86.5	86.2	85.9	85.5
93	88.7	88.3	88.0	87.7	87.3	87.0	86.6	86.3	86.0	85.6
94	88.8	88.4	88.1	87.7	87.4	87.1	86.7	86.4	86.0	85.7
95	88.8	88.5	88.2	87.8	87.5	87.1	86.8	86.5	86.1	85.8
96	88.9	88.6	88.2	87.9	87.6	87.2	86.9	86.6	86.2	85.9
97	89.0	88.7	88.3	88.0	87.6	87.3	87.0	86.6	86.3	86.0
98	89.1	88.7	88.4	88.1	87.7	87.4	87.1	86.7	86.4	86.1
99	89.1	88.8	88.5	88.1	87.8	87.5	87.1	86.8	86.5	86.2
100	89.2	88.9	88.5	88.2	87.9	87.6	87.2	86.9	86.6	86.3

表 4a$_2$(续)

$t-t_w$ / t	4.1	4.2	4.3	4.4	4.5	4.6	4.7	4.8	4.9	5.0
15	58.8	57.9	56.9	56.0	55.1	54.2	53.2	52.3	51.4	50.5
16	60.1	59.2	58.3	57.4	56.5	55.6	54.7	53.8	52.9	52.0
17	61.3	60.4	59.5	58.6	57.8	56.9	56.0	55.2	54.3	53.4
18	62.4	61.5	60.7	59.8	59.0	58.1	57.3	56.4	55.6	54.8
19	63.4	62.6	61.8	60.9	60.1	59.3	58.5	57.7	56.8	56.0
20	64.4	63.6	62.8	62.0	61.2	60.4	59.6	58.8	58.0	57.2
21	65.3	64.5	63.7	63.0	62.2	61.4	60.6	59.9	59.1	58.3
22	66.2	65.4	64.7	63.9	63.1	62.4	61.6	60.9	60.1	59.4
23	67.0	66.3	65.5	64.8	64.0	63.3	62.6	61.8	61.1	60.4
24	67.8	67.1	66.3	65.6	64.9	64.2	63.5	62.7	62.0	61.3
25	68.5	67.8	67.1	66.4	65.7	65.0	64.3	63.6	62.9	62.2
26	69.2	68.5	67.8	67.1	66.5	65.8	65.1	64.4	63.7	63.1
27	69.9	69.2	68.5	67.8	67.2	66.5	65.8	65.2	64.5	63.9
28	70.5	69.8	69.2	68.5	67.9	67.2	66.5	65.9	65.2	64.6
29	71.1	70.4	69.8	69.1	68.5	67.9	67.2	66.6	66.0	65.3
30	71.7	71.0	70.4	69.7	69.1	68.5	67.9	67.2	66.6	66.0
31	72.2	71.6	70.9	70.3	69.7	69.1	68.5	67.9	67.2	66.6
32	72.7	72.1	71.5	70.9	70.3	69.7	69.0	68.4	67.9	67.3
33	73.2	72.6	72.0	71.4	70.8	70.2	69.6	69.0	68.4	67.8
34	73.6	73.1	72.5	71.9	71.3	70.7	70.1	69.5	69.0	68.4
35	74.1	73.5	72.9	72.3	71.8	71.2	70.6	70.1	69.5	68.9
36	74.5	73.9	73.4	72.8	72.2	71.7	71.1	70.5	70.0	69.4
37	74.9	74.3	73.8	73.2	72.7	72.1	71.6	71.0	70.5	69.9
38	75.3	74.7	74.2	73.6	73.1	72.5	72.0	71.5	70.9	70.4
39	75.7	75.1	74.6	74.0	73.5	73.0	72.4	71.9	71.4	70.8
40	76.0	75.5	74.9	74.4	73.9	73.4	72.8	72.3	71.8	71.3
41	76.4	75.8	75.3	74.8	74.3	73.7	73.2	72.7	72.2	71.7
42	76.7	76.2	75.6	75.1	74.6	74.1	73.6	73.1	72.6	72.1
43	77.0	76.5	76.0	75.5	75.0	74.4	73.9	73.4	72.9	72.4
44	77.3	76.8	76.3	75.8	75.3	74.8	74.3	73.8	73.3	72.8
45	77.6	77.1	76.6	76.1	75.6	75.1	74.6	74.1	73.6	73.1
46	77.9	77.4	76.9	76.4	75.9	75.4	74.9	74.4	74.0	73.5
47	78.2	77.7	77.2	76.7	76.2	75.7	75.2	74.8	74.3	73.8
48	78.4	77.9	77.4	77.0	76.5	76.0	75.5	75.1	74.6	74.1
49	78.7	78.2	77.7	77.2	76.8	76.3	75.8	75.3	74.9	74.4
50	78.9	78.4	78.0	77.5	77.0	76.6	76.1	75.6	75.2	74.7
51	79.1	78.7	78.2	77.7	77.3	76.8	76.4	75.9	75.4	75.0
52	79.4	78.9	78.5	78.0	77.5	77.1	76.6	76.2	75.7	75.3
53	79.6	79.1	78.7	78.2	77.8	77.3	76.9	76.4	76.0	75.5
54	79.8	79.4	78.9	78.5	78.0	77.6	77.1	76.7	76.2	75.8
55	80.0	79.6	79.1	78.7	78.2	77.8	77.3	76.9	76.5	76.0
56	80.2	79.8	79.3	78.9	78.5	78.0	77.6	77.1	76.7	76.3
57	80.4	80.0	79.5	79.1	78.7	78.2	77.8	77.4	76.9	76.5

表 4a₂(续)

t \ $t-t_w$	4.1	4.2	4.3	4.4	4.5	4.6	4.7	4.8	4.9	5.0
58	80.6	80.2	79.7	79.3	78.9	78.4	78.0	77.6	77.2	76.7
59	80.8	80.4	79.9	79.5	79.1	78.7	78.2	77.8	77.4	77.0
60	81.0	80.6	80.1	79.7	79.3	78.9	78.4	78.0	77.6	77.2
61	81.2	80.7	80.3	79.9	79.5	79.1	78.6	78.2	77.8	77.4
62	81.3	80.9	80.5	80.1	79.7	79.2	78.8	78.4	78.0	77.6
63	81.5	81.1	80.7	80.3	79.8	79.4	79.0	78.6	78.2	77.8
64	81.7	81.3	80.8	80.4	80.0	79.6	79.2	78.8	78.4	78.0
65	81.8	81.4	81.0	80.6	80.2	79.8	79.4	79.0	78.6	78.2
66	82.0	81.6	81.2	80.8	80.4	80.0	79.6	79.2	78.8	78.4
67	82.1	81.7	81.3	80.9	80.5	80.1	79.7	79.3	78.9	78.6
68	82.3	81.9	81.5	81.1	80.7	80.3	79.9	79.5	79.1	78.7
69	82.4	82.0	81.6	81.2	80.9	80.5	80.1	79.7	79.3	78.9
70	82.6	82.2	81.8	81.4	81.0	80.6	80.2	79.8	79.5	79.1
71	82.7	82.3	81.9	81.6	81.2	80.8	80.4	80.0	79.6	79.2
72	82.9	82.5	82.1	81.7	81.3	80.9	80.6	80.2	79.8	79.4
73	83.0	82.6	82.2	81.8	81.5	81.1	80.7	80.3	80.0	79.6
74	83.1	82.7	82.4	82.0	81.6	81.2	80.9	80.5	80.1	79.7
75	83.3	82.9	82.5	82.1	81.7	81.4	81.0	80.6	80.3	79.9
76	83.4	83.0	82.6	82.3	81.9	81.5	81.1	80.8	80.4	80.0
77	83.5	83.1	82.8	82.4	82.0	81.7	81.3	80.9	80.6	80.2
78	83.6	83.3	82.9	82.5	82.2	81.8	81.4	81.1	80.7	80.3
79	83.8	83.4	83.0	82.7	82.3	81.9	81.6	81.2	80.8	80.5
80	83.9	83.5	83.1	82.8	82.4	82.1	81.7	81.3	81.0	80.6
81	84.0	83.6	83.3	82.9	82.5	82.2	81.8	81.5	81.1	80.8
82	84.1	83.7	83.4	83.0	82.7	82.3	82.0	81.6	81.3	80.9
83	84.2	83.9	83.5	83.2	82.8	82.4	82.1	81.7	81.4	81.0
84	84.3	84.0	83.6	83.3	82.9	82.6	82.2	81.9	81.5	81.2
85	84.4	84.1	83.7	83.4	83.0	82.7	82.3	82.0	81.6	81.3
86	84.6	84.2	83.9	83.5	83.2	82.8	82.5	82.1	81.8	81.4
87	84.7	84.3	84.0	83.6	83.3	82.9	82.6	82.2	81.9	81.6
88	84.8	84.4	84.1	83.7	83.4	83.0	82.7	82.4	82.0	81.7
89	84.9	84.5	84.2	83.8	83.5	83.2	82.8	82.5	82.1	81.8
90	85.0	84.6	84.3	83.9	83.6	83.3	82.9	82.6	82.3	81.9
91	85.1	84.7	84.4	84.1	83.7	83.4	83.0	82.7	82.4	82.0
92	85.2	84.8	84.5	84.2	83.8	83.5	83.2	82.8	82.5	82.2
93	85.3	84.9	84.6	84.3	83.9	83.6	83.3	82.9	82.6	82.3
94	85.4	85.0	84.7	84.4	84.0	83.7	83.4	83.1	82.7	82.4
95	85.5	85.1	84.8	84.5	84.1	83.8	83.5	83.2	82.8	82.5
96	85.6	85.2	84.9	84.6	84.2	83.9	83.6	83.3	82.9	82.6
97	85.7	85.3	85.0	84.7	84.3	84.0	83.7	83.4	83.1	82.7
98	85.7	85.4	85.1	84.8	84.4	84.1	83.8	83.5	83.2	82.8
99	85.8	85.5	85.2	84.9	84.5	84.2	83.9	83.6	83.3	83.0
100	85.9	85.6	85.3	85.0	84.6	84.3	84.0	83.7	83.4	83.1

表 4a₂(续)

t \ $t-t_w$	5.2	5.4	5.6	5.8	6.0	6.2	6.4	6.6	6.8	7.0
15	48.7	46.9	45.1	43.3	41.5	39.7	38.0	36.2	34.5	32.8
16	50.2	48.5	46.8	45.0	43.3	41.6	39.9	38.2	36.5	34.9
17	51.7	50.0	48.3	46.7	45.0	43.4	41.7	40.1	38.5	36.9
18	53.1	51.5	49.8	48.2	46.6	45.0	43.4	41.8	40.3	38.7
19	54.4	52.8	51.3	49.7	48.1	46.6	45.0	43.5	42.0	40.4
20	55.7	54.1	52.6	51.0	49.5	48.0	46.5	45.0	43.5	42.1
21	56.8	55.3	53.8	52.3	50.9	49.4	47.9	46.5	45.0	43.6
22	57.9	56.5	55.0	53.5	52.1	50.7	49.3	47.8	46.4	45.1
23	59.0	57.5	56.1	54.7	53.3	51.9	50.5	49.1	47.8	46.4
24	59.9	58.5	57.1	55.8	54.4	53.0	51.7	50.4	49.0	47.7
25	60.8	59.5	58.1	56.8	55.5	54.1	52.8	51.5	50.2	48.9
26	61.7	60.4	59.1	57.8	56.4	55.2	53.9	52.6	51.3	50.1
27	62.5	61.2	59.9	58.7	57.4	56.1	54.9	53.6	52.4	51.2
28	63.3	62.0	60.8	59.5	58.3	57.0	55.8	54.6	53.4	52.2
29	64.1	62.8	61.6	60.3	59.1	57.9	56.7	55.5	54.3	53.2
30	64.8	63.5	62.3	61.1	59.9	58.7	57.6	56.4	55.2	54.1
31	65.4	64.2	63.0	61.9	60.7	59.5	58.4	57.2	56.1	55.0
32	66.1	64.9	63.7	62.6	61.4	60.3	59.1	58.0	56.9	55.8
33	66.7	65.5	64.4	63.2	62.1	61.0	59.9	58.8	57.7	56.6
34	67.3	66.1	65.0	63.9	62.8	61.7	60.6	59.5	58.4	57.4
35	67.8	66.7	65.6	64.5	63.4	62.3	61.2	60.2	59.1	58.1
36	68.3	67.2	66.1	65.1	64.0	62.9	61.9	60.8	59.8	58.8
37	68.8	67.8	66.7	65.6	64.6	63.5	62.5	61.5	60.4	59.4
38	69.3	68.3	67.2	66.2	65.1	64.1	63.1	62.1	61.0	60.1
39	69.8	68.7	67.7	66.7	65.6	64.6	63.6	62.6	61.6	60.7
40	70.2	69.2	68.2	67.1	66.1	65.1	64.2	63.2	62.2	61.2
41	70.6	69.6	68.6	67.6	66.6	65.6	64.7	63.7	62.7	61.8
42	71.0	70.0	69.0	68.1	67.1	66.1	65.2	64.2	63.2	62.3
43	71.4	70.4	69.5	68.5	67.5	66.6	65.6	64.7	63.7	62.8
44	71.8	70.8	69.9	68.9	68.0	67.0	66.1	65.1	64.2	63.3
45	72.2	71.2	70.3	69.3	68.4	67.4	66.5	65.6	64.7	63.8
46	72.5	71.6	70.6	69.7	68.8	67.8	66.9	66.0	65.1	64.2
47	72.9	71.9	71.0	70.1	69.1	68.2	67.3	66.4	65.5	64.7
48	73.2	72.3	71.3	70.4	69.5	68.6	67.7	66.8	66.0	65.1
49	73.5	72.6	71.7	70.8	69.9	69.0	68.1	67.2	66.3	65.5
50	73.8	72.9	72.0	71.1	70.2	69.3	68.5	67.6	66.7	65.9
51	74.1	73.2	72.3	71.4	70.5	69.7	68.8	67.9	67.1	66.3
52	74.4	73.5	72.6	71.7	70.9	70.0	69.1	68.3	67.5	66.6
53	74.6	73.8	72.9	72.0	71.2	70.3	69.5	68.6	67.8	67.0
54	74.9	74.0	73.2	72.3	71.5	70.6	69.8	69.0	68.1	67.3
55	75.2	74.3	73.5	72.6	71.8	70.9	70.1	69.3	68.5	67.7
56	75.4	74.6	73.7	72.9	72.0	71.2	70.4	69.6	68.8	68.0
57	75.7	74.8	74.0	73.1	72.3	71.5	70.7	69.9	69.1	68.3

表 4a₂(续)

t \ $t-t_w$	5.2	5.4	5.6	5.8	6.0	6.2	6.4	6.6	6.8	7.0
58	75.9	75.1	74.2	73.4	72.6	71.8	71.0	70.2	69.4	68.6
59	76.1	75.3	74.5	73.7	72.9	72.0	71.2	70.5	69.7	68.9
60	76.4	75.5	74.7	73.9	73.1	72.3	71.5	70.7	70.0	69.2
61	76.6	75.8	74.9	74.1	73.4	72.6	71.8	71.0	70.2	69.5
62	76.8	76.0	75.2	74.4	73.6	72.8	72.0	71.3	70.5	69.7
63	77.0	76.2	75.4	74.6	73.8	73.0	72.3	71.5	70.8	70.0
64	77.2	76.4	75.6	74.8	74.1	73.3	72.5	71.8	71.0	70.3
65	77.4	76.6	75.8	75.0	74.3	73.5	72.8	72.0	71.3	70.5
66	77.6	76.8	76.0	75.3	74.5	73.7	73.0	72.2	71.5	70.8
67	77.8	77.0	76.2	75.5	74.7	74.0	73.2	72.5	71.7	71.0
68	78.0	77.2	76.4	75.7	74.9	74.2	73.4	72.7	72.0	71.2
69	78.1	77.4	76.6	75.9	75.1	74.4	73.6	72.9	72.2	71.5
70	78.3	77.6	76.8	76.1	75.3	74.6	73.9	73.1	72.4	71.7
71	78.5	77.7	77.0	76.3	75.5	74.8	74.1	73.3	72.6	71.9
72	78.7	77.9	77.2	76.4	75.7	75.0	74.3	73.6	72.8	72.1
73	78.8	78.1	77.4	76.6	75.9	75.2	74.5	73.8	73.1	72.4
74	79.0	78.3	77.5	76.8	76.1	75.4	74.7	74.0	73.3	72.6
75	79.2	78.4	77.7	77.0	76.3	75.6	74.9	74.2	73.5	72.8
76	79.3	78.6	77.9	77.2	76.4	75.7	75.0	74.3	73.7	73.0
77	79.5	78.7	78.0	77.3	76.6	75.9	75.2	74.5	73.8	73.2
78	79.6	78.9	78.2	77.5	76.8	76.1	75.4	74.7	74.0	73.4
79	79.8	79.1	78.4	77.7	77.0	76.3	75.6	74.9	74.2	73.6
80	79.9	79.2	78.5	77.8	77.1	76.4	75.8	75.1	74.4	73.7
81	80.1	79.4	78.7	78.0	77.3	76.6	75.9	75.3	74.6	73.9
82	80.2	79.5	78.8	78.1	77.4	76.8	76.1	75.4	74.8	74.1
83	80.3	79.7	79.0	78.3	77.6	76.9	76.3	75.6	74.9	74.3
84	80.5	79.8	79.1	78.4	77.8	77.1	76.4	75.8	75.1	74.5
85	80.6	79.9	79.3	78.6	77.9	77.2	76.6	75.9	75.3	74.6
86	80.7	80.1	79.4	78.7	78.1	77.4	76.7	76.1	75.4	74.8
87	80.9	80.2	79.5	78.9	78.2	77.6	76.9	76.3	75.6	75.0
88	81.0	80.3	79.7	79.0	78.4	77.7	77.1	76.4	75.8	75.1
89	81.1	80.5	79.8	79.2	78.5	77.9	77.2	76.6	75.9	75.3
90	81.3	80.6	79.9	79.3	78.6	78.0	77.4	76.7	76.1	75.5
91	81.4	80.7	80.1	79.4	78.8	78.1	77.5	76.9	76.2	75.6
92	81.5	80.9	80.2	79.6	78.9	78.3	77.7	77.0	76.4	75.8
93	81.6	81.0	80.3	79.7	79.1	78.4	77.8	77.2	76.5	75.9
94	81.7	81.1	80.5	79.8	79.2	78.6	77.9	77.3	76.7	76.1
95	81.9	81.2	80.6	80.0	79.3	78.7	78.1	77.5	76.8	76.2
96	82.0	81.3	80.7	80.1	79.5	78.8	78.2	77.6	77.0	76.4
97	82.1	81.5	80.8	80.2	79.6	79.0	78.4	77.7	77.1	76.5
98	82.2	81.6	81.0	80.3	79.7	79.1	78.5	77.9	77.3	76.7
99	82.3	81.7	81.1	80.5	79.8	79.2	78.6	78.0	77.4	76.8
100	82.4	81.8	81.2	80.6	80.0	79.4	78.8	78.1	77.6	77.0

表 4a₂(续)

t \ $t-t_w$	7.2	7.4	7.6	7.8	8.0	8.2	8.4	8.6	8.8	9.0
15	31.1	29.4	27.7	26.0	24.3	22.7	21.0	19.4	17.7	16.1
16	33.2	31.6	29.9	28.3	26.7	25.1	23.5	21.9	20.3	18.8
17	35.2	33.7	32.1	30.5	28.9	27.4	25.8	24.3	22.8	21.3
18	37.1	35.6	34.1	32.6	31.0	29.5	28.0	26.6	25.1	23.6
19	38.9	37.4	36.0	34.5	33.0	31.6	30.1	28.7	27.2	25.8
20	40.6	39.2	37.7	36.3	34.9	33.4	32.0	30.6	29.3	27.9
21	42.2	40.8	39.4	38.0	36.6	35.2	33.9	32.5	31.2	29.8
22	43.7	42.3	40.9	39.6	38.2	36.9	35.6	34.3	33.0	31.7
23	45.1	43.7	42.4	41.1	39.8	38.5	37.2	35.9	34.6	33.4
24	46.4	45.1	43.8	42.5	41.2	40.0	38.7	37.5	36.2	35.0
25	47.6	46.4	45.1	43.9	42.6	41.4	40.2	38.9	37.7	36.5
26	48.8	47.6	46.4	45.1	43.9	42.7	41.5	40.3	39.2	38.0
27	49.9	48.7	47.5	46.3	45.1	44.0	42.8	41.6	40.5	39.3
28	51.0	49.8	48.6	47.5	46.3	45.2	44.0	42.9	41.8	40.6
29	52.0	50.8	49.7	48.5	47.4	46.3	45.2	44.1	43.0	41.9
30	52.9	51.8	50.7	49.6	48.5	47.4	46.3	45.2	44.1	43.0
31	53.8	52.7	51.6	50.5	49.5	48.4	47.3	46.2	45.2	44.1
32	54.7	53.6	52.5	51.5	50.4	49.3	48.3	47.2	46.2	45.2
33	55.5	54.5	53.4	52.3	51.3	50.3	49.2	48.2	47.2	46.2
34	56.3	55.2	54.2	53.2	52.1	51.1	50.1	49.1	48.1	47.1
35	57.0	56.0	55.0	54.0	53.0	52.0	51.0	50.0	49.0	48.0
36	57.7	56.7	55.7	54.7	53.7	52.7	51.8	50.8	49.8	48.9
37	58.4	57.4	56.4	55.4	54.5	53.5	52.5	51.6	50.6	49.7
38	59.1	58.1	57.1	56.1	55.2	54.2	53.3	52.3	51.4	50.5
39	59.7	58.7	57.7	56.8	55.9	54.9	54.0	53.1	52.1	51.2
40	60.3	59.3	58.4	57.4	56.5	55.6	54.7	53.7	52.8	51.9
41	60.8	59.9	59.0	58.0	57.1	56.2	55.3	54.4	53.5	52.6
42	61.4	60.4	59.5	58.6	57.7	56.8	55.9	55.0	54.2	53.3
43	61.9	61.0	60.1	59.2	58.3	57.4	56.5	55.6	54.8	53.9
44	62.4	61.5	60.6	59.7	58.8	58.0	57.1	56.2	55.4	54.5
45	62.9	62.0	61.1	60.2	59.4	58.5	57.6	56.8	55.9	55.1
46	63.3	62.5	61.6	60.7	59.9	59.0	58.2	57.3	56.5	55.7
47	63.8	62.9	62.1	61.2	60.3	59.5	58.7	57.8	57.0	56.2
48	64.2	63.4	62.5	61.7	60.8	60.0	59.2	58.3	57.5	56.7
49	64.6	63.8	62.9	62.1	61.3	60.4	59.6	58.8	58.0	57.2
50	65.0	64.2	63.4	62.5	61.7	60.9	60.1	59.3	58.5	57.7
51	65.4	64.6	63.8	62.9	62.1	61.3	60.5	59.7	58.9	58.2
52	65.8	65.0	64.2	63.3	62.5	61.7	61.0	60.2	59.4	58.6
53	66.2	65.3	64.5	63.7	62.9	62.1	61.4	60.6	59.8	59.1
54	66.5	65.7	64.9	64.1	63.3	62.5	61.8	61.0	60.2	59.5
55	66.8	66.0	65.3	64.5	63.7	62.9	62.2	61.4	60.6	59.9
56	67.2	66.4	65.6	64.8	64.1	63.3	62.5	61.8	61.0	60.3
57	67.5	66.7	65.9	65.2	64.4	63.6	62.9	62.1	61.4	60.7

表 $4a_2$(续)

$t-t_w$ / t	7.2	7.4	7.6	7.8	8.0	8.2	8.4	8.6	8.8	9.0
58	67.8	67.0	66.3	65.5	64.7	64.0	63.2	62.5	61.8	61.0
59	68.1	67.3	66.6	65.8	65.1	64.3	63.6	62.9	62.1	61.4
60	68.4	67.6	66.9	66.1	65.4	64.7	63.9	63.2	62.5	61.8
61	68.7	67.9	67.2	66.4	65.7	65.0	64.2	63.5	62.8	62.1
62	69.0	68.2	67.5	66.7	66.0	65.3	64.6	63.8	63.1	62.4
63	69.2	68.5	67.8	67.0	66.3	65.6	64.9	64.2	63.5	62.8
64	69.5	68.8	68.0	67.3	66.6	65.9	65.2	64.5	63.8	63.1
65	69.8	69.0	68.3	67.6	66.9	66.2	65.5	64.8	64.1	63.4
66	70.0	69.3	68.6	67.9	67.2	66.5	65.8	65.1	64.4	63.7
67	70.3	69.6	68.8	68.1	67.4	66.7	66.0	65.3	64.7	64.0
68	70.5	69.8	69.1	68.4	67.7	67.0	66.3	65.6	64.9	64.3
69	70.8	70.0	69.3	68.6	67.9	67.3	66.6	65.9	65.2	64.6
70	71.0	70.3	69.6	68.9	68.2	67.5	66.8	66.2	65.5	64.8
71	71.2	70.5	69.8	69.1	68.4	67.8	67.1	66.4	65.8	65.1
72	71.4	70.7	70.1	69.4	68.7	68.0	67.3	66.7	66.0	65.4
73	71.7	71.0	70.3	69.6	68.9	68.3	67.6	66.9	66.3	65.6
74	71.9	71.2	70.5	69.8	69.2	68.5	67.8	67.2	66.5	65.9
75	72.1	71.4	70.7	70.1	69.4	68.7	68.1	67.4	66.8	66.1
76	72.3	71.6	70.9	70.3	69.6	69.0	68.3	67.7	67.0	66.4
77	72.5	71.8	71.2	70.5	69.8	69.2	68.5	67.9	67.2	66.6
78	72.7	72.0	71.4	70.7	70.0	69.4	68.8	68.1	67.5	66.8
79	72.9	72.2	71.6	70.9	70.3	69.6	69.0	68.3	67.7	67.1
80	73.1	72.4	71.8	71.1	70.5	69.8	69.2	68.6	67.9	67.3
81	73.3	72.6	72.0	71.3	70.7	70.0	69.4	68.8	68.2	67.5
82	73.5	72.8	72.2	71.5	70.9	70.2	69.6	69.0	68.4	67.8
83	73.6	73.0	72.3	71.7	71.1	70.4	69.8	69.2	68.6	68.0
84	73.8	73.2	72.5	71.9	71.3	70.6	70.0	69.4	68.8	68.2
85	74.0	73.4	72.7	72.1	71.5	70.8	70.2	69.6	69.0	68.4
86	74.2	73.5	72.9	72.3	71.7	71.0	70.4	69.8	69.2	68.6
87	74.3	73.7	73.1	72.5	71.8	71.2	70.6	70.0	69.4	68.8
88	74.5	73.9	73.3	72.6	72.0	71.4	70.8	70.2	69.6	69.0
89	74.7	74.0	73.4	72.8	72.2	71.6	71.0	70.4	69.8	69.2
90	74.8	74.2	73.6	73.0	72.4	71.8	71.2	70.6	70.0	69.4
91	75.0	74.4	73.8	73.2	72.6	72.0	71.4	70.8	70.2	69.6
92	75.2	74.5	73.9	73.3	72.7	72.1	71.5	70.9	70.4	69.8
93	75.3	74.7	74.1	73.5	72.9	72.3	71.7	71.1	70.5	70.0
94	75.5	74.9	74.3	73.7	73.1	72.5	71.9	71.3	70.7	70.2
95	75.6	75.0	74.4	73.8	73.2	72.7	72.1	71.5	70.9	70.3
96	75.8	75.2	74.6	74.0	73.4	72.8	72.2	71.7	71.1	70.5
97	75.9	75.3	74.7	74.2	73.6	73.0	72.4	71.8	71.3	70.7
98	76.1	75.5	74.9	74.3	73.7	73.1	72.6	72.0	71.4	70.9
99	76.2	75.6	75.0	74.5	73.9	73.3	72.7	72.2	71.6	71.0
100	76.4	75.8	75.2	74.6	74.0	73.5	72.9	72.3	71.8	71.2

表 $4a_2$(续)

t \ $t-t_w$	9.2	9.4	9.6	9.8	10.0	10.2	10.4	10.6	10.8	11.0
15	14.5	12.9	11.3	9.7	8.1	6.5	5.0	3.4	1.9	0.4
16	17.2	15.7	14.1	12.6	11.1	9.5	8.0	6.5	5.1	3.6
17	19.8	18.3	16.8	15.3	13.8	12.4	10.9	9.5	8.0	6.6
18	22.2	20.7	19.3	17.8	16.4	15.0	13.6	12.2	10.8	9.4
19	24.4	23.0	21.6	20.2	18.8	17.5	16.1	14.8	13.4	12.1
20	26.5	25.2	23.8	22.5	21.1	19.8	18.5	17.2	15.9	14.6
21	28.5	27.2	25.9	24.6	23.3	22.0	20.7	19.4	18.2	16.9
22	30.4	29.1	27.8	26.5	25.3	24.0	22.8	21.6	20.3	19.1
23	32.1	30.9	29.6	28.4	27.2	26.0	24.8	23.6	22.4	21.2
24	33.8	32.6	31.4	30.2	29.0	27.8	26.6	25.4	24.3	23.1
25	35.3	34.2	33.0	31.8	30.7	29.5	28.4	27.2	26.1	25.0
26	36.8	35.7	34.5	33.4	32.2	31.1	30.0	28.9	27.8	26.7
27	38.2	37.1	36.0	34.9	33.7	32.7	31.6	30.5	29.4	28.3
28	39.5	38.4	37.3	36.3	35.2	34.1	33.0	32.0	30.9	29.9
29	40.8	39.7	38.6	37.6	36.5	35.5	34.4	33.4	32.4	31.4
30	42.0	40.9	39.9	38.8	37.8	36.8	35.8	34.7	33.7	32.7
31	43.1	42.1	41.0	40.0	39.0	38.0	37.0	36.0	35.0	34.1
32	44.2	43.1	42.1	41.1	40.2	39.2	38.2	37.2	36.3	35.3
33	45.2	44.2	43.2	42.2	41.2	40.3	39.3	38.4	37.4	36.5
34	46.1	45.2	44.2	43.2	42.3	41.3	40.4	39.5	38.5	37.6
35	47.1	46.1	45.2	44.2	43.3	42.3	41.4	40.5	39.6	38.7
36	47.9	47.0	46.1	45.1	44.2	43.3	42.4	41.5	40.6	39.7
37	48.8	47.8	46.9	46.0	45.1	44.2	43.3	42.4	41.6	40.7
38	49.6	48.7	47.8	46.9	46.0	45.1	44.2	43.3	42.5	41.6
39	50.3	49.4	48.5	47.7	46.8	45.9	45.1	44.2	43.3	42.5
40	51.1	50.2	49.3	48.4	47.6	46.7	45.9	45.0	44.2	43.4
41	51.8	50.9	50.0	49.2	48.3	47.5	46.6	45.8	45.0	44.2
42	52.4	51.6	50.7	49.9	49.0	48.2	47.4	46.6	45.7	44.9
43	53.1	52.2	51.4	50.5	49.7	48.9	48.1	47.3	46.5	45.7
44	53.7	52.8	52.0	51.2	50.4	49.6	48.8	48.0	47.2	46.4
45	54.3	53.4	52.6	51.8	51.0	50.2	49.4	48.6	47.9	47.1
46	54.8	54.0	53.2	52.4	51.6	50.8	50.1	49.3	48.5	47.7
47	55.4	54.6	53.8	53.0	52.2	51.4	50.7	49.9	49.1	48.4
48	55.9	55.1	54.3	53.6	52.8	52.0	51.2	50.5	49.7	49.0
49	56.4	55.6	54.9	54.1	53.3	52.6	51.8	51.1	50.3	49.6
50	56.9	56.1	55.4	54.6	53.8	53.1	52.3	51.6	50.9	50.1
51	57.4	56.6	55.9	55.1	54.4	53.6	52.9	52.1	51.4	50.7
52	57.8	57.1	56.3	55.6	54.8	54.1	53.4	52.6	51.9	51.2
53	58.3	57.5	56.8	56.1	55.3	54.6	53.9	53.1	52.4	51.7
54	58.7	58.0	57.2	56.5	55.8	55.0	54.3	53.6	52.9	52.2
55	59.1	58.4	57.7	56.9	56.2	55.5	54.8	54.1	53.4	52.7
56	59.5	58.8	58.1	57.4	56.6	55.9	55.2	54.5	53.8	53.2
57	59.9	59.2	58.5	57.8	57.1	56.4	55.7	55.0	54.3	53.6

表 4a₂(续)

t \ $t-t_w$	9.2	9.4	9.6	9.8	10.0	10.2	10.4	10.6	10.8	11.0
58	60.3	59.6	58.9	58.2	57.5	56.8	56.1	55.4	54.7	54.0
59	60.7	60.0	59.3	58.6	57.9	57.2	56.5	55.8	55.1	54.5
60	61.0	60.3	59.6	58.9	58.2	57.6	56.9	56.2	55.5	54.9
61	61.4	60.7	60.0	59.3	58.6	57.9	57.3	56.6	55.9	55.3
62	61.7	61.0	60.3	59.7	59.0	58.3	57.6	57.0	56.3	55.7
63	62.1	61.4	60.7	60.0	59.3	58.7	58.0	57.3	56.7	56.0
64	62.4	61.7	61.0	60.3	59.7	59.0	58.4	57.7	57.0	56.4
65	62.7	62.0	61.3	60.7	60.0	59.4	58.7	58.0	57.4	56.8
66	63.0	62.3	61.7	61.0	60.3	59.7	59.0	58.4	57.7	57.1
67	63.3	62.6	62.0	61.3	60.7	60.0	59.4	58.7	58.1	57.5
68	63.6	62.9	62.3	61.6	61.0	60.3	59.7	59.0	58.4	57.8
69	63.9	63.2	62.6	61.9	61.3	60.6	60.0	59.4	58.7	58.1
70	64.2	63.5	62.9	62.2	61.6	60.9	60.3	59.7	59.1	58.4
71	64.4	63.8	63.1	62.5	61.9	61.2	60.6	60.0	59.4	58.8
72	64.7	64.1	63.4	62.8	62.2	61.5	60.9	60.3	59.7	59.1
73	65.0	64.3	63.7	63.1	62.4	61.8	61.2	60.6	60.0	59.4
74	65.2	64.6	64.0	63.3	62.7	62.1	61.5	60.9	60.3	59.7
75	65.5	64.9	64.2	63.6	63.0	62.4	61.8	61.1	60.5	59.9
76	65.7	65.1	64.5	63.9	63.2	62.6	62.0	61.4	60.8	60.2
77	66.0	65.4	64.7	64.1	63.5	62.9	62.3	61.7	61.1	60.5
78	66.2	65.6	65.0	64.4	63.8	63.2	62.6	62.0	61.4	60.8
79	66.5	65.8	65.2	64.6	64.0	63.4	62.8	62.2	61.6	61.0
80	66.7	66.1	65.5	64.9	64.3	63.7	63.1	62.5	61.9	61.3
81	66.9	66.3	65.7	65.1	64.5	63.9	63.3	62.7	62.1	61.6
82	67.1	66.5	65.9	65.3	64.7	64.1	63.6	63.0	62.4	61.8
83	67.4	66.8	66.2	65.6	65.0	64.4	63.8	63.2	62.6	62.1
84	67.6	67.0	66.4	65.8	65.2	64.6	64.0	63.5	62.9	62.3
85	67.8	67.2	66.6	66.0	65.4	64.8	64.3	63.7	63.1	62.6
86	68.0	67.4	66.8	66.2	65.6	65.1	64.5	63.9	63.4	62.8
87	68.2	67.6	67.0	66.4	65.9	65.3	64.7	64.2	63.6	63.0
88	68.4	67.8	67.2	66.7	66.1	65.5	64.9	64.4	63.8	63.3
89	68.6	68.0	67.4	66.9	66.3	65.7	65.2	64.6	64.0	63.5
90	68.8	68.2	67.7	67.1	66.5	65.9	65.4	64.8	64.3	63.7
91	69.0	68.4	67.9	67.3	66.7	66.2	65.6	65.0	64.5	63.9
92	69.2	68.6	68.1	67.5	66.9	66.4	65.8	65.3	64.7	64.2
93	69.4	68.8	68.3	67.7	67.1	66.6	66.0	65.5	64.9	64.4
94	69.6	69.0	68.4	67.9	67.3	66.8	66.2	65.7	65.1	64.6
95	69.8	69.2	68.6	68.1	67.5	67.0	66.4	65.9	65.3	64.8
96	69.9	69.4	68.8	68.3	67.7	67.2	66.6	66.1	65.5	65.0
97	70.1	69.6	69.0	68.5	67.9	67.4	66.8	66.3	65.7	65.2
98	70.3	69.8	69.2	68.6	68.1	67.6	67.0	66.5	65.9	65.4
99	70.5	69.9	69.4	68.8	68.3	67.7	67.2	66.7	66.1	65.6
100	70.7	70.1	69.6	69.0	68.5	67.9	67.4	66.9	66.3	65.8

表 4a$_2$(续)

$t-t_w$ / t	11.5	12.0	12.5	13.5	13.5	14.0	14.5	15.0	15.5	16.0
15										
16										
17	3.1									
18	6.0	2.6								
19	8.8	5.5	2.3							
20	11.4	8.2	5.1	2.0						
21	13.8	10.7	7.7	4.8	1.8					
22	16.1	13.1	10.2	7.3	4.5	1.7				
23	18.2	15.4	12.5	9.7	7.0	4.3	1.6			
24	20.3	17.5	14.7	12.0	9.3	6.7	4.1	1.6		
25	22.2	19.5	16.8	14.1	11.6	9.0	6.5	4.0	1.6	−0.8
26	24.0	21.3	18.7	16.2	13.6	11.1	8.7	6.3	3.9	1.6
27	25.7	23.1	20.6	18.1	15.6	13.2	10.8	8.5	6.1	3.9
28	27.3	24.8	22.3	19.9	17.5	15.1	12.8	10.5	8.2	6.0
29	28.8	26.4	23.9	21.6	19.2	16.9	14.6	12.4	10.2	8.1
30	30.3	27.9	25.5	23.2	20.9	18.6	16.4	14.2	12.1	10.0
31	31.7	29.3	27.0	24.7	22.5	20.2	18.1	16.0	13.9	11.8
32	33.0	30.6	28.4	26.1	23.9	21.8	19.7	17.6	15.5	13.5
33	34.2	31.9	29.7	27.5	25.4	23.2	21.2	19.1	17.1	15.2
34	35.4	33.1	30.9	28.8	26.7	24.6	22.6	20.6	18.6	16.7
35	36.5	34.3	32.1	30.0	28.0	25.9	24.0	22.0	20.1	18.2
36	37.5	35.4	33.3	31.2	29.2	27.2	25.2	23.3	21.4	19.6
37	38.5	36.4	34.4	32.3	30.3	28.4	26.5	24.6	22.7	20.9
38	39.5	37.4	35.4	33.4	31.4	29.5	27.6	25.8	24.0	22.2
39	40.4	38.4	36.4	34.4	32.5	30.6	28.7	26.9	25.1	23.4
40	41.3	39.3	37.3	35.4	33.5	31.6	29.8	28.0	26.3	24.5
41	42.1	40.2	38.2	36.3	34.5	32.6	30.8	29.1	27.3	25.6
42	43.0	41.0	39.1	37.2	35.4	33.6	31.8	30.0	28.3	26.7
43	43.7	41.8	39.9	38.1	36.2	34.5	32.7	31.0	29.3	27.7
44	44.5	42.6	40.7	38.9	37.1	35.3	33.6	31.9	30.3	28.6
45	45.2	43.3	41.5	39.7	37.9	36.2	34.5	32.8	31.1	29.5
46	45.9	44.0	42.2	40.4	38.7	37.0	35.3	33.6	32.0	30.4
47	46.5	44.7	42.9	41.1	39.4	37.7	36.1	34.4	32.8	31.3
48	47.1	45.3	43.6	41.8	40.1	38.4	36.8	35.2	33.6	32.1
49	47.7	46.0	44.2	42.5	40.8	39.2	37.5	35.9	34.4	32.9
50	48.3	46.6	44.8	43.1	41.5	39.8	38.2	36.7	35.1	33.6
51	48.9	47.2	45.4	43.8	42.1	40.5	38.9	37.3	35.8	34.3
52	49.4	47.7	46.0	44.4	42.7	41.1	39.5	38.0	36.5	35.0
53	50.0	48.3	46.6	44.9	43.3	41.7	40.2	38.6	37.2	35.7
54	50.5	48.8	47.1	45.5	43.9	42.3	40.8	39.3	37.8	36.3
55	51.0	49.3	47.6	46.0	44.4	42.9	41.4	39.9	38.4	37.0
56	51.5	49.8	48.2	46.6	45.0	43.4	41.9	40.4	39.0	37.6
57	51.9	50.3	48.6	47.1	45.5	44.0	42.5	41.0	39.6	38.1

表 4a₂(续)

$t-t_w$ / t	11.5	12.0	12.5	13.5	13.5	14.0	14.5	15.0	15.5	16.0
58	52.4	50.7	49.1	47.6	46.0	44.5	43.0	41.5	40.1	38.7
59	52.8	51.2	49.6	48.0	46.5	45.0	43.5	42.1	40.7	39.3
60	53.2	51.6	50.0	48.5	47.0	45.5	44.0	42.6	41.2	39.8
61	53.6	52.0	50.5	48.9	47.4	46.0	44.5	43.1	41.7	40.3
62	54.0	52.5	50.9	49.4	47.9	46.4	45.0	43.6	42.2	40.8
63	54.4	52.9	51.3	49.8	48.3	46.9	45.4	44.0	42.7	41.3
64	54.8	53.3	51.7	50.2	48.7	47.3	45.9	44.5	43.1	41.8
65	55.2	53.6	52.1	50.6	49.2	47.7	46.3	44.9	43.6	42.2
66	55.5	54.0	52.5	51.0	49.6	48.1	46.7	45.4	44.0	42.7
67	55.9	54.4	52.9	51.4	50.0	48.5	47.1	45.8	44.4	43.1
68	56.2	54.7	53.2	51.8	50.3	48.9	47.6	46.2	44.9	43.6
69	56.6	55.1	53.6	52.1	50.7	49.3	47.9	46.6	45.3	44.0
70	56.9	55.4	53.9	52.5	51.1	49.7	48.3	47.0	45.7	44.4
71	57.2	55.7	54.3	52.9	51.4	50.1	48.7	47.4	46.1	44.8
72	57.6	56.1	54.6	53.2	51.8	50.4	49.1	47.7	46.4	45.2
73	57.9	56.4	54.9	53.5	52.1	50.8	49.4	48.1	46.8	45.6
74	58.2	56.7	55.3	53.9	52.5	51.1	49.8	48.5	47.2	45.9
75	58.5	57.0	55.6	54.2	52.8	51.5	50.1	48.8	47.5	46.3
76	58.8	57.3	55.9	54.5	53.1	51.8	50.5	49.2	47.9	46.6
77	59.0	57.6	56.2	54.8	53.4	52.1	50.8	49.5	48.2	47.0
78	59.3	57.9	56.5	55.1	53.8	52.4	51.1	49.8	48.6	47.3
79	59.6	58.2	56.8	55.4	54.1	52.7	51.4	50.2	48.9	47.7
80	59.9	58.5	57.1	55.7	54.4	53.1	51.8	50.5	49.2	48.0
81	60.1	58.7	57.4	56.0	54.7	53.4	52.1	50.8	49.6	48.3
82	60.4	59.0	57.6	56.3	55.0	53.7	52.4	51.1	49.9	48.7
83	60.7	59.3	57.9	56.6	55.2	53.9	52.7	51.4	50.2	49.0
84	60.9	59.5	58.2	56.8	55.5	54.2	53.0	51.7	50.5	49.3
85	61.2	59.8	58.4	57.1	55.8	54.5	53.3	52.0	50.8	49.6
86	61.4	60.0	58.7	57.4	56.1	54.8	53.5	52.3	51.1	49.9
87	61.6	60.3	58.9	57.6	56.3	55.1	53.8	52.6	51.4	50.2
88	61.9	60.5	59.2	57.9	56.6	55.3	54.1	52.9	51.7	50.5
89	62.1	60.8	59.4	58.1	56.9	55.6	54.4	53.1	52.0	50.8
90	62.4	61.0	59.7	58.4	57.1	55.9	54.6	53.4	52.2	51.1
91	62.6	61.2	59.9	58.6	57.4	56.1	54.9	53.7	52.5	51.3
92	62.8	61.5	60.2	58.9	57.6	56.4	55.2	54.0	52.8	51.6
93	63.0	61.7	60.4	59.1	57.9	56.6	55.4	54.2	53.0	51.9
94	63.3	61.9	60.6	59.4	58.1	56.9	55.7	54.5	53.3	52.2
95	63.5	62.2	60.9	59.6	58.4	57.1	55.9	54.7	53.6	52.4
96	63.7	62.4	61.1	59.8	58.6	57.4	56.2	55.0	53.8	52.7
97	63.9	62.6	61.3	60.1	58.8	57.6	56.4	55.2	54.1	52.9
98	64.1	62.8	61.5	60.3	59.1	57.8	56.7	55.5	54.3	53.2
99	64.3	63.0	61.8	60.5	59.3	58.1	56.9	55.7	54.6	53.4
100	64.5	63.2	62.0	60.7	59.5	58.3	57.1	56.0	54.8	53.7

表 4b 球状水银温度表相对湿度查算表

P=90 kPa,A=0.794 7×10^{-3}℃$^{-1}$(0.8 m/s)

t \ $t-t_w$	0.0	0.1	0.2	0.3	0.4	0.5	0.6	0.7	0.8	0.9	1.0
15	100.0	98.9	97.9	96.8	95.8	94.7	93.7	92.6	91.6	90.6	89.5
16	100.0	99.0	97.9	96.9	95.9	94.9	93.9	92.9	91.9	90.8	89.9
17	100.0	99.0	98.0	97.0	96.0	95.0	94.0	93.1	92.1	91.1	90.1
18	100.0	99.0	98.1	97.1	96.1	95.2	94.2	93.3	92.3	91.4	90.4
19	100.0	99.1	98.1	97.2	96.2	95.3	94.4	93.4	92.5	91.6	90.7
20	100.0	99.1	98.2	97.2	96.3	95.4	94.5	93.6	92.7	91.8	90.9
21	100.0	99.1	98.2	97.3	96.4	95.5	94.6	93.8	92.9	92.0	91.1
22	100.0	99.1	98.2	97.4	96.5	95.6	94.8	93.9	93.1	92.2	91.4
23	100.0	99.1	98.3	97.4	96.6	95.7	94.9	94.1	93.2	92.4	91.6
24	100.0	99.2	98.3	97.5	96.7	95.8	95.0	94.2	93.4	92.6	91.8
25	100.0	99.2	98.4	97.5	96.7	95.9	95.1	94.3	93.5	92.7	91.9
26	100.0	99.2	98.4	97.6	96.8	96.0	95.2	94.4	93.7	92.9	92.1
27	100.0	99.2	98.4	97.7	96.9	96.1	95.3	94.6	93.8	93.0	92.3
28	100.0	99.2	98.5	97.7	96.9	96.2	95.4	94.7	93.9	93.2	92.4
29	100.0	99.2	98.5	97.7	97.0	96.3	95.5	94.8	94.0	93.3	92.6
30	100.0	99.3	98.5	97.8	97.1	96.3	95.6	94.9	94.2	93.4	92.7
31	100.0	99.3	98.5	97.8	97.1	96.4	95.7	95.0	94.3	93.6	92.8
32	100.0	99.3	98.6	97.9	97.2	96.5	95.8	95.1	94.4	93.7	93.0
33	100.0	99.3	98.6	97.9	97.2	96.5	95.8	95.1	94.5	93.8	93.1
34	100.0	99.3	98.6	97.9	97.3	96.6	95.9	95.2	94.6	93.9	93.2
35	100.0	99.3	98.6	98.0	97.3	96.6	96.0	95.3	94.6	94.0	93.3
36	100.0	99.3	98.7	98.0	97.3	96.7	96.0	95.4	94.7	94.1	93.4
37	100.0	99.3	98.7	98.0	97.4	96.7	96.1	95.5	94.8	94.2	93.5
38	100.0	99.4	98.7	98.1	97.4	96.8	96.2	95.5	94.9	94.3	93.6
39	100.0	99.4	98.7	98.1	97.5	96.8	96.2	95.6	95.0	94.3	93.7
40	100.0	99.4	98.7	98.1	97.5	96.9	96.3	95.6	95.0	94.4	93.8
41	100.0	99.4	98.8	98.1	97.5	96.9	96.3	95.7	95.1	94.5	93.9
42	100.0	99.4	98.8	98.2	97.6	97.0	96.4	95.8	95.2	94.6	94.0
43	100.0	99.4	98.8	98.2	97.6	97.0	96.4	95.8	95.2	94.7	94.1
44	100.0	99.4	98.8	98.2	97.6	97.0	96.5	95.9	95.3	94.7	94.1
45	100.0	99.4	98.8	98.2	97.7	97.1	96.5	95.9	95.4	94.8	94.2
46	100.0	99.4	98.8	98.3	97.7	97.1	96.6	96.0	95.4	94.9	94.3
47	100.0	99.4	98.9	98.3	97.7	97.2	96.6	96.0	95.5	94.9	94.4
48	100.0	99.4	98.9	98.3	97.7	97.2	96.6	96.1	95.5	95.0	94.4
49	100.0	99.4	98.9	98.3	97.8	97.2	96.7	96.1	95.6	95.0	94.5
50	100.0	99.4	98.9	98.3	97.8	97.3	96.7	96.2	95.6	95.1	94.6
51	100.0	99.5	98.9	98.4	97.8	97.3	96.7	96.2	95.7	95.2	94.6
52	100.0	99.5	98.9	98.4	97.8	97.3	96.8	96.3	95.7	95.2	94.7
53	100.0	99.5	98.9	98.4	97.9	97.3	96.8	96.3	95.8	95.3	94.7
54	100.0	99.5	98.9	98.4	97.9	97.4	96.9	96.3	95.8	95.3	94.8
55	100.0	99.5	99.0	98.4	97.9	97.4	96.9	96.4	95.9	95.4	94.9
56	100.0	99.5	99.0	98.5	97.9	97.4	96.9	96.4	95.9	95.4	94.9
57	100.0	99.5	99.0	98.5	98.0	97.5	97.0	96.4	96.0	95.5	95.0

表 4b（续）

$t-t_w$ / t	0.0	0.1	0.2	0.3	0.4	0.5	0.6	0.7	0.8	0.9	1.0
58	100.0	99.5	99.0	98.5	98.0	97.5	97.0	96.5	96.0	95.5	95.0
59	100.0	99.5	99.0	98.5	98.0	97.5	97.0	96.5	96.0	95.5	95.1
60	100.0	99.5	99.0	98.5	98.0	97.5	97.0	96.6	96.1	95.6	95.1
61	100.0	99.5	99.0	98.5	98.0	97.6	97.1	96.6	96.1	95.6	95.1
62	100.0	99.5	99.0	98.5	98.1	97.6	97.1	96.6	96.1	95.7	95.2
63	100.0	99.5	99.0	98.6	98.1	97.6	97.1	96.6	96.2	95.7	95.2
64	100.0	99.5	99.0	98.6	98.1	97.6	97.1	96.7	96.2	95.7	95.3
65	100.0	99.5	99.1	98.6	98.1	97.6	97.2	96.7	96.2	95.8	95.3
66	100.0	99.5	99.1	98.6	98.1	97.7	97.2	96.7	96.3	95.8	95.4
67	100.0	99.5	99.1	98.6	98.1	97.7	97.2	96.8	96.3	95.9	95.4
68	100.0	99.5	99.1	98.6	98.2	97.7	97.2	96.8	96.3	95.9	95.4
69	100.0	99.5	99.1	98.6	98.2	97.7	97.3	96.8	96.4	95.9	95.5
70	100.0	99.5	99.1	98.6	98.2	97.7	97.3	96.9	96.4	96.0	95.5
71	100.0	99.5	99.1	98.7	98.2	97.8	97.3	96.9	96.4	96.0	95.6
72	100.0	99.6	99.1	98.7	98.2	97.8	97.3	96.9	96.5	96.0	95.6
73	100.0	99.6	99.1	98.7	98.2	97.8	97.4	96.9	96.5	96.1	95.6
74	100.0	99.6	99.1	98.7	98.2	97.8	97.4	97.0	96.5	96.1	95.7
75	100.0	99.6	99.1	98.7	98.3	97.8	97.4	97.0	96.6	96.1	95.7
76	100.0	99.6	99.1	98.7	98.3	97.9	97.4	97.0	96.6	96.2	95.7
77	100.0	99.6	99.1	98.7	98.3	97.9	97.4	97.0	96.6	96.2	95.8
78	100.0	99.6	99.1	98.7	98.3	97.9	97.5	97.0	96.6	96.2	95.8
79	100.0	99.6	99.2	98.7	98.3	97.9	97.5	97.1	96.7	96.2	95.8
80	100.0	99.6	99.2	98.7	98.3	97.9	97.5	97.1	96.7	96.3	95.9
81	100.0	99.6	99.2	98.8	98.3	97.9	97.5	97.1	96.7	96.3	95.9
82	100.0	99.6	99.2	98.8	98.4	97.9	97.5	97.1	96.7	96.3	95.9
83	100.0	99.6	99.2	98.8	98.4	98.0	97.6	97.2	96.8	96.4	96.0
84	100.0	99.6	99.2	98.8	98.4	98.0	97.6	97.2	96.8	96.4	96.0
85	100.0	99.6	99.2	98.8	98.4	98.0	97.6	97.2	96.8	96.4	96.0
86	100.0	99.6	99.2	98.8	98.4	98.0	97.6	97.2	96.8	96.4	96.0
87	100.0	99.6	99.2	98.8	98.4	98.0	97.6	97.2	96.9	96.5	96.1
88	100.0	99.6	99.2	98.8	98.4	98.0	97.6	97.3	96.9	96.5	96.1
89	100.0	99.6	99.2	98.8	98.4	98.1	97.7	97.3	96.9	96.5	96.1
90	100.0	99.6	99.2	98.8	98.4	98.1	97.7	97.3	96.9	96.5	96.2
91	100.0	99.6	99.2	98.8	98.5	98.1	97.7	97.3	96.9	96.6	96.2
92	100.0	99.6	99.2	98.9	98.5	98.1	97.7	97.3	97.0	96.6	96.2
93	100.0	99.6	99.2	98.9	98.5	98.1	97.7	97.4	97.0	96.6	96.2
94	100.0	99.6	99.2	98.9	98.5	98.1	97.7	97.4	97.0	96.6	96.3
95	100.0	99.6	99.2	98.9	98.5	98.1	97.8	97.4	97.0	96.7	96.3
96	100.0	99.6	99.3	98.9	98.5	98.1	97.8	97.4	97.0	96.7	96.3
97	100.0	99.6	99.3	98.9	98.5	98.2	97.8	97.4	97.1	96.7	96.3
98	100.0	99.6	99.3	98.9	98.5	98.2	97.8	97.4	97.1	96.7	96.4
99	100.0	99.6	99.3	98.9	98.5	98.2	97.8	97.5	97.1	96.7	96.4
100	100.0	99.6	99.3	98.9	98.6	98.2	97.8	97.5	97.1	96.8	96.4

表 4b（续）

t \ $t-t_w$	1.1	1.2	1.3	1.4	1.5	1.6	1.7	1.8	1.9	2.0
15	88.5	87.5	86.5	85.5	84.4	83.4	82.4	81.4	80.4	79.4
16	88.9	87.9	86.9	85.9	84.9	83.9	82.9	82.0	81.0	80.0
17	89.2	88.2	87.2	86.3	85.3	84.4	83.4	82.5	81.6	80.6
18	89.5	88.5	87.6	86.7	85.7	84.8	83.9	83.0	82.1	81.2
19	89.8	88.8	87.9	87.0	86.1	85.2	84.3	83.4	82.6	81.7
20	90.0	89.1	88.2	87.4	86.5	85.6	84.7	83.9	83.0	82.1
21	90.3	89.4	88.5	87.7	86.8	86.0	85.1	84.3	83.4	82.6
22	90.5	89.7	88.8	88.0	87.1	86.3	85.5	84.7	83.8	83.0
23	90.7	89.9	89.1	88.3	87.5	86.6	85.8	85.0	84.2	83.4
24	90.9	90.1	89.3	88.5	87.7	86.9	86.2	85.4	84.6	83.8
25	91.1	90.4	89.6	88.8	88.0	87.2	86.5	85.7	84.9	84.2
26	91.3	90.6	89.8	89.0	88.3	87.5	86.8	86.0	85.3	84.5
27	91.5	90.8	90.0	89.3	88.5	87.8	87.0	86.3	85.6	84.8
28	91.7	90.9	90.2	89.5	88.7	88.0	87.3	86.6	85.9	85.1
29	91.8	91.1	90.4	89.7	89.0	88.3	87.5	86.8	86.1	85.4
30	92.0	91.3	90.6	89.9	89.2	88.5	87.8	87.1	86.4	85.7
31	92.1	91.5	90.8	90.1	89.4	88.7	88.0	87.3	86.6	86.0
32	92.3	91.6	90.9	90.2	89.6	88.9	88.2	87.6	86.9	86.2
33	92.4	91.8	91.1	90.4	89.7	89.1	88.4	87.8	87.1	86.5
34	92.6	91.9	91.2	90.6	89.9	89.3	88.6	88.0	87.3	86.7
35	92.7	92.0	91.4	90.7	90.1	89.4	88.8	88.2	87.5	86.9
36	92.8	92.2	91.5	90.9	90.2	89.6	89.0	88.4	87.7	87.1
37	92.9	92.3	91.6	91.0	90.4	89.8	89.2	88.5	87.9	87.3
38	93.0	92.4	91.8	91.2	90.5	89.9	89.3	88.7	88.1	87.5
39	93.1	92.5	91.9	91.3	90.7	90.1	89.5	88.9	88.3	87.7
40	93.2	92.6	92.0	91.4	90.8	90.2	89.6	89.0	88.5	87.9
41	93.3	92.7	92.1	91.5	90.9	90.4	89.8	89.2	88.6	88.0
42	93.4	92.8	92.2	91.7	91.1	90.5	89.9	89.3	88.8	88.2
43	93.5	92.9	92.3	91.8	91.2	90.6	90.1	89.5	88.9	88.4
44	93.6	93.0	92.4	91.9	91.3	90.7	90.2	89.6	89.1	88.5
45	93.7	93.1	92.5	92.0	91.4	90.9	90.3	89.8	89.2	88.7
46	93.7	93.2	92.6	92.1	91.5	91.0	90.4	89.9	89.3	88.8
47	93.8	93.3	92.7	92.2	91.6	91.1	90.6	90.0	89.5	88.9
48	93.9	93.3	92.8	92.3	91.7	91.2	90.7	90.1	89.6	89.1
49	94.0	93.4	92.9	92.4	91.8	91.3	90.8	90.2	89.7	89.2
50	94.0	93.5	93.0	92.4	91.9	91.4	90.9	90.4	89.8	89.3
51	94.1	93.6	93.1	92.5	92.0	91.5	91.0	90.5	90.0	89.4
52	94.2	93.6	93.1	92.6	92.1	91.6	91.1	90.6	90.1	89.6
53	94.2	93.7	93.2	92.7	92.2	91.7	91.2	90.7	90.2	89.7
54	94.3	93.8	93.3	92.8	92.3	91.8	91.3	90.8	90.3	89.8
55	94.3	93.8	93.3	92.8	92.3	91.9	91.4	90.9	90.4	89.9
56	94.4	93.9	93.4	92.9	92.4	91.9	91.4	91.0	90.5	90.0
57	94.5	94.0	93.5	93.0	92.5	92.0	91.5	91.1	90.6	90.1

表 4b（续）

$t-t_w$ / t	1.1	1.2	1.3	1.4	1.5	1.6	1.7	1.8	1.9	2.0
58	94.5	94.0	93.5	93.1	92.6	92.1	91.6	91.1	90.7	90.2
59	94.6	94.1	93.6	93.1	92.7	92.2	91.7	91.2	90.8	90.3
60	94.6	94.1	93.7	93.2	92.7	92.3	91.8	91.3	90.8	90.4
61	94.7	94.2	93.7	93.3	92.8	92.3	91.9	91.4	90.9	90.5
62	94.7	94.3	93.8	93.3	92.9	92.4	91.9	91.5	91.0	90.6
63	94.8	94.3	93.8	93.4	92.9	92.5	92.0	91.6	91.1	90.6
64	94.8	94.4	93.9	93.4	93.0	92.5	92.1	91.6	91.2	90.7
65	94.9	94.4	94.0	93.5	93.0	92.6	92.2	91.7	91.3	90.8
66	94.9	94.5	94.0	93.6	93.1	92.7	92.2	91.8	91.3	90.9
67	95.0	94.5	94.1	93.6	93.2	92.7	92.3	91.8	91.4	91.0
68	95.0	94.6	94.1	93.7	93.2	92.8	92.4	91.9	91.5	91.1
69	95.0	94.6	94.2	93.7	93.3	92.9	92.4	92.0	91.6	91.1
70	95.1	94.6	94.2	93.8	93.3	92.9	92.5	92.1	91.6	91.2
71	95.1	94.7	94.3	93.8	93.4	93.0	92.5	92.1	91.7	91.3
72	95.2	94.7	94.3	93.9	93.5	93.0	92.6	92.2	91.8	91.3
73	95.2	94.8	94.4	93.9	93.5	93.1	92.7	92.2	91.8	91.4
74	95.2	94.8	94.4	94.0	93.6	93.1	92.7	92.3	91.9	91.5
75	95.3	94.9	94.4	94.0	93.6	93.2	92.8	92.4	92.0	91.6
76	95.3	94.9	94.5	94.1	93.7	93.2	92.8	92.4	92.0	91.6
77	95.4	94.9	94.5	94.1	93.7	93.3	92.9	92.5	92.1	91.7
78	95.4	95.0	94.6	94.2	93.8	93.4	92.9	92.5	92.1	91.7
79	95.4	95.0	94.6	94.2	93.8	93.4	93.0	92.6	92.2	91.8
80	95.5	95.1	94.7	94.3	93.9	93.5	93.1	92.7	92.3	91.9
81	95.5	95.1	94.7	94.3	93.9	93.5	93.1	92.7	92.3	91.9
82	95.5	95.1	94.7	94.3	93.9	93.6	93.2	92.8	92.4	92.0
83	95.6	95.2	94.8	94.4	94.0	93.6	93.2	92.8	92.4	92.0
84	95.6	95.2	94.8	94.4	94.0	93.6	93.3	92.9	92.5	92.1
85	95.6	95.2	94.8	94.5	94.1	93.7	93.3	92.9	92.5	92.2
86	95.7	95.3	94.9	94.5	94.1	93.7	93.4	93.0	92.6	92.2
87	95.7	95.3	94.9	94.5	94.2	93.8	93.4	93.0	92.6	92.3
88	95.7	95.3	95.0	94.6	94.2	93.8	93.4	93.1	92.7	92.3
89	95.8	95.4	95.0	94.6	94.2	93.9	93.5	93.1	92.8	92.4
90	95.8	95.4	95.0	94.7	94.3	93.9	93.5	93.2	92.8	92.4
91	95.8	95.4	95.1	94.7	94.3	94.0	93.6	93.2	92.9	92.5
92	95.8	95.5	95.1	94.7	94.4	94.0	93.6	93.3	92.9	92.5
93	95.9	95.5	95.1	94.8	94.4	94.0	93.7	93.3	93.0	92.6
94	95.9	95.5	95.2	94.8	94.4	94.1	93.7	93.4	93.0	92.6
95	95.9	95.6	95.2	94.8	94.5	94.1	93.8	93.4	93.0	92.7
96	96.0	95.6	95.2	94.9	94.5	94.2	93.8	93.4	93.1	92.7
97	96.0	95.6	95.3	94.9	94.6	94.2	93.8	93.5	93.1	92.8
98	96.0	95.6	95.3	94.9	94.6	94.2	93.9	93.5	93.2	92.8
99	96.0	95.7	95.3	95.0	94.6	94.3	93.9	93.6	93.2	92.9
100	96.1	95.7	95.4	95.0	94.7	94.3	94.0	93.6	93.3	92.9

表 4b（续）

t \ $t-t_w$	2.1	2.2	2.3	2.4	2.5	2.6	2.7	2.8	2.9	3.0
15	78.4	77.4	76.5	75.5	74.5	73.5	72.6	71.6	70.6	69.7
16	79.1	78.1	77.2	76.2	75.3	74.3	73.4	72.4	71.5	70.6
17	79.7	78.8	77.8	76.9	76.0	75.1	74.1	73.2	72.3	71.4
18	80.2	79.3	78.4	77.5	76.6	75.8	74.9	74.0	73.1	72.2
19	80.8	79.9	79.0	78.1	77.3	76.4	75.5	74.7	73.8	73.0
20	81.3	80.4	79.6	78.7	77.9	77.0	76.2	75.3	74.5	73.7
21	81.8	80.9	80.1	79.3	78.4	77.6	76.8	76.0	75.2	74.3
22	82.2	81.4	80.6	79.8	79.0	78.2	77.4	76.6	75.8	75.0
23	82.6	81.8	81.0	80.3	79.5	78.7	77.9	77.1	76.4	75.6
24	83.0	82.2	81.5	80.7	79.9	79.2	78.4	77.7	76.9	76.1
25	83.4	82.6	81.9	81.1	80.4	79.6	78.9	78.2	77.4	76.7
26	83.8	83.0	82.3	81.5	80.8	80.1	79.4	78.6	77.9	77.2
27	84.1	83.4	82.6	81.9	81.2	80.5	79.8	79.1	78.4	77.7
28	84.4	83.7	83.0	82.3	81.6	80.9	80.2	79.5	78.8	78.1
29	84.7	84.0	83.3	82.6	82.0	81.3	80.6	79.9	79.2	78.5
30	85.0	84.3	83.7	83.0	82.3	81.6	81.0	80.3	79.6	79.0
31	85.3	84.6	84.0	83.3	82.6	82.0	81.3	80.7	80.0	79.3
32	85.6	84.9	84.2	83.6	82.9	82.3	81.6	81.0	80.4	79.7
33	85.8	85.2	84.5	83.9	83.2	82.6	82.0	81.3	80.7	80.1
34	86.1	85.4	84.8	84.2	83.5	82.9	82.3	81.7	81.0	80.4
35	86.3	85.7	85.0	84.4	83.8	83.2	82.6	82.0	81.3	80.7
36	86.5	85.9	85.3	84.7	84.1	83.4	82.8	82.2	81.6	81.0
37	86.7	86.1	85.5	84.9	84.3	83.7	83.1	82.5	81.9	81.3
38	86.9	86.3	85.7	85.1	84.5	84.0	83.4	82.8	82.2	81.6
39	87.1	86.5	85.9	85.4	84.8	84.2	83.6	83.0	82.5	81.9
40	87.3	86.7	86.1	85.6	85.0	84.4	83.9	83.3	82.7	82.2
41	87.5	86.9	86.3	85.8	85.2	84.6	84.1	83.5	83.0	82.4
42	87.6	87.1	86.5	86.0	85.4	84.9	84.3	83.7	83.2	82.7
43	87.8	87.3	86.7	86.1	85.6	85.1	84.5	84.0	83.4	82.9
44	88.0	87.4	86.9	86.3	85.8	85.2	84.7	84.2	83.6	83.1
45	88.1	87.6	87.0	86.5	86.0	85.4	84.9	84.4	83.8	83.3
46	88.3	87.7	87.2	86.7	86.1	85.6	85.1	84.6	84.0	83.5
47	88.4	87.9	87.4	86.8	86.3	85.8	85.3	84.8	84.2	83.7
48	88.6	88.0	87.5	87.0	86.5	86.0	85.4	84.9	84.4	83.9
49	88.7	88.2	87.7	87.1	86.6	86.1	85.6	85.1	84.6	84.1
50	88.8	88.3	87.8	87.3	86.8	86.3	85.8	85.3	84.8	84.3
51	88.9	88.4	87.9	87.4	86.9	86.4	85.9	85.4	85.0	84.5
52	89.1	88.6	88.1	87.6	87.1	86.6	86.1	85.6	85.1	84.6
53	89.2	88.7	88.2	87.7	87.2	86.7	86.2	85.8	85.3	84.8
54	89.3	88.8	88.3	87.8	87.4	86.9	86.4	85.9	85.4	85.0
55	89.4	88.9	88.4	88.0	87.5	87.0	86.5	86.1	85.6	85.1
56	89.5	89.0	88.6	88.1	87.6	87.1	86.7	86.2	85.7	85.3
57	89.6	89.1	88.7	88.2	87.7	87.3	86.8	86.3	85.9	85.4

表 4b（续）

t \ $t-t_w$	2.1	2.2	2.3	2.4	2.5	2.6	2.7	2.8	2.9	3.0
58	89.7	89.3	88.8	88.3	87.9	87.4	86.9	86.5	86.0	85.6
59	89.8	89.4	88.9	88.4	88.0	87.5	87.1	86.6	86.1	85.7
60	89.9	89.5	89.0	88.5	88.1	87.6	87.2	86.7	86.3	85.8
61	90.0	89.6	89.1	88.7	88.2	87.7	87.3	86.9	86.4	86.0
62	90.1	89.7	89.2	88.8	88.3	87.9	87.4	87.0	86.5	86.1
63	90.2	89.8	89.3	88.9	88.4	88.0	87.5	87.1	86.7	86.2
64	90.3	89.8	89.4	89.0	88.5	88.1	87.6	87.2	86.8	86.3
65	90.4	89.9	89.5	89.1	88.6	88.2	87.8	87.3	86.9	86.5
66	90.5	90.0	89.6	89.2	88.7	88.3	87.9	87.4	87.0	86.6
67	90.5	90.1	89.7	89.2	88.8	88.4	88.0	87.5	87.1	86.7
68	90.6	90.2	89.8	89.3	88.9	88.5	88.1	87.6	87.2	86.8
69	90.7	90.3	89.8	89.4	89.0	88.6	88.2	87.7	87.3	86.9
70	90.8	90.4	89.9	89.5	89.1	88.7	88.3	87.9	87.4	87.0
71	90.9	90.4	90.0	89.6	89.2	88.8	88.4	88.0	87.5	87.1
72	90.9	90.5	90.1	89.7	89.3	88.9	88.5	88.0	87.6	87.2
73	91.0	90.6	90.2	89.8	89.4	89.0	88.5	88.1	87.7	87.3
74	91.1	90.7	90.3	89.8	89.4	89.0	88.6	88.2	87.8	87.4
75	91.1	90.7	90.3	89.9	89.5	89.1	88.7	88.3	87.9	87.5
76	91.2	90.8	90.4	90.0	89.6	89.2	88.8	88.4	88.0	87.6
77	91.3	90.9	90.5	90.1	89.7	89.3	88.9	88.5	88.1	87.7
78	91.3	90.9	90.6	90.2	89.8	89.4	89.0	88.6	88.2	87.8
79	91.4	91.0	90.6	90.2	89.8	89.5	89.1	88.7	88.3	87.9
80	91.5	91.1	90.7	90.3	89.9	89.5	89.1	88.8	88.4	88.0
81	91.5	91.2	90.8	90.4	90.0	89.6	89.2	88.8	88.5	88.1
82	91.6	91.2	90.8	90.4	90.1	89.7	89.3	88.9	88.6	88.2
83	91.7	91.3	90.9	90.5	90.1	89.8	89.4	89.0	88.6	88.3
84	91.7	91.3	91.0	90.6	90.2	89.8	89.5	89.1	88.7	88.3
85	91.8	91.4	91.0	90.7	90.3	89.9	89.5	89.2	88.8	88.4
86	91.8	91.5	91.1	90.7	90.4	90.0	89.6	89.2	88.9	88.5
87	91.9	91.5	91.2	90.8	90.4	90.1	89.7	89.3	89.0	88.6
88	92.0	91.6	91.2	90.9	90.5	90.1	89.8	89.4	89.0	88.7
89	92.0	91.6	91.3	90.9	90.6	90.2	89.8	89.5	89.1	88.7
90	92.1	91.7	91.3	91.0	90.6	90.3	89.9	89.5	89.2	88.8
91	92.1	91.8	91.4	91.0	90.7	90.3	90.0	89.6	89.3	88.9
92	92.2	91.8	91.5	91.1	90.7	90.4	90.0	89.7	89.3	89.0
93	92.2	91.9	91.5	91.2	90.8	90.5	90.1	89.8	89.4	89.1
94	92.3	91.9	91.6	91.2	90.9	90.5	90.2	89.8	89.5	89.1
95	92.3	92.0	91.6	91.3	90.9	90.6	90.2	89.9	89.5	89.2
96	92.4	92.0	91.7	91.3	91.0	90.6	90.3	90.0	89.6	89.3
97	92.4	92.1	91.7	91.4	91.0	90.7	90.4	90.0	89.7	89.3
98	92.5	92.1	91.8	91.5	91.1	90.8	90.4	90.1	89.7	89.4
99	92.5	92.2	91.8	91.5	91.2	90.8	90.5	90.1	89.8	89.5
100	92.6	92.2	91.9	91.6	91.2	90.9	90.5	90.2	89.9	89.5

表 4b（续）

t \ $t-t_w$	3.1	3.2	3.3	3.4	3.5	3.6	3.7	3.8	3.9	4.0
15	68.7	67.7	66.8	65.8	64.9	63.9	63.0	62.1	61.1	60.2
16	69.6	68.7	67.8	66.9	65.9	65.0	64.1	63.2	62.3	61.4
17	70.5	69.6	68.7	67.8	66.9	66.0	65.2	64.3	63.4	62.5
18	71.3	70.5	69.6	68.7	67.9	67.0	66.1	65.3	64.4	63.6
19	72.1	71.3	70.4	69.6	68.7	67.9	67.1	66.2	65.4	64.6
20	72.9	72.0	71.2	70.4	69.6	68.7	67.9	67.1	66.3	65.5
21	73.5	72.7	71.9	71.1	70.3	69.5	68.8	68.0	67.2	66.4
22	74.2	73.4	72.6	71.8	71.1	70.3	69.5	68.8	68.0	67.2
23	74.8	74.0	73.3	72.5	71.8	71.0	70.3	69.5	68.8	68.0
24	75.4	74.6	73.9	73.2	72.4	71.7	70.9	70.2	69.5	68.8
25	75.9	75.2	74.5	73.8	73.0	72.3	71.6	70.9	70.2	69.5
26	76.5	75.8	75.0	74.3	73.6	72.9	72.2	71.5	70.8	70.1
27	77.0	76.3	75.6	74.9	74.2	73.5	72.8	72.1	71.4	70.8
28	77.4	76.7	76.1	75.4	74.7	74.0	73.4	72.7	72.0	71.4
29	77.9	77.2	76.5	75.9	75.2	74.5	73.9	73.2	72.6	71.9
30	78.3	77.6	77.0	76.3	75.7	75.0	74.4	73.7	73.1	72.5
31	78.7	78.1	77.4	76.8	76.1	75.5	74.9	74.2	73.6	73.0
32	79.1	78.5	77.8	77.2	76.6	75.9	75.3	74.7	74.1	73.5
33	79.5	78.8	78.2	77.6	77.0	76.4	75.8	75.1	74.5	73.9
34	79.8	79.2	78.6	78.0	77.4	76.8	76.2	75.6	75.0	74.4
35	80.1	79.5	78.9	78.3	77.7	77.1	76.6	76.0	75.4	74.8
36	80.5	79.9	79.3	78.7	78.1	77.5	76.9	76.4	75.8	75.2
37	80.8	80.2	79.6	79.0	78.4	77.9	77.3	76.7	76.2	75.6
38	81.1	80.5	79.9	79.3	78.8	78.2	77.6	77.1	76.5	76.0
39	81.3	80.8	80.2	79.6	79.1	78.5	78.0	77.4	76.9	76.3
40	81.6	81.0	80.5	79.9	79.4	78.8	78.3	77.7	77.2	76.7
41	81.9	81.3	80.8	80.2	79.7	79.1	78.6	78.1	77.5	77.0
42	82.1	81.6	81.0	80.5	80.0	79.4	78.9	78.4	77.8	77.3
43	82.3	81.8	81.3	80.7	80.2	79.7	79.2	78.6	78.1	77.6
44	82.6	82.0	81.5	81.0	80.5	80.0	79.4	78.9	78.4	77.9
45	82.8	82.3	81.8	81.2	80.7	80.2	79.7	79.2	78.7	78.2
46	83.0	82.5	82.0	81.5	81.0	80.5	80.0	79.5	79.0	78.5
47	83.2	82.7	82.2	81.7	81.2	80.7	80.2	79.7	79.2	78.7
48	83.4	82.9	82.4	81.9	81.4	80.9	80.4	79.9	79.5	79.0
49	83.6	83.1	82.6	82.1	81.6	81.1	80.7	80.2	79.7	79.2
50	83.8	83.3	82.8	82.3	81.8	81.4	80.9	80.4	79.9	79.4
51	84.0	83.5	83.0	82.5	82.0	81.6	81.1	80.6	80.1	79.7
52	84.2	83.7	83.2	82.7	82.2	81.8	81.3	80.8	80.4	79.9
53	84.3	83.8	83.4	82.9	82.4	82.0	81.5	81.0	80.6	80.1
54	84.5	84.0	83.6	83.1	82.6	82.2	81.7	81.2	80.8	80.3
55	84.7	84.2	83.7	83.3	82.8	82.3	81.9	81.4	81.0	80.5
56	84.8	84.3	83.9	83.4	83.0	82.5	82.1	81.6	81.2	80.7
57	85.0	84.5	84.0	83.6	83.1	82.7	82.2	81.8	81.4	80.9

表 4b（续）

$t-t_w$ / t	3.1	3.2	3.3	3.4	3.5	3.6	3.7	3.8	3.9	4.0
58	85.1	84.7	84.2	83.8	83.3	82.9	82.4	82.0	81.5	81.1
59	85.2	84.8	84.4	83.9	83.5	83.0	82.6	82.1	81.7	81.3
60	85.4	84.9	84.5	84.1	83.6	83.2	82.7	82.3	81.9	81.5
61	85.5	85.1	84.6	84.2	83.8	83.3	82.9	82.5	82.0	81.6
62	85.7	85.2	84.8	84.4	83.9	83.5	83.1	82.6	82.2	81.8
63	85.8	85.4	84.9	84.5	84.1	83.6	83.2	82.8	82.4	82.0
64	85.9	85.5	85.1	84.6	84.2	83.8	83.4	82.9	82.5	82.1
65	86.0	85.6	85.2	84.8	84.3	83.9	83.5	83.1	82.7	82.3
66	86.2	85.7	85.3	84.9	84.5	84.1	83.7	83.2	82.8	82.4
67	86.3	85.9	85.4	85.0	84.6	84.2	83.8	83.4	83.0	82.6
68	86.4	86.0	85.6	85.2	84.7	84.3	83.9	83.5	83.1	82.7
69	86.5	86.1	85.7	85.3	84.9	84.5	84.1	83.7	83.3	82.9
70	86.6	86.2	85.8	85.4	85.0	84.6	84.2	83.8	83.4	83.0
71	86.7	86.3	85.9	85.5	85.1	84.7	84.3	83.9	83.5	83.1
72	86.8	86.4	86.0	85.6	85.2	84.8	84.4	84.1	83.7	83.3
73	86.9	86.5	86.1	85.7	85.4	85.0	84.6	84.2	83.8	83.4
74	87.0	86.6	86.3	85.9	85.5	85.1	84.7	84.3	83.9	83.5
75	87.1	86.8	86.4	86.0	85.6	85.2	84.8	84.4	84.0	83.7
76	87.2	86.9	86.5	86.1	85.7	85.3	84.9	84.5	84.2	83.8
77	87.3	87.0	86.6	86.2	85.8	85.4	85.0	84.7	84.3	83.9
78	87.4	87.1	86.7	86.3	85.9	85.5	85.2	84.8	84.4	84.0
79	87.5	87.1	86.8	86.4	86.0	85.6	85.3	84.9	84.5	84.1
80	87.6	87.2	86.9	86.5	86.1	85.7	85.4	85.0	84.6	84.3
81	87.7	87.3	87.0	86.6	86.2	85.8	85.5	85.1	84.7	84.4
82	87.8	87.4	87.1	86.7	86.3	85.9	85.6	85.2	84.9	84.5
83	87.9	87.5	87.2	86.8	86.4	86.1	85.7	85.3	85.0	84.6
84	88.0	87.6	87.2	86.9	86.5	86.1	85.8	85.4	85.1	84.7
85	88.1	87.7	87.3	87.0	86.6	86.2	85.9	85.5	85.2	84.8
86	88.1	87.8	87.4	87.1	86.7	86.3	86.0	85.6	85.3	84.9
87	88.2	87.9	87.5	87.2	86.8	86.4	86.1	85.7	85.4	85.0
88	88.3	88.0	87.6	87.2	86.9	86.5	86.2	85.8	85.5	85.1
89	88.4	88.0	87.7	87.3	87.0	86.6	86.3	85.9	85.6	85.2
90	88.5	88.1	87.8	87.4	87.1	86.7	86.4	86.0	85.7	85.3
91	88.6	88.2	87.8	87.5	87.2	86.8	86.5	86.1	85.8	85.4
92	88.6	88.3	87.9	87.6	87.2	86.9	86.5	86.2	85.9	85.5
93	88.7	88.4	88.0	87.7	87.3	87.0	86.6	86.3	86.0	85.6
94	88.8	88.4	88.1	87.7	87.4	87.1	86.7	86.4	86.1	85.7
95	88.9	88.5	88.2	87.8	87.5	87.2	86.8	86.5	86.1	85.8
96	88.9	88.6	88.2	87.9	87.6	87.2	86.9	86.6	86.2	85.9
97	89.0	88.7	88.3	88.0	87.7	87.3	87.0	86.7	86.3	86.0
98	89.1	88.7	88.4	88.1	87.7	87.4	87.1	86.7	86.4	86.1
99	89.1	88.8	88.5	88.1	87.8	87.5	87.2	86.8	86.5	86.2
100	89.2	88.9	88.5	88.2	87.9	87.6	87.2	86.9	86.6	86.3

表 4b（续）

$t-t_w$ / t	4.1	4.2	4.3	4.4	4.5	4.6	4.7	4.8	4.9	5.0
15	59.3	58.3	57.4	56.5	55.6	54.7	53.7	52.8	51.9	51.0
16	60.5	59.6	58.7	57.8	56.9	56.0	55.1	54.3	53.4	52.5
17	61.6	60.8	59.9	59.0	58.2	57.3	56.5	55.6	54.8	53.9
18	62.7	61.9	61.0	60.2	59.4	58.5	57.7	56.9	56.0	55.2
19	63.7	62.9	62.1	61.3	60.5	59.7	58.9	58.1	57.3	56.5
20	64.7	63.9	63.1	62.3	61.5	60.7	60.0	59.2	58.4	57.6
21	65.6	64.8	64.1	63.3	62.5	61.8	61.0	60.2	59.5	58.7
22	66.5	65.7	65.0	64.2	63.5	62.7	62.0	61.2	60.5	59.7
23	67.3	66.5	65.8	65.1	64.3	63.6	62.9	62.2	61.4	60.7
24	68.0	67.3	66.6	65.9	65.2	64.5	63.7	63.0	62.3	61.6
25	68.8	68.1	67.3	66.6	66.0	65.3	64.6	63.9	63.2	62.5
26	69.4	68.7	68.1	67.4	66.7	66.0	65.3	64.7	64.0	63.3
27	70.1	69.4	68.7	68.1	67.4	66.7	66.1	65.4	64.8	64.1
28	70.7	70.0	69.4	68.7	68.1	67.4	66.8	66.1	65.5	64.8
29	71.3	70.6	70.0	69.3	68.7	68.1	67.4	66.8	66.2	65.5
30	71.8	71.2	70.6	69.9	69.3	68.7	68.1	67.4	66.8	66.2
31	72.4	71.7	71.1	70.5	69.9	69.3	68.7	68.1	67.4	66.8
32	72.9	72.2	71.6	71.0	70.4	69.8	69.2	68.6	68.0	67.4
33	73.3	72.7	72.1	71.5	70.9	70.4	69.8	69.2	68.6	68.0
34	73.8	73.2	72.6	72.0	71.4	70.9	70.3	69.7	69.1	68.6
35	74.2	73.6	73.1	72.5	71.9	71.3	70.8	70.2	69.7	69.1
36	74.6	74.1	73.5	72.9	72.4	71.8	71.3	70.7	70.1	69.6
37	75.0	74.5	73.9	73.4	72.8	72.3	71.7	71.2	70.6	70.1
38	75.4	74.9	74.3	73.8	73.2	72.7	72.1	71.6	71.1	70.5
39	75.8	75.2	74.7	74.2	73.6	73.1	72.5	72.0	71.5	71.0
40	76.1	75.6	75.1	74.5	74.0	73.5	72.9	72.4	71.9	71.4
41	76.5	75.9	75.4	74.9	74.4	73.8	73.3	72.8	72.3	71.8
42	76.8	76.3	75.7	75.2	74.7	74.2	73.7	73.2	72.7	72.2
43	77.1	76.6	76.1	75.6	75.0	74.5	74.0	73.5	73.0	72.5
44	77.4	76.9	76.4	75.9	75.4	74.9	74.4	73.9	73.4	72.9
45	77.7	77.2	76.7	76.2	75.7	75.2	74.7	74.2	73.7	73.2
46	78.0	77.5	77.0	76.5	76.0	75.5	75.0	74.5	74.0	73.6
47	78.2	77.7	77.2	76.8	76.3	75.8	75.3	74.8	74.4	73.9
48	78.5	78.0	77.5	77.0	76.6	76.1	75.6	75.1	74.7	74.2
49	78.7	78.3	77.8	77.3	76.8	76.4	75.9	75.4	75.0	74.5
50	79.0	78.5	78.0	77.6	77.1	76.6	76.2	75.7	75.2	74.8
51	79.2	78.7	78.3	77.8	77.3	76.9	76.4	76.0	75.5	75.1
52	79.4	79.0	78.5	78.0	77.6	77.1	76.7	76.2	75.8	75.3
53	79.7	79.2	78.7	78.3	77.8	77.4	76.9	76.5	76.0	75.6
54	79.9	79.4	79.0	78.5	78.1	77.6	77.2	76.7	76.3	75.8
55	80.1	79.6	79.2	78.7	78.3	77.8	77.4	77.0	76.5	76.1
56	80.3	79.8	79.4	78.9	78.5	78.1	77.6	77.2	76.8	76.3
57	80.5	80.0	79.6	79.2	78.7	78.3	77.9	77.4	77.0	76.6

表 4b（续）

t \ $t-t_w$	4.1	4.2	4.3	4.4	4.5	4.6	4.7	4.8	4.9	5.0
58	80.7	80.2	79.8	79.4	78.9	78.5	78.1	77.6	77.2	76.8
59	80.8	80.4	80.0	79.6	79.1	78.7	78.3	77.9	77.4	77.0
60	81.0	80.6	80.2	79.7	79.3	78.9	78.5	78.1	77.6	77.2
61	81.2	80.8	80.4	79.9	79.5	79.1	78.7	78.3	77.8	77.4
62	81.4	80.9	80.5	80.1	79.7	79.3	78.9	78.5	78.0	77.6
63	81.5	81.1	80.7	80.3	79.9	79.5	79.1	78.7	78.2	77.8
64	81.7	81.3	80.9	80.5	80.1	79.6	79.2	78.8	78.4	78.0
65	81.9	81.4	81.0	80.6	80.2	79.8	79.4	79.0	78.6	78.2
66	82.0	81.6	81.2	80.8	80.4	80.0	79.6	79.2	78.8	78.4
67	82.2	81.8	81.4	81.0	80.6	80.2	79.8	79.4	79.0	78.6
68	82.3	81.9	81.5	81.1	80.7	80.3	79.9	79.5	79.2	78.8
69	82.5	82.1	81.7	81.3	80.9	80.5	80.1	79.7	79.3	78.9
70	82.6	82.2	81.8	81.4	81.0	80.6	80.3	79.9	79.5	79.1
71	82.7	82.4	82.0	81.6	81.2	80.8	80.4	80.0	79.7	79.3
72	82.9	82.5	82.1	81.7	81.3	81.0	80.6	80.2	79.8	79.4
73	83.0	82.6	82.2	81.9	81.5	81.1	80.7	80.4	80.0	79.6
74	83.1	82.8	82.4	82.0	81.6	81.3	80.9	80.5	80.1	79.8
75	83.3	82.9	82.5	82.1	81.8	81.4	81.0	80.7	80.3	79.9
76	83.4	83.0	82.7	82.3	81.9	81.5	81.2	80.8	80.4	80.1
77	83.5	83.2	82.8	82.4	82.0	81.7	81.3	80.9	80.6	80.2
78	83.7	83.3	82.9	82.5	82.2	81.8	81.4	81.1	80.7	80.4
79	83.8	83.4	83.0	82.7	82.3	81.9	81.6	81.2	80.9	80.5
80	83.9	83.5	83.2	82.8	82.4	82.1	81.7	81.4	81.0	80.6
81	84.0	83.6	83.3	82.9	82.6	82.2	81.8	81.5	81.1	80.8
82	84.1	83.8	83.4	83.0	82.7	82.3	82.0	81.6	81.3	80.9
83	84.2	83.9	83.5	83.2	82.8	82.5	82.1	81.8	81.4	81.1
84	84.4	84.0	83.6	83.3	82.9	82.6	82.2	81.9	81.5	81.2
85	84.5	84.1	83.8	83.4	83.1	82.7	82.4	82.0	81.7	81.3
86	84.6	84.2	83.9	83.5	83.2	82.8	82.5	82.1	81.8	81.4
87	84.7	84.3	84.0	83.6	83.3	82.9	82.6	82.3	81.9	81.6
88	84.8	84.4	84.1	83.7	83.4	83.1	82.7	82.4	82.0	81.7
89	84.9	84.5	84.2	83.9	83.5	83.2	82.8	82.5	82.2	81.8
90	85.0	84.6	84.3	84.0	83.6	83.3	82.9	82.6	82.3	81.9
91	85.1	84.7	84.4	84.1	83.7	83.4	83.1	82.7	82.4	82.1
92	85.2	84.8	84.5	84.2	83.8	83.5	83.2	82.8	82.5	82.2
93	85.3	84.9	84.6	84.3	83.9	83.6	83.3	83.0	82.6	82.3
94	85.4	85.0	84.7	84.4	84.1	83.7	83.4	83.1	82.7	82.4
95	85.5	85.1	84.8	84.5	84.2	83.8	83.5	83.2	82.8	82.5
96	85.6	85.2	84.9	84.6	84.3	83.9	83.6	83.3	83.0	82.6
97	85.7	85.3	85.0	84.7	84.4	84.0	83.7	83.4	83.1	82.7
98	85.8	85.4	85.1	84.8	84.5	84.1	83.8	83.5	83.2	82.9
99	85.8	85.5	85.2	84.9	84.6	84.2	83.9	83.6	83.3	83.0
100	85.9	85.6	85.3	85.0	84.7	84.3	84.0	83.7	83.4	83.1

表 4b（续）

$t-t_w$ / t	5.2	5.4	5.6	5.8	6.0	6.2	6.4	6.6	6.8	7.0
15	49.2	47.4	45.7	43.9	42.1	40.4	38.7	36.9	35.2	33.5
16	50.8	49.0	47.3	45.6	43.9	42.2	40.6	38.9	37.2	35.6
17	52.2	50.5	48.9	47.2	45.6	43.9	42.3	40.7	39.1	37.5
18	53.6	52.0	50.3	48.7	47.1	45.6	44.0	42.4	40.9	39.3
19	54.9	53.3	51.7	50.2	48.6	47.1	45.5	44.0	42.5	41.0
20	56.1	54.5	53.0	51.5	50.0	48.5	47.0	45.5	44.1	42.6
21	57.2	55.7	54.2	52.8	51.3	49.8	48.4	47.0	45.5	44.1
22	58.3	56.8	55.4	53.9	52.5	51.1	49.7	48.3	46.9	45.5
23	59.3	57.9	56.5	55.1	53.7	52.3	50.9	49.6	48.2	46.9
24	60.2	58.9	57.5	56.1	54.8	53.4	52.1	50.8	49.4	48.1
25	61.1	59.8	58.5	57.1	55.8	54.5	53.2	51.9	50.6	49.3
26	62.0	60.7	59.4	58.1	56.8	55.5	54.2	53.0	51.7	50.5
27	62.8	61.5	60.2	59.0	57.7	56.4	55.2	54.0	52.7	51.5
28	63.6	62.3	61.1	59.8	58.6	57.3	56.1	54.9	53.7	52.5
29	64.3	63.1	61.8	60.6	59.4	58.2	57.0	55.8	54.7	53.5
30	65.0	63.8	62.6	61.4	60.2	59.0	57.8	56.7	55.5	54.4
31	65.6	64.5	63.3	62.1	60.9	59.8	58.6	57.5	56.4	55.3
32	66.3	65.1	63.9	62.8	61.7	60.5	59.4	58.3	57.2	56.1
33	66.9	65.7	64.6	63.5	62.3	61.2	60.1	59.0	57.9	56.9
34	67.4	66.3	65.2	64.1	63.0	61.9	60.8	59.7	58.7	57.6
35	68.0	66.9	65.8	64.7	63.6	62.5	61.5	60.4	59.3	58.3
36	68.5	67.4	66.3	65.2	64.2	63.1	62.1	61.0	60.0	59.0
37	69.0	67.9	66.8	65.8	64.7	63.7	62.7	61.6	60.6	59.6
38	69.5	68.4	67.4	66.3	65.3	64.3	63.2	62.2	61.2	60.2
39	69.9	68.9	67.8	66.8	65.8	64.8	63.8	62.8	61.8	60.8
40	70.3	69.3	68.3	67.3	66.3	65.3	64.3	63.3	62.4	61.4
41	70.8	69.7	68.7	67.8	66.8	65.8	64.8	63.8	62.9	61.9
42	71.2	70.2	69.2	68.2	67.2	66.3	65.3	64.3	63.4	62.5
43	71.5	70.6	69.6	68.6	67.7	66.7	65.8	64.8	63.9	63.0
44	71.9	70.9	70.0	69.0	68.1	67.1	66.2	65.3	64.4	63.4
45	72.3	71.3	70.4	69.4	68.5	67.6	66.6	65.7	64.8	63.9
46	72.6	71.7	70.7	69.8	68.9	68.0	67.0	66.1	65.2	64.4
47	72.9	72.0	71.1	70.2	69.2	68.3	67.4	66.5	65.7	64.8
48	73.3	72.3	71.4	70.5	69.6	68.7	67.8	66.9	66.1	65.2
49	73.6	72.7	71.8	70.9	70.0	69.1	68.2	67.3	66.5	65.6
50	73.9	73.0	72.1	71.2	70.3	69.4	68.5	67.7	66.8	66.0
51	74.2	73.3	72.4	71.5	70.6	69.8	68.9	68.0	67.2	66.4
52	74.4	73.6	72.7	71.8	70.9	70.1	69.2	68.4	67.5	66.7
53	74.7	73.8	73.0	72.1	71.2	70.4	69.6	68.7	67.9	67.1
54	75.0	74.1	73.2	72.4	71.5	70.7	69.9	69.0	68.2	67.4
55	75.2	74.4	73.5	72.7	71.8	71.0	70.2	69.4	68.5	67.7
56	75.5	74.6	73.8	72.9	72.1	71.3	70.5	69.7	68.9	68.1
57	75.7	74.9	74.0	73.2	72.4	71.6	70.8	70.0	69.2	68.4

表 4b（续）

$t-t_w$ / t	5.2	5.4	5.6	5.8	6.0	6.2	6.4	6.6	6.8	7.0
58	76.0	75.1	74.3	73.5	72.7	71.8	71.0	70.2	69.4	68.7
59	76.2	75.4	74.5	73.7	72.9	72.1	71.3	70.5	69.7	69.0
60	76.4	75.6	74.8	74.0	73.2	72.4	71.6	70.8	70.0	69.2
61	76.6	75.8	75.0	74.2	73.4	72.6	71.8	71.1	70.3	69.5
62	76.8	76.0	75.2	74.4	73.6	72.9	72.1	71.3	70.5	69.8
63	77.0	76.2	75.4	74.7	73.9	73.1	72.3	71.6	70.8	70.1
64	77.2	76.4	75.7	74.9	74.1	73.3	72.6	71.8	71.1	70.3
65	77.4	76.6	75.9	75.1	74.3	73.6	72.8	72.1	71.3	70.6
66	77.6	76.8	76.1	75.3	74.5	73.8	73.0	72.3	71.5	70.8
67	77.8	77.0	76.3	75.5	74.8	74.0	73.3	72.5	71.8	71.0
68	78.0	77.2	76.5	75.7	75.0	74.2	73.5	72.7	72.0	71.3
69	78.2	77.4	76.7	75.9	75.2	74.4	73.7	73.0	72.2	71.5
70	78.4	77.6	76.8	76.1	75.4	74.6	73.9	73.2	72.5	71.7
71	78.5	77.8	77.0	76.3	75.6	74.8	74.1	73.4	72.7	72.0
72	78.7	77.9	77.2	76.5	75.7	75.0	74.3	73.6	72.9	72.2
73	78.9	78.1	77.4	76.7	75.9	75.2	74.5	73.8	73.1	72.4
74	79.0	78.3	77.6	76.8	76.1	75.4	74.7	74.0	73.3	72.6
75	79.2	78.5	77.7	77.0	76.3	75.6	74.9	74.2	73.5	72.8
76	79.3	78.6	77.9	77.2	76.5	75.8	75.1	74.4	73.7	73.0
77	79.5	78.8	78.1	77.3	76.6	75.9	75.3	74.6	73.9	73.2
78	79.6	78.9	78.2	77.5	76.8	76.1	75.4	74.7	74.1	73.4
79	79.8	79.1	78.4	77.7	77.0	76.3	75.6	74.9	74.3	73.6
80	79.9	79.2	78.5	77.8	77.1	76.5	75.8	75.1	74.4	73.8
81	80.1	79.4	78.7	78.0	77.3	76.6	76.0	75.3	74.6	73.9
82	80.2	79.5	78.8	78.1	77.5	76.8	76.1	75.5	74.8	74.1
83	80.4	79.7	79.0	78.3	77.6	77.0	76.3	75.6	75.0	74.3
84	80.5	79.8	79.1	78.5	77.8	77.1	76.4	75.8	75.1	74.5
85	80.6	79.9	79.3	78.6	77.9	77.3	76.6	76.0	75.3	74.7
86	80.8	80.1	79.4	78.7	78.1	77.4	76.8	76.1	75.5	74.8
87	80.9	80.2	79.6	78.9	78.2	77.6	76.9	76.3	75.6	75.0
88	81.0	80.4	79.7	79.0	78.4	77.7	77.1	76.4	75.8	75.2
89	81.2	80.5	79.8	79.2	78.5	77.9	77.2	76.6	76.0	75.3
90	81.3	80.6	80.0	79.3	78.7	78.0	77.4	76.7	76.1	75.5
91	81.4	80.7	80.1	79.4	78.8	78.2	77.5	76.9	76.3	75.6
92	81.5	80.9	80.2	79.6	78.9	78.3	77.7	77.0	76.4	75.8
93	81.6	81.0	80.3	79.7	79.1	78.4	77.8	77.2	76.6	75.9
94	81.8	81.1	80.5	79.8	79.2	78.6	78.0	77.3	76.7	76.1
95	81.9	81.2	80.6	80.0	79.3	78.7	78.1	77.5	76.9	76.2
96	82.0	81.4	80.7	80.1	79.5	78.8	78.2	77.6	77.0	76.4
97	82.1	81.5	80.8	80.2	79.6	79.0	78.4	77.8	77.1	76.5
98	82.2	81.6	81.0	80.3	79.7	79.1	78.5	77.9	77.3	76.7
99	82.3	81.7	81.1	80.5	79.9	79.2	78.6	78.0	77.4	76.8
100	82.4	81.8	81.2	80.6	80.0	79.4	78.8	78.2	77.6	77.0

表 4b（续）

t \ $t-t_w$	7.2	7.4	7.6	7.8	8.0	8.2	8.4	8.6	8.8	9.0
15	31.8	30.2	28.5	26.8	25.2	23.5	21.9	20.3	18.7	17.1
16	33.9	32.3	30.7	29.1	27.5	25.9	24.3	22.8	21.2	19.7
17	35.9	34.4	32.8	31.2	29.7	28.2	26.6	25.1	23.6	22.1
18	37.8	36.3	34.7	33.2	31.7	30.3	28.8	27.3	25.9	24.4
19	39.5	38.1	36.6	35.1	33.7	32.2	30.8	29.4	28.0	26.6
20	41.2	39.7	38.3	36.9	35.5	34.1	32.7	31.3	29.9	28.6
21	42.7	41.3	39.9	38.6	37.2	35.8	34.5	33.1	31.8	30.5
22	44.2	42.8	41.5	40.1	38.8	37.5	36.2	34.9	33.6	32.3
23	45.5	44.2	42.9	41.6	40.3	39.0	37.7	36.5	35.2	34.0
24	46.8	45.5	44.3	43.0	41.7	40.5	39.2	38.0	36.8	35.6
25	48.1	46.8	45.6	44.3	43.1	41.9	40.6	39.4	38.2	37.1
26	49.2	48.0	46.8	45.6	44.4	43.2	42.0	40.8	39.6	38.5
27	50.3	49.1	47.9	46.7	45.6	44.4	43.2	42.1	40.9	39.8
28	51.3	50.2	49.0	47.8	46.7	45.6	44.4	43.3	42.2	41.1
29	52.3	51.2	50.0	48.9	47.8	46.7	45.6	44.5	43.4	42.3
30	53.3	52.1	51.0	49.9	48.8	47.7	46.6	45.5	44.5	43.4
31	54.1	53.0	51.9	50.9	49.8	48.7	47.6	46.6	45.5	44.5
32	55.0	53.9	52.8	51.8	50.7	49.7	48.6	47.6	46.5	45.5
33	55.8	54.7	53.7	52.6	51.6	50.5	49.5	48.5	47.5	46.5
34	56.5	55.5	54.5	53.4	52.4	51.4	50.4	49.4	48.4	47.4
35	57.3	56.2	55.2	54.2	53.2	52.2	51.2	50.3	49.3	48.3
36	58.0	57.0	56.0	55.0	54.0	53.0	52.0	51.1	50.1	49.2
37	58.6	57.6	56.6	55.7	54.7	53.7	52.8	51.8	50.9	50.0
38	59.3	58.3	57.3	56.4	55.4	54.4	53.5	52.6	51.6	50.7
39	59.9	58.9	57.9	57.0	56.1	55.1	54.2	53.3	52.4	51.5
40	60.4	59.5	58.6	57.6	56.7	55.8	54.9	54.0	53.1	52.2
41	61.0	60.1	59.1	58.2	57.3	56.4	55.5	54.6	53.7	52.8
42	61.5	60.6	59.7	58.8	57.9	57.0	56.1	55.2	54.4	53.5
43	62.0	61.1	60.2	59.3	58.4	57.6	56.7	55.8	55.0	54.1
44	62.5	61.6	60.7	59.9	59.0	58.1	57.3	56.4	55.5	54.7
45	63.0	62.1	61.2	60.4	59.5	58.6	57.8	56.9	56.1	55.3
46	63.5	62.6	61.7	60.9	60.0	59.2	58.3	57.5	56.6	55.8
47	63.9	63.0	62.2	61.3	60.5	59.6	58.8	58.0	57.2	56.4
48	64.3	63.5	62.6	61.8	60.9	60.1	59.3	58.5	57.7	56.9
49	64.7	63.9	63.1	62.2	61.4	60.6	59.8	59.0	58.2	57.4
50	65.1	64.3	63.5	62.6	61.8	61.0	60.2	59.4	58.6	57.8
51	65.5	64.7	63.9	63.1	62.2	61.4	60.6	59.9	59.1	58.3
52	65.9	65.1	64.3	63.4	62.6	61.9	61.1	60.3	59.5	58.7
53	66.2	65.4	64.6	63.8	63.0	62.3	61.5	60.7	59.9	59.2
54	66.6	65.8	65.0	64.2	63.4	62.6	61.9	61.1	60.3	59.6
55	66.9	66.1	65.3	64.6	63.8	63.0	62.2	61.5	60.7	60.0
56	67.3	66.5	65.7	64.9	64.1	63.4	62.6	61.9	61.1	60.4
57	67.6	66.8	66.0	65.2	64.5	63.7	63.0	62.2	61.5	60.8

表 4b（续）

t \ $t-t_w$	7.2	7.4	7.6	7.8	8.0	8.2	8.4	8.6	8.8	9.0
58	67.9	67.1	66.3	65.6	64.8	64.1	63.3	62.6	61.9	61.1
59	68.2	67.4	66.7	65.9	65.1	64.4	63.7	62.9	62.2	61.5
60	68.5	67.7	67.0	66.2	65.5	64.7	64.0	63.3	62.5	61.8
61	68.8	68.0	67.3	66.5	65.8	65.0	64.3	63.6	62.9	62.2
62	69.0	68.3	67.5	66.8	66.1	65.4	64.6	63.9	63.2	62.5
63	69.3	68.6	67.8	67.1	66.4	65.7	64.9	64.2	63.5	62.8
64	69.6	68.8	68.1	67.4	66.7	65.9	65.2	64.5	63.8	63.1
65	69.8	69.1	68.4	67.7	66.9	66.2	65.5	64.8	64.1	63.4
66	70.1	69.4	68.6	67.9	67.2	66.5	65.8	65.1	64.4	63.7
67	70.3	69.6	68.9	68.2	67.5	66.8	66.1	65.4	64.7	64.0
68	70.6	69.9	69.1	68.4	67.7	67.0	66.4	65.7	65.0	64.3
69	70.8	70.1	69.4	68.7	68.0	67.3	66.6	65.9	65.3	64.6
70	71.0	70.3	69.6	68.9	68.2	67.6	66.9	66.2	65.5	64.9
71	71.3	70.6	69.9	69.2	68.5	67.8	67.1	66.5	65.8	65.1
72	71.5	70.8	70.1	69.4	68.7	68.1	67.4	66.7	66.1	65.4
73	71.7	71.0	70.3	69.6	69.0	68.3	67.6	67.0	66.3	65.7
74	71.9	71.2	70.5	69.9	69.2	68.5	67.9	67.2	66.6	65.9
75	72.1	71.4	70.8	70.1	69.4	68.8	68.1	67.5	66.8	66.2
76	72.3	71.6	71.0	70.3	69.6	69.0	68.3	67.7	67.1	66.4
77	72.5	71.9	71.2	70.5	69.9	69.2	68.6	67.9	67.3	66.7
78	72.7	72.1	71.4	70.7	70.1	69.4	68.8	68.2	67.5	66.9
79	72.9	72.3	71.6	70.9	70.3	69.6	69.0	68.4	67.7	67.1
80	73.1	72.4	71.8	71.1	70.5	69.9	69.2	68.6	68.0	67.3
81	73.3	72.6	72.0	71.3	70.7	70.1	69.4	68.8	68.2	67.6
82	73.5	72.8	72.2	71.5	70.9	70.3	69.6	69.0	68.4	67.8
83	73.7	73.0	72.4	71.7	71.1	70.5	69.8	69.2	68.6	68.0
84	73.8	73.2	72.6	71.9	71.3	70.7	70.0	69.4	68.8	68.2
85	74.0	73.4	72.7	72.1	71.5	70.9	70.2	69.6	69.0	68.4
86	74.2	73.6	72.9	72.3	71.7	71.1	70.4	69.8	69.2	68.6
87	74.4	73.7	73.1	72.5	71.9	71.2	70.6	70.0	69.4	68.8
88	74.5	73.9	73.3	72.7	72.0	71.4	70.8	70.2	69.6	69.0
89	74.7	74.1	73.4	72.8	72.2	71.6	71.0	70.4	69.8	69.2
90	74.9	74.2	73.6	73.0	72.4	71.8	71.2	70.6	70.0	69.4
91	75.0	74.4	73.8	73.2	72.6	72.0	71.4	70.8	70.2	69.6
92	75.2	74.6	74.0	73.4	72.7	72.2	71.6	71.0	70.4	69.8
93	75.3	74.7	74.1	73.5	72.9	72.3	71.7	71.2	70.6	70.0
94	75.5	74.9	74.3	73.7	73.1	72.5	71.9	71.3	70.7	70.2
95	75.6	75.0	74.4	73.8	73.3	72.7	72.1	71.5	70.9	70.4
96	75.8	75.2	74.6	74.0	73.4	72.8	72.3	71.7	71.1	70.5
97	75.9	75.3	74.8	74.2	73.6	73.0	72.4	71.8	71.3	70.7
98	76.1	75.5	74.9	74.3	73.7	73.2	72.6	72.0	71.5	70.9
99	76.2	75.6	75.1	74.5	73.9	73.3	72.8	72.2	71.6	71.1
100	76.4	75.8	75.2	74.6	74.1	73.5	72.9	72.4	71.8	71.2

表 4b（续）

t \ $t-t_w$	9.2	9.4	9.6	9.8	10.0	10.2	10.4	10.6	10.8	11.0
15	15.5	13.9	12.3	10.7	9.2	7.6	6.1	4.6	3.0	1.5
16	18.1	16.6	15.1	13.6	12.1	10.6	9.1	7.6	6.1	4.7
17	20.6	19.2	17.7	16.2	14.8	13.3	11.9	10.5	9.0	7.6
18	23.0	21.5	20.1	18.7	17.3	15.9	14.5	13.1	11.8	10.4
19	25.2	23.8	22.4	21.0	19.7	18.3	17.0	15.6	14.3	13.0
20	27.2	25.9	24.5	23.2	21.9	20.6	19.3	18.0	16.7	15.4
21	29.2	27.9	26.6	25.3	24.0	22.7	21.5	20.2	19.0	17.7
22	31.0	29.7	28.5	27.2	26.0	24.7	23.5	22.3	21.1	19.9
23	32.7	31.5	30.3	29.0	27.8	26.6	25.4	24.2	23.1	21.9
24	34.3	33.1	31.9	30.8	29.6	28.4	27.2	26.1	24.9	23.8
25	35.9	34.7	33.5	32.4	31.2	30.1	29.0	27.8	26.7	25.6
26	37.3	36.2	35.0	33.9	32.8	31.7	30.6	29.5	28.4	27.3
27	38.7	37.6	36.5	35.4	34.3	33.2	32.1	31.0	30.0	28.9
28	40.0	38.9	37.8	36.7	35.7	34.6	33.5	32.5	31.5	30.4
29	41.2	40.1	39.1	38.0	37.0	35.9	34.9	33.9	32.9	31.9
30	42.4	41.3	40.3	39.2	38.2	37.2	36.2	35.2	34.2	33.2
31	43.5	42.4	41.4	40.4	39.4	38.4	37.4	36.4	35.5	34.5
32	44.5	43.5	42.5	41.5	40.5	39.6	38.6	37.6	36.7	35.7
33	45.5	44.5	43.5	42.6	41.6	40.7	39.7	38.8	37.8	36.9
34	46.5	45.5	44.5	43.6	42.6	41.7	40.8	39.8	38.9	38.0
35	47.4	46.4	45.5	44.5	43.6	42.7	41.8	40.9	39.9	39.1
36	48.2	47.3	46.4	45.4	44.5	43.6	42.7	41.8	40.9	40.1
37	49.0	48.1	47.2	46.3	45.4	44.5	43.6	42.7	41.9	41.0
38	49.8	48.9	48.0	47.1	46.2	45.4	44.5	43.6	42.8	41.9
39	50.6	49.7	48.8	47.9	47.0	46.2	45.3	44.5	43.6	42.8
40	51.3	50.4	49.5	48.7	47.8	47.0	46.1	45.3	44.5	43.6
41	52.0	51.1	50.2	49.4	48.6	47.7	46.9	46.1	45.2	44.4
42	52.6	51.8	50.9	50.1	49.3	48.4	47.6	46.8	46.0	45.2
43	53.3	52.4	51.6	50.8	49.9	49.1	48.3	47.5	46.7	45.9
44	53.9	53.0	52.2	51.4	50.6	49.8	49.0	48.2	47.4	46.6
45	54.4	53.6	52.8	52.0	51.2	50.4	49.6	48.8	48.1	47.3
46	55.0	54.2	53.4	52.6	51.8	51.0	50.2	49.5	48.7	47.9
47	55.5	54.7	54.0	53.2	52.4	51.6	50.8	50.1	49.3	48.6
48	56.1	55.3	54.5	53.7	52.9	52.2	51.4	50.7	49.9	49.2
49	56.6	55.8	55.0	54.2	53.5	52.7	52.0	51.2	50.5	49.7
50	57.1	56.3	55.5	54.7	54.0	53.2	52.5	51.8	51.0	50.3
51	57.5	56.8	56.0	55.2	54.5	53.7	53.0	52.3	51.6	50.8
52	58.0	57.2	56.5	55.7	55.0	54.2	53.5	52.8	52.1	51.4
53	58.4	57.7	56.9	56.2	55.4	54.7	54.0	53.3	52.6	51.9
54	58.8	58.1	57.4	56.6	55.9	55.2	54.5	53.7	53.0	52.3
55	59.2	58.5	57.8	57.1	56.3	55.6	54.9	54.2	53.5	52.8
56	59.6	58.9	58.2	57.5	56.8	56.0	55.3	54.7	54.0	53.3
57	60.0	59.3	58.6	57.9	57.2	56.5	55.8	55.1	54.4	53.7

表 4b（续）

t \ $t-t_w$	9.2	9.4	9.6	9.8	10.0	10.2	10.4	10.6	10.8	11.0
58	60.4	59.7	59.0	58.3	57.6	56.9	56.2	55.5	54.8	54.1
59	60.8	60.1	59.4	58.7	58.0	57.3	56.6	55.9	55.2	54.6
60	61.1	60.4	59.7	59.0	58.3	57.7	57.0	56.3	55.6	55.0
61	61.5	60.8	60.1	59.4	58.7	58.0	57.4	56.7	56.0	55.4
62	61.8	61.1	60.4	59.7	59.1	58.4	57.7	57.1	56.4	55.7
63	62.1	61.4	60.8	60.1	59.4	58.7	58.1	57.4	56.8	56.1
64	62.5	61.8	61.1	60.4	59.8	59.1	58.4	57.8	57.1	56.5
65	62.8	62.1	61.4	60.7	60.1	59.4	58.8	58.1	57.5	56.8
66	63.1	62.4	61.7	61.1	60.4	59.8	59.1	58.5	57.8	57.2
67	63.4	62.7	62.0	61.4	60.7	60.1	59.4	58.8	58.2	57.5
68	63.7	63.0	62.3	61.7	61.0	60.4	59.8	59.1	58.5	57.9
69	63.9	63.3	62.6	62.0	61.3	60.7	60.1	59.4	58.8	58.2
70	64.2	63.6	62.9	62.3	61.6	61.0	60.4	59.7	59.1	58.5
71	64.5	63.8	63.2	62.6	61.9	61.3	60.7	60.0	59.4	58.8
72	64.8	64.1	63.5	62.8	62.2	61.6	61.0	60.3	59.7	59.1
73	65.0	64.4	63.7	63.1	62.5	61.9	61.2	60.6	60.0	59.4
74	65.3	64.6	64.0	63.4	62.8	62.1	61.5	60.9	60.3	59.7
75	65.5	64.9	64.3	63.6	63.0	62.4	61.8	61.2	60.6	60.0
76	65.8	65.1	64.5	63.9	63.3	62.7	62.1	61.5	60.9	60.3
77	66.0	65.4	64.8	64.2	63.5	62.9	62.3	61.7	61.1	60.5
78	66.3	65.6	65.0	64.4	63.8	63.2	62.6	62.0	61.4	60.8
79	66.5	65.9	65.3	64.7	64.0	63.4	62.9	62.3	61.7	61.1
80	66.7	66.1	65.5	64.9	64.3	63.7	63.1	62.5	61.9	61.3
81	67.0	66.3	65.7	65.1	64.5	63.9	63.3	62.8	62.2	61.6
82	67.2	66.6	66.0	65.4	64.8	64.2	63.6	63.0	62.4	61.9
83	67.4	66.8	66.2	65.6	65.0	64.4	63.8	63.3	62.7	62.1
84	67.6	67.0	66.4	65.8	65.2	64.6	64.1	63.5	62.9	62.4
85	67.8	67.2	66.6	66.0	65.5	64.9	64.3	63.7	63.2	62.6
86	68.0	67.4	66.8	66.3	65.7	65.1	64.5	64.0	63.4	62.8
87	68.2	67.6	67.1	66.5	65.9	65.3	64.8	64.2	63.6	63.1
88	68.4	67.9	67.3	66.7	66.1	65.5	65.0	64.4	63.9	63.3
89	68.6	68.1	67.5	66.9	66.3	65.8	65.2	64.6	64.1	63.5
90	68.8	68.3	67.7	67.1	66.5	66.0	65.4	64.9	64.3	63.7
91	69.0	68.5	67.9	67.3	66.7	66.2	65.6	65.1	64.5	64.0
92	69.2	68.6	68.1	67.5	66.9	66.4	65.8	65.3	64.7	64.2
93	69.4	68.8	68.3	67.7	67.1	66.6	66.0	65.5	64.9	64.4
94	69.6	69.0	68.5	67.9	67.3	66.8	66.2	65.7	65.2	64.6
95	69.8	69.2	68.7	68.1	67.5	67.0	66.4	65.9	65.4	64.8
96	70.0	69.4	68.8	68.3	67.7	67.2	66.6	66.1	65.6	65.0
97	70.1	69.6	69.0	68.5	67.9	67.4	66.8	66.3	65.8	65.2
98	70.3	69.8	69.2	68.7	68.1	67.6	67.0	66.5	66.0	65.4
99	70.5	69.9	69.4	68.8	68.3	67.8	67.2	66.7	66.2	65.6
100	70.7	70.1	69.6	69.0	68.5	68.0	67.4	66.9	66.4	65.8

表 4b（续）

t \ $t-t_w$	11.5	12.0	12.5	13.5	13.5	14.0	14.5	15.0	15.5	16.0
15										
16	1.1									
17	4.1	0.7								
18	7.0	3.7	0.4							
19	9.7	6.5	3.3	0.2						
20	12.3	9.1	6.1	3.1	0.1					
21	14.6	11.6	8.7	5.7	2.8					
22	16.9	14.0	11.1	8.2	5.4	2.7				
23	19.0	16.1	13.3	10.6	7.9	5.2	2.6			
24	21.0	18.2	15.5	12.8	10.2	7.6	5.0	2.5	0.0	
25	22.9	20.2	17.5	14.9	12.3	9.8	7.3	4.9	2.5	0.1
26	24.6	22.0	19.4	16.9	14.4	11.9	9.5	7.1	4.8	2.5
27	26.3	23.7	21.2	18.7	16.3	13.9	11.5	9.2	6.9	4.7
28	27.9	25.4	22.9	20.5	18.1	15.8	13.5	11.2	9.0	6.8
29	29.4	26.9	24.5	22.2	19.8	17.5	15.3	13.1	10.9	8.8
30	30.8	28.4	26.0	23.7	21.5	19.2	17.0	14.9	12.8	10.7
31	32.1	29.8	27.5	25.2	23.0	20.8	18.7	16.6	14.5	12.5
32	33.4	31.1	28.8	26.6	24.5	22.3	20.2	18.2	16.1	14.1
33	34.6	32.4	30.1	28.0	25.8	23.8	21.7	19.7	17.7	15.7
34	35.8	33.5	31.4	29.3	27.2	25.1	23.1	21.1	19.2	17.3
35	36.8	34.7	32.6	30.5	28.4	26.4	24.4	22.5	20.6	18.7
36	37.9	35.8	33.7	31.6	29.6	27.6	25.7	23.8	21.9	20.1
37	38.9	36.8	34.7	32.7	30.7	28.8	26.9	25.0	23.2	21.4
38	39.8	37.8	35.7	33.8	31.8	29.9	28.0	26.2	24.4	22.6
39	40.7	38.7	36.7	34.8	32.8	31.0	29.1	27.3	25.5	23.8
40	41.6	39.6	37.6	35.7	33.8	32.0	30.2	28.4	26.6	24.9
41	42.4	40.4	38.5	36.6	34.8	32.9	31.2	29.4	27.7	26.0
42	43.2	41.3	39.4	37.5	35.7	33.9	32.1	30.4	28.7	27.0
43	44.0	42.1	40.2	38.3	36.5	34.8	33.0	31.3	29.6	28.0
44	44.7	42.8	41.0	39.1	37.4	35.6	33.9	32.2	30.6	28.9
45	45.4	43.5	41.7	39.9	38.1	36.4	34.7	33.1	31.4	29.8
46	46.1	44.2	42.4	40.6	38.9	37.2	35.5	33.9	32.3	30.7
47	46.7	44.9	43.1	41.4	39.6	38.0	36.3	34.7	33.1	31.5
48	47.3	45.5	43.8	42.0	40.3	38.7	37.0	35.4	33.9	32.3
49	47.9	46.1	44.4	42.7	41.0	39.4	37.8	36.2	34.6	33.1
50	48.5	46.7	45.0	43.3	41.7	40.0	38.4	36.9	35.3	33.8
51	49.1	47.3	45.6	43.9	42.3	40.7	39.1	37.6	36.0	34.5
52	49.6	47.9	46.2	44.5	42.9	41.3	39.7	38.2	36.7	35.2
53	50.1	48.4	46.7	45.1	43.5	41.9	40.4	38.8	37.4	35.9
54	50.6	48.9	47.3	45.6	44.1	42.5	41.0	39.5	38.0	36.5
55	51.1	49.4	47.8	46.2	44.6	43.1	41.5	40.0	38.6	37.1
56	51.6	49.9	48.3	46.7	45.1	43.6	42.1	40.6	39.2	37.7
57	52.0	50.4	48.8	47.2	45.6	44.1	42.6	41.2	39.7	38.3

表 4b（续）

t \ $t-t_w$	11.5	12.0	12.5	13.5	13.5	14.0	14.5	15.0	15.5	16.0
58	52.5	50.9	49.3	47.7	46.1	44.6	43.2	41.7	40.3	38.9
59	52.9	51.3	49.7	48.2	46.6	45.1	43.7	42.2	40.8	39.4
60	53.3	51.7	50.2	48.6	47.1	45.6	44.2	42.7	41.3	39.9
61	53.7	52.1	50.6	49.1	47.6	46.1	44.6	43.2	41.8	40.5
62	54.1	52.6	51.0	49.5	48.0	46.5	45.1	43.7	42.3	40.9
63	54.5	53.0	51.4	49.9	48.4	47.0	45.5	44.1	42.8	41.4
64	54.9	53.3	51.8	50.3	48.8	47.4	46.0	44.6	43.2	41.9
65	55.3	53.7	52.2	50.7	49.3	47.8	46.4	45.0	43.7	42.4
66	55.6	54.1	52.6	51.1	49.7	48.2	46.8	45.5	44.1	42.8
67	56.0	54.5	53.0	51.5	50.0	48.6	47.2	45.9	44.5	43.2
68	56.3	54.8	53.3	51.9	50.4	49.0	47.6	46.3	45.0	43.7
69	56.7	55.1	53.7	52.2	50.8	49.4	48.0	46.7	45.4	44.1
70	57.0	55.5	54.0	52.6	51.2	49.8	48.4	47.1	45.8	44.5
71	57.3	55.8	54.4	52.9	51.5	50.1	48.8	47.5	46.2	44.9
72	57.6	56.1	54.7	53.3	51.9	50.5	49.1	47.8	46.5	45.3
73	57.9	56.5	55.0	53.6	52.2	50.8	49.5	48.2	46.9	45.6
74	58.2	56.8	55.3	53.9	52.5	51.2	49.9	48.5	47.3	46.0
75	58.5	57.1	55.6	54.2	52.9	51.5	50.2	48.9	47.6	46.4
76	58.8	57.4	55.9	54.6	53.2	51.9	50.5	49.2	48.0	46.7
77	59.1	57.7	56.2	54.9	53.5	52.2	50.9	49.6	48.3	47.1
78	59.4	57.9	56.5	55.2	53.8	52.5	51.2	49.9	48.6	47.4
79	59.6	58.2	56.8	55.5	54.1	52.8	51.5	50.2	49.0	47.7
80	59.9	58.5	57.1	55.8	54.4	53.1	51.8	50.5	49.3	48.1
81	60.2	58.8	57.4	56.0	54.7	53.4	52.1	50.9	49.6	48.4
82	60.4	59.0	57.7	56.3	55.0	53.7	52.4	51.2	49.9	48.7
83	60.7	59.3	57.9	56.6	55.3	54.0	52.7	51.5	50.2	49.0
84	60.9	59.6	58.2	56.9	55.6	54.3	53.0	51.8	50.5	49.3
85	61.2	59.8	58.5	57.1	55.8	54.6	53.3	52.1	50.8	49.6
86	61.4	60.1	58.7	57.4	56.1	54.8	53.6	52.3	51.1	49.9
87	61.7	60.3	59.0	57.7	56.4	55.1	53.9	52.6	51.4	50.2
88	61.9	60.6	59.2	57.9	56.6	55.4	54.1	52.9	51.7	50.5
89	62.2	60.8	59.5	58.2	56.9	55.6	54.4	53.2	52.0	50.8
90	62.4	61.0	59.7	58.4	57.2	55.9	54.7	53.5	52.3	51.1
91	62.6	61.3	60.0	58.7	57.4	56.2	54.9	53.7	52.5	51.4
92	62.8	61.5	60.2	58.9	57.7	56.4	55.2	54.0	52.8	51.6
93	63.1	61.7	60.4	59.2	57.9	56.7	55.5	54.3	53.1	51.9
94	63.3	62.0	60.7	59.4	58.1	56.9	55.7	54.5	53.3	52.2
95	63.5	62.2	60.9	59.6	58.4	57.2	56.0	54.8	53.6	52.5
96	63.7	62.4	61.1	59.9	58.6	57.4	56.2	55.0	53.9	52.7
97	63.9	62.6	61.3	60.1	58.9	57.6	56.4	55.3	54.1	53.0
98	64.1	62.8	61.6	60.3	59.1	57.9	56.7	55.5	54.4	53.2
99	64.3	63.0	61.8	60.5	59.3	58.1	56.9	55.8	54.6	53.5
100	64.5	63.3	62.0	60.8	59.5	58.3	57.2	56.0	54.8	53.7

表 4c　球状、柱状水银温度表相对湿度查算表

$P = 90$ kPa，$A = 0.662 \times 10^{-3}$ ℃$^{-1}$（2.5 m/s）

$t-t_w$ / t	0.0	0.1	0.2	0.3	0.4	0.5	0.6	0.7	0.8	0.9	1.0
15	100.0	99.0	98.0	97.0	96.1	95.1	94.1	93.1	92.2	91.2	90.2
16	100.0	99.0	98.1	97.1	96.2	95.2	94.3	93.3	92.4	91.4	90.5
17	100.0	99.1	98.1	97.2	96.3	95.3	94.4	93.5	92.6	91.7	90.8
18	100.0	99.1	98.2	97.3	96.4	95.5	94.6	93.7	92.8	91.9	91.0
19	100.0	99.1	98.2	97.3	96.4	95.6	94.7	93.8	92.9	92.1	91.2
20	100.0	99.1	98.3	97.4	96.5	95.7	94.8	94.0	93.1	92.3	91.4
21	100.0	99.1	98.3	97.5	96.6	95.8	94.9	94.1	93.3	92.4	91.6
22	100.0	99.2	98.3	97.5	96.7	95.9	95.0	94.2	93.4	92.6	91.8
23	100.0	99.2	98.4	97.6	96.8	96.0	95.2	94.4	93.6	92.8	92.0
24	100.0	99.2	98.4	97.6	96.8	96.0	95.3	94.5	93.7	92.9	92.2
25	100.0	99.2	98.4	97.7	96.9	96.1	95.3	94.6	93.8	93.1	92.3
26	100.0	99.2	98.5	97.7	96.9	96.2	95.4	94.7	93.9	93.2	92.5
27	100.0	99.2	98.5	97.8	97.0	96.3	95.5	94.8	94.1	93.3	92.6
28	100.0	99.3	98.5	97.8	97.1	96.3	95.6	94.9	94.2	93.5	92.7
29	100.0	99.3	98.6	97.8	97.1	96.4	95.7	95.0	94.3	93.6	92.9
30	100.0	99.3	98.6	97.9	97.2	96.5	95.8	95.1	94.4	93.7	93.0
31	100.0	99.3	98.6	97.9	97.2	96.5	95.8	95.2	94.5	93.8	93.1
32	100.0	99.3	98.6	97.9	97.3	96.6	95.9	95.2	94.6	93.9	93.2
33	100.0	99.3	98.6	98.0	97.3	96.6	96.0	95.3	94.6	94.0	93.3
34	100.0	99.3	98.7	98.0	97.3	96.7	96.0	95.4	94.7	94.1	93.4
35	100.0	99.3	98.7	98.0	97.4	96.7	96.1	95.5	94.8	94.2	93.5
36	100.0	99.4	98.7	98.1	97.4	96.8	96.2	95.5	94.9	94.3	93.6
37	100.0	99.4	98.7	98.1	97.5	96.8	96.2	95.6	95.0	94.3	93.7
38	100.0	99.4	98.7	98.1	97.5	96.9	96.3	95.6	95.0	94.4	93.8
39	100.0	99.4	98.8	98.1	97.5	96.9	96.3	95.7	95.1	94.5	93.9
40	100.0	99.4	98.8	98.2	97.6	97.0	96.4	95.8	95.2	94.6	94.0
41	100.0	99.4	98.8	98.2	97.6	97.0	96.4	95.8	95.2	94.6	94.1
42	100.0	99.4	98.8	98.2	97.6	97.0	96.5	95.9	95.3	94.7	94.1
43	100.0	99.4	98.8	98.2	97.7	97.1	96.5	95.9	95.3	94.8	94.2
44	100.0	99.4	98.8	98.3	97.7	97.1	96.5	96.0	95.4	94.8	94.3
45	100.0	99.4	98.9	98.3	97.7	97.1	96.6	96.0	95.5	94.9	94.3
46	100.0	99.4	98.9	98.3	97.7	97.2	96.6	96.1	95.5	95.0	94.4
47	100.0	99.4	98.9	98.3	97.8	97.2	96.7	96.1	95.6	95.0	94.5
48	100.0	99.4	98.9	98.3	97.8	97.2	96.7	96.2	95.6	95.1	94.5
49	100.0	99.5	98.9	98.4	97.8	97.3	96.7	96.2	95.7	95.1	94.6
50	100.0	99.5	98.9	98.4	97.8	97.3	96.8	96.2	95.7	95.2	94.7
51	100.0	99.5	98.9	98.4	97.9	97.3	96.8	96.3	95.8	95.2	94.7
52	100.0	99.5	98.9	98.4	97.9	97.4	96.8	96.3	95.8	95.3	94.8
53	100.0	99.5	98.9	98.4	97.9	97.4	96.9	96.4	95.8	95.3	94.8
54	100.0	99.5	99.0	98.4	97.9	97.4	96.9	96.4	95.9	95.4	94.9
55	100.0	99.5	99.0	98.5	97.9	97.4	96.9	96.4	95.9	95.4	94.9
56	100.0	99.5	99.0	98.5	98.0	97.5	97.0	96.5	96.0	95.5	95.0
57	100.0	99.5	99.0	98.5	98.0	97.5	97.0	96.5	96.0	95.5	95.0

表 4c（续）

$t-t_w$ / t	0.0	0.1	0.2	0.3	0.4	0.5	0.6	0.7	0.8	0.9	1.0
58	100.0	99.5	99.0	98.5	98.0	97.5	97.0	96.5	96.0	95.6	95.1
59	100.0	99.5	99.0	98.5	98.0	97.5	97.0	96.6	96.1	95.6	95.1
60	100.0	99.5	99.0	98.5	98.0	97.6	97.1	96.6	96.1	95.6	95.2
61	100.0	99.5	99.0	98.5	98.1	97.6	97.1	96.6	96.2	95.7	95.2
62	100.0	99.5	99.0	98.6	98.1	97.6	97.1	96.7	96.2	95.7	95.2
63	100.0	99.5	99.0	98.6	98.1	97.6	97.2	96.7	96.2	95.8	95.3
64	100.0	99.5	99.1	98.6	98.1	97.6	97.2	96.7	96.3	95.8	95.3
65	100.0	99.5	99.1	98.6	98.1	97.7	97.2	96.7	96.3	95.8	95.4
66	100.0	99.5	99.1	98.6	98.1	97.7	97.2	96.8	96.3	95.9	95.4
67	100.0	99.5	99.1	98.6	98.2	97.7	97.3	96.8	96.3	95.9	95.5
68	100.0	99.5	99.1	98.6	98.2	97.7	97.3	96.8	96.4	95.9	95.5
69	100.0	99.5	99.1	98.6	98.2	97.7	97.3	96.9	96.4	96.0	95.5
70	100.0	99.5	99.1	98.7	98.2	97.8	97.3	96.9	96.4	96.0	95.6
71	100.0	99.6	99.1	98.7	98.2	97.8	97.3	96.9	96.5	96.0	95.6
72	100.0	99.6	99.1	98.7	98.2	97.8	97.4	96.9	96.5	96.1	95.6
73	100.0	99.6	99.1	98.7	98.2	97.8	97.4	97.0	96.5	96.1	95.7
74	100.0	99.6	99.1	98.7	98.3	97.8	97.4	97.0	96.5	96.1	95.7
75	100.0	99.6	99.1	98.7	98.3	97.8	97.4	97.0	96.6	96.2	95.7
76	100.0	99.6	99.1	98.7	98.3	97.9	97.4	97.0	96.6	96.2	95.8
77	100.0	99.6	99.1	98.7	98.3	97.9	97.5	97.0	96.6	96.2	95.8
78	100.0	99.6	99.2	98.7	98.3	97.9	97.5	97.1	96.7	96.2	95.8
79	100.0	99.6	99.2	98.7	98.3	97.9	97.5	97.1	96.7	96.3	95.9
80	100.0	99.6	99.2	98.8	98.3	97.9	97.5	97.1	96.7	96.3	95.9
81	100.0	99.6	99.2	98.8	98.4	97.9	97.5	97.1	96.7	96.3	95.9
82	100.0	99.6	99.2	98.8	98.4	98.0	97.6	97.2	96.8	96.4	96.0
83	100.0	99.6	99.2	98.8	98.4	98.0	97.6	97.2	96.8	96.4	96.0
84	100.0	99.6	99.2	98.8	98.4	98.0	97.6	97.2	96.8	96.4	96.0
85	100.0	99.6	99.2	98.8	98.4	98.0	97.6	97.2	96.8	96.4	96.0
86	100.0	99.6	99.2	98.8	98.4	98.0	97.6	97.2	96.8	96.5	96.1
87	100.0	99.6	99.2	98.8	98.4	98.0	97.6	97.3	96.9	96.5	96.1
88	100.0	99.6	99.2	98.8	98.4	98.0	97.7	97.3	96.9	96.5	96.1
89	100.0	99.6	99.2	98.8	98.4	98.1	97.7	97.3	96.9	96.5	96.1
90	100.0	99.6	99.2	98.8	98.5	98.1	97.7	97.3	96.9	96.6	96.2
91	100.0	99.6	99.2	98.8	98.5	98.1	97.7	97.3	97.0	96.6	96.2
92	100.0	99.6	99.2	98.9	98.5	98.1	97.7	97.3	97.0	96.6	96.2
93	100.0	99.6	99.2	98.9	98.5	98.1	97.7	97.4	97.0	96.6	96.3
94	100.0	99.6	99.2	98.9	98.5	98.1	97.8	97.4	97.0	96.6	96.3
95	100.0	99.6	99.3	98.9	98.5	98.1	97.8	97.4	97.0	96.7	96.3
96	100.0	99.6	99.3	98.9	98.5	98.2	97.8	97.4	97.1	96.7	96.3
97	100.0	99.6	99.3	98.9	98.5	98.2	97.8	97.4	97.1	96.7	96.4
98	100.0	99.6	99.3	98.9	98.5	98.2	97.8	97.5	97.1	96.7	96.4
99	100.0	99.6	99.3	98.9	98.5	98.2	97.8	97.5	97.1	96.8	96.4
100	100.0	99.6	99.3	98.9	98.6	98.2	97.8	97.5	97.1	96.8	96.4

表 4c（续）

t \ $t-t_w$	1.1	1.2	1.3	1.4	1.5	1.6	1.7	1.8	1.9	2.0
15	89.3	88.3	87.4	86.4	85.5	84.6	83.6	82.7	81.8	80.8
16	89.6	88.7	87.7	86.8	85.9	85.0	84.1	83.2	82.3	81.4
17	89.9	88.9	88.0	87.2	86.3	85.4	84.5	83.6	82.7	81.8
18	90.1	89.2	88.4	87.5	86.6	85.7	84.9	84.0	83.2	82.3
19	90.4	89.5	88.6	87.8	86.9	86.1	85.3	84.4	83.6	82.8
20	90.6	89.7	88.9	88.1	87.3	86.4	85.6	84.8	84.0	83.2
21	90.8	90.0	89.2	88.4	87.5	86.7	85.9	85.1	84.3	83.6
22	91.0	90.2	89.4	88.6	87.8	87.0	86.3	85.5	84.7	83.9
23	91.2	90.4	89.6	88.9	88.1	87.3	86.6	85.8	85.0	84.3
24	91.4	90.6	89.9	89.1	88.3	87.6	86.8	86.1	85.3	84.6
25	91.6	90.8	90.1	89.3	88.6	87.8	87.1	86.4	85.6	84.9
26	91.7	91.0	90.3	89.5	88.8	88.1	87.4	86.6	85.9	85.2
27	91.9	91.2	90.4	89.7	89.0	88.3	87.6	86.9	86.2	85.5
28	92.0	91.3	90.6	89.9	89.2	88.5	87.8	87.1	86.5	85.8
29	92.2	91.5	90.8	90.1	89.4	88.7	88.1	87.4	86.7	86.0
30	92.3	91.6	91.0	90.3	89.6	88.9	88.3	87.6	86.9	86.3
31	92.4	91.8	91.1	90.4	89.8	89.1	88.5	87.8	87.2	86.5
32	92.6	91.9	91.3	90.6	89.9	89.3	88.6	88.0	87.4	86.7
33	92.7	92.0	91.4	90.7	90.1	89.5	88.8	88.2	87.6	86.9
34	92.8	92.2	91.5	90.9	90.3	89.6	89.0	88.4	87.8	87.1
35	92.9	92.3	91.7	91.0	90.4	89.8	89.2	88.6	87.9	87.3
36	93.0	92.4	91.8	91.2	90.5	89.9	89.3	88.7	88.1	87.5
37	93.1	92.5	91.9	91.3	90.7	90.1	89.5	88.9	88.3	87.7
38	93.2	92.6	92.0	91.4	90.8	90.2	89.6	89.0	88.5	87.9
39	93.3	92.7	92.1	91.5	90.9	90.4	89.8	89.2	88.6	88.0
40	93.4	92.8	92.2	91.6	91.1	90.5	89.9	89.3	88.8	88.2
41	93.5	92.9	92.3	91.8	91.2	90.6	90.0	89.5	88.9	88.4
42	93.6	93.0	92.4	91.9	91.3	90.7	90.2	89.6	89.1	88.5
43	93.6	93.1	92.5	92.0	91.4	90.8	90.3	89.7	89.2	88.6
44	93.7	93.2	92.6	92.1	91.5	91.0	90.4	89.9	89.3	88.8
45	93.8	93.2	92.7	92.2	91.6	91.1	90.5	90.0	89.5	88.9
46	93.9	93.3	92.8	92.2	91.7	91.2	90.6	90.1	89.6	89.0
47	93.9	93.4	92.9	92.3	91.8	91.3	90.7	90.2	89.7	89.2
48	94.0	93.5	92.9	92.4	91.9	91.4	90.8	90.3	89.8	89.3
49	94.1	93.5	93.0	92.5	92.0	91.5	90.9	90.4	89.9	89.4
50	94.1	93.6	93.1	92.6	92.1	91.6	91.0	90.5	90.0	89.5
51	94.2	93.7	93.2	92.7	92.1	91.6	91.1	90.6	90.1	89.6
52	94.3	93.7	93.2	92.7	92.2	91.7	91.2	90.7	90.2	89.7
53	94.3	93.8	93.3	92.8	92.3	91.8	91.3	90.8	90.3	89.8
54	94.4	93.9	93.4	92.9	92.4	91.9	91.4	90.9	90.4	89.9
55	94.4	93.9	93.4	93.0	92.5	92.0	91.5	91.0	90.5	90.0
56	94.5	94.0	93.5	93.0	92.5	92.1	91.6	91.1	90.6	90.1
57	94.5	94.1	93.6	93.1	92.6	92.1	91.7	91.2	90.7	90.2

表 4c（续）

t \ $t-t_w$	1.1	1.2	1.3	1.4	1.5	1.6	1.7	1.8	1.9	2.0
58	94.6	94.1	93.6	93.2	92.7	92.2	91.7	91.3	90.8	90.3
59	94.6	94.2	93.7	93.2	92.7	92.3	91.8	91.3	90.9	90.4
60	94.7	94.2	93.7	93.3	92.8	92.3	91.9	91.4	91.0	90.5
61	94.7	94.3	93.8	93.3	92.9	92.4	92.0	91.5	91.0	90.6
62	94.8	94.3	93.9	93.4	92.9	92.5	92.0	91.6	91.1	90.7
63	94.8	94.4	93.9	93.5	93.0	92.5	92.1	91.6	91.2	90.8
64	94.9	94.4	94.0	93.5	93.1	92.6	92.2	91.7	91.3	90.8
65	94.9	94.5	94.0	93.6	93.1	92.7	92.2	91.8	91.3	90.9
66	95.0	94.5	94.1	93.6	93.2	92.7	92.3	91.9	91.4	91.0
67	95.0	94.6	94.1	93.7	93.2	92.8	92.4	91.9	91.5	91.1
68	95.0	94.6	94.2	93.7	93.3	92.9	92.4	92.0	91.6	91.1
69	95.1	94.6	94.2	93.8	93.3	92.9	92.5	92.1	91.6	91.2
70	95.1	94.7	94.3	93.8	93.4	93.0	92.5	92.1	91.7	91.3
71	95.2	94.7	94.3	93.9	93.5	93.0	92.6	92.2	91.8	91.3
72	95.2	94.8	94.4	93.9	93.5	93.1	92.7	92.2	91.8	91.4
73	95.2	94.8	94.4	94.0	93.6	93.1	92.7	92.3	91.9	91.5
74	95.3	94.9	94.4	94.0	93.6	93.2	92.8	92.4	92.0	91.5
75	95.3	94.9	94.5	94.1	93.7	93.2	92.8	92.4	92.0	91.6
76	95.4	94.9	94.5	94.1	93.7	93.3	92.9	92.5	92.1	91.7
77	95.4	95.0	94.6	94.2	93.8	93.3	92.9	92.5	92.1	91.7
78	95.4	95.0	94.6	94.2	93.8	93.4	93.0	92.6	92.2	91.8
79	95.5	95.1	94.6	94.2	93.8	93.4	93.0	92.7	92.3	91.9
80	95.5	95.1	94.7	94.3	93.9	93.5	93.1	92.7	92.3	91.9
81	95.5	95.1	94.7	94.3	93.9	93.5	93.1	92.8	92.4	92.0
82	95.6	95.2	94.8	94.4	94.0	93.6	93.2	92.8	92.4	92.0
83	95.6	95.2	94.8	94.4	94.0	93.6	93.2	92.9	92.5	92.1
84	95.6	95.2	94.8	94.5	94.1	93.7	93.3	92.9	92.5	92.1
85	95.7	95.3	94.9	94.5	94.1	93.7	93.3	93.0	92.6	92.2
86	95.7	95.3	94.9	94.5	94.1	93.8	93.4	93.0	92.6	92.3
87	95.7	95.3	94.9	94.6	94.2	93.8	93.4	93.1	92.7	92.3
88	95.7	95.4	95.0	94.6	94.2	93.9	93.5	93.1	92.7	92.4
89	95.8	95.4	95.0	94.6	94.3	93.9	93.5	93.2	92.8	92.4
90	95.8	95.4	95.1	94.7	94.3	93.9	93.6	93.2	92.8	92.5
91	95.8	95.5	95.1	94.7	94.3	94.0	93.6	93.2	92.9	92.5
92	95.9	95.5	95.1	94.8	94.4	94.0	93.7	93.3	92.9	92.6
93	95.9	95.5	95.2	94.8	94.4	94.1	93.7	93.3	93.0	92.6
94	95.9	95.5	95.2	94.8	94.5	94.1	93.7	93.4	93.0	92.7
95	95.9	95.6	95.2	94.9	94.5	94.1	93.8	93.4	93.1	92.7
96	96.0	95.6	95.2	94.9	94.5	94.2	93.8	93.5	93.1	92.8
97	96.0	95.6	95.3	94.9	94.6	94.2	93.9	93.5	93.2	92.8
98	96.0	95.7	95.3	95.0	94.6	94.3	93.9	93.6	93.2	92.9
99	96.0	95.7	95.3	95.0	94.6	94.3	93.9	93.6	93.3	92.9
100	96.1	95.7	95.4	95.0	94.7	94.3	94.0	93.6	93.3	93.0

表 4c（续）

t \ $t-t_w$	2.1	2.2	2.3	2.4	2.5	2.6	2.7	2.8	2.9	3.0
15	79.9	79.0	78.1	77.2	76.3	75.3	74.4	73.5	72.6	71.8
16	80.5	79.6	78.7	77.8	76.9	76.0	75.1	74.3	73.4	72.5
17	81.0	80.1	79.2	78.4	77.5	76.7	75.8	75.0	74.1	73.3
18	81.5	80.6	79.8	78.9	78.1	77.3	76.4	75.6	74.8	74.0
19	81.9	81.1	80.3	79.5	78.6	77.8	77.0	76.2	75.4	74.6
20	82.4	81.6	80.7	79.9	79.2	78.4	77.6	76.8	76.0	75.2
21	82.8	82.0	81.2	80.4	79.6	78.9	78.1	77.3	76.6	75.8
22	83.2	82.4	81.6	80.9	80.1	79.3	78.6	77.8	77.1	76.3
23	83.5	82.8	82.0	81.3	80.5	79.8	79.1	78.3	77.6	76.9
24	83.9	83.1	82.4	81.7	80.9	80.2	79.5	78.8	78.1	77.3
25	84.2	83.5	82.8	82.0	81.3	80.6	79.9	79.2	78.5	77.8
26	84.5	83.8	83.1	82.4	81.7	81.0	80.3	79.6	78.9	78.2
27	84.8	84.1	83.4	82.7	82.0	81.4	80.7	80.0	79.3	78.7
28	85.1	84.4	83.7	83.1	82.4	81.7	81.0	80.4	79.7	79.1
29	85.4	84.7	84.0	83.4	82.7	82.0	81.4	80.7	80.1	79.4
30	85.6	85.0	84.3	83.7	83.0	82.4	81.7	81.1	80.4	79.8
31	85.9	85.2	84.6	83.9	83.3	82.7	82.0	81.4	80.8	80.1
32	86.1	85.5	84.8	84.2	83.6	82.9	82.3	81.7	81.1	80.5
33	86.3	85.7	85.1	84.4	83.8	83.2	82.6	82.0	81.4	80.8
34	86.5	85.9	85.3	84.7	84.1	83.5	82.9	82.3	81.7	81.1
35	86.7	86.1	85.5	84.9	84.3	83.7	83.1	82.5	82.0	81.4
36	86.9	86.3	85.7	85.1	84.6	84.0	83.4	82.8	82.2	81.7
37	87.1	86.5	85.9	85.4	84.8	84.2	83.6	83.1	82.5	81.9
38	87.3	86.7	86.1	85.6	85.0	84.4	83.9	83.3	82.7	82.2
39	87.5	86.9	86.3	85.8	85.2	84.6	84.1	83.5	83.0	82.4
40	87.6	87.1	86.5	86.0	85.4	84.8	84.3	83.7	83.2	82.6
41	87.8	87.2	86.7	86.1	85.6	85.0	84.5	84.0	83.4	82.9
42	88.0	87.4	86.9	86.3	85.8	85.2	84.7	84.2	83.6	83.1
43	88.1	87.6	87.0	86.5	85.9	85.4	84.9	84.4	83.8	83.3
44	88.2	87.7	87.2	86.6	86.1	85.6	85.1	84.5	84.0	83.5
45	88.4	87.9	87.3	86.8	86.3	85.8	85.2	84.7	84.2	83.7
46	88.5	88.0	87.5	87.0	86.4	85.9	85.4	84.9	84.4	83.9
47	88.7	88.1	87.6	87.1	86.6	86.1	85.6	85.1	84.6	84.1
48	88.8	88.3	87.8	87.2	86.7	86.2	85.7	85.2	84.7	84.2
49	88.9	88.4	87.9	87.4	86.9	86.4	85.9	85.4	84.9	84.4
50	89.0	88.5	88.0	87.5	87.0	86.5	86.0	85.6	85.1	84.6
51	89.1	88.6	88.1	87.7	87.2	86.7	86.2	85.7	85.2	84.7
52	89.2	88.8	88.3	87.8	87.3	86.8	86.3	85.9	85.4	84.9
53	89.4	88.9	88.4	87.9	87.4	86.9	86.5	86.0	85.5	85.1
54	89.5	89.0	88.5	88.0	87.6	87.1	86.6	86.1	85.7	85.2
55	89.6	89.1	88.6	88.1	87.7	87.2	86.7	86.3	85.8	85.3
56	89.7	89.2	88.7	88.3	87.8	87.3	86.9	86.4	85.9	85.5
57	89.8	89.3	88.8	88.4	87.9	87.4	87.0	86.5	86.1	85.6

表 4c（续）

$t-t_w$ / t	2.1	2.2	2.3	2.4	2.5	2.6	2.7	2.8	2.9	3.0
58	89.9	89.4	88.9	88.5	88.0	87.6	87.1	86.7	86.2	85.8
59	90.0	89.5	89.0	88.6	88.1	87.7	87.2	86.8	86.3	85.9
60	90.0	89.6	89.1	88.7	88.2	87.8	87.3	86.9	86.5	86.0
61	90.1	89.7	89.2	88.8	88.3	87.9	87.5	87.0	86.6	86.1
62	90.2	89.8	89.3	88.9	88.4	88.0	87.6	87.1	86.7	86.3
63	90.3	89.9	89.4	89.0	88.5	88.1	87.7	87.2	86.8	86.4
64	90.4	90.0	89.5	89.1	88.6	88.2	87.8	87.3	86.9	86.5
65	90.5	90.0	89.6	89.2	88.7	88.3	87.9	87.5	87.0	86.6
66	90.6	90.1	89.7	89.3	88.8	88.4	88.0	87.6	87.1	86.7
67	90.6	90.2	89.8	89.4	88.9	88.5	88.1	87.7	87.2	86.8
68	90.7	90.3	89.9	89.4	89.0	88.6	88.2	87.8	87.3	86.9
69	90.8	90.4	89.9	89.5	89.1	88.7	88.3	87.9	87.5	87.0
70	90.9	90.4	90.0	89.6	89.2	88.8	88.4	88.0	87.5	87.1
71	90.9	90.5	90.1	89.7	89.3	88.9	88.5	88.1	87.6	87.2
72	91.0	90.6	90.2	89.8	89.4	89.0	88.5	88.1	87.7	87.3
73	91.1	90.7	90.3	89.8	89.4	89.0	88.6	88.2	87.8	87.4
74	91.1	90.7	90.3	89.9	89.5	89.1	88.7	88.3	87.9	87.5
75	91.2	90.8	90.4	90.0	89.6	89.2	88.8	88.4	88.0	87.6
76	91.3	90.9	90.5	90.1	89.7	89.3	88.9	88.5	88.1	87.7
77	91.3	90.9	90.5	90.2	89.8	89.4	89.0	88.6	88.2	87.8
78	91.4	91.0	90.6	90.2	89.8	89.4	89.1	88.7	88.3	87.9
79	91.5	91.1	90.7	90.3	89.9	89.5	89.1	88.8	88.4	88.0
80	91.5	91.1	90.8	90.4	90.0	89.6	89.2	88.8	88.5	88.1
81	91.6	91.2	90.8	90.4	90.1	89.7	89.3	88.9	88.5	88.2
82	91.7	91.3	90.9	90.5	90.1	89.7	89.4	89.0	88.6	88.2
83	91.7	91.3	91.0	90.6	90.2	89.8	89.4	89.1	88.7	88.3
84	91.8	91.4	91.0	90.6	90.3	89.9	89.5	89.1	88.8	88.4
85	91.8	91.5	91.1	90.7	90.3	90.0	89.6	89.2	88.9	88.5
86	91.9	91.5	91.1	90.8	90.4	90.0	89.7	89.3	88.9	88.6
87	91.9	91.6	91.2	90.8	90.5	90.1	89.7	89.4	89.0	88.6
88	92.0	91.6	91.3	90.9	90.5	90.2	89.8	89.4	89.1	88.7
89	92.1	91.7	91.3	91.0	90.6	90.2	89.9	89.5	89.2	88.8
90	92.1	91.7	91.4	91.0	90.7	90.3	89.9	89.6	89.2	88.9
91	92.2	91.8	91.4	91.1	90.7	90.4	90.0	89.7	89.3	89.0
92	92.2	91.9	91.5	91.1	90.8	90.4	90.1	89.7	89.4	89.0
93	92.3	91.9	91.6	91.2	90.8	90.5	90.1	89.8	89.4	89.1
94	92.3	92.0	91.6	91.3	90.9	90.6	90.2	89.9	89.5	89.2
95	92.4	92.0	91.7	91.3	91.0	90.6	90.3	89.9	89.6	89.2
96	92.4	92.1	91.7	91.4	91.0	90.7	90.3	90.0	89.6	89.3
97	92.5	92.1	91.8	91.4	91.1	90.7	90.4	90.1	89.7	89.4
98	92.5	92.2	91.8	91.5	91.1	90.8	90.5	90.1	89.8	89.4
99	92.6	92.2	91.9	91.5	91.2	90.9	90.5	90.2	89.8	89.5
100	92.6	92.3	91.9	91.6	91.3	90.9	90.6	90.2	89.9	89.6

表 4c（续）

$t-t_w$ / t	3.1	3.2	3.3	3.4	3.5	3.6	3.7	3.8	3.9	4.0
15	70.9	70.0	69.1	68.2	67.3	66.5	65.6	64.7	63.9	63.0
16	71.7	70.8	69.9	69.1	68.2	67.4	66.5	65.7	64.9	64.0
17	72.4	71.6	70.7	69.9	69.1	68.3	67.4	66.6	65.8	65.0
18	73.1	72.3	71.5	70.7	69.9	69.1	68.3	67.5	66.7	65.9
19	73.8	73.0	72.2	71.4	70.6	69.9	69.1	68.3	67.5	66.7
20	74.4	73.7	72.9	72.1	71.3	70.6	69.8	69.1	68.3	67.6
21	75.0	74.3	73.5	72.8	72.0	71.3	70.5	69.8	69.1	68.3
22	75.6	74.9	74.1	73.4	72.7	71.9	71.2	70.5	69.8	69.0
23	76.1	75.4	74.7	74.0	73.3	72.5	71.8	71.1	70.4	69.7
24	76.6	75.9	75.2	74.5	73.8	73.1	72.4	71.7	71.0	70.4
25	77.1	76.4	75.7	75.0	74.4	73.7	73.0	72.3	71.6	71.0
26	77.6	76.9	76.2	75.5	74.9	74.2	73.5	72.9	72.2	71.5
27	78.0	77.3	76.7	76.0	75.4	74.7	74.0	73.4	72.7	72.1
28	78.4	77.8	77.1	76.5	75.8	75.2	74.5	73.9	73.3	72.6
29	78.8	78.2	77.5	76.9	76.2	75.6	75.0	74.4	73.7	73.1
30	79.2	78.5	77.9	77.3	76.7	76.0	75.4	74.8	74.2	73.6
31	79.5	78.9	78.3	77.7	77.1	76.5	75.8	75.2	74.6	74.0
32	79.9	79.3	78.6	78.0	77.4	76.8	76.2	75.7	75.1	74.5
33	80.2	79.6	79.0	78.4	77.8	77.2	76.6	76.0	75.5	74.9
34	80.5	79.9	79.3	78.7	78.2	77.6	77.0	76.4	75.8	75.3
35	80.8	80.2	79.6	79.1	78.5	77.9	77.3	76.8	76.2	75.7
36	81.1	80.5	79.9	79.4	78.8	78.2	77.7	77.1	76.6	76.0
37	81.3	80.8	80.2	79.7	79.1	78.6	78.0	77.5	76.9	76.4
38	81.6	81.1	80.5	79.9	79.4	78.9	78.3	77.8	77.2	76.7
39	81.9	81.3	80.8	80.2	79.7	79.1	78.6	78.1	77.5	77.0
40	82.1	81.6	81.0	80.5	80.0	79.4	78.9	78.4	77.8	77.3
41	82.3	81.8	81.3	80.7	80.2	79.7	79.2	78.6	78.1	77.6
42	82.6	82.0	81.5	81.0	80.5	79.9	79.4	78.9	78.4	77.9
43	82.8	82.3	81.7	81.2	80.7	80.2	79.7	79.2	78.7	78.2
44	83.0	82.5	82.0	81.4	80.9	80.4	79.9	79.4	78.9	78.4
45	83.2	82.7	82.2	81.7	81.2	80.7	80.2	79.7	79.2	78.7
46	83.4	82.9	82.4	81.9	81.4	80.9	80.4	79.9	79.4	78.9
47	83.6	83.1	82.6	82.1	81.6	81.1	80.6	80.1	79.6	79.2
48	83.8	83.3	82.8	82.3	81.8	81.3	80.8	80.3	79.9	79.4
49	83.9	83.4	83.0	82.5	82.0	81.5	81.0	80.6	80.1	79.6
50	84.1	83.6	83.1	82.7	82.2	81.7	81.2	80.8	80.3	79.8
51	84.3	83.8	83.3	82.8	82.4	81.9	81.4	81.0	80.5	80.0
52	84.4	84.0	83.5	83.0	82.6	82.1	81.6	81.2	80.7	80.2
53	84.6	84.1	83.7	83.2	82.7	82.3	81.8	81.4	80.9	80.4
54	84.7	84.3	83.8	83.4	82.9	82.4	82.0	81.5	81.1	80.6
55	84.9	84.4	84.0	83.5	83.1	82.6	82.2	81.7	81.3	80.8
56	85.0	84.6	84.1	83.7	83.2	82.8	82.3	81.9	81.4	81.0
57	85.2	84.7	84.3	83.8	83.4	82.9	82.5	82.1	81.6	81.2

表 4c（续）

t \ $t-t_w$	3.1	3.2	3.3	3.4	3.5	3.6	3.7	3.8	3.9	4.0
58	85.3	84.9	84.4	84.0	83.5	83.1	82.7	82.2	81.8	81.4
59	85.4	85.0	84.6	84.1	83.7	83.3	82.8	82.4	82.0	81.5
60	85.6	85.1	84.7	84.3	83.8	83.4	83.0	82.5	82.1	81.7
61	85.7	85.3	84.8	84.4	84.0	83.5	83.1	82.7	82.3	81.9
62	85.8	85.4	85.0	84.5	84.1	83.7	83.3	82.8	82.4	82.0
63	85.9	85.5	85.1	84.7	84.3	83.8	83.4	83.0	82.6	82.2
64	86.1	85.6	85.2	84.8	84.4	84.0	83.6	83.1	82.7	82.3
65	86.2	85.8	85.3	84.9	84.5	84.1	83.7	83.3	82.9	82.5
66	86.3	85.9	85.5	85.1	84.6	84.2	83.8	83.4	83.0	82.6
67	86.4	86.0	85.6	85.2	84.8	84.4	84.0	83.6	83.1	82.7
68	86.5	86.1	85.7	85.3	84.9	84.5	84.1	83.7	83.3	82.9
69	86.6	86.2	85.8	85.4	85.0	84.6	84.2	83.8	83.4	83.0
70	86.7	86.3	85.9	85.5	85.1	84.7	84.3	83.9	83.5	83.2
71	86.8	86.4	86.0	85.6	85.2	84.9	84.5	84.1	83.7	83.3
72	86.9	86.5	86.1	85.8	85.4	85.0	84.6	84.2	83.8	83.4
73	87.0	86.6	86.3	85.9	85.5	85.1	84.7	84.3	83.9	83.5
74	87.1	86.8	86.4	86.0	85.6	85.2	84.8	84.4	84.0	83.7
75	87.2	86.8	86.5	86.1	85.7	85.3	84.9	84.5	84.2	83.8
76	87.3	86.9	86.6	86.2	85.8	85.4	85.0	84.7	84.3	83.9
77	87.4	87.0	86.7	86.3	85.9	85.5	85.1	84.8	84.4	84.0
78	87.5	87.1	86.8	86.4	86.0	85.6	85.3	84.9	84.5	84.1
79	87.6	87.2	86.9	86.5	86.1	85.7	85.4	85.0	84.6	84.2
80	87.7	87.3	86.9	86.6	86.2	85.8	85.5	85.1	84.7	84.4
81	87.8	87.4	87.0	86.7	86.3	85.9	85.6	85.2	84.8	84.5
82	87.9	87.5	87.1	86.8	86.4	86.0	85.7	85.3	84.9	84.6
83	88.0	87.6	87.2	86.9	86.5	86.1	85.8	85.4	85.0	84.7
84	88.0	87.7	87.3	87.0	86.6	86.2	85.9	85.5	85.2	84.8
85	88.1	87.8	87.4	87.0	86.7	86.3	86.0	85.6	85.3	84.9
86	88.2	87.8	87.5	87.1	86.8	86.4	86.1	85.7	85.4	85.0
87	88.3	87.9	87.6	87.2	86.9	86.5	86.2	85.8	85.5	85.1
88	88.4	88.0	87.7	87.3	87.0	86.6	86.2	85.9	85.5	85.2
89	88.4	88.1	87.7	87.4	87.0	86.7	86.3	86.0	85.6	85.3
90	88.5	88.2	87.8	87.5	87.1	86.8	86.4	86.1	85.7	85.4
91	88.6	88.3	87.9	87.6	87.2	86.9	86.5	86.2	85.8	85.5
92	88.7	88.3	88.0	87.6	87.3	87.0	86.6	86.3	85.9	85.6
93	88.8	88.4	88.1	87.7	87.4	87.0	86.7	86.4	86.0	85.7
94	88.8	88.5	88.1	87.8	87.5	87.1	86.8	86.4	86.1	85.8
95	88.9	88.6	88.2	87.9	87.5	87.2	86.9	86.5	86.2	85.9
96	89.0	88.6	88.3	88.0	87.6	87.3	87.0	86.6	86.3	86.0
97	89.0	88.7	88.4	88.0	87.7	87.4	87.0	86.7	86.4	86.0
98	89.1	88.8	88.4	88.1	87.8	87.4	87.1	86.8	86.5	86.1
99	89.2	88.8	88.5	88.2	87.9	87.5	87.2	86.9	86.5	86.2
100	89.2	88.9	88.6	88.3	87.9	87.6	87.3	87.0	86.6	86.3

表 4c（续）

t \ $t-t_w$	4.1	4.2	4.3	4.4	4.5	4.6	4.7	4.8	4.9	5.0
15	62.1	61.3	60.4	59.6	58.7	57.9	57.0	56.2	55.4	54.5
16	63.2	62.3	61.5	60.7	59.9	59.0	58.2	57.4	56.6	55.8
17	64.2	63.4	62.6	61.8	61.0	60.2	59.4	58.6	57.8	57.0
18	65.1	64.3	63.5	62.7	62.0	61.2	60.4	59.6	58.9	58.1
19	66.0	65.2	64.4	63.7	62.9	62.2	61.4	60.7	59.9	59.2
20	66.8	66.1	65.3	64.6	63.8	63.1	62.4	61.6	60.9	60.2
21	67.6	66.9	66.1	65.4	64.7	64.0	63.2	62.5	61.8	61.1
22	68.3	67.6	66.9	66.2	65.5	64.8	64.1	63.4	62.7	62.0
23	69.0	68.3	67.6	66.9	66.2	65.6	64.9	64.2	63.5	62.8
24	69.7	69.0	68.3	67.6	67.0	66.3	65.6	65.0	64.3	63.6
25	70.3	69.6	69.0	68.3	67.6	67.0	66.3	65.7	65.0	64.4
26	70.9	70.2	69.6	68.9	68.3	67.7	67.0	66.4	65.7	65.1
27	71.5	70.8	70.2	69.5	68.9	68.3	67.7	67.0	66.4	65.8
28	72.0	71.4	70.7	70.1	69.5	68.9	68.3	67.6	67.0	66.4
29	72.5	71.9	71.3	70.7	70.0	69.4	68.8	68.2	67.6	67.0
30	73.0	72.4	71.8	71.2	70.6	70.0	69.4	68.8	68.2	67.6
31	73.4	72.8	72.3	71.7	71.1	70.5	69.9	69.3	68.8	68.2
32	73.9	73.3	72.7	72.1	71.6	71.0	70.4	69.8	69.3	68.7
33	74.3	73.7	73.2	72.6	72.0	71.5	70.9	70.3	69.8	69.2
34	74.7	74.1	73.6	73.0	72.5	71.9	71.3	70.8	70.2	69.7
35	75.1	74.5	74.0	73.4	72.9	72.3	71.8	71.2	70.7	70.2
36	75.5	74.9	74.4	73.8	73.3	72.7	72.2	71.7	71.1	70.6
37	75.8	75.3	74.7	74.2	73.7	73.1	72.6	72.1	71.5	71.0
38	76.2	75.6	75.1	74.6	74.0	73.5	73.0	72.5	71.9	71.4
39	76.5	75.9	75.4	74.9	74.4	73.9	73.3	72.8	72.3	71.8
40	76.8	76.3	75.8	75.2	74.7	74.2	73.7	73.2	72.7	72.2
41	77.1	76.6	76.1	75.6	75.1	74.5	74.0	73.5	73.0	72.5
42	77.4	76.9	76.4	75.9	75.4	74.9	74.4	73.9	73.4	72.9
43	77.7	77.2	76.7	76.2	75.7	75.2	74.7	74.2	73.7	73.2
44	77.9	77.4	76.9	76.5	76.0	75.5	75.0	74.5	74.0	73.5
45	78.2	77.7	77.2	76.7	76.2	75.8	75.3	74.8	74.3	73.9
46	78.4	78.0	77.5	77.0	76.5	76.0	75.6	75.1	74.6	74.2
47	78.7	78.2	77.7	77.3	76.8	76.3	75.8	75.4	74.9	74.4
48	78.9	78.4	78.0	77.5	77.0	76.6	76.1	75.6	75.2	74.7
49	79.1	78.7	78.2	77.7	77.3	76.8	76.4	75.9	75.5	75.0
50	79.4	78.9	78.4	78.0	77.5	77.1	76.6	76.2	75.7	75.3
51	79.6	79.1	78.7	78.2	77.8	77.3	76.9	76.4	76.0	75.5
52	79.8	79.3	78.9	78.4	78.0	77.5	77.1	76.7	76.2	75.8
53	80.0	79.5	79.1	78.7	78.2	77.8	77.3	76.9	76.4	76.0
54	80.2	79.7	79.3	78.9	78.4	78.0	77.5	77.1	76.7	76.2
55	80.4	79.9	79.5	79.1	78.6	78.2	77.8	77.3	76.9	76.5
56	80.6	80.1	79.7	79.3	78.8	78.4	78.0	77.5	77.1	76.7
57	80.7	80.3	79.9	79.5	79.0	78.6	78.2	77.8	77.3	76.9

表 4c（续）

$t-t_w$ / t	4.1	4.2	4.3	4.4	4.5	4.6	4.7	4.8	4.9	5.0
58	80.9	80.5	80.1	79.6	79.2	78.8	78.4	78.0	77.5	77.1
59	81.1	80.7	80.2	79.8	79.4	79.0	78.6	78.2	77.7	77.3
60	81.3	80.8	80.4	80.0	79.6	79.2	78.8	78.3	77.9	77.5
61	81.4	81.0	80.6	80.2	79.8	79.4	78.9	78.5	78.1	77.7
62	81.6	81.2	80.8	80.4	79.9	79.5	79.1	78.7	78.3	77.9
63	81.7	81.3	80.9	80.5	80.1	79.7	79.3	78.9	78.5	78.1
64	81.9	81.5	81.1	80.7	80.3	79.9	79.5	79.1	78.7	78.3
65	82.1	81.6	81.2	80.8	80.4	80.0	79.6	79.2	78.9	78.5
66	82.2	81.8	81.4	81.0	80.6	80.2	79.8	79.4	79.0	78.6
67	82.3	81.9	81.5	81.2	80.8	80.4	80.0	79.6	79.2	78.8
68	82.5	82.1	81.7	81.3	80.9	80.5	80.1	79.7	79.4	79.0
69	82.6	82.2	81.8	81.5	81.1	80.7	80.3	79.9	79.5	79.1
70	82.8	82.4	82.0	81.6	81.2	80.8	80.4	80.1	79.7	79.3
71	82.9	82.5	82.1	81.7	81.4	81.0	80.6	80.2	79.8	79.5
72	83.0	82.6	82.3	81.9	81.5	81.1	80.7	80.4	80.0	79.6
73	83.2	82.8	82.4	82.0	81.6	81.3	80.9	80.5	80.1	79.8
74	83.3	82.9	82.5	82.1	81.8	81.4	81.0	80.7	80.3	79.9
75	83.4	83.0	82.7	82.3	81.9	81.5	81.2	80.8	80.4	80.1
76	83.5	83.2	82.8	82.4	82.0	81.7	81.3	80.9	80.6	80.2
77	83.6	83.3	82.9	82.5	82.2	81.8	81.4	81.1	80.7	80.4
78	83.8	83.4	83.0	82.7	82.3	81.9	81.6	81.2	80.9	80.5
79	83.9	83.5	83.2	82.8	82.4	82.1	81.7	81.3	81.0	80.6
80	84.0	83.6	83.3	82.9	82.6	82.2	81.8	81.5	81.1	80.8
81	84.1	83.7	83.4	83.0	82.7	82.3	82.0	81.6	81.3	80.9
82	84.2	83.9	83.5	83.1	82.8	82.4	82.1	81.7	81.4	81.0
83	84.3	84.0	83.6	83.3	82.9	82.6	82.2	81.9	81.5	81.2
84	84.4	84.1	83.7	83.4	83.0	82.7	82.3	82.0	81.6	81.3
85	84.5	84.2	83.8	83.5	83.1	82.8	82.5	82.1	81.8	81.4
86	84.7	84.3	84.0	83.6	83.3	82.9	82.6	82.2	81.9	81.5
87	84.8	84.4	84.1	83.7	83.4	83.0	82.7	82.3	82.0	81.7
88	84.9	84.5	84.2	83.8	83.5	83.1	82.8	82.5	82.1	81.8
89	85.0	84.6	84.3	83.9	83.6	83.3	82.9	82.6	82.2	81.9
90	85.1	84.7	84.4	84.0	83.7	83.4	83.0	82.7	82.4	82.0
91	85.2	84.8	84.5	84.1	83.8	83.5	83.1	82.8	82.5	82.1
92	85.3	84.9	84.6	84.2	83.9	83.6	83.2	82.9	82.6	82.3
93	85.3	85.0	84.7	84.3	84.0	83.7	83.4	83.0	82.7	82.4
94	85.4	85.1	84.8	84.4	84.1	83.8	83.5	83.1	82.8	82.5
95	85.5	85.2	84.9	84.5	84.2	83.9	83.6	83.2	82.9	82.6
96	85.6	85.3	85.0	84.6	84.3	84.0	83.7	83.3	83.0	82.7
97	85.7	85.4	85.1	84.7	84.4	84.1	83.8	83.5	83.1	82.8
98	85.8	85.5	85.2	84.8	84.5	84.2	83.9	83.6	83.2	82.9
99	85.9	85.6	85.3	84.9	84.6	84.3	84.0	83.7	83.3	83.0
100	86.0	85.7	85.3	85.0	84.7	84.4	84.1	83.8	83.4	83.1

表 4c（续）

t \ $t-t_w$	5.2	5.4	5.6	5.8	6.0	6.2	6.4	6.6	6.8	7.0
15	52.9	51.2	49.6	48.0	46.3	44.7	43.1	41.6	40.0	38.4
16	54.2	52.6	51.0	49.4	47.9	46.3	44.8	43.2	41.7	40.2
17	55.4	53.9	52.3	50.8	49.3	47.8	46.3	44.8	43.3	41.8
18	56.6	55.1	53.6	52.1	50.6	49.1	47.7	46.2	44.8	43.4
19	57.7	56.2	54.8	53.3	51.9	50.4	49.0	47.6	46.2	44.8
20	58.7	57.3	55.9	54.5	53.1	51.7	50.3	48.9	47.5	46.2
21	59.7	58.3	56.9	55.5	54.2	52.8	51.5	50.1	48.8	47.5
22	60.6	59.3	57.9	56.6	55.2	53.9	52.6	51.3	50.0	48.7
23	61.5	60.2	58.8	57.5	56.2	54.9	53.6	52.4	51.1	49.9
24	62.3	61.0	59.7	58.4	57.2	55.9	54.6	53.4	52.2	50.9
25	63.1	61.8	60.6	59.3	58.1	56.8	55.6	54.4	53.2	52.0
26	63.8	62.6	61.4	60.1	58.9	57.7	56.5	55.3	54.1	52.9
27	64.5	63.3	62.1	60.9	59.7	58.5	57.3	56.2	55.0	53.9
28	65.2	64.0	62.8	61.6	60.5	59.3	58.2	57.0	55.9	54.7
29	65.9	64.7	63.5	62.3	61.2	60.1	58.9	57.8	56.7	55.6
30	66.5	65.3	64.1	63.0	61.9	60.8	59.6	58.5	57.4	56.4
31	67.0	65.9	64.8	63.6	62.5	61.4	60.3	59.3	58.2	57.1
32	67.6	66.5	65.4	64.3	63.2	62.1	61.0	59.9	58.9	57.8
33	68.1	67.0	65.9	64.8	63.8	62.7	61.6	60.6	59.5	58.5
34	68.6	67.5	66.4	65.4	64.3	63.3	62.2	61.2	60.2	59.2
35	69.1	68.0	67.0	65.9	64.9	63.8	62.8	61.8	60.8	59.8
36	69.5	68.5	67.4	66.4	65.4	64.4	63.4	62.4	61.4	60.4
37	70.0	68.9	67.9	66.9	65.9	64.9	63.9	62.9	61.9	61.0
38	70.4	69.4	68.4	67.4	66.4	65.4	64.4	63.4	62.5	61.5
39	70.8	69.8	68.8	67.8	66.8	65.8	64.9	63.9	63.0	62.0
40	71.2	70.2	69.2	68.2	67.3	66.3	65.3	64.4	63.5	62.5
41	71.6	70.6	69.6	68.6	67.7	66.7	65.8	64.9	63.9	63.0
42	71.9	70.9	70.0	69.0	68.1	67.2	66.2	65.3	64.4	63.5
43	72.3	71.3	70.4	69.4	68.5	67.6	66.6	65.7	64.8	63.9
44	72.6	71.7	70.7	69.8	68.9	67.9	67.0	66.1	65.2	64.4
45	72.9	72.0	71.1	70.1	69.2	68.3	67.4	66.5	65.7	64.8
46	73.2	72.3	71.4	70.5	69.6	68.7	67.8	66.9	66.0	65.2
47	73.5	72.6	71.7	70.8	69.9	69.0	68.2	67.3	66.4	65.6
48	73.8	72.9	72.0	71.1	70.2	69.4	68.5	67.6	66.8	65.9
49	74.1	73.2	72.3	71.4	70.6	69.7	68.8	68.0	67.1	66.3
50	74.4	73.5	72.6	71.7	70.9	70.0	69.2	68.3	67.5	66.7
51	74.6	73.8	72.9	72.0	71.2	70.3	69.5	68.6	67.8	67.0
52	74.9	74.0	73.2	72.3	71.5	70.6	69.8	69.0	68.1	67.3
53	75.1	74.3	73.4	72.6	71.7	70.9	70.1	69.3	68.5	67.6
54	75.4	74.5	73.7	72.9	72.0	71.2	70.4	69.6	68.8	68.0
55	75.6	74.8	73.9	73.1	72.3	71.5	70.7	69.9	69.1	68.3
56	75.9	75.0	74.2	73.4	72.5	71.7	70.9	70.1	69.3	68.6
57	76.1	75.2	74.4	73.6	72.8	72.0	71.2	70.4	69.6	68.8

表 4c（续）

$t-t_w$ / t	5.2	5.4	5.6	5.8	6.0	6.2	6.4	6.6	6.8	7.0
58	76.3	75.5	74.7	73.8	73.0	72.2	71.5	70.7	69.9	69.1
59	76.5	75.7	74.9	74.1	73.3	72.5	71.7	70.9	70.2	69.4
60	76.7	75.9	75.1	74.3	73.5	72.7	72.0	71.2	70.4	69.7
61	76.9	76.1	75.3	74.5	73.7	73.0	72.2	71.4	70.7	69.9
62	77.1	76.3	75.5	74.7	74.0	73.2	72.4	71.7	70.9	70.2
63	77.3	76.5	75.7	75.0	74.2	73.4	72.7	71.9	71.2	70.4
64	77.5	76.7	75.9	75.2	74.4	73.6	72.9	72.1	71.4	70.7
65	77.7	76.9	76.1	75.4	74.6	73.9	73.1	72.4	71.6	70.9
66	77.9	77.1	76.3	75.6	74.8	74.1	73.3	72.6	71.9	71.1
67	78.0	77.3	76.5	75.8	75.0	74.3	73.5	72.8	72.1	71.4
68	78.2	77.5	76.7	76.0	75.2	74.5	73.7	73.0	72.3	71.6
69	78.4	77.6	76.9	76.1	75.4	74.7	73.9	73.2	72.5	71.8
70	78.5	77.8	77.1	76.3	75.6	74.9	74.1	73.4	72.7	72.0
71	78.7	78.0	77.2	76.5	75.8	75.1	74.3	73.6	72.9	72.2
72	78.9	78.1	77.4	76.7	76.0	75.2	74.5	73.8	73.1	72.4
73	79.0	78.3	77.6	76.9	76.1	75.4	74.7	74.0	73.3	72.6
74	79.2	78.5	77.7	77.0	76.3	75.6	74.9	74.2	73.5	72.8
75	79.3	78.6	77.9	77.2	76.5	75.8	75.1	74.4	73.7	73.0
76	79.5	78.8	78.1	77.4	76.6	76.0	75.3	74.6	73.9	73.2
77	79.6	78.9	78.2	77.5	76.8	76.1	75.4	74.7	74.1	73.4
78	79.8	79.1	78.4	77.7	77.0	76.3	75.6	74.9	74.3	73.6
79	79.9	79.2	78.5	77.8	77.1	76.5	75.8	75.1	74.4	73.8
80	80.1	79.4	78.7	78.0	77.3	76.6	75.9	75.3	74.6	73.9
81	80.2	79.5	78.8	78.1	77.5	76.8	76.1	75.4	74.8	74.1
82	80.3	79.7	79.0	78.3	77.6	76.9	76.3	75.6	74.9	74.3
83	80.5	79.8	79.1	78.4	77.8	77.1	76.4	75.8	75.1	74.5
84	80.6	79.9	79.2	78.6	77.9	77.2	76.6	75.9	75.3	74.6
85	80.7	80.1	79.4	78.7	78.1	77.4	76.7	76.1	75.4	74.8
86	80.9	80.2	79.5	78.9	78.2	77.5	76.9	76.2	75.6	75.0
87	81.0	80.3	79.7	79.0	78.3	77.7	77.0	76.4	75.8	75.1
88	81.1	80.5	79.8	79.1	78.5	77.8	77.2	76.6	75.9	75.3
89	81.2	80.6	79.9	79.3	78.6	78.0	77.3	76.7	76.1	75.4
90	81.4	80.7	80.1	79.4	78.8	78.1	77.5	76.9	76.2	75.6
91	81.5	80.8	80.2	79.5	78.9	78.3	77.6	77.0	76.4	75.8
92	81.6	81.0	80.3	79.7	79.0	78.4	77.8	77.1	76.5	75.9
93	81.7	81.1	80.4	79.8	79.2	78.5	77.9	77.3	76.7	76.1
94	81.8	81.2	80.6	79.9	79.3	78.7	78.0	77.4	76.8	76.2
95	82.0	81.3	80.7	80.0	79.4	78.8	78.2	77.6	77.0	76.3
96	82.1	81.4	80.8	80.2	79.5	78.9	78.3	77.7	77.1	76.5
97	82.2	81.5	80.9	80.3	79.7	79.1	78.4	77.8	77.2	76.6
98	82.3	81.7	81.0	80.4	79.8	79.2	78.6	78.0	77.4	76.8
99	82.4	81.8	81.2	80.5	79.9	79.3	78.7	78.1	77.5	76.9
100	82.5	81.9	81.3	80.7	80.0	79.4	78.8	78.2	77.6	77.1

表 4c（续）

$t-t_w$ / t	7.2	7.4	7.6	7.8	8.0	8.2	8.4	8.6	8.8	9.0
15	36.9	35.3	33.8	32.3	30.8	29.3	27.8	26.3	24.8	23.4
16	38.7	37.2	35.7	34.2	32.8	31.3	29.9	28.4	27.0	25.6
17	40.4	38.9	37.5	36.1	34.6	33.2	31.8	30.4	29.0	27.7
18	42.0	40.5	39.1	37.8	36.4	35.0	33.6	32.3	31.0	29.6
19	43.4	42.1	40.7	39.4	38.0	36.7	35.4	34.1	32.8	31.5
20	44.9	43.5	42.2	40.9	39.6	38.3	37.0	35.7	34.4	33.2
21	46.2	44.9	43.6	42.3	41.0	39.8	38.5	37.3	36.0	34.8
22	47.4	46.2	44.9	43.7	42.4	41.2	40.0	38.7	37.5	36.3
23	48.6	47.4	46.1	44.9	43.7	42.5	41.3	40.1	39.0	37.8
24	49.7	48.5	47.3	46.1	44.9	43.8	42.6	41.4	40.3	39.2
25	50.8	49.6	48.4	47.3	46.1	45.0	43.8	42.7	41.6	40.4
26	51.8	50.6	49.5	48.3	47.2	46.1	45.0	43.9	42.8	41.7
27	52.7	51.6	50.5	49.3	48.2	47.1	46.0	45.0	43.9	42.8
28	53.6	52.5	51.4	50.3	49.2	48.1	47.1	46.0	45.0	43.9
29	54.5	53.4	52.3	51.2	50.2	49.1	48.1	47.0	46.0	45.0
30	55.3	54.2	53.2	52.1	51.1	50.0	49.0	48.0	47.0	46.0
31	56.1	55.0	54.0	52.9	51.9	50.9	49.9	48.9	47.9	46.9
32	56.8	55.8	54.7	53.7	52.7	51.7	50.7	49.7	48.8	47.8
33	57.5	56.5	55.5	54.5	53.5	52.5	51.5	50.6	49.6	48.6
34	58.2	57.2	56.2	55.2	54.2	53.2	52.3	51.3	50.4	49.5
35	58.8	57.8	56.8	55.9	54.9	54.0	53.0	52.1	51.1	50.2
36	59.4	58.4	57.5	56.5	55.6	54.6	53.7	52.8	51.9	51.0
37	60.0	59.0	58.1	57.2	56.2	55.3	54.4	53.5	52.6	51.7
38	60.6	59.6	58.7	57.8	56.8	55.9	55.0	54.1	53.2	52.4
39	61.1	60.2	59.2	58.3	57.4	56.5	55.6	54.8	53.9	53.0
40	61.6	60.7	59.8	58.9	58.0	57.1	56.2	55.4	54.5	53.6
41	62.1	61.2	60.3	59.4	58.5	57.7	56.8	55.9	55.1	54.2
42	62.6	61.7	60.8	59.9	59.1	58.2	57.3	56.5	55.6	54.8
43	63.0	62.2	61.3	60.4	59.6	58.7	57.9	57.0	56.2	55.4
44	63.5	62.6	61.7	60.9	60.0	59.2	58.4	57.5	56.7	55.9
45	63.9	63.0	62.2	61.3	60.5	59.7	58.8	58.0	57.2	56.4
46	64.3	63.5	62.6	61.8	61.0	60.1	59.3	58.5	57.7	56.9
47	64.7	63.9	63.0	62.2	61.4	60.6	59.8	59.0	58.2	57.4
48	65.1	64.3	63.4	62.6	61.8	61.0	60.2	59.4	58.6	57.8
49	65.5	64.6	63.8	63.0	62.2	61.4	60.6	59.8	59.0	58.3
50	65.8	65.0	64.2	63.4	62.6	61.8	61.0	60.2	59.5	58.7
51	66.2	65.4	64.6	63.8	63.0	62.2	61.4	60.6	59.9	59.1
52	66.5	65.7	64.9	64.1	63.3	62.6	61.8	61.0	60.3	59.5
53	66.8	66.1	65.3	64.5	63.7	62.9	62.2	61.4	60.7	59.9
54	67.2	66.4	65.6	64.8	64.1	63.3	62.5	61.8	61.0	60.3
55	67.5	66.7	65.9	65.2	64.4	63.6	62.9	62.1	61.4	60.7
56	67.8	67.0	66.2	65.5	64.7	64.0	63.2	62.5	61.8	61.0
57	68.1	67.3	66.5	65.8	65.0	64.3	63.6	62.8	62.1	61.4

表 4c（续）

$t-t_w$ / t	7.2	7.4	7.6	7.8	8.0	8.2	8.4	8.6	8.8	9.0
58	68.4	67.6	66.8	66.1	65.3	64.6	63.9	63.2	62.4	61.7
59	68.6	67.9	67.1	66.4	65.7	64.9	64.2	63.5	62.8	62.1
60	68.9	68.2	67.4	66.7	65.9	65.2	64.5	63.8	63.1	62.4
61	69.2	68.4	67.7	67.0	66.2	65.5	64.8	64.1	63.4	62.7
62	69.4	68.7	68.0	67.2	66.5	65.8	65.1	64.4	63.7	63.0
63	69.7	69.0	68.2	67.5	66.8	66.1	65.4	64.7	64.0	63.3
64	69.9	69.2	68.5	67.8	67.1	66.4	65.7	65.0	64.3	63.6
65	70.2	69.5	68.7	68.0	67.3	66.6	65.9	65.2	64.6	63.9
66	70.4	69.7	69.0	68.3	67.6	66.9	66.2	65.5	64.8	64.2
67	70.6	69.9	69.2	68.5	67.8	67.1	66.5	65.8	65.1	64.4
68	70.9	70.2	69.5	68.8	68.1	67.4	66.7	66.0	65.4	64.7
69	71.1	70.4	69.7	69.0	68.3	67.6	67.0	66.3	65.6	65.0
70	71.3	70.6	69.9	69.2	68.6	67.9	67.2	66.5	65.9	65.2
71	71.5	70.8	70.1	69.5	68.8	68.1	67.4	66.8	66.1	65.5
72	71.7	71.0	70.4	69.7	69.0	68.3	67.7	67.0	66.4	65.7
73	71.9	71.3	70.6	69.9	69.2	68.6	67.9	67.3	66.6	66.0
74	72.1	71.5	70.8	70.1	69.5	68.8	68.1	67.5	66.9	66.2
75	72.3	71.7	71.0	70.3	69.7	69.0	68.4	67.7	67.1	66.4
76	72.5	71.9	71.2	70.5	69.9	69.2	68.6	67.9	67.3	66.7
77	72.7	72.1	71.4	70.7	70.1	69.4	68.8	68.2	67.5	66.9
78	72.9	72.3	71.6	70.9	70.3	69.7	69.0	68.4	67.8	67.1
79	73.1	72.4	71.8	71.1	70.5	69.9	69.2	68.6	68.0	67.4
80	73.3	72.6	72.0	71.3	70.7	70.1	69.4	68.8	68.2	67.6
81	73.5	72.8	72.2	71.5	70.9	70.3	69.6	69.0	68.4	67.8
82	73.6	73.0	72.4	71.7	71.1	70.5	69.8	69.2	68.6	68.0
83	73.8	73.2	72.5	71.9	71.3	70.7	70.0	69.4	68.8	68.2
84	74.0	73.4	72.7	72.1	71.5	70.8	70.2	69.6	69.0	68.4
85	74.2	73.5	72.9	72.3	71.7	71.0	70.4	69.8	69.2	68.6
86	74.3	73.7	73.1	72.5	71.8	71.2	70.6	70.0	69.4	68.8
87	74.5	73.9	73.2	72.6	72.0	71.4	70.8	70.2	69.6	69.0
88	74.7	74.0	73.4	72.8	72.2	71.6	71.0	70.4	69.8	69.2
89	74.8	74.2	73.6	73.0	72.4	71.8	71.2	70.6	70.0	69.4
90	75.0	74.4	73.8	73.1	72.5	71.9	71.3	70.7	70.2	69.6
91	75.1	74.5	73.9	73.3	72.7	72.1	71.5	70.9	70.3	69.8
92	75.3	74.7	74.1	73.5	72.9	72.3	71.7	71.1	70.5	69.9
93	75.4	74.8	74.2	73.6	73.0	72.5	71.9	71.3	70.7	70.1
94	75.6	75.0	74.4	73.8	73.2	72.6	72.0	71.5	70.9	70.3
95	75.7	75.1	74.5	74.0	73.4	72.8	72.2	71.6	71.1	70.5
96	75.9	75.3	74.7	74.1	73.5	72.9	72.4	71.8	71.2	70.7
97	76.0	75.4	74.9	74.3	73.7	73.1	72.5	72.0	71.4	70.8
98	76.2	75.6	75.0	74.4	73.8	73.3	72.7	72.1	71.6	71.0
99	76.3	75.7	75.2	74.6	74.0	73.4	72.9	72.3	71.7	71.2
100	76.5	75.9	75.3	74.7	74.2	73.6	73.0	72.5	71.9	71.3

表 4c（续）

$t - t_w$ / t	9.2	9.4	9.6	9.8	10.0	10.2	10.4	10.6	10.8	11.0
15	21.9	20.5	19.0	17.6	16.2	14.8	13.4	12.0	10.6	9.2
16	24.2	22.8	21.4	20.0	18.6	17.3	15.9	14.6	13.2	11.9
17	26.3	24.9	23.6	22.3	20.9	19.6	18.3	17.0	15.7	14.4
18	28.3	27.0	25.7	24.4	23.1	21.8	20.5	19.3	18.0	16.8
19	30.2	28.9	27.6	26.4	25.1	23.9	22.6	21.4	20.2	19.0
20	31.9	30.7	29.5	28.2	27.0	25.8	24.6	23.4	22.2	21.0
21	33.6	32.4	31.2	30.0	28.8	27.6	26.5	25.3	24.1	23.0
22	35.2	34.0	32.8	31.6	30.5	29.3	28.2	27.1	26.0	24.8
23	36.6	35.5	34.3	33.2	32.1	31.0	29.9	28.8	27.7	26.6
24	38.0	36.9	35.8	34.7	33.6	32.5	31.4	30.3	29.3	28.2
25	39.3	38.2	37.2	36.1	35.0	33.9	32.9	31.8	30.8	29.7
26	40.6	39.5	38.4	37.4	36.3	35.3	34.3	33.2	32.2	31.2
27	41.8	40.7	39.7	38.6	37.6	36.6	35.6	34.6	33.6	32.6
28	42.9	41.9	40.8	39.8	38.8	37.8	36.8	35.8	34.9	33.9
29	43.9	42.9	41.9	40.9	40.0	39.0	38.0	37.0	36.1	35.1
30	45.0	44.0	43.0	42.0	41.0	40.1	39.1	38.2	37.2	36.3
31	45.9	44.9	44.0	43.0	42.1	41.1	40.2	39.3	38.3	37.4
32	46.8	45.9	44.9	44.0	43.1	42.1	41.2	40.3	39.4	38.5
33	47.7	46.8	45.8	44.9	44.0	43.1	42.2	41.3	40.4	39.5
34	48.5	47.6	46.7	45.8	44.9	44.0	43.1	42.2	41.3	40.5
35	49.3	48.4	47.5	46.6	45.7	44.8	44.0	43.1	42.2	41.4
36	50.1	49.2	48.3	47.4	46.5	45.7	44.8	44.0	43.1	42.3
37	50.8	49.9	49.0	48.2	47.3	46.5	45.6	44.8	43.9	43.1
38	51.5	50.6	49.7	48.9	48.0	47.2	46.4	45.5	44.7	43.9
39	52.1	51.3	50.4	49.6	48.8	47.9	47.1	46.3	45.5	44.7
40	52.8	51.9	51.1	50.3	49.4	48.6	47.8	47.0	46.2	45.4
41	53.4	52.5	51.7	50.9	50.1	49.3	48.5	47.7	46.9	46.1
42	54.0	53.1	52.3	51.5	50.7	49.9	49.1	48.3	47.6	46.8
43	54.5	53.7	52.9	52.1	51.3	50.5	49.7	49.0	48.2	47.4
44	55.1	54.3	53.5	52.7	51.9	51.1	50.3	49.6	48.8	48.1
45	55.6	54.8	54.0	53.2	52.5	51.7	50.9	50.2	49.4	48.7
46	56.1	55.3	54.5	53.8	53.0	52.2	51.5	50.7	50.0	49.2
47	56.6	55.8	55.0	54.3	53.5	52.8	52.0	51.3	50.5	49.8
48	57.1	56.3	55.5	54.8	54.0	53.3	52.5	51.8	51.1	50.3
49	57.5	56.7	56.0	55.2	54.5	53.8	53.0	52.3	51.6	50.9
50	57.9	57.2	56.4	55.7	55.0	54.2	53.5	52.8	52.1	51.4
51	58.4	57.6	56.9	56.1	55.4	54.7	54.0	53.3	52.6	51.8
52	58.8	58.0	57.3	56.6	55.9	55.1	54.4	53.7	53.0	52.3
53	59.2	58.4	57.7	57.0	56.3	55.6	54.9	54.2	53.5	52.8
54	59.6	58.8	58.1	57.4	56.7	56.0	55.3	54.6	53.9	53.2
55	59.9	59.2	58.5	57.8	57.1	56.4	55.7	55.0	54.3	53.7
56	60.3	59.6	58.9	58.2	57.5	56.8	56.1	55.4	54.7	54.1
57	60.7	60.0	59.3	58.6	57.9	57.2	56.5	55.8	55.1	54.5

表 4c（续）

$t-t_w$ / t	9.2	9.4	9.6	9.8	10.0	10.2	10.4	10.6	10.8	11.0
58	61.0	60.3	59.6	58.9	58.2	57.5	56.9	56.2	55.5	54.9
59	61.3	60.6	60.0	59.3	58.6	57.9	57.2	56.6	55.9	55.3
60	61.7	61.0	60.3	59.6	58.9	58.3	57.6	56.9	56.3	55.6
61	62.0	61.3	60.6	59.9	59.3	58.6	57.9	57.3	56.6	56.0
62	62.3	61.6	60.9	60.3	59.6	58.9	58.3	57.6	57.0	56.3
63	62.6	61.9	61.3	60.6	59.9	59.3	58.6	58.0	57.3	56.7
64	62.9	62.2	61.6	60.9	60.3	59.6	59.0	58.3	57.7	57.0
65	63.2	62.5	61.9	61.2	60.6	59.9	59.3	58.6	58.0	57.4
66	63.5	62.8	62.2	61.5	60.9	60.2	59.6	58.9	58.3	57.7
67	63.8	63.1	62.5	61.8	61.2	60.5	59.9	59.3	58.6	58.0
68	64.0	63.4	62.7	62.1	61.5	60.8	60.2	59.6	58.9	58.3
69	64.3	63.7	63.0	62.4	61.7	61.1	60.5	59.9	59.2	58.6
70	64.6	63.9	63.3	62.6	62.0	61.4	60.8	60.1	59.5	58.9
71	64.8	64.2	63.6	62.9	62.3	61.7	61.0	60.4	59.8	59.2
72	65.1	64.4	63.8	63.2	62.6	61.9	61.3	60.7	60.1	59.5
73	65.3	64.7	64.1	63.4	62.8	62.2	61.6	61.0	60.4	59.8
74	65.6	64.9	64.3	63.7	63.1	62.5	61.9	61.3	60.7	60.1
75	65.8	65.2	64.6	63.9	63.3	62.7	62.1	61.5	60.9	60.3
76	66.1	65.4	64.8	64.2	63.6	63.0	62.4	61.8	61.2	60.6
77	66.3	65.7	65.0	64.4	63.8	63.2	62.6	62.0	61.4	60.9
78	66.5	65.9	65.3	64.7	64.1	63.5	62.9	62.3	61.7	61.1
79	66.7	66.1	65.5	64.9	64.3	63.7	63.1	62.5	62.0	61.4
80	67.0	66.3	65.7	65.1	64.5	64.0	63.4	62.8	62.2	61.6
81	67.2	66.6	66.0	65.4	64.8	64.2	63.6	63.0	62.4	61.9
82	67.4	66.8	66.2	65.6	65.0	64.4	63.8	63.3	62.7	62.1
83	67.6	67.0	66.4	65.8	65.2	64.6	64.1	63.5	62.9	62.4
84	67.8	67.2	66.6	66.0	65.4	64.9	64.3	63.7	63.2	62.6
85	68.0	67.4	66.8	66.2	65.7	65.1	64.5	63.9	63.4	62.8
86	68.2	67.6	67.0	66.5	65.9	65.3	64.7	64.2	63.6	63.0
87	68.4	67.8	67.2	66.7	66.1	65.5	65.0	64.4	63.8	63.3
88	68.6	68.0	67.4	66.9	66.3	65.7	65.2	64.6	64.0	63.5
89	68.8	68.2	67.6	67.1	66.5	65.9	65.4	64.8	64.3	63.7
90	69.0	68.4	67.8	67.3	66.7	66.1	65.6	65.0	64.5	63.9
91	69.2	68.6	68.0	67.5	66.9	66.3	65.8	65.2	64.7	64.1
92	69.4	68.8	68.2	67.7	67.1	66.5	66.0	65.4	64.9	64.4
93	69.6	69.0	68.4	67.9	67.3	66.7	66.2	65.6	65.1	64.6
94	69.7	69.2	68.6	68.0	67.5	66.9	66.4	65.9	65.3	64.8
95	69.9	69.4	68.8	68.2	67.7	67.1	66.6	66.0	65.5	65.0
96	70.1	69.5	69.0	68.4	67.9	67.3	66.8	66.2	65.7	65.2
97	70.3	69.7	69.2	68.6	68.1	67.5	67.0	66.4	65.9	65.4
98	70.4	69.9	69.3	68.8	68.2	67.7	67.2	66.6	66.1	65.6
99	70.6	70.1	69.5	69.0	68.4	67.9	67.4	66.8	66.3	65.8
100	70.8	70.2	69.7	69.1	68.6	68.1	67.5	67.0	66.5	66.0

表 4c（续）

$t-t_w$ \ t	11.5	12.0	12.5	13.5	13.5	14.0	14.5	15.0	15.5	16.0
15	5.8	2.5								
16	8.6	5.4	2.2							
17	11.2	8.1	5.0	2.0						
18	13.7	10.6	7.7	4.7	1.8					
19	16.0	13.0	10.1	7.3	4.5	1.7				
20	18.1	15.3	12.5	9.7	7.0	4.3	1.7			
21	20.2	17.4	14.7	12.0	9.3	6.7	4.2	1.6		
22	22.1	19.4	16.7	14.1	11.5	9.0	6.5	4.1	1.7	
23	23.9	21.3	18.7	16.1	13.6	11.2	8.7	6.4	4.0	1.7
24	25.6	23.0	20.5	18.0	15.6	13.2	10.8	8.5	6.2	4.0
25	27.2	24.7	22.2	19.8	17.4	15.1	12.8	10.5	8.3	6.1
26	28.7	26.3	23.9	21.5	19.2	16.9	14.6	12.4	10.3	8.1
27	30.1	27.8	25.4	23.1	20.8	18.6	16.4	14.2	12.1	10.1
28	31.5	29.2	26.9	24.6	22.4	20.2	18.1	16.0	13.9	11.9
29	32.8	30.5	28.2	26.0	23.9	21.7	19.6	17.6	15.6	13.6
30	34.0	31.8	29.6	27.4	25.3	23.2	21.1	19.1	17.1	15.2
31	35.2	33.0	30.8	28.7	26.6	24.5	22.5	20.6	18.6	16.7
32	36.3	34.1	32.0	29.9	27.9	25.8	23.9	21.9	20.0	18.2
33	37.3	35.2	33.1	31.1	29.1	27.1	25.1	23.2	21.4	19.5
34	38.3	36.2	34.2	32.2	30.2	28.3	26.4	24.5	22.7	20.9
35	39.3	37.2	35.2	33.2	31.3	29.4	27.5	25.7	23.9	22.1
36	40.2	38.2	36.2	34.2	32.3	30.4	28.6	26.8	25.0	23.3
37	41.1	39.1	37.1	35.2	33.3	31.5	29.6	27.9	26.1	24.4
38	41.9	39.9	38.0	36.1	34.2	32.4	30.6	28.9	27.2	25.5
39	42.7	40.7	38.8	37.0	35.2	33.4	31.6	29.9	28.2	26.5
40	43.5	41.5	39.7	37.8	36.0	34.2	32.5	30.8	29.1	27.5
41	44.2	42.3	40.4	38.6	36.8	35.1	33.4	31.7	30.1	28.5
42	44.9	43.0	41.2	39.4	37.6	35.9	34.2	32.6	30.9	29.4
43	45.6	43.7	41.9	40.1	38.4	36.7	35.0	33.4	31.8	30.2
44	46.2	44.4	42.6	40.8	39.1	37.4	35.8	34.2	32.6	31.0
45	46.8	45.0	43.3	41.5	39.8	38.2	36.5	34.9	33.4	31.8
46	47.4	45.6	43.9	42.2	40.5	38.9	37.2	35.7	34.1	32.6
47	48.0	46.2	44.5	42.8	41.2	39.5	37.9	36.4	34.8	33.3
48	48.6	46.8	45.1	43.4	41.8	40.2	38.6	37.0	35.5	34.0
49	49.1	47.4	45.7	44.0	42.4	40.8	39.2	37.7	36.2	34.7
50	49.6	47.9	46.2	44.6	43.0	41.4	39.8	38.3	36.8	35.4
51	50.1	48.4	46.8	45.1	43.5	42.0	40.4	38.9	37.5	36.0
52	50.6	48.9	47.3	45.7	44.1	42.5	41.0	39.5	38.1	36.6
53	51.1	49.4	47.8	46.2	44.6	43.1	41.6	40.1	38.6	37.2
54	51.5	49.9	48.3	46.7	45.1	43.6	42.1	40.6	39.2	37.8
55	52.0	50.3	48.7	47.2	45.6	44.1	42.6	41.2	39.8	38.4
56	52.4	50.8	49.2	47.6	46.1	44.6	43.1	41.7	40.3	38.9
57	52.8	51.2	49.6	48.1	46.6	45.1	43.6	42.2	40.8	39.4

表 4c（续）

$t-t_w$ / t	11.5	12.0	12.5	13.5	13.5	14.0	14.5	15.0	15.5	16.0
58	53.2	51.6	50.1	48.5	47.0	45.6	44.1	42.7	41.3	39.9
59	53.6	52.0	50.5	49.0	47.5	46.0	44.6	43.2	41.8	40.4
60	54.0	52.4	50.9	49.4	47.9	46.4	45.0	43.6	42.2	40.9
61	54.4	52.8	51.3	49.8	48.3	46.9	45.5	44.1	42.7	41.4
62	54.8	53.2	51.7	50.2	48.7	47.3	45.9	44.5	43.2	41.8
63	55.1	53.6	52.1	50.6	49.1	47.7	46.3	44.9	43.6	42.3
64	55.5	53.9	52.4	51.0	49.5	48.1	46.7	45.3	44.0	42.7
65	55.8	54.3	52.8	51.3	49.9	48.5	47.1	45.8	44.4	43.1
66	56.2	54.6	53.2	51.7	50.3	48.9	47.5	46.1	44.8	43.5
67	56.5	55.0	53.5	52.1	50.6	49.2	47.9	46.5	45.2	43.9
68	56.8	55.3	53.8	52.4	51.0	49.6	48.2	46.9	45.6	44.3
69	57.1	55.6	54.2	52.7	51.3	50.0	48.6	47.3	46.0	44.7
70	57.4	55.9	54.5	53.1	51.7	50.3	49.0	47.7	46.4	45.1
71	57.7	56.3	54.8	53.4	52.0	50.7	49.3	48.0	46.7	45.5
72	58.0	56.6	55.1	53.7	52.3	51.0	49.7	48.4	47.1	45.8
73	58.3	56.9	55.4	54.0	52.7	51.3	50.0	48.7	47.4	46.2
74	58.6	57.2	55.7	54.3	53.0	51.6	50.3	49.0	47.8	46.5
75	58.9	57.4	56.0	54.6	53.3	52.0	50.6	49.4	48.1	46.9
76	59.1	57.7	56.3	54.9	53.6	52.3	51.0	49.7	48.4	47.2
77	59.4	58.0	56.6	55.2	53.9	52.6	51.3	50.0	48.8	47.5
78	59.7	58.3	56.9	55.5	54.2	52.9	51.6	50.3	49.1	47.9
79	59.9	58.5	57.2	55.8	54.5	53.2	51.9	50.6	49.4	48.2
80	60.2	58.8	57.4	56.1	54.8	53.5	52.2	50.9	49.7	48.5
81	60.5	59.1	57.7	56.4	55.0	53.7	52.5	51.2	50.0	48.8
82	60.7	59.3	58.0	56.6	55.3	54.0	52.8	51.5	50.3	49.1
83	61.0	59.6	58.2	56.9	55.6	54.3	53.0	51.8	50.6	49.4
84	61.2	59.8	58.5	57.2	55.9	54.6	53.3	52.1	50.9	49.7
85	61.4	60.1	58.7	57.4	56.1	54.8	53.6	52.4	51.2	50.0
86	61.7	60.3	59.0	57.7	56.4	55.1	53.9	52.6	51.4	50.3
87	61.9	60.6	59.2	57.9	56.6	55.4	54.1	52.9	51.7	50.5
88	62.1	60.8	59.5	58.2	56.9	55.6	54.4	53.2	52.0	50.8
89	62.4	61.0	59.7	58.4	57.1	55.9	54.7	53.5	52.3	51.1
90	62.6	61.2	59.9	58.7	57.4	56.1	54.9	53.7	52.5	51.4
91	62.8	61.5	60.2	58.9	57.6	56.4	55.2	54.0	52.8	51.6
92	63.0	61.7	60.4	59.1	57.9	56.6	55.4	54.2	53.1	51.9
93	63.2	61.9	60.6	59.4	58.1	56.9	55.7	54.5	53.3	52.2
94	63.4	62.1	60.9	59.6	58.3	57.1	55.9	54.7	53.6	52.4
95	63.7	62.4	61.1	59.8	58.6	57.4	56.2	55.0	53.8	52.7
96	63.9	62.6	61.3	60.0	58.8	57.6	56.4	55.2	54.1	52.9
97	64.1	62.8	61.5	60.3	59.0	57.8	56.6	55.5	54.3	53.2
98	64.3	63.0	61.7	60.5	59.3	58.1	56.9	55.7	54.6	53.4
99	64.5	63.2	61.9	60.7	59.5	58.3	57.1	55.9	54.8	53.7
100	64.7	63.4	62.1	60.9	59.7	58.5	57.3	56.2	55.0	53.9

表 5a₁ 球状水银温度表相对湿度查算表

P=80 kPa, A=0.857×10^{-3}℃$^{-1}$(0.4 m/s)

t \ $t-t_w$	0.0	0.1	0.2	0.3	0.4	0.5	0.6	0.7	0.8	0.9	1.0
15	100.0	99.0	97.9	96.9	95.8	94.8	93.8	92.8	91.7	90.7	89.7
16	100.0	99.0	98.0	97.0	96.0	95.0	94.0	93.0	92.0	91.0	90.0
17	100.0	99.0	98.0	97.1	96.1	95.1	94.1	93.2	92.2	91.2	90.3
18	100.0	99.0	98.1	97.1	96.2	95.2	94.3	93.4	92.4	91.5	90.6
19	100.0	99.1	98.1	97.2	96.3	95.4	94.4	93.5	92.6	91.7	90.8
20	100.0	99.1	98.2	97.3	96.4	95.5	94.6	93.7	92.8	91.9	91.0
21	100.0	99.1	98.2	97.3	96.5	95.6	94.7	93.8	93.0	92.1	91.3
22	100.0	99.1	98.3	97.4	96.5	95.7	94.8	94.0	93.1	92.3	91.5
23	100.0	99.2	98.3	97.5	96.6	95.8	95.0	94.1	93.3	92.5	91.7
24	100.0	99.2	98.3	97.5	96.7	95.9	95.1	94.3	93.5	92.7	91.9
25	100.0	99.2	98.4	97.6	96.8	96.0	95.2	94.4	93.6	92.8	92.0
26	100.0	99.2	98.4	97.6	96.8	96.1	95.3	94.5	93.7	93.0	92.2
27	100.0	99.2	98.4	97.7	96.9	96.1	95.4	94.6	93.9	93.1	92.4
28	100.0	99.2	98.5	97.7	97.0	96.2	95.5	94.7	94.0	93.2	92.5
29	100.0	99.3	98.5	97.8	97.0	96.3	95.6	94.8	94.1	93.4	92.6
30	100.0	99.3	98.5	97.8	97.1	96.4	95.6	94.9	94.2	93.5	92.8
31	100.0	99.3	98.6	97.8	97.1	96.4	95.7	95.0	94.3	93.6	92.9
32	100.0	99.3	98.6	97.9	97.2	96.5	95.8	95.1	94.4	93.7	93.0
33	100.0	99.3	98.6	97.9	97.2	96.5	95.9	95.2	94.5	93.8	93.2
34	100.0	99.3	98.6	98.0	97.3	96.6	95.9	95.3	94.6	93.9	93.3
35	100.0	99.3	98.7	98.0	97.3	96.7	96.0	95.3	94.7	94.0	93.4
36	100.0	99.3	98.7	98.0	97.4	96.7	96.1	95.4	94.8	94.1	93.5
37	100.0	99.3	98.7	98.0	97.4	96.8	96.1	95.5	94.8	94.2	93.6
38	100.0	99.4	98.7	98.1	97.4	96.8	96.2	95.6	94.9	94.3	93.7
39	100.0	99.4	98.7	98.1	97.5	96.9	96.2	95.6	95.0	94.4	93.8
40	100.0	99.4	98.8	98.1	97.5	96.9	96.3	95.7	95.1	94.5	93.9
41	100.0	99.4	98.8	98.2	97.5	96.9	96.3	95.7	95.1	94.5	93.9
42	100.0	99.4	98.8	98.2	97.6	97.0	96.4	95.8	95.2	94.6	94.0
43	100.0	99.4	98.8	98.2	97.6	97.0	96.4	95.9	95.3	94.7	94.1
44	100.0	99.4	98.8	98.2	97.6	97.1	96.5	95.9	95.3	94.8	94.2
45	100.0	99.4	98.8	98.3	97.7	97.1	96.5	96.0	95.4	94.8	94.3
46	100.0	99.4	98.8	98.3	97.7	97.1	96.6	96.0	95.4	94.9	94.3
47	100.0	99.4	98.9	98.3	97.7	97.2	96.6	96.1	95.5	94.9	94.4
48	100.0	99.4	98.9	98.3	97.8	97.2	96.7	96.1	95.6	95.0	94.5
49	100.0	99.4	98.9	98.3	97.8	97.2	96.7	96.1	95.6	95.1	94.5
50	100.0	99.4	98.9	98.4	97.8	97.3	96.7	96.2	95.7	95.1	94.6
51	100.0	99.5	98.9	98.4	97.8	97.3	96.8	96.2	95.7	95.2	94.6
52	100.0	99.5	98.9	98.4	97.9	97.3	96.8	96.3	95.7	95.2	94.7
53	100.0	99.5	98.9	98.4	97.9	97.4	96.8	96.3	95.8	95.3	94.8
54	100.0	99.5	98.9	98.4	97.9	97.4	96.9	96.4	95.8	95.3	94.8
55	100.0	99.5	99.0	98.4	97.9	97.4	96.9	96.4	95.9	95.4	94.9
56	100.0	99.5	99.0	98.5	97.9	97.4	96.9	96.4	95.9	95.4	94.9
57	100.0	99.5	99.0	98.5	98.0	97.5	97.0	96.5	96.0	95.5	95.0

表 $5a_1$（续）

$t-t_w$ / t	0.0	0.1	0.2	0.3	0.4	0.5	0.6	0.7	0.8	0.9	1.0
58	100.0	99.5	99.0	98.5	98.0	97.5	97.0	96.5	96.0	95.5	95.0
59	100.0	99.5	99.0	98.5	98.0	97.5	97.0	96.5	96.0	95.6	95.1
60	100.0	99.5	99.0	98.5	98.0	97.5	97.0	96.6	96.1	95.6	95.1
61	100.0	99.5	99.0	98.5	98.0	97.6	97.1	96.6	96.1	95.6	95.2
62	100.0	99.5	99.0	98.5	98.1	97.6	97.1	96.6	96.2	95.7	95.2
63	100.0	99.5	99.0	98.6	98.1	97.6	97.1	96.7	96.2	95.7	95.3
64	100.0	99.5	99.0	98.6	98.1	97.6	97.2	96.7	96.2	95.8	95.3
65	100.0	99.5	99.1	98.6	98.1	97.6	97.2	96.7	96.3	95.8	95.3
66	100.0	99.5	99.1	98.6	98.1	97.7	97.2	96.7	96.3	95.8	95.4
67	100.0	99.5	99.1	98.6	98.1	97.7	97.2	96.8	96.3	95.9	95.4
68	100.0	99.5	99.1	98.6	98.2	97.7	97.3	96.8	96.4	95.9	95.5
69	100.0	99.5	99.1	98.6	98.2	97.7	97.3	96.8	96.4	95.9	95.5
70	100.0	99.5	99.1	98.6	98.2	97.7	97.3	96.9	96.4	96.0	95.5
71	100.0	99.6	99.1	98.7	98.2	97.8	97.3	96.9	96.4	96.0	95.6
72	100.0	99.6	99.1	98.7	98.2	97.8	97.3	96.9	96.5	96.0	95.6
73	100.0	99.6	99.1	98.7	98.2	97.8	97.4	96.9	96.5	96.1	95.6
74	100.0	99.6	99.1	98.7	98.3	97.8	97.4	97.0	96.5	96.1	95.7
75	100.0	99.6	99.1	98.7	98.3	97.8	97.4	97.0	96.6	96.1	95.7
76	100.0	99.6	99.1	98.7	98.3	97.9	97.4	97.0	96.6	96.2	95.7
77	100.0	99.6	99.1	98.7	98.3	97.9	97.4	97.0	96.6	96.2	95.8
78	100.0	99.6	99.2	98.7	98.3	97.9	97.5	97.1	96.6	96.2	95.8
79	100.0	99.6	99.2	98.7	98.3	97.9	97.5	97.1	96.7	96.3	95.8
80	100.0	99.6	99.2	98.7	98.3	97.9	97.5	97.1	96.7	96.3	95.9
81	100.0	99.6	99.2	98.8	98.3	97.9	97.5	97.1	96.7	96.3	95.9
82	100.0	99.6	99.2	98.8	98.4	98.0	97.5	97.1	96.7	96.3	95.9
83	100.0	99.6	99.2	98.8	98.4	98.0	97.6	97.2	96.8	96.4	96.0
84	100.0	99.6	99.2	98.8	98.4	98.0	97.6	97.2	96.8	96.4	96.0
85	100.0	99.6	99.2	98.8	98.4	98.0	97.6	97.2	96.8	96.4	96.0
86	100.0	99.6	99.2	98.8	98.4	98.0	97.6	97.2	96.8	96.4	96.1
87	100.0	99.6	99.2	98.8	98.4	98.0	97.6	97.2	96.9	96.5	96.1
88	100.0	99.6	99.2	98.8	98.4	98.0	97.7	97.3	96.9	96.5	96.1
89	100.0	99.6	99.2	98.8	98.4	98.1	97.7	97.3	96.9	96.5	96.1
90	100.0	99.6	99.2	98.8	98.5	98.1	97.7	97.3	96.9	96.5	96.2
91	100.0	99.6	99.2	98.8	98.5	98.1	97.7	97.3	96.9	96.6	96.2
92	100.0	99.6	99.2	98.9	98.5	98.1	97.7	97.3	97.0	96.6	96.2
93	100.0	99.6	99.2	98.9	98.5	98.1	97.7	97.4	97.0	96.6	96.2
94	100.0	99.6	99.2	98.9	98.5	98.1	97.7	97.4	97.0	96.6	96.3
95	100.0	99.6	99.2	98.9	98.5	98.1	97.8	97.4	97.0	96.7	96.3
96	100.0	99.6	99.3	98.9	98.5	98.1	97.8	97.4	97.0	96.7	96.3
97	100.0	99.6	99.3	98.9	98.5	98.2	97.8	97.4	97.1	96.7	96.3
98	100.0	99.6	99.3	98.9	98.5	98.2	97.8	97.4	97.1	96.7	96.4
99	100.0	99.6	99.3	98.9	98.5	98.2	97.8	97.5	97.1	96.7	96.4
100	100.0	99.6	99.3	98.9	98.6	98.2	97.8	97.5	97.1	96.8	96.4

表 5a₁(续)

t \ $t-t_w$	1.1	1.2	1.3	1.4	1.5	1.6	1.7	1.8	1.9	2.0
15	88.7	87.7	86.7	85.7	84.7	83.7	82.7	81.7	80.8	79.8
16	89.0	88.1	87.1	86.1	85.1	84.2	83.2	82.3	81.3	80.4
17	89.3	88.4	87.4	86.5	85.6	84.6	83.7	82.8	81.8	80.9
18	89.6	88.7	87.8	86.9	86.0	85.0	84.1	83.2	82.3	81.4
19	89.9	89.0	88.1	87.2	86.3	85.4	84.6	83.7	82.8	81.9
20	90.2	89.3	88.4	87.5	86.7	85.8	85.0	84.1	83.2	82.4
21	90.4	89.5	88.7	87.9	87.0	86.2	85.3	84.5	83.7	82.8
22	90.6	89.8	89.0	88.1	87.3	86.5	85.7	84.9	84.1	83.2
23	90.8	90.0	89.2	88.4	87.6	86.8	86.0	85.2	84.4	83.6
24	91.1	90.3	89.5	88.7	87.9	87.1	86.3	85.5	84.8	84.0
25	91.2	90.5	89.7	88.9	88.2	87.4	86.6	85.9	85.1	84.4
26	91.4	90.7	89.9	89.2	88.4	87.7	86.9	86.2	85.4	84.7
27	91.6	90.9	90.1	89.4	88.6	87.9	87.2	86.4	85.7	85.0
28	91.8	91.0	90.3	89.6	88.9	88.1	87.4	86.7	86.0	85.3
29	91.9	91.2	90.5	89.8	89.1	88.4	87.7	87.0	86.3	85.6
30	92.1	91.4	90.7	90.0	89.3	88.6	87.9	87.2	86.5	85.8
31	92.2	91.5	90.8	90.2	89.5	88.8	88.1	87.4	86.8	86.1
32	92.4	91.7	91.0	90.3	89.7	89.0	88.3	87.7	87.0	86.3
33	92.5	91.8	91.2	90.5	89.8	89.2	88.5	87.9	87.2	86.6
34	92.6	92.0	91.3	90.7	90.0	89.4	88.7	88.1	87.4	86.8
35	92.7	92.1	91.4	90.8	90.2	89.5	88.9	88.3	87.6	87.0
36	92.8	92.2	91.6	91.0	90.3	89.7	89.1	88.5	87.8	87.2
37	93.0	92.3	91.7	91.1	90.5	89.9	89.2	88.6	88.0	87.4
38	93.1	92.4	91.8	91.2	90.6	90.0	89.4	88.8	88.2	87.6
39	93.2	92.6	92.0	91.3	90.7	90.2	89.6	89.0	88.4	87.8
40	93.3	92.7	92.1	91.5	90.9	90.3	89.7	89.1	88.5	88.0
41	93.4	92.8	92.2	91.6	91.0	90.4	89.8	89.3	88.7	88.1
42	93.4	92.9	92.3	91.7	91.1	90.6	90.0	89.4	88.8	88.3
43	93.5	93.0	92.4	91.8	91.2	90.7	90.1	89.6	89.0	88.4
44	93.6	93.0	92.5	91.9	91.4	90.8	90.2	89.7	89.1	88.6
45	93.7	93.1	92.6	92.0	91.5	90.9	90.4	89.8	89.3	88.7
46	93.8	93.2	92.7	92.1	91.6	91.0	90.5	89.9	89.4	88.9
47	93.8	93.3	92.8	92.2	91.7	91.1	90.6	90.1	89.5	89.0
48	93.9	93.4	92.8	92.3	91.8	91.2	90.7	90.2	89.7	89.1
49	94.0	93.5	92.9	92.4	91.9	91.3	90.8	90.3	89.8	89.3
50	94.1	93.5	93.0	92.5	92.0	91.4	90.9	90.4	89.9	89.4
51	94.1	93.6	93.1	92.6	92.0	91.5	91.0	90.5	90.0	89.5
52	94.2	93.7	93.2	92.6	92.1	91.6	91.1	90.6	90.1	89.6
53	94.2	93.7	93.2	92.7	92.2	91.7	91.2	90.7	90.2	89.7
54	94.3	93.8	93.3	92.8	92.3	91.8	91.3	90.8	90.3	89.8
55	94.4	93.9	93.4	92.9	92.4	91.9	91.4	90.9	90.4	89.9
56	94.4	93.9	93.4	92.9	92.5	92.0	91.5	91.0	90.5	90.0
57	94.5	94.0	93.5	93.0	92.5	92.0	91.6	91.1	90.6	90.1

表 5a$_1$（续）

$t-t_w$ / t	1.1	1.2	1.3	1.4	1.5	1.6	1.7	1.8	1.9	2.0
58	94.5	94.0	93.6	93.1	92.6	92.1	91.6	91.2	90.7	90.2
59	94.6	94.1	93.6	93.2	92.7	92.2	91.7	91.3	90.8	90.3
60	94.6	94.2	93.7	93.2	92.7	92.3	91.8	91.3	90.9	90.4
61	94.7	94.2	93.7	93.3	92.8	92.3	91.9	91.4	91.0	90.5
62	94.7	94.3	93.8	93.3	92.9	92.4	92.0	91.5	91.0	90.6
63	94.8	94.3	93.9	93.4	92.9	92.5	92.0	91.6	91.1	90.7
64	94.8	94.4	93.9	93.5	93.0	92.6	92.1	91.7	91.2	90.8
65	94.9	94.4	94.0	93.5	93.1	92.6	92.2	91.7	91.3	90.8
66	94.9	94.5	94.0	93.6	93.1	92.7	92.2	91.8	91.4	90.9
67	95.0	94.5	94.1	93.6	93.2	92.7	92.3	91.9	91.4	91.0
68	95.0	94.6	94.1	93.7	93.2	92.8	92.4	91.9	91.5	91.1
69	95.1	94.6	94.2	93.7	93.3	92.9	92.4	92.0	91.6	91.1
70	95.1	94.7	94.2	93.8	93.4	92.9	92.5	92.1	91.6	91.2
71	95.1	94.7	94.3	93.8	93.4	93.0	92.6	92.1	91.7	91.3
72	95.2	94.7	94.3	93.9	93.5	93.0	92.6	92.2	91.8	91.4
73	95.2	94.8	94.4	93.9	93.5	93.1	92.7	92.3	91.8	91.4
74	95.3	94.8	94.4	94.0	93.6	93.2	92.7	92.3	91.9	91.5
75	95.3	94.9	94.5	94.0	93.6	93.2	92.8	92.4	92.0	91.6
76	95.3	94.9	94.5	94.1	93.7	93.3	92.9	92.4	92.0	91.6
77	95.4	95.0	94.5	94.1	93.7	93.3	92.9	92.5	92.1	91.7
78	95.4	95.0	94.6	94.2	93.8	93.4	93.0	92.6	92.2	91.8
79	95.4	95.0	94.6	94.2	93.8	93.4	93.0	92.6	92.2	91.8
80	95.5	95.1	94.7	94.3	93.9	93.5	93.1	92.7	92.3	91.9
81	95.5	95.1	94.7	94.3	93.9	93.5	93.1	92.7	92.3	91.9
82	95.5	95.1	94.7	94.3	94.0	93.6	93.2	92.8	92.4	92.0
83	95.6	95.2	94.8	94.4	94.0	93.6	93.2	92.8	92.4	92.1
84	95.6	95.2	94.8	94.4	94.0	93.7	93.3	92.9	92.5	92.1
85	95.6	95.2	94.9	94.5	94.1	93.7	93.3	92.9	92.6	92.2
86	95.7	95.3	94.9	94.5	94.1	93.7	93.4	93.0	92.6	92.2
87	95.7	95.3	94.9	94.5	94.2	93.8	93.4	93.0	92.7	92.3
88	95.7	95.3	95.0	94.6	94.2	93.8	93.5	93.1	92.7	92.3
89	95.8	95.4	95.0	94.6	94.2	93.9	93.5	93.1	92.8	92.4
90	95.8	95.4	95.0	94.7	94.3	93.9	93.5	93.2	92.8	92.4
91	95.8	95.4	95.1	94.7	94.3	94.0	93.6	93.2	92.9	92.5
92	95.8	95.5	95.1	94.7	94.4	94.0	93.6	93.3	92.9	92.5
93	95.9	95.5	95.1	94.8	94.4	94.0	93.7	93.3	93.0	92.6
94	95.9	95.5	95.2	94.8	94.4	94.1	93.7	93.4	93.0	92.6
95	95.9	95.6	95.2	94.8	94.5	94.1	93.8	93.4	93.1	92.7
96	96.0	95.6	95.2	94.9	94.5	94.2	93.8	93.5	93.1	92.7
97	96.0	95.6	95.3	94.9	94.6	94.2	93.8	93.5	93.1	92.8
98	96.0	95.7	95.3	94.9	94.6	94.2	93.9	93.5	93.2	92.8
99	96.0	95.7	95.3	95.0	94.6	94.3	93.9	93.6	93.2	92.9
100	96.1	95.7	95.4	95.0	94.7	94.3	94.0	93.6	93.3	92.9

表 5a₁(续)

t \ $t-t_w$	2.1	2.2	2.3	2.4	2.5	2.6	2.7	2.8	2.9	3.0
15	78.8	77.8	76.9	75.9	74.9	74.0	73.0	72.1	71.1	70.2
16	79.4	78.5	77.5	76.6	75.7	74.7	73.8	72.9	72.0	71.0
17	80.0	79.1	78.2	77.3	76.4	75.5	74.6	73.7	72.8	71.9
18	80.5	79.7	78.8	77.9	77.0	76.1	75.3	74.4	73.5	72.6
19	81.1	80.2	79.3	78.5	77.6	76.8	75.9	75.1	74.2	73.4
20	81.5	80.7	79.9	79.0	78.2	77.4	76.5	75.7	74.9	74.1
21	82.0	81.2	80.4	79.5	78.7	77.9	77.1	76.3	75.5	74.7
22	82.4	81.6	80.8	80.0	79.2	78.5	77.7	76.9	76.1	75.3
23	82.8	82.1	81.3	80.5	79.7	79.0	78.2	77.4	76.7	75.9
24	83.2	82.5	81.7	80.9	80.2	79.4	78.7	77.9	77.2	76.4
25	83.6	82.8	82.1	81.4	80.6	79.9	79.1	78.4	77.7	77.0
26	83.9	83.2	82.5	81.8	81.0	80.3	79.6	78.9	78.2	77.4
27	84.3	83.6	82.8	82.1	81.4	80.7	80.0	79.3	78.6	77.9
28	84.6	83.9	83.2	82.5	81.8	81.1	80.4	79.7	79.0	78.4
29	84.9	84.2	83.5	82.8	82.1	81.5	80.8	80.1	79.4	78.8
30	85.2	84.5	83.8	83.1	82.5	81.8	81.1	80.5	79.8	79.2
31	85.4	84.8	84.1	83.4	82.8	82.1	81.5	80.8	80.2	79.5
32	85.7	85.0	84.4	83.7	83.1	82.5	81.8	81.2	80.5	79.9
33	85.9	85.3	84.7	84.0	83.4	82.8	82.1	81.5	80.9	80.3
34	86.2	85.5	84.9	84.3	83.7	83.0	82.4	81.8	81.2	80.6
35	86.4	85.8	85.2	84.5	83.9	83.3	82.7	82.1	81.5	80.9
36	86.6	86.0	85.4	84.8	84.2	83.6	83.0	82.4	81.8	81.2
37	86.8	86.2	85.6	85.0	84.4	83.8	83.2	82.7	82.1	81.5
38	87.0	86.4	85.8	85.2	84.7	84.1	83.5	82.9	82.3	81.8
39	87.2	86.6	86.0	85.5	84.9	84.3	83.7	83.2	82.6	82.0
40	87.4	86.8	86.2	85.7	85.1	84.5	84.0	83.4	82.8	82.3
41	87.6	87.0	86.4	85.9	85.3	84.7	84.2	83.6	83.1	82.5
42	87.7	87.2	86.6	86.0	85.5	84.9	84.4	83.8	83.3	82.8
43	87.9	87.3	86.8	86.2	85.7	85.1	84.6	84.1	83.5	83.0
44	88.0	87.5	86.9	86.4	85.9	85.3	84.8	84.3	83.7	83.2
45	88.2	87.7	87.1	86.6	86.0	85.5	85.0	84.5	83.9	83.4
46	88.3	87.8	87.3	86.7	86.2	85.7	85.2	84.7	84.1	83.6
47	88.5	87.9	87.4	86.9	86.4	85.9	85.3	84.8	84.3	83.8
48	88.6	88.1	87.6	87.1	86.5	86.0	85.5	85.0	84.5	84.0
49	88.7	88.2	87.7	87.2	86.7	86.2	85.7	85.2	84.7	84.2
50	88.9	88.4	87.9	87.3	86.8	86.3	85.8	85.4	84.9	84.4
51	89.0	88.5	88.0	87.5	87.0	86.5	86.0	85.5	85.0	84.5
52	89.1	88.6	88.1	87.6	87.1	86.6	86.2	85.7	85.2	84.7
53	89.2	88.7	88.2	87.8	87.3	86.8	86.3	85.8	85.3	84.9
54	89.3	88.9	88.4	87.9	87.4	86.9	86.4	86.0	85.5	85.0
55	89.4	89.0	88.5	88.0	87.5	87.1	86.6	86.1	85.6	85.2
56	89.6	89.1	88.6	88.1	87.7	87.2	86.7	86.3	85.8	85.3
57	89.7	89.2	88.7	88.2	87.8	87.3	86.8	86.4	85.9	85.5

表 $5a_1$(续)

t \ $t-t_w$	2.1	2.2	2.3	2.4	2.5	2.6	2.7	2.8	2.9	3.0
58	89.8	89.3	88.8	88.4	87.9	87.4	87.0	86.5	86.1	85.6
59	89.9	89.4	88.9	88.5	88.0	87.6	87.1	86.6	86.2	85.7
60	90.0	89.5	89.0	88.6	88.1	87.7	87.2	86.8	86.3	85.9
61	90.0	89.6	89.1	88.7	88.2	87.8	87.3	86.9	86.5	86.0
62	90.1	89.7	89.2	88.8	88.3	87.9	87.5	87.0	86.6	86.1
63	90.2	89.8	89.3	88.9	88.4	88.0	87.6	87.1	86.7	86.3
64	90.3	89.9	89.4	89.0	88.5	88.1	87.7	87.2	86.8	86.4
65	90.4	90.0	89.5	89.1	88.6	88.2	87.8	87.4	86.9	86.5
66	90.5	90.0	89.6	89.2	88.7	88.3	87.9	87.5	87.0	86.6
67	90.6	90.1	89.7	89.3	88.8	88.4	88.0	87.6	87.1	86.7
68	90.6	90.2	89.8	89.4	88.9	88.5	88.1	87.7	87.3	86.8
69	90.7	90.3	89.9	89.5	89.0	88.6	88.2	87.8	87.4	86.9
70	90.8	90.4	90.0	89.5	89.1	88.7	88.3	87.9	87.5	87.1
71	90.9	90.5	90.0	89.6	89.2	88.8	88.4	88.0	87.6	87.2
72	90.9	90.5	90.1	89.7	89.3	88.9	88.5	88.1	87.7	87.3
73	91.0	90.6	90.2	89.8	89.4	89.0	88.6	88.2	87.8	87.4
74	91.1	90.7	90.3	89.9	89.5	89.1	88.7	88.3	87.9	87.5
75	91.2	90.8	90.3	89.9	89.5	89.1	88.7	88.4	88.0	87.6
76	91.2	90.8	90.4	90.0	89.6	89.2	88.8	88.4	88.0	87.7
77	91.3	90.9	90.5	90.1	89.7	89.3	88.9	88.5	88.1	87.7
78	91.4	91.0	90.6	90.2	89.8	89.4	89.0	88.6	88.2	87.8
79	91.4	91.0	90.6	90.2	89.9	89.5	89.1	88.7	88.3	87.9
80	91.5	91.1	90.7	90.3	89.9	89.5	89.2	88.8	88.4	88.0
81	91.6	91.2	90.8	90.4	90.0	89.6	89.2	88.9	88.5	88.1
82	91.6	91.2	90.8	90.5	90.1	89.7	89.3	88.9	88.6	88.2
83	91.7	91.3	90.9	90.5	90.2	89.8	89.4	89.0	88.7	88.3
84	91.7	91.4	91.0	90.6	90.2	89.9	89.5	89.1	88.7	88.4
85	91.8	91.4	91.0	90.7	90.3	89.9	89.6	89.2	88.8	88.4
86	91.9	91.5	91.1	90.7	90.4	90.0	89.6	89.3	88.9	88.5
87	91.9	91.5	91.2	90.8	90.4	90.1	89.7	89.3	89.0	88.6
88	92.0	91.6	91.2	90.9	90.5	90.1	89.8	89.4	89.0	88.7
89	92.0	91.7	91.3	90.9	90.6	90.2	89.8	89.5	89.1	88.8
90	92.1	91.7	91.4	91.0	90.6	90.3	89.9	89.6	89.2	88.8
91	92.1	91.8	91.4	91.1	90.7	90.3	90.0	89.6	89.3	88.9
92	92.2	91.8	91.5	91.1	90.8	90.4	90.0	89.7	89.3	89.0
93	92.2	91.9	91.5	91.2	90.8	90.5	90.1	89.8	89.4	89.1
94	92.3	91.9	91.6	91.2	90.9	90.5	90.2	89.8	89.5	89.1
95	92.3	92.0	91.6	91.3	90.9	90.6	90.2	89.9	89.6	89.2
96	92.4	92.0	91.7	91.3	91.0	90.7	90.3	90.0	89.6	89.3
97	92.4	92.1	91.7	91.4	91.1	90.7	90.4	90.0	89.7	89.3
98	92.5	92.1	91.8	91.5	91.1	90.8	90.4	90.1	89.8	89.4
99	92.5	92.2	91.9	91.5	91.2	90.8	90.5	90.2	89.8	89.5
100	92.6	92.2	91.9	91.6	91.2	90.9	90.6	90.2	89.9	89.6

表 5a$_1$(续)

$t-t_w$ / t	3.1	3.2	3.3	3.4	3.5	3.6	3.7	3.8	3.9	4.0
15	69.2	68.3	67.4	66.4	65.5	64.6	63.6	62.7	61.8	60.9
16	70.1	69.2	68.3	67.4	66.5	65.6	64.7	63.8	62.9	62.0
17	71.0	70.1	69.2	68.3	67.5	66.6	65.7	64.9	64.0	63.1
18	71.8	70.9	70.1	69.2	68.4	67.5	66.7	65.8	65.0	64.1
19	72.5	71.7	70.9	70.0	69.2	68.4	67.6	66.7	65.9	65.1
20	73.2	72.4	71.6	70.8	70.0	69.2	68.4	67.6	66.8	66.0
21	73.9	73.1	72.3	71.5	70.8	70.0	69.2	68.4	67.6	66.9
22	74.5	73.8	73.0	72.2	71.5	70.7	69.9	69.2	68.4	67.7
23	75.1	74.4	73.6	72.9	72.1	71.4	70.6	69.9	69.2	68.4
24	75.7	75.0	74.2	73.5	72.8	72.0	71.3	70.6	69.9	69.2
25	76.2	75.5	74.8	74.1	73.4	72.7	71.9	71.2	70.5	69.8
26	76.7	76.0	75.3	74.6	73.9	73.2	72.5	71.9	71.2	70.5
27	77.2	76.5	75.8	75.2	74.5	73.8	73.1	72.4	71.8	71.1
28	77.7	77.0	76.3	75.6	75.0	74.3	73.6	73.0	72.3	71.7
29	78.1	77.4	76.8	76.1	75.5	74.8	74.2	73.5	72.9	72.2
30	78.5	77.9	77.2	76.6	75.9	75.3	74.6	74.0	73.4	72.7
31	78.9	78.3	77.6	77.0	76.4	75.7	75.1	74.5	73.9	73.2
32	79.3	78.7	78.0	77.4	76.8	76.2	75.5	74.9	74.3	73.7
33	79.6	79.0	78.4	77.8	77.2	76.6	76.0	75.4	74.8	74.2
34	80.0	79.4	78.8	78.2	77.6	77.0	76.4	75.8	75.2	74.6
35	80.3	79.7	79.1	78.5	77.9	77.3	76.8	76.2	75.6	75.0
36	80.6	80.0	79.4	78.9	78.3	77.7	77.1	76.5	76.0	75.4
37	80.9	80.3	79.8	79.2	78.6	78.0	77.5	76.9	76.3	75.8
38	81.2	80.6	80.1	79.5	78.9	78.4	77.8	77.3	76.7	76.1
39	81.5	80.9	80.3	79.8	79.2	78.7	78.1	77.6	77.0	76.5
40	81.7	81.2	80.6	80.1	79.5	79.0	78.4	77.9	77.4	76.8
41	82.0	81.4	80.9	80.3	79.8	79.3	78.7	78.2	77.7	77.1
42	82.2	81.7	81.1	80.6	80.1	79.5	79.0	78.5	78.0	77.5
43	82.5	81.9	81.4	80.9	80.3	79.8	79.3	78.8	78.3	77.7
44	82.7	82.2	81.6	81.1	80.6	80.1	79.6	79.0	78.5	78.0
45	82.9	82.4	81.9	81.3	80.8	80.3	79.8	79.3	78.8	78.3
46	83.1	82.6	82.1	81.6	81.1	80.6	80.1	79.6	79.1	78.6
47	83.3	82.8	82.3	81.8	81.3	80.8	80.3	79.8	79.3	78.8
48	83.5	83.0	82.5	82.0	81.5	81.0	80.5	80.0	79.6	79.1
49	83.7	83.2	82.7	82.2	81.7	81.2	80.8	80.3	79.8	79.3
50	83.9	83.4	82.9	82.4	81.9	81.4	81.0	80.5	80.0	79.5
51	84.1	83.6	83.1	82.6	82.1	81.7	81.2	80.7	80.2	79.8
52	84.2	83.7	83.3	82.8	82.3	81.8	81.4	80.9	80.4	80.0
53	84.4	83.9	83.4	83.0	82.5	82.0	81.6	81.1	80.7	80.2
54	84.6	84.1	83.6	83.2	82.7	82.2	81.8	81.3	80.9	80.4
55	84.7	84.2	83.8	83.3	82.9	82.4	82.0	81.5	81.0	80.6
56	84.9	84.4	83.9	83.5	83.0	82.6	82.1	81.7	81.2	80.8
57	85.0	84.6	84.1	83.7	83.2	82.8	82.3	81.9	81.4	81.0

表 5a₁(续)

t \ $t-t_w$	3.1	3.2	3.3	3.4	3.5	3.6	3.7	3.8	3.9	4.0
58	85.2	84.7	84.3	83.8	83.4	82.9	82.5	82.0	81.6	81.2
59	85.3	84.9	84.4	84.0	83.5	83.1	82.6	82.2	81.8	81.3
60	85.4	85.0	84.6	84.1	83.7	83.2	82.8	82.4	81.9	81.5
61	85.6	85.1	84.7	84.3	83.8	83.4	83.0	82.5	82.1	81.7
62	85.7	85.3	84.8	84.4	84.0	83.5	83.1	82.7	82.3	81.8
63	85.8	85.4	85.0	84.5	84.1	83.7	83.3	82.8	82.4	82.0
64	86.0	85.5	85.1	84.7	84.3	83.8	83.4	83.0	82.6	82.2
65	86.1	85.7	85.2	84.8	84.4	84.0	83.6	83.1	82.7	82.3
66	86.2	85.8	85.4	84.9	84.5	84.1	83.7	83.3	82.9	82.5
67	86.3	85.9	85.5	85.1	84.7	84.2	83.8	83.4	83.0	82.6
68	86.4	86.0	85.6	85.2	84.8	84.4	84.0	83.6	83.2	82.8
69	86.5	86.1	85.7	85.3	84.9	84.5	84.1	83.7	83.3	82.9
70	86.6	86.2	85.8	85.4	85.0	84.6	84.2	83.8	83.4	83.0
71	86.8	86.4	85.9	85.5	85.1	84.8	84.4	84.0	83.6	83.2
72	86.9	86.5	86.1	85.7	85.3	84.9	84.5	84.1	83.7	83.3
73	87.0	86.6	86.2	85.8	85.4	85.0	84.6	84.2	83.8	83.4
74	87.1	86.7	86.3	85.9	85.5	85.1	84.7	84.3	83.9	83.6
75	87.2	86.8	86.4	86.0	85.6	85.2	84.8	84.5	84.1	83.7
76	87.3	86.9	86.5	86.1	85.7	85.3	85.0	84.6	84.2	83.8
77	87.4	87.0	86.6	86.2	85.8	85.4	85.1	84.7	84.3	83.9
78	87.5	87.1	86.7	86.3	85.9	85.6	85.2	84.8	84.4	84.1
79	87.5	87.2	86.8	86.4	86.0	85.7	85.3	84.9	84.5	84.2
80	87.6	87.3	86.9	86.5	86.1	85.8	85.4	85.0	84.7	84.3
81	87.7	87.4	87.0	86.6	86.2	85.9	85.5	85.1	84.8	84.4
82	87.8	87.4	87.1	86.7	86.3	86.0	85.6	85.2	84.9	84.5
83	87.9	87.5	87.2	86.8	86.4	86.1	85.7	85.3	85.0	84.6
84	88.0	87.6	87.3	86.9	86.5	86.2	85.8	85.4	85.1	84.7
85	88.1	87.7	87.4	87.0	86.6	86.3	85.9	85.5	85.2	84.8
86	88.2	87.8	87.4	87.1	86.7	86.4	86.0	85.6	85.3	84.9
87	88.2	87.9	87.5	87.2	86.8	86.5	86.1	85.7	85.4	85.0
88	88.3	88.0	87.6	87.3	86.9	86.5	86.2	85.8	85.5	85.1
89	88.4	88.1	87.7	87.3	87.0	86.6	86.3	85.9	85.6	85.2
90	88.5	88.1	87.8	87.4	87.1	86.7	86.4	86.0	85.7	85.3
91	88.6	88.2	87.9	87.5	87.2	86.8	86.5	86.1	85.8	85.4
92	88.6	88.3	87.9	87.6	87.3	86.9	86.6	86.2	85.9	85.5
93	88.7	88.4	88.0	87.7	87.3	87.0	86.7	86.3	86.0	85.6
94	88.8	88.4	88.1	87.8	87.4	87.1	86.7	86.4	86.1	85.7
95	88.9	88.5	88.2	87.8	87.5	87.2	86.8	86.5	86.2	85.8
96	88.9	88.6	88.3	87.9	87.6	87.2	86.9	86.6	86.2	85.9
97	89.0	88.7	88.3	88.0	87.7	87.3	87.0	86.7	86.3	86.0
98	89.1	88.7	88.4	88.1	87.7	87.4	87.1	86.8	86.4	86.1
99	89.2	88.8	88.5	88.2	87.8	87.5	87.2	86.8	86.5	86.2
100	89.2	88.9	88.6	88.2	87.9	87.6	87.2	86.9	86.6	86.3

表 5a₁(续)

$t-t_w$ / t	4.1	4.2	4.3	4.4	4.5	4.6	4.7	4.8	4.9	5.0
15	60.0	59.1	58.2	57.2	56.3	55.5	54.6	53.7	52.8	51.9
16	61.2	60.3	59.4	58.5	57.6	56.8	55.9	55.0	54.2	53.3
17	62.3	61.4	60.6	59.7	58.9	58.0	57.2	56.3	55.5	54.7
18	63.3	62.5	61.7	60.8	60.0	59.2	58.4	57.6	56.7	55.9
19	64.3	63.5	62.7	61.9	61.1	60.3	59.5	58.7	57.9	57.1
20	65.2	64.4	63.7	62.9	62.1	61.3	60.6	59.8	59.0	58.3
21	66.1	65.3	64.6	63.8	63.1	62.3	61.5	60.8	60.1	59.3
22	66.9	66.2	65.4	64.7	64.0	63.2	62.5	61.8	61.0	60.3
23	67.7	67.0	66.3	65.5	64.8	64.1	63.4	62.7	62.0	61.2
24	68.4	67.7	67.0	66.3	65.6	64.9	64.2	63.5	62.8	62.1
25	69.1	68.4	67.8	67.1	66.4	65.7	65.0	64.3	63.6	63.0
26	69.8	69.1	68.4	67.8	67.1	66.4	65.8	65.1	64.4	63.8
27	70.4	69.8	69.1	68.4	67.8	67.1	66.5	65.8	65.2	64.5
28	71.0	70.4	69.7	69.1	68.4	67.8	67.1	66.5	65.9	65.2
29	71.6	70.9	70.3	69.7	69.0	68.4	67.8	67.2	66.5	65.9
30	72.1	71.5	70.9	70.2	69.6	69.0	68.4	67.8	67.2	66.6
31	72.6	72.0	71.4	70.8	70.2	69.6	69.0	68.4	67.8	67.2
32	73.1	72.5	71.9	71.3	70.7	70.1	69.5	68.9	68.3	67.8
33	73.6	73.0	72.4	71.8	71.2	70.6	70.0	69.5	68.9	68.3
34	74.0	73.4	72.9	72.3	71.7	71.1	70.5	70.0	69.4	68.8
35	74.4	73.9	73.3	72.7	72.2	71.6	71.0	70.5	69.9	69.4
36	74.8	74.3	73.7	73.2	72.6	72.0	71.5	70.9	70.4	69.8
37	75.2	74.7	74.1	73.6	73.0	72.5	71.9	71.4	70.8	70.3
38	75.6	75.0	74.5	74.0	73.4	72.9	72.3	71.8	71.3	70.7
39	76.0	75.4	74.9	74.3	73.8	73.3	72.7	72.2	71.7	71.2
40	76.3	75.8	75.2	74.7	74.2	73.7	73.1	72.6	72.1	71.6
41	76.6	76.1	75.6	75.0	74.5	74.0	73.5	73.0	72.5	72.0
42	76.9	76.4	75.9	75.4	74.9	74.4	73.9	73.4	72.8	72.3
43	77.2	76.7	76.2	75.7	75.2	74.7	74.2	73.7	73.2	72.7
44	77.5	77.0	76.5	76.0	75.5	75.0	74.5	74.0	73.5	73.1
45	77.8	77.3	76.8	76.3	75.8	75.3	74.8	74.4	73.9	73.4
46	78.1	77.6	77.1	76.6	76.1	75.6	75.2	74.7	74.2	73.7
47	78.3	77.9	77.4	76.9	76.4	75.9	75.4	75.0	74.5	74.0
48	78.6	78.1	77.6	77.2	76.7	76.2	75.7	75.3	74.8	74.3
49	78.8	78.4	77.9	77.4	76.9	76.5	76.0	75.5	75.1	74.6
50	79.1	78.6	78.1	77.7	77.2	76.7	76.3	75.8	75.4	74.9
51	79.3	78.8	78.4	77.9	77.4	77.0	76.5	76.1	75.6	75.2
52	79.5	79.1	78.6	78.1	77.7	77.2	76.8	76.3	75.9	75.4
53	79.7	79.3	78.8	78.4	77.9	77.5	77.0	76.6	76.1	75.7
54	79.9	79.5	79.0	78.6	78.2	77.7	77.3	76.8	76.4	75.9
55	80.1	79.7	79.3	78.8	78.4	77.9	77.5	77.1	76.6	76.2
56	80.3	79.9	79.5	79.0	78.6	78.1	77.7	77.3	76.9	76.4
57	80.5	80.1	79.7	79.2	78.8	78.4	77.9	77.5	77.1	76.7

表 $5a_1$（续）

$t-t_w$ / t	4.1	4.2	4.3	4.4	4.5	4.6	4.7	4.8	4.9	5.0
58	80.7	80.3	79.9	79.4	79.0	78.6	78.1	77.7	77.3	76.9
59	80.9	80.5	80.0	79.6	79.2	78.8	78.3	77.9	77.5	77.1
60	81.1	80.7	80.2	79.8	79.4	79.0	78.5	78.1	77.7	77.3
61	81.3	80.8	80.4	80.0	79.6	79.2	78.7	78.3	77.9	77.5
62	81.4	81.0	80.6	80.2	79.8	79.3	78.9	78.5	78.1	77.7
63	81.6	81.2	80.8	80.3	79.9	79.5	79.1	78.7	78.3	77.9
64	81.7	81.3	80.9	80.5	80.1	79.7	79.3	78.9	78.5	78.1
65	81.9	81.5	81.1	80.7	80.3	79.9	79.5	79.1	78.7	78.3
66	82.1	81.7	81.3	80.8	80.4	80.0	79.7	79.3	78.9	78.5
67	82.2	81.8	81.4	81.0	80.6	80.2	79.8	79.4	79.0	78.6
68	82.4	82.0	81.6	81.2	80.8	80.4	80.0	79.6	79.2	78.8
69	82.5	82.1	81.7	81.3	80.9	80.5	80.1	79.8	79.4	79.0
70	82.6	82.3	81.9	81.5	81.1	80.7	80.3	79.9	79.5	79.2
71	82.8	82.4	82.0	81.6	81.2	80.8	80.5	80.1	79.7	79.3
72	82.9	82.5	82.1	81.8	81.4	81.0	80.6	80.2	79.9	79.5
73	83.1	82.7	82.3	81.9	81.5	81.1	80.8	80.4	80.0	79.6
74	83.2	82.8	82.4	82.0	81.7	81.3	80.9	80.5	80.2	79.8
75	83.3	82.9	82.6	82.2	81.8	81.4	81.1	80.7	80.3	80.0
76	83.4	83.1	82.7	82.3	81.9	81.6	81.2	80.8	80.5	80.1
77	83.6	83.2	82.8	82.4	82.1	81.7	81.3	81.0	80.6	80.2
78	83.7	83.3	82.9	82.6	82.2	81.8	81.5	81.1	80.8	80.4
79	83.8	83.4	83.1	82.7	82.3	82.0	81.6	81.3	80.9	80.5
80	83.9	83.6	83.2	82.8	82.5	82.1	81.7	81.4	81.0	80.7
81	84.0	83.7	83.3	83.0	82.6	82.2	81.9	81.5	81.2	80.8
82	84.1	83.8	83.4	83.1	82.7	82.4	82.0	81.7	81.3	80.9
83	84.3	83.9	83.5	83.2	82.8	82.5	82.1	81.8	81.4	81.1
84	84.4	84.0	83.7	83.3	83.0	82.6	82.3	81.9	81.6	81.2
85	84.5	84.1	83.8	83.4	83.1	82.7	82.4	82.0	81.7	81.3
86	84.6	84.2	83.9	83.5	83.2	82.8	82.5	82.2	81.8	81.5
87	84.7	84.3	84.0	83.7	83.3	83.0	82.6	82.3	81.9	81.6
88	84.8	84.5	84.1	83.8	83.4	83.1	82.7	82.4	82.1	81.7
89	84.9	84.6	84.2	83.9	83.5	83.2	82.9	82.5	82.2	81.8
90	85.0	84.7	84.3	84.0	83.6	83.3	83.0	82.6	82.3	82.0
91	85.1	84.8	84.4	84.1	83.7	83.4	83.1	82.7	82.4	82.1
92	85.2	84.9	84.5	84.2	83.9	83.5	83.2	82.9	82.5	82.2
93	85.3	85.0	84.6	84.3	84.0	83.6	83.3	83.0	82.6	82.3
94	85.4	85.1	84.7	84.4	84.1	83.7	83.4	83.1	82.8	82.4
95	85.5	85.2	84.8	84.5	84.2	83.8	83.5	83.2	82.9	82.5
96	85.6	85.3	84.9	84.6	84.3	83.9	83.6	83.3	83.0	82.7
97	85.7	85.3	85.0	84.7	84.4	84.0	83.7	83.4	83.1	82.8
98	85.8	85.4	85.1	84.8	84.5	84.1	83.8	83.5	83.2	82.9
99	85.9	85.5	85.2	84.9	84.6	84.2	83.9	83.6	83.3	83.0
100	85.9	85.6	85.3	85.0	84.7	84.3	84.0	83.7	83.4	83.1

表 5a₁(续)

t \ $t-t_w$	5.2	5.4	5.6	5.8	6.0	6.2	6.4	6.6	6.8	7.0
15	50.1	48.4	46.6	44.9	43.2	41.5	39.8	38.1	36.4	34.7
16	51.6	49.9	48.2	46.6	44.9	43.2	41.6	40.0	38.3	36.7
17	53.0	51.4	49.7	48.1	46.5	44.9	43.3	41.7	40.1	38.6
18	54.3	52.7	51.1	49.6	48.0	46.4	44.9	43.4	41.8	40.3
19	55.6	54.0	52.5	50.9	49.4	47.9	46.4	44.9	43.4	42.0
20	56.7	55.2	53.7	52.2	50.8	49.3	47.8	46.4	44.9	43.5
21	57.8	56.4	54.9	53.4	52.0	50.6	49.2	47.7	46.3	45.0
22	58.9	57.4	56.0	54.6	53.2	51.8	50.4	49.0	47.7	46.3
23	59.8	58.4	57.1	55.7	54.3	53.0	51.6	50.3	48.9	47.6
24	60.8	59.4	58.0	56.7	55.4	54.0	52.7	51.4	50.1	48.8
25	61.6	60.3	59.0	57.7	56.4	55.1	53.8	52.5	51.2	50.0
26	62.5	61.2	59.9	58.6	57.3	56.0	54.8	53.5	52.3	51.1
27	63.2	62.0	60.7	59.4	58.2	57.0	55.7	54.5	53.3	52.1
28	64.0	62.7	61.5	60.3	59.0	57.8	56.6	55.4	54.3	53.1
29	64.7	63.5	62.2	61.0	59.8	58.7	57.5	56.3	55.2	54.0
30	65.4	64.2	63.0	61.8	60.6	59.4	58.3	57.1	56.0	54.9
31	66.0	64.8	63.6	62.5	61.3	60.2	59.1	57.9	56.8	55.7
32	66.6	65.4	64.3	63.2	62.0	60.9	59.8	58.7	57.6	56.5
33	67.2	66.0	64.9	63.8	62.7	61.6	60.5	59.4	58.3	57.3
34	67.7	66.6	65.5	64.4	63.3	62.2	61.2	60.1	59.0	58.0
35	68.2	67.2	66.1	65.0	63.9	62.8	61.8	60.7	59.7	58.7
36	68.7	67.7	66.6	65.5	64.5	63.4	62.4	61.4	60.3	59.3
37	69.2	68.2	67.1	66.1	65.0	64.0	63.0	62.0	61.0	60.0
38	69.7	68.6	67.6	66.6	65.6	64.5	63.5	62.5	61.5	60.6
39	70.1	69.1	68.1	67.1	66.1	65.1	64.1	63.1	62.1	61.1
40	70.6	69.5	68.5	67.5	66.5	65.5	64.6	63.6	62.6	61.7
41	71.0	70.0	69.0	68.0	67.0	66.0	65.1	64.1	63.2	62.2
42	71.3	70.4	69.4	68.4	67.4	66.5	65.5	64.6	63.6	62.7
43	71.7	70.7	69.8	68.8	67.9	66.9	66.0	65.0	64.1	63.2
44	72.1	71.1	70.2	69.2	68.3	67.3	66.4	65.5	64.6	63.7
45	72.4	71.5	70.5	69.6	68.7	67.7	66.8	65.9	65.0	64.1
46	72.8	71.8	70.9	70.0	69.0	68.1	67.2	66.3	65.4	64.6
47	73.1	72.2	71.2	70.3	69.4	68.5	67.6	66.7	65.8	65.0
48	73.4	72.5	71.6	70.7	69.8	68.9	68.0	67.1	66.2	65.4
49	73.7	72.8	71.9	71.0	70.1	69.2	68.4	67.5	66.6	65.8
50	74.0	73.1	72.2	71.3	70.4	69.6	68.7	67.8	67.0	66.1
51	74.3	73.4	72.5	71.6	70.8	69.9	69.0	68.2	67.3	66.5
52	74.6	73.7	72.8	71.9	71.1	70.2	69.4	68.5	67.7	66.9
53	74.8	73.9	73.1	72.2	71.4	70.5	69.7	68.9	68.0	67.2
54	75.1	74.2	73.4	72.5	71.7	70.8	70.0	69.2	68.4	67.5
55	75.3	74.5	73.6	72.8	71.9	71.1	70.3	69.5	68.7	67.9
56	75.6	74.7	73.9	73.0	72.2	71.4	70.6	69.8	69.0	68.2
57	75.8	75.0	74.1	73.3	72.5	71.7	70.9	70.1	69.3	68.5

表 5a$_1$（续）

$t-t_w$ / t	5.2	5.4	5.6	5.8	6.0	6.2	6.4	6.6	6.8	7.0
58	76.0	75.2	74.4	73.6	72.7	71.9	71.1	70.3	69.6	68.8
59	76.3	75.4	74.6	73.8	73.0	72.2	71.4	70.6	69.8	69.1
60	76.5	75.7	74.9	74.0	73.2	72.5	71.7	70.9	70.1	69.3
61	76.7	75.9	75.1	74.3	73.5	72.7	71.9	71.1	70.4	69.6
62	76.9	76.1	75.3	74.5	73.7	72.9	72.2	71.4	70.6	69.9
63	77.1	76.3	75.5	74.7	74.0	73.2	72.4	71.7	70.9	70.1
64	77.3	76.5	75.7	74.9	74.2	73.4	72.6	71.9	71.1	70.4
65	77.5	76.7	75.9	75.2	74.4	73.6	72.9	72.1	71.4	70.6
66	77.7	76.9	76.1	75.4	74.6	73.9	73.1	72.4	71.6	70.9
67	77.9	77.1	76.3	75.6	74.8	74.1	73.3	72.6	71.9	71.1
68	78.0	77.3	76.5	75.8	75.0	74.3	73.5	72.8	72.1	71.4
69	78.2	77.5	76.7	76.0	75.2	74.5	73.8	73.0	72.3	71.6
70	78.4	77.6	76.9	76.2	75.4	74.7	74.0	73.2	72.5	71.8
71	78.6	77.8	77.1	76.3	75.6	74.9	74.2	73.4	72.7	72.0
72	78.7	78.0	77.3	76.5	75.8	75.1	74.4	73.6	72.9	72.2
73	78.9	78.2	77.4	76.7	76.0	75.3	74.6	73.8	73.1	72.4
74	79.1	78.3	77.6	76.9	76.2	75.5	74.7	74.0	73.3	72.7
75	79.2	78.5	77.8	77.1	76.3	75.6	74.9	74.2	73.5	72.9
76	79.4	78.7	77.9	77.2	76.5	75.8	75.1	74.4	73.7	73.1
77	79.5	78.8	78.1	77.4	76.7	76.0	75.3	74.6	73.9	73.2
78	79.7	79.0	78.3	77.6	76.9	76.2	75.5	74.8	74.1	73.4
79	79.8	79.1	78.4	77.7	77.0	76.3	75.6	75.0	74.3	73.6
80	80.0	79.3	78.6	77.9	77.2	76.5	75.8	75.1	74.5	73.8
81	80.1	79.4	78.7	78.0	77.3	76.7	76.0	75.3	74.7	74.0
82	80.2	79.6	78.9	78.2	77.5	76.8	76.2	75.5	74.8	74.2
83	80.4	79.7	79.0	78.3	77.7	77.0	76.3	75.7	75.0	74.3
84	80.5	79.8	79.2	78.5	77.8	77.1	76.5	75.8	75.2	74.5
85	80.7	80.0	79.3	78.6	78.0	77.3	76.6	76.0	75.3	74.7
86	80.8	80.1	79.4	78.8	78.1	77.5	76.8	76.1	75.5	74.9
87	80.9	80.2	79.6	78.9	78.3	77.6	77.0	76.3	75.7	75.0
88	81.0	80.4	79.7	79.1	78.4	77.8	77.1	76.5	75.8	75.2
89	81.2	80.5	79.9	79.2	78.5	77.9	77.3	76.6	76.0	75.4
90	81.3	80.6	80.0	79.3	78.7	78.0	77.4	76.8	76.1	75.5
91	81.4	80.8	80.1	79.5	78.8	78.2	77.5	76.9	76.3	75.7
92	81.5	80.9	80.2	79.6	79.0	78.3	77.7	77.1	76.4	75.8
93	81.7	81.0	80.4	79.7	79.1	78.5	77.8	77.2	76.6	76.0
94	81.8	81.1	80.5	79.9	79.2	78.6	78.0	77.4	76.7	76.1
95	81.9	81.3	80.6	80.0	79.4	78.7	78.1	77.5	76.9	76.3
96	82.0	81.4	80.7	80.1	79.5	78.9	78.2	77.6	77.0	76.4
97	82.1	81.5	80.9	80.2	79.6	79.0	78.4	77.8	77.2	76.6
98	82.2	81.6	81.0	80.4	79.7	79.1	78.5	77.9	77.3	76.7
99	82.3	81.7	81.1	80.5	79.9	79.3	78.7	78.0	77.4	76.9
100	82.5	81.8	81.2	80.6	80.0	79.4	78.8	78.2	77.6	77.0

表 $5a_1$（续）

$t-t_w$ / t	7.2	7.4	7.6	7.8	8.0	8.2	8.4	8.6	8.8	9.0
15	33.1	31.4	29.8	28.2	26.6	25.0	23.4	21.8	20.2	18.6
16	35.1	33.5	31.9	30.4	28.8	27.3	25.7	24.2	22.7	21.1
17	37.0	35.5	34.0	32.4	30.9	29.4	27.9	26.4	25.0	23.5
18	38.8	37.3	35.8	34.4	32.9	31.4	30.0	28.6	27.1	25.7
19	40.5	39.1	37.6	36.2	34.8	33.3	31.9	30.5	29.2	27.8
20	42.1	40.7	39.3	37.9	36.5	35.1	33.8	32.4	31.1	29.7
21	43.6	42.2	40.8	39.5	38.1	36.8	35.5	34.2	32.9	31.6
22	45.0	43.6	42.3	41.0	39.7	38.4	37.1	35.8	34.6	33.3
23	46.3	45.0	43.7	42.4	41.2	39.9	38.6	37.4	36.1	34.9
24	47.6	46.3	45.0	43.8	42.5	41.3	40.1	38.9	37.6	36.4
25	48.7	47.5	46.3	45.0	43.8	42.6	41.4	40.2	39.1	37.9
26	49.9	48.6	47.4	46.2	45.1	43.9	42.7	41.6	40.4	39.3
27	50.9	49.7	48.5	47.4	46.2	45.1	43.9	42.8	41.7	40.6
28	51.9	50.8	49.6	48.5	47.3	46.2	45.1	44.0	42.9	41.8
29	52.9	51.7	50.6	49.5	48.4	47.3	46.2	45.1	44.0	42.9
30	53.8	52.6	51.5	50.4	49.4	48.3	47.2	46.1	45.1	44.0
31	54.6	53.5	52.4	51.4	50.3	49.2	48.2	47.2	46.1	45.1
32	55.4	54.4	53.3	52.2	51.2	50.2	49.1	48.1	47.1	46.1
33	56.2	55.2	54.1	53.1	52.1	51.0	50.0	49.0	48.0	47.0
34	56.9	55.9	54.9	53.9	52.9	51.9	50.9	49.9	48.9	47.9
35	57.7	56.6	55.6	54.6	53.6	52.7	51.7	50.7	49.7	48.8
36	58.3	57.3	56.3	55.3	54.4	53.4	52.4	51.5	50.5	49.6
37	59.0	58.0	57.0	56.0	55.1	54.1	53.2	52.2	51.3	50.4
38	59.6	58.6	57.7	56.7	55.8	54.8	53.9	53.0	52.0	51.1
39	60.2	59.2	58.3	57.3	56.4	55.5	54.6	53.6	52.7	51.8
40	60.7	59.8	58.9	57.9	57.0	56.1	55.2	54.3	53.4	52.5
41	61.3	60.3	59.4	58.5	57.6	56.7	55.8	54.9	54.1	53.2
42	61.8	60.9	60.0	59.1	58.2	57.3	56.4	55.5	54.7	53.8
43	62.3	61.4	60.5	59.6	58.7	57.8	57.0	56.1	55.3	54.4
44	62.8	61.9	61.0	60.1	59.2	58.4	57.5	56.7	55.8	55.0
45	63.2	62.4	61.5	60.6	59.8	58.9	58.1	57.2	56.4	55.6
46	63.7	62.8	61.9	61.1	60.2	59.4	58.6	57.7	56.9	56.1
47	64.1	63.2	62.4	61.5	60.7	59.9	59.0	58.2	57.4	56.6
48	64.5	63.7	62.8	62.0	61.2	60.3	59.5	58.7	57.9	57.1
49	64.9	64.1	63.2	62.4	61.6	60.8	60.0	59.2	58.4	57.6
50	65.3	64.5	63.7	62.8	62.0	61.2	60.4	59.6	58.8	58.0
51	65.7	64.9	64.0	63.2	62.4	61.6	60.8	60.1	59.3	58.5
52	66.0	65.2	64.4	63.6	62.8	62.0	61.2	60.5	59.7	58.9
53	66.4	65.6	64.8	64.0	63.2	62.4	61.6	60.9	60.1	59.4
54	66.7	65.9	65.1	64.4	63.6	62.8	62.0	61.3	60.5	59.8
55	67.1	66.3	65.5	64.7	63.9	63.2	62.4	61.7	60.9	60.2
56	67.4	66.6	65.8	65.1	64.3	63.5	62.8	62.0	61.3	60.5
57	67.7	66.9	66.1	65.4	64.6	63.9	63.1	62.4	61.6	60.9

表 5a₁(续)

t \ $t-t_w$	7.2	7.4	7.6	7.8	8.0	8.2	8.4	8.6	8.8	9.0
58	68.0	67.2	66.5	65.7	65.0	64.2	63.5	62.7	62.0	61.3
59	68.3	67.5	66.8	66.0	65.3	64.5	63.8	63.1	62.3	61.6
60	68.6	67.8	67.1	66.3	65.6	64.9	64.1	63.4	62.7	62.0
61	68.9	68.1	67.4	66.6	65.9	65.2	64.4	63.7	63.0	62.3
62	69.1	68.4	67.6	66.9	66.2	65.5	64.7	64.0	63.3	62.6
63	69.4	68.7	67.9	67.2	66.5	65.8	65.0	64.3	63.6	62.9
64	69.7	68.9	68.2	67.5	66.8	66.0	65.3	64.6	63.9	63.3
65	69.9	69.2	68.5	67.7	67.0	66.3	65.6	64.9	64.2	63.6
66	70.2	69.4	68.7	68.0	67.3	66.6	65.9	65.2	64.5	63.8
67	70.4	69.7	69.0	68.3	67.6	66.9	66.2	65.5	64.8	64.1
68	70.6	69.9	69.2	68.5	67.8	67.1	66.4	65.8	65.1	64.4
69	70.9	70.2	69.5	68.8	68.1	67.4	66.7	66.0	65.4	64.7
70	71.1	70.4	69.7	69.0	68.3	67.6	67.0	66.3	65.6	65.0
71	71.3	70.6	69.9	69.2	68.6	67.9	67.2	66.6	65.9	65.2
72	71.5	70.8	70.2	69.5	68.8	68.1	67.5	66.8	66.1	65.5
73	71.8	71.1	70.4	69.7	69.0	68.4	67.7	67.0	66.4	65.7
74	72.0	71.3	70.6	69.9	69.3	68.6	67.9	67.3	66.6	66.0
75	72.2	71.5	70.8	70.2	69.5	68.8	68.2	67.5	66.9	66.2
76	72.4	71.7	71.0	70.4	69.7	69.1	68.4	67.8	67.1	66.5
77	72.6	71.9	71.2	70.6	69.9	69.3	68.6	68.0	67.3	66.7
78	72.8	72.1	71.4	70.8	70.1	69.5	68.8	68.2	67.6	66.9
79	73.0	72.3	71.6	71.0	70.3	69.7	69.1	68.4	67.8	67.2
80	73.1	72.5	71.8	71.2	70.5	69.9	69.3	68.6	68.0	67.4
81	73.3	72.7	72.0	71.4	70.8	70.1	69.5	68.9	68.2	67.6
82	73.5	72.9	72.2	71.6	70.9	70.3	69.7	69.1	68.5	67.8
83	73.7	73.1	72.4	71.8	71.1	70.5	69.9	69.3	68.7	68.0
84	73.9	73.2	72.6	72.0	71.3	70.7	70.1	69.5	68.9	68.3
85	74.0	73.4	72.8	72.2	71.5	70.9	70.3	69.7	69.1	68.5
86	74.2	73.6	73.0	72.3	71.7	71.1	70.5	69.9	69.3	68.7
87	74.4	73.8	73.1	72.5	71.9	71.3	70.7	70.1	69.5	68.9
88	74.6	73.9	73.3	72.7	72.1	71.5	70.9	70.3	69.7	69.1
89	74.7	74.1	73.5	72.9	72.3	71.7	71.1	70.5	69.9	69.3
90	74.9	74.3	73.7	73.0	72.4	71.8	71.2	70.6	70.0	69.5
91	75.0	74.4	73.8	73.2	72.6	72.0	71.4	70.8	70.2	69.6
92	75.2	74.6	74.0	73.4	72.8	72.2	71.6	71.0	70.4	69.8
93	75.4	74.8	74.1	73.5	73.0	72.4	71.8	71.2	70.6	70.0
94	75.5	74.9	74.3	73.7	73.1	72.5	71.9	71.4	70.8	70.2
95	75.7	75.1	74.5	73.9	73.3	72.7	72.1	71.5	71.0	70.4
96	75.8	75.2	74.6	74.0	73.4	72.9	72.3	71.7	71.1	70.6
97	76.0	75.4	74.8	74.2	73.6	73.0	72.5	71.9	71.3	70.7
98	76.1	75.5	74.9	74.3	73.8	73.2	72.6	72.0	71.5	70.9
99	76.3	75.7	75.1	74.5	73.9	73.4	72.8	72.2	71.6	71.1
100	76.4	75.8	75.2	74.7	74.1	73.5	72.9	72.4	71.8	71.3

表 5a₁(续)

$t-t_w$ / t	9.2	9.4	9.6	9.8	10.0	10.2	10.4	10.6	10.8	11.0
15	17.1	15.5	14.0	12.4	10.9	9.4	7.9	6.4	4.9	3.4
16	19.6	18.1	16.6	15.2	13.7	12.2	10.8	9.3	7.9	6.5
17	22.0	20.6	19.2	17.7	16.3	14.9	13.5	12.1	10.7	9.3
18	24.3	22.9	21.5	20.1	18.7	17.4	16.0	14.7	13.3	12.0
19	26.4	25.0	23.7	22.4	21.0	19.7	18.4	17.1	15.8	14.5
20	28.4	27.1	25.8	24.5	23.2	21.9	20.6	19.3	18.1	16.8
21	30.3	29.0	27.7	26.4	25.2	23.9	22.7	21.5	20.2	19.0
22	32.0	30.8	29.5	28.3	27.1	25.9	24.7	23.5	22.3	21.1
23	33.7	32.5	31.3	30.1	28.9	27.7	26.5	25.4	24.2	23.1
24	35.3	34.1	32.9	31.7	30.6	29.4	28.3	27.1	26.0	24.9
25	36.7	35.6	34.4	33.3	32.2	31.0	29.9	28.8	27.7	26.6
26	38.1	37.0	35.9	34.8	33.7	32.6	31.5	30.4	29.3	28.3
27	39.4	38.3	37.3	36.2	35.1	34.0	33.0	31.9	30.9	29.8
28	40.7	39.6	38.6	37.5	36.4	35.4	34.4	33.3	32.3	31.3
29	41.9	40.8	39.8	38.7	37.7	36.7	35.7	34.7	33.7	32.7
30	43.0	42.0	41.0	39.9	38.9	37.9	36.9	35.9	35.0	34.0
31	44.1	43.1	42.1	41.1	40.1	39.1	38.1	37.1	36.2	35.2
32	45.1	44.1	43.1	42.1	41.2	40.2	39.2	38.3	37.4	36.4
33	46.1	45.1	44.1	43.2	42.2	41.3	40.3	39.4	38.5	37.5
34	47.0	46.0	45.1	44.1	43.2	42.3	41.3	40.4	39.5	38.6
35	47.8	46.9	46.0	45.0	44.1	43.2	42.3	41.4	40.5	39.6
36	48.7	47.8	46.8	45.9	45.0	44.1	43.2	42.4	41.5	40.6
37	49.5	48.6	47.7	46.8	45.9	45.0	44.1	43.2	42.4	41.5
38	50.2	49.3	48.4	47.6	46.7	45.8	45.0	44.1	43.3	42.4
39	51.0	50.1	49.2	48.3	47.5	46.6	45.8	44.9	44.1	43.3
40	51.7	50.8	49.9	49.1	48.2	47.4	46.5	45.7	44.9	44.1
41	52.3	51.5	50.6	49.8	48.9	48.1	47.3	46.5	45.6	44.8
42	53.0	52.1	51.3	50.4	49.6	48.8	48.0	47.2	46.4	45.6
43	53.6	52.7	51.9	51.1	50.3	49.5	48.7	47.9	47.1	46.3
44	54.2	53.3	52.5	51.7	50.9	50.1	49.3	48.5	47.7	47.0
45	54.7	53.9	53.1	52.3	51.5	50.7	49.9	49.2	48.4	47.6
46	55.3	54.5	53.7	52.9	52.1	51.3	50.5	49.8	49.0	48.3
47	55.8	55.0	54.2	53.4	52.7	51.9	51.1	50.4	49.6	48.9
48	56.3	55.5	54.7	54.0	53.2	52.4	51.7	50.9	50.2	49.5
49	56.8	56.0	55.3	54.5	53.7	53.0	52.2	51.5	50.7	50.0
50	57.3	56.5	55.7	55.0	54.2	53.5	52.7	52.0	51.3	50.6
51	57.7	57.0	56.2	55.5	54.7	54.0	53.2	52.5	51.8	51.1
52	58.2	57.4	56.7	55.9	55.2	54.5	53.7	53.0	52.3	51.6
53	58.6	57.9	57.1	56.4	55.6	54.9	54.2	53.5	52.8	52.1
54	59.0	58.3	57.5	56.8	56.1	55.4	54.7	54.0	53.3	52.6
55	59.4	58.7	58.0	57.2	56.5	55.8	55.1	54.4	53.7	53.0
56	59.8	59.1	58.4	57.6	56.9	56.2	55.5	54.8	54.2	53.5
57	60.2	59.5	58.8	58.0	57.3	56.6	55.9	55.3	54.6	53.9

表 5a₁(续)

t \ $t-t_w$	9.2	9.4	9.6	9.8	10.0	10.2	10.4	10.6	10.8	11.0
58	60.6	59.8	59.1	58.4	57.7	57.0	56.4	55.7	55.0	54.3
59	60.9	60.2	59.5	58.8	58.1	57.4	56.7	56.1	55.4	54.7
60	61.3	60.6	59.9	59.2	58.5	57.8	57.1	56.5	55.8	55.1
61	61.6	60.9	60.2	59.5	58.8	58.2	57.5	56.8	56.2	55.5
62	61.9	61.2	60.6	59.9	59.2	58.5	57.9	57.2	56.5	55.9
63	62.3	61.6	60.9	60.2	59.5	58.9	58.2	57.6	56.9	56.3
64	62.6	61.9	61.2	60.5	59.9	59.2	58.6	57.9	57.3	56.6
65	62.9	62.2	61.5	60.9	60.2	59.5	58.9	58.3	57.6	57.0
66	63.2	62.5	61.8	61.2	60.5	59.9	59.2	58.6	57.9	57.3
67	63.5	62.8	62.1	61.5	60.8	60.2	59.5	58.9	58.3	57.6
68	63.8	63.1	62.4	61.8	61.1	60.5	59.9	59.2	58.6	58.0
69	64.0	63.4	62.7	62.1	61.4	60.8	60.2	59.5	58.9	58.3
70	64.3	63.7	63.0	62.4	61.7	61.1	60.5	59.8	59.2	58.6
71	64.6	63.9	63.3	62.6	62.0	61.4	60.8	60.1	59.5	58.9
72	64.8	64.2	63.6	62.9	62.3	61.7	61.0	60.4	59.8	59.2
73	65.1	64.5	63.8	63.2	62.6	61.9	61.3	60.7	60.1	59.5
74	65.4	64.7	64.1	63.5	62.8	62.2	61.6	61.0	60.4	59.8
75	65.6	65.0	64.3	63.7	63.1	62.5	61.9	61.3	60.7	60.1
76	65.8	65.2	64.6	64.0	63.4	62.8	62.1	61.5	60.9	60.4
77	66.1	65.5	64.8	64.2	63.6	63.0	62.4	61.8	61.2	60.6
78	66.3	65.7	65.1	64.5	63.9	63.3	62.7	62.1	61.5	60.9
79	66.6	65.9	65.3	64.7	64.1	63.5	62.9	62.3	61.7	61.2
80	66.8	66.2	65.6	65.0	64.4	63.8	63.2	62.6	62.0	61.4
81	67.0	66.4	65.8	65.2	64.6	64.0	63.4	62.8	62.2	61.7
82	67.2	66.6	66.0	65.4	64.8	64.2	63.7	63.1	62.5	61.9
83	67.4	66.8	66.2	65.6	65.1	64.5	63.9	63.3	62.7	62.2
84	67.7	67.1	66.5	65.9	65.3	64.7	64.1	63.5	63.0	62.4
85	67.9	67.3	66.7	66.1	65.5	64.9	64.4	63.8	63.2	62.6
86	68.1	67.5	66.9	66.3	65.7	65.2	64.6	64.0	63.4	62.9
87	68.3	67.7	67.1	66.5	65.9	65.4	64.8	64.2	63.7	63.1
88	68.5	67.9	67.3	66.7	66.2	65.6	65.0	64.5	63.9	63.3
89	68.7	68.1	67.5	66.9	66.4	65.8	65.2	64.7	64.1	63.6
90	68.9	68.3	67.7	67.1	66.6	66.0	65.5	64.9	64.3	63.8
91	69.1	68.5	67.9	67.3	66.8	66.2	65.7	65.1	64.6	64.0
92	69.3	68.7	68.1	67.5	67.0	66.4	65.9	65.3	64.8	64.2
93	69.4	68.9	68.3	67.7	67.2	66.6	66.1	65.5	65.0	64.4
94	69.6	69.1	68.5	67.9	67.4	66.8	66.3	65.7	65.2	64.7
95	69.8	69.3	68.7	68.1	67.6	67.0	66.5	65.9	65.4	64.9
96	70.0	69.4	68.9	68.3	67.8	67.2	66.7	66.1	65.6	65.1
97	70.2	69.6	69.1	68.5	68.0	67.4	66.9	66.3	65.8	65.3
98	70.4	69.8	69.2	68.7	68.2	67.6	67.1	66.5	66.0	65.5
99	70.5	70.0	69.4	68.9	68.3	67.8	67.3	66.7	66.2	65.7
100	70.7	70.2	69.6	69.1	68.5	68.0	67.4	66.9	66.4	65.9

表 $5a_1$（续）

$t-t_w$ / t	11.5	12.0	12.5	13.5	13.5	14.0	14.5	15.0	15.5	16.0
15										
16	2.9									
17	5.9	2.5								
18	8.7	5.4	2.2							
19	11.3	8.1	5.0	2.0						
20	13.7	10.7	7.7	4.7	1.8					
21	16.0	13.1	10.1	7.3	4.4	1.7				
22	18.2	15.3	12.5	9.7	6.9	4.2	1.6			
23	20.2	17.4	14.7	12.0	9.3	6.7	4.1	1.6		
24	22.1	19.4	16.7	14.1	11.5	9.0	6.5	4.0	1.6	
25	23.9	21.3	18.7	16.1	13.6	11.1	8.7	6.3	3.9	1.6
26	25.6	23.1	20.5	18.0	15.6	13.1	10.8	8.4	6.1	3.9
27	27.3	24.7	22.2	19.8	17.4	15.1	12.7	10.5	8.2	6.0
28	28.8	26.3	23.9	21.5	19.2	16.9	14.6	12.4	10.2	8.1
29	30.2	27.8	25.4	23.1	20.8	18.6	16.4	14.2	12.1	10.0
30	31.6	29.2	26.9	24.6	22.4	20.2	18.0	15.9	13.8	11.8
31	32.9	30.6	28.3	26.1	23.9	21.7	19.6	17.6	15.5	13.5
32	34.1	31.8	29.6	27.4	25.3	23.2	21.1	19.1	17.1	15.1
33	35.3	33.1	30.9	28.7	26.6	24.6	22.6	20.6	18.6	16.7
34	36.4	34.2	32.1	30.0	27.9	25.9	23.9	22.0	20.0	18.2
35	37.5	35.3	33.2	31.1	29.1	27.1	25.2	23.3	21.4	19.5
36	38.5	36.4	34.3	32.3	30.3	28.3	26.4	24.5	22.7	20.9
37	39.4	37.4	35.3	33.3	31.4	29.5	27.6	25.7	23.9	22.1
38	40.3	38.3	36.3	34.3	32.4	30.5	28.7	26.9	25.1	23.3
39	41.2	39.2	37.2	35.3	33.4	31.6	29.7	27.9	26.2	24.5
40	42.1	40.1	38.1	36.2	34.4	32.5	30.7	29.0	27.3	25.6
41	42.9	40.9	39.0	37.1	35.3	33.5	31.7	30.0	28.3	26.6
42	43.6	41.7	39.8	38.0	36.2	34.4	32.6	30.9	29.2	27.6
43	44.4	42.5	40.6	38.8	37.0	35.2	33.5	31.8	30.2	28.6
44	45.1	43.2	41.4	39.6	37.8	36.1	34.4	32.7	31.1	29.5
45	45.7	43.9	42.1	40.3	38.6	36.9	35.2	33.5	31.9	30.3
46	46.4	44.6	42.8	41.0	39.3	37.6	36.0	34.3	32.7	31.2
47	47.0	45.2	43.5	41.7	40.0	38.3	36.7	35.1	33.5	32.0
48	47.6	45.8	44.1	42.4	40.7	39.0	37.4	35.8	34.3	32.8
49	48.2	46.5	44.7	43.0	41.4	39.7	38.1	36.6	35.0	33.5
50	48.8	47.0	45.3	43.6	42.0	40.4	38.8	37.2	35.7	34.2
51	49.3	47.6	45.9	44.2	42.6	41.0	39.4	37.9	36.4	34.9
52	49.8	48.1	46.5	44.8	43.2	41.6	40.1	38.5	37.0	35.6
53	50.4	48.7	47.0	45.4	43.8	42.2	40.7	39.2	37.7	36.2
54	50.8	49.2	47.5	45.9	44.3	42.8	41.2	39.7	38.3	36.8
55	51.3	49.7	48.0	46.4	44.9	43.3	41.8	40.3	38.9	37.4
56	51.8	50.1	48.5	46.9	45.4	43.8	42.3	40.9	39.4	38.0
57	52.2	50.6	49.0	47.4	45.9	44.4	42.9	41.4	40.0	38.6

表 $5a_1$（续）

$t-t_w$ / t	11.5	12.0	12.5	13.5	13.5	14.0	14.5	15.0	15.5	16.0
58	52.7	51.0	49.5	47.9	46.4	44.9	43.4	41.9	40.5	39.1
59	53.1	51.5	49.9	48.4	46.8	45.3	43.9	42.4	41.0	39.7
60	53.5	51.9	50.3	48.8	47.3	45.8	44.4	42.9	41.5	40.2
61	53.9	52.3	50.8	49.2	47.7	46.3	44.8	43.4	42.0	40.7
62	54.3	52.7	51.2	49.7	48.2	46.7	45.3	43.9	42.5	41.2
63	54.7	53.1	51.6	50.1	48.6	47.2	45.7	44.3	43.0	41.6
64	55.0	53.5	52.0	50.5	49.0	47.6	46.2	44.8	43.4	42.1
65	55.4	53.9	52.4	50.9	49.4	48.0	46.6	45.2	43.9	42.5
66	55.8	54.2	52.7	51.3	49.8	48.4	47.0	45.6	44.3	43.0
67	56.1	54.6	53.1	51.6	50.2	48.8	47.4	46.0	44.7	43.4
68	56.4	54.9	53.4	52.0	50.6	49.2	47.8	46.4	45.1	43.8
69	56.8	55.3	53.8	52.4	50.9	49.5	48.2	46.8	45.5	44.2
70	57.1	55.6	54.1	52.7	51.3	49.9	48.6	47.2	45.9	44.6
71	57.4	55.9	54.5	53.0	51.6	50.3	48.9	47.6	46.3	45.0
72	57.7	56.2	54.8	53.4	52.0	50.6	49.3	48.0	46.7	45.4
73	58.0	56.6	55.1	53.7	52.3	51.0	49.6	48.3	47.0	45.8
74	58.3	56.9	55.4	54.0	52.7	51.3	50.0	48.7	47.4	46.1
75	58.6	57.2	55.7	54.3	53.0	51.6	50.3	49.0	47.7	46.5
76	58.9	57.5	56.0	54.7	53.3	52.0	50.6	49.4	48.1	46.8
77	59.2	57.7	56.3	55.0	53.6	52.3	51.0	49.7	48.4	47.2
78	59.4	58.0	56.6	55.3	53.9	52.6	51.3	50.0	48.8	47.5
79	59.7	58.3	56.9	55.6	54.2	52.9	51.6	50.3	49.1	47.9
80	60.0	58.6	57.2	55.8	54.5	53.2	51.9	50.6	49.4	48.2
81	60.2	58.8	57.5	56.1	54.8	53.5	52.2	51.0	49.7	48.5
82	60.5	59.1	57.7	56.4	55.1	53.8	52.5	51.3	50.0	48.8
83	60.8	59.4	58.0	56.7	55.4	54.1	52.8	51.6	50.3	49.1
84	61.0	59.6	58.3	56.9	55.6	54.4	53.1	51.8	50.6	49.4
85	61.3	59.9	58.5	57.2	55.9	54.6	53.4	52.1	50.9	49.7
86	61.5	60.1	58.8	57.5	56.2	54.9	53.7	52.4	51.2	50.0
87	61.7	60.4	59.0	57.7	56.4	55.2	53.9	52.7	51.5	50.3
88	62.0	60.6	59.3	58.0	56.7	55.4	54.2	53.0	51.8	50.6
89	62.2	60.9	59.5	58.2	57.0	55.7	54.5	53.3	52.1	50.9
90	62.4	61.1	59.8	58.5	57.2	56.0	54.7	53.5	52.3	51.2
91	62.7	61.3	60.0	58.7	57.5	56.2	55.0	53.8	52.6	51.4
92	62.9	61.6	60.3	59.0	57.7	56.5	55.3	54.1	52.9	51.7
93	63.1	61.8	60.5	59.2	58.0	56.7	55.5	54.3	53.1	52.0
94	63.3	62.0	60.7	59.4	58.2	57.0	55.8	54.6	53.4	52.2
95	63.5	62.2	60.9	59.7	58.4	57.2	56.0	54.8	53.7	52.5
96	63.7	62.4	61.2	59.9	58.7	57.4	56.2	55.1	53.9	52.8
97	64.0	62.7	61.4	60.1	58.9	57.7	56.5	55.3	54.2	53.0
98	64.2	62.9	61.6	60.4	59.1	57.9	56.7	55.6	54.4	53.3
99	64.4	63.1	61.8	60.6	59.4	58.2	57.0	55.8	54.7	53.5
100	64.6	63.3	62.0	60.8	59.6	58.4	57.2	56.0	54.9	53.8

表 5a$_2$ 柱状水银温度表相对湿度查算表

P=80 kPa, A=0.815×10^{-3}℃$^{-1}$(0.4 m/s)

t \ $t-t_w$	0.0	0.1	0.2	0.3	0.4	0.5	0.6	0.7	0.8	0.9	1.0
15	100.0	99.0	98.0	96.9	95.9	94.9	93.9	92.9	91.9	90.9	89.9
16	100.0	99.0	98.0	97.0	96.0	95.1	94.1	93.1	92.1	91.2	90.2
17	100.0	99.0	98.1	97.1	96.1	95.2	94.2	93.3	92.3	91.4	90.5
18	100.0	99.1	98.1	97.2	96.2	95.3	94.4	93.5	92.5	91.6	90.7
19	100.0	99.1	98.2	97.3	96.3	95.4	94.5	93.6	92.7	91.8	91.0
20	100.0	99.1	98.2	97.3	96.4	95.5	94.7	93.8	92.9	92.0	91.2
21	100.0	99.1	98.3	97.4	96.5	95.7	94.8	93.9	93.1	92.2	91.4
22	100.0	99.1	98.3	97.4	96.6	95.8	94.9	94.1	93.2	92.4	91.6
23	100.0	99.2	98.3	97.5	96.7	95.9	95.0	94.2	93.4	92.6	91.8
24	100.0	99.2	98.4	97.6	96.7	95.9	95.1	94.3	93.5	92.8	92.0
25	100.0	99.2	98.4	97.6	96.8	96.0	95.2	94.5	93.7	92.9	92.1
26	100.0	99.2	98.4	97.7	96.9	96.1	95.3	94.6	93.8	93.1	92.3
27	100.0	99.2	98.5	97.7	96.9	96.2	95.4	94.7	93.9	93.2	92.4
28	100.0	99.2	98.5	97.7	97.0	96.3	95.5	94.8	94.1	93.3	92.6
29	100.0	99.3	98.5	97.8	97.1	96.3	95.6	94.9	94.2	93.4	92.7
30	100.0	99.3	98.6	97.8	97.1	96.4	95.7	95.0	94.3	93.6	92.9
31	100.0	99.3	98.6	97.9	97.2	96.5	95.8	95.1	94.4	93.7	93.0
32	100.0	99.3	98.6	97.9	97.2	96.5	95.8	95.1	94.5	93.8	93.1
33	100.0	99.3	98.6	97.9	97.3	96.6	95.9	95.2	94.6	93.9	93.2
34	100.0	99.3	98.6	98.0	97.3	96.6	96.0	95.3	94.6	94.0	93.3
35	100.0	99.3	98.7	98.0	97.3	96.7	96.0	95.4	94.7	94.1	93.4
36	100.0	99.3	98.7	98.0	97.4	96.7	96.1	95.5	94.8	94.2	93.5
37	100.0	99.4	98.7	98.1	97.4	96.8	96.2	95.5	94.9	94.3	93.6
38	100.0	99.4	98.7	98.1	97.5	96.8	96.2	95.6	95.0	94.3	93.7
39	100.0	99.4	98.7	98.1	97.5	96.9	96.3	95.6	95.0	94.4	93.8
40	100.0	99.4	98.8	98.1	97.5	96.9	96.3	95.7	95.1	94.5	93.9
41	100.0	99.4	98.8	98.2	97.6	97.0	96.4	95.8	95.2	94.6	94.0
42	100.0	99.4	98.8	98.2	97.6	97.0	96.4	95.8	95.2	94.7	94.1
43	100.0	99.4	98.8	98.2	97.6	97.0	96.5	95.9	95.3	94.7	94.1
44	100.0	99.4	98.8	98.2	97.7	97.1	96.5	95.9	95.4	94.8	94.2
45	100.0	99.4	98.8	98.3	97.7	97.1	96.5	96.0	95.4	94.9	94.3
46	100.0	99.4	98.9	98.3	97.7	97.2	96.6	96.0	95.5	94.9	94.4
47	100.0	99.4	98.9	98.3	97.7	97.2	96.6	96.1	95.5	95.0	94.4
48	100.0	99.4	98.9	98.3	97.8	97.2	96.7	96.1	95.6	95.0	94.5
49	100.0	99.4	98.9	98.3	97.8	97.3	96.7	96.2	95.6	95.1	94.6
50	100.0	99.5	98.9	98.4	97.8	97.3	96.7	96.2	95.7	95.1	94.6
51	100.0	99.5	98.9	98.4	97.8	97.3	96.8	96.2	95.7	95.2	94.7
52	100.0	99.5	98.9	98.4	97.9	97.3	96.8	96.3	95.8	95.2	94.7
53	100.0	99.5	98.9	98.4	97.9	97.4	96.8	96.3	95.8	95.3	94.8
54	100.0	99.5	99.0	98.4	97.9	97.4	96.9	96.4	95.9	95.3	94.8
55	100.0	99.5	99.0	98.4	97.9	97.4	96.9	96.4	95.9	95.4	94.9
56	100.0	99.5	99.0	98.5	98.0	97.4	96.9	96.4	95.9	95.4	94.9
57	100.0	99.5	99.0	98.5	98.0	97.5	97.0	96.5	96.0	95.5	95.0

表 5a$_2$(续)

t \ $t-t_w$	0.0	0.1	0.2	0.3	0.4	0.5	0.6	0.7	0.8	0.9	1.0
58	100.0	99.5	99.0	98.5	98.0	97.5	97.0	96.5	96.0	95.5	95.0
59	100.0	99.5	99.0	98.5	98.0	97.5	97.0	96.5	96.1	95.6	95.1
60	100.0	99.5	99.0	98.5	98.0	97.5	97.1	96.6	96.1	95.6	95.1
61	100.0	99.5	99.0	98.5	98.1	97.6	97.1	96.6	96.1	95.7	95.2
62	100.0	99.5	99.0	98.5	98.1	97.6	97.1	96.6	96.2	95.7	95.2
63	100.0	99.5	99.0	98.6	98.1	97.6	97.1	96.7	96.2	95.7	95.3
64	100.0	99.5	99.0	98.6	98.1	97.6	97.2	96.7	96.2	95.8	95.3
65	100.0	99.5	99.1	98.6	98.1	97.7	97.2	96.7	96.3	95.8	95.4
66	100.0	99.5	99.1	98.6	98.1	97.7	97.2	96.8	96.3	95.8	95.4
67	100.0	99.5	99.1	98.6	98.2	97.7	97.2	96.8	96.3	95.9	95.4
68	100.0	99.5	99.1	98.6	98.2	97.7	97.3	96.8	96.4	95.9	95.5
69	100.0	99.5	99.1	98.6	98.2	97.7	97.3	96.8	96.4	95.9	95.5
70	100.0	99.5	99.1	98.6	98.2	97.8	97.3	96.9	96.4	96.0	95.5
71	100.0	99.6	99.1	98.7	98.2	97.8	97.3	96.9	96.5	96.0	95.6
72	100.0	99.6	99.1	98.7	98.2	97.8	97.4	96.9	96.5	96.0	95.6
73	100.0	99.6	99.1	98.7	98.2	97.8	97.4	96.9	96.5	96.1	95.7
74	100.0	99.6	99.1	98.7	98.3	97.8	97.4	97.0	96.5	96.1	95.7
75	100.0	99.6	99.1	98.7	98.3	97.8	97.4	97.0	96.6	96.1	95.7
76	100.0	99.6	99.1	98.7	98.3	97.9	97.4	97.0	96.6	96.2	95.8
77	100.0	99.6	99.1	98.7	98.3	97.9	97.5	97.0	96.6	96.2	95.8
78	100.0	99.6	99.2	98.7	98.3	97.9	97.5	97.1	96.6	96.2	95.8
79	100.0	99.6	99.2	98.7	98.3	97.9	97.5	97.1	96.7	96.3	95.8
80	100.0	99.6	99.2	98.8	98.3	97.9	97.5	97.1	96.7	96.3	95.9
81	100.0	99.6	99.2	98.8	98.3	97.9	97.5	97.1	96.7	96.3	95.9
82	100.0	99.6	99.2	98.8	98.4	98.0	97.5	97.1	96.7	96.3	95.9
83	100.0	99.6	99.2	98.8	98.4	98.0	97.6	97.2	96.8	96.4	96.0
84	100.0	99.6	99.2	98.8	98.4	98.0	97.6	97.2	96.8	96.4	96.0
85	100.0	99.6	99.2	98.8	98.4	98.0	97.6	97.2	96.8	96.4	96.0
86	100.0	99.6	99.2	98.8	98.4	98.0	97.6	97.2	96.8	96.4	96.1
87	100.0	99.6	99.2	98.8	98.4	98.0	97.6	97.2	96.9	96.5	96.1
88	100.0	99.6	99.2	98.8	98.4	98.0	97.7	97.3	96.9	96.5	96.1
89	100.0	99.6	99.2	98.8	98.4	98.1	97.7	97.3	96.9	96.5	96.1
90	100.0	99.6	99.2	98.8	98.5	98.1	97.7	97.3	96.9	96.5	96.2
91	100.0	99.6	99.2	98.8	98.5	98.1	97.7	97.3	96.9	96.6	96.2
92	100.0	99.6	99.2	98.9	98.5	98.1	97.7	97.3	97.0	96.6	96.2
93	100.0	99.6	99.2	98.9	98.5	98.1	97.7	97.4	97.0	96.6	96.2
94	100.0	99.6	99.2	98.9	98.5	98.1	97.7	97.4	97.0	96.6	96.3
95	100.0	99.6	99.3	98.9	98.5	98.1	97.8	97.4	97.0	96.7	96.3
96	100.0	99.6	99.3	98.9	98.5	98.1	97.8	97.4	97.0	96.7	96.3
97	100.0	99.6	99.3	98.9	98.5	98.2	97.8	97.4	97.1	96.7	96.3
98	100.0	99.6	99.3	98.9	98.5	98.2	97.8	97.4	97.1	96.7	96.4
99	100.0	99.6	99.3	98.9	98.5	98.2	97.8	97.5	97.1	96.8	96.4
100	100.0	99.6	99.3	98.9	98.6	98.2	97.8	97.5	97.1	96.8	96.4

表 5a$_2$(续)

t \ $t-t_w$	1.1	1.2	1.3	1.4	1.5	1.6	1.7	1.8	1.9	2.0
15	88.9	87.9	87.0	86.0	85.0	84.0	83.1	82.1	81.1	80.2
16	89.2	88.3	87.3	86.4	85.4	84.5	83.5	82.6	81.7	80.7
17	89.5	88.6	87.7	86.7	85.8	84.9	84.0	83.1	82.2	81.3
18	89.8	88.9	88.0	87.1	86.2	85.3	84.4	83.5	82.6	81.8
19	90.1	89.2	88.3	87.4	86.6	85.7	84.8	84.0	83.1	82.2
20	90.3	89.5	88.6	87.7	86.9	86.0	85.2	84.4	83.5	82.7
21	90.6	89.7	88.9	88.0	87.2	86.4	85.6	84.7	83.9	83.1
22	90.8	90.0	89.1	88.3	87.5	86.7	85.9	85.1	84.3	83.5
23	91.0	90.2	89.4	88.6	87.8	87.0	86.2	85.4	84.7	83.9
24	91.2	90.4	89.6	88.8	88.1	87.3	86.5	85.8	85.0	84.2
25	91.4	90.6	89.8	89.1	88.3	87.6	86.8	86.1	85.3	84.6
26	91.5	90.8	90.0	89.3	88.6	87.8	87.1	86.3	85.6	84.9
27	91.7	91.0	90.2	89.5	88.8	88.1	87.3	86.6	85.9	85.2
28	91.9	91.1	90.4	89.7	89.0	88.3	87.6	86.9	86.2	85.5
29	92.0	91.3	90.6	89.9	89.2	88.5	87.8	87.1	86.4	85.7
30	92.2	91.5	90.8	90.1	89.4	88.7	88.0	87.4	86.7	86.0
31	92.3	91.6	90.9	90.3	89.6	88.9	88.2	87.6	86.9	86.3
32	92.4	91.8	91.1	90.4	89.8	89.1	88.4	87.8	87.1	86.5
33	92.6	91.9	91.2	90.6	89.9	89.3	88.6	88.0	87.4	86.7
34	92.7	92.0	91.4	90.7	90.1	89.5	88.8	88.2	87.6	86.9
35	92.8	92.2	91.5	90.9	90.3	89.6	89.0	88.4	87.8	87.1
36	92.9	92.3	91.7	91.0	90.4	89.8	89.2	88.6	87.9	87.3
37	93.0	92.4	91.8	91.2	90.6	89.9	89.3	88.7	88.1	87.5
38	93.1	92.5	91.9	91.3	90.7	90.1	89.5	88.9	88.3	87.7
39	93.2	92.6	92.0	91.4	90.8	90.2	89.6	89.0	88.5	87.9
40	93.3	92.7	92.1	91.5	90.9	90.4	89.8	89.2	88.6	88.0
41	93.4	92.8	92.2	91.6	91.1	90.5	89.9	89.3	88.8	88.2
42	93.5	92.9	92.3	91.8	91.2	90.6	90.1	89.5	88.9	88.4
43	93.6	93.0	92.4	91.9	91.3	90.7	90.2	89.6	89.1	88.5
44	93.7	93.1	92.5	92.0	91.4	90.9	90.3	89.8	89.2	88.7
45	93.7	93.2	92.6	92.1	91.5	91.0	90.4	89.9	89.3	88.8
46	93.8	93.3	92.7	92.2	91.6	91.1	90.5	90.0	89.5	88.9
47	93.9	93.3	92.8	92.3	91.7	91.2	90.7	90.1	89.6	89.1
48	94.0	93.4	92.9	92.3	91.8	91.3	90.8	90.2	89.7	89.2
49	94.0	93.5	93.0	92.4	91.9	91.4	90.9	90.3	89.8	89.3
50	94.1	93.6	93.0	92.5	92.0	91.5	91.0	90.5	89.9	89.4
51	94.2	93.6	93.1	92.6	92.1	91.6	91.1	90.6	90.1	89.5
52	94.2	93.7	93.2	92.7	92.2	91.7	91.2	90.7	90.2	89.7
53	94.3	93.8	93.3	92.8	92.3	91.8	91.3	90.8	90.3	89.8
54	94.3	93.8	93.3	92.8	92.3	91.8	91.3	90.8	90.4	89.9
55	94.4	93.9	93.4	92.9	92.4	91.9	91.4	90.9	90.5	90.0
56	94.4	94.0	93.5	93.0	92.5	92.0	91.5	91.0	90.6	90.1
57	94.5	94.0	93.5	93.0	92.6	92.1	91.6	91.1	90.6	90.2

表 5a₂(续)

$t-t_w$ / t	1.1	1.2	1.3	1.4	1.5	1.6	1.7	1.8	1.9	2.0
58	94.6	94.1	93.6	93.1	92.6	92.2	91.7	91.2	90.7	90.3
59	94.6	94.1	93.7	93.2	92.7	92.2	91.8	91.3	90.8	90.4
60	94.7	94.2	93.7	93.2	92.8	92.3	91.8	91.4	90.9	90.4
61	94.7	94.2	93.8	93.3	92.8	92.4	91.9	91.4	91.0	90.5
62	94.8	94.3	93.8	93.4	92.9	92.4	92.0	91.5	91.1	90.6
63	94.8	94.3	93.9	93.4	93.0	92.5	92.1	91.6	91.2	90.7
64	94.8	94.4	93.9	93.5	93.0	92.6	92.1	91.7	91.2	90.8
65	94.9	94.4	94.0	93.5	93.1	92.6	92.2	91.7	91.3	90.9
66	94.9	94.5	94.0	93.6	93.1	92.7	92.3	91.8	91.4	90.9
67	95.0	94.5	94.1	93.6	93.2	92.8	92.3	91.9	91.5	91.0
68	95.0	94.6	94.1	93.7	93.3	92.8	92.4	92.0	91.5	91.1
69	95.1	94.6	94.2	93.8	93.3	92.9	92.5	92.0	91.6	91.2
70	95.1	94.7	94.2	93.8	93.4	92.9	92.5	92.1	91.7	91.2
71	95.1	94.7	94.3	93.9	93.4	93.0	92.6	92.2	91.7	91.3
72	95.2	94.8	94.3	93.9	93.5	93.1	92.6	92.2	91.8	91.4
73	95.2	94.8	94.4	94.0	93.5	93.1	92.7	92.3	91.9	91.5
74	95.3	94.8	94.4	94.0	93.6	93.2	92.8	92.3	91.9	91.5
75	95.3	94.9	94.5	94.0	93.6	93.2	92.8	92.4	92.0	91.6
76	95.3	94.9	94.5	94.1	93.7	93.3	92.9	92.5	92.1	91.6
77	95.4	95.0	94.5	94.1	93.7	93.3	92.9	92.5	92.1	91.7
78	95.4	95.0	94.6	94.2	93.8	93.4	93.0	92.6	92.2	91.8
79	95.4	95.0	94.6	94.2	93.8	93.4	93.0	92.6	92.2	91.8
80	95.5	95.1	94.7	94.3	93.9	93.5	93.1	92.7	92.3	91.9
81	95.5	95.1	94.7	94.3	93.9	93.5	93.1	92.7	92.3	92.0
82	95.5	95.1	94.8	94.4	94.0	93.6	93.2	92.8	92.4	92.0
83	95.6	95.2	94.8	94.4	94.0	93.6	93.2	92.8	92.5	92.1
84	95.6	95.2	94.8	94.4	94.0	93.7	93.3	92.9	92.5	92.1
85	95.6	95.3	94.9	94.5	94.1	93.7	93.3	92.9	92.6	92.2
86	95.7	95.3	94.9	94.5	94.1	93.8	93.4	93.0	92.6	92.2
87	95.7	95.3	94.9	94.6	94.2	93.8	93.4	93.0	92.7	92.3
88	95.7	95.4	95.0	94.6	94.2	93.8	93.5	93.1	92.7	92.3
89	95.8	95.4	95.0	94.6	94.3	93.9	93.5	93.1	92.8	92.4
90	95.8	95.4	95.0	94.7	94.3	93.9	93.6	93.2	92.8	92.5
91	95.8	95.4	95.1	94.7	94.3	94.0	93.6	93.2	92.9	92.5
92	95.8	95.5	95.1	94.7	94.4	94.0	93.6	93.3	92.9	92.6
93	95.9	95.5	95.1	94.8	94.4	94.0	93.7	93.3	93.0	92.6
94	95.9	95.5	95.2	94.8	94.5	94.1	93.7	93.4	93.0	92.7
95	95.9	95.6	95.2	94.8	94.5	94.1	93.8	93.4	93.1	92.7
96	96.0	95.6	95.2	94.9	94.5	94.2	93.8	93.5	93.1	92.8
97	96.0	95.6	95.3	94.9	94.6	94.2	93.9	93.5	93.2	92.8
98	96.0	95.7	95.3	94.9	94.6	94.2	93.9	93.5	93.2	92.8
99	96.0	95.7	95.3	95.0	94.6	94.3	93.9	93.6	93.2	92.9
100	96.1	95.7	95.4	95.0	94.7	94.3	94.0	93.6	93.3	92.9

表 5a₂（续）

t \ $t-t_w$	2.1	2.2	2.3	2.4	2.5	2.6	2.7	2.8	2.9	3.0
15	79.2	78.3	77.3	76.4	75.4	74.5	73.6	72.6	71.7	70.8
16	79.8	78.9	78.0	77.0	76.1	75.2	74.3	73.4	72.5	71.6
17	80.4	79.5	78.6	77.7	76.8	75.9	75.0	74.1	73.3	72.4
18	80.9	80.0	79.1	78.3	77.4	76.6	75.7	74.8	74.0	73.1
19	81.4	80.5	79.7	78.8	78.0	77.2	76.3	75.5	74.7	73.8
20	81.9	81.0	80.2	79.4	78.6	77.7	76.9	76.1	75.3	74.5
21	82.3	81.5	80.7	79.9	79.1	78.3	77.5	76.7	75.9	75.1
22	82.7	81.9	81.1	80.3	79.6	78.8	78.0	77.2	76.5	75.7
23	83.1	82.3	81.6	80.8	80.0	79.3	78.5	77.8	77.0	76.3
24	83.5	82.7	82.0	81.2	80.5	79.7	79.0	78.2	77.5	76.8
25	83.8	83.1	82.3	81.6	80.9	80.2	79.4	78.7	78.0	77.3
26	84.2	83.4	82.7	82.0	81.3	80.6	79.9	79.2	78.4	77.7
27	84.5	83.8	83.1	82.4	81.7	81.0	80.3	79.6	78.9	78.2
28	84.8	84.1	83.4	82.7	82.0	81.3	80.6	80.0	79.3	78.6
29	85.1	84.4	83.7	83.0	82.4	81.7	81.0	80.3	79.7	79.0
30	85.3	84.7	84.0	83.3	82.7	82.0	81.4	80.7	80.1	79.4
31	85.6	84.9	84.3	83.6	83.0	82.3	81.7	81.0	80.4	79.8
32	85.8	85.2	84.6	83.9	83.3	82.6	82.0	81.4	80.7	80.1
33	86.1	85.4	84.8	84.2	83.6	82.9	82.3	81.7	81.1	80.5
34	86.3	85.7	85.1	84.4	83.8	83.2	82.6	82.0	81.4	80.8
35	86.5	85.9	85.3	84.7	84.1	83.5	82.9	82.3	81.7	81.1
36	86.7	86.1	85.5	84.9	84.3	83.7	83.1	82.5	82.0	81.4
37	86.9	86.3	85.7	85.1	84.6	84.0	83.4	82.8	82.2	81.6
38	87.1	86.5	85.9	85.4	84.8	84.2	83.6	83.1	82.5	81.9
39	87.3	86.7	86.1	85.6	85.0	84.4	83.9	83.3	82.7	82.2
40	87.5	86.9	86.3	85.8	85.2	84.6	84.1	83.5	83.0	82.4
41	87.6	87.1	86.5	86.0	85.4	84.9	84.3	83.7	83.2	82.7
42	87.8	87.3	86.7	86.1	85.6	85.1	84.5	84.0	83.4	82.9
43	88.0	87.4	86.9	86.3	85.8	85.2	84.7	84.2	83.6	83.1
44	88.1	87.6	87.0	86.5	86.0	85.4	84.9	84.4	83.8	83.3
45	88.3	87.7	87.2	86.7	86.1	85.6	85.1	84.6	84.0	83.5
46	88.4	87.9	87.3	86.8	86.3	85.8	85.3	84.7	84.2	83.7
47	88.5	88.0	87.5	87.0	86.5	85.9	85.4	84.9	84.4	83.9
48	88.7	88.2	87.6	87.1	86.6	86.1	85.6	85.1	84.6	84.1
49	88.8	88.3	87.8	87.3	86.8	86.3	85.8	85.3	84.8	84.3
50	88.9	88.4	87.9	87.4	86.9	86.4	85.9	85.4	84.9	84.4
51	89.0	88.5	88.0	87.6	87.1	86.6	86.1	85.6	85.1	84.6
52	89.2	88.7	88.2	87.7	87.2	86.7	86.2	85.7	85.3	84.8
53	89.3	88.8	88.3	87.8	87.3	86.8	86.4	85.9	85.4	84.9
54	89.4	88.9	88.4	87.9	87.5	87.0	86.5	86.0	85.6	85.1
55	89.5	89.0	88.5	88.1	87.6	87.1	86.6	86.2	85.7	85.2
56	89.6	89.1	88.6	88.2	87.7	87.2	86.8	86.3	85.8	85.4
57	89.7	89.2	88.8	88.3	87.8	87.4	86.9	86.4	86.0	85.5

表 $5a_2$(续)

$t-t_w$ / t	2.1	2.2	2.3	2.4	2.5	2.6	2.7	2.8	2.9	3.0
58	89.8	89.3	88.9	88.4	87.9	87.5	87.0	86.6	86.1	85.7
59	89.9	89.4	89.0	88.5	88.1	87.6	87.1	86.7	86.2	85.8
60	90.0	89.5	89.1	88.6	88.2	87.7	87.3	86.8	86.4	85.9
61	90.1	89.6	89.2	88.7	88.3	87.8	87.4	86.9	86.5	86.1
62	90.2	89.7	89.3	88.8	88.4	87.9	87.5	87.1	86.6	86.2
63	90.3	89.8	89.4	88.9	88.5	88.0	87.6	87.2	86.7	86.3
64	90.3	89.9	89.5	89.0	88.6	88.1	87.7	87.3	86.9	86.4
65	90.4	90.0	89.6	89.1	88.7	88.3	87.8	87.4	87.0	86.5
66	90.5	90.1	89.6	89.2	88.8	88.4	87.9	87.5	87.1	86.7
67	90.6	90.2	89.7	89.3	88.9	88.5	88.0	87.6	87.2	86.8
68	90.7	90.2	89.8	89.4	89.0	88.5	88.1	87.7	87.3	86.9
69	90.7	90.3	89.9	89.5	89.1	88.6	88.2	87.8	87.4	87.0
70	90.8	90.4	90.0	89.6	89.1	88.7	88.3	87.9	87.5	87.1
71	90.9	90.5	90.1	89.6	89.2	88.8	88.4	88.0	87.6	87.2
72	91.0	90.6	90.1	89.7	89.3	88.9	88.5	88.1	87.7	87.3
73	91.0	90.6	90.2	89.8	89.4	89.0	88.6	88.2	87.8	87.4
74	91.1	90.7	90.3	89.9	89.5	89.1	88.7	88.3	87.9	87.5
75	91.2	90.8	90.4	90.0	89.6	89.2	88.8	88.4	88.0	87.6
76	91.2	90.8	90.4	90.0	89.6	89.3	88.9	88.5	88.1	87.7
77	91.3	90.9	90.5	90.1	89.7	89.3	88.9	88.6	88.2	87.8
78	91.4	91.0	90.6	90.2	89.8	89.4	89.0	88.6	88.2	87.9
79	91.4	91.0	90.7	90.3	89.9	89.5	89.1	88.7	88.3	88.0
80	91.5	91.1	90.7	90.3	90.0	89.6	89.2	88.8	88.4	88.0
81	91.6	91.2	90.8	90.4	90.0	89.6	89.3	88.9	88.5	88.1
82	91.6	91.2	90.9	90.5	90.1	89.7	89.3	89.0	88.6	88.2
83	91.7	91.3	90.9	90.5	90.2	89.8	89.4	89.0	88.7	88.3
84	91.7	91.4	91.0	90.6	90.2	89.9	89.5	89.1	88.8	88.4
85	91.8	91.4	91.1	90.7	90.3	89.9	89.6	89.2	88.8	88.5
86	91.9	91.5	91.1	90.7	90.4	90.0	89.6	89.3	88.9	88.5
87	91.9	91.6	91.2	90.8	90.4	90.1	89.7	89.3	89.0	88.6
88	92.0	91.6	91.2	90.9	90.5	90.1	89.8	89.4	89.1	88.7
89	92.0	91.7	91.3	90.9	90.6	90.2	89.9	89.5	89.1	88.8
90	92.1	91.7	91.4	91.0	90.6	90.3	89.9	89.6	89.2	88.9
91	92.1	91.8	91.4	91.1	90.7	90.3	90.0	89.6	89.3	88.9
92	92.2	91.8	91.5	91.1	90.8	90.4	90.1	89.7	89.4	89.0
93	92.2	91.9	91.5	91.2	90.8	90.5	90.1	89.8	89.4	89.1
94	92.3	91.9	91.6	91.2	90.9	90.5	90.2	89.8	89.5	89.1
95	92.4	92.0	91.6	91.3	90.9	90.6	90.3	89.9	89.6	89.2
96	92.4	92.1	91.7	91.4	91.0	90.7	90.3	90.0	89.6	89.3
97	92.5	92.1	91.8	91.4	91.1	90.7	90.4	90.0	89.7	89.4
98	92.5	92.2	91.8	91.5	91.1	90.8	90.4	90.1	89.8	89.4
99	92.5	92.2	91.9	91.5	91.2	90.8	90.5	90.2	89.8	89.5
100	92.6	92.3	91.9	91.6	91.2	90.9	90.6	90.2	89.9	89.6

表 5a₂（续）

t \ $t-t_w$	3.1	3.2	3.3	3.4	3.5	3.6	3.7	3.8	3.9	4.0
15	69.8	68.9	68.0	67.1	66.2	65.3	64.4	63.5	62.6	61.7
16	70.7	69.8	68.9	68.0	67.2	66.3	65.4	64.5	63.6	62.8
17	71.5	70.7	69.8	68.9	68.1	67.2	66.4	65.5	64.7	63.8
18	72.3	71.4	70.6	69.8	68.9	68.1	67.3	66.4	65.6	64.8
19	73.0	72.2	71.4	70.6	69.7	68.9	68.1	67.3	66.5	65.7
20	73.7	72.9	72.1	71.3	70.5	69.7	68.9	68.1	67.4	66.6
21	74.3	73.6	72.8	72.0	71.2	70.5	69.7	68.9	68.2	67.4
22	74.9	74.2	73.4	72.7	71.9	71.2	70.4	69.7	68.9	68.2
23	75.5	74.8	74.0	73.3	72.6	71.8	71.1	70.4	69.6	68.9
24	76.0	75.3	74.6	73.9	73.2	72.4	71.7	71.0	70.3	69.6
25	76.6	75.9	75.1	74.4	73.7	73.0	72.3	71.6	71.0	70.3
26	77.0	76.4	75.7	75.0	74.3	73.6	72.9	72.2	71.6	70.9
27	77.5	76.8	76.1	75.5	74.8	74.1	73.5	72.8	72.1	71.5
28	77.9	77.3	76.6	76.0	75.3	74.6	74.0	73.3	72.7	72.0
29	78.4	77.7	77.1	76.4	75.8	75.1	74.5	73.8	73.2	72.6
30	78.8	78.1	77.5	76.8	76.2	75.6	74.9	74.3	73.7	73.1
31	79.1	78.5	77.9	77.3	76.6	76.0	75.4	74.8	74.2	73.5
32	79.5	78.9	78.3	77.6	77.0	76.4	75.8	75.2	74.6	74.0
33	79.8	79.2	78.6	78.0	77.4	76.8	76.2	75.6	75.0	74.4
34	80.2	79.6	79.0	78.4	77.8	77.2	76.6	76.0	75.4	74.9
35	80.5	79.9	79.3	78.7	78.1	77.6	77.0	76.4	75.8	75.3
36	80.8	80.2	79.6	79.0	78.5	77.9	77.3	76.8	76.2	75.6
37	81.1	80.5	79.9	79.4	78.8	78.2	77.7	77.1	76.6	76.0
38	81.3	80.8	80.2	79.7	79.1	78.5	78.0	77.4	76.9	76.3
39	81.6	81.1	80.5	80.0	79.4	78.9	78.3	77.8	77.2	76.7
40	81.9	81.3	80.8	80.2	79.7	79.1	78.6	78.1	77.5	77.0
41	82.1	81.6	81.0	80.5	80.0	79.4	78.9	78.4	77.8	77.3
42	82.3	81.8	81.3	80.8	80.2	79.7	79.2	78.7	78.1	77.6
43	82.6	82.0	81.5	81.0	80.5	80.0	79.4	78.9	78.4	77.9
44	82.8	82.3	81.8	81.2	80.7	80.2	79.7	79.2	78.7	78.2
45	83.0	82.5	82.0	81.5	81.0	80.5	79.9	79.4	78.9	78.4
46	83.2	82.7	82.2	81.7	81.2	80.7	80.2	79.7	79.2	78.7
47	83.4	82.9	82.4	81.9	81.4	80.9	80.4	79.9	79.4	79.0
48	83.6	83.1	82.6	82.1	81.6	81.1	80.6	80.2	79.7	79.2
49	83.8	83.3	82.8	82.3	81.8	81.3	80.9	80.4	79.9	79.4
50	84.0	83.5	83.0	82.5	82.0	81.5	81.1	80.6	80.1	79.7
51	84.1	83.7	83.2	82.7	82.2	81.7	81.3	80.8	80.3	79.9
52	84.3	83.8	83.3	82.9	82.4	81.9	81.5	81.0	80.5	80.1
53	84.5	84.0	83.5	83.1	82.6	82.1	81.7	81.2	80.7	80.3
54	84.6	84.2	83.7	83.2	82.8	82.3	81.8	81.4	80.9	80.5
55	84.8	84.3	83.9	83.4	82.9	82.5	82.0	81.6	81.1	80.7
56	84.9	84.5	84.0	83.6	83.1	82.7	82.2	81.8	81.3	80.9
57	85.1	84.6	84.2	83.7	83.3	82.8	82.4	81.9	81.5	81.1

表 5a₂(续)

t \ $t-t_w$	3.1	3.2	3.3	3.4	3.5	3.6	3.7	3.8	3.9	4.0
58	85.2	84.8	84.3	83.9	83.4	83.0	82.5	82.1	81.7	81.2
59	85.4	84.9	84.5	84.0	83.6	83.1	82.7	82.3	81.8	81.4
60	85.5	85.0	84.6	84.2	83.7	83.3	82.9	82.4	82.0	81.6
61	85.6	85.2	84.7	84.3	83.9	83.4	83.0	82.6	82.2	81.7
62	85.7	85.3	84.9	84.5	84.0	83.6	83.2	82.7	82.3	81.9
63	85.9	85.4	85.0	84.6	84.2	83.7	83.3	82.9	82.5	82.1
64	86.0	85.6	85.1	84.7	84.3	83.9	83.5	83.0	82.6	82.2
65	86.1	85.7	85.3	84.9	84.4	84.0	83.6	83.2	82.8	82.4
66	86.2	85.8	85.4	85.0	84.6	84.2	83.7	83.3	82.9	82.5
67	86.3	85.9	85.5	85.1	84.7	84.3	83.9	83.5	83.1	82.7
68	86.5	86.1	85.6	85.2	84.8	84.4	84.0	83.6	83.2	82.8
69	86.6	86.2	85.8	85.4	84.9	84.5	84.1	83.7	83.3	82.9
70	86.7	86.3	85.9	85.5	85.1	84.7	84.3	83.9	83.5	83.1
71	86.8	86.4	86.0	85.6	85.2	84.8	84.4	84.0	83.6	83.2
72	86.9	86.5	86.1	85.7	85.3	84.9	84.5	84.1	83.7	83.3
73	87.0	86.6	86.2	85.8	85.4	85.0	84.6	84.2	83.9	83.5
74	87.1	86.7	86.3	85.9	85.5	85.1	84.8	84.4	84.0	83.6
75	87.2	86.8	86.4	86.0	85.6	85.3	84.9	84.5	84.1	83.7
76	87.3	86.9	86.5	86.1	85.7	85.4	85.0	84.6	84.2	83.8
77	87.4	87.0	86.6	86.2	85.9	85.5	85.1	84.7	84.3	84.0
78	87.5	87.1	86.7	86.3	86.0	85.6	85.2	84.8	84.5	84.1
79	87.6	87.2	86.8	86.4	86.1	85.7	85.3	84.9	84.6	84.2
80	87.7	87.3	86.9	86.5	86.2	85.8	85.4	85.1	84.7	84.3
81	87.8	87.4	87.0	86.6	86.3	85.9	85.5	85.2	84.8	84.4
82	87.8	87.5	87.1	86.7	86.4	86.0	85.6	85.3	84.9	84.5
83	87.9	87.6	87.2	86.8	86.5	86.1	85.7	85.4	85.0	84.6
84	88.0	87.6	87.3	86.9	86.6	86.2	85.8	85.5	85.1	84.8
85	88.1	87.7	87.4	87.0	86.6	86.3	85.9	85.6	85.2	84.9
86	88.2	87.8	87.5	87.1	86.7	86.4	86.0	85.7	85.3	85.0
87	88.3	87.9	87.5	87.2	86.8	86.5	86.1	85.8	85.4	85.1
88	88.3	88.0	87.6	87.3	86.9	86.6	86.2	85.9	85.5	85.2
89	88.4	88.1	87.7	87.4	87.0	86.7	86.3	86.0	85.6	85.3
90	88.5	88.1	87.8	87.4	87.1	86.7	86.4	86.1	85.7	85.4
91	88.6	88.2	87.9	87.5	87.2	86.8	86.5	86.1	85.8	85.5
92	88.7	88.3	88.0	87.6	87.3	86.9	86.6	86.2	85.9	85.6
93	88.7	88.4	88.0	87.7	87.4	87.0	86.7	86.3	86.0	85.7
94	88.8	88.5	88.1	87.8	87.4	87.1	86.8	86.4	86.1	85.7
95	88.9	88.5	88.2	87.9	87.5	87.2	86.8	86.5	86.2	85.8
96	88.9	88.6	88.3	87.9	87.6	87.3	86.9	86.6	86.3	85.9
97	89.0	88.7	88.3	88.0	87.7	87.3	87.0	86.7	86.3	86.0
98	89.1	88.8	88.4	88.1	87.8	87.4	87.1	86.8	86.4	86.1
99	89.2	88.8	88.5	88.2	87.8	87.5	87.2	86.8	86.5	86.2
100	89.2	88.9	88.6	88.2	87.9	87.6	87.3	86.9	86.6	86.3

表 5a₂(续)

t \ $t-t_w$	4.1	4.2	4.3	4.4	4.5	4.6	4.7	4.8	4.9	5.0
15	60.8	59.9	59.0	58.1	57.2	56.4	55.5	54.6	53.7	52.9
16	61.9	61.0	60.2	59.3	58.5	57.6	56.8	55.9	55.1	54.2
17	63.0	62.1	61.3	60.5	59.6	58.8	58.0	57.2	56.4	55.5
18	64.0	63.2	62.4	61.5	60.7	59.9	59.1	58.3	57.5	56.8
19	64.9	64.1	63.3	62.6	61.8	61.0	60.2	59.4	58.7	57.9
20	65.8	65.0	64.3	63.5	62.7	62.0	61.2	60.5	59.7	59.0
21	66.7	65.9	65.2	64.4	63.7	62.9	62.2	61.4	60.7	60.0
22	67.4	66.7	66.0	65.3	64.5	63.8	63.1	62.4	61.7	60.9
23	68.2	67.5	66.8	66.1	65.3	64.6	63.9	63.2	62.5	61.8
24	68.9	68.2	67.5	66.8	66.1	65.4	64.7	64.1	63.4	62.7
25	69.6	68.9	68.2	67.5	66.9	66.2	65.5	64.8	64.2	63.5
26	70.2	69.5	68.9	68.2	67.5	66.9	66.2	65.6	64.9	64.3
27	70.8	70.2	69.5	68.8	68.2	67.6	66.9	66.3	65.6	65.0
28	71.4	70.7	70.1	69.5	68.8	68.2	67.6	66.9	66.3	65.7
29	71.9	71.3	70.7	70.0	69.4	68.8	68.2	67.6	66.9	66.3
30	72.4	71.8	71.2	70.6	70.0	69.4	68.8	68.2	67.6	67.0
31	72.9	72.3	71.7	71.1	70.5	69.9	69.3	68.7	68.1	67.5
32	73.4	72.8	72.2	71.6	71.0	70.4	69.9	69.3	68.7	68.1
33	73.8	73.3	72.7	72.1	71.5	70.9	70.4	69.8	69.2	68.6
34	74.3	73.7	73.1	72.5	72.0	71.4	70.8	70.3	69.7	69.2
35	74.7	74.1	73.5	73.0	72.4	71.9	71.3	70.8	70.2	69.7
36	75.1	74.5	74.0	73.4	72.8	72.3	71.8	71.2	70.7	70.1
37	75.4	74.9	74.3	73.8	73.3	72.7	72.2	71.6	71.1	70.6
38	75.8	75.3	74.7	74.2	73.6	73.1	72.6	72.1	71.5	71.0
39	76.1	75.6	75.1	74.5	74.0	73.5	73.0	72.4	71.9	71.4
40	76.5	75.9	75.4	74.9	74.4	73.9	73.3	72.8	72.3	71.8
41	76.8	76.3	75.8	75.2	74.7	74.2	73.7	73.2	72.7	72.2
42	77.1	76.6	76.1	75.6	75.1	74.6	74.0	73.5	73.0	72.5
43	77.4	76.9	76.4	75.9	75.4	74.9	74.4	73.9	73.4	72.9
44	77.7	77.2	76.7	76.2	75.7	75.2	74.7	74.2	73.7	73.2
45	77.9	77.5	77.0	76.5	76.0	75.5	75.0	74.5	74.0	73.6
46	78.2	77.7	77.2	76.8	76.3	75.8	75.3	74.8	74.4	73.9
47	78.5	78.0	77.5	77.0	76.5	76.1	75.6	75.1	74.7	74.2
48	78.7	78.2	77.8	77.3	76.8	76.3	75.9	75.4	74.9	74.5
49	79.0	78.5	78.0	77.5	77.1	76.6	76.1	75.7	75.2	74.8
50	79.2	78.7	78.2	77.8	77.3	76.9	76.4	75.9	75.5	75.0
51	79.4	78.9	78.5	78.0	77.6	77.1	76.7	76.2	75.8	75.3
52	79.6	79.2	78.7	78.3	77.8	77.3	76.9	76.5	76.0	75.6
53	79.8	79.4	78.9	78.5	78.0	77.6	77.1	76.7	76.3	75.8
54	80.0	79.6	79.1	78.7	78.3	77.8	77.4	76.9	76.5	76.1
55	80.2	79.8	79.3	78.9	78.5	78.0	77.6	77.2	76.7	76.3
56	80.4	80.0	79.5	79.1	78.7	78.2	77.8	77.4	77.0	76.5
57	80.6	80.2	79.7	79.3	78.9	78.5	78.0	77.6	77.2	76.7

表 $5a_2$（续）

$t-t_w$ / t	4.1	4.2	4.3	4.4	4.5	4.6	4.7	4.8	4.9	5.0
58	80.8	80.4	79.9	79.5	79.1	78.7	78.2	77.8	77.4	77.0
59	81.0	80.5	80.1	79.7	79.3	78.9	78.4	78.0	77.6	77.2
60	81.2	80.7	80.3	79.9	79.5	79.0	78.6	78.2	77.8	77.4
61	81.3	80.9	80.5	80.1	79.6	79.2	78.8	78.4	78.0	77.6
62	81.5	81.1	80.7	80.2	79.8	79.4	79.0	78.6	78.2	77.8
63	81.6	81.2	80.8	80.4	80.0	79.6	79.2	78.8	78.4	78.0
64	81.8	81.4	81.0	80.6	80.2	79.8	79.4	79.0	78.6	78.2
65	82.0	81.6	81.1	80.7	80.3	79.9	79.5	79.1	78.7	78.3
66	82.1	81.7	81.3	80.9	80.5	80.1	79.7	79.3	78.9	78.5
67	82.3	81.9	81.5	81.1	80.7	80.3	79.9	79.5	79.1	78.7
68	82.4	82.0	81.6	81.2	80.8	80.4	80.0	79.7	79.3	78.9
69	82.5	82.2	81.8	81.4	81.0	80.6	80.2	79.8	79.4	79.0
70	82.7	82.3	81.9	81.5	81.1	80.7	80.4	80.0	79.6	79.2
71	82.8	82.4	82.0	81.7	81.3	80.9	80.5	80.1	79.8	79.4
72	83.0	82.6	82.2	81.8	81.4	81.0	80.7	80.3	79.9	79.5
73	83.1	82.7	82.3	81.9	81.6	81.2	80.8	80.4	80.1	79.7
74	83.2	82.8	82.5	82.1	81.7	81.3	81.0	80.6	80.2	79.8
75	83.3	83.0	82.6	82.2	81.8	81.5	81.1	80.7	80.4	80.0
76	83.5	83.1	82.7	82.3	82.0	81.6	81.2	80.9	80.5	80.1
77	83.6	83.2	82.8	82.5	82.1	81.7	81.4	81.0	80.7	80.3
78	83.7	83.3	83.0	82.6	82.2	81.9	81.5	81.2	80.8	80.4
79	83.8	83.5	83.1	82.7	82.4	82.0	81.6	81.3	80.9	80.6
80	83.9	83.6	83.2	82.9	82.5	82.1	81.8	81.4	81.1	80.7
81	84.1	83.7	83.3	83.0	82.6	82.3	81.9	81.6	81.2	80.8
82	84.2	83.8	83.5	83.1	82.7	82.4	82.0	81.7	81.3	81.0
83	84.3	83.9	83.6	83.2	82.9	82.5	82.2	81.8	81.5	81.1
84	84.4	84.0	83.7	83.3	83.0	82.6	82.3	81.9	81.6	81.2
85	84.5	84.2	83.8	83.5	83.1	82.8	82.4	82.1	81.7	81.4
86	84.6	84.3	83.9	83.6	83.2	82.9	82.5	82.2	81.8	81.5
87	84.7	84.4	84.0	83.7	83.3	83.0	82.6	82.3	82.0	81.6
88	84.8	84.5	84.1	83.8	83.4	83.1	82.8	82.4	82.1	81.7
89	84.9	84.6	84.2	83.9	83.6	83.2	82.9	82.5	82.2	81.9
90	85.0	84.7	84.3	84.0	83.7	83.3	83.0	82.7	82.3	82.0
91	85.1	84.8	84.4	84.1	83.8	83.4	83.1	82.8	82.4	82.1
92	85.2	84.9	84.5	84.2	83.9	83.5	83.2	82.9	82.5	82.2
93	85.3	85.0	84.6	84.3	84.0	83.7	83.3	83.0	82.7	82.3
94	85.4	85.1	84.7	84.4	84.1	83.8	83.4	83.1	82.8	82.4
95	85.5	85.2	84.8	84.5	84.2	83.9	83.5	83.2	82.9	82.6
96	85.6	85.3	84.9	84.6	84.3	84.0	83.6	83.3	83.0	82.7
97	85.7	85.4	85.0	84.7	84.4	84.1	83.7	83.4	83.1	82.8
98	85.8	85.5	85.1	84.8	84.5	84.2	83.8	83.5	83.2	82.9
99	85.9	85.5	85.2	84.9	84.6	84.3	83.9	83.6	83.3	83.0
100	86.0	85.6	85.3	85.0	84.7	84.4	84.0	83.7	83.4	83.1

表 $5a_2$(续)

$t-t_w$ / t	5.2	5.4	5.6	5.8	6.0	6.2	6.4	6.6	6.8	7.0
15	51.2	49.4	47.7	46.0	44.4	42.7	41.0	39.4	37.8	36.1
16	52.6	50.9	49.3	47.6	46.0	44.4	42.8	41.2	39.6	38.0
17	53.9	52.3	50.7	49.1	47.5	46.0	44.4	42.9	41.3	39.8
18	55.2	53.6	52.1	50.5	49.0	47.5	45.9	44.4	42.9	41.5
19	56.4	54.8	53.3	51.8	50.3	48.9	47.4	45.9	44.5	43.0
20	57.5	56.0	54.5	53.1	51.6	50.2	48.7	47.3	45.9	44.5
21	58.5	57.1	55.7	54.2	52.8	51.4	50.0	48.6	47.3	45.9
22	59.5	58.1	56.7	55.3	54.0	52.6	51.2	49.9	48.5	47.2
23	60.5	59.1	57.7	56.4	55.0	53.7	52.4	51.1	49.7	48.5
24	61.3	60.0	58.7	57.4	56.0	54.7	53.4	52.2	50.9	49.6
25	62.2	60.9	59.6	58.3	57.0	55.7	54.5	53.2	52.0	50.7
26	63.0	61.7	60.4	59.2	57.9	56.7	55.4	54.2	53.0	51.8
27	63.7	62.5	61.2	60.0	58.8	57.5	56.3	55.1	53.9	52.8
28	64.4	63.2	62.0	60.8	59.6	58.4	57.2	56.0	54.9	53.7
29	65.1	63.9	62.7	61.5	60.4	59.2	58.0	56.9	55.7	54.6
30	65.8	64.6	63.4	62.2	61.1	59.9	58.8	57.7	56.5	55.4
31	66.4	65.2	64.1	62.9	61.8	60.7	59.5	58.4	57.3	56.2
32	67.0	65.8	64.7	63.6	62.5	61.3	60.2	59.2	58.1	57.0
33	67.5	66.4	65.3	64.2	63.1	62.0	60.9	59.8	58.8	57.7
34	68.1	66.9	65.9	64.8	63.7	62.6	61.6	60.5	59.5	58.4
35	68.6	67.5	66.4	65.3	64.3	63.2	62.2	61.1	60.1	59.1
36	69.0	68.0	66.9	65.9	64.8	63.8	62.8	61.7	60.7	59.7
37	69.5	68.5	67.4	66.4	65.3	64.3	63.3	62.3	61.3	60.3
38	70.0	68.9	67.9	66.9	65.9	64.9	63.9	62.9	61.9	60.9
39	70.4	69.4	68.3	67.3	66.3	65.4	64.4	63.4	62.4	61.5
40	70.8	69.8	68.8	67.8	66.8	65.8	64.9	63.9	62.9	62.0
41	71.2	70.2	69.2	68.2	67.3	66.3	65.3	64.4	63.4	62.5
42	71.6	70.6	69.6	68.6	67.7	66.7	65.8	64.9	63.9	63.0
43	71.9	71.0	70.0	69.0	68.1	67.2	66.2	65.3	64.4	63.5
44	72.3	71.3	70.4	69.4	68.5	67.6	66.6	65.7	64.8	63.9
45	72.6	71.7	70.7	69.8	68.9	68.0	67.1	66.1	65.3	64.4
46	72.9	72.0	71.1	70.2	69.2	68.3	67.4	66.6	65.7	64.8
47	73.3	72.3	71.4	70.5	69.6	68.7	67.8	66.9	66.1	65.2
48	73.6	72.6	71.7	70.8	69.9	69.1	68.2	67.3	66.4	65.6
49	73.9	72.9	72.1	71.2	70.3	69.4	68.5	67.7	66.8	66.0
50	74.1	73.2	72.4	71.5	70.6	69.7	68.9	68.0	67.2	66.3
51	74.4	73.5	72.7	71.8	70.9	70.1	69.2	68.4	67.5	66.7
52	74.7	73.8	72.9	72.1	71.2	70.4	69.5	68.7	67.9	67.0
53	74.9	74.1	73.2	72.4	71.5	70.7	69.8	69.0	68.2	67.4
54	75.2	74.3	73.5	72.6	71.8	71.0	70.1	69.3	68.5	67.7
55	75.4	74.6	73.7	72.9	72.1	71.2	70.4	69.6	68.8	68.0
56	75.7	74.8	74.0	73.2	72.3	71.5	70.7	69.9	69.1	68.3
57	75.9	75.1	74.2	73.4	72.6	71.8	71.0	70.2	69.4	68.6

表 5a₂(续)

$t-t_w$ / t	5.2	5.4	5.6	5.8	6.0	6.2	6.4	6.6	6.8	7.0
58	76.1	75.3	74.5	73.7	72.9	72.1	71.3	70.5	69.7	68.9
59	76.4	75.5	74.7	73.9	73.1	72.3	71.5	70.7	70.0	69.2
60	76.6	75.8	74.9	74.1	73.3	72.6	71.8	71.0	70.2	69.5
61	76.8	76.0	75.2	74.4	73.6	72.8	72.0	71.3	70.5	69.7
62	77.0	76.2	75.4	74.6	73.8	73.0	72.3	71.5	70.7	70.0
63	77.2	76.4	75.6	74.8	74.0	73.3	72.5	71.7	71.0	70.2
64	77.4	76.6	75.8	75.0	74.3	73.5	72.7	72.0	71.2	70.5
65	77.6	76.8	76.0	75.2	74.5	73.7	73.0	72.2	71.5	70.7
66	77.7	77.0	76.2	75.4	74.7	73.9	73.2	72.4	71.7	71.0
67	77.9	77.2	76.4	75.6	74.9	74.1	73.4	72.7	71.9	71.2
68	78.1	77.3	76.6	75.8	75.1	74.4	73.6	72.9	72.2	71.4
69	78.3	77.5	76.8	76.0	75.3	74.6	73.8	73.1	72.4	71.7
70	78.5	77.7	77.0	76.2	75.5	74.8	74.0	73.3	72.6	71.9
71	78.6	77.9	77.1	76.4	75.7	74.9	74.2	73.5	72.8	72.1
72	78.8	78.0	77.3	76.6	75.9	75.1	74.4	73.7	73.0	72.3
73	78.9	78.2	77.5	76.8	76.0	75.3	74.6	73.9	73.2	72.5
74	79.1	78.4	77.7	76.9	76.2	75.5	74.8	74.1	73.4	72.7
75	79.3	78.5	77.8	77.1	76.4	75.7	75.0	74.3	73.6	72.9
76	79.4	78.7	78.0	77.3	76.6	75.9	75.2	74.5	73.8	73.1
77	79.6	78.9	78.1	77.4	76.7	76.0	75.3	74.7	74.0	73.3
78	79.7	79.0	78.3	77.6	76.9	76.2	75.5	74.8	74.2	73.5
79	79.9	79.2	78.5	77.8	77.1	76.4	75.7	75.0	74.3	73.7
80	80.0	79.3	78.6	77.9	77.2	76.5	75.9	75.2	74.5	73.9
81	80.1	79.4	78.8	78.1	77.4	76.7	76.0	75.4	74.7	74.0
82	80.3	79.6	78.9	78.2	77.5	76.9	76.2	75.5	74.9	74.2
83	80.4	79.7	79.0	78.4	77.7	77.0	76.4	75.7	75.0	74.4
84	80.6	79.9	79.2	78.5	77.8	77.2	76.5	75.9	75.2	74.6
85	80.7	80.0	79.3	78.7	78.0	77.3	76.7	76.0	75.4	74.7
86	80.8	80.1	79.5	78.8	78.1	77.5	76.8	76.2	75.5	74.9
87	80.9	80.3	79.6	78.9	78.3	77.6	77.0	76.3	75.7	75.1
88	81.1	80.4	79.7	79.1	78.4	77.8	77.1	76.5	75.9	75.2
89	81.2	80.5	79.9	79.2	78.6	77.9	77.3	76.6	76.0	75.4
90	81.3	80.7	80.0	79.4	78.7	78.1	77.4	76.8	76.2	75.5
91	81.4	80.8	80.1	79.5	78.9	78.2	77.6	76.9	76.3	75.7
92	81.6	80.9	80.3	79.6	79.0	78.4	77.7	77.1	76.5	75.9
93	81.7	81.0	80.4	79.8	79.1	78.5	77.9	77.2	76.6	76.0
94	81.8	81.2	80.5	79.9	79.3	78.6	78.0	77.4	76.8	76.2
95	81.9	81.3	80.6	80.0	79.4	78.8	78.1	77.5	76.9	76.3
96	82.0	81.4	80.8	80.1	79.5	78.9	78.3	77.7	77.1	76.4
97	82.1	81.5	80.9	80.3	79.6	79.0	78.4	77.8	77.2	76.6
98	82.3	81.6	81.0	80.4	79.8	79.2	78.5	77.9	77.3	76.7
99	82.4	81.7	81.1	80.5	79.9	79.3	78.7	78.1	77.5	76.9
100	82.5	81.9	81.2	80.6	80.0	79.4	78.8	78.2	77.6	77.0

表 5a₂(续)

t \ $t-t_w$	7.2	7.4	7.6	7.8	8.0	8.2	8.4	8.6	8.8	9.0
15	34.5	32.9	31.3	29.7	28.1	26.6	25.0	23.5	21.9	20.4
16	36.5	34.9	33.4	31.8	30.3	28.8	27.3	25.8	24.3	22.8
17	38.3	36.8	35.3	33.8	32.3	30.8	29.4	27.9	26.5	25.1
18	40.0	38.5	37.1	35.6	34.2	32.8	31.4	30.0	28.6	27.2
19	41.6	40.2	38.8	37.4	36.0	34.6	33.2	31.9	30.5	29.2
20	43.1	41.7	40.4	39.0	37.7	36.3	35.0	33.6	32.3	31.0
21	44.6	43.2	41.9	40.5	39.2	37.9	36.6	35.3	34.0	32.8
22	45.9	44.6	43.3	42.0	40.7	39.4	38.2	36.9	35.7	34.4
23	47.2	45.9	44.6	43.4	42.1	40.9	39.6	38.4	37.2	36.0
24	48.4	47.1	45.9	44.7	43.4	42.2	41.0	39.8	38.6	37.5
25	49.5	48.3	47.1	45.9	44.7	43.5	42.3	41.2	40.0	38.9
26	50.6	49.4	48.2	47.0	45.9	44.7	43.6	42.4	41.3	40.2
27	51.6	50.4	49.3	48.1	47.0	45.8	44.7	43.6	42.5	41.4
28	52.5	51.4	50.3	49.2	48.0	46.9	45.8	44.7	43.7	42.6
29	53.5	52.3	51.2	50.1	49.0	48.0	46.9	45.8	44.8	43.7
30	54.3	53.2	52.1	51.1	50.0	48.9	47.9	46.8	45.8	44.8
31	55.2	54.1	53.0	52.0	50.9	49.9	48.8	47.8	46.8	45.8
32	55.9	54.9	53.8	52.8	51.8	50.7	49.7	48.7	47.7	46.7
33	56.7	55.7	54.6	53.6	52.6	51.6	50.6	49.6	48.6	47.6
34	57.4	56.4	55.4	54.4	53.4	52.4	51.4	50.4	49.5	48.5
35	58.1	57.1	56.1	55.1	54.1	53.1	52.2	51.2	50.3	49.3
36	58.7	57.7	56.8	55.8	54.8	53.9	52.9	52.0	51.0	50.1
37	59.4	58.4	57.4	56.5	55.5	54.6	53.6	52.7	51.8	50.9
38	59.9	59.0	58.0	57.1	56.2	55.2	54.3	53.4	52.5	51.6
39	60.5	59.6	58.6	57.7	56.8	55.9	55.0	54.1	53.2	52.3
40	61.1	60.1	59.2	58.3	57.4	56.5	55.6	54.7	53.8	52.9
41	61.6	60.7	59.8	58.9	58.0	57.1	56.2	55.3	54.4	53.6
42	62.1	61.2	60.3	59.4	58.5	57.6	56.8	55.9	55.0	54.2
43	62.6	61.7	60.8	59.9	59.0	58.2	57.3	56.5	55.6	54.8
44	63.0	62.2	61.3	60.4	59.5	58.7	57.8	57.0	56.2	55.3
45	63.5	62.6	61.7	60.9	60.0	59.2	58.3	57.5	56.7	55.9
46	63.9	63.1	62.2	61.3	60.5	59.7	58.8	58.0	57.2	56.4
47	64.3	63.5	62.6	61.8	61.0	60.1	59.3	58.5	57.7	56.9
48	64.7	63.9	63.1	62.2	61.4	60.6	59.8	59.0	58.2	57.4
49	65.1	64.3	63.5	62.6	61.8	61.0	60.2	59.4	58.6	57.8
50	65.5	64.7	63.9	63.0	62.2	61.4	60.6	59.9	59.1	58.3
51	65.9	65.1	64.2	63.4	62.6	61.8	61.1	60.3	59.5	58.7
52	66.2	65.4	64.6	63.8	63.0	62.2	61.5	60.7	59.9	59.2
53	66.6	65.8	65.0	64.2	63.4	62.6	61.8	61.1	60.3	59.6
54	66.9	66.1	65.3	64.5	63.8	63.0	62.2	61.5	60.7	60.0
55	67.2	66.4	65.7	64.9	64.1	63.3	62.6	61.8	61.1	60.3
56	67.5	66.8	66.0	65.2	64.4	63.7	62.9	62.2	61.5	60.7
57	67.8	67.1	66.3	65.5	64.8	64.0	63.3	62.5	61.8	61.1

表 5a₂(续)

t \ $t-t_w$	7.2	7.4	7.6	7.8	8.0	8.2	8.4	8.6	8.8	9.0
58	68.1	67.4	66.6	65.9	65.1	64.4	63.6	62.9	62.2	61.4
59	68.4	67.7	66.9	66.2	65.4	64.7	63.9	63.2	62.5	61.8
60	68.7	67.9	67.2	66.5	65.7	65.0	64.3	63.5	62.8	62.1
61	69.0	68.2	67.5	66.8	66.0	65.3	64.6	63.9	63.2	62.4
62	69.2	68.5	67.8	67.0	66.3	65.6	64.9	64.2	63.5	62.8
63	69.5	68.8	68.0	67.3	66.6	65.9	65.2	64.5	63.8	63.1
64	69.8	69.0	68.3	67.6	66.9	66.2	65.5	64.8	64.1	63.4
65	70.0	69.3	68.6	67.9	67.1	66.4	65.7	65.0	64.4	63.7
66	70.3	69.5	68.8	68.1	67.4	66.7	66.0	65.3	64.6	64.0
67	70.5	69.8	69.1	68.4	67.7	67.0	66.3	65.6	64.9	64.2
68	70.7	70.0	69.3	68.6	67.9	67.2	66.5	65.9	65.2	64.5
69	71.0	70.2	69.6	68.9	68.2	67.5	66.8	66.1	65.5	64.8
70	71.2	70.5	69.8	69.1	68.4	67.7	67.1	66.4	65.7	65.1
71	71.4	70.7	70.0	69.3	68.6	68.0	67.3	66.6	66.0	65.3
72	71.6	70.9	70.2	69.6	68.9	68.2	67.5	66.9	66.2	65.6
73	71.8	71.1	70.5	69.8	69.1	68.4	67.8	67.1	66.5	65.8
74	72.0	71.3	70.7	70.0	69.3	68.7	68.0	67.4	66.7	66.1
75	72.2	71.6	70.9	70.2	69.6	68.9	68.2	67.6	67.0	66.3
76	72.4	71.8	71.1	70.4	69.8	69.1	68.5	67.8	67.2	66.6
77	72.6	72.0	71.3	70.6	70.0	69.3	68.7	68.1	67.4	66.8
78	72.8	72.2	71.5	70.8	70.2	69.6	68.9	68.3	67.6	67.0
79	73.0	72.4	71.7	71.0	70.4	69.8	69.1	68.5	67.9	67.2
80	73.2	72.5	71.9	71.2	70.6	70.0	69.3	68.7	68.1	67.5
81	73.4	72.7	72.1	71.4	70.8	70.2	69.5	68.9	68.3	67.7
82	73.6	72.9	72.3	71.6	71.0	70.4	69.7	69.1	68.5	67.9
83	73.7	73.1	72.5	71.8	71.2	70.6	69.9	69.3	68.7	68.1
84	73.9	73.3	72.6	72.0	71.4	70.8	70.1	69.5	68.9	68.3
85	74.1	73.5	72.8	72.2	71.6	71.0	70.3	69.7	69.1	68.5
86	74.3	73.6	73.0	72.4	71.8	71.1	70.5	69.9	69.3	68.7
87	74.4	73.8	73.2	72.6	71.9	71.3	70.7	70.1	69.5	68.9
88	74.6	74.0	73.4	72.7	72.1	71.5	70.9	70.3	69.7	69.1
89	74.8	74.1	73.5	72.9	72.3	71.7	71.1	70.5	69.9	69.3
90	74.9	74.3	73.7	73.1	72.5	71.9	71.3	70.7	70.1	69.5
91	75.1	74.5	73.9	73.2	72.6	72.0	71.5	70.9	70.3	69.7
92	75.2	74.6	74.0	73.4	72.8	72.2	71.6	71.0	70.5	69.9
93	75.4	74.8	74.2	73.6	73.0	72.4	71.8	71.2	70.6	70.1
94	75.5	74.9	74.3	73.7	73.2	72.6	72.0	71.4	70.8	70.2
95	75.7	75.1	74.5	73.9	73.3	72.7	72.1	71.6	71.0	70.4
96	75.8	75.2	74.7	74.1	73.5	72.9	72.3	71.7	71.2	70.6
97	76.0	75.4	74.8	74.2	73.6	73.1	72.5	71.9	71.3	70.8
98	76.1	75.5	75.0	74.4	73.8	73.2	72.6	72.1	71.5	70.9
99	76.3	75.7	75.1	74.5	74.0	73.4	72.8	72.2	71.7	71.1
100	76.4	75.8	75.3	74.7	74.1	73.5	73.0	72.4	71.8	71.3

表 5a₂(续)

$t-t_w$ / t	9.2	9.4	9.6	9.8	10.0	10.2	10.4	10.6	10.8	11.0
15	18.9	17.4	15.9	14.4	12.9	11.4	10.0	8.5	7.1	5.6
16	21.3	19.9	18.4	17.0	15.5	14.1	12.7	11.3	9.9	8.5
17	23.6	22.2	20.8	19.4	18.0	16.7	15.3	13.9	12.6	11.2
18	25.8	24.4	23.1	21.7	20.4	19.0	17.7	16.4	15.1	13.8
19	27.8	26.5	25.2	23.9	22.6	21.3	20.0	18.7	17.4	16.2
20	29.7	28.4	27.1	25.9	24.6	23.3	22.1	20.9	19.6	18.4
21	31.5	30.3	29.0	27.8	26.5	25.3	24.1	22.9	21.7	20.5
22	33.2	32.0	30.8	29.6	28.4	27.2	26.0	24.8	23.7	22.5
23	34.8	33.6	32.4	31.2	30.1	28.9	27.8	26.6	25.5	24.4
24	36.3	35.1	34.0	32.8	31.7	30.6	29.4	28.3	27.2	26.1
25	37.7	36.6	35.5	34.3	33.2	32.1	31.0	29.9	28.9	27.8
26	39.0	37.9	36.8	35.8	34.7	33.6	32.5	31.5	30.4	29.4
27	40.3	39.2	38.2	37.1	36.0	35.0	33.9	32.9	31.9	30.9
28	41.5	40.5	39.4	38.4	37.3	36.3	35.3	34.3	33.3	32.3
29	42.7	41.6	40.6	39.6	38.6	37.5	36.5	35.6	34.6	33.6
30	43.7	42.7	41.7	40.7	39.7	38.7	37.8	36.8	35.8	34.9
31	44.8	43.8	42.8	41.8	40.8	39.9	38.9	37.9	37.0	36.1
32	45.7	44.8	43.8	42.8	41.9	40.9	40.0	39.0	38.1	37.2
33	46.7	45.7	44.8	43.8	42.9	41.9	41.0	40.1	39.2	38.3
34	47.5	46.6	45.7	44.7	43.8	42.9	42.0	41.1	40.2	39.3
35	48.4	47.5	46.5	45.6	44.7	43.8	42.9	42.0	41.2	40.3
36	49.2	48.3	47.4	46.5	45.6	44.7	43.8	42.9	42.1	41.2
37	50.0	49.1	48.2	47.3	46.4	45.5	44.7	43.8	43.0	42.1
38	50.7	49.8	48.9	48.1	47.2	46.3	45.5	44.6	43.8	43.0
39	51.4	50.5	49.7	48.8	48.0	47.1	46.3	45.4	44.6	43.8
40	52.1	51.2	50.4	49.5	48.7	47.8	47.0	46.2	45.4	44.6
41	52.7	51.9	51.0	50.2	49.4	48.5	47.7	46.9	46.1	45.3
42	53.3	52.5	51.7	50.8	50.0	49.2	48.4	47.6	46.8	46.0
43	53.9	53.1	52.3	51.5	50.7	49.9	49.1	48.3	47.5	46.7
44	54.5	53.7	52.9	52.1	51.3	50.5	49.7	48.9	48.1	47.4
45	55.1	54.2	53.4	52.7	51.9	51.1	50.3	49.5	48.8	48.0
46	55.6	54.8	54.0	53.2	52.4	51.7	50.9	50.1	49.4	48.6
47	56.1	55.3	54.5	53.7	53.0	52.2	51.5	50.7	50.0	49.2
48	56.6	55.8	55.0	54.3	53.5	52.7	52.0	51.3	50.5	49.8
49	57.1	56.3	55.5	54.8	54.0	53.3	52.5	51.8	51.1	50.3
50	57.5	56.8	56.0	55.3	54.5	53.8	53.0	52.3	51.6	50.9
51	58.0	57.2	56.5	55.7	55.0	54.2	53.5	52.8	52.1	51.4
52	58.4	57.7	56.9	56.2	55.4	54.7	54.0	53.3	52.6	51.9
53	58.8	58.1	57.3	56.6	55.9	55.2	54.5	53.7	53.0	52.3
54	59.2	58.5	57.8	57.0	56.3	55.6	54.9	54.2	53.5	52.8
55	59.6	58.9	58.2	57.4	56.7	56.0	55.3	54.6	53.9	53.3
56	60.0	59.3	58.6	57.8	57.1	56.4	55.7	55.1	54.4	53.7
57	60.4	59.6	58.9	58.2	57.5	56.8	56.2	55.5	54.8	54.1

表 5a₂(续)

t \ $t-t_w$	9.2	9.4	9.6	9.8	10.0	10.2	10.4	10.6	10.8	11.0
58	60.7	60.0	59.3	58.6	57.9	57.2	56.5	55.9	55.2	54.5
59	61.1	60.4	59.7	59.0	58.3	57.6	56.9	56.3	55.6	54.9
60	61.4	60.7	60.0	59.3	58.7	58.0	57.3	56.6	56.0	55.3
61	61.7	61.1	60.4	59.7	59.0	58.3	57.7	57.0	56.3	55.7
62	62.1	61.4	60.7	60.0	59.4	58.7	58.0	57.4	56.7	56.1
63	62.4	61.7	61.0	60.4	59.7	59.0	58.4	57.7	57.1	56.4
64	62.7	62.0	61.3	60.7	60.0	59.4	58.7	58.1	57.4	56.8
65	63.0	62.3	61.7	61.0	60.3	59.7	59.0	58.4	57.8	57.1
66	63.3	62.6	62.0	61.3	60.7	60.0	59.4	58.7	58.1	57.5
67	63.6	62.9	62.3	61.6	61.0	60.3	59.7	59.0	58.4	57.8
68	63.9	63.2	62.5	61.9	61.3	60.6	60.0	59.4	58.7	58.1
69	64.1	63.5	62.8	62.2	61.5	60.9	60.3	59.7	59.0	58.4
70	64.4	63.8	63.1	62.5	61.8	61.2	60.6	60.0	59.3	58.7
71	64.7	64.0	63.4	62.7	62.1	61.5	60.9	60.2	59.6	59.0
72	64.9	64.3	63.7	63.0	62.4	61.8	61.2	60.5	59.9	59.3
73	65.2	64.5	63.9	63.3	62.7	62.0	61.4	60.8	60.2	59.6
74	65.4	64.8	64.2	63.5	62.9	62.3	61.7	61.1	60.5	59.9
75	65.7	65.1	64.4	63.8	63.2	62.6	62.0	61.4	60.8	60.2
76	65.9	65.3	64.7	64.1	63.4	62.8	62.2	61.6	61.0	60.4
77	66.2	65.5	64.9	64.3	63.7	63.1	62.5	61.9	61.3	60.7
78	66.4	65.8	65.2	64.6	63.9	63.3	62.7	62.2	61.6	61.0
79	66.6	66.0	65.4	64.8	64.2	63.6	63.0	62.4	61.8	61.2
80	66.8	66.2	65.6	65.0	64.4	63.8	63.2	62.7	62.1	61.5
81	67.1	66.5	65.9	65.3	64.7	64.1	63.5	62.9	62.3	61.7
82	67.3	66.7	66.1	65.5	64.9	64.3	63.7	63.1	62.6	62.0
83	67.5	66.9	66.3	65.7	65.1	64.5	64.0	63.4	62.8	62.2
84	67.7	67.1	66.5	65.9	65.3	64.8	64.2	63.6	63.0	62.5
85	67.9	67.3	66.7	66.1	65.6	65.0	64.4	63.8	63.3	62.7
86	68.1	67.5	66.9	66.4	65.8	65.2	64.6	64.1	63.5	62.9
87	68.3	67.7	67.2	66.6	66.0	65.4	64.9	64.3	63.7	63.2
88	68.5	67.9	67.4	66.8	66.2	65.6	65.1	64.5	64.0	63.4
89	68.7	68.1	67.6	67.0	66.4	65.9	65.3	64.7	64.2	63.6
90	68.9	68.3	67.8	67.2	66.6	66.1	65.5	64.9	64.4	63.8
91	69.1	68.5	68.0	67.4	66.8	66.3	65.7	65.2	64.6	64.1
92	69.3	68.7	68.2	67.6	67.0	66.5	65.9	65.4	64.8	64.3
93	69.5	68.9	68.4	67.8	67.2	66.7	66.1	65.6	65.0	64.5
94	69.7	69.1	68.5	68.0	67.4	66.9	66.3	65.8	65.2	64.7
95	69.9	69.3	68.7	68.2	67.6	67.1	66.5	66.0	65.4	64.9
96	70.0	69.5	68.9	68.4	67.8	67.3	66.7	66.2	65.6	65.1
97	70.2	69.7	69.1	68.5	68.0	67.5	66.9	66.4	65.8	65.3
98	70.4	69.8	69.3	68.7	68.2	67.6	67.1	66.6	66.0	65.5
99	70.6	70.0	69.5	68.9	68.4	67.8	67.3	66.8	66.2	65.7
100	70.7	70.2	69.6	69.1	68.6	68.0	67.5	67.0	66.4	65.9

表 5a$_2$（续）

$t-t_w$ / t	11.5	12.0	12.5	13.5	13.5	14.0	14.5	15.0	15.5	16.0
15	2.0									
16	5.1	1.7								
17	7.9	4.6	1.4							
18	10.5	7.4	4.3	1.2						
19	13.0	10.0	6.9	4.0	1.0					
20	15.4	12.4	9.5	6.6	3.7	0.9				
21	17.6	14.7	11.8	9.0	6.3	3.6	0.9			
22	19.6	16.8	14.1	11.3	8.7	6.0	3.4	0.9		
23	21.6	18.9	16.2	13.5	10.9	8.3	5.8	3.3	0.9	
24	23.4	20.8	18.1	15.6	13.0	10.5	8.1	5.7	3.3	1.0
25	25.2	22.6	20.0	17.5	15.0	12.6	10.2	7.9	5.6	3.3
26	26.8	24.3	21.8	19.3	16.9	14.5	12.2	9.9	7.7	5.5
27	28.3	25.9	23.4	21.0	18.7	16.4	14.1	11.9	9.7	7.5
28	29.8	27.4	25.0	22.7	20.4	18.1	15.9	13.7	11.6	9.5
29	31.2	28.8	26.5	24.2	22.0	19.8	17.6	15.5	13.4	11.3
30	32.5	30.2	27.9	25.7	23.5	21.3	19.2	17.1	15.1	13.1
31	33.7	31.5	29.2	27.0	24.9	22.8	20.7	18.7	16.7	14.7
32	34.9	32.7	30.5	28.4	26.3	24.2	22.2	20.2	18.2	16.3
33	36.1	33.9	31.7	29.6	27.5	25.5	23.5	21.6	19.6	17.8
34	37.1	35.0	32.9	30.8	28.8	26.8	24.8	22.9	21.0	19.2
35	38.1	36.0	34.0	31.9	29.9	28.0	26.1	24.2	22.3	20.5
36	39.1	37.0	35.0	33.0	31.0	29.1	27.2	25.4	23.6	21.8
37	40.0	38.0	36.0	34.0	32.1	30.2	28.3	26.5	24.7	23.0
38	40.9	38.9	36.9	35.0	33.1	31.2	29.4	27.6	25.9	24.1
39	41.8	39.8	37.8	35.9	34.1	32.2	30.4	28.7	26.9	25.2
40	42.6	40.6	38.7	36.8	35.0	33.2	31.4	29.7	28.0	26.3
41	43.4	41.4	39.5	37.7	35.9	34.1	32.3	30.6	28.9	27.3
42	44.1	42.2	40.3	38.5	36.7	35.0	33.2	31.5	29.9	28.3
43	44.8	42.9	41.1	39.3	37.5	35.8	34.1	32.4	30.8	29.2
44	45.5	43.6	41.8	40.0	38.3	36.6	34.9	33.3	31.6	30.1
45	46.1	44.3	42.5	40.8	39.0	37.3	35.7	34.1	32.5	30.9
46	46.8	45.0	43.2	41.5	39.8	38.1	36.4	34.8	33.3	31.7
47	47.4	45.6	43.8	42.1	40.4	38.8	37.2	35.6	34.0	32.5
48	48.0	46.2	44.5	42.8	41.1	39.5	37.9	36.3	34.8	33.2
49	48.5	46.8	45.1	43.4	41.7	40.1	38.5	37.0	35.5	34.0
50	49.1	47.4	45.7	44.0	42.4	40.8	39.2	37.6	36.1	34.7
51	49.6	47.9	46.2	44.6	43.0	41.4	39.8	38.3	36.8	35.3
52	50.1	48.4	46.8	45.1	43.5	42.0	40.4	38.9	37.4	36.0
53	50.6	48.9	47.3	45.7	44.1	42.5	41.0	39.5	38.0	36.6
54	51.1	49.4	47.8	46.2	44.6	43.1	41.6	40.1	38.6	37.2
55	51.6	49.9	48.3	46.7	45.1	43.6	42.1	40.6	39.2	37.8
56	52.0	50.4	48.8	47.2	45.6	44.1	42.6	41.2	39.8	38.4
57	52.5	50.8	49.2	47.7	46.1	44.6	43.2	41.7	40.3	38.9

表 5a₂(续)

t \ $t-t_w$	11.5	12.0	12.5	13.5	13.5	14.0	14.5	15.0	15.5	16.0
58	52.9	51.3	49.7	48.1	46.6	45.1	43.7	42.2	40.8	39.4
59	53.3	51.7	50.1	48.6	47.1	45.6	44.1	42.7	41.3	39.9
60	53.7	52.1	50.6	49.0	47.5	46.1	44.6	43.2	41.8	40.4
61	54.1	52.5	51.0	49.4	48.0	46.5	45.1	43.7	42.3	40.9
62	54.5	52.9	51.4	49.9	48.4	46.9	45.5	44.1	42.8	41.4
63	54.8	53.3	51.8	50.3	48.8	47.4	45.9	44.6	43.2	41.9
64	55.2	53.7	52.1	50.7	49.2	47.8	46.4	45.0	43.6	42.3
65	55.6	54.0	52.5	51.0	49.6	48.2	46.8	45.4	44.1	42.8
66	55.9	54.4	52.9	51.4	50.0	48.6	47.2	45.8	44.5	43.2
67	56.2	54.7	53.2	51.8	50.4	49.0	47.6	46.2	44.9	43.6
68	56.6	55.1	53.6	52.1	50.7	49.3	48.0	46.6	45.3	44.0
69	56.9	55.4	53.9	52.5	51.1	49.7	48.3	47.0	45.7	44.4
70	57.2	55.7	54.3	52.8	51.4	50.1	48.7	47.4	46.1	44.8
71	57.5	56.0	54.6	53.2	51.8	50.4	49.1	47.7	46.5	45.2
72	57.8	56.4	54.9	53.5	52.1	50.8	49.4	48.1	46.8	45.6
73	58.1	56.7	55.2	53.8	52.4	51.1	49.8	48.5	47.2	45.9
74	58.4	57.0	55.5	54.1	52.8	51.4	50.1	48.8	47.5	46.3
75	58.7	57.3	55.8	54.5	53.1	51.8	50.4	49.1	47.9	46.6
76	59.0	57.6	56.1	54.8	53.4	52.1	50.8	49.5	48.2	47.0
77	59.3	57.8	56.4	55.1	53.7	52.4	51.1	49.8	48.5	47.3
78	59.5	58.1	56.7	55.4	54.0	52.7	51.4	50.1	48.9	47.6
79	59.8	58.4	57.0	55.6	54.3	53.0	51.7	50.4	49.2	48.0
80	60.1	58.7	57.3	55.9	54.6	53.3	52.0	50.7	49.5	48.3
81	60.3	58.9	57.6	56.2	54.9	53.6	52.3	51.1	49.8	48.6
82	60.6	59.2	57.8	56.5	55.2	53.9	52.6	51.4	50.1	48.9
83	60.8	59.4	58.1	56.8	55.4	54.2	52.9	51.6	50.4	49.2
84	61.1	59.7	58.4	57.0	55.7	54.4	53.2	51.9	50.7	49.5
85	61.3	60.0	58.6	57.3	56.0	54.7	53.5	52.2	51.0	49.8
86	61.6	60.2	58.9	57.5	56.3	55.0	53.7	52.5	51.3	50.1
87	61.8	60.4	59.1	57.8	56.5	55.3	54.0	52.8	51.6	50.4
88	62.0	60.7	59.4	58.1	56.8	55.5	54.3	53.1	51.9	50.7
89	62.3	60.9	59.6	58.3	57.0	55.8	54.5	53.3	52.1	51.0
90	62.5	61.2	59.8	58.5	57.3	56.0	54.8	53.6	52.4	51.2
91	62.7	61.4	60.1	58.8	57.5	56.3	55.1	53.9	52.7	51.5
92	62.9	61.6	60.3	59.0	57.8	56.5	55.3	54.1	52.9	51.8
93	63.2	61.8	60.5	59.3	58.0	56.8	55.6	54.4	53.2	52.0
94	63.4	62.1	60.8	59.5	58.3	57.0	55.8	54.6	53.5	52.3
95	63.6	62.3	61.0	59.7	58.5	57.3	56.1	54.9	53.7	52.6
96	63.8	62.5	61.2	60.0	58.7	57.5	56.3	55.1	54.0	52.8
97	64.0	62.7	61.4	60.2	58.9	57.7	56.5	55.4	54.2	53.1
98	64.2	62.9	61.6	60.4	59.2	58.0	56.8	55.6	54.5	53.3
99	64.4	63.1	61.9	60.6	59.4	58.2	57.0	55.9	54.7	53.6
100	64.6	63.3	62.1	60.8	59.6	58.4	57.2	56.1	54.9	53.8

表 5b 球状水银温度表相对湿度查算表

P=90 kPa,A=0.794 7×10^{-3}℃$^{-1}$(0.8 m/s)

$t-t_w$ / t	0.0	0.1	0.2	0.3	0.4	0.5	0.6	0.7	0.8	0.9	1.0
15	100.0	99.0	98.0	97.0	96.0	95.0	94.0	93.0	92.0	91.0	90.0
16	100.0	99.0	98.0	97.0	96.1	95.1	94.1	93.2	92.2	91.2	90.3
17	100.0	99.0	98.1	97.1	96.2	95.2	94.3	93.3	92.4	91.5	90.6
18	100.0	99.1	98.1	97.2	96.3	95.4	94.4	93.5	92.6	91.7	90.8
19	100.0	99.1	98.2	97.3	96.4	95.5	94.6	93.7	92.8	91.9	91.0
20	100.0	99.1	98.2	97.3	96.5	95.6	94.7	93.8	93.0	92.1	91.3
21	100.0	99.1	98.3	97.4	96.5	95.7	94.8	94.0	93.1	92.3	91.5
22	100.0	99.2	98.3	97.5	96.6	95.8	95.0	94.1	93.3	92.5	91.7
23	100.0	99.2	98.3	97.5	96.7	95.9	95.1	94.3	93.4	92.6	91.8
24	100.0	99.2	98.4	97.6	96.8	96.0	95.2	94.4	93.6	92.8	92.0
25	100.0	99.2	98.4	97.6	96.8	96.1	95.3	94.5	93.7	93.0	92.2
26	100.0	99.2	98.4	97.7	96.9	96.1	95.4	94.6	93.9	93.1	92.3
27	100.0	99.2	98.5	97.7	97.0	96.2	95.5	94.7	94.0	93.2	92.5
28	100.0	99.3	98.5	97.8	97.0	96.3	95.5	94.8	94.1	93.4	92.6
29	100.0	99.3	98.5	97.8	97.1	96.4	95.6	94.9	94.2	93.5	92.8
30	100.0	99.3	98.6	97.8	97.1	96.4	95.7	95.0	94.3	93.6	92.9
31	100.0	99.3	98.6	97.9	97.2	96.5	95.8	95.1	94.4	93.7	93.0
32	100.0	99.3	98.6	97.9	97.2	96.5	95.9	95.2	94.5	93.8	93.1
33	100.0	99.3	98.6	97.9	97.3	96.6	95.9	95.3	94.6	93.9	93.3
34	100.0	99.3	98.7	98.0	97.3	96.7	96.0	95.3	94.7	94.0	93.4
35	100.0	99.3	98.7	98.0	97.4	96.7	96.1	95.4	94.8	94.1	93.5
36	100.0	99.3	98.7	98.0	97.4	96.8	96.1	95.5	94.8	94.2	93.6
37	100.0	99.4	98.7	98.1	97.4	96.8	96.2	95.5	94.9	94.3	93.7
38	100.0	99.4	98.7	98.1	97.5	96.8	96.2	95.6	95.0	94.4	93.8
39	100.0	99.4	98.7	98.1	97.5	96.9	96.3	95.7	95.1	94.4	93.8
40	100.0	99.4	98.8	98.2	97.5	96.9	96.3	95.7	95.1	94.5	93.9
41	100.0	99.4	98.8	98.2	97.6	97.0	96.4	95.8	95.2	94.6	94.0
42	100.0	99.4	98.8	98.2	97.6	97.0	96.4	95.8	95.3	94.7	94.1
43	100.0	99.4	98.8	98.2	97.6	97.1	96.5	95.9	95.3	94.7	94.2
44	100.0	99.4	98.8	98.2	97.7	97.1	96.5	95.9	95.4	94.8	94.2
45	100.0	99.4	98.8	98.3	97.7	97.1	96.6	96.0	95.4	94.9	94.3
46	100.0	99.4	98.9	98.3	97.7	97.2	96.6	96.0	95.5	94.9	94.4
47	100.0	99.4	98.9	98.3	97.8	97.2	96.6	96.1	95.5	95.0	94.4
48	100.0	99.4	98.9	98.3	97.8	97.2	96.7	96.1	95.6	95.0	94.5
49	100.0	99.4	98.9	98.3	97.8	97.3	96.7	96.2	95.6	95.1	94.6
50	100.0	99.5	98.9	98.4	97.8	97.3	96.8	96.2	95.7	95.2	94.6
51	100.0	99.5	98.9	98.4	97.8	97.3	96.8	96.3	95.7	95.2	94.7
52	100.0	99.5	98.9	98.4	97.9	97.3	96.8	96.3	95.8	95.3	94.7
53	100.0	99.5	98.9	98.4	97.9	97.4	96.9	96.3	95.8	95.3	94.8
54	100.0	99.5	99.0	98.4	97.9	97.4	96.9	96.4	95.9	95.4	94.9
55	100.0	99.5	99.0	98.5	97.9	97.4	96.9	96.4	95.9	95.4	94.9
56	100.0	99.5	99.0	98.5	98.0	97.5	96.9	96.4	95.9	95.4	95.0
57	100.0	99.5	99.0	98.5	98.0	97.5	97.0	96.5	96.0	95.5	95.0

表 5b（续）

t \ $t-t_w$	0.0	0.1	0.2	0.3	0.4	0.5	0.6	0.7	0.8	0.9	1.0
58	100.0	99.5	99.0	98.5	98.0	97.5	97.0	96.5	96.0	95.5	95.1
59	100.0	99.5	99.0	98.5	98.0	97.5	97.0	96.5	96.1	95.6	95.1
60	100.0	99.5	99.0	98.5	98.0	97.5	97.1	96.6	96.1	95.6	95.1
61	100.0	99.5	99.0	98.5	98.1	97.6	97.1	96.6	96.1	95.7	95.2
62	100.0	99.5	99.0	98.6	98.1	97.6	97.1	96.6	96.2	95.7	95.2
63	100.0	99.5	99.0	98.6	98.1	97.6	97.1	96.7	96.2	95.7	95.3
64	100.0	99.5	99.0	98.6	98.1	97.6	97.2	96.7	96.2	95.8	95.3
65	100.0	99.5	99.1	98.6	98.1	97.7	97.2	96.7	96.3	95.8	95.4
66	100.0	99.5	99.1	98.6	98.1	97.7	97.2	96.8	96.3	95.8	95.4
67	100.0	99.5	99.1	98.6	98.2	97.7	97.2	96.8	96.3	95.9	95.4
68	100.0	99.5	99.1	98.6	98.2	97.7	97.3	96.8	96.4	95.9	95.5
69	100.0	99.5	99.1	98.6	98.2	97.7	97.3	96.8	96.4	96.0	95.5
70	100.0	99.5	99.1	98.6	98.2	97.8	97.3	96.9	96.4	96.0	95.5
71	100.0	99.6	99.1	98.7	98.2	97.8	97.3	96.9	96.5	96.0	95.6
72	100.0	99.6	99.1	98.7	98.2	97.8	97.4	96.9	96.5	96.1	95.6
73	100.0	99.6	99.1	98.7	98.2	97.8	97.4	96.9	96.5	96.1	95.7
74	100.0	99.6	99.1	98.7	98.3	97.8	97.4	97.0	96.5	96.1	95.7
75	100.0	99.6	99.1	98.7	98.3	97.8	97.4	97.0	96.6	96.1	95.7
76	100.0	99.6	99.1	98.7	98.3	97.9	97.4	97.0	96.6	96.2	95.8
77	100.0	99.6	99.1	98.7	98.3	97.9	97.5	97.0	96.6	96.2	95.8
78	100.0	99.6	99.2	98.7	98.3	97.9	97.5	97.1	96.6	96.2	95.8
79	100.0	99.6	99.2	98.7	98.3	97.9	97.5	97.1	96.7	96.3	95.9
80	100.0	99.6	99.2	98.8	98.3	97.9	97.5	97.1	96.7	96.3	95.9
81	100.0	99.6	99.2	98.8	98.3	97.9	97.5	97.1	96.7	96.3	95.9
82	100.0	99.6	99.2	98.8	98.4	98.0	97.6	97.1	96.7	96.3	95.9
83	100.0	99.6	99.2	98.8	98.4	98.0	97.6	97.2	96.8	96.4	96.0
84	100.0	99.6	99.2	98.8	98.4	98.0	97.6	97.2	96.8	96.4	96.0
85	100.0	99.6	99.2	98.8	98.4	98.0	97.6	97.2	96.8	96.4	96.0
86	100.0	99.6	99.2	98.8	98.4	98.0	97.6	97.2	96.8	96.4	96.1
87	100.0	99.6	99.2	98.8	98.4	98.0	97.6	97.2	96.9	96.5	96.1
88	100.0	99.6	99.2	98.8	98.4	98.0	97.7	97.3	96.9	96.5	96.1
89	100.0	99.6	99.2	98.8	98.4	98.1	97.7	97.3	96.9	96.5	96.1
90	100.0	99.6	99.2	98.8	98.5	98.1	97.7	97.3	96.9	96.5	96.2
91	100.0	99.6	99.2	98.8	98.5	98.1	97.7	97.3	96.9	96.6	96.2
92	100.0	99.6	99.2	98.9	98.5	98.1	97.7	97.3	97.0	96.6	96.2
93	100.0	99.6	99.2	98.9	98.5	98.1	97.7	97.4	97.0	96.6	96.2
94	100.0	99.6	99.2	98.9	98.5	98.1	97.8	97.4	97.0	96.6	96.3
95	100.0	99.6	99.3	98.9	98.5	98.1	97.8	97.4	97.0	96.7	96.3
96	100.0	99.6	99.3	98.9	98.5	98.1	97.8	97.4	97.1	96.7	96.3
97	100.0	99.6	99.3	98.9	98.5	98.2	97.8	97.4	97.1	96.7	96.3
98	100.0	99.6	99.3	98.9	98.5	98.2	97.8	97.4	97.1	96.7	96.4
99	100.0	99.6	99.3	98.9	98.5	98.2	97.8	97.5	97.1	96.8	96.4
100	100.0	99.6	99.3	98.9	98.6	98.2	97.8	97.5	97.1	96.8	96.4

表 5b（续）

t \ $t-t_w$	1.1	1.2	1.3	1.4	1.5	1.6	1.7	1.8	1.9	2.0
15	89.0	88.1	87.1	86.1	85.1	84.2	83.2	82.3	81.3	80.4
16	89.3	88.4	87.4	86.5	85.6	84.6	83.7	82.8	81.8	80.9
17	89.6	88.7	87.8	86.9	86.0	85.0	84.1	83.2	82.3	81.4
18	89.9	89.0	88.1	87.2	86.3	85.4	84.6	83.7	82.8	81.9
19	90.2	89.3	88.4	87.5	86.7	85.8	84.9	84.1	83.2	82.4
20	90.4	89.5	88.7	87.8	87.0	86.2	85.3	84.5	83.7	82.8
21	90.6	89.8	89.0	88.1	87.3	86.5	85.7	84.9	84.0	83.2
22	90.8	90.0	89.2	88.4	87.6	86.8	86.0	85.2	84.4	83.6
23	91.0	90.2	89.5	88.7	87.9	87.1	86.3	85.5	84.8	84.0
24	91.2	90.5	89.7	88.9	88.1	87.4	86.6	85.8	85.1	84.3
25	91.4	90.7	89.9	89.1	88.4	87.6	86.9	86.1	85.4	84.7
26	91.6	90.8	90.1	89.4	88.6	87.9	87.2	86.4	85.7	85.0
27	91.8	91.0	90.3	89.6	88.8	88.1	87.4	86.7	86.0	85.3
28	91.9	91.2	90.5	89.8	89.1	88.4	87.7	87.0	86.3	85.6
29	92.1	91.4	90.7	90.0	89.3	88.6	87.9	87.2	86.5	85.8
30	92.2	91.5	90.8	90.1	89.5	88.8	88.1	87.4	86.8	86.1
31	92.3	91.7	91.0	90.3	89.6	89.0	88.3	87.6	87.0	86.3
32	92.5	91.8	91.1	90.5	89.8	89.2	88.5	87.9	87.2	86.6
33	92.6	91.9	91.3	90.6	90.0	89.3	88.7	88.1	87.4	86.8
34	92.7	92.1	91.4	90.8	90.1	89.5	88.9	88.2	87.6	87.0
35	92.8	92.2	91.6	90.9	90.3	89.7	89.1	88.4	87.8	87.2
36	92.9	92.3	91.7	91.1	90.4	89.8	89.2	88.6	88.0	87.4
37	93.0	92.4	91.8	91.2	90.6	90.0	89.4	88.8	88.2	87.6
38	93.1	92.5	91.9	91.3	90.7	90.1	89.5	88.9	88.3	87.8
39	93.2	92.6	92.0	91.4	90.9	90.3	89.7	89.1	88.5	87.9
40	93.3	92.7	92.2	91.6	91.0	90.4	89.8	89.2	88.7	88.1
41	93.4	92.8	92.3	91.7	91.1	90.5	90.0	89.4	88.8	88.3
42	93.5	92.9	92.4	91.8	91.2	90.7	90.1	89.5	89.0	88.4
43	93.6	93.0	92.5	91.9	91.3	90.8	90.2	89.7	89.1	88.6
44	93.7	93.1	92.6	92.0	91.4	90.9	90.3	89.8	89.2	88.7
45	93.8	93.2	92.6	92.1	91.5	91.0	90.5	89.9	89.4	88.8
46	93.8	93.3	92.7	92.2	91.6	91.1	90.6	90.0	89.5	89.0
47	93.9	93.4	92.8	92.3	91.7	91.2	90.7	90.1	89.6	89.1
48	94.0	93.4	92.9	92.4	91.8	91.3	90.8	90.3	89.7	89.2
49	94.0	93.5	93.0	92.5	91.9	91.4	90.9	90.4	89.9	89.3
50	94.1	93.6	93.1	92.5	92.0	91.5	91.0	90.5	90.0	89.5
51	94.2	93.6	93.1	92.6	92.1	91.6	91.1	90.6	90.1	89.6
52	94.2	93.7	93.2	92.7	92.2	91.7	91.2	90.7	90.2	89.7
53	94.3	93.8	93.3	92.8	92.3	91.8	91.3	90.8	90.3	89.8
54	94.3	93.8	93.3	92.8	92.3	91.9	91.4	90.9	90.4	89.9
55	94.4	93.9	93.4	92.9	92.4	91.9	91.4	91.0	90.5	90.0
56	94.5	94.0	93.5	93.0	92.5	92.0	91.5	91.1	90.6	90.1
57	94.5	94.0	93.5	93.1	92.6	92.1	91.6	91.1	90.7	90.2

表 5b（续）

$t-t_w$ / t	1.1	1.2	1.3	1.4	1.5	1.6	1.7	1.8	1.9	2.0
58	94.6	94.1	93.6	93.1	92.6	92.2	91.7	91.2	90.8	90.3
59	94.6	94.1	93.7	93.2	92.7	92.2	91.8	91.3	90.8	90.4
60	94.7	94.2	93.7	93.3	92.8	92.3	91.8	91.4	90.9	90.5
61	94.7	94.2	93.8	93.3	92.8	92.4	91.9	91.5	91.0	90.5
62	94.8	94.3	93.8	93.4	92.9	92.5	92.0	91.5	91.1	90.6
63	94.8	94.3	93.9	93.4	93.0	92.5	92.1	91.6	91.2	90.7
64	94.9	94.4	93.9	93.5	93.0	92.6	92.1	91.7	91.2	90.8
65	94.9	94.4	94.0	93.5	93.1	92.7	92.2	91.8	91.3	90.9
66	94.9	94.5	94.0	93.6	93.2	92.7	92.3	91.8	91.4	91.0
67	95.0	94.5	94.1	93.7	93.2	92.8	92.3	91.9	91.5	91.0
68	95.0	94.6	94.1	93.7	93.3	92.8	92.4	92.0	91.5	91.1
69	95.1	94.6	94.2	93.8	93.3	92.9	92.5	92.0	91.6	91.2
70	95.1	94.7	94.2	93.8	93.4	93.0	92.5	92.1	91.7	91.3
71	95.2	94.7	94.3	93.9	93.4	93.0	92.6	92.2	91.7	91.3
72	95.2	94.8	94.3	93.9	93.5	93.1	92.6	92.2	91.8	91.4
73	95.2	94.8	94.4	94.0	93.5	93.1	92.7	92.3	91.9	91.5
74	95.3	94.8	94.4	94.0	93.6	93.2	92.8	92.3	91.9	91.5
75	95.3	94.9	94.5	94.1	93.6	93.2	92.8	92.4	92.0	91.6
76	95.3	94.9	94.5	94.1	93.7	93.3	92.9	92.5	92.1	91.7
77	95.4	95.0	94.6	94.1	93.7	93.3	92.9	92.5	92.1	91.7
78	95.4	95.0	94.6	94.2	93.8	93.4	93.0	92.6	92.2	91.8
79	95.4	95.0	94.6	94.2	93.8	93.4	93.0	92.6	92.2	91.8
80	95.5	95.1	94.7	94.3	93.9	93.5	93.1	92.7	92.3	91.9
81	95.5	95.1	94.7	94.3	93.9	93.5	93.1	92.7	92.4	92.0
82	95.5	95.2	94.8	94.4	94.0	93.6	93.2	92.8	92.4	92.0
83	95.6	95.2	94.8	94.4	94.0	93.6	93.2	92.8	92.5	92.1
84	95.6	95.2	94.8	94.4	94.1	93.7	93.3	92.9	92.5	92.1
85	95.6	95.3	94.9	94.5	94.1	93.7	93.3	92.9	92.6	92.2
86	95.7	95.3	94.9	94.5	94.1	93.8	93.4	93.0	92.6	92.2
87	95.7	95.3	94.9	94.6	94.2	93.8	93.4	93.0	92.7	92.3
88	95.7	95.4	95.0	94.6	94.2	93.8	93.5	93.1	92.7	92.4
89	95.8	95.4	95.0	94.6	94.3	93.9	93.5	93.1	92.8	92.4
90	95.8	95.4	95.0	94.7	94.3	93.9	93.6	93.2	92.8	92.5
91	95.8	95.5	95.1	94.7	94.3	94.0	93.6	93.2	92.9	92.5
92	95.9	95.5	95.1	94.7	94.4	94.0	93.6	93.3	92.9	92.6
93	95.9	95.5	95.1	94.8	94.4	94.1	93.7	93.3	93.0	92.6
94	95.9	95.5	95.2	94.8	94.5	94.1	93.7	93.4	93.0	92.7
95	95.9	95.6	95.2	94.8	94.5	94.1	93.8	93.4	93.1	92.7
96	96.0	95.6	95.2	94.9	94.5	94.2	93.8	93.5	93.1	92.8
97	96.0	95.6	95.3	94.9	94.6	94.2	93.9	93.5	93.2	92.8
98	96.0	95.7	95.3	95.0	94.6	94.2	93.9	93.5	93.2	92.9
99	96.0	95.7	95.3	95.0	94.6	94.3	93.9	93.6	93.2	92.9
100	96.1	95.7	95.4	95.0	94.7	94.3	94.0	93.6	93.3	92.9

表 5b（续）

t \ $t-t_w$	2.1	2.2	2.3	2.4	2.5	2.6	2.7	2.8	2.9	3.0
15	79.4	78.5	77.5	76.6	75.7	74.7	73.8	72.9	72.0	71.0
16	80.0	79.1	78.2	77.3	76.4	75.5	74.6	73.7	72.8	71.9
17	80.5	79.7	78.8	77.9	77.0	76.1	75.2	74.4	73.5	72.6
18	81.1	80.2	79.3	78.5	77.6	76.8	75.9	75.1	74.2	73.4
19	81.5	80.7	79.9	79.0	78.2	77.4	76.5	75.7	74.9	74.1
20	82.0	81.2	80.4	79.5	78.7	77.9	77.1	76.3	75.5	74.7
21	82.4	81.6	80.8	80.0	79.2	78.4	77.7	76.9	76.1	75.3
22	82.8	82.1	81.3	80.5	79.7	78.9	78.2	77.4	76.6	75.9
23	83.2	82.5	81.7	80.9	80.2	79.4	78.7	77.9	77.2	76.4
24	83.6	82.8	82.1	81.3	80.6	79.9	79.1	78.4	77.7	76.9
25	83.9	83.2	82.5	81.7	81.0	80.3	79.6	78.9	78.1	77.4
26	84.3	83.5	82.8	82.1	81.4	80.7	80.0	79.3	78.6	77.9
27	84.6	83.9	83.2	82.5	81.8	81.1	80.4	79.7	79.0	78.3
28	84.9	84.2	83.5	82.8	82.1	81.4	80.8	80.1	79.4	78.7
29	85.1	84.5	83.8	83.1	82.5	81.8	81.1	80.5	79.8	79.1
30	85.4	84.7	84.1	83.4	82.8	82.1	81.5	80.8	80.2	79.5
31	85.7	85.0	84.4	83.7	83.1	82.4	81.8	81.1	80.5	79.9
32	85.9	85.3	84.6	84.0	83.4	82.7	82.1	81.5	80.8	80.2
33	86.1	85.5	84.9	84.3	83.6	83.0	82.4	81.8	81.2	80.6
34	86.4	85.7	85.1	84.5	83.9	83.3	82.7	82.1	81.5	80.9
35	86.6	86.0	85.4	84.8	84.1	83.5	82.9	82.4	81.8	81.2
36	86.8	86.2	85.6	85.0	84.4	83.8	83.2	82.6	82.0	81.4
37	87.0	86.4	85.8	85.2	84.6	84.0	83.5	82.9	82.3	81.7
38	87.2	86.6	86.0	85.4	84.8	84.3	83.7	83.1	82.6	82.0
39	87.3	86.8	86.2	85.6	85.1	84.5	83.9	83.4	82.8	82.2
40	87.5	87.0	86.4	85.8	85.3	84.7	84.1	83.6	83.0	82.5
41	87.7	87.1	86.6	86.0	85.5	84.9	84.4	83.8	83.3	82.7
42	87.8	87.3	86.7	86.2	85.6	85.1	84.6	84.0	83.5	82.9
43	88.0	87.5	86.9	86.4	85.8	85.3	84.8	84.2	83.7	83.2
44	88.2	87.6	87.1	86.5	86.0	85.5	84.9	84.4	83.9	83.4
45	88.3	87.8	87.2	86.7	86.2	85.7	85.1	84.6	84.1	83.6
46	88.4	87.9	87.4	86.9	86.3	85.8	85.3	84.8	84.3	83.8
47	88.6	88.1	87.5	87.0	86.5	86.0	85.5	85.0	84.5	84.0
48	88.7	88.2	87.7	87.2	86.7	86.1	85.6	85.1	84.6	84.1
49	88.8	88.3	87.8	87.3	86.8	86.3	85.8	85.3	84.8	84.3
50	89.0	88.4	87.9	87.4	86.9	86.5	86.0	85.5	85.0	84.5
51	89.1	88.6	88.1	87.6	87.1	86.6	86.1	85.6	85.1	84.7
52	89.2	88.7	88.2	87.7	87.2	86.7	86.3	85.8	85.3	84.8
53	89.3	88.8	88.3	87.8	87.4	86.9	86.4	85.9	85.4	85.0
54	89.4	88.9	88.4	88.0	87.5	87.0	86.5	86.1	85.6	85.1
55	89.5	89.0	88.6	88.1	87.6	87.1	86.7	86.2	85.7	85.3
56	89.6	89.1	88.7	88.2	87.7	87.3	86.8	86.3	85.9	85.4
57	89.7	89.2	88.8	88.3	87.8	87.4	86.9	86.5	86.0	85.6

表 5b（续）

t \ $t-t_w$	2.1	2.2	2.3	2.4	2.5	2.6	2.7	2.8	2.9	3.0
58	89.8	89.4	88.9	88.4	88.0	87.5	87.1	86.6	86.1	85.7
59	89.9	89.5	89.0	88.5	88.1	87.6	87.2	86.7	86.3	85.8
60	90.0	89.5	89.1	88.6	88.2	87.7	87.3	86.8	86.4	86.0
61	90.1	89.6	89.2	88.7	88.3	87.8	87.4	87.0	86.5	86.1
62	90.2	89.7	89.3	88.8	88.4	88.0	87.5	87.1	86.6	86.2
63	90.3	89.8	89.4	88.9	88.5	88.1	87.6	87.2	86.8	86.3
64	90.4	89.9	89.5	89.0	88.6	88.2	87.7	87.3	86.9	86.4
65	90.4	90.0	89.6	89.1	88.7	88.3	87.8	87.4	87.0	86.6
66	90.5	90.1	89.7	89.2	88.8	88.4	87.9	87.5	87.1	86.7
67	90.6	90.2	89.7	89.3	88.9	88.5	88.0	87.6	87.2	86.8
68	90.7	90.3	89.8	89.4	89.0	88.6	88.1	87.7	87.3	86.9
69	90.8	90.3	89.9	89.5	89.1	88.7	88.2	87.8	87.4	87.0
70	90.8	90.4	90.0	89.6	89.2	88.7	88.3	87.9	87.5	87.1
71	90.9	90.5	90.1	89.7	89.2	88.8	88.4	88.0	87.6	87.2
72	91.0	90.6	90.2	89.7	89.3	88.9	88.5	88.1	87.7	87.3
73	91.0	90.6	90.2	89.8	89.4	89.0	88.6	88.2	87.8	87.4
74	91.1	90.7	90.3	89.9	89.5	89.1	88.7	88.3	87.9	87.5
75	91.2	90.8	90.4	90.0	89.6	89.2	88.8	88.4	88.0	87.6
76	91.3	90.9	90.5	90.1	89.7	89.3	88.9	88.5	88.1	87.7
77	91.3	90.9	90.5	90.1	89.7	89.3	89.0	88.6	88.2	87.8
78	91.4	91.0	90.6	90.2	89.8	89.4	89.0	88.6	88.3	87.9
79	91.4	91.1	90.7	90.3	89.9	89.5	89.1	88.7	88.3	88.0
80	91.5	91.1	90.7	90.3	90.0	89.6	89.2	88.8	88.4	88.1
81	91.6	91.2	90.8	90.4	90.0	89.7	89.3	88.9	88.5	88.1
82	91.6	91.3	90.9	90.5	90.1	89.7	89.3	89.0	88.6	88.2
83	91.7	91.3	90.9	90.6	90.2	89.8	89.4	89.1	88.7	88.3
84	91.8	91.4	91.0	90.6	90.2	89.9	89.5	89.1	88.8	88.4
85	91.8	91.4	91.1	90.7	90.3	89.9	89.6	89.2	88.8	88.5
86	91.9	91.5	91.1	90.8	90.4	90.0	89.6	89.3	88.9	88.6
87	91.9	91.6	91.2	90.8	90.5	90.1	89.7	89.4	89.0	88.6
88	92.0	91.6	91.2	90.9	90.5	90.2	89.8	89.4	89.1	88.7
89	92.0	91.7	91.3	90.9	90.6	90.2	89.9	89.5	89.1	88.8
90	92.1	91.7	91.4	91.0	90.6	90.3	89.9	89.6	89.2	88.9
91	92.1	91.8	91.4	91.1	90.7	90.4	90.0	89.6	89.3	88.9
92	92.2	91.8	91.5	91.1	90.8	90.4	90.1	89.7	89.4	89.0
93	92.3	91.9	91.5	91.2	90.8	90.5	90.1	89.8	89.4	89.1
94	92.3	92.0	91.6	91.2	90.9	90.5	90.2	89.8	89.5	89.2
95	92.4	92.0	91.7	91.3	91.0	90.6	90.3	89.9	89.6	89.2
96	92.4	92.1	91.7	91.4	91.0	90.7	90.3	90.0	89.6	89.3
97	92.5	92.1	91.8	91.4	91.1	90.7	90.4	90.0	89.7	89.4
98	92.5	92.2	91.8	91.5	91.1	90.8	90.4	90.1	89.8	89.4
99	92.6	92.2	91.9	91.5	91.2	90.8	90.5	90.2	89.8	89.5
100	92.6	92.3	91.9	91.6	91.2	90.9	90.6	90.2	89.9	89.6

表 5b（续）

t \ $t-t_w$	3.1	3.2	3.3	3.4	3.5	3.6	3.7	3.8	3.9	4.0
15	70.1	69.2	68.3	67.4	66.5	65.6	64.7	63.8	62.9	62.1
16	71.0	70.1	69.2	68.3	67.5	66.6	65.7	64.9	64.0	63.1
17	71.8	70.9	70.1	69.2	68.4	67.5	66.7	65.8	65.0	64.2
18	72.5	71.7	70.9	70.0	69.2	68.4	67.6	66.7	65.9	65.1
19	73.2	72.4	71.6	70.8	70.0	69.2	68.4	67.6	66.8	66.0
20	73.9	73.1	72.3	71.5	70.7	70.0	69.2	68.4	67.6	66.9
21	74.5	73.8	73.0	72.2	71.5	70.7	69.9	69.2	68.4	67.7
22	75.1	74.4	73.6	72.9	72.1	71.4	70.6	69.9	69.2	68.4
23	75.7	74.9	74.2	73.5	72.8	72.0	71.3	70.6	69.9	69.1
24	76.2	75.5	74.8	74.1	73.3	72.6	71.9	71.2	70.5	69.8
25	76.7	76.0	75.3	74.6	73.9	73.2	72.5	71.8	71.2	70.5
26	77.2	76.5	75.8	75.1	74.4	73.8	73.1	72.4	71.7	71.1
27	77.7	77.0	76.3	75.6	75.0	74.3	73.6	73.0	72.3	71.7
28	78.1	77.4	76.8	76.1	75.4	74.8	74.1	73.5	72.8	72.2
29	78.5	77.8	77.2	76.5	75.9	75.3	74.6	74.0	73.4	72.7
30	78.9	78.2	77.6	77.0	76.3	75.7	75.1	74.5	73.8	73.2
31	79.3	78.6	78.0	77.4	76.8	76.1	75.5	74.9	74.3	73.7
32	79.6	79.0	78.4	77.8	77.1	76.5	75.9	75.3	74.7	74.1
33	79.9	79.3	78.7	78.1	77.5	76.9	76.3	75.7	75.2	74.6
34	80.3	79.7	79.1	78.5	77.9	77.3	76.7	76.1	75.6	75.0
35	80.6	80.0	79.4	78.8	78.2	77.7	77.1	76.5	75.9	75.4
36	80.9	80.3	79.7	79.1	78.6	78.0	77.4	76.9	76.3	75.7
37	81.2	80.6	80.0	79.4	78.9	78.3	77.8	77.2	76.7	76.1
38	81.4	80.9	80.3	79.7	79.2	78.6	78.1	77.5	77.0	76.4
39	81.7	81.1	80.6	80.0	79.5	78.9	78.4	77.9	77.3	76.8
40	81.9	81.4	80.8	80.3	79.8	79.2	78.7	78.2	77.6	77.1
41	82.2	81.6	81.1	80.6	80.0	79.5	79.0	78.4	77.9	77.4
42	82.4	81.9	81.3	80.8	80.3	79.8	79.2	78.7	78.2	77.7
43	82.6	82.1	81.6	81.1	80.5	80.0	79.5	79.0	78.5	78.0
44	82.8	82.3	81.8	81.3	80.8	80.3	79.8	79.3	78.8	78.2
45	83.1	82.5	82.0	81.5	81.0	80.5	80.0	79.5	79.0	78.5
46	83.3	82.8	82.2	81.7	81.2	80.7	80.2	79.8	79.3	78.8
47	83.5	83.0	82.5	82.0	81.5	81.0	80.5	80.0	79.5	79.0
48	83.6	83.1	82.7	82.2	81.7	81.2	80.7	80.2	79.7	79.3
49	83.8	83.3	82.8	82.4	81.9	81.4	80.9	80.4	80.0	79.5
50	84.0	83.5	83.0	82.6	82.1	81.6	81.1	80.6	80.2	79.7
51	84.2	83.7	83.2	82.7	82.3	81.8	81.3	80.9	80.4	79.9
52	84.3	83.9	83.4	82.9	82.4	82.0	81.5	81.1	80.6	80.1
53	84.5	84.0	83.6	83.1	82.6	82.2	81.7	81.2	80.8	80.3
54	84.7	84.2	83.7	83.3	82.8	82.3	81.9	81.4	81.0	80.5
55	84.8	84.3	83.9	83.4	83.0	82.5	82.1	81.6	81.2	80.7
56	85.0	84.5	84.0	83.6	83.1	82.7	82.2	81.8	81.4	80.9
57	85.1	84.6	84.2	83.7	83.3	82.9	82.4	82.0	81.5	81.1

表 5b（续）

t \ $t-t_w$	3.1	3.2	3.3	3.4	3.5	3.6	3.7	3.8	3.9	4.0
58	85.2	84.8	84.3	83.9	83.5	83.0	82.6	82.1	81.7	81.3
59	85.4	84.9	84.5	84.1	83.6	83.2	82.7	82.3	81.9	81.4
60	85.5	85.1	84.6	84.2	83.8	83.3	82.9	82.5	82.0	81.6
61	85.6	85.2	84.8	84.3	83.9	83.5	83.0	82.6	82.2	81.8
62	85.8	85.3	84.9	84.5	84.1	83.6	83.2	82.8	82.4	81.9
63	85.9	85.5	85.0	84.6	84.2	83.8	83.3	82.9	82.5	82.1
64	86.0	85.6	85.2	84.7	84.3	83.9	83.5	83.1	82.7	82.2
65	86.1	85.7	85.3	84.9	84.5	84.0	83.6	83.2	82.8	82.4
66	86.3	85.8	85.4	85.0	84.6	84.2	83.8	83.4	82.9	82.5
67	86.4	86.0	85.5	85.1	84.7	84.3	83.9	83.5	83.1	82.7
68	86.5	86.1	85.7	85.2	84.8	84.4	84.0	83.6	83.2	82.8
69	86.6	86.2	85.8	85.4	85.0	84.6	84.2	83.8	83.4	83.0
70	86.7	86.3	85.9	85.5	85.1	84.7	84.3	83.9	83.5	83.1
71	86.8	86.4	86.0	85.6	85.2	84.8	84.4	84.0	83.6	83.2
72	86.9	86.5	86.1	85.7	85.3	84.9	84.5	84.1	83.8	83.4
73	87.0	86.6	86.2	85.8	85.4	85.0	84.7	84.3	83.9	83.5
74	87.1	86.7	86.3	85.9	85.5	85.2	84.8	84.4	84.0	83.6
75	87.2	86.8	86.4	86.0	85.7	85.3	84.9	84.5	84.1	83.7
76	87.3	86.9	86.5	86.1	85.8	85.4	85.0	84.6	84.2	83.9
77	87.4	87.0	86.6	86.2	85.9	85.5	85.1	84.7	84.4	84.0
78	87.5	87.1	86.7	86.3	86.0	85.6	85.2	84.8	84.5	84.1
79	87.6	87.2	86.8	86.4	86.1	85.7	85.3	85.0	84.6	84.2
80	87.7	87.3	86.9	86.5	86.2	85.8	85.4	85.1	84.7	84.3
81	87.8	87.4	87.0	86.6	86.3	85.9	85.5	85.2	84.8	84.4
82	87.9	87.5	87.1	86.7	86.4	86.0	85.6	85.3	84.9	84.6
83	87.9	87.6	87.2	86.8	86.5	86.1	85.7	85.4	85.0	84.7
84	88.0	87.7	87.3	86.9	86.6	86.2	85.8	85.5	85.1	84.8
85	88.1	87.7	87.4	87.0	86.7	86.3	85.9	85.6	85.2	84.9
86	88.2	87.8	87.5	87.1	86.7	86.4	86.0	85.7	85.3	85.0
87	88.3	87.9	87.6	87.2	86.8	86.5	86.1	85.8	85.4	85.1
88	88.4	88.0	87.6	87.3	86.9	86.6	86.2	85.9	85.5	85.2
89	88.4	88.1	87.7	87.4	87.0	86.7	86.3	86.0	85.6	85.3
90	88.5	88.2	87.8	87.5	87.1	86.8	86.4	86.1	85.7	85.4
91	88.6	88.2	87.9	87.5	87.2	86.8	86.5	86.2	85.8	85.5
92	88.7	88.3	88.0	87.6	87.3	86.9	86.6	86.2	85.9	85.6
93	88.7	88.4	88.0	87.7	87.4	87.0	86.7	86.3	86.0	85.7
94	88.8	88.5	88.1	87.8	87.4	87.1	86.8	86.4	86.1	85.8
95	88.9	88.5	88.2	87.9	87.5	87.2	86.8	86.5	86.2	85.8
96	89.0	88.6	88.3	87.9	87.6	87.3	86.9	86.6	86.3	85.9
97	89.0	88.7	88.4	88.0	87.7	87.4	87.0	86.7	86.4	86.0
98	89.1	88.8	88.4	88.1	87.8	87.4	87.1	86.8	86.4	86.1
99	89.2	88.8	88.5	88.2	87.8	87.5	87.2	86.9	86.5	86.2
100	89.2	88.9	88.6	88.2	87.9	87.6	87.3	86.9	86.6	86.3

表 5b（续）

t \ $t-t_w$	4.1	4.2	4.3	4.4	4.5	4.6	4.7	4.8	4.9	5.0
15	61.2	60.3	59.4	58.5	57.7	56.8	55.9	55.1	54.2	53.4
16	62.3	61.4	60.6	59.7	58.9	58.0	57.2	56.4	55.5	54.7
17	63.3	62.5	61.7	60.8	60.0	59.2	58.4	57.6	56.8	56.0
18	64.3	63.5	62.7	61.9	61.1	60.3	59.5	58.7	57.9	57.1
19	65.2	64.4	63.7	62.9	62.1	61.3	60.6	59.8	59.0	58.3
20	66.1	65.3	64.6	63.8	63.1	62.3	61.6	60.8	60.1	59.3
21	66.9	66.2	65.4	64.7	64.0	63.2	62.5	61.8	61.0	60.3
22	67.7	67.0	66.2	65.5	64.8	64.1	63.4	62.7	62.0	61.2
23	68.4	67.7	67.0	66.3	65.6	64.9	64.2	63.5	62.8	62.1
24	69.1	68.4	67.7	67.1	66.4	65.7	65.0	64.3	63.6	63.0
25	69.8	69.1	68.4	67.8	67.1	66.4	65.7	65.1	64.4	63.8
26	70.4	69.7	69.1	68.4	67.8	67.1	66.5	65.8	65.2	64.5
27	71.0	70.3	69.7	69.0	68.4	67.8	67.1	66.5	65.9	65.2
28	71.6	70.9	70.3	69.6	69.0	68.4	67.8	67.1	66.5	65.9
29	72.1	71.5	70.8	70.2	69.6	69.0	68.4	67.8	67.1	66.5
30	72.6	72.0	71.4	70.8	70.2	69.5	68.9	68.3	67.7	67.1
31	73.1	72.5	71.9	71.3	70.7	70.1	69.5	68.9	68.3	67.7
32	73.5	72.9	72.4	71.8	71.2	70.6	70.0	69.4	68.9	68.3
33	74.0	73.4	72.8	72.2	71.7	71.1	70.5	69.9	69.4	68.8
34	74.4	73.8	73.3	72.7	72.1	71.6	71.0	70.4	69.9	69.3
35	74.8	74.2	73.7	73.1	72.6	72.0	71.4	70.9	70.3	69.8
36	75.2	74.6	74.1	73.5	73.0	72.4	71.9	71.3	70.8	70.3
37	75.6	75.0	74.5	73.9	73.4	72.8	72.3	71.8	71.2	70.7
38	75.9	75.4	74.8	74.3	73.8	73.2	72.7	72.2	71.6	71.1
39	76.2	75.7	75.2	74.7	74.1	73.6	73.1	72.6	72.0	71.5
40	76.6	76.0	75.5	75.0	74.5	74.0	73.4	72.9	72.4	71.9
41	76.9	76.4	75.8	75.3	74.8	74.3	73.8	73.3	72.8	72.3
42	77.2	76.7	76.2	75.7	75.1	74.6	74.1	73.6	73.1	72.6
43	77.5	77.0	76.5	76.0	75.5	75.0	74.5	74.0	73.5	73.0
44	77.7	77.3	76.8	76.3	75.8	75.3	74.8	74.3	73.8	73.3
45	78.0	77.5	77.0	76.5	76.1	75.6	75.1	74.6	74.1	73.7
46	78.3	77.8	77.3	76.8	76.3	75.9	75.4	74.9	74.4	74.0
47	78.5	78.0	77.6	77.1	76.6	76.1	75.7	75.2	74.7	74.3
48	78.8	78.3	77.8	77.3	76.9	76.4	75.9	75.5	75.0	74.6
49	79.0	78.5	78.1	77.6	77.1	76.7	76.2	75.7	75.3	74.8
50	79.2	78.8	78.3	77.8	77.4	76.9	76.5	76.0	75.6	75.1
51	79.5	79.0	78.5	78.1	77.6	77.2	76.7	76.3	75.8	75.4
52	79.7	79.2	78.8	78.3	77.9	77.4	77.0	76.5	76.1	75.6
53	79.9	79.4	79.0	78.5	78.1	77.6	77.2	76.7	76.3	75.9
54	80.1	79.6	79.2	78.7	78.3	77.9	77.4	77.0	76.5	76.1
55	80.3	79.8	79.4	79.0	78.5	78.1	77.6	77.2	76.8	76.3
56	80.5	80.0	79.6	79.2	78.7	78.3	77.9	77.4	77.0	76.6
57	80.7	80.2	79.8	79.4	78.9	78.5	78.1	77.6	77.2	76.8

表 5b（续）

$t-t_w$ / t	4.1	4.2	4.3	4.4	4.5	4.6	4.7	4.8	4.9	5.0
58	80.8	80.4	80.0	79.5	79.1	78.7	78.3	77.8	77.4	77.0
59	81.0	80.6	80.2	79.7	79.3	78.9	78.5	78.1	77.6	77.2
60	81.2	80.8	80.3	79.9	79.5	79.1	78.7	78.3	77.8	77.4
61	81.4	80.9	80.5	80.1	79.7	79.3	78.9	78.4	78.0	77.6
62	81.5	81.1	80.7	80.3	79.9	79.4	79.0	78.6	78.2	77.8
63	81.7	81.3	80.9	80.4	80.0	79.6	79.2	78.8	78.4	78.0
64	81.8	81.4	81.0	80.6	80.2	79.8	79.4	79.0	78.6	78.2
65	82.0	81.6	81.2	80.8	80.4	80.0	79.6	79.2	78.8	78.4
66	82.1	81.7	81.3	80.9	80.5	80.1	79.7	79.3	79.0	78.6
67	82.3	81.9	81.5	81.1	80.7	80.3	79.9	79.5	79.1	78.7
68	82.4	82.0	81.6	81.2	80.8	80.5	80.1	79.7	79.3	78.9
69	82.6	82.2	81.8	81.4	81.0	80.6	80.2	79.8	79.5	79.1
70	82.7	82.3	81.9	81.5	81.2	80.8	80.4	80.0	79.6	79.2
71	82.8	82.5	82.1	81.7	81.3	80.9	80.5	80.2	79.8	79.4
72	83.0	82.6	82.2	81.8	81.4	81.1	80.7	80.3	79.9	79.6
73	83.1	82.7	82.3	82.0	81.6	81.2	80.8	80.5	80.1	79.7
74	83.2	82.9	82.5	82.1	81.7	81.4	81.0	80.6	80.2	79.9
75	83.4	83.0	82.6	82.2	81.9	81.5	81.1	80.8	80.4	80.0
76	83.5	83.1	82.7	82.4	82.0	81.6	81.3	80.9	80.5	80.2
77	83.6	83.2	82.9	82.5	82.1	81.8	81.4	81.0	80.7	80.3
78	83.7	83.4	83.0	82.6	82.3	81.9	81.5	81.2	80.8	80.5
79	83.8	83.5	83.1	82.8	82.4	82.0	81.7	81.3	80.9	80.6
80	84.0	83.6	83.2	82.9	82.5	82.2	81.8	81.4	81.1	80.7
81	84.1	83.7	83.4	83.0	82.6	82.3	81.9	81.6	81.2	80.9
82	84.2	83.8	83.5	83.1	82.8	82.4	82.1	81.7	81.3	81.0
83	84.3	83.9	83.6	83.2	82.9	82.5	82.2	81.8	81.5	81.1
84	84.4	84.1	83.7	83.3	83.0	82.6	82.3	82.0	81.6	81.3
85	84.5	84.2	83.8	83.5	83.1	82.8	82.4	82.1	81.7	81.4
86	84.6	84.3	83.9	83.6	83.2	82.9	82.5	82.2	81.9	81.5
87	84.7	84.4	84.0	83.7	83.3	83.0	82.7	82.3	82.0	81.6
88	84.8	84.5	84.1	83.8	83.5	83.1	82.8	82.4	82.1	81.8
89	84.9	84.6	84.2	83.9	83.6	83.2	82.9	82.5	82.2	81.9
90	85.0	84.7	84.4	84.0	83.7	83.3	83.0	82.7	82.3	82.0
91	85.1	84.8	84.5	84.1	83.8	83.4	83.1	82.8	82.4	82.1
92	85.2	84.9	84.6	84.2	83.9	83.6	83.2	82.9	82.6	82.2
93	85.3	85.0	84.7	84.3	84.0	83.7	83.3	83.0	82.7	82.3
94	85.4	85.1	84.8	84.4	84.1	83.8	83.4	83.1	82.8	82.5
95	85.5	85.2	84.9	84.5	84.2	83.9	83.5	83.2	82.9	82.6
96	85.6	85.3	84.9	84.6	84.3	84.0	83.6	83.3	83.0	82.7
97	85.7	85.4	85.0	84.7	84.4	84.1	83.8	83.4	83.1	82.8
98	85.8	85.5	85.1	84.8	84.5	84.2	83.9	83.5	83.2	82.9
99	85.9	85.6	85.2	84.9	84.6	84.3	84.0	83.6	83.3	83.0
100	86.0	85.6	85.3	85.0	84.7	84.4	84.1	83.7	83.4	83.1

表 5b（续）

t \ $t-t_w$	5.2	5.4	5.6	5.8	6.0	6.2	6.4	6.6	6.8	7.0
15	51.6	50.0	48.3	46.6	44.9	43.3	41.6	40.0	38.4	36.8
16	53.0	51.4	49.8	48.1	46.5	44.9	43.3	41.8	40.2	38.6
17	54.4	52.8	51.2	49.6	48.0	46.5	44.9	43.4	41.9	40.4
18	55.6	54.0	52.5	51.0	49.5	47.9	46.4	45.0	43.5	42.0
19	56.7	55.2	53.7	52.3	50.8	49.3	47.9	46.4	45.0	43.6
20	57.8	56.4	54.9	53.5	52.0	50.6	49.2	47.8	46.4	45.0
21	58.9	57.4	56.0	54.6	53.2	51.8	50.4	49.1	47.7	46.4
22	59.8	58.4	57.1	55.7	54.3	53.0	51.6	50.3	49.0	47.6
23	60.8	59.4	58.0	56.7	55.4	54.1	52.7	51.4	50.1	48.9
24	61.6	60.3	59.0	57.7	56.4	55.1	53.8	52.5	51.3	50.0
25	62.5	61.1	59.9	58.6	57.3	56.0	54.8	53.5	52.3	51.1
26	63.2	62.0	60.7	59.4	58.2	57.0	55.7	54.5	53.3	52.1
27	64.0	62.7	61.5	60.3	59.0	57.8	56.6	55.4	54.3	53.1
28	64.7	63.4	62.2	61.0	59.8	58.6	57.5	56.3	55.1	54.0
29	65.3	64.1	62.9	61.8	60.6	59.4	58.3	57.1	56.0	54.9
30	66.0	64.8	63.6	62.5	61.3	60.2	59.0	57.9	56.8	55.7
31	66.6	65.4	64.3	63.1	62.0	60.9	59.8	58.7	57.6	56.5
32	67.1	66.0	64.9	63.8	62.7	61.6	60.5	59.4	58.3	57.2
33	67.7	66.6	65.5	64.4	63.3	62.2	61.1	60.1	59.0	58.0
34	68.2	67.1	66.0	64.9	63.9	62.8	61.8	60.7	59.7	58.6
35	68.7	67.6	66.6	65.5	64.4	63.4	62.4	61.3	60.3	59.3
36	69.2	68.1	67.1	66.0	65.0	64.0	62.9	61.9	60.9	59.9
37	69.6	68.6	67.6	66.5	65.5	64.5	63.5	62.5	61.5	60.5
38	70.1	69.0	68.0	67.0	66.0	65.0	64.0	63.0	62.1	61.1
39	70.5	69.5	68.5	67.5	66.5	65.5	64.5	63.5	62.6	61.6
40	70.9	69.9	68.9	67.9	66.9	66.0	65.0	64.0	63.1	62.2
41	71.3	70.3	69.3	68.3	67.4	66.4	65.5	64.5	63.6	62.7
42	71.7	70.7	69.7	68.8	67.8	66.9	65.9	65.0	64.1	63.1
43	72.0	71.1	70.1	69.2	68.2	67.3	66.3	65.4	64.5	63.6
44	72.4	71.4	70.5	69.5	68.6	67.7	66.8	65.9	64.9	64.1
45	72.7	71.8	70.8	69.9	69.0	68.1	67.2	66.3	65.4	64.5
46	73.0	72.1	71.2	70.3	69.3	68.4	67.5	66.7	65.8	64.9
47	73.3	72.4	71.5	70.6	69.7	68.8	67.9	67.0	66.2	65.3
48	73.6	72.7	71.8	70.9	70.0	69.2	68.3	67.4	66.5	65.7
49	73.9	73.0	72.1	71.2	70.4	69.5	68.6	67.8	66.9	66.1
50	74.2	73.3	72.4	71.6	70.7	69.8	69.0	68.1	67.3	66.4
51	74.5	73.6	72.7	71.9	71.0	70.1	69.3	68.4	67.6	66.8
52	74.7	73.9	73.0	72.1	71.3	70.4	69.6	68.8	67.9	67.1
53	75.0	74.1	73.3	72.4	71.6	70.7	69.9	69.1	68.3	67.5
54	75.2	74.4	73.5	72.7	71.9	71.0	70.2	69.4	68.6	67.8
55	75.5	74.6	73.8	73.0	72.1	71.3	70.5	69.7	68.9	68.1
56	75.7	74.9	74.1	73.2	72.4	71.6	70.8	70.0	69.2	68.4
57	76.0	75.1	74.3	73.5	72.7	71.9	71.1	70.3	69.5	68.7

表 5b（续）

$t-t_w$ / t	5.2	5.4	5.6	5.8	6.0	6.2	6.4	6.6	6.8	7.0
58	76.2	75.4	74.5	73.7	72.9	72.1	71.3	70.5	69.7	69.0
59	76.4	75.6	74.8	74.0	73.2	72.4	71.6	70.8	70.0	69.2
60	76.6	75.8	75.0	74.2	73.4	72.6	71.8	71.1	70.3	69.5
61	76.8	76.0	75.2	74.4	73.6	72.9	72.1	71.3	70.5	69.8
62	77.0	76.2	75.4	74.6	73.9	73.1	72.3	71.6	70.8	70.0
63	77.2	76.4	75.6	74.9	74.1	73.3	72.6	71.8	71.0	70.3
64	77.4	76.6	75.8	75.1	74.3	73.5	72.8	72.0	71.3	70.5
65	77.6	76.8	76.0	75.3	74.5	73.8	73.0	72.3	71.5	70.8
66	77.8	77.0	76.2	75.5	74.7	74.0	73.2	72.5	71.8	71.0
67	78.0	77.2	76.4	75.7	74.9	74.2	73.4	72.7	72.0	71.3
68	78.1	77.4	76.6	75.9	75.1	74.4	73.7	72.9	72.2	71.5
69	78.3	77.6	76.8	76.1	75.3	74.6	73.9	73.1	72.4	71.7
70	78.5	77.7	77.0	76.2	75.5	74.8	74.1	73.3	72.6	71.9
71	78.6	77.9	77.2	76.4	75.7	75.0	74.3	73.5	72.8	72.1
72	78.8	78.1	77.3	76.6	75.9	75.2	74.5	73.7	73.0	72.3
73	79.0	78.2	77.5	76.8	76.1	75.4	74.6	73.9	73.2	72.5
74	79.1	78.4	77.7	77.0	76.2	75.5	74.8	74.1	73.4	72.7
75	79.3	78.6	77.8	77.1	76.4	75.7	75.0	74.3	73.6	72.9
76	79.4	78.7	78.0	77.3	76.6	75.9	75.2	74.5	73.8	73.1
77	79.6	78.9	78.2	77.5	76.8	76.1	75.4	74.7	74.0	73.3
78	79.7	79.0	78.3	77.6	76.9	76.2	75.5	74.9	74.2	73.5
79	79.9	79.2	78.5	77.8	77.1	76.4	75.7	75.0	74.4	73.7
80	80.0	79.3	78.6	77.9	77.2	76.6	75.9	75.2	74.5	73.9
81	80.2	79.5	78.8	78.1	77.4	76.7	76.1	75.4	74.7	74.1
82	80.3	79.6	78.9	78.2	77.6	76.9	76.2	75.6	74.9	74.2
83	80.4	79.7	79.1	78.4	77.7	77.0	76.4	75.7	75.1	74.4
84	80.6	79.9	79.2	78.5	77.9	77.2	76.5	75.9	75.2	74.6
85	80.7	80.0	79.3	78.7	78.0	77.4	76.7	76.0	75.4	74.8
86	80.8	80.2	79.5	78.8	78.2	77.5	76.9	76.2	75.6	74.9
87	81.0	80.3	79.6	79.0	78.3	77.7	77.0	76.4	75.7	75.1
88	81.1	80.4	79.8	79.1	78.4	77.8	77.2	76.5	75.9	75.2
89	81.2	80.5	79.9	79.2	78.6	77.9	77.3	76.7	76.0	75.4
90	81.3	80.7	80.0	79.4	78.7	78.1	77.4	76.8	76.2	75.6
91	81.5	80.8	80.2	79.5	78.9	78.2	77.6	77.0	76.3	75.7
92	81.6	80.9	80.3	79.6	79.0	78.4	77.7	77.1	76.5	75.9
93	81.7	81.0	80.4	79.8	79.1	78.5	77.9	77.3	76.6	76.0
94	81.8	81.2	80.5	79.9	79.3	78.6	78.0	77.4	76.8	76.2
95	81.9	81.3	80.7	80.0	79.4	78.8	78.2	77.5	76.9	76.3
96	82.0	81.4	80.8	80.1	79.5	78.9	78.3	77.7	77.1	76.5
97	82.2	81.5	80.9	80.3	79.6	79.0	78.4	77.8	77.2	76.6
98	82.3	81.6	81.0	80.4	79.8	79.2	78.6	77.9	77.3	76.7
99	82.4	81.8	81.1	80.5	79.9	79.3	78.7	78.1	77.5	76.9
100	82.5	81.9	81.2	80.6	80.0	79.4	78.8	78.2	77.6	77.0

表 5b（续）

$t-t_w$ / t	7.2	7.4	7.6	7.8	8.0	8.2	8.4	8.6	8.8	9.0
15	35.2	33.6	32.0	30.5	28.9	27.4	25.8	24.3	22.8	21.3
16	37.1	35.6	34.0	32.5	31.0	29.5	28.0	26.5	25.1	23.6
17	38.9	37.4	35.9	34.4	33.0	31.5	30.1	28.7	27.2	25.8
18	40.6	39.1	37.7	36.2	34.8	33.4	32.0	30.6	29.3	27.9
19	42.1	40.7	39.3	37.9	36.6	35.2	33.8	32.5	31.2	29.8
20	43.6	42.3	40.9	39.5	38.2	36.9	35.6	34.2	32.9	31.6
21	45.0	43.7	42.4	41.1	39.7	38.5	37.2	35.9	34.6	33.4
22	46.3	45.0	43.8	42.5	41.2	39.9	38.7	37.4	36.2	35.0
23	47.6	46.3	45.1	43.8	42.6	41.3	40.1	38.9	37.7	36.5
24	48.8	47.5	46.3	45.1	43.9	42.7	41.5	40.3	39.1	38.0
25	49.9	48.7	47.5	46.3	45.1	43.9	42.8	41.6	40.5	39.3
26	50.9	49.7	48.6	47.4	46.2	45.1	44.0	42.8	41.7	40.6
27	51.9	50.8	49.6	48.5	47.3	46.2	45.1	44.0	42.9	41.8
28	52.9	51.7	50.6	49.5	48.4	47.3	46.2	45.1	44.0	43.0
29	53.8	52.6	51.5	50.5	49.4	48.3	47.2	46.2	45.1	44.1
30	54.6	53.5	52.4	51.4	50.3	49.2	48.2	47.2	46.1	45.1
31	55.4	54.3	53.3	52.2	51.2	50.2	49.1	48.1	47.1	46.1
32	56.2	55.1	54.1	53.1	52.0	51.0	50.0	49.0	48.0	47.0
33	56.9	55.9	54.9	53.9	52.8	51.8	50.9	49.9	48.9	47.9
34	57.6	56.6	55.6	54.6	53.6	52.6	51.7	50.7	49.7	48.8
35	58.3	57.3	56.3	55.3	54.3	53.4	52.4	51.5	50.5	49.6
36	58.9	57.9	57.0	56.0	55.0	54.1	53.1	52.2	51.3	50.4
37	59.5	58.6	57.6	56.7	55.7	54.8	53.8	52.9	52.0	51.1
38	60.1	59.2	58.2	57.3	56.4	55.4	54.5	53.6	52.7	51.8
39	60.7	59.7	58.8	57.9	57.0	56.1	55.2	54.3	53.4	52.5
40	61.2	60.3	59.4	58.5	57.6	56.7	55.8	54.9	54.0	53.1
41	61.7	60.8	59.9	59.0	58.1	57.2	56.4	55.5	54.6	53.8
42	62.2	61.3	60.4	59.5	58.7	57.8	56.9	56.1	55.2	54.4
43	62.7	61.8	60.9	60.1	59.2	58.3	57.5	56.6	55.8	54.9
44	63.2	62.3	61.4	60.5	59.7	58.8	58.0	57.1	56.3	55.5
45	63.6	62.7	61.9	61.0	60.2	59.3	58.5	57.7	56.8	56.0
46	64.0	63.2	62.3	61.5	60.6	59.8	59.0	58.2	57.3	56.5
47	64.4	63.6	62.8	61.9	61.1	60.3	59.4	58.6	57.8	57.0
48	64.8	64.0	63.2	62.3	61.5	60.7	59.9	59.1	58.3	57.5
49	65.2	64.4	63.6	62.8	61.9	61.1	60.3	59.5	58.7	58.0
50	65.6	64.8	64.0	63.1	62.3	61.5	60.8	60.0	59.2	58.4
51	66.0	65.1	64.3	63.5	62.7	61.9	61.2	60.4	59.6	58.8
52	66.3	65.5	64.7	63.9	63.1	62.3	61.6	60.8	60.0	59.3
53	66.6	65.8	65.1	64.3	63.5	62.7	61.9	61.2	60.4	59.7
54	67.0	66.2	65.4	64.6	63.8	63.1	62.3	61.6	60.8	60.1
55	67.3	66.5	65.7	65.0	64.2	63.4	62.7	61.9	61.2	60.4
56	67.6	66.8	66.1	65.3	64.5	63.8	63.0	62.3	61.5	60.8
57	67.9	67.1	66.4	65.6	64.9	64.1	63.4	62.6	61.9	61.2

表 5b（续）

t \ $t-t_w$	7.2	7.4	7.6	7.8	8.0	8.2	8.4	8.6	8.8	9.0
58	68.2	67.4	66.7	65.9	65.2	64.4	63.7	63.0	62.2	61.5
59	68.5	67.7	67.0	66.2	65.5	64.7	64.0	63.3	62.6	61.9
60	68.8	68.0	67.3	66.5	65.8	65.1	64.3	63.6	62.9	62.2
61	69.0	68.3	67.5	66.8	66.1	65.4	64.6	63.9	63.2	62.5
62	69.3	68.6	67.8	67.1	66.4	65.7	64.9	64.2	63.5	62.8
63	69.6	68.8	68.1	67.4	66.7	65.9	65.2	64.5	63.8	63.1
64	69.8	69.1	68.4	67.6	66.9	66.2	65.5	64.8	64.1	63.4
65	70.1	69.3	68.6	67.9	67.2	66.5	65.8	65.1	64.4	63.7
66	70.3	69.6	68.9	68.2	67.5	66.8	66.1	65.4	64.7	64.0
67	70.5	69.8	69.1	68.4	67.7	67.0	66.3	65.7	65.0	64.3
68	70.8	70.1	69.4	68.7	68.0	67.3	66.6	65.9	65.2	64.6
69	71.0	70.3	69.6	68.9	68.2	67.5	66.9	66.2	65.5	64.8
70	71.2	70.5	69.8	69.1	68.5	67.8	67.1	66.4	65.8	65.1
71	71.4	70.7	70.1	69.4	68.7	68.0	67.3	66.7	66.0	65.4
72	71.6	71.0	70.3	69.6	68.9	68.3	67.6	66.9	66.3	65.6
73	71.9	71.2	70.5	69.8	69.1	68.5	67.8	67.2	66.5	65.9
74	72.1	71.4	70.7	70.0	69.4	68.7	68.1	67.4	66.8	66.1
75	72.3	71.6	70.9	70.3	69.6	68.9	68.3	67.6	67.0	66.4
76	72.5	71.8	71.1	70.5	69.8	69.2	68.5	67.9	67.2	66.6
77	72.7	72.0	71.3	70.7	70.0	69.4	68.7	68.1	67.5	66.8
78	72.8	72.2	71.5	70.9	70.2	69.6	68.9	68.3	67.7	67.0
79	73.0	72.4	71.7	71.1	70.4	69.8	69.2	68.5	67.9	67.3
80	73.2	72.6	71.9	71.3	70.6	70.0	69.4	68.7	68.1	67.5
81	73.4	72.8	72.1	71.5	70.8	70.2	69.6	68.9	68.3	67.7
82	73.6	72.9	72.3	71.7	71.0	70.4	69.8	69.2	68.5	67.9
83	73.8	73.1	72.5	71.8	71.2	70.6	70.0	69.4	68.7	68.1
84	73.9	73.3	72.7	72.0	71.4	70.8	70.2	69.6	68.9	68.3
85	74.1	73.5	72.8	72.2	71.6	71.0	70.4	69.8	69.1	68.5
86	74.3	73.7	73.0	72.4	71.8	71.2	70.6	69.9	69.3	68.7
87	74.4	73.8	73.2	72.6	72.0	71.4	70.7	70.1	69.5	68.9
88	74.6	74.0	73.4	72.8	72.1	71.5	70.9	70.3	69.7	69.1
89	74.8	74.2	73.5	72.9	72.3	71.7	71.1	70.5	69.9	69.3
90	74.9	74.3	73.7	73.1	72.5	71.9	71.3	70.7	70.1	69.5
91	75.1	74.5	73.9	73.3	72.7	72.1	71.5	70.9	70.3	69.7
92	75.3	74.6	74.0	73.4	72.8	72.2	71.6	71.1	70.5	69.9
93	75.4	74.8	74.2	73.6	73.0	72.4	71.8	71.2	70.7	70.1
94	75.6	75.0	74.4	73.8	73.2	72.6	72.0	71.4	70.8	70.3
95	75.7	75.1	74.5	73.9	73.3	72.7	72.2	71.6	71.0	70.4
96	75.9	75.3	74.7	74.1	73.5	72.9	72.3	71.8	71.2	70.6
97	76.0	75.4	74.8	74.2	73.7	73.1	72.5	71.9	71.4	70.8
98	76.2	75.6	75.0	74.4	73.8	73.2	72.7	72.1	71.5	71.0
99	76.3	75.7	75.1	74.5	74.0	73.4	72.8	72.3	71.7	71.1
100	76.4	75.9	75.3	74.7	74.1	73.5	73.0	72.4	71.9	71.3

表 5b（续）

t \ $t-t_w$	9.2	9.4	9.6	9.8	10.0	10.2	10.4	10.6	10.8	11.0
15	19.8	18.3	16.8	15.3	13.9	12.4	10.9	9.5	8.1	6.7
16	22.2	20.7	19.3	17.9	16.4	15.0	13.6	12.2	10.9	9.5
17	24.4	23.0	21.6	20.2	18.9	17.5	16.2	14.8	13.5	12.1
18	26.5	25.2	23.8	22.5	21.1	19.8	18.5	17.2	15.9	14.6
19	28.5	27.2	25.9	24.6	23.3	22.0	20.7	19.5	18.2	17.0
20	30.4	29.1	27.8	26.6	25.3	24.1	22.8	21.6	20.4	19.2
21	32.1	30.9	29.6	28.4	27.2	26.0	24.8	23.6	22.4	21.2
22	33.8	32.6	31.4	30.2	29.0	27.8	26.6	25.5	24.3	23.2
23	35.3	34.1	33.0	31.8	30.7	29.5	28.4	27.2	26.1	25.0
24	36.8	35.6	34.5	33.4	32.2	31.1	30.0	28.9	27.8	26.7
25	38.2	37.1	35.9	34.8	33.7	32.6	31.6	30.5	29.4	28.4
26	39.5	38.4	37.3	36.2	35.2	34.1	33.0	32.0	30.9	29.9
27	40.7	39.7	38.6	37.5	36.5	35.4	34.4	33.4	32.4	31.4
28	41.9	40.9	39.8	38.8	37.8	36.7	35.7	34.7	33.7	32.7
29	43.0	42.0	41.0	40.0	39.0	38.0	37.0	36.0	35.0	34.0
30	44.1	43.1	42.1	41.1	40.1	39.1	38.2	37.2	36.2	35.3
31	45.1	44.1	43.1	42.1	41.2	40.2	39.3	38.3	37.4	36.5
32	46.1	45.1	44.1	43.2	42.2	41.3	40.3	39.4	38.5	37.6
33	47.0	46.0	45.1	44.1	43.2	42.3	41.3	40.4	39.5	38.6
34	47.8	46.9	46.0	45.0	44.1	43.2	42.3	41.4	40.5	39.6
35	48.7	47.7	46.8	45.9	45.0	44.1	43.2	42.3	41.5	40.6
36	49.4	48.5	47.6	46.7	45.9	45.0	44.1	43.2	42.4	41.5
37	50.2	49.3	48.4	47.5	46.7	45.8	44.9	44.1	43.2	42.4
38	50.9	50.0	49.2	48.3	47.4	46.6	45.7	44.9	44.1	43.2
39	51.6	50.7	49.9	49.0	48.2	47.3	46.5	45.7	44.9	44.0
40	52.3	51.4	50.6	49.7	48.9	48.1	47.2	46.4	45.6	44.8
41	52.9	52.1	51.2	50.4	49.6	48.8	47.9	47.1	46.3	45.5
42	53.5	52.7	51.9	51.0	50.2	49.4	48.6	47.8	47.0	46.3
43	54.1	53.3	52.5	51.7	50.9	50.1	49.3	48.5	47.7	46.9
44	54.7	53.9	53.0	52.2	51.5	50.7	49.9	49.1	48.3	47.6
45	55.2	54.4	53.6	52.8	52.0	51.3	50.5	49.7	49.0	48.2
46	55.7	54.9	54.2	53.4	52.6	51.8	51.1	50.3	49.6	48.8
47	56.2	55.5	54.7	53.9	53.1	52.4	51.6	50.9	50.1	49.4
48	56.7	55.9	55.2	54.4	53.7	52.9	52.2	51.4	50.7	49.9
49	57.2	56.4	55.7	54.9	54.2	53.4	52.7	51.9	51.2	50.5
50	57.6	56.9	56.1	55.4	54.6	53.9	53.2	52.4	51.7	51.0
51	58.1	57.3	56.6	55.8	55.1	54.4	53.6	52.9	52.2	51.5
52	58.5	57.8	57.0	56.3	55.6	54.8	54.1	53.4	52.7	52.0
53	58.9	58.2	57.4	56.7	56.0	55.3	54.6	53.9	53.2	52.5
54	59.3	58.6	57.9	57.1	56.4	55.7	55.0	54.3	53.6	52.9
55	59.7	59.0	58.3	57.5	56.8	56.1	55.4	54.7	54.1	53.4
56	60.1	59.4	58.7	57.9	57.2	56.5	55.8	55.2	54.5	53.8
57	60.5	59.7	59.0	58.3	57.6	56.9	56.2	55.6	54.9	54.2

表 5b（续）

$t-t_w$ / t	9.2	9.4	9.6	9.8	10.0	10.2	10.4	10.6	10.8	11.0
58	60.8	60.1	59.4	58.7	58.0	57.3	56.6	56.0	55.3	54.6
59	61.2	60.5	59.8	59.1	58.4	57.7	57.0	56.3	55.7	55.0
60	61.5	60.8	60.1	59.4	58.7	58.1	57.4	56.7	56.1	55.4
61	61.8	61.1	60.4	59.8	59.1	58.4	57.7	57.1	56.4	55.8
62	62.1	61.5	60.8	60.1	59.4	58.8	58.1	57.4	56.8	56.1
63	62.5	61.8	61.1	60.4	59.8	59.1	58.4	57.8	57.1	56.5
64	62.8	62.1	61.4	60.7	60.1	59.4	58.8	58.1	57.5	56.9
65	63.1	62.4	61.7	61.1	60.4	59.8	59.1	58.5	57.8	57.2
66	63.3	62.7	62.0	61.4	60.7	60.1	59.4	58.8	58.2	57.5
67	63.6	63.0	62.3	61.7	61.0	60.4	59.7	59.1	58.5	57.9
68	63.9	63.3	62.6	62.0	61.3	60.7	60.0	59.4	58.8	58.2
69	64.2	63.5	62.9	62.2	61.6	61.0	60.3	59.7	59.1	58.5
70	64.5	63.8	63.2	62.5	61.9	61.3	60.6	60.0	59.4	58.8
71	64.7	64.1	63.4	62.8	62.2	61.5	60.9	60.3	59.7	59.1
72	65.0	64.3	63.7	63.1	62.4	61.8	61.2	60.6	60.0	59.4
73	65.2	64.6	64.0	63.3	62.7	62.1	61.5	60.9	60.3	59.7
74	65.5	64.8	64.2	63.6	63.0	62.4	61.7	61.1	60.5	59.9
75	65.7	65.1	64.5	63.8	63.2	62.6	62.0	61.4	60.8	60.2
76	66.0	65.3	64.7	64.1	63.5	62.9	62.3	61.7	61.1	60.5
77	66.2	65.6	65.0	64.3	63.7	63.1	62.5	61.9	61.3	60.8
78	66.4	65.8	65.2	64.6	64.0	63.4	62.8	62.2	61.6	61.0
79	66.7	66.0	65.4	64.8	64.2	63.6	63.0	62.4	61.9	61.3
80	66.9	66.3	65.7	65.1	64.5	63.9	63.3	62.7	62.1	61.5
81	67.1	66.5	65.9	65.3	64.7	64.1	63.5	62.9	62.4	61.8
82	67.3	66.7	66.1	65.5	64.9	64.3	63.8	63.2	62.6	62.0
83	67.5	66.9	66.3	65.7	65.2	64.6	64.0	63.4	62.8	62.3
84	67.7	67.1	66.5	66.0	65.4	64.8	64.2	63.6	63.1	62.5
85	67.9	67.4	66.8	66.2	65.6	65.0	64.4	63.9	63.3	62.7
86	68.2	67.6	67.0	66.4	65.8	65.2	64.7	64.1	63.5	63.0
87	68.4	67.8	67.2	66.6	66.0	65.5	64.9	64.3	63.8	63.2
88	68.6	68.0	67.4	66.8	66.2	65.7	65.1	64.5	64.0	63.4
89	68.7	68.2	67.6	67.0	66.4	65.9	65.3	64.8	64.2	63.7
90	68.9	68.4	67.8	67.2	66.7	66.1	65.5	65.0	64.4	63.9
91	69.1	68.6	68.0	67.4	66.9	66.3	65.7	65.2	64.6	64.1
92	69.3	68.7	68.2	67.6	67.1	66.5	65.9	65.4	64.8	64.3
93	69.5	68.9	68.4	67.8	67.3	66.7	66.1	65.6	65.1	64.5
94	69.7	69.1	68.6	68.0	67.4	66.9	66.3	65.8	65.3	64.7
95	69.9	69.3	68.7	68.2	67.6	67.1	66.5	66.0	65.5	64.9
96	70.1	69.5	68.9	68.4	67.8	67.3	66.7	66.2	65.7	65.1
97	70.2	69.7	69.1	68.6	68.0	67.5	66.9	66.4	65.9	65.3
98	70.4	69.8	69.3	68.7	68.2	67.7	67.1	66.6	66.1	65.5
99	70.6	70.0	69.5	68.9	68.4	67.8	67.3	66.8	66.3	65.7
100	70.7	70.2	69.7	69.1	68.6	68.0	67.5	67.0	66.4	65.9

表 5b（续）

$t-t_w$ / t	11.5	12.0	12.5	13.5	13.5	14.0	14.5	15.0	15.5	16.0
15	3.1									
16	6.1	2.7								
17	8.9	5.6	2.4							
18	11.5	8.3	5.2	2.2						
19	13.9	10.9	7.9	4.9	2.0					
20	16.2	13.2	10.3	7.5	4.7	1.9				
21	18.3	15.5	12.6	9.9	7.2	4.5	1.8			
22	20.3	17.6	14.8	12.1	9.5	6.9	4.3	1.8		
23	22.3	19.5	16.9	14.3	11.7	9.2	6.7	4.2	1.8	
24	24.0	21.4	18.8	16.3	13.8	11.3	8.9	6.5	4.1	1.8
25	25.7	23.2	20.6	18.2	15.7	13.3	11.0	8.6	6.4	4.1
26	27.3	24.8	22.4	19.9	17.6	15.2	12.9	10.7	8.4	6.2
27	28.9	26.4	24.0	21.6	19.3	17.0	14.8	12.6	10.4	8.3
28	30.3	27.9	25.5	23.2	21.0	18.7	16.5	14.4	12.3	10.2
29	31.7	29.3	27.0	24.7	22.5	20.3	18.2	16.1	14.0	12.0
30	32.9	30.6	28.4	26.2	24.0	21.9	19.8	17.7	15.7	13.7
31	34.2	31.9	29.7	27.5	25.4	23.3	21.2	19.2	17.2	15.3
32	35.3	33.1	30.9	28.8	26.7	24.7	22.6	20.7	18.7	16.8
33	36.4	34.3	32.1	30.0	28.0	26.0	24.0	22.0	20.1	18.3
34	37.5	35.3	33.2	31.2	29.2	27.2	25.3	23.4	21.5	19.7
35	38.5	36.4	34.3	32.3	30.3	28.4	26.5	24.6	22.8	21.0
36	39.4	37.4	35.3	33.4	31.4	29.5	27.6	25.8	24.0	22.2
37	40.3	38.3	36.3	34.4	32.4	30.6	28.7	26.9	25.1	23.4
38	41.2	39.2	37.2	35.3	33.4	31.6	29.8	28.0	26.2	24.5
39	42.0	40.1	38.1	36.2	34.4	32.6	30.8	29.0	27.3	25.6
40	42.8	40.9	39.0	37.1	35.3	33.5	31.7	30.0	28.3	26.6
41	43.6	41.7	39.8	38.0	36.1	34.4	32.6	30.9	29.3	27.6
42	44.3	42.4	40.6	38.8	37.0	35.2	33.5	31.8	30.2	28.6
43	45.0	43.2	41.3	39.5	37.8	36.0	34.4	32.7	31.1	29.5
44	45.7	43.9	42.0	40.3	38.5	36.8	35.2	33.5	31.9	30.3
45	46.3	44.5	42.7	41.0	39.3	37.6	35.9	34.3	32.7	31.2
46	47.0	45.2	43.4	41.7	40.0	38.3	36.7	35.1	33.5	32.0
47	47.6	45.8	44.0	42.3	40.6	39.0	37.4	35.8	34.3	32.7
48	48.1	46.4	44.7	43.0	41.3	39.7	38.1	36.5	35.0	33.5
49	48.7	47.0	45.3	43.6	41.9	40.3	38.7	37.2	35.7	34.2
50	49.2	47.5	45.8	44.2	42.5	40.9	39.4	37.8	36.3	34.9
51	49.8	48.1	46.4	44.7	43.1	41.5	40.0	38.5	37.0	35.5
52	50.3	48.6	46.9	45.3	43.7	42.1	40.6	39.1	37.6	36.2
53	50.8	49.1	47.4	45.8	44.2	42.7	41.2	39.7	38.2	36.8
54	51.2	49.6	47.9	46.3	44.8	43.2	41.7	40.2	38.8	37.4
55	51.7	50.0	48.4	46.8	45.3	43.8	42.3	40.8	39.4	38.0
56	52.1	50.5	48.9	47.3	45.8	44.3	42.8	41.3	39.9	38.5
57	52.6	50.9	49.4	47.8	46.3	44.8	43.3	41.9	40.4	39.1

表 5b（续）

$t-t_w$ / t	11.5	12.0	12.5	13.5	13.5	14.0	14.5	15.0	15.5	16.0
58	53.0	51.4	49.8	48.3	46.7	45.2	43.8	42.4	41.0	39.6
59	53.4	51.8	50.2	48.7	47.2	45.7	44.3	42.8	41.5	40.1
60	53.8	52.2	50.7	49.1	47.6	46.2	44.7	43.3	41.9	40.6
61	54.2	52.6	51.1	49.5	48.1	46.6	45.2	43.8	42.4	41.1
62	54.6	53.0	51.5	50.0	48.5	47.0	45.6	44.2	42.9	41.5
63	54.9	53.4	51.9	50.4	48.9	47.5	46.1	44.7	43.3	42.0
64	55.3	53.7	52.2	50.7	49.3	47.9	46.5	45.1	43.8	42.4
65	55.6	54.1	52.6	51.1	49.7	48.3	46.9	45.5	44.2	42.9
66	56.0	54.5	53.0	51.5	50.1	48.7	47.3	45.9	44.6	43.3
67	56.3	54.8	53.3	51.9	50.4	49.0	47.7	46.3	45.0	43.7
68	56.6	55.1	53.7	52.2	50.8	49.4	48.0	46.7	45.4	44.1
69	57.0	55.5	54.0	52.6	51.2	49.8	48.4	47.1	45.8	44.5
70	57.3	55.8	54.3	52.9	51.5	50.1	48.8	47.5	46.2	44.9
71	57.6	56.1	54.7	53.2	51.8	50.5	49.1	47.8	46.5	45.3
72	57.9	56.4	55.0	53.6	52.2	50.8	49.5	48.2	46.9	45.6
73	58.2	56.7	55.3	53.9	52.5	51.2	49.8	48.5	47.2	46.0
74	58.5	57.0	55.6	54.2	52.8	51.5	50.2	48.9	47.6	46.3
75	58.8	57.3	55.9	54.5	53.1	51.8	50.5	49.2	47.9	46.7
76	59.0	57.6	56.2	54.8	53.5	52.1	50.8	49.5	48.3	47.0
77	59.3	57.9	56.5	55.1	53.8	52.4	51.1	49.9	48.6	47.4
78	59.6	58.2	56.8	55.4	54.1	52.7	51.5	50.2	48.9	47.7
79	59.8	58.4	57.1	55.7	54.4	53.0	51.8	50.5	49.2	48.0
80	60.1	58.7	57.3	56.0	54.6	53.3	52.1	50.8	49.6	48.3
81	60.4	59.0	57.6	56.3	54.9	53.6	52.4	51.1	49.9	48.7
82	60.6	59.2	57.9	56.5	55.2	53.9	52.6	51.4	50.2	49.0
83	60.9	59.5	58.1	56.8	55.5	54.2	52.9	51.7	50.5	49.3
84	61.1	59.7	58.4	57.1	55.8	54.5	53.2	52.0	50.8	49.6
85	61.4	60.0	58.6	57.3	56.0	54.8	53.5	52.3	51.1	49.9
86	61.6	60.2	58.9	57.6	56.3	55.0	53.8	52.5	51.3	50.2
87	61.8	60.5	59.1	57.8	56.6	55.3	54.0	52.8	51.6	50.4
88	62.1	60.7	59.4	58.1	56.8	55.5	54.3	53.1	51.9	50.7
89	62.3	60.9	59.6	58.3	57.1	55.8	54.6	53.4	52.2	51.0
90	62.5	61.2	59.9	58.6	57.3	56.1	54.8	53.6	52.4	51.3
91	62.7	61.4	60.1	58.8	57.6	56.3	55.1	53.9	52.7	51.6
92	63.0	61.6	60.3	59.1	57.8	56.6	55.3	54.2	53.0	51.8
93	63.2	61.9	60.6	59.3	58.0	56.8	55.6	54.4	53.2	52.1
94	63.4	62.1	60.8	59.5	58.3	57.1	55.8	54.7	53.5	52.3
95	63.6	62.3	61.0	59.8	58.5	57.3	56.1	54.9	53.7	52.6
96	63.8	62.5	61.2	60.0	58.7	57.5	56.3	55.2	54.0	52.9
97	64.0	62.7	61.5	60.2	59.0	57.8	56.6	55.4	54.2	53.1
98	64.2	62.9	61.7	60.4	59.2	58.0	56.8	55.6	54.5	53.4
99	64.4	63.1	61.9	60.6	59.4	58.2	57.0	55.9	54.7	53.6
100	64.6	63.4	62.1	60.9	59.6	58.4	57.3	56.1	55.0	53.8

表 5c　球状、柱状水银温度表相对湿度查算表

P=80 kPa，A=0.662×10^{-3}℃$^{-1}$（2.5 m/s）

t \ $t-t_w$	0.0	0.1	0.2	0.3	0.4	0.5	0.6	0.7	0.8	0.9	1.0
15	100.0	99.0	98.1	97.2	96.2	95.3	94.3	93.4	92.5	91.6	90.6
16	100.0	99.1	98.1	97.2	96.3	95.4	94.5	93.6	92.7	91.8	90.9
17	100.0	99.1	98.2	97.3	96.4	95.5	94.6	93.7	92.9	92.0	91.1
18	100.0	99.1	98.2	97.4	96.5	95.6	94.7	93.9	93.0	92.2	91.3
19	100.0	99.1	98.3	97.4	96.6	95.7	94.9	94.0	93.2	92.3	91.5
20	100.0	99.2	98.3	97.5	96.6	95.8	95.0	94.2	93.3	92.5	91.7
21	100.0	99.2	98.4	97.5	96.7	95.9	95.1	94.3	93.5	92.7	91.9
22	100.0	99.2	98.4	97.6	96.8	96.0	95.2	94.4	93.6	92.8	92.1
23	100.0	99.2	98.4	97.6	96.9	96.1	95.3	94.5	93.8	93.0	92.2
24	100.0	99.2	98.4	97.7	96.9	96.1	95.4	94.6	93.9	93.1	92.4
25	100.0	99.2	98.5	97.7	97.0	96.2	95.5	94.7	94.0	93.3	92.5
26	100.0	99.3	98.5	97.8	97.0	96.3	95.6	94.8	94.1	93.4	92.7
27	100.0	99.3	98.5	97.8	97.1	96.4	95.6	94.9	94.2	93.5	92.8
28	100.0	99.3	98.6	97.8	97.1	96.4	95.7	95.0	94.3	93.6	92.9
29	100.0	99.3	98.6	97.9	97.2	96.5	95.8	95.1	94.4	93.7	93.0
30	100.0	99.3	98.6	97.9	97.2	96.5	95.9	95.2	94.5	93.8	93.2
31	100.0	99.3	98.6	97.9	97.3	96.6	95.9	95.3	94.6	93.9	93.3
32	100.0	99.3	98.7	98.0	97.3	96.7	96.0	95.3	94.7	94.0	93.4
33	100.0	99.3	98.7	98.0	97.4	96.7	96.0	95.4	94.8	94.1	93.5
34	100.0	99.3	98.7	98.0	97.4	96.7	96.1	95.5	94.8	94.2	93.6
35	100.0	99.4	98.7	98.1	97.4	96.8	96.2	95.5	94.9	94.3	93.7
36	100.0	99.4	98.7	98.1	97.5	96.8	96.2	95.6	95.0	94.4	93.7
37	100.0	99.4	98.7	98.1	97.5	96.9	96.3	95.7	95.0	94.4	93.8
38	100.0	99.4	98.8	98.1	97.5	96.9	96.3	95.7	95.1	94.5	93.9
39	100.0	99.4	98.8	98.2	97.6	97.0	96.4	95.8	95.2	94.6	94.0
40	100.0	99.4	98.8	98.2	97.6	97.0	96.4	95.8	95.2	94.7	94.1
41	100.0	99.4	98.8	98.2	97.6	97.0	96.5	95.9	95.3	94.7	94.1
42	100.0	99.4	98.8	98.2	97.7	97.1	96.5	95.9	95.4	94.8	94.2
43	100.0	99.4	98.8	98.3	97.7	97.1	96.5	96.0	95.4	94.8	94.3
44	100.0	99.4	98.9	98.3	97.7	97.1	96.6	96.0	95.5	94.9	94.4
45	100.0	99.4	98.9	98.3	97.7	97.2	96.6	96.1	95.5	95.0	94.4
46	100.0	99.4	98.9	98.3	97.8	97.2	96.7	96.1	95.6	95.0	94.5
47	100.0	99.4	98.9	98.3	97.8	97.2	96.7	96.2	95.6	95.1	94.5
48	100.0	99.5	98.9	98.4	97.8	97.3	96.7	96.2	95.7	95.1	94.6
49	100.0	99.5	98.9	98.4	97.8	97.3	96.8	96.2	95.7	95.2	94.7
50	100.0	99.5	98.9	98.4	97.9	97.3	96.8	96.3	95.8	95.2	94.7
51	100.0	99.5	98.9	98.4	97.9	97.4	96.8	96.3	95.8	95.3	94.8
52	100.0	99.5	98.9	98.4	97.9	97.4	96.9	96.4	95.8	95.3	94.8
53	100.0	99.5	99.0	98.4	97.9	97.4	96.9	96.4	95.9	95.4	94.9
54	100.0	99.5	99.0	98.5	97.9	97.4	96.9	96.4	95.9	95.4	94.9
55	100.0	99.5	99.0	98.5	98.0	97.5	97.0	96.5	96.0	95.5	95.0
56	100.0	99.5	99.0	98.5	98.0	97.5	97.0	96.5	96.0	95.5	95.0
57	100.0	99.5	99.0	98.5	98.0	97.5	97.0	96.5	96.0	95.5	95.1

表 5c（续）

t \ $t-t_w$	0.0	0.1	0.2	0.3	0.4	0.5	0.6	0.7	0.8	0.9	1.0
58	100.0	99.5	99.0	98.5	98.0	97.5	97.0	96.6	96.1	95.6	95.1
59	100.0	99.5	99.0	98.5	98.0	97.6	97.1	96.6	96.1	95.6	95.2
60	100.0	99.5	99.0	98.5	98.1	97.6	97.1	96.6	96.1	95.7	95.2
61	100.0	99.5	99.0	98.6	98.1	97.6	97.1	96.6	96.2	95.7	95.2
62	100.0	99.5	99.0	98.6	98.1	97.6	97.1	96.7	96.2	95.7	95.3
63	100.0	99.5	99.1	98.6	98.1	97.6	97.2	96.7	96.2	95.8	95.3
64	100.0	99.5	99.1	98.6	98.1	97.7	97.2	96.7	96.3	95.8	95.4
65	100.0	99.5	99.1	98.6	98.1	97.7	97.2	96.8	96.3	95.9	95.4
66	100.0	99.5	99.1	98.6	98.2	97.7	97.2	96.8	96.3	95.9	95.4
67	100.0	99.5	99.1	98.6	98.2	97.7	97.3	96.8	96.4	95.9	95.5
68	100.0	99.5	99.1	98.6	98.2	97.7	97.3	96.8	96.4	96.0	95.5
69	100.0	99.5	99.1	98.6	98.2	97.8	97.3	96.9	96.4	96.0	95.5
70	100.0	99.6	99.1	98.7	98.2	97.8	97.3	96.9	96.5	96.0	95.6
71	100.0	99.6	99.1	98.7	98.2	97.8	97.4	96.9	96.5	96.0	95.6
72	100.0	99.6	99.1	98.7	98.2	97.8	97.4	96.9	96.5	96.1	95.7
73	100.0	99.6	99.1	98.7	98.3	97.8	97.4	97.0	96.5	96.1	95.7
74	100.0	99.6	99.1	98.7	98.3	97.8	97.4	97.0	96.6	96.1	95.7
75	100.0	99.6	99.1	98.7	98.3	97.9	97.4	97.0	96.6	96.2	95.8
76	100.0	99.6	99.1	98.7	98.3	97.9	97.5	97.0	96.6	96.2	95.8
77	100.0	99.6	99.2	98.7	98.3	97.9	97.5	97.1	96.6	96.2	95.8
78	100.0	99.6	99.2	98.7	98.3	97.9	97.5	97.1	96.7	96.3	95.8
79	100.0	99.6	99.2	98.7	98.3	97.9	97.5	97.1	96.7	96.3	95.9
80	100.0	99.6	99.2	98.8	98.3	97.9	97.5	97.1	96.7	96.3	95.9
81	100.0	99.6	99.2	98.8	98.4	98.0	97.5	97.1	96.7	96.3	95.9
82	100.0	99.6	99.2	98.8	98.4	98.0	97.6	97.2	96.8	96.4	96.0
83	100.0	99.6	99.2	98.8	98.4	98.0	97.6	97.2	96.8	96.4	96.0
84	100.0	99.6	99.2	98.8	98.4	98.0	97.6	97.2	96.8	96.4	96.0
85	100.0	99.6	99.2	98.8	98.4	98.0	97.6	97.2	96.8	96.4	96.1
86	100.0	99.6	99.2	98.8	98.4	98.0	97.6	97.2	96.9	96.5	96.1
87	100.0	99.6	99.2	98.8	98.4	98.0	97.6	97.3	96.9	96.5	96.1
88	100.0	99.6	99.2	98.8	98.4	98.1	97.7	97.3	96.9	96.5	96.1
89	100.0	99.6	99.2	98.8	98.4	98.1	97.7	97.3	96.9	96.5	96.2
90	100.0	99.6	99.2	98.8	98.5	98.1	97.7	97.3	96.9	96.6	96.2
91	100.0	99.6	99.2	98.9	98.5	98.1	97.7	97.3	97.0	96.6	96.2
92	100.0	99.6	99.2	98.9	98.5	98.1	97.7	97.4	97.0	96.6	96.2
93	100.0	99.6	99.2	98.9	98.5	98.1	97.7	97.4	97.0	96.6	96.3
94	100.0	99.6	99.2	98.9	98.5	98.1	97.8	97.4	97.0	96.7	96.3
95	100.0	99.6	99.3	98.9	98.5	98.1	97.8	97.4	97.0	96.7	96.3
96	100.0	99.6	99.3	98.9	98.5	98.2	97.8	97.4	97.1	96.7	96.3
97	100.0	99.6	99.3	98.9	98.5	98.2	97.8	97.4	97.1	96.7	96.4
98	100.0	99.6	99.3	98.9	98.5	98.2	97.8	97.5	97.1	96.7	96.4
99	100.0	99.6	99.3	98.9	98.6	98.2	97.8	97.5	97.1	96.8	96.4
100	100.0	99.6	99.3	98.9	98.6	98.2	97.8	97.5	97.1	96.8	96.4

表 5c（续）

t \ $t-t_w$	1.1	1.2	1.3	1.4	1.5	1.6	1.7	1.8	1.9	2.0
15	89.7	88.8	87.9	87.0	86.1	85.2	84.3	83.4	82.5	81.6
16	90.0	89.1	88.2	87.3	86.4	85.6	84.7	83.8	82.9	82.1
17	90.2	89.4	88.5	87.6	86.8	85.9	85.1	84.2	83.4	82.5
18	90.5	89.6	88.8	87.9	87.1	86.3	85.4	84.6	83.8	83.0
19	90.7	89.9	89.0	88.2	87.4	86.6	85.8	85.0	84.2	83.4
20	90.9	90.1	89.3	88.5	87.7	86.9	86.1	85.3	84.5	83.7
21	91.1	90.3	89.5	88.7	87.9	87.2	86.4	85.6	84.9	84.1
22	91.3	90.5	89.7	89.0	88.2	87.4	86.7	85.9	85.2	84.4
23	91.5	90.7	89.9	89.2	88.4	87.7	87.0	86.2	85.5	84.7
24	91.6	90.9	90.1	89.4	88.7	87.9	87.2	86.5	85.8	85.0
25	91.8	91.1	90.3	89.6	88.9	88.2	87.5	86.7	86.0	85.3
26	91.9	91.2	90.5	89.8	89.1	88.4	87.7	87.0	86.3	85.6
27	92.1	91.4	90.7	90.0	89.3	88.6	87.9	87.2	86.5	85.9
28	92.2	91.5	90.8	90.2	89.5	88.8	88.1	87.5	86.8	86.1
29	92.4	91.7	91.0	90.3	89.7	89.0	88.3	87.7	87.0	86.4
30	92.5	91.8	91.2	90.5	89.8	89.2	88.5	87.9	87.2	86.6
31	92.6	91.9	91.3	90.6	90.0	89.4	88.7	88.1	87.4	86.8
32	92.7	92.1	91.4	90.8	90.2	89.5	88.9	88.3	87.6	87.0
33	92.8	92.2	91.6	90.9	90.3	89.7	89.1	88.4	87.8	87.2
34	92.9	92.3	91.7	91.1	90.4	89.8	89.2	88.6	88.0	87.4
35	93.0	92.4	91.8	91.2	90.6	90.0	89.4	88.8	88.2	87.6
36	93.1	92.5	91.9	91.3	90.7	90.1	89.5	88.9	88.3	87.7
37	93.2	92.6	92.0	91.4	90.8	90.3	89.7	89.1	88.5	87.9
38	93.3	92.7	92.1	91.6	91.0	90.4	89.8	89.2	88.6	88.1
39	93.4	92.8	92.2	91.7	91.1	90.5	89.9	89.4	88.8	88.2
40	93.5	92.9	92.3	91.8	91.2	90.6	90.1	89.5	88.9	88.4
41	93.6	93.0	92.4	91.9	91.3	90.7	90.2	89.6	89.1	88.5
42	93.7	93.1	92.5	92.0	91.4	90.9	90.3	89.8	89.2	88.7
43	93.7	93.2	92.6	92.1	91.5	91.0	90.4	89.9	89.3	88.8
44	93.8	93.3	92.7	92.2	91.6	91.1	90.5	90.0	89.5	88.9
45	93.9	93.3	92.8	92.2	91.7	91.2	90.6	90.1	89.6	89.1
46	93.9	93.4	92.9	92.3	91.8	91.3	90.7	90.2	89.7	89.2
47	94.0	93.5	92.9	92.4	91.9	91.4	90.8	90.3	89.8	89.3
48	94.1	93.5	93.0	92.5	92.0	91.5	90.9	90.4	89.9	89.4
49	94.1	93.6	93.1	92.6	92.1	91.6	91.0	90.5	90.0	89.5
50	94.2	93.7	93.2	92.7	92.1	91.6	91.1	90.6	90.1	89.6
51	94.3	93.7	93.2	92.7	92.2	91.7	91.2	90.7	90.2	89.7
52	94.3	93.8	93.3	92.8	92.3	91.8	91.3	90.8	90.3	89.8
53	94.4	93.9	93.4	92.9	92.4	91.9	91.4	90.9	90.4	89.9
54	94.4	93.9	93.4	92.9	92.5	92.0	91.5	91.0	90.5	90.0
55	94.5	94.0	93.5	93.0	92.5	92.0	91.6	91.1	90.6	90.1
56	94.5	94.0	93.6	93.1	92.6	92.1	91.6	91.2	90.7	90.2
57	94.6	94.1	93.6	93.1	92.7	92.2	91.7	91.2	90.8	90.3

表 5c（续）

t \ $t-t_w$	1.1	1.2	1.3	1.4	1.5	1.6	1.7	1.8	1.9	2.0
58	94.6	94.2	93.7	93.2	92.7	92.3	91.8	91.3	90.9	90.4
59	94.7	94.2	93.7	93.3	92.8	92.3	91.9	91.4	90.9	90.5
60	94.7	94.3	93.8	93.3	92.9	92.4	91.9	91.5	91.0	90.6
61	94.8	94.3	93.8	93.4	92.9	92.5	92.0	91.6	91.1	90.7
62	94.8	94.4	93.9	93.4	93.0	92.5	92.1	91.6	91.2	90.7
63	94.9	94.4	94.0	93.5	93.0	92.6	92.1	91.7	91.3	90.8
64	94.9	94.5	94.0	93.6	93.1	92.7	92.2	91.8	91.3	90.9
65	94.9	94.5	94.1	93.6	93.2	92.7	92.3	91.8	91.4	91.0
66	95.0	94.5	94.1	93.7	93.2	92.8	92.3	91.9	91.5	91.0
67	95.0	94.6	94.1	93.7	93.3	92.8	92.4	92.0	91.5	91.1
68	95.1	94.6	94.2	93.8	93.3	92.9	92.5	92.0	91.6	91.2
69	95.1	94.7	94.2	93.8	93.4	93.0	92.5	92.1	91.7	91.3
70	95.2	94.7	94.3	93.9	93.4	93.0	92.6	92.2	91.7	91.3
71	95.2	94.8	94.3	93.9	93.5	93.1	92.6	92.2	91.8	91.4
72	95.2	94.8	94.4	94.0	93.5	93.1	92.7	92.3	91.9	91.5
73	95.3	94.8	94.4	94.0	93.6	93.2	92.8	92.3	91.9	91.5
74	95.3	94.9	94.5	94.0	93.6	93.2	92.8	92.4	92.0	91.6
75	95.3	94.9	94.5	94.1	93.7	93.3	92.9	92.5	92.1	91.6
76	95.4	95.0	94.5	94.1	93.7	93.3	92.9	92.5	92.1	91.7
77	95.4	95.0	94.6	94.2	93.8	93.4	93.0	92.6	92.2	91.8
78	95.4	95.0	94.6	94.2	93.8	93.4	93.0	92.6	92.2	91.8
79	95.5	95.1	94.7	94.3	93.9	93.5	93.1	92.7	92.3	91.9
80	95.5	95.1	94.7	94.3	93.9	93.5	93.1	92.7	92.3	91.9
81	95.5	95.1	94.7	94.3	94.0	93.6	93.2	92.8	92.4	92.0
82	95.6	95.2	94.8	94.4	94.0	93.6	93.2	92.8	92.4	92.1
83	95.6	95.2	94.8	94.4	94.0	93.7	93.3	92.9	92.5	92.1
84	95.6	95.2	94.9	94.5	94.1	93.7	93.3	92.9	92.6	92.2
85	95.7	95.3	94.9	94.5	94.1	93.7	93.4	93.0	92.6	92.2
86	95.7	95.3	94.9	94.5	94.2	93.8	93.4	93.0	92.7	92.3
87	95.7	95.3	95.0	94.6	94.2	93.8	93.5	93.1	92.7	92.3
88	95.8	95.4	95.0	94.6	94.2	93.9	93.5	93.1	92.8	92.4
89	95.8	95.4	95.0	94.7	94.3	93.9	93.5	93.2	92.8	92.4
90	95.8	95.4	95.1	94.7	94.3	94.0	93.6	93.2	92.9	92.5
91	95.8	95.5	95.1	94.7	94.4	94.0	93.6	93.3	92.9	92.5
92	95.9	95.5	95.1	94.8	94.4	94.0	93.7	93.3	92.9	92.6
93	95.9	95.5	95.2	94.8	94.4	94.1	93.7	93.4	93.0	92.6
94	95.9	95.6	95.2	94.8	94.5	94.1	93.8	93.4	93.0	92.7
95	95.9	95.6	95.2	94.9	94.5	94.2	93.8	93.4	93.1	92.7
96	96.0	95.6	95.3	94.9	94.5	94.2	93.8	93.5	93.1	92.8
97	96.0	95.6	95.3	94.9	94.6	94.2	93.9	93.5	93.2	92.8
98	96.0	95.7	95.3	95.0	94.6	94.3	93.9	93.6	93.2	92.9
99	96.1	95.7	95.4	95.0	94.7	94.3	94.0	93.6	93.3	92.9
100	96.1	95.7	95.4	95.0	94.7	94.3	94.0	93.6	93.3	93.0

表 5c（续）

$t-t_w$ / t	2.1	2.2	2.3	2.4	2.5	2.6	2.7	2.8	2.9	3.0
15	80.7	79.8	79.0	78.1	77.2	76.4	75.5	74.6	73.8	72.9
16	81.2	80.4	79.5	78.7	77.8	77.0	76.1	75.3	74.5	73.6
17	81.7	80.9	80.0	79.2	78.4	77.5	76.7	75.9	75.1	74.3
18	82.1	81.3	80.5	79.7	78.9	78.1	77.3	76.5	75.7	74.9
19	82.6	81.8	81.0	80.2	79.4	78.6	77.8	77.1	76.3	75.5
20	83.0	82.2	81.4	80.6	79.9	79.1	78.3	77.6	76.8	76.1
21	83.3	82.6	81.8	81.1	80.3	79.6	78.8	78.1	77.3	76.6
22	83.7	82.9	82.2	81.5	80.7	80.0	79.3	78.5	77.8	77.1
23	84.0	83.3	82.6	81.8	81.1	80.4	79.7	79.0	78.3	77.6
24	84.3	83.6	82.9	82.2	81.5	80.8	80.1	79.4	78.7	78.0
25	84.6	83.9	83.2	82.5	81.9	81.2	80.5	79.8	79.1	78.4
26	84.9	84.2	83.5	82.9	82.2	81.5	80.8	80.2	79.5	78.8
27	85.2	84.5	83.8	83.2	82.5	81.8	81.2	80.5	79.9	79.2
28	85.5	84.8	84.1	83.5	82.8	82.2	81.5	80.9	80.2	79.6
29	85.7	85.1	84.4	83.8	83.1	82.5	81.8	81.2	80.6	79.9
30	85.9	85.3	84.7	84.0	83.4	82.8	82.1	81.5	80.9	80.3
31	86.2	85.5	84.9	84.3	83.7	83.0	82.4	81.8	81.2	80.6
32	86.4	85.8	85.1	84.5	83.9	83.3	82.7	82.1	81.5	80.9
33	86.6	86.0	85.4	84.8	84.2	83.6	83.0	82.4	81.8	81.2
34	86.8	86.2	85.6	85.0	84.4	83.8	83.2	82.6	82.0	81.5
35	87.0	86.4	85.8	85.2	84.6	84.0	83.5	82.9	82.3	81.7
36	87.2	86.6	86.0	85.4	84.8	84.3	83.7	83.1	82.6	82.0
37	87.3	86.8	86.2	85.6	85.0	84.5	83.9	83.3	82.8	82.2
38	87.5	86.9	86.4	85.8	85.2	84.7	84.1	83.6	83.0	82.5
39	87.7	87.1	86.5	86.0	85.4	84.9	84.3	83.8	83.2	82.7
40	87.8	87.3	86.7	86.2	85.6	85.1	84.5	84.0	83.5	82.9
41	88.0	87.4	86.9	86.3	85.8	85.3	84.7	84.2	83.7	83.1
42	88.1	87.6	87.0	86.5	86.0	85.4	84.9	84.4	83.9	83.3
43	88.3	87.7	87.2	86.7	86.1	85.6	85.1	84.6	84.0	83.5
44	88.4	87.9	87.3	86.8	86.3	85.8	85.3	84.7	84.2	83.7
45	88.5	88.0	87.5	87.0	86.5	85.9	85.4	84.9	84.4	83.9
46	88.7	88.1	87.6	87.1	86.6	86.1	85.6	85.1	84.6	84.1
47	88.8	88.3	87.8	87.3	86.8	86.2	85.7	85.2	84.8	84.3
48	88.9	88.4	87.9	87.4	86.9	86.4	85.9	85.4	84.9	84.4
49	89.0	88.5	88.0	87.5	87.0	86.5	86.0	85.6	85.1	84.6
50	89.1	88.6	88.1	87.7	87.2	86.7	86.2	85.7	85.2	84.7
51	89.2	88.8	88.3	87.8	87.3	86.8	86.3	85.8	85.4	84.9
52	89.4	88.9	88.4	87.9	87.4	86.9	86.5	86.0	85.5	85.0
53	89.5	89.0	88.5	88.0	87.5	87.1	86.6	86.1	85.7	85.2
54	89.6	89.1	88.6	88.1	87.7	87.2	86.7	86.3	85.8	85.3
55	89.7	89.2	88.7	88.2	87.8	87.3	86.9	86.4	85.9	85.5
56	89.8	89.3	88.8	88.4	87.9	87.4	87.0	86.5	86.1	85.6
57	89.8	89.4	88.9	88.5	88.0	87.5	87.1	86.6	86.2	85.7

表 5c（续）

t \ $t-t_w$	2.1	2.2	2.3	2.4	2.5	2.6	2.7	2.8	2.9	3.0
58	89.9	89.5	89.0	88.6	88.1	87.7	87.2	86.8	86.3	85.9
59	90.0	89.6	89.1	88.7	88.2	87.8	87.3	86.9	86.4	86.0
60	90.1	89.7	89.2	88.8	88.3	87.9	87.4	87.0	86.6	86.1
61	90.2	89.8	89.3	88.9	88.4	88.0	87.5	87.1	86.7	86.2
62	90.3	89.8	89.4	89.0	88.5	88.1	87.6	87.2	86.8	86.4
63	90.4	89.9	89.5	89.1	88.6	88.2	87.8	87.3	86.9	86.5
64	90.4	90.0	89.6	89.1	88.7	88.3	87.9	87.4	87.0	86.6
65	90.5	90.1	89.7	89.2	88.8	88.4	88.0	87.5	87.1	86.7
66	90.6	90.2	89.7	89.3	88.9	88.5	88.1	87.6	87.2	86.8
67	90.7	90.3	89.8	89.4	89.0	88.6	88.1	87.7	87.3	86.9
68	90.8	90.3	89.9	89.5	89.1	88.7	88.2	87.8	87.4	87.0
69	90.8	90.4	90.0	89.6	89.2	88.7	88.3	87.9	87.5	87.1
70	90.9	90.5	90.1	89.7	89.2	88.8	88.4	88.0	87.6	87.2
71	91.0	90.6	90.1	89.7	89.3	88.9	88.5	88.1	87.7	87.3
72	91.0	90.6	90.2	89.8	89.4	89.0	88.6	88.2	87.8	87.4
73	91.1	90.7	90.3	89.9	89.5	89.1	88.7	88.3	87.9	87.5
74	91.2	90.8	90.4	90.0	89.6	89.2	88.8	88.4	88.0	87.6
75	91.2	90.8	90.4	90.0	89.6	89.3	88.9	88.5	88.1	87.7
76	91.3	90.9	90.5	90.1	89.7	89.3	88.9	88.5	88.2	87.8
77	91.4	91.0	90.6	90.2	89.8	89.4	89.0	88.6	88.2	87.9
78	91.4	91.0	90.7	90.3	89.9	89.5	89.1	88.7	88.3	87.9
79	91.5	91.1	90.7	90.3	89.9	89.6	89.2	88.8	88.4	88.0
80	91.6	91.2	90.8	90.4	90.0	89.6	89.3	88.9	88.5	88.1
81	91.6	91.2	90.9	90.5	90.1	89.7	89.3	89.0	88.6	88.2
82	91.7	91.3	90.9	90.5	90.2	89.8	89.4	89.0	88.7	88.3
83	91.7	91.4	91.0	90.6	90.2	89.9	89.5	89.1	88.7	88.4
84	91.8	91.4	91.0	90.7	90.3	89.9	89.6	89.2	88.8	88.4
85	91.9	91.5	91.1	90.7	90.4	90.0	89.6	89.3	88.9	88.5
86	91.9	91.5	91.2	90.8	90.4	90.1	89.7	89.3	89.0	88.6
87	92.0	91.6	91.2	90.9	90.5	90.1	89.8	89.4	89.0	88.7
88	92.0	91.7	91.3	90.9	90.6	90.2	89.8	89.5	89.1	88.8
89	92.1	91.7	91.3	91.0	90.6	90.3	89.9	89.5	89.2	88.8
90	92.1	91.8	91.4	91.0	90.7	90.3	90.0	89.6	89.3	88.9
91	92.2	91.8	91.5	91.1	90.7	90.4	90.0	89.7	89.3	89.0
92	92.2	91.9	91.5	91.2	90.8	90.5	90.1	89.8	89.4	89.1
93	92.3	91.9	91.6	91.2	90.9	90.5	90.2	89.8	89.5	89.1
94	92.3	92.0	91.6	91.3	90.9	90.6	90.2	89.9	89.5	89.2
95	92.4	92.0	91.7	91.3	91.0	90.6	90.3	89.9	89.6	89.3
96	92.4	92.1	91.7	91.4	91.0	90.7	90.4	90.0	89.7	89.3
97	92.5	92.1	91.8	91.4	91.1	90.8	90.4	90.1	89.7	89.4
98	92.5	92.2	91.8	91.5	91.2	90.8	90.5	90.1	89.8	89.5
99	92.6	92.2	91.9	91.6	91.2	90.9	90.5	90.2	89.9	89.5
100	92.6	92.3	91.9	91.6	91.3	90.9	90.6	90.3	89.9	89.6

表 5c（续）

t \ $t-t_w$	3.1	3.2	3.3	3.4	3.5	3.6	3.7	3.8	3.9	4.0
15	72.1	71.2	70.4	69.5	68.7	67.9	67.0	66.2	65.4	64.5
16	72.8	72.0	71.1	70.3	69.5	68.7	67.9	67.1	66.3	65.5
17	73.5	72.7	71.9	71.1	70.3	69.5	68.7	67.9	67.1	66.3
18	74.1	73.3	72.6	71.8	71.0	70.2	69.5	68.7	67.9	67.2
19	74.7	74.0	73.2	72.4	71.7	70.9	70.2	69.4	68.7	68.0
20	75.3	74.6	73.8	73.1	72.3	71.6	70.9	70.1	69.4	68.7
21	75.9	75.1	74.4	73.7	73.0	72.2	71.5	70.8	70.1	69.4
22	76.4	75.7	74.9	74.2	73.5	72.8	72.1	71.4	70.7	70.0
23	76.9	76.2	75.5	74.8	74.1	73.4	72.7	72.0	71.3	70.7
24	77.3	76.6	76.0	75.3	74.6	73.9	73.2	72.6	71.9	71.2
25	77.8	77.1	76.4	75.8	75.1	74.4	73.8	73.1	72.5	71.8
26	78.2	77.5	76.9	76.2	75.6	74.9	74.3	73.6	73.0	72.3
27	78.6	77.9	77.3	76.6	76.0	75.4	74.7	74.1	73.5	72.8
28	79.0	78.3	77.7	77.1	76.4	75.8	75.2	74.6	73.9	73.3
29	79.3	78.7	78.1	77.4	76.8	76.2	75.6	75.0	74.4	73.8
30	79.7	79.0	78.4	77.8	77.2	76.6	76.0	75.4	74.8	74.2
31	80.0	79.4	78.8	78.2	77.6	77.0	76.4	75.8	75.2	74.6
32	80.3	79.7	79.1	78.5	77.9	77.3	76.8	76.2	75.6	75.0
33	80.6	80.0	79.4	78.8	78.3	77.7	77.1	76.5	76.0	75.4
34	80.9	80.3	79.7	79.2	78.6	78.0	77.5	76.9	76.3	75.8
35	81.2	80.6	80.0	79.5	78.9	78.3	77.8	77.2	76.7	76.1
36	81.4	80.9	80.3	79.7	79.2	78.6	78.1	77.5	77.0	76.5
37	81.7	81.1	80.6	80.0	79.5	78.9	78.4	77.9	77.3	76.8
38	81.9	81.4	80.8	80.3	79.8	79.2	78.7	78.1	77.6	77.1
39	82.2	81.6	81.1	80.5	80.0	79.5	79.0	78.4	77.9	77.4
40	82.4	81.8	81.3	80.8	80.3	79.7	79.2	78.7	78.2	77.7
41	82.6	82.1	81.6	81.0	80.5	80.0	79.5	79.0	78.5	77.9
42	82.8	82.3	81.8	81.3	80.7	80.2	79.7	79.2	78.7	78.2
43	83.0	82.5	82.0	81.5	81.0	80.5	80.0	79.5	79.0	78.5
44	83.2	82.7	82.2	81.7	81.2	80.7	80.2	79.7	79.2	78.7
45	83.4	82.9	82.4	81.9	81.4	80.9	80.4	79.9	79.4	79.0
46	83.6	83.1	82.6	82.1	81.6	81.1	80.6	80.2	79.7	79.2
47	83.8	83.3	82.8	82.3	81.8	81.3	80.8	80.4	79.9	79.4
48	83.9	83.4	83.0	82.5	82.0	81.5	81.0	80.6	80.1	79.6
49	84.1	83.6	83.1	82.7	82.2	81.7	81.2	80.8	80.3	79.8
50	84.3	83.8	83.3	82.8	82.4	81.9	81.4	81.0	80.5	80.0
51	84.4	84.0	83.5	83.0	82.5	82.1	81.6	81.2	80.7	80.2
52	84.6	84.1	83.6	83.2	82.7	82.3	81.8	81.3	80.9	80.4
53	84.7	84.3	83.8	83.3	82.9	82.4	82.0	81.5	81.1	80.6
54	84.9	84.4	84.0	83.5	83.1	82.6	82.2	81.7	81.3	80.8
55	85.0	84.6	84.1	83.7	83.2	82.8	82.3	81.9	81.4	81.0
56	85.2	84.7	84.3	83.8	83.4	82.9	82.5	82.0	81.6	81.2
57	85.3	84.8	84.4	84.0	83.5	83.1	82.6	82.2	81.8	81.3

表 5c（续）

t \ $t-t_w$	3.1	3.2	3.3	3.4	3.5	3.6	3.7	3.8	3.9	4.0
58	85.4	85.0	84.5	84.1	83.7	83.2	82.8	82.4	81.9	81.5
59	85.6	85.1	84.7	84.2	83.8	83.4	82.9	82.5	82.1	81.7
60	85.7	85.2	84.8	84.4	83.9	83.5	83.1	82.7	82.2	81.8
61	85.8	85.4	84.9	84.5	84.1	83.7	83.2	82.8	82.4	82.0
62	85.9	85.5	85.1	84.6	84.2	83.8	83.4	83.0	82.5	82.1
63	86.0	85.6	85.2	84.8	84.4	83.9	83.5	83.1	82.7	82.3
64	86.2	85.7	85.3	84.9	84.5	84.1	83.7	83.2	82.8	82.4
65	86.3	85.9	85.4	85.0	84.6	84.2	83.8	83.4	83.0	82.6
66	86.4	86.0	85.6	85.1	84.7	84.3	83.9	83.5	83.1	82.7
67	86.5	86.1	85.7	85.3	84.9	84.4	84.0	83.6	83.2	82.8
68	86.6	86.2	85.8	85.4	85.0	84.6	84.2	83.8	83.4	83.0
69	86.7	86.3	85.9	85.5	85.1	84.7	84.3	83.9	83.5	83.1
70	86.8	86.4	86.0	85.6	85.2	84.8	84.4	84.0	83.6	83.2
71	86.9	86.5	86.1	85.7	85.3	84.9	84.5	84.1	83.8	83.4
72	87.0	86.6	86.2	85.8	85.4	85.0	84.6	84.3	83.9	83.5
73	87.1	86.7	86.3	85.9	85.5	85.1	84.8	84.4	84.0	83.6
74	87.2	86.8	86.4	86.0	85.6	85.3	84.9	84.5	84.1	83.7
75	87.3	86.9	86.5	86.1	85.7	85.4	85.0	84.6	84.2	83.9
76	87.4	87.0	86.6	86.2	85.9	85.5	85.1	84.7	84.3	84.0
77	87.5	87.1	86.7	86.3	86.0	85.6	85.2	84.8	84.5	84.1
78	87.6	87.2	86.8	86.4	86.1	85.7	85.3	84.9	84.6	84.2
79	87.7	87.3	86.9	86.5	86.2	85.8	85.4	85.0	84.7	84.3
80	87.7	87.4	87.0	86.6	86.3	85.9	85.5	85.1	84.8	84.4
81	87.8	87.5	87.1	86.7	86.3	86.0	85.6	85.3	84.9	84.5
82	87.9	87.5	87.2	86.8	86.4	86.1	85.7	85.4	85.0	84.6
83	88.0	87.6	87.3	86.9	86.5	86.2	85.8	85.5	85.1	84.7
84	88.1	87.7	87.4	87.0	86.6	86.3	85.9	85.6	85.2	84.8
85	88.2	87.8	87.4	87.1	86.7	86.4	86.0	85.7	85.3	84.9
86	88.2	87.9	87.5	87.2	86.8	86.5	86.1	85.7	85.4	85.0
87	88.3	88.0	87.6	87.3	86.9	86.5	86.2	85.8	85.5	85.1
88	88.4	88.0	87.7	87.3	87.0	86.6	86.3	85.9	85.6	85.2
89	88.5	88.1	87.8	87.4	87.1	86.7	86.4	86.0	85.7	85.3
90	88.6	88.2	87.9	87.5	87.2	86.8	86.5	86.1	85.8	85.4
91	88.6	88.3	87.9	87.6	87.2	86.9	86.6	86.2	85.9	85.5
92	88.7	88.4	88.0	87.7	87.3	87.0	86.6	86.3	86.0	85.6
93	88.8	88.4	88.1	87.7	87.4	87.1	86.7	86.4	86.1	85.7
94	88.8	88.5	88.2	87.8	87.5	87.1	86.8	86.5	86.1	85.8
95	88.9	88.6	88.2	87.9	87.6	87.2	86.9	86.6	86.2	85.9
96	89.0	88.7	88.3	88.0	87.6	87.3	87.0	86.6	86.3	86.0
97	89.1	88.7	88.4	88.1	87.7	87.4	87.1	86.7	86.4	86.1
98	89.1	88.8	88.5	88.1	87.8	87.5	87.1	86.8	86.5	86.2
99	89.2	88.9	88.5	88.2	87.9	87.5	87.2	86.9	86.6	86.2
100	89.3	88.9	88.6	88.3	88.0	87.6	87.3	87.0	86.7	86.3

表 5c（续）

t \ $t-t_w$	4.1	4.2	4.3	4.4	4.5	4.6	4.7	4.8	4.9	5.0
15	63.7	62.9	62.1	61.3	60.5	59.7	58.9	58.1	57.3	56.5
16	64.7	63.9	63.1	62.3	61.5	60.7	59.9	59.2	58.4	57.6
17	65.6	64.8	64.0	63.3	62.5	61.7	61.0	60.2	59.5	58.7
18	66.4	65.7	64.9	64.2	63.4	62.7	61.9	61.2	60.5	59.7
19	67.2	66.5	65.7	65.0	64.3	63.6	62.8	62.1	61.4	60.7
20	68.0	67.2	66.5	65.8	65.1	64.4	63.7	63.0	62.3	61.6
21	68.7	68.0	67.3	66.6	65.9	65.2	64.5	63.8	63.1	62.4
22	69.3	68.7	68.0	67.3	66.6	65.9	65.3	64.6	63.9	63.3
23	70.0	69.3	68.6	68.0	67.3	66.6	66.0	65.3	64.7	64.0
24	70.6	69.9	69.3	68.6	68.0	67.3	66.7	66.0	65.4	64.7
25	71.2	70.5	69.9	69.2	68.6	68.0	67.3	66.7	66.1	65.4
26	71.7	71.1	70.4	69.8	69.2	68.6	67.9	67.3	66.7	66.1
27	72.2	71.6	71.0	70.4	69.7	69.1	68.5	67.9	67.3	66.7
28	72.7	72.1	71.5	70.9	70.3	69.7	69.1	68.5	67.9	67.3
29	73.2	72.6	72.0	71.4	70.8	70.2	69.6	69.0	68.4	67.9
30	73.6	73.0	72.4	71.9	71.3	70.7	70.1	69.5	69.0	68.4
31	74.0	73.5	72.9	72.3	71.7	71.2	70.6	70.0	69.5	68.9
32	74.5	73.9	73.3	72.7	72.2	71.6	71.1	70.5	70.0	69.4
33	74.8	74.3	73.7	73.2	72.6	72.1	71.5	71.0	70.4	69.9
34	75.2	74.7	74.1	73.6	73.0	72.5	71.9	71.4	70.8	70.3
35	75.6	75.0	74.5	73.9	73.4	72.9	72.3	71.8	71.3	70.7
36	75.9	75.4	74.8	74.3	73.8	73.2	72.7	72.2	71.7	71.2
37	76.2	75.7	75.2	74.7	74.1	73.6	73.1	72.6	72.1	71.5
38	76.6	76.0	75.5	75.0	74.5	74.0	73.4	72.9	72.4	71.9
39	76.9	76.3	75.8	75.3	74.8	74.3	73.8	73.3	72.8	72.3
40	77.2	76.6	76.1	75.6	75.1	74.6	74.1	73.6	73.1	72.6
41	77.4	76.9	76.4	75.9	75.4	74.9	74.4	74.0	73.5	73.0
42	77.7	77.2	76.7	76.2	75.7	75.2	74.7	74.3	73.8	73.3
43	78.0	77.5	77.0	76.5	76.0	75.5	75.0	74.6	74.1	73.6
44	78.2	77.7	77.3	76.8	76.3	75.8	75.3	74.9	74.4	73.9
45	78.5	78.0	77.5	77.0	76.6	76.1	75.6	75.1	74.7	74.2
46	78.7	78.2	77.8	77.3	76.8	76.3	75.9	75.4	74.9	74.5
47	78.9	78.5	78.0	77.5	77.1	76.6	76.1	75.7	75.2	74.8
48	79.2	78.7	78.2	77.8	77.3	76.8	76.4	75.9	75.5	75.0
49	79.4	78.9	78.5	78.0	77.5	77.1	76.6	76.2	75.7	75.3
50	79.6	79.1	78.7	78.2	77.8	77.3	76.9	76.4	76.0	75.5
51	79.8	79.3	78.9	78.4	78.0	77.5	77.1	76.7	76.2	75.8
52	80.0	79.5	79.1	78.6	78.2	77.8	77.3	76.9	76.4	76.0
53	80.2	79.7	79.3	78.9	78.4	78.0	77.5	77.1	76.7	76.2
54	80.4	79.9	79.5	79.1	78.6	78.2	77.8	77.3	76.9	76.5
55	80.6	80.1	79.7	79.2	78.8	78.4	78.0	77.5	77.1	76.7
56	80.7	80.3	79.9	79.4	79.0	78.6	78.2	77.7	77.3	76.9
57	80.9	80.5	80.0	79.6	79.2	78.8	78.4	77.9	77.5	77.1

表 5c（续）

$t-t_w$ / t	4.1	4.2	4.3	4.4	4.5	4.6	4.7	4.8	4.9	5.0
58	81.1	80.6	80.2	79.8	79.4	79.0	78.5	78.1	77.7	77.3
59	81.2	80.8	80.4	80.0	79.6	79.1	78.7	78.3	77.9	77.5
60	81.4	81.0	80.6	80.2	79.7	79.3	78.9	78.5	78.1	77.7
61	81.6	81.1	80.7	80.3	79.9	79.5	79.1	78.7	78.3	77.9
62	81.7	81.3	80.9	80.5	80.1	79.7	79.3	78.9	78.5	78.1
63	81.9	81.5	81.1	80.6	80.2	79.8	79.4	79.0	78.6	78.2
64	82.0	81.6	81.2	80.8	80.4	80.0	79.6	79.2	78.8	78.4
65	82.2	81.8	81.4	81.0	80.6	80.2	79.8	79.4	79.0	78.6
66	82.3	81.9	81.5	81.1	80.7	80.3	79.9	79.5	79.2	78.8
67	82.4	82.0	81.7	81.3	80.9	80.5	80.1	79.7	79.3	78.9
68	82.6	82.2	81.8	81.4	81.0	80.6	80.2	79.9	79.5	79.1
69	82.7	82.3	81.9	81.5	81.2	80.8	80.4	80.0	79.6	79.3
70	82.8	82.5	82.1	81.7	81.3	80.9	80.5	80.2	79.8	79.4
71	83.0	82.6	82.2	81.8	81.4	81.1	80.7	80.3	79.9	79.6
72	83.1	82.7	82.3	82.0	81.6	81.2	80.8	80.5	80.1	79.7
73	83.2	82.9	82.5	82.1	81.7	81.3	81.0	80.6	80.2	79.9
74	83.4	83.0	82.6	82.2	81.9	81.5	81.1	80.7	80.4	80.0
75	83.5	83.1	82.7	82.4	82.0	81.6	81.2	80.9	80.5	80.2
76	83.6	83.2	82.9	82.5	82.1	81.7	81.4	81.0	80.7	80.3
77	83.7	83.3	83.0	82.6	82.2	81.9	81.5	81.2	80.8	80.4
78	83.8	83.5	83.1	82.7	82.4	82.0	81.6	81.3	80.9	80.6
79	83.9	83.6	83.2	82.9	82.5	82.1	81.8	81.4	81.1	80.7
80	84.1	83.7	83.3	83.0	82.6	82.3	81.9	81.5	81.2	80.8
81	84.2	83.8	83.4	83.1	82.7	82.4	82.0	81.7	81.3	81.0
82	84.3	83.9	83.6	83.2	82.9	82.5	82.1	81.8	81.4	81.1
83	84.4	84.0	83.7	83.3	83.0	82.6	82.3	81.9	81.6	81.2
84	84.5	84.1	83.8	83.4	83.1	82.7	82.4	82.0	81.7	81.4
85	84.6	84.2	83.9	83.5	83.2	82.9	82.5	82.2	81.8	81.5
86	84.7	84.3	84.0	83.7	83.3	83.0	82.6	82.3	81.9	81.6
87	84.8	84.5	84.1	83.8	83.4	83.1	82.7	82.4	82.1	81.7
88	84.9	84.6	84.2	83.9	83.5	83.2	82.8	82.5	82.2	81.8
89	85.0	84.7	84.3	84.0	83.6	83.3	83.0	82.6	82.3	82.0
90	85.1	84.8	84.4	84.1	83.7	83.4	83.1	82.7	82.4	82.1
91	85.2	84.9	84.5	84.2	83.8	83.5	83.2	82.8	82.5	82.2
92	85.3	85.0	84.6	84.3	83.9	83.6	83.3	83.0	82.6	82.3
93	85.4	85.0	84.7	84.4	84.1	83.7	83.4	83.1	82.7	82.4
94	85.5	85.1	84.8	84.5	84.2	83.8	83.5	83.2	82.8	82.5
95	85.6	85.2	84.9	84.6	84.3	83.9	83.6	83.3	83.0	82.6
96	85.7	85.3	85.0	84.7	84.4	84.0	83.7	83.4	83.1	82.7
97	85.7	85.4	85.1	84.8	84.4	84.1	83.8	83.5	83.2	82.8
98	85.8	85.5	85.2	84.9	84.5	84.2	83.9	83.6	83.3	83.0
99	85.9	85.6	85.3	85.0	84.6	84.3	84.0	83.7	83.4	83.1
100	86.0	85.7	85.4	85.1	84.7	84.4	84.1	83.8	83.5	83.2

表 5c（续）

$t-t_w$ / t	5.2	5.4	5.6	5.8	6.0	6.2	6.4	6.6	6.8	7.0
15	54.9	53.3	51.8	50.2	48.7	47.1	45.6	44.1	42.6	41.2
16	56.1	54.6	53.0	51.5	50.0	48.6	47.1	45.6	44.2	42.7
17	57.2	55.7	54.2	52.8	51.3	49.9	48.5	47.0	45.6	44.2
18	58.3	56.8	55.4	54.0	52.5	51.1	49.7	48.4	47.0	45.6
19	59.3	57.9	56.5	55.1	53.7	52.3	51.0	49.6	48.3	46.9
20	60.2	58.8	57.5	56.1	54.8	53.4	52.1	50.8	49.5	48.2
21	61.1	59.7	58.4	57.1	55.8	54.5	53.2	51.9	50.6	49.4
22	61.9	60.6	59.3	58.0	56.7	55.5	54.2	52.9	51.7	50.5
23	62.7	61.4	60.2	58.9	57.6	56.4	55.2	53.9	52.7	51.5
24	63.5	62.2	61.0	59.7	58.5	57.3	56.1	54.9	53.7	52.5
25	64.2	63.0	61.7	60.5	59.3	58.1	56.9	55.8	54.6	53.4
26	64.9	63.7	62.5	61.3	60.1	58.9	57.8	56.6	55.5	54.3
27	65.5	64.3	63.1	62.0	60.8	59.7	58.5	57.4	56.3	55.2
28	66.1	65.0	63.8	62.7	61.5	60.4	59.3	58.2	57.1	56.0
29	66.7	65.6	64.4	63.3	62.2	61.1	60.0	58.9	57.8	56.7
30	67.3	66.1	65.0	63.9	62.8	61.7	60.6	59.6	58.5	57.5
31	67.8	66.7	65.6	64.5	63.4	62.3	61.3	60.2	59.2	58.1
32	68.3	67.2	66.1	65.1	64.0	62.9	61.9	60.9	59.8	58.8
33	68.8	67.7	66.6	65.6	64.5	63.5	62.5	61.5	60.4	59.4
34	69.2	68.2	67.1	66.1	65.1	64.0	63.0	62.0	61.0	60.0
35	69.7	68.6	67.6	66.6	65.6	64.6	63.6	62.6	61.6	59.8
36	70.1	69.1	68.1	67.1	66.1	65.1	64.1	63.1	62.1	60.4
37	70.5	69.5	68.5	67.5	66.5	65.5	64.6	63.6	62.6	61.0
38	70.9	69.9	68.9	67.9	67.0	66.0	65.0	64.1	63.1	61.5
39	71.3	70.3	69.3	68.4	67.4	66.4	65.5	64.5	63.6	62.0
40	71.7	70.7	69.7	68.8	67.8	66.9	65.9	65.0	64.1	62.5
41	72.0	71.0	70.1	69.1	68.2	67.3	66.3	65.4	64.5	63.0
42	72.3	71.4	70.4	69.5	68.6	67.7	66.7	65.8	64.9	63.5
43	72.7	71.7	70.8	69.9	68.9	68.0	67.1	66.2	65.3	63.9
44	73.0	72.0	71.1	70.2	69.3	68.4	67.5	66.6	65.7	64.4
45	73.3	72.4	71.4	70.5	69.6	68.8	67.9	67.0	66.1	64.8
46	73.6	72.7	71.8	70.9	70.0	69.1	68.2	67.4	66.5	65.2
47	73.9	73.0	72.1	71.2	70.3	69.4	68.6	67.7	66.8	65.6
48	74.1	73.2	72.4	71.5	70.6	69.7	68.9	68.0	67.2	65.9
49	74.4	73.5	72.6	71.8	70.9	70.1	69.2	68.4	67.5	66.3
50	74.7	73.8	72.9	72.1	71.2	70.4	69.5	68.7	67.9	67.0
51	74.9	74.0	73.2	72.3	71.5	70.6	69.8	69.0	68.2	67.4
52	75.1	74.3	73.4	72.6	71.8	70.9	70.1	69.3	68.5	67.7
53	75.4	74.5	73.7	72.9	72.0	71.2	70.4	69.6	68.8	68.0
54	75.6	74.8	73.9	73.1	72.3	71.5	70.7	69.9	69.1	68.3
55	75.8	75.0	74.2	73.4	72.5	71.7	70.9	70.1	69.3	68.6
56	76.1	75.2	74.4	73.6	72.8	72.0	71.2	70.4	69.6	68.8
57	76.3	75.5	74.6	73.8	73.0	72.2	71.4	70.7	69.9	69.1

表 5c（续）

t \ $t-t_w$	5.2	5.4	5.6	5.8	6.0	6.2	6.4	6.6	6.8	7.0
58	76.5	75.7	74.9	74.1	73.3	72.5	71.7	70.9	70.1	69.4
59	76.7	75.9	75.1	74.3	73.5	72.7	71.9	71.2	70.4	69.6
60	76.9	76.1	75.3	74.5	73.7	72.9	72.2	71.4	70.6	69.9
61	77.1	76.3	75.5	74.7	73.9	73.2	72.4	71.6	70.9	70.1
62	77.3	76.5	75.7	74.9	74.2	73.4	72.6	71.9	71.1	70.4
63	77.5	76.7	75.9	75.1	74.4	73.6	72.8	72.1	71.4	70.6
64	77.6	76.9	76.1	75.3	74.6	73.8	73.1	72.3	71.6	70.9
65	77.8	77.0	76.3	75.5	74.8	74.0	73.3	72.5	71.8	71.1
66	78.0	77.2	76.5	75.7	75.0	74.2	73.5	72.8	72.0	71.3
67	78.2	77.4	76.7	75.9	75.2	74.4	73.7	73.0	72.2	71.5
68	78.3	77.6	76.8	76.1	75.3	74.6	73.9	73.2	72.5	71.7
69	78.5	77.7	77.0	76.3	75.5	74.8	74.1	73.4	72.7	71.9
70	78.7	77.9	77.2	76.4	75.7	75.0	74.3	73.6	72.9	72.2
71	78.8	78.1	77.3	76.6	75.9	75.2	74.5	73.8	73.1	72.4
72	79.0	78.2	77.5	76.8	76.1	75.4	74.7	73.9	73.3	72.6
73	79.1	78.4	77.7	77.0	76.2	75.5	74.8	74.1	73.4	72.8
74	79.3	78.6	77.8	77.1	76.4	75.7	75.0	74.3	73.6	72.9
75	79.4	78.7	78.0	77.3	76.6	75.9	75.2	74.5	73.8	73.1
76	79.6	78.9	78.2	77.4	76.7	76.1	75.4	74.7	74.0	73.3
77	79.7	79.0	78.3	77.6	76.9	76.2	75.5	74.9	74.2	73.5
78	79.9	79.2	78.5	77.8	77.1	76.4	75.7	75.0	74.4	73.7
79	80.0	79.3	78.6	77.9	77.2	76.5	75.9	75.2	74.5	73.9
80	80.1	79.4	78.8	78.1	77.4	76.7	76.0	75.4	74.7	74.0
81	80.3	79.6	78.9	78.2	77.5	76.9	76.2	75.5	74.9	74.2
82	80.4	79.7	79.0	78.4	77.7	77.0	76.4	75.7	75.0	74.4
83	80.5	79.9	79.2	78.5	77.8	77.2	76.5	75.9	75.2	74.6
84	80.7	80.0	79.3	78.6	78.0	77.3	76.7	76.0	75.4	74.7
85	80.8	80.1	79.5	78.8	78.1	77.5	76.8	76.2	75.5	74.9
86	80.9	80.3	79.6	78.9	78.3	77.6	77.0	76.3	75.7	75.0
87	81.0	80.4	79.7	79.1	78.4	77.8	77.1	76.5	75.8	75.2
88	81.2	80.5	79.9	79.2	78.5	77.9	77.3	76.6	76.0	75.4
89	81.3	80.6	80.0	79.3	78.7	78.0	77.4	76.8	76.1	75.5
90	81.4	80.8	80.1	79.5	78.8	78.2	77.5	76.9	76.3	75.7
91	81.5	80.9	80.2	79.6	79.0	78.3	77.7	77.1	76.4	75.8
92	81.6	81.0	80.4	79.7	79.1	78.5	77.8	77.2	76.6	76.0
93	81.8	81.1	80.5	79.8	79.2	78.6	78.0	77.3	76.7	76.1
94	81.9	81.2	80.6	80.0	79.3	78.7	78.1	77.5	76.9	76.3
95	82.0	81.4	80.7	80.1	79.5	78.8	78.2	77.6	77.0	76.4
96	82.1	81.5	80.8	80.2	79.6	79.0	78.4	77.8	77.1	76.5
97	82.2	81.6	81.0	80.3	79.7	79.1	78.5	77.9	77.3	76.7
98	82.3	81.7	81.1	80.5	79.8	79.2	78.6	78.0	77.4	76.8
99	82.4	81.8	81.2	80.6	80.0	79.4	78.8	78.2	77.6	77.0
100	82.5	81.9	81.3	80.7	80.1	79.5	78.9	78.3	77.7	77.1

表 5c（续）

$t-t_w$ / t	7.2	7.4	7.6	7.8	8.0	8.2	8.4	8.6	8.8	9.0
15	39.7	38.2	36.8	35.3	33.9	32.5	31.1	29.6	28.3	26.9
16	41.3	39.9	38.5	37.1	35.7	34.3	32.9	31.6	30.2	28.9
17	42.8	41.4	40.1	38.7	37.4	36.0	34.7	33.4	32.1	30.7
18	44.3	42.9	41.6	40.3	38.9	37.6	36.3	35.1	33.8	32.5
19	45.6	44.3	43.0	41.7	40.4	39.2	37.9	36.7	35.4	34.2
20	46.9	45.6	44.3	43.1	41.8	40.6	39.4	38.2	36.9	35.7
21	48.1	46.8	45.6	44.4	43.2	42.0	40.8	39.6	38.4	37.2
22	49.2	48.0	46.8	45.6	44.4	43.2	42.1	40.9	39.7	38.6
23	50.3	49.1	47.9	46.8	45.6	44.4	43.3	42.2	41.0	39.9
24	51.3	50.2	49.0	47.9	46.7	45.6	44.5	43.4	42.2	41.2
25	52.3	51.1	50.0	48.9	47.8	46.7	45.6	44.5	43.4	42.3
26	53.2	52.1	51.0	49.9	48.8	47.7	46.6	45.5	44.5	43.4
27	54.1	53.0	51.9	50.8	49.7	48.7	47.6	46.6	45.5	44.5
28	54.9	53.8	52.7	51.7	50.6	49.6	48.6	47.5	46.5	45.5
29	55.7	54.6	53.6	52.5	51.5	50.5	49.4	48.4	47.4	46.5
30	56.4	55.4	54.3	53.3	52.3	51.3	50.3	49.3	48.3	47.4
31	57.1	56.1	55.1	54.1	53.1	52.1	51.1	50.1	49.2	48.2
32	57.8	56.8	55.8	54.8	53.8	52.9	51.9	50.9	50.0	49.0
33	58.4	57.5	56.5	55.5	54.5	53.6	52.6	51.7	50.7	49.8
34	59.1	58.1	57.1	56.2	55.2	54.3	53.3	52.4	51.5	50.6
35	59.6	58.7	57.7	56.8	55.9	54.9	54.0	53.1	52.2	51.3
36	60.2	59.3	58.3	57.4	56.5	55.6	54.7	53.7	52.9	52.0
37	60.8	59.8	58.9	58.0	57.1	56.2	55.3	54.4	53.5	52.6
38	61.3	60.4	59.4	58.5	57.6	56.7	55.9	55.0	54.1	53.3
39	61.8	60.9	60.0	59.1	58.2	57.3	56.4	55.6	54.7	53.9
40	62.3	61.4	60.5	59.6	58.7	57.8	57.0	56.1	55.3	54.4
41	62.7	61.8	61.0	60.1	59.2	58.4	57.5	56.7	55.8	55.0
42	63.2	62.3	61.4	60.6	59.7	58.9	58.0	57.2	56.3	55.5
43	63.6	62.7	61.9	61.0	60.2	59.3	58.5	57.7	56.9	56.0
44	64.0	63.1	62.3	61.5	60.6	59.8	59.0	58.2	57.3	56.5
45	64.4	63.6	62.7	61.9	61.1	60.2	59.4	58.6	57.8	57.0
46	64.8	64.0	63.1	62.3	61.5	60.7	59.9	59.1	58.3	57.5
47	65.2	64.3	63.5	62.7	61.9	61.1	60.3	59.5	58.7	57.9
48	65.5	64.7	63.9	63.1	62.3	61.5	60.7	59.9	59.1	58.4
49	65.9	65.1	64.3	63.5	62.7	61.9	61.1	60.3	59.5	58.8
50	66.2	65.4	64.6	63.8	63.0	62.2	61.5	60.7	59.9	59.2
51	66.5	65.7	65.0	64.2	63.4	62.6	61.8	61.1	60.3	59.6
52	66.9	66.1	65.3	64.5	63.7	63.0	62.2	61.5	60.7	60.0
53	67.2	66.4	65.6	64.8	64.1	63.3	62.6	61.8	61.1	60.3
54	67.5	66.7	65.9	65.2	64.4	63.7	62.9	62.2	61.4	60.7
55	67.8	67.0	66.2	65.5	64.7	64.0	63.2	62.5	61.8	61.0
56	68.1	67.3	66.5	65.8	65.0	64.3	63.6	62.8	62.1	61.4
57	68.3	67.6	66.8	66.1	65.3	64.6	63.9	63.2	62.4	61.7

表 5c（续）

t \ $t-t_w$	7.2	7.4	7.6	7.8	8.0	8.2	8.4	8.6	8.8	9.0
58	68.6	67.9	67.1	66.4	65.6	64.9	64.2	63.5	62.8	62.0
59	68.9	68.1	67.4	66.7	65.9	65.2	64.5	63.8	63.1	62.4
60	69.1	68.4	67.7	66.9	66.2	65.5	64.8	64.1	63.4	62.7
61	69.4	68.7	67.9	67.2	66.5	65.8	65.1	64.4	63.7	63.0
62	69.6	68.9	68.2	67.5	66.8	66.1	65.3	64.6	64.0	63.3
63	69.9	69.2	68.4	67.7	67.0	66.3	65.6	64.9	64.2	63.6
64	70.1	69.4	68.7	68.0	67.3	66.6	65.9	65.2	64.5	63.8
65	70.4	69.6	68.9	68.2	67.5	66.8	66.2	65.5	64.8	64.1
66	70.6	69.9	69.2	68.5	67.8	67.1	66.4	65.7	65.1	64.4
67	70.8	70.1	69.4	68.7	68.0	67.3	66.7	66.0	65.3	64.7
68	71.0	70.3	69.6	68.9	68.3	67.6	66.9	66.2	65.6	64.9
69	71.2	70.6	69.9	69.2	68.5	67.8	67.1	66.5	65.8	65.2
70	71.5	70.8	70.1	69.4	68.7	68.1	67.4	66.7	66.1	65.4
71	71.7	71.0	70.3	69.6	68.9	68.3	67.6	67.0	66.3	65.7
72	71.9	71.2	70.5	69.8	69.2	68.5	67.8	67.2	66.5	65.9
73	72.1	71.4	70.7	70.1	69.4	68.7	68.1	67.4	66.8	66.1
74	72.3	71.6	70.9	70.3	69.6	68.9	68.3	67.7	67.0	66.4
75	72.5	71.8	71.1	70.5	69.8	69.2	68.5	67.9	67.2	66.6
76	72.7	72.0	71.3	70.7	70.0	69.4	68.7	68.1	67.5	66.8
77	72.8	72.2	71.5	70.9	70.2	69.6	68.9	68.3	67.7	67.1
78	73.0	72.4	71.7	71.1	70.4	69.8	69.1	68.5	67.9	67.3
79	73.2	72.6	71.9	71.3	70.6	70.0	69.4	68.7	68.1	67.5
80	73.4	72.7	72.1	71.4	70.8	70.2	69.6	68.9	68.3	67.7
81	73.6	72.9	72.3	71.6	71.0	70.4	69.8	69.1	68.5	67.9
82	73.7	73.1	72.5	71.8	71.2	70.6	69.9	69.3	68.7	68.1
83	73.9	73.3	72.6	72.0	71.4	70.8	70.1	69.5	68.9	68.3
84	74.1	73.4	72.8	72.2	71.6	70.9	70.3	69.7	69.1	68.5
85	74.2	73.6	73.0	72.4	71.7	71.1	70.5	69.9	69.3	68.7
86	74.4	73.8	73.2	72.5	71.9	71.3	70.7	70.1	69.5	68.9
87	74.6	73.9	73.3	72.7	72.1	71.5	70.9	70.3	69.7	69.1
88	74.7	74.1	73.5	72.9	72.3	71.7	71.1	70.5	69.9	69.3
89	74.9	74.3	73.7	73.0	72.4	71.8	71.2	70.7	70.1	69.5
90	75.0	74.4	73.8	73.2	72.6	72.0	71.4	70.8	70.2	69.7
91	75.2	74.6	74.0	73.4	72.8	72.2	71.6	71.0	70.4	69.8
92	75.4	74.7	74.1	73.5	72.9	72.4	71.8	71.2	70.6	70.0
93	75.5	74.9	74.3	73.7	73.1	72.5	71.9	71.4	70.8	70.2
94	75.7	75.1	74.5	73.9	73.3	72.7	72.1	71.5	70.9	70.4
95	75.8	75.2	74.6	74.0	73.4	72.8	72.3	71.7	71.1	70.6
96	75.9	75.4	74.8	74.2	73.6	73.0	72.4	71.9	71.3	70.7
97	76.1	75.5	74.9	74.3	73.7	73.2	72.6	72.0	71.5	70.9
98	76.2	75.6	75.1	74.5	73.9	73.3	72.8	72.2	71.6	71.1
99	76.4	75.8	75.2	74.6	74.1	73.5	72.9	72.3	71.8	71.2
100	76.5	75.9	75.4	74.8	74.2	73.6	73.1	72.5	72.0	71.4

表 5c（续）

t \ $t-t_w$	9.2	9.4	9.6	9.8	10.0	10.2	10.4	10.6	10.8	11.0
15	25.5	24.1	22.8	21.4	20.1	18.7	17.4	16.1	14.8	13.5
16	27.5	26.2	24.9	23.6	22.3	21.0	19.7	18.4	17.2	15.9
17	29.4	28.2	26.9	25.6	24.4	23.1	21.9	20.6	19.4	18.2
18	31.3	30.0	28.8	27.5	26.3	25.1	23.9	22.7	21.5	20.3
19	32.9	31.7	30.5	29.3	28.1	26.9	25.8	24.6	23.4	22.3
20	34.5	33.4	32.2	31.0	29.8	28.7	27.5	26.4	25.3	24.2
21	36.0	34.9	33.7	32.6	31.5	30.3	29.2	28.1	27.0	25.9
22	37.5	36.3	35.2	34.1	33.0	31.9	30.8	29.7	28.7	27.6
23	38.8	37.7	36.6	35.5	34.4	33.4	32.3	31.2	30.2	29.2
24	40.1	39.0	37.9	36.9	35.8	34.8	33.7	32.7	31.7	30.6
25	41.3	40.2	39.2	38.1	37.1	36.1	35.1	34.0	33.0	32.0
26	42.4	41.4	40.3	39.3	38.3	37.3	36.3	35.3	34.3	33.4
27	43.5	42.5	41.5	40.5	39.5	38.5	37.5	36.5	35.6	34.6
28	44.5	43.5	42.5	41.5	40.6	39.6	38.6	37.7	36.8	35.8
29	45.5	44.5	43.5	42.6	41.6	40.7	39.7	38.8	37.9	37.0
30	46.4	45.4	44.5	43.5	42.6	41.7	40.8	39.8	38.9	38.0
31	47.3	46.3	45.4	44.5	43.5	42.6	41.7	40.8	39.9	39.1
32	48.1	47.2	46.3	45.3	44.4	43.5	42.7	41.8	40.9	40.0
33	48.9	48.0	47.1	46.2	45.3	44.4	43.5	42.7	41.8	41.0
34	49.7	48.8	47.9	47.0	46.1	45.2	44.4	43.5	42.7	41.8
35	50.4	49.5	48.6	47.8	46.9	46.0	45.2	44.4	43.5	42.7
36	51.1	50.2	49.4	48.5	47.6	46.8	46.0	45.1	44.3	43.5
37	51.8	50.9	50.0	49.2	48.4	47.5	46.7	45.9	45.1	44.3
38	52.4	51.5	50.7	49.9	49.0	48.2	47.4	46.6	45.8	45.0
39	53.0	52.2	51.3	50.5	49.7	48.9	48.1	47.3	46.5	45.7
40	53.6	52.8	52.0	51.1	50.3	49.5	48.7	47.9	47.2	46.4
41	54.2	53.3	52.5	51.7	50.9	50.1	49.4	48.6	47.8	47.0
42	54.7	53.9	53.1	52.3	51.5	50.7	50.0	49.2	48.4	47.7
43	55.2	54.4	53.6	52.9	52.1	51.3	50.5	49.8	49.0	48.3
44	55.7	55.0	54.2	53.4	52.6	51.9	51.1	50.3	49.6	48.9
45	56.2	55.4	54.7	53.9	53.1	52.4	51.6	50.9	50.2	49.4
46	56.7	55.9	55.2	54.4	53.6	52.9	52.2	51.4	50.7	50.0
47	57.2	56.4	55.6	54.9	54.1	53.4	52.7	51.9	51.2	50.5
48	57.6	56.8	56.1	55.3	54.6	53.9	53.1	52.4	51.7	51.0
49	58.0	57.3	56.5	55.8	55.1	54.3	53.6	52.9	52.2	51.5
50	58.4	57.7	57.0	56.2	55.5	54.8	54.1	53.4	52.6	52.0
51	58.8	58.1	57.4	56.6	55.9	55.2	54.5	53.8	53.1	52.4
52	59.2	58.5	57.8	57.1	56.3	55.6	54.9	54.2	53.5	52.9
53	59.6	58.9	58.2	57.4	56.7	56.0	55.3	54.7	54.0	53.3
54	60.0	59.3	58.5	57.8	57.1	56.4	55.7	55.1	54.4	53.7
55	60.3	59.6	58.9	58.2	57.5	56.8	56.1	55.5	54.8	54.1
56	60.7	60.0	59.3	58.6	57.9	57.2	56.5	55.8	55.2	54.5
57	61.0	60.3	59.6	58.9	58.2	57.6	56.9	56.2	55.6	54.9

表 5c（续）

$t-t_w$ / t	9.2	9.4	9.6	9.8	10.0	10.2	10.4	10.6	10.8	11.0
58	61.3	60.6	60.0	59.3	58.6	57.9	57.2	56.6	55.9	55.3
59	61.7	61.0	60.3	59.6	58.9	58.3	57.6	56.9	56.3	55.6
60	62.0	61.3	60.6	59.9	59.3	58.6	57.9	57.3	56.6	56.0
61	62.3	61.6	60.9	60.3	59.6	58.9	58.3	57.6	57.0	56.3
62	62.6	61.9	61.2	60.6	59.9	59.3	58.6	58.0	57.3	56.7
63	62.9	62.2	61.5	60.9	60.2	59.6	58.9	58.3	57.6	57.0
64	63.2	62.5	61.8	61.2	60.5	59.9	59.2	58.6	58.0	57.3
65	63.4	62.8	62.1	61.5	60.8	60.2	59.5	58.9	58.3	57.7
66	63.7	63.1	62.4	61.8	61.1	60.5	59.8	59.2	58.6	58.0
67	64.0	63.3	62.7	62.0	61.4	60.8	60.1	59.5	58.9	58.3
68	64.3	63.6	63.0	62.3	61.7	61.1	60.4	59.8	59.2	58.6
69	64.5	63.9	63.2	62.6	62.0	61.3	60.7	60.1	59.5	58.9
70	64.8	64.1	63.5	62.9	62.2	61.6	61.0	60.4	59.8	59.2
71	65.0	64.4	63.7	63.1	62.5	61.9	61.3	60.6	60.0	59.4
72	65.3	64.6	64.0	63.4	62.8	62.1	61.5	60.9	60.3	59.7
73	65.5	64.9	64.2	63.6	63.0	62.4	61.8	61.2	60.6	60.0
74	65.7	65.1	64.5	63.9	63.3	62.7	62.0	61.4	60.9	60.3
75	66.0	65.4	64.7	64.1	63.5	62.9	62.3	61.7	61.1	60.5
76	66.2	65.6	65.0	64.4	63.8	63.1	62.6	62.0	61.4	60.8
77	66.4	65.8	65.2	64.6	64.0	63.4	62.8	62.2	61.6	61.0
78	66.7	66.0	65.4	64.8	64.2	63.6	63.0	62.5	61.9	61.3
79	66.9	66.3	65.7	65.1	64.5	63.9	63.3	62.7	62.1	61.5
80	67.1	66.5	65.9	65.3	64.7	64.1	63.5	62.9	62.4	61.8
81	67.3	66.7	66.1	65.5	64.9	64.3	63.7	63.2	62.6	62.0
82	67.5	66.9	66.3	65.7	65.1	64.5	64.0	63.4	62.8	62.3
83	67.7	67.1	66.5	65.9	65.4	64.8	64.2	63.6	63.1	62.5
84	67.9	67.3	66.7	66.1	65.6	65.0	64.4	63.8	63.3	62.7
85	68.1	67.5	66.9	66.4	65.8	65.2	64.6	64.1	63.5	62.9
86	68.3	67.7	67.1	66.6	66.0	65.4	64.8	64.3	63.7	63.2
87	68.5	67.9	67.3	66.8	66.2	65.6	65.1	64.5	63.9	63.4
88	68.7	68.1	67.5	67.0	66.4	65.8	65.3	64.7	64.2	63.6
89	68.9	68.3	67.7	67.2	66.6	66.0	65.5	64.9	64.4	63.8
90	69.1	68.5	67.9	67.4	66.8	66.2	65.7	65.1	64.6	64.0
91	69.3	68.7	68.1	67.6	67.0	66.4	65.9	65.3	64.8	64.2
92	69.4	68.9	68.3	67.8	67.2	66.6	66.1	65.5	65.0	64.5
93	69.6	69.1	68.5	67.9	67.4	66.8	66.3	65.7	65.2	64.7
94	69.8	69.2	68.7	68.1	67.6	67.0	66.5	65.9	65.4	64.9
95	70.0	69.4	68.9	68.3	67.8	67.2	66.7	66.1	65.6	65.1
96	70.2	69.6	69.0	68.5	67.9	67.4	66.9	66.3	65.8	65.3
97	70.3	69.8	69.2	68.7	68.1	67.6	67.1	66.5	66.0	65.5
98	70.5	70.0	69.4	68.9	68.3	67.8	67.2	66.7	66.2	65.7
99	70.7	70.1	69.6	69.0	68.5	68.0	67.4	66.9	66.4	65.8
100	70.8	70.3	69.8	69.2	68.7	68.1	67.6	67.1	66.6	66.0

表 5c（续）

$t-t_w$ / t	11.5	12.0	12.5	13.5	13.5	14.0	14.5	15.0	15.5	16.0
15	10.3	7.2	4.0	1.0						
16	12.8	9.8	6.8	3.8	0.9					
17	15.2	12.2	9.3	6.4	3.6	0.8				
18	17.4	14.5	11.7	8.9	6.2	3.5	0.8			
19	19.4	16.7	13.9	11.2	8.5	5.9	3.4	0.8		
20	21.4	18.7	16.0	13.4	10.8	8.3	5.8	3.3	0.9	
21	23.2	20.6	18.0	15.4	12.9	10.4	8.0	5.6	3.3	1.0
22	25.0	22.4	19.8	17.4	14.9	12.5	10.1	7.8	5.5	3.3
23	26.6	24.1	21.6	19.2	16.8	14.5	12.1	9.9	7.7	5.5
24	28.1	25.7	23.3	20.9	18.6	16.3	14.0	11.8	9.7	7.5
25	29.6	27.2	24.8	22.5	20.2	18.0	15.8	13.7	11.5	9.5
26	31.0	28.6	26.3	24.1	21.8	19.6	17.5	15.4	13.3	11.3
27	32.3	30.0	27.7	25.5	23.3	21.2	19.1	17.0	15.0	13.0
28	33.5	31.3	29.0	26.9	24.7	22.7	20.6	18.6	16.6	14.7
29	34.7	32.5	30.3	28.2	26.1	24.0	22.0	20.1	18.1	16.2
30	35.8	33.6	31.5	29.4	27.4	25.4	23.4	21.4	19.5	17.7
31	36.9	34.7	32.6	30.6	28.6	26.6	24.7	22.8	20.9	19.1
32	37.9	35.8	33.7	31.7	29.7	27.8	25.9	24.0	22.2	20.4
33	38.8	36.8	34.8	32.8	30.8	28.9	27.0	25.2	23.4	21.7
34	39.8	37.7	35.7	33.8	31.9	30.0	28.2	26.4	24.6	22.8
35	40.6	38.6	36.7	34.8	32.9	31.0	29.2	27.4	25.7	24.0
36	41.5	39.5	37.6	35.7	33.8	32.0	30.2	28.5	26.8	25.1
37	42.3	40.3	38.4	36.6	34.7	32.9	31.2	29.5	27.8	26.1
38	43.0	41.1	39.2	37.4	35.6	33.8	32.1	30.4	28.7	27.1
39	43.8	41.9	40.0	38.2	36.4	34.7	33.0	31.3	29.7	28.0
40	44.5	42.6	40.8	39.0	37.2	35.5	33.8	32.2	30.5	28.9
41	45.2	43.3	41.5	39.7	38.0	36.3	34.6	33.0	31.4	29.8
42	45.8	44.0	42.2	40.4	38.7	37.0	35.4	33.8	32.2	30.6
43	46.4	44.6	42.9	41.1	39.4	37.8	36.1	34.5	33.0	31.4
44	47.0	45.3	43.5	41.8	4[illegible].1	38.5	36.9	35.3	33.7	32.2
45	47.6	45.9	44.1	42.4	4[illegible].8	39.1	37.5	36.0	34.4	32.9
46	48.2	46.4	44.7	43.0	41.4	39.8	38.2	36.7	35.1	33.7
47	48.7	47.0	45.3	43.6	42.0	40.4	38.8	37.3	35.8	34.3
48	49.2	47.5	45.8	44.2	42.6	41.0	39.5	37.9	36.5	35.0
49	49.7	48.0	46.4	44.7	43.2	41.6	40.1	38.5	37.1	35.6
50	50.2	48.5	46.9	45.3	43.7	42.1	40.6	39.1	37.7	36.2
51	50.7	49.0	47.4	45.8	44.2	42.7	41.2	39.7	38.3	36.8
52	51.2	49.5	47.9	46.3	44.7	43.2	41.7	40.3	38.8	37.4
53	51.6	50.0	48.4	46.8	45.2	43.7	42.2	40.8	39.4	38.0
54	52.0	50.4	48.8	47.3	45.7	44.2	42.7	41.3	39.9	38.5
55	52.5	50.8	49.3	47.7	46.2	44.7	43.2	41.8	40.4	39.0
56	52.9	51.3	49.7	48.2	46.6	45.2	43.7	42.3	40.9	39.5
57	53.3	51.7	50.1	48.6	47.1	45.6	44.2	42.8	41.4	40.0

表 5c（续）

t \ $t-t_w$	11.5	12.0	12.5	13.5	13.5	14.0	14.5	15.0	15.5	16.0
58	53.7	52.1	50.5	49.0	47.5	46.1	44.6	43.2	41.9	40.5
59	54.0	52.5	50.9	49.4	47.9	46.5	45.1	43.7	42.3	41.0
60	54.4	52.8	51.3	49.8	48.4	46.9	45.5	44.1	42.8	41.4
61	54.8	53.2	51.7	50.2	48.8	47.3	45.9	44.5	43.2	41.9
62	55.1	53.6	52.1	50.6	49.1	47.7	46.3	45.0	43.6	42.3
63	55.5	53.9	52.4	51.0	49.5	48.1	46.7	45.4	44.0	42.7
64	55.8	54.3	52.8	51.3	49.9	48.5	47.1	45.8	44.4	43.1
65	56.1	54.6	53.1	51.7	50.3	48.9	47.5	46.2	44.8	43.5
66	56.4	54.9	53.5	52.0	50.6	49.2	47.9	46.5	45.2	43.9
67	56.8	55.3	53.8	52.4	51.0	49.6	48.2	46.9	45.6	44.3
68	57.1	55.6	54.1	52.7	51.3	49.9	48.6	47.3	46.0	44.7
69	57.4	55.9	54.4	53.0	51.6	50.3	48.9	47.6	46.3	45.1
70	57.7	56.2	54.8	53.4	52.0	50.6	49.3	48.0	46.7	45.4
71	58.0	56.5	55.1	53.7	52.3	50.9	49.6	48.3	47.0	45.8
72	58.2	56.8	55.4	54.0	52.6	51.3	49.9	48.6	47.4	46.1
73	58.5	57.1	55.7	54.3	52.9	51.6	50.3	49.0	47.7	46.5
74	58.8	57.4	56.0	54.6	53.2	51.9	50.6	49.3	48.0	46.8
75	59.1	57.6	56.2	54.9	53.5	52.2	50.9	49.6	48.4	47.1
76	59.3	57.9	56.5	55.2	53.8	52.5	51.2	49.9	48.7	47.5
77	59.6	58.2	56.8	55.4	54.1	52.8	51.5	50.2	49.0	47.8
78	59.9	58.5	57.1	55.7	54.4	53.1	51.8	50.5	49.3	48.1
79	60.1	58.7	57.3	56.0	54.7	53.4	52.1	50.8	49.6	48.4
80	60.4	59.0	57.6	56.3	54.9	53.7	52.4	51.1	49.9	48.7
81	60.6	59.2	57.9	56.5	55.2	53.9	52.7	51.4	50.2	49.0
82	60.9	59.5	58.1	56.8	55.5	54.2	52.9	51.7	50.5	49.3
83	61.1	59.7	58.4	57.1	55.8	54.5	53.2	52.0	50.8	49.6
84	61.3	60.0	58.6	57.3	56.0	54.7	53.5	52.3	51.1	49.9
85	61.6	60.2	58.9	57.6	56.3	55.0	53.8	52.5	51.3	50.2
86	61.8	60.4	59.1	57.8	56.5	55.3	54.0	52.8	51.6	50.4
87	62.0	60.7	59.4	58.1	56.8	55.5	54.3	53.1	51.9	50.7
88	62.2	60.9	59.6	58.3	57.0	55.8	54.5	53.3	52.2	51.0
89	62.5	61.1	59.8	58.5	57.3	56.0	54.8	53.6	52.4	51.3
90	62.7	61.4	60.1	58.8	57.5	56.3	55.1	53.9	52.7	51.5
91	62.9	61.6	60.3	59.0	57.8	56.5	55.3	54.1	52.9	51.8
92	63.1	61.8	60.5	59.2	58.0	56.8	55.6	54.4	53.2	52.0
93	63.3	62.0	60.7	59.5	58.2	57.0	55.8	54.6	53.4	52.3
94	63.5	62.2	61.0	59.7	58.5	57.2	56.0	54.9	53.7	52.6
95	63.7	62.4	61.2	59.9	58.7	57.5	56.3	55.1	53.9	52.8
96	63.9	62.7	61.4	60.1	58.9	57.7	56.5	55.3	54.2	53.1
97	64.2	62.9	61.6	60.4	59.1	57.9	56.7	55.6	54.4	53.3
98	64.4	63.1	61.8	60.6	59.4	58.2	57.0	55.8	54.7	53.5
99	64.5	63.3	62.0	60.8	59.6	58.4	57.2	56.0	54.9	53.8
100	64.7	63.5	62.2	61.0	59.8	58.6	57.4	56.3	55.1	54.0

表 6　纯水平面饱和水汽压(kPa)

t \ $t-t_w$	0.0	0.1	0.2	0.3	0.4	0.5	0.6	0.7	0.8	0.9
0	0.611	0.615	0.620	0.624	0.629	0.633	0.638	0.642	0.647	0.652
1	0.657	0.661	0.666	0.671	0.676	0.681	0.685	0.690	0.695	0.700
2	0.705	0.710	0.716	0.721	0.726	0.731	0.736	0.741	0.747	0.752
3	0.757	0.763	0.768	0.774	0.779	0.785	0.790	0.796	0.801	0.807
4	0.813	0.819	0.824	0.830	0.836	0.842	0.848	0.854	0.860	0.866
5	0.872	0.878	0.884	0.890	0.896	0.903	0.909	0.915	0.922	0.928
6	0.935	0.941	0.948	0.954	0.961	0.967	0.974	0.981	0.988	0.994
7	1.001	1.008	1.015	1.022	1.029	1.036	1.043	1.050	1.058	1.065
8	1.072	1.079	1.087	1.094	1.102	1.109	1.117	1.124	1.132	1.140
9	1.147	1.155	1.163	1.171	1.179	1.187	1.195	1.203	1.211	1.219
10	1.227	1.235	1.244	1.252	1.260	1.269	1.277	1.286	1.294	1.303
11	1.312	1.321	1.329	1.338	1.347	1.356	1.365	1.374	1.383	1.392
12	1.402	1.411	1.420	1.430	1.439	1.448	1.458	1.468	1.477	1.487
13	1.497	1.507	1.516	1.526	1.536	1.546	1.556	1.567	1.577	1.587
14	1.598	1.608	1.618	1.629	1.639	1.650	1.661	1.672	1.682	1.693
15	1.704	1.715	1.726	1.737	1.749	1.760	1.771	1.783	1.794	1.806
16	1.817	1.829	1.840	1.852	1.864	1.876	1.888	1.900	1.912	1.924
17	1.937	1.949	1.961	1.974	1.986	1.999	2.011	2.024	2.037	2.050
18	2.063	2.076	2.089	2.102	2.115	2.129	2.142	2.155	2.169	2.183
19	2.196	2.210	2.224	2.238	2.252	2.266	2.280	2.294	2.308	2.323
20	2.337	2.352	2.366	2.381	2.396	2.410	2.425	2.440	2.455	2.471
21	2.486	2.501	2.517	2.532	2.548	2.563	2.579	2.595	2.611	2.627
22	2.643	2.659	2.675	2.692	2.708	2.724	2.741	2.758	2.775	2.791
23	2.808	2.825	2.843	2.860	2.877	2.894	2.912	2.930	2.947	2.965
24	2.983	3.001	3.019	3.037	3.055	3.074	3.092	3.111	3.129	3.148
25	3.167	3.186	3.205	3.224	3.243	3.262	3.282	3.301	3.321	3.341
26	3.361	3.381	3.401	3.421	3.441	3.461	3.482	3.502	3.523	3.544
27	3.565	3.586	3.607	3.628	3.649	3.671	3.692	3.714	3.735	3.757
28	3.779	3.801	3.824	3.846	3.868	3.891	3.913	3.936	3.959	3.982
29	4.005	4.028	4.052	4.075	4.099	4.122	4.146	4.170	4.194	4.218
30	4.243	4.267	4.292	4.316	4.341	4.366	4.391	4.416	4.441	4.467
31	4.492	4.518	4.544	4.570	4.596	4.622	4.648	4.675	4.701	4.728
32	4.755	4.782	4.809	4.836	4.863	4.891	4.919	4.946	4.974	5.002
33	5.030	5.059	5.087	5.116	5.144	5.173	5.202	5.231	5.261	5.290
34	5.320	5.349	5.379	5.409	5.439	5.470	5.500	5.531	5.561	5.592
35	5.623	5.654	5.686	5.717	5.749	5.781	5.813	5.845	5.877	5.909
36	5.942	5.975	6.007	6.040	6.074	6.107	6.140	6.174	6.208	6.242
37	6.276	6.310	6.345	6.379	6.414	6.449	6.484	6.519	6.555	6.590

表 6（续）

$t-t_w$ / t	0.0	0.1	0.2	0.3	0.4	0.5	0.6	0.7	0.8	0.9
38	6.626	6.662	6.698	6.734	6.771	6.807	6.844	6.881	6.918	6.956
39	6.993	7.031	7.068	7.106	7.145	7.183	7.221	7.260	7.299	7.338
40	7.377	7.417	7.456	7.496	7.536	7.576	7.617	7.657	7.698	7.739
41	7.780	7.821	7.863	7.904	7.946	7.988	8.030	8.073	8.115	8.158
42	8.201	8.244	8.288	8.331	8.375	8.419	8.463	8.508	8.552	8.597
43	8.642	8.687	8.732	8.778	8.824	8.870	8.916	8.962	9.009	9.056
44	9.103	9.150	9.198	9.245	9.293	9.341	9.390	9.438	9.487	9.536
45	9.585	9.634	9.684	9.734	9.784	9.834	9.885	9.935	9.986	10.038
46	10.089	10.141	10.192	10.244	10.297	10.349	10.402	10.455	10.508	10.562
47	10.615	10.669	10.724	10.778	10.833	10.887	10.943	10.998	11.053	11.109
48	11.165	11.222	11.278	11.335	11.392	11.449	11.507	11.565	11.623	11.681
49	11.740	11.798	11.857	11.917	11.976	12.036	12.096	12.156	12.217	12.278
50	12.339	12.400	12.462	12.524	12.586	12.648	12.711	12.774	12.837	12.901
51	12.964	13.028	13.093	13.157	13.222	13.287	13.353	13.418	13.484	13.550
52	13.617	13.684	13.751	13.818	13.886	13.953	14.022	14.090	14.159	14.228
53	14.297	14.367	14.437	14.507	14.577	14.648	14.719	14.791	14.862	14.934
54	15.006	15.079	15.152	15.225	15.298	15.372	15.446	15.521	15.595	15.670
55	15.746	15.821	15.897	15.973	16.050	16.127	16.204	16.281	16.359	16.437
56	16.515	16.594	16.673	16.753	16.832	16.912	16.993	17.073	17.154	17.236
57	17.317	17.399	17.482	17.564	17.647	17.731	17.814	17.898	17.983	18.067
58	18.152	18.238	18.323	18.409	18.496	18.582	18.670	18.757	18.845	18.933
59	19.021	19.110	19.199	19.289	19.379	19.469	19.559	19.650	19.742	19.833
60	19.925	20.018	20.111	20.204	20.297	20.391	20.485	20.580	20.675	20.770
61	20.866	20.962	21.059	21.155	21.253	21.350	21.448	21.547	21.645	21.744
62	21.844	21.944	22.044	22.145	22.246	22.347	22.449	22.552	22.654	22.757
63	22.861	22.965	23.069	23.173	23.279	23.384	23.490	23.596	23.703	23.810
64	23.917	24.025	24.134	24.242	24.352	24.461	24.571	24.682	24.792	24.904
65	25.015	25.127	25.240	25.353	25.466	25.580	25.694	25.809	25.924	26.040
66	26.156	26.272	26.389	26.506	26.624	26.742	26.861	26.980	27.099	27.219
67	27.340	27.461	27.582	27.704	27.826	27.949	28.072	28.195	28.320	28.444
68	28.569	28.694	28.820	28.947	29.074	29.201	29.329	29.457	29.586	29.715
69	29.845	29.975	30.106	30.237	30.368	30.500	30.633	30.766	30.900	31.034
70	31.168	31.303	31.439	31.575	31.712	31.849	31.986	32.124	32.263	32.402
71	32.541	32.681	32.822	32.963	33.105	33.247	33.389	33.532	33.676	33.820
72	33.965	34.110	34.256	34.402	34.549	34.696	34.844	34.993	35.141	35.291
73	35.441	35.591	35.742	35.894	36.046	36.199	36.352	36.506	36.660	36.815
74	36.971	37.126	37.283	37.440	37.598	37.756	37.915	38.074	38.234	38.394

表 6（续）

t \ $t-t_w$	0.0	0.1	0.2	0.3	0.4	0.5	0.6	0.7	0.8	0.9
75	38.555	38.717	38.879	39.042	39.205	39.369	39.534	39.699	39.864	40.031
76	40.197	40.365	40.533	40.701	40.870	41.040	41.210	41.381	41.553	41.725
77	41.898	42.071	42.245	42.419	42.595	42.770	42.947	43.124	43.301	43.479
78	43.658	43.838	44.018	44.198	44.379	44.561	44.744	44.927	45.111	45.295
79	45.480	45.666	45.852	46.039	46.227	46.415	46.604	46.794	46.984	47.175
80	47.366	47.558	47.751	47.944	48.139	48.333	48.529	48.725	48.922	49.119
81	49.317	49.516	49.715	49.915	50.116	50.318	50.520	50.722	50.926	51.130
82	51.335	51.541	51.747	51.954	52.161	52.370	52.579	52.788	52.999	53.210
83	53.422	53.634	53.848	54.061	54.276	54.491	54.708	54.924	55.142	55.360
84	55.579	55.799	56.019	56.240	56.462	56.685	56.908	57.132	57.357	57.583
85	57.809	58.036	58.264	58.492	58.722	58.952	59.182	59.414	59.646	59.879
86	60.113	60.348	60.583	60.819	61.056	61.294	61.532	61.771	62.011	62.252
87	62.494	62.736	62.979	63.223	63.468	63.713	63.959	64.207	64.454	64.703
88	64.953	65.203	65.454	65.706	65.958	66.212	66.466	66.721	66.977	67.234
89	67.492	67.750	68.009	68.269	68.530	68.792	69.054	69.318	69.582	69.847
90	70.113	70.380	70.647	70.916	71.185	71.455	71.726	71.998	72.271	72.544
91	72.819	73.094	73.370	73.647	73.925	74.204	74.484	74.764	75.046	75.328
92	75.611	75.895	76.180	76.466	76.753	77.040	77.329	77.618	77.908	78.200
93	78.492	78.785	79.079	79.374	79.669	79.966	80.264	80.562	80.862	81.162
94	81.463	81.766	82.069	82.373	82.678	82.984	83.291	83.599	83.908	84.217
95	84.528	84.840	85.152	85.466	85.780	86.096	86.412	86.730	87.048	87.367
96	87.688	88.009	88.331	88.655	88.979	89.304	89.630	89.958	90.286	90.615
97	90.945	91.276	91.608	91.942	92.276	92.611	92.947	93.284	93.623	93.962
98	94.302	94.643	94.986	95.329	95.673	96.019	96.365	96.713	97.061	97.411
99	97.761	98.113	98.466	98.819	99.174	99.530	99.887	100.245	100.604	100.964
100	101.325	101.687	102.051	102.415	102.780	103.147	103.515	103.883	104.253	104.624

附 录 A
（资料性附录）
本标准对 GB/T 6999—1986 的修改说明

本标准对 GB/T 6999—1986 所作的修改如表 A.1 所示。

表 A.1 本标准对 GB/T 6999—1986 的修改说明

本标准的章条号	原 GB/T 6999—1986 的对应内容	本标准修改为
2.2	公式当中“$0.42873\cdot10^{-3}[10^{4.76955(1-T/T_1)}-1]$”一项	$0.42873\times10^{-3}[10^{4.76955(1-T_1/T)}-1]$
	公式的参数“$T_1=273.15$ K”	$T_1=273.16$ K
表 2a_1	$t-t_w=5.2,t=21:U=52.5$	$U=52.4$
表 3b	$t-t_w=0.3,t=57:U=99.5$	$U=98.5$
	$t-t_w=0.3,t=58:U=99.5$	$U=98.5$
	$t-t_w=0.3,t=59:U=99.5$	$U=98.5$
表 6	$t-t_w=0.1,t=74:e_w=37.127$	$e_w=37.126$
	$t-t_w=0.1,t=78:e_w=43.837$	$e_w=43.838$
	$t-t_w=0.2,t=83:e_w=53.847$	$e_w=53.848$
	$t-t_w=0.5,t=81:e_w=50.317$	$e_w=50.318$
	$t-t_w=0.5,t=83:e_w=54.492$	$e_w=54.491$
	$t-t_w=0.6,t=59:e_w=19.560$	$e_w=19.559$
	$t-t_w=0.7,t=97:e_w=93.285$	$e_w=93.284$
	$t-t_w=0.8,t=67:e_w=28.319$	$e_w=28.320$
	$t-t_w=0.8,t=94:e_w=83.907$	$e_w=83.908$
	$t-t_w=0.8,t=97:e_w=93.622$	$e_w=93.623$
	$t-t_w=0.9,t=84:e_w=57.582$	$e_w=57.583$

ICS 71.040.99
J 31

中华人民共和国国家标准

GB/T 7143—2010
代替 GB/T 7143—1986

铸造用硅砂化学分析方法

Methods for chemical analysis of silica sand for foundry

2010-09-26 发布　　2011-02-01 实施

中华人民共和国国家质量监督检验检疫总局
中国国家标准化管理委员会　发布

前　言

本标准代替 GB/T 7143—1986《铸造用硅砂化学分析方法》。

本标准与 GB/T 7143—1986 相比，主要技术内容修改如下：

——对原标准的格式做编辑性修改；

——增加了硅砂酸耗值的测定方法。

本标准由全国铸造标准化技术委员会(SAC/TC 54)提出并归口。

本标准主要起草单位：济南圣泉集团股份有限公司、宁波日月集团有限公司。

本标准主要起草人：祝建勋、李娜、李冬花、宋贤发。

本标准所代替标准的历次版本发布情况为：

——GB/T 7143—1986。

铸造用硅砂化学分析方法

1 范围

本标准规定了铸造用硅砂化学分析试样的制备及试验方法。

本标准适用于铸造用天然硅砂、精选石英砂和人造石英砂的二氧化硅、氧化铝、氧化铁、氧化钛、氧化钙、氧化镁、氧化钾、氧化钠含量分析和酸耗值的测定。

本标准中并列的测定方法，可根据具体情况选用。

2 规范性引用文件

下列文件中的条款通过本标准的引用而成为本标准的条款。凡是注日期的引用文件，其随后所有的修改单(不包括勘误的内容)或修订版均不适用于本标准，然而，鼓励根据本标准达成协议的各方研究是否可使用这些文件的最新版本。凡是不注日期的引用文件，其最新版本适用于本标准。

GB/T 601 化学试剂 标准滴定溶液的制备

GB/T 603 化学试剂 试验方法中所用制剂及制品的制备

GB/T 2684 铸造用砂及混合料试验方法

GB/T 6682 分析实验室用水规格和试验方法

GB/T 8170 数值修约规则与极限数值的表示和判定

3 试样的制备

3.1 试样必须具有代表性和均匀性，没有外来杂质混入。

3.2 酸耗值测定的试样由样品中选取，按 GB/T 2684 的规定进行。

3.3 其他指标测定试样用四分法缩分(若粒度过大时，则应先粉碎至 0.8 mm 以下，并用磁铁除去粉碎过程中引入的铁后，再缩分)，最后得到约 20 g 试样，研磨至全部通过 75 μm 筛(即 200 目筛)。将上述试样置于称量瓶内，在 105 ℃～110 ℃烘干 2 h，然后放入干燥器中，冷却后备用。

4 试验方法

除非另有说明，在分析中所用标准溶液、制剂和制品，均按 GB/T 601、GB/T 603 规定制备。使用确认为分析纯的试剂和符合 GB/T 6682 所规定的三级水。试验中所用到的试剂，凡未注明浓度者，均为出厂原始浓度。

检验结果的判定按 GB/T 8170 中修约值比较法进行。

4.1 二氧化硅含量的测定

4.1.1 盐酸一次脱水重量—钼蓝吸光光度联用法测定二氧化硅含量

4.1.1.1 原理

试样用碳酸钠熔融分解，以盐酸溶解熔块，并蒸发干涸使硅酸脱水，加入盐酸溶解可溶性盐类，过滤并灼烧成二氧化硅，然后用氢氟酸处理，使硅以四氟化硅的形式逸出，氢氟酸处理前后的质量差，即为沉淀中的二氧化硅量，用钼蓝吸光光度法测定滤液中残余的二氧化硅量，两者相加即为试样中二氧化硅的含量。

4.1.1.2 试剂和材料

a) 无水碳酸钠；

b) 盐酸；

c) 氢氟酸；

d) 乙醇：95%；

e) 盐酸：1+1；

f) 盐酸：1+11；

g) 盐酸：5+95；

h) 硫酸：1+1；

i) 硫氰酸钾溶液：5%；

j) 硝酸银溶液：1%；

k) 氟化钾溶液：2%；

l) 硼酸溶液：2%；

m) 氢氧化钾溶液：20%，贮存于塑料瓶中；

n) 钼酸铵溶液：5%；

o) 抗坏血酸溶液：2%，用时现配；

p) 二氧化硅标准溶液：0.1 mg/mL，准确称取 0.100 0 g 预先经 1 000 ℃灼烧 1 h 的二氧化硅（基准试剂）于铂坩埚中，加 2 g 无水碳酸钠，混匀，先于低温加热，逐渐升高温度至 1 000 ℃，以得到透明熔体，冷却，置于塑料烧杯中，用沸水浸取并用水洗出坩埚，冷却至室温，移入 1 000 mL 容量瓶中，以水稀释至标线，摇匀，贮存于塑料瓶中，此溶液每毫升相当于 0.1 mg 二氧化硅；

q) 对硝基苯酚指示剂乙醇溶液：5 g/L。

4.1.1.3 仪器

a) 分析天平：精度 0.000 1 g；

b) 铂坩埚：30 mL～100 mL；

c) 高温箱式电阻炉；

d) 单刻线移液管：5 mL、10 mL、25 mL，A 类；

e) 容量瓶：100 mL、250 mL，A 类；

f) 电烘箱；

g) 分光光度计。

4.1.1.4 分析步骤

a) 试验溶液的制备：

称取 0.5 g 试样（精确到 0.000 1 g），置于铂坩埚中，加 1.5 g 无水碳酸钠，与试样混匀，再加 0.5 g无水碳酸钠覆盖表面，置于高温箱式电阻炉中，从低温开始逐渐升温至 1 000 ℃～1 050 ℃，并在此温度下保持 15 min～20 min，用包有铂金头的坩埚钳夹持铂坩埚，小心旋转，使熔融物均匀地贴附于铂坩埚的内壁，冷却，盖上表面皿，加 20 mL 盐酸[4.1.1.2e)]溶解熔块，将铂坩埚置于水浴上，加热至碳酸盐完全分解，不再冒气泡，取下，用热水洗净表面皿，除去表面皿，再将铂坩埚置于水浴上蒸发至干，然后置于电烘箱内，于 130 ℃干燥 1 h。

冷却，加 5 mL 盐酸[4.1.1.2b)]，放置 5 min，加约 20 mL 热水，搅拌使盐类溶解，加入适量滤纸浆搅拌，用中速定量滤纸过滤，滤液及洗涤液用 250 mL 容量瓶承接，以热盐酸[4.1.1.2 g)]洗涤铂坩埚壁及沉淀至无铁离子（用硫氰酸钾溶液检查），继续用热水洗涤至无氯离子（用硝酸银溶液检查）。

将沉淀和滤纸一并移入铂坩埚，在沉淀上滴加 2 滴硫酸，在电炉上低温烘干，然后移入高温炉中，逐渐升高温度，使滤纸充分灰化，最后于 1 150 ℃～1 200 ℃灼烧 1 h，在干燥器中冷却至室温，称量，反复灼烧，直至恒重（两次灼烧称量的差值≤0.000 2 g，为恒重）。

将沉淀用水润湿，加 3 滴硫酸和 5 mL～7 mL 氢氟酸，在低温炉上蒸发至干，重复处理一次，继续加热至冒尽三氧化硫白烟为止，将坩埚在 1 150 ℃～1 200 ℃灼烧 15 min，在干燥器中冷却至室温，称重，反复灼烧，直至恒重（两次灼烧称量的差值≤0.000 2 g，为恒重）。

b) 试样的测定：

将上述滤液用水稀释至标线，摇匀，移取 25 mL 于 100 mL 塑料杯中，加 5 mL 氟化钾溶液，摇匀，放置 10 min，加 5 mL 硼酸溶液，加 1 滴对硝基苯酚指示剂乙醇溶液，滴加氢氧化钾，至溶液变黄，加 8 mL 盐酸[4.1.1.2f)]，转入 100 mL 容量瓶中，加 8 mL 乙醇溶液，5 mL 钼酸铵溶液，摇匀，于 30 ℃～50 ℃的温水中放置 5 min～10 min，冷却至室温，加 15 mL 盐酸[4.1.1.2e)]，用水稀释至近 90 mL，加 5 mL 抗坏血酸溶液，用水稀释至标线，摇匀，1 h 后，以试剂空白溶液作参比，选用 0.5 cm 比色皿，在波长 680 nm～700 nm 处测定溶液的吸光度。

c) 工作曲线的绘制：

在 7 个 100 mL 容量瓶中，分别加入 8 mL 盐酸[4.1.1.2f)]及 10 mL 水，摇匀，依次移入 0.00 mL、1.00 mL、2.00 mL、3.00 mL、4.00 mL、5.00 mL、6.00 mL 二氧化硅标准溶液，加 8 mL乙醇溶液，以下操作按分析步骤进行，测定吸光度，绘制工作曲线。

4.1.1.5 结果表示

二氧化硅含量以质量分数 X_1 计，数值以%表示，按公式(1)计算：

$$X_1(\%)=\frac{(m_1-m_2)+C_1\times 10}{m_3}\times 100 \quad\cdots\cdots(1)$$

式中：

m_1——氢氟酸处理前沉淀与铂坩埚的质量，单位为克(g)；

m_2——氢氟酸处理后沉淀与铂坩埚的质量，单位为克(g)；

C_1——从工作曲线上查得二氧化硅的质量，单位为克(g)；

m_3——试样的质量，单位为克(g)。

4.1.1.6 允许差

实验室之间分析结果的绝对差值应不大于 0.50%。

4.1.2 氢氟酸挥散法测定二氧化硅含量

4.1.2.1 原理

对于二氧化硅含量 95%以上的石英砂试样，经灼烧恒重后，用硝酸和氢氟酸处理，使硅以四氟化硅的形式逸出，再灼烧至恒重，失重质量即为二氧化硅含量。

4.1.2.2 试剂和材料

a) 硝酸；

b) 氢氟酸。

4.1.2.3 仪器

a) 分析天平：精度 0.000 1 g；

b) 铂坩埚：30 mL～100 mL；

c) 高温箱式电阻炉。

4.1.2.4 分析步骤

称取约 1 g 试样，精确到 0.000 1 g，置于已恒重（两次灼烧称量的差值≤0.000 2 g）的铂坩埚中，放入高温炉中，从低温开始逐渐升温至 950 ℃～1 000 ℃，保温 1 h，取出稍冷，立即放入干燥器中，冷却至室温，称重。重复灼烧（每次 15 min），称重，直至恒重（两次灼烧称量的差值≤0.000 2 g，为恒重）。

将灼烧后的试样，加数滴水润湿，加 5 mL 硝酸及 5 mL～8 mL 氢氟酸，盖上坩埚盖并使其稍留有缝隙，在低温电炉上不沸腾的情况下，加热 30 min（此时试液应澄清），用少量水洗净坩埚盖，继续加热蒸发至干，取下，冷却；再加 5 mL 硝酸，5 mL 氢氟酸，重新蒸发至干，然后沿埚壁加入 5 mL 硝酸，再蒸发至干，同样用硝酸处理两次，最后升高温度至不再放出氧化氮为止。将铂坩埚移入高温箱式电阻炉内，初以低温，再于 1 000 ℃～1 050 ℃灼烧 30 min，取出置于干燥器中，冷却至室温，称量，如此反复灼烧(每次灼烧 15 min)直至恒重。同时做空白试验。

4.1.2.5 **结果计算**

二氧化硅含量以质量分数 X_2 计，数值以%表示，按公式(2)计算：

$$X_2(\%)=\frac{m_4-m_5+m_6}{m_7}\times 100 \quad\cdots\cdots(2)$$

式中：

m_4——灼烧后试样与坩埚的质量，单位为克(g)；

m_5——氢氟酸处理后的残渣与坩埚的质量，单位为克(g)；

m_6——空白试验残渣的质量，单位为克(g)；

m_7——试样的质量，单位为克(g)。

4.1.2.6 **允许差**

实验室之间分析结果的绝对差值应不大于 0.50%。

4.2 **氧化铝、氧化铁和氧化钛含量的测定**

试样以硫酸-氢氟酸分解，蒸干除硅，残渣用焦硫酸钾熔融，热水浸出，冷却，并稀释至一定体积，分液测定氧化铁、氧化铝、氧化钛。

4.2.1 **氧化铝含量的测定**

4.2.1.1 **EDTA 络合滴定法测定氧化铝含量**

4.2.1.1.1 **原理**

氧化铝含量在 1.00%以上的试样，在盐酸溶液中，以铜铁试剂-氯仿萃取分离铁、钛等元素后，加入过量 EDTA 溶液，以二甲酚橙作指示剂，用锌标准溶液滴定至橙红色，然后用氟化钠置换与铝络合的 EDTA，最后再用锌标准溶液滴定置换出的 EDTA 至橙红色为终点，根据第二次锌标准溶液的消耗量，计算氧化铝的含量。

4.2.1.1.2 **试剂和材料**

a) 氢氟酸；

b) 氟化钠；

c) 三氯甲烷；

d) 焦硫酸钾；

e) 盐酸：1+1；

f) 硫酸：1+1；

g) 氨水：1+1；

h) 铜铁试剂溶液：10%，用时现配，过滤后使用；

i) 乙酸-乙酸铵缓冲溶液(pH=6.1)：取 300 g 乙酸铵溶于 500 mL 水中，加 15 mL 冰乙酸，以水稀释至 1 000 mL，摇匀；

j) 乙二胺四乙酸二钠(EDTA)溶液：0.025 mol/L，称取基准 EDTA 9.306 0 g，溶于 500 mL 温水中，冷却后，转入 1 000 mL 容量瓶中，用水稀释至标线，摇匀；

k) 锌标准溶液：$c(Zn)=0.010\ 00$ mol/L，称取金属锌(99.95%以上)0.653 8 g，于 250 mL 烧杯中，加入 10 mL 盐酸，加热溶解，冷却后，转入 1 000 mL 容量瓶中，加 2 滴～3 滴甲基橙指示剂，滴加氨水缓慢中和至溶液刚显黄色，再以盐酸调节溶液由黄色变红，并过量 5 滴～6 滴，用水稀释至标线，摇匀；

l) 甲基橙指示剂：1 g/L；

m) 二甲酚橙指示剂：8 g/L。

4.2.1.1.3 **仪器**

a) 分析天平：精度 0.000 1 g；

b) 铂坩埚:30 mL～100 mL;

c) 高温箱式电阻炉;

d) 容量瓶:250 mL,A 类;

e) 单刻线移液管:5 mL、10 mL、15 mL、50 mL,A 类;

f) 分液漏斗:125 mL,A 类;

g) 滴定管:50 mL,分度值 0.1 mL,A 类。

4.2.1.1.4 分析步骤

a) 试验溶液的制备:称取 1 g 试样(精确到 0.000 1 g)置于铂坩埚中以少量水润湿,加 1 mL 硫酸,加 10 mL 氢氟酸在低温电炉上小心加热分解,蒸发至冒三氧化硫白烟,近干取下,冷却后再加入 5 mL 氢氟酸,在低温电炉上继续蒸发至干,取下,放冷,加 4 g～6 g 焦硫酸钾,置于高温箱式电阻炉中,从低温升起,至 550 ℃～650 ℃熔融至透明状,取出,放冷,熔块在 250 mL 烧杯中用热水浸出,加热溶解盐类,冷却后,转入 250 mL 容量瓶中,以水稀释至标线,摇匀,此试样溶液(A)供测定氧化铝、氧化铁、氧化钛使用。

b) 试样的测定:移取试液(A)50 mL 于分液漏斗中,加 10 mL 盐酸,10 mL 铜铁试剂溶液,20 mL 三氯甲烷充分振荡 3 min,静置分层后,弃去有机相,再用 15 mL 三氯甲烷重复萃取两次,每次振荡 1 min,弃去有机相,移水相于 250 mL 烧杯中,煮沸 1 min,稍冷却后,加入 10 mL～20 mL EDTA 溶液,其量应足以使溶液中铝离子完全络合,并过量 5 mL 左右,滴加 2 滴甲基橙指示剂,用氨水中和至溶液刚呈现黄色,加 10 mL 乙酸-乙酸铵缓冲溶液,摇匀,煮沸 3 min,取下,流水冷却至室温,加 4 滴～5 滴二甲酚橙指示剂,用锌标准溶液滴定至溶液由黄色变为橙色为第一终点(不记读数),加入 1 g 氟化钠,并补加 5 mL 乙酸-乙酸铵缓冲溶液,摇匀,煮沸 3 min,取下,流水冷却至室温,补加 2 滴～3 滴二甲酚橙指示剂,再以锌标准溶液滴定至与第一终点颜色一致的橙红色,记录第二次滴定所消耗的锌标准溶液毫升数。

4.2.1.1.5 结果计算

氧化铝含量以质量分数 X_3 计,数值以%表示,按公式(3)计算:

$$X_3(\%)=\frac{V_1\times 5\times 5.098\times 10^{-4}}{m_8}\times 100 \qquad \cdots\cdots(3)$$

式中:

V_1——第二次滴定消耗锌标准溶液的体积,单位为毫升(mL);

m_8——试样的质量,单位为克(g);

5.098×10^{-4}——与 1 mL 锌标准溶液(0.010 00 mol/L)相当的氧化铝的量,单位为克每毫升(g/mL)。

4.2.1.1.6 允许差

实验室之间分析结果的差值应符合表 1 的规定。

表 1 EDTA 络合滴定法测定氧化铝含量的允许差

氧化铝含量/%	允许差/%,≤
>1.00～2.00	0.12
>2.00～5.00	0.15
>5.00	0.18

4.2.1.2 铬天青 S 光度法测定氧化铝含量

4.2.1.2.1 原理

对于氧化铝含量低于 1%的试样,以锌-EDTA 掩蔽铁,加过氧化氢消除钛的干扰,在 pH=5.6 的六次甲基四胺缓冲介质中,加入铬天青 S 溶液使其与铝形成紫红色络合物,在波长 545 nm 处测定吸光度。

4.2.1.2.2 试剂和材料

a) 氨水:1+5;

b) 硝酸:1+40;

c) 六次甲基四胺溶液:30%;

d) 氟化铵溶液:0.5%,贮存于塑料瓶中;

e) 过氧化氢:3%;

f) 锌-乙二胺四乙酸二钠(EDTA)溶液:称取 0.127 6 g 氧化锌于 100 mL 烧杯中,加 20 mL 水,6 滴盐酸(1+1),加热溶解,另取 0.558 g EDTA 于 250 mL 烧杯中,加 100 mL 水,5 mL 氨水(1+1)加热溶解,并将两溶液均匀混合,用氨水(1+1)及盐酸(1+1)调节 pH 至 5 左右,转入 1 000 mL容量瓶中,以水稀释至标线,摇匀。

g) 氧化铝标准溶液:称取 0.105 8 g 金属铝(含量不少于 99.95%)于塑料烧杯中,加 50 mL 氢氧化钠溶液(20%),在水浴上加热溶解,冷却后滴加盐酸(1+1)至呈酸性后,再过量 20 mL,水浴加热至溶液清亮,冷却,转入 1 000 mL 容量瓶中,以水稀释至标线,摇匀,此溶液每毫升相当于 0.2 mg 氧化铝;移取上述溶液 25.00 mL 于 1 000 mL 容量瓶中,加 20 mL 盐酸(1+1),以水稀释至标线,摇匀,此溶液每毫升相当于 0.005 mg 氧化铝;

h) 甲基橙指示剂:1 g/L;

i) 铬天青 S 溶液:0.5 g/L,用乙醇(1+1)配制。

4.2.1.2.3 仪器

a) 分光光度计;

b) 单刻线移液管:5 mL、10 mL、20 mL、25 mL、50 mL,A 类;

c) 容量瓶:50 mL、200 mL、250 mL、1 000 mL,A 类。

4.2.1.2.4 分析步骤

a) 移取试液(A)50 mL 于 200 mL 容量瓶中,以水稀释至标线,摇匀。

b) 根据试样中氧化铝的含量,按表 2 的规定分移取上述试液于两个 50 mL 容量瓶中,一份作为显色溶液,另一份作参比溶液。

c) 显色溶液:加 6 滴过氧化氢,5 mL 锌-EDTA 溶液,放置 5 min,加 1 滴甲基橙指示剂,用氨水中和部分酸后,小心滴加氨水至溶液刚显现黄色,立即滴加硝酸,至呈现红色,并过量 5 mL,摇匀,放置片刻后,加 3 mL 铬天青 S 溶液,5 mL 六次甲基四胺溶液,以水稀释至标线,摇匀,放置 20 min。

d) 参比溶液:操作按显色液同时进行,唯在加铬天青 S 溶液之前,加入 5 滴氟化铵溶液。

e) 按表 2 的规定选用适当的比色皿,在 545 nm 波长处测定吸光度,从工作曲线上查出相应的氧化铝量。

表 2 测定氧化铝含量移取的试样的量

含氧化铝/%	0.01~0.05	>0.05~0.25	>0.25~1.00
分取试液体积/mL	20.00	10.00	2.00
比色皿厚度/cm	2	1	1

f) 工作曲线的绘制:根据试样中氧化铝含量,按表 2 的规定移取试剂空白溶液 6 份于 50 mL 容量瓶中,分别加入 0.00 mL、1.00 mL、2.00 mL、3.00 mL、4.00 mL、5.00 mL 氧化铝标准溶液(1 mL相当于 0.005 mg 氧化铝)。以下操作按分析步骤 4.2.1.2.4c)~4.2.1.2.4e)进行,以未加氧化铝标准溶液的一份为参比,测定吸光度,绘制工作曲线。

4.2.1.2.5 结果计算

氧化铝含量以质量分数 X_4 计,数值以%表示,按公式(4)计算:

$$X_4(\%)=\frac{C_2\times(200/V_2)\times 5}{m_8}\times 100 \qquad \cdots\cdots(4)$$

式中：

C_2——从工作曲线上查得氧化铝的质量，单位为克(g)；

V_2——分取试液的体积，单位为毫升(mL)；

m_8——试样的质量，单位为克(g)。

4.2.1.2.6 允许差

实验室之间分析结果的差值应符合表3的规定。

表3 铬天青S光度法测定氧化铝含量的允许差

氧化铝含量/%	允许差/%，≤
≤0.050	0.010
>0.050～0.15	0.020
>0.15～0.50	0.040
>0.50～1.00	0.060

4.2.2 氧化铁含量的测定

4.2.2.1 磺基水杨酸光度法测定氧化铁含量

4.2.2.1.1 原理

氧化铁含量在0.050%～3.00%的试样，在氨性介质中，三价铁与磺基水杨酸形成桔黄色络合物，在波长430 nm处测定吸光度。

4.2.2.1.2 试剂和材料

a) 氨水：1+1；

b) 磺基水杨酸溶液：30%；

c) 氧化铁标准溶液：准确称取0.100 0 g预先经400 ℃灼烧30 min，并于干燥器中冷却至室温的基准氧化铁于烧杯中，加10 mL盐酸(1+1)，加热溶解，冷却后移入1 000 mL容量瓶中，摇匀，此溶液每毫升相当于0.1 mg氧化铁。

4.2.2.1.3 仪器

a) 分光光度计；

b) 单刻线移液管：10 mL、20 mL，A类；

c) 容量瓶：100 mL、1 000 mL，A类。

4.2.2.1.4 分析步骤

a) 试样的测定：移取试液(A)10 mL于100 mL容量瓶中，加10 mL磺基水杨酸溶液，滴加氨水至呈稳定黄色后过量3滴～5滴，用水稀释至标线，摇匀，以试剂空白参比，选用1 cm比色皿，在430 nm处测定溶液的吸光度，从工作曲线上查得氧化铁量。

b) 工作曲线的绘制：在8个100 mL容量瓶中，分别移入0.00 mL、1.00 mL、2.00 mL、4.00 mL、6.00 mL、8.00 mL、10.00 mL、12.00 mL氧化铁标准溶液，以下操作按分析步骤4.2.2.1.4a)进行，测定吸光度，绘制工作曲线。

4.2.2.1.5 结果计算

氧化铁含量以质量分数X_5计，数值以%表示，按公式(5)计算：

$$X_5(\%)=\frac{C_3\times 25}{m_8}\times 100 \qquad \cdots\cdots(5)$$

式中：

C_3——从工作曲线上查得氧化铁的质量，单位为克(g)；

m_8——试样的质量，单位为克(g)。

4.2.2.1.6 **允许差**

实验室之间分析结果应符合表4的规定。

表4 磺基水杨酸光度法测定氧化铁含量的允许差

氧化铁含量/%	允许差/%，≤
>0.50～1.00	0.10
>1.00～3.00	0.15

4.2.2.2 **邻菲啰啉光度法测定氧化铁含量**

4.2.2.2.1 **原理**

氧化铁含量在1.50%以下的试样，用抗坏血酸将高价铁还原成亚铁，在pH为5.5的乙酸铵介质中，邻菲啰啉与亚铁形成橙红色络合物，在波长510 nm处测定吸光度。

4.2.2.2.2 **试剂和材料**

a) 乙酸铵溶液：20%；

b) 抗坏血酸溶液：5%，用时现配；

c) 邻菲啰啉溶液：1 g/L，称取1 g邻菲啰啉，溶于50 mL乙醇中，移入1 000 mL容量瓶中，以水稀释至标线，摇匀，于暗处保存，保存过程中，若溶液呈色则重新配制；

d) 氧化铁标准溶液：准确移取氧化铁标准溶液100 mL于1 000 mL容量瓶中，用水稀释至标线，摇匀，此溶液每毫升相当于0.01 mg氧化铁。

4.2.2.2.3 **仪器**

a) 分光光度计；

b) 单刻线移液管：2 mL、10 mL、20 mL、100 mL，A类；

c) 容量瓶：100 mL、1 000 mL，A类。

4.2.2.2.4 **分析步骤**

a) 试样的测定：根据试样中氧化铁含量，按表5的规定移取试液(A)于100 mL容量瓶中，加入2 mL抗坏血酸溶液，摇匀后加入10 mL乙酸铵溶液，10 mL邻菲啰啉溶液，用水稀释至标线，摇匀，放置30 min后，以试剂空白溶液作参比，选用1 cm比色皿，在波长510 nm处测定溶液的吸光度，从工作曲线上查得氧化铁量。

表5 测定氧化铁含量移取的试样的量

氧化铁含量/%	分取试液体积/mL
≤0.10	25.00
>0.10～0.50	10.00
>0.50～1.50	5.00

b) 工作曲线的绘制：移取氧化铁标准溶液0.00 mL、1.00 mL、5.00 mL、10.00 mL、15.00 mL、20.00 mL、25.00 mL、30.00 mL，分别加入8个100 mL容量瓶中，以下操作按分析步骤4.2.2.2.4a)进行，测定吸光度，绘制工作曲线。

4.2.2.2.5 **结果计算**

氧化铁含量以质量分数X_6计，数值以%表示，按公式(6)计算：

$$X_6(\%)=\frac{C_4\times(250/V_3)}{m_8}\times 100 \qquad \cdots\cdots(6)$$

式中：

C_4——从工作曲线上查得氧化铁的质量，单位为克(g)；

V_3——分取试液的体积，单位为毫升（mL）；

m_8——试样的质量，单位为克（g）。

4.2.2.2.6 **允许差**

实验室之间分析结果的差值应符合表6的规定。

表6 邻菲啰啉光度法测定氧化铁含量的允许差

氧化铁含量/%	允许差/%，≤
≤0.50	0.07
>0.50～1.00	0.10
>1.00～1.50	0.15

4.2.3 **二安替比林甲烷光度法测定氧化钛含量**

4.2.3.1 **原理**

氧化钛含量在0.50%以下的试样，在1.5 mol/L～2.0 mol/L的盐酸介质中，用抗坏血酸还原消除三价铁的干扰，加入二安替比林甲烷，使其与钛生成黄色可溶性络合物，在波长420 nm处测定吸光度。

4.2.3.2 **试剂和材料**

a) 抗坏血酸溶液：5%，用时现配；

b) 盐酸：1+1；

c) 二安替比林甲烷溶液：2%，称取2 g二安替比林甲烷，用30 mL盐酸（1+5）溶解后，用水稀释至100 mL；

d) 氧化钛标准溶液：准确称取0.100 0 g氧化钛（光谱纯，已在950 ℃温度下灼烧1 h，并于干燥器中冷却至室温）于铂坩埚中，加约3 g焦硫酸钾，先在电炉上熔融，再移至喷灯上熔至呈透明状态，放冷后，用硫酸（1+9）在50 ℃以下加热溶解熔块，冷却后移入1 000 mL容量瓶中，以硫酸（1+9）稀释至标线，摇匀，此溶液每毫升相当于0.1 mg氧化钛。

4.2.3.3 **仪器**

a) 分光光度计；

b) 单刻线移液管：5 mL、10 mL、20 mL，A类；

c) 容量瓶：50 mL、100 mL、1 000 mL，A类。

4.2.3.4 **分析步骤**

a) 试样的测定：根据试样中氧化钛的含量，按表7的规定移取试液（A）于50 mL容量瓶中，加8 mL盐酸，2 mL抗坏血酸，摇匀使铁还原完全，然后加入10 mL二安替比林甲烷溶液，用水稀释至刻线，摇匀。放置1 h后，以水做参比，选用1 cm比色皿，在波长420 nm处，测定吸光度，从工作曲线上查出相应氧化钛含量。

表7 测定氧化钛含量移取的试样的量

氧化钛含量/%	分取试液体积/mL
≤0.10	20.00
>0.10～0.20	10.00
>0.20～0.50	5.00

b) 工作曲线的绘制：移取氧化钛标准溶液0.00 mL、1.00 mL、2.00 mL、4.00 mL、6.00 mL、8.00 mL、10.00 mL分别加入7个50 mL容量瓶中，以下操作按分析步骤4.2.3.4a）进行，测定吸光度，绘制工作曲线。

4.2.3.5 **结果计算**

氧化钛含量以质量分数X_7计，数值以%表示，按公式（7）计算：

$$X_7(\%)=\frac{C_5\times(250/V_4)}{m_8}\times 100 \qquad \cdots\cdots(7)$$

式中：

C_5——从工作曲线上查得氧化钛的质量，单位为克(g)；

V_4——分取试液的体积，单位为毫升(mL)；

m_8——试样的质量，单位为克(g)。

4.2.3.6 允许差

实验室之间分析结果的差值应符合表8的规定。

表8 二安替比林甲烷光度法测定氧化钛量的允许差

氧化钛含量/%	允许差/%，≤
≤0.10	0.020
>0.10～0.50	0.025

4.3 氧化钙、氧化镁、氧化钾和氧化钠含量的测定

试样用氢氟酸-高氯酸分解除硅，以高氯酸蒸干除去氟化物，残渣用稀盐酸浸出并稀释至一定体积，分液测定氧化钙、氧化镁、氧化钾、氧化钠。

4.3.1 EDTA络合滴定法测定氧化钙含量

4.3.1.1 原理

氧化钙含量在0.10%以上的试样，以三乙醇胺掩蔽铁、铝等干扰元素，在强碱性介质中，以钙黄绿素-百里香酚酞-吖啶为混合指示剂，用EDTA标准溶液直接滴定钙。

4.3.1.2 试剂和材料

a) 氢氟酸；

b) 高氯酸：1+1；

c) 盐酸：1+11；

d) 三乙醇胺：1+2；

e) 氢氧化钾溶液：30%，贮存于塑料瓶中；

f) 乙二胺四乙酸二钠(EDTA)标准溶液：c(EDTA)=0.005 mol/L，称取EDTA 1.86 g于500 mL烧杯中，加水约200 mL，加热溶解，用水稀释至1 000 mL。

g) 氧化钙标准溶液：1 mg/mL，称取预先在105 ℃～110 ℃烘干2 h，并于干燥器中冷却至室温的高纯碳酸钙1.784 8 g于300 mL烧杯中，加水约150 mL，滴加10 mL盐酸(1+1)使其溶解，加热煮沸数分钟，以驱尽二氧化碳，冷却后，用水稀释至1 000 mL，摇匀，此溶液每毫升相当于1 mg氧化钙；

h) 钙黄绿素-百里香酚酞-吖啶混合指示剂：称取0.2 g钙黄绿素，0.1 g百里香酚酞，0.4 g吖啶，与烘干的硫酸钾20 g，混合研匀。

4.3.1.3 仪器

a) 分析天平：精度0.000 1 g；

b) 铂皿；

c) 单刻线移液管：5 mL、100 mL，A类；

d) 容量瓶：250 mL、1 000 mL，A类；

e) 滴定管：50 mL，分度值0.1 mL，A类。

4.3.1.4 分析步骤

a) 试验溶液的制备：称取1 g试样(精确至0.000 1 g)，置于铂皿中，用水湿润，加3 mL高氯酸和10 mL氢氟酸，于低温电炉上蒸发至近干，再加3 mL高氯酸和5 mL氢氟酸，继续蒸发至冒尽

高氯酸烟，取下冷却，加 20 mL 盐酸，低温加热溶解盐类，冷却后，转入 250 mL 容量瓶中，用水稀释至标线，摇匀，此溶液(B)供测定氧化钙、氧化镁、氧化钾、氧化钠使用。

b) 试样的测定：移取试液(B)100 mL(含氧化钙 1%以上取 50 mL)于 300 mL 烧杯中，加 5 mL 三乙醇胺，用水稀释至约 150 mL，滴加氢氧化钾调节溶液 pH 值约为 12，再过量 10 mL，加入适量钙黄绿素-百里香酚酞-吖啶混合指示剂，在黑色背景衬托下，用 EDTA 标准溶液滴定至绿色荧光消失，并呈现紫红色为终点。

c) EDTA 标准溶液的标定：移取 10 mL 氧化钙标准溶液于 300 mL 烧杯中，加水 150 mL，滴加氢氧化钾至溶液 pH 值约为 12，再过量 10 mL，加适量的钙黄绿素-百里香酚酞-吖啶混合指示剂，在黑色背景衬托下，用 EDTA 标准溶液滴定至绿色荧光消失，并呈现紫红色为终点。

EDTA 对氧化钙、氧化镁的滴定度按式(8)、式(9)计算：

$$T_{CaO}=\frac{m_9}{V_5} \quad\cdots\cdots\cdots\cdots(8)$$

$$T_{MgO}=\frac{m_9\times 40.30}{V_5\times 56.08} \quad\cdots\cdots\cdots\cdots(9)$$

式中：

T_{CaO}——EDTA 标准溶液对氧化钙的滴定度，单位为毫克每毫升(mg/mL)；

m_9——所取氧化钙的质量，单位为毫克(mg)；

V_5——滴定时消耗 EDTA 标准溶液的体积，单位为毫升(mL)；

T_{MgO}——EDTA 标准溶液对氧化镁的滴定度，单位为毫克每毫升(mg/mL)；

56.08——氧化钙的分子量；

40.30——氧化镁的分子量。

4.3.1.5 结果计算

氧化钙含量以质量分数 X_8 计，数值以%表示，按公式(10)计算：

$$X_8(\%)=\frac{T_{CaO}\times V_6\times(250/V_7)}{m_{10}\times 1\,000}\times 100 \quad\cdots\cdots\cdots\cdots(10)$$

式中：

T_{CaO}——EDTA 标准溶液对氧化钙的滴定度，单位为毫克每毫升(mg/mL)；

V_6——滴定氧化钙时，消耗 EDTA 标准溶液的体积，单位为毫升(mL)；

V_7——分取试液的体积，单位为毫升(mL)；

m_{10}——试样的质量，单位为克(g)。

4.3.1.6 允许差

实验室之间分析结果的差值应符合表 9 的规定。

表 9 EDTA 络合滴定法测定氧化钙含量的允许差

氧化钙含量/%	允许差/%，≤
0.10～0.50	0.05
>0.50～0.80	0.08
>0.80～1.00	0.10
>1.00～2.00	0.15

4.3.2 EDTA 络合滴定法测定氧化镁含量

4.3.2.1 原理

氧化镁含量在 0.10%以上的试样，以三乙醇胺掩蔽铁、铝等干扰元素，在氨性缓冲介质中，以酸性铬兰 K-萘酚绿 B 为混合指示剂，用 EDTA 标准溶液直接滴定钙、镁合量，由钙、镁合量与钙量差值求得镁的含量。

4.3.2.2 试剂和材料

a) 氨水:1+1;

b) 三乙醇胺:1+2;

c) 氨水-氯化铵缓冲溶液(pH=10):称取氯化铵 67.5 g,溶于 200 mL 水中,加入氨水 570 mL,用水稀释至 1 000 mL,摇匀;

d) 乙二胺四乙酸二钠(EDTA)标准溶液:c(EDTA)=0.005 mol/L,称取 EDTA 1.86 g 于 500 mL烧杯中,加水约 200 mL,加热溶解,用水稀释至 1 000 mL;

e) 酸性铬兰 K-萘酚绿 B 混合指示剂:1+2,将混合指示剂与硝酸钾按 1+50 在玛瑙研钵中研细混匀,贮存于棕色广口瓶中。

4.3.2.3 仪器

a) 单刻线移液管:5 mL、10 mL、100 mL,A 类;

b) 容量瓶:1 000 mL,A 类;

c) 锥形瓶:300 mL;

d) 滴定管:50 mL,分度值 0.1 mL,A 类。

4.3.2.4 分析步骤

移取试样(B)100 mL(含氧化镁 1%以上者吸取 50 mL)于 300 mL 锥形瓶中,加 5 mL 三乙醇胺,用水稀释至 150 mL,滴加氨水调节溶液 pH 约为 10(用精密试纸检验),再加 10 mL 氨水-氯化铵缓冲溶液及适量酸性铬兰 K-萘酚绿 B 混合指示剂,用 EDTA 标准溶液滴至试液由紫红色变为灰绿色即为终点。

4.3.2.5 结果计算

氧化镁含量以质量分数 X_9 计,数值以%表示,按公式(11)计算:

$$X_9(\%)=\frac{T_{MgO}\times(V_8-V_6)\times(250/V_9)}{m_{10}\times 1\,000}\times 100 \qquad \cdots\cdots(11)$$

式中:

T_{MgO}——EDTA 标准溶液对氧化镁的滴定度,单位为毫克每毫升(mg/mL);

V_6——滴定氧化钙时,消耗 EDTA 标准溶液的体积,单位为毫升(mL);

V_8——滴定钙镁合量时,消耗 EDTA 标准溶液的体积,单位为毫升(mL);

V_9——分取试液的体积,单位为毫升(mL);

m_{10}——试样的质量,单位为克(g)。

4.3.2.6 允许差

实验室之间分析结果的差值应符合表 10 的规定。

表 10 EDTA 络合滴定法测定氧化镁含量的允许差

氧化镁含量/%	允许差/%
0.10~0.50	0.05
>0.50~0.80	0.08
0.10~0.50	0.05
>0.50~0.80	0.08
>0.80~1.00	0.10
>1.00~2.00	0.15

4.3.3 火焰光度法测定氧化钾、氧化钠含量

4.3.3.1 原理

在火焰光度计上,测定试液中钾、钠的发射值,根据工作曲线,计算出氧化钾、氧化钠的含量。

4.3.3.2 试剂和材料

a) 盐酸:1+1;

b) 氧化钠、氧化钾混合标准溶液:(0.25 mg Na_2O+0.50 mg K_2O)/mL,准确称取预先在105 ℃～110 ℃烘干2 h,并于干燥器中冷却至室温的氯化钠0.943 0 g、氯化钾1.583 0 g于烧杯中,加水溶解,移入1 000 mL容量瓶中,用水稀释至标线,摇匀,此标准混合溶液为(0.50 mg Na_2O+1.00 mg K_2O)/mL,使用时用水稀释1倍;

氯化钠、氯化钾混合标准系列溶液的配制:按表11的规定取上述混合标准溶液和盐酸溶液于10个100 mL容量瓶中,用水稀释至标线,摇匀。

表11 氯化钠、氯化钾混合标准系列溶液的配制

编号	加入盐酸(1+1)/mL	加入混合标准溶液/mL	氧化钠浓度/(μg/mL)	氧化钾浓度/(μg/mL)
1	1	1	2.5	5.0
2	1	2	5.0	10.0
3	1	3	7.5	15.0
4	1	4	10.0	20.0
5	1	5	12.5	25.0
6	1	6	15.0	30.0
7	1	7	17.5	35.0
8	1	8	20.0	40.0
9	1	9	22.5	45.0
10	1	10	25.0	50.0

4.3.3.3 仪器

a) 火焰光度计;

b) 单刻线移液管:10 mL、20 mL,A类;

c) 容量瓶:100 mL、1 000 mL,A类。

4.3.3.4 分析步骤

a) 试样的测定:将火焰光度计按仪器使用规程调整到工作状态,按表12的条件测定。

氧化钠和氧化钾含量分别在0.5%和1.0%以下者,用试液(B)直接在火焰光度计上测定;

氧化钠和氧化钾含量分别在0.5%和1.0%以上者,用试样(B)20 mL于100 mL容量瓶中,加入0.8 mL盐酸,用水稀释至标线,摇匀后在火焰光度计上测定。

b) 分别喷雾试样溶液和混合标准系列溶液,读取检流计读数,绘制工作曲线,从工作曲线上查得氧化钠、氧化钾浓度。

表12 氧化钠和氧化钾含量的检测条件

测定项目	滤光片型号	测定波长/nm
氧化钠	钠滤光片	589
氧化钾	钾滤光片	767

4.3.3.5 结果计算

氧化钾或氧化钠以质量分数 X_{10} 计,数值以%表示,按公式(12)计算:

$$X_{10}(\%)=\frac{C_6 \times V_{10} \times 10^{-6}(250/V_{11})}{m_{10}} \times 100 \quad \cdots\cdots(12)$$

式中：

C_6——从工作曲线上查得氧化钾或氧化钠的浓度，单位为微克每毫升(μg/mL)；

V_{10}——被测溶液的体积，单位为毫升(mL)；

V_{11}——分取试液的体积，单位为毫升(mL)；

m_{10}——试样的质量，单位为克(g)。

4.3.3.6 允许差

实验室之间分析结果的差值应符合表13的规定。

表13 火焰光度法测定氧化钾、氧化钠含量的允许差

氧化钠含量范围/%	氧化钠允许差/%	氧化钾含量范围/%	氧化钾允许差/%
≤0.50	0.05	≤0.50	0.05
>0.50～1.00	0.10	>0.50～1.00	0.10
>1.00～2.00	0.15	>1.00～2.00	0.15
		>2.00	0.20

4.4 原子吸收分光光度法测定氧化铁、氧化钙、氧化镁、氧化钾、氧化钠含量

4.4.1 原理

试样经氢氟酸和高氯酸分解除硅后，用稀盐酸溶解残渣，加入释放剂氯化锶消除铝对钙、镁的干扰，测出吸光度，根据工作曲线，计算出结果。

4.4.2 试剂和材料

a) 去离子水：电阻率>1.0 MΩ·cm，本方法中均使用去离子水；

b) 氢氟酸：优级纯；

c) 高氯酸：优级纯；

d) 盐酸：1+1；

e) 氯化锶溶液：20%，称取优级纯结晶氯化锶($SrCl_2 \cdot 6H_2O$)336 g，溶于水并转入1 000 mL容量瓶中，用水稀释至标线，摇匀，贮存于塑料瓶中；

f) 氧化钙标准溶液：1 mg/mL，准确称取经105 ℃～110 ℃烘干2 h，并于干燥器中冷却至室温的碳酸钙1.784 8 g，置于300 mL烧杯中，加水约150 mL，盖上表面皿，缓慢加入30 mL盐酸，使其溶解后，煮沸数分钟以驱尽溶液中的二氧化碳，冷却至室温，转入1 000 mL容量瓶中，用水稀释至标线，摇匀，贮存于干燥塑料瓶中，此溶液每毫升相当于1 mg氧化钙；

g) 氧化镁标准溶液：1 mg/mL，准确称取经900 ℃灼烧2 h，并于干燥器中冷却至室温的氧化镁1.000 0 g，置于100 mL烧杯中，加入20 mL盐酸，加热溶解后，冷却至室温，转入1 000 mL容量瓶中，用水稀释至标线，摇匀，贮存于干燥塑料瓶中，此溶液每毫升相当于1 mg氧化镁；

h) 氧化铁标准溶液：1 mg/mL，准确称取经400 ℃灼烧30 min，并于干燥器中冷却至室温的氧化铁1.000 0 g，置于200 mL烧杯中，加入50 mL盐酸，加热溶解后，冷却至室温，转入1 000 mL容量瓶中，以水稀释至标线，摇匀，贮存于干燥塑料瓶中，此溶液每毫升相当于1 mg氧化铁；

i) 氧化钾标准溶液：1 mg/mL，准确称取经110 ℃烘干2 h，并于干燥器中冷却至室温的氯化钾1.583 0 g，置于150 mL烧杯中，加水溶解后，转入1 000 mL容量瓶中，加入10 mL盐酸用水稀释至标线，摇匀，贮存于干燥塑料瓶中，此溶液每毫升相当于1 mg氧化钾；

j) 氧化钠标准溶液：1 mg/mL，准确称取经110 ℃烘干2 h，并于干燥器中冷却至室温的氯化钠1.885 9 g，置于150 mL烧杯中，加水溶解后，转入1 000 mL容量瓶中，加入10 mL盐酸用水稀释至标线，摇匀，贮存于干燥塑料瓶中，此溶液每毫升相当于1 mg氧化钠；

k) 混合标准溶液：将上述五种标准溶液各吸取 50 mL 置于 1 000 mL 容量瓶中，加入 10 mL 盐酸，用水稀释至标线，摇匀，备用。此混合标液中氧化铁、氧化钙、氧化镁、氧化钾、氧化钠的浓度均为 50 μg/mL。混合标准系列溶液的配制：用 12 个 500 mL 容量瓶，按表 14 比例配成系列标准溶液。

表 14 混合标准系列溶液的配制

编号	加入盐酸/mL	加入混合标液/mL	加入氯化锶溶液/mL	浓度/(μg/mL)
1	25	5	25	0.5
2	25	10	25	1.0
3	25	15	25	1.5
4	25	20	25	2.0
5	25	25	25	2.5
6	25	30	25	3.0
7	25	35	25	3.5
8	25	40	25	4.0
9	25	60	25	6.0
10	25	80	25	8.0
11	25	100	25	10.0
12	25	120	25	12.0

4.4.3 仪器

a) 分析天平：精度 0.000 1 g；

b) 铂坩埚：50 mL～100 mL；

c) 单刻线移液管：5 mL、10 mL、25 mL、100 mL，A 类；

d) 容量瓶：100 mL，A 类；

e) 原子吸收分光光度计。

4.4.4 分析步骤

准确称取 0.1 g 试样(精确到 0.000 1 g)置于铂坩埚中，用少量水润湿，加 1 mL 高氯酸及 10 mL 氢氟酸，在电热板上蒸发至近干，再加 1 mL 高氯酸及 5 mL 氢氟酸，继续蒸发至冒高氯酸烟 1 min～2 min，赶尽氢氟酸，取下，放冷，加入 10 mL 盐酸，水约 20 mL，加热将残渣溶解，冷却至室温，转入 100 mL容量瓶中，移入 5 mL 氯化锶溶液，用水稀释至标线，摇匀。

将原子吸收分光光度计按所用仪器之操作规程调整到适当的工作状态，使用各元素的空心阴极灯，以空气-乙炔火焰，按表 15 所列波长，选择适当的仪器参数：狭缝宽度、灯电流、燃烧器高度、火焰状态、放大增益、对数转换、曲线校直、标尺扩大、燃烧器与光轴的夹角等。

表 15 各元素测定波长

元素	Fe	Ca	Mg	K	Na
测定波长/nm	248.3	422.7	285.2	766.5	589.0

空心阴极灯预热 30 min～40 min 后，点燃空气-乙炔火焰，燃烧稳定后，用水喷雾调零，然后分别用标准系列溶液和试液进行喷测，读取相应的吸光度，同一份试液重复喷测两次，取平均值，由标准溶液的吸光度和其浓度，绘制工作曲线，由工作曲线查出被测试液浓度。

4.4.5 结果计算

各元素氧化物的含量以质量分数 X_{11} 计，数值以％表示，按公式(13)计算：

$$X_{11}(\%) = \frac{C_7 \times V_{12} \times 10^{-6}}{m_{11}} \times 100 \quad \cdots\cdots\cdots\cdots\cdots\cdots\cdots\cdots\cdots\cdots (13)$$

式中：

C_7——从工作曲线上查得元素氧化物浓度，单位为微克每毫升（μg/mL）；

V_{12}——被测溶液的体积，单位为毫升（mL）；

m_{11}——试样的质量，单位为克（g）。

4.5 酸耗值的测定

按 GB/T 2684—2009 中附录 B 的规定执行。

ICS 03.220.40
R 06

中华人民共和国国家标准

GB/T 7187.1—2010
代替 GB/T 7187.1—1987

运输船舶燃油消耗量
第1部分:海洋船舶计算方法

Fuel oil consumption for transportation ships—Part 1:Calculation method for marine ships

2010-11-10 发布　　2011-02-01 实施

中华人民共和国国家质量监督检验检疫总局
中国国家标准化管理委员会　发布

前言

GB/T 7187《运输船舶燃油消耗量》分为两个部分：

——第1部分：海洋船舶计算方法；

——第2部分：内河船舶计算方法。

本部分为GB/T 7187的第1部分。

本部分代替GB/T 7187.1—1987《运输船舶燃油消耗量　海洋船舶计算方法》。

本部分与GB/T 7187.1—1987相比主要变化如下：

——简化了1987版的计算模型，形成了直观、实用的计算模式(见3.1)；

——将船舶燃油消耗量的划分修改为主机、发电机组、锅炉三部分(见3.1)，移泊时的燃油消耗量归入机动航行情况进行计算(见3.2)；

——将主机燃油消耗量分为正常航行和机动航行两种情况分别计算，并对计算模型进行了简化(见3.2)；

——简化了发电机组燃油消耗量的计算方法(见3.3)。

本部分的附录A为规范性附录，附录B为资料性附录。

本部分由中华人民共和国交通运输部提出。

本部分由交通部能源管理办公室归口。

本部分负责起草单位：交通部水运科学研究院。

本部分参加起草单位：中国远洋运输(集团)总公司、中国长江航运(集团)总公司。

本部分主要起草人：李庆祥、王妮妮、李静、赫伟建、陈吉、王瑞建。

本部分所代替标准的历次版本发布情况为：

——GB/T 7187.1—1987。

运输船舶燃油消耗量
第1部分:海洋船舶计算方法

1 范围

GB/T 7187 的本部分规定了海洋运输船舶燃油消耗量的计算方法。

本部分适用于以柴油机作为主推进动力的各类海洋运输船舶,包括:集装箱船、干散货船、件杂货船、液体散货船、客船和其他船等。

2 术语、定义和符号

2.1 术语和定义

下列术语和定义适用于 GB/T 7187 的本部分。

2.1.1

航次 voyage

船舶完成一次航运任务的过程。

2.1.2

航次燃油消耗量 voyage fuel oil consumption

船舶每航次的燃油消耗量。

2.1.3

船舶主机常用工况 main engine frequent running state

根据主机性能和营运方面的条件及要求,确定的主机经常使用的工况。

2.1.4

船舶机动航行 maneuver navigation

船舶进出港或狭窄航道上主机工况多变期间的航行。

2.1.5

船舶柴油发电机组附加燃油消耗量 additional fuel oil consumption for auxiliary engine

船舶载运冷藏货、船舶自装卸或油船启动电动货油泵等,柴油发电机组所附加的燃油消耗量。

2.2 符号

运输船舶燃油消耗量计算模型中的符号见附录 A。

3 船舶航次燃油消耗量

3.1 船舶航次燃油消耗量计算方法按公式(1),计算实例参见附录 B。

$$Q = Q_z + Q_f + Q_g \qquad \cdots\cdots (1)$$

式中:

Q——船舶航次燃油消耗量,单位为吨(t);

Q_z——船舶主机燃油消耗量,单位为吨(t);

Q_f——船舶发电机组燃油消耗量,单位为吨(t);

Q_g——船舶锅炉燃油消耗量,单位为吨(t)。

3.2 船舶主机燃油消耗量计算方法按公式(2)。

$$Q_z = \sum_{i=1}^{m} (Q_{zi1} + Q_{zi2}) \qquad \cdots\cdots (2)$$

式中：

Q_{zi1}——各航段船舶正常航行时主机燃油消耗量，单位为吨(t)，计算方法按公式(3)；

Q_{zi2}——各航段船舶机动航行时主机燃油消耗量，单位为吨(t)，计算方法按公式(4)；

m——同一航次中航段的数目。

$$Q_{zi1}=10^{-3}[\alpha+(1-\alpha)D_1/D_0]P_{z1}g_{ez1}t_1 \quad\cdots\cdots(3)$$

式中：

α——船舶载重量对主机燃油消耗量的影响系数，见表1；

D_1——船舶实际载重量，单位为吨(t)；

D_0——船舶额定载重量，单位为吨(t)；

P_{z1}——船舶主机常用工况下的功率，单位为千瓦(kW)；

g_{ez1}——船舶主机常用工况下的燃油消耗率，单位为千克每千瓦小时[kg/(kW・h)]；

t_1——船舶正常航行时间，单位为小时(h)。

表1　船舶载重量对主机燃油消耗量的影响系数表

船型	液体散货船	干散货船	件杂货船	集装箱船	客船	其他船
α值	0.85～0.95	0.90～0.98	0.85～0.95	0.90～0.98	1.00	0.85～1.00

$$Q_{zi2}=10^{-3}q_{zj}t_2 \quad\cdots\cdots(4)$$

式中：

q_{zj}——船舶机动航行时主机每小时耗油量，按照主机常用工况下每小时耗油量的40％计算，单位为千克每小时(kg/h)；

t_2——船舶机动航行时间，单位为小时(h)。

3.3　船舶发电机组燃油消耗量计算方法按公式(5)。

$$Q_f=Q_{f1}+Q_{f2}+\sum_{i=3}^{n}Q_{fi} \quad\cdots\cdots(5)$$

式中：

Q_{f1}——船舶航行时，柴油发电机组的燃油消耗量，单位为吨(t)，计算方法按公式(6)；

Q_{f2}——船舶停泊时，在非自卸状态下柴油发电机组的燃油消耗量，单位为吨(t)，计算方法按公式(7)；

Q_{fi}——船舶柴油发电机组附加燃油消耗量，单位为吨(t)，计算方法按公式(8)。

$$Q_{f1}=10^{-3}q_{f1}(t_1+t_2) \quad\cdots\cdots(6)$$

式中：

q_{f1}——船舶航行时柴油发电机组每小时燃油消耗量，按照单台发电机组额定工况下每小时耗油量的60％计算，单位为千克每小时(kg/h)。

$$Q_{f2}=10^{-3}q_{f2}t_0 \quad\cdots\cdots(7)$$

式中：

q_{f2}——船舶在非自卸状态下停泊时柴油发电机组每小时燃油消耗量，按照单台发电机组额定工况下每小时耗油量的50％计算，单位为千克每小时(kg/h)；

t_0——船舶在非自卸状态下的停泊时间，单位为小时(h)。

$$Q_{fi}=10^{-3}q_{fi}t_i \quad\cdots\cdots(8)$$

式中：

q_{fi}——船舶柴油发电机组每小时附加的燃油消耗量，单位为千克每小时(kg/h)；

t_i——船舶柴油发电机组附加使用时间，单位为小时(h)。

3.4　船舶锅炉燃油消耗量计算方法按公式(9)。

$$Q_g = 10^{-3} q_g t_g \qquad (9)$$

式中：

q_g——船舶锅炉每小时的燃油消耗量，单位为千克每小时(kg/h)；

t_g——船舶锅炉实际使用时间，单位为小时(h)。

附 录 A
(规范性附录)
海洋运输船舶燃油消耗量计算模型中的符号

海洋运输船舶燃油消耗量计算模型中的符号见附表 A.1。

表 A.1 海洋运输船舶燃油消耗量计算模型中的符号一览表

序号	符号	名 称	说 明	单 位
1	D_0	船舶额定载重量	船舶核定的载重量	t
2	D_1	船舶实际载重量	船舶在各航段航行时的实际载重量,应该包括货物、压舱水等所有载运货物的重量	t
3	g_{ez1}	船舶主机常用工况下的燃油消耗率	主机在常用工况下的燃油消耗率	kg/(kW·h)
4	m	同一航次中航段的数目		—
5	P_{z1}	船舶主机常用工况下的功率	主机在常用工况下的功率	kW
6	Q	船舶航次燃油消耗量	船舶每航次燃油消耗量	t
7	Q_f	船舶发电机组燃油消耗量	船舶航次发电机组燃油消耗量	t
8	Q_{fi}	船舶柴油发电机组附加燃油消耗量	船舶由于载运冷藏货、船舶自装卸或油船启动电动货油泵等,柴油发电机组附加的耗油量	t
9	Q_{f1}	船舶航行时柴油发电机组的燃油消耗量	船舶航行(包括正常航行和机动航行)时,柴油发电机组的燃油消耗量,不包括冷藏箱等附加设备的燃油消耗量	t
10	Q_{f2}	船舶非自卸状态下停泊时发电机组的燃油消耗量	船舶停泊时,在不使用船上装卸设备的情况下发电机组的燃油消耗量	t
11	Q_g	船舶锅炉燃油消耗量	船舶航次锅炉燃油消耗量	t
12	Q_z	船舶主机燃油消耗量	船舶航次主机燃油消耗量	t
13	Q_{zi1}	各航段船舶正常航行时主机燃油消耗量	船舶在各航段主机正常航行(开快车)时的主机燃油消耗量	t
14	Q_{zi2}	各航段船舶机动航行时主机燃油消耗量	船舶在各航段主机机动航行(开慢车)时的主机燃油消耗量	t
15	q_{fi}	船舶柴油发电机组每小时附加燃油消耗量	船舶由于载运冷藏货、船舶自装卸或油船启动电动货油泵,柴油发电机组每小时附加的燃油消耗量	kg/h
16	q_{f1}	船舶航行时柴油发电机组每小时燃油消耗量		kg/h
17	q_{f2}	船舶在非自卸状态下停泊时柴油发电机组每小时燃油消耗量		kg/h
18	q_g	船舶锅炉每小时的燃油消耗量		kg/h

表 A.1(续)

序号	符号	名　　称	说　　明	单　位
19	q_{zj}	船舶机动航行时主机每小时耗油量		kg/h
20	t_g	船舶锅炉实际使用时间		h
21	t_i	船舶柴油发电机组附加使用时间	船舶由于载运冷藏货、船舶自装卸或油船启动电动货油泵，柴油发电机组附加使用时间	h
22	t_0	船舶在非自卸状态下的停泊时间		h
23	t_1	船舶正常航行时间		h
24	t_2	船舶机动航行的航行时间	船舶航次机动航行的航行时间	h
25	α	船舶载重量对主机燃油消耗量的影响系数	船舶空载航行主机每小时的耗油量与满载航行主机每小时的耗油量之比	—

附 录 B
（资料性附录）
海洋运输船舶燃油消耗量计算实例

B.1 船舶基本参数、某航次的航行情况和实际燃油消耗情况

以国内某散货船为例，其基本参数以及某航次的航行情况和实际燃油消耗情况见表 B.1。

表 B.1 某散货船基本参数、航行情况和实际燃油消耗情况

船舶基本参数				
额定载重量 D_0/t	主机常用工况		单台发电机额定每小时燃油消耗量 q_{fe}/(kg/h)	锅炉每小时的燃油消耗量 q_g/(kg/h)
	功率 P_{z1}/kW	燃油消耗率 g_{ez1}/[kg/(kW·h)]		
55 604	6 900	0.174	121.00	87.07

船舶某航次的航行和实际燃油消耗情况							
航段	实际载重量 D_1/t	航行时间 t_1/h	机动航行时间 t_2/h	停泊时间 t_0/h	吊机设备使用时间 t_3/h	锅炉的使用时间 t_g/h	航次实际燃油消耗量/t
1	42 306	900.8	77.7	589.3	10.1	294.0	2 572.61
2	53 910	416.2	7.7	418.3	0.0	41.5	
3	45 885	772.7	38.3	334.3	0.0	155.0	

B.2 燃油消耗量计算实例

B.2.1 利用公式(3)计算出的本航次各航段正常航行时主机燃油消耗量见表 B.2。

表 B.2 正常航行时主机燃油消耗量计算

航段	船舶载重量对主机燃油消耗量的影响系数 α	实际载重量 D_1/t	额定载重量 D_0/t	主机常用工况		正常航行航行时间 t_1/h	正常航行时主机燃油消耗量 Q_{zi1}/t
				功率 P_{z1}/kW	燃油消耗率 g_{ez1}/[kg/(kW·h)]		
1	0.92	42 306	55 604	6 900	0.174	900.8	1 060.81
2		53 910				416.2	498.47
3		45 885				772.7	914.73

本航次正常航行时主机燃油消耗量 Q_{z1}＝1 060.81＋498.47＋914.73＝2 474.01(t)

B.2.2 利用公式(4)计算出的本航次机动航行时主机燃油消耗量见表 B.3。

表 B.3 机动航行时主机燃油消耗量计算

航段	主机常用工况每小时耗油量 q_{z1}/(kg/h)	船舶机动航行时主机每小时耗油量 q_{zj}/(kg/h)	机动航行时间 t_2/h	各航段船舶机动航行时主机燃油消耗量 Q_{zi2}/t
1	1 200.6	480.24	77.7	37.31
2			7.7	3.70
3			38.3	18.39

本航次机动航行时主机燃油消耗量 Q_{z2}＝37.31＋3.70＋18.39＝59.41(t)

利用公式(2)计算出的本航次主机燃油消耗量 Q_z＝2 474.01＋59.41＝2 533.42(t)

B.2.3 利用公式(5)～公式(8)计算出的船舶发电机组燃油消耗量见表B.4。

表B.4 船舶发电机组燃油消耗量计算

航段	单台发电机额定每小时燃油消耗量 q_{fe}/(kg/h)	航行时间 (t_1+t_2)/h	停泊时间 t_0/h	吊机设备每小时附加耗油量 q_{f3}/(kg/h)	吊机设备使用时间 t_3/h	航行时柴油发电机组燃油消耗量 Q_{f1}/t	非自卸状态停泊时柴油发电机组燃油消耗量 Q_{f2}/t	柴油发电机组附加燃油消耗量 Q_{fi}/t	发电机组燃油消耗量 Q_f/t
1	121.00	978.5	589.3	10.10	10.1	47.36	35.65	0.10	83.11
2		423.9	418.3	0	0	20.52	25.31	0.00	45.83
3		811.0	334.3	0	0	39.25	20.22	0.00	59.47

本航次发电机组燃油消耗量 $Q_f=83.11+45.83+59.47=188.41$(t)

B.2.4 利用公式(9)计算出的船舶锅炉燃油消耗量见表B.5。

表B.5 船舶锅炉燃油消耗量计算

航段	锅炉每小时的燃油消耗量 q_g/(kg/h)	锅炉的使用时间 t_g/h	锅炉燃油消耗量 Q_g/t
1	87.07	294.0	2.56
2		41.5	0.36
3		155.0	1.35

本航次锅炉燃油消耗量 $Q_g=2.56+0.36+1.35=4.27$(t)

B.2.5 利用公式(1)计算出的本航次船舶燃油消耗量如下。

$$Q=Q_z+Q_f+Q_g=2\ 533.42+188.41+4.27=2\ 726.10(\text{t})$$

B.3 燃油消耗量实际值与计算值比较

本航次燃油消耗量的实际值为2 572.61 t,计算值为2 726.10 t,计算值与实际值的误差为5.97%。

ICS 03.220.40
R 06

中华人民共和国国家标准

GB/T 7187.2—2010
代替 GB/T 7187.2—2001,GB/T 7187.3—2001

运输船舶燃油消耗量
第2部分:内河船舶计算方法

Fuel oil consumption for transportation ships—Part 2:Calculation method for inland ships

2011-01-14 发布　　2011-07-01 实施

中华人民共和国国家质量监督检验检疫总局
中国国家标准化管理委员会　发布

前　言

GB/T 7187《运输船舶燃油消耗量》分为两个部分：

——第1部分：海洋船舶计算方法；

——第2部分：内河船舶计算方法。

本部分为GB/T 7187的第2部分。

本部分代替GB/T 7187.2—2001《运输船舶燃油消耗量　长江船舶计算方法》和GB/T 7187.3—2001《运输船舶燃油消耗量　内河船舶计算方法》。

本部分与GB/T 7187.2—2001和GB/T 7187.3—2001相比主要变化如下：

——统一了长江船舶和内河船舶燃油消耗量计算模型，以“主机常用工况”相对应的每小时燃油消耗量为基础，以船舶营运周转量和主机基本耗油系数对它进行修正，再加上各种辅助油耗而得到航次燃油消耗量，形成直观、实用的计算模式(见3.1)；

——修改了“辅助生产用油量”的概念，将用于辅助作业和暂泊时的燃油消耗量和停泊时辅机燃油消耗量以及辅锅炉、生活设备、正常损耗的燃油消耗量合计在一起，便于统计(见3.6)；

——提出了“船舶营运燃油消耗率”计算模式，以使各种类型运输船舶间或同类型船舶不同核算期内的燃油消耗统计具有可比性(见4.1)。

本部分的附录A是规范性附录，附录B是资料性附录。

本部分由中华人民共和国交通运输部提出。

本部分由全国内河船标准化技术委员会(SAC/TC 130)归口。

本部分负责起草单位：长江航运科学研究所。

本部分参加起草单位：中国长江航运集团总公司、长江船舶设计院。

本部分主要起草人：李文华、俞筱莉、王熙、刘大江、曾勇、李绍怀。

本部分所代替标准的历次版本发布情况为：

——GB/T 7187.2—1987、GB/T 7187.2—2001；

——GB/T 7187.3—1987、GB/T 7187.3—2001。

运输船舶燃油消耗量
第2部分:内河船舶计算方法

1 范围

GB/T 7187的本部分规定了内河运输船舶营运燃油消耗量的计算方法。

本部分适用于全国内河以柴油发动机为主机和辅机的各类运输船舶。

2 术语、定义和符号

2.1 术语和定义

下列术语和定义适用于GB/T 7187的本部分。

2.1.1

航次　the secuence of voyages

从营运船舶在终点港用车完毕时起,至新的终点港完车时止。

2.1.2

船舶营运燃油消耗量　fuel oil consumption for transportation ships

船舶每航次消耗的燃油量。

2.1.3

船舶额定/实际换算周转量　rated/fact conversion operating weight of ships

船舶额定/实际装载吨位与营运距离的乘积。

2.1.4

主机常用工况　main engine frequent running state

根据主机性能和营运的各方面的条件及要求,确定的主机经常使用的工况。

2.1.5

航次标准航行时间　time of the sequence of voyages

在船舶常用载量和主机常用工况条件下规定的船舶每航次航行时间。

2.2 符号

运输船舶燃油消耗量计算模型中的符号见附录A。

3 船舶营运燃油消耗量(航次核算)

3.1 船舶营运燃油消耗量

船舶营运燃油消耗量计算方法按公式(1),计算实例参见附录B。

$$Q = Q_1 t + Q_2 A + Q_f \tag{1}$$

式中:

Q——航次燃油消耗量,单位为千克(kg);

Q_1——每小时基本燃油消耗量,单位为千克每小时(kg/h);

t——航次标准航行时间,单位为小时(h);

Q_2——单位周转量附加燃油消耗量,单位为千克每千吨千米[kg/(kt·km)];

A——航次实际换算周转量,单位为千吨千米(kt·km);

Q_f——辅助生产燃油消耗量,单位为千克(kg)。

3.2 每小时基本燃油消耗量

每小时基本燃油消耗量计算方法按公式(2)。

$$Q_1 = \alpha G_1 + G_2 \quad\cdots\cdots(2)$$

其中：

$$G_1 = P_1 g_{e1} \quad\cdots\cdots(3)$$

$$G_2 = P_2 g_{e2} \quad\cdots\cdots(4)$$

式中：

Q_1——每小时基本燃油消耗量，单位为千克每小时(kg/h)；

G_1——主机在常用工况下的每小时燃油消耗量，单位为千克每小时(kg/h)；

G_2——辅机每小时燃油消耗量，单位为千克每小时(kg/h)；

P_1——主机在常用工况下的功率，单位为千瓦(kW)；

g_{e1}——主机在常用工况下的耗油率，单位为千克每千瓦小时(kg/kW·h)；

P_2——航行时辅机的功率，单位为千瓦(kW)；

g_{e2}——航行时辅机的耗油率，单位为千克每千瓦小时(kg/kW·h)；

α——主机基本耗油系数，可根据试验数据或凭经验选取见表1，无经验值时按表1推荐数值取。

表1 主机基本耗油系数

船舶类型	液货船	货船	集装箱船	滚装船	推拖船队	客船
α	0.7	0.8～0.9	0.8～0.9	0.8～0.9	0.5～0.7	1.0

3.3 航次标准时间

3.3.1 定期班轮的航次标准航行时间按运行时刻表确定。

3.3.2 其他运输船舶的标准航行时间计算方法按公式(5)、公式(6)。

$$t = \sum_{k=1}^{n} t_k \quad\cdots\cdots(5)$$

$$t_k = L_k/(v + \mu_k) \quad\cdots\cdots(6)$$

式中：

t——航次的标准航行时间，单位为小时(h)；

t_k——各航段的标准航行时间，单位为小时(h)；

L_k——各航段的营运距离，单位为千米(km)；

v——船舶常用工况的静水航速，单位为千米每小时(km/h)；

μ_k——各航段水流平均速度，顺水取正值，逆水取负值，单位为千米每小时(km/h)；

n——同一航次中的航段数目。

3.4 航次单位周转量附加燃油耗量

航次单位周转量附加燃油耗量计算方法按公式(7)。

$$Q_2 = (1-\alpha) G_1 t / A_0 \quad\cdots\cdots(7)$$

式中：

Q_2——单位周转量附加燃油耗量，单位为千克每千吨千米(kg/kt·km)；

α——主机基本耗油系数；

A_0——船舶额定换算周转量，单位为千吨千米(kt·km)。

3.5 船舶营运实际/额定换算周转量

3.5.1 实际换算周转量计算方法按公式(8)。

$$A = \sum_{k=1}^{n} L_k D_k \quad\cdots\cdots(8)$$

式中：

A——船舶航次实际换算周转量，单位为千吨千米(kt·km)；

L_k——各航段的营运距离，单位为千米(km)；

D_k——各航段实际装载吨位，单位为千吨(kt)；

n——同一航次中的航段数目。

3.5.2　额定换算周转量计算方法按公式(9)。

$$A_0 = \sum_{k=1}^{n} L_k D_{0k} \quad \cdots\cdots(9)$$

式中：

A_0——船舶航次额定换算周转量，单位为千吨千米(kt·km)；

L_k——各航段的营运距离，单位为千米(km)；

D_{0k}——各航段额定装载吨位，单位为千吨(kt)。

3.6　辅助燃油消耗量

辅助燃油消耗量计算方法按公式(10)。

$$Q_f = G_{2f} t_f + Q_3 \quad \cdots\cdots(10)$$

式中：

Q_f——辅助生产燃油消耗量，单位为千克(kg)；

G_{2f}——停泊时辅机每小时耗油量，单位为千克(kg)；

t_f——停泊时辅机运转时间，单位为小时(h)；

Q_3——其他耗油量。如辅锅炉、生活设备、临时港作等辅助生产燃油消耗量，单位为千克(kg)。

4　船舶营运燃油消耗率

4.1　船舶营运燃油消耗率计算方法按公式(11)。

$$G_{e1} = Q/A \quad \cdots\cdots(11)$$

式中：

G_{e1}——船舶实际营运燃油消耗率，单位为千克每千吨千米(kg/kt·km)；

Q——航次燃油消耗量，单位为千克(kg)；

A——航次实际换算周转量，单位为千吨千米(kt·km)。

4.2　船舶营运燃油消耗率计算实例参见附录B。

5　核算期的变更

在以单航次作为核算期的基础上，可以采用来回航次、航次分段、月份、季度、年或其他时间段和航段作为核算期，计算时将核算期内的航次燃油消耗量相加即可。

附 录 A
（规范性附录）
内河运输船舶燃油消耗量计算方法中的符号

A.1 内河运输船舶燃油消耗量计算方法中所用符号见表 A.1。

表 A.1 内河运输船舶燃油消耗量计算方法中的符号一览表

序号	符号	名 称	说 明	单位
1	Q	船舶营运燃油消耗量	船舶航次消耗的燃油量	kg
2	Q_1	每小时基本耗油量	根据船舶类型、航区、季节等影响因素确定的主辅机在常用载量和常用工况条件下的燃油每小时消耗量	kg/h
3	t	航次标准航行时间	在船舶常用载量和主机常用工况条件下规定的航次航行时间	h
4	Q_2	单位周转量附加耗油量	完成航次单位换算周转量的附加燃油消耗量	kg/(kt·km)
5	A	船舶航次实际换算周转量	船舶在实际装载量下，航次完成的换算周转量	kt·km
6	A_0	船舶航次额定换算周转量	船舶在额定装载量下，航次完成的换算周转量	kt·km
7	Q_f	辅助生产燃油消耗量	用于辅助作业如装卸货、编解队、移泊、过闸、暂泊等时的燃油消耗量和停泊时辅机燃油消耗量以及辅锅炉、生活设备、正常损耗的燃油消耗量	kg
8	α	主机基本耗油系数	船舶类型、航区、载量等影响主机燃油消耗量的综合系数	
9	G_1	主机每小时燃油消耗量	主机在常用工况下运转每小时的燃油消耗量	kg/h
10	G_2	辅机每小时燃油消耗量	航行中辅机每小时的燃油消耗量	kg/h
11	P_1	主机功率	主机在常用工况下的功率	kW
12	g_{e1}	主机耗油率	主机在常用工况下的耗油率	kg/kW·h
13	P_2	辅机功率	航行中辅机的常用功率	kW
14	g_{e2}	辅机耗油率	航行中辅机的耗油率	kg/kW·h
15	L_k	各航段间的航距	各航段间船舶航行的距离	km
16	t_k	各航段的规定航时	各航段间，船舶在常用载量和主机常用工况条件下规定的航行时间	h
17	v	静水航速	船舶常用工况下的静水航速	km/h
18	u_k	水流平均速度	各航段水流平均速度	km/h
19	n	航段数目	同一航次中的航段数目	
20	D_k	各航段实际装载量	船舶在各航段航行时的实际装载量	kt
21	D_{0k}	各航段额定装载量	船舶在各航段航行时的额定装载量	kt
22	t_f	航次停泊时间	航次中使用辅机的停泊时间（含中间港）	h
23	G_{2f}	停泊时辅机耗油量	停泊时，使用辅机每小时的燃油消耗量	kg
24	Q_3	其他耗油量	如辅锅炉、生活设备、正常损耗等	kg
25	G_{e1}	船舶营运燃油消耗率	船舶在核算期（航次）按实际装载量计算的千吨千米燃油消耗量	kg/kt·km

附　录　B
（资料性附录）
内河运输船舶燃油消耗量计算方法实例

B.1　实例1

B.1.1　船舶基本参数、航次的航行情况统计表

船舶基本参数、航次的航行情况统计表见表B.1。

表B.1　船舶基本参数、航次的航行情况统计表

船舶基本参数						
船舶类型	额定装载量/t	静水航速/(km/h)	主机常用工况		辅机	
			功率/kW	燃油消耗率/[g/(kW·h)]	功率/kW	燃油消耗率[g/(kW·h)]
散货船	1 324	15.5	250	216	24	208

航次航行情况						
航段	距离/km	平均水流速度/(km/h)	实际装载量/t	停泊时间/h	其他耗油量/kg	
					辅助设备	辅助作业
北窖—南沙	53	−4.5	1 100			
南沙—蛇口	67	4.5	1 100	6		

B.1.2　航次标准航行时间表

根据公式(5)、公式(6)计算出的航次标准航行时间表见表B.2。

表B.2　航次标准航行时间表

	航段	距离 L_k/km	静水航速 v/(km/h)	平均水流速度 u_k/(km/h)	航行时间 t_k/h
1	北窖—南沙	53	15.5	−4.5	4.81
2	南沙—蛇口	67	15.5	4.5	3.35
	航次标准航行时间/t				8.16

B.1.3　每小时基本燃油消耗量计算表

根据公式(2)～公式(4)计算出的每小时基本燃油消耗量计算表见表B.3。

表B.3　每小时基本燃油消耗量计算表

主机常用功率 P_1/kW	主机燃油耗率 g_{e1}/[kg/(kW·h)]	辅机常用功率 P_2/kW	辅机燃油耗率 g_{e2}/[kg/(kW·h)]	主机基本耗油系数 α	每小时基本燃油消耗量 Q_1/(kg/h)
250	0.216	24	0.208	0.73	44.4

B.1.4　船舶营运换算周转量计算表

根据公式(8)、公式(9)计算出的船舶营运换算周转量计算表见表B.4。

表 B.4 船舶营运换算周转量计算表

	航段	距离 L_k/km	额定装载量 D_{0k}/kt	实际装载量 D_k/kt	额定换算周转量 A_0/(kt·km)	实际换算周转量 A/(kt·km)
1	北窖—南沙	53	1.324	1.100	70.2	58.3
2	南沙—蛇口	67	1.324	1.100	88.7	73.7
	合计				158.9	132

B.1.5 单位周转量附加燃油耗量计算表

根据公式(7)计算出的单位周转量附加燃油耗量计算表见表 B.5。

表 B.5 单位周转量附加燃油耗量计算表

主机每小时燃油耗量 G_1/(kg/h)	本航次标准航行时间 t/h	额定换算周转量 A_0/(kt·km)	主机基本耗油系数 α	单位周转量附加燃油耗量 Q_2/[kg/(kt·km)]
54	8.16	158.9	0.73	0.75

B.1.6 辅助燃油消耗量计算表

根据公式(10)计算出的辅助燃油消耗量计算表见表 B.6。

表 B.6 辅助燃油消耗量计算表

	停泊(暂泊)	停泊时间 t_f/h	辅机(停泊)每小时耗油量 G_{2f}/(kg/h)	其他耗油量(停泊)Q_3/kg		辅助燃油消耗量 Q_f/kg
				辅助设备	辅助作业	
1	蛇口锚地	6	4.5			27
	合计					27

B.1.7 本航次船舶营运燃油消耗量

根据公式(1)计算出的本航次船舶营运燃油消耗量如下：

$$Q = Q_1 t + Q_2 A + Q_f = 44.4 \times 8.16 + 0.75 \times 132 + 27 = 488.3(\text{kg})$$

B.1.8 船舶营运燃油消耗率

根据公式(11)计算出的船舶营运燃油消耗率如下：

$$G_{e1} = Q/A = 488.3/132 = 3.70[\text{kg/(kt·km)}]$$

B.2 实例 2

B.2.1 船舶基本参数、航次的航行情况统计表

船舶基本参数、航次的航行情况统计表见表 B.7。

表 B.7 船舶基本参数、航次的航行情况统计表

船舶基本参数						
船舶类型	额定装载量/t	静水航速/(km/h)	主机常用工况		辅机	
			功率/kW	燃油消耗率/[g/(kW·h)]	功率/kW	燃油消耗率/[g/(kW·h)]
集装箱船	2 427	18.5	281×2	202	27	198

表 B.7（续）

航次航行情况						
航段	距离/km	平均水流速度/(km/h)	实际装载量/t	停泊时间/h	其他耗油量/kg	
					辅助设备	辅助作业
重庆—忠县	239	6.0	2 271			
忠县—太平溪	392	1.5	2 271			
太平溪—宜昌	17	6.0	2 271	19		
宜—汉	626	5.0	2 271			
汉—皖	433	4.5	2 271			
皖—宁	300	4.0	2 271			
宁—沪	392	3.0	2 271	40		330

B.2.2 航次标准航行时间表

根据公式(5)、公式(6)计算出的航次标准航行时间表见表 B.8。

表 B.8 航次标准航行时间表

	航段	距离 L_k/km	静水航速 v/(km/h)	平均水流速度 u_k/(km/h)	航行时间 t_k/h
1	重庆—忠县	239	18.5	6.0	9.76
2	忠县—太平溪	392	18.5	1.5	19.6
3	太平溪—宜昌	17	18.5	6.0	0.69
4	宜—汉	626	18.5	5.0	26.64
5	汉—皖	433	18.5	4.5	18.83
6	皖—宁	300	18.5	4.0	13.33
7	宁—沪	392	18.5	3.0	18.23
	航次标准航行时间/t				107.08

B.2.3 每小时基本燃油消耗量计算表

根据公式(2)～公式(4)计算出的每小时基本燃油消耗量计算表见表 B.9。

表 B.9 每小时基本燃油消耗量计算表

主机常用功率 P_1/kW	主机燃油耗率 g_{e1}/[kg/(kW·h)]	辅机常用功率 P_2/kW	辅机燃油耗率 g_{e2}/[kg/(kW·h)]	主机基本耗油系数 α	每小时基本燃油消耗量 Q_1/(kg/h)
281×2	0.202	27	0.198	0.80	96.17

B.2.4 船舶营运换算周转量计算表

根据公式(8)、公式(9)计算出的船舶营运换算周转量计算表见表 B.10。

表 B.10 船舶营运换算周转量计算表

	航段	距离 L_k/km	额定装载量 D_{0k}/kt	实际装载量 D_k/kt	额定换算周转量 A_0/(kt·km)	实际换算周转量/ A/(kt·km)
1	重庆—忠县	239	2.427	2.271	580.5	542.77
2	忠县—太平溪	392	2.427	2.271	951.38	890.23
3	太平溪—宜昌	17	2.427	2.271	41.26	38.61
4	宜—汉	626	2.427	2.271	1 517.42	1 421.65
5	汉—皖	433	2.427	2.271	1 050.89	983.34
6	皖—宁	300	2.427	2.271	728.1	681.3
7	宁—沪	392	2.427	2.271	951.38	890.23
	合计				5 820.93	5 448.13

B.2.5 单位周转量附加燃油耗量计算表

根据公式(7)计算出的单位周转量附加燃油耗量计算表见表 B.11。

表 B.11 单位周转量附加燃油耗量计算表

主机每小时燃油耗量 G_1/(kg/h)	本航次标准航行时间 t/h	额定换算周转量 A_0/(kt·km)	主机基本耗油系数 α	单位周转量附加燃油耗量 Q_2/[kg/(kt·km)]
96.17	107.08	5 820.93	0.80	0.35

B.2.6 辅助燃油消耗量计算表

根据公式(10)计算出的辅助燃油消耗量计算表见表 B.12。

表 B.12 辅助燃油消耗量计算表

	停泊(暂泊)	停泊时间 t_f/h	辅机(停泊)每小时耗油量 G_{2f}/(kg/h)	其他耗油量(停泊)Q_3/kg		辅助燃油消耗量 Q_f/kg
				辅助设备	辅助作业	
1	宜昌	19	10			190
2	锚地	40	10		330	730
合计						920

B.2.7 本航次船舶营运燃油消耗量

根据公式(1)计算出的本航次船舶营运燃油消耗量如下：

$$Q = Q_1 t + Q_2 A + Q_f = 96.17 \times 107.08 + 0.35 \times 5\,448.13 + 920 = 13\,124.73(\text{kg})$$

B.2.8 船舶营运燃油消耗率

根据公式(11)计算出的船舶营运燃油消耗率如下：

$$G_{e1} = Q/A = 13\,124.73/5\,448.13 = 2.41[\text{kg}/(\text{kt}\cdot\text{km})]$$

ICS 75.140
E 42

中华人民共和国国家标准

GB 7189—2010
代替 GB 7189—1994

食品级石蜡

Food grade paraffin wax

2011-01-10 发布　　2011-07-01 实施

中华人民共和国国家质量监督检验检疫总局
中国国家标准化管理委员会　发布

前　言

本标准的第 4 章为强制性的，其余为推荐性的。

本标准代替 GB 7189—1994《食品用石蜡》。

本标准与 GB 7189—1994《食品用石蜡》的主要差异：

——标准名称变更为食品级石蜡。

——增加了 64 号、66 号食品级石蜡产品的技术要求。

——食品石蜡颜色修订为不小于+28 号；食品包装石蜡颜色修订为不小于+26 号。

——食品石蜡光安定性修订为不大于 4 号；食品包装石蜡光安定性修订为不大于 5 号。

——食品石蜡嗅味修订为不大于 0 号。

——增加了石油液体手工取样法。

本标准由全国石油产品和润滑剂标准化技术委员会提出。

本标准由全国石油产品和润滑剂标准化技术委员会石油蜡类产品分技术委员会归口。

本标准起草单位：中国石油化工股份有限公司抚顺石油化工研究院。

本标准主要起草人：严益民、齐邦峰。

本标准于 1987 年首次发布，于 1994 年第一次修订，本次为第二次修订。

食品级石蜡

1 范围

本标准规定了食品级石蜡的技术要求、试验方法、标志、包装、贮运、取样。

本标准适用于以含油蜡为原料，经发汗或溶剂脱油，再经加氢精制或白土精制所得到的食品级石蜡，按用途分为食品石蜡和食品包装石蜡。

食品石蜡适用于食品和药物组分的脱模、压片、打光等直接接触食品和药物的用蜡以及食品的添加组分。

食品包装石蜡适用于与食品接触的容器、包装材料的浸渍用蜡，以及药物封口和涂敷用蜡。

2 规范性引用文件

下列文件中的条款通过本标准的引用而成为本标准的条款 。凡是注日期的引用文件，其随后所有的修改单(不包括勘误的内容)或修订版均不适用于本标准，然而，鼓励根据本标准达成协议的各方研究是否可使用这些文件的最新版本。凡是不注日期的引用文件，其最新版本适用于本标准。

GB/T 265 石油产品运动黏度测定法和动力黏度计算法

GB/T 2539 石油蜡熔点的测定 冷却曲线法(GB/T 2539—2008，ISO 3841:1977，IDT)

GB 2760 食品添加剂使用卫生标准

GB/T 3554 石油蜡含油量测定法

GB/T 3555 石油产品赛波特颜色测定法(赛波特比色计法)

GB/T 4756 石油液体手工取样法

GB/T 4985 石油蜡针入度测定法

GB/T 7363 石蜡中稠环芳烃试验法

GB/T 7364 石蜡易炭化物试验法

SH 0164 石油产品包装、贮运及交货验收规则

SH/T 0229 固体和半固体石油产品取样法

SH/T 0404 石蜡光安定性测定法

SH/T 0407 石油蜡水溶性酸或碱试验法

SH/T 0414 石蜡嗅味试验法

3 技术要求和试验方法

食品级石蜡的技术要求和试验方法见表 1。

表 1 食品级石蜡的技术要求和试验方法

项目	质量指标																试验方法
	食品石蜡								食品包装石蜡								
牌号	52号	54号	56号	58号	60号	62号	64号	66号	52号	54号	56号	58号	60号	62号	64号	66号	
熔点/℃ 不低于 低于	52 54	54 56	56 58	58 60	60 62	62 64	64 66	66 68	52 54	54 56	56 58	58 60	60 62	62 64	64 66	66 68	GB/T 2539
含油量(质量分数)/% 不大于	0.5								1.2								GB/T 3554

表 1（续）

<table>
<tr><td rowspan="2">项目</td><td colspan="16">质量指标</td><td rowspan="3">试验方法</td></tr>
<tr><td colspan="8">食品石蜡</td><td colspan="8">食品包装石蜡</td></tr>
<tr><td>牌号</td><td>52号</td><td>54号</td><td>56号</td><td>58号</td><td>60号</td><td>62号</td><td>64号</td><td>66号</td><td>52号</td><td>54号</td><td>56号</td><td>58号</td><td>60号</td><td>62号</td><td>64号</td><td>66号</td></tr>
<tr><td>颜色/赛波特颜色号 不小于</td><td colspan="8">+28</td><td colspan="8">+26</td><td>GB/T 3555</td></tr>
<tr><td>光安定性/号 不大于</td><td colspan="8">4</td><td colspan="8">5</td><td>SH/T 0404</td></tr>
<tr><td>针入度(25 ℃)/(1/10 mm) 不大于</td><td colspan="4">18</td><td colspan="4">16</td><td colspan="4">20</td><td colspan="4">18</td><td>GB/T 4985</td></tr>
<tr><td>运动黏度(100 ℃)/(mm^2/s)</td><td colspan="8">报告</td><td colspan="8">报告</td><td>GB/T 265</td></tr>
<tr><td>嗅味/号 不大于</td><td colspan="8">0</td><td colspan="8">1</td><td>SH/T 0414</td></tr>
<tr><td>水溶性酸或碱</td><td colspan="8">无</td><td colspan="8">无</td><td>SH/T 0407</td></tr>
<tr><td>机械杂质及水</td><td colspan="8">无</td><td colspan="8">无</td><td>目测[a]</td></tr>
<tr><td>易炭化物</td><td colspan="8">通过</td><td colspan="8">—</td><td>GB/T 7364</td></tr>
<tr><td>稠环芳烃，
紫外吸光度/cm
280 nm～289 nm 不大于
290 nm～299 nm 不大于
300 nm～359 nm 不大于
360 nm～400 nm 不大于</td><td colspan="8">

0.15
0.12
0.08
0.02</td><td colspan="8">

0.15
0.12
0.08
0.02</td><td>GB/T 7363</td></tr>
<tr><td colspan="18">a 将约 10 g 蜡放入容积为 100 mL～250 mL 的锥形瓶内，加入 50 mL 初馏点不低于 70 ℃的无水直馏汽油馏分，并在振荡下于 70 ℃水浴内加热，直到石蜡溶解为止，将该溶液在 70 ℃水浴内放置 15 min 后，溶液中不应呈现眼睛可以看见的浑浊、沉淀或水。允许溶液有轻微乳光。</td></tr>
</table>

4 取样

取样按 SH/T 0229 或 GB/T 4756 进行，取 2.5 kg 作为检验及留样用。

5 标志、包装、运输和贮存

本产品的标志、包装、运输、贮存及交货验收按 SH 0164 进行。

6 其他

本标准所属产品允许添加我国食品卫生标准 GB 2760 规定的食品抗氧添加剂，总量不准超过所规定的限量。

ICS 77.040.20;77.140.80
J 31

中华人民共和国国家标准

GB/T 7233.2—2010
代替 GB/T 7233—1987

铸钢件 超声检测 第2部分:高承压铸钢件

Steel castings—Ultrasonic examination—
Part 2:Steel castings for highly stressed components

(ISO 4992-2:2006,MOD)

2010-12-23 发布 2011-06-01 实施

中华人民共和国国家质量监督检验检疫总局
中国国家标准化管理委员会 发布

前　言

GB/T 7223《铸钢件　超声检测》分为两个部分：

——第 1 部分：一般用途铸钢件；

——第 2 部分：高承压铸钢件。

本部分为 GB/T 7233 的第 2 部分，对应于 ISO 4992-2:2006《铸钢件　超声检测　第 2 部分：高承压铸钢件》。

本部分修改采用了 ISO 4992-2:2006，标准结构和技术内容与 ISO 4992-2:2006 略有差异。与 ISO 4992-2:2006 相比，主要内容作了如下修改：

——按照汉语习惯对一些编排格式进行了修改；

——将一些适用于国际标准的表述改为适用于我国标准的表述；

——用小数点“.”代替作为小数点的逗号“,”；

——增加了图 6 测量壁厚方向上缺陷的尺寸；

——增加了附录 D 传输修正；

——增加了附录 E 耦合传输修正的测定。

本部分代替 GB/T 7233—1987《铸钢件超声探伤及质量评级方法》。

本部分与 GB/T 7233—1987 相比，主要技术内容变化如下：

——修改了标准的适用范围(见第 1 章)；

——增加了订货信息(见 4.1)；

——修改了质量等级的要求(见 4.3)；

——修改了检测方法；

——增加了附录 A、附录 B、附录 C、附录 D 和附录 E，删除了 1987 年版的附录 A、附录 B 和附录 C。

本部分的附录 A 为规范性附录，附录 B、附录 C、附录 D 和附录 E 为资料性附录。

本部分由全国铸造标准化技术委员会(SAC/TC 54)提出并归口。

本部分主要起草单位：沈阳铸造研究所、沈阳北方重工集团公司、沈阳鼓风机集团公司。

本部分主要起草人：张钊骞、孙春贵、王立华、李冷西、齐兴、李兴捷。

本部分所代替标准的历次版本发布情况为：

——GB/T 7233—1987。

铸钢件　超声检测
第2部分：高承压铸钢件

1　范围

GB/T 7233的本部分规定了高承压铸钢件（非奥氏体）超声波检测的术语和定义、一般要求和应用脉冲反射技术检测内部缺陷的方法。

本部分适用于高承压铸钢件（非奥氏体）细化晶粒热处理后且厚度不超过600 mm铸钢件的超声检测。对于厚度大于600 mm的铸钢件，应有协议规定检测方法和记录限值。

本部分不适用于奥氏体钢。

2　规范性引用文件

下列文件中的条款通过GB/T 7233的本部分的引用而成为本部分的条款。凡是标注日期的引用文件，其随后所有的修改单(不包括勘误的内容)或修订版均不适用于本部分，然而，鼓励根据本部分达成协议的各方研究是否可使用这些文件的最新版本。凡是不注日期的引用文件，其最新版本适用于本部分。

GB/T 5616　无损检测　应用导则

GB/T 9445　无损检测　人员资格鉴定与认证(GB/T 9445—2008，ISO 9712：2005，IDT)

GB/T 12604.1　无损检测　术语　超声检测(GB/T 12604.1—2005，ISO 5577：2000，IDT)

GB/T 15056　铸造表面粗糙度　评定方法

GB/T 18694　无损检测　超声检验　探头及其声场的表征(GB/T 18694—2002，eqv ISO 10375：1997)

GB/T 19799.1　无损检测　超声检测　1号校准试块(GB/T 19799.1—2005，ISO 2400：1972，IDT)

GB/T 19799.2　无损检测　超声检测　2号校准试块(GB/T 19799.2—2005，ISO 7963：1985，IDT)

JB/T 9214　A型脉冲反射式超声探伤系统工作性能　测试方法(JB/T 9214—1999，neq JIS Z2344—1993)

JB/T 10061　A型脉冲反射式超声波探伤仪　通用技术条件(JB/T 10061—1999，neq ASTM E 750-1980)

3　术语和定义

GB/T 12604.1确立的以及下列术语和定义适用于本部分。

3.1

参考缺陷回波尺寸　reference discontinuity echo size

超声检测通常用平底孔直径来表示可接受的最小缺陷尺寸。

3.2

点状缺陷　point discontinuity

缺陷的尺寸小于或者等于声束直径。

注：尺寸指长、宽和壁厚方向上的尺寸。

3.3

延伸性缺陷　complex discontinuity

缺陷的尺寸大于声束直径。

注：尺寸指长、宽和壁厚方向上的尺寸。

3.4

平面型缺陷　planar discontinuity

能测量二维缺陷的尺寸。

3.5

体积型缺陷　volumetric discontinuity

能测量三维缺陷的尺寸。

3.6

特殊的外层　special rim zone

有特殊要求的外层区域。

注：特殊要求，比如机加工、高压和密封的表面等。

3.7

补焊　finishing welding

通过焊接以获得与铸钢件同样的质量。

4　一般要求

4.1　订货信息

订货时需方应提供下列信息：

——超声检测的铸钢件区域、数量或百分数；

——铸钢件各部位的质量等级；

——检测工艺要求；

——是否有其他检测要求，见 5.5.1。

4.2　检测范围

应采用最适宜的检测方法，检测铸钢件的全部被检区域（铸钢件的形状适合检测时）。

对于厚度大于 600 mm 的铸钢件，其检测方法、记录限值、验收等级等由供需双方商定。

4.3　允许的最大缺陷尺寸

4.3.1　总则

需方应根据质量等级要求，确定铸钢件不同区域的体积型和平面型缺陷的验收等级。

4.3.2　不能测量尺寸的缺陷（点状缺陷）

在特殊外层和准备焊接区，不能测量尺寸的缺陷不应超过表 1 的限值。

4.3.3　能测量尺寸的缺陷（延伸性缺陷）

4.3.3.1　平面型缺陷

平面型缺陷的尺寸不应超过图 2 的限值。

对能测量长度而不能测量壁厚方向上尺寸的缺陷面积，应按图 2 的公式计算。

随着声程距离的增加，声束直径变大，不宜按照图 2 测量小平面型缺陷的尺寸。通常在 30 mm 的外层测量这些尺寸，应使用聚焦探头，如双晶探头。

4.3.3.2　体积型缺陷

体积型缺陷尺寸，外层不能超过图 3 的限值，内层不能超过图 4 限值。

1 级不允许有能测量尺寸的缺陷。

能测量长度但不能测量宽度的缺陷面积，应按图 3 和图 4 的公式计算。

4.4 人员资格

超声检测人员应依据 GB/T 9445 的要求，取得相应资格证书。

4.5 壁厚分区

壁厚分区见图 1，这些区域按铸钢件最终使用尺寸划分。

4.6 质量等级

需方在铸钢件不同区域要求的质量等级不同，应清楚地在图纸上注明：

——准确的区域及尺寸；

——准备焊接区域和特殊外层厚度。

1 级仅适用于准备焊接区和特殊的外层。除非订货时另有约定，否则补焊区同母材一样验收。

5 检测

5.1 总则

GB/T 5616 给出超声检测的基本规则。

5.2 材料

材料的超声可探性，可通过比较参考反射体回波高度（通常是一次底波）和噪声信号来评价。评价应选择铸钢件具有代表性的区域，该区域必须是上下面平行的最终表面和最大厚度。

依据表 2 的参考回波高度，至少高出噪声信号 6 dB。

如果在检测的最大厚度探测到的最小平底孔或相当的横孔直径回波高度不大于噪声信号 6 dB，超声可探性下降。在小于 6 dB 的信噪比下，探测到的平底孔或横孔直径应在检测报告中说明，并经供需双方同意。

注：为确定适当的平底孔尺寸，可以采用距离增益尺寸法（DGS）或者使用具有相同的金属材料、热处理状态和壁厚的平底孔试块，试块平底孔直径依据表 2 或相当的横孔直径。

用于平底孔和横孔的直径转换见公式(1)：

$$D_{\mathrm{Q}}=\frac{4.935\times D_{\mathrm{FBH}}^{4}}{\lambda^{2}\times s} \qquad \cdots\cdots(1)$$

式中：

D_{Q}——横孔直径，单位为毫米(mm)；

D_{FBH}——平底孔直径，单位为毫米(mm)；

λ——波长，单位为毫米(mm)；

s——声程，单位为毫米(mm)。

公式(1)仅适用于 $D_{\mathrm{Q}}\geqslant 2\lambda$、$s\geqslant 5$ 倍近场长度、单晶探头。

5.3 设备、耦合剂、探测灵敏度和分辨力

5.3.1 超声仪器

超声仪器应满足 JB/T 10061 的要求，并具备下列特性：

——范围调整，钢中纵波和横波，至少在 10 mm 和 2 000 mm 内可连续选择；

——增益，调整范围在 80 dB 以上，步进级每档不大于 2 dB，精度 1 dB；

——时基线性误差不大于 1%，垂直线性误差不大于 5%；

——至少能适应 1 MHz～6 MHz 频率脉冲反射技术所用的单晶和双晶探头。

5.3.2 探头和频率

探头和频率应符合 GB/T 18694 的要求，并满足下列规定：

——额定频率范围在 1 MHz～6 MHz 之间；

——斜探头角度范围在 35°～70°之间。

注：在高承压铸钢件检测中，应依据铸钢件的形状和探测的缺陷类型来选择直探头和斜探头。

检测近表面区，应使用双晶探头。

5.3.3 校准超声检测设备

操作人员应按 JB/T 9214 的规定，定期校准超声检测设备。

5.3.4 耦合剂

耦合剂应湿润检测表面并确保声波传播，如机油、浆糊、甘油和水等，在校准和检测中应使用同一种耦合剂。

注：声波传播采用表面平行区域的一次或多次底波来校对。

5.3.5 探测灵敏度和分辨力

仪器的探测灵敏度至少应满足 5.5.3 要求的灵敏度调整。

整套设备(仪器/探头组合)的探测分辨力应符合附录 A 的要求。

5.4 铸钢件被检表面的准备

被检表面应能使探头达到良好的耦合效果，应无影响声波传播和探头移动的锈蚀、氧化皮、焊接飞溅或其他不规则物。

使用单晶探头时，为达到良好的耦合效果，被检表面粗糙度至少应 $Ra\leqslant 25\ \mu m$。机加工的被检表面粗糙度应达到 $Ra\leqslant 12.5\ \mu m$。特殊的检测技术，对表面粗糙度的要求更高，例如 $Ra\leqslant 6.3\ \mu m$(见 GB/T 15056)。

5.5 检测程序

5.5.1 总则

主要依据铸钢件的形状、铸造或补焊后可能产生的缺陷，来选择最佳入射方向和适合的探头。

铸钢件供方应明确所用的检测工艺规范，在特定条件下要编制书面协议。

尽可能从相对的两个方向检测，当只能从一个方向检测时，为了发现近表面缺陷应附加使用近场分辨探头，在壁厚不到 50 mm 时应使用双晶探头。

此外，当供需双方没有其他约定时，应使用双晶直探头和斜探头检测铸钢件下列 50 mm 内的区域：

——重要区域，如内圆角、变截面、加外冷铁处；

——补焊区；

——准备焊接区；

——涉及铸钢件重要性能的特殊外层。

深度超过 50 mm 的补焊区，应使用其他合适的斜探头补充检测。

斜探头的角度大于 60°，声程不应超过 150 mm。

探头的扫查应有重叠，重叠率应大于探头直径或边长 15%，应有规律的扫查所有被检区域，扫查速度应不超过 150 mm/s。

5.5.2 范围调整

在检测仪器的荧屏上进行范围调整，使用直或斜探头，选择下列试块：

——GB/T 19799.1 校准试块 1 或者 GB/T 19799.2 校准试块 2；

——与被检材料有相同声学特性的校准试块；

——用直探头在具有平行表面且厚度可测的铸钢件本体调整。

5.5.3 灵敏度调整

5.5.3.1 总则

范围调整(见 5.5.2)后进行灵敏度调整，采用下述两种方法之一：

a) 距离幅度校正曲线法(DAC)

距离幅度校正曲线法是用一系列相同的反射体(平底孔 FBH 或横孔 SDH)的回波高度得出的，每个反射体有不同的声程。

注：通常采用 2 MHz～2.5 MHz 的频率和 6 mm 直径的平底孔。

b) 距离增益尺寸法(DGS)

距离增益尺寸法是用一系列理论上计算出的声程、仪器增益、垂直于声束轴线的平底孔直径的关系得出的曲线。

5.5.3.2 传输修正

传输修正应按照附录D确定。

当使用校准试块时,需要进行传输修正。传输修正不仅要考虑耦合面的粗糙度,也要考虑对应面的粗糙度,因为对应面粗糙度影响底波高度,如果对应面是机加工表面或表面粗糙度 $Ra \leqslant 25\ \mu m$,满足传输修正的测定。

5.5.3.3 缺陷的探测

为了探测缺陷,应将增益一直提高到荧屏上可见噪声水平线(扫查灵敏度)。

表2给出的平底孔或相当横孔的直径,在检测的最大厚度范围内,回波高度不低于荧屏的40%。

在检测过程中,如果怀疑因缺陷引起底波衰减,超出规定的记录值(见表3),应降低检测灵敏度,准确测定底波衰减的dB值。

斜探头灵敏度调整应使反射体在荧屏上清晰地显示典型的动态回波图形(见图6)。

推荐斜探头灵敏度调整使用自然的(非人工)平面型缺陷(裂纹尺寸在壁厚方向)或垂直于表面且远大于声束的侧壁来校核。探头底面要尽量与铸钢件表面形状吻合。

5.5.4 不同类型缺陷的评定

在铸钢件检测中发现一种或多种以下缺陷类型,应进行评定:

——不是由铸钢件外形或耦合引起的底波衰减;

——缺陷的回波。

底波衰减用底波高度下降的dB值表示,缺陷回波高度用平底孔或横孔直径表示。

5.5.5 记录

5.5.5.1 底波衰减

底波衰减超过12个dB(2 MHz~2.5 MHz的检测频率)应记录,底波衰减的区域应该当作缺陷区域进行标记和测量。

5.5.5.2 缺陷回波

回波的记录限值应根据参考缺陷回波尺寸来确定信号波幅大小。

当信号波幅超过图3、图4和表3的要求,能测量尺寸缺陷的回波应记录。

应识别表4给出的缺陷类型。

为了区别缺陷类型,根据缺陷到被检表面的距离、几何形状、被检表面的最终状态,检测灵敏度可以调整。

当使用斜探头时,不考虑缺陷回波的幅度,应记录所有具有游动特征或在壁厚方向上能测量尺寸的信号,并按5.5.7.3测定。

记录缺陷的位置,应标注在检测报告里,并附简图或照片。

5.5.6 记录缺陷的验证

记录的缺陷(见5.5.5),应更准确地验证它们的类型、形状、尺寸和位置。这个验证可采用改变超声波检测技术(例如改变入射角度)或者另外采用射线照相检测技术。

5.5.7 缺陷的性质和尺寸

5.5.7.1 总则

对于工程应用,只有在一定条件下(如已知缺陷的类型、缺陷简单的几何形状、缺陷对声束处于最佳反射状态),才能用超声波技术比较准确测量缺陷的尺寸。

通过其他声束方向和入射角度可以验证缺陷的性质,简单地将缺陷按下列分类:

——不能测量尺寸的缺陷(点状缺陷);

——能测量尺寸的缺陷(延伸性缺陷)。

注1：附录B给出了声束直径的资料,区别缺陷能否测量尺寸。

注2：附录C给出了缺陷类型和测定尺寸的资料,也给出了范围调整(见5.5.2)和灵敏度调整的资料(见5.5.3)。

为准确测量缺陷的尺寸,推荐使用声束直径尽可能小的探头。

5.5.7.2 基本平行于检测面的缺陷尺寸的测定

缺陷的边界是通过比端点最高信号波幅下降6 dB来测定。对于底波衰减,通过比正常底波高度下降6 dB(2 MHz～2.5 MHz探头)来测定。

按照图5来测定壁厚方向上缺陷尺寸。

5.5.7.3 基本垂直于检测面(壁厚方向上)的缺陷尺寸的测定

不同质量等级的平面型缺陷尺寸的测定,应按5.5.7.1移动探头,回波降低20 dB(见图C.7和图C.9)。

5.6 检测报告

检测报告应至少包含下述内容：

——采用的标准；

——铸钢件的特性数据；

——检测范围；

——检测设备型号,采用的探头；

——检测方法；

——灵敏度调整的数据；

——缺陷的所有特征(例如底波衰减、位置和壁厚方向尺寸、长度、面积和平底孔的直径)和它们位置的描述(简图或照片)；

——检测责任人和检测日期。

表1 在特殊外层和准备焊接区不能测量尺寸的缺陷(点状缺陷)允许限值(用直探头或斜探头扫查)

质量等级[a]	评定的最小平底孔当量直径或横孔直径		100 mm×100 mm评定框内缺陷允许限值[c]	
	FBH[b]/mm	SDH[b]/mm	最大数量	最小距离/mm
1	1.5	3[d,e] DAC-6 dB	6	12
2	1.5	3[d,e] DAC-6 dB	12	10
3	2	3[d]	12	8

a 1级通常用于焊接准备区,特殊外层的质量等级由需方指定。

b FBH＝平底孔,SDH＝横孔。

c 如果缺陷间距＞15 mm,允许不计数量。

d 斜探头(4 MHz～5 MHz,晶片尺寸接近10 mm)。

e 直径0.75 mm的横孔可以用直径3 mm的横孔代替,把直径3 mm的横孔的距离波幅校正曲线降低50%。

表2 超声可探性要求

单位为毫米

壁厚/mm	检测区域	依据5.2能探测的最小平底孔直径
≤100	—	2
＞100～300	—	3
＞300～600	—	4
—	特殊外层,准备焊接区	1.5

表 3 记录值

壁厚/mm	最小平底孔当量直径/mm	底波衰减/dB,最小
≤100	2	12
>100～300	3	
>300～600	4	

表 4 缺陷类型的参考符号

参考符号	缺陷类型	图
SDB	底波衰减	C.2
Ⅱ	不能测量尺寸的单个缺陷	C.3,C.4
ⅡL	能测量的尺寸的单个缺陷	C.4,C.5
GIR	可分辨的密集缺陷	C.6
ⅡP/ⅡD	有 2 个尺寸的单个缺陷	C.5,C.7
NⅡ	不能测量尺寸的多个缺陷	C.8
NIP	能测量壁厚方向上尺寸的多个缺陷	C.9
GIN	不可分辨的密集缺陷	C.10,C.11

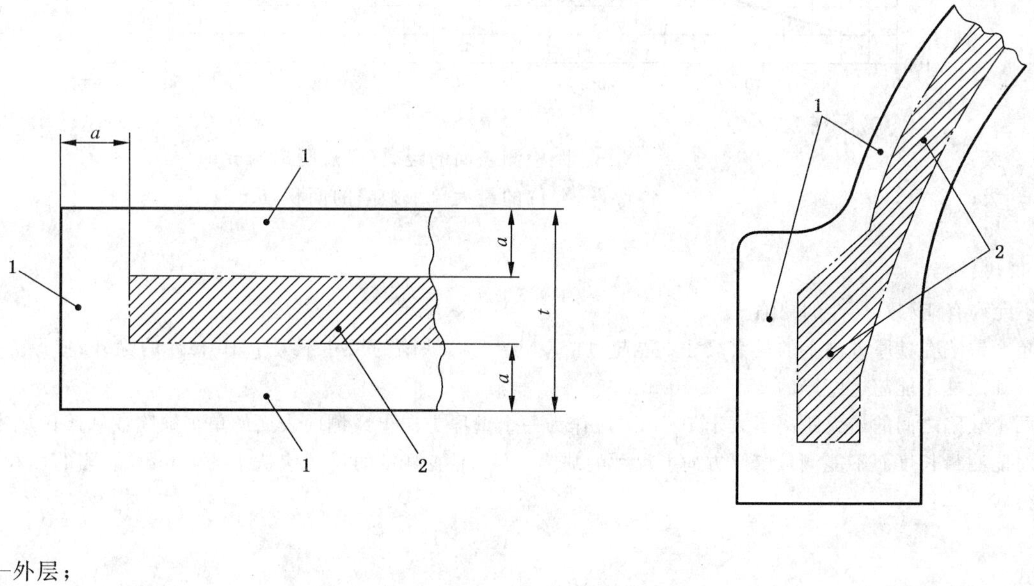

1——外层；

2——内层；

t——壁厚；

a——$t/3$(最大 30 mm)。

图 1 壁厚分区

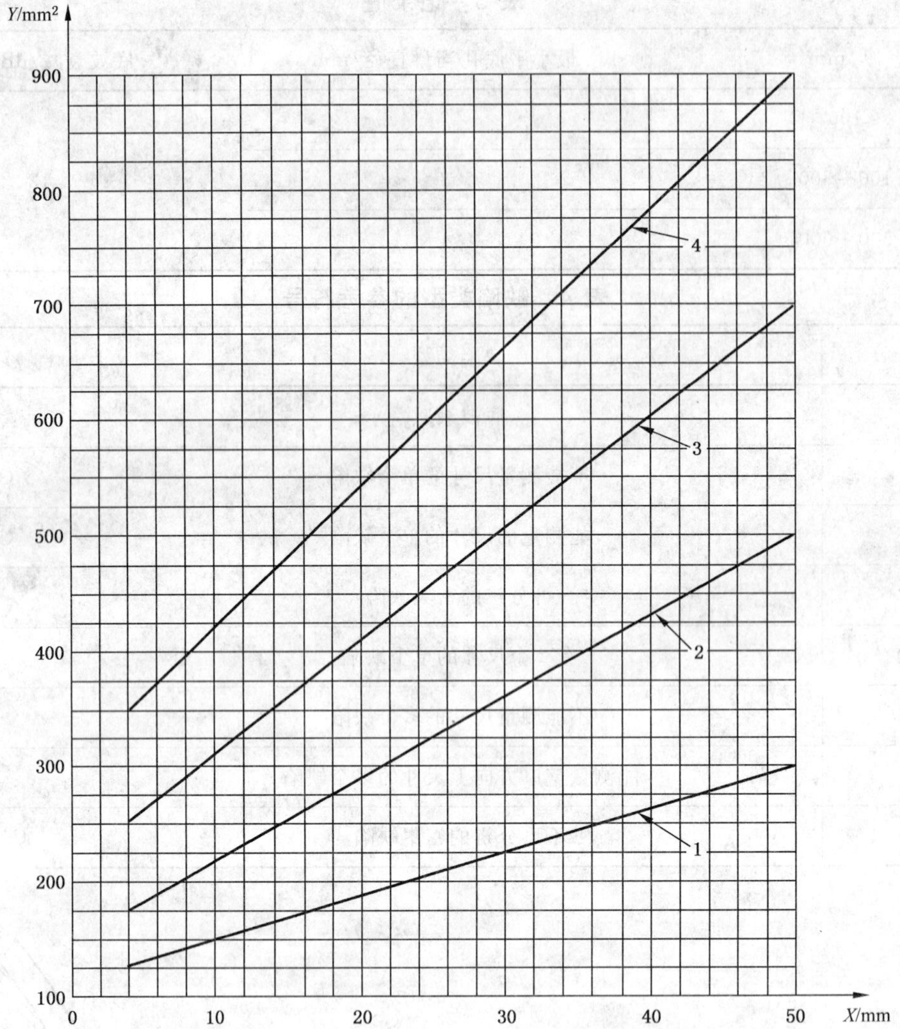

1——2 级；
2——3 级；
3——4 级；
4——5 级；
1 级不允许有能测量尺寸的缺陷。

X——距检测表面的距离(最短距离)，mm；
Y——允许的最大单个缺陷的面积，mm^2。

注：单个缺陷在壁厚方向上的最大尺寸不能超过壁厚的10%，缺陷的尺寸不大于10 mm的除外，壁厚方向上缺陷累加尺寸不能超过壁厚的25%或20 mm。

两个缺陷之间的最大距离不大于10 mm，应作为一个壁厚方向上或侧向表面的单个缺陷或缺陷区域来评定。

对能测量长度而不能测量壁厚方向上尺寸的缺陷区域，不能测量的尺寸应认定为3 mm，缺陷的面积应按下述公式计算：

$$A=3\times L$$

式中：

A——缺陷面积，单位为平方毫米(mm^2)；
3——定义宽度，单位为毫米(mm)；
L——测量长度，单位为毫米(mm)。

图2　用斜探头检测基本在壁厚方向上单个平面型缺陷的允许限值(见图C.8，图C.9，图C.11)

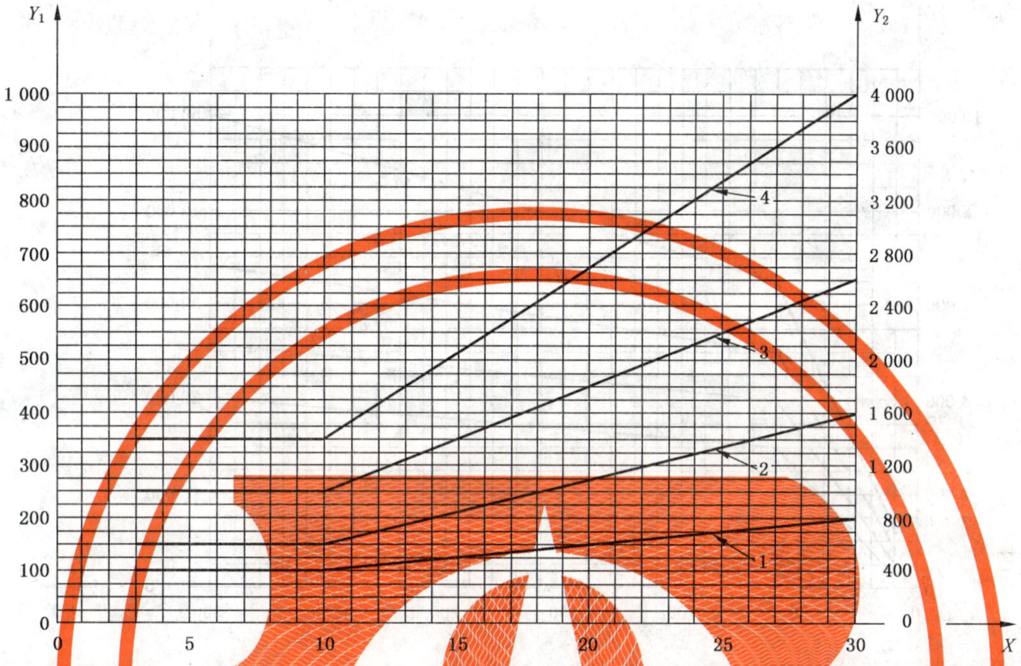

1——2 级；
2——3 级；
3——4 级；
4——5 级；
X——距检测面或底面的最短距离，mm；
Y_1——记录的最小缺陷面积，mm^2；
Y_2——允许的最大单个缺陷面积，mm^2。

1 级不允许有能测量尺寸的缺陷。

注：缺陷在壁厚方向上最大允许尺寸应是外层厚度的 15%。

两个缺陷之间的最大距离不大于 10 mm，应作为一个壁厚方向上或侧向表面的单个缺陷或缺陷区域来评定。

对能测量长度而不能测量壁厚方向上尺寸的缺陷区域，不能测量的尺寸应认定为 3 mm，缺陷的面积应按图 2 的图注中公式计算。

图 3 用直探头检测位于外层能测量尺寸的体积型缺陷的记录和允许限值（见图 C.2、图 C.5、图 C.10）

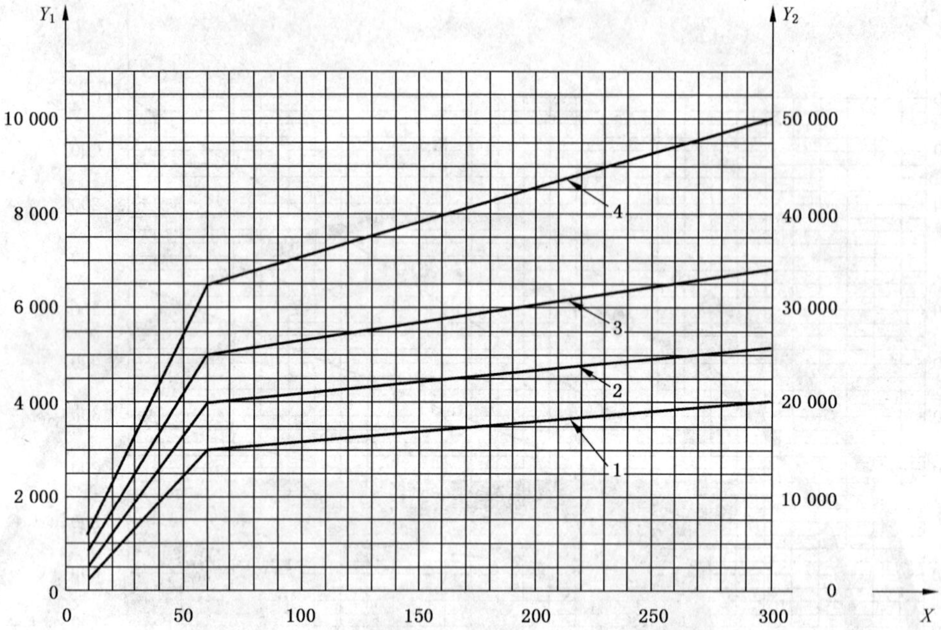

1——2 级；
2——3 级；
3——4 级；
4——5 级；
X——距检测面或底面的最短距离，mm；
Y_1——记录的最小缺陷面积，mm^2；
Y_2——允许的最大单个缺陷面积，mm^2。

1 级不允许有能测量尺寸的缺陷。

注：缺陷在壁厚方向上的最大允许尺寸应是壁厚的 15%。

两个缺陷之间的最大距离不大于 20 mm，应作为一个壁厚方向上或侧向表面的单个缺陷或缺陷区域来评定。

对能测量长度而不能测量壁厚方向上尺寸的缺陷区域，不能测量的尺寸应认定为 3 mm，缺陷面积应按图 2 的图注中公式计算。

除非订货时另有协议，当完成射线和超声联合检测后，确定缺陷位于内层，缺陷允许降低一个级别，例如射线检测 3 级代替 2 级。

图 4　用直探头检测位于内层能测量尺寸的体积型缺陷的记录和允许限值（见图 C.2、图 C.5、图 C.10）

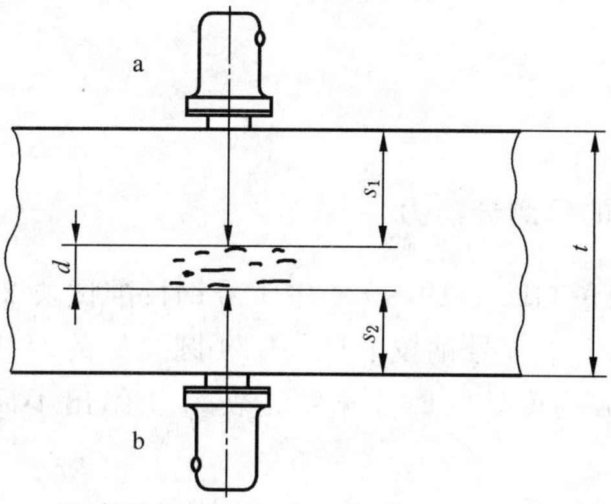

d——深度延伸，$d=t-(s_1+s_2)$；

t——壁厚；

s_1，s_2——声程。

[a] 扫查位置 A；

[b] 扫查位置 B。

a）扫查位置

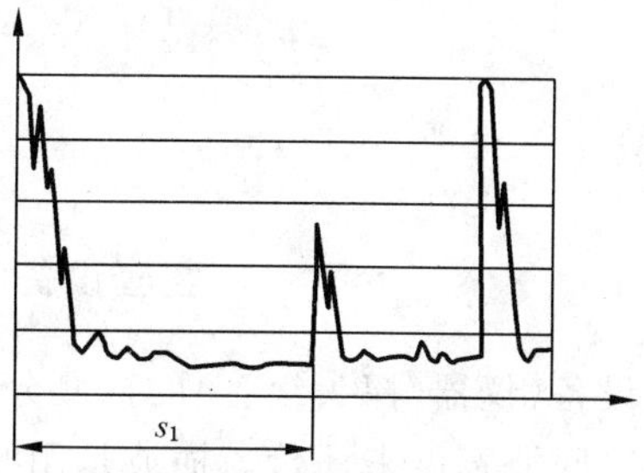

b）扫查位置 A 的 A 扫

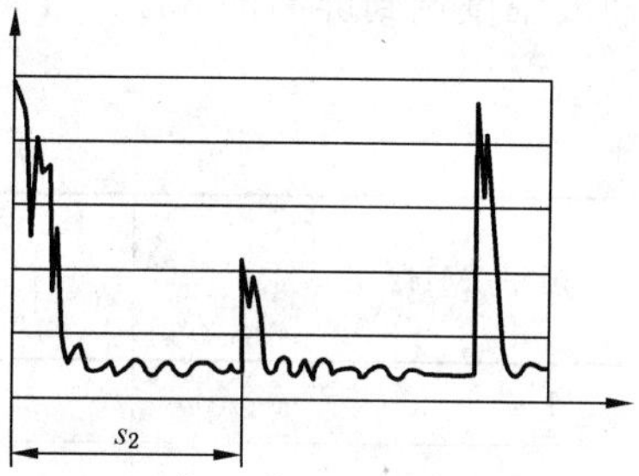

c）扫查位置 B 的 A 扫

图 5　用直探头测量壁厚方向上缺陷的尺寸

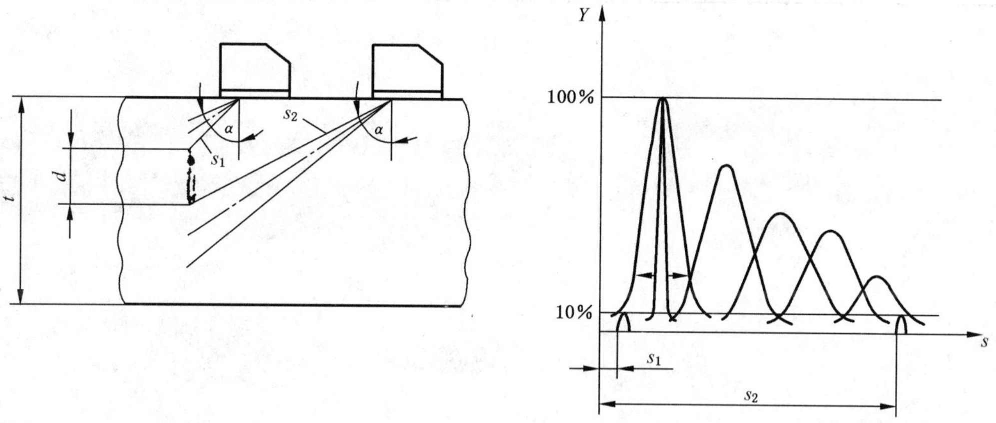

a）断续反射

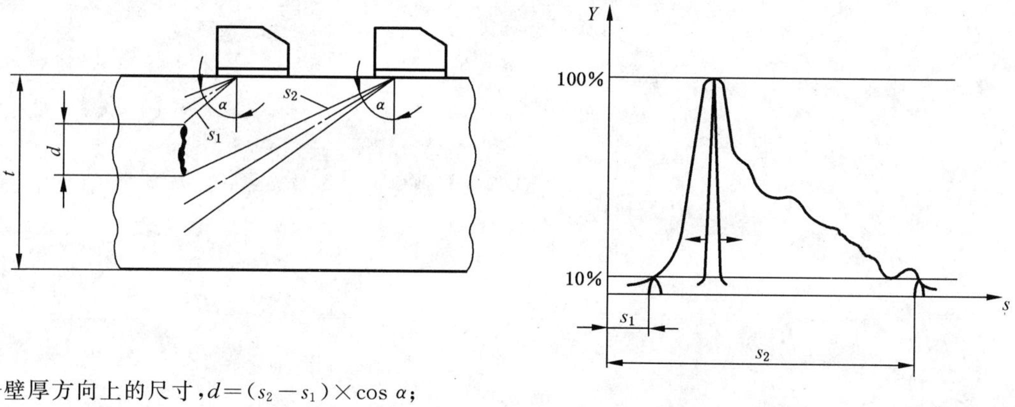

d——壁厚方向上的尺寸，$d=(s_2-s_1)\times\cos\alpha$；

s_1，s_2——声程；

α——折射角；

t——壁厚；

Y——回波高度。

b）连续反射

图 6　测量壁厚方向上缺陷的尺寸

附 录 A
（规范性附录）
整套设备(仪器/探头组合)的探测分辨力

整套设备(仪器/探头组合)的探测分辨力，纵波是用测量GB/T 19799.1中1号钢校准试块25 mm厚处的一次底波宽度来评价。横波是用测量GB/T 19799.1中1号钢校准试块1/4圆弧处的回波宽度来评价。回波幅度调到屏高的80%～100%，测量10%回波高度处的回波宽度。表A.1给出了回波宽度的特征值。

表 A.1 回波宽度特征值

频率/MHz	回波宽度/mm	
	纵波(L)	横波(T)
1或1.25	15	—
2或2.25	9	5
4	5	3
5	4	2.5

附　录　B
（资料性附录）
声 束 直 径

图 B.1 和表 B.1 给出了声束直径的资料，区别缺陷能否测量尺寸。

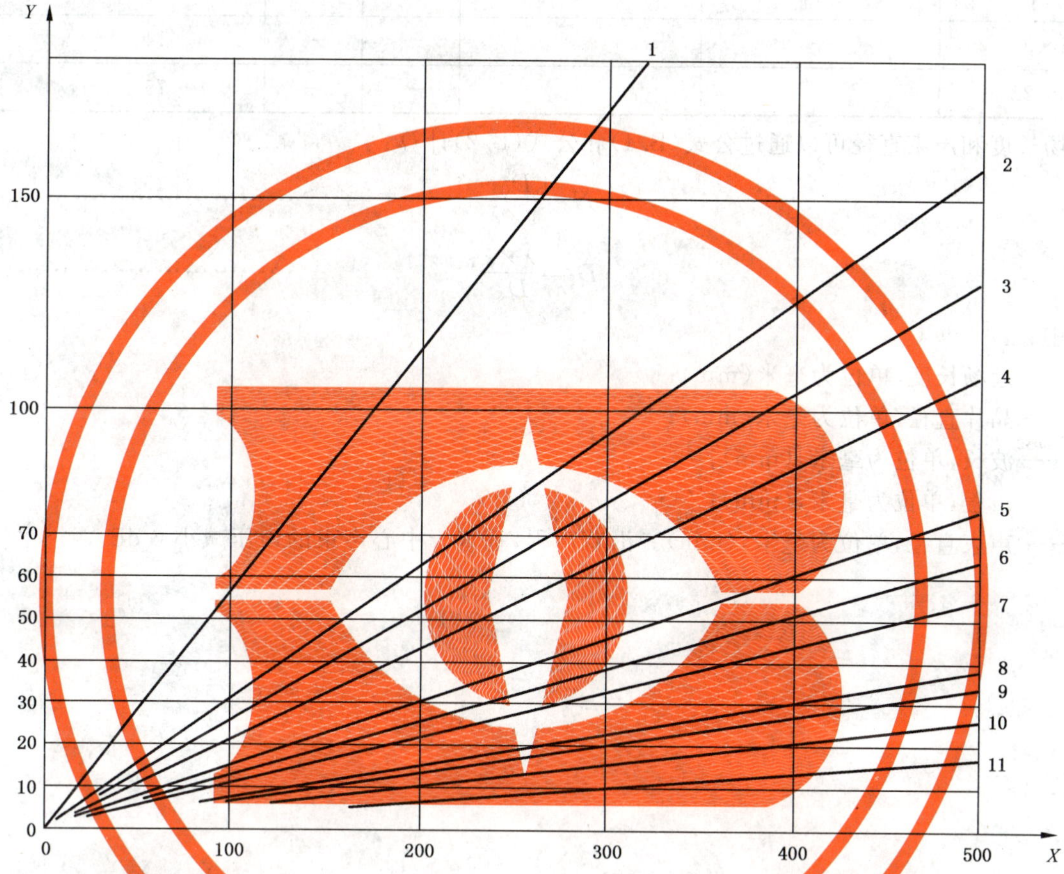

1——1 MHz～1.25 MHz，L，ϕ10；
2——2 MHz～2.5 MHz，L，ϕ10；
3——1 MHz～1.25 MHz，L，ϕ24；
4——2 MHz～2.5 MHz，T，8×9；
5——4 MHz，L，ϕ10；
6——2 MHz～2.5 MHz，L，ϕ24；
7——4 MHz，T，8×9；
8——2 MHz～2.5 MHz，T，8×9；
9——4 MHz，L，ϕ24；
10——5 MHz，L，ϕ24；
11——4 MHz，T，20×22。

X——声程，mm；
Y——声束直径（−6 dB），mm。

图 B.1　各种声程和近场长度的探头对应的声束直径

表 B.1 近场长度

探头晶片尺寸/mm	近场长度/mm(近似值)					
	纵波(L)				横波(T)	
	1 MHz~1.25 MHz	2 MHz~2.5 MHz	4 MHz	5 MHz	2 MHz~2.5 MHz	4 MHz
ϕ10	4.2	8.0	15.6	—	—	—
ϕ24	22.7	45	88	115	—	—
8×9	—	—	—	—	14	28
20×22	—	—	—	—	75	150

近场长度和声束直径可以通过公式(B.1)和公式(B.2)计算:

$$N=\frac{D_C^2}{4\times\lambda} \quad \text{(B.1)}$$

$$D_F=\frac{\lambda\times s}{D_C} \quad \text{(B.2)}$$

式中:

N——近场长度,单位为毫米(mm);

D_C——晶片直径,单位为毫米(mm);

λ——波长,单位为毫米,(mm);

s——声程,单位为毫米,(mm);

D_F——声束直径,单位为毫米,(mm)。沿着声程,垂直于中心声束的声压减小 6 dB。

附　录　C
（资料性附录）
缺陷的类型

图 C.1～图 C.11 展示了通过回波动态可能区别的不同缺陷类型。

为了区别缺陷类型，可依据下述条件改变检测灵敏度：

——表面到缺陷的距离；

——几何形状；

——被检表面的最终状态。

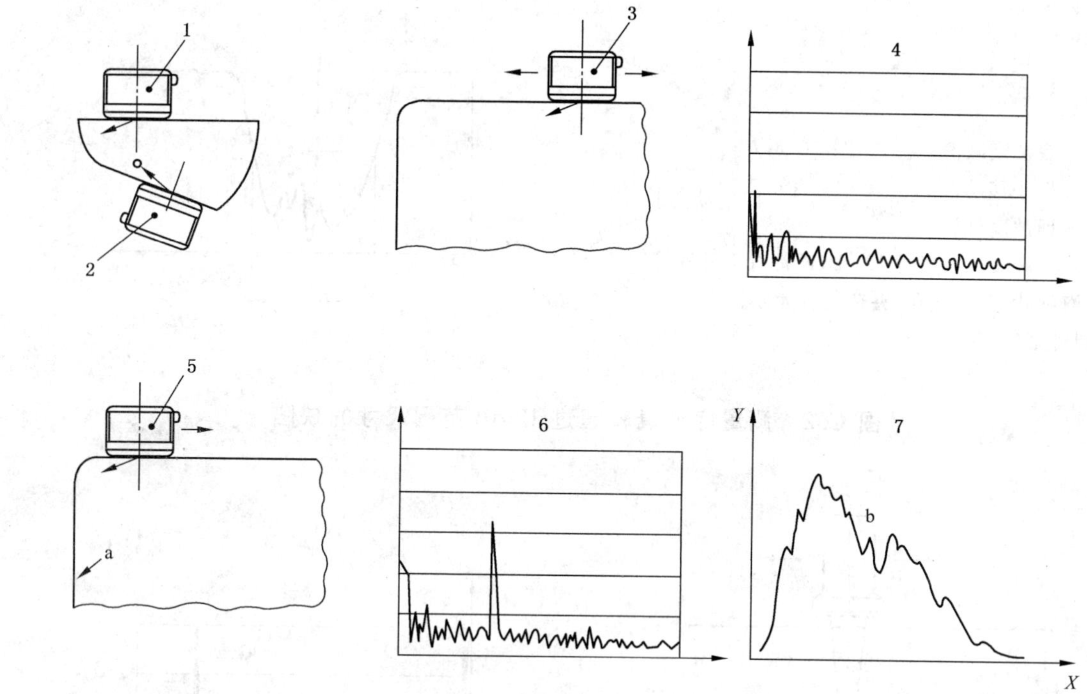

1——范围调整，例如使用符合 GB/T 19799.1 或者 GB/T 19799.2 的校准试块；

2——用横孔试块校准检测设备，横孔的回波高度是 100％的屏高；

3——铸钢件被检区域的灵敏度调整，与参考反射体的缺陷无关；

4——噪声平均高度大致在屏高的 5％～10％；

5——通过观察铸态面在壁厚方向上的回波动态来校验检测灵敏度和所用设备；

6——A 扫；

7——典型的回波动态；

X——探头移动；

Y——回波高度。

[a] 铸态表面；

[b] 回波动态。

图 C.1　调整超声仪器范围和灵敏度，使用双晶斜探头（4 MHz～5 MHz，60 度）检测主要在壁厚方向外层能测量尺寸的缺陷

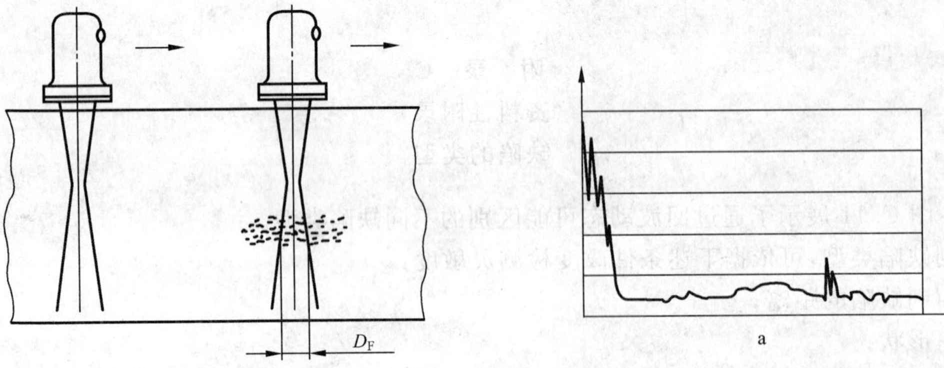

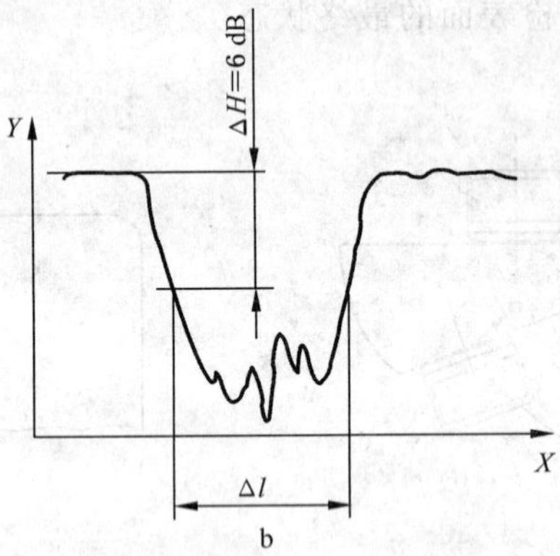

ΔH——底波衰减值；

X——探头移动；

Y——回波高度。

a A扫；

b 回波动态。

典型显示：底波衰减超过 12 dB，通常看不见缺陷回波。

原因：海绵状缩松、气孔、夹杂或者大倾斜的缺陷。

缺陷尺寸 Δl 大于声束直径 D_F。

图 C.2　测量底波衰减超过 12 dB 范围尺寸的缺陷

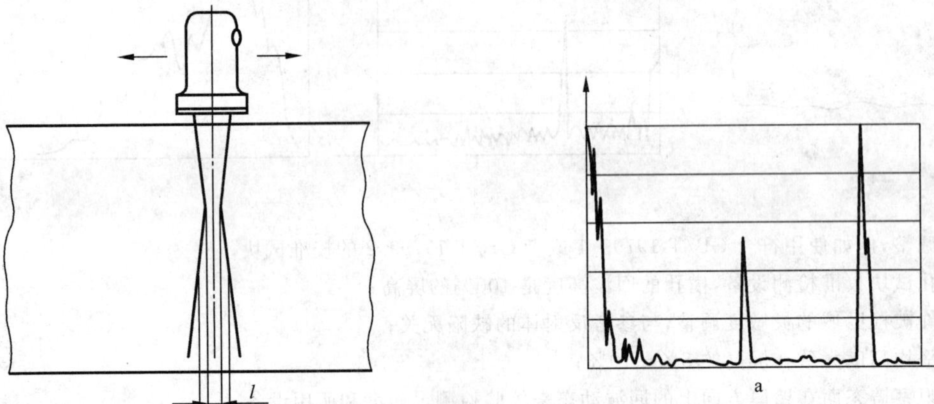

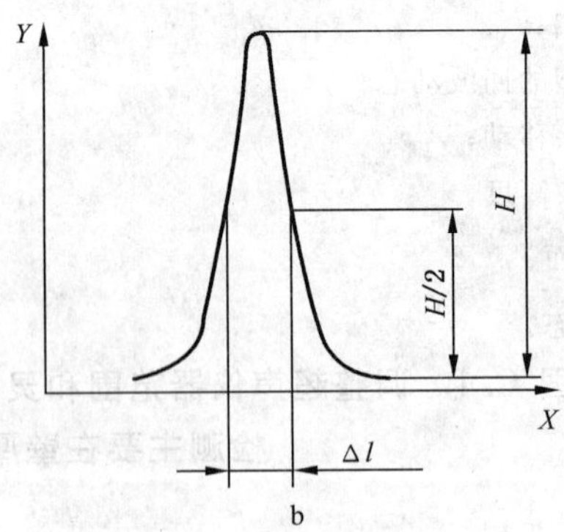

l——缺陷的横向扩展；

H——单个缺陷的最大回波高度；

X——探头移动；

Y——回波高度。

a A扫；

b 回波动态。

典型显示：单个缺陷的半波尺寸小于等于声束直径 D_F。

图 C.3　不能测量尺寸的单个缺陷

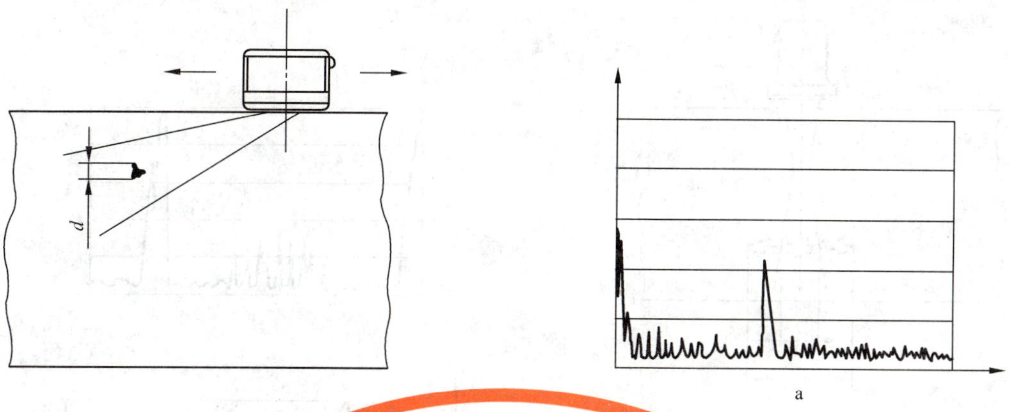

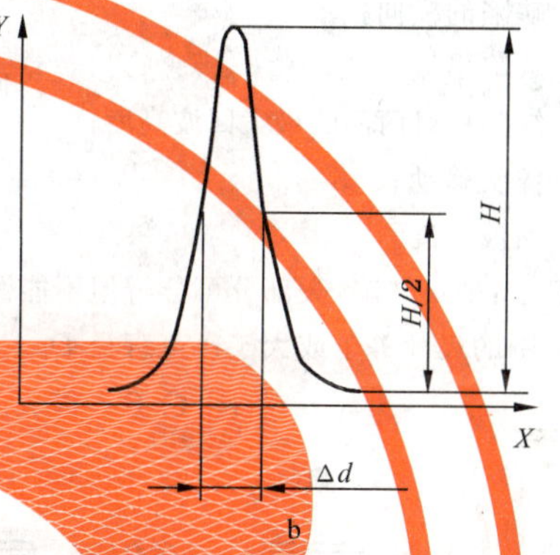

d——壁厚方向上缺陷的尺寸；
H——单个缺陷的最大回波高度；
X——探头移动；
Y——回波高度。

a A 扫；
b 回波动态。

典型显示：在反射点单个缺陷的半波尺寸 Δd 等于或小于声束直径 D_F。

图 C.4　不能测量尺寸的单个缺陷：能测量平行于检测面的尺寸而不能测量壁厚方向上尺寸

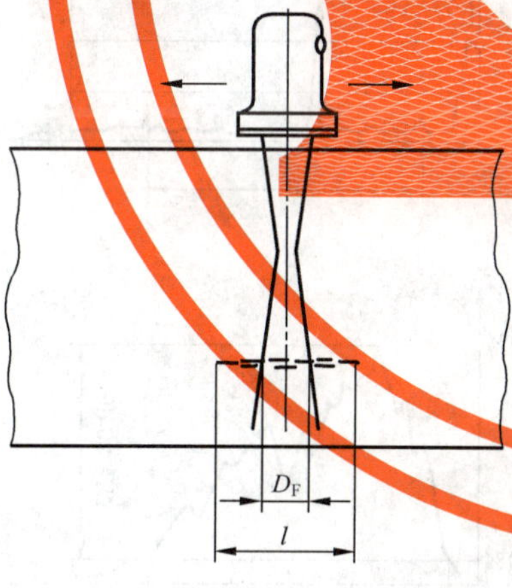

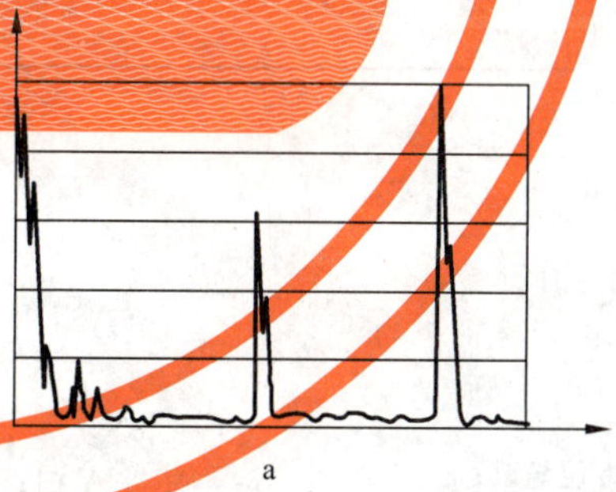

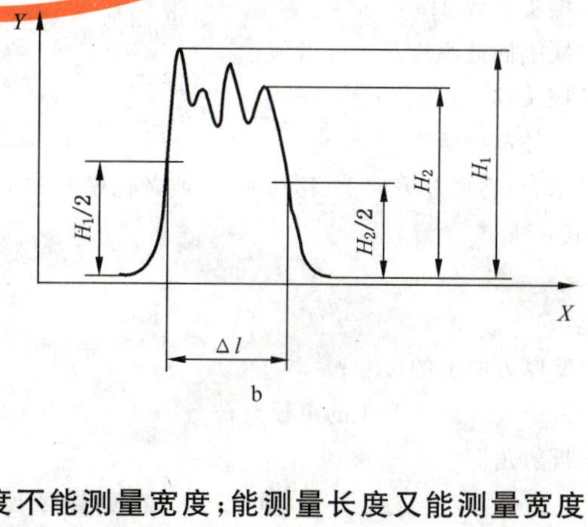

l——缺陷的横向扩展；
Δl——缺陷半波尺寸；
H_1，H_2——缺陷相对两侧的最大回波高度；
X——探头移动；
Y——回波高度。

a A 扫；
b 回波动态。

典型显示：壁厚方向大部分在同一位置的单个缺陷。
缺陷范围的尺寸大于声束直径 D_F。

图 C.5　能测量尺寸的单个缺陷：能测量长度不能测量宽度；能测量长度又能测量宽度

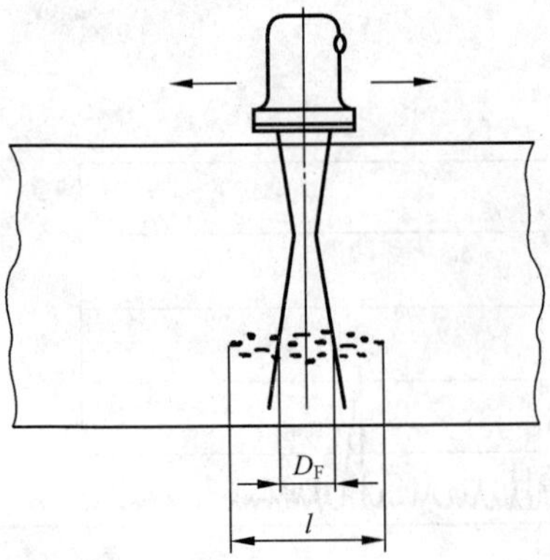

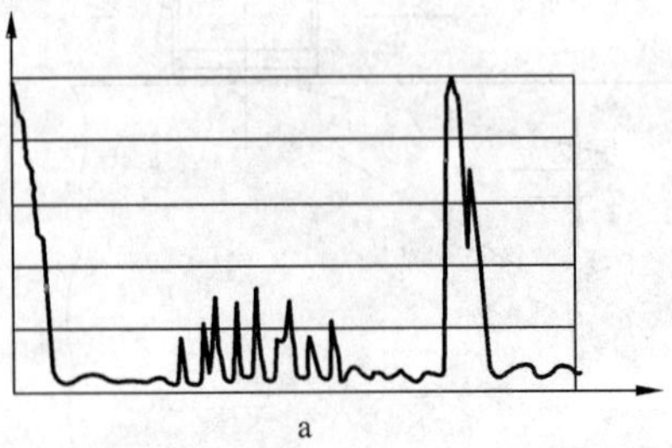

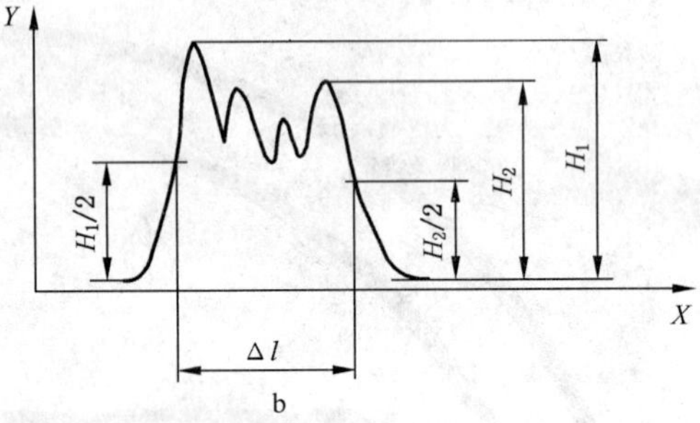

l——缺陷的横向扩展；

Δl——缺陷半波尺寸；

H_1, H_2——缺陷相对两侧的最大回波高度；

X——探头移动；

Y——回波高度。

[a] A扫；

[b] 回波动态。

典型显示：密集缺陷，大部分可分辨但不能测量尺寸。

缺陷范围的尺寸等于或大于声束直径 D_F。

图 C.6　能测量范围尺寸的可分辨的密集缺陷

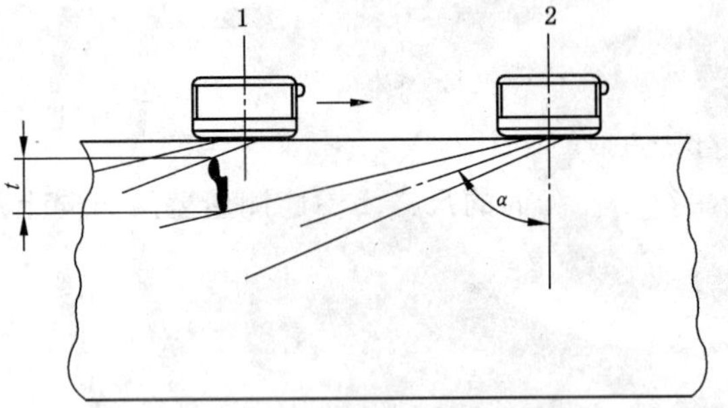

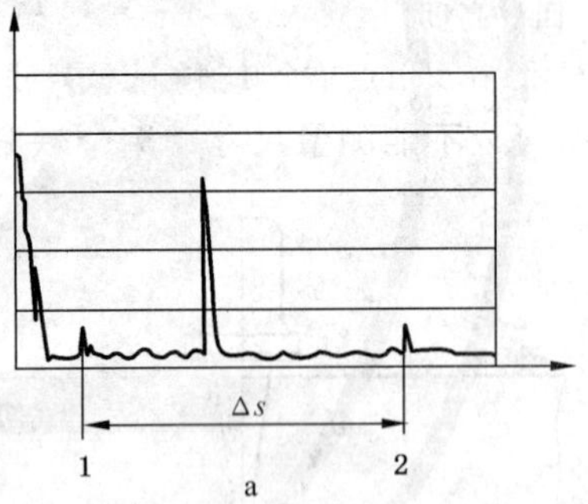

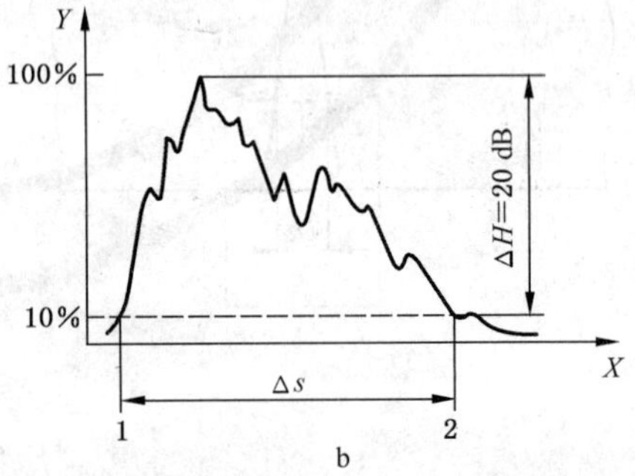

1——探头位置 1；

2——探头位置 2；

ΔH——缺陷回波高度最大降低值；

X——探头移动；

Y——回波高度。

[a] A扫；

[b] 回波动态。

典型显示：仅在壁厚方向上（移动显示）或者在壁厚和平行检测面两个方向上都有明显的回波动态的单个缺陷尺寸，见如下公式：

$$t = \Delta s \times \mathrm{coa}\ \alpha$$

式中：

t——壁厚方向上的尺寸；

Δs——从位置 2 到位置 1 的声程差；

α——折射角。

图 C.7　能测量壁厚方向上尺寸的单个缺陷

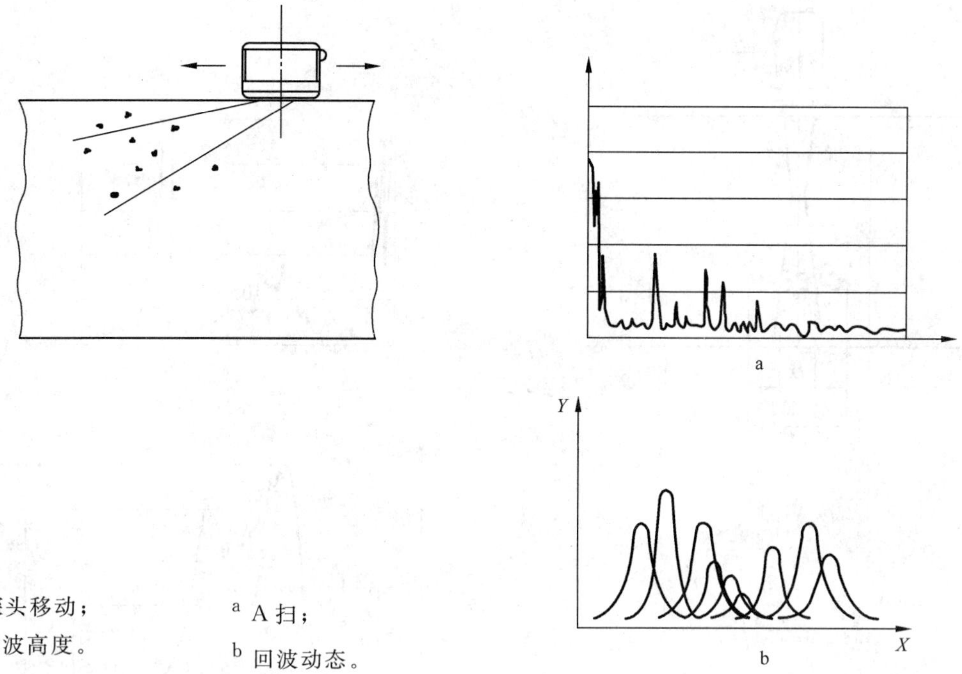

X——探头移动；

Y——回波高度。

a A扫；

b 回波动态。

典型显示：多个单个缺陷。

当探头移动声程改变，所有的缺陷仍不能测量尺寸。

图 C.8 不能测量多个单个缺陷的尺寸，但能测量缺陷范围尺寸的多个单个缺陷

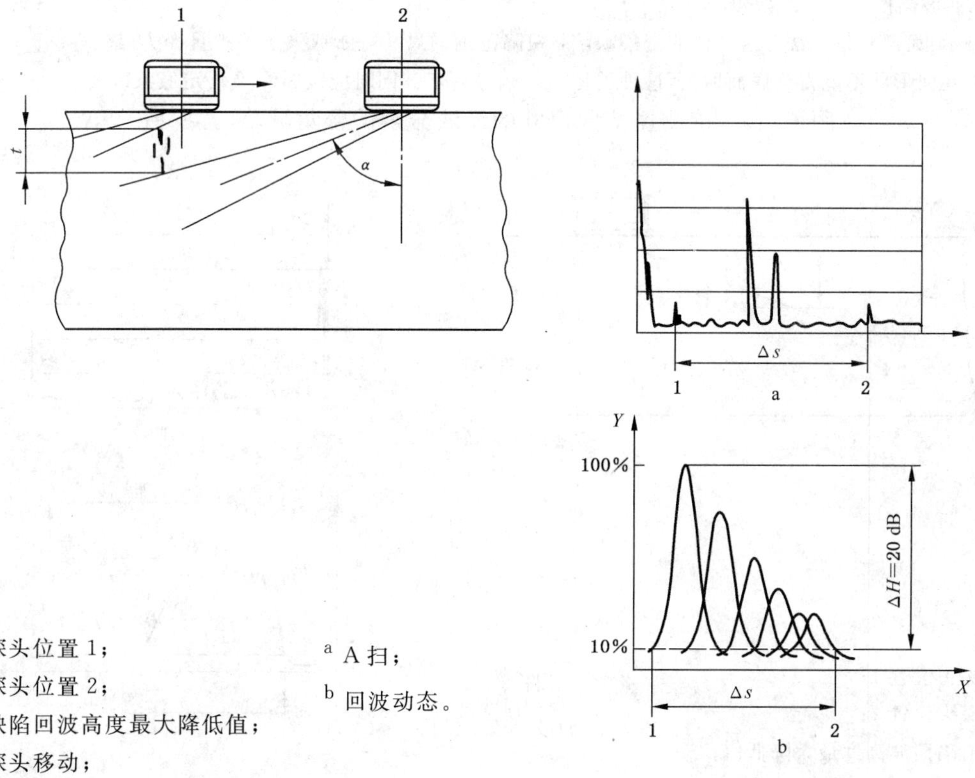

1——探头位置 1；

2——探头位置 2；

ΔH——缺陷回波高度最大降低值；

X——探头移动；

Y——回波高度。

a A扫；

b 回波动态。

典型显示：测量主要在壁厚方向上的单个缺陷的尺寸见图 C.7 中公式。

图 C.9 能测量壁厚方向上尺寸的多个平面型缺陷

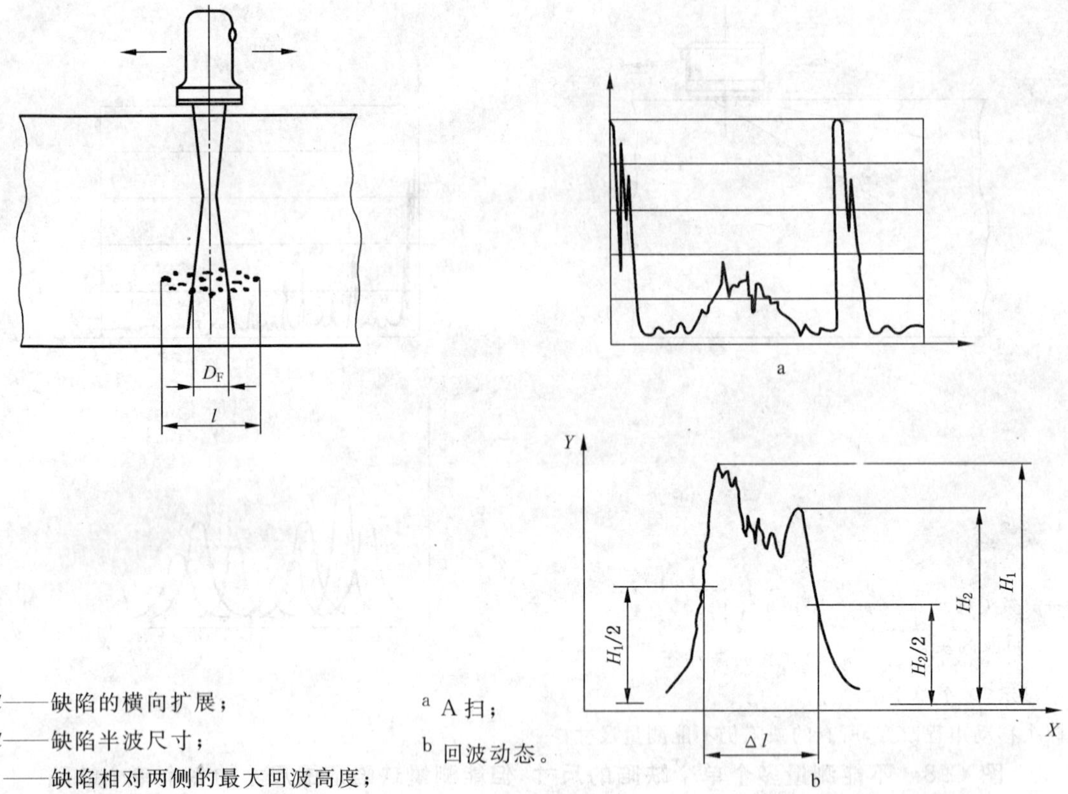

l——缺陷的横向扩展；

Δl——缺陷半波尺寸；

H_1，H_2——缺陷相对两侧的最大回波高度；

X——探头移动；

Y——回波高度。

[a] A扫；

[b] 回波动态。

典型显示：大部分是无法分辨个体的密集缺陷，缺陷范围的尺寸等于或大于声束直径 D_F。

如果因几何形状不能得到底面回波，这种类型的缺陷应评定。同时应按图 C.2 评定底波衰减。

图 C.10　能测量范围尺寸的无法分辨的密集缺陷(直探头)

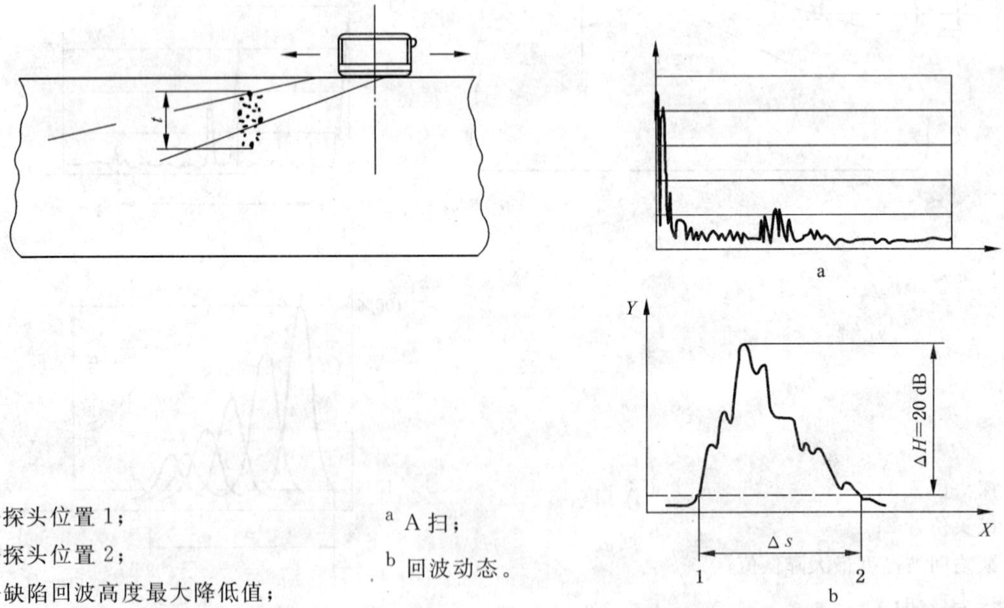

1——探头位置 1；

2——探头位置 2；

ΔH——缺陷回波高度最大降低值；

X——探头移动；

Y——回波高度。

[a] A扫；

[b] 回波动态。

典型显示：大部分是无法分辨的密集缺陷，壁厚方向上缺陷范围的尺寸见图 C.7 中公式。

图 C.11　能测量范围尺寸的无法分辨的密集缺陷(斜探头)

附 录 D
（资料性附录）
传 输 修 正

D.1 总则

除非调节检测灵敏度的试块和被检铸钢件的声学阻抗特性是一致的，否则在调节检测灵敏度或者测量任何缺陷的回波高度时，如果需要，都应测定传输修正并应用。

传输修正 ΔV_t 由两个方面构成：

1） 接触表面上的耦合衰减，与声程无关；

2） 材料的衰减，与声程有关。

通常有两种方法：一种简单的设定固定路径长度方法。另一种相对方法，有助于充分补偿上述两个方面。

D.2 固定路径长度的方法

仅适用于耦合衰减占声能衰减的大部分，材料衰减相比较而言小于耦合衰减，或者可测量回波高度的反射位于底面附近。

当使用直探头时，校准试块和被检铸钢件的一次底波在荧屏上的高度一致。记录下它们的增益 dB 值（分别记作 $V_{t,t}$ 和 $V_{t,r}$）。当使用斜探头时，两个相同的斜探头，一个作为发射者，一个作为接收者，以获得相应一倍跨距的底面回波。

对于不同的声程，大平底反射两个回波增益在理论上是不同的，它们的差值（ΔV_s）可以在 DGS 曲线上读出，传输修正值（ΔV_t）按公式（D.1）计算：

$$\Delta V_t = V_{t,t} - V_{t,r} - \Delta V_s \quad \text{(D.1)}$$

D.3 相对方法

D.3.1 直探头

将探头放在校准试块上，调节增益使一次底波和二次底波达到同样的荧屏高度，分别测得 V_{A1} 和 V_{A2}（见图 D.1），数值标定与声程相对应，通过这两点画一条直线 2。将探头放在被检铸钢件上，按上述步骤，增益测得 V_{B1} 和 V_{B2}，画出直线 1（见图 D.1）。适合的声程（S_u）对应的传输修正值（ΔV_t），通过这两条直线在增益上的差值算出，见图 D.1。

注：通过 V_{B1} 和 V_{B2} 画出的线的斜率并不代表被检铸钢件的真实衰减，所以没有理由算出在被检表面的多重反射由声束扩散和声能透射进探头引起的衰减。附录 E 给出一种方法测定在任一倍数反射的耦合衰减。

D.3.2 斜探头

除了使用两个相同的斜探头，一个作为发射者，一个作为接收者，原则上与直探头相似。

将探头放在 DAC 校准试块上，调节增益分别使一倍跨距的底面回波和二倍跨距的底面回波达到同样的荧屏高度，测得相应的增益值分别为 V_{A1} 和 V_{A2}，数值标定与声程相对应，通过这两点画一条直线 2（见图 D.1）。将探头放在被检铸钢件上，按上述步骤，增益测得 V_{B1} 和 V_{B2}，画出直线 1（见图 D.1）。

适合的声程（S_u）对应的传输修正值（ΔV_t），通过这两条直线在增益上的差值算出。

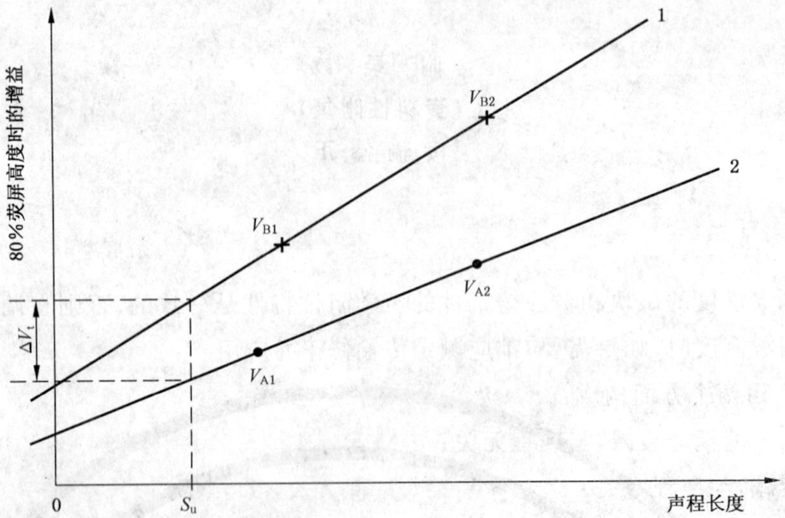

1——被检铸钢件曲线；

2——校准试块曲线。

图 D.1　相对方法确定传输修正

D.4　局部波动的传输修正的补偿

如果有理由怀疑传输修正的波动值在被检铸钢件所测值之上，传输修正在一些特定位置将要被重新测量。

如果传输修正的最大和最小值之间不超过 6 dB，传输修正值采用所有测量点的平均值。如果波动值超过 6 dB，采用方法 a）或方法 b）。

a）　提高传输修正的平均值，计算所有高于 ΔV_t 以上差值的平均值 ΔV，这个修正的传输修正值（$\Delta V_t+\Delta V$），适用于整个重检区域。

b）　把被检区域分成不同的区，使任一区传输修正的波动值不超过 6 dB。每个 ΔV_t 值适用于各自的区域。

附　录　E
（资料性附录）
耦合传输修正的测定

E.1　总则

通常增益 V 用下面的公式表示：

$$V=-20\lg\frac{A}{A_0} \qquad \text{(E.1)}$$

式中：A 和 A_0 为信号幅度。

声波传播的过程中有三种不同的衰减：

a)　与探头及其材质有关的扩散衰减 V_D。随着距离增加，声压降低。可用曲线图表示，例如 DGS 图；

b)　与被检铸钢件的材质有关的介质衰减 V_A（吸收和散射）。通常声压的降低和距离关系是指数函数；

c)　与探头和被检铸钢件之间的耦合剂有关的耦合衰减 V_{ct}。

每次反射回波通过耦合剂，部分声能进入探头，其余部分被反射获得多次底波。

E.2　测量

耦合衰减和距离的关系不是常数，要测量它必须忽略扩散衰减 V_D 和介质衰减 V_A。

测量的过程中要保证扩散衰减 V_D 和介质衰减 V_A 是不变的，必须使用同一个探头，在不变的耦合条件(液态、负载、静止时间、温度)下测量一组至少三个同一材质制成的表面平行试块，三个试块的厚度 t_1，t_2，t_3 之间的关系是 $t_3=2t_2=4t_1$。

测量厚度 t_1 的 1 号试块，记录生成的四次底波的幅度 $V_1(t_1)$，$V_1(2t_1)$，$V_1(3t_1)$，$V_1(4t_1)$。

同样，记录厚度 t_2 的 2 号试块二次底波幅度 $V_2(t_2)$，$V_2(2t_2)$。最后，记录厚度 t_3 的 3 号试块一次底波幅度 $V_3(t_3)$。如图 E.1。

E.3　计算

厚度 t_2 的 2 号试块的第二次底波和厚度 t_3 的 3 号试块的第一次底波的声程是一样的，因此它们的扩散衰减 V_D 和介质衰减 V_A 是相等的。在 t_2 距离上耦合衰减的不同为：

$$V_2(2t_1)-V_3(t_3)=V_{ct}(t_2) \qquad \text{(E.2)}$$

厚度 t_1 的 1 号试块的第二次底波和厚度 t_2 的 2 号试块的第一次底波的扩散衰减 V_D 和介质衰减 V_A 是相等的。在 t_1 距离上耦合衰减的不同为：

$$V_1(2t_1)-V_2(t_2)=V_{ct}(t_1) \qquad \text{(E.3)}$$

厚度 t_1 的 1 号试块的第四次底波和厚度 t_3 的 3 号试块的第一次底波的扩散衰减 V_D 和介质衰减 V_A 是相等的，但是测量的 $V_1(4t_1)$ 值包括三个不同距离 t_1，$2t_1$，$3t_1$ 的耦合衰减。t_1 和 $2t_1=t_2$ 的衰减已由公式(E.2)和(E.3)算出。因此未知衰减 $V_{ct}(3t_1)$ 能被算出：

$$V_1(4t_1)-V_3(t_3)-V_{ct}(t_1)-V_{ct}(t_2)=V_{ct}(3t_1) \qquad \text{(E.4)}$$

用三个不同距离的耦合衰减值绘制出曲线图，如图 E.2。

$0.5t_1 \sim 3.5t_1$ 之间任一距离处的耦合衰减值不用做更多测量就可从曲线图算出。

它们仅适用于符合相关标准规定合格的探头、耦合剂、材质。

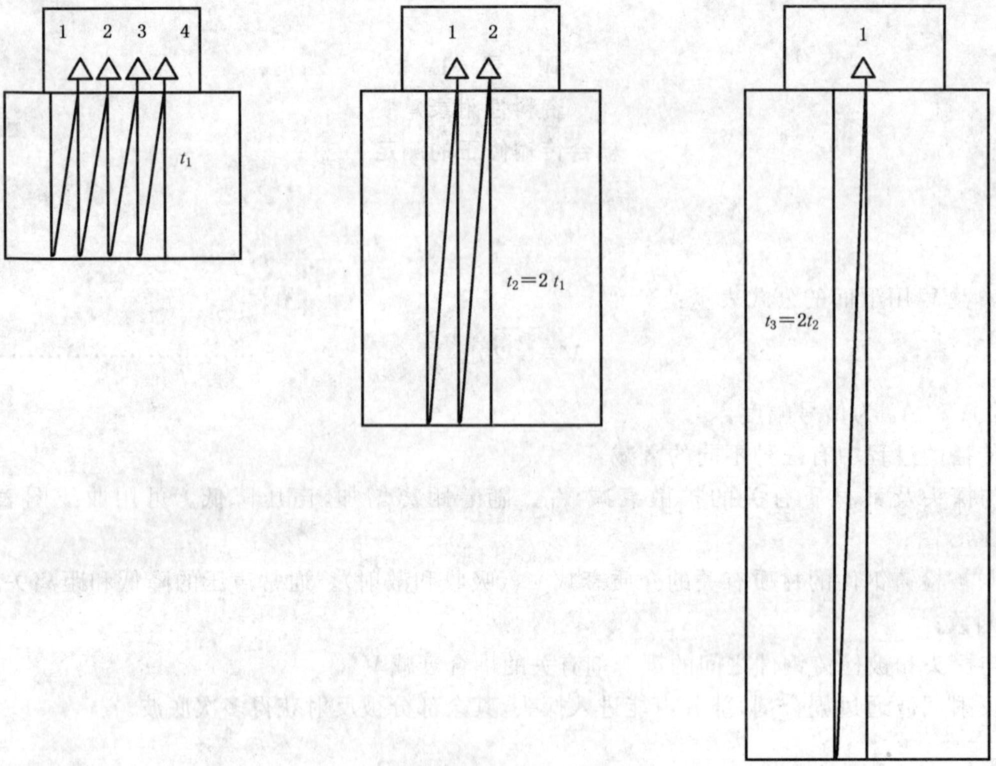

图 E.1 测量耦合衰减的步骤

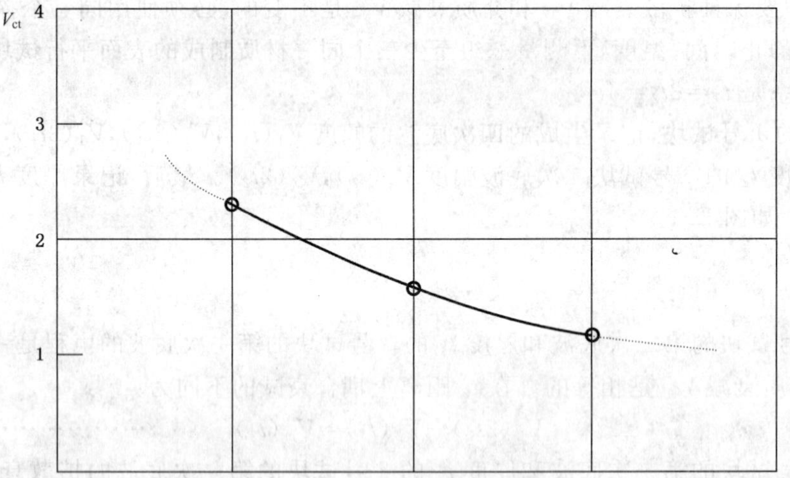

V_{ct}——耦合衰减,用 dB 表示;

s——声程,用 t_1 的倍数表示。

图 E.2 确定耦合衰减

ICS 01.100.20;37.020
N 30

中华人民共和国国家标准

GB/T 7242—2010
代替 GB/T 7242—1987

透镜中心偏差

Centering error of lenses

2010-12-01 发布 2011-05-01 实施

中华人民共和国国家质量监督检验检疫总局
中国国家标准化管理委员会 发布

前　言

本标准代替 GB/T 7242—1987《透镜中心误差》。

本标准与 GB/T 7242—1987 版本的主要差异为：

——修改了标准名称；

——增加了前言、范围和规范性引用文件两个章节；

——更新了引用标准的代号和名称；

——增加了表 1 的标题；

——修改了表 1 中例 5 和例 6 的“基准轴的选定”和“说明”部分的内容；

——增加了表 1 中注 3 的内容；

——修改了“中心偏差的标注”的内容；

——增加了资料性附录 A 表示形式示例；

——增加了资料性附录 B 的标题和透镜中心偏差计算公式。

本标准的附录 A 和附录 B 是资料性附录。

本标准由中国机械工业联合会提出。

本标准由全国光学和光子学标准化技术委员会(SAC/TC 103)归口。

本标准由南京江南永新光学有限公司、苏州一光仪器有限公司、上海理工大学、宁波永新光学股份有限公司、凤凰光学集团有限公司、宁波市教学仪器有限公司、贵阳新天光电科技有限公司、宁波华光精密仪器有限公司、南京东利来光电实业有限公司、宁波舜宇仪器有限公司、梧州奥卡光学仪器公司和麦克奥迪实业集团有限公司负责起草。

本标准主要起草人：侯育炜、冯琼辉、曾丽珠、邬子刚、李晞、王国瑞、胡清、徐利明、杨广烈、胡森虎、张景华、肖倩。

本标准所代替标准的历次版本发布情况为：

——GB/T 7242—1987。

透镜中心偏差

1 范围

本标准规定了透镜中心偏差的术语和定义、基准轴的选定与标注、中心偏差的标注及检验。

本标准适用于由球面与球面或球面与平面组成的且具有旋转对称边缘面的单透镜和胶合透镜。对于具有其他边缘形状的透镜(例如:矩形透镜)也基本适用。

2 规范性引用文件

下列文件中的条款通过本标准的引用而成为本标准的条款。凡是注日期的引用文件,其随后所有的修改单(不包括勘误的内容)或修订版均不适用于本标准,然而,鼓励根据本标准达成协议的各方研究是否可使用这些文件的最新版本。凡是不注日期的引用文件,其最新版本适用于本标准。

GB/T 1182 产品几何技术规范(GPS) 几何公差 形状、方向、位置和跳动公差标注(GB/T 1182—2008,ISO 1101:2004,IDT)

GB/T 1224 几何光学术语、符号

GB/T 13323—2009 光学制图(ISO 10110-1:2006,NEQ)

GB/T 13962 光学仪器术语

3 术语和定义

GB/T 1224、GB/T 13323—2009 和 GB/T 13962 确立的以及下列术语和定义适用于本标准。

3.1

透镜中心偏差 centering error of lenses

光学表面定心顶点处的法线对基准轴的偏离量。

透镜中心偏差是用光学表面定心顶点处的法线与基准轴的夹角来度量,此夹角称为面倾角,用希腊字母 χ 表示(见图1)。

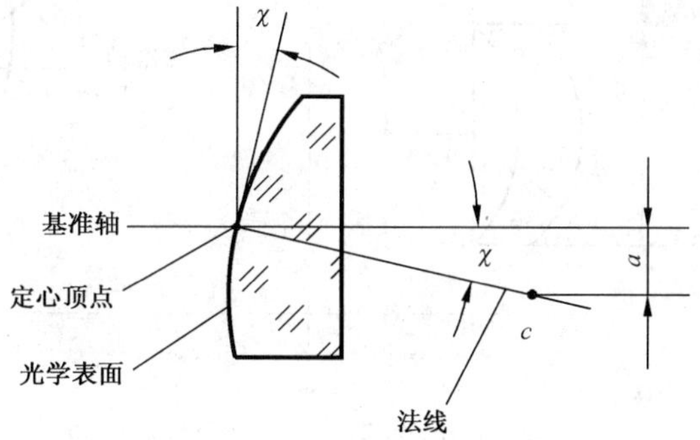

图 1

3.2

基准轴 datum axis

用来标注、检验和校正中心偏差,并按定位零件或组件光学表面的特定性能所选取的轴。

3.3

几何轴 geometrical axis

透镜边缘面的旋转轴。

3.4

定心顶点　centering vertex

光学表面与基准轴的交点。

3.5

球心差　spherical center aberration

a

被检光学表面球心到基准轴的距离。

3.6

偏心差　prejudicial aberration

c

被检光学零件或组件的几何轴在后节面上的交点与后节点的距离(在数值上等于透镜绕几何轴旋转时焦点像跳动圆半径)。

4　基准轴的选定与标注

4.1　对单透镜可根据透镜安装表面的形状和装夹条件来选定基准轴(见表1中例1～例4)。对胶合透镜可根据中心偏差的要求,来选定表1中例2～例4的基准轴,或选定定心仪的旋转轴为胶合透镜的基准轴(见表1中例6)。

4.2　对三片及三片以上的胶合透镜,各胶合面定心操作应遵守基准轴不变的原则,当工艺需要改变基准轴时,必须保证已胶合部分的各光学表面的中心偏差均符合要求。

4.3　基准轴采用GB/T 1182规定的基准代号,在零件图样上按表1标注确定的基准轴或参见附录A标注基准轴。

表1　基准轴的选定与标注示例

基准轴的选定	基准轴的标注	说　明
例1:以透镜的几何轴为基准轴	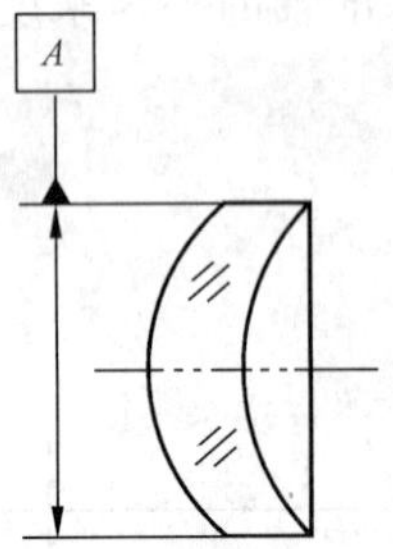	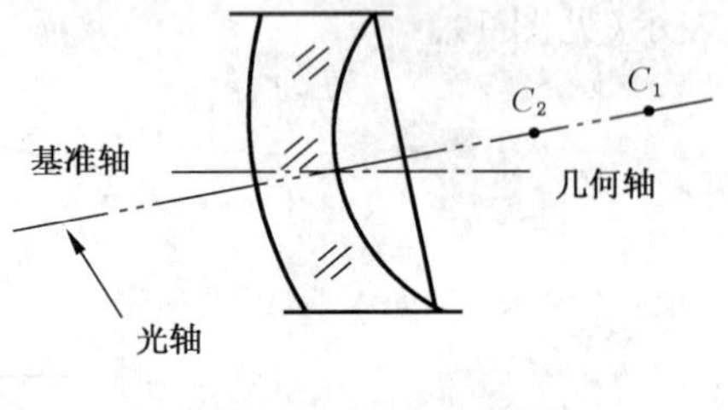
例2:以透镜边缘面与光学表面交线圆中心 *P* 和该光学表面球心 C_1 的连线为基准轴	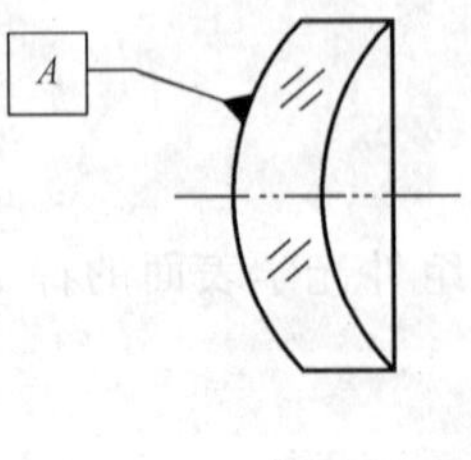	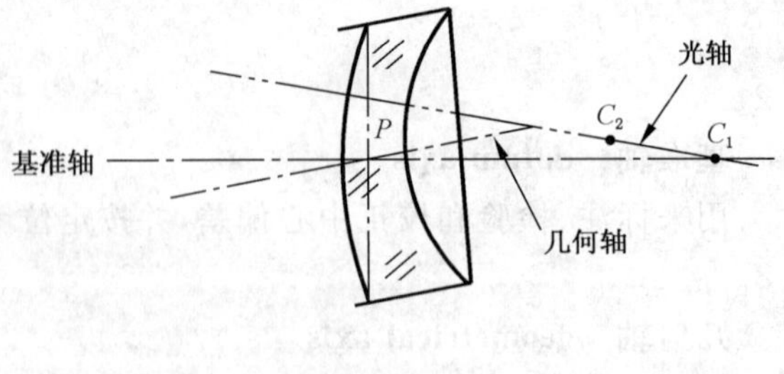

表 1（续）

基准轴的选定	基准轴的标注	说　明
例 3：以通过透镜边缘面和端平面交线圆中心 P 的端平面法线为基准轴	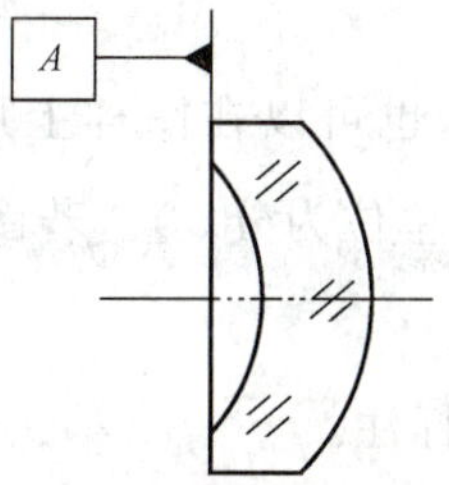	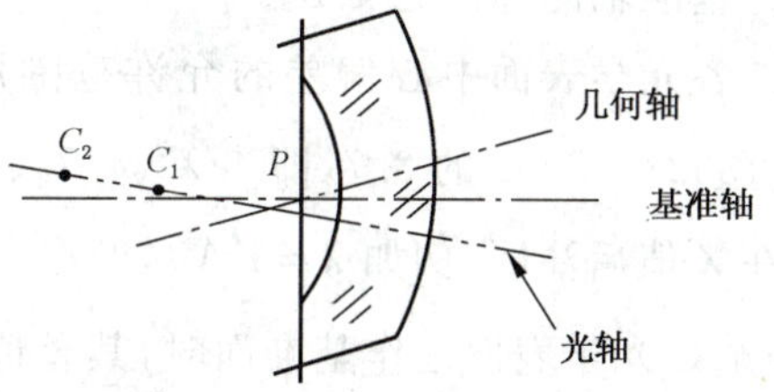
例 4：以光学表面球心 C_1 和边缘面与选定平面交线圆中心 P 的连线为基准轴	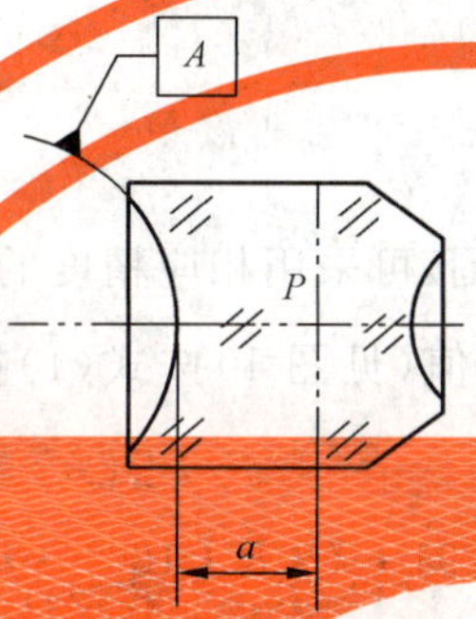	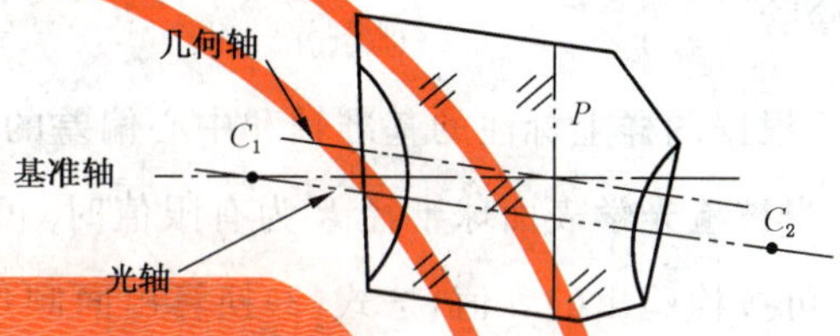
例 5：以标有基准代号的透镜的基准轴（例 2 所示）为双胶合透镜的基准轴	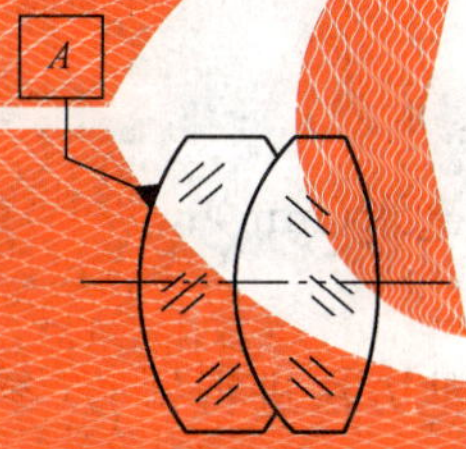	胶合面的中心偏差是磨边工序剩余下来的允许范围，本工序只校正外表面的中心偏差
例 6：以定心仪的旋转轴为基准轴	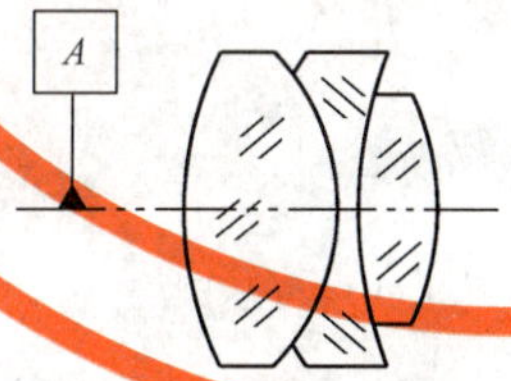	标注的胶合透镜光轴，即光学设计时给定中心偏差的基准轴，一般是以定心仪的旋转轴来实现
例 7：以例 2 的基准轴为三胶合透镜的基准轴	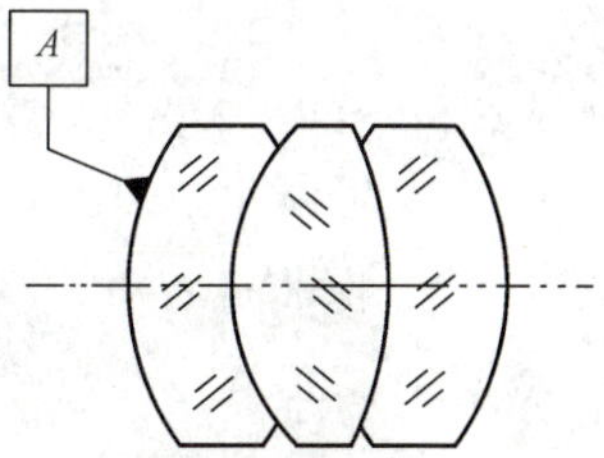	两胶合面的中心偏差是磨边和上道胶合工序剩余下来的允许范围，本工序只校正外表面的中心偏差

注 1：图中 C_1、C_2 等表示自左向右光学表面的球心。

注 2：同例 5、例 7 一样，例 3 和例 4 的基准轴均可作为胶合透镜的基准轴。

注 3：除上述示例以外，还可根据实际需要选取基准轴（参见附录 A），并按国家标准进行规范的基准标注。

5 中心偏差的标注

5.1 中心偏差的标注包括基准轴的标注和中心偏差允许值的标注两部分。

5.1.1 基准轴的标注见4.3。

5.1.2 各光学表面中心偏差的允许范围用列表表示，也可以在图样上用引线指出，其代号及标注按GB/T 13323—2009的3.7，即$4/\chi_1$、$4/\chi_2$、$4/\chi_3$……，χ单位为分(′)。若图样中出现两个以上基准代号时，则在χ值后注明，例如$\chi=1'A$。

当某一光学表面选作基准面时，其χ值为零，不必标注。

5.1.3 按表中例6标注基准轴时，必须标注各光学表面的中心偏差。

5.2 若对胶层楔形有要求时，用文字说明。

6 检验

6.1 根据图样上标注的基准轴和中心偏差的允许范围，可采用相应精度的反射式定心仪检验。

当被检光学表面球半径R为有限值时，可根据χ值(见图1)按式(1)换算出球心到基准轴的距离a，也可按检验出的a值，按式(2)换算出面倾角χ值。

$$a=\chi\cdot R/3\,438=0.291\cdot\chi\cdot R\cdot 10^{-3} \qquad \cdots\cdots(1)$$

$$\chi=3\,438\cdot a/R \qquad \cdots\cdots(2)$$

式中：

χ——透镜中心偏差，用面倾角表示，单位为分(′)；

a——被检光学表面球心到基准轴的距离，单位为毫米(mm)；

R——被检光学表面球半径，单位为毫米(mm)。

6.2 在保证中心偏差测量精度的条件下，允许采用其他方法进行检验(参见附录B)。

附 录 A
（资料性附录）
ISO 10110-6《光学和光学仪器 光学零件和光学系统图样 第 6 部分 中心偏公差》基准轴标注形式示例

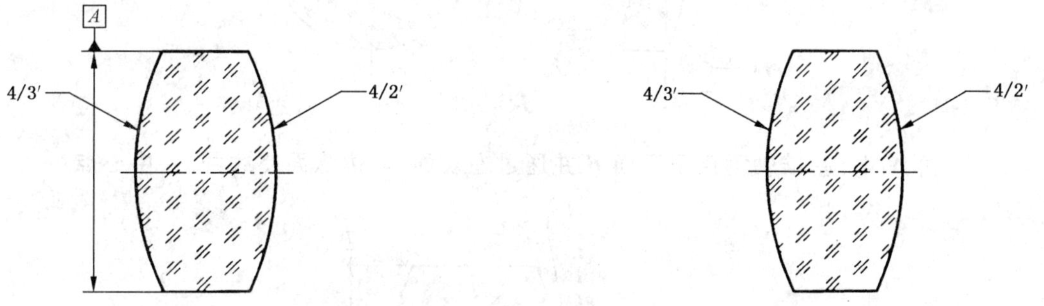

a）详细标注　　b）简化标注

图 A.1 以透镜边缘面的对称轴为基准轴

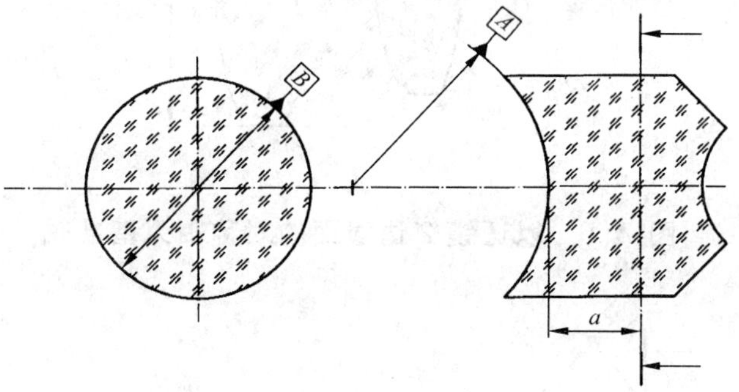

图 A.2 以光学表面球心和选定截面中心点的连线为基准轴

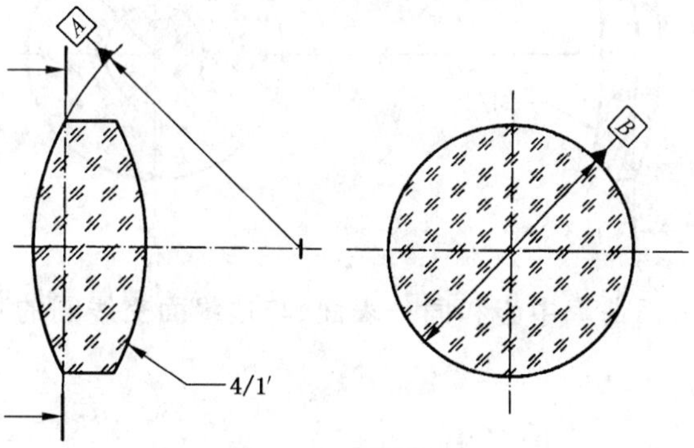

a）详细标注

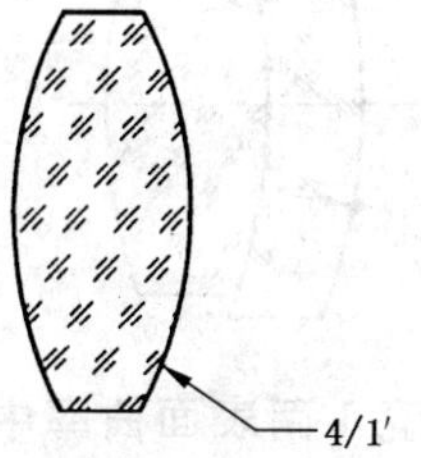

b）简化标注

图 A.3 以曲率中心和同一表面（与边缘面交线圆的）中心点的连线为基准轴

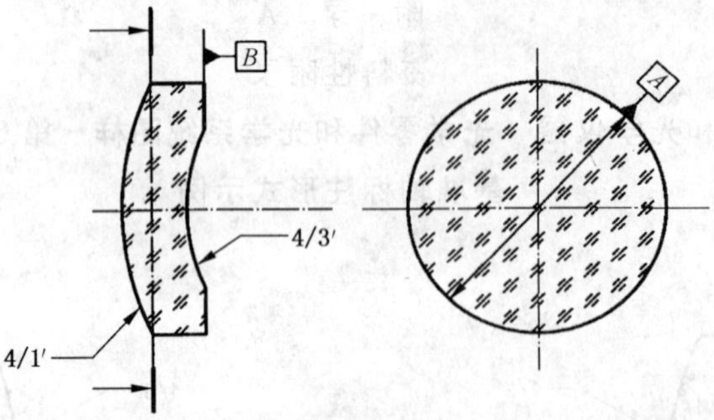

图 A.4　基准轴垂直于平面 *B* 并通过左表面(与边缘面交线圆的)中心点

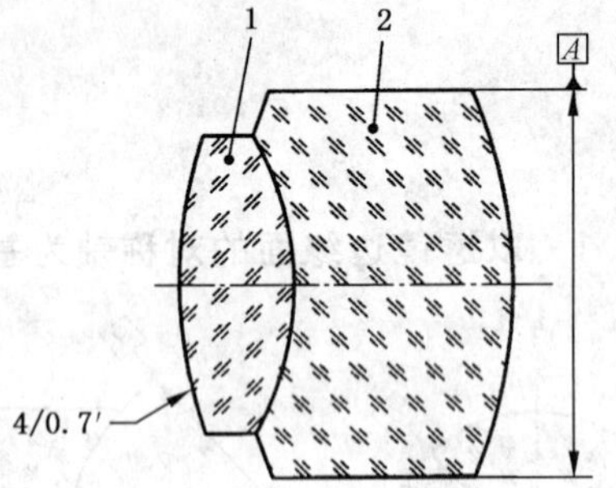

图 A.5　以透镜 2 边缘面的对称轴为基准轴

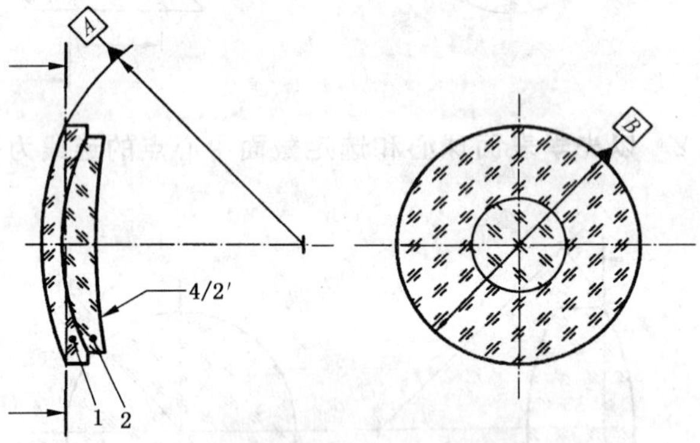

图 A.6　以透镜 1 左表面曲率中心和同一表面(与边缘面交线圆的)中心点的连线为基准轴

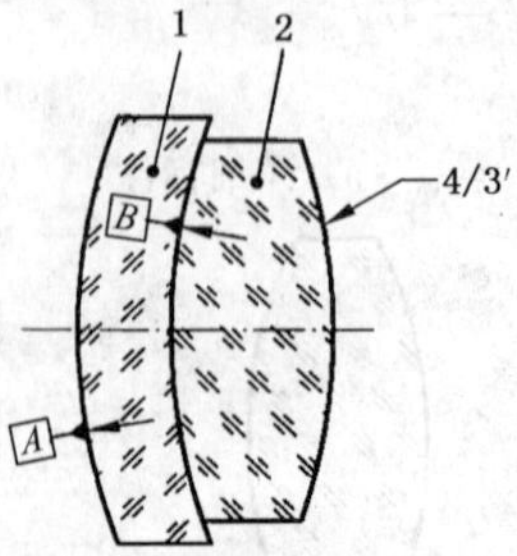

图 A.7　以透镜 1 两表面曲率中心连线为基准轴

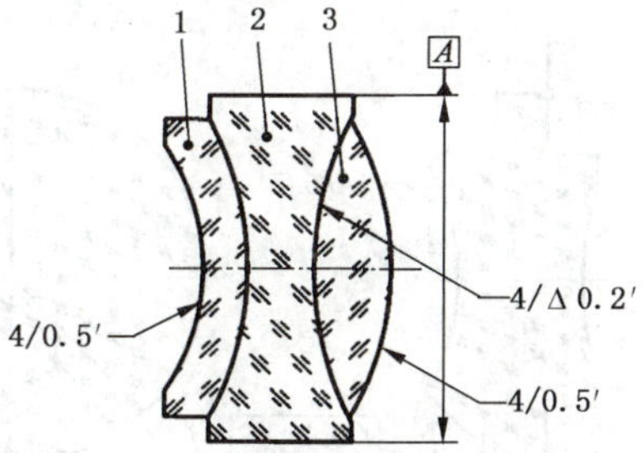

图 A.8　以透镜 2 边缘面的对称轴为基准轴(包括胶层楔形标注)

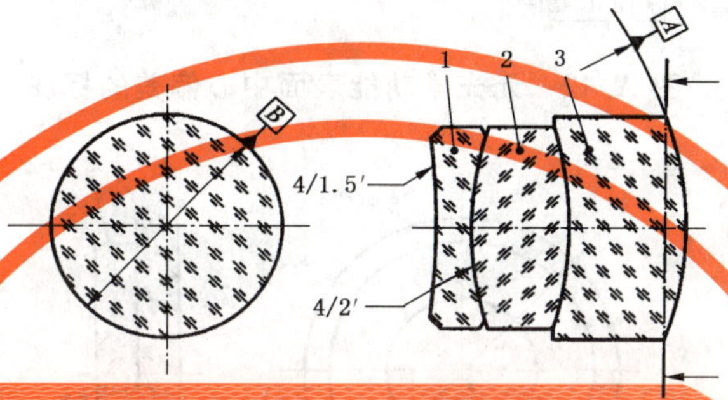

图 A.9　以透镜 3 右表面曲率中心和同一表面(与边缘面交线圆的)中心点的连线为基准轴

图 A.10　以机械零件为基准的基准轴

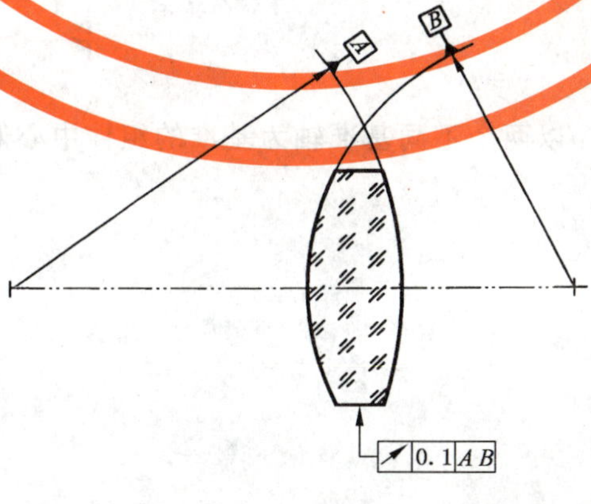

图 A.11　无光学功能表面中心偏差的标注

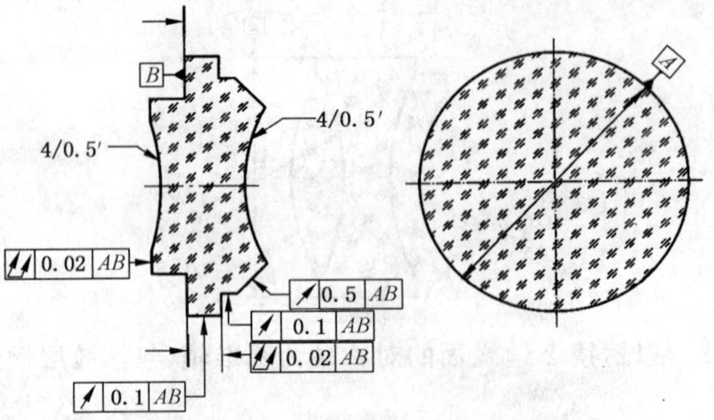

图 A.12　无光学功能表面中心偏差的标注

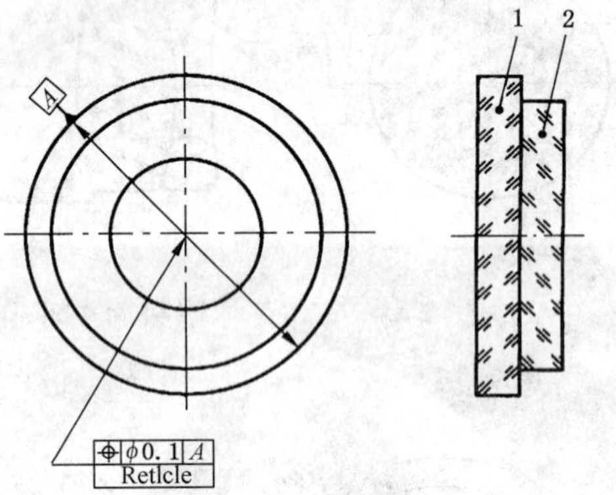

图 A.13　分划板中心偏差的标注

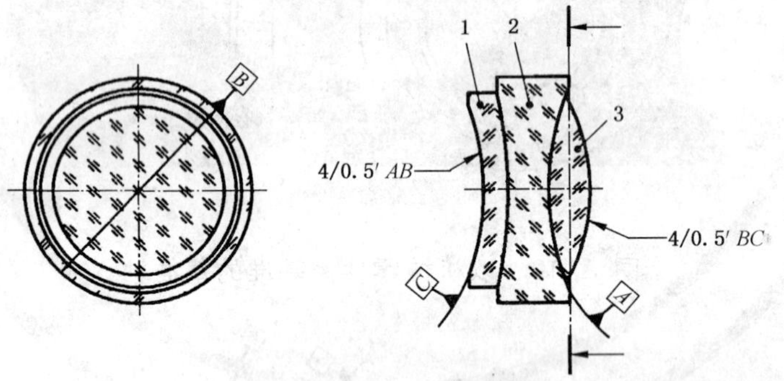

图 A.14　以两个不同基准轴为基准的组件中心偏差的标注

附 录 B
（资料性附录）
透射式定心仪检验方法

B.1 透镜的中心偏差可采用球心差 a、偏心差 c 及透镜边厚最大差值 Δt 等参量来表征，相应地测量这些参量也可检测"中心偏差"。

B.2 透镜的偏心差 c 可采用透射式定心仪检验。

B.2.1 透射式定心仪检验时，仅用表 1 中例 1、例 2、例 4 三种基准轴（$\chi_1=0$，旋转轴是它的几何轴）。

B.2.2 透射式定心仪检验出的偏心差 c 与透镜中心偏差 χ_2 的关系

单透镜两光学表面中有一个选作基准面时，则偏心差 c 按式(B.1)计算，光学表面透镜中心偏差 χ_2 的允许范围计算按式(B.2)。计算选作基准面的光学表面（$\chi_1=0$）

$$c=0.291(n-1)l'_F\cdot\chi_2\cdot10^{-3} \quad\cdots\cdots(\text{B.1})$$

$$\chi_2=3\ 438\cdot\frac{c}{(n-1)l'_F} \quad\cdots\cdots(\text{B.2})$$

式中：

c——偏心差，单位为毫米（mm）；

χ_2——透镜中心偏差，单位为分（′）；

n——透镜材料的折射率；

l'_F——透镜的像方顶焦距，单位为毫米（mm）。

B.2.3 双胶合透镜三个光学表面（胶合面按一个面对待）中有一个选作基准面时，则偏心差 c 可由另两个光学表面中心偏差（用面倾角表示）χ_2、χ_3 的允许范围按式(B.3)计算，但 $|(n_2-n_1)\chi_2|$ 不得大于 $(n_2-1)|\chi_3|$。

$$c=0.291l'_F[(n_2-1)\ |\chi_3|-|(n_2-n_1)\chi_2|]\cdot10^{-3} \quad\cdots\cdots(\text{B.3})$$

式中：

c——偏心差，单位为毫米（mm）；

χ_2——光学表面 2 的透镜中心偏差，单位为分（′）；

χ_3——光学表面 3 的透镜中心偏差，单位为分（′）；

n_1——第一透镜（其中一个面是基准面）材料的折射率；

n_2——第二透镜材料的折射率；

l'_F——双胶合透镜的像方顶焦距，单位为毫米（mm）。

参 考 文 献

［1］ ISO 10110-6：1996《光学和光学仪器　光学零件和光学系统图样　第6部分　中心偏公差》

ICS 75.100
E 36

中华人民共和国国家标准

GB/T 7324—2010
代替 GB 7324—1994

通用锂基润滑脂

General purpose lithium lubricating grease

2010-09-02 发布

2010-12-01 实施

中华人民共和国国家质量监督检验检疫总局
中国国家标准化管理委员会
发布

前　言

本标准与日本工业标准 JIS K2220—2003《滚动轴承润滑脂第1类》的一致性程度为非等效。

本标准代替 GB 7324—1994《通用锂基润滑脂》。

本标准与 GB 7324—1994《通用锂基润滑脂》相比主要变化如下：

——杂质项目中，10 μm 以上粒子数由原来的不大于 5 000 个/cm^3，改为不大于 2 000 个/cm^3，25 μm以上粒子数由原来的不大于 3 000 个/cm^3，改为不大于 1 000 个/cm^3，75 μm 以上粒子数由原来的不大于 500 个/cm^3，改为不大于 200 个/cm^3。

——相似黏度由原来的 1 号脂不大于 600 Pa·s、2 号脂不大于 800 Pa·s、3 号脂不大于 1 000 Pa·s，改为 1 号脂不大于 800 Pa·s、2 号脂不大于 1 000 Pa·s、3 号脂不大于 1 300 Pa·s。取消了表注 1)的内容。

——防腐蚀性结果表述方式由原来的“不大于1级”改为“合格”。

——增加了第3章分类和标记。

——增加了第5章检验规则。

本标准由全国石油产品和润滑剂标准化技术委员会(SAC/TC 280)提出。

本标准由全国石油产品和润滑剂标准化技术委员会石油产品和润滑剂分技术委员会(SAC/TC 280/SC 1)技术归口。

本标准起草单位：中国石油化工股份有限公司石油化工科学研究院。

本标准主要起草人：刘中其。

本标准历次版本发布情况为：

——GB 7324—1987、GB 7324—1994。

通用锂基润滑脂

1 范围

1.1 本标准规定了通用锂基润滑脂的分类和标记、要求和试验方法、检验规则及标志、包装、运输和贮存。

1.2 本标准适用于由脂肪酸锂皂稠化矿物润滑油并加入抗氧、防锈添加剂所制得的润滑脂。

1.3 符合本标准所属产品，适用于工作温度在－20 ℃～120 ℃范围的各种机械设备的滚动轴承和滑动轴承及其他摩擦部位的润滑。

2 规范性引用文件

下列文件中的条款通过本标准的引用而成为本标准的条款。凡是注日期的引用文件，其随后所有的修改单(不包括勘误的内容)或修订版均不适用于本标准，然而，鼓励根据本标准达成协议的各方研究是否可使用这些文件的最新版本。凡是不注日期的引用文件，其最新版本适用于本标准。

GB/T 269 润滑脂和石油脂锥入度测定法

GB/T 4929 润滑脂滴点测定法

GB/T 5018 润滑脂防腐蚀性试验法

GB/T 7325 润滑脂和润滑油蒸发损失测定法

GB/T 7326 润滑脂铜片腐蚀试验法

SH/T 0048 润滑脂相似黏度测定法

SH/T 0109 润滑脂抗水淋性能测定法

SH 0164 石油产品包装、贮运及交货验收规则

SH/T 0229 固体和半固体石油产品取样法

SH/T 0324 润滑脂钢网分油测定法(静态法)

SH/T 0325 润滑脂氧化安定性测定法

SH/T 0336 润滑脂杂质含量测定法(显微镜法)

3 分类和标记

3.1 产品分类

本标准所属产品按锥入度分为1号、2号和3号。

3.2 产品标记

符合本标准表1技术要求的通用锂基润滑脂应标记为：产品型号 产品名称 标准号。

示例：2号 通用锂基润滑脂 GB/T 7324。

4 要求和试验方法

通用锂基润滑脂的技术要求和试验方法见表1。

表 1 技术要求和试验方法

项目		质量指标			试验方法
		1号	2号	3号	
外观		浅黄至褐色光滑油膏			目测
工作锥入度/(0.1 mm)		310～340	265～295	220～250	GB/T 269
滴点/℃	不低于	170	175	180	GB/T 4929
腐蚀(T_2 铜片,100 ℃,24 h)		铜片无绿色或黑色变化			GB/T 7326,乙法
钢网分油(100 ℃,24 h)(质量分数)/%	不大于	10	5		SH/T 0324
蒸发量(99 ℃,22 h)(质量分数)/%	不大于	2			GB/T 7325
杂质(显微镜法)/(个/cm^3)					SH/T 0336
10 μm 以上	不大于	2 000			
25 μm 以上	不大于	1 000			
75 μm 以上	不大于	200			
125 μm 以上	不大于	0			
氧化安定性(99 ℃,100 h,0.760 MPa)压力降/MPa	不大于	0.070			SH/T 0325
相似黏度(−15 ℃,10 s^{-1})/(Pa·s)	不大于	800	1 000	1 300	SH/T 0048
延长工作锥入度(100 000次)/(0.1 mm)	不大于	380	350	320	GB/T 269
水淋流失量(38 ℃,1 h)(质量分数)/%	不大于	10	8		SH/T 0109
防腐蚀性(52 ℃,48 h)		合格			GB/T 5018

5 检验规则

5.1 检验分类与检验项目

5.1.1 出厂检验

出厂批次检验项目包括:外观、工作锥入度、杂质。

在生产工艺和原材料没有变化的情况下,出厂周期检验项目包括:滴点、腐蚀、钢网分油和水淋流失量,每半年检验一次;氧化安定性、相似黏度、蒸发量、延长工作锥入度和防腐蚀性,每年检验一次。

5.1.2 型式检验

型式检验项目包括技术要求表中的全部项目。有下列情况之一时,应进行型式检验:

a) 新产品投产或产品定型鉴定时;

b) 原材料、工艺等发生较大变化,可能影响产品质量时;

c) 出厂检验结果与上次型式检验结果有较大差异时。

5.2 组批

在原材料、工艺不变的条件下,产品每生产一罐或釜为一组(批)。

5.3 取样

取样按 SH/T 0229 进行,取 1.5 kg 作为检验和留样用。

5.4 判定规则

出厂检验和型式检验结果符合第 4 章的技术要求,则判定该产品合格。

5.5 复验规则

如出厂检验结果中有不符合第4章技术指标的规定时，按SH/T 0229的规定自同批产品中重新抽取双倍量样品，对不合格项目进行复验。复检结果如仍不符合要求，则判定该批产品为不合格。

6 标志、包装、运输和贮存

本产品的标志、包装、运输、贮存及交货验收按SH 0164进行。

ICS 17.140.50
A 59

中华人民共和国国家标准

GB/T 7341.1—2010/IEC 60645-1:2001
代替 GB/T 7341.1—1998

电声学　测听设备
第1部分:纯音听力计

**Electroacoustics—Audiological equipment—
Part 1:Pure-tone audiometers**

(IEC 60645-1:2001,IDT)

2010-12-01 发布　　2011-05-01 实施

中华人民共和国国家质量监督检验检疫总局
中国国家标准化管理委员会　发布

前　言

GB/T 7341《电声学　测听设备》分为5个部分：

——第1部分：纯音听力计(GB/T 7341.1)；

——第2部分：语言测听设备(GB/T 7341.2)；

——第3部分：用于测听和神经耳科的短持续听觉测试信号(GB/T 7341.3)；

——第4部分：延伸高频的听力测试设备(GB/T 7341.4)；

——第5部分：耳声阻抗/导纳的测量仪器(GB/T 15953)。

本部分为GB/T 7341的第1部分。

本部分等同采用IEC 60645-1:2001《电声学　测听设备　第1部分：纯音听力计》(第二版)。本部分引用的以下国家标准中的相应内容与IEC 60645-1:2001《电声学　测听设备　第1部分：纯音听力计》(第二版)内容等同：

a) GB/T 4854.3　声学　校准测听设备的基准零级　第3部分：骨振器纯音基准等效阈力级(eqv ISO 389-3)；

b) GB/T 7583　声学　纯音气导听阈测定　听力保护用(eqv ISO 6189)；

c) GB/T 9001　声频放大器测量方法(eqv IEC 60268-3)；

d) GB/T 16296　声学　测听方法　第2部分：用纯音及窄带测试信号的声场测听(eqv ISO 8253-2)；

e) GB/T 16402　声学　插入式耳机纯音基准等效阈声压级(eqv ISO 389-2)；

f) GB/T 16403—1996　声学　测听方法　纯音气导和骨导听阈基本测听法(eqv ISO 8253-1:1989)；

g) GB/T 17696　声学　测听方法　第3部分：语言测听(eqv ISO 8253-3)。

本部分替代GB/T 7341.1—1998《听力计　第1部分：纯音听力计》。

与前版本相比本部分有很大的技术变化，是技术性再版。主要变动为：

a) 把原来听力计的功能设施由5种型式改为4种型式；

b) 增加了以下内容：

　1) 声学安全要求、气压要求和频率调制的特性要求；

　2) 外接信号源频响的要求；

　3) 声场测听对扬声器的要求和自由场条件；

　4) 电信号输出的要求、听力图格式的要求；

　5) 利用各种换能器类型以及耳模拟器和校准中采用的相应基准等效阈声压级用来保证校准的测量方法的有关标准编号；

　6) 最大允许测量扩展不确定度；

c) 取消了宽带噪声作掩蔽噪声；

d) 把性能指标和测试方法分开规定等。

为便于使用，本部分做了以下编辑性修改：

a) 用"本部分"代替"本标准"；

b) 用小数点"."代替作为小数点的逗号"，"；

c) 规范性引用文件一章中的引导语按GB/T 1.1—2000的规定修改；

d) 在本部分规范性引用文件中和其他章节中引用的IEC和ISO国际标准均用相应的现行有效的国家标准代替；

e) 引用文件“IEC 60711”修订后将改为“IEC 60318-4”故用“IEC 60318-4”代替“IEC 60711”;

f) 引用文件“IEC 60126”修订后改为“IEC 60318-5”故用“IEC 60318-5”代替“IEC 60126”。

本部分由中华人民共和国工业和信息化部提出。

本部分由全国电声学标准化技术委员会(SAC/TC 23)归口。

本部分负责起草单位:上海市计量测试技术研究院。

本部分参加起草单位:解放军总医院耳鼻咽喉研究所、中国计量科学研究院。

本部分主要起草人:顾建秀、陈洪文、安兆亮、邱建华。

本部分所代替标准的历次版本发布情况为:

——GB/T 7341—1987;

——GB/T 7341.1—1998。

引　言

随着以诊断、听力保护和康复为目的的听力领域中测试水平的发展，使得听力计的使用范围大为增加。这样就可把听力计作为一系列特定的独立功能单元来考虑。通过规定这些功能单元，就能规定使用这些单元的各类听力设备的性能。GB/T 7341包括一系列部分，其中GB/T 7341.1是此系列中的第一部分，概括了对纯音听力计的要求。

由于GB/T 7341下面几个部分的展开，现在，本部分只限定了对纯音听力计的要求范围。本部分的一个要点是不用宽带噪声作为掩蔽噪声信号。宽带掩蔽噪声现在仅仅用于与语言信号相关的部分，如GB/T 7341.2中所叙述。

本版本将规定的性能指标从测试要求中分离出来，目的是为证明其一致性。只有当测试实验室的实际测量结果的扩展不确定度符合技术要求时，本部分才能被验证。本部分表7给出了最大允许的扩展不确定度U_{max}的值。基于此，听力计制造厂要满足的允差与GB/T 7341.1—1998中规定的基本相同。而与先前的版本相比，适用于听力计使用中的允差增加了U_{max}。

电声学　测听设备
第1部分:纯音听力计

1　范围

本部分规定了听力计的通用要求,以及采用心理声学的测试方法,通过与标准参考听阈级的比较来设计计的,用于测定听阈级的纯音听力计的具体要求。

本部分的目的旨在保证:

a)　用符合本部分要求的不同听力计,按照GB/T 16403及GB/T 7583所描述的方法,对指定人耳在125 Hz~8 kHz的频率范围内作听力测试,尤其是听阈测试,应能得到基本相同的结果;

b)　所得结果表示受试耳的听力与基准听阈之间的有效比较;

c)　听力计按其产生的测试信号范围、操作方式或测试的听觉功能范围的复杂性进行分类。

2　规范性引用文件

下列文件中的条款通过GB/T 7341的本部分的引用而成为本部分的条款。凡是注日期的引用文件,其随后所有的修改单(不包括勘误的内容)或修订版均不适用于本部分,然而,鼓励根据本部分达成协议的各方研究是否可使用这些文件的最新版本。凡是不注日期的引用文件,其最新版本适用于本部分。

GB/T 3785.1　电声学　声级计　第1部分:规范(GB/T 37851.1—2010,IEC 61672-1:2002,IDT)

GB/T 4854.1　声学　校准测听设备的基准零级　第1部分:压耳式耳机纯音基准等效阈声压级(GB/T 4854.1—2004,ISO 389-1:1998,IDT)

GB/T 4854.3　声学　校准测听设备的基准零级　第3部分:骨振器纯音基准等效阈力级(GB/T 4854.3—1998,eqv ISO 389-3:1994)

GB/T 4854.4—1999　声学　校准测听设备的基准零级　第4部分:窄带掩蔽噪声的基准级(idt ISO 389-4:1994)

GB/T 4854.7　声学　校准测听设备的基准零级　第7部分:自由场与扩散场测听的基准听阈(GB/T 4854.7—1999,idt ISO 389-7:1996)

GB/T 4854.8　声学　校准测听设备的基准零级　第8部分:耳罩式耳机纯音基准等效阈声压级(GB/T 4854.8—2007,ISO 389-8:2004,IDT)

GB/T 7341.2　听力计　第2部分:语言测听设备(GB/T 7341.2—1998,idt IEC 60645-2:1993)

GB/T 7583　声学　纯音气导听阈测定——听力保护用(GB/T 7583—1987,eqv ISO 6189:1983)

GB/T 7584.1　声学　护听器　第1部分:声衰减测量的主观方法(GB/T 7584.1—2004,ISO 4869-1:1990,IDT)

GB/T 9001　声频放大器测量方法(GB/T 9001—1988,eqv IEC 60268-3:1983)

GB/T 9706.1　医用电气设备　第1部分:安全通用要求(GB/T 9706.1—2007,IEC 60601-1:1988+A1:1991+A2:1995,IDT)

GB/T 15951　骨振器测量用力耦合器(GB/T 15951—1995,idt IEC 60373:1990)

GB/T 16296　声学 测听方法　第2部分:用纯音及窄带测试信号的声场测听(GB/T 16296—1996,eqv ISO 8253-2:1992)

GB/T 16402　声学　插入式耳机纯音基准等效阈声压级(GB/T 16402—1996,eqv ISO 389-2:1994)

GB/T 16403—1996　声学　测听方法　纯音气导和骨导听阈基本测听法(eqv ISO 8253-1:1989)

GB/T 17696　声学　测听方法　第3部分:语言测听(GB/T 17696—1999,eqv ISO 8253-3:1996)

GB/T 48545　声学　校准测听设备的基准零级　第5部分:8 kHz～16 kHz频率范围纯音基准等效阈声压级(GB/T 4854.5—2008,ISO 389-5:2006,IDT)

IEC 60318-2:1998　电声学　人头模拟器和耳模拟器　第2部分:校准延伸高频范围测听耳机的中间声耦合器

IEC 60318-5　用于助听器和插入式耳机测量用的IEC参考耦合器

IEC 60601-1-2　医用电气设备　第1-2部分:安全总则　次要标准:电磁兼容-要求与测试

IEC 60601-1-4　医用电气设备　第1-4部分:安全总则　可编程的电气医疗系统

IEC 60318-4　测量插入式耳机用的堵塞耳模拟器

GB/T 25498.1　电声学　人头模拟器和耳模拟器　第1部分:校准压耳式测听耳机用耳模拟器(GB/T 25498.1—2010,IEC 60318-1:1998,IDT)

GB/T 25498.3—2010　电声学　人头模拟器和耳模拟器　第3部分:校准压耳式测听耳机用声耦合器(IEC 60318-3:1998,IDT)

3　术语和定义

下列术语和定义适用于本部分。

3.1

纯音听力计　pure tone audiometer

测量纯音听力,尤其是适用于测量听阈的仪器。

注:听力计可以是固定频率式的也可以是连续扫频式的。

3.2

手动听力计　manual audiometer

信号的出现以及结果的记录均为手动操作的听力计。

3.3

自动记录听力计　automatic-recording audiometer

信号的出现、听力级的改变、频率选择或频率改变,以及受试者反应的记录均自动操作的听力计。

注:听力级变化的方向由受试者控制并作自动记录。

3.4

计算机控制听力计　computer-controlled audiometer

测试程序由计算机或微处理机控制,不是通过手控操作的听力计。

3.5

语言听力计　speech audiometer

用语言测试材料作听力测定的仪器。

3.6

气导　air conduction

声音在空气中通过外耳与中耳到达内耳的传递过程。

3.7

骨导　bone conduction

声音主要由颅骨的机械振动间接到达内耳的传递过程。

3.8

耳科正常人　otologically normal person

健康状况正常，无耳病症状，耳道无耵聍堵塞，无过度噪声暴露史，无耳毒性药物或家族性听力损失者。

3.9

等效阈声压级(单耳机测听)　equivalent threshold sound pressure level (monaural earphone listening)

以规定型式的耳机置于给定的人耳，加规定的力，在规定的频率以对应于听阈的电压激励时，耳机在规定的声耦合器或仿真耳内所产生的对应听阈的声压级。

3.10

等效阈力级(单耳测听)　equivalent threshold force level(monaural listening)

对于一给定的人耳，在规定的频率，以规定结构的骨振器置于规定的机械耦合器上，用对应于骨振器在乳突或前额部听阈的电压激励时，该骨振器在规定的机械耦合器上产生的对应听阈的力级。

注：本定义需对非测试耳按 GB/T 4854.4 的规定作噪声掩蔽。

3.11

基准等效听阈声压级　reference equivalent threshold sound pressure level (RETSPL)

在规定的频率用规定型式的耳机在规定的声耦合器或仿真耳上，表示足够数量的 18 岁～30 岁男女两性耳科正常人听阈的等效阈声压级的平均值或众值。

注：基准等效听阈声压级值在 GB/T 4854.1 和 GB/T 16402 中规定。

3.12

基准等效阈力级　reference equivalent threshold force level (RETFL)

在规定的频率，用规定结构的骨振器在规定的力耦合器上，表示足够数量的 18 岁～30 岁男女两性耳科正常人听阈的等效阈力级的平均值。

注：基准等效阈力级的平均值在 GB/T 4854.3 中规定。

3.13

纯音听力级　hearing level of a pure tone (HL)

对于规定换能器的类型，在规定的频率及规定的应用方式，换能器在规定的耳模拟器或机械耦合器上产生的声压级或振动力级减去相应的基准等效阈声压级(RETSPL)或基准等效阈力级(RETFL)。

3.14

纯音听阈级　hearing threshold level for pure tones

在规定的频率，用听力级表示给定耳在此频率的听阈。

注：确定听阈的方法在 GB/T 16403 中规定。

3.15

耳模拟器　ear simulator

用于描述仿真耳和声耦合器一类用于从耳机测量声压级的装置的通用术语。

3.16

仿真耳　artificial ear

给耳机提供的声阻抗等效于成人耳平均声阻抗的校准耳机的装置。

注 1：仿真耳配备了传声器，用于测量耳机所产生的声压。

注 2：用于压耳式耳机的仿真耳由 GB/T 25498.1 规定，用于插入式耳机的仿真耳由 IEC 60318-4 规定。

3.17

声耦合器　acoustic coupler

预定形状和体积的空腔，连同用来测量腔内声压的传声器一起作耳机校准用。

注：用于压耳式耳机的声耦合器由 GB/T 25498.3 规定，用于插入式耳机的声耦合腔由 IEC 60318-5 规定。

3.18

力耦合器　mechanical coupler

对作用以规定静态力的振动器提供规定的力阻抗。并装有能测定振动器与力耦合器之间接触表面交变力级的力电换能器。

注:力耦合器由 GB/T 15951 规定。

3.19

掩蔽　masking

a)　一个声音的听阈由于另一个(掩蔽)声音的出现而提高的现象。

b)　被提高的听力级的量,用分贝表示。

3.20

有效掩蔽级　effective masking level

规定的掩蔽声级,其数值上等于理论上的正常人由于掩蔽声的出现而使纯音听阈提高的听力级。

注 1:理论上,正常人的听力符合听阈和掩蔽效果标准(GB/T 4854.1,GB/T 4854.4)。

注 2:有效掩蔽级类似于听力级(见 3.13),也就是说,它是物理刻度的声测量,与具体的受试耳无关。

注 3:有效掩蔽的基准级由 GB/T 4854.4 给出。

3.21

测量不确定度　uncertainty of measurement

测量不确定度是与测量结果相联系的参数,它表征合理地赋予被测量值的分散性。

注 1:测量不确定度可以是:标准偏差(或其倍数),也可以是说明置信水平区间的半宽度。

注 2:测量不确定度通常由许多分量构成。其中有些分量可以由一系列测量结果的统计分布来评定,并以实验标准差来表征。另一些分量可根据经验或者其他信息按假定的概率分布来评定,也以标准差来表征。

注 3:测量结果可以理解为被测量值的最佳的估计。与修正值和参考标准有关的所有不确定度分量,均对分散性有贡献。

3.22

测量的合成标准不确定度　combined standard uncertainty of a measurement

由若干其他量值的结果得到的测量结果的标准不确定度。

注:标准不确定度等于各项和的正平方根。这些项是方差或根据这些量的改变对测量结果的影响进行加权的协方差。

3.23

扩展测量不确定度　expanded uncertainty of a measurement

扩展测量不确定度定义为测量结果的一个区间范围,可以期望在此区间内包含了被测量值分布的大部分。

注 1:百分数可以作为区间的包含概率或置信水平。

注 2:与由扩展不确定度定义的区间有关联的具体置信水平,需要明确或假设,由测量结果及其合成标准不确定度表征的相关概率分布。只有认为这种假设正确时,才能确切知道此区间的置信水平。

3.24

包含因子 k　coverage factor　k

为求得扩展不确定度,对合成不确定度所乘之数字因子。

注:对正态分布,包含因子 $k=2$,对应置信概率近似于 95%。

4　固定频率听力计的型式规定要求

按照最低的强制性功能的要求,听力计分为 4 种不同的型式,见表 1。不排除其他功能。这 4 种型式的听力计与它们设计的应用范围有关。

表 1　固定频率听力计的最低功能要求

功能	1 型 高级临床诊断/研究	2 型 临床诊断	3 型 基本诊断	4 型 筛查/监测
气导				
——双耳机	×	×	×	×[a]
——附加插入式耳机	×			
骨导	×	×	×	
听力级和测试频率 （见表 2）				
窄带掩蔽噪声	×	×	×	
外接信号输入	×	×		
纯音开关				
——纯音出现	×	×	×	×[b]
——纯音阻断	×	×		×[c]
——脉冲纯音	×	×		
掩蔽线路				
——对侧耳机	×	×	×	
——同侧耳机	×			
——骨振器	×			
参考纯音[d]				
——交替出现	×	×		
——同时出现	×			
受试者反应系统	×	×	×	×[c]
电信号输出	×	×		
信号指示器	×	×		
测试信号监听				
——纯音和噪声	×			
——外接输入	×			
语言传输				
——操作者对受试者	×	×		
——受试者对操作者	×			

[a] 如果依据 10.2 要求配置头带，可以提供单耳机。

[b] 对自动记录听力计不作强制要求，校准目的除外。

[c] 对手动听力计不作强制性要求。

[d] 最低的要求是为了提供与测试纯音频率相同的参考纯音。

5　通用要求

5.1　电气安全要求

听力计应符合 GB/T 9706.1 和 IEC 60601-1-4 的安全要求。

5.2　声学安全要求

因听力计能够产生令听力正常者听力受损的声压级，对所有测试频率，当听力级超过 100 dB 时，要求为操作者给出非听觉信号的警示。

5.3 环境条件

使用说明书应指出，温度在 15 ℃～35 ℃范围内，相对湿度在 30%～90%范围内，环境气压在 98 kPa～104 kPa 范围内。应给出校准时环境参数的实际值。

注：当环境气压超出以上范围时，基准等效阈声压级可能产生明显的差异。因此，当使用地区的环境条件与校准地区不相近时，应在使用地区通常的环境气压下重新校准。

5.4 预热时间

按规定预热时间和按说明书规定的预调之后，应满足本部分的性能要求。制造厂应规定最短的预热时间，在测试环境的室温存放后的听力计，不应超过 10 min。

5.5 电源变化

5.5.1 市电工作

当供电电压、市电频率及两者的组合，在额定电压的±10%和额定频率的±5%的最低允许限值内，长时间变化时，仍应满足技术要求。

如果电源电压完全中断 5s 以上，听力计应回复到既不会损害受试者听力，也不会引起无效结果的状态。

5.5.2 电池工作

制造厂应规定满足技术条件的电池电压极限。应提供保证电池电压处于规定极限之内的指示。当所有电池电压处于规定极限之内时，听力计应满足技术条件要求。

5.6 工频场和射频场的抗扰度

5.6.1 听力计应当满足 IEC 60601-1-2 电磁兼容(EMC)要求。

5.6.2 在电磁兼容抗扰度试验期间及期后应满足下列要求：

在电磁兼容试验条件下，来自气导换能器的任何不需要的声，应不超过 80 dB 的相应听力级，在 13.3 中提供了测试方法。

5.7 不需要的声

5.7.1 概述

目前，对于来自听力计的不需要的声作客观的声学测量还不现实。因此，可以利用至少 2 名在测试频率 250 Hz～8 kHz 听阈级不超过 10 dB 的耳科正常受试者进行主观测试。作主观测试的测试室应满足 GB/T 16403—1996 中第 12 章表 4 右栏的要求。

5.7.2 来自耳机不需要的声

当纯音开关处于“断”时，由听力计内各种途径产生的电信号会使耳机出现不需要的声。当测试纯音开关处于“通”时，在非测试耳机中也会出现不需要的声(通常称泄漏或串音)。13.4.1.1 描述了一种间接的电测量方法，13.4.1.2 描述了一种验证功能的主观方法。

由于纯音开关不完全有效也会在耳机中出现不需要的声。在 8.6 中描述了对纯音开关的要求。

5.7.3 来自骨振器不需要的声

制造厂应说明在哪些测试频率骨振器会辐射声音，导致由气导经过非阻塞耳道到达测试耳时会影响骨导测量的准确性，同时还应说明可能产生影响的程度。符合本要求的测试方法见 13.4.2。

5.7.4 听力计辐射的不需要的声

如果听力计和受试者在同一房间内使用，在实际测听时，由于操作听力计控制器或听力计辐射的任何声音，或来自与听力计连接的电脑系统任何部分辐射的声音，在听力级设置为 50 dB 以上(包括 50 dB)时的各档均应听不到。符合本要求的测试方法见 13.4.3。

注：对于来自控制器的可能对患者测试结果有影响的噪声应加以限制。当尚未对受试者测试时，不希望用于机械部分的输出选择开关或频率开关之类的装置有可能发出的噪声。

5.8 自动记录听力计和计算机控制听力计的测试

自动记录听力计和计算机控制听力计，应提供用适当的控制信号对听力计特性的测试方法。

5.9 接口连接

不应通过任何接口，使听力计的校准结果发生无意识的变化。

6 测试信号源

6.1 纯音

6.1.1 频率范围与听力级范围

固定频率听力计应具有的测试频率，及其压耳式耳机和骨振器的听力级值的最小范围在表 2 的对应栏中表示。对于 1 型听力计使用耳罩式或插入式耳机时，最大听力级应比表 2 中 500 Hz～8 kHz 频率范围内的对应值低 10 dB。可按 1/3 倍频程增加其他频率，频率上限为 8 kHz，基准等效听阈声压级(RETSPL)值在 GB/T 4854.1 中给出。

对于扫频听力计，其频率范围及听力级范围应至少等于表 2 中给出的固定频率听力计的值。

6.1.2 频率准确度

对于固定频率听力计，其频率允差如下：

1 型和 2 型：±1%

3 型和 4 型：±2%

对于连续扫频的听力计，测试纯音频率应在听力图所示的值的±5%以内。

表 2 固定频率听力计应提供的频率及听力级范围的最低要求

频率/Hz	听力级/dB[a]						
	1 型		2 型		3 型		4 型
	气导	骨导	气导	骨导	气导	骨导	气导
125	70	—	60	—	—	—	—
250	90	45	80	45	70	35	70
500	120	60	110	60	100	50	70
750	120	60	—	—	—	—	—
1 000	120	70	110	70	100	60	70
1 500	120	70	110	70	—	—	—
2 000	120	70	110	70	100	60	70
3 000	120	70	110	70	100	60	70
4 000	120	60	110	60	100	50	70
6 000	110	50	100	—	90	—	70
8 000	100	—	90	—	80	—	—

[a] 最大听力级至少等于列表值。最小听力级对 1～3 型为－10 dB，对 4 型为 0 dB。使用耳罩式或插入式耳机时，最大听力级可以比表中 500 Hz～8 kHz 范围的值低 10 dB。

6.1.3 总谐波失真

最大总谐波失真不应超过表 3 所给出的值。

表 3 压耳式、耳罩式、插入式耳机及骨振器用声压或振动力的百分比表示的声信号最大允许的总谐波失真

	气导			骨导		
频率范围/Hz	125～250	315～400	500～5 000	250～400	500～800	1 000～4 000
听力级[a]/dB	75	90	110	20	50	60
总谐波失真/%	2.5	2.5	2.5	5.5	5.5	5.5
[a] 或听力计的最大输出级，两者取较低者。使用耳罩式或插入式耳机时，听力级应比表中规定的值低 10 dB。						

6.1.4 频率变化速率

如自动记录设备包括连续扫频时，频率改变的速率应为 1 oct/min，允差±20%。如自动记录听力计提供固定频率，应允许在各频率有最短为 30s 的持续时间。

6.2 频率调制

如果提供频率调制的纯音，它们应满足以下特性：

a) 载波频率

载波频率应从表 2 中规定的听力计测试频率中选择，允差为标称值的±3%。

b) 调制信号波形

调制信号波形应为正弦波或在线性或对数频率刻度上具有对称的上升和下降部分的三角波。如果调制波形是正弦波的，它的总谐波失真不应超过 5%。如果是三角波，它的斜坡不应偏离其线性振幅的 5%以上。对三角波波形，它的上升与下降部分的持续时间的差值不应超过 10%。

c) 调制信号的重复率

调制信号的重复率应在 4 Hz～20 Hz 范围内，允差不大于标称值的±10%。

d) 频率偏差

频率偏差应在载波频率的±2.5%～±12.5%范围内，其允差应为标称值的±10%。

制造厂家应明确所提供的信号的特性及其允差。

6.3 外部信号源

6.3.1 信号

听力计可以采用纯音、语言和复合信号等。GB/T 7341.2 详细叙述了语言测听设备，GB/T 17696 详细叙述了语言测听技术。因此 GB/T 7341 的本部分未规定对语言信号或使用复合信号的参数要求。

6.3.2 频率响应

在外接输入插口上加上恒定电压，通过耳机产生的输出声压级，在同一听力计校准用的耳模拟器上测量，在 250 Hz～4 kHz 频率范围内，所有测试信号的平均声压级差异不应超过±3 dB。对于在 125 Hz～250 Hz 频率范围内的允差：上限为+3 dB；下限为−10dB，对于在 4 kHz～6.3 kHz 频率范围内的允差：上限为+3 dB；下限为−5 dB。在 250 Hz 和 4 kHz 的边界频率点上允差为±3 dB。

对于骨振器输出，制造厂应明确给出频率范围在 250 Hz～4 kHz 的频率响应和允差。

6.3.3 电灵敏度

当信号指示器位于参考位置时，制造厂应在指定输出声压级要求的指定信号电压输入一项中规定外接输入的电灵敏度。

6.3.4 外部信号源参考级

外接信号应能受信号指示器所监控，见 8.2。当信号指示器在参考位置时，应规定参考级。

6.3.5 操作人员对受试者的语言传输

此功能应允许在正常测试条件下操作者对受试者的语言传输。

6.3.6 受试者对操作人员的语言传输

此功能应允许在正常测试条件下受试者对操作者的语言传输。

6.4 掩蔽声

6.4.1 概述

对于具有掩蔽声的听力计,所有掩蔽声的测量应在纯音测量所用的同样的耳模拟器或力耦合器上进行。

由于本部分只规定对纯音的要求,故合适的掩蔽噪声是窄带噪声。对于其他任何形式的掩蔽声没有明确规定。当语言信号设备与纯音听力计配合使用时,语言信号的掩蔽噪声见 GB/T 7341.2 的规定。

6.4.2 窄带噪声

若听力计备有窄带掩蔽噪声,则噪声带应以测试频率为几何中心。掩蔽噪声的带宽极限值可在表 4 查到。带宽极限以外的噪声声压谱密度级应至少在 3 个倍频程内,至少每倍频程以 12 dB 的速率下降,在它以外不会上升到相对于带宽中心级−36 dB 以上。在 31.5 Hz~10 kHz 范围以外不要求测量。

由于受换能器、耳模拟器和力耦合器的限制,在 4 kHz 及以上带宽测量可能不能准确描述掩蔽噪声频谱。当中心频率超过 3.15 kHz 时,应跨越换能器的终端作电信号测量。

表 4 窄带掩蔽噪声:比频带中心频率声压谱密度级低 3 dB 的上、下截止频率的带宽

中心频率/Hz	低端截止频率/Hz		高端截止频率/ Hz	
	最小	最大	最小	最大
125	105	111	140	149
160	136	143	180	190
200	168	178	224	238
250	210	223	281	297
315	265	281	354	375
400	336	356	449	476
500	420	445	561	595
630	530	561	707	749
750	631	668	842	892
800	673	713	898	951
1 000	841	891	1 120	1 190
1 250	1 050	1 110	1 400	1 490
1 500	1 260	1 340	1 680	1 780
1 600	1 350	1 430	1 800	1 900
2 000	1 680	1 780	2 240	2 380
2 500	2 100	2 230	2 810	2 970
3 000	2 520	2 670	3 370	3 570
3 150	2 650	2 810	3 540	3 750
4 000	3 360	3 560	4 490	4 760
5 000	4 200	4 450	5 610	5 950

表 4（续）

中心频率/Hz	低端截止频率/Hz		高端截止频率/Hz	
	最小	最大	最小	最大
6 000	5 050	5 350	6 730	7 140
6 300	5 300	5 610	7 070	7 400
8 000	6 730	7 130	8 980	9 510

注 1：表 4 所定义的噪声带，在 400Hz 或更高的中心频率，对应于 1/3 倍频程为最窄，1/2 倍频程为最宽。这些带要宽于具有相同有效掩蔽的临界带，因此要求总声压级大于有效掩蔽临界带约 3 dB，见 GB/T 4854.4。采用较宽的带宽对减弱掩蔽噪声的音感是有利的。

注 2：最小与最大低、高截止频率，f_l(min.)、f_l(max.)、f_u(min.)、f_u(max.)，由以下公式给出，见 GB/T 3241：

$f_l(\text{min.}) = f_m/2^{1/4}$　$f_l(\text{max.}) = f_m/2^{1/6}$

$f_u(\text{min.}) = f_m \cdot 2^{1/6}$　$f_u(\text{max.}) = f_m \cdot 2^{1/4}$

式中：f_m——中心频率。

注 3：表 4 中所给数值取整到前 3 个有效数字。

6.4.3 其他掩蔽声

若提供其他类型的掩蔽声，制造厂应规定它们的频谱特性和用途。

7 扬声器输出

7.1 在由扬声器提供的声场测听环境中作测听，可能与自由场条件下有很大的差别。GB/T 16296 描述了自由场、扩散场和准自由场条件的特性以及用于声场测听的步骤和条件。制造厂应描述用于测量扬声器输出性能的测试条件。

7.2 GB/T 4854.7 规定了声场测听的基准听阈声压级。

8 信号级控制

8.1 标志

信号级控制应用“听力级”(HL)标记或使用相应的国家标识。

听力级控制器上的零标记，应对应于 GB/T 4854 的相应部分和 GB/T 16402 规定的换能器输出的基准等效阈声压级。

8.2 信号指示器

如提供的信号指示器，见表 1，能够监视外接输入信号级的正确工作，制造厂应规定一个信号指示器的读数，认定它为规定信号的参考点。指示器也可用于监视内部产生的信号。

制造厂应说明信号指示器的特性，如时间计权、动态范围及检波特性。如果指示器用于语言信号，应满足 GB/T 7341.2 的要求。

指示器应连接在电路中听力级控制器之前的点上。放大器的增益应能调节，其增益调节范围要求达到整个所提供信号级的 20 dB。

制造厂应指明听力级控制位于指定值，由规定的信号和电平激励耳机时，在耳模拟器上测量的输出级。此时监视指示器应指示其基准值。

8.3 声压级及振动力级的准确度

当信号通道接到换能器上时，耳机所产生的声压级减去基准等效听阈声压级，与在任一听力级档示值的偏差，在 125 Hz～4 kHz 频率范围内不应超出±3 dB，在更高频率不应超出±5 dB。

与此相似，骨振器所产生的力级减去基准等效阈力级，与在任一听力级指示档示值的偏差，在

125 Hz～4 kHz 频率范围不应超出±4 dB,在更高频率不应超出±5 dB。

若有一个通道以上的信号和/或噪声通道同时接至单个换能器时,这时来自换能器的各信号(或噪声)的输出级与连接一个通道所得级的偏差不应超过±1 dB,在125 Hz～4 kHz 频率范围内应满足此要求,在更高的频率不应超出±2 dB,并应适用于最大输出级以下 20 dB 的听力级。

扫频听力计应在上述所有相应的 1/3 倍频程频率上符合要求,频率之间的输出级应平缓地变化。

8.4 听力级控制

8.4.1 手动听力计

听力级控制器应只有一种刻度,所有频率共同使用一个参考零点。听力级控制器的指示读数应以 5 dB 一档或更细的间隔刻度,且各频率的 0 dB 档应对应于基准等效阈声压级。

8.4.2 自动记录听力计

对于所有自动记录听力计应提供 2.5 dB/s 的变化速率。如果还提供其他的速率,应为 1.25 dB/s 和/或 5 dB/s,允差应为±20%。

制造厂应规定听力级控制的最小增量。

8.4.3 计算机控制听力计

计算机控制听力计应符合手动和自动记录听力计适用的要求。并应有指示当前信号级的方法。

计算机控制听力计应遵循 GB/T 16403 和 GB/T 7583 中规定的测试步骤。

8.4.4 控制器的准确度

两相邻的间隔不大于 5 dB 听力级示值所测得的输出差值,与指示器上所示差值的偏离,应不大于用分贝表示的示值间隔的 3/10,或不大于 1 dB,两者取其较小者。

对于自动记录听力计,也应满足以上要求。

8.5 掩蔽级的控制

8.5.1 概述

掩蔽级控制器对所有频率应只有一个共用的参考零点,掩蔽级应以 5 dB 或更细分档并可调。

8.5.2 掩蔽级

a) 对于窄带噪声,掩蔽级控制应按 GB/T 4854.4 校准,有效掩蔽级用分贝表示。如果掩蔽噪声的准确带宽未知,在 GB/T 4854.4 中应采用表 4 中规定的低端截止频率和高端截止频率带限范围的平均值。

b) 对于其他类型的声,掩蔽级控制应用声压级校准,测量方法与用纯音在同一耳模拟器上校准耳机一样。制造厂应在掩蔽噪声的整个频率范围内规定总声压级及 1/3 倍频程带宽的声压级。

8.5.3 掩蔽级的准确度

耳机产生的掩蔽声级与示值的差应不超过[+5,−3]dB。

测得的任意两个相邻掩蔽级之间指示值输出之差,应符合 8.4.4 对纯音的要求。

8.5.4 掩蔽级范围

掩蔽声应能在同一耳上提供至少足以掩蔽 250 Hz 时 60 dB,500 Hz 时 75 dB 及 1 kHz～4 kHz 时 80 dB 听力级的纯音。掩蔽声级应从 0 dB 到以上的听力级范围均可调节。

8.6 纯音开关

8.6.1 手动听力计的纯音开关

手动听力计应备有接通或阻断测试纯音的纯音开关。该开关及其有关电路应使受试者对测试纯音作出反应,而不是对机械噪声(见 5.7.4)或信号开关的瞬态声作出反应。

注:听力计可以有控制纯音脉冲的持续时间和/或重复率的自动门控功能的装置。

8.6.2 手动听力计的通断比

开关在"断"的位置，听力级控制器在 60 dB 或以下，听力计的输出应至少低于基准等效阈级 10 dB。在高于 60 dB 听力级档，开关仍在"断"的位置，每增加 10 dB，输出应不会上升 10 dB 以上。

8.6.3 手动听力计的上升、下降时间

a) "通"位置：当纯音开关转到"通"位置时，上升时间应满足如下要求(见图 1)：

——AC 上升时间不应超过 200 ms；

——BC 上升时间应至少为 20 ms。

在 B 与 C 之间，声压级应不间断地平缓上升。

b) "断"位置：当纯音开关转到"断"位置时，下降时间应满足如下要求(见图 1)：

——DH 下降时间不应超过 200 ms；

——EG 下降时间应至少为 20 ms。

在 E 与 G 之间，声压级应不间断地平缓下降。

在"通"位置时，在纯音的上升与下降期间，应不会使耳机产生的声压级超过相对于其稳定状态声级 1 dB 以上。

注：由于不确定度的引入，AC 和 DH 的测量可能需要特殊的考虑。

8.6.4 自动脉冲音的要求

当听力计具有自动脉冲音功能时，脉冲序列的产生应满足以下要求(见图 1)

——上升时间：BC 应至少为 20 ms，不应超过 50 ms；

——下降时间：EG 应至少为 20 ms，不应超过 50 ms；

——上升/下降速率：在 B 与 C 之间和在 E 与 G 之间，声压级应不间断的平稳地变化；

——"通"状态：CE 应至少为 150 ms；

——"通"、"断"时间：FJ 与 JK 各应有(225±35)ms 的时间；

——"通"、"断"比：在"通"位置，CE 状态，在 G 与 I 之间输出应保持至少在最大值以下 20 dB。

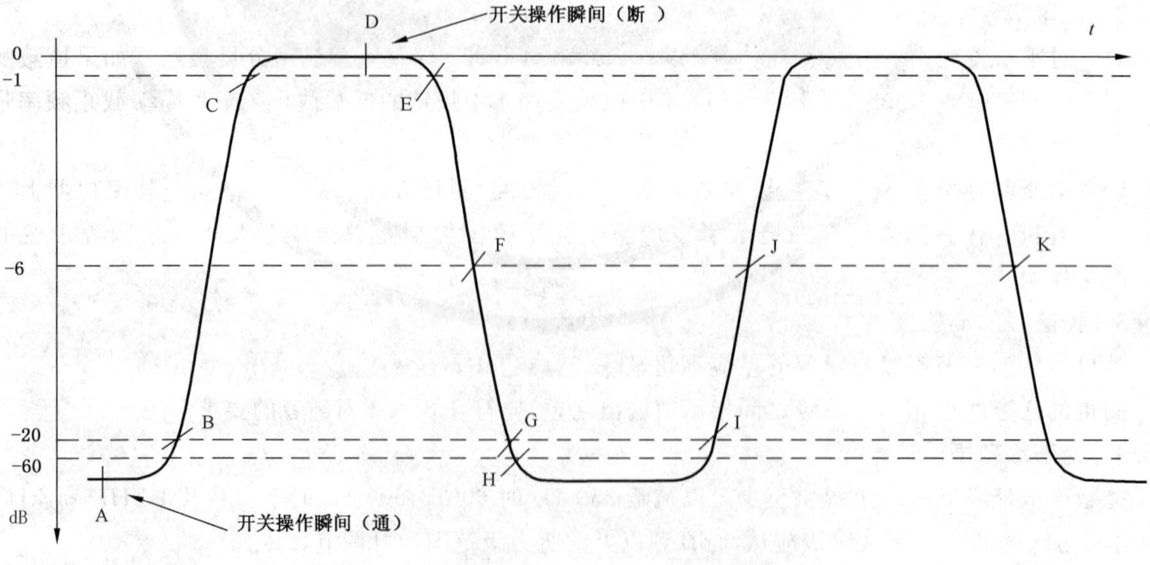

图 1 测试音的上升、下降包络

8.6.5 计算机控制听力计的受试者反应时间

制造厂应规定给受试者提供反应测试刺激的时间，并说明测试程序的规则。

8.6.6 受试者反应系统

受试者反应系统提供一种使操作者意识到受试者已经产生反应的途径。通常反应系统是手控开关形式,它操作听力计上的一个可视指示器。对于自动记录听力计或计算机控制听力计,受试者的开关控制听力计的相应功能,通常是测试信号级。

开关应当是一种能够用单手容易且可靠的操作方式,并且不会产生任何声音,以免引起听阈级测定结果的错误。

9 参考纯音

9.1 概述

在所提供的方法能通过耳机交替或同时发出相同或不同频率的纯音时,操作者应能方便地给出合适的持续与间断的纯音。除有调节测试纯音声压级的主听力级控制器之外,该测试模式还需增加一个听力级控制器,它能设置参考纯音的级。后一控制器在以下被标为参考纯音级控制器。有关参考纯音的频率准确度、失真、稳定性、上升与下降时间的要求见本部分的其他有关章条。

9.2 频率

对于气导测试,应至少提供 250 Hz～4 kHz 范围内的倍频程频率并另加 6 kHz 的参考纯音。

9.3 参考纯音级控制器

9.3.1 范围

参考纯音级控制器应至少覆盖频率在 250 Hz 时,听力级的范围为 0 dB～80 dB,频率在 500 Hz～6 kHz 时,听力级的范围为 0 dB～100 dB。

9.3.2 间隔

无论是测试纯音级还是参考纯音级均应能以 2.5 dB 或更小的间隔可调。

注:只要满足 9.3.3～9.3.5 的要求,通常用于掩蔽级的控制器也可用于参考纯音控制器。

9.3.3 标志

参考纯音级控制器应用听力级标示,用分贝表示。

9.3.4 准确度

参考纯音级控制器的性能应符合 8.3 和 8.4 的要求。并且,对于 500 Hz～4 kHz 之间的频率,在同一听力级档及同一频率,参考纯音的声压级应在测试纯音级的 ±3 dB 之内,在其他频率允许偏差 ±5dB。

9.3.5 操作

参考纯音级控制的操作对测试纯音输出的影响应不超出 ±1 dB。

10 校准

10.1 概述

本章给出了对使用压耳式、插入式、耳罩式耳机、骨振器和扬声器的听力计进行校准的规范。

表 5 给出了换能器类型和校准中采用的相应基准等效阈声压级以及耳模拟器或用来保证校准的测量方法的有关标准编号。如果换能器或基准级不是表 5 中所列的。制造厂应说明基准级的来源和依据,及校准步骤和用来校准的耳模拟器。还应规定换能器头带的静态力。

注 1:在有些情况下本部分中只给出特定型式的换能器的值。压耳式耳机经常与隔声耳罩一起使用。在这种情况下,压耳式耳机的 RETSPL(基准等效听阈声压级)值不再有效。

注 2:仅对于周期性测试:如果压耳式耳机基准阈值由 GB/T 25498.1 耳模拟器给出,而校准在 GB/T 25498.3 声耦合器上进行,由听力计制造厂家确定的规定型式耳机的修正值应被采用。

表 5 听力零级的参考标准

换能器类型	基准听阈值	耳模拟器或测量方法
压耳式耳机	GB/T 4854.1	GB/T 25498.1 GB/T 25498.3
插入式耳机	GB/T 16402	IEC 60318-4 IEC 60318-5
耳罩式耳机	GB/T 4854.5 GB/T 4854.8	GB/T 25498.1 IEC 60318-2:1998
骨振器	GB/T 4854.3	GB/T 15951
扬声器	GB/T 4854.7	GB/T 16296

10.2 压耳式耳机头带

头带应能使耳机在人耳廓产生(4.5±0.5)N 的额定静压力。

10.3 骨振器头带

头带应能使骨振器在乳突骨上产生(5.4±0.5)N 的额定静压力。

11 电信号输出

电信号输出可为诸如功率放大器和扬声器等外接设备进行声场测试提供信号。

电信号输出应能将来自信号源的所有有用信号提供给听力计的换能器。

制造厂应规定输出阻抗、频率响应和在规定条件下额定负载的有效电压。

12 听力图格式

听力计显示或打印听阈级,可为列表形式或图示形式如听力图。对听力图,在频率轴上一个倍频程应对应听力级轴上 20 dB。如果需要以绘图形式表示听阈值,应使用表 6 中的符号,气导邻近点用直线连接,骨导用虚线连接。

表 6 听阈级的图示符号

纯音测听方法		符号	
		右耳	左耳
气导		○	×
骨导	乳突位置加掩蔽	[	]
	前额位置加掩蔽	┐	┌
无反应符号举例气导			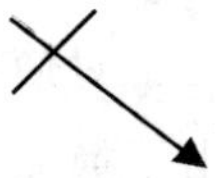
注:本表格中没有描绘 GB/T 16403 中规定的所有纯音测听符号的表示方法。			

如果符号和连线用颜色表示,则红色用于右耳,蓝色用于左耳。

13 规范符合性验证和测试程序

13.1 概述

只有当测量结果用检测实验室的实际测量扩展不确定度扩展后,仍在本部分规定的、并用表 7 中给

出的 U_{max} 值扩展后的容差之内时，才可证明符合本部分的要求。

13.2 环境条件和供电电源变化

应在指示频率为 1 kHz，听力级为 100 dB 或最大听力级位置（两者取其小）时，用随听力计一同交货的各种不同类型的耳机样品，测量频率、失真和声压级，以验证对 5.3、5.4、5.5.1 和 5.5.2 中各项规范的符合性。谐波失真测量应如 6.1.3 所示。

环境测试应按 5.3 要求，应在以下 3 个组合的温度和相对湿度上进行，大气压应在 5.3 规定的范围内：

温度 15 ℃，相对湿度 30%

温度 23 ℃，相对湿度 50%

温度 35 ℃，相对湿度 90%

如有其他组合方式也应在 5.3 规定的范围内。

13.3 工频场和射频场的抗扰度

a) 在电磁兼容试验过程中，听力计应装备制造厂家规定的所有附件和单元。

b) 仪器的前面板应面向辐射天线。

c) 电磁兼容试验区间的环境噪声，用 1/3 倍频程滤波器 1 kHz 测试时，应低于 55 dB。

d) 听力计的听力级控制应置于最小值，频率控制置于 1 kHz，纯音开关置于“通”的位置，对气导换能器指定在右耳机（如果适用）。

e) 电磁兼容测试应在频率范围 80 MHz～1 GHz 进行，步进为 1%。对低于 500 MHz 的频率，步进可以放宽到 4%；其他频率，步进可以放宽到 2%替代 1%的规定。各个频率的停顿时间应视测试设备而定。有限的频率点测试不能否定 5.6.1 中的要求。

注 1：为避免电磁场对测量传声器的影响，在听力计耳机和测量传声器之间插入带有合适的适配器的声管，或者在扬声器和测量传声器之间插入声管，目的是为了在较高电平测试场时消除影响。

注 2：因为在电磁场中会引起力耦合器的变化，所以该装置不能在电磁场中用于测量骨振器输出。合适的方法还未提出。

13.4 不需要的声

13.4.1 耳机

13.4.1.1 不需要的声可以用电的方式间接测量，一种方法是在测试耳机位置跨接合适的假负载，即在各测试频率与耳机等效阻抗的电阻，测量时间计权为“F”档（见 GB/T 3785.1）的有效值电压。

a) 在 60 dB 的听力级控制档，纯音位于“断”位置，在 125 Hz～8 kHz 范围内的各 1/3 倍频程的电信号，应至少低于对应的 1/3 倍频程中心频率的基准等效听阈级信号 10 dB。

b) 纯音位于“通”位置，当听力级控制位于 70 dB 或更大档，在非测试耳机或替代假负载上的不需要信号，应至少低于测试纯音 70 dB。

13.4.1.2 对于来自非测试耳机不需要声的主观测试，当掩蔽声或听力级控制在高于 70 dB 的任意档时，测试对象在非测试耳机应觉察不到频率范围在 250 Hz～6 kHz 的任何声音。对于在此范围之外，但在 125 Hz～250 Hz，6 kHz～8 kHz 之内的频率，测试声高到 50 dB 档时，测试对象应觉察不到任何声音。测试应在纯音开关的“通”与“断”两个位置进行。

对于更高的设置档，应外接一个电衰减器到受试者耳机连线。为了符合在更高的设置档的测试，应将外接衰减器置于其数值等于听力计听力级档的分贝数分别减去 70 dB 或 50 dB。在测试期间对侧耳机应断开，并且听力计输出终端应连接一合适的假负载（见 13.4.1.1）。

13.4.2 来自骨振器的不需要的声

测试依照下列各项进行，如果 16 只耳朵的平均听力阈值满足 5.7.1 的要求，并满足下面 c）的要求，来自骨振器声辐射对听力测试结果的影响可以忽略。

a) 首先按照 GB/T 16403，在 2 kHz 及听力计所提供的各频率之上，测定骨导阈值，测试耳用在各测试频率至少有 20 dB 平均衰减的耳塞堵塞，耳塞衰减按照 GB/T 7584.1 测得。

b) 去掉耳塞重复步骤 a)。

c) 计算步骤 a)与步骤 b)各频率的听阈平均值。每对平均值之间的差应不超过 3 dB。

注：表 3 中最大允许的总谐波失真，因为在测试时低频的谐波感觉，可能导致错误的骨导阈值。

13.4.3 听力计辐射的不需要声

符合 5.7.2 要求的测试应如下进行，对至少 2 名符合 5.7.1 要求的受试者进行测试，他们佩戴一副切断电源的耳机，并距离听力计 1 m 处。听力计的电信号输出应被一个阻值等于耳机在 1 kHz 处阻抗值的负载所吸收。当用骨导耳机时，应在不堵塞耳时重复测试。

13.5 测试信号源

总谐波失真：

为验证对 6.1.3 中规范的符合性，应在表 3 所列的听力级上，或听力计的最大听力级档位上(取较低者)，测量总谐波失真。除了高于 10 kHz 的谐波测量不要求外，测量程序应与 GB/T 9001 中所述的一致。

a) 对于气导，失真应在规定了基准等效阈级的耳模拟器上进行声测量。

b) 对于骨导，失真应在力耦合器上测量。

注 1：由于不可能确定充分确保获得对各种听力损失的精确的骨导测量结果，要规定最大允许谐波失真是不可能的，制造厂应说明骨振器在什么频率及什么听力级所具有的非线性会影响骨导测量的正确性。

注 2：由于耳模拟器和力耦合器的限制，谐波测量不可能准确地描述系统的非线性特性。

13.6 信号准确度

13.6.1 声压级和振动力级的准确度

为与 8.3 的规定一致，应在每个单独的耳机上验证，听力级置于 70 dB 或最大位置(用两者较低者)，在规定的耳模拟器上，对所有测听频率测量输出声压级。对骨振器听力级应置于 30 dB 或最大位置(用两者较低者)并在力耦合腔上按 GB/T 15951 测量。

13.6.2 控制器的准确度

准确度应该在听力计用到的最低和最高频率点测试。

注：如果可能，符合 8.4.4 中要求的测量应为声学测量。如果要做电信号测量，应在换能器连接到耳模拟器的输入位置测量。另外，换能器可以用假负载替代，假负载在测试频率模拟换能器。

13.7 掩蔽声

13.7.1 窄带噪声

为验证对 6.4.2 中规范的符合性，在 3.15 kHz 以下，应用与测量纯音同样的耳模拟器，以声学方法测量掩蔽噪声频谱；在 3.15 kHz 以上，应用电信号在跨接于同一耳模拟器位置上的换能器两端测量。

13.7.2 掩蔽声级

为验证对 8.5.3 中规范的符合性，应使用满足 GB/T 3785.1 中对 1 级声级计要求的测量装置，装置应具有时间计权 S 和频率响应 Z(平坦)以及与测量纯音相同的耳模拟器，听力级置于 70 dB 在所有测听频率上测量输出声级。

13.8 头带

13.8.1 压耳式耳机头带

当两耳机被水平展宽至 145 mm，同时头带高度被调节至垂直距离为 129 mm，即头带中心(顶部)和两耳机连线的中心点距离为 129 mm。如果此时测量的头带力是在(4.5±0.5)N 范围之内，则可认为满足 10.2 的要求。

13.8.2 骨振器头带

除放置在前额位置的骨振器间距应为 190 mm 外，骨振器和对侧头带端点的间距应满足 13.8.1 的要求。如果此时测量的头带力在(5.4±0.5)N 范围之内，则可认为满足要求。

14 最大允许测量扩展不确定度

本部分中相关参数的测试不确定度见表7,规定包含因子 $k=2$ 的最大允许扩展不确定度。U_{max} 的规定值是针对基本型式批准测量得到的。

表7中给出的测量扩展不确定度是对符合本部分要求验证的最大允许值。如果检测实验室测得的实际测量扩展不确定度超过表7中的最大允许值,则该测量不宜用于符合本部分要求的验证。

表7 基本测量的 U_{max} 值

测试参数	相关章条号	基本 U_{max}
频率在125 Hz～4 kHz时的声压级	8.3,9.3.4	0.7 dB
频率在4 kHz以上时的声压级	8.3,9.3.4	1.2 dB
频率	6.1.2,6.2a)	0.5%
总谐波失真	6.1.3	0.5%
温度	5.3,13.2	0.5 ℃
相对湿度	5.3,13.2	5%
环境压力	5.3,13.2	0.1kPa
频率变化率	6.1.4	5%
持续时间	8.4.2	0.1s
频率响应	6.3.2	1.0 dB
掩蔽阻断频率	6.4.2	1%
−36 dB掩蔽级	6.4.2	1.0 dB
125 Hz～4 kHz掩蔽级	8.5.3	1.0 dB
250 Hz～4 kHz时的力级	8.3	1.0 dB
4 kHz以上时的力级	8.3	1.5 dB
级变化/(dB/s)	8.4.2	5%
听力级控制线性	8.4.4,9.3.5	0.1 dB
上升/下降时间/ms	8.6.3,8.6.4	5 ms
头带力	10.2,10.3	0.3N

15 标志和使用说明书

15.1 标志

听力计应标明制造厂名、型号、类型、出厂编号。还应在测试信号换能器上标明仪器各自的唯一识别号。

左、右耳机应容易分辨。如果耳机有颜色代码,左耳用蓝色标记,右耳用红色标记。

15.2 使用说明书

应随听力计提供使用说明书,并至少应包括下列资料:

a) 遵照本部分所划分的仪器类型,所提供设备的描述及全部使用说明;

b) 为确保符合5.3和5.5要求所容许的环境条件及电源变化;

c) 为正常使用听力计而正确安装方法的描述(见5.7),目的是为把不需要的声辐射影响减到最少;

d) 各换能器的识别以及它们的基准等效阈级。应说明GB或ISO以外的基准级的来源以及用于校准的耳模拟器。应规定所提供的换能器头带的静压力。应说明骨振器的校准是对应于乳突还是前额位置；

e) 频率响应特性及所提供的掩蔽声的掩蔽效应(见 6.4 和 8.5)。制造厂应规定窄带掩蔽噪声的实际带宽；

f) 预热时间(见 5.4)；

g) 所有输入设备的灵敏度与额定阻抗;所有输出设备的输出电压与额定阻抗;所有外接插头连接点的脚符；

h) 自动记录听力计声压级的变化速率及操作方式。对于连续改变频率的听力计,应给出频率变化速率；

i) 当具有调频信号时,制造厂应说明以下特性及其允差：

——调制信号的频率；

——调制波形,如正弦波或三角波；

——特殊的调制,如表示为测试频率的百分数的调制范围。

j) 按 GB/T 7584.1 测得的耳机的声衰减特性；

k) 在各测试频率,包括由于谐波失真而引起的使用极限在内的最大听力级档；

l) 骨振器空气传播的声辐射的影响及取得正确测试结果的方法；

m) 按照 8.6.5 要求,计算机控制听力计的受试者反应的时间窗的信息；

n) 对于使用电池供电的仪器:电池型号,电池检查的手段与更换电池的方法,电池期望寿命；

o) 维护及校准程序及时间表,GB/T 16403 给出了适当的信息；

p) 电磁兼容提示:提示应包括受电磁场辐射可能的影响,特别是来自大功率医疗设备对听力计性能的影响。

参 考 文 献

［1］ GB/T 3241 电声学 倍频程和分倍频程滤波器
［2］ JJF 1059—1999 测量不确定度评定与表示

ICS 47.020.60
U 60

中华人民共和国国家标准

GB/T 7357—2010
代替 GB/T 7357—1998

船舶电气设备　系统设计　保护

Electrical installations in ships—System design—Protection

(IEC 60092-202:1994, Electrical installations in ships—Part 202: System design—Protection, MOD)

2010-09-02 发布　　　　2011-02-01 实施

中华人民共和国国家质量监督检验检疫总局
中国国家标准化管理委员会　发布

前　言

本标准修改采用 IEC 60092-202:1994《船舶电气设备　第 22 部分:系统设计　保护》及其第 1 号修正案(1996 年 2 月)(英文版)。

本标准根据 IEC 60092-202:1994 及其 1996 年第 1 号修正案重新起草。

在采用 IEC 60092-202:1994 及其 1996 年第 1 号修正案时,对部分技术内容做了修改,这些技术内容的差异用垂直单线标识在它们所涉及的条款的页边空白处。技术差异内容如下:

——考虑到我国船舶行业电气设备的实际情况,在本标准中,用 GB/T 21066—2007 中短路电流的计算方法代替 IEC 60363 中短路电流计算方法(见本标准第 5 章);

——用断路器代替机械开关(见本标准 6.3、7.1);

——删除对发电机小于 10%的过载的报警要求(原标准 8.2.1a));

——增加变压器过载保护的要求(见本标准 8.4);

——增加了额定功率超过 0.5 kW 的电动机的短路保护要求(见本标准 8.6)。

为便于使用,本标准还做了下列编辑性修改:

a) “本国际标准”改为“本标准”;

b) 用小数点“.”代替作为小数点的逗号“,”;

c) 删除了国际标准的前言;

d) 对 IEC 60092-202:1994 中引用的其他国际标准,有被采用为我国标准的用我国标准代替对应的国际标准,未被采用为我国标准的仍引用国际标准。

本标准代替 GB/T 7357—1998《船舶电气设备　系统设计　保护》。与 GB/T 7357—1998 相比,做了如下修改:

a) 增加了本标准的适用范围;

b) 将原标准 7.1 机械开关电器改为断路器;

c) 增加了变压器过载保护的要求(见本标准 8.4);

d) 增加了电动机短路保护的要求(见本标准 8.6)。

本标准由中国船舶工业集团公司提出。

本标准由全国海洋船标准化技术委员会归口。

本标准起草单位:中国船舶工业集团公司上海船舶研究设计院。

本标准主要起草人:韩朝珍、王正甲、潘芝萍、陈逢源。

船舶电气设备　系统设计　保护

1　范围

本标准规定了船舶电气设备的电气保护系统的主要特性要求。

本标准适用于船舶电气设备的保护系统的设计。

2　标准引用文件

下列文件中的条款通过本标准的引用而成为本标准的条款。凡是注日期的引用文件，其随后所有的修改单(不包括勘误的内容)或修订版均不适用于本标准，然而，鼓励根据本标准达成协议的各方研究是否可使用这些文件的最新版本。凡是不注日期的引用文件，其最新版本适用于本标准。

GB 14048.2　低压开关设备和控制设备　第2部分：断路器(GB 14048.2—2008，IEC 60947-2：2006，IDT)

GB/T 21066　船舶和移动式及固定式近海设施的电气装置　三相交流短路电流计算方法(GB/T 21066—2007，IEC 61363-1：1998，IDT)

IEC 60092-301　船舶电气设备　第301篇：设备　发电机和电动机

3　术语与定义

下列术语和定义适用于本标准。

3.1

额定负载　rated load

额定工况下规定的负载最大值。

3.2

过载　overload

电路未受电气损伤，但产生过电流的运行工况。

3.3

过电流　overcurrent

超过额定电流的任何电流。

3.4

短路　short circuit

电路中在正常情况下处于不同电压的两点或多点之间，通过比较小的电阻或阻抗故障引起或有意的连接。

3.5

后备保护　back-up protection

拟在系统故障因下列原因未及时排除时起作用的保护设备或系统：

a)　离故障点最近的保护装置发生故障或无能力动作；

b)　除离故障点最近的保护装置之外的保护装置发生故障。

3.6

过电流选择性　overcurrent discrimination

两个或多个过电流保护装置的动作特性的协调。在给定的范围内出现过电流时，拟在该范围内动作的过电流保护装置应动作，而其他过电流保护装置不动作。

3.7

完全选择性　total discrimination (total selectivity)

两个或多个过电流保护装置串联时，负载侧的过电流保护装置起到保护而不引起其他过电流保护装置动作的过电流选择性。

3.8

部分选择性　partial discrimination (partial selectivity)

两个或多个过电流保护装置串联时，离故障点最近的过电流保护装置在给定的短路电流范围内动作而不引起其他过电流保护装置动作的过电流选择性。

3.9

供电连续性　continuity of supply

在电路故障期间和故障之后，均能确保对无故障电路正常供电的状况，详见图1。

3.10

运行连续性　continuity of service

在电路故障排除之后，恢复对其无故障电路供电的状况，详见图1。

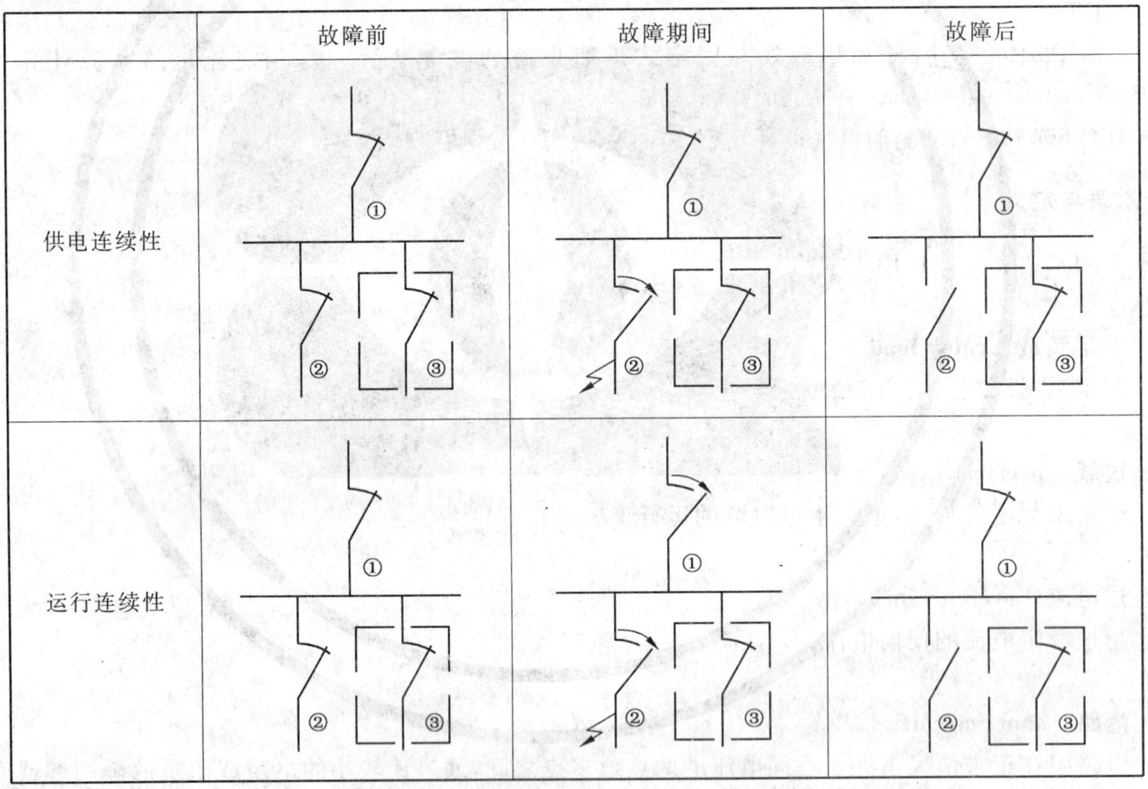

图1　供电连续性和运行连续性

4　一般要求

4.1　电气设备应用适当的保护装置对包括短路在内的偶然过电流进行保护。各类保护装置的选择、配置及运行性能，应提供完善而协调的自动保护，以确保：

a)　在某处发生故障时，通过保护装置的选择性或协调作用的其他系统确保对无故障重要电路的供电连续性，或至少确保其运行连续性；

b)　消除故障的影响，以减少对系统的损害和火灾的危险。

在这些情况下，系统元件的设计和结构应使其在允许的持续时间内经受住由可能的过电流(包括短路)而产生的热应力和电动应力。

4.2 应按照要求选择过电流保护装置，特别考虑以下状况：

a） 过载；

b） 短路。

5 短路电流

本标准采用GB/T 21066中介绍的方法进行短路电流的计算。

6 短路保护装置的特性和选型

6.1 一般要求

6.1.1 短路保护的保护装置如断路器和熔断器，应考虑到其额定参数与所预期使用的条件不同，特别是关于：

a） 船舶交流系统的短路功率因数可能比常规配电断路器预期的额定短路工况下的功率因数低；

b） 交流短路电流的超瞬态和瞬态分量。

因此，与配电系统相应的断路器的额定分断能力与对应的接通能力之比率（见GB 14048.2），可能会明显不足。在这种情况下，即使这些断路器的短路分断能力可能会超过实际运行所需的短路分断能力，但断路器应按其短路接通能力来选择。

对发电机断路器以及对短路脱扣有预设短延时的其他断路器，应采用使用类别为B（根据GB 14048.2）的断路器，且应按照断路器的额定短时耐受电流能力来选择。

对没有预设短延时的断路器，可采用使用类别为A（根据GB 14048.2）的断路器，且应按断路器的额定运行短路分断能力来选择。

6.1.2 短路保护应采用断路器或熔断器来实现。在某些情况下，尤其对电压高于1 kV的交流系统而言，某些类型熔断器在过电流时有不同特性，应与合适的开关配合才能实现过电流脱扣。

6.1.3 如果在发电机侧装有至少具有必需的短路定额的熔断器或断路器（但不是发电机断路器）作为后备保护，则允许使用短路分断能力或短路接通能力小于其安装点预期最大短路电流的保护装置。

在电路中不含重要设备时，同一熔断器或断路器可作为多个断路器的后备保护。

后备保护装置的短路特性应至少满足GB 14048.2的要求，与其被保护的装置有相同的短路特性类型，且其短路定额应为该装置供电端的最大预期短路电流值。

允许使用在负载侧带熔断器的断路器，条件是断路器及其后备保护熔断器的特性应匹配，以确保在断路器承受包括使熔断器动作的过电流时熔断器能及时动作，从而防止断路器的极间或金属零部件间产生电弧。

在确定上述后备保护装置的性能要求时，允许考虑该后备保护装置各电气元件的阻抗，例如当被保护的断路器远离后备保护的断路器或熔断器时，可考虑连接电缆的阻抗。

6.2 额定短路分断能力

用于短路保护的每个器件的额定短路分断能力应不小于其安装点要分断的最大预期短路电流。

6.3 额定短路接通能力

除6.1.3规定的例外情况外，在短路状态下合闸的每个断路器的额定短路接通能力应大于其安装点的预期短路电流的最大峰值。

注：断路器应能接通与其接通能力相应的电流，并具有在所要求的最大延时内不分断的能力。

6.4 短路选择性保护

6.4.1 在短路情况下，无故障电路的供电连续性应采用完全选择性来实现。

6.4.2 当无故障电路有运行连续性要求时，应对保护装置和被保护设备的工作特性进行协调和验证。

6.4.3 采用完全选择性配置保护装置时，保护装置应具有能在要求时间内承载不小于安装点的短路电流而不分断的能力；采用部分选择性配置保护装置时，保护装置应具有在要求时间内承载不大于此短路电流而不分断的能力。

7 过载保护装置选型

7.1 断路器

用于过载保护的断路器的脱扣特性(过电流－脱扣时间)应与被保护系统元件的过载能力及任何选择性要求相适应。

7.2 过载保护熔断器

如果熔断器具有合适的特性,允许使用熔断器作为电流在 320 A 及以下过载保护装置,但对 200 A 以上建议使用断路器或类似装置。在交流高压系统中不允许使用熔断器作为过载保护。

8 按使用要求选择保护电器

8.1 一般要求

应在每个非接地相上设置短路保护。

除了绝缘直流电路、绝缘单相电路和负载基本平衡的绝缘三相电路可有一相无需设置过载保护外,电路的每一非接地线上均应设置过载保护。

短路或过载保护装置不应断开接地线,除非所有导线被多极开关装置同时断开。

8.2 发电机的保护

8.2.1 一般要求

应使用多级断路器对发电机进行短路和过载保护。

过载保护应与发电机的热容量相适应,并应满足下列要求:

a) 对 10%与 50%之间的过载,在不超过发电机额定电流的 1.5 倍时,断路器应延时脱扣,最长延时为 2 min;但若运行工况需要,且发电机的结构允许,则过载可超过 50%,延时也可超过 2 min;

b) 对超过 50%的过电流,应采用瞬时脱扣与系统的选择性保护相配合。

在为短路保护设计的瞬时脱扣装置中,为满足选择性要求可采用短延时。

对大型发电机和所有高压发电机,应对断路器的发电机侧发生的故障提供保护。

注 1:应确保发电机的保护装置即使在发电机转速严重下降的情况下也保持有效。

注 2:发电机的过载保护装置动作后应能允许电源立即恢复。

8.2.2 发电机侧的短路保护

当发电机拟并联运行时,必须考虑如果短路发生在发电机及其断路器之间需由发电机断路器切断的故障电流。

注:应考虑当发电机与其相联结的系统不同步时,闭合控制发电机的断路器可能出现的危险性。

容量不小于 1 500 kVA 的发电机应设置适当的保护装置或保护系统,以便在发电机内部或在发电机及其断路器之间的供电线路上发生短路时能使发电机灭磁并使其断路器分断。

注:特殊情况下,例如为了确保人员安全、供电线路过长等,对容量小于 1 500 kVA 的发电机也可要求设置类似保护。

8.2.3 两线或三线制直流平复励发电机的保护装置

对并联运行的直流发电机,除了配置过载和短路保护外,还应配置下列保护装置:

a) 对平复励发电机,应对每台发电机配置一个与其断路器联锁的均压开关,它在断路器的触点断开之后断开,在断路器闭合之前闭合,或配置一个能同时断开所有极的多极断路器;

b) 在三线系统中,应在中线上配置一个与接到外导线的发电机开关或断路器能同时操作的联锁开关。

8.3 重要用电设备的保护

如负载由重要和非重要设备组成,当任一台发电机过载时,保护装置应能自动切除非重要设备,以防止发电机转速持续减小。

按照发电机组的过载能力,这种卸载可分为一级或多级进行。

8.4 变压器的保护

应采用多极断路器或熔断器对变压器的初级绕组进行短路及过载保护。当变压器并联运行时,次级绕组应装隔离开关。过载保护也可以设在次级电路中。

注:如果能经次级绕组对变压器馈电,则次级绕组需考虑短路保护。

8.5 馈电线路的保护

8.5.1 应根据第6章和第7章的要求,采用多极断路器或熔断器对每一条馈电线路加以过载保护和短路保护。

注:由多台发电机并联运行的系统中,在由最小发电机供电的情况下,保护装置应仍然有效。

8.5.2 从保护的观点来看,由电缆并联而成的标称截面积不小于50 mm^2 的多根电缆可看作单根电缆。

8.5.3 对有独立过载保护的用电设备(如电动机,见8.6)或不可能过载的用电设备(如固定布线的电热电路),其供电电路可只配置短路保护。

8.6 电动机的保护

8.6.1 额定功率超过0.5 kW的电动机应单独配置过载及短路保护。

8.6.2 用于重要设备的电动机,其过载保护可以用报警装置代替,但对于舵机电动机,其过载保护必须用报警装置代替。

8.6.3 保护装置应设计成使电动机在正常运行条件下,允许其起动时的大电流通过,如果电动机过载保护装置的时间-电流特性与电动机起动周期不匹配,则在电动机起动期间可使过载保护装置短时失效,但短路保护仍然有效。

8.6.4 对连续工作制电动机,保护装置应具有在过载工况下能保证电动机有可靠的带延时的热保护特性。

8.6.5 保护装置应整定其最大持续电流为被保护电动机额定电流的105%~120%。

8.6.6 对断续工作制电动机,保护装置的电流整定值和延时特性(时间函数)应考虑其实际运行条件后确定。

8.6.7 当熔断器用于保护多相电动机电路时,应考虑防止单相运行的保护。

8.7 照明电路的保护

每一照明电路应配置过载和短路保护。

8.8 岸电连接的保护

从岸电箱至主配电板的固定敷设电缆应采用熔断器或断路器进行保护。

8.9 蓄电池的保护

除了原动机的起动蓄电池外,应在尽可能靠近蓄电池的位置配置保护装置对蓄电池进行过载和短路保护。

对向重要用电设备供电的应急蓄电池应只设短路保护。

8.10 仪表、指示灯和控制电路的保护

应采用熔断器或限流装置对指示装置和测量装置进行保护。

对其他电路,如电压调整器的电路,失压可能会产生严重后果,则不宜采用熔断器对其保护。如不用熔断器,应采取措施来防止该装置未保护部分的失火危险。

熔断器应尽可能靠近电源插头安装。

8.11 静止或固态装置的保护

为了保护元件和免受元件内部短路的影响,在静止或固态装置内应装有合适的限流熔断器。

应采用脱扣特性与熔断器的熔断特性相配合的断路器对将静止或固态装置连接至电源的馈电线路

进行保护，以确保元件免受所有有害过电流的影响。

9 逆功率和逆电流保护

9.1 交流发电机的逆功率保护

并联运行的交流发电机应设置带延时的逆有功功率保护。

保护装置的整定值，对汽轮机，通常在额定功率的2%～6%的范围内；对柴油机，通常在额定功率的8%～15%的范围内。

外加电压跌落50%不应使逆功率保护失效，但允许断路器动作值改变。

注：逆功率保护可用能确保起保护作用的其他装置来代替。

9.2 直流发电机的逆电流保护

并联运行或与蓄电池并联运行的直流发电机应设有瞬时或短延时逆电流保护。

保护装置的整定值，对汽轮机，通常在额定功率的2%～6%的范围内；对柴油机，通常在额定功率的8%～15%的范围内。

外加电压跌落50%不应使逆电流保护失效，但允许断路器动作值改变。

当有均压线时，逆电流保护装置应接在不接串复励绕组的极上(直流发电机的正极)。

注1：逆电流保护应足以能有效地处理来自船舶电网(例如起货机)的逆电流。

注2：另见IEC 60092-301。

10 欠电压保护

10.1 交流和直流发电机

并联运行或与岸电馈线并联运行的发电机，应采取措施以防止发电机断路器在发电机不发电时闭合，并防止失压时发电机仍然接在汇流排上，如采用欠压脱扣器等。采用欠压脱扣器时，其在防止断路器闭合时应瞬时动作，但是在断开断路器时，为具有选择性效果，应延时动作。

10.2 交流和直流电动机

10.2.1 对额定功率大于0.5 kW的电动机，应设置下列两种保护中的一种：

a) 欠压保护，因电压降低或失压而动作，从而引起并保持电路断电，直至电动机被人为重新起动；

b) 欠压释放，因电压降低或失压而动作，但应设计成在电压恢复时电动机可重新自动起动而无过大的起动电流，条件是起动器(可用恒温装置、气动装置或液压装置等进行控制)能确保为重新起动所必需的连接可用，且如有必要避免过大的电压跌落或电流冲击，所有电动机不应同时重新起动。

10.2.2 当电压高于85%额定电压时，保护装置应允许电动机起动；而当在额定频率下，电压低于约20%额定电压时，保护装置务必切断电动机，必要时可带延时。

注：对舵机电动机和其他必须连续运行的电动机不一定要设置欠压保护。

11 过电压保护

11.1 变压器

应采取接地等适当的预防措施来防止由变压器供电的低压系统受变压器高压系统漏电的影响。

11.2 交流电机

在高压交流系统中，交流电机应采取适当的预防措施来限制和(或)防止因开关转换等引起的过电压。

ICS 71.100.40
G 72

中华人民共和国国家标准

GB/T 7381—2010
代替 GB/T 7381—1993

表面活性剂 在硬水中稳定性的测定方法

Surface active agents—Determination of stability in hard water

(ISO 1063:1974,MOD)

2011-01-04 发布 2011-12-01 实施

中华人民共和国国家质量监督检验检疫总局
中国国家标准化管理委员会 发布

前　言

本标准代替 GB/T 7381—1993《表面活性剂　在硬水中稳定性的测定方法》。

本标准与原标准的主要差异：

——编写格式按 GB/T 1.1—2009《标准化工作导则　第1部分：标准的结构和编写》；

——增加了前言；

——增加了术语和定义章节；

——增加了试验报告章节。

本标准使用重新起草法修改采用 ISO 1063:1974《表面活性剂　在硬水中稳定性的测定方法》。

本标准与 ISO 1063:1974 的主要差异：

——在试液配制中增加了离心分离的处理；

——试管的容量没有规定；

——规定了试样的称量精确度；

——增加了少量沉淀或凝聚物和大量沉淀或凝聚物的评分标准。

本标准由中国石油和化学工业联合会提出。

本标准由上海染料研究所有限公司归口。

本标准起草单位：上海染料研究所有限公司、浙江合成化学有限公司。

本标准主要起草人：庄永斌、唐福伟、黄伟卿 。

本标准所代替标准的历次版本发布情况为：

——GB/T 7381—1987、GB/T 7381—1993。

表面活性剂
在硬水中稳定性的测定方法

1 范围

本标准规定了一种测定表面活性剂在硬水中稳定性的方法。

本标准适用于在一定的温度时，在硬水中易溶于水的表面活性剂稳定性的测定。

2 规范性引用文件

下列文件对于本文件的应用是必不可少的。凡是注日期的引用文件，仅所注日期的版本适用于本文件。凡是不注日期的引用文件，其最新版本(包括所有的修改单)适用于本文件。

GB/T 6367 表面活性剂 已知钙硬度水的制备(GB/T 6367—1997，idt ISO 2174：1990)

3 术语和定义

3.1

硬水 hard water

指水中存在可溶性碱土化合物，尤其是钙盐。以毫摩尔钙离子每升表示。

3.2

表面活性剂在硬水中稳定性 surface active agents′ stability in hard water

由表面活性剂和钙离子交换所形成的化合物的溶解度来决定，或由离子力、盐效应等引起的胶态变化来决定。

4 原理

表面活性剂在硬水中和钙离子(镁离子)之间进行离子交换形成某种化合物，根据其溶解度大小或由于离子力、盐效应等使溶液胶态起变化的原理，可测定表面活性剂在硬水中的稳定性。

将不同浓度的表面活性剂溶液与不同的已知钙硬度的水溶液混合，将混合液在规定的条件下静置，观察其外观可分为：清晰、乳色、混浊、少量沉淀或凝聚物、大量沉淀或凝聚物。

由于钙硬度和镁硬度之间无根本的区别，因此本方法采用钙硬度表示。

5 试剂和材料

5.1 总则

按 GB/T 6367 规定配制。

5.2 硬水溶液

5.2.1 硬水溶液 S_1：$c(1/2Ca^{2+})=6$ mmol/L。

5.2.2 硬水溶液 S_2:$c(1/2Ca^{2+})$=9 mmol/L。

5.2.3 硬水溶液 S_3:$c(1/2Ca^{2+})$=12 mmol/L。

6 仪器和设备

6.1 平底磨口比色管:容量 50 mL。

6.2 移液管:容量 5 mL,分刻度为 0.05 mL。

6.3 恒温水浴。

6.4 离心分离机。

7 测定

7.1 试液配制

称取 50 g 试样,精确至 0.01 g,溶于 1 000 mL 蒸馏水中,在不超过 50 ℃下配成试液。对含有不溶性无机物的表面活性剂试样配成试液后需离心分离,直至清晰,备用。

7.2 测定

取 15 只平底比色管分成 3 组,每组 5 只,用移液管吸取5.0 mL、2.5 mL、1.2 mL、0.6 mL、0.3 mL 试液分别置于每组的各个试管中。在 3 组试管中分别加入 S_1、S_2、S_3 已知钙硬度的水溶液至 50 mL 刻度处,盖紧瓶塞后,慢慢上下翻转试管,每秒 1 次,重复 10 次,操作时尽量避免产生泡沫,然后将 15 只试管在(20±2)℃静置 1 h～2 h,观察溶液的外观,按清晰、乳色、混浊、少量沉淀或凝聚物、大量沉淀或凝聚物进行评定。如果出现钙盐的稳定性随温度升高而增加,则在(50±3)℃进行试验并在此温度进行观察。

7.3 分值的评定

按表 1 对 15 只测定结果分别评分。

表 1 液体的外观评分值

液体的外观	评分值
清晰	5
乳色	4
混浊	3
少量沉淀或凝聚物	2
大量沉淀或凝聚物	1

注 1:若液体处于两个评分值之间,取较低的分值。

注 2:不清晰的液体,但透过液体能看到物体的,评为乳色。

注 3:不清晰的液体,但透过液体不能看到物体的。评为混浊。

注 4:若沉淀或凝聚物的厚度小于或等于 0.5 cm 时评为少量沉淀或凝聚物。

注 5:若沉淀或凝聚物的厚度大于 0.5 cm 时,评为大量沉淀或凝聚物。

8 结果的表述

8.1 总则

结果的表述应首先注明试验温度。

8.2 平均稳定性的表示

将15只试管的评分值的总和，按表2评定平均稳定性。

表2 平均稳定性评定

15个评分值总和	平均稳定性/级
15～18	1
19～37	2
38～56	3
57～74	4
75	5
注1：1级表示该种表面活性剂在硬水中的稳定性为差。 注2：5级表示该种表面活性剂在硬水中的稳定性为好。	

8.3 差示稳定性的表示

将每组的评分值相加，按表3评定其部分稳定性。

表3 差示稳定性

每组评分值的总和	部分稳定性
5～6	1级＝$\overline{1}$
7～12	2级＝$\overline{2}$
13～18	3级＝$\overline{3}$
19～24	4级＝$\overline{4}$
25	5级＝$\overline{5}$
注：表面活性剂在S_1、S_2、S_3三组不同已知钙硬度水溶液中的差示稳定性依次排列为$\overline{XXX}$，即$\overline{111}$表示该种表面活性剂在硬水中的稳定性为最差，$\overline{555}$表示该种表面活性剂在硬水中的稳定性为最好。	

9 试验报告

试验报告应包括以下内容：

——平均稳定性或差示稳定性；

——测量温度；

——本标准中未包括的或任选的任何操作；

——影响结果的任何情况；

——应给出完全鉴别样品所需的所有细节。

ICS 45.020
S 61

中华人民共和国国家标准

GB/T 7417—2010
代替 GB/T 7417—2001

铁路信号 AX 系列继电器

AX series relays for railway signaling

2010-11-10 发布　　　　2011-03-01 实施

中华人民共和国国家质量监督检验检疫总局
中国国家标准化管理委员会　发布

前　言

本标准代替 GB/T 7417—2001《AX 系列继电器》。本标准与 GB/T 7417—2001 相比，主要变化如下：

——增加了 JZXC-$\frac{16}{16}$型继电器的各项技术指标，删除了 JWXC-7、JWXC-2000、JZXC-H156、JYJXC-J3000 和 JDBXC-$\frac{550}{550}$五种型号继电器的各项技术指标（2001 版的 3.1、3.2.1、3.4、4.7、4.9、4.24、5.3、A1.2、A1.3、A2、A3，本版的 3.1、3.2.1、3.4、4.7、4.9、4.24、5.3、A.1.2、A.2、A.3）；

——修订了 JWXC-H310 型继电器环境温度（2001 版的 4.3a）、4.19，本版的 4.3a）、4.19）；

——增加了继电器外罩阻燃性能的要求及试验方法（本版的 4.4b）、5.4）；

——取消了镀锌表面钝化膜的要求（2001 版的 4.6.1）；

——修订了普通接点与加强接点间的齐度要求（2001 版的 4.8，本版的 4.8）；

——修订了 JWXC-H310 型继电器的充磁值和 JWJXC-H $\frac{80}{0.06}$型继电器电流圈的释放值（2001 版的 4.9，本版的 4.9）；

——增加了整流、偏极和有极普通接点继电器电寿命次数；增加了有极继电器电寿命后转极值的变化范围；修订了继电器电寿命后接点接触电阻的变化范围；修订了 JYJXC-X $\frac{135}{220}$型继电器接点负载的电感值；修订了电寿命试验的试验方法（2001 版的 4.24、5.6，本版的 4.24、5.6）；

——增加了整流、偏极、有极普通接点继电器和无极加强、有极加强接点继电器的机械寿命次数；增加了有极继电器机械寿命后转极值的变化范围；修订了机械寿命试验的试验方法（2001 版的 4.25、5.7，本版的 4.25、5.7）；

——修订了插座插拔力要求（2001 版的 4.26、4.27，本版的 4.26、4.27）；

——增加了无极继电器磁路空气隙的测试方法（本版的 5.5）。

本标准的附录 A 为规范性附录，附录 B 为资料性附录。

本标准由中华人民共和国铁道部提出。

本标准由西安全路通号器材研究所归口。

本标准起草单位：沈阳铁路信号工厂、西安铁路信号工厂、西安全路通号器材研究所。

本标准主要起草人：刘炜、张丽范、邱红蕴、周达三。

本标准所代替标准的历次版本发布情况为：

——GB/T 7417—1987；

——GB/T 7417—2001。

铁路信号 AX 系列继电器

1 范围

本标准规定了铁路信号 AX 系列继电器的分类和命名、技术要求、试验方法、检验规则和标志、包装、运输和贮存。

本标准适用于铁路信号 AX 系列继电器(以下简称“继电器”)的设计、制造、检验和维护。

2 规范性引用文件

下列文件中的条款通过本标准的引用而成为本标准的条款。凡是注日期的引用文件,其随后所有的修改单(不包括勘误的内容)或修订版均不适用于本标准,然而,鼓励根据本标准达成协议的各方研究是否可使用这些文件的最新版本。凡是不注日期的引用文件,其最新版本适用于本标准。

GB/T 191 包装储运图示标志(GB/T 191—2008,ISO 780:1997,MOD)

GB/T 2408—2008 塑料 燃烧性能的测定 水平法和垂直法(IEC 60695-11-10:1999,IDT)

GB/T 2423.16—2008 电工电子产品环境试验 第 2 部分:试验方法 试验 J 及导则:长霉(IEC 60068-2-10:2005,IDT)

GB/T 2828.1—2003 计数抽样检验程序 第 1 部分:按接收质量限(AQL)检索的逐批检验抽样计划(ISO 2859-1:1999,IDT)

GB/T 2829—2002 周期检验计数抽样程序及表(适用于对过程稳定性的检验)

GB/T 5169.5—2008 电工电子产品着火危险试验 第 5 部分:试验火焰 针焰试验方法 装置、确认试验方法和导则(IEC 60695-11-5:2004,IDT)

GB/T 6902—2010 铁路信号继电器试验方法

3 分类和命名

3.1 分类

继电器按工作特征分为以下四种:

a) 无极继电器;

b) 整流继电器;

c) 有极继电器;

d) 偏极继电器。

3.2 代号含义及型号示例

3.2.1 继电器代号含义见表 1。

表 1 继电器代号含义

序号	代号	含义	序号	代号	含义
1	A	安全	7	P	偏极
2	C	插入	8	Q	动合接点(前接点)
3	D	定位	9	W	无极
4	F	反位	10	X	信号、熄弧
5	H	缓放、缓动、动断接点(后接点)	11	Y	有极
6	J	继电器、加强接点	12	Z	整流

3.2.2 继电器型号示例如下：

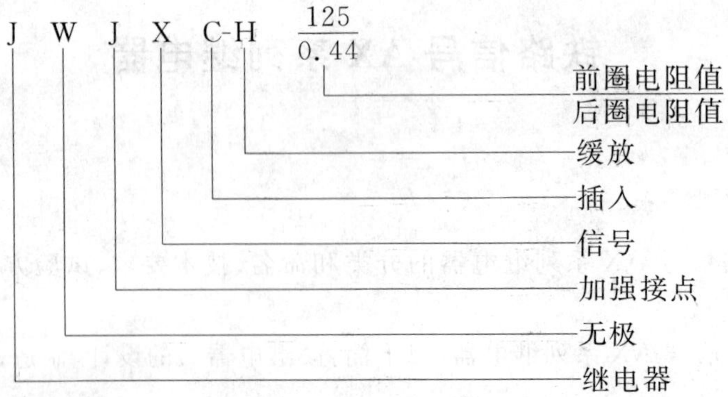

3.3 结构形式

3.3.1 继电器内部结构如图1所示；其内部结构的外形尺寸应符合表2的规定。

单位为毫米

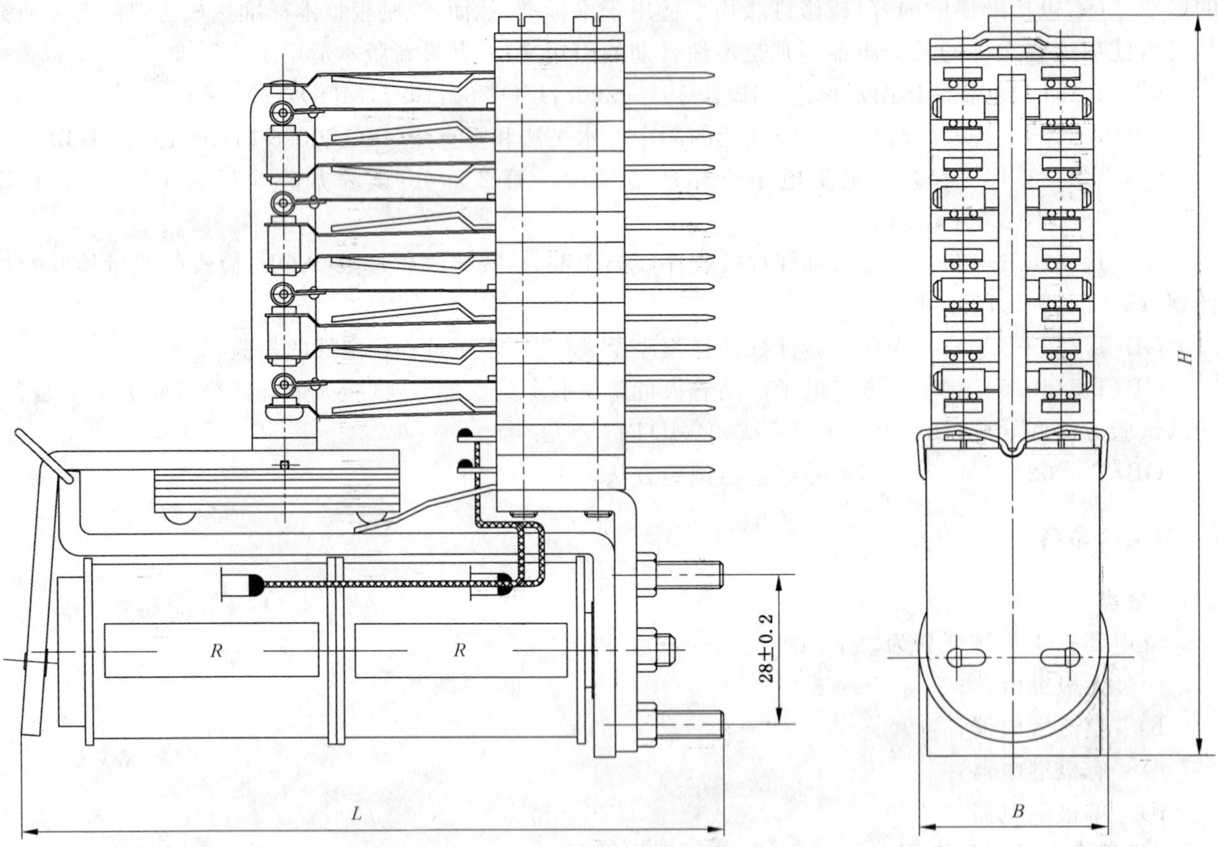

图1 继电器内部结构

表2 继电器内部结构的外形尺寸

单位为毫米

继电器型号	外形尺寸		
	L	B	H
JWXC-2.3	131	35	105
JYJXC-$\frac{135}{220}$ JYJXC-X $\frac{135}{220}$	149		139
JPXC-1000	147		
JWJXC-H $\frac{125}{0.44}$ JWJXC-H $\frac{125}{0.13}$ JWJXC-480 JWJXC-H $\frac{80}{0.06}$ JWJXC-H $\frac{125}{80}$	135		

表 2（续）

单位为毫米

继电器型号	外形尺寸		
	L	*B*	*H*
JZXC-H18	131	35	122
JYXC-270			116
JZXC-0.14			140
其他			139

3.3.2　继电器的外形尺寸如图 2 所示。

单位为毫米

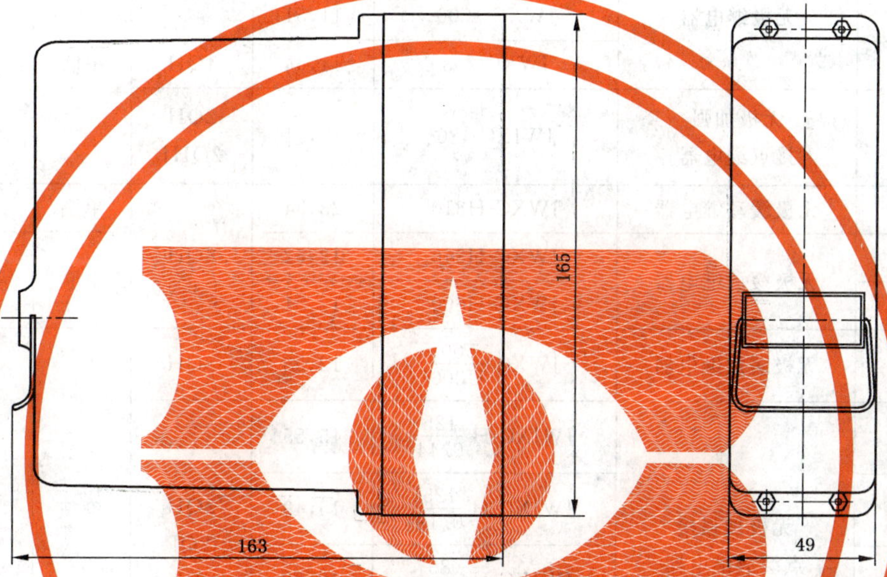

图 2　继电器外形尺寸

3.3.3　插座外形及安装尺寸如图 3 所示。

单位为毫米

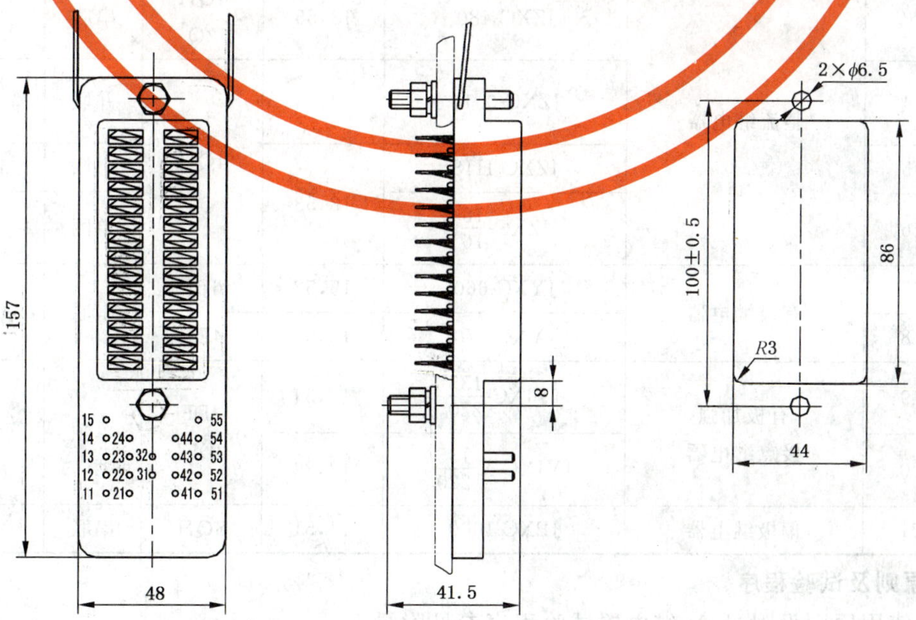

图 3　插座外形及安装尺寸

3.3.4 继电器重量应符合如下要求：

a) 总重量：1.2 kg～1.8 kg；

b) 内部结构重量：1 kg～1.6 kg。

3.4 品种及型号

继电器的品种及型号见表 3。

表 3 继电器的品种及型号

品种序号	规格序号	继电器名称	继电器型号	鉴别销号码	接点组数	线圈连接	电源片连接方式	
							连接	使用
1	1	无极继电器	JWXC-1000	11,52	8QH	串联	2,3	1,4
	2		JWXC-1700	11,51				
	3		JWXC-2.3	11,54	4QH			
	4	无极加强接点继电器	JWJXC-480	15,51	2QH 2QHJ			
	5	无极缓动继电器	JWXC-H310	23,54	8QH	单圈	—	1,4
	6	无极缓放继电器	JWXC-H340	12,52		串联	2,3	1,4
	7		JWXC-H600	12,51				
	8	无极缓放继电器	JWXC-$\frac{500}{H300}$	12,53	8QH	单独	—	1,2
	9	无极加强接点缓放继电器	JWJXC-H $\frac{125}{0.44}$	15,55	2QH 2QJ 2H			1,2 3,4
	10		JWJXC-H $\frac{125}{0.13}$	15,43				
	11		JWJXC-H $\frac{80}{0.06}$	12,22				
	12		JWJXC-H $\frac{125}{80}$	31,52				
2	13	整流继电器	JZXC-480	13,55	4QH 2Q	串联	1,4	7,8
	14		JZXC-0.14	13,54	4QH	并联	1,3 2,4	5,6
	15		JZXC-H18	13,53		串联	1,4	
	16		JZXC-$\frac{16}{16}$			单圈	—	1,2
3	17	有极继电器	JYXC-660	15,52	6DF	串联	2,3	1,4
	18		JYXC-270	15,53	4DF			
	19	有极加强接点继电器	JYJXC-$\frac{135}{220}$	15,54	2DF 2DFJ	单独	—	1,2 3,4
	20		JYJXC-X $\frac{135}{220}$	12,23				
4	21	偏极继电器	JPXC-1000	14,51	8QH	串联	2,3	1,4

3.5 使用原则及试验程序

继电器使用原则见附录 A，继电器试验程序参见附录 B。

4 技术要求

4.1 继电器和插座应符合本标准的要求，并按照经规定程序批准的图样及技术文件制造。

4.2 继电器和插座所有零部件应经检验合格后，标准件及外购件应符合相应技术标准，方可进行装配。

4.3 继电器在下列环境下应能可靠工作：

a) 温度：−40 ℃～+60 ℃（JWXC-H310 型继电器温度为−25 ℃～+55 ℃）；

b) 相对湿度：不大于 90%（温度+25 ℃）；

c) 气压：不低于 70.1 kPa（相当于海拔高度 3 000 m 以下）；

d) 振动：频率不大于 15 Hz，振幅不大于 0.45 mm；

e) 工作位置：水平（如图 1 所示）；

f) 周围无引起爆炸危险的有害气体，并应有防尘措施。

4.4 继电器外罩应符合下列要求：

a) 外罩应透明清晰；

b) 外罩应阻燃，垂直燃烧等级不应低于 GB/T 2408—2008 中的 V-2 级；外罩经持续时间为 20 s 的针焰试验后，试验结果应符合 GB/T 5169.5—2008 中第 11 章 b)的规定。

4.5 继电器插片应排列整齐，同一型号的继电器应能互换。

4.6 继电器和插座的所有零部件不应有表面缺陷，金属零件表面应有防护层：

a) 镀层外观应光滑细致，没有斑点、突起和未镀上的地方，边缘和棱角不应有烧痕；

b) 漆层外观应光滑清洁，颜色一致，不应有皱纹、流痕、起泡等缺陷；

c) 热固性塑料零件表面应平整，有光泽，无裂纹、肿胀、疏松、气泡及掉渣现象；

d) 热塑性塑料零件表面应平整，质地均匀，透明清晰，无纹络、气泡等现象。

4.7 继电器接点间隙、接点压力和托片间隙应符合表 4 规定。

表 4 继电器接点间隙、接点压力和托片间隙

<table>
<tr><th rowspan="2">规格序号</th><th rowspan="2">继电器
型　号</th><th colspan="2">接点间隙/
mm
不小于</th><th colspan="2">普通接点压力/
mN
不小于</th><th colspan="2">加强接点压力/
mN
不小于</th><th colspan="2">托片间隙/mm</th><th rowspan="2">备注</th></tr>
<tr><th>普通</th><th>加强</th><th>动合
或
定位</th><th>动断
或
反位</th><th>动合
或
定位</th><th>动断
或
反位</th><th>普通
接点
不小于</th><th>加强
接点</th></tr>
<tr><td>1</td><td>JWXC-1000</td><td rowspan="3">1.3</td><td rowspan="3">—</td><td rowspan="3">250</td><td rowspan="11">150</td><td rowspan="3">—</td><td rowspan="3">—</td><td rowspan="11">0.35</td><td rowspan="3">—</td><td rowspan="11">—</td></tr>
<tr><td>2</td><td>JWXC-1700</td></tr>
<tr><td>3</td><td>JWXC-2.3</td></tr>
<tr><td>4</td><td>JWJXC-480</td><td>3</td><td>5</td><td>150</td><td>400</td><td>300</td><td>0.1～0.3</td></tr>
<tr><td>5</td><td>JWXC-H310</td><td rowspan="7">1.3</td><td rowspan="4">—</td><td rowspan="4">250</td><td rowspan="4">—</td><td rowspan="4">—</td><td rowspan="4">—</td></tr>
<tr><td>6</td><td>JWXC-H340</td></tr>
<tr><td>7</td><td>JWXC-H600</td></tr>
<tr><td>8</td><td>JWXC-$\frac{500}{H300}$</td></tr>
<tr><td>9</td><td>JWJXC-H $\frac{125}{0.44}$</td><td rowspan="3">2.5</td><td rowspan="3">150</td><td rowspan="3">400</td><td rowspan="3">300</td><td rowspan="3">0.1～0.3</td></tr>
<tr><td>10</td><td>JWJXC-H $\frac{125}{0.13}$</td></tr>
<tr><td>11</td><td>JWJXC-H $\frac{80}{0.06}$</td></tr>
</table>

表 4（续）

<table>
<tr><th rowspan="3">规格序号</th><th rowspan="3">继电器型号</th><th colspan="2">接点间隙/mm 不小于</th><th colspan="2">普通接点压力/mN 不小于</th><th colspan="2">加强接点压力/mN 不小于</th><th colspan="2">托片间隙/mm</th><th rowspan="3">备注</th></tr>
<tr><th rowspan="2">普通</th><th rowspan="2">加强</th><th rowspan="2">动合或定位</th><th rowspan="2">动断或反位</th><th rowspan="2">动合或定位</th><th rowspan="2">动断或反位</th><th rowspan="2">普通接点不小于</th><th rowspan="2">加强接点</th></tr>
<tr></tr>
<tr><td>12</td><td>JWJXC-H $\frac{125}{80}$</td><td rowspan="7">1.3</td><td>2.5</td><td>150</td><td rowspan="5">150</td><td>400</td><td>300</td><td rowspan="10">0.35</td><td>0.1～0.3</td><td rowspan="5">—</td></tr>
<tr><td>13</td><td>JZXC-480</td><td rowspan="6">—</td><td rowspan="6">250</td><td rowspan="6">—</td><td rowspan="6">—</td><td rowspan="9">—</td></tr>
<tr><td>14</td><td>JZXC-0.14</td></tr>
<tr><td>15</td><td>JZXC-H18</td></tr>
<tr><td>16</td><td>JZXC-$\frac{16}{16}$</td></tr>
<tr><td>17</td><td>JYXC-660</td><td rowspan="2">250</td><td rowspan="2">定位或反位保持力不小于 2 N</td></tr>
<tr><td>18</td><td>JYXC-270</td></tr>
<tr><td>19</td><td>JYJXC-$\frac{135}{220}$</td><td rowspan="2">4.5</td><td rowspan="2">7</td><td rowspan="2">150</td><td rowspan="3">150</td><td rowspan="2">2 200</td><td rowspan="2">2 200</td><td rowspan="2">定位或反位保持力不小于 4 N</td></tr>
<tr><td>20</td><td>JYJXC-X $\frac{135}{220}$</td></tr>
<tr><td>21</td><td>JPXC-1000</td><td>1.3</td><td>—</td><td>250</td><td>—</td><td>—</td><td>—</td></tr>
</table>

4.8 继电器普通接点齐度不应大于 0.2 mm，加强接点齐度不应大于 0.1 mm，普通接点与加强接点间的接点齐度不应大于 0.5 mm。

4.9 环境温度为＋20 ℃时继电器的电气特性和时间特性应符合表 5 的规定，在其他环境温度下，电压继电器电气特性应按下式换算。

$$U_t = U_{20}[1+\alpha(t-20)]$$

式中：

U_t——环境温度为 t 时测得的电压值，单位为伏（V）；

U_{20}——温度为＋20 ℃时的电压值，单位为伏（V）；

α——在 0 ℃时被测线圈导体材料的电阻温度系数，单位为每摄氏度（1/℃）（铜为 0.004 1/℃）；

t——测量时的环境温度，单位为摄氏度（℃）。

表 5 继电器电气特性和时间特性（＋20 ℃）

<table>
<tr><th rowspan="3">规格序号</th><th rowspan="3">继电器型号</th><th rowspan="3">线圈电阻/Ω</th><th colspan="6">电气特性</th><th colspan="2">时间特性</th></tr>
<tr><th rowspan="2">额定值</th><th rowspan="2">充磁值</th><th rowspan="2">释放值不小于</th><th rowspan="2">工作值不大于</th><th rowspan="2">反向工作值不大于</th><th rowspan="2">转极值</th><th colspan="2">释放时间/s 不小于</th></tr>
<tr><th>18 V</th><th>24 V</th></tr>
<tr><td>1</td><td>JWXC-1000</td><td>500×2</td><td rowspan="2">24 V</td><td>58 V</td><td>4.3 V</td><td>14.4 V</td><td>15.8 V</td><td rowspan="4">—</td><td rowspan="4">—</td><td rowspan="4">—</td></tr>
<tr><td>2</td><td>JWXC-1700</td><td>850×2</td><td>67 V</td><td>3.4 V</td><td>16.8 V</td><td>18.4 V</td></tr>
<tr><td>3</td><td>JWXC-2.3</td><td>1.15×2</td><td>280 mA</td><td>750 mA</td><td>实际工作值 50%</td><td>170 mA～188 mA</td><td>206 mA</td></tr>
<tr><td>4</td><td>JWJXC-480</td><td>240×2</td><td>24 V</td><td>64 V</td><td>4.8 V</td><td>16 V</td><td>17.6 V</td></tr>
</table>

表 5（续）

规格序号	继电器型号	线圈电阻/Ω	电气特性						时间特性	
			额定值	充磁值	释放值不小于	工作值不大于	反向工作值不大于	转极值	释放时间/s 不小于	
									18 V	24 V
5	JWXC-H310[a]	310×1	24 V	60 V	4 V	15 V	—		—	—
6	JWXC-H340[b]	170×2		46 V	2.3 V	11.5 V	12.6 V		0.45	0.50
7	JWXC-H600	300×2		52 V	2.6 V	13 V	14.3 V		—	0.32
8	JWXC-$\frac{500}{H300}$	$\frac{500}{300}$		$\frac{54\ V}{54\ V}$	$\frac{2.7\ V}{2.7\ V}$	$\frac{13.5\ V}{13.5\ V}$	$\frac{14.8\ V}{14.8\ V}$		—	$\frac{—}{0.16}$
9	JWJXC-H $\frac{125}{0.44}$	$\frac{125}{0.44}$	$\frac{24\ V}{2\ A}$	$\underline{48\ V}$	$\underline{2.5\ V}$	$\underline{12\ V}$	$\underline{13.2\ V}$		0.35	0.45
									后圈电流由 5 A 降至 1.5 A 断电时 0.3	
10	JWJXC-H $\frac{125}{0.13}$	$\frac{125}{0.13}$	$\frac{24\ V}{3.75\ A}$	$\frac{44\ V}{5\ A}$	$\frac{2.3\ V}{<1\ A}$	$\frac{11\ V}{2.5\ A}$	$\frac{12.1\ V}{2.7\ A}$		0.35	0.4
									后圈电流由 4 A 降至 1 A 断电时 0.2	
11	JWJXC-H $\frac{80}{0.06}$	$\frac{80}{0.06}$	$\frac{24\ V}{11\ A}$	$\frac{40\ V}{8\ A}$	$\frac{2.5\ V}{<1.5\ A}$	$\frac{11.5\ V}{4\ A}$	$\frac{12.6\ V}{4.4\ A}$		0.35	0.45
									后圈电流由 5 A 降至 1.5 A 断电时 0.2	
12	JWJXC-H $\frac{125}{80}$	$\frac{125}{80}$	24 V	48 V	$\frac{2.5\ V}{2.5\ V}$	$\frac{12\ V}{12\ V}$	$\frac{13.2\ V}{13.2\ V}$		$\frac{0.4}{0.4}$	$\frac{0.5}{0.5}$
13	JZXC-480	240×2	AC 18 V	AC 37 V	AC 4.6 V	AC 9.2 V			—	—
14	JZXC-0.14[c]	$\frac{0.28}{0.28}$	AC 2.1 A	AC 2.16 A	AC 0.4 A	AC 1.1 A				
15	JZXC-H18	9×2	AC 150 mA	AC 400 mA	AC 40 mA	AC 100 mA			AC100 mA 时 0.15	
16	JZXC-$\frac{16}{16}$	$\frac{16}{16}$	—	AC 400 mA	AC 80 mA	AC 140 mA			—	—
17	JYXC-660	330×2	24 V	60 V	—	—	—	10 V～15 V		
18	JYXC-270	135×2	48 mA	120 mA				20 mA～32 mA		
19	JYJXC-$\frac{135}{220}$	$\frac{135}{220}$	24 V	$\frac{64\ V}{64\ V}$				10 V～16 V		
20	JYJXC-X $\frac{135}{220}$	$\frac{135}{220}$		$\frac{64\ V}{64\ V}$						
21	JPXC-1000[d]	500×2		64 V	4 V	16 V		—		

注：交流用 AC 表示，直流不加符号，以下均同。

a JWXC-H310 型继电器当电压为 24 V 时，缓放时间应为(0.8±0.1)s，缓吸时间应为(0.4±0.1)s；

b JWXC-H340 型继电器缓吸时间，当电压 18 V 时不应大于 0.35 s，24 V 时不应大于 0.3 s；

c JZXC-0.14 型继电器测试时应串联 12 V，25 W 灯泡；

d JPXC-1000 型继电器反向不吸起电压应大于 200 V。

4.10　继电器接点触头应采用银或银氧化镉等材料。

4.11　继电器接点及插座簧片当通以 0.5 A 电流时，其接触电阻应符合表 6 规定。

表 6　继电器的接触电阻

名　　称	结　　构	接触电阻不大于/Ω
普通接点	银-银氧化镉	0.05
加强接点	银氧化镉-银氧化镉	0.10
插　　座	插座簧片-接点单元	0.03
	插座簧片-电源片单元	

4.12　继电器线圈电阻值应符合表 5 规定。5 Ω 以上者，误差不应超过±10%；5 Ω 及其以下者，误差不应超过±5%。

4.13　当周围环境温度为+60 ℃时，继电器线圈端电压(或电流)为额定值，线圈的温升不应超过 40 K。

4.14　当周围环境温度为+60 ℃时，普通接点通以直流 2 A，加强接点通以直流 10 A，继电器接点的温升不应超过 60 K。

4.15　继电器和插座的绝缘电阻应符合以下规定：

a)　在试验的标准大气条件下，继电器和插座的绝缘电阻均不应小于 100 MΩ；

b)　继电器和插座经循环次数为 12 的交变湿热试验后，其潮湿绝缘电阻不应小于 1.5 MΩ。

4.16　在气压不低于 86 kPa 条件下(相当于海拔高度 1 000 m 以下)，继电器和插座的绝缘耐压应能承受交流正弦波 50 Hz，2 000 V 有效值电压，整流和缓放继电器为交流正弦波 50 Hz，1 000 V(JZXC-16/16 型继电器为交流正弦波 50 Hz，2 000 V)有效值电压，历时 1 min 应无击穿或闪络现象，重复试验时的电压值应为原试验电压值的 75%。

4.17　继电器普通接点的回跳时间不应大于 20 ms。

4.18　在规定的使用期限内，无极继电器在工作状态时，磁路的空气隙不应小于 0.1 mm。

4.19　继电器在低温－40 ℃，高温＋60 ℃(JWXC-H310 型无极缓动继电器在低温－25 ℃，高温＋55 ℃)，气压为 70.1 kPa 时，在额定值应能可靠工作。有时间要求的继电器在高低温试验时，时间变化量应不大于规定值的 20%。

4.20　继电器和插座的金属零部件经盐雾试验后，不应低于 GB/T 6902—2010 中 5.13 耐腐蚀等级2 级的规定。

4.21　继电器和插座的零部件经长霉试验后，长霉程度不应低于 GB/T 2423.16—2008 中 12.3 长霉等级 2b 级的规定。

4.22　各种继电器与插座插合后，在释放状态或工作状态承受频率 15 Hz，振幅 0.45 mm 的振动后仍应能可靠工作。

4.23　带包装的继电器承受半正弦形冲击脉冲，峰值加速度为 500 m/s^2(50g)，脉冲持续时间为 11 ms，垂直方向进行 3 次冲击试验后仍应能可靠工作。

4.24　继电器电寿命应符合表 7 的规定。经电寿命试验后，下述参数与初始值相比：

a)　无极、整流和偏极继电器接点压力的最大减少量为 20%；

b)　无极、整流和偏极继电器工作值的最大增量为 10%；

c)　无极、整流和偏极继电器释放值的最大减少量为 10%；

d)　有极继电器转极值的最大变化量为 15%(电压继电器最大转极值不应大于 18 V)。

经电寿命试验后，继电器接点接触电阻应符合表 6 的规定。

表 7　继电器的电寿命

<table>
<tr><th colspan="2" rowspan="2">接点名称</th><th rowspan="2">继电器型号</th><th rowspan="2">负荷性质</th><th rowspan="2">电压/V</th><th rowspan="2">电流/A</th><th colspan="3">次　　数</th></tr>
<tr><th>动作</th><th>接通</th><th>断开</th></tr>
<tr><td>无极、整流</td><td rowspan="3">普通接点</td><td></td><td rowspan="7">电阻</td><td rowspan="3">24</td><td rowspan="3">1</td><td>2×10^6</td><td rowspan="4">—</td><td rowspan="7">—</td></tr>
<tr><td>偏极</td><td></td><td>1×10^6</td></tr>
<tr><td>有极</td><td></td><td>4×10^5</td></tr>
<tr><td rowspan="5">无极</td><td rowspan="7">加强接点</td><td>JWJXC-480</td><td rowspan="4">220</td><td rowspan="4">5</td><td>2×10^5</td></tr>
<tr><td>JWJXC-H $\frac{125}{0.44}$</td><td rowspan="3">—</td><td rowspan="3">2×10^5</td></tr>
<tr><td>JWJXC-H $\frac{125}{0.13}$</td></tr>
<tr><td>JWJXC-H $\frac{80}{0.06}$</td></tr>
<tr><td>JWJXC-H $\frac{125}{80}$</td><td>电阻</td><td>AC
380</td><td>AC
5</td><td>—</td><td>2×10^5</td><td>—</td></tr>
<tr><td rowspan="2">有极</td><td>JYJXC-$\frac{135}{220}$</td><td>电感
0.05 H</td><td>220</td><td>7.5</td><td rowspan="2">—</td><td rowspan="2">定位
1×10^5
反位
1×10^5</td><td rowspan="2">定位
1×10^3
反位
1×10^3</td></tr>
<tr><td>JYJXC-X $\frac{135}{220}$</td><td>电感
0.025 H</td><td>180</td><td>15</td></tr>
</table>

4.25　继电器机械寿命应符合表 8 的规定。经机械寿命试验后，下述参数与初始值相比：

表 8　继电器的机械寿命

继电器品种规格	机械寿命次数
无极、整流普通接点继电器	10×10^6
无极加强接点继电器	4×10^5
有极普通接点继电器	8×10^5
有极加强接点继电器	2×10^5
偏极继电器	2×10^6

a)　无极、整流和偏极继电器工作值的最大增量为 10%；

b)　无极、整流和偏极继电器释放值的最大减少量为 15%；

c)　无极、整流和偏极继电器返还系数的最大减少量为 20%；

d)　有极继电器转极值的最大变化量为 20%(电压继电器最大转极值不应大于 18 V)。

4.26　普通接点插片从插座拔出时，其单片拔出力应为(6±2)N。

4.27　插座与 8QH 普通接点继电器插合时，其整机插入力应为(180±40)N。

4.28　插座与 8QH 普通接点继电器在不通电时连续插拔 300 次后，应符合以下规定：

a)　插座簧片与接点单元或电源片单元的接触电阻仍应符合表 6 的规定；

b)　零件应无机械损伤。

4.29　出厂的继电器应具有制造厂的封印。

5　试验方法

5.1　测试仪表和试验电源

测试仪表和试验电源应符合 GB/T 6902—2010 中 4.3 和 4.4 的规定。

5.2 机械特性的测量

5.2.1 测量 JYJXC-$\frac{135}{220}$型、JYJXC-X $\frac{135}{220}$型继电器加强接点压力时，测力计的着力点应在动接点侧面中心处，测力计的测量杆应平行于簧片的平面，在接点刚断开瞬间进行读数。

其他型号继电器的接点压力应按 GB/T 6902—2010 中 5.2.1 的规定测量。

5.2.2 接点间隙，托片间隙(接点共同行程)，接点齐度的测量应按 GB/T 6902—2010 中 5.2 的规定。

5.2.3 有极继电器保持力的测试

处于正常安装位置的有极继电器，在拉杆中心相对应的衔铁上测量其定位保持力；在铁芯中心相对应的衔铁上测量其反位保持力，其定位或反位的保持力应符合表 4 的规定。

5.3 电气特性和时间特性的测试

各种型号继电器电气特性和时间特性的测试方法见表 9。

表 9 电气特性和时间特性的测试方法

序号	继电器型号	测试方法按 GB/T 6902—2010
1	JWXC-1000 JWXC-2.3 JWXC-1700 JWJXC-480	6.2.1、6.2.2
2	JWXC-H310 JWXC-H340 JWXC-H600 JWXC-$\frac{500}{H300}$ JWJXC-H $\frac{125}{80}$	6.2.1～6.2.3、6.2.5
3	JWJXC-H $\frac{125}{0.44}$ JWJXC-H $\frac{125}{0.13}$ JWJXC-H $\frac{80}{0.06}$	6.3
4	JZXC-480 JZXC-H18 JZXC-$\frac{16}{16}$	6.4
5	JZXC-0.14	6.5
6	JYXC-660 JYXC-270	6.6
7	JYJXC-$\frac{135}{220}$ JYJXC-X $\frac{135}{220}$	6.7
8	JPXC-1000	6.8

5.4 通用试验方法

各种型号继电器通用试验方法见表 10。

表 10 继电器通用试验方法

序号	试验项目	技术要求	测试方法按 GB/T 6902—2010
1	外观	4.4a)、4.5、4.6	4.1.1
2	接触电阻	4.11	5.3
3	线圈电阻	4.12	5.4
4	线圈和接点温升	4.13、4.14	5.5
5	绝缘电阻和绝缘耐压	4.15、4.16	5.6、5.7
6	接点回跳时间	4.17	5.8
7	低温	4.19	5.9
8	高温	4.19	5.10
9	交变湿热	4.15b)	5.11
10	低气压	4.19	5.12
11	盐雾	4.20	5.13
12	长霉	4.21	5.14

表 10（续）

序号	试验项目	技术要求	测试方法按 GB/T 6902—2010
13	阻燃	4.4b)	5.15
14	振动	4.22	5.16
15	冲击	4.23	5.17

5.5 无极继电器磁路空气隙测量

无极继电器处于工作状态，在铁心中心处用规定厚度的塞尺插入铁心极靴与衔铁间，塞尺的轴线应垂直于铁心极靴与衔铁的最小距离，测试结果应符合 4.18 的规定。

5.6 电寿命试验

5.6.1 继电器的电寿命试验一般在试验的标准大气条件下进行。

5.6.2 继电器接点的负载及电寿命次数应符合表 7 的规定。

5.6.3 试验时继电器的动作速度：普通接点每分钟 15 次～20 次，加强接点每分钟 6 次～8 次。

5.6.4 经过电寿命试验后，其机械与电气特性应符合 4.24 的规定。

5.7 机械寿命试验

5.7.1 继电器的机械寿命试验一般在试验的标准大气条件下进行。

5.7.2 继电器接点的机械寿命次数应符合表 8 的规定。

5.7.3 试验时继电器的接点不加负载，无极、整流普通接点继电器动作速度每分钟 40 次～80 次（JWXC-H310 型继电器动作速度每分钟 20 次）；偏极继电器动作速度每分钟 20 次～40 次；有极普通接点继电器动作速度每分钟 15 次～30 次；无极加强、有极加强接点继电器动作速度每分钟 8 次～15 次。

5.7.4 经过机械寿命试验后，其电气特性应符合 4.25 的规定。

5.8 插座插拔力试验

5.8.1 按 4.26、4.27 的规定试验插拔力时应先插拔 5 次，然后用弹簧秤或加静负荷法沿插拔方向测量，测量单片拔出力时施力中心线应与插片中心线成一直线。插拔时应均匀施力，不应突然施力和左右晃动。测量三次，取其平均值。

5.8.2 按 4.28 的规定试验插座寿命时，插拔速度每分钟不应超过 20 次。

寿命试验后，按 5.8.1 所述方法（不必预先插拔 5 次）试验继电器的插拔力，按 GB/T 6902—2010 中 5.3 所述方法测试接触电阻，并检查插座外表有无机械损伤。

6 检验规则

6.1 检验分类

继电器的检验分为出厂检验和型式检验两种。

6.2 出厂检验

6.2.1 每台继电器（包括插座，以下均同）应经制造厂技术检验部门检验合格后方能出厂，并应附有产品质量合格证。

6.2.2 继电器的出厂检验内容如下：

a） 外观检验：继电器的制造与装配质量应符合图样及 3.3.1～3.3.3、4.4a）、4.5、4.6、4.29 的规定。

b） 性能检验：继电器应符合 4.7～4.12、4.15a）和 4.16 的规定。

6.2.3 出厂检验合格的继电器需要复验时，应按 GB/T 2828.1—2003 的有关规定进行，检验项目及试验方法与出厂检验相同，并应符合以下规定：

a） 一般检验水平Ⅱ；

b） 接收质量限：AQL＝2.5；

c) 严格性:正常检验抽样方案;

d) 抽样方案类型:一次抽样方案。

检验不合格的批,订货单位可以拒收;或由制造厂进行100%的挑选,挑选后可重新进行复验,应按加严检验抽样方案进行。

6.3 型式检验

6.3.1 凡属下列情况之一的继电器应进行型式检验:

a) 试制的新产品;

b) 当产品在变更结构,工艺,材料可能影响其性能时;

c) 停产超过三年,当再次生产时;

d) 经常生产的产品,每三年进行一次;

e) 出厂检验结果与上次型式检验有较大差异时;

f) 国家质量监督机构提出进行型式检验要求时;

g) 其他需要进行型式试验时。

6.3.2 型式检验应检验产品标准的全部要求。

6.3.3 型式检验用的继电器应从出厂检验合格的批中随机抽取。

6.3.4 型式检验采用计数抽样检验,应按GB/T 2829—2002的有关规定进行,并应符合以下规定:

a) 判别水平Ⅲ;

b) 不合格质量水平RQL=40;

c) 抽样方案类型:一次抽样方案;

d) 判定组数:合格判定数Ac=0;不合格判定数Re=1。

6.3.5 若不合格品数大于或等于不合格判定数,则型式检验不合格,制造厂应采取措施,解决存在问题,直到型式检验合格为止。

6.3.6 经过型式检验的继电器不应作为合格品出厂。

7 标志、包装、运输和贮存

7.1 每台继电器应在明显的位置装有标牌,标明:

a) 制造厂名称;

b) 产品型号;

c) 产品的电气特性和时间特性;

d) 产品出厂编号;

e) 制造日期;

f) 检验部门的检验印记。

7.2 继电器在出厂时,应具有防潮、防震的坚固包装,以保证在正常运输过程中不受损坏。

7.3 每个包装箱内应附有产品质量合格证和装箱单。

7.4 制造厂应提供产品使用说明书。

7.5 每个包装箱上应按GB/T 191的有关规定标明"易碎物品"、"向上"、"怕雨"等标志,并标明产品型号及名称、收发货单位的名称、地址等。

7.6 继电器应贮存在通风良好,温度为−25 ℃～+40 ℃,相对湿度不大于80%,周围无带酸、碱或其他有害气体的库房中。在运输过程中,不应受强烈的震动和碰撞;在贮存和运输中均应不受雨雪淋袭。

附 录 A
（规范性附录）
继电器使用原则

A.1 继电器线圈的连接方法

A.1.1 无极继电器、有极继电器和偏极继电器线圈的连接方法：

A.1.1.1 线圈引线片与电源片的连接如图 A.1 所示，图中电源片 1 与 3 分别为后圈与前圈的正极，2 与 4 分别为后圈与前圈的负极。

A.1.1.2 对于线圈串联使用的有极继电器，电源片 1 接电源正极，4 接电源负极时，为定位转极，反之为反位转极。

A.1.1.3 对于线圈单独使用的有极继电器，前圈的电源片 3 接电源正极，4 接电源负极时，为定位转极；后圈的电源片 2 接电源正极，1 接电源负极时，为反位转极。

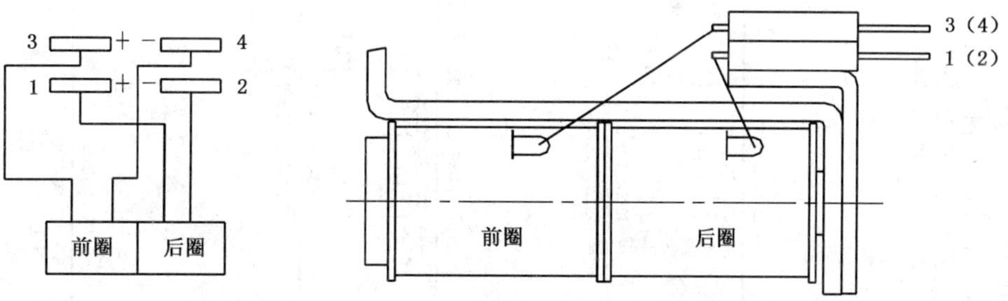

图 A.1 线圈引线片与电源片的连接

A.1.2 整流继电器的线圈引线片，整流器与电源片的连接方法如图 A.2 所示：

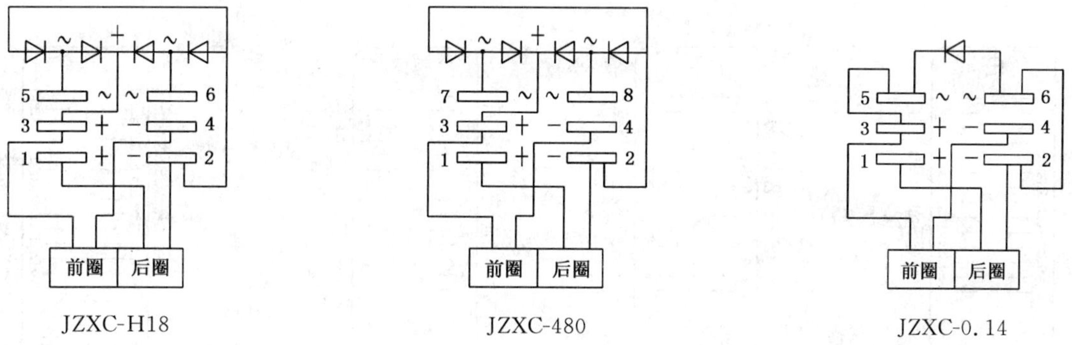

注：图中电源片 1 和 3 分别为后圈与前圈的正极，2 与 4 分别为后圈与前圈的负极。

图 A.2 整流继电器的线圈引线片，整流器与电源片的连接

A.2 插座及编号

各类继电器与无极继电器的插座通用，并应根据图 A.3 插座外的编号使用。

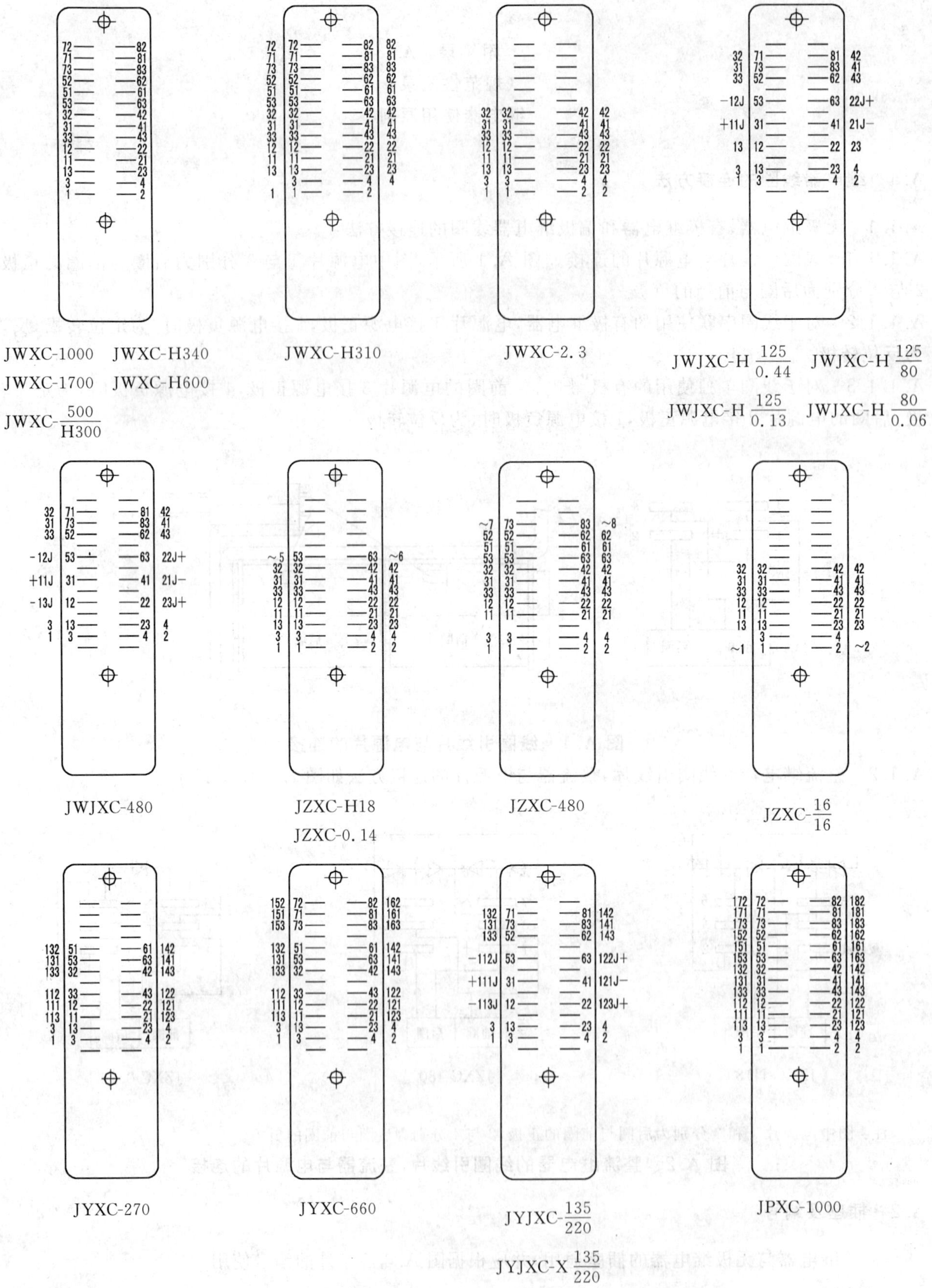

图 A.3　各种继电器接点系统的编号

A.3 熄弧器的安装位置

带有加强接点的继电器，其熄弧器的安装位置应按图 A.4 所示。

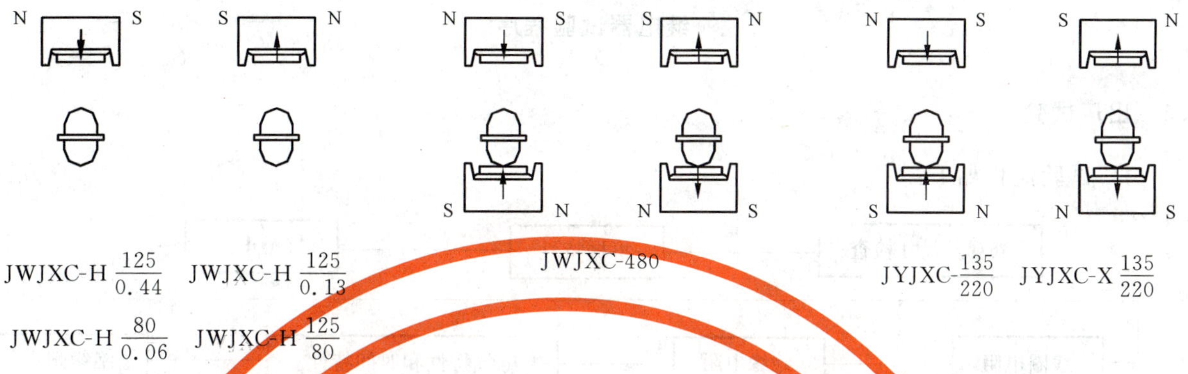

图 A.4 熄弧器的安装位置

附 录 B
（资料性附录）
继电器试验程序

B.1 出厂试验

出厂试验流程如下：

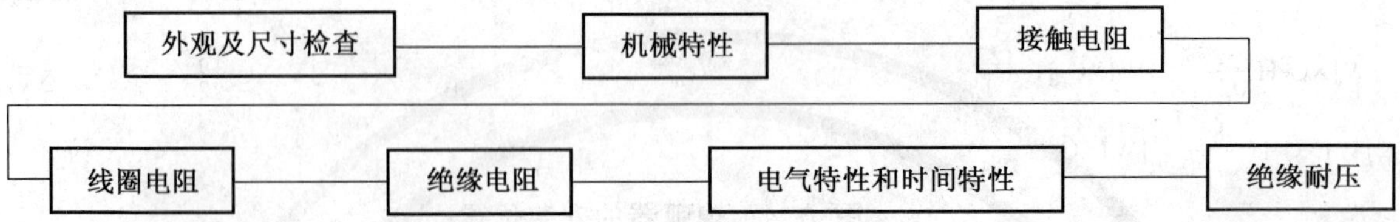

B.2 型式试验

按出厂检验流程对样品进行检验后，将样品分成3组(每组不少于5台)分别进行下述试验。

B.2.1 第1组

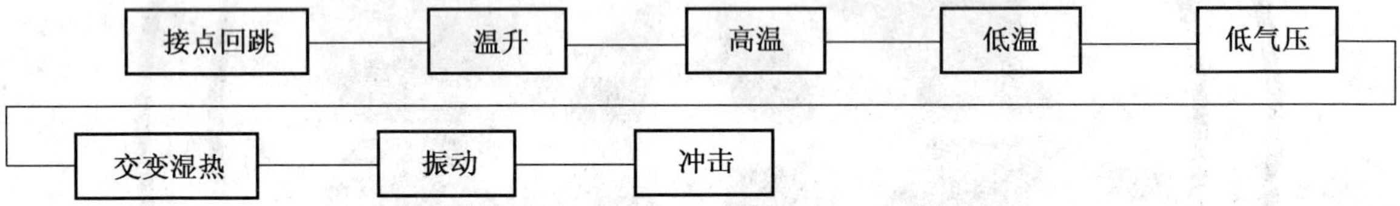

B.2.2 第2组

B.2.3 第3组

B.3 盐雾试验和长霉试验

仅对零部件进行盐雾试验和长霉试验。

ICS 73.040
D 23

中华人民共和国国家标准

GB/T 7562—2010
代替 GB/T 7562—1998

发电煤粉锅炉用煤技术条件

Specification of coal used for pulverized coal-fired boiler for power generation

2010-09-26 发布 2011-02-01 实施

中华人民共和国国家质量监督检验检疫总局
中国国家标准化管理委员会 发布

前 言

本标准代替 GB/T 7562—1998《发电煤粉锅炉用煤技术条件》。

本标准与原标准相比，主要差异如下：

——按无烟煤、贫煤、烟煤、褐煤锅炉对发电煤粉锅炉用煤技术条件进行了重新划分。

本标准由中国煤炭工业协会提出。

本标准由全国煤炭标准化技术委员会归口。

本标准起草单位：煤炭科学研究总院北京煤化工研究分院、西安热工研究院有限公司、四川省电力工业调整试验所、中国神华能源股份有限公司煤炭销售中心。

本标准主要起草人：陈亚飞、姚伟、李小江、陈怀珍、陈洪博、王兴无、白向飞。

本标准所代替标准历次版本的发布情况为：

——GB/T 7562—1987；

——GB/T 7562—1998。

发电煤粉锅炉用煤技术条件

1 范围

本标准规定了发电煤粉锅炉用煤的技术要求、试验方法和检验验收依据。

本标准适用于各类固态排渣煤粉锅炉用煤。

2 规范性引用文件

下列文件中的条款通过本标准的引用而成为本标准的条款。凡是注日期的引用文件，其随后所有的修改单(不包括勘误的内容)或修订版均不适用于本部分，然而，鼓励根据本部分达成协议的各方研究是否可使用这些文件的最新版本。凡是不注日期的引用文件，其最新版本适用于本标准。

GB/T 211 煤中全水分的测定方法

GB/T 212 煤的工业分析方法

GB/T 213 煤的发热量测定方法

GB/T 214 煤中全硫的测定方法

GB/T 219 煤灰熔融性的测定方法

GB 474 煤样的制备方法

GB 475 商品煤样人工采取方法

GB/T 2565 煤的可磨性指数测定方法(哈德格罗夫法)

GB/T 18666 商品煤质量抽查和验收方法

GB/T 19494.1 煤炭机械化采样 第1部分:采样方法

GB/T 19494.2 煤炭机械化采样 第2部分:煤样的制备

3 技术要求和试验方法

3.1 发电煤粉锅炉用煤技术条件按无烟煤锅炉、贫煤锅炉、烟煤锅炉、褐煤锅炉分别进行划分。

3.2 无烟煤煤粉锅炉用煤的技术要求和试验方法见表1。

表1 无烟煤煤粉锅炉用煤的技术要求和试验方法

项　目	符号	单位	技术要求	试验方法
挥发分	V_{daf}	%	>6.50～10.00	GB/T 212
发热量	$Q_{net,ar}$	MJ/kg	>24.00 >21.00～24.00	GB/T 213
灰分	A_d	%	≤20.00 >20.00～30.00	GB/T 212
全水分	M_t	%	≤8.0 >8.0～12.0	GB/T 211
全硫	$S_{t,d}$	%	≤1.00 >1.00～2.00 >2.00～3.00	GB/T 214

表 1（续）

项　　目	符号	单位	技术要求	试验方法
煤灰熔融性软化温度	ST	℃	＞1 450 ＞1 350～1 450 ＞1 250～1 350	GB/T 219
哈氏可磨性	HGI	—	＞60 ＞40～60	GB/T 2565

3.3　贫煤煤粉锅炉用煤的技术要求和试验方法见表 2。

表 2　贫煤煤粉锅炉用煤的技术要求和试验方法

项　目	符号	单位	技术要求	试验方法
挥发分	V_{daf}	%	＞10.00～20.00	GB/T 212
发热量	$Q_{net,ar}$	MJ/kg	＞24.00 ＞21.00～24.00 ＞18.50～21.00	GB/T 213
灰分	A_d	%	≤20.00 ＞20.00～30.00 ＞30.00～40.00	GB/T 212
全水分	M_t	%	≤8.0 ＞8.0～12.0	GB/T 211
全硫	$S_{t,d}$	%	≤1.00 ＞1.00～2.00 ＞2.00～3.00	GB/T 214
煤灰熔融性软化温度	ST	℃	＞1 450 ＞1 350～1 450 ＞1 250～1 350	GB/T 219
哈氏可磨性	HGI	—	＞80 ＞60～80	GB/T 2565

3.4　烟煤煤粉锅炉用煤的技术要求和试验方法见表 3。

表 3　烟煤煤粉锅炉用煤的技术要求和试验方法

项　　目	符号	单位	技术要求	试验方法
挥发分	V_{daf}	%	＞20.00～28.00 ＞28.00～37.00 ＞37.00	GB/T 212
发热量	$Q_{net,ar}$	MJ/kg	＞24.00 ＞21.00～24.00 ＞18.00～21.00 ＞16.50～18.00	GB/T 213
灰分	A_d	%	≤10.00 ＞10.00～20.00 ＞20.00～30.00 ＞30.00～40.00	GB/T 212

表 3（续）

项　　目	符号	单位	技术要求	试验方法
全水分	M_t	%	≤8.0 >8.0～12.0 >12.0～20.0	GB/T 211
全硫	$S_{t,d}$	%	≤1.00 >1.00～2.00 >2.00～3.00	GB/T 214
煤灰熔融性软化温度	ST	℃	>1 450 >1 350～1 450 >1 250～1 350 >1 150～1 250	GB/T 219
哈氏可磨性	HGI	—	>80 >60～80 >40～60	GB/T 2565

3.5　褐煤煤粉锅炉用煤的技术要求和试验方法见表 4。

表 4　褐煤煤粉锅炉用煤的技术要求和试验方法

项　　目	符号	单位	技术要求	试验方法
挥发分	V_{daf}	%	>37.00	GB/T 212
发热量	$Q_{net,ar}$	MJ/kg	>18.00 >14.00～18.00 >12.00～14.00	GB/T 213
灰分	A_d	%	≤10.00 >10.00～20.00 >20.00～30.00	GB/T 212
全水分	M_t	%	≤30.0 >30.0～40.0 >40.0	GB/T 211
全硫	$S_{t,d}$	%	≤0.50 >0.50～1.00 >1.00～1.50	GB/T 214
煤灰熔融性软化温度	ST	℃	>1 350 >1 250～1 350 >1 150～1 250	GB/T 219

4　质量检验和验收

4.1　煤样按 GB 475 或 GB/T 19494.1 的规定采取，按 GB 474 或 GB/T 19494.2 的规定制备。

4.2　发送煤炭应附有质量证明书。

4.3　发电煤粉锅炉用煤的质量检验由具有资质的质量检验机构负责。

4.4　发电煤粉锅炉用煤的验收按 GB/T 18666 的规定执行。

ICS 75.100
E 34

GB

中华人民共和国国家标准

GB/T 7607—2010
代替 GB/T 7607—2002

柴油机油换油指标

Criteria for changing of diesel engine oil

2011-01-10 发布 2011-05-01 实施

中华人民共和国国家质量监督检验检疫总局
中国国家标准化管理委员会 发布

前　言

本标准代替 GB/T 7607—2002《柴油机油换油指标》。

本标准与 GB/T 7607—2002 相比主要变化如下：

——增加了 GB/T 261、SH/T 0688、GB/T 17476 和 ASTM D6595 作为闭点(闭口)、碱值及铁含量的检测方法(见第 2 章)；

——删除了 GB/T 3536、SH/T 0197(见第 2 章)；

——增加了 CF-4 柴油机油、CH-4 柴油机油换油指标，删除了 SD/CC、SE/CC 两个通用油产品换油指标；增加了闭口闪点、铜含量、铝含量、硅含量检测项目；删除了开口闪点检测项目(见 3.1)；

——增加碱值下降率计算公式(见 3.3)；

——酸值增值控制指标修改为 2.5 mg/g(以 KOH 计)，正戊烷不溶物控制指标修改为 2.0%(见3.1)；

——删除原标准的附录 A(见 2002 版)。

本标准的附录 A 为资料性附录。

本标准由全国石油产品和润滑剂标准化技术委员会(SAC/TC 280)提出。

本标准由全国石油产品和润滑剂标准化技术委员会润滑油换油指标分技术委员会(SAC/TC 280/SC 6)归口。

本标准主要起草单位：中国石油化工股份有限公司润滑油研发(上海)中心、中国石油天然气股份有限公司大连润滑油研究开发中心。

本标准主要起草人：王亚萍、佘海波、王少春、涂劲松。

本标准所代替标准的历次版本发布情况为：

GB/T 7607—1987、GB/T 7607—1995、GB/T 7607—2002。

柴油机油换油指标

1 范围

本标准规定了柴油机油在使用过程中的换油指标。

本标准适用于CC、CD、SF/CD、CF-4、CH-4质量等级柴油机油在车用柴油机、固定式柴油机和船用柴油机(不包括使用重质燃油的柴油机)使用过程中的质量监控。

2 规范性引用文件

下列文件中的条款通过本标准的引用而成为本标准的条款。凡是注日期的引用文件,其随后所有的修改单(不包括勘误的内容)或修订版均不适用于本标准,然而,鼓励根据本标准达成协议的各方研究是否可使用这些文件的最新版本。凡是不注日期的引用文件,其最新版本适用于本标准。

GB/T 260 石油产品水分测定方法

GB/T 261 闪点的测定 宾斯基-马丁闭口杯法(GB/T 261—2008,ISO 2719:2002,MOD)

GB/T 7304 石油产品和润滑油酸值测定法(电位滴定法)

GB/T 8926 用过的润滑油不溶物测定法

GB/T 11137 深色石油产品运动粘度测定法(逆流法)和动力粘度计算法

GB/T 17476 使用过的润滑油中添加剂元素、磨损金属和污染物以及基础油中某些元素测定法(电感耦合等离子体发射光谱法)

SH/T 0077 润滑油中铁含量测定法(原子吸收光谱法)

SH/T 0251 石油产品碱值测定法(高氯酸电位滴定法)

SH/T 0688 石油产品和润滑剂碱值测定法(电位滴定法)

ASTM D6595 使用过的润滑油及液压油中磨损金属及污染物含量测定法(旋转圆盘电极原子发射光谱法)

3 要求和试验方法

3.1 柴油机油换油指标的技术要求和试验方法见表1,当使用中的油品有一项指标达到换油指标时应更换新油。

3.2 运动黏度变化率按式(1)计算:

$$\eta_1=\frac{\nu_2-\nu_1}{\nu_1}\times 100 \qquad \cdots\cdots(1)$$

式中:

η_1——运动黏度变化率,%;

ν_1——新油运动黏度实测值,单位为平方毫米每秒(mm^2/s);

ν_2——使用油运动黏度实测值,单位为平方毫米每秒(mm^2/s)。

3.3 碱值下降率按式(2)计算:

$$\eta_2=\frac{X_1-X_2}{X_1}\times 100 \qquad \cdots\cdots(2)$$

式中:

η_2——碱值下降率,%;

X_1——新油碱值实测值(以KOH计),单位为毫克每克(mg/g);

X_2——使用油碱值实测值(以 KOH 计),单位为毫克每克(mg/g)。

4 取样

4.1 取样应在发动机处于热状态怠速运转时,从发动机主油道取样,或在油标尺口抽取油面中下部的油样。

4.2 取样前的 200 km 或运转 4 h 内不得向机油箱内补加新油。

4.3 每次取样量以满足分析项目要求为准。

4.4 取样容器要求清洁、干燥。

表 1 柴油机油换油指标的技术要求和试验方法

项目		换油指标				试验方法
		CC	CD、SF/CD	CF-4	CH-4	
运动黏度变化率(100 ℃)/%	超过	±25		±20		GB/T 11137 和本标准 3.2
闪点(闭口)/℃	低于	130				GB/T 261
碱值下降率/%	大于	50[b]				SH/T 0251[c]、SH/T 0688 和本标准 3.3
酸值增值(以 KOH 计)/(mg/g)	大于	2.5				GB/T 7304
正戊烷不溶物质量分数/%	大于	2.0				GB/T 8926 B 法
水分(质量分数)/%	大于	0.20				GB/T 260
铁含量/(μg/g)	大于	200 100[a]	150 100[a]	150		SH/T 0077、GB/T 17476[c] ASTM D6595
铜含量/(μg/g)	大于	—	—	50		GB/T 17476
铝含量/(μg/g)	大于	—	—	30		GB/T 17476
硅含量(增加值)/(μg/g)	大于	—	—	30		GB/T 17476

注 1:执行本标准的柴油发动机技术状况和使用情况正常。

注 2:本标准 3.1 中涉及的项目参见附录 A。

[a] 适合于固定式柴油机。

[b] 采用同一检测方法。

[c] 此方法为仲裁方法。

附 录 A
（资料性附录）
柴油机油换油指标说明

A.1 运动黏度变化率(100 ℃)

油品的黏度是发动机正常润滑的基本保证。发动机工作过程中油品黏度的变化受多种因素的影响,如油品中增黏剂受到剪切作用降解、燃油稀释等会使黏度下降,油品氧化、油泥生成及不溶物的增加等会导致油品黏度增加。运动黏度变化率一定程度上表征了油品质量的衰变情况。油品运动黏度增长快,说明氧化加剧、油泥增多,油品的流动性变差,润滑性降低,可能会引起发动机故障;运动黏度下降会导致柴油机油的油膜变薄,润滑性能下降,发动机会由于油膜不够而拉缸。

A.2 闪点(闭口)

柴油机油中如果出现燃油稀释的现象,则闪点检测值明显下降,燃油稀释会削弱油膜的承载能力,增大磨损,影响油品的使用性能。采用闭口杯法能更有效地掌握柴油机油燃油稀释的情况,及时更换新油。

A.3 碱值下降率

柴油机油都有一定的碱值,碱值的变化主要和所用燃料油的含 S 量及油品使用过程中氧化变质有关,反映了油品抑制氧化和中和酸性物质能力的强弱,碱值下降到一定程度,油品失去了中和酸性物质的能力,会引起油泥增多,发动机部件有可能产生腐蚀、磨损等现象。

A.4 酸值增值

酸值主要监测油中某些功能剂的消耗情况及油品的老化程度。在用柴油机油的酸值增加主要来自二方面:一是油品高温氧化产生的酸性产物,二是燃料燃烧生成的酸性物质。酸值增值过大,说明油品产生了大量的酸性物质,会促进变质,生成油泥,对发动机造成一定程度的机械腐蚀,同时在金属的催化作用下继续加速油品的老化状况,影响发动机的正常运行。

A.5 正戊烷不溶物

正戊烷不溶物反映了在用油容纳污染物的能力,主要由氧化产物和磨损金属颗粒组成,戊烷不溶物的增加反映了润滑油的老化程度和污染程度。

A.6 水分

在用油由于缸套老化渗漏、燃烧室产生的水汽等原因,可能造成油品带水,水的存在会破坏油膜强度,并造成添加剂水解,有机酸还会腐蚀发动机部件。当油品中水含量较少时,由于发动机工作温度较高,因此极少量的水有可能被蒸发,对发动机危害不大,随着油中水分量的增加,油品乳化会加剧,引起金属部件的锈蚀。

A.7 铁、铜、铝磨损金属含量

在用油铁含量主要来源于汽缸套-活塞环的磨损,铜含量反映了发动机轴承的腐蚀或磨损状况,铝含量主要来自活塞与气缸壁的磨损,监控这些磨损金属元素,可以掌握发动机的磨损情况。

A.8 硅含量

硅含量主要与砂蚀、尘土以及外界异物产生的磨损有关，当车辆行驶在路况较差或灰尘较多的道路时，在用油的硅含量会明显增加；对于发动机本身来讲，当空气过滤器长时间不换而失去作用时，也会引起硅含量的增加，造成发动机零部件的磨料磨损。

ICS 77.140.80
J 31

中华人民共和国国家标准

GB/T 7659—2010
代替 GB/T 7659—1987

焊接结构用铸钢件

Steel casting suitable for welded structure

2010-12-23 发布　　2011-06-01 实施

中华人民共和国国家质量监督检验检疫总局
中国国家标准化管理委员会　发布

前　言

本标准是对 GB/T 7659—1987《焊接结构用碳素钢铸件》的修订。

本标准和 GB/T 7659—1987 相比，主要技术内容变化如下：

——修改了标准的适用范围；

——增加了 2 个牌号，ZG300-500H 和 ZG340-550H；

——本标准对各牌号的化学成分有修改；

——本标准对铸钢件的合格证应包括项作了适当的补充；

——增加了产品表面防护、包装、运输和贮存的要求。

本标准的附录 A 为规范性附录。

本标准由全国铸造标准化技术委员会(SAC/TC 54)提出并归口。

本标准负责起草单位：北京机电院高技术股份有限公司。

本标准参加起草单位：北京科技大学铸造研究所、河南宏宇特铸股份有限公司、唐山开滦铁拓重型机械制造有限责任公司。

本标准主要起草人：赵刚、章亚红、王海霞、陈旭东、戴萍、刘希民、王玉刚。

本标准所代替标准的历次版本发布情况为：

——GB/T 7659—1987。

焊接结构用铸钢件

1 范围

本标准规定了焊接结构用铸钢件的牌号，技术要求，试验方法，检验规则，标志、包装、运输和贮存等要求。

本标准适用于一般工程结构用焊接性好的铸钢件(以下简称铸件)。

2 规范性引用文件

下列文件中的条款通过本标准的引用而成为本标准的条款。凡是注日期的引用文件，其随后所有的修改单(不包括勘误的内容)或修订版均不适用于本标准，然而，鼓励根据本标准达成协议的各方研究是否可使用这些文件的最新版本。凡是不注日期的引用文件，其最新版本适用于本标准。

GB/T 222 钢的成品化学成分允许偏差

GB/T 223.4 钢铁及合金 锰含量的测定 电位滴定或可视滴定法

GB/T 223.5 钢铁 酸溶硅和全硅含量的测定 还原型硅钼酸盐分光光度法

GB/T 223.11 钢铁及合金 铬含量的测定 可视滴定或电位滴定法

GB/T 223.13 钢铁及合金化学分析方法 硫酸亚铁铵滴定法测定钒含量

GB/T 223.18 钢铁及合金化学分析方法 硫代硫酸钠分离-碘量法测定铜量

GB/T 223.23 钢铁及合金 镍含量的测定 丁二酮肟分光光度法

GB/T 223.26 钢铁及合金 钼含量的测定 硫氰酸盐分光光度法

GB/T 223.59 钢铁及合金 磷含量的测定 铋磷钼蓝分光光度法和锑磷钼蓝分光光度法

GB/T 223.67 钢铁及合金 硫含量的测定 次甲基蓝分光光度法

GB/T 223.69 钢铁及合金 碳含量的测定 管式炉内燃烧后气体容量法

GB/T 223.72 钢铁及合金 硫含量的测定 重量法

GB/T 228 金属材料 室温拉伸试验方法

GB/T 229 金属材料 夏比摆锤冲击试验方法

GB/T 4336 碳素钢和中低合金钢 火花源原子发射光谱分析方法(常规法)

GB/T 5613 铸钢牌号表示方法

GB/T 5677 铸钢件射线照相检测

GB/T 6060.1 表面粗糙度比较样块 铸造表面

GB/T 6414 铸件 尺寸公差与机械加工余量

GB/T 7233.1 铸钢件 超声检测 第1部分:一般用途铸钢件

GB/T 9443 铸钢件渗透检测

GB/T 9444 铸钢件磁粉检测

GB/T 11351 铸件重量公差

GB/T 11352 一般工程用铸造碳钢件

GB/T 15056 铸造表面粗糙度 评定方法

GB/T 16923 钢件的正火与退火

GB/T 16924 钢件的淬火与回火

GB/T 20066 钢和铁 化学成分测定用试样的取样和制样方法

GB/T 20125 低合金钢 多元素含量的测定 电感耦合等离子体发射光谱法

3 牌号

焊接结构用铸钢的牌号表示方法符合 GB/T 5613 的规定，共分为 ZG200-400H、ZG230-450H、ZG270-480H、ZG300-500H、ZG340-550H 等五个牌号。

牌号末尾的“H”为“焊”字汉语拼音的第一个大写字母，表示焊接用钢。

4 技术要求

4.1 化学成分

4.1.1 各牌号铸钢的化学成分应符合表 1 的规定。

表 1 化学成分

（质量分数）%

牌号	主要元素					残余元素					
	C	Si	Mn	P	S	Ni	Cr	Cu	Mo	V	总和
ZG200-400H	≤0.20	≤0.60	≤0.80	≤0.025	≤0.025	≤0.40	≤0.35	≤0.40	≤0.15	≤0.05	≤1.0
ZG230-450H	≤0.20	≤0.60	≤1.20	≤0.025	≤0.025						
ZG270-480H	0.17～0.25	≤0.60	0.80～1.20	≤0.025	≤0.025						
ZG300-500H	0.17～0.25	≤0.60	1.00～1.60	≤0.025	≤0.025						
ZG340-550H	0.17～0.25	≤0.80	1.00～1.60	≤0.025	≤0.025						

注 1：实际碳含量比表中碳上限每减少 0.01%，允许实际锰含量超出表中锰上限 0.04%，但总超出量不得大于 0.2%。

注 2：残余元素一般不做分析，如需方有要求时，可做残余元素的分析。

4.1.2 成品化学成分允许偏差应符合 GB/T 222。

4.2 制造

4.2.1 铸钢的熔炼方法和铸造工艺由供方决定。

4.2.2 铸件应进行清理和精整。

4.2.3 铸件应进行热处理。除另有规定外，热处理工艺由供方决定。

热处理按 GB/T 16923、GB/T 16924 规定执行。

4.2.4 供方可对铸件缺陷进行焊补，焊补条件由供方确定，如需方另有要求，则按合同的规定执行。

重大焊补：为焊补而制备的凹坑，其深度超过铸件壁厚的 40% 或 25 mm 者（二者中取较小者）；或当承压铸件的水压试验渗漏时，均认为是重大焊补，重大焊补应有焊补位置、工艺的记录。重大焊补后应进行去应力热处理，并按铸件检验相同的标准检验。

4.2.5 铸件的几何形状、尺寸应符合图样或合同的规定。

4.2.6 铸件的重量公差应符合 GB/T 11351，图样或合同的规定。

4.3 力学性能

各牌号铸钢的单铸试块室温力学性能应符合表 2 的规定。

表 2 力学性能

牌　　号	拉伸性能			根据合同选择	
	上屈服强度 R_{eH} MPa(min)	抗拉强度 R_m MPa (min)	断后伸长率 A % (min)	断面收缩率 Z %≥ (min)	冲击吸收功 A_{KV2} J (min)
ZG200-400H	200	400	25	40	45
ZG230-450H	230	450	22	35	45

表 2（续）

牌　　号	拉伸性能			根据合同选择	
	上屈服强度 R_{eH} MPa(min)	抗拉强度 R_m MPa (min)	断后伸长率 A % (min)	断面收缩率 Z %≥ (min)	冲击吸收功 A_{KV2} J (min)
ZG270-480H	270	480	20	35	40
ZG300-500H	300	500	20	21	40
ZG340-550H	340	550	15	21	35
注：当无明显屈服时，测定规定非比例延伸强度 $R_{p0.2}$。					

4.4 质量

4.4.1 铸件表面粗糙度应符合图样或合同的规定。

4.4.2 铸件的尺寸公差和加工余量应符合图样或合同的规定。如无图样或合同规定，则应符合 GB/T 6414 的规定。

4.4.3 当需方要求对铸件进行无损检验时，检验的部位、方法和标准由供需双方协商，并应在图样或合同上注明。

5 试验方法

5.1 化学成分分析

5.1.1 化学分析用试样的制取按 GB/T 20066 的规定执行。

5.1.2 化学分析方法按 GB/T 223.4、GB/T 223.5、GB/T 223.11、GB/T 223.13、GB/T 223.18、GB/T 223.23、GB/T 223.26、GB/T 223.59、GB/T 223.67、GB/T 223.69、GB/T 223.72 的规定执行。

5.1.3 光谱分析方法按 GB/T 4336 或 GB/T 20125 的规定执行。

5.2 力学性能试验

5.2.1 拉伸和冲击试样应从力学性能试块上制取。

5.2.1.1 试块的形状、尺寸、浇注方法和试样切取位置应符合 GB/T 11352 的规定。

5.2.1.2 除另有规定外，试块与它所代表的铸件同炉热处理。

5.2.2 当需要从铸件本体上取样时，取样部位、性能指标由供需双方商定。

5.2.3 拉伸试验按 GB/T 228 的规定执行。

5.2.4 冲击试验按 GB/T 229 的规定执行。

5.3 表面检验

5.3.1 铸件表面粗糙度检验方法按 GB/T 15056 的规定执行。

5.3.2 铸件尺寸检验应选择相应精度的量具、样板等。

5.4 无损检测

当需方要求对铸件进行无损检测时，检测的部位、方法和标准由供需双方商定，并应在图样或合同上注明。

5.4.1 超声检测按 GB/T 7233.1 的规定执行。

5.4.2 射线照相检测按 GB/T 5677 的规定执行。

5.4.3 渗透检测按 GB/T 9443 的规定执行。

5.4.4 磁粉检测按 GB/T 9444 的规定执行。

6 检验规则

6.1 检查和验收

铸件的检查和验收由供方进行。需方有权按本标准或合同的规定进行复检。

6.2 批量划分

6.2.1 按熔炼炉次划分：铸件由同一牌号、同一熔炼炉次，做相同热处理的铸件为一批。

6.2.2 按热处理炉次划分：铸件由同一牌号、不同熔炼炉次，同炉热处理的铸件为一批。

6.2.3 按数量或重量划分：相同牌号、不同熔炼炉次，相同工艺多炉热处理的铸件，按供需双方商定的铸件数量或重量作为一批。

6.2.4 按供需双方协议。

6.3 取样数量

6.3.1 化学成分分析：每熔炼炉次取一个化学分析试样。

6.3.2 力学性能试验：每批铸件取一个拉伸试样和三个冲击试样。

6.4 评定

6.4.1 化学分析结果应符合 4.1 的规定。

6.4.2 力学性能检验结果应符合 4.3 的规定。

表中的冲击吸收功为三个夏比冲击试样试验结果的平均值，三个试样中只允许有一个试样的试验结果低于规定值，但不低于规定值的 2/3。

6.4.3 因下列原因而导致试验结果不符合规定，该试验结果无效。

a) 试样安装不当或试验机功能不正常；

b) 拉伸试样断在标距之外；

c) 试样加工不当；

d) 试样中存在铸造缺陷。

6.5 复验

当力学性能试验结果不符合要求，且不是由于 6.4.3 的原因，可按 5.2 重新进行检验。

6.5.1 拉伸试验复验，应从同批试块中另取两个试样，每个试样的试验结果均应符合 4.3 的规定，则该批铸件的拉伸性能合格。如复检中仍有一个试样的试验结果不合格，则供方可按 6.6 处理。

6.5.2 冲击试验复验，应从同批试块中另取三个试样，试验结果应符合 4.3 的规定，且包括初次检验在内共六个试样试验结果的平均值应符合表 2 的规定。则该批铸件的冲击吸收功合格。如复检结果仍不合格，则供方可按 6.6 处理。

6.6 重新热处理

当力学性能复验不合格时，允许对该批铸件和试块重新热处理，然后按 6.3.2 和 6.4.2 检验。未经需方同意，重新热处理不得超过两次（回火次数不限）。

6.7 表面质量

铸件表面质量按 4.4.1 检验。

6.8 铸件几何形状、尺寸、尺寸公差和加工余量

铸件几何形状、尺寸、尺寸公差和加工余量按 4.4.2 检验。

7 标志、包装、运输、贮存

7.1 标志

7.1.1 铸件上应铸有或打上标志，标志可为下列内容或其中的一部分：

a) 铸件编号；

b) 批量号；

c) 需方要求的其他标志。

经供需双方协商，小型铸件可按批标志。标志应打在每批铸件的标签上。

7.1.2 成品铸件应附有合格证及检验报告，其内容包括下列内容或其中的一部分：

a) 供方名称；

b） 订货合同号；

c） 铸钢牌号、铸件编号、批号；

d） 制造日期；

e） 合格证编号；

f） 各项检验结果；

g） 图样或合同中所规定的其他内容。

7.2 表面防护、包装、运输和贮存

铸件在检验合格后应进行防护处理或包装。

铸件表面防护、包装、运输和贮存应符合合同规定。

附 录 A
（规范性附录）
关于碳当量的规定

A.1 当需方有碳当量(CE)要求时，各牌号铸钢的碳当量应符合表 A.1 的规定。

表 A.1 碳当量

牌 号	CE/%(不大于)
ZG200-400H	0.38
ZG230-450H	0.42
ZG270-480H	0.46
ZG300-500H	0.46
ZG340-550H	0.48

A.2 碳当量按式(A.1)计算：

$$CE(\%) = C + \frac{Mn}{6} + \frac{Cr + Mo + V}{5} + \frac{Ni + Cu}{15} \quad \cdots\cdots\cdots (A.1)$$

式中：C、Mn、Cr、Mo、Ni、V、Cu 分别为各元素的质量分数(%)。

ICS 13.100
C 56

中华人民共和国国家标准

GB 7793—2010
代替 GB 7793—1987

中小学校教室采光和照明卫生标准

Hygienic standard for day lighting and artificial lighting for middle and elementary school

2011-01-14 发布

2011-05-01 实施

中华人民共和国卫生部
中国国家标准化管理委员会 发布

前　言

本标准的4.2、4.3、4.4、4.5、4.6、5.1、5.2、5.3、5.9、5.10、5.11为强制性的，其余为推荐性的。

本标准代替GB 7793—1987《中小学校教室采光和照明卫生标准》。

本标准与GB 7793—1987相比主要变化如下：

——修改了部分术语和定义（本标准的3.1、3.3；GB 7793—1987的3.1、3.3）。

——增加了部分术语和定义（本标准的3.2、3.4、3.6、3.7、3.8、3.9、3.10）。

——删除了部分术语和定义（GB 7793—1987的3.2、3.4、3.6）。

——修改了教室的采光标准（本标准的4.1、4.2、4.3、4.5；GB 7793—1987的1.1、1.2、1.4）。

——修订了教室课桌面、黑板的照明标准（本标准的5.2、5.3；GB 7793—1987的2.2、2.3）。

——增加了对光源的规定（本标准的5.4、5.5、5.6、5.7）。

——增加了对教室统一眩光值、照明功率密度、维护系数的规定（本标准的5.8、5.9、5.10）。

——删除了对照度补偿系数的规定（GB 7793—1987的2.6）。

本标准由中华人民共和国卫生部提出并归口。

本标准由中华人民共和国卫生部负责解释。

本标准起草单位：北京大学儿童青少年卫生研究所、中国建筑科学研究院建筑物理研究所、北京市卫生监督所。

本标准主要起草人：马军、张绍纲、高权、张琳。

本标准所代替标准历次版本发布情况为：

——GB 7793—1987。

中小学校教室采光和照明卫生标准

1 范围

本标准规定了学校教室采光和照明要求。

本标准适用于城市、县镇的新建、改建和扩建的普通中小学校、中等师范学校和幼儿师范学校。

2 规范性引用文件

下列文件中的条款通过本标准的引用而成为本标准的条款。凡是注日期的引用文件，其随后所有的修改单(不包括勘误的内容)或修订版均不适用于本标准，然而，鼓励根据本标准达成协议的各方研究是否可使用这些文件的最新版本。凡是不注日期的引用文件，其最新版本适用于本标准。

GB/T 5699 采光测量方法

GB/T 5700 照明测量方法

GB/T 50033 建筑采光设计标准

JGJ/T 119 建筑照明术语标准

3 术语和定义

JGJ/T 119 中确立的以及下列术语和定义适用于本标准。

3.1

采光系数 daylight factor

在室内给定平面上的某一点的采光系数为该点的照度与同一时间的室外无遮拦水平面上产生的天空漫射光照度之比，以%表示之。

3.2

窗地面积比 ratio of glazing to floor area

窗洞口面积与室内地面面积之比。

3.3

直接眩光 direct glare

在视野中，特别是在靠近视线方向存在的发光体所产生的眩光。

3.4

反射比 reflectance

某物体表面上反射的光通量与入射该物体表面上的光通量之比，以 ρ 表示。

3.5

照度均匀度 uniformity ratio of illuminance

在规定表面上的最小照度与平均照度之比。

3.6

维护系数 maintenance factor

照明装置在使用一定周期后，在规定表面上的平均照度或平均亮度与该装置在相同条件下新装时在规定表面上所得到的平均照度或平均亮度之比。

3.7

反射眩光 glare by reflection

由视野中的反射引起的眩光，特别是在靠近视线方向看见反射像所产生的眩光。

3.8

维持平均照度　maintained average illuminance

规定表面上的平均照度不得低于此数值。它是在照明装置必须进行维护的时刻，在规定表面上的平均照度。

3.9

显色指数　colour rendering index

在具有合理允差的色适应状态下，被测光源照明物体的心理物理色与参比光源照明同一色样的心理物理色符合程度的度量。

3.10

统一眩光值　unified glare rating　UGR

度量处于视觉环境中的照明装置发出的光对人眼睛引起不舒适感主观反应的心理参量，其值可按 CIE 统一眩光值公式计算。

4　教室的采光要求

4.1　学校教室的朝向宜按各地区的地理和气候条件决定，不宜采用东西朝向，宜采用南北向的双侧采光。教室采用单侧采光时，光线应自学生座位的左侧射入。南外廊北教室时，应以北向窗为主要采光面。

4.2　Ⅲ类光气候区教室课桌面上的采光系数最低值不应低于 2%，其他光气候区的采光系数应乘以相应的光气候系数。光气候系数应按表 1 采用，所在光气候区应按 GB/T 50033 中国光气候分区图查出。

表 1　光气候系数 *K*

光气候区	Ⅰ	Ⅱ	Ⅲ	Ⅳ	Ⅴ
K 值	0.85	0.90	1.00	1.10	1.20
室外天然光临界照度值 E_l lx	6 000	5 500	5 000	4 500	4 000

4.3　教室窗地面积比不应低于 1∶5。

4.4　为防止窗的直接眩光，教室应设窗帘以避免阳光直接射入教室内。为防止黑板的反射眩光，其表面应以耐磨无光泽的材料制成。

4.5　为提高教室的采光效果，室内各表面应采用高亮度低彩度的装修，房间各表面的反射比应按表 2 的规定选取。

表 2　室内各表面的反射比

表面名称	反射比	表面名称	反射比
顶棚	0.70～0.80	侧墙、后墙	0.70～0.80
前墙	0.50～0.60	课桌面	0.25～0.45
地面	0.20～0.40	黑板	0.15～0.20

4.6　采光测量方法按 GB/T 5699 执行。

5　教室的照明要求

5.1　凡教室均应装设人工照明。

5.2　教室课桌面上的维持平均照度值不应低于 300 lx，其照度均匀度不应低于 0.7。

5.3　教室黑板应设局部照明灯，其维持平均照度不应低于 500 lx，照度均匀度不应低于 0.8。

5.4　教室宜采用 3 300 K～5 500 K 色温的光源，光源的显色指数不宜小于 80。

5.5　教室采用小于 26 mm 细管径直管形稀土三基色荧光灯。

5.6　教室照明荧光灯宜采用节能电感镇流器或电子镇流器。

5.7　为了减少照明光源引起的直接眩光，教室不宜采用裸灯照明。灯具距课桌面的最低悬挂高度不应低于1.7 m。灯管排列宜采用其长轴垂直于黑板面布置。对于阶梯教室，前排灯不应对后排学生产生直接眩光。

5.8　教室的统一眩光值(UGR)不宜小于19。

5.9　在维持平均照度值300 lx的条件下，教室照明功率密度现行值不应大于11 W/m^2，目标值应为9 W/m^2。

5.10　照明设计计算照度时，其维护系数应取0.8。

5.11　教室照明测量方法按GB/T 5700执行。

中华人民共和国国家标准

GB 7912—2010

食品安全国家标准
食品添加剂　栀子黄

2010-12-21 发布　　　　2011-02-21 实施

中华人民共和国卫生部　发布

前　言

本标准代替 GB 7912—1987《食品添加剂　栀子黄(粉末、浸膏)》。

本标准与 GB 7912—1987 相比，主要变化如下：

——修改了色价、干燥失重、砷、铅等指标；

——增加了栀子苷指标；

——取消了重金属和灼烧残渣的要求。

本标准的附录 A 为规范性附录。

本标准所代替标准的历次版本发布情况为：

——GB 7912—1987。

食品安全国家标准
食品添加剂　栀子黄

1　范围

本标准适用于以茜草科植物栀子(*Gardenia jasminoides* Ellis)的果实为原料,经提取、精制而成,可用糊精稀释的粉末、浸膏或液态的食品添加剂栀子黄。

2　规范性引用文件

本标准中引用的文件对于本标准的应用是必不可少的。凡是注日期的引用文件,仅所注日期的版本适用于本标准。凡是不注日期的引用文件,其最新版本(包括所有的修改单)适用于本标准。

3　分子式和相对分子质量

3.1　分子式

藏花素:$C_{44}H_{64}O_{24}$

藏花酸:$C_{20}H_{24}O_{4}$

3.2　相对分子质量

藏花素:977.21(按2007年国际相对原子质量)

藏花酸:328.35(按2007年国际相对原子质量)

4　技术要求

4.1　感官要求:应符合表1的规定。

表1　感官要求

项　目	要　求	检验方法
色泽	粉末产品呈橙黄色至橘红色,浸膏产品呈黄褐色,液态产品呈黄褐色至橘红色	取适量样品置于清洁、干燥的白瓷盘或烧杯中,在自然光线下,观察其色泽和组织状态
组织状态	粉末、浸膏或液体	

4.2　理化指标:应符合表2的规定。

表 2　理化指标

项　目		指　标		检验方法
		粉末	浸膏、液体	
色价 $E_{1\,cm}^{1\%}$(440 nm±5 nm)	≥	10		附录 A 中 A.3
栀子苷,w/%	≤	1(以色价 10 计进行换算)		附录 A 中 A.4
干燥减量,w/%	≤	7	—	GB 5009.3 直接干燥法
砷(As)/(mg/kg)	≤	2	2	GB/T 5009.11
铅(Pb)/(mg/kg)	≤	3	3	GB 5009.12

附　录　A
（规范性附录）
检　验　方　法

A.1　一般规定

除非另有说明，在分析中仅使用确认为分析纯的试剂和GB/T 6682—2008中规定的水。分析中所用标准滴定溶液、杂质测定用标准溶液、制剂及制品，在没有注明其他要求时，均按GB/T 601、GB/T 602、GB/T 603的规定制备。本试验所用溶液在未注明用何种溶剂配制时，均指水溶液。

A.2　鉴别试验

A.2.1　最大吸收波长

取A.3.2色价测定中的栀子黄试样液，用分光光度计检测，在波长440 nm附近应有最大吸收峰。

A.2.2　颜色反应

取0.5 g样品，加入2 mL硫酸，即由深青色慢慢变为紫色，最后变为褐色。

A.2.3　薄层层析

A.2.3.1　试验方法

固定相采用微结晶纤维素薄层板，薄层板的制法：称取10 g微结晶纤维素SF加水35 mL成悬浊液，均匀涂布于平滑且厚度均匀的玻璃板上，涂厚为0.35 mm以下，在60 ℃～80 ℃下，烘20 min。移动相为异戊醇：丙酮：水＝5：6：5（体积比）。

A.2.3.2　点样试验液的制备

称取一定量的试样，配成浓度为50 g/L的水溶液作为点样试验液。

A.2.3.3　点样

在干燥的微结晶纤维素薄层板上，用毛细管点样。点离板下端2 cm，点间距离1 cm，点直径约3 mm，点样时用冷风吹干。

A.2.3.4　展开与观察

将点样的薄层板放入展开槽中展开，待展开高度为15 cm时，取出、风干。观察应有两个黄色斑点：R_f约为0.6是藏花素；R_f约为0.9是藏花酸。

A.3　色价的测定

A.3.1　仪器和设备

分光光度计。

A.3.2 分析步骤

称取约 0.15 g 粉末试样(精确至 0.000 2 g)或称取约 1 g 浸膏或液体试样(精确至 0.000 2 g)，用水溶解，转移至 100 mL 容量瓶中，加水定容至刻度，摇匀。然后再吸取 10 mL 试样液，转移至 100 mL 容量瓶中，加水定容至刻度，摇匀。取此试样液置于 1 cm 比色皿中，以水做空白对照，用分光光度计在(440 nm±5 nm)范围内的最大吸收波长处测定吸光度。(吸光度应控制在 0.3～0.7 之间，否则应调整试样液浓度，再重新测定吸光度。)

A.3.3 结果计算

色价按公式(A.1)计算：

$$E_{1\,\mathrm{cm}}^{1\%}(440\pm5)\mathrm{nm}=\frac{A}{c}\times\frac{1}{100} \qquad \cdots\cdots(\mathrm{A}.1)$$

式中：

$E_{1\,\mathrm{cm}}^{1\%}$(440 nm±5 nm)——试样液浓度为 1%，用 1 cm 比色皿，在(440 nm±5 nm)范围内的最大吸收波长处测得的色价；

A ——实际测定试样液的吸光度；

c ——被测试样液的浓度，单位为克每毫升(g/mL)。

实验结果以平行测定结果的算术平均值为准。在重复性条件下获得的两次独立测定结果的绝对差值不大于算术平均值的 5%。

A.4 栀子苷的测定

A.4.1 试剂和材料

a) 乙腈：色谱纯。

b) 栀子苷标准品：质量分数≥99%。

A.4.2 仪器和设备

高效液相色谱仪：配紫外检测器(检测波长 238 nm)。

A.4.3 参考色谱条件

a) 色谱柱：ODS C_{18}，4.6 mm×25 cm，粒度 5 μm；或其他等效的色谱柱。

b) 流动相：乙腈∶水＝15∶85；将 150 mL 色谱纯乙腈与 850 mL 水混合均匀后，用 0.45 μm 滤膜过滤，超声脱气后备用。

c) 柱温：40 ℃。

d) 流速：0.7 mL/min。

e) 进样量：10 μL。

A.4.4 分析步骤

A.4.4.1 栀子苷标准曲线的制备

称取约 0.01 g 栀子苷标准品(精确至 0.000 1 g)，用流动相(乙腈水溶液)溶解并定容至 50 mL，得到标样贮存液 A。吸取 0.25 mL、0.75 mL、1.25 mL、2.0 mL、2.5 mL 贮存液 A，分别用流动相(乙腈水溶液)稀释并定容至 50 mL，得到 5 个标样。在 A.4.3 参考色谱条件下，对梯度浓度的标样进行测定，重复实验两次，得到标样平均峰面积值。以标样峰面积为纵坐标，标样的栀子苷质量浓度(g/mL)为横坐标，做标准曲线。

A.4.4.2 试样液的制备

称取适量试样(精确至 0.000 1 g)，用流动相(乙腈水溶液)溶解并定容至 25 mL，所得溶液用 0.45 μm 滤膜过滤，滤液备用。

A.4.4.3 测定

在 A.4.3 参考色谱条件下，对试样液进行测定，根据栀子苷标准品的保留时间定性。重复进样一次，得到栀子苷平均峰面积值。根据标样峰面积和标样的栀子苷质量浓度之间的线性关系，得到试样液中栀子苷的质量浓度(g/mL)。若试样液中栀子苷浓度(g/mL)不在标准曲线范围内，则应调整试样液的浓度或者重新设计标准曲线。

A.4.5 结果计算

试样中栀子苷的含量 X_1 按公式(A.2)计算：

$$X_1 = \frac{c_1}{c_2} \times 100\% \qquad \cdots\cdots(A.2)$$

式中：

X_1——试样中栀子苷的含量，%；

c_1——根据标准曲线求得的栀子苷浓度，单位为克每毫升(g/mL)；

c_2——试样液的浓度，单位为克每毫升(g/mL)。

最后将上述计算结果换算成以色价 10 计的栀子苷含量。

实验结果以平行测定结果的算术平均值为准。在重复性条件下获得的两次独立测定结果的绝对差值不大于 0.1%。

ICS 29.020
K 09

中华人民共和国国家标准

GB 7947—2010/IEC 60446:2007
代替 GB 7947—2006

人机界面标志标识的基本和安全规则 导体颜色或字母数字标识

Basic and safety principles for man-machine interface, marking and identification—Identification of conductors by colours or alphanumerics

(IEC 60446:2007,IDT)

2011-01-14 发布　　2011-12-01 实施

中华人民共和国国家质量监督检验检疫总局
中国国家标准化管理委员会　发布

前 言

本标准的全部技术内容为强制性。

本标准等同采用IEC 60446:2007《人机界面标志标识的基本和安全规则 导体颜色或字母数字标识》(英文版)。

本标准是对GB 7947—2006《人机界面标志标识的基本和安全规则-导体的颜色或数字标识》的修订。

本标准与GB 7947—2006相比有如下技术差异：

——名称改为“人机界面标志标识的基本和安全规则 导体颜色或字母数字标识”；

——“规范性引用文件”一章增加“GB/T 2900.73—2008 电工术语 接地与电击防护”；

——增加了第3章术语和定义；

——增加了第4章导体标识；

——增加5.3.4～5.3.6双色的使用；

——增加6.2某些特定导体的标识；

——增加新附录A“特定导体的颜色代码和字母数字标识”；

——取消旧附录A(资料性附录)“不同国家标志PEN导体的方法”。

本标准代替GB 7947—2006。

本标准的附录A为资料性附录。

本标准由全国电气安全标准化技术委员会提出并归口。

本标准主要起草单位：机械工业北京电工技术经济研究所、机械科学研究总院、德力西电气有限公司、深圳市标准技术研究院、西门子(中国)有限公司。

本标准主要起草人：曾雁鸿、郭汀、黄蓉蓉、詹炜、徐斌、李霞。

本标准代替标准的历次版本发布情况：

——GB 7947—1987；

——GB 7947—1997；

——GB 7947—2006。

引　言

本标准是基础安全标准，适用于各技术委员会按 GB/T 16499 和 GB/T 20000.4 规定的原则制定标准时采用。

应注意，技术委员会的责任之一就是在设备使用范围内，只要可能，标准中应尽可能包含并参考基础安全标准的要求。因此，只有在设备标准中包括了或参考了基础安全标准，这些要求才得到应用。

人机界面标志标识的基本和安全规则 导体颜色或字母数字标识

1 范围

本标准规定了用特定颜色或字母数字来标识导体的一般规则，以避免混淆，确保安全。这些导体颜色或字母数字用于电缆或芯线、母线、电气设备和装置。

2 规范性引用文件

下列文件中的条款通过本标准的引用而成为本标准的条款。凡是注日期的引用文件，其随后所有的修改单(不包括勘误的内容)或修订版均不适用于本标准，然而，鼓励根据本标准达成协议的各方研究是否可使用这些文件的最新版本。凡是不注日期的引用文件，其最新版本适用于本标准。

GB/T 2900.73—2008 电工术语 接地与电击防护

GB/T 16499 安全出版物的编写及基础安全出版物和多专业共用安全出版物的应用导则(GB/T 16499—2008，IEC 导则 104:1997，NEQ)

GB/T 20000.4 标准化工作指南 第4部分：标准中涉及安全的内容(GB/T 20000.4—2003，IEC 导则 51:1999，MOD)

3 术语和定义

下列术语和定义适用于本标准。

3.1

功能联结导体 functional bonding conductor

用于功能等电位联结的导体。

(GB/T 2900.73—2008，195-02-16)

3.2

功能接地导体 functional earthing conductor

用于功能接地的接地导体。

(GB/T 2900.73—2008，195-02-15)

3.3

线导体 line conductor

相导体(交流系统) phase conductor (AC)(deorecated)

极导体(直流系统) pole conductor (DC)(deorecated)

正常运行时带电并能用于输电或配电的导体，但不是中性导体或中间导体。

(GB/T 2900.73—2008，195-02-08)

3.4

中间导体 mid-point conductor

电气上与中间点连接并能用于配电的导体。

(GB/T 2900.73—2008，195-02-07)

3.5

中性导体 neutral conductor

电气上与中性点连接并能用于配电的导体。

(GB/T 2900.73—2008，195-02-06)

3.6

保护接地线导体　PEL conductor

PEL 导体

兼有保护接地导体和线导体功能的导体。

(GB/T 2900.73—2008,195-02-14)

3.7

保护接地中间导体　PEM conductor

PEM 导体

兼有保护接地导体和中间导体功能的导体。

(GB/T 2900.73—2008,195-02-13)

3.8

保护接地中性导体　PEN conductor

PEN 导体

兼有保护接地导体和中性导体功能的导体。

(GB/T 2900.73—2008,195-02-12)

3.9

保护联结导体　protective bonding conductor

用于保护等电位联结的保护导体。

(GB/T 2900.73—2008,195-02-10)

3.10

接地的保护联结导体　protective bonding conductor,earthed

与大地有导电通路的保护联结导体。

3.11

不接地的保护联结导体　protective bonding conductor,unearthed

与大地没有导电通路的保护联结导体。

3.12

保护导体　protective conductor (identification:PE)

(缩写词:PE)

为了安全目的,如电击防护中设置的导体。

(GB/T 2900.73—2008,195-02-09)

4　导体的标识

导体应使用颜色或用字母数字标识,或二者兼用。导体颜色标识应按第5章的要求,导体字母数字标识应按第6章要求。

5　颜色标识

5.1　通则

下列颜色允许用于导体的标识:

黑色,棕色,红色,橙色,黄色,绿色,蓝色,紫色,灰色,白色,粉红色,青绿色。

注:上述颜色清单引自 GB/T 13534。

推荐在导体的全长采用绝缘的颜色或颜色标志作为颜色标识,端点及连接点处的裸导体颜色标志除外。

颜色的标识或标志不要求用于:

——电缆同心导体；

——电缆的金属护套和用作保护导体的外罩；

——不能使用永久标志的裸导体；

——用作保护导体的外部可导电部分；

——用作保护导体的外露导电部件。

当颜色标识仍易混淆，允许使用附加标志，如字母数字。

5.2 单色的使用

5.2.1 允许的颜色

按5.3.2～5.3.6，仅在与保护导体着色不太可能发生混淆的地方，允许使用单一的绿色和黄色。

5.2.2 中性或中间导体

电路包含一个中性或中间导体时应使用蓝色作为颜色标识。为了避免和其他颜色产生混淆，推荐使用淡蓝色。在可能产生混淆时，淡蓝不应用于标识其他任何导体。

在没有中性或中间导体的情况下，可用淡蓝色标识线路中除保护导体外的其他任何导体。

如果颜色标识用于中性或中间导体的裸导体，应使用15 mm～100 mm宽的淡蓝色的条纹，在每个单元或外护物或每个可触及的部位标出，或从头至尾用淡蓝色标出。

注1：GB 3836.4规定，淡蓝色用于标识本质安全型电路的端子、端子盒、插头和插座。

注2：在美国、加拿大、日本，使用白色或自然灰色替代淡蓝色作为中性或中间导体的识别色。

5.2.3 交流相导体

优先使用黑色、棕色或灰色表示系统中的交流相导体。

注1：在美国、加拿大和日本，灰色用于取代蓝色标识中性或中间导体。如可能混，灰色不应用于标识相导体。

注2：在美国、加拿大和日本，灰色用于标识中性或中间导体，灰色不得用于本标准规定之外的其他目的。

注3：上述颜色并不用于表示相位调整或方向旋转后的相导体颜色。

5.3 双色组合的使用

5.3.1 允许的颜色

在不会造成混淆的地方，允许使用由5.1中列出的任何两种颜色构成的组合色。

为了避免混淆，除了绿-黄双色组合外，绿色和黄色不应与其他颜色组合。绿黄组合限于5.3.2～5.3.6应用。

5.3.2 保护导体

保护导体应使用绿-黄双色组合标识。

注1：为明确标识某些特定导体，可提供附加标志。

注2：PEN、PEL和PEM导体需要附加颜色标志。

绿-黄双色是唯一公认的用于标识保护导体的颜色组合。

绿-黄双色组合应做到：在采用了颜色标识的每15 mm长的导体上，一种颜色覆盖导体表面至少为30%且不超过70%，而另一种颜色覆盖其余表面。

如果使用裸导体作为保护导体，应使用绿-黄双色在导体的全长、每个区段或每个单元或每个易触及的部位做出颜色标识。如果使用胶带，只能使用双色胶带。

注3：对于能从其形状、结构或位置上容易识别的保护导体，例如同心导体，则不需在导体的全长有颜色标志，但在其端部或可接触部分宜用图形符号⏚或绿-黄双色或字母数字符号PE清晰标识。

注4：在美国、加拿大、日本，使用绿色替代绿-黄双色作为保护导体的识别色。

注5：外部可导电部分用作PE导体，不必用颜色标识。

5.3.3 PEN导体

绝缘的PEN导体应使用下列一种方法标志：

——全长绿-黄双色，终端另用淡蓝色标志；或

——全长淡蓝色,终端另用绿-黄双色标志。

注1:选择或应用的方法由相关标委会实施。

注2:下述情况,终端上的附加蓝色标识可省略:

——在电气设备中,如果特定的产品标准已包括相关要求。

——类似用于工业配电中的布线系统,由相关标委会决定。

5.3.4 PEL 导体

绝缘的 PEL 导体应在全长标绿-黄双色,蓝色标两端。

注:当下述二个条件之一被满足后两端的蓝色标识可省略。

——在电气设备中,如果特定的产品标准已包括相关要求。

——类似用于工业配电中的布线系统,由相关标委会决定。

如果 PEL 导体易与 PEN 或 PEM 导体混淆,字母数字标志按 6.2.4 在各端指出。

5.3.5 PEM 导体

绝缘的 PEM 导体应在全长标绿-黄双色,蓝色标两端。

注:当下述二个条件之一被满足后两端的蓝色标识可省略。

——在电气设备中,如果特定的产品标准已包括相关要求。

——类似用于工业配电中的布线系统,由相关标委会决定。

如果 PEM 导体易与 PEN 或 PEL 导体混淆,字母数字标志按 6.2.5 在各端指出。

5.3.6 保护联结导体

保护联结导体应按 5.3.1 用绿-黄双色标识。

6 字母数字标识

6.1 一般要求

字母数字系统适用于标识导体和一组导体内的导体。用绿-黄双色绝缘的导体根据 6.2.2～6.2.8 应仅标注某特定导体。

标识应清晰和持久。

注:持久性评估见 IEC 60227-2。

所有的字母数字应与绝缘颜色形成强烈反差。标识应采用阿拉伯数字。

为了避免造成混淆,应在单个数字 6 和 9 下方添加横线。

6.2 规定的字母数字标识,不得用于本规定之外的其他目的。

6.2 某些特定导体的标识

6.2.1 中性导体

中性导体的字母数字标识应为“N”。

6.2.2 保护导体

保护导体的字母数字标识应为“PE”,这个标识是用于保护接地导体。

6.2.3 PEN 导体

PEN 导体的字母数字标识应为“PEN”。

6.2.4 PEL 导体

PEL 导体的字母数字标识应为“PEL”。

6.2.5 PEM 导体

PEM 导体的字母数字标识应为“PEM”。

6.2.6 保护联结导体

保护联结导体的字母数字标识应为“PB”。

6.2.7 接地的保护联结导体

有必要区别接地保护联结导体和不接地保护联结导体,接地的保护联结导体字母数字标识应为“PBE”。

6.2.8 不接地的保护联结导体

有必要区别接地的保护联结导体和不接地的保护联结导体，不接地的保护联结导体字母数字标识应为“PBU”。

6.2.9 功能接地导体

功能接地导体的字母数字标识应为“FE”。

6.2.10 功能联结导体

功能联结导体的字母数字标识应为“FB”。

附　录　A
（资料性附录）
某些特定导体的颜色代码和字母数字标识

表 A.1 列出了用颜色代码和字母数字标识的特定导体。

表 A.1　用颜色代码和字母数字对某些特定导体的标识

特定端子		导体标识	
		字母数字[a]	颜色标识（对黑白复印，给出根据 GB/T 13534 所给的颜色代码）
交流导体端子	线 1	L1	BK[b]
	线 2	L2	BN[b]
	线 3	L3	GY[b]
	中间导体	M	BU[c]
	中性导体	N	BU[c]
直流导体端子	正	L+	不专门推荐
	负	L−	不专门推荐

表 A.1（续）

特定端子		导体标识：字母数字[a]	导体标识：颜色标识（对黑白复印，给出根据GB/T 13534所给的颜色代码）
保护导体端子		PE	GNYE
PEN 导体端子		PEN	GNYE[d]
PEL 导体端子		PEL	
PEM 导体端子		PEM	BU[d]
保护联结导体端子		PB	GNYE
	接地的	PBE	
	不接地的	PBU	
功能接地导体端子		FE	不专门推荐
功能联结导体端子		FB	不专门推荐

[a] 见第 6 章。

[b] 无论是相位调整，还是旋转方向，不得应用上述颜色。

[c] 见 5.2.2。

[d] 见 5.3.3～5.3.5。

参 考 文 献

[1] GB 3836.4—2000 爆炸性气体环境用电气设备 第4部分:本质安全型"i"(eqv IEC 60079-11:1999)

[2] GB/T 13534-1992 电气颜色标志的代号(eqv IEC 60757:1983)

[3] IEC 60227-2:1997 额定电压450/750 V及以下聚氯乙烯绝缘电缆 第2部分:试验方法

[4] IEC 60601(所有部分) 医用电气设备

ICS 81.040.01
N 05

中华人民共和国国家标准

GB/T 7962.1—2010
代替 GB/T 7962.1—1987

无色光学玻璃测试方法
第1部分:折射率和色散系数

Test methods of colourless optical glass—
Part 1:Refractive index and coefficient of dispersion

2011-01-14 发布　　2011-05-01 实施

中华人民共和国国家质量监督检验检疫总局
中国国家标准化管理委员会　发布

前　言

GB/T 7962《无色光学玻璃测试方法》分为 20 个部分：

——第 1 部分：折射率和色散系数；

——第 2 部分：光学均匀性　斐索平面干涉法；

——第 3 部分：光学均匀性　全息干涉法；

——第 4 部分：折射率温度系数；

——第 5 部分：应力双折射；

——第 6 部分：杨氏模量、剪切模量及泊松比；

——第 7 部分：条纹度；

——第 8 部分：气泡度；

——第 9 部分：光吸收系数；

——第 10 部分：耐 X 射线性能；

——第 11 部分：可见折射率精密测试；

——第 12 部分：光谱内透射比；

——第 13 部分：导热系数；

——第 14 部分：耐酸稳定性；

——第 15 部分：耐潮稳定性；

——第 16 部分：线膨胀系数、转变温度和弛垂温度；

——第 17 部分：紫外、红外折射率；

——第 18 部分：克氏硬度；

——第 19 部分：磨耗度；

——第 20 部分：密度。

本部分为 GB/T 7962 的第 1 部分。

本部分代替 GB/T 7962.1—1987《无色光学玻璃测试方法　折射率和色散系数测试方法》。

本部分与 GB/T 7962.1—1987 相比，主要变化如下：

——调整了标准的结构，增加了前言、规范性引用文件、术语和定义三部分内容；

——仪器配套中增加了高折射率 V 棱镜，扩大了仪器的测量范围；

——折射率 n 的测量不确定度由 $\pm 3\times 10^{-5}$ 修订为 $\pm 5\times 10^{-5}$。

本部分由中国机械工业联合会提出。

本部分由全国仪表功能材料标准化技术委员会(SAC/TC 419)归口。

本部分负责起草单位：成都光明光电股份有限公司。

本部分主要起草人：许国珍、毛露路、田丰贵。

本部分所代替标准的历次版本发布情况为：

——GB/T 7962.1—1987。

无色光学玻璃测试方法
第1部分：折射率和色散系数

1 范围

GB/T 7962 的本部分规定了无色光学玻璃折射率和色散系数的测试方法、测试步骤和数据处理等内容。

本部分适用于用V棱镜方法进行无色光学玻璃折射率和色散系数的测量。

2 规范性引用文件

下列文件中的条款通过 GB/T 7962 的本部分的引用而成为本部分的条款。凡是注日期的引用文件，其随后所有的修改单(不包括勘误的内容)或修订版均不适用于本部分，然而，鼓励根据本部分达成协议的各方研究是否可使用这些文件的最新版本。凡是不注日期的引用文件，其最新版本适用于本部分。

GB/T 903 无色光学玻璃

3 术语和定义

下列术语和定义适用于本部分。

3.1

折射率 refractive index

光在真空中的传播速度与在介质中的传播速度的比值叫做介质的“绝对折射率”，用符号 n_{abs} 表示；光在空气中的传播速度与在介质中的传播速度的比值叫做介质的“相对折射率”，简称折射率，用符号 n 表示。

3.2

色散系数 dispersion coefficient

介质对不同波长光线的折射率是不相等的，不同波长光线之间的折射率差值称为色散。在无色光学玻璃中，(n_F-n_C)称为中部色散，$(n_d-1)/(n_F-n_C)$称为中部色散系数，简称色散系数，用符号 ν_d 表示。

4 原理

本方法采用比较测量法，如图1所示。当单色平行光束垂直入射到V棱镜后。经V棱镜和样品的多次折射，出射光线发生偏折。根据折射定律，被测样品的折射率用式(1)计算。

色散系数按式(2)计算。

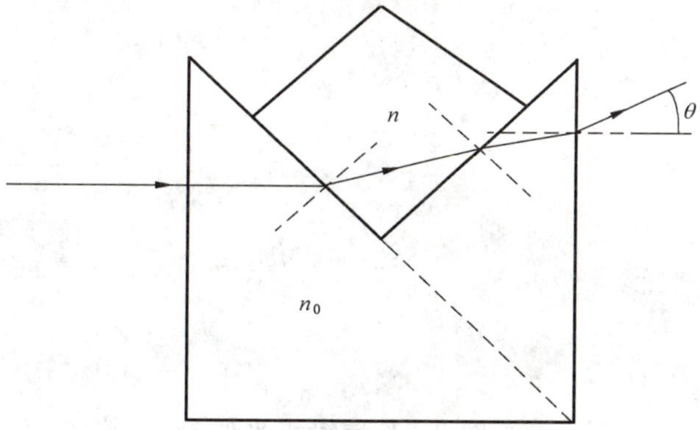

图1 V棱镜测量原理图

5 试剂

根据被测样品的折射率大小，选用表1所列液体进行配制。折射液与被测样品之间的折射率差值不大于0.01。

表1 常用几种液体的折射率

序号	液体名称	折射率(n_D)	序号	液体名称	折射率(n_D)
1	煤油	1.446	5	二碘甲烷	1.741
2	液体石蜡	1.480	6	二碘甲烷加硫磺的饱和溶液	1.787
3	α—溴代萘	1.656	7	二碘甲烷加硫磺及砷碘三的饱和溶液	1.801
4	α—碘代萘	1.705	8	$AsBr_3$、硫磺和 As_2S_2 的混合液（质量比1∶1∶3）	2.000

6 仪器

6.1 采用V棱镜折光仪。其光学系统如图2所示。

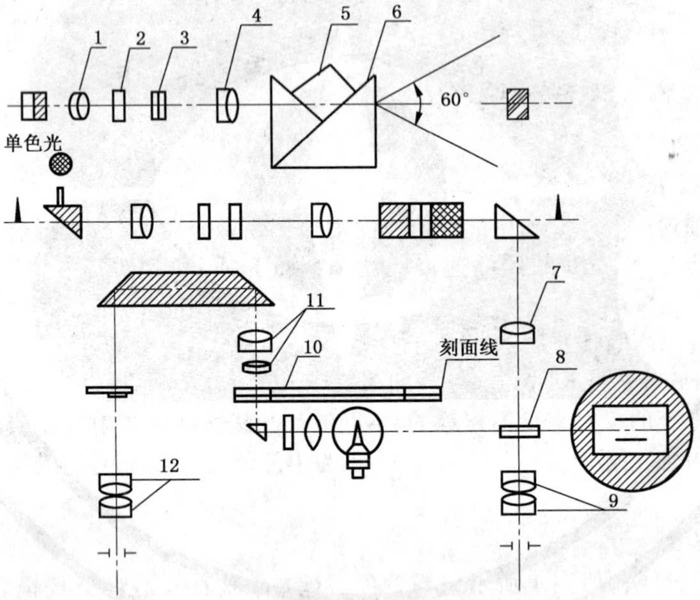

1——聚光镜；
2——滤光片；
3——分划板；
4——平行光管物镜；
5——被测样品；
6——V棱镜；
7——望远镜物镜；
8——分划板；
9——目镜；
10——度盘；
11——显微物镜；
12——测微目镜。

图2 V棱镜折光仪

6.2 每台仪器配备四块V棱镜和0点标样,其折射率及折射率的测量范围,如表2所示。

表2 V棱镜及0点标样

V棱镜编号	V棱镜及0点标样的折射率	折射率测量范围
1	约1.51(K5)	1.30～1.70
2	约1.65(ZF1)	1.40～1.80
3	约1.75(ZF6)	1.60～1.90
4	约1.88(ZLaF68)	1.80～2.00

6.3 每台仪器配置五种光谱灯,十种波长的滤光片,如表3所示。

表3 光谱灯及波长

光谱线	汞紫线 h	汞红线 g	镉蓝线 F′	氢蓝线 F	汞绿线 e	氦黄线 d	钠黄线 D	镉红线 C′	氢红线 C	氦红线 r
元素符号	Hg	Hg	Cd	H	Hg	He	Na	Cd	H	He
波长/nm	404.7	435.8	480.0	486.1	546.1	587.6	589.3	643.9	656.3	706.5

7 样品

7.1 样品玻璃应无肉眼可见条纹、气泡和结石。

7.2 样品加工成边长为15 mm的立方体或具有不少于一个准确直角的其他几何体。

7.3 当样品折射率$n_d \leqslant 1.70$时,两通光面用W14金刚砂磨成$90° \pm 1'$的直角;当$n_d > 1.70$时,两通光面应抛光,表面粗糙度$Ra=0.025$,面形$N=1$,$\Delta N=1$。两通光面构成$90° \pm 30''$的直角。

8 测试步骤

8.1 测试室温度:20 ℃±1 ℃。

8.2 测量前,样品应放在测试室恒温0.5 h以上。

8.3 用0级宽座直角尺检查样品角度。

8.4 根据被测样品折射率高低选择相应的V棱镜和0点标样。

8.5 根据测试要求选择光谱灯及谱线波长。

8.6 擦净V棱镜,在0点标样的通光面涂上规定的折射液,放入V棱镜内,仔细贴置,排除其间的气泡。接通电源,点燃光源,读取θ_0。

8.7 取下标样,擦净V棱镜,在被测样品的通光面涂上规定的折射液,放入V棱镜内,仔细贴置,排除其间的气泡,读取θ_1。

8.8 计算$\theta(\theta=\theta_1-\theta_0)$,将$\theta$、$n_0$值代入式(1)计算被测样品测试谱线波长的折射率$n_\lambda$。

8.9 重复8.5～8.8步骤测试其他谱线波长的折射率,n_d,n_F,n_C……。

9 数据处理

9.1 被测样品的折射率用式(1)计算:

$$n=\left(n_0^2+\sin\theta\sqrt{n_0^2-\sin^2\theta}\right)^{\frac{1}{2}} \qquad \cdots\cdots(1)$$

式中:

n——被测样品的折射率;

n_0——V棱镜的折射率;

θ——光束从V棱镜最后一面出射时的偏折角,单位为度(°)。

9.2 色散系数按式(2)计算。

$$\nu_d = \frac{n_d - 1}{n_F - n_C} \quad \cdots\cdots (2)$$

式中：

ν_d——色散系数；

n_d——d 线(587.6 nm)的折射率；

n_F——F 线(486.1 nm)的折射率；

n_C——C 线(656.3 nm)的折射率。

9.3 当测量地的大气压不在 $101\,325^{+2\,666}_{-5\,333}$ Pa 范围时，则应按式(3)进行折射率测量值的修正：

$$\Delta n_P = (n - n_0) \times 0.000\,293 \times \left(\frac{P - 101\,325}{101\,325}\right) \quad \cdots\cdots (3)$$

式中：

Δn_P——折射率气压修正值；

P——测量地大气压，单位为帕斯卡(Pa)。

9.4 将修正后的 n_d，n_F，n_C 代入式(2)计算 ν_d 值。

9.5 色散系数 ν_d 的相对偏差值用式(4)计算。

$$(\Delta\nu_d)_r = \frac{\nu_d - \nu_{d0}}{\nu_{d0}} \times 100\% \quad \cdots\cdots (4)$$

式中：

$(\Delta\nu_d)_r$——样品的色散系数相对偏差值；

ν_d——样品的色散系数测量值；

ν_{d0}——样品的色散系数标准值。

9.6 根据测得的 n_d 和 $(\Delta\nu_d)_r$ 值，按 GB/T 903 中的有关规定确定 n_d，ν_d 的类别。

9.7 测量不确定度

折射率 n 的测量不确定度为 $\pm 5\times10^{-5}$。

ICS 81.040.01
N 05

中华人民共和国国家标准

GB/T 7962.2—2010
代替 GB/T 7962.2—1987,GB/T 7962.4—1987

无色光学玻璃测试方法 第2部分:光学均匀性 斐索平面干涉法

Test methods of colourless optical glass—Part 2:Optical homogeneity—Fizeau plano-interferometry

2011-01-14 发布 2011-05-01 实施

中华人民共和国国家质量监督检验检疫总局
中国国家标准化管理委员会 发布

前　言

GB/T 7962《无色光学玻璃测试方法》分为20个部分：

——第1部分：折射率和色散系数；

——第2部分：光学均匀性　斐索平面干涉法；

——第3部分：光学均匀性　全息干涉法；

——第4部分：折射率温度系数；

——第5部分：应力双折射；

——第6部分：杨氏模量、剪切模量及泊松比；

——第7部分：条纹度；

——第8部分：气泡度；

——第9部分：光吸收系数；

——第10部分：耐X射线性能；

——第11部分：可见折射率精密测试；

——第12部分：光谱内透射比；

——第13部分：导热系数；

——第14部分：耐酸稳定性；

——第15部分：耐潮稳定性；

——第16部分：线膨胀系数、转变温度和弛垂温度；

——第17部分：紫外、红外折射率；

——第18部分：克氏硬度；

——第19部分：磨耗度；

——第20部分：密度。

本部分为GB/T 7962的第2部分。

本部分代替GB/T 7962.2—1987《无色光学玻璃测试方法　光学均匀性平行光管测试方法》和GB/T 7962.4—1987《无色光学玻璃测试方法　光学均匀性多光束球面干涉测试方法》。

本部分与GB/T 7962.2—1987和GB/T 7962.4—1987相比，主要变化如下：

——调整了标准的结构，增加了前言、规范性引用文件、术语和定义三部分内容；

——测试方法由多光束球面干涉法改为斐索平面干涉法。

本部分由中国机械工业联合会提出。

本部分由全国仪表功能材料标准化技术委员会(SAC/TC 419)归口。

本部分负责起草单位：成都光明光电股份有限公司。

本部分主要起草人：吴自强、周佺佺、田丰贵。

本部分所代替标准的历次版本发布情况为：

——GB/T 7962.2—1987；GB/T 7962.4—1987。

无色光学玻璃测试方法
第2部分：光学均匀性　斐索平面干涉法

1　范围

GB/T 7962的本部分规定了无色光学玻璃光学均匀性的测试方法、测试步骤和数据处理等内容。

本部分适用于直径或边长大于100 mm，厚度不小于40 mm的无色光学玻璃光学均匀性的测量。

2　规范性引用文件

下列文件中的条款通过GB/T 7962的本部分的引用而成为本部分的条款。凡是注日期的引用文件，其随后所有的修改单(不包括勘误的内容)或修订版均不适用于本部分，然而，鼓励根据本部分达成协议的各方研究是否可使用这些文件的最新版本。凡是不注日期的引用文件，其最新版本适用于本部分。

GB/T 903　无色光学玻璃

3　术语和定义

下列术语和定义适用于本部分。

3.1

光学均匀性　optical homogeneity

同块玻璃中各点折射率相对于玻璃平均折射率的最大正、负偏差，分别用符号 Δn^{+} 和 Δn^{-} 表示。

3.2

斐索平面干涉　Fizeau plano-interferometry

标准平面与待检面之间形成一定的倾角，改变其间空气楔的方位和大小，则两相干光束的光程差沿空气楔主截面方向逐渐变化，从而形成等厚干涉条纹。此种干涉称为斐索平面干涉。

3.3

***P*、*V* 值　peak value and valley value**

透射波前的波峰值和波谷值。

以最佳理想透射波前作为“零平面”(数据统计平均平面)，在测试口径范围内，规定玻璃透射波前的波峰值 P 为正值，波谷值 V 为负值。

3.4

***PV* 值　peak-valley value**

在测试口径范围内，透射波前的波峰—波谷值，用符号 PV 表示，则 $PV=P-V$。

4　原理

本部分采用斐索平面干涉仪测量无色光学玻璃的光学均匀性。样品垂直放置在干涉仪的测试光路中，当样品的折射率分布不均匀时，两次通过样品反射回来的光波波前不再是严格的平面，而是变成了一个曲面，测量透射波前的 P 值、V 值和 PV 值，利用式(1)、式(2)、式(3)分别计算被测玻璃的折射率偏差 Δn、Δn^{+} 和 Δn^{-}。

5　仪器

5.1　斐索平面干涉法测量光学均匀性的光学系统原理如图1所示。

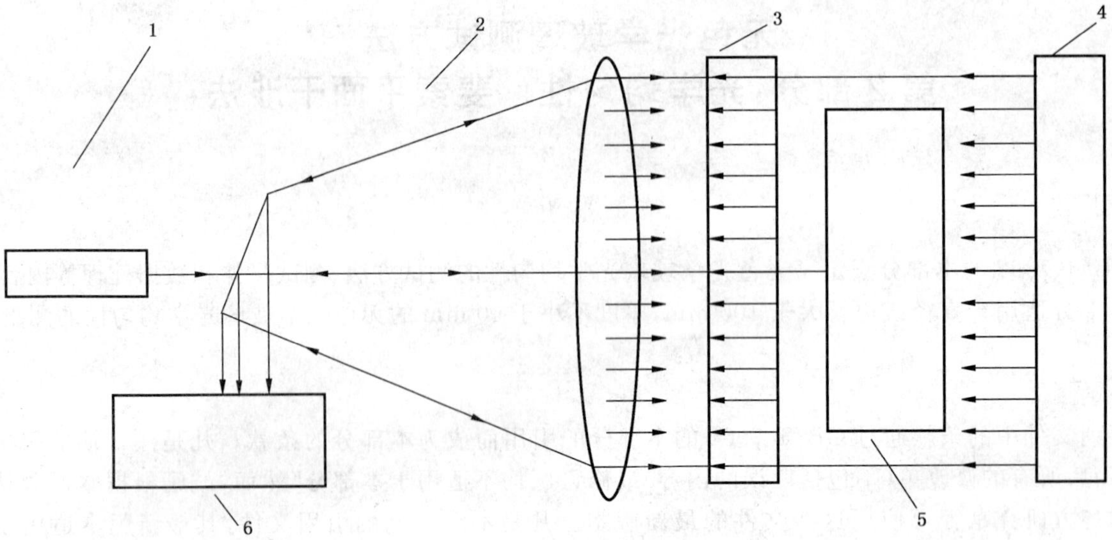

1——光源，He-Ne 激光，$\lambda=632.8\ \mathrm{nm}$；

2——准直系统；

3——标准斐索平面板；

4——标准反射镜，口径不小于 300 mm；

5——被测玻璃；

6——采样和数据处理系统。

图 1　仪器光学系统原理图

5.2　仪器空测最大误差：$\Delta(PV)=0.07$。

5.3　贴置板玻璃：光学均匀性 $\Delta n=\pm 7\times 10^{-7}$，直径不小于 200 mm，厚度为直径的 1/5～1/10。两个工作大面抛光，表面粗糙度 $Ra=0.012$，面形 $N=0.07$，$\Delta N=0.05$，平行度不大于 10″。

5.4　厚度测量仪：±0.1 mm。

6　样品

6.1　样品玻璃内应无肉眼可见的条纹、气泡等夹杂物。

6.2　样品尺寸根据玻璃产品大小而定，样品应有两个形状规则的通光面。

6.3　使用贴置板时，样品两通光面精磨，平行度不大于 1′，平面度不大于 0.03 mm，表面粗糙度 $Ra=1.6$。

6.4　不使用贴置板时，样品两通光面抛光，平行度不大于 1′，面形 $N=0.07$，$\Delta N=0.05$，表面粗糙度 $Ra=0.012$。

7　测试条件

7.1　测定室温度波动：$\Delta T<1$ ℃/h。

7.2　按样品尺寸大小，样品在测定室恒温的时间不少于表 1 的规定。

7.3　在测定室恒温的样品应分散放置，不允许层层叠放。

7.4　折射液与样品之间的折射率差不大于 0.000 1。

7.5　仪器应放置在气垫隔振平台上。

表 1　样品恒温时间表

样品边长或直径/mm	样品厚度/mm			
	40～70	70～100	100～150	150～200
	恒温时间/h			
100～150	24	32	40	48
150～200	32	40	48	56
200～300	40	48	56	64
300～400	48	56	64	72
400～500	56	64	72	80
500～600	64	72	80	88
600～700	72	80	88	96
700～800	80	88	96	104
800～900	88	96	104	112
900～1 000	96	104	112	120

8　测量步骤

8.1　不放样品，进行空测，仪器空测 PV 值应不大于 0.07。

8.2　把样品垂直放入测试光路。采用加贴置板方法时，在样品通光面和贴置板表面涂上折射液，将贴置板与样品表面紧密磨合排除气泡，紧贴在一起。如果样品经过抛光，并且达到 6.4 的要求，可不用贴置板，直接将样品垂直放入测试光路中进行测试。

8.3　对测试区域产生的干涉条纹进行采样测量和数据处理，得到透射波前的 P 值、V 值和 PV 值。

8.4　对于口径大于贴置板或仪器口径的玻璃，则采用分区测量的方法进行测量。重复 8.2～8.3 步骤，分别测量出每个区域的 P_1、V_1；P_2、V_2；P_3、V_3……，$(PV)_1$、$(PV)_2$、$(PV)_3$……，并从中选出最大的 PV 值作为测量结果。

8.5　用厚度测量仪测量样品的通光厚度 L，并记录结果。

9　数据处理

9.1　将 PV 值、P 值、V 值、L 值和 λ 值代入式(1)、式(2)、式(3)、式(4)中，分别计算出 Δn^+、Δn^- 和 Δn。

$$\Delta n=\frac{PV\cdot\lambda}{2L} \qquad (1)$$

式中：

Δn——在测试口径范围内，被测玻璃各点折射率绝对值的最大偏差；

L——被测样品的通光厚度，单位为毫米(mm)；

PV——透射波前的波峰-波谷值；

λ——测试用光波波长，单位为纳米(nm)。

$$\Delta n^+=\frac{P\cdot\lambda}{2L} \qquad (2)$$

式中：

Δn^+——在测试口径范围内，玻璃中各点折射率相对于玻璃平均折射率的最大正偏差；

P——透射波前的波峰值；

L——被测样品的通光厚度，单位为毫米(mm)。

$$\Delta n^{-} = \frac{V \cdot \lambda}{2L} \quad \cdots\cdots(3)$$

式中：

Δn^{-}——在测试口径范围内，玻璃中各点折射率相对于玻璃平均折射率的最大负偏差；

V——透射波前的波谷值。

$$\Delta n = \Delta n^{+} - \Delta n^{-} \quad \cdots\cdots(4)$$

9.2　光学均匀性定类

根据计算出的 Δn^{+}、Δn^{-} 和 Δn 值，按 GB/T 903 中的有关规定确定被测玻璃的光学均匀性类别。

9.3　光学均匀性 Δn 的测量不确定度为 $\pm 1\times 10^{-6}$。

ICS 81.040.01
N 05

中华人民共和国国家标准

GB/T 7962.3—2010
代替 GB/T 7962.3—1987

无色光学玻璃测试方法
第3部分:光学均匀性 全息干涉法

Test methods of colourless optical glass—
Part 3:optical homogeity—Holographic interferometry

2011-01-14 发布 2011-05-01 实施

中华人民共和国国家质量监督检验检疫总局
中国国家标准化管理委员会 发布

前言

GB/T 7962《无色光学玻璃测试方法》分为20个部分：

——第1部分：折射率和色散系数；

——第2部分：光学均匀性 斐索平面干涉法；

——第3部分：光学均匀性 全息干涉法；

——第4部分：折射率温度系数；

——第5部分：应力双折射；

——第6部分：杨氏模量、剪切模量及泊松比；

——第7部分：条纹度；

——第8部分：气泡度；

——第9部分：光吸收系数；

——第10部分：耐X射线性能；

——第11部分：可见折射率精密测试；

——第12部分：光谱内透射比；

——第13部分：导热系数；

——第14部分：耐酸稳定性；

——第15部分：耐潮稳定性；

——第16部分：线膨胀系数、转变温度和弛垂温度；

——第17部分：紫外、红外折射率；

——第18部分：克氏硬度；

——第19部分：磨耗度；

——第20部分：密度。

本部分为GB/T 7962的第3部分。

本部分代替GB/T 7962.3—1987《无色光学玻璃测试方法 光学均匀性全息干涉测试方法》。

本部分与GB/T 7962.3—1987相比，主要变化如下：

——调整了标准的结构，增加了前言、规范性引用文件、术语和定义三部分内容；

——修改了GB/T 7962.3—1987的“4.3.3 记录”(见6.3.3)和“4.3.4 填写报告单”(见6.3.4)。

本部分由中国机械工业联合会提出。

本部分由全国仪表功能材料标准化技术委员会(SAC/TC 419)归口。

本部分负责起草单位：全国仪表功能材料标准化技术委员会。

本部分主要起草人：刘庆宾、赵光明、何伦英。

本部分所代替标准的历次版本发布情况：

——GB/T 7962.3—1987。

无色光学玻璃测试方法
第3部分:光学均匀性　全息干涉法

1　范围

GB/T 7962 的本部分规定了无色光学玻璃光学均匀性的全息干涉法的测试方法原理、测试步骤和数据处理等内容。

本部分适用于用全息干涉法进行无色光学玻璃的光学均匀性的测量。

2　规范性引用文件

下列文件中的条款通过 GB/T 7962 的本部分的引用而成为本部分的条款。凡是注日期的引用文件，其随后所有的修改单(不包括勘误的内容)或修订版均不适用于本部分，然而，鼓励根据本部分达成协议的各方研究是否可使用这些文件的最新版本。凡是不注日期的引用文件，其最新版本适用于本部分。

GB/T 903　无色光学玻璃

3　原理

用干涉法测量光程的变化，从干涉条纹的数目即可计算出对应的折射率微差 Δn。

从经典干涉概念出发，导出被测样品的反射干涉条纹和透射干涉条纹所对应的干涉方程。在一定边界条件下，两个方程联立求解，可得样品的折射率微差 Δn 和厚度微差 Δh 的数学表达式。运用二次曝光全息差分干涉原理，将两组条纹记录在同一张全息图上，从全息图的再现图(再现波面)可求得 Δn 和 Δh。

4　仪器

4.1　全息干涉仪光路如图 1 所示。

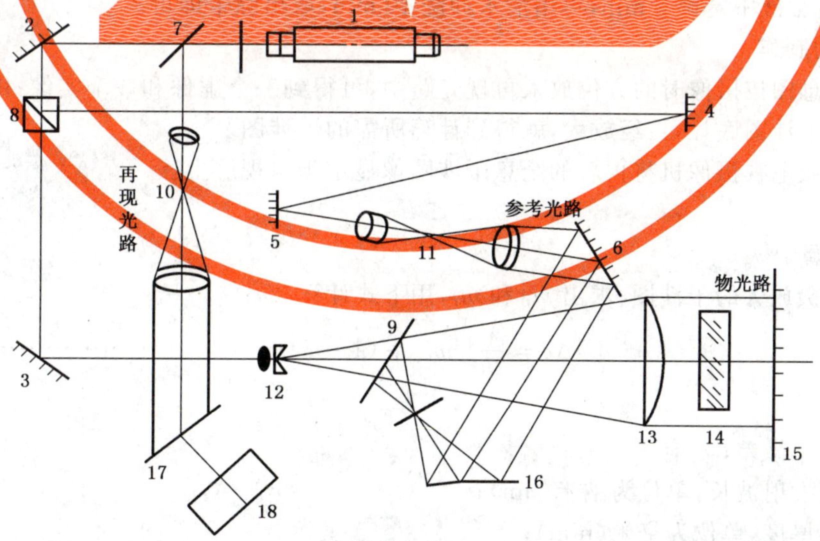

1——光源；
2、3、4、5、6——全反镜；
7、8、9——半反镜；
10、11——扩孔望远镜；
12——发散镜；
13——非球面透镜；
14——样品；
15——平面镜；
16——底板；
17——全息图板；
18——电视摄像系统。

图 1　全息干涉仪光路图

仪器的主要组成部分为：

a) 光源——功率大于 1 mW 的单横模氦氖激光器，发射波长为 632.8 nm；

b) 参考光路——放大率为 10 倍的扩束望远镜；

c) 物光路——采用两级扩束系统及直径为 300 nm 的非球面准直物镜；

d) 拍片及图像显示系统——电视机、摄像机及拍片架等。

4.2 贴置玻璃：直径为 300 mm。两工作面的平面度 N 等于 $\lambda/20$，局部平面度 Δn 等于 $\lambda/30$，平行度为 $1'$，表面疵病：$P=$Ⅲ。贴置玻璃本身的折射率微差 Δn 不大于 5×10^{-7}。

5 样品

5.1 抛光样品：平面度 N 等于 $\lambda/2$，局部平面度 ΔN 等于 $\lambda/4$，两通光面平行度为 $5''\sim10''$。

5.2 采用贴置玻璃配合检验的样品：两通光面细磨，平行度为 $1'$。

6 测量

6.1 条件

6.1.1 测量前样品须在恒温室放置 24 h 以上。

6.1.2 恒温室每小时温度波动不超过 ±1 ℃，湿度不大于 70%。

6.1.3 仪器应安装在符合隔震要求的地方。

6.2 步骤

6.2.1 样品调整

利用焦点重合法调整样品使其与光路垂直。微调样品台以得到适当密度的背景条纹。

6.2.2 拍摄二次曝光全息图

先不放样品，拍摄标准波面于全息底片上，然后放入样品，分别拍摄反射及透射干涉条纹于同一底片上，即得到二次曝光全息图底片。

6.2.3 全息图底片的显像处理

将曝光好的全息图底片，用 D-19 显影液在 20 ℃±2 ℃的温度下显影 1 min～2 min，取出用水冲洗片刻，放入 F-5 定影液中定影 5 min，再用清水冲洗 10 min，取出晾干即可。

6.2.4 干涉图的制作

将制好的全息图按摄像时的方位放入再现光路中，可得到一个虚像和一个实像；用照相机拍摄再现的全息图将得到干涉图底片，再经放大，就得到计算所需的干涉图。

也可使用工业电视摄像机将再现的全息干涉图像显示于电视屏上。

6.3 结果

6.3.1 Δn 的计算

根据上述拍摄放大的干涉图，求出 m_t 和 m_r，用下式计算 Δn：

$$\Delta n=\frac{\lambda}{2h}[nm_t+(1-n)m_r] \qquad (1)$$

式中：

Δn——折射率微差；

λ——光源发射波长，单位为纳米(nm)；

h——样品厚度，单位为毫米(mm)；

m_t——透射干涉条纹的干涉级次；

m_r——反射干涉条纹的干涉级次；

n——被测样品的折射率。

6.3.2 测量不确定度

用全息干涉法测量无色光学玻璃光学均匀性的测量不确定度为 $\pm1\times10^{-6}$。

6.3.3 光学均匀性定类

根据计算所得的 Δn 值，按 GB/T 903 的规定定类。

在生产检验中，如直接由电视显示干涉图快速判别被检样品的光学均匀性类别时，见附录 A 和附录 B。

6.3.4 测试记录

测试记录应包括下列内容：

a) 样品名称及规格、牌号；

b) 样品编号；

c) 委托单位；

d) 测试依据；

e) 测试部位；

f) 测试数据及结果；

g) 测试及复核人签名；

h) 测试日期。

6.3.5 测试报告

测试报告应包括下列内容：

a) 样品名称及牌号、规格；

b) 样品编号；

c) 委托单位；

d) 测试依据；

e) 测试结果；

f) 测试、复核及批准人签名；

g) 测试日期。

附　录　A
（资料性附录）
光学均匀性类别识图判别法

根据电视显示的干涉图或拍摄放大干涉图，可以直接判断出玻璃光学均匀性的类别，判别准则如下。

A.1　如干涉图中，反射干涉条纹和透射干涉条纹走向一致，且 μ 值接近 μ_0 值（$\mu=m_t/m_r$、$\mu_0=n/(n-1)$）。此时，$\Delta n\leqslant\pm2\times10^{-6}$，可判样品光学均匀性为 H1 类。

A.2　如干涉图中，反射干涉条纹和透射干涉条纹有 0.5～1 根条纹交叉，且 μ 值接近 μ_0 值。此时，$\Delta n\leqslant\pm5\times10^{-6}$，可判样品光学均匀性为 H2 类。

A.3　如干涉图中，反射干涉条纹和透射干涉有 1.5 根条纹的交叉。此时，$\Delta n\leqslant\pm1\times10^{-5}$，可判样品光学均匀性为 H3 类。

A.4　如干涉图中，反射干涉条纹和透射干涉条纹有 2～5 根条纹交叉，μ 值偏离 μ_0 值较多。此时，$\Delta n\leqslant\pm2\times10^{-5}$，可判样品均匀性为 H4 类。

附 录 B
（资料性附录）
光学均匀性类别识图查表判别法

此为光学均匀性快速判别法，判别准则如下。

B.1 将电视显示出的干涉图与预先绘制出的一套典型干涉图（如图 B.1）对照，确定样品的干涉图类型。

B.2 根据样品干涉图的类型，折射率 n_d 及厚度 h，对照 Δn 值表（见表 B.1 和表 B.2），可查出样品的折射率渐变值 Δn（近似值）。

B.3 采用内插法计算出 Δn 的精确值，然后判别光学均匀性的类型。

表 B.1 条纹交叉时不同厚度样品的 Δn 值

(1) $n=1.50, m_t=0, \Delta n=\frac{\lambda}{2h}[m_r-n(m_r-m_t)]$			
m_r	$\Delta n(h=20\ \text{mm})$	$\Delta n(h=50\ \text{mm})$	$\Delta n(h=80\ \text{mm})$
0.25	-1.978×10^{-6}	-7.91×10^{-7}	-4.944×10^{-7}
0.5	-3.955×10^{-6}	-1.582×10^{-6}	-9.888×10^{-7}
0.75	-5.9333×10^{-6}	-2.373×10^{-6}	-1.483×10^{-6}
1	-7.910×10^{-6}	-3.164×10^{-6}	-1.978×10^{-6}
2	-1.582×10^{-5}	-6.328×10^{-6}	-3.955×10^{-6}
3	-2.373×10^{-5}	-9.492×10^{-6}	-5.933×10^{-6}
4	-3.164×10^{-5}	-1.266×10^{-5}	-7.91×10^{-6}
5	-3.955×10^{-5}	-1.582×10^{-5}	-9.888×10^{-6}
(2) $n=1.55, m_t=0, \Delta n=\frac{\lambda}{2h}[m_r-n(m_r-m_t)]$			
m_r	$\Delta n(h=20\ \text{mm})$	$\Delta n(h=50\ \text{mm})$	$\Delta n(h=80\ \text{mm})$
0.25	-2.117×10^{-6}	-8.701×10^{-7}	-5.438×10^{-7}
0.5	-4.351×10^{-6}	-1.74×10^{-6}	-1.088×10^{-6}
0.75	-6.626×10^{-6}	-2.61×10^{-6}	-1.631×10^{-6}
1	-8.701×10^{-6}	-3.84×10^{-6}	-2.175×10^{-6}
2	-1.740×10^{-5}	-6.961×10^{-6}	-4.351×10^{-6}
3	-2.610×10^{-5}	-1.044×10^{-5}	-6.526×10^{-6}
4	-3.430×10^{-5}	-1.392×10^{-5}	-8.701×10^{-6}
5	-4.351×10^{-5}	-1.740×10^{-5}	-1.088×10^{-5}
(3) $n=1.60, m_t=0, \Delta n=\frac{\lambda}{2h}[m_r-n(m_r-m_t)]$			
m_r	$\Delta n(h=20\ \text{mm})$	$\Delta n(h=50\ \text{mm})$	$\Delta n(h=80\ \text{mm})$
0.25	-2.373×10^{-6}	-2.117×10^{-7}	-2.117×10^{-7}
0.5	-4.746×10^{-6}	-2.117×10^{-6}	-2.117×10^{-6}
0.75	-7.119×10^{-6}	-2.117×10^{-6}	-2.117×10^{-6}

表 B.1（续）

m_r	$\Delta n(h=20\text{ mm})$	$\Delta n(h=50\text{ mm})$	$\Delta n(h=80\text{ mm})$
1	-9.492×10^{-6}	-2.117×10^{-6}	-2.117×10^{-6}
2	-1.898×10^{-5}	-2.117×10^{-6}	-2.117×10^{-6}
3	-2.848×10^{-5}	-2.117×10^{-5}	-2.117×10^{-6}
4	-3.797×10^{-5}	-2.117×10^{-5}	-2.117×10^{-6}
5	-4.746×10^{-5}	-2.117×10^{-5}	-2.117×10^{-5}
(4) $n=1.65, m_t=0, \Delta n=\frac{\lambda}{2h}[m_r-n(m_r-m_t)]$			
m_r	$\Delta n(h=20\text{ mm})$	$\Delta n(h=50\text{ mm})$	$\Delta n(h=80\text{ mm})$
0.25	-2.571×10^{-6}	-1.028×10^{-6}	-6.427×10^{-7}
0.5	-5.142×10^{-6}	-2.057×10^{-6}	-1.285×10^{-6}
0.75	-7.712×10^{-6}	-3.085×10^{-6}	-1.928×10^{-6}
1	-1.028×10^{-5}	-4.113×10^{-6}	-2.571×10^{-6}
2	-2.057×10^{-5}	-8.226×10^{-6}	-5.142×10^{-6}
3	-3.085×10^{-5}	-1.234×10^{-5}	-7.712×10^{-6}
4	-4.113×10^{-5}	-1.645×10^{-5}	-1.028×10^{-5}
5	-5.141×10^{-5}	-2.057×10^{-5}	-1.85×10^{-5}
(5) $n=1.70, m_t=0, \Delta n=\frac{\lambda}{2h}[m_r-n(m_r-m_t)]$			
m_r	$\Delta n(h=20\text{ mm})$	$\Delta n(h=50\text{ mm})$	$\Delta n(h=80\text{ mm})$
0.25	-2.769×10^{-6}	-1.107×10^{-6}	-6.921×10^{-7}
0.5	-5.537×10^{-6}	-2.215×10^{-6}	-1.384×10^{-6}
0.75	-8.306×10^{-6}	-3.322×10^{-6}	-2.076×10^{-6}
1	-1.107×10^{-5}	-4.430×10^{-6}	-2.769×10^{-6}
2	-2.215×10^{-5}	-8.859×10^{-6}	-5.537×10^{-6}
3	-3.322×10^{-5}	-1.329×10^{-5}	-8.306×10^{-6}
4	-4.430×10^{-5}	-1.772×10^{-5}	-1.107×10^{-5}
5	-5.537×10^{-5}	-2.215×10^{-5}	-1.384×10^{-5}

表 B.2　不同调制系数和不同厚度的 Δn 值

(1) $n=1.50, m_t=5(\mu_0=3), \Delta n=\frac{\lambda}{2h}m_t[\mu-n(\mu-1)]$			
μ	$\Delta n(h=80\text{ mm})$	$\Delta n(h=50\text{ mm})$	$\Delta n(h=20\text{ mm})$
2.5	4.944×10^{-6}	7.91×10^{-6}	1.978×10^{-5}
2.6	3.955×10^{-6}	6.328×10^{-6}	1.582×10^{-5}
2.7	2.966×10^{-6}	4.746×10^{-6}	1.187×10^{-5}
2.8	1.978×10^{-6}	3.164×10^{-6}	7.91×10^{-6}
2.9	9.886×10^{-7}	1.582×10^{-6}	3.955×10^{-6}
3.1	-9.886×10^{-7}	-1.582×10^{-6}	-3.955×10^{-6}

表 B.2（续）

μ	$\Delta n(h=80\ \text{mm})$	$\Delta n(h=50\ \text{mm})$	$\Delta n(h=20\ \text{mm})$
3.2	-1.978×10^{-6}	-3.164×10^{-6}	-7.91×10^{-5}
3.3	-2.966×10^{-6}	-4.746×10^{-6}	-1.187×10^{-5}
3.4	-3.955×10^{-6}	-6.328×10^{-6}	-1.582×10^{-5}
3.5	-4.944×10^{-6}	-7.91×10^{-6}	-1.978×10^{-5}
(2) $n=1.60, m_t=5(\mu_0=2.7), \Delta n=\frac{\lambda}{2h}m_t[\mu-n(\mu-1)]$			
μ	$\Delta n(h=80\ \text{mm})$	$\Delta n(h=50\ \text{mm})$	$\Delta n(h=20\ \text{mm})$
2.2	5.537×10^{-6}	8.859×10^{-6}	2.215×10^{-5}
2.3	4.351×10^{-6}	6.961×10^{-6}	1.740×10^{-5}
2.4	3.164×10^{-6}	5.062×10^{-6}	1.266×10^{-5}
2.5	1.978×10^{-6}	3.164×10^{-6}	7.91×10^{-6}
2.6	7.91×10^{-7}	1.266×10^{-6}	3.164×10^{-6}
2.8	-1.582×10^{-6}	-2.531×10^{-6}	-6.328×10^{-6}
2.9	-2.769×10^{-6}	-4.430×10^{-6}	-1.107×10^{-5}
3.0	-3.955×10^{-6}	-6.328×10^{-6}	-1.582×10^{-5}
3.1	-5.142×10^{-6}	-8.226×10^{-6}	-2.057×10^{-5}
3.2	-6.328×10^{-6}	-1.012×10^{-5}	-2.531×10^{-5}
(3) $n=1.70, m_t=5(\mu_0=2.4), \Delta n=\frac{\lambda}{2h}m_t[\mu-n(\mu-1)]$			
μ	$\Delta n(h=80\ \text{mm})$	$\Delta n(h=50\ \text{mm})$	$\Delta n(h=20\ \text{mm})$
1.9	7.317×10^{-6}	1.171×10^{-5}	2.927×10^{-6}
2.0	5.933×10^{-6}	9.492×10^{-6}	2.373×10^{-5}
2.1	4.548×10^{-6}	7.277×10^{-6}	1.819×10^{-5}
2.2	3.164×10^{-6}	5.062×10^{-6}	1.266×10^{-5}
2.3	1.780×10^{-6}	2.848×10^{-6}	7.119×10^{-6}
2.4	-9.888×10^{-7}	-1.582×10^{-6}	-3.955×10^{-6}
2.6	-3.362×10^{-6}	-5.379×10^{-6}	-1.345×10^{-5}
2.6	-3.757×10^{-6}	-6.012×10^{-6}	-1.503×10^{-5}
2.8	-5.142×10^{-6}	-8.226×10^{-6}	-2.057×10^{-5}
2.9	-6.526×10^{-6}	-1.044×10^{-5}	-2.618×10^{-5}

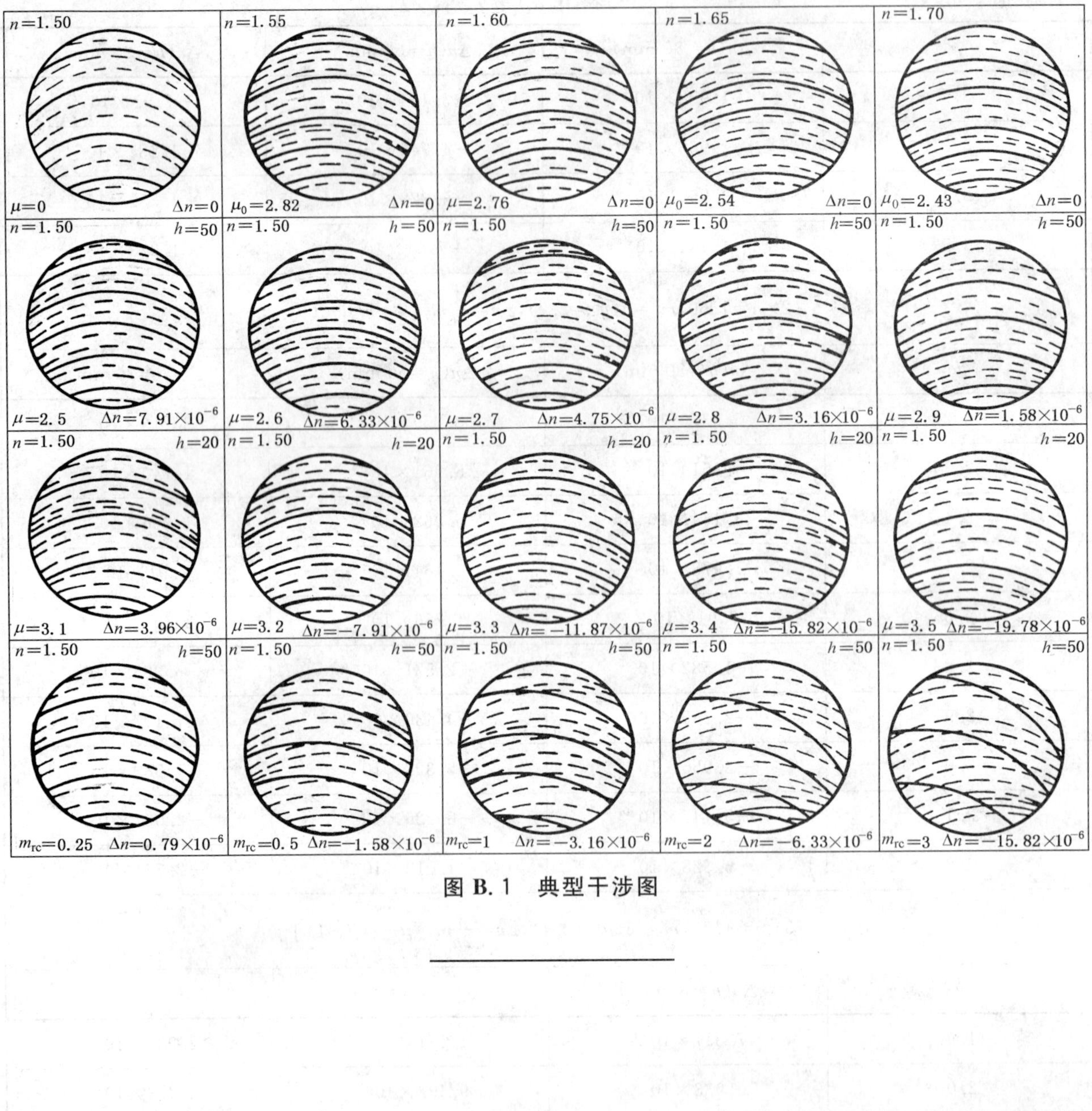
n=1.50
μ=0
Δn=0
n=1.55
μ0=2.82
Δn=0
n=1.60
μ=2.76
Δn=0
n=1.65
μ0=2.54
Δn=0
n=1.70
μ0=2.43
Δn=0
n=1.50
h=50
μ=2.5
Δn=7.91×10-6
n=1.50
h=50
μ=2.6
Δn=6.33×10-6
n=1.50
h=50
μ=2.7
Δn=4.75×10-6
n=1.50
h=50
μ=2.8
Δn=3.16×10-6
n=1.50
h=50
μ=2.9
Δn=1.58×10-6
n=1.50
h=20
μ=3.1
Δn=3.96×10-6
n=1.50
h=20
μ=3.2
Δn=−7.91×10-6
n=1.50
h=20
μ=3.3
Δn=−11.87×10-6
n=1.50
h=20
μ=3.4
Δn=−15.82×10-6
n=1.50
h=20
μ=3.5
Δn=−19.78×10-6
n=1.50
h=50
mrc=0.25
Δn=0.79×10-6
n=1.50
h=50
mrc=0.5
Δn=−1.58×10-6
n=1.50
h=50
mrc=1
Δn=−3.16×10-6
n=1.50
h=50
mrc=2
Δn=−6.33×10-6
n=1.50
h=50
mrc=3
Δn=−15.82×10-6

图 B.1 典型干涉图

ICS 81.040.01
N 05

中华人民共和国国家标准

GB/T 7962.4—2010
代替 GB/T 7962.22—1987

无色光学玻璃测试方法 第4部分：折射率温度系数

Test methods of colourless optical glass—Part 4: Temperature coefficient of refractive index

2011-01-14 发布

2011-05-01 实施

中华人民共和国国家质量监督检验检疫总局
中国国家标准化管理委员会 发布

前　言

GB/T 7962《无色光学玻璃测试方法》分为20个部分：

——第1部分：折射率和色散系数；

——第2部分：光学均匀性　斐索平面干涉法；

——第3部分：光学均匀性　全息干涉法；

——第4部分：折射率温度系数；

——第5部分：应力双折射；

——第6部分：杨氏模量、剪切模量及泊松比；

——第7部分：条纹度；

——第8部分：气泡度；

——第9部分：光吸收系数；

——第10部分：耐X射线性能；

——第11部分：可见折射率精密测试；

——第12部分：光谱内透射比；

——第13部分：导热系数；

——第14部分：耐酸稳定性；

——第15部分：耐潮稳定性；

——第16部分：线膨胀系数、转变温度和弛垂温度；

——第17部分：紫外、红外折射率；

——第18部分：克氏硬度；

——第19部分：磨耗度；

——第20部分：密度。

本部分为GB/T 7962的第4部分。

本部分代替GB/T 7962.22—1987《无色光学玻璃测试方法　折射率温度系数测试方法》。

本部分与GB/T 7962.22—1987相比，主要变化如下：

——调整了标准的结构，增加了前言、规范性引用文件、术语和定义三部分内容；

——测试方法由干涉比较测量法改为最小偏向角直接测量法；

——增加了红外t(1 013.98 nm)线的测量。

本部分由中国机械工业联合会提出。

本部分由全国仪表功能材料标准化技术委员会(SAC/TC 419)归口。

本部分负责起草单位：成都光明光电股份有限公司。

本部分主要起草人：吴自强、岑薇、田丰贵。

本部分所代替标准的历次版本发布情况为：

——GB/T 7962.22—1987。

无色光学玻璃测试方法
第 4 部分:折射率温度系数

1 范围

GB/T 7962 的本部分规定了无色光学玻璃折射率温度系数的测试原理、测试仪器、测试步骤和数据处理等内容。

本部分适用于无色光学玻璃的折射率温度系数测试。

2 规范性引用文件

下列文件中的条款通过 GB/T 7962 的本部分的引用而成为本部分的条款。凡是注日期的引用文件,其随后所有的修改单(不包括勘误的内容)或修订版均不适用于本部分,然而,鼓励根据本部分达成协议的各方研究是否可使用这些文件的最新版本。凡是不注日期的引用文件,其最新版本适用于本部分。

GB/T 903 无色光学玻璃

3 术语和定义

下列术语和定义适用于本部分。

3.1

最小偏向角 minimum deviation angle

光线通过折射棱镜时会发生偏折,当入射角等于出射角时,则入射光线和出射光线的夹角具有最小值,称为最小偏向角,用符号 δ 表示。

3.2

折射率温度系数 temperature coefficient of refractive index

β

材料在维持其他条件不变的情况下,材料的折射率相对于温度的变化率。折射率温度系数分为绝对折射率温度系数和相对折射率温度系数,分别用符号 β_{abs} 和 β_{rel} 表示。

4 原理

本方法采用最小偏向角直接测量折射率的方法进行测量,如图 1 所示。

本方法就是通过测量不同温度下各波长的最小偏向角 δ',用式(1)计算其绝对折射率 n_{abs},再根据定义用式(2)计算绝对折射率温度系数。

用式(3)将绝对折射率温度系数 β_{abs} 换算成相对折射率温度系数 β_{rel}。

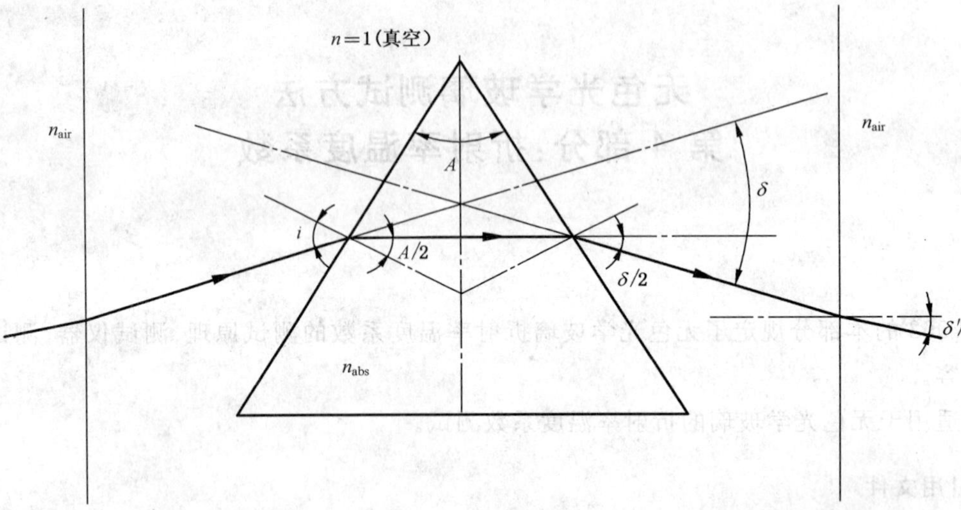

图 1 最小偏向角测试原理图

5 仪器设备

5.1 精密测角仪

精密测角仪应满足下述条件：

a) 角度测量不确定度为±1″；

b) 折射率测量不确定度为$\pm 1\times 10^{-5}$；

c) 光源及谱线见表 1。

表 1 光源及谱线

谱线 nm	符号	光源	谱线 nm	符号	光源
1 013.98	t	Hg	546.07	e	Hg
643.85	C′	Cd	479.99	F′	Cd
587.56	d	He	435.83	g	Hg

5.2 真空样品室

真空样品室应满足下述条件：

a) 温度范围为－40 ℃～＋80 ℃；

b) 温度控制不确定度为±0.2 ℃。

5.3 真空泵

真空泵应满足下述条件：

a) 抽气速度为 50 L/min；

b) 可抽真空度为6.7×10^{-2} Pa。

5.4 液氮罐

液氮罐的容量为 10 L～30 L。

6 样品

6.1 样品玻璃应达到 GB/T 903 规定的应力双折射 1 类、气泡 A 级、条纹 C 级。

6.2 被测样品加工成等腰棱镜，棱镜高度 24 mm～26 mm，厚度 20 mm。两腰抛光，表面粗糙度 Ra＝0.012，面形 N＝0.4，ΔN＝0.4，塔差为 1′，其余各面细磨。

棱镜顶角，根据被测样品的折射率高低由表2确定。

表2 棱镜顶角A

被测样品折射率	棱镜顶角 A	棱镜高度/mm
<1.70	60°	26
1.70～2.10	45°	24
>2.10	30°	24

7 测量步骤

7.1 按照仪器操作规程打开仪器，预热30 min。

7.2 打开控制电脑中的测试程序，用氦灯的d线(587.56 nm)将仪器调零，即：将准直系统和自准直仪的光轴调至一条线上，并在测试程序中设定零点。

7.3 将样品放置在载物台的中央位置，调节载物台的水平位置，然后测定样品顶角 A。

7.4 按要求将样品放入密闭的样品室中，再将样品室放在测角仪载物台上。

7.5 启动真空泵，对样品室抽真空。

7.6 通液氮将样品温度降至−40 ℃。

7.7 根据所要测的谱线选择对应的光源，转动度盘找到最小偏向角的位置，点击测试程序中相对应的波长测定出−40 ℃时所选波长的绝对折射率 $n_{abs}(-40\ ℃)$。

7.8 重复7.7测量步骤，测量出所要测量的其他各谱线波长的绝对折射率：

$n_{abs}t(-40\ ℃)$、$n_{abs}C'(-40\ ℃)$、$n_{abs}d(-40\ ℃)$、…$n_{abs}g(-40\ ℃)$。

7.9 启动升温程序，将样品温度由−40 ℃逐渐升温至−20 ℃，0 ℃，…，80 ℃。每隔20 ℃为一个测量点，每个温度点保温3 min～5 min。重复7.7～7.8测量步骤，测量出样品在不同温度下各谱线波长的绝对折射率：

$n_{abs}t(-20\ ℃)$、$n_{abs}C'(-20\ ℃)$、$n_{abs}d(-20\ ℃)$、…$n_{abs}g(-20\ ℃)$；

$n_{abs}t(0\ ℃)$、$n_{abs}C'(0\ ℃)$、$n_{abs}d(0\ ℃)$、…$n_{abs}g(0\ ℃)$；

$n_{abs}t(+20\ ℃)$、$n_{abs}C'(+20\ ℃)$、$n_{abs}d(+20\ ℃)$、…$n_{abs}g(+20\ ℃)$；

⋮

$n_{abs}t(+80\ ℃)$、$n_{abs}C'(+80\ ℃)$、$n_{abs}d(+80\ ℃)$、…$n_{abs}g(+80\ ℃)$。

8 数据处理

8.1 绝对折射率 n_{abs}

不同温度下各波长的绝对折射率 n_{abs}，用式(1)计算。

$$n_{abs}=\frac{\sin\{(A/2)+\arcsin[n_{air}\cdot\sin(\delta'/2)]\}}{\sin(A/2)} \qquad \cdots\cdots(1)$$

式中：

n_{abs}——被测样品的绝对折射率；

A——被测样品的顶角；

n_{air}——空气的折射率；

δ'——最小偏向角。

8.2 绝对折射率温度系数 β_{abs}

绝对折射率温度系数 β_{abs} 用式(2)计算。

$$\beta_{abs}=\frac{n_{abs}(T_2)-n_{abs}(T_1)}{T_2-T_1} \qquad \cdots\cdots(2)$$

式中：

$n_{abs}(T_1)$——温度为 T_1 时的绝对折射率；

$n_{abs}(T_2)$——温度为 T_2 时的绝对折射率。

8.3 相对折射率温度系数 β_{rel}

相对折射率温度系数 β_{rel} 与绝对折射率温度系数 β_{abs} 的换算用式(3)计算。

$$\beta_{rel}=(\beta_{abs}-n_{rel}\cdot\beta_{air})/n_{air} \quad \cdots\cdots(3)$$

式中：

n_{rel}——被测样品的相对折射率；

β_{air}——空气的折射率温度系数。

空气的折射率和折射率温度系数见表 3 和表 4。

表 3 标准大气压下空气的折射率

谱线符号	t	C′	d	e	F′	g
波长/nm	1 013.98	643.85	587.56	546.07	479.99	435.83
标准 20 ℃	1.000 269 4	1.000 271 7	1.000 272 4	1.000 273 1	1.000 274 7	1.000 276 3
−40 ℃	1.000 339 0	1.000 341 8	1.000 342 7	1.000 343 7	1.000 345 7	1.000 347 6
−20 ℃	1.000 312 1	1.000 314 7	1.000 315 6	1.000 316 4	1.000 318 3	1.000 320 1
0 ℃	1.000 289 2	1.000 291 6	1.000 292 4	1.000 293 2	1.000 294 9	1.000 296 6
20 ℃	1.000 269 4	1.000 271 7	1.000 272 4	1.000 273 1	1.000 274 7	1.000 276 3
40 ℃	1.000 252 2	1.000 254 2	1.000 255 0	1.000 255 6	1.000 257 1	1.000 258 6
60 ℃	1.000 237 0	1.000 238 9	1.000 239 6	1.000 240 2	1.000 241 6	1.000 243 0
80 ℃	1.000 223 5	1.000 225 4	1.000 226 0	1.000 226 6	1.000 227 9	1.000 229 2

表 4 空气的折射率温度系数

温度/℃	β_{air}/(10^{-6}/℃)	温度/℃	β_{air}/(10^{-6}/℃)
−40～−20	−1.35	20～40	−0.87
−20～0	−1.15	40～60	−0.76
0～20	−1.00	60～80	−0.68

8.4 将测得的各谱线波长在不同温度下的绝对折射率代入式(2)，计算出表 5 所列各谱线的绝对折射率温度系数 β_{abs}。

表 5 绝对折射率温度系数

温度范围/℃	β_{abs}/(10^{-6}/℃)					
	t	C′	d	e	F′	g
−40～−20						
−20～0						

表 5（续）

温度范围/℃	β_{abs}/(10^{-6}/℃)					
	t	C′	d	e	F′	g
0～20						
20～40						
40～60						
60～80						

8.5　利用式(3)将 β_{abs} 换算成 β_{rel}。

8.6　折射率温度系数的测量不确定度为$\pm 7\times 10^{-7}$/℃。

ICS 81.040.01
N 05

中华人民共和国国家标准

GB/T 7962.5—2010
代替 GB/T 7962.5—1987,GB/T 7962.6—1987

无色光学玻璃测试方法 第5部分:应力双折射

Test methods of colourless optical glass—Part 5:Stress birefringence

2011-01-14 发布　　2011-05-01 实施

中华人民共和国国家质量监督检验检疫总局
中国国家标准化管理委员会　发布

前　言

GB/T 7962《无色光学玻璃测试方法》分为20个部分：

——第1部分：折射率和色散系数；

——第2部分：光学均匀性　斐索平面干涉法；

——第3部分：光学均匀性　全息干涉法；

——第4部分：折射率温度系数；

——第5部分：应力双折射；

——第6部分：杨氏模量、剪切模量及泊松比；

——第7部分：条纹度；

——第8部分：气泡度；

——第9部分：光吸收系数；

——第10部分：耐X射线性能；

——第11部分：可见折射率精密测试；

——第12部分：光谱内透射比；

——第13部分：导热系数；

——第14部分：耐酸稳定性；

——第15部分：耐潮稳定性；

——第16部分：线膨胀系数、转变温度和弛垂温度；

——第17部分：紫外、红外折射率；

——第18部分：克氏硬度；

——第19部分：磨耗度；

——第20部分：密度。

本部分为GB/T 7962的第5部分。

本部分代替GB/T 7962.5—1987《无色光学玻璃测试方法　中部应力双折射测试方法》和GB/T 7962.6—1987《无色光学玻璃测试方法　边缘应力双折射测试方法》。

本部分与GB/T 7962.5—1987和GB/T 7962.6—1987相比，主要变化如下：

——调整了标准的结构，增加了前言、规范性引用文件、术语和定义三部分内容；

——将GB/T 7962.5—1987和GB/T 7962.6—1987整合为一个标准；

——对仪器要求作了修订。

本部分由中国机械工业联合会提出。

本部分由全国仪表功能材料标准化技术委员会(SAC/TC 419)归口。

本部分负责起草单位：成都光明光电股份有限公司。

本部分主要起草人：张世泽、刘珍、田丰贵。

本部分所代替标准的历次版本发布情况为：

——GB/T 7962.5—1987；GB/T 7962.6—1987。

无色光学玻璃测试方法
第5部分：应力双折射

1 范围

GB/T 7962的本部分规定了无色光学玻璃应力双折射的测试方法、测试步骤和数据处理等内容。

本部分适用于无色光学玻璃应力双折射的测试。

2 规范性引用文件

下列文件中的条款通过GB/T 7962的本部分的引用而成为本部分的条款。凡是注日期的引用文件，其随后所有的修改单(不包括勘误的内容)或修订版均不适用于本部分，然而，鼓励根据本部分达成协议的各方研究是否可使用这些文件的最新版本。凡是不注日期的引用文件，其最新版本适用于本部分。

GB/T 903 无色光学玻璃

3 术语和定义

下列术语和定义适用于本部分。

3.1

应力双折射 stress birefringence

光学玻璃是一种各向同性物质。如果玻璃有应力，就会呈现光学各向异性，使一束垂直入射的偏振光沿玻璃中的两主应力方向分解成振动方向互相垂直、传播速度不同的两束偏振光。这种由于应力引起的双折射称为应力双折射。

3.2

光程差 optical path difference

δ

偏振光通过有应力的玻璃时产生双折射。两束折射偏振光在玻璃中的传播速度不同，导致两束偏振光通过玻璃后的光程不等，从而产生光程差。

4 原理

当偏振光通过被测样品和四分之一波片时，其偏振面将发生旋转，旋转角 α 与样品的双折射光程差 δ 成正比，可用式(1)表示。

5 仪器

5.1 四分之一波片法偏光应力仪，如图1所示。

5.2 仪器主要光学元件技术要求如下：

a) 滤光片的峰值波长为540 nm±5 nm，波带半高宽为6 nm，在可见光区域不允许有次峰；

b) 四分之一波片的光程差为135 nm±5 nm；

c) 起偏器和检偏器的偏振度不低于0.99。

5.3 直接读数式偏光应力仪，带有一个和检偏器联动的光程差读数盘(刻度值与滤光片的峰值波长一致)，可在读数盘上直接读取光程差。

5.4 钢板尺:600 mm,±1 mm。

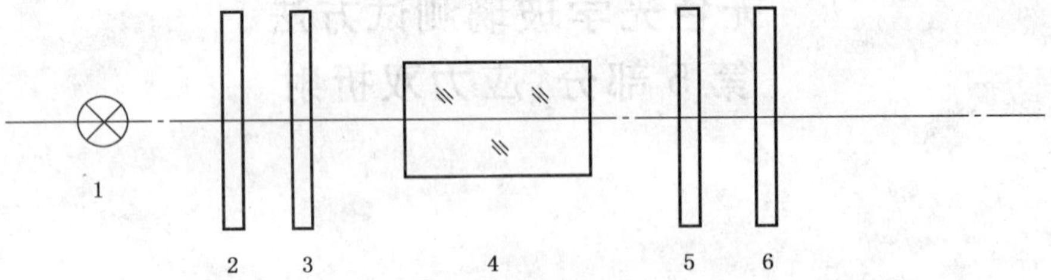

1——光源;
2——漫射滤光片;
3——起偏器;
4——被测样品;
5——λ/4 波片;
6——检偏器。

图 1 偏光应力仪示意图

6 样品

6.1 样品应为矩形或圆形的规则形状,其通光面细磨或抛光。
6.2 测试中部应力时,当被测玻璃的应力双折射为 GB/T 903 规定的 1 类～2 类,且通光方向长度小于 70 mm 时,则要求两通光面构成的楔角应小于 2°。
6.3 测试中部应力时,样品观测面长短边的边长之比应大于 2∶1。

7 测试

7.1 测试条件

7.1.1 测试室温度波动:$\Delta T<2$ ℃。
7.1.2 按样品尺寸大小,样品在测试室恒温的时间不低于表 1 的规定。
7.1.3 在测试室恒温的样品应分散放置,不允许层层叠放。
7.1.4 折射液与样品的折射率之差不大于 0.015。

表 1 样品恒温时间表

边长或直径/mm	样品厚度/mm					
	≤10	>10～40	>40～70	>70～100	>100～150	>150～200
	恒温时间/h					
≤50	2	2	—	—	—	—
>50～100	2	4	8	—	—	—
>100～150	4	8	16	32	—	—
>150～200	—	16	32	48	72	—
>200～300	—	32	48	72	96	120
>300～400	—	48	72	96	120	144
>400～500	—	—	96	120	144	168
>500～600	—	—	120	144	168	192

表 1（续）

边长或直径/mm	样品厚度/mm					
	≤10	>10～40	>40～70	>70～100	>100～150	>150～200
	恒温时间/h					
>600～700	—	—	144	168	192	216
>700～800	—	—	—	192	216	240
>800～900	—	—	—	216	240	264
>900	—	—	—	240	264	288

7.2 测试准备

7.2.1 接通仪器电源，检查仪器零位。

7.2.2 测量样品应力测量方向的通光厚度 d。

7.2.3 测量中部应力时样品的最大尺寸方向与通光观测方向一致，如图 2 所示；测量边缘应力时，按图 3 要求对被测样品的通光观测面作好测量标记。

7.2.4 在样品两通光观测面上涂抹相应的折射液。

图 2 中部应力测量方向

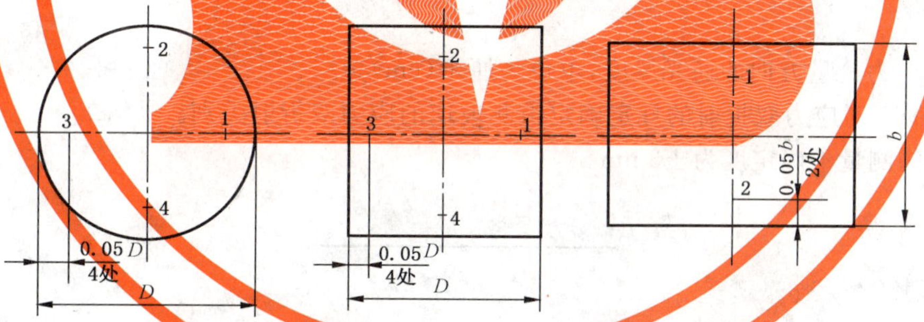

图 3 边缘应力测量点

7.3 中部应力的测量步骤

7.3.1 在检偏器处于零位状态时观察被测样品，如发现干涉暗带为两条，则干涉级次 $N=0$。转动检偏器，使两条干涉暗带向中部靠拢，并重合，直到最暗。读取光程差度盘上的总光程差 δ_{max}。

7.3.2 在检偏器处于零位状态时观察被测样品，如发现有成对多条干涉暗带，记下两条黑色暗带之间的干涉暗带对数(干涉级次)N；转动检偏器，使最靠近样品中部的两条暗带向中部靠拢，并重合，直到最暗。读取光程差度盘上的光程差 δ，总光程差 δ_{max} 可用式(2)计算。

7.3.3 如被测样品为退火后再切割的玻璃，则需分别测量其最长边和次长边两个方向的总光程差。并以最大的单位厚度的光程差(nm/cm)作为测量结果。

7.4 边缘应力的测试步骤

7.4.1 在检偏器处于零位状态时观察被测样品，如发现干涉暗带为 1 条，则干涉级次 $N=0$，转动检偏器，使样品中的干涉暗带由中心向边缘扩展，并使干涉暗带中心线与一个测量点重合，在光程差度盘上读取该点的总光程差 δ_1。

7.4.2 重复7.4.1操作，分别测出其余各点的总光程差 δ_2，δ_3…，从中选出最大光程差 δ_{max}。

7.4.3 在检偏器处于零位状态时，如发现有两条以上的干涉带，则干涉级次 $N \neq 0$，(此时的干涉级次 N=干涉带条数−1)，转动检偏器，将样品中最外边的那条干涉暗带由中心向边缘扩展，并使干涉暗带中心线与1个测量点重合，在光程差度盘上读取该点的光程差 δ，并用式(2)计算该点的总光程差 δ_1。

7.4.4 重复7.4.3操作，分别测出其余各点的总光程差 δ_2，δ_3…，从中选出最大光程差 δ_{max}。

8 数据处理

8.1 旋转角 α 与样品的双折射光程差 δ 成正比，可用式(1)计算 δ。

$$\delta = N\lambda + \frac{\lambda}{180^\circ}\alpha \qquad (1)$$

式中：

δ——总光程差，单位为纳米(nm)；

N——干涉级次；

λ——测试用单色光波长，单位为纳米(nm)；

α——检偏器旋转角，单位为度(°)。

8.2 总光程差 δ_{max} 可用式(2)计算。

$$\delta_{max} = N\lambda + \delta \qquad (2)$$

式中：

δ_{max}——最大总光程差，单位为纳米(nm)。

8.3 将测量所得的最大总光程差 δ_{max} 和应力测量方向的通光厚度 d 代入式(3)，计算样品单位厚度的光程差 δ_n：

$$\delta_n = \frac{\delta_{max}}{d} \qquad (3)$$

式中：

d——样品应力测量方向的通光厚度，单位为厘米(cm)。

8.4 按GB/T 903对应力双折射的规定确定被测玻璃的应力双折射类别。

8.5 总光程差的测量不确定度为±3 nm。

ICS 81.040.01
N 05

中华人民共和国国家标准

GB/T 7962.6—2010
代替 GB/T 7962.23—1987

无色光学玻璃测试方法 第6部分：杨氏模量、剪切模量及泊松比

Test methods of colourless optical glass—Part 6: Young's modulus, shear modulus and Poisson's ratio

2011-01-14 发布

2011-05-01 实施

中华人民共和国国家质量监督检验检疫总局
中国国家标准化管理委员会 发布

前　言

GB/T 7962《无色光学玻璃测试方法》分为20个部分：

——第1部分：折射率和色散系数；

——第2部分：光学均匀性　斐索平面干涉法；

——第3部分：光学均匀性　全息干涉法；

——第4部分：折射率温度系数；

——第5部分：应力双折射；

——第6部分：杨氏模量、剪切模量及泊松比；

——第7部分：条纹度；

——第8部分：气泡度；

——第9部分：光吸收系数；

——第10部分：耐X射线性能；

——第11部分：可见折射率精密测试；

——第12部分：光谱内透过率；

——第13部分：导热系数；

——第14部分：耐酸稳定性；

——第15部分：耐潮稳定性；

——第16部分：线膨胀系数、转变温度和弛垂温度；

——第17部分：紫外、红外折射率；

——第18部分：克氏硬度；

——第19部分：磨耗度；

——第20部分：密度。

本部分为GB/T 7962的第6部分。

本部分代替GB/T 7962.23—1987《无色光学玻璃测试方法　杨氏模量、剪切模量及泊松比测试方法》。

本部分与GB/T 7962.23—1987相比，主要变化如下：

——调整了标准的结构，增加了前言、规范性引用文件、术语和定义三部分内容；

——采用超声波脉冲回波法测试无色光学玻璃的弹性常数；

——明确给出了弹性常数的测量不确定度。

本部分由中国机械工业联合会提出。

本部分由全国仪表功能材料标准化技术委员会(SAC/TC 419)归口。

本部分负责起草单位：成都光明光电股份有限公司。

本部分主要起草人：胡熔、张祖义、田丰贵。

本部分所代替标准的历次版本发布情况：

——GB/T 7962.23—1987。

无色光学玻璃测试方法
第6部分：杨氏模量、剪切模量及泊松比

1 范围

GB/T 7962的本部分规定了无色光学玻璃杨氏模量、剪切模量及泊松比的测试方法、测试步骤和数据处理等内容。

本部分适用于无色光学玻璃杨氏模量、剪切模量及泊松比的测试。

2 规范性引用文件

下列文件中的条款通过GB/T 7962的本部分的引用而成为本部分的条款。凡是注日期的引用文件，其随后所有的修改单（不包括勘误的内容）或修订版均不适用于本部分，然而，鼓励根据本部分达成协议的各方研究是否可使用这些文件的最新版本。凡是不注日期的引用文件，其最新版本适用于本部分。

GB/T 7962.20　无色光学玻璃测试方法　第20部分：密度

3 术语和定义

下列术语和定义适用于本部分。

3.1

杨氏模量　Young's modulus

E

在拉应力的作用下物体伸长，其施加的拉应力与物体相对伸长量的比值。

注：单位为帕斯卡（Pa）。

3.2

剪切模量　shear modulus

G

剪切应力造成物体剪切形变，其剪切应力与物体相对横向收缩量的比值。

注：单位为帕斯卡（Pa）。

3.3

泊松比　Poisson's ratio

μ

物体受力伸长时，在垂直于伸长方向出现横向收缩，其相对伸长量与相对横向收缩量之间的比值。

3.4

横波　transverse wave

当介质中质点的振动方向与波的传播方向垂直时，此种波即为横波，横波的传播速度用符号 V_T 表示。由于固体介质除了能承受体积变形外，还能够承受切变变形。当其中剪切力交替作用于固体介质时均能产生横波。横波只能在固体介质中传播。

3.5

纵波　longitudinal wave

当介质中质点振动方向与波的传播方向一致时，此波即为纵波，纵波的传播速度用符号 V_L 表示。

任何固体介质当其体积发生交替变化时均能产生纵波。

4 原理

本方法采用超声脉冲回波法通过测量弹性波在固体样品中的传播速度来获得材料弹性常数。弹性波在各向同性的弹性介质中传播时，根据弹性波在固体中的传播理论，不同模式的声波在固体中的传播速度与材料的相应弹性模量和密度相关。

5 仪器

5.1 超声波探测仪

超声波探测仪有以下几部分组成：

a) 示波器：100 MHz；

b) 频率合成器及分频器：频率范围 1 MHz～100 MHz；

c) 脉冲发生器：脉冲幅度、周期及占空比可调；

d) 压电换能探头（横波、纵波各一个）：中心谐振频率 5 MHz；

e) 耦合剂：苯甲酸苯酯、甘油。

5.2 最小分度值不小于 0.01 mm 的千分尺。

6 样品

6.1 样品玻璃内部应无肉眼可见气泡、条纹、裂纹、结石等缺陷，应力双折射不大于 6 nm/cm。

6.2 样品尺寸为 22 mm×22 mm×120 mm，两端面应精磨，平行差应不大于 0.02 mm，粗糙度 $Ra=0.1$。

6.3 样品数量为 3 个。

7 测试步骤

7.1 开启测试系统，预热 30 min。

7.2 用千分尺测量样品长度，测量 3 次取平均值。

7.3 按 GB/T 7962.20 的规定测定样品密度。

7.4 用苯甲酸苯酯将横波探头与样品端面紧密均匀地耦合，用超声波探测仪测定横波在样品中传播的时间，然后用式(1)计算横波在样品中的传播速度 V_T。

7.5 用甘油将纵波探头与样品端面紧密均匀地耦合，用超声波探测仪测定纵波在样品中传播的时间，然后用式(1)计算纵波在样品中的传播速度 V_L。

7.6 将 7.2～7.5 步骤的测量值和计算值分别代入式(2)、式(3)中，计算出样品的杨氏模量和剪切模量。

7.7 重复 7.2～7.6 步骤，测量并计算剩余 2 个样品的杨氏模量和剪切模量。

8 结果计算

8.1 按式(1)计算每个样品中横波的传播速度(V_T)。

$$V_T=\frac{2L}{t_T} \quad \cdots\cdots\cdots\cdots (1)$$

式中：

V_T——横波在样品中的传播速度，单位为米每秒(m/s)；

L——样品长度，单位为米(m)；

t_T——横波在样品中的传播时间，单位为秒(s)。

8.2 按式(2)计算纵波在样品中的传播速度(V_L)。

$$V_L=\frac{2L}{t_L} \quad \cdots\cdots(2)$$

式中：

V_L——声波在样品中的传播速度，单位为米每秒(m/s)；

L——样品长度，单位为米(m)；

T_L——纵波在样品中的传播时间，单位为秒(s)。

8.3 分别按式(3)、式(4)计算每个样品的剪切模量、杨氏模量。

$$G=V_T^2\cdot\rho \quad \cdots\cdots(3)$$

式中：

G——剪切模量，单位为帕斯卡(Pa)；

V_T——横波在样品中的传播速度，单位为米每秒(m/s)；

ρ——样品的密度，单位为千克每立方米(kg/m³)。

$$E=\frac{4V_T^4-3V_T^2\cdot V_L^2}{V_T^2-V_L^2}\cdot\rho \quad \cdots\cdots(4)$$

式中：

E——杨氏模量，单位为帕斯卡(Pa)；

V_T——横波在样品中的传播速度，单位为米每秒(m/s)；

V_L——纵波在样品中的传播速度，单位为米每秒(m/s)；

ρ——样品的密度，单位为千克每立方米(kg/m³)。

8.4 计算三个样品杨氏模量和剪切模量的算术平均值，结果保留整数，并作为最终的测定结果。

8.5 将杨氏模量和剪切模量的最终测定结果代入式(5)计算泊松比，有效数字保留三位。

$$\mu=\frac{E}{2G}-1 \quad \cdots\cdots(5)$$

式中：

μ——泊松比；

E——杨氏模量，单位为帕斯卡(Pa)；

G——剪切模量，单位为帕斯卡(Pa)。

8.6 杨氏模量和剪切模量的测量不确定度为±0.5%，泊松比的测量不确定度为±1.0%。

ICS 81.040.01
N 05

中华人民共和国国家标准

GB/T 7962.8—2010
代替 GB/T 7962.8—1987

无色光学玻璃测试方法 第8部分：气泡度

Test methods of colourless optical glass—Part 8: Bubble

2011-01-14 发布

2011-05-01 实施

中华人民共和国国家质量监督检验检疫总局
中国国家标准化管理委员会 发布

前　言

GB/T 7962《无色光学玻璃测试方法》分为 20 个部分：

——第 1 部分：折射率和色散系数；

——第 2 部分：光学均匀性　斐索平面干涉法；

——第 3 部分：光学均匀性　全息干涉法；

——第 4 部分：折射率温度系数；

——第 5 部分：应力双折射；

——第 6 部分：杨氏模量、剪切模量及泊松比；

——第 7 部分：条纹度；

——第 8 部分：气泡度；

——第 9 部分：光吸收系数；

——第 10 部分：耐 X 射线性能；

——第 11 部分：折射率精密测试；

——第 12 部分：光谱内透射比；

——第 13 部分：导热系数；

——第 14 部分：耐酸稳定性；

——第 15 部分：耐潮稳定性；

——第 16 部分：线膨胀系数、转变温度和弛垂温度；

——第 17 部分：紫外、红外折射率；

——第 18 部分：克氏硬度；

——第 19 部分：磨耗度；

——第 20 部分：密度。

本部分为 GB/T 7962 的第 8 部分。

本部分代替 GB/T 7962.8—1987《无色光学玻璃测试方法　气泡度检测方法》。

本部分与 GB/T 7962.8—1987 相比，主要变化如下：

——调整了标准的结构，增加了前言、规范性引用文件、术语和定义三部分内容；

——仪器要求和部分条款作了修订，照到玻璃上的照度由原来的不低于 5 000 lx 改为不低于 20 000 lx；计数气泡的最小直径由原来的 0.05 mm 改为 0.03 mm。

本部分由中国机械工业联合会提出。

本部分由全国仪表功能材料标准化技术委员会(SAC/TC 419)归口。

本部分负责起草单位：成都光明光电股份有限公司。

本部分主要起草人：许国珍、毛露路、田丰贵。

本部分所代替标准的历次版本发布情况为：

——GB/T 7962.8—1987。

无色光学玻璃测试方法
第8部分:气泡度

1 范围

GB/T 7962的本部分规定了无色光学玻璃气泡度的检验方法、测试步骤和数据处理等内容。

本部分适用于无色光学玻璃气泡度检验。

2 规范性引用文件

下列文件中的条款通过GB/T 7962的本部分的引用而成为本部分的条款。凡是注日期的引用文件,其随后所有的修改单(不包括勘误的内容)或修订版均不适用于本部分,然而,鼓励根据本部分达成协议的各方研究是否可使用这些文件的最新版本。凡是不注日期的引用文件,其最新版本适用于本部分。

GB/T 903 无色光学玻璃

3 术语和定义

下列术语和定义适用于本部分。

3.1

气泡度 extent of bubble

每100 cm^3 玻璃中所含气泡、结石等夹杂物的程度,包括其直径大小和所有气泡、结石等夹杂物的总截面积。

4 原理

光线从侧面照射被检玻璃,以黑色屏幕作背景,借助于玻璃中气泡、结石等夹杂物对光的反射和散射作用,可清晰地观察到玻璃内含气泡度的情况。根据检测结果,按GB/T 903对气泡度的规定进行分类定级。

5 仪器

5.1 标准气泡样品

仪器应配备17块标准气泡样品,尺寸为10 mm×10 mm×10 mm,内含气泡直径见表1。

表1 标准气泡样品

单位为毫米

标样编号	气泡直径	标样编号	气泡直径
1	0.03	10	0.8
2	0.05	11	0.9
3	0.1	12	1.0
4	0.2	13	1.2
5	0.3	14	1.4
6	0.4	15	1.6
7	0.5	16	1.8
8	0.6	17	2.0
9	0.7		

5.2　**检测仪器**

玻璃气泡度检测仪示意图如图1所示。

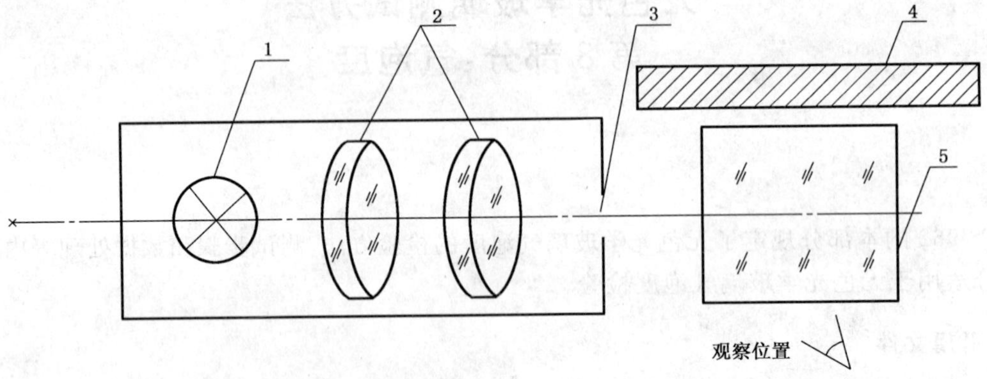

1——光源,50 W～100 W的冷反射定向照明卤钨灯;

2——聚光镜,口径:50 mm～60 mm;

3——可变光栏;

4——黑色无光泽屏幕;

5——被检玻璃。

图1　玻璃气泡度检测仪示意图

6　样品

6.1　被检玻璃为块料时,至少有一个大面和一个侧面为透明的自然成型面。否则,应抛光。

6.2　被检玻璃为条料时,两个端面为炸切面,其余各面为透明的自然成型面。

7　测试步骤

7.1　测试条件

7.1.1　检验应在通风良好的暗室内进行,但允许有不影响屏幕照度和人眼观察的局部照明。

7.1.2　检验时,被检玻璃上的照度不低于20 000 lx。

7.2　测试步骤

7.2.1　将被检玻璃放入黑屏前的光路中。

7.2.2　人眼对着黑色屏幕观测玻璃内含气泡、结石等夹杂物的情况。

7.2.3　对照标准气泡样品判断和记录玻璃内所含气泡、结石等夹杂物的直径和个数,见表2。

7.2.4　量取被检玻璃的尺寸并计算其体积。

表2　气泡、结石等夹杂物记录表

牌号						熔炼号					退火号					
玻璃尺寸	气泡、结石等夹杂物的直径及个数															
	0.03	0.05	0.1	0.2	0.3	0.4	0.5	0.6	0.7	0.8	0.9	1.0	1.2	1.4	1.6	1.8	2.0

8 数据处理

8.1 根据被检玻璃的直径或最大边长及所含最大气泡的直径，按 GB/T 903 的规定对气泡度类别定类。

8.2 根据表 2、表 3 和式(1)计算的结果，按 GB/T 903 的规定对气泡度级别定级。

$$S=0.000\,707M\frac{100}{V} \quad \cdots\cdots(1)$$

式中：

S——100 cm^3 玻璃中所含气泡、结石等夹杂物的总截面积，单位为平方毫米(mm^2)；

M——被检玻璃中所含气泡、结石等夹杂物折合成直径 0.03 mm 气泡的总个数；

V——玻璃的体积，单位为立方厘米(cm^3)。

表 3 气泡截面积和相当 0.03 mm 气泡个数折算表

气泡直径 mm	气泡截面积 mm^2	相当 0.03 mm 气泡个数	气泡直径 mm	气泡截面积 mm^2	相当 0.03 mm 气泡个数
0.03	0.000 707	1	1.0	0.785	1 111
0.05	0.001 96	3	1.1	0.950	1 344
0.1	0.007 85	11	1.2	1.130	1 600
0.2	0.031 4	44	1.3	1.327	1 878
0.3	0.070 7	100	1.4	1.539	2 178
0.4	0.126	178	1.5	1.766	2 500
0.5	0.196	278	1.6	2.010	2 844
0.6	0.283	400	1.7	2.269	3 211
0.7	0.385	544	1.8	2.543	3 600
0.8	0.503	711	1.9	2.834	4 011
0.9	0.636	900	2.0	3.140	4 444

8.3 也可按式(2)计算的结果定级。

$$N=M\frac{100}{V} \quad \cdots\cdots(2)$$

式中：

N——100 cm^3 玻璃中含有直径相当为 0.03 mm 的气泡个数；

M——被测玻璃中所含气泡、结石等夹杂物折合成直径为 0.03 mm 的气泡总个数。

8.4 结果

根据检验结果，在每块已检玻璃上标出气泡度类别和级别。

ICS 81.040.01
N 05

中华人民共和国国家标准

GB/T 7962.9—2010
代替 GB/T 7962.9—1987

无色光学玻璃测试方法 第9部分:光吸收系数

Test methods of colourless optical glass—Part 9:Coefficient of optical absorption

2011-01-14 发布 2011-05-01 实施

中华人民共和国国家质量监督检验检疫总局
中国国家标准化管理委员会 发布

前　言

GB/T 7962《无色光学玻璃测试方法》分为20个部分：

——第1部分：折射率和色散系数；

——第2部分：光学均匀性　斐索平面干涉法；

——第3部分：光学均匀性　全息干涉法；

——第4部分：折射率温度系数；

——第5部分：应力双折射；

——第6部分：杨氏模量、剪切模量及泊松比；

——第7部分：条纹度；

——第8部分：气泡度；

——第9部分：光吸收系数；

——第10部分：耐X射线性能；

——第11部分：可见折射率精密测试；

——第12部分：光谱内透射比；

——第13部分：导热系数；

——第14部分：耐酸稳定性；

——第15部分：耐潮稳定性；

——第16部分：线膨胀系数、转变温度和弛垂温度；

——第17部分：紫外、红外折射率；

——第18部分：克氏硬度；

——第19部分：磨耗度；

——第20部分：密度。

本部分为GB/T 7962的第9部分。

本部分代替GB/T 7962.9—1987《无色光学玻璃测试方法　光吸收系数测试方法》。

本部分与GB/T 7962.9—1987相比，主要变化如下：

——调整了标准的结构，增加了前言、规范性引用文件、术语和定义三部分内容；

——对仪器要求作了修订，接收器由硒光电池改为硅光电池；

——对样品尺寸作了修订，长度增加了20 mm。

本部分由中国机械工业联合会提出。

本部分由全国仪表功能材料标准化技术委员会(SAC/TC 419)归口。

本部分负责起草单位：成都光明光电股份有限公司。

本部分主要起草人：许国珍、毛露路、田丰贵。

本部分所代替标准的历次版本发布情况：

——GB/T 7962.9—1987。

无色光学玻璃测试方法
第9部分:光吸收系数

1 范围

GB/T 7962的本部分规定了无色光学玻璃光吸收系数的测试仪器、测试步骤和数据处理等内容。

本部分适用于无色光学玻璃光吸收系数的测量。

2 规范性引用文件

下列文件中的条款通过GB/T 7962的本部分的引用而成为本部分的条款。凡是注日期的引用文件,其随后所有的修改单(不包括勘误的内容)或修订版均不适用于本部分,然而,鼓励根据本部分达成协议的各方研究是否可使用这些文件的最新版本。凡是不注日期的引用文件,其最新版本适用于本部分。

GB/T 903 无色光学玻璃

GB/T 7962.1 无色光学玻璃测试方法 第1部分:折射率和色散系数

3 术语和定义

下列术语和定义适用于本部分。

3.1

透射比 transmittance

T

光通过玻璃前后的光强的比值。

3.2

光吸收系数 coefficient of optical absorption

K

白光通过玻璃中每厘米路程的内透射比的自然对数的负值。

4 原理

光吸收系数以白光通过玻璃中每厘米路程的内透射比的自然对数的负值表示。

当光束垂直入射玻璃后,光强因吸收而衰减。本方法通过测量玻璃的白光透射比而计算光吸收系数 K 值。

5 仪器

5.1 仪器光路如图1所示。

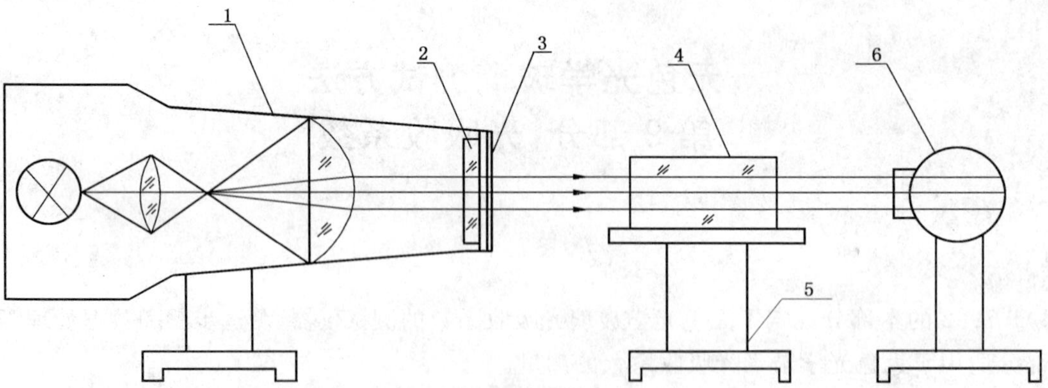

1——光源系统；
2——滤光片；
3——可变光栏；
4——样品；
5——载物台；
6——积分球。

图 1 光吸收仪光路图

5.2 光源用色温为 2 860 K 的 6 V 15 W 白炽灯。测量时，灯丝电流波动应不大于 5 mA。

5.3 滤光片为厚度 2 mm 的 LB2 滤光玻璃。

5.4 硅光电池的积分灵敏度不低于 350 μA/lm。

5.5 仪器应配备一套经过计量部门标定的中性暗色滤光片。各滤光片的透射比标称值分别为 0.90、0.80、0.70、0.60、0.50；标定不确定度为±0.003。

5.6 游标卡尺：200 mm，±0.1 mm。

6 样品

6.1 样品玻璃内部应无肉眼可见的条纹及直径为 0.5 mm 以上的气泡和结石。

6.2 样品制成 25 mm×25 mm×120 mm 的长方体，两端面应抛光，表面粗糙度 $Ra=0.05$，表面疵病 $P=$ Ⅲ，两端面应平行且平行度应不大于 2°。

6.3 化学稳定性差的样品，抛光后应保存在干燥器内。

7 测量步骤

7.1 开启电源，校正仪器。

用 5.5 规定的中性暗色滤光片检查硅光电池在不同光照度下的线性关系，确定读数的校正值，方法如下：未放中性暗色滤光片时，仪器读数为 m，放入透射比为 T_i 的中性暗色滤光片后，读数为 m_i，若 $m_i/m=T_i$，仪器不需要校正。若 $m_i/m\neq T_i$，且差值 $(m_i/m-T_i)$ 超过±0.003 时，测量时仪器读数需加一个校正量，校正量为 $\Delta_i=mT_i-m_i$。

7.2 预热 10 min。

7.3 调整积分球位置及可变光栏孔径，使光束全部射入积分球窗口，并使仪器读数 m 为 100。

7.4 将样品放入光路中，仍使光束完全射入积分球窗口。微动样品，使其表面反射回的光束偏离光栏孔。读取数 m_1。

7.5 取下样品，再读数 m'，当 m' 与 m 之间差值不超出 0.3 时，则不放样品时的读数可取 $(m+m')/2$，如果 m' 与 m 的差值超过 0.3，应重新测量。

7.6　将测得的 m、m_1 和 m'，代入式(1)计算白光透射比 T。

7.7　重复测量 3 次，取算术平均值。

7.8　用游标卡尺量取样品的长度 l。

7.9　按 GB/T 7962.1 测定 n_d 值。

8　数据处理

8.1　白光透射比 T 值用式(1)计算。

$$T=\frac{m_1+\Delta_i}{(m+m')/2} \quad \cdots\cdots(1)$$

式中：

T——被测样品的白光透射比；

m_1——放入样品时的仪器读数；

Δ_i——校正量；

m——无样品时的仪器空测读数；

m'——取出样品后的仪器读数。

8.2　光吸收系数 K 值用式(2)计算。

$$K=\frac{1}{l}\left\{2\ln\left[1-\left(\frac{n_d-1}{n_d+1}\right)^2\right]+\ln\left[1+\left(\frac{n_d-1}{n_d+1}\right)^4\right]-\ln T\right\} \quad \cdots\cdots(2)$$

式中：

K——光吸收系数；

n_d——玻璃 d 线(587.6 nm)折射率。

对光吸收系数大于 0.002 或折射率低于 1.75 的玻璃，用式(3)计算。

$$K=\frac{1}{l}\left\{2\ln\left[1-\left(\frac{n_d-1}{n_d+1}\right)^2\right]-\ln T\right\} \quad \cdots\cdots(3)$$

8.3　将测得的 l，T，n_d 值代入式(2)或式(3)，求取 K 值。

8.4　根据 K 值，按 GB/T 903 的规定对光吸收系数进行分类。

8.5　光吸收系数 K 的测量不确定度为 $\pm5\times10^{-4}\,\mathrm{cm}^{-1}$。

ICS 81.040.01
N 05

中华人民共和国国家标准

GB/T 7962.10—2010
代替 GB/T 7962.10—1987

无色光学玻璃测试方法 第 10 部分：耐 X 射线性能

Test methods of colourless optical glass—
Part 10: X-rays stability

2011-01-14 发布

2011-05-01 实施

中华人民共和国国家质量监督检验检疫总局
中国国家标准化管理委员会 发布

前言

GB/T 7962《无色光学玻璃测试方法》分为20个部分：
——第1部分：折射率和色散系数；
——第2部分：光学均匀性　斐索平面干涉法；
——第3部分：光学均匀性　全息干涉法；
——第4部分：折射率温度系数；
——第5部分：应力双折射；
——第6部分：杨氏模量、剪切模量及泊松比；
——第7部分：条纹度；
——第8部分：气泡度；
——第9部分：光吸收系数；
——第10部分：耐X射线性能；
——第11部分：可见折射率精密测试；
——第12部分：光谱内透射比；
——第13部分：导热系数；
——第14部分：耐酸稳定性；
——第15部分：耐潮稳定性；
——第16部分：线膨胀系数、转变温度和弛垂温度；
——第17部分：紫外、红外折射率；
——第18部分：克氏硬度；
——第19部分：磨耗度；
——第20部分：密度。

本部分为GB/T 7962的第10部分。

本部分代替GB/T 7962.10—1987《无色光学玻璃测试方法　耐辐射性能测试方法》。

本部分与GB/T 7962.10—1987相比，主要变化如下：
——调整了标准的结构，增加了前言、规范性引用文件、术语和定义三部分内容；
——辐照剂量的计量单位由R改为C/kg。所以，辐照总剂量由1×10^5R改为25.8 C/kg；
——对辐照场均匀面积的校正，补充了辐照条件，增加了校正周期；
——在8.2中明确规定取2块被测样品的光密度增量的平均值作为测试结果。

本部分由中国机械工业联合会提出。

本部分由全国仪表功能材料标准化技术委员会(SAC/TC 419)归口。

本部分负责起草单位：成都光明光电股份有限公司。

本部分主要起草人：张世泽、廖林、田丰贵。

本部分所代替标准的历次版本发布情况为：
——GB/T 7962.10—1987。

无色光学玻璃测试方法 第10部分：耐X射线性能

1 范围

GB/T 7962的本部分规定了耐辐射光学玻璃耐X射线性能的测试方法、测试步骤和数据处理等内容。

本部分适用于GB/T 903中500系列耐辐射光学玻璃的耐X射线性能的测量。

2 规范性引用文件

下列文件中的条款通过GB/T 7962的本部分的引用而成为本部分的条款。凡是注日期的引用文件，其随后所有的修改单(不包括勘误的内容)或修订版均不适用于本部分，然而，鼓励根据本部分达成协议的各方研究是否可使用这些文件的最新版本。凡是不注日期的引用文件，其最新版本适用于本部分。

GB/T 903 无色光学玻璃

3 术语和定义

下列术语和定义适用于本部分。

3.1

耐X射线性能 X-rays stability

光学玻璃耐受X射线辐照的稳定性。玻璃经X射线辐照后，其光密度会增加，用光密度的增加量来表征耐X射线辐照的稳定性。

3.2

光密度 optical density

D

白光透射比 T 的倒数的常用对数。

4 原理

玻璃在一定剂量的X射线辐照下，产生辐射电离，形成色心而着色，透射比下降，光密度增大，故可用光密度增量来表征玻璃的耐X射线辐射性能。

玻璃用X射线辐照时，辐照剂量采用特定的剂量玻璃标样按比较法确定。当剂量玻璃标样的白光透射比下降到0.31～0.32时，认为所受辐照总剂量达到25.8 C/kg。

5 仪器

5.1 工业探伤用X光机，100 kV，7 mA±0.5 mA。

5.2 透射比测定仪，其白光透射比的测量不确定度为±0.005。

6 样品和剂量标样

6.1 样品

6.1.1 样品玻璃应符合GB/T 903中的纹度C级，气泡度1类D级的规定。

6.1.2 样品规格为 14 mm×14 mm×(10 mm±0.04 mm),两通光大面抛光,表面粗糙度 $Ra=0.025$,平面度 $N=5$,$\Delta N=1$,平行度为 10′,其余各面细磨即可。

6.1.3 样品数量 2 块。

6.2 剂量标样

6.2.1 样品数量 1 块。其他同 6.1.1 和 6.1.2 要求。

6.2.2 剂量标样玻璃配方组分(质量百分数)如表 1 所示。

表 1 计量标样玻璃配方组分

组分	含量/%	组分	含量/%	组分	含量/%	组分	含量/%
SiO_2	65.8	CaO	5.1	K_2O	14.2	Al_2O_3	1.5
Na_2O	8.2	ZnO	3.7	B_2O_3	1.0	As_2O_3	0.5

7 测量

警告——实施测量的人员应有操作工业探伤用 X 光机的资质、能力和经验。本部分并未指出所有可能的安全问题。使用者有责任采取适当的安全和健康措施,并保证符合国家有关法规规定的条件。

7.1 X 射线辐照场均匀面积的校正

7.1.1 校正方法为取剂量标样 5 块,按图 1 所示将 5 块剂量标样放在 X 光机的样品台上。调整 X 光机机头,使辐照场直径在 75 mm 以内。经 8 h 辐照(工作电压:100 kV,工作电流:7 mA±0.5 mA。样品每照射 7 min 停 3 min。有效照射时间 8 h)后测量其白光透射比,若各块之间的透射比差值不超过 0.02,则认为样品放置区域的辐照场是均匀的。否则应调整 X 光机机头或样品台,并重复上述测定,直到辐照场均匀为止。

7.1.2 校正周期,正常使用情况下为 1 年。仪器初次使用或搬运后或停用 3 个月后重新启用,则应进行重新校正。

7.2 测量步骤

7.2.1 测量辐照前样品的白光透射比 T_1。

7.2.2 如图 1 所示,将被测样品按 1、3 或 2、4 顺序对称地放在样品台上,中心位置放剂量标样。

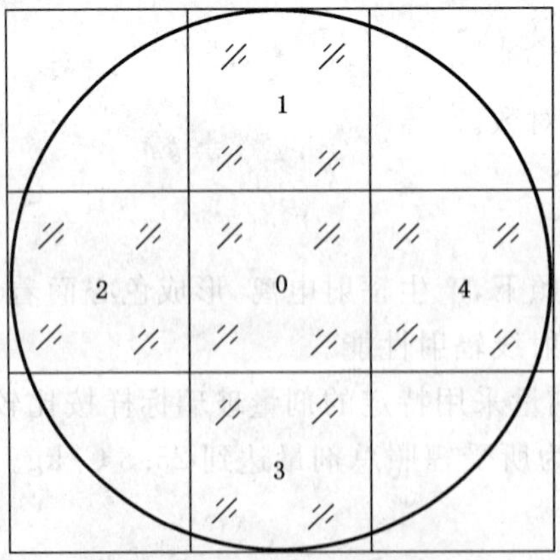

图 1 样品摆放位置图

7.2.3 关好安全门,接通电源,使 X 光管预热 3 min。

7.2.4 X 光管预热 3 min 后接通高压,调整工作电压为 100 kV,工作电流为 7 mA±0.5 mA。样品每照射 7 min 停 3 min。有效照射时间约 8 h,需 48 h 照射完。

7.2.5 在辐照过程的最后 1 h 内,应经常测量计量标样的白光透射比,当其透射比降到 0.31～0.32 时,停止辐照。立即将样品装入暗盒内,并在 1 h 内测完全部样品的白光透射比 T_2。

8 数据处理

8.1 将测得的 T_1、T_2 值代入式(1),计算出每块样品的光密度增量 ΔD。

$$\Delta D = \lg \frac{1}{T_2} - \lg \frac{1}{T_1} = D_2 - D_1 \qquad \cdots\cdots (1)$$

式中:

T_1——玻璃辐照前的白光透射比;

T_2——玻璃辐照后的白光透射比;

D_1——玻璃辐照前的光密度;

D_2——玻璃辐照后的光密度。

8.2 取 2 块被测样品的光密度增量的平均值作为测试结果,按 GB/T 903 的规定判定耐辐射光学玻璃的耐 X 射线性能是否合格。

ICS 81.040.01
N 05

中华人民共和国国家标准

GB/T 7962.11—2010
代替 GB/T 7962.11—1987

无色光学玻璃测试方法
第11部分:可见折射率精密测试

**Test method for colourless optical glass—
Part 11:Precise test method for refractive index
in the visible wave band**

2011-01-14 发布 2011-05-01 实施

中华人民共和国国家质量监督检验检疫总局
中国国家标准化管理委员会 发布

前　言

GB/T 7962《无色光学玻璃测试方法》包括20个部分：

——第1部分：折射率和色散系数；
——第2部分：光学均匀性　斐索平面干涉法；
——第3部分：光学均匀性　全息干涉法；
——第4部分：折射率温度系数；
——第5部分：应力双折射；
——第6部分：杨氏模量、剪切模量及泊松比；
——第7部分：条纹度；
——第8部分：气泡度；
——第9部分：光吸收系数；
——第10部分：耐X射线性能；
——第11部分：可见折射率精密测试；
——第12部分：光谱内透射比；
——第13部分：导热系数；
——第14部分：耐酸稳定性；
——第15部分：耐潮稳定性；
——第16部分：线膨胀系数、转变温度和弛垂温度；
——第17部分：紫外、红外折射率；
——第18部分：克氏硬度；
——第19部分：磨耗度；
——第20部分：密度。

本部分为GB/T 7962的第11部分。

本部分代替GB/T 7962.11—1987《无色光学玻璃测试方法　折射率精密测试方法》。

本部分与GB/T 7962.11—1987相比，主要变化如下：

——增加了前言、规范性引用文件、术语和定义三部分内容；
——增加了测试谱线He-Cd 441.57 nm谱线；
——增加了测试样品局部光圈要求，并将塔差要求由1′提高到30″；
——修订了名称，将折射率精密测试改为可见折射率精密测试；
——修订了测试样品尺寸要求，增加了不同折射率产品测试样品的顶角选择；
——修订了测试环境条件要求，增加了对测试环境的气压要求，并将对测试环境温度及气压影响的分别修正改为对测试环境的温度、气压和湿度综合修正。

本部分由中国机械工业联合会提出。

本部分由全国仪表功能材料标准化技术委员会(SAC/TC 419)归口。

本部分起草单位：北京玻璃研究院。

本部分主要起草人：赖金峰、闫晋力、葛云程、甄西合、高峰。

本部分所代替标准的历次版本发布情况为：

——GB/T 7962.11—1987。

无色光学玻璃测试方法
第11部分:可见折射率精密测试

1 范围

GB/T 7962 的本部分规定了用最小偏向角法测量无色光学玻璃折射率的原理、仪器设备、测量程序、结果计算方法。

本部分适用于无色光学玻璃可见光区域折射率的精密测量。

2 规范性引用文件

下列文件中的条款通过 GB/T 7962 的本部分的引用而成为本部分的条款。凡是注日期的引用文件,其随后所有的修改单(不包括勘误的内容)或修改版均不适用于本部分。然而,鼓励根据本部分达成协议的各方研究是否可使用这些文件的最新版本。凡是不注日期的引用文件,其最新版本适用于本部分。

GB/T 903 无色光学玻璃

3 术语和定义

最小偏向角法 minimum deviation angle of approach

通过测量光通过棱镜后的最小偏向角求得折射率。

4 方法原理

4.1 本方法为直接测量法,如图1所示。

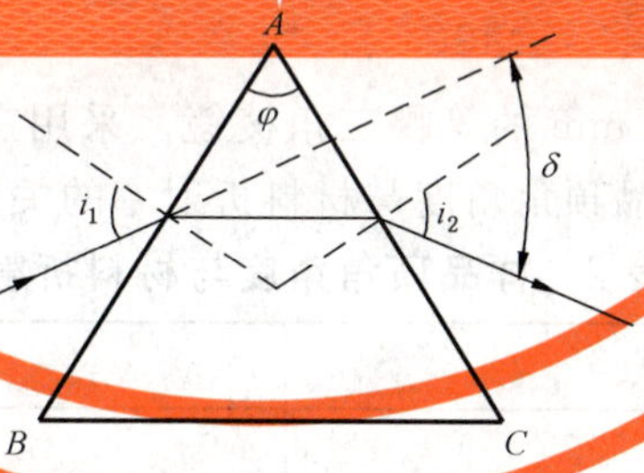

图1 最小偏向角示意图

光线通过等腰三棱镜发生折射,若入射角 i_1 等于出射角 i_2,则入射光线与折射光线的夹角(偏向角)具有最小值。折射率 n 按照式(1)计算:

$$n=\frac{\sin[(\delta+\varphi)/2]}{\sin(\varphi/2)} \qquad \cdots\cdots(1)$$

式中:

δ——最小偏向角;

φ——三棱镜顶角。

4.2 寻找最小偏向角的方法可用逐步逼近法或三像法。当使用三像法时,三个顶角均认为是 $60°\pm40''$,对三个角的最小偏向角都要进行测量,并取三个测量角的平均值。折射率 n 按式(2)计算:

$$n=2\sin(30°+\delta/2) \qquad \cdots\cdots(2)$$

式中：

δ——最小偏向角；

$\delta=\frac{1}{3}(\delta_A+\delta_B+\delta_C)$。

δ_A、δ_B 和 δ_C 为相对于棱镜三个顶角的最小偏向角。

5 测试仪器

5.1 精密测角仪。测角误差为 0.5″。

5.2 所用光源及测量谱线由表 1 所示。

表 1 光源及测量谱线

光源	谱线	波长/nm	光源	谱线	波长/nm
Hg	h	404.656	He	d	587.56
Hg	g	435.835	Na	D	589.29
Laser	He-cd	441.57	He-Ne		632.8
Cd	F′	479.99	Cd	C	643.85
H	F	486.13	H	C	656.27
Hg	e	546.07	He	r	706.52

6 样品要求

6.1 材料质量

条纹度 1 类 A 级，应力双折射 1 类，光学均匀性 1 类，气泡度 A_0 级。材料质量分类标准按照 GB/T 903 无色光学玻璃的规定。

6.2 加工要求

样品工作表面面形 N 优于 0.25 光圈，局部 $\Delta N=0.1$ 光圈，表面疵病：$P=$ Ⅲ，塔差不大于 30″。

6.3 尺寸要求

样品加工成底边大于或等于 35 mm 的等腰三角棱镜。采用三像法时，样品加工成正三棱镜，顶角为 60°±40″；采用逐步逼近法时，样品顶角角度与材料折射率的关系按表 2 的规定。

表 2 样品顶角角度与材料折射率

折射率范围	样品加工顶角角度
$n<1.7$	60°
$1.7\leqslant n\leqslant 2.0$	45°
$n>2.0$	30°

7 测量

7.1 测量条件

7.1.1 测试环境标准要求：温度 20 ℃±0.5 ℃，气压 101.3 kPa±0.1 kPa，湿度 1.333 kPa±0.3 kPa。

7.1.2 测量前，样品应在恒温室内放置 12 h 以上。

7.2 测量步骤

7.2.1 逐步逼近法

7.2.1.1 把样品放在测角仪载物台上。调节载物台，使棱镜的光轴截面与测角仪的旋转轴垂直。

7.2.1.2 测量顶角 φ，如图 2 所示。

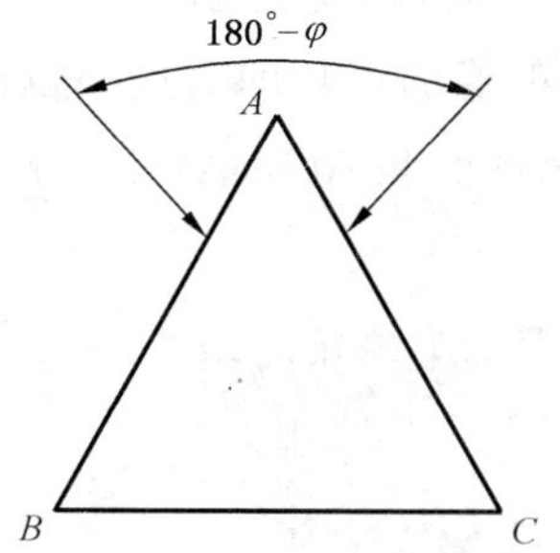

图 2　测顶角示意图

转动度盘使样品的 AB 面和 AC 面先后与准直管自准，分别读取度盘读数 φ_1 与 φ_2，顶角 φ 按式(3)计算：

$$|\varphi_1 - \varphi_2| = 180° - \varphi \quad \cdots\cdots (3)$$

7.2.1.3　测量最小偏向角 δ 如图 3 所示。

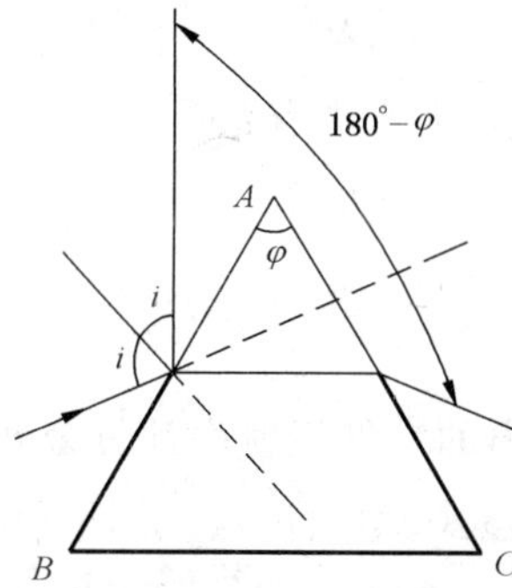

图 3　测最小偏向角示意图

从等腰三棱镜的折射光谱中，找到所需谱线。缓慢转动载物台和度盘，谱线将沿某一方向移动，当谱线刚开始反向移动时，记下度盘读数。从上述位置出发，将读盘沿顶角 A 方向转动 $180°-\varphi$，观察入射光的反射像，若与准直管标线不重合，则微调载物台，使之重合。再将度盘转回到所测谱线位置，重新读数。重复前述过程，直到反射像与准直管的标线完全重合为止，此时读数即为最小偏向角位置。

使光束先后从等腰三棱镜的 AB 面和 AC 面入射，分别测量出最小偏向角位置的度盘数 δ_1 和 δ_2，最小偏向角 δ 用式(4)计算：

$$\delta = |\delta_1 - \delta_2| / 2 \quad \cdots\cdots (4)$$

7.2.2　**三像法**

7.2.2.1　同 7.2.1.1。

7.2.2.2　在光线通过正三棱镜的折射光谱中，找到所需要的谱线。

7.2.2.3　如图 4 所示。

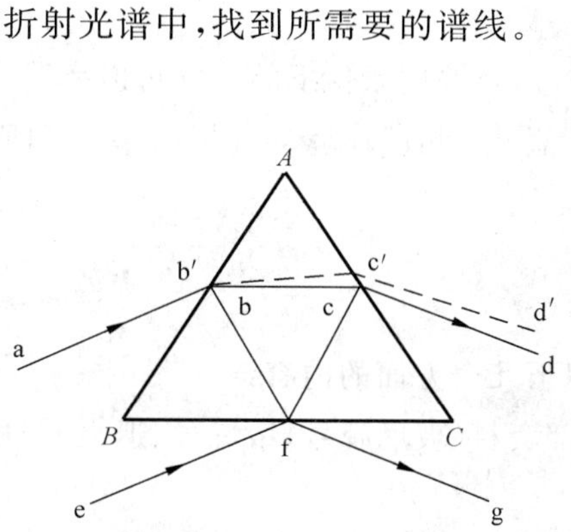

折射像——a、b、c、d；外反射像——e、f、g；内反射像——a、b、c、f、b′、c′、d′。

图 4　三像法示意图

缓慢转动载物台，找到内反射像与外反射像，使之分别处于折射像的两边，并使折射像与外反射像和内反射像的距离之比为1∶2。此时折射像的读数即为最小偏向角位置。

转动载物台，使光束先后从棱镜的AB面和AC面入射，分别测出δ_1和δ_2，按式(4)求出最小偏向角δ。

7.2.2.4　重复上述过程，分别测出相对于三个顶角的最小偏向角δ_A、δ_B和δ_C。

7.2.2.5　上述方法仅在所测折射率n为1.5时使用。

8　结果计算

8.1　折射率计算

测量结果用式(1)或式(2)计算折射率n。折射率n的测量不确定度为$\pm 5\times10^{-6}$。

8.2　折射率修正

8.2.1　测试的标准条件同7.1.1。如果测试条件和标准条件相差较大，应对所测量的折射率值进行修正。

8.2.2　测试条件对测量结果的主要的影响因素主有：

——气温t(即待测棱镜温度)；

——气压p；

——空气湿度f。

8.2.3　在标准条件下，由埃德勒公式给出的空气折射率计算公式为式(5)。

$$n_{ks}=[8\,432.13+2\,406\,030(130-\sigma^2)^{-1}+15\,997(38.9-\sigma^2)^{-1}]\times10^{-8} \qquad (5)$$

式中：

n_{ks}——标准条件下的空气折射率；

σ——真空中波数，$\sigma=\lambda^{-1}$。

测试环境空气折射率对温度t和气压p的修正按照式(6)计算：

$$(n_k)_{t,p}=n_{ks}\times\frac{0.001\,388\,2p}{1+0.003\,671\,t} \qquad (6)$$

式中：

$(n_k)_{t,p}$——测试环境温度和气压条件下对应的空气折射率。

测试环境空气折射率对温度、气压和湿度f的修正按照式(7)计算：

$$(n_k)_{t,p,f}=(n_k)_{t,p}-f(5.722-0.045\,7\sigma^2)\times10^{-8} \qquad (7)$$

式中：

$(n_k)_{t,p,f}$——测试环境温度、气压及湿度条件下的空气折射率。

8.2.4　用标准条件下空气折射率值n_{ks}、测试环境空气折射率n_k和所测折射率n，用式(8)求得待测试样在标准条件下的修正折射率n_x：

$$n_x=n\frac{n_k}{n_{ks}} \qquad (8)$$

8.2.5　测试报告中至少应给出以下几个方面的内容：

a)　识别被测样品所需的全部资料(玻璃牌号、熔炼号、退火号、样品编号等)；

b)　使用标准；

c)　使用方法；

d)　谱线；

e） 环境条件（温度、湿度、测量气压等）；

f） 测量折射率 n；

g） 修正折射率 n_x；

h） 在测试中观察到的异常现象；

i） 测试日期；

j） 测试人、复核人。

ICS 81.040.01
N 05

中华人民共和国国家标准

GB/T 7962.12—2010
代替 GB/T 7962.12—1987

无色光学玻璃测试方法 第12部分:光谱内透射比

Test methods of colourless optical glass—Part 12:Spectral internal transmittance

2011-01-14 发布 2011-05-01 实施

中华人民共和国国家质量监督检验检疫总局
中国国家标准化管理委员会 发布

前　言

GB/T 7962《无色光学玻璃测试方法》分为20个部分：
——第1部分：折射率和色散系数；
——第2部分：光学均匀性　斐索平面干涉法；
——第3部分：光学均匀性　全息干涉法；
——第4部分：折射率温度系数；
——第5部分：应力双折射；
——第6部分：杨氏模量、剪切模量及泊松比；
——第7部分：条纹度；
——第8部分：气泡度；
——第9部分：光吸收系数；
——第10部分：耐X射线性能；
——第11部分：可见折射率精密测试；
——第12部分：光谱内透射比；
——第13部分：导热系数；
——第14部分：耐酸稳定性；
——第15部分：耐潮稳定性；
——第16部分：线膨胀系数、转变温度和弛垂温度；
——第17部分：紫外、红外折射率；
——第18部分：克氏硬度；
——第19部分：磨耗度；
——第20部分：密度。

本部分为GB/T 7962的第12部分。

本部分代替GB/T 7962.12—1987《无色光学玻璃测试方法　光谱内透过率测试方法》。

本部分与GB/T 7962.12—1987相比，主要变化如下：
——调整了标准的结构，增加了前言、规范性引用文件、术语和定义三部分内容；
——对仪器要求和部分条款作了修订，测量波长范围由280 nm～700 nm修订为200 nm～2 500 nm。

本部分由中国机械工业联合会提出。

本部分由全国仪表功能材料标准化技术委员会(SAC/TC 419)归口。

本部分负责起草单位：成都光明光电股份有限公司。

本部分主要起草人：廖林、刘珍、岑薇、田丰贵。

本部分所代替标准的历次版本发布情况为：
——GB/T 7962.12—1987。

无色光学玻璃测试方法
第12部分：光谱内透射比

1 范围

GB/T 7962的本部分规定了无色光学玻璃光谱内透射比的测试方法原理、仪器、测试步骤和数据处理等内容。

本部分适用于无色光学玻璃光谱内透射比的测试。

2 规范性引用文件

下列文件中的条款通过GB/T 7962的本部分的引用而成为本部分的条款。凡是注日期的引用文件，其随后所有的修改单（不包括勘误的内容）或修订版均不适用于本部分，然而，鼓励根据本部分达成协议的各方研究是否可使用这些文件的最新版本。凡是不注日期的引用文件，其最新版本适用于本部分。

GB/T 903 无色光学玻璃

3 术语和定义

下列术语和定义适用于本部分。

3.1

内透射比 internal transmittance

τ_λ

通过玻璃内部终止点与起始点之间的光通量之比，即不包含表面反射损失的内部透射比。

4 原理

当从同一光源发出的两束光通量相同的单色平行光，分别垂直入射到表面状态和内部材料特性完全相同而厚度不同的两块样品时，出射光通量之比，被认为是厚度相当于被测样品厚度差的样品的光谱内透射比。

5 仪器

5.1 可计算机控制的宽光谱自动测量型双光束分光光度计，其技术指标要求如下：

a) 波长范围为200 nm～2 500 nm；

b) 波长不确定度为±0.5 nm(200 nm～780 nm)；±1.0 nm(780 nm～2 500 nm)；

c) 透射比测量不确定度为±0.3%(200 nm～780 nm)；±0.5%(780 nm～2 500 nm)；

d) 测试光束和参考光束均为平行光束，光束发散角小于1°；

e) 测试光束与参考光束相互平行，两光束不平行度小于2°。

5.2 计算机和打印机。

6 样品

6.1 样品玻璃应符合GB/T 903中的条纹度B级，气泡度1类A级。

6.2 在同一块玻璃上切取厚度不同的两块样品。两块样品均加工成矩形，其长度和宽度视仪器样品架大小而定，厚度分别为5 mm±0.05 mm和15 mm±0.05 mm。两块样品的通光面应同盘研磨和抛光，表面粗糙度$Ra=0.012$，平面度$N=3$，$\Delta N=0.5$，平行度小于2′，其余各面细磨。

7 测试步骤

7.1 接通仪器总电源，待稳压电源电压稳定后接通仪器电源，仪器自校完成后预热0.5 h。

7.2 开启计算机，并与仪器联机。启动测量程序，选择透射比测量方式。

7.3 根据样品测试要求，设定测试扫描速度、测试起始波长和终止波长等有关参数。

7.4 在确保样品室内无样品和样品室盖子关严的情况下，在选择的测试波长范围内进行基线扫描测试，校准仪器透射比0点和100%点。

7.5 打开样品室盖子，将被测样品放入样品架(厚度为15 mm的样品放在测试光路中，厚度为5 mm的样品放在参考光路中)，然后关上样品室盖子。

7.6 点击"start/stop"，仪器在计算机控制下进行光谱内透射比的自动测量。

8 数据处理

8.1 被测样品的光谱内透射比τ_λ由式(1)计算：

$$\tau_\lambda=\frac{T_{1\lambda}}{T_{2\lambda}} \qquad \cdots\cdots\cdots\cdots (1)$$

式中：

τ_λ——厚度为10 mm样品的光谱内透射比；

$T_{1\lambda}$——厚度为15 mm样品的光谱透射比；

$T_{2\lambda}$——厚度为5 mm样品的光谱透射比。

从计算机中调出被测样品的测量数据，按用户要求给出不同波长所对应的光谱内透射比或光谱内透射比曲线。

8.2 200 nm～780 nm波长范围的光谱透射比测量不确定度为±0.5%。

ICS 81.040.01
N 05

中华人民共和国国家标准

GB/T 7962.14—2010
代替 GB/T 7962.14—1987

无色光学玻璃测试方法 第14部分:耐酸稳定性

Test methods of colourless optical glass—Part 14:Resistance to acid

2011-01-14 发布 2011-05-01 实施

中华人民共和国国家质量监督检验检疫总局
中国国家标准化管理委员会 发布

前　言

GB/T 7962《无色光学玻璃测试方法》分为20个部分：

——第1部分：折射率和色散系数；

——第2部分：光学均匀性　斐索平面干涉法；

——第3部分：光学均匀性　全息干涉法；

——第4部分：折射率温度系数；

——第5部分：应力双折射；

——第6部分：杨氏模量、剪切模量及泊松比；

——第7部分：条纹度；

——第8部分：气泡度；

——第9部分：光吸收系数；

——第10部分：耐X射线性能；

——第11部分：可见折射率精密测试；

——第12部分：光谱内透射比；

——第13部分：导热系数；

——第14部分：耐酸稳定性；

——第15部分：耐潮稳定性；

——第16部分：线膨胀系数、转变温度和弛垂温度；

——第17部分：紫外、红外折射率；

——第18部分：克氏硬度；

——第19部分：磨耗度；

——第20部分：密度。

本部分为GB/T 7962的第14部分。

本部分代替GB/T 7962.14—1987《无色光学玻璃测试方法　耐酸稳定性测试方法》。

本部分与GB/T 7962.14—1987相比，主要变化如下：

——调整了标准的结构，增加了前言、规范性引用文件、术语和定义三部分内容；

——对分类定级方法作了修订，由原来的3类6级改为6类；

——更正了GB/T 7962.14—1987中叙述不清楚的部分条款。

本部分由中国机械工业联合会提出。

本部分由全国仪表功能材料标准化技术委员会(SAC/TC 419)归口。

本部分负责起草单位：成都光明光电股份有限公司。

本部分主要起草人：胡熔、许波、田丰贵。

本部分所代替标准的历次版本发布情况：

——GB/T 7962.14—1987。

无色光学玻璃测试方法
第 14 部分：耐酸稳定性

1 范围

GB/T 7962 的本部分规定了无色光学玻璃耐酸稳定性的试验条件、步骤和分类方法等内容。

本部分适用于无色光学玻璃耐酸稳定性的测试。

2 规范性引用文件

下列文件中的条款通过 GB/T 7962 的本部分的引用而成为本部分的条款。凡是注日期的引用文件，其随后所有的修改单(不包括勘误的内容)或修订版均不适用于本部分，然而，鼓励根据本部分达成协议的各方研究是否可使用这些文件的最新版本。凡是不注日期的引用文件，其最新版本适用于本部分。

GB/T 693　化学试剂　三水合乙酸钠(乙酸钠)

GB/T 6682　分析实验室用水规格和试验方法

HG/T 3476　化学试剂　36%乙酸

3 术语和定义

下列术语和定义适用于本部分。

3.1

耐酸稳定性　resistance to acid

RA

玻璃抵抗酸性溶液侵蚀的能力。

4 原理

采用酸度为 pH2.9 、pH4.6 、pH6.0 的溶液作为测定介质。抛光玻璃样品表面被测定介质侵蚀后，在白炽灯下观测玻璃表面出现紫蓝干涉色，或表面呈现杂色或脱落的时间，根据时间长短对无色光学玻璃耐酸稳定性进行递减式分类。

5 仪器、试剂

5.1　精密恒温浴槽：室温至 95 ℃±1 ℃。

5.2　反射式显微镜，100 X。

5.3　60 W 白炽灯、镊子、50 mL 量筒、干燥器、250 mL 石英烧杯、长纤维棉、绸布等。

5.4　pH2.9±0.2 醋酸溶液(取 HG/T 3476 分析纯醋酸 16 mL 溶解于 1 L 蒸馏水中，配成酸度为 pH2.9 的醋酸溶液)。

5.5　pH4.6±0.2 标准醋酸盐溶液(取 GB/T 693 分析纯醋酸钠 13.6 g 溶解于 1 L 蒸馏水中，配成浓度为 0.1 N 的醋酸钠溶液。然后再取 0.1 N 的醋酸钠溶液与酸度为 pH2.9 的醋酸溶液等体积混合，配成酸度为 pH4.6 的标准醋酸盐溶液)。

5.6　pH6.0±0.2 的蒸馏水，GB/T 6682。

6 样品

6.1 样品玻璃内部应无肉眼可见的条纹、气泡和结石。

6.2 加工成 20 mm×20 mm×10 mm 样品 2 块。每块样品一个大面抛光，粗糙度 $Ra=0.05$，其余面细磨即可。

6.3 试验前样品用无水乙醇与乙醚（1∶9）的混合溶剂和长纤维棉拭净，在 80 倍～100 倍显微镜下检查无任何侵蚀痕迹，保存于干燥器中待测（在干燥器中只能保存 3 昼夜）。

7 测试步骤

7.1 取 50 mL 测定介质倒入石英烧杯中，用毛玻璃盖好，在温度 50 ℃±1 ℃的精密恒温浴槽中预热 30 min。

7.2 把待测样品抛光面向上平放在烧杯中，在白炽灯下观测样品表面产生紫蓝干涉色，或呈现杂色或脱落的时间。前 10 min 之内应随时观测，10 min 后每隔 5 min 观测一次，30 min 后每隔 10 min 观测一次，1 h 后每隔 30 min 观测一次。

8 结果分类

8.1 耐酸稳定性分为 6 类，见表 1。

表 1 耐酸稳定性分类表

类别（*RA*）	测定介质酸度		
	pH 2.9±0.2	pH 4.6±0.2	pH 6.0±0.2
1	≥5h	—	—
2	<5 h，≥30 min	—	—
3	—	>30 min	—
4	—	<30 min，≥5 min	—
5	—	—	>3 h
6	—	—	≤3 h

8.2 1 类和 2 类：在 pH2.9 醋酸溶液中侵蚀 5 h 以上，未出现紫蓝干涉色、未呈现杂色或脱落的为 1 类；小于 5 h，大于或等于 30 min 出现紫蓝干涉色，但未呈现杂色或脱落的为 2 类。

8.3 3 类和 4 类：如在 pH2.9 醋酸溶液中，呈现杂色或脱落的，或 30 min 以内出现紫蓝干涉色的，则需再取一块样品，重复 7.1～7.2 步骤，观测样品在 pH4.6 标准醋酸盐溶液中出现紫蓝干涉色，或呈现杂色或出现脱落的时间。大于 30 min 出现紫蓝干涉色或呈现杂色，但未出现脱落的为 3 类；小于 30 min，大于或等于 5 min 出现紫蓝干涉色或呈现杂色，但未出现脱落的为 4 类。

8.4 5 类和 6 类：如在 pH4.6 标准醋酸盐溶液中，出现脱落，或 5 min 以内出现紫蓝干涉色或杂色的，则需再取一块样品，重复 7.1～7.2 步骤，观测样品在 pH6.0 的蒸馏水中出现紫蓝干涉色，或呈现杂色或出现脱落的时间。大于 3 h 出现紫蓝干涉色或呈现杂色，但未出现脱落的为 5 类；小于或等于 3 h 出现紫蓝干涉色或呈现杂色，或出现脱落的为 6 类。

ICS 81.040.01
N 05

中华人民共和国国家标准

GB/T 7962.15—2010
代替 GB/T 7962.15—1987

无色光学玻璃测试方法 第15部分：耐潮稳定性

Test methods of colourless optical glass—Part 15: Resistance to humidity

2011-01-14 发布　　2011-05-01 实施

中华人民共和国国家质量监督检验检疫总局
中国国家标准化管理委员会 发布

前言

GB/T 7962《无色光学玻璃测试方法》分为20个部分：

——第1部分：折射率和色散系数；
——第2部分：光学均匀性　斐索平面干涉法；
——第3部分：光学均匀性　全息干涉法；
——第4部分：折射率温度系数；
——第5部分：应力双折射；
——第6部分：杨氏模量、剪切模量及泊松比；
——第7部分：条纹度；
——第8部分：气泡度；
——第9部分：光吸收系数；
——第10部分：耐X射线性能；
——第11部分：可见折射率精密测试；
——第12部分：光谱内透射比；
——第13部分：导热系数；
——第14部分：耐酸稳定性；
——第15部分：耐潮稳定性；
——第16部分：线膨胀系数、转变温度和弛垂温度；
——第17部分：紫外、红外折射率；
——第18部分：克氏硬度；
——第19部分：磨耗度；
——第20部分：密度。

本部分为GB/T 7962的第15部分。

本部分代替GB/T 7962.15—1987《无色光学玻璃测试方法　耐潮稳定性测试方法》。

本部分与GB/T 7962.15—1987相比，主要变化如下：

——调整了标准的结构，增加了前言、规范性引用文件、术语和定义三部分内容；
——更正了GB/T 7962.15—1987中部分叙述不清楚的条款。
——删除了对样品加工不合理的要求。

本部分由中国机械工业联合会提出。

本部分由全国仪表功能材料标准化技术委员会(SAC/TC 419)归口。

本部分负责起草单位：成都光明光电股份有限公司。

本部分主要起草人：胡熔、许波、田丰贵。

本部分所代替标准的历次版本发布情况为：

——GB/T 7962.15—1987。

无色光学玻璃测试方法
第15部分：耐潮稳定性

1 范围

GB/T 7962的本部分规定了无色光学玻璃耐潮稳定性的实验条件、步骤和分类方法等内容。

本部分适用于无色光学玻璃耐潮稳定性的测试。

2 规范性引用文件

下列文件中的条款通过GB/T 7962的本部分的引用而成为本部分的条款。凡是注日期的引用文件，其随后所有的修改单(不包括勘误的内容)或修订版均不适用于本部分，然而，鼓励根据本部分达成协议的各方研究是否可使用这些文件的最新版本。凡是不注日期的引用文件，其最新版本适用于本部分。

GB/T 678 化学试剂 乙醇(无水乙醇)

GB/T 6682 分析实验室用水规格和试验方法

GB/T 12591 化学试剂 乙醚

3 术语和定义

下列术语和定义适用于本部分。

3.1

耐潮稳定性 resistance to humidity

RC

玻璃抵抗潮湿大气侵蚀的能力。

4 原理

光学玻璃被大气侵蚀后，其表面产生“白斑”或“雾浊”等变质层。变质层明显使平行光的散射性增加。因此可根据侵蚀样品表面的光散射性强弱情况来衡量侵蚀表面的变质程度。把两面抛光的玻璃样品置于70 ℃±1 ℃的饱和水蒸气中侵蚀7昼夜后，用图1所示装置测量其对光的散射性。

样品在放置光陷阱B时测得的光强值 I_B 与样品在放置标准白板A时测得的光强值 I_A 之比称为浊度。浊度(H)可表示玻璃表面的“生雾率”。

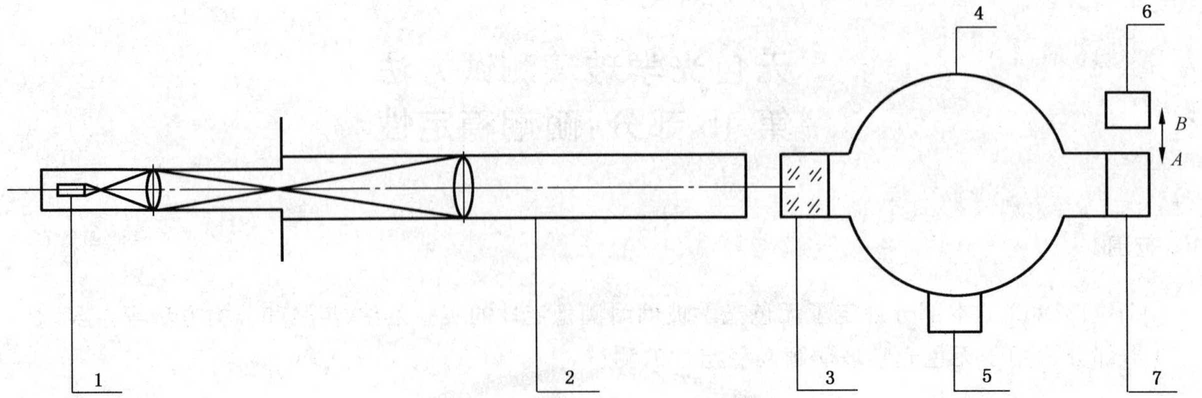

1——光源；

2——平行光管；

3——样品；

4——积分球；

5——光电检测器；

6——光陷阱；

7——标准白板。

图1　光学玻璃浊度测量装置示意图

5　仪器、试剂

5.1　仪器

仪器包括以下几个部分：

a)　积分球式浊度计(如图1所示装置)；

b)　调温干燥箱：100 ℃，±1 ℃；

c)　调温调湿箱：80 ℃，±1 ℃；

d)　反射式显微镜：100X；

e)　玻璃干燥器皿、玻璃器皿、玻璃样品三脚架、密封式玻璃罐、长纤维棉、绸布等。

5.2　试剂

蒸馏水　　GB/T 6682

无水乙醇　GB/T 678

乙醚　　　GB/T 12591

5.3　标准样品玻璃

BaK7 和 ZK9。

6　样品

6.1　样品玻璃内部应无肉眼可见的条纹、气泡和结石。

6.2　样品规格尺寸为 20 mm×20 mm×(10 mm±0.1 mm)；样品数量：标准样品 BaK7 和 ZK9 各一块；被测样品每个牌号 2 块。

6.3　样品的两个大面抛光，两大面的平行度小于 2′，表面粗糙度 Ra=0.05，其余面细磨即可。

6.4　试验前用长纤维棉和无水乙醇与乙醚(1∶9)的混合溶剂拭净样品，并在 80X～100X 显微镜下检查应无任何侵蚀痕迹，保存于玻璃干燥器皿中待测(样品必须是新抛光的，故在玻璃干燥器皿中只能保存3昼夜)。

7 测试步骤

7.1 测量被测样品和标准样品侵蚀前的浊度 H_0、H_0(BaK7)和 H_0(ZK9),其中 H_0 为2块被测样品浊度的平均值。

7.2 如图2所示,先将玻璃器皿放入密封式玻璃罐中,并在玻璃器皿中注入300 mL蒸馏水,然后将其一并放入恒温温度为70 ℃±1 ℃的调温调湿箱中预热30 min。

7.3 如图2所示,把被测试样品(每个牌号2块)和标准样品BaK7和ZK9(各1块)放置在样品架上。将放好样品的样品架放入已在调温调湿箱中的密封式玻璃罐中,在恒温温度为70 ℃±1 ℃的调温调湿箱中进行7昼夜的侵蚀试验。

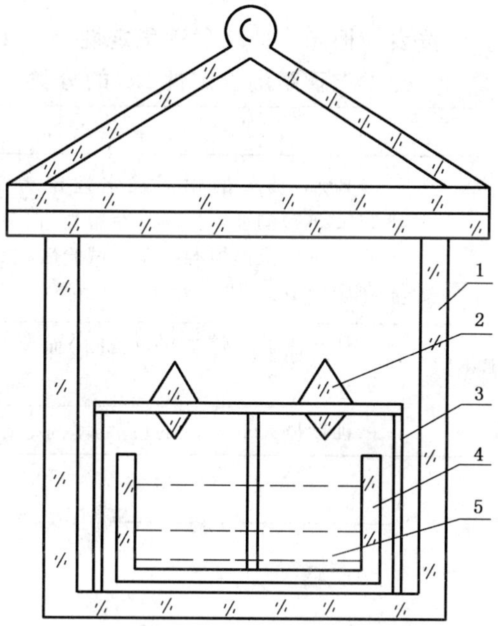

1——密封式玻璃罐;
2——样品;
3——玻璃样品三脚架;
4——玻璃器皿;
5——蒸馏水。

图2 侵蚀试验装置示意图

7.4 试验结束后取出样品放在干燥箱中烘干。

7.5 测量每块样品侵蚀后的浊度 H_1、H_1(BaK7)和 H_1(ZK9),其中 H_1 为2块被测样品浊度的平均值。

8 结果分类

8.1 浊度计算

$$H = H_1 - H_0 \qquad \cdots\cdots(1)$$

式中:

H——被测样品的浊度值;

H_1——侵蚀后被测样品的浊度;

H_0——侵蚀前被测样品的浊度。

$$H(\mathrm{BaK7}) = H_1(\mathrm{BaK7}) - H_0(\mathrm{BaK7}) \quad \cdots\cdots(2)$$

式中：

$H(\mathrm{BaK7})$——标准样品 BaK7 的浊度；

$H_1(\mathrm{BaK7})$——侵蚀后标准样品 BaK7 的浊度；

$H_0(\mathrm{BaK7})$——侵蚀前标准样品 BaK7 的浊度。

$$H(\mathrm{ZK9}) = H_1(\mathrm{ZK9}) - H_0(\mathrm{ZK9}) \quad \cdots\cdots(3)$$

式中：

$H(\mathrm{ZK9})$——标准样品 ZK9 的浊度；

$H_1(\mathrm{ZK9})$——侵蚀后标准样品 ZK9 的浊度；

$H_0(\mathrm{ZK9})$——侵蚀前标准样品 ZK9 的浊度。

8.2 耐潮稳定性分类

根据与标准样品浊度值的比较，按表 1 把光学玻璃耐潮稳定性分为 4 类。

表 1 光学玻璃耐潮稳定性 *RC* 的分类

<table>
<tr><th>类别(RC)</th><th>浊度值的比较</th><th>说　明</th></tr>
<tr><td>1</td><td>$H \leqslant H(\mathrm{BaK7})$</td><td rowspan="2">BaK7 玻璃的耐潮稳定性定为 1 类。凡是浊度值小于或等于 $H(\mathrm{BaK7})$的玻璃均需重新抛光，在 50 ℃±1 ℃，$RH=85\%$的条件下进行 20 h 的恒温恒湿实验。试验后在 80X～100X 显微镜下观察，如无水斑则为 1 类，如有水斑则为 2 类</td></tr>
<tr><td>2</td><td>$H \leqslant H(\mathrm{BaK7})$</td></tr>
<tr><td>3</td><td>$H(\mathrm{ZK9}) \geqslant H > H(\mathrm{BaK7})$</td><td>浊度值小于或等于 $H(\mathrm{ZK9})$而大于 $H(\mathrm{BaK7})$的玻璃，耐潮稳定性为 3 类</td></tr>
<tr><td>4</td><td>$H > H(\mathrm{ZK9})$</td><td>浊度值大于 ZK9 的玻璃，耐潮稳定性为 4 类</td></tr>
</table>

ICS 81.040.01
N 05

中华人民共和国国家标准

GB/T 7962.16—2010
代替 GB/T 7962.16—1987

无色光学玻璃测试方法 第16部分:线膨胀系数、转变温度和弛垂温度

Test methods of colourless optical glass—
Part 16: Linear thermal expansion coefficient, transformation temperature and yield point temperature

2011-01-14 发布 2011-05-01 实施

中华人民共和国国家质量监督检验检疫总局
中国国家标准化管理委员会 发布

前言

GB/T 7962《无色光学玻璃测试方法》分为20个部分：

——第1部分：折射率和色散系数；

——第2部分：光学均匀性　斐索平面干涉法；

——第3部分：光学均匀性　全息干涉法；

——第4部分：折射率温度系数；

——第5部分：应力双折射；

——第6部分：杨氏模量、剪切模量及泊松比；

——第7部分：条纹度；

——第8部分：气泡度；

——第9部分：光吸收系数；

——第10部分：耐X射线性能；

——第11部分：可见折射率精密测试；

——第12部分：光谱内透射比；

——第13部分：导热系数；

——第14部分：耐酸稳定性；

——第15部分：耐潮稳定性；

——第16部分：线膨胀系数、转变温度和弛垂温度；

——第17部分：紫外、红外折射率；

——第18部分：克氏硬度；

——第19部分：磨耗度；

——第20部分：密度。

本部分为GB/T 7962的第16部分。

本部分代替GB/T 7962.16—1987《无色光学玻璃测试方法　线膨胀系数和转变温度测试方法》。

本部分与GB/T 7962.16—1987相比，主要变化如下：

——调整了标准的结构，增加了前言、规范性引用文件、术语和定义三部分内容；

——增加了对无色光学玻璃弛垂温度的测试，测试温度范围扩大至－60 ℃～＋900 ℃。

本部分由中国机械工业联合会提出。

本部分由全国仪表功能材料标准化技术委员会(SAC/TC 419)归口。

本部分负责起草单位：成都光明光电股份有限公司。

本部分主要起草人：欧玲、周佺佺、田丰贵。

本部分所代替标准的历次版本发布情况：

——GB/T 7962.16—1987。

无色光学玻璃测试方法
第16部分:线膨胀系数、转变温度和弛垂温度

1 范围

GB/T 7962的本部分规定了无色光学玻璃平均线膨胀系数,转变温度和弛垂温度的测试方法、测试步骤和数据处理等内容。

本部分适用于无色光学玻璃平均线膨胀系数、转变温度和弛垂温度的测试。

2 规范性引用文件

下列文件中的条款通过GB/T 7962的本部分的引用而成为本部分的条款。凡是注日期的引用文件,其随后所有的修改(不包括勘误的内容)或修订版均不适用于本标准,然而,鼓励根据本部分达成协议的各方研究是否可使用这些文件的最新版本。凡是不注日期的引用文件,其最新版本适用于本部分。

GB/T 903 无色光学玻璃

3 术语和定义

下列术语和定义适用于本部分。

3.1

平均线膨胀系数 average linear thermal expansion coefficient

α_L

被测样品在一定的温度范围内,温度每升高1℃,单位长度的伸长量。

3.2

转变温度 transformation temperature

T_g

在被测样品的膨胀曲线上,将低温区域和高温区域直线部分延伸相交,其交点所对应的温度。

3.3

弛垂温度 yield point temperature

T_s

被测样品在升温过程中结构发生松弛并开始坍塌时的温度。

4 原理

本方法采用石英比较法。将样品与石英推杆放入一端封闭的透明石英玻璃支架管内,由于石英玻璃相对于玻璃样品有很小的膨胀,在温度变化时,它们之间产生相对移动。当测量出样品的温度、长度和伸长量时,用式(1)计算玻璃的平均线膨胀系数。

用石英膨胀仪测量得到玻璃样品从室温至软化温度间的温度与样品伸长量的关系曲线,由作图法求得玻璃的转变温度 T_g 和弛垂温度 T_s。

5 仪器

5.1 石英膨胀仪

石英膨胀仪的各项技术指标如下:

a) 温度范围：-60 ℃～$+900$ ℃；

b) 控温不确定度：±1 ℃；

c) 膨胀量测量量程：±2.5 mm；

d) 膨胀量的测量不确定度：±0.001 mm；

e) 温度控制能力：程序控温下能以 3 ℃/min～4 ℃/min 的速率均匀地升温，炉体均匀温度区应保证样品长度方向上的温差在±1 ℃范围内。

5.2 千分尺：25 mm～50 mm，±0.01 mm。

6 样品

6.1 样品玻璃内应无肉眼可见条纹、气泡、结石等夹杂物；应力双折射光程差应符合 GB/T 903 中 3 类的规定。

6.2 样品规格为(ϕ5 mm～ϕ6 mm)×50 mm$_{-0.5\ \mathrm{mm}}$的圆棒，两端面精磨或抛光，平行度应不大于 2′。

6.3 样品数量：三根。

6.4 测试前应确认被测样品不会在所选温度范围内熔化或发生化学反应。

7 测试步骤

7.1 根据仪器使用说明书的要求调试和校正仪器，使仪器进入正常工作状态。

7.2 在室温时将清洁后的样品测量长度后装入膨胀仪内，使石英推杆与样品紧密接触，并调节零位。

7.3 程序设置测量温度范围的起始和终止温度以及升温速率，并开始测试。

7.4 测试结束，得到样品的膨胀曲线。

7.5 重复 7.2～7.4 步骤，测量剩余 2 根样品的膨胀曲线。

8 数据处理

8.1 在测得的样品膨胀曲线上，求取所需温度范围对应样品的伸长量，代入式(1)计算得到每根样品的平均线膨胀系数，取 3 根样品平均线膨胀系数的算术平均值作为最终测量结果。

$$\alpha_L=\frac{L_2-L_1}{L_0(T_2-T_1)}+\alpha_L' \qquad \cdots\cdots(1)$$

式中：

α_L——样品在温度 T_1～T_2范围的平均线膨胀系数，单位为每摄氏度(℃$^{-1}$)；

T_1、T_2——样品加热前后的温度，单位为摄氏度(℃)；

L_1、L_2——温度为 T_1、T_2时样品的长度，单位为厘米(cm)；

L_0——样品在室温时的长度，单位为厘米(cm)；

α_L'——石英玻璃推杆在 T_1～T_2温度范围的平均线膨胀系数。

在-30 ℃～70 ℃范围内，α_L'取 5.0×10^{-7} ℃$^{-1}$；

在$+100$ ℃～$+300$ ℃范围内，α_L'取 6.0×10^{-7} ℃$^{-1}$；

在 20 ℃～120 ℃范围内，α_L'取 5.5×10^{-7} ℃$^{-1}$。

8.2 如图 1 所示，在测得的样品膨胀曲线上，将低温区域和高温区域直线部分延长相交，其交点所对应的温度即为转变温度 T_g；膨胀曲线的峰值(结构发生松弛并开始坍塌)对应的温度即为弛垂温度 T_s。取三根样品的算术平均值作为最终测量结果，结果取整数。

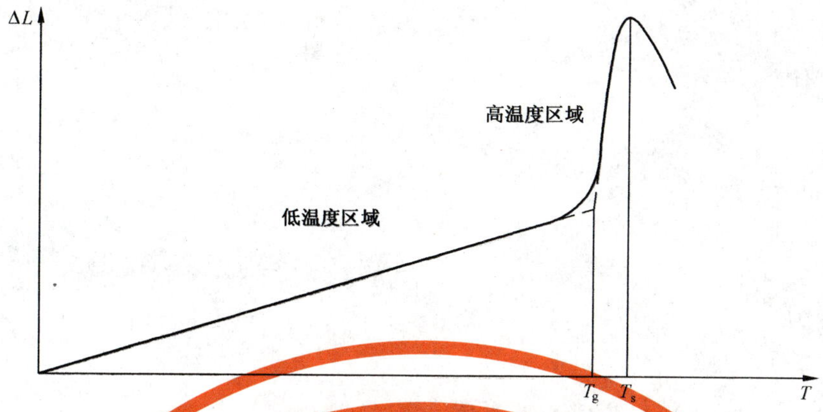

图 1　样品膨胀曲线

8.3　平均线膨胀系数的测量不确定度为 2×10^{-7}℃$^{-1}$。

ICS 81.040.01
N 05

中华人民共和国国家标准

GB/T 7962.17—2010
代替 GB/T 7962.17—1987,GB/T 7962.18—1987

无色光学玻璃测试方法 第17部分:紫外、红外折射率

Test methods of colourless optical glass—Part 17:Autocollimation test method for refractive index in the ultraviolet and infrared wave band

2011-01-14 发布　　2011-05-01 实施

中华人民共和国国家质量监督检验检疫总局
中国国家标准化管理委员会　发布

前　言

GB/T 7962《无色光学玻璃测试方法》分为20个部分：

——第1部分：折射率和色散系数；

——第2部分：光学均匀性　斐索平面干涉法；

——第3部分：光学均匀性　全息干涉法；

——第4部分：折射率温度系数；

——第5部分：应力双折射；

——第6部分：杨氏模量、剪切模量及泊松比；

——第7部分：条纹度；

——第8部分：气泡度；

——第9部分：光吸收系数；

——第10部分：耐X射线性能；

——第11部分：可见折射率精密测试；

——第12部分：光谱内透过率；

——第13部分：导热系数；

——第14部分：耐酸稳定性；

——第15部分：耐潮稳定性；

——第16部分：线膨胀系数、转变温度和弛垂温度；

——第17部分：紫外、红外折射率；

——第18部分：克氏硬度；

——第19部分：磨耗度；

——第20部分：密度。

本部分为GB/T 7962的第17部分。

本部分代替GB/T 7962.17—1987《无色光学玻璃测试方法　紫外、红外折射率测试方法　最小偏向角法》和GB/T 7962.18—1987《无色光学玻璃测试方法　紫外、红外折射率测试方法　自准直法》。

本部分与GB/T 7962.17—1987和GB/T 7962.18—1987相比，主要变化如下：

——将两部分标准进行了整合；

——调整了标准的结构，增加了前言、规范性引用文件、术语和定义三部分内容；

——"半反半透镜"改为"分束镜"；

——测量原理图中的"球面反射镜"改为"离轴抛物镜"；

——更正了GB/T 7962.17—1987、GB/T 7962.18—1987中叙述不清楚的部分条款。

本部分由中国机械工业联合会提出。

本部分由全国仪表功能材料标准化技术委员会(SAC/TC 419)归口。

本部分负责起草单位：中国科学院光电技术研究所。

本部分主要起草人：吴时彬、罗名容、陈强。

本部分所代替标准的历次版本发布情况为：

——GB/T 7962.17—1987；GB/T 7962.18—1987。

无色光学玻璃测试方法
第 17 部分：紫外、红外折射率

1 范围

GB/T 7962 的本部分规定了无色光学玻璃紫外、红外折射率的精密测试方法。

本部分适用于无色光学玻璃紫外、红外折射率的精密测试。

2 规范性引用文件

下列文件中的条款通过 GB/T 7962 的本部分的引用而成为本部分的条款。凡是注日期的引用文件，其随后所有的修改单(不包括勘误的内容)或修订版均不适用于本部分，然而，鼓励根据本部分达成协议的各方研究是否可使用这些文件的最新版本。凡是不注日期的引用文件，其最新版本适用于本部分。

GB/T 903　无色光学玻璃

3 术语和定义

下列术语和定义适用于本部分。

3.1

折射率　refractive index

n

光在介质中的传播速度 v 与在真空中的传播速度 c 之比，即：$n=\frac{v}{c}$。

4 方法原理

4.1 自准直法

自准直法的测量原理如图 1。

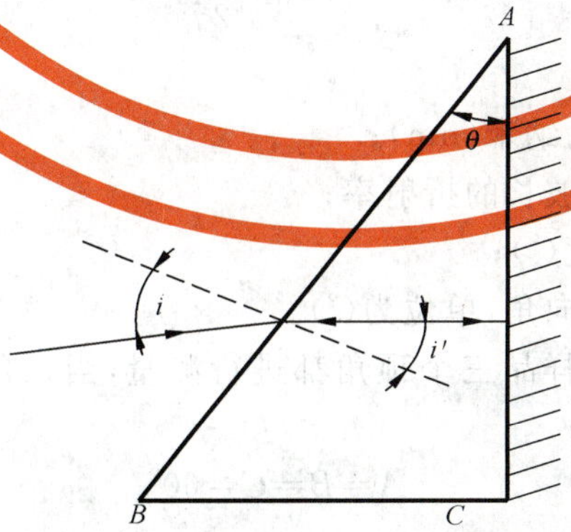

图 1　自准直法测量原理图

一束波长为 λ 的平行光入射到直角棱镜的 AB 面后，当折射光垂直于 AC 面时，光线将按原光路返回，此时折射率 n_λ 与入射角 i 及顶角 θ 的关系如式(1)：

$$n_\lambda=\frac{\sin i}{\sin\theta} \quad\cdots\cdots(1)$$

式中：

λ——测试光线的波长，单位为纳米(nm)；

n_λ——被测光学玻璃的折射率；

i——光线的入射角，单位为度(°)；

θ——测试样品的顶角，单位为度(°)。

本方法适用于光学玻璃材料紫外、红外折射率测试。

4.2 最小偏向角法

最小偏向角法的测量原理如图2。

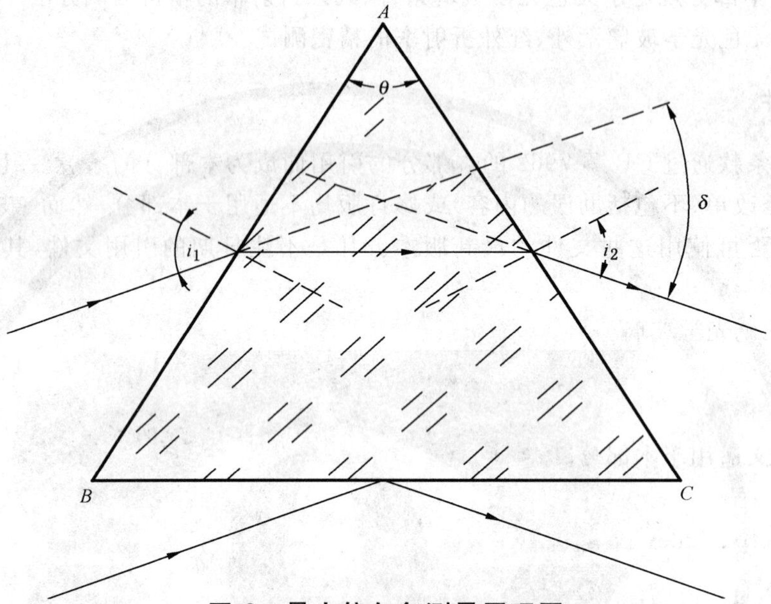

图2 最小偏向角测量原理图

一束波长为λ的平行光入射到三棱镜的AB面后，经折射后，光线从AC面射出，若入射角i_1等于出射角i_2时，则入射光线与出射光线的夹角有最小值，称为最小偏向角$\delta_{\min}$。根据折射定律，折射率的计算公式为：

$$n_\lambda = \frac{\sin\frac{1}{2}(A+\delta_{\min})}{\sin\frac{1}{2}A} \quad \cdots\cdots(2)$$

式中：

λ——测试光线的波长，单位为纳米(nm)；

n_λ——被测光学玻璃相对测试波长的折射率；

A——三棱镜的顶角，单位为度(°)；

$\delta_{\min}$——样品测试波长的最小偏向角，单位为(°)。

对样品进行封闭测量，即对应样品三个顶角都进行测量，当顶角的角度A、B、C均在$60°\pm2'$以内时，计算折射率时可视为：

$$A=B=C=60°$$

则：

$$n_\lambda = 2\sin\left(30° + \frac{1}{2}\bar{\delta}_{\min}\right) \quad \cdots\cdots(3)$$

式中：

$\bar{\delta}_{\min}$——各顶角A、B、C的最小偏向角δ_A、δ_B、δ_C的平均值，单位为度(°)。

本方法适用于折射率小于1.7的光学玻璃材料的紫外、红外折射率测试。

5 测试仪器

5.1 自准直法

采用精密测角仪，其测角精度 $RMS \leqslant 0.5''$，其光路如图 3。根据使用的光谱波段选择适当的接收器。

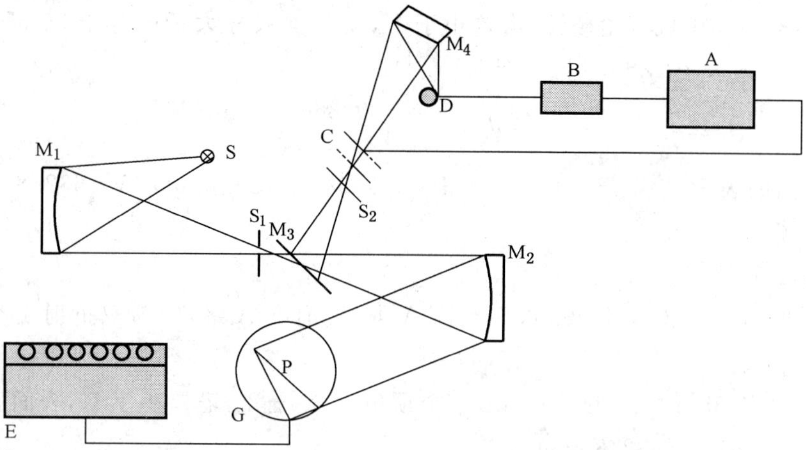

S——光源；
M_1、M_2、M_4——离轴抛物镜；
S_1、S_2——狭缝；
M_3——分束镜；
G——精密测角仪载物台；
P——样品。
A——放大器；
B——前置放大器；
C——调节器；
D——接收器；
E——角度显示器；

图 3 自准直法光路图

5.2 最小偏向角法

仪器由两部分构成。

5.2.1 精密测角仪：测角精度 $RMS \leqslant 0.5''$。

5.2.2 反射式自准平行光管：光路如图 4。离轴抛物镜 M_2 的相对孔径 D/f 小于或等于 1∶10。

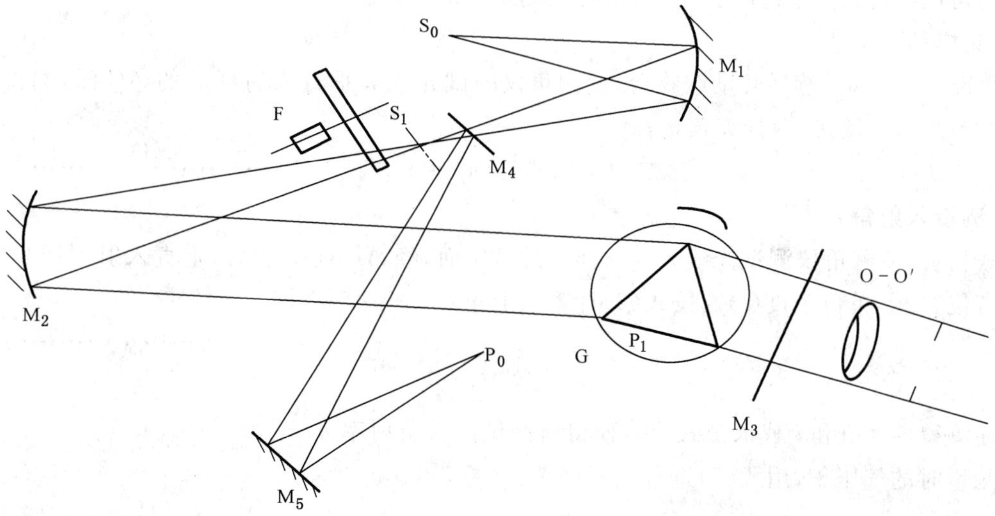

S_0——光源；
S_1——狭缝；
F——调制扇；
P_1——样品；
G——精密测角仪载物台。
M_1、M_2、M_5——离轴抛物镜；
M_3、M_4——分束镜；
O-O′——分光计望远镜；
P_0——光电倍增管；

图 4 最小偏向角测量原理图

6 样品

6.1 自准直法

6.1.1 对材料要求:条纹 A,应力双折射 1 类,光学均匀性 H1 类,气泡度 A 级。

6.1.2 加工要求:样品加工成直角棱镜,塔差小于 1′,工作面尺寸大于或等于 30 mm×50 mm,顶角 θ 由式(4)决定:

$$\theta < \arcsin\frac{0.866}{n} \qquad \cdots\cdots(4)$$

AB 面及 AC 面的表面疵病:$P=$Ⅲ,面形:$PV\leqslant 0.2\lambda$,$RMS\leqslant 0.06\lambda(\lambda=632.8\ \text{nm})$;其余面细磨,$AC$ 面需镀铝反射膜。

6.2 最小偏向角法

6.2.1 对材料要求:应符合 GB/T 903 中条纹度 A 类,气泡度 A 级,应力双折射 1 类,光学均匀性 H1 类的要求。

6.2.2 加工要求:边长 35 mm、厚度 30 mm,三个顶角为 60°±2′,塔差小于 1′,表面疵病:$P=$Ⅲ,面形:$PV\leqslant 0.2\lambda$,$RMS\leqslant 0.06\lambda(\lambda=632.8\ \text{nm})$。

7 测试步骤

7.1 条件

7.1.1 测量前样品在恒温室存放时间大于或等于 12 h。

7.1.2 测量在 20 ℃±5 ℃的恒温室内进行。

7.1.3 室内无影响测量的震源。

7.2 步骤

7.2.1 自准直法

7.2.1.1 调节样品

调整测角仪载物台,使样品的工作面平行于测角仪的主轴。

7.2.1.2 测样品顶角 θ

测得自准直位置 α_1,然后转动载物台,使测角仪测试光线 λ 垂直入射样品的 AC 面,测得自准直位置 α_2,单位为度(°)。按式(5)计算顶角:

$$\theta = 180° - (\alpha_1 - \alpha_2) \qquad \cdots\cdots(5)$$

7.2.1.3 测量入射角 i

转动载物台,使测角仪测试光线 λ 入射样品的 AB 面,经 AB 面折射后,垂直入射到样品的 AC 面,测出自准直位置 α_3,单位为度(°)。按式(6)计算入射角:

$$i = \alpha_1 - \alpha_3 \qquad \cdots\cdots(6)$$

7.2.1.4 结果

将上述测得的 θ 值和 i 代入公式(1),便得所测试波长折射率 n_λ。

记录测量时的气压 P,用式(7)进行气压修正:

$$\Delta n_P = n \times 0.000\,293 \times \frac{P - P_0}{P_0} \qquad \cdots\cdots(7)$$

式中:

P_0——标准大气压,单位为帕斯卡(Pa),P_0 取 101 325 Pa;

P——测量时实验室环境大气压,单位为帕斯卡(Pa)。

所求折射率按式(8)计算:

$$n = n_\lambda + \Delta n_P \qquad (8)$$

7.2.2 最小偏向角法

7.2.2.1 调节样品

利用载物台调节样品，使样品的入射面、出射面和精密测角仪的转轴平行。

7.2.2.2 确定最小偏向角位置

转动望远镜，使被测谱线的折射光线自准直；转动样品，使棱镜底面（图1中的 BC 面）反射的反射像亦落在望远镜叉丝上，样品即处在最小偏向角位置。记下此时望远镜位置 φ_1（瞄准三次取平均值），单位为度（°）。

7.2.2.3 测量2倍最小偏向角 $2\delta_A$

交换入射面与出射面的位置，重复7.2.2.2的步骤，记下望远镜位置 φ_2，单位为度（°）。则：

$$2\delta_A = \varphi_2 - \varphi_1 \qquad (9)$$

7.2.2.4 测量 $2\delta_B$、$2\delta_C$

按7.2.2.1～7.2.2.3的步骤对三棱镜棱角 B、C 作同样测量，可得 $2\delta_B$、$2\delta_C$。

7.2.2.5 结果

式(3)中的 $\frac{1}{2}\bar{\delta}_{\min}$ 由下式计算：

$$\frac{1}{2}\bar{\delta}_{\min} = \frac{1}{12}(2\delta_A + 2\delta_B + 2\delta_C) \qquad (10)$$

将 $\frac{1}{2}\bar{\delta}_{\min}$ 值代入式(3)得 n_λ，气压修正同7.2.1.4。

8 测试记录及报告

8.1 测试记录

测试记录至少应给出以下几个方面的内容：

a) 识别被测样品所需的全部资料（玻璃牌号、熔炼号、退火号、样品编号等）以及抽样还是送样；
b) 环境条件（温度、湿度、气压等）；
c) 使用仪器名称、编号、型号、其检定/校准证书有效期；
d) 谱线波长；
e) 测试的原始数据；
f) 测量次数不少于三次；
g) 计算过程及所使用的公式；
h) 测试结果；
i) 在测试中观察到的异常现象；
j) 测试、复核人员签字，测试日期。

8.2 测试报告

测试报告中至少应给出以下几个方面的内容：

a) 识别被测样品所需的全部资料（玻璃牌号、熔炼号、退火号、样品编号等）以及抽样还是送样；
b) 报告编号；
c) 使用标准；
d) 使用方法；
e) 谱线波长；
f) 环境条件（温度、湿度、测量气压等）；

g） 使用仪器名称、编号、型号、其检定/校准证书有效期；

h） 测试结果；

i） 在测试中观察到的异常现象；

j） 测试日期；

k） 测试、复核、批准人员签字并盖公章。

ICS 81.040.01
N 05

中华人民共和国国家标准

GB/T 7962.18—2010
代替 GB/T 7962.21—1987

无色光学玻璃测试方法 第18部分：克氏硬度

Test methods of colourless optical glass—Part 18：Knoop hardness

2011-01-14 发布　　2011-05-01 实施

中华人民共和国国家质量监督检验检疫总局
中国国家标准化管理委员会　发布

前言

GB/T 7962《无色光学玻璃测试方法》分为20个部分：

——第1部分：折射率和色散系数；
——第2部分：光学均匀性　斐索平面干涉法；
——第3部分：光学均匀性　全息干涉法；
——第4部分：折射率温度系数；
——第5部分：应力双折射；
——第6部分：杨氏模量、剪切模量及泊松比；
——第7部分：条纹度；
——第8部分：气泡度；
——第9部分：光吸收系数；
——第10部分：耐X射线性能；
——第11部分：可见折射率精密测试；
——第12部分：光谱内透射比；
——第13部分：导热系数；
——第14部分：耐酸稳定性；
——第15部分：耐潮稳定性；
——第16部分：线膨胀系数、转变温度和弛垂温度；
——第17部分：紫外、红外折射率；
——第18部分：克氏硬度；
——第19部分：磨耗度；
——第20部分：密度。

本部分为GB/T 7962的第18部分。

本部分代替GB/T 7962.21—1987《无色光学玻璃测试方法　克氏硬度测试方法》。

本部分与GB/T 7962.21—1987相比，主要变化如下：

——调整了标准的结构，增加了前言、规范性引用文件、术语和定义三部分内容；
——对计算公式和施压保持时间作了修订。

本部分由中国机械工业联合会提出。

本部分由全国仪表功能材料标准化技术委员会(SAC/TC 419)归口。

本部分负责起草单位：成都光明光电股份有限公司。

本部分主要起草人：王竑、张祖义、田丰贵。

本部分所代替标准的历次版本发布情况为：

——GB/T 7962.21—1987。

无色光学玻璃测试方法
第18部分:克氏硬度

1 范围

GB/T 7962的本部分规定了无色光学玻璃克氏硬度的测试仪器、测试步骤和数据处理等内容。

本部分适用于无色光学玻璃克氏硬度的测量。

2 规范性引用文件

下列文件中的条款通过GB/T 7962的本部分的引用而成为本部分的条款。凡是注日期的引用文件,其随后所有的修改单(不包括勘误的内容)或修订版均不适用于本部分,然而,鼓励根据本部分达成协议的各方研究是否可使用这些文件的最新版本。凡是不注日期的引用文件,其最新版本适用于本部分。

ISO 9385　玻璃与玻璃陶瓷　克氏硬度测试方法

3 术语和定义

下列术语和定义适用于本部分。

3.1

硬度　hardness

材料局部抵抗硬物压入其表面的能力。

3.2

克氏硬度　Knoop hardness

HK

克氏硬度采用对称棱角为172°30′和130°的四角锥金刚石压头测试,全称为克努普显微压痕硬度。

4 原理

克氏硬度采用对称棱角为172°30′和130°的四角锥金刚石压头(见图1),给其施加一定负荷垂直压在样品表面上,保持一定时间后,撤去负荷,用显微镜观察并测量样品上压痕长对角线的长度,换算出压痕的投影面积(见图2),用式(1)计算克氏硬度。

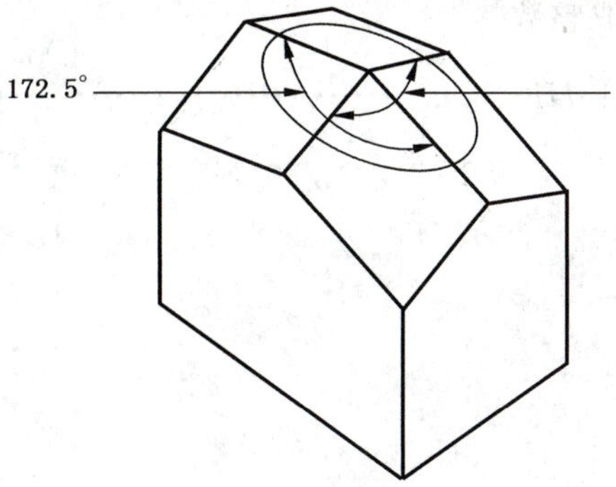

图1　金刚石压头

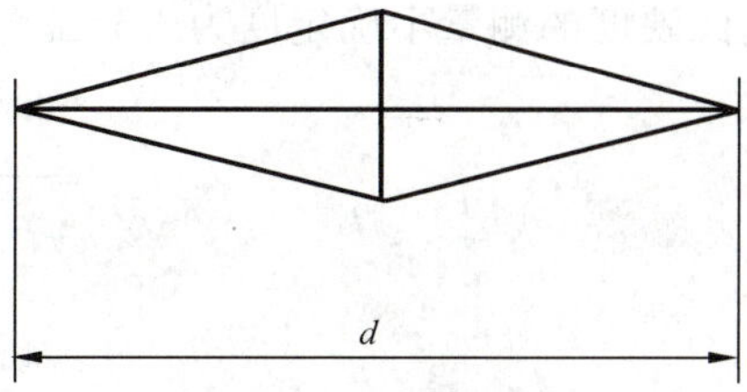

图2　压痕投影

5 仪器

显微硬度计。

施压负荷：0.98 N，±1%。

压头下降速度：20 mm/min。

对角线长度测量不确定度：±0.001 mm。

显微镜放大倍数：600 X。

6 样品

6.1 样品玻璃内应无肉眼可见条纹、气泡、结石等夹杂物；应力双折射应不大于 10 nm/cm。

6.2 样品尺寸为 20 mm×20 mm×10 mm，两大面应平行且平行差不大于 0.01 mm，一大面抛光，粗糙度 $Ra=0.05$。其余各面细磨。

7 测试步骤

7.1 根据仪器使用说明书的要求调试和校正仪器，使仪器进入正常工作状态。

7.2 测量前，用酒精清洗样品表面，放入干燥器内待用。

7.3 样品放在显微镜视场下，调焦，使样品表面清晰，避开缺陷，将样品推至压头下。

7.4 按 ISO 9385 的规定在压头上加 0.98 N 负荷，将压头压在样品表面上，停留时间 20 s。

7.5 提起压头，将样品推至显微镜视场下，在 6 min 内测量出压痕长对角线的长度 d_1，并用式(1)计算出 HK_1。

7.6 重复 7.3～7.5 步骤，在同块样品上选取另外 4 个部位进行测量，分别测量出各部位的克氏硬度值 HK_2，HK_3…。

8 数据处理

8.1 计算

克氏硬度用式(1)计算：

$$HK = 1.422\,9\,\frac{F}{d^2} \qquad \cdots\cdots(1)$$

式中：

F——施压负荷，单位为牛顿(N)；

d——压痕长对角线的长度，单位为毫米(mm)；

HK——克氏硬度，单位为 10^7 帕斯卡(10^7 Pa)。

取 5 次测量值的算术平均值 $\overline{HK}$ 作为最终测量结果，结果取整数。

$$\overline{HK} = \frac{1}{5}(HK_1 + HK_2 + \cdots + HK_5) \qquad \cdots\cdots(2)$$

8.2 克氏硬度的测量不确定度为±5%。

ICS 81.040.01
N 05

中华人民共和国国家标准

GB/T 7962.19—2010
代替 GB/T 7962.19—1987

无色光学玻璃测试方法
第 19 部分:磨耗度

Test methods of colourless optical glass—
Part 19:abration factor

2011-01-14 发布　　2011-05-01 实施

中华人民共和国国家质量监督检验检疫总局
中国国家标准化管理委员会　发布

前　言

GB/T 7962《无色光学玻璃测试方法》分为20个部分：

——第1部分：折射率和色散系数；

——第2部分：光学均匀性　斐索平面干涉法；

——第3部分：光学均匀性　全息干涉法；

——第4部分：折射率温度系数；

——第5部分：应力双折射；

——第6部分：杨氏模量、剪切模量及泊松比；

——第7部分：条纹度；

——第8部分：气泡度；

——第9部分：光吸收系数；

——第10部分：耐X射线性能；

——第11部分：可见折射率精密测试；

——第12部分：光谱内透过率；

——第13部分：导热系数；

——第14部分：耐酸稳定性；

——第15部分：耐潮稳定性；

——第16部分：线膨胀系数、转变温度和弛垂温度；

——第17部分：紫外、红外折射率；

——第18部分：克氏硬度；

——第19部分：磨耗度；

——第20部分：密度。

本部分为GB/T 7962的第19部分。

本部分代替GB/T 7962.19—1987《无色光学玻璃测试方法　相对研磨硬度测试方法》。

本部分与GB/T 7962.19—1987相比，主要变化如下：

——调整了标准的结构，增加了前言、规范性引用文件两部分内容；

——将相对研磨硬度测试方法改为磨耗度测试方法，定义及计算公式做相应修改；

——修改了GB/T 7962.19—1987的“4.3.4 结果报告单”（见7.6）。

本部分由中国机械工业联合会提出。

本部分由全国仪表功能材料标准化技术委员会（SAC/TC 419）归口。

本部分负责起草单位：全国仪表功能材料标准化技术委员会。

本部分主要起草人：刘庆宾、赵光明、何伦英。

本部分所代替标准的历次版本发布情况为：

——GB/T 7962.19—1987。

无色光学玻璃测试方法
第19部分：磨耗度

1 范围

GB/T 7962的本部分规定了测试无色光学玻璃的磨耗度的测试方法。

本部分适用于无色光学玻璃磨耗度的测试。

2 规范性引用文件

下列文件中的条款通过GB/T 7962的本部分的引用而成为本部分的条款。凡是注日期的引用文件，其随后所有的修改单(不包括勘误的内容)或修订版均不适用于本部分，然而，鼓励根据本部分达成协议的各方研究是否可使用这些文件的最新版本。凡是不注日期的引用文件，其最新版本适用于本部分。

GB/T 903 无色光学玻璃

GB/T 7962.20 无色光学玻璃测试方法 第20部分：密度

3 术语和定义

磨耗度 abration factor

将被测玻璃试样压紧在旋转圆盘上，边加磨料边研磨，在相同条件下，试样的磨损减少量与标准玻璃(K9)的磨损减少量(体积)之比，乘以100后所得的数值。

4 测试仪器

4.1 磨耗度试验机装置图如图1所示。

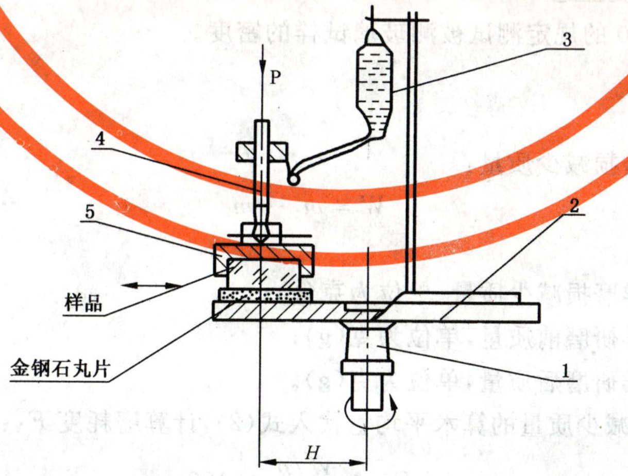

1——直径为ϕ350 mm～ϕ400 mm研磨机；

2——金刚石丸片；

3——冷却液装置；

4——限制转动摆杆；

5——夹持样品模。

图1 磨耗度试验机装置图

4.2 工艺参数如下：

a) 金刚石丸片为W20，浓度100%，青铜结合，直径为10 mm，厚度为3 mm；

b) 磨盘转速60 r/min；

c) 限制转动摆杆摆动次数130次/min，行程8 mm；

d) 被测试样承受垂直荷重14.706 N。被测试样距磨盘转轴中心(H)为80 mm。

4.3 天平最小分度值不低于1 mg。

5 被测玻璃试样与标准玻璃

5.1 待测玻璃试样应符合GB/T 903中规定的气泡度不超过4 C，应力双折射2类，条纹度不超过2 C的要求。

5.2 将被测玻璃试样加工成直径$\phi 34_{-0.05}^{0}$ mm，厚度$10_{0.1}^{0}$ mm的圆柱体，用302[#]金刚砂细磨，数量五块。

6 测量

6.1 条件

6.1.1 冷却液采用蒸馏水，水温(20±2)℃，流速25 mL/min。

6.1.2 试验室温度波动(18～25)℃。

6.1.3 将被测玻璃试样清洗后，干燥烘干，并做好标识。

6.1.4 每一批被测玻璃试样测试前，应先进行标准玻璃(K9)的研磨测试。

6.2 步骤

6.2.1 用天平称取干燥样品的质量m_1。

6.2.2 金刚石丸片磨盘用302[#]金刚砂研磨1 min。

6.2.3 将试样按规定尺寸放在磨盘上，加上负荷，研磨3 min。

6.2.4 取下样品、清洗、干燥烘干。

6.2.5 用天平称取其质量m_2。

6.2.6 其他四块样品重复上述6.2.1～6.2.5步骤。

6.2.7 按GB/T 7962.20的规定测试被测玻璃试样的密度。

7 数据处理

7.1 按式(1)计算试样磨损减少质量：

$$W = m_1 - m_2 \qquad (1)$$

式中：

W——被测玻璃试样磨损减少质量，单位为克(g)；

m_1——被测玻璃试样研磨前质量，单位为克(g)；

m_2——被测玻璃试样研磨后质量，单位为克(g)。

7.2 将五块试样的磨损减少质量的算术平均值代入式(2)，计算磨耗度F_A：

$$F_A = \frac{W/\rho}{W_0/\rho_0} \times 100 \qquad (2)$$

式中：

F_A——磨耗度；

W_0——标准玻璃(K9)的磨损减少质量，单位为克(g)；

W——被测玻璃试样的磨损减少质量，单位为克(g)；

ρ_0——标准玻璃(K9)的密度，单位为克每立方厘米(g/cm^3)；

ρ——被测玻璃试样的密度，单位为克每立方厘米(g/cm^3)。

7.3 五块被测玻璃试样的磨损减少质量的最大相对误差应不超过5%，否则应重测。

7.4 磨耗度取整数表示。

7.5 测试记录应包括下列内容：

a) 样品名称及规格、玻璃牌号、熔炼号；
b) 样品编号；
c) 委托单位；
d) 测试依据；
e) 测试数据及结果；
f) 测试及复核人签名；
g) 测试日期。

7.6 测试报告应包括下列内容：

a) 样品名称及规格、玻璃牌号、熔炼号；
b) 样品编号；
c) 报告编号；
d) 委托单位；
e) 测试依据；
f) 测试结果；
g) 测试、复核及批准人签名；
h) 测试日期。

ICS 81.040.01
N 05

中华人民共和国国家标准

GB/T 7962.20—2010
代替 GB/T 7962.20—1987

无色光学玻璃测试方法 第20部分:密度

Test methods of colourless optical glass—Part 20:Density

2011-01-14 发布　　2011-05-01 实施

中华人民共和国国家质量监督检验检疫总局
中国国家标准化管理委员会　发布

前　言

GB/T 7962《无色光学玻璃测试方法》分为20个部分：

——第1部分：折射率和色散系数；
——第2部分：光学均匀性　斐索平面干涉法；
——第3部分：光学均匀性　全息干涉法；
——第4部分：折射率温度系数；
——第5部分：应力双折射；
——第6部分：杨氏模量、剪切模量及泊松比；
——第7部分：条纹度；
——第8部分：气泡度；
——第9部分：光吸收系数；
——第10部分：耐X射线性能；
——第11部分：可见折射率精密测试；
——第12部分：光谱内透射比；
——第13部分：导热系数；
——第14部分：耐酸稳定性；
——第15部分：耐潮稳定性；
——第16部分：线膨胀系数、转变温度和弛垂温度；
——第17部分：紫外、红外折射率；
——第18部分：克氏硬度；
——第19部分：磨耗度；
——第20部分：密度。

本部分为GB/T 7962的第20部分。

本部分代替GB/T 7962.20—1987《无色光学玻璃测试方法　密度测试方法》。

本部分与GB/T 7962.20—1987相比，主要变化如下：

——调整了标准的结构，增加了前言、规范性引用文件、术语和定义三部分内容；
——对测试方法原理作了修订，补充了根据阿基米德定律推导出的密度测试计算公式；
——对测试步骤作了修订，增加了步骤8.8；
——对测试结果计算作了修订。

本部分的附录A为资料性附录。

本部分由中国机械工业联合会提出。

本部分由全国仪表功能材料标准化技术委员会(SAC/TC 419)归口。

本部分负责起草单位：成都光明光电股份有限公司。

本部分主要起草人：但唐碧、许波、田丰贵。

本部分所代替标准的历次版本发布情况为：

——GB/T 7962.20—1987。

无色光学玻璃测试方法
第20部分:密度

1 范围

GB/T 7962的本部分规定了无色光学玻璃密度的测试方法原理、测量条件、步骤和数据处理等内容。

本部分适用于无色光学玻璃的密度测试。

2 规范性引用文件

下列文件中的条款通过GB/T 7962的本部分的引用而成为本部分的条款。凡是注日期的引用文件,其随后所有的修改单(不包括勘误的内容)或修订版均不适用于本部分,然而,鼓励根据本部分达成协议的各方研究是否可使用这些文件的最新版本。凡是不注日期的引用文件,其最新版本适用于本部分。

GB 253 煤油

GB/T 678 化学试剂 乙醇(无水乙醇)

GB/T 684 化学试剂 甲苯

GB/T 903 无色光学玻璃

GB/T 6682 实验室用水规格和试验方法

3 术语和定义

下列术语和定义适用于本部分。

3.1

密度 density

ρ

物质在规定温度下单位体积的质量。

4 原理

固体物质的密度是指在规定温度下单位体积的质量。即,玻璃样品的密度可用式(1)计算。

根据阿基米德定律,浸在介质中的物体受到的浮力大小等于该物体排开介质的重力。因此,玻璃样品在水中时,用天平称取的质量 m_w 由式(2)计算得出。

同理可得玻璃样品在空气中时,用天平称取的质量 m_A 由式(3)计算得出。

被测玻璃的密度 ρ 由式(4)计算得出。

5 试剂

5.1 蒸馏水:二级水,GB/T 6682。

5.2 煤油:特种,GB 253。

5.3 甲苯:化学纯,GB/T 684。

5.4 无水乙醇:分析纯,GB/T 678。

6 仪器设备

6.1 分析天平：200 g，±0.1 mg。

6.2 烧杯：250 mL。

6.3 镍铬丝或铂丝：直径 0.1 mm～0.2 mm。

6.4 温度计：0 ℃～35 ℃，±0.1 ℃。

7 样品

7.1 样品玻璃内应无肉眼可见气泡、结石、条纹、裂纹；应力双折射应达到 GB/T 903 规定的 3 类。

7.2 在同一块玻璃上切取样品 3 块，样品尺寸：20 mm×20 mm×10 mm，允差均为±0.5 mm，各面精磨。

8 测试步骤

8.1 样品用无水乙醇清洗，用绸布擦干，放入干燥器内待测。

8.2 除去镍铬丝和铂丝上的油脂。

8.3 煮沸新鲜蒸馏水，排除溶解于水中的空气，冷却至室温待用。

8.4 记录室温 T_A 及大气压力 P，查空气密度 ρ_A（见附录 A）；记录水温 T_W，查附录 A 中表 A.1 得水的密度 ρ_w。

8.5 校正天平零点。用天平称取样品在空气中的质量 m_A。

8.6 将样品吊起，放入水中，直至吊筐与吊丝绞结点均浸入蒸馏水的水面以下，排除样品表面的附着气泡，用天平称取其质量 m_1。

8.7 取下样品，将吊筐浸入水中，深度与称样时相同，排除气泡，用天平称取其质量 m_2。

8.8 玻璃样品在水中的质量 $m_w = m_1 - m_2$。

8.9 重复 8.5～8.8 步骤，测量剩余 2 块样品。

8.10 对于磷酸盐玻璃、硼酸盐玻璃，宜用煤油或甲苯作测试液体，测试步骤与用蒸馏水作测试液体相同。

9 数据处理

9.1 玻璃样品的密度用式(1)计算。

$$\rho = \frac{m}{V} \qquad \cdots\cdots(1)$$

式中：

ρ——玻璃样品在测量温度下的密度，单位为克每立方厘米（g/cm³）；

m——玻璃样品的质量，单位为克（g）；

V——玻璃样品在测量温度下的体积，单位为立方厘米（cm³）。

天平称取的样品在水中的质量 m_w，用式(2)计算。

$$m_w = m - V\rho_w \qquad \cdots\cdots(2)$$

天平称取的样品在空气中的质量 m_A，用式(3)计算。

$$m_A = m - V\rho_A \qquad \cdots\cdots(3)$$

将式(2)和式(3)代入式(1)中，整理可得式(4)。

$$\rho = \frac{m_A}{m_A - m_w}(\rho_w - \rho_A) + \rho_A \qquad \cdots\cdots(4)$$

式中：

m_w——玻璃样品在水中时，用天平称取的质量，单位为克(g)；

ρ_w——水的密度，单位为克每立方厘米(g/cm^3)；

m_A——玻璃样品在空气中时，用天平称取的质量，单位为克(g)；

ρ_A——空气的密度，单位为克每立方厘米(g/cm^3)。

ρ_w、ρ_A查表可得，因此，只要测量出 m_w和 m_A，即可计算出被测玻璃的密度。

9.2　将 m_A、m_w、ρ_A和 ρ_w代入式(4)中，计算出每块样品的密度 ρ_1、ρ_2、ρ_3，取算术平均值作为最终测量结果，结果保留 2 位小数。

$$\rho = \bar{\rho} = \frac{1}{3}(\rho_1 + \rho_2 + \rho_3) \quad \cdots\cdots(5)$$

9.3　测量不确定度为±0.002 g/cm^3。

附 录 A
(资料性附录)
不同温度下，空气、水、甲苯和煤油的密度

表 A.1～表 A.4 中给出了不同温度下，空气、水、甲苯和煤油的密度。

表 A.1 水在各种温度下的密度(ρ_w)

温度 T/℃	ρ_w/(g/cm³)	温度 T/℃	ρ_w/(g/cm³)	温度 T/℃	ρ_w/(g/cm³)
0	0.999 87	11	0.999 63	22	0.997 80
1	0.999 93	12	0.999 52	23	0.997 57
2	0.999 97	13	0.999 40	24	0.997 32
3	0.999 99	14	0.999 27	25	0.997 07
4	1.000 00	15	0.999 13	26	0.996 81
5	0.999 99	16	0.998 97	27	0.996 54
6	0.999 97	17	0.998 80	28	0.996 26
7	0.999 93	18	0.998 62	29	0.995 98
8	0.999 88	19	0.998 43	30	0.995 68
9	0.999 81	20	0.998 23		
10	0.999 73	21	0.998 02		

表 A.2 干燥空气的密度(ρ_A，10^{-6} g/cm³)

温度 T/℃	在不同气压下的密度						
	720 mmHg	730 mmHg	740 mmHg	750 mmHg	760 mmHg	770 mmHg	780 mmHg
0	1 225	1 242	1 259	1 276	1 293	1 310	1 327
1	1 221	1 298	1 255	1 272	1 288	1 305	1 322
2	1 216	1 233	1 250	1 267	1 284	1 300	1 318
3	1 212	1 229	1 245	1 262	1 279	1 296	1 313
4	1 207	1 224	1 241	1 258	1 274	1 291	1 308
5	1 203	1 220	1 236	1 253	1 270	1 287	1 303
6	1 199	1 215	1 232	1 249	1 265	1 282	1 299
7	1 194	1 211	1 228	1 244	1 261	1 277	1 294
8	1 190	1 207	1 223	1 240	1 256	1 273	1 289
9	1 186	1 202	1 219	1 235	1 252	1 268	1 285
10	1 182	1 198	1 215	1 231	1 247	1 264	1 280
11	1 178	1 194	1 210	1 227	1 243	1 259	1 276
12	1 173	1 190	1 206	1 222	1 239	1 255	1 271
13	1 169	1 186	1 202	1 218	1 234	1 251	1 267

表 A.2（续）

温度 T/℃	在不同气压下的密度						
	720 mmHg	730 mmHg	740 mmHg	750 mmHg	760 mmHg	770 mmHg	780 mmHg
14	1 165	1 181	1 198	1 214	1 230	1 246	1 262
15	1 161	1 177	1 193	1 210	1 226	1 242	1 258
16	1 157	1 173	1 189	1 205	1 221	1 238	1 254
17	1 153	1 169	1 185	1 201	1 217	1 233	1 249
18	1 149	1 165	1 181	1 197	1 213	1 229	1 245
19	1 145	1 161	1 177	1 193	1 209	1 225	1 241
20	1 141	1 157	1 173	1 189	1 205	1 221	1 236
21	1 137	1 153	1 169	1 185	1 201	1 216	1 232
22	1 134	1 149	1 165	1 181	1 197	1 212	1 228
23	1 130	1 145	1 161	1 177	1 193	1 208	1 224
24	1 126	1 142	1 157	1 173	1 189	1 204	1 220
25	1 122	1 138	1 153	1 169	1 185	1 200	1 216
26	1 118	1 134	1 149	1 165	1 181	1 196	1 212
27	1 115	1 130	1 146	1 161	1 177	1 192	1 208
28	1 111	1 126	1 142	1 157	1 173	1 188	1 204
29	1 107	1 123	1 138	1 154	1 169	1 184	1 200
30	1 104	1 119	1 134	1 150	1 165	1 180	1 196

表 A.3　煤油在各种温度下的密度（ρ_K）

温度 T/℃	ρ_K/(g/cm³)	温度 T/℃	ρ_K/(g/cm³)	温度 T/℃	ρ_K/(g/cm³)
−2	0.804 6	9	0.796 9	20	0.789 2
−1	0.803 9	10	0.796 2	21	0.788 5
0	0.803 2	11	0.795 5	22	0.787 8
1	0.802 5	12	0.794 8	23	0.787 1
2	0.801 8	13	0.794 1	24	0.786 4
3	0.801 1	14	0.793 4	25	0.785 7
4	0.800 4	15	0.792 7	26	0.785 0
5	0.799 7	16	0.792 0	27	0.784 3
6	0.799 0	17	0.791 3	28	0.783 6
7	0.798 3	18	0.790 6	29	0.782 9
8	0.797 6	19	0.789 9	30	0.782 2

表 A.4 甲苯在各种温度下的密度(ρ_T)

温度 T/℃	ρ_T/(g/cm^3)	温度 T/℃	ρ_T/(g/cm^3)	温度 T/℃	ρ_T/(g/cm^3)
−2	0.886 6	9	0.876 7	20	0.866 8
−1	0.885 7	10	0.875 8	21	0.865 9
0	0.884 8	11	0.874 9	22	0.865 0
1	0.883 9	12	0.874 0	23	0.864 1
2	0.883 0	13	0.873 1	24	0.863 2
3	0.882 1	14	0.872 2	25	0.862 3
4	0.881 2	15	0.871 3	26	0.861 4
5	0.880 3	16	0.870 4	27	0.860 5
6	0.879 4	17	0.869 5	28	0.859 6
7	0.878 5	18	0.868 6	29	0.858 7
8	0.877 6	19	0.867 7	30	0.857 8